システム・情報科学技術分野（2023 年）

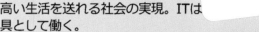

技術トレンド

社会的要請との整合
研究開発活動や科学技術そのものに対する社会的要請の高まり。データに関するプライバシーの考慮やAI技術へのトラスト担保など。

あらゆるもののスマート化・自律化
機器のスマート化が進み、大量のデータの収集と解析が可能になった。ビッグデータと機械学習を組み合わせたサービスが多数生み出された。

あらゆるもののデジタル化・コネクティッド化
無線化・大容量化・グローバル化。ウェブ、スマートフォン、IoT、クラウドなど、社会基盤のデジタル化とコネクティッド化。

社会・経済の動向

世界
ロシアのウクライナ侵攻。新型感染症。経済のブロック化。格差、貧困、食料偏在化。温暖化、自然災害リスク。産業・労働構造の変化。

日本
DX推進。サプライチェーンリスクの顕在化。少子高齢化。経済低成長。

俯瞰

重点的に取り組むべき研究開発領域 / 推進シナリオ

	研究開発領域	推進シナリオ
デジタル安全保障に対する総合知による取り組み	① デジタル社会におけるトラスト形成	技術 社会 基盤
	② コグニティブセキュリティー	社会 基盤
	③ データ共有	産業 基盤
スマート化・自律化の根本である知能の原理探究	④ 知能モデルの解明・探求／身体性に宿る知能	技術 産業
	⑤ 人間中心インタラクション	技術 社会
	⑥ バイオハイブリッドロボット	技術 産業
	⑦ 最適化	技術 基盤
サステナブル社会のためのICT基盤	⑧ 社会課題解決に向けたメタバースデザイン	社会 基盤
	⑨ ネットワークのスマート化	技術 産業 基盤
	⑩ 社会デジタルツイン	基盤
	⑪ 社会システムを支えるAIアーキテクチャー	技術 基盤

ビジョン

社会課題解決と人間中心社会の
経済発展と社会問題解決を両立し、……高い生活を送れる社会の実現。ITは……を補助する道具として働く。

データ駆動型・知識集約型の価値創造
知識・情報・データベース化と統合利活用を実現するプラットフォームやAIにより、データ駆動型・知識集約型の価値創造とDXが加速される。

サイバー世界とフィジカル世界の高度な融合
IoTやCPSが社会生活を支える基盤となる。オープンなサービスプラットフォームなどが実現し、多くの産業が効率化・省エネルギー化する。

技術：強い技術を核とした骨太化　産業：強い産業の発展・革新の推進　社会：社会課題の先行解決　基盤：社会基盤を支える根幹技術確保

システム・情報科学技術分野

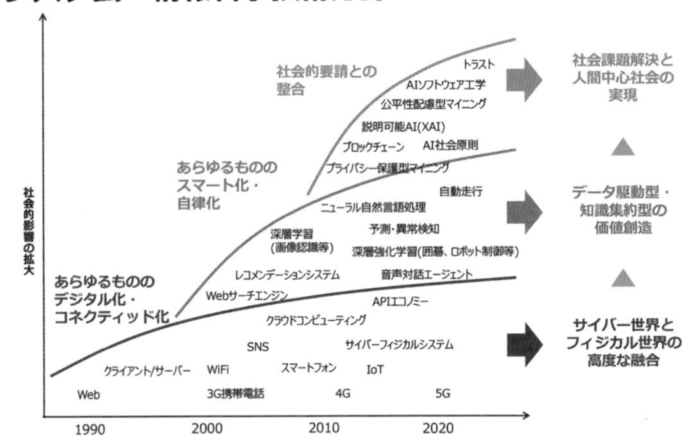

人工知能・ビッグデータ

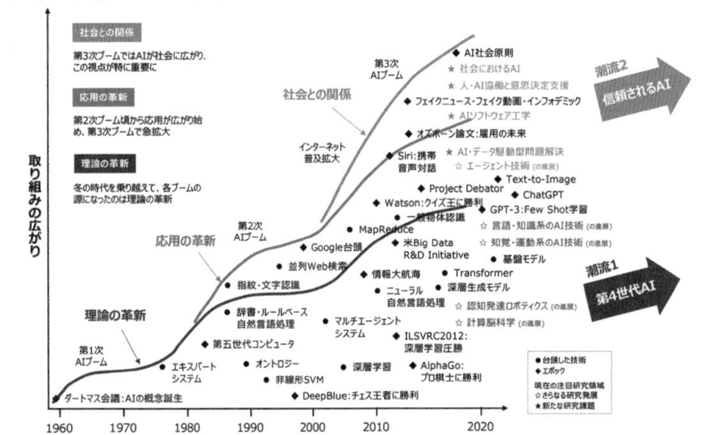

ロボティクス

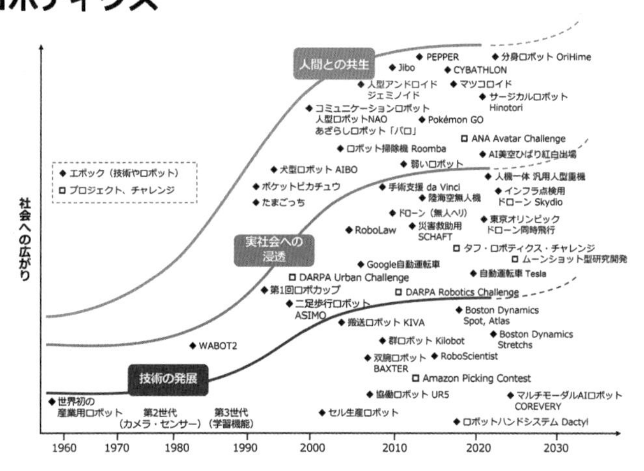

社会システム科学

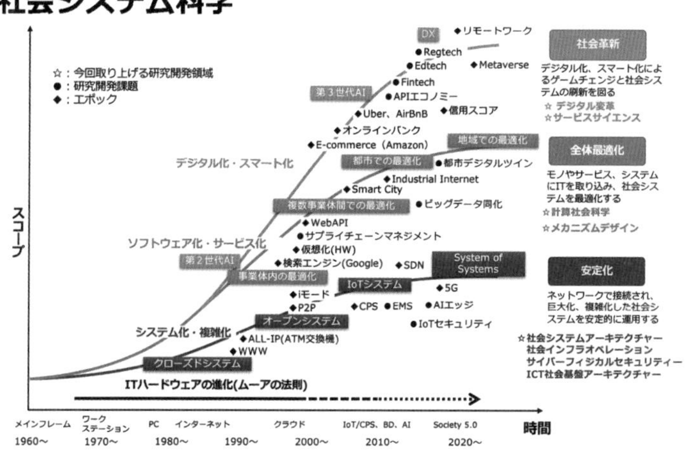

コンピューティングアーキテクチャー

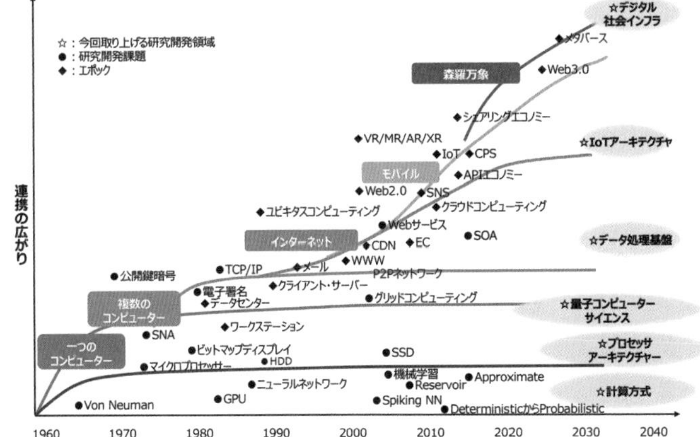

セキュリティー・トラスト

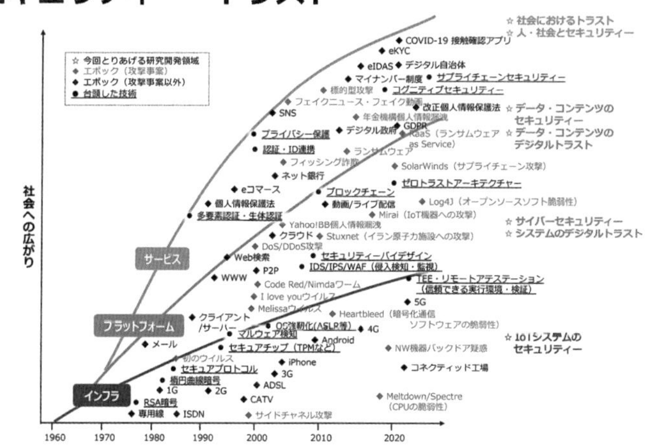

数理科学

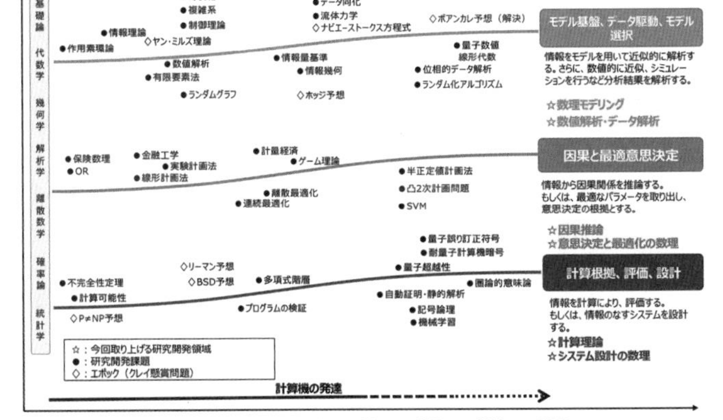

通信・ネットワーク

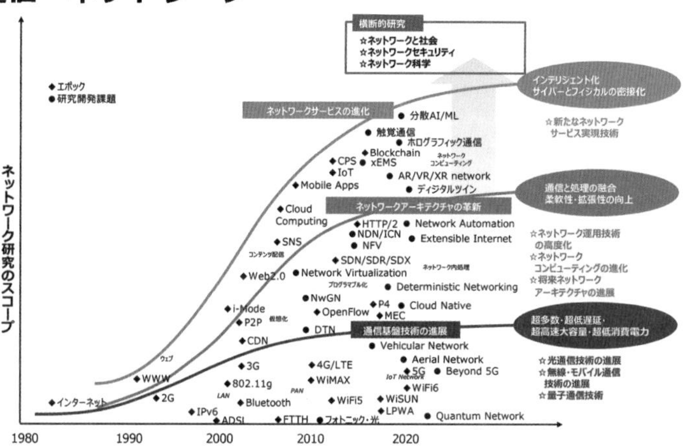

あらゆるもののスマート化・自律化

社会的要請との整合

人工知能・ビッグデータ
知覚・運動系のAI技術
言語・知識系のAI技術
エージェント技術
AIソフトウェア工学
人・AI協働と意思決定支援
AI・データ駆動型問題解決
計算脳科学
認知発達ロボティクス
社会におけるAI

社会システム科学
デジタル変革
サービスサイエンス
社会システムアーキテクチャー
メカニズムデザイン
計算社会科学

セキュリティー・トラスト
IoTシステムのセキュリティー
サイバーセキュリティー
データ・コンテンツのセキュリティー
人・社会とセキュリティー
システムのデジタルトラスト
データ・コンテンツのデジタルトラスト
社会におけるトラスト

数理科学
数理モデリング
数値解析・データ解析
因果推論
意思決定と最適化の数理
計算理論
システム設計の数理

ロボティクス
制御
生物規範型ロボティクス
マニピュレーション
移動（地上）
Human Robot Interaction
自律分散システム
産業用ロボット
サービスロボット
災害対応ロボット
インフラ保守ロボット
農林水産ロボット

通信・ネットワーク
光通信
無線・モバイル通信
量子通信
ネットワーク運用
ネットワークコンピューティング
将来ネットワークアーキテクチャー
ネットワークサービス実現技術
ネットワーク科学

コンピューティングアーキテクチャー
計算方式
プロセッサーアーキテクチャー
量子コンピューティング
データ処理基盤
IoTアーキテクチャー
デジタル社会基盤

選定基準
・エマージング性
・社会の要請・ビジョン
・社会インパクト

あらゆるもののデジタル化・コネクティッド化

エグゼクティブサマリー

システム・情報科学技術（IT）は汎用的な技術分野であり、さまざまな分野においてその効果を発揮し、多様な領域の問題解決や新産業創出を加速する。エネルギー・交通などの社会インフラや行政・住民サービスといった社会システムを改善し、情報通信産業のみならず、製造業やサービス業、農業などの効率化・高付加価値化を実現する。新型コロナウイルス感染症の感染拡大に際しては、デジタル革新の有効性が世界各国で実証され、ITの重要度は増すばかりである。ITによる変革は、ナノテクやライフサイエンスなどの科学技術の発展にも大きく貢献している。国の安全保障においても技術の役割が重要となり、ITがこれまでの外交、軍事、経済などの政策手段を大きく変革しつつある。

本俯瞰報告書では、ITが目指す「サイバー世界とフィジカル世界の高度な融合」「データ駆動型・知識集約型の価値創造」「社会課題解決と人間中心社会の実現」の3つのビジョンと、システム・情報科学技術の進化における「あらゆるもののデジタル化・コネクティッド化」「あらゆるもののスマート化・自律化」「社会要請との整合、人間の主体性確保」といった技術トレンドとの両方の観点から研究開発を俯瞰した。

当分野の俯瞰は、基盤レイヤーと戦略レイヤーの2層で捉え、戦略レイヤーに含まれる研究開発領域として「エマージング性」「社会の要請・ビジョン」「社会インパクト」の3点を選定基準に、戦略的に重要度が高い52の研究開発領域を特定した。CRDSでは、この52の研究開発領域を「人工知能・ビッグデータ」「ロボティクス」「社会システム科学」「セキュリティー・トラスト」「コンピューティングアーキテクチャー」「通信・ネットワーク」「数理科学」の7俯瞰区分にまとめた（図）。

図　　　システム・情報科学技術分野の俯瞰

「研究開発の俯瞰報告書（2021年）」からの主な更新点は、俯瞰区分の拡充である。具体的には、2021年版で扱った5俯瞰区分に「通信・ネットワーク」「数理科学」を加え計7俯瞰区分とした。光通信や無線・モバイル通信などの技術開発の進展や将来ネットワークアーキテクチャーへの期待、ITの基盤としては数理科学への注目などの変化を反映したものとなっている。その他の俯瞰区分についても、区分ごとにとりあつかうべき研究開発領域の整理・再構成を行い、2021年版と同様に歴史的背景や動向・トレンドが判断しやすいよう時系列の区分俯瞰図を作成した。

社会・経済の動向を含めたわが国の置かれた環境、現在の日本の取り組み状況やポジションを踏まえると、単に技術発展の方向性として取り組むだけでなく、国際競争力を構築・維持するための作戦・シナリオや、国として取り組むべき意義を明確に持った研究開発投資戦略が必要である。本俯瞰報告書では「強い技術を核とした骨太化」「強い産業の発展・革新の推進」「社会課題の先行解決」「社会基盤を支える根幹技術確保」の4つの基本的な推進シナリオを提示した。また、研究開発の現状の全体像を把握・分析・可視化することに加え、CRDSが考える今後のあるべき方向性・展望を顕在化させるため、上記の4つの考え方に基づいて国として推進すべき11の研究開発課題を抽出した（表）。

システム・情報科学技術分野の研究開発戦略の立案には、技術トレンドだけでなく、さまざまな形での、社会とシステム・情報科学技術との相互作用を理解する必要がある。とくに、科学技術の進展と雇用の関係、技術導入の差異が経済的格差に与える影響、科学技術がもたらす倫理的・法的・社会的な問題を常に意識すべきである。これらの動向に対してシステム・情報科学技術が適切な発展を遂げ、健全で持続可能な社会を構築するためには、多様な観点からの想像力ある検討が必要である。本俯瞰報告書はそのために必要ないくつかの視点を調査・分析によって中立的な立場から提供するものである。

表　国として重点的に取り組むべき研究開発課題と4つのシナリオ

	研究開発課題	4つのシナリオ*			
		技術	産業	社会	基盤
デジタル安全保障に対する総合知による取り組み	デジタル社会におけるトラスト形成	●		●	●
	コグニティブセキュリティー			●	●
	データ共有		●		●
スマート化・自律化の根本である知能の原理探求	知能モデルの解明・探究/身体性に宿る知能	●	●		
	人間中心インタラクション	●		●	
	バイオハイブリッドロボット	●	●		
	最適化	●			●
サステナブル社会のためのICT基盤	社会課題解決に向けたメタバースデザイン			●	●
	ネットワークのスマート化	●	●		●
	社会デジタルツイン				●
	社会システムを支えるAIアーキテクチャー	●			●

*技術：強い技術を核とした骨太化、産業：強い産業の発展・革新の推進、社会：社会課題の先行解決、基盤：社会基盤を支える根幹技術確保。

Executive Summary

System and Information science and technology (SIST) is a fundamental general purpose technology. It affects various fields in science and technology by accelerating problem-solving and new industry creation in many ways. It improves social infrastructures such as energy and transportation, as well as social systems such as administrative and civil services. It also influences manufacturing, agriculture and service industries in terms of efficiency and high added value. Furthermore, it contributes greatly to the progress of science and technology disciplines in general; environment, energy, nanotechnology, material science, life science, clinical research, as well as social sciences. The role of technology is also becoming important in national security, and SISTs are revolutionizing the diplomacy, military, economic, and other conventional state crafts.

In this panoramic view report, we took a birds-eye view picture of the research and development activities from the viewpoint of both the following three visions and three technology trends in the SIST field. Those visions are namely "advanced integration of the cyber and physical worlds", "data-driven and knowledge-intensive value creation", and "solving social issues and realizing a human-centric society", and the trends are "digitalization and connection of everything", "smartization and autonomization of everything", and "aligning with social needs and ensuring human autonomy.".

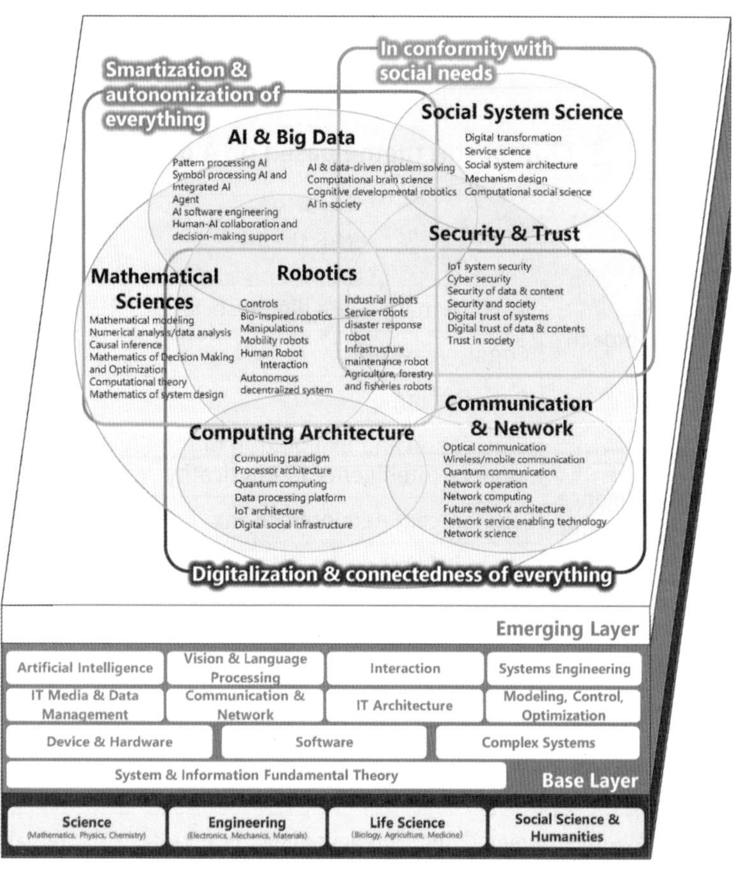

Figure A panorami view map of SIST.

We identified strategically important 52 R&D areas under the consideration of criteria such as "emerging technology", "social needs and vision", and "impact on society". As shown in Figure,, we categorized them into 7 divisions of "Artificial Intelligence and Big Data", "Robotics", "Social System Science", "Security and Trust", "Computing Architecture", "Communication and Network" and "Mathematical Sciences".

A major update from "Panoramic View Report (2021)" is the reform of the strategic R&D areas (we increase the number of divisions from 5 to 7). In addition to the update of the static panoramic view map of each division, we also created a new map in the time series so that readers can easily understand historical backgrounds and clearly grasp technology trends.

The national R&D investment strategy with a persuasive scenario to maintain global competitiveness is needed, away from just following the global trend of R&D, given Japan's current social and economic situation and R&D efforts, and position in the global competition. In this report, we proposed four basic scenarios of "strengthening the advantage of technology", "strengthening the advantage of internationally competitive industries", "solving social problems prior to the other countries", and "securing the fundamental technologies to support the social infrastructure". We chose 11 important themes based on those four scenarios (see Table).

In planning R&D strategies in this field, it is necessary to understand not only technology trends but also interactions between society and SIST in various forms. In particular, we should always be aware of the relationship between technological progress and employment, the impact on the gap between rich and poor, ELSI (ethical, legal and social issues) in science and technology. In order to build a sustainable society with the appropriate development of SIST, various viewpoints from stakeholders are essential. This panoramic view report provides some of those viewpoints necessary for that based on a neutral survey and analysis.

Table　11 importat theme based on 4 basic scenario.

	R&D theme	4 basic scienario*			
		Tech	Ind	Soc	Infra
Comprehensive knowledge approach to digital security.	Trust formation in a digital society	●		●	●
	Cognitive security			●	●
	Data sharing		●		●
Exploring the principle of intelligence, which is the basis of smartization and autonomization.	Elucidation and Exploration of Intelligence Models/Intelligence in Physicality	●	●		
	Human-centered interaction	●		●	
	bio-hybrid robot	●	●		
	Optimization	●			●
ICT infrastructure for a sustainable society.	Metaverse design for solving social issues			●	●
	Smart network	●	●		●
	Society digital twin				●
	AI architecture for social systems	●			●

*Tech: "strengthening the advantage of technology", Ind: "strengthening the advantage of internationally competitive industries", Soc: "solving social problems prior to the other countries" and Infra: "securing the fundamental technologies to support the social infrastructure"

はじめに

JST研究開発戦略センター（以降、CRDS）は、国内外の社会や科学技術イノベーションの動向及びそれらに関する政策動向を把握・俯瞰・分析することにより、科学技術イノベーション政策や研究開発戦略を提言し、その実現に向けた取り組みを行っている。

CRDSは2003年の設立以来、科学技術分野を広く俯瞰し、重要な研究開発戦略を立案する能力を高めるべく、その土台となる分野俯瞰の活動に取り組んできた。この背景には、科学の細分化により全体像が見えにくくなっていることがある。社会的な期待と科学との関係を検討し、科学的価値を社会的価値へつなげるための施策を設計する政策立案コミュニティーにあっても、科学の全体像を捉えることが困難になってきている。このような現状をふまえると、研究開発コミュニティーを含めた社会のさまざまなステークホルダーと対話し分野を広く俯瞰することは、研究開発の戦略を立てるうえでは必須の取り組みである。

「研究開発の俯瞰報告書」（以降、俯瞰報告書）は、CRDSが政策立案コミュニティーおよび研究開発コミュニティーとの継続的な対話を通じて把握している当該分野の研究開発状況に関して、研究開発戦略立案の基礎資料とすることを目的として、CRDS独自の視点でまとめたものである。

CRDSでは、研究開発が行われているコミュニティー全体を４つの分野（環境・エネルギー分野、システム・情報科学技術分野、ナノテクノロジー・材料分野、ライフサイエンス・臨床医学分野）に分け、その分野ごとに２年を目途に俯瞰報告書を作成・改訂している。

第１章「俯瞰対象分野の全体像」では、CRDSが俯瞰の対象とする分野およびその枠組をどう設定しているかの構造を示す。ここでは、CRDSの活動の土俵を定め、それに対する認識を明らかにする。また、対象分野の歴史、現状、および今後の方向性について、いくつかの観点から全体像を明らかにする。この章は、その後のコンテンツすべての総括としての位置づけをもつ。第２章「俯瞰区分と研究開発領域」では、俯瞰対象分野の捉え方を示す俯瞰区分とそこに存在する主要な研究開発領域の現状を概説する。専門家との意見交換やワークショップを通じて、研究開発現場で認識されている情報をできるだけ具体的に記載し、領域ごとに国際比較も行っている。

俯瞰報告書は、科学技術に関わるステークホルダーと情報を広く共有することを意図して作られた知的資産である。すでに多くの機関から公表されているデータも収録しているが、単なるデータレポートではなく、当該分野における研究開発状況の潮流を把握するために役立つものとして作成している。政策立案コミュニティーでの活用だけでなく、研究者が自分の研究の位置を知ることや、他領域・他分野の研究者が専門外の科学技術の状況を理解し連携の可能性を探ることにも活用されることを期待している。また、当該分野の動向を深く知りたいと考える政治家、行政官、企業人、教職員、学生などにも大いに活用していただきたい。CRDSとしても、得られた示唆を基に検討を重ね、わが国の発展に資する提案や発信を行っていく。

2023年3月

国立研究開発法人科学技術振興機構

研究開発戦略センター

目次

1 俯瞰対象分野の全体像

1.1 俯瞰の範囲と構造

1.1.1 社会の要請、ビジョン

システム・情報科学技術（IT）は汎用的な基盤技術であり、さまざまな分野においてその効果を発揮し、多様な領域の課題解決や新産業創出を加速する。エネルギー・交通などの社会インフラや行政・住民サービスといった社会システムを改善し、情報通信産業のみならず、製造業やサービス業、農業などの効率化・高付加価値化を実現する。新型コロナウイルスの感染拡大に際しては、デジタル変革の有効性が世界各国で実証され、ITの重要度は増すばかりである。ITによる変革は、ナノテクノロジーやライフサイエンスなどの科学技術の発展にも大きく貢献している。

さまざまな形で社会と相互作用しながら進化するIT分野の研究開発戦略立案には、社会経済の動向や社会から寄せられる要請や目指すべきビジョンの把握が不可欠である。国際的には国連開発計画（UNDP）が掲げる「持続可能な開発目標（Sustainable Development Goals, SDGs）」が一つの指針となる。掲げられている17のゴールと、その原因・課題とは多対多の関係であり、一つずつ順に解決していくことは必ずしも得策でない。ITは、センシング・情報収集、情報蓄積・提供・共有、データ分析、ネットワーク整備など、複数の場面でソリューションを提供でき、SDGs達成への貢献度は他のどのような科学技術分野より大きいと期待できる。そのため、ITだけでSDGs課題が解決するわけではないが、このビジョンのもとでITに対する具体的な政策立案・政府投資・制度設計等が行われることは一定の価値がある。

わが国では第5期科学技術基本計画で掲げられた社会ビジョン「Society 5.0」が、2021年3月に閣議決定された第6期科学技術・イノベーション基本計画でも中心的な目標として扱われており、ITは引き続き重要な役割を果たすものと考えられる。「統合イノベーション戦略2022」に掲げられた科学技術イノベーション政策の三本柱はいずれもITと関連が深く、とりわけ「新たな研究システムの構築（オープンサイエンスとデータ駆動型研究等の推進）」「次世代に引き継ぐ基盤となる都市と地域づくり（スマートシティの展開）」「サイバー空間とフィジカル空間の融合による新たな価値の創出」が挙げられる。さらに新たなAI戦略・量子戦略に基づく社会実装や経済安全保障の強化、マテリアルDXプラットフォームの実現などが分野別戦略に盛り込まれるなどIT分野の政策的な期待は依然として高い（「1.2.4 主要国の科学技術・研究開発政策の動向」を参照）。本俯瞰報告書で取り上げるITが目指すビジョンは以下の3つの方向性を含む。

（ビジョン1）サイバー世界とフィジカル世界の高度な融合

サイバー世界とフィジカル世界の融合により、産業構造や社会システムの変革をもたらす。Internet of Things（IoT）やサイバーフィジカルシステムは、私たちの社会生活を支える基盤となると期待される。多様なニーズ・シーズの適切なマッチングを実現するビジネス基盤システムや、透明でオープンなサービスプラットフォームなどの実現が期待され、多くの産業における効率化や省エネルギー化に貢献する。

（ビジョン2）データ駆動型・知識集約型の価値創造

ITは人類全体の知の向上やその活用に大きく貢献し、価値創造のあり方も変容する。知識・情報・データベース化と統合利活用、それを実現するようなプラットフォームや人工知能（AI）技術、そして実際の人間社会に影響を及ぼすサイバーフィジカルシステムなどにより、データ駆動型・知識集約型の価値創造が加速されると期待される。同時に、ITは教育や研究の発展に寄与する重要な基盤となる。多様性・個別性に対応し

た質の高い教育・再教育・職業訓練の提供や、センシング情報やエビデンスに基づく教育プログラムの構築などに寄与する。また、機械学習を積極的に利用した新しい研究開発方法論や、それによる科学的新発見の加速など、研究開発システムにおけるデジタルトランスフォーメーション（DX）も進むと考えられる。

（ビジョン3）社会課題解決と人間中心社会の実現

ITと社会との相互作用は、社会システムとそれを実現する技術の双方に、大きな変革をもたらす。Internet of Things（IoT）や人工知能といった先端技術を使って、経済発展と社会問題解決を両立し、誰もが快適で活力に満ちた質の高い生活を送れるような社会システムデザインが促進される。ITによる人間の労働の代替は今後もさまざまな面で行われるが、あくまで人間の判断や決定を補助する道具として働く。過度の依存や、悪用による意思決定の操作、創造性の阻害などに対し、研究開発の初期の段階から適切な対処がなされる。

ITだけによるビジョン実現には限界がある一方、ITに全く頼らないビジョン実現もまた非効率である。ITは特定の応用や産業に特化して価値を生むのではなく、多くの場合でメタソリューションやプラットフォームとして機能し、多様な知と技術の統合システムとして価値を生む。上記で定めた3つのビジョンは、このようなITの汎用技術（General–purpose technologies）の側面が最大限活かされるものを顕在化させたものである。

実現に向けては、ITが果たすべきミッションを明確にし、それに向かった研究開発の実施が求められる。また、ITの急速な社会浸透がさまざまな社会の変化をもたらしているが、法制度や倫理規範などが技術進歩や実用化のスピードに十分に適応できていない事例も生じている。そのため、ITの研究開発戦略は、単純な科学技術以外の視点も踏まえて立案・策定する必要がある（「1.2.3 社会との関係における問題」も参照）。わが国の研究開発戦略としては、基盤技術として世界に通用するものを生み出すことに加えて、社会価値として大きなインパクトを生み出すための戦略シナリオが必要である。ITは単一のコア技術だけで大きな社会価値を生み出すことは難しく、強い基盤技術を中核とした複数技術のインテグレーション、システムアーキテクチャーやビジネスモデルも含めた社会価値創出・社会適用（ソリューション）に向けた戦略が重要になる。今後の展望とあわせ「1.3 今後の展望・方向性」で詳しく触れる。

1.1.2 科学技術の潮流、変遷

本俯瞰報告書ではITの進化の流れを大きな3つのトレンドで捉える（図1–1–1）。まず「（トレンド1）あらゆるもののデジタル化・コネクティッド化」によって「（ビジョン1）サイバー世界とフィジカル世界の高度な融合」が進んだ。その上で「（トレンド2）あらゆるもののスマート化・自律化」が加わったことにより、システム・情報科学技術の社会的影響は急激に拡大、「（ビジョン2）データ駆動型・知識集約型の価値創造」へと発展した。いずれも、技術トレンドが新たな価値を生んだ結果としてのビジョンという関係である。

2010年代からはこれらとは逆に、ビジョンや価値要請から技術のトレンドが生まれた。とりわけ「（ビジョン3）社会課題解決と人間中心社会の実現」を目指して「（トレンド3）社会的要請との整合」という動きが活発化し、現在に至る。3つの技術トレンドについて、以下に述べる。

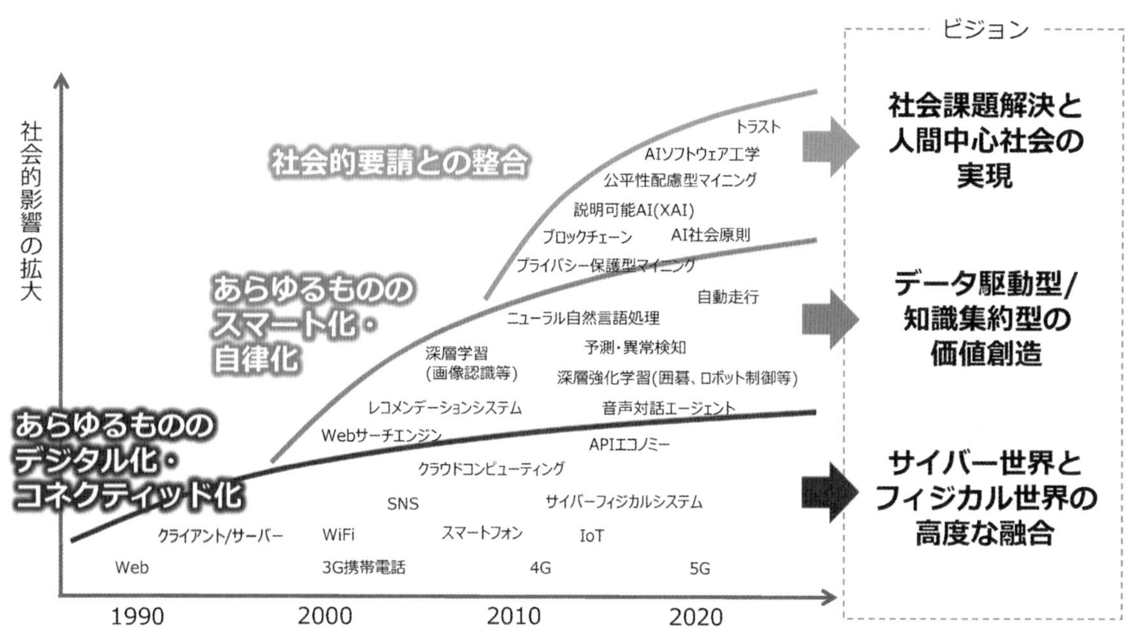

図1-1-1　　システム・情報科学技術分野のビジョンとトレンド

（トレンド1）あらゆるもののデジタル化・コネクティッド化

第1の変化は、情報通信の無線化・大容量化・グローバル化である。社会基盤となるあらゆるもののデジタル化とコネクティッド化が進み、今や情報システム、制御システムを問わず世界中のあらゆるシステムは地球規模の複雑なシステムの一部となった。

ウェブにはじまり、スマートフォン、IoT、クラウドコンピューティングなど、機器や人をクラウドにリアルタイムにつなぐことが可能となり、サイバーフィジカルシステムは高度化・複雑化した。一方で、セキュリティーへの脅威やシステム不全の連鎖的な波及への対応が不可避になっている。

デジタル化・コネクティッド化により、サイバー世界とフィジカル世界の高度な融合が実現し、一体的な最適化が可能となる。また、あらゆるものがつながることで、世界規模のコミュニケーションも迅速化・効率化した。続く2つのトレンドは、この技術トレンドにより生み出された技術基盤を前提とする。

（トレンド2）あらゆるもののスマート化・自律化

第2の変化は、社会に浸透する人工知能とビッグデータである。コンピューターが小型軽量高性能になることで、機器のスマート化とデータのデジタル化が進み、大量のデータの収集と解析が可能になった。ビッグデータと機械学習を組み合わせたサービスやアプリケーションも多数生み出され普及した。

高度なタスクの自動化や、人間が把握できていなかったことへの対応など、新たなサービスが生み出されている。多くのサービスでは、データに基づく課題解決が付加価値創造の中心的な役割を担っている。一方で、既存の計算原理の性能限界が明らかになりビッグデータや人工知能用の新たな計算原理の必要性が高まる。機械学習や自然言語処理、自動走行などの技術を利用したサービスは、データ駆動型・知識集約型の価値創造へと向かっている。

（トレンド3）社会的要請との整合

第3の変化は、研究開発活動あるいは科学技術そのものに対する社会からの要請の高まりである。データに関するプライバシーの考慮や、AI技術の利用により基本的人権の侵害がないよう定める「AI社会原則」、公平性、説明可能性、透明性などによりAI技術へのトラストの担保など、システム・情報科学技術には多くの社会的要請が寄せられている。システム・情報科学技術は社会に大きな便益をもたらす反面、社会に大きな影響を与えうるため、研究開発と社会実装の適切な段階で、社会の要請を取り入れることが重要である。全体としては、社会課題を解決しつつ、人間中心社会の実現という大きな挑戦に向かっている。

これらの技術トレンドだけを追うことは、必ずしもよい研究開発戦略を生み出さない点に注意を要する。過去、人類の進歩と幸福のための科学技術やその研究開発が、犯罪や戦争のために幾度も利用されてきた歴史を忘れてはならない。また、科学技術の進展と雇用の関係、技術的格差の経済的格差への影響、あるいは科学技術がもたらす倫理的・法的・社会的な問題（ELSI）も常に意識すべき事項である。これらの動向に対してITが適切な発展を遂げ、健全な社会を構築するためには、技術トレンドを含む多様な観点からの想像力ある検討が必要である。

1.1.3 俯瞰の考え方（俯瞰図）

当分野の俯瞰は、基盤レイヤーと戦略レイヤーという2層で捉える。基盤レイヤーは、既に学問分野として確立された区分に基づき、基盤技術として世界に通用するものを生み出すための研究開発に着眼する。その上位層として設けた戦略レイヤーに含まれる研究開発領域は、社会の要請・ビジョン（1.1.1）と技術のトレンド（1.1.2）の両者を鑑み、「エマージング性」「社会の要請・ビジョン」「社会インパクト」の3点を基準として戦略的な重要度が高い研究開発領域を複数特定したものである。

（選定基準1）エマージング性

「エマージング性」では、技術の革新性やその技術への期待の急速な高まりに注目する。主にこの基準によって選ばれた研究開発領域には「2.1.1 知覚・運動系のAI技術」や「2.5.3 量子コンピューティング」、「2.6.5 ネットワークコンピューティング」などが挙げられる。

（選定基準2）社会の要請・ビジョン

「社会の要請・ビジョン」では、社会からの要請や国のビジョンとの整合性に着目する。主にこの基準によって選ばれた研究開発領域には、「2.1.5 人・AI協働と意思決定支援」「2.3.3 社会システムアーキテクチャー」「2.4.1 IoTシステムのセキュリティー」などが挙げられる。

（選定基準3）社会インパクト

「社会インパクト」では、人々のライフスタイル・ワークスタイルや社会・産業構造の変革、SDGsを含む社会課題解決への貢献に着目する。主にこの基準によって選ばれた研究開発領域には「2.1.9 社会におけるAI」「2.3.1 デジタル変革」「2.5.6 デジタル社会基盤」などが挙げられる。

図1-1-2のとおり、選定された52の研究開発領域を、1.1.2で述べたIT分野の3つのトレンド「あらゆるもののデジタル化・コネクティッド化」「あらゆるもののスマート化・自律化」「社会的要請との整合」にマップした上で、「人工知能・ビッグデータ」「ロボティクス」「社会システム科学」「セキュリティー・トラスト」「コンピューティングアーキテクチャー」「通信・ネットワーク」「数理科学」の7つの俯瞰区分としてまとめた。2つ以上の区分に含まれるような研究開発領域についても、便宜上どちらか片方の区分で扱うものとした。

新たに選定された研究開発領域を俯瞰区分に整理する上で行った「研究開発の俯瞰報告書（2021年）」（以降、2021年版）からの主な更新点は、俯瞰区分の拡充である。本「研究開発の俯瞰報告書（2023年）」（以降、2023年版）では、2021年版で扱った5俯瞰区分に「通信・ネットワーク」「数理科学」を加え計7俯瞰区分とした。光通信や無線・モバイル通信などの技術開発の進展や将来ネットワークアーキテクチャーへの期待、ITの基盤としては数理科学への注目などの変化を反映したものとなっている。その他の俯瞰区分についても、区分ごとにとりあつかうべき研究開発領域の整理・再構成を行った。表1-1-1に、7つの俯瞰区分に整理した研究開発領域を示す。

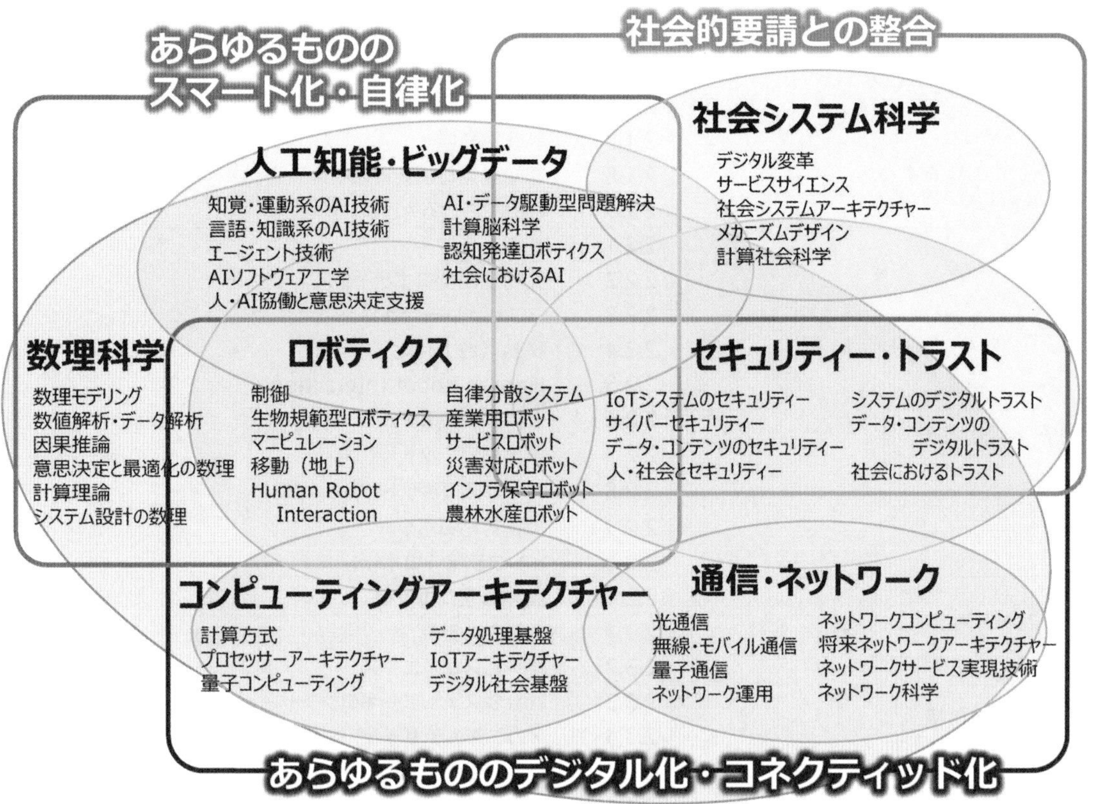

図1-1-2　　　システム・情報科学技術分野の俯瞰（戦略レイヤー）

（1）人工知能・ビッグデータ

人工知能（AI）・ビッグデータでは、「第4世代AI」と「信頼されるAI」に向けた取り組みが研究開発の潮流として注目される。

現在のAI技術（ここでは「第3世代AI」と呼ぶ）は、さまざまな特定用途において人間を上回る性能を示しているが、大量の学習データ・計算資源が必要であること、学習範囲外の状況に弱いこと、意味処理・説明等の高次処理ができていないこと、といった問題が指摘されている。このような問題の克服に向けて、画像・映像認識や運動制御のような「2.1.1 知覚・運動系のAI技術」と、自然言語処理のような「2.1.2 言語・知識系のAI技術」の融合による「第4世代AI」の研究開発が進み始めた。知覚・運動系、言語・知識系のそれぞれのAI技術においても、深層学習・深層強化学習・深層生成モデル・自己教師あり学習等の技術発展が進んでいることに加えて、「2.1.7 計算脳科学」や「2.1.8 認知発達ロボティクス」の研究から得られる人間の知能に関する知見が「第4世代AI」の研究開発では重要な役割を果たす。そのようなAIと人間あるいは複数のAI間の関係が「2.1.3 エージェント技術」によって広がりを見せている。

その一方で、AI技術が社会に広がり、「2.1.9 社会におけるAI」という視点からAI社会原則・AI倫理指針が国・世界レベルで議論され、「信頼されるAI」のための技術開発も重要な研究課題となっている。具体的には、AI応用システムの安全性・信頼性を確保するための「2.1.4 AIソフトウェア工学」、人がAIと協働してよりよい判断や目的達成を目指す「2.1.5 人・AI協働と意思決定支援」、AI・ビッグデータ技術を活用した社会・産業・科学の変革に関わる「2.1.6 AI・データ駆動型問題解決」への取り組みが進展している。

表1-1-1　システム・情報科学技術分野の俯瞰区分・研究開発領域

俯瞰区分	研究開発領域	
2.1 人工知能・ビッグデータ	2.1.1	知覚・運動系のAI技術
	2.1.2	言語・知識系のAI技術
	2.1.3	エージェント技術
	2.1.4	AIソフトウェア工学
	2.1.5	人・AI協働と意思決定支援
	2.1.6	AI・データ駆動型問題解決
	2.1.7	計算脳科学
	2.1.8	認知発達ロボティクス
	2.1.9	社会におけるAI
2.2 ロボティクス	2.2.1	制御
	2.2.2	生物規範型ロボティクス
	2.2.3	マニピュレーション
	2.2.4	移動（地上）
	2.2.5	Human Robot Interaction
	2.2.6	自律分散システム
	2.2.7	産業用ロボット
	2.2.8	サービスロボット
	2.2.9	災害対応ロボット
	2.2.10	インフラ保守ロボット
	2.2.11	農林水産ロボット
2.3 社会システム科学	2.3.1	デジタル変革
	2.3.2	サービスサイエンス
	2.3.3	社会システムアーキテクチャー
	2.3.4	メカニズムデザイン
	2.3.5	計算社会科学
2.4 セキュリティー・トラスト	2.4.1	IoTシステムのセキュリティー
	2.4.2	サイバーセキュリティー
	2.4.3	データ・コンテンツのセキュリティー
	2.4.4	人・社会とセキュリティー
	2.4.5	システムのデジタルトラスト
	2.4.6	データ・コンテンツのデジタルトラスト
	2.4.7	社会におけるトラスト
2.5 コンピューティングアーキテクチャー	2.5.1	計算方式
	2.5.2	プロセッサーアーキテクチャー
	2.5.3	量子コンピューティング
	2.5.4	データ処理基盤
	2.5.5	IoTアーキテクチャー
	2.5.6	デジタル社会基盤
2.6 通信・ネットワーク	2.6.1	光通信
	2.6.2	無線・モバイル通信
	2.6.3	量子通信
	2.6.4	ネットワーク運用
	2.6.5	ネットワークコンピューティング
	2.6.6	将来ネットワークアーキテクチャー
	2.6.7	ネットワークサービス実現技術
	2.6.8	ネットワーク科学
2.7 数理科学	2.7.1	数理モデリング
	2.7.2	数値解析・データ解析
	2.7.3	因果推論
	2.7.4	意思決定と最適化の数理
	2.7.5	計算理論
	2.7.6	システム設計の数理

（2）ロボティクス

ロボティクスは、情報空間と物理空間との相互作用に不可欠な要素になりつつある。近年、人と関わる環境への導入を念頭に、「2.2.1 制御」のような基盤技術の取り組みや、生物の動作機構に習う「2.2.2 生物規範型ロボティクス」などの研究開発が注目されている。また個別の基盤技術を統合化して実現する「2.2.3 マニピュレーション」「2.2.4 移動（地上）」などの基礎的な機能に加え、視聴覚情報のやりとりのみならず物理的な相互作用も含んだ「2.2.5 Human Robot Interaction」も注目されている。ハードウェアとサービスを含む、全体の「2.2.6 自律分散システム」は、単体のロボットシステムに留まらず複数のロボットがシステムとして動的に協調するための技術として重要度が増している。

用途としては製造業の国内生産回帰、労働生産性の向上、ロボット活用領域の拡大を狙って、各国とも次の時代に求められるロボティクスの研究開発を強化しているが、わが国は「2.2.7 産業用ロボット」に見るように、重工業や電子製品製造など向けの産業用ロボットの開発・利用、ヒューマノイドの研究開発などを牽引してきた背景がある。「2.2.8 サービスロボット」に見るように、人間との共生に向けた人間行動の理解や適切な介入、自律性の発現を促進する研究の傾向も顕著である。これに加えて「2.2.9 災害対応ロボット」「2.2.10 インフラ保守ロボット」「2.2.11 農林水産ロボット」のように実社会・実環境への浸透も精力的に進められている。自律走行車はロボティクス技術が実社会に浸透した事例と言え、さらに空中ロボットや空飛ぶ車への発展が期待されている。今後も一見「ロボット」とは見えないロボティクス活用は拡大すると見込まれる。

（3）社会システム科学

社会システム科学の俯瞰区分では、社会システムの革新と安定的挙動のための研究開発領域を扱う。わが国が目指すSociety 5.0は、先端技術を産業や社会生活に取り入れ、個々のニーズに合わせたサービス提供によって社会課題を解決する「2.3.1 デジタル変革」を中心とする取り組みと位置づけられる。

一方で、既存の社会システムは世の中の動向（人口動態変化、技術進歩、グローバル化、新興企業の台頭等）や、新型感染症の拡大といった突発的な社会変容に必ずしも追随できていない状況である。政治、経済、金融、教育、芸術等のあらゆる分野の社会システムを刷新するための手法確立に向け「2.3.2 サービスサイエンス」や「2.3.3 社会システムアーキテクチャー」の取り組みが重要と考えられる。

また、例えば、ITが格段に普及してもそれを扱う社会の仕組みは数十年変わらないことや、既存の法制度や慣習のために新たな技術やサービスの社会適用が阻まれることもある。このような問題の解決に向け、「2.3.4 メカニズムデザイン」や「2.3.5 計算社会科学」など、社会科学的な視点を含む総合的な取り組みが必要である。

（4）セキュリティー・トラスト

インターネットの急速な発展とネットワークの複雑化、IoT（Internet of Things）といった新しい仕組みの登場に伴い、情報システムや情報サービスのセキュリティー、およびそれらを安心して利用できるよう信頼を確保するためのトラストが重要になってきている。

パソコンやスマートフォンなどの従来の情報端末に加え、家電、医療、工場・インフラなどの産業用途、自動車・宇宙航空など、さらなるIoT化の進展が見込まれている。一方、セキュリティーのリスクは増大しており、「2.4.1 IoTシステムのセキュリティー」で挙げたようにソフトウェアやハードウェア、ネットワークなど、広範かつ縦断的なセキュリティー確保が必要となってきている。また、既にインターネットは生活や産業など多くの社会活動が依存する社会インフラとなっており、そのサイバー攻撃への対策である「2.4.2 サイバーセキュリティー」は、安心・安全な社会を実現する上で必要不可欠である。

インターネット経済の発展の鍵となるのは「インターネットにおける新しい石油」とも評されるパーソナルデータの活用だが、欧州を中心にプライバシー保護への要求も高まっている。近年では、フェイクニュースと呼ばれる悪意を持った情報操作も社会問題化している。データ経済の発展には、「2.4.3 データ・コンテンツのセキュリティー」で示したセキュリティーやプライバシーの保護とデータ利活用を両立する技術が重要である。

近年、情報システムのセキュリティーに加え重要になってきているのが、情報システムや情報サービスにおける安心や信頼の概念の総称である「トラスト」である（「2.4.5 システムのデジタルトラスト」「2.4.6 データ・コンテンツのデジタルトラスト」）。情報技術の活用は社会と密接な関係があり、技術的な信用の担保だけでなく、人間の心理的な要素や制度による保証などもあわせて、多面的に考慮することが重要になってきている。この点については「2.4.4 人・社会とセキュリティー」「2.4.7 社会におけるトラスト」に詳しく述べる。

（5）コンピューティングアーキテクチャー

この半世紀でコンピューターの連携の広がりは、1台のコンピューターから複数のコンピューターを連結した利用へと変化してきている。「2.5.1 計算方式」「2.5.2 プロセッサーアーキテクチャー」「2.5.3 量子コンピューティング」に挙げられるように、計算原理からコンピューターを革新するような動きが活発化している。それに加えて、「2.5.4 データ処理基盤」など、クラウドコンピューティングにおけるCPU、記憶装置、通信装置などを適切に配備・運用する技術開発も行われている。

スマートフォンなどのデバイスとクラウドコンピューティングの組み合わせによるサービスがネットワーク上で多数提供され、上位のサービスや応用と、コンピューティングを接続するサービスプラットフォームの重要度が増している。データの利活用を進め、社会の革新を目指す上では「2.5.5 IoTアーキテクチャー」や「2.5.6 デジタル社会基盤」などが決定的に重要である。

ブロックチェーンを利用した仮想通貨やスマートコントラクトなど新しい応用がサービスプラットフォームや分散処理基盤に対し大きく影響するため、技術トレンドと共に新応用可能性の検討も重要である。

（6）通信・ネットワーク

通信技術・ネットワーク技術は、科学技術や産業の発展を支えるコア技術であり、人類が社会経済活動を継続する上で不可欠な社会基盤である。その基盤技術として必要不可欠な構成技術となる「2.6.1 光通信」「2.6.2 無線・モバイル通信」を取り上げる。また、将来の通信・ネットワークを支える新たな潮流として、「Beyond 5G」推進戦略にも含まれ、さまざまな研究開発が進みつつある「2.6.3 量子通信」にも注目したい。

通信ネットワークを「強靭」「迅速」「柔軟」に提供可能とするため、ネットワークアーキテクチャーの持続的な進化が必要となる。通信品質を維持しながら障害等の問題に迅速に対処する「2.6.4 ネットワーク運用」や、情報通信と情報科学の融合技術としての「2.6.5 ネットワークコンピューティング」によるネットワーク層での計算処理実行やサービスの拡張性向上などさまざまな研究開発が進展している。加えて、現在のインターネット技術の問題点や限界を打破しネットワーク全体の大きな変革を促す技術としての「2.6.6 将来ネットワークアーキテクチャー」の取り組みも近年活発化している。

さらに、メタバースやデジタルツインなどの新たなネットワークサービスやアプリケーションからの通信ネットワークへの要求が、今後ますます高度化・複雑化していくと予想される。そうした要求に対応すべく、ハイレベルな要求やサービスシナリオを、ドメインや要素機能に分解し、状況や環境に合わせて「最適化」されたリソース量で「簡単（シンプル）」に提供可能とするための研究開発が進められている（「2.6.7 ネットワークサービス実現技術」）。

これらの通信・ネットワークの階層構造にまたがった横断的な研究領域として「2.6.8 ネットワーク科学」も重要である。ネットワーク科学は、現実のネットワークに関する普遍的な数理的性質の発見とその原理の解明という知識の創出に加え、それらを活用した現象予測やネットワークの制御・設計等につながる技術の確立を目指すものであり、今後の通信・ネットワーク区分の研究開発の方向性を示す基礎研究として重要な領域である。

（7）数理科学

スマート社会実現に向けて、数理科学はその基盤的多様性の維持、発展を使命としている。ここでいう多様性には自然科学的考察では到達できないことや日常感覚に反することを捉えることさえも含まれる。 産業革命、計算機の発明を経て、現在のAI・ネットワーク革命（第4次産業革命）まで、常に数理科学は中核的な柱としてその発展を支えてきた。

「2.7.1 数理モデリング」は数学理論に基づくデータ解析とともに、現実問題に対して現象論的な視点に立って、数学的記述を見出すために不可欠であり、自然現象、社会現象を問わず理解、記述し、そして予測するための必須の手段である。得られたモデルをどう解くか、とくにその近似解法は離散と連続をつなぐ要であり「2.7.2 数値解析・データ解析」で扱う有限要素法を始めとする多彩な数値解析手法は一般的な科学計算の信頼性に寄与している。膨大なデータもほぼすべてベクトル化し線形空間で処理するため、大規模線形計算を始めとする数値計算手法は今後益々必要となり、同時に適切な前処理を含むアルゴリズム開発が必須となる。数値計算手法が益々必要になる。だから、同時に、その取り扱いは誤差の評価を含め、より重要性が増している。例えば、数値線形代数では、近年、ランダム化アルゴリズムの開発が注目され、決定論的アルゴリズムの欠点を補うと同時に計算効率にも寄与している。このような非決定論的手法は近似が生み出す誤差が深刻な問題となることも多々あり、誤差評価手法や、厳密な扱いを進めるための数学的努力も続いている。 また複雑データの解釈性においては、グラフ理論等による可視化も有効であるが、写像の理解という観点から様々な数理的手法がそのベールをはがしつつある。さらに位相的データ解析のように古典的なトポロジーや幾何の知恵が全く新たな活躍の場を得ることも忘れてはならない。

「2.7.3 因果推論」および「2.7.4 意思決定と最適化の数理」は、本質的要因を取り出し、様々な条件下での適切な意思決定に極めて有用である。相関と因果は無関係ではないが、異なる概念であり、前者が後者を導く訳ではない。 現実の利害が複雑に絡む実社会のデザインにおいて、説得力をもち、かつ公平性を担保できる因果推定の数理的手法を提示できるかは重要な課題である。交絡因子など標本選択バイアスを取り除き、偏りなく推定できるかどうかを数学的に明らかにすることが因果推論においては重要である。また、現実の諸問題の多くは様々な制約下での最適化問題として定式化される。21世紀に入り機械学習やゲーム理論との協働も進み、社会的要請も大きく、今後の発展が期待される。

「2.7.5 計算理論」は計算可能性、電子計算機の概念は数学基礎論に端を発する。RSA暗号は素因数分解の困難性を安全性の根拠とする公開鍵暗号であるが、その基盤は整数論、とくに17世紀のフェルマーの小定理に帰する。現代のデジタル社会を支えている基本インフラはこれら極めて抽象的な数学を出発点とする。一方で、計算複雑性などの計算理論からは、量子情報理論の観点からも、数学の新しい大きな研究領域が生み出されようとしている。「2.7.6 システム設計の数理」はCPS/IoTを始めとする産業横断的システム構築の基礎であり、機械学習の内部構造解明にも寄与する。「連続的なデータ構造をどうコンピュータで（近似的に）取り扱うか」「どのような数学的対象ならば（数学的構造を崩さずに）デジタルの世界にコード可能か」など応用上も重要である。ここには圏論のような、いわば数学の抽象的手法の有用性が広がっている。

1.2 世界の潮流と日本の位置付け

本節では、システム・情報科学技術分野における研究開発戦略立案を行うに当たって必要となる、社会・経済の動向、研究開発投資や論文、研究コミュニティの動向、各国の科学技術政策・研究開発戦略の動向、研究開発の動向、社会との関係における問題について述べる。

1.2.1 社会・経済の動向

（1）社会とシステム・情報科学技術

2022年2月に勃発したウクライナ紛争において、システム・情報科学技術は重要な役割を果たしている。兵器自体のIT化による攻撃力の強化はもとより、衛星や無人航空機（UAV：Unmanned Aerial Vehicle）を使っての情報収集や監視あるいは自爆型ドローンによる攻撃も行われている。また、武力による闘争のみならず、ハッキングやサイバー攻撃が政府や軍の業務妨害、電力などの重要インフラへの攻撃に使われている。ソーシャルメディアやメッセージングアプリは分離主義者グループの動員や組織化に利用され、プロパガンダや偽情報を流す手段としても利用されている。人間の「脳」は、陸・海・空、宇宙、サイバーに続く第6の戦場と言われており、ソーシャルメディアに拡散されるフェイクニュースは国際世論形成にも大きな影響を与えている。これまでの軍事的な手段だけによらず、非軍事的な手段、すなわち情報技術等を用いた攻撃手段も併せて、それらを高度に統合した形で戦争が行われている。あらゆる科学技術は人類の福祉のために研究開発されてきたはずであるが、それが強力であればあるほどその両面性から軍事に利用されるということであり、システム・情報科学技術もその例外ではないことが明らかになった。

2019年末から発生した新型コロナウイルス感染症の蔓延は、デジタル化が急速に進展するきっかけとなった。テレワークやオンライン学習、遠隔医療など、多くのビジネスや学校がデジタルツールを使用するようになり、人々がオンラインでコミュニケーションを取るようになった。これにより、デジタル技術の利用が拡大し、ビジネスや教育などの業界全体においてデジタル化が加速した。新型コロナウイルス感染症の蔓延に伴い、否応なくデジタル化、オンライン化がすすめられたということである。急速なデジタル化により通信インフラのひっ迫が予想されたが、幸いにも国内バックボーンの通信容量には余裕があり、輻輳などの大きな混乱が起きるまでには至らなかった。すなわち、新型コロナウイルス感染症は社会に大きな混乱、停滞、損害、恐怖を与え続けているが、一方で社会のデジタル化という意味では、それを数年は加速したとも言われている。テレワークや遠隔授業をすることによって、これまでの仕事や勉学のやり方を見直し、効率的な仕事の仕方や実りの多い勉学などについて考える機会になった。たとえば、これまで押印が必要だと信じられていた業務においても、実は印鑑は必須ではないことが明らかになり、プロセスが簡素化されることによって業務の効率が向上した。国内でも新設されたデジタル庁を中心として、行政のデジタル化の遅れを取り戻し、さらに業務や働き方を見直し、社会のデジタル化に向けた動きが始まっている。一方で、すべてをオンライン化することによるデメリットも明確になってきた。たとえばオンライン会議は地理的な制約を受けないので、時間を非常に有効に使えることがわかったが、会議の前後のちょっとした会話がなくなることによって、部門をまたがる連携が減少したり、孤立感を感じると言った負の側面も目にするようになった。デジタル化、オンライン化のメリットとデメリットを理解し、リアルの良さも合わせたプロセスを構築することが今後の課題であろう。

これまでの社会トレンドを見ると、世界的には地球温暖化・気候変動、経済的な成長率の停滞や社会的格差の拡大、民主主義への疑問、市場主義の限界、地域の不安定化、消費構造の変化などが挙げられる。さらに国連が採択した2030アジェンダには持続可能な開発アジェンダとして17のゴール（SDGs:

Sustainable Development Goals）が盛り込まれている。これらは発展途上国だけの問題ではなく、広く地球的な問題としてとらえる必要がある。17のゴールと、原因となる問題は多対多の関係にある。したがって、ゴールを一つずつクリアしていくよりは、根源的な問題を解決して複数のゴールの達成を目指すほうが現実的であろう。問題の解決にはあらゆる技術や法制度、ビジネスモデルなどさまざまな視点からのアプローチが必要であるが、問題のある局面を見るとシステム・情報科学技術がソリューションを提供するところもある。しかも、特定のシステム・情報科学技術が複数のソリューションになり得る可能性を持っている。もちろんシステム・情報科学技術だけが問題を解決するわけではないが、共通のメタソリューションになる可能性がある。

英国のEU離脱や米中間の貿易や技術覇権をめぐる摩擦に見られるように、グローバル化とは違った方向への動きもみられていたが、新型コロナウイルス感染症の蔓延によってさらなる国や地域の分断といった事態にも陥っている。中東地域における紛争なども一時期よりは落ち着いてはいるものの、まだまだ予断を許さない状況にあるし、移民の問題も片付いたわけではなく、社会の安定にとっては懸念がある状態である。

日本のトレンドとしては、感染症はもとより、少子高齢化や経済成長の行き詰まり、社会インフラの老朽化、原発をはじめとするエネルギー問題、地震や台風などの自然災害の脅威、医療費などの社会保障費の増大などの問題がある。領土問題など近隣諸国との関係も不安定な状況にあり、防衛費の増大という新たな負担も現れている。

システム・情報科学技術そのものにも重要な問題がある。人類の進歩のためのシステム・情報科学技術が、一方ではサイバーセキュリティーや科学の軍事利用などの問題にもつながっている。また、システム・情報科学技術の進展が既存の雇用を減少させることにつながったり、技術的格差が経済的な格差に直結したり、あるいは倫理的、法的、社会的問題を引き起こすことになったりするという考えもある。

これらの動向に対して、システム・情報科学技術の発展が健全な社会の構築に貢献するためには、様々な観点からの検討が必要である。表1–2–1にはこれらの動向と、システム・情報科学技術との関連をまとめる。

表1-2-1　　社会・経済の動向とシステム・情報科学技術との関連

	社会・経済の動向	システム・情報科学技術との関連
世界	ロシアのウクライナ侵攻による国際関係の複雑化	システム・情報科学技術と国家安全保障の繋がりが強くなる
	新型コロナウイルス感染症の世界的蔓延。それに伴う社会の分断、経済活動の後退など大きな影響。	国際間の意思疎通、連携協調をサイバーで支援し、分断を少しでも避ける。リアル世界の活動を少しでも補足、強化するための動きが必要。
	米中覇権争いによる世界経済のブロック化	サプライチェーンリスクをはじめとして、経済安全保障への意識が高まり、システム・情報科学技術の重要性が増す
	地球規模ないし一国内での格差問題の提起、SDGsニーズの市場化、無くならない貧困、食料偏在化	格差・飢饉・貧困の低減への期待
	温暖化、地球環境リスク、自然災害リスクの増加、都市化による問題増	予防、予知、減災への期待高まる
	IoT・AI・ビッグデータ等による産業構造、労働構造、人間行動の変化、意志決定システムの変化、教育への期待の変化	システム・情報科学技術の利活用の推進によるシステム・情報科学技術投資拡大、同時に依存度が高まる危惧
	先進国、新興国の消費・サービス構造の変化	サービス化はさらなる高度なシステム・情報科学技術を要請する
日本	ロシアのウクライナ侵攻に伴い、近隣諸国との緊張関係が高まる	国家安全保障に対するシステム・情報科学技術への期待が高まる
	新型コロナウイルス感染症による社会、経済活動の停滞からの回復	国を挙げてのデジタルトランスフォーメーションの実現。
	サプライチェーンリスクの顕在化	システム・情報科学技術として、情報セキュリティやソフトウェア工学など、多くの課題が突きつけられている
	少子高齢化、労働人口の現象	ロボットやエージェント、知的処理などによる労働力の代替
	経済低成長と財政の行き詰まり	システム・情報科学技術やロボット産業拡大および社会コスト削減への期待
	社会インフラ老朽化	インフラ再構築、コスト削減への期待
	自然災害の脅威	予防、予知、減災への期待高まる
	地方創生への期待	システム・情報科学技術による物理的制約の超越と地場産業興隆
	社会保障費の増大、介護・教育・安全安心への期待	生涯健康管理システムの構築
	働き方の変革、一億総活躍	ワークシェア、AI/ロボットとの共存社会、皆が働ける社会の実現

（2）経済とシステム・情報科学技術

国家安全保障における政策手段としては、外交（Diplomacy）、諜報（Intelligence）、軍事（Military）、経済（Economy）があるとされていたが、近年はそれに加えて、技術（Technology）の重要性が増してきたと言われている。

軍事においては、当然ながら兵器の高度化がテクノロジーによって進められ、近代的な兵器においてはシステム・情報科学技術は欠くことのできない存在となっているし、それらの用兵においてもシステム・情報科学技術の活用が必須である。諜報においては、従来の信号や通信の傍受・分析などにシステム・情報科学技術が利用されているが、近年のビッグデータ解析や人工知能技術の発展に伴い、さらに高度な分析が可能になっている。また、最近注目を集めているOSINT（Open Source INTelligence：公開情報に基づく諜報活動）では、ソーシャルメディアなどの一般的に入手可能な情報を大量に収集、分析することによって重要な情報を抽出することも実際に行われている。また、情報分析にとどまらず、フェイクニュースによる世論形成や偽情報による欺瞞などにもシステム・情報科学技術は使われている。

さらにシステム・情報科学技術は経済安全保障においても非常に重要な役割を担う。システム・情報科学技術はビジネスプロセスや貿易などの経済活動を支えるために使用され、経済発展に寄与するが、同時に、ハッキングやサイバー攻撃などの意図的な犯罪行為によって、企業や国家の資産や機密情報を不当に窃取し、経済に悪影響を与える可能性がある。そのため、経済安全保障においては、情報セキュリティー対策の強化や予防措置が求められ、ITが持つリスクを管理することが重要である。

経済安全保障においては、サプライチェーンリスクにも注目が集まっている。

アメリカと中国の覇権争いやCOVID–19パンデミックによって、これまでのサプライチェーンにはさまざまな脆弱性があることが明らかになった。新型コロナウイルス感染症の蔓延によって製造業を中心としたサプライチェーンが大きな打撃を受けた。食料品、電気製品、通信機器、自動車など多くの製品がサプライチェーンの切断により国内外の市場で姿を消す時期があった。東日本大震災の際にもサプライチェーンの問題が起き、タイの洪水ではパソコンの部品供給が停止したこともある。サプライチェーンは平時においては、効率性、すなわちコストとデリバリーを最適化する方向に進む。その結果、高度に洗練された効率的なチェーンが構成されるが、これはトラブルに対して大変脆弱であり、何らかの不具合でチェーンが途切れてしまう可能性を持っている。一方で、障害を仮定したサプライチェーンはある程度の余裕あるいは冗長性を持つように作られる。その結果、障害に強いサプライチェーンは経済的には非効率的であり、平時の競争において淘汰されることになる。すなわち、競争がある限り、本質的にサプライチェーンは危機に対して脆弱にならざるを得ない。競争力を保ちながら頑健なサプライチェーンを構成するための議論が必要である。

システム・情報科学技術は、サプライチェーンの脆弱性を克服するために様々な役割を果たすことができる。例えば、ブロックチェーン技術を使用することで、サプライチェーンの柔軟性や回復性を増すことができるし、さらにTransparency and Traceabilityを向上させ、不正行為や偽造品のリスクを軽減することもできる。また、AIやIoTを使用することで、生産性の向上や、効率的な物流管理を実現することができる。さらに、データ分析や予測分析を使用することで、市場動向や需要の変化を予測し、貨物の在庫や生産スケジュールの管理を行うことができる。

サイバー攻撃に対してもサプライチェーンの脆弱性が顕在化している。企業の取引系列において、中心となる企業は十分なセキュリティー対策を講じていても、その周辺となる企業では対策が不十分であることがあり、その隙を狙ってサプライチェーン全体に対する攻撃を仕掛けられることがある。近年猛威を振るっているランサムウェア攻撃も、サプライチェーンを利用したものが増えている。

昨今の情報システム開発においては、第三者のソフトウェア部品を利用することや、OSS（Open Source Software）の活用は当然となっている。その部品やOSSに脆弱性があると、それらを利用した多くの情報システムが危機にさらされることになる。ハードウェア的な部品に悪意のある機能が埋め込まれたり、脆弱性が潜むこともあるが、ソフトウェアにもそうしたリスクがあり、現実にこれらに対する攻撃によって甚大な被害が発生するという事案もあった。サプライチェーン全体にわたる監視が必要であるとともに、脆弱性が発見されたときの迅速な対応が欠かせない。

システム・情報科学技術は既存の産業を強化するだけでなく、新たな産業の創出にも寄与している。AirBnB、UBER 等がサービスを提供しているシェアリング・エコノミーが一例である。これは、余っている資産、たとえば家の部屋を、それを欲している人、たとえば旅行者に貸すというビジネスである。UBERの場合は、車を所有する人の余っている時間と車で、移動を必要とする人を運ぶというサービスである。膨大な遊休資産と、それを欲する数多くの利用者とのマッチングをシステム・情報科学技術で実現することによって、これらのサービスが可能になった。制度的な問題や従来ビジネスとの摩擦などがあるが、相当程度の規模になっている。この考え方を推し進めると、人々の雇用形態にも変化をもたらすと言われている。労働者はいわゆるフリーランサーとして、自らの意思や好みに応じて、好きな時間だけ働くということも可能になる。逆に、雇用主からは、必要な能力を必要なときだけ、世界中から最も低賃金で調達することもできるようになる。このように、必要に応じて発生して、完了すれば消える単発の仕事に基づく経済形態をギグ・エコノミーと呼ぶこともある。シェアリング・エコノミーやギグ・エコノミーは、労働制度や税制度など多くの問題をはらんではいるが、ある程度の市場規模にはなると思われ、今後の制度的な対応が必要である。

システム・情報科学技術は汎用的な基盤技術であり、システム・情報科学技術産業界以外にもさまざまな分野において、効率化などのさまざまな効果を発揮し、多様な領域のイノベーションを加速する。エネルギーや交通などの社会インフラや行政、住民サービスといった社会システムを改善し、情報通信産業のみならず、製造業やサービス業、農業などの効率化・高付加価値化を実現する。特に企業における情報技術の利活用の推進を「デジタルトランスフォーメーション」と呼び、業務プロセスや働き方、ビジネス連携などの改革を進める動きが活発化している。かつてクラウドコンピューティングは企業のITシステムの「所有」から「使用」へのシフトを起こすと言われていたが、実はそれにとどまらずビジネスの進め方そのものをも変革してしまった。デジタルトランスフォーメーションはさらにその動きを加速していくであろう。

1.2.2 研究開発の動向

システム・情報科学技術分野における、世界および日本の研究開発の歴史と現状について述べる。まず当分野の全体像を「1.1.2 科学技術の潮流」で挙げたトレンドを踏まえて概観し、続いて俯瞰区分ごとの具体的な歴史背景や動向を俯瞰する。

システム・情報科学技術の進化は、技術の広がりを軸として図1-1-1のように捉えられる。全体を支える基盤は、1960年代のメインフレームの時代から続くハードウェアの進歩である。特に、半導体微細加工技術の進歩によりプロセッサーや通信機器は指数関数的な性能向上を半世紀以上も続け、さまざまな機能を支えてきた。しかしながら、「ムーアの法則」の限界が見え始めてきた2010年代からポスト・ムーア時代に必要となる革新的コンピューティングを考える機運が高まっており、長期的なテーマとして量子コンピューティングに注目が集まっている。

このような基盤的なハードウェアの進化を足がかりとして、システム・情報科学技術の潮流として1.1.2で挙げた「あらゆるもののデジタル化・コネクティッド化」「あらゆるもののスマート化・自律化」「社会的要請との整合」のトレンドが積み重なる。

歴史的には「あらゆるもののデジタル化・コネクティッド化」の波から始まる。1990年代にインターネットが普及し多数の計算機がネットワークで接続された大規模なシステムが現れた。スマートフォンの普及や通信速度・容量の向上により、多くのサービスはインターネットの存在を前提とするようになった。クラウドとエッジというアーキテクチャーの上でさまざまなサービスが創出され、APIエコノミーなどの言葉も登場した。

「あらゆるもののスマート化・自律化」のトレンドの中で、AIシステムでは1980年代の第2次AIブームが巻き起こり、エキスパートシステムなどの実用化が進んだ。 AIが人間のチェス王者に勝利したというエポックは記憶に新しい。インターネット上の大量データやコンピューティングパワーの拡大を背景として、深層学習をはじめとするさまざまな機械学習手法を利用したAIシステムが普及し始めた。自動運転は典型的なAIシステムである。深層学習が一部のタスクでは人間に追いつき、さらには人間を上回る性能を示したことなどを契機とし、画像認識、音声対話、自然言語処理などの研究開発が活発化している。それらを統合的にシステム化する典型的な例は自動走行車や自律ロボットである。

「社会的要請との整合」は近年になって顕在化したトレンドである。データに関するプライバシーの問題、機械学習システムの安全性・信頼性、フェイクニュースなど、ELSIの側面で多くの議論と研究開発が行われている。とりわけ、AI技術に関しては、AIシステムの安全性や品質を保証するためのAIソフトウェア工学や説明可能AIの取り組み、AI社会原則など研究は活発で、今後ますます重要になると考えられる。インターネットの急速な発展とネットワークの複雑化に加え、IoTといった新しい仕組みの登場に伴い、情報システム・情報サービスのセキュリティーやそれらを安心して利用するためのトラストの重要性も高まっている。経済安全保障の観点もシステム情報科学技術に深い関係がある社会的な要請の一つである。

以下では俯瞰区分ごとの動向を見る。

（1）人工知能・ビッグデータ

「人工知能・ビッグデータ」区分では人間の知的活動（認識、判断、計画、学習等）をコンピューターで実現するための技術群である人工知能（Artificial Intelligence：AI）技術と、大規模性・不確実性・時系列性・リアルタイム性等に対応できるデータの収集・蓄積・解析技術を取り扱う。図1-2-2に示したように、第１次AIブーム（1950年代後半から1960年代）にAIが新しい学問分野として立ち上がってからの技術発展を、３つの大きな流れで捉える。

一つめの流れは「A. 理論の革新」である（図中の紫ライン）。３回のAIブームはいずれも理論面の発展（知識表現・記号処理、辞書・ルールベース処理、機械学習・深層学習等）やコンピューティングパワーの増大等の技術進化によってドライブされた。二つめの流れは「B. 応用の革新」である（青ライン）。第２次AIブーム以降は実用的な応用が生まれ始め、ビッグデータの高速並列処理・知識処理の実用化が進んだ。これに加え、第３次AIブームでは機械学習の応用分野が爆発的に拡大した。

そして三つめの流れが「C. 社会との関係」である（緑ライン）。これは第３次AIブームを迎えて、活発に議論されるようになった新しい視点である。 AI技術のさまざまな応用が社会に広がったことに加えて、AI技術の可能性が人間にとって恩恵だけでなく脅威や弊害ももたらし得るという懸念が強まったためである。

このような技術発展を経た現在、「第４世代AI」と「信頼されるAI」に向けた取り組みが研究開発の新たな潮流となりつつある。現在の深層学習を中心とするAI（「第３世代AI」と呼ぶ）の限界を克服しようとする「第４世代AI」の技術開発に加えて、社会に広がるAI技術に対する要請として定められたAI社会原則・AI倫理指針を満たすような「信頼されるAI」を目指した技術開発も重要な研究課題となっている。

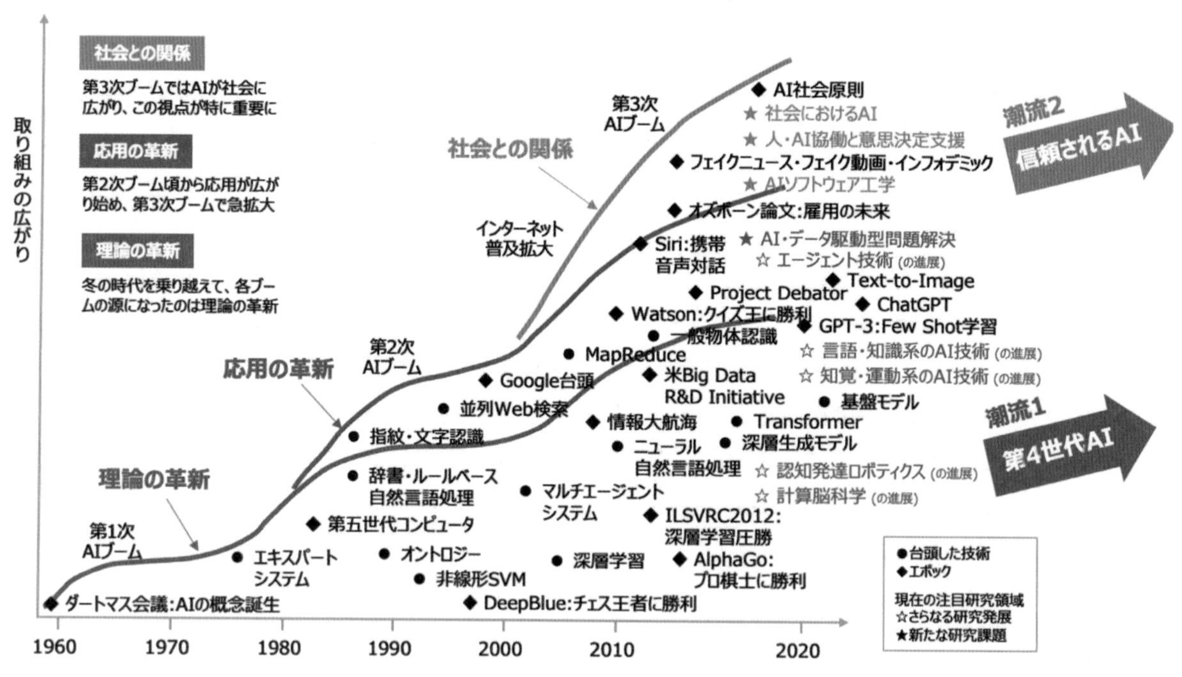

図1-2-2　　「人工知能・ビッグデータ」区分の俯瞰図（時系列）

（2）ロボティクス

「ロボティクス」区分は、高い自律性を持つ機械や機械と人間の緊密な相互作用を実現することで、安心安全でQoLの高い生活をもたらす新たな社会システムの形成に貢献する研究開発領域からなる。研究開発の大きなトレンドとして、IT、特に人工知能技術とロボティクスの融合により、ロボットの自律化による適用領域の拡大、ネットワーク化やシステム化による多様なサービスへの組み込みが進みつつある。

ロボットは、1962年の産業用ロボットに始まり工場内の工程の自動化の実現を目指し、画像認識や学習機能を実装することで定型的な作業を正確に休まず実施できるレベルになってきた（図1-2-3）。また人間や動物の運動能力を模倣するロボットも登場し、90年代になると産業ロボットだけでなく、一般社会や家庭で働く知能ロボットの研究開発が盛んになった。2000年代に入ってロボットの適用はさらに広がり、手術支援ロボットやロボット掃除機も開発された。また、2010年台には一段と進歩した人工知能を搭載し自らの行動を判断、決定し動作する知能ロボットが、家庭用ロボットや人型ロボットとして、人間と知的なインタラクションが可能なパートナーとして存在に期待が高まっている。以上のトレンドは、技術の発展、実社会への浸透、および、人間との共生という3つの観点で捉えることができる。

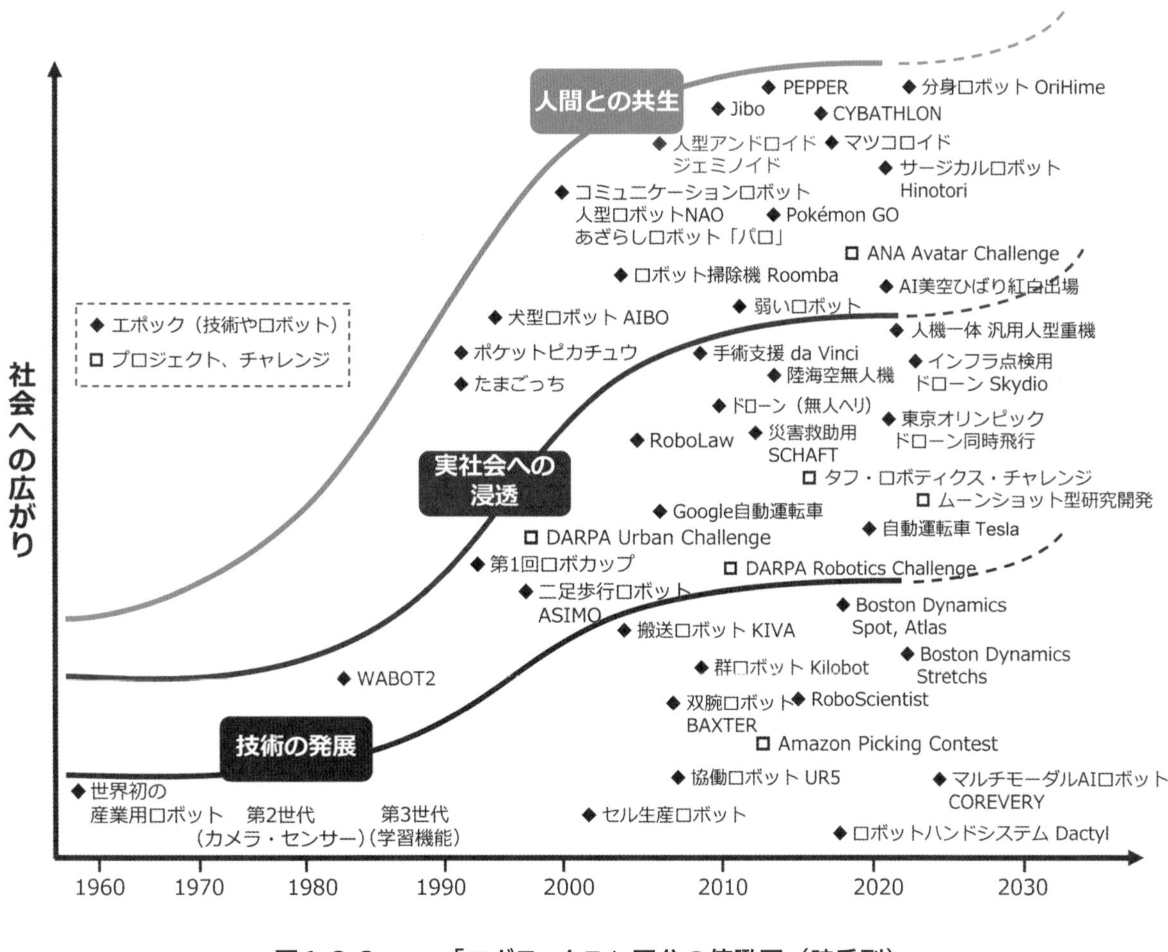

図1-2-3　「ロボティクス」区分の俯瞰図（時系列）

（3）社会システム科学

「社会システム科学」区分は、我が国が目指すべき未来社会の姿として提唱されたSociety 5.0において実現される、サイバー空間とフィジカル空間を高度に融合させせることによって、経済発展と社会的課題の解決を両立しようとする社会における社会システムに関する研究開発領域からなる社会システム科学とはSociety5.0における社会システムの安定的な挙動に向けた、設計、構成、監視、運用、制御、可視化、模擬および適切なメカニズムデザインにより社会システムの柔軟性とレジリエンスの実現を目指すものである。社会システムの大規模化・複合化・複雑化が高度に進展する中、社会システム科学の必要性が増してきている。

技術としてはITハードウェアの進歩に基盤を置き、図1–2–4に示したように1980〜90年代のPCやインターネットの普及、さらに2000年代のスマートフォンの普及やIoTの実現に従って、社会システムはクローズドシステムからネットワークで接続された巨大で複雑なオープンシステムへと発展した。また、ソフトウェア化・サービス化が進み、事業体内での最適化から複数事業体間での最適化も可能となり、都市規模の最適化へと向かっている。eコマースやオンラインバンキング、APIエコノミーなどITのスコープはさらに拡大を続けている。ITが格段に普及してもそれを扱う社会の仕組みは数十年変わらないことや、既存の法制度や商慣習のために新技術や新サービスの社会適用が阻まれるなど、既存の社会システムの進展とITの進展との間の齟齬が顕在化し始めている。

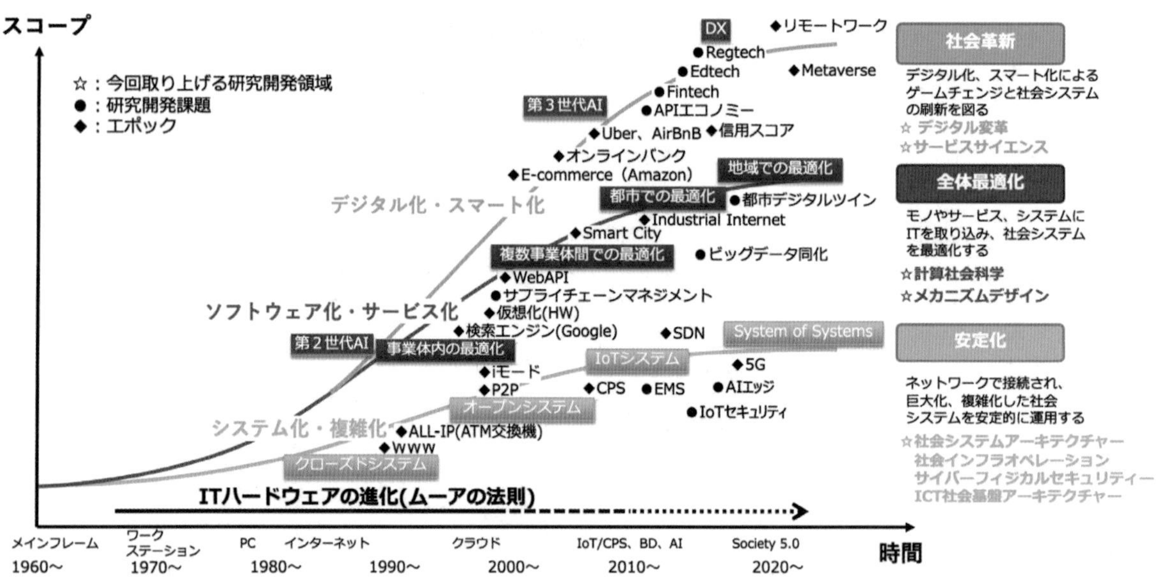

図1–2–4　「社会システム科学」区分の俯瞰図（時系列）

（4）セキュリティー・トラスト

「セキュリティー・トラスト」区分は、インターネットの急速な発展とネットワークの複雑化、IoTといった新しい仕組みの登場に伴って重要度が増す、情報システムや情報サービスのセキュリティー、およびそれらを安心して利用できるよう信頼を確保するためのトラストからなる。図1–2–5のとおり、「インフラ」「プラットフォーム」「サービス」という3つの大きな流れが広がる中で、セキュリティーとトラストの重要性が高く認識されるようになってきた。

1970年代の専用線の時代から始まる通信インフラの流れは、ISDNやADSLなどの有線通信と、3G、4G、5Gと世代を重ねる無線通信の技術発展、そして2000年代後半からのスマートフォンの普及に支えられた。またIoTが広がることにより、個人の身の回りの物から、電気やガスなどの社会インフラまでもがネットワークに接続され、情報が交換されるようになってきた。さらに、電子メールやウェブ検索、クラウドなどのプラットフォームや、eコマースやSNS、電子政府などの多様なサービスが登場してきている。

このような中、多種多様なマルウェア（不正プログラム）の増加や、DoS/DDoS攻撃、標的型攻撃、ランサムウェア（データを暗号化し復元の見返りに身代金を要求するマルウェア）など攻撃手法の多様化、個人情報漏えいによるプライバシー保護の問題などリスクが高まっている。重要インフラ施設やサプライチェーンなどへの攻撃や守る対象としての人の重要性も認識されつつある。暗号技術やマルウェアの検知、認証技術をはじめとするセキュリティー技術単体に加えて、心理学や経済学などを含めた学際的アプローチによるセキュリティー技術が重要になってきている。

また安心・安全なデジタル社会を構築するためのトラストの重要性が高まっている。トラスト形成の仕組みを構築する上で、技術的な担保として重要な役割を持つデジタルトラストや、人間の心理的な要素、制度による保証などもあわせて、多面的に考慮することが重要になってきている。

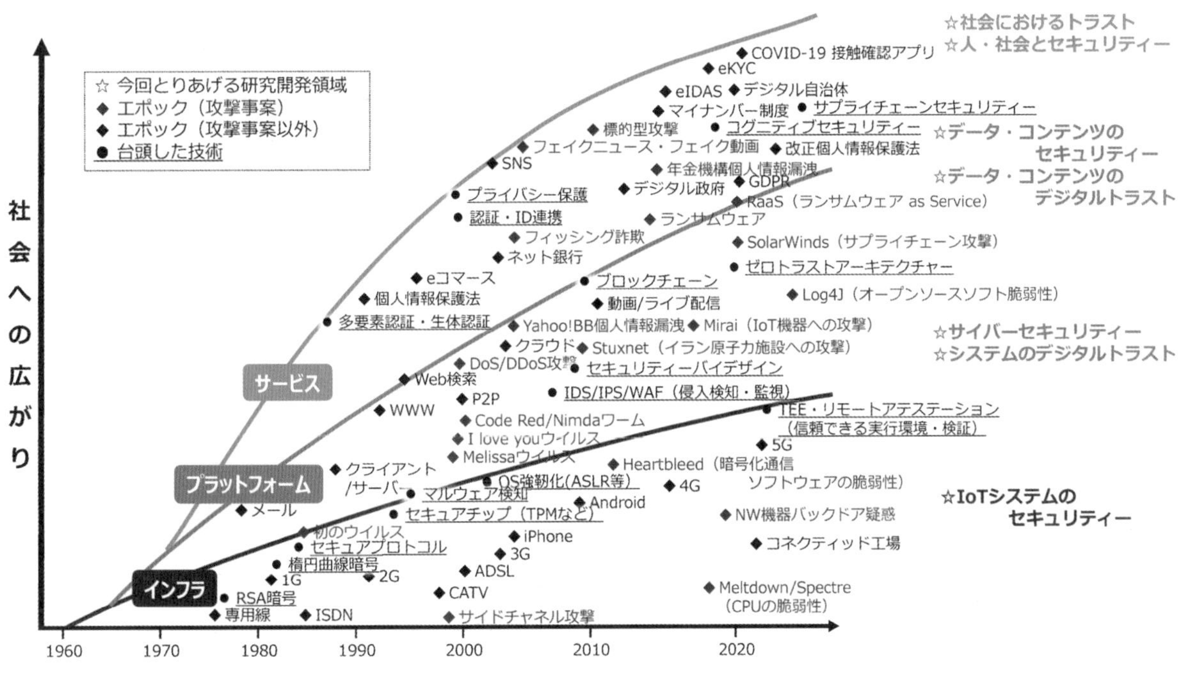

図1–2–5　「セキュリティー・トラスト」区分の俯瞰図（時系列）

（5）コンピューティングアーキテクチャー

「コンピューティングアーキテクチャー」区分における研究開発動向は、1台のコンピューターを使うところに始まり、図1-2-6のとおり、連携の広がりの観点から捉えることができる。当初は企業内でのコンピューターネットワークであったが、2000年代には大規模データセンターが各地に建設されるまでになり、CPU、記憶装置、通信装置などを適切に配備し運用するための技術開発が行われてきた。

インターネットが普及するにつれ、ネットワーク接続されたコンピューティング環境が広く一般に使われるようになってきた。クラウドコンピューティングが一般的になり、スマートフォンなどのデバイスとクラウドの組み合わせによりさまざまなサービスが提供されるようになり、ソフトウェア基盤整備も進んだ。また、IoT/CPSと言われる、フィジカル世界とサイバー世界の融合領域においては、柔軟な構成を可能にするIoT/CPSアーキテクチャーが重要になる。特に、フィジカルデバイス付近で処理を行うエッジコンピューティングは今後の発展が望まれる。

上位のサービスや応用と、コンピューティングを接続するのがサービスプラットフォームである。ハードウェアやソフトウェアの隠蔽化により、下位層の構成を意識せずにさまざまな応用やサービスを実現できる。データ利活用を進め社会の革新を目指す上では、デジタル社会インフラが決定的に重要である。我が国が目指すSociety 5.0を実現するためにも、社会的なサービスプラットフォームであるデジタル社会インフラが重要である。国家の基盤たるデジタル社会インフラには、ビジネスに加えて安全保障の上でも、我が国の技術力向上が必須である。新しい応用を考えることが、下位層のサービスプラットフォームや分散処理基盤に対して大きな影響を与える。必ずしも新たな応用のすべてが予想できるわけではないが、その可能性を検討しておくことは、今後のコンピューティングアーキテクチャーの方向性を考えるうえで役に立つであろう。

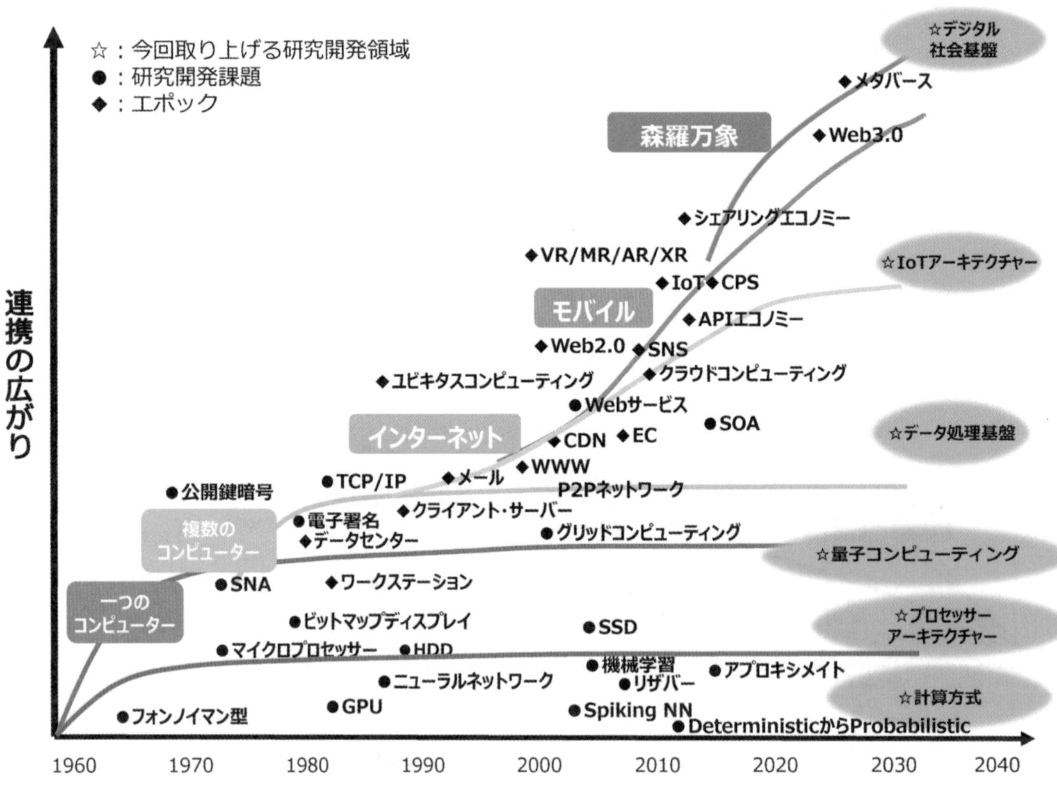

図1-2-6　「コンピューティングアーキテクチャー」区分の俯瞰図（時系列）

（6）通信・ネットワーク

Internet Protocol（IP）技術を用いて構築されるデジタルネットワークであるインターネットの登場以降を対象とした「通信・ネットワーク」区分の研究開発動向を図1-2-7に示した。

通信基盤技術としての光通信技術は2000年代に目覚ましい進化と普及を遂げ、光ファイバによる通信ネットワークは、インターネットを支える基幹通信網（コアネットワーク）から、家庭用回線、無線モバイル通信の基地局網を支えるアクセスネットワークまで導入されている。通信量の飛躍的増加、それに伴うエネルギー増大の抑制といった観点で光通信技術に対する社会的な要請・要求特性は高く、継続的な技術革新が期待されている。2000年の第三世代（3G）、2010年の第四世代（4G）といった標準の進化と並行してスマートフォンが普及したことで、無線・モバイル通信によるインターネットが広く利用されるようになった。第五世代（5G）に関しても国際的に商用化が進み、大容量・低遅延・多接続といった特徴を活かした新しいサービスの登場が期待されている。次世代（6G）の検討も始まり研究開発が活発化している。

ネットワークアーキテクチャーの時系列における大きなエポックとして、インターネットの登場がある。TCP/IPは標準でサポートするWindows 95の普及を契機に広く社会に浸透し、TCP/IP上で動作するHypertext Transfer Protocol（HTTP）の標準化と技術革新も進んでいる。IPv6（1998年）やHTTP/3などプロトコルの進化に合わせ、Web2.0やクラウドなど新たなネットワークサービスや応用技術も次々に登場した。IoT/CPSへの注目によりエッジコンピューティングの検討も始まり、メタバースやデジタルツインといった新たな技術潮流につながった。加えて、Hyper-Giantsと呼ばれるクラウド事業者やグローバルにサービスを展開するCDN事業者がTier 1に替わる存在となる「Privatization」（プライベート化）というインターネットの構造への影響が注目され、軽減するネットワークアーキテクチャーも複数検討が進められている。また、通信と計算処理を融合する「計算基盤」としてのネットワークへと向かう研究開発の方向性が、近年の5G・Beyond 5Gの研究開発の進展やクラウドの成熟・エッジコンピューティングの台頭に伴い、大きな潮流となりつつある。

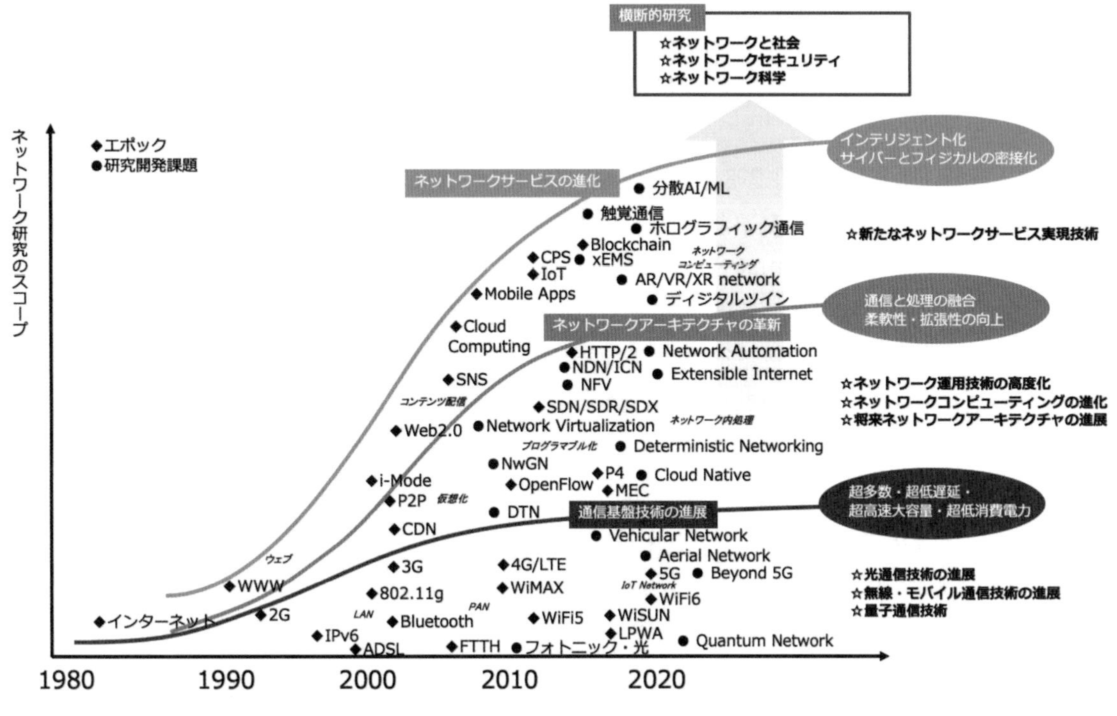

図1-2-7　　「通信・ネットワーク」区分の俯瞰図（時系列）

（7）数理科学

「数理科学」区分の発展に関する俯瞰図（時系列）を図1–2–8に示した。数学・数理科学の抽象化が進んだ20世紀中期以降に限定している。ヒルベルトの23の未解決問題と同様に、クレイ数学研究所によって提出された7つのミレニアム懸賞問題も今後数学・数理科学へ大きな影響を与えると期待される。それを俯瞰図にエポックとして示した。ゲーデルの不完全性定理により計算可能性や電子計算機の原理が生まれたり、フォン・ノイマンによる「量子力学の数学的基礎」から経済学の数理的公理化やゲーム理論の発展につながったりと、数理科学の裾野は今も広がりつづけている。ここでは社会との関係を重視し「モデル基盤、データ駆動、モデル選択」、「因果と最適意思決定」、「計算根拠、評価、設計」の3軸に沿って、6つの研究開発領域を示した。

「モデル基盤、データ駆動、モデル選択」：数理モデリングは数学理論に基づくデータ解析とともに、現実問題に対して現象論的な視点に立って、数学的記述を見出し、予測するために不可欠である。現実のデータは多くの誤差を含む。誤差を評価しながら、コンピューターによる計算値を観測値を用いて修正する技術としてデータ同化がある。また、最近では陽的なモデルを経由せずデータから縮約された有効モードを取り出す手法やクープマン作用素理論を用いた手法も編み出されている。有限要素法や不確実性定量評価に用いられるモンテカルロ法を始めとする様々な数値解析手法が開発され、ランダム化アルゴリズムの開発も注目される。関係性を理解する上でネットワーク解析技術の発展も著しい。複雑データの解釈性においては、グラフ理論等による可視化も有効であるが、写像の理解という観点から様々な数理的手法がそのベールをはがしつつある。さらに位相的データ解析のように古典的なトポロジーや幾何の知恵が全く新たな活躍の場を得ることも忘れてはならない。

「因果と最適意思決定」：現実の諸問題の多くは様々な制約下での最適化問題として定式化され、その端緒は線形計画法である。それには連続最適化と離散（組合わせ）最適化問題がある。内点法、離散凸解析、乱択アルゴリズム、分岐切除法などさまざまな手法が開発され、半正定値計画問題や大規模巡回セールスマン問題なども解ける範囲が大幅に広がった。その背後には、群論、数理物理や調和解析を展開する一つの土台でもあるジョルダン代数などによる対称錐の理論などもあった。21世紀に入り機械学習やゲーム理論との協働も進み、さらなる発展が期待される。また、疫学や経済学（金融や保険なども含む）、社会科学などにおける意思決定支援に因果推論の手法が大きな力を発揮している。その成果はチューリング賞やノーベル経済学賞の対象にもなった。今後はより広く21世紀の持続的な社会をデザインしていく上においても貢献できると期待される。

「計算根拠、評価、設計」：公開鍵暗号の安全性（多項式時間計算可能性）やP対NP問題にも関わる計算理論は数学基礎論の分野から1930年代に生まれてきた。素因数分解の計算量を根拠とする公開鍵暗号（RSA暗号など）の安全性については、ショアのアルゴリズムにより量子計算機が実現すると崩壊することを示された。これが量子計算機でも安全性が崩壊しないとされる耐量子計算機暗号につながる。そのほかにも計算理論は量子超越性、量子誤り訂正符号に深く関わる。システム設計はCPS/IoTを始めとする産業横断的システム構築の基礎であり、機械学習の内部構造解明にも寄与する。「連続的なデータ構造をどうコンピュータで（近似的に）取り扱うか」「どのような数学的対象ならば（数学的構造を崩さずに）デジタルの世界にコード可能か」などが応用上も重要となる。ここには、現代代数幾何や代数解析などでも盛んに用いられてきた圏論のような、いわば数学の抽象的手法の有用性が広がっている。

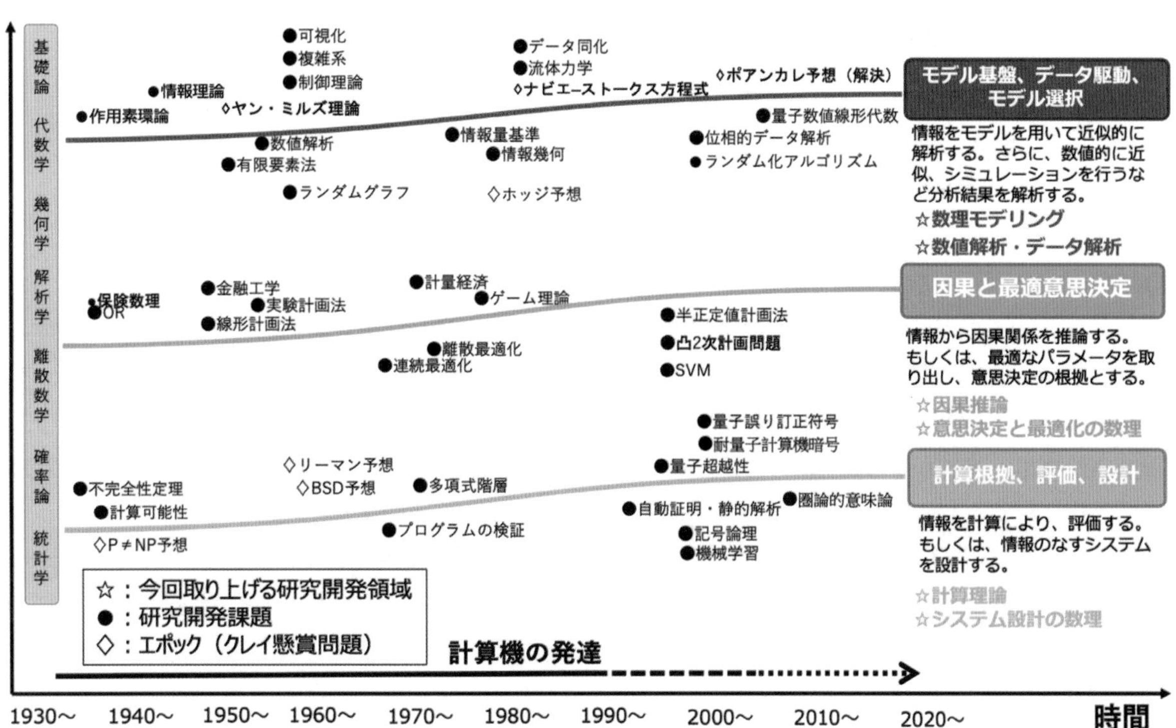

図1-2-8　「数理科学」区分の俯瞰図（時系列）

1.2.3 社会との関係における問題

『「2023年俯瞰」の前提（現下の国際情勢と「科学と社会」）』を踏まえ、当分野における、科学と社会との関係における問題、特に、IT分野の倫理・法律・社会的問題（ELSI）、情報のトラスト、パーソナルデータの利活用、経済安全保障について述べる。

（1）ITとELSI

人工知能や知的ロボットなど知的情報処理技術の研究開発が進展し、実社会への適用が次々と実現することに対して、倫理的・法的・社会的（ ELSI：Ethical, Legal, and Social Issues）な視点での考慮は不可欠である。しかしながら、新しい科学技術の利用に関する懸念や不安はIT固有のものではない。また、ELSIに関する研究は、米国が1990年にヒトゲノム計画を立ち上げた際に、研究に潜む倫理的・法的・社会的問題を同時に研究するとしたことに端を発する。

ITにおいても、ELSIという言葉は使わないものの、情報の電子化に伴う個人情報漏えいやプライバシー侵害への危険性や不安に対して、早くも1980年にはOECD理事会の「プライバシー保護と個人データの国際流通についてのガイドラインに関する勧告」などの取り組みが始まっていた。わが国においては2003年に「個人情報の保護に関する法律」が成立した後、数々の事故や紆余曲折の議論を経て、2015年には「改正個人情報保護法」が成立（さらに2020年改正）、匿名加工・仮名加工などの情報処理を施すことでパーソナルデータの利活用を促進する枠組みが整備された。並行して学術界でも、水谷雅彦らによるプロジェクト「情報倫理の構築（FINE）」（1998–2003）にて応用倫理学の一分野として、現代社会特有の倫理的矛盾の解決を目指す情報倫理学を構築する試みも行われた。

ロボットについては、1980年代から自動車の組立工場などで産業用ロボットの利用が普及し始めたが、かつて産業革命当初、機械の普及による失業を恐れた労働者が起こした機械破壊運動（ラッダイト運動）のような排斥運動は起こっていない。新たに生まれたITや知的作業の雇用が労働力を吸収したためと言われる。一方で、人工知能により自らの行動を判断、決定し動作する知能ロボットは工場から家庭や街中に活動の場を広げた結果、周囲にいる人間に対する安全・安心の課題が重要になってきた。日本では総じてヒト型ロボットの開発が活発であるが、今日の自動車もロボットの一種とみなせる。特に、自動走行は、ロボットの3大要素である動力系技術、センシング系技術、制御系技術の高度な連携により初めて実現できるものである。車の自律的な判断による事故に対する責任問題は、倫理や法的な問題の議論を巻き起こしている。

人工知能は、興隆期と幻滅期を繰り返しながらも、現在第3次ブームを迎えて、知的とされる分野においても人間の能力を凌駕するレベルになりつつある。近年の急激かつ驚異的な進展により、コンピューターの計算能力が全人類の脳を超える「シンギュラリティー（技術的特異点）」（Kurzweil）という技術用語が新聞などの一般メディアにまで登場する。哲学者が超知性体SuperIntelligenceの脅威（Bostrom）を描出すると、それに呼応する形で、今度は産業界や情報科学とは異なる学術界から人工知能の開発に対する懸念が叫ばれるようになってきた。同時に経済学者や社会学者からは、人間の雇用を奪うコンピューター（Brynjolfsson、Osborne）という直近の現実的な指摘から、人工知能だけでなくナノテク・バイオテクノロジーを含めた科学技術全般のさらなる進化による人類（ヒューマニティー）の進化、いわゆるポストヒューマニティー問題や人類の未来はいかなる世界になるか、また、それにどう備えておくべきかという壮大な問題が提起されている（Fuller、Harari）。近年では、これらの中長期的、観念的な懸念を追体験するような脅威や弊害が現実になっている。

（2）情報のトラスト

近年、社会との関係で重要性が高まっている問題が情報のトラストである。ソーシャルネットワーキングサービス（SNS）を使った個人への誹謗中傷やフェイク情報による選挙や国民投票などへの介入や誘導など、情報が個人や組織、国家の意志決定・合意形成に与える影響は拡大し続けている。「旧来のトラスト」は、顔が見える人間関係や人々の間のルールに支えられたが、デジタル化の進展につれて、バーチャルな空間にも人間関係が広がり、複雑な技術を用いたシステムへの依存が高まり、だます技術も高度化している。例えば、最新のAI技術により巧妙に偽装されたフェイクなどによる情報サービスや情報そのものへの不信感や、ユーザーにとってブラックボックスであるAI技術を用いた自動運転車に安心して乗車できるのか、さらには、メタバースなどのバーチャル空間での活動において、生身の人間や物理的な実体が必ずしも確認でなくても相手を信用できるか、など、さまざまな問題が想定される。このような不信・警戒を過度に持つことなく幅広い協力・取引・人間関係を作り、デジタル化によるさまざまな可能性・恩恵がより広がるようなデジタル社会を実現するものがトラストであり、デジタル社会におけるトラスト形成の仕組みを再構築することが重要となっている。

トラストを再構築して安心・安全なデジタル社会を実現する上では、人・社会への攻撃をセキュリティーにより守ることも必要となる。例えば、実在する組織を装って個人情報を得ようとするフィッシング詐欺は年々増加している。また、SNSの普及により、誰もが簡単に情報を発信できるようになったが、一方で、虚偽の情報が含まれるフェイクニュースにより世論が誘導されたり、真偽が定かでない情報などが大量に拡散するインフォデミックにより人々の不安があおられたりする問題も起こっている。最近では、新型コロナウイルス感染症に関する真偽が定かでないさまざまな怪しい情報がSNS上に拡散し、人々に不安を与えた。このような情報攻撃から人や社会を守るためには、人の認知（コグニティブ）を考慮したコグニティブセキュリティーが必要であり、心理学、社会学、経済学、法学などを含めた学際的アプローチによる総合的なセキュリティー対策の研究が望まれている。

（3）パーソナルデータの利活用

情報科学技術が多様な分野の基盤技術として浸透するなか、わが国では個人データやパーソナルデータ[1]の利活用が、政府が主導するデジタル化推進上の障害になるケースが散見される。ここでは、その一例として、コロナパンデミックの初期に発生した、パーソナルデータの利活用を巡る各国の対応から、日本におけるパーソナルデータの利活用を進める上での課題を考える。

コロナパンデミックの初期においては、ワクチンや治療薬がない中、感染予防対策の柱の一つが接触回避であった。各国は、接触確認や入国者の自主隔離状況の把握、または感染者の経路分析などにパーソナルデータの利活用を重要視したが、この利活用におけるプライバシーの保護と感染症対策の間で価値の相克が発生した。日本をはじめとした欧米諸国では、接触確認・追跡アプリなどを導入してもプライバシーに配慮してパーソナルデータの利活用を躊躇するなか、感染症対策を優先して利活用に踏み込んだ選択をした国・地域（中国、韓国、台湾など）が、感染症の拡大防止に一定程度成功した。日本と同じ民主主義国家である韓国、台湾で、パーソナルデータの踏み込んだ活用が可能であった要因を検討した結果、①両国では、その置かれた環境から、安全保障や緊急時に対する意識が高かったことに加えて、②特に韓国では、MERS（中東呼吸器症候群）に関する苦い経験を踏まえ、パーソナルデータの扱いも含めた法制度など事前の備えがあった（経験と議論による国民的な合意形成）。また、③台湾においても、SARS（重症急性呼吸器症候群）の経験を踏まえた備えや国民の政府に対する高い信頼が成立していた。一方で、④台湾、韓国においてもパーソナルデータの利活用に対しては賛否があり、その利活用に当たっては、プライバシーに配慮しながら、政府は国民の理解を得る努力を最大限に行っていたことが明らかになった。

1　パーソナルデータに関しては明確な定義はないが、個人情報保護法が規定するところの個人識別性を有する「個人情報」に限定することなく、広く位置情報や購買履歴などを含めた「個人に関する情報」を指す。［総務省「パーソナルデータの利用・流通に関する研究会報告書」平成25年6月12日］

わが国においてパーソナルデータの利活用を進めるにあたっては、利活用に対する国民の態度を理解するとともに、社会における合意を形成することが必要である。具体的には、利活用の有用性と個人の権利・利益の保護を、科学的・客観的根拠に基づき比較考量し、これをもとにとるべき選択肢として明示し、国民を交えた冷静な議論により、社会全体としての「価値の選択」を行うプロセスが必要である。また、その際に政策の実施主体である政府と国民との信頼関係/トラストの構築が必要であり、そのためには国民が何を問題視しているのか、また政府に何を求めているのかなどの点について明らかにすることが不可欠である。わが国がデジタル化を推進する際には、このような日本人の国民性を意識して推進しなければならない。

（4）経済安全保障

システム・情報科学技術は、経済安全保障にも密接に関連する。経済活動はグローバル化しており、わが国の経済も、さまざまな国や企業に依存している。新型コロナウイルス感染症や米中経済対立、ウクライナ侵攻をめぐる地政学的な変化は、わが国の経済に大きな影響を及ぼしており、経済安全保障の観点から、サプライチェーンやインフラ施設、技術の重要性が再認識されている。また、データが経済発展の源泉となる中で、わが国は自国のデータの多くを海外プラットフォーマーのデータセンターに保管している。

製品のサプライチェーンは、さまざまな国や企業が係わり、効率（コストやデリバリー）を優先して構築されてきた。このため、一部で問題が発生すると、その影響はサプライチェーン全体に影響を及ぼす。米中経済対立やコロナウイルス感染症の蔓延では、半導体不足が深刻化し、自動車や通信機器、電気製品など多くの製品のサプライチェーンに影響を及ぼした。これらの問題に対処するためには、自国による半導体などの重要物資の確保に加えて、競争力を保ちながら頑健なサプライチェーンを構築するための議論が必要である。

電気、ガス、水道などのインフラ施設の重要性も高まっている、これらの施設は、我々が生活していく上で必要不可欠なものであり、そのサービスが停止すると社会に大きな影響を与える。米国では石油パイプライン施設へのサイバー攻撃によって米国東海岸の石油価格が高騰するといった事例も発生している。また、システム・情報科学技術とは直接関係はないが、ウクライナ侵攻により、天然ガスや石油市場の混乱や価格上昇などの影響が出始めている。インフラサービスを安全かつ継続的に提供するために、重要インフラ施設をサイバー攻撃などから守る取り組みも必要である。

システム・情報科学技術はデジタル社会の基盤である。 AI、量子、ロボット、サイバーセキュリティーなどの技術は、今後の経済発展に重要な役割を果たすと考えられるが、サイバーセキュリティー技術をはじめ多くの先端技術を海外に、特に欧米に依存している。今後、経済安全保障の観点からも、これら重要技術を国として育成・保有するための議論が必要である。

一方で、データは、デジタル社会における価値の源泉であり、自国のデータを守る取り組みを、国益として推進することが必要である。米国は、グーグル、アップル、メタ、アマゾンに代表される巨大IT企業がデータを独占しながら、さまざまな活用を進めている。欧州は、一般データ保護規則（GDPR）の枠組みで域内のデータを保護しようとしている。日本は、いかなる手段をもって自国のデータ保護と活用を行うべきかについて議論が必要である。また、AI・ビッグデータの観点では、アルゴリズムの独占は難しく、学習や分析に用いるデータが競争力の源泉となる。近年、学習データとモデルは超大規模化しており、膨大な学習データを持つ巨大IT企業しか最先端AIモデルの開発競争に参戦できない。今後、日本は、自国によるデータの確保を含め、最先端のAIモデル開発にどのような戦略で臨むべきかについても議論が必要である。

1.2.4 主要国の科学技術・研究開発政策の動向

研究開発戦略立案を行うためには、研究開発の動向だけでなく分野を取り巻く現状の俯瞰的把握が必要である。そのためには、主要国の科学技術政策や研究開発戦略・計画等の動向も把握する必要がある。システム・情報科学技術分野では、米国や中国企業における研究開発活動が大きな潮流を生み出しているが、中国は国策により企業活動が支援され大きな競争力につながっている。また、米国においても自国の産業を促進する政策が打ち出されている。本項では、直近の主要国・地域のシステム・情報科学技術に関連する政策・戦略・計画や制度について述べ、主な動向の一覧を表1-2-4として示す。

（1）日本

［科学技術イノベーション関連の政策］

高度情報通信ネットワーク社会の形成に関する施策を迅速かつ重点的に推進することを目的として、高度情報通信ネットワーク社会形成基本法が2000年に制定され、それを受け、2001年には高度情報通信ネットワーク社会推進戦略本部（IT戦略本部）が設置された。このような中、決定された第2期科学技術基本計画においては、高度情報通信社会の構築と情報通信産業やハイテク産業の拡大に直結するものとして、情報通信分野が 4 つの重点分野の一つに位置づけられ、分野別推進戦略の下で研究開発の推進が図られた。続く第3期科学技術基本計画においても、この分野別推進戦略は継続的に実施された。

第4期科学技術基本計画は、第3期までと比べて社会的課題への対応を意識した構成となり、情報科学技術分野はグリーンイノベーション、ライフイノベーション、産業競争力の強化等を支える共通基盤技術として位置づけられた。また、複数領域へ横断的に活用することが可能な科学技術や融合領域の科学技術として、ナノテクノロジー、光・量子科学技術、シミュレーションやe-サイエンス等の高度情報通信技術、数理科学、システム科学技術の研究開発の推進が掲げられた。

第5期科学技術基本計画では、現在の世界をICTの進化等により、社会・経済の構造が日々大きく変化する「大変革時代」が到来しているものと捉え、未来の産業創造と社会変革に向け、世界に先駆けて「超スマート社会」の実現（Society 5.0）を目指して、サービスや事業の「システム化」、システムの高度化、複数のシステム間の連携協調による、共通的なプラットフォーム（超スマート社会サービスプラットフォーム）構築に必要となる取組が推進された。

2021年3月に閣議決定された第6期科学技術・イノベーション基本計画[1]では、新型コロナウィルスの感染拡大による社会・生活の変化や、デジタル化の本来の力が未活用といった現状認識のもと、「国民の安全と安心を確保する持続可能で強靭な社会」と「一人ひとりの多様な幸せ（well-being）が実現できる社会」を目指し、サイバー空間とフィジカル空間の融合による新たな価値の創出、次世代に引き継ぐ基盤となる都市と地域づくり（スマートシティの展開）、新たな研究システムの構築（オープンサイエンスとデータ駆動型研究等の推進）、などが挙げられている。

この第6期基本計画の下策定された、統合イノベーション戦略2021[2]では、①国民の安全と安心を確保する持続可能で強靭な社会への変革、②知のフロンティアを開拓し価値創造の源泉となる研究力の強化、③一人ひとりの多様な幸せと課題への挑戦を実現する教育・人材育成、④官民連携による分野別戦略の推進、⑤資金循環の活性化、⑥司令塔機能の強化、という重点的に取り組むべき施策が盛り込まれた。

統合イノベーション戦略は年次戦略として政策の見直しが行われ、新たに「統合イノベーション戦略2022」が策定された。掲げられた科学技術イノベーション政策の三本柱の中でシステム情報科学技術分野と関連が深いのは「知の基盤（研究力）と人材育成の強化」では「新たな研究システムの構築（オープンサイエンスとデータ駆動型研究等の推進）」、「イノベーション・エコシステムの形成」では「次世代に引き継ぐ基盤となる都市と地域づくり（スマートシティの展開）」、「先端科学技術の戦略的な推進」では「サイバー空間とフィジカル空間の融合による新たな価値の創出」である。加えて、新たなAI戦略・量子戦略に基づく社会実装や経済安全保障の強化、マテリアルDXプラットフォームの実現などが分野別戦略に盛り込まれた。

[データ利活用・デジタル化関連の政策]

Society 5.0実現に向けて、デジタル国家にふさわしいデータ戦略として、「包括的なデータ戦略」が2021年6月に公開された[3)]。2020年末の「データ戦略タスクフォースとりまとめ」で示された課題に対して、「行政におけるデータ行動原則の構築」、「プラットフォームとしての行政が持つべき機能」、「トラスト基盤の構築」、「データ連携に必要な共通ルールの具体化とツール開発」、「ベース・レジストリの指定」などを検討した結果をまとめている。2021年10月には「データ戦略推進ワーキンググループ」の下に「トラストを確保したDX推進サブワーキンググループ」が設置され、トラストを確保したデジタルトランスフォーメーションの具体的な推進施策の検討が進められている。トラストを確保する枠組みの基本的な考え方（トラストポリシー）の基本方針や今後の推進体制が示された「トラストを確保したDX推進サブワーキンググループ報告書」が2022年7月に発表された[4)]。

一方、データ利用のための法整備の面では、改正個人情報保護法により匿名加工情報の定義が明確になり、医療データについては、次世代医療基盤法も整備され、データ活用が期待される。また、著作権法の一部が改正され、IoT・ビッグデータ・人工知能（AI）等の技術を活用したイノベーションに関わる著作物について柔軟な権利制限規定の整備が行われた。

2019年の持続可能な開発目標（SDGs）実施指針拡大版に基づいて策定されたSDGsアクションプラン2021では、4つの重点事項が掲げられ、このうち「よりよい復興に向けたビジネスとイノベーションを通じた成長戦略」において、Society 5.0の実現を目指してきた従来の取り組みを更に進めると共に、デジタルトランスフォーメーションを推進し、誰もがデジタル化の恩恵を受けられる体制を整備し、「新たな日常」の定着・加速に取り組むこととが示されている。

[人工知能関連の政策]

人工知能については統合イノベーション戦略推進会議が「人間中心のAI社会原則」[5)]を2019年にとりまとめ、人間の尊厳が尊重される社会（Dignity）、多様な背景を持つ人々が多様な幸せを追求できる社会（Diversity & Inclusion）、持続性ある社会（Sustainability）という基本理念のもと、AI-Readyな社会において、国や自治体をはじめとする我が国社会全体、さらには多国間の枠組みで実現されるべき社会的枠組みに関する原則を示している。また、統合イノベーション戦略推進会議のもとで、イノベーション政策強化推進のための有識者会議「AI戦略」（AI戦略実行会議）が「AI戦略2019」をとりまとめ、今後のAIの利活用の環境整備・方策を示している。さらに、「AI戦略2021」、「AI戦略2022」と改定し、取組を継続・推進している。新たに策定された「AI戦略2022」[6)]では社会実装の充実に向けて新たな目標を設定して推進するとともに、パンデミックや大規模災害等の差し迫った危機への対処のための取組が具体化されるなど、AI活用がいっそう強調された。

[サイバーセキュリティ関連の政策]

サイバーセキュリティーに関しては、「「安全・安心」の実現に向けた科学技術・イノベーションの方向性」（2020年）の中で自然災害や安全保障環境の変化などと並んでサイバー攻撃についても様々な脅威の顕在化が指摘されている[7)]。2021年9月には内閣サイバーセキュリティセンター（NISC）「サイバーセキュリティ戦略」[8)]が閣議決定され、国民・社会を守るためのサイバーセキュリティ環境の提供やデジタル庁を司令塔とするデジタル改革と一体となったサイバーセキュリティの確保が盛り込まれた。研究開発課題としては「実践的な研究開発の推進」にサプライチェーンリスクへの対応や攻撃把握・分析・共有基盤、暗号等の研究の推進が、「中長期的な技術トレンドを視野に入れた対応」には、AI技術の進展（AI for Security, Security for AI）や量子技術の進展（耐量子計算機暗号の検討、量子通信・暗号）が挙げられている。

［通信・ネットワーク関連の政策］

通信・ネットワークについては、総務省「Beyond 5G推進戦略」（2020年6月策定）でBeyond 5Gが実現する2030年代に期待される社会像が示されている[9)]。この中で「誰もが活躍できる社会（Inclusive）」「持続的に成長する社会（Sustainable）」「安心して活動できる社会（Dependable）」の3つの社会像が具体的イメージとして掲げられ、Society 5.0の実現に必要な次世代の情報通信インフラとしてのBeyond 5Gが注目されている。総務省・NICTの「Beyond 5G研究開発促進事業」による研究開発も進められている。「第6期科学技術・イノベーション基本計画」に基づき政府全体でイノベーションの創出に向けた取組や分野別戦略の策定や見直しが進められたことを受けICT政策の見直しが総務省で進められ、「Beyond 5Gに向けた情報通信技術戦略の在り方」についても情報通信審議会に諮問された。2022年6月には同審議会より中間答申が発表され、課題認識や社会像、Beyond 5Gのユースケースや目指すべきネットワークの姿が示された。また、国として特に注力すべき研究開発課題としてオール光ネットワーク関連技術、非地上系ネットワーク関連技術、セキュアな仮想化・統合ネットワーク関連技術などが重点プログラムに指定された。

［量子情報科学関連の政策］

量子技術については、統合イノベーション戦略推進会議のもと、量子技術イノベーション会議が「量子技術イノベーション戦略」[10)]をとりまとめ、「量子コンピュータ・量子シミュレーション」、「量子計測・センシング」、「量子通信・暗号」、「量子マテリアル（量子物性・材料）」を主要技術領域とし、これらから国として、特に重点を置いて、速やかに推進すべき技術課題（重点技術課題）、及び、中長期的な観点から着実に推進すべき研究課題（基礎基盤技術課題）を特定し、設定した。2022年4月には「量子未来社会ビジョン」[11)]が新たに策定され、量子古典技術システム融合による産業の成長機会創出・社会課題の解決、量子技術の利活用促進と新産業・スタートアップ支援が謳われた。

［政府主導の大規模プロジェクト］

戦略的イノベーション創造プログラム（SIP）では、2018年度から第2期として、ビッグデータ・AIを活用したサイバー空間基盤技術、フィジカル空間デジタルデータ処理基盤技術、IoT社会に対応したサイバー・フィジカル・セキュリティー、自動運転（システムとサービスの拡張）、スマートバイオ産業・農業基盤技術、IoE社会のエネルギーシステム、国家レジリエンス（防災・減災）の強化、AI（人工知能）ホスピタルによる高度診断・治療システム、スマート物流サービスなどの研究開発が推進されている。

2018年度から開始された官民研究開発投資拡大プログラム（PRISM）では、AI技術（革新的サイバー空間基盤技術より改組）、建設・インフラ/防災・減災、量子技術の領域において、システム・情報科学技術に関連する複数のプロジェクトが推進されている。

我が国発の破壊的イノベーションの創出を目指し、従来技術の延長にない、より大胆な発想に基づく挑戦的な研究開発（ムーンショット）を推進するため、2019年度にムーンショット型研究開発制度が発足した。システム・情報科学技術に関連する目標として、

・2050年までに、人が身体、脳、空間、時間の制約から解放された社会を実現、
・2050年までに、AIとロボットの共進化により、自ら学習・行動し人と共生するロボットを実現、
・2050年までに、経済・産業・安全保障を飛躍的に発展させる誤り耐性型汎用量子コンピューターを実現

が設定され、研究開発が推進されている。

また、人工知能に関する中長期的な研究開発として、情報通信研究機構（NICT）、理化学研究所・革新知能統合研究センター（AIP）、科学技術振興機構（JST）AIPネットワークラボ、産業技術総合研究所（AIST）・人工知能研究センター、新エネルギー・産業技術総合開発機構（NEDO）などで取り組みがなされている。AIPネットワークラボにおいては、ドイツ研究振興協会（DFG）およびフランス国立研究機構（ANR）と協力して人工知能分野での3国共同研究を実施している。

1 俯瞰対象分野の全体像

表1-2-4　科学技術政策・研究開発戦略の動向

	日本	米国
科学技術イノベーション	・**第6期科学技術・イノベーション基本計画**：社会・生活の変化やデジタル化の本来の力が未活用といった認識のもと「国民の安全と安心を確保する持続可能で強靭な社会」と「一人ひとりの多様な幸せ（well-being）が実現できる社会」を目指し、サイバー空間とフィジカル空間の融合による新たな価値の創出、次世代に引き継ぐ基盤となる都市と地域づくり、新たな研究システムの構築が挙げられている。 ・**統合イノベーション戦略2022**：「新たな研究システムの構築（オープンサイエンスとデータ駆動型研究等の推進）」「次世代に引き継ぐ基盤となる都市と地域づくり（スマートシティの展開）」「サイバー空間とフィジカル空間の融合による新たな価値の創出」がシステム情報科学技術分野と関連が深い。分野別戦略にはAI戦略・量子戦略に基づく社会実装や経済安全保障の強化、マテリアルDXプラットフォームの実現などが盛り込まれた。 ・**SDGsアクションプラン2021**：デジタルトランスフォーメーションを推進し、誰もがデジタル化の恩恵を受けられる体制を整備し「新たな日常」の定着・加速に取り組むことが示されている。	・**2022年度の研究開発予算の優先事項**：「未来の産業と関連技術における米国のリーダーシップ」として、人工知能、量子情報科学、先進コミュニケーションネットワーク、先進製造業、未来のコンピューティングエコシステム、自動運転車と遠隔操作車が挙げられている。「米国の公衆衛生」における「感染症のモデリング、予知および予測」も優先事項として挙げられている。 ・**ネットワーキング・情報技術研究開発（NITRD）**：以下12の研究対象領域を優先投資分野に指定。先進通信ネットワークとシステム（ACNS）、人工知能（AI）、人のインタラクション、コミュニケーション、能力向上のためのコンピューティング（CHuman）、フィジカルシステムをネットワーク化するコンピューティング（CNPS）、サイバーセキュリティーとプライバシー（CSP）、教育と労働力（EdW）、ネットワーキング・情報技術のためのエレクトロニクス（ENIT）、ハイケイパビリティーコンピューティング・システムの研究開発（EHCS）、ハイケイパビリティーコンピューティング・インフラと応用（HCIA）、インテリジェント・ロボット工学と自律システム（IRAS）、大規模データ管理と解析（LSDMA）、ソフトウェアの生産性、持続可能性、品質（SPSQ）。
データ利活用・デジタル化	・**包括的なデータ戦略**：行政におけるデータ行動原則や行政が持つべき機能、トラスト基盤の構築、データ連携に必要な共通ルールやツールなどの検討結果がまとめられている。「トラストを確保したDX推進サブワーキンググループ」からトラストを確保する枠組みの基本的な考え方（トラストポリシー）や今後の推進体制を示した報告書が発表されている。 ・**改正個人情報保護法、著作権法一部改正**：匿名加工情報の定義が明確になり、医療データについても次世代医療基盤法も整備された。著作権法の一部改正ではIoT・ビッグデータ・人工知能（AI）等の技術を活用したイノベーションに関わる著作物について柔軟な権利制限規定の整備が行われた。	・**連邦データ戦略、2020年行動計画**：連邦政府所有データの活用のため、教育省を含む主要連邦省庁に対して2020年に実施すべき活動を示したもの。データリストの発表・更新、データ品質評価・報告指針の作成、データ基準リポジトリの作成など20の活動が挙げられている。また、連邦最高データ責任者会議（Federal Chief Data Officer Council）の設置も示された。 ・**データプライバシー保護法（ADPPA）**：個人データの扱いに関して定められた連邦レベルの法案。2022年7月に米下院エネルギー・商業委員会を通過。データ収集・使用、ターゲティング広告、センシティブな話題から利益を得ることに対する規制、連邦・州当局の法的執行力の強化などが含まれる。
人工知能	・**人間中心のAI社会原則**：人間の尊厳が尊重される社会（Dignity）、多様な背景を持つ人々が多様な幸せを追求できる社会（Diversity & Inclusion）、持続性ある社会（Sustainability）という基本理念のもと、AI-Readyな社会において実現されるべき社会的枠組みに関する原則を示している。 ・**AI戦略2022**：社会実装の充実に向けて新たな目標を設定して推進するとともに、パンデミックや大規模災害等の差し迫った危機への対処のための取組が具体化されるなど、AI活用がいっそう強調された。	・**米国AIイニシアチブ**：研究開発、人材育成、基盤整備への集中投資と、国際枠組みにおける米国AI企業への市場開放と国益確保の両立という方針が掲げられている。OSTP国家AIイニシアチブ室が政策調整を行っている。 ・**国家AI研究開発戦略**：従来版の研究開発、人材、倫理・セキュリティ等の取組事項に加え「官民パートナーシップ拡大」を新たな取組事項として追加。 ・**技術標準および関連ツールの開発における連邦政府の関与計画**：AI技術標準と関連ツールの開発に関する現況、計画、課題、機会、および連邦政府による関与の優先分野を特定。 ・**AI権利章典のための青写真**：AIを用いた自動化システムを設計、使用、配備する際に考慮すべき5つの原則として「安全で効果的なシステム」「アルゴリズムに基づく差別からの保護」「データ・プライバシー」「通知と説明」、「代替オプション」を挙げている。
サイバーセキュリティ	・**「安全・安心」の実現に向けた科学技術・イノベーションの方向性**：自然災害や安全保障環境の変化などと並んでサイバー攻撃についても様々な脅威の顕在化が指摘されている。 ・**サイバーセキュリティ戦略**：国民・社会を守るためのサイバーセキュリティ環境の提供やデジタル庁を司令塔とするデジタル改革と一体となったサイバーセキュリティの確保が盛り込まれた。研究開発課題にサプライチェーンリスクへの対応や攻撃把握・分析・共有基盤、暗号等の研究の推進、AI技術や耐量子計算機暗号、量子通信・暗号が挙げられている。	・**連邦サイバーセキュリティー研究開発戦略計画**：研究開発の実施ロードマップが毎年度策定されている。重要インフラに対するサイバー攻撃による脅威の顕在化も相まり、サイバーセキュリティー強化は政権の最優先課題。特に民間部門との連携を加速しており、サイバーセキュリティー改善に向けた官民パートナーシップ強化を打ち出した ・**国際ランサムウェア対策イニシアチブ（CRI）サミット**：米国家安全保障会議が主導して30以上の国（EU含む）と共同で開催。民間部門からも参加を得て、仮想通貨による不正な金融取引等に焦点を当てた取り組みを強調。
通信・ネットワーク	・**Beyond 5G推進戦略**：Beyond 5Gが実現する2030年代に期待される社会像「誰もが活躍できる社会（Inclusive）」「持続的に成長する社会（Sustainable）」「安心して活動できる社会（Dependable）」が掲げられ、Society 5.0実現に必要な次世代の情報通信インフラとしてのBeyond 5Gが注目されている。 ・**Beyond 5Gに向けた情報通信技術戦略の在り方**：課題認識や社会像、Beyond 5Gのユースケースや目指すべきネットワークの姿が示された。また、国として特に注力すべき研究開発課題としてオール光ネットワーク関連技術、非地上系ネットワーク関連技術、セキュアな仮想化・統合ネットワーク関連技術などが重点プログラムに指定された。	・**5Gの安全性を確保するための国家戦略**：米国が価値観を共有する同盟国とともに、安全で信頼性の高い5G通信インフラの開発、設置、管理を主導する戦略目標を示した。「5Gおよび次世代通信の安全性確保法（Secure 5G and Beyond Act）」も2020年3月に成立。 ・**5G確保のための国家戦略の実装計画**：「米国内の5G展開の促進」「5Gインフラのリスクの評価と中心となるセキュリティ原則の特定」「5Gインフラのグローバルな開発・展開における、米国の経済および国家安全保障に対するリスクへの対処」「5Gの責任あるグローバル開発・展開の促進」の4項目が示されている。
量子情報科学	・**量子技術イノベーション戦略**：量子コンピュータ・量子シミュレーション、量子計測・センシング、量子通信・暗号、量子マテリアルを主要技術領域として、重点技術課題と基礎基盤技術課題が設定された。 ・**量子未来社会ビジョン**：量子古典技術システム融合による産業の成長機会創出・社会課題の解決、量子技術の利活用促進と新産業・スタートアップ支援が謳われた。	・**量子情報科学に関する国家戦略概要**：「科学ファーストのアプローチ」「技術者の確保・教育改革」「量子産業の創出」「重要インフラの提供」「国家安全保障と経済成長の確保」「国際協力の推進」の6つの方向性が示された。 ・**量子ネットワーキング研究に向けた協調的アプローチ**：量子ネットワークが米国の経済、安全保障、イノベーションに影響を及ぼすとの認識とともに、当該分野の研究開発に必要な技術や制度に関する提言をしている。 ・**量子情報科学技術の労働力開発のための国家戦略計画**：訓練と教育の拡大や人材ニーズ把握などを進め、広範・長期的な労働力開発の必要性を強調。 ・**国家安全保障覚書第10号（NSM-10）**：耐量子計算機暗号の開発や、それらの政府システムへの組み込み、米国の知財や研究・技術情報の保護のための計画策定などが指示されている。

	欧州	中国
科学技術イノベーション	・**欧州デジタル戦略**：欧州の人々がDXによる恩恵を受けられるよう、今後5年間に注力する3つの柱（人々の役に立つ技術、公平かつ競争力のあるデジタル経済、民主的かつ持続可能で開かれた社会）と主要施策を提示。 ・**欧州データ戦略**：部門の垣根を越えてEU域内で自由にデータを移転できるよう、「欧州データ空間（European Data Space）」の構築を目的としている。具体的な戦略として、データ流通に係るルール作り、大規模プロジェクトへの資金投資、重点分野別の欧州データ空間設立等を掲げている。 ・**2030デジタルコンパス**：今後10年を「デジタルの10年（Digital Decade）」と位置づけ、DXを通じて自らのデジタル主権を実現すべく、スキル、デジタルインフラ、ビジネスのDX、行政のDXについて達成目標を示した。 ・**国家サイバー戦略2022（英）**：サイバー能力に資する科学技術発展に関する予測・評価・行動能力を向上することを目標の一つに掲げている。 ・**ハイテク戦略2025（独）**：未来技術の重点7領域に、人工知能、ITセキュリティー及びユーザーフレンドリーな技術、マイクロエレクトロニクス（通信システム、5G通信技術）、および量子が含まれている。 ・**フランス2030（仏）**：ICTを目標ではなく必要条件に位置づけている。AI国家戦略や5G国家戦略などに目標値が盛り込まれた。	・**科学技術イノベーション第13次五カ年計画**：「重大科学技術プロジェクトの実施15領域」に、量子コンピューター、脳科学、サイバーセキュリティー、衛星・地上量子通信ネットワーク、ビッグデータ、インテリジェント製造、ロボット技術が挙げられている。また「産業技術の国際競争力の向上10領域」に、次世代情報通信技術、先進製造、先進交通技術、ビジネスモデルの進化に資するサービス技術が挙げられている。戦略的基礎研究としてマン・マシン融合に向けた情報通信技術や量子制御、量子情報も挙げられる。 ・**中国製造2025**：情報化と産業化の融合を主要な理念とする産業競争力強化戦略。「スマート製造」「グリーン製造」を目標としている。10の重点分野では「次世代情報通信技術」が優先順位1位となっている。この他、インターネットと既存産業を結合し、新たなビジネス分野の開拓を目指すインターネット+が発表されている。 ・**国民経済・社会発展第14次五ヵ年計画と2035年までの長期目標要綱**：「革新（イノベーション）」「協調」「グリーン」「開放」「共有」からなる新しい発展理念に沿って「質の高い発展」を目指す今後5年間の計画と「双循環戦略」が示されている。デジタル産業のGDP比を2020年の7.8%から2025年に10.0%に引き上げるなど「デジタル中国」への注力も見られる。
データ利活用・デジタル化	・**一般データ保護規則（GDPR）**：EU域内における個人データの自由な流通を担保しつつ、EU域外への移転を厳しくする国際的に影響力を持つ規則。 ・**デジタル市場法（DMA）、デジタルサービス法（DSA）**：大規模なプラットフォームサービス提供事業者の義務と禁止事項を明確化。EU域内市場でのIT大手による支配的な地位の乱用の防止と公平な競争環境の確保が目的。DSAはオンライン上の仲介サービスの透明性や事業者の説明責任を強化し、利用者の基本的権利保護を目的としている。 ・**デジタル戦略2025（独）**：高速光ファイバー網整備、中小企業の投資促進、イノベーション環境づくり、「デジタル学習」戦略が含まれている。	・**デジタル経済発展第14次五カ年計画**：デジタル経済の発展を新たな技術革命と産業変革から新たなチャンスをつかむための戦略的選択であり、デジタル時代における国の総合力であり、現代の経済システムを構築するための重要なエンジンと位置づけている。2025年までにデジタル経済のコア産業の付加価値をGDP比で10%までに拡大させ、2035年までにはデジタル経済の発展基盤と産業システムの発展レベルを世界トップレベルにひきあげる等を目標としている。 ・**データセキュリティ法**：データの概念を明確に定義し、データ分類・等級付け保護、リスク評価、監視・早期警報、緊急対応等の各基本制度を確立。データ取り扱いの際に履行すべき各義務が明確化されている。
人工知能	・**AI白書**：市民の価値観と権利を尊重した安全なAI開発の「信頼性」と「優越性」を実現するための政策オプションを示した。 ・**AI規則案**：AIシステムのリスクを4段階に分け、AIの開発者および利用者に対して利用の可否や対処すべき義務を定めている。取り組みを通じ、EUがAIのリスク対応に関して世界で主導的な役割を担うことを目指している。 ・**国家AI戦略（英）**：世界的AI強国とする10年計画として、AIエコシステムへの長期的投資、AI対応経済への移行支援、AI技術の国内及び国際的なガバナンス確保に重点が置かれた。 ・**人工知能戦略（独）**：AIの実用化に向けて、基礎研究から応用研究へ連携と国際連携の重要性を強調。フランスとの国際連携をベースに、EUの枠内での研究開発推進が記述されている。 ・**AI国家戦略（仏）**：行政や経済、教育など社会全般でのAI・デジタル化の導入・推進により国全体の改革および国際競争力の向上を目指し、4つの戦略分野（健康・医療、環境、輸送、防衛・セキュリティー）を策定。	・**国家次世代人工知能技術発展綱要（AI2030）**：2030年までのロードマップ。綱要の下で「人工知能産業発展を促進するアクションプラン（2018－2020）」も発表され、科学技術部は「次世代人工知能（AI）発展規画及び重大な科学技術プロジェクト始動会」を開催し、第一期の国家次世代人工知能オープン・イノベーション・プラットフォームリスト（2018年に5番目を追加）として、百度(Baidu)：自動運転、阿里雲公司(Alibaba Cloud)：「都市ブレーン」(スマートシティーの計算センター)、騰訊公司(Tencent)：「医療画像認識」、科大訊飛公司（IFlytek)：「スマート音声」、商流（Sensetime)：「AIによる画像処理技術」が挙げられた。 ・**北京AI原則**：人間のプライバシー、尊厳、自由、自律性、権利が十分に尊重されるべき等の、AIの研究開発における指針を示している。「新世代人工知能ガバナンス原則」も公表され、開発者、使用者、管理者は社会的責任と自律意識、法令・倫理道徳と標準規範の厳守、AIを違法活動に使用しない旨などの指針を定めた。
サイバーセキュリティ	・**サイバーセキュリティ国家戦略（英）**：防衛（Defend)、阻止（Deter)、開発（Develop）の3つを主要領域に特化した施策が講じられている。 ・**サイバーセキュリティ国家戦略（仏）**：2021年現在73億ユーロある市場規模を、250億ユーロに伸ばすとともに、3万7,000人規模の雇用を7万5,000人規模にまで倍増させるという目標値が設定されている。	・**サイバーセキュリティ法**：インターネットでの主権確保と安全保障を目的とし、個人情報保護や製品・サービスの国家規格への適合要求などについて定めている。とくに、重要情報インフラ運営者は国内で収集した個人情報や重要データを中国国内のサーバーに保存することが義務付けられた。
通信・ネットワーク	・**産業戦略（英）**：10億ポンド強の公共投資によりデジタル・インフラを増強。5G向けの1.76億ポンドおよび各地域の全面光ファイバー網の展開促進に対する2億ポンドが含まれている。 ・**5G国家戦略（仏）**：5Gで150億ユーロ規模の国内市場を作るという目標値が設定されている。	・**第13次戦略的新興産業発展計画**：1,000Mbps光ネットの普及、4G移動体通信の普及、5G移動通信技術の開発、テレビ放送網とインターネットの融合、全国をカバーするビッグデータシステムの開発と安全管理が重点領域として挙げられている。高性能ICチップの開発、AI技術なども含む。
量子情報科学	・**Quantum Manifesto**：EU各国の大学・企業の署名による量子技術の研究開発戦略。これを受けてHorizon 2020の下で量子技術に関する大型研究開発プログラム「Quantum Flagship」が開始。量子コンピューティング、量子シミュレーション、量子通信、量子計測・センシング、基礎量子科学の5領域で計20のプロジェクトが立ち上がった。 ・**量子戦略（独）**：重点領域として、第二世代の量子コンピューティング（コンピューターやシミュレーションなど)、量子コミュニケーション（通信やセキュリティー技術など)、計測（精密計測技術、衛星、ナビゲーション技術など）の開発のほか、量子分野の技術移転と産業の参画推進をあげている。	・**国家イノベーション駆動型発展戦略要綱**：「新世代の情報技術開発」に量子コンピューティングが、「産業変革をリードする革新的技術の開発」に量子情報科学が、「航空・宇宙の探査・開発・利用技術の開発」に量子航法が挙げられている。 ・**国民経済・社会発展第14次五ヵ年計画**：「社会主義近代化の全面的建設の新たな道程の開始、イノベーション駆動発展の堅持、発展の新たな優位性の全面的形成」に量子情報が、「デジタル化発展の加速およびデジタル中国の建設」に量子コンピュータ・量子通信が、「国防と軍隊の近代化の加速および富国と強軍の統一の実現」に量子科学技術等の発展が記された。 ・**合肥量子都市ネットワーク**：安徽省は量子情報分野の最先端研究に総額20億2000万元を投資すると発表。合肥量子都市ネットワークの構築は中国政府が2030年までにブレークスルーを期待するプロジェクトの1つとされる。

（2）米国

2021年1月にバイデン新政権が発足し国際協調と科学的知見を重視する姿勢を打ち出している。選挙時には先端・新興技術の研究開発への4年間で3,000億ドルの投資が提示され、米国の競争力につながる5G、AI、先端素材、バイオ産業、電気自動車などに資金配分する研究開発プログラムを新設するとしている。

大統領府の行政予算管理局（OMB）及び大統領府科学技術政策局（OSTP）が連名にて示した2024年度の研究開発予算の優先事項では「国家安全保障と技術競争力の向上」における「重要・新興技術」として、人工知能、量子情報科学、先進通信ネットワーク、マイクロエレクトロニクス、ナノテクノロジー、高性能コンピューティング、バイオテクノロジー・バイオ製造、ロボティクス、先進製造、金融技術、海中技術、宇宙技術が挙げられている。加えて、公衆衛生、気候科学、災害レジリエンス等におけるモデリングやシミュレーションツールの活用も述べられている。また、「パンデミックへの備えと予防」では統合データインフラやデジタルヘルス技術も優先事項として挙げられている。

ネットワーキング・情報技術研究開発（NITRD）プログラムでは国立科学財団（NSF）のグラントを中心に基礎研究に対し継続的な投資がなされており、さまざまな研究開発領域に幅広く強みを持っている。NITRDは2023年度に以下の12の研究対象領域を優先投資分野に指定した。

・先進通信ネットワークとシステム（ACNS）
・人工知能（AI）
・人のインタラクション、コミュニケーション、能力向上のためのコンピューティング（CHuman）
・フィジカルシステムをネットワーク化するコンピューティング（CNPS）
・サイバーセキュリティーとプライバシー（CSP）
・教育と労働力（EdW）
・ネットワーキング・情報技術のためのエレクトロニクス（ENIT）
・ハイケイパビリティーコンピューティング・システムの研究開発（EHCS）
・ハイケイパビリティーコンピューティング・インフラと応用（HCIA）
・インテリジェント・ロボット工学と自律システム（IRAS）
・大規模データ管理と解析（LSDMA）
・ソフトウェアの生産性、持続可能性、品質（SPSQ）

［人工知能関連の政策］

2018年5月に「米国産業のための人工知能サミット」が開催され、有識者による政策議論が交わされた。2019年2月に大統領府主導で「米国AIイニシアチブ」が打ち出され、研究開発、人材育成、基盤整備（データ、インフラ、規制、標準化等）への集中投資と、国際枠組みにおける米国AI企業への市場開放と国益確保の両立という方針が掲げられている。2021年1月には国防権限法2021の一部として「国家AIイニシアチブ法」が成立し、DOE、NSF、NISTにおけるAI分野の取り組みに5年間で約63億ドルの投資を行う権限が付与された。同法の下、OSTPに国家AIイニシアチブ室（NAIIO）が設置され、AI分野の政策調整を行っている。

2019年6月に「国家AI研究開発戦略」の改訂版が発行されている[12)]。同改訂版は、従来版（2016）び研究開発、人材、倫理・セキュリティ等の取組事項を踏襲した上で「官民パートナーシップ拡大」を新たな取組事項として追加している。2023年1月にAI分野における共用研究インフラとしての「国家AI研究リソース（NAIRR）」の構築に向けた報告書が発表されている[13)]。同報告書は、米国のAIイノベーションエコシステムを強化し、多くの人に広げるというビジョンの下、（1）イノベーションの加速、（2）人材の多様性拡大、（3）能力の向上、（4）信頼できるAIの推進を目標に掲げている。

AI技術の標準化に関しては、NISTが2019年8月に「技術標準および関連ツールの開発における連邦政府の関与計画」を公表し、AI技術標準と関連ツールの開発に関する現況、計画、課題、機会、および連邦政府による関与の優先分野を特定している。NISTでは、これに続いて、AIのリスク管理の観点からAIを用いた製品・サービスの開発、使用、評価などにおいて、信頼性に関する考慮事項を組み込むことを支援する「AIリスク管理フレームワーク（AI RMF）」の作成を進め、2023年1月に初版を公表した[14)]。

AIの規制に関しては、OMBが「AIアプリケーション規制のためのガイダンス」を策定した（2020年1月に案公示、同11月に確定）[15)]。当該文書は、連邦制府以外で開発・使用されるAIに対する規制を連邦政府機関が作成する際の指針を示すものである。連邦政府におけるAIの開発・使用については、2020年12月に発出された大統領令によって連邦政府機関が従うべき原則が示されるとともに、それら原則の実装に向けた計画のロードマップの作成がOMBに指示された[16)]。より包括的なAIの開発・使用における原則として、OSTPは2022年10月に「AI権利章典のための青写真」を発表した[17)]。同文書では、AIを用いた自動化システムを設計、使用、配備する際に考慮すべき5つの原則として「安全で効果的なシステム」「アルゴリズムに基づく差別からの保護」「データ・プライバシー」「通知と説明」「代替オプション」を挙げている。

[サイバーセキュリティ関連の政策]

サイバーセキュリティーへの戦略的対応の重要性が高まっており、前トランプ政権で策定された「国家サイバー戦略」や「連邦サイバーセキュリティー研究開発戦略計画」の下で、研究開発の実施ロードマップが毎年度策定されている。バイデン政権下でも、米国のコロニアル・パイプラインやJBSフーズへのランサムウェアによる攻撃など、重要インフラに対するサイバー攻撃による脅威の顕在化も相まって、サイバーセキュリティー強化が最優先課題となっている。特に民間部門との連携を加速しており、2021年5月にサイバー攻撃に対応するための官民での情報共有を強化する大統領令を発出した[18)]ほか、同8月にはグーグル、アマゾン、IBM、マイクロソフトなどのIT大手をはじめとする各業界の企業幹部と会談し、サイバーセキュリティーの改善に向けた官民パートナーシップ強化を打ち出した[19)]。国際的には2021年10月に米国家安全保障会議が主導して30以上の国（EU含む）と「国際ランサムウェア対策イニシアチブ（CRI）サミット」を開催した[20)]。同サミットは2022年11月に第2回目を開催し、民間部門からも参加を得て、仮想通貨による不正な金融取引等に焦点を当てた取り組みを強調している[21)]。サイバー分野の人材育成に関しては、2022年7月に大統領府において「全米サイバー労働力・教育サミット」が開催され、サイバー分野の人材確保に向けた技能実習プログラムや、国家戦略の策定作業を開始することが打ち出された[22)]。

[通信・ネットワーク関連の政策]

米国では、2018年4月に米連邦通信委員会（FCC）が国家安全保障上の懸念がある外国企業からの通信機器・サービスの調達禁止を発表するなど[23)]、特に安全保障面の問題意識から先進通信技術の確保に関する議論が進んできた。2018年9月には大統領府で「5G通信サミット」が開催され、産業界も含めた議論がなされた。研究開発の側面からの政策検討としては、OSTPが2019年5月に「無線通信における米国のリーダーシップ確保のための研究開発の優先事項」[24)]および「新興技術とそれらの非連邦周波数帯域需要への予想される影響」[25)]に関する報告書を発表した。2020年3月には、「5Gおよび次世代通信の安全性確保法（Secure 5G and Beyond Act）」が成立し、これに合わせ大統領府が「5Gの安全性を確保するための国家戦略」を発表、米国が価値観を共有する同盟国とともに安全で信頼性の高い5G通信インフラの開発、設置、管理を主導する戦略目標が示された[26)]。国家電気通信情報局（NTIA）は国家戦略の推進のため国家安全保障会議（NSC）と国家経済会議（NEC）の主導の下で関係省庁・機関が取り組む内容をまとめた「5G確保のための国家戦略の実装計画」を2021年1月に発表[27)]。「米国内の5G展開の促進」「5Gインフラのリスクの評価と中心となるセキュリティ原則の特定」「5Gインフラのグローバルな開発・展開における、米国の経済および国家安全保障に対するリスクへの対処」「5Gの責任あるグローバル開発・展開の促進」の4項目が示されている。

[量子情報科学関連の政策]

量子情報科学分野における連邦政府レベルの政策文書として、NSTCの量子情報科学小委員会から「量子情報科学に関する国家戦略概要」が発表されている[28]。「科学ファーストのアプローチ」「技術者の確保・教育改革」「量子産業の創出」「重要インフラの提供」「国家安全保障と経済成長の確保」「国際協力の推進」の6つの政策の方向性が示され、2018年12月には大統領署名による「国家量子イニシアチブ法」が成立した。国家量子調整室（NQCO）は研究開発面での政策課題検討として、量子コンピューターと量子センサーの接続に焦点を当てた「米国の量子ネットワークの戦略的ビジョン」（2020年2月）[29] や量子研究の現状と優先分野を整理・特定した「量子フロンティア」（2020年10月）[30] を発表している。NSTC量子情報科学小委員会は「量子ネットワーキング研究に向けた協調的アプローチ」（2021年1月）[31] をとりまとめ、量子ネットワークが米国の経済、安全保障、イノベーションに影響を及ぼすとの認識とともに、当該分野の研究開発に必要な技術や制度に関する提言をしている。2022年度国防権限法に基づき経済成長と国家安全保障上の課題に関する助言を目的に「量子科学経済・安全保障影響小委員会」がNSTC内に設置された。

量子分野を担う人材育成のための取り組みとして2020年8月にOSTPはNSFと共同で「全米Q–12教育パートナーシップ」を開始した。2022年2月に発表された「量子情報科学技術の労働力開発のための国家戦略計画」では、こうした取り組みも含めたトレーニングと教育の拡大や、各セクターの人材ニーズ把握などを進めて、広範かつ長期的に量子分野の労働力開発を行う必要性を強調している。

2022年5月には国家安全保障覚書第10号（NSM–10）[32] が発表され、耐量子計算機暗号の開発や、その政府システムへの組み込み、知財や研究・技術情報の保護などの計画が指示されている。

（3）欧州

EUのデジタル関連の政策・戦略の発端は、2015年5月に「デジタル単一市場戦略」[33] まで遡る。これは、EU加盟国間で異なる規制等の壁を取り払いEU域内のデジタル市場を一つに統合することを目指す戦略であった。2016年4月にはデジタル市場におけるオープンサイエンス・オープンイノベーションへの移行加速・支援を目的とした「欧州クラウド・イニシアチブ」[34] が発表された。この中で、「欧州オープンサイエンスクラウド（EOSC）」[35] を構築する方針が打ち出されている。2018年5月には「一般データ保護規則（GDPR）」が施行された。これは、EU域内における個人データの自由な流通を担保しつつ、EU域外への移転を厳しくするもので、国際的に影響力を持つ規則であった。

2019年12月に新体制となった欧州委員会は、気候変動対策とともにデジタル化を最優先課題に掲げており、2020年2月に「欧州デジタル戦略」[36] と「欧州データ戦略」[37] を発表した。

欧州デジタル戦略は、欧州の人々がデジタルトランスフォーメーション（DX）による恩恵を受けられるよう、今後5年間に注力する「人々の役に立つ技術」「公平かつ競争力のあるデジタル経済」「民主的かつ持続可能で開かれた社会」という3つの柱と主要施策を示したものである。欧州データ戦略は、EU域内で自由にデータを移転できる「欧州データ空間（European Data Space）」の構築を目的とし、データ流通に係るルール作り、大規模プロジェクト、重点分野別の欧州データ空間設立等を具体的戦略として掲げている。

デジタル分野の主要技術で海外に依存せず、EUとして「デジタル主権（Digital Sovereignty）」の確保を図る目的で「2030デジタルコンパス」[38] が2021年3月に発表された。この中で今後10年を「デジタルの10年（Digital Decade）」と位置づけ、DXを通じたデジタル主権の実現のために、スキル、デジタルインフラ、ビジネスのDX、行政のDXという4テーマについての達成目標が示されている。

[データ利活用・デジタル化関連の政策]

2020年12月に欧州委員会が公表した「デジタル市場法（DMA）」[39] と「デジタルサービス法（DSA）」[40] が、2022年11月にいずれも発効に至った。 DMAは、欧州委員会が指定する「ゲートキーパー」と呼ばれる大規模なプラットフォームサービスの提供事業者（米国のIT大企業が念頭におかれている）に対する義務と禁止事項が明確化されている。EU域内市場でのIT大手による支配的な地位の乱用を防止し、EUの中小企業がIT大手と公平に競争できる環境の確保が目的とされる。DSAは、EU加盟国でオンライン上の仲介サービスを提供する全事業者が対象であり、仲介サービスの透明性や事業者の説明責任を強化し、利用者の基本的権利保護を目的としている。

［人工知能関連の政策］

人工知能（AI）について、欧州委員会は2020年2月に「AI白書」[41]を発表し、安全なAI開発の信頼性と優越性を実現するための政策オプションを提示した。また、2021年4月にはこのAI白書の内容を具体化するべく、「AI規則案」[42]を発表した。規制案では、AIシステムのリスクを4段階に分け、AIの開発者および利用者に対して利用の可否や対処すべき義務を定めている。こうした取り組みを通じ、EUがAIのリスク対応に関して世界で主導的な役割を担うことを目指している。

（4）イギリス

ビジネス・エネルギー・産業戦略省（BEIS）が発表する産業戦略の中に、英国がグローバルな技術革命を主導できる4つの領域の一つに「人工知能」が特定されている。また、「将来の輸送手段」領域では、2021年までに完全自動運転車が英国の路上で見られるようになることが期待されている。同戦略において、英国がグローバルな技術革命を主導できる重点領域として4つの「グランド・チャレンジ」が策定され、それぞれに野心的な「ミッション」が設定されている。「AI・データ経済」グランド・チャレンジのミッションには「データ、AI、およびイノベーションを用いて、2030年までに病気の予防、早期診断、および慢性疾患の治療を転換すること」が挙げられている。

BEISは、米国DARPAプログラムをモデルとした産業戦略チャレンジ基金（ISCF）において、2019年には9件のチャレンジを決定し、「スマートな製造」に1億2,100万ポンド、「量子技術実用化」に7,000万ポンド、「設計によるデジタルセキュリティ」7,000万ポンドの予算措置が政府からなされる見込みである。

各チャレンジの名称と政府予算（4年間）は下記の通りである。

・AI・データ経済（3億3200万£）：量子技術実用化、設計によるデジタルセキュリティ、創造的産業クラスター、未来の顧客、次世代サービス
・クリーン成長（10億3850万£）：低コスト原子炉、産業の脱炭素化、建築業転換、スマートな製造、エネルギー革命による繁栄、食糧生産の変革、基礎産業の変革、スマートで持続可能なプラスチック包装
・高齢化社会（5億6800万£）：早期診断・精密医療、最先端医療、ヘルシーエージング、病気発見の加速
・将来のモビリティ（7億4875万£）：ファラデーバッテリーチャレンジ、未来の飛行、国立衛星試験施設、より安全な世界のためのロボット、電力革命の推進、自動運転車

2021年12月、政府は国家サイバー戦略2022を発表した[43]。5種の行動計画の3番目に、将来技術の先導を挙げ、サイバー能力に資する科学技術発展に関する予測・評価・行動能力を向上することを目標の一つに掲げている。2025年迄の実行課題として、新たにホライゾン・スキャニングの機能を確立する。主要サイバー技術を優先化するため、情報に基づく決定を行う。必要に応じ、科学技術に関する更に広範な意思決定のために、科学技術戦略局や国家科学技術会議を通じて情報提供することになる。

2022年6月、デジタル・文化・メディア・スポーツ省（DCMS）が国家デジタル戦略を発表し、デジタル・トランスフォーメーションを糧に、包摂的で競争力があり革新的なデジタル経済を築く構想を示した[44]。また同7月には防衛AIセンターが開設された[45]。

［人工知能関連の政策］

2018年、英国上院はAIに関する報告書“AI in the UK: ready, willing, and able?” を発表した。この報告書では、大手テクノロジー企業によるデータの独占利用の可能性についての検討、英国の中小企業がAIを活用してビジネスを拡大するための成長基金の創設、英国の大学内で行われている優れた研究からAIスタートアップをスピンアウトするメカニズムの標準化、データ集約型のディープラーニングにとどまらない幅広いAI研究への投資、等を提言している。2021年9月にBEISから国家AI戦略が発表された46)。英国を世界的AI強国とする10年計画には次の3点に注力すると記されている。

- 科学とAIの超大国としてのリーダーシップ維持のため、AIエコシステムの長期的なニーズに対して投資し、立案する。
- AI 対応経済への移行を支援し、英国におけるイノベーションの便益を掌握し利益を獲得しメリットを把握し、AI がすべてのセクターと地域に恩恵をもたらすようにする。
- 英国が、イノベーション・投資の促進と、一般市民や英国の基本的価値の保護を正当に実施できるように、AI技術の国内及び国際的なガバナンスを確保する。

［サイバーセキュリティ関連の政策］

2016年11月にはサイバーセキュリティ国家戦略（2016年～2021年）が新たに発表され、2011年から実行されている当初戦略によるファンディング支援がほぼ倍増の19億ポンド措置されることが明らかになり、防衛（Defend）、阻止（Deter）、開発（Develop）の3つを主要領域に特化した施策が講じられている。

［通信・ネットワーク関連の政策］

2017年の産業戦略では、10億ポンド強の公共投資によりデジタル・インフラを増強していくことが打ち出された。これには5G向けの1.76億ポンドおよび各地域の全面光ファイバー網の展開促進に対する2億ポンドが含まれている。

（5）ドイツ

メルケル政権で実施された4期16年間の科学技術・イノベーション基本政策であるハイテク戦略は、未来のためのガイドラインとしてドイツにおける経済繁栄、持続可能な発展および生活の質を向上させることを目標に、研究とイノベーションを結集。同戦略下では、未来技術の重点7領域に、人工知能、ITセキュリティー及びユーザーフレンドリーな技術、マイクロエレクトロニクス（通信システム、5G通信技術）、および量子が含まれていた。2012年に連邦教育研究省（BMBF：Bundesministerium für Bildung und Forschung）は、ハイテク戦略の後継戦略となる、未来戦略（ドラフト案）を発表した。ドイツの技術主権を保持するために、ICT、マイクロエレクトロニクス、ソフトウェア、AI、ITセキュリティ、HPC、フォトニクス、第2世代量子、材料、バイオ、製造、環境、循環型経済の基盤、持続可能なエネルギ術、分析、計測、光学等にを重要技術として同定されている。

また、連邦デジタル交通省（BMDV：Bundesministerium für Digitales und Verkehr）は2022年に、デジタル戦略を発表した。従前のデジタルアジェンダ2014–2017や、デジタル戦略2025を統合する戦略として、データアクセス、オープンデータ、産業データ利用、医療データ共有、中小企業、スタートアップのデジタル化支援、デジタル教育、職業教育/再訓練等の推進が示されている。また、主要技術領域として、5G/6G、自動運転、ロボティクス、量子コンピューティング/センサー技術/通信、サイバーセキュリティ、AI、マイクロエレクトロニクス、ICT、クラウド/エッジ、ソフトウェア開発の研究開発を促進するとしている。

［人工知能関連の政策］

2018年9月、ドイツ連邦政府は「人工知能戦略」を発表、2019年～2025年までに基盤的経費を含め研究開発費として30億ユーロ規模の投資をすることを発表した。 AIの実用化に向けて、基礎研究から応用研究へ連携と国際連携の重要性を強調している。国際連携については、ドイツに先んじて今年初めにAI戦略を発表したフランスとの連携をベースに、EUの枠内での研究開発を推進することが記述されている。加えてポストコロナ対策の未来パッケージでは、AI分野に追加的に20億ユーロの投資を配分し、2025年までに合計50億ユーロの投資をすることになった。同戦略では、ドイツ人工知能研究センター（DFKI）のあるカイザースラウテルン、ミュンヘン、チュービンゲン、ベルリン、ドルトムント/セントオーガスティン、ドレスデン/ライプチヒの大学にAI研究拠点として6つのコンピテンスセンターを整備した。今後もDFKIと連携し、同様のセンターを増やす計画としている[47)]。

[データ利活用・デジタル化関連の政策]

デジタル化戦略は、科学技術イノベーション戦略とならび連邦政府の重要政策として位置づけられている。連邦政府は、2022年8月に新たにデジタル戦略[48)]を発表した。これまで実施されてきた数々のデジタル化に関する戦略、例えばデジタル・トランスフォーメーション実現のための最初の戦略文書である「デジタルアジェンダ2014–2017（2014）」[49)]、さらにBMWK（当時はBMWi）からデジタルアジェンダの具体的な方針となる「デジタル戦略2025（2015）」[50)]等を統合した上で、2025年に達成されるべき具体的な目標が示されている。

連邦政府が毎年開催しているデジタルサミット[51)]の2010年のサミットで、包括的なICT戦略「ドイツ・デジタル2015」が発表され、ブロードバンドの普及、クラウドコンピューティングやICTを応用した輸送の実現などが目標とされた。前政権でも打ち出されていたさまざまなイニシアティブ、とりわけ高速の光ファイバー通信網の整備や、デジタル化における中小企業の投資促進、スタートアップのためのイノベーション環境構築、デジタル政府の促進等は現政権の課題として残っている。ネットワーク化したデジタル主権社会、イノベーティブな経済、労働、研究開発活動、デジタル化した国家の実現を目指す姿として掲げ、各省の責任を明確に記述している。とりわけ研究開発については持続的なデジタル社会の発展のために、研究目的のデータインフラの構築を推進するとしている。具体の目標として、以下のような項目を挙げている。

- ・NFDIの整備を推進し、イノベーション創出ならびに新しいビジネスモデルを生むために研究データへのアクセスを確保する
- ・産業界の諸データを研究に活用できるようネットワークを構築する
- ・エクサスケール級のHPCを開発する
- ・大学病院等で一般市民健康、介護データを研究に利用できるようにし先端研究に活かす

[量子情報科学関連の政策]

2018年に連邦政府は量子戦略を発表した。重点領域として、第二世代の量子コンピューティング、量子通信（暗号通信やセキュリティー技術など）、計測（精密計測技術、衛星、ナビゲーション技術など）の開発のほか、量子分野の技術移転と産業の参画推進をあげている。2022年までに、6.5億ユーロを投資するとしている。2020年にはポストコロナに向けた未来パッケージとして、20億ユーロの追加投資を発表した。

（6）フランス

2015年に公表された「SNR France Europe 2020」が研究開発の基本的戦略である。10の社会的課題の1つとして「情報通信社会」が挙げられ、第5世代ネットワーク基盤構造、IoT、ビッグデータの活用、マン・マシン協働などの課題に取り組む方向性が示されている。近年は人工知能および量子技術を重要課題として捉えており、以下の通り、様々な施策が発表されている。

2018年イノベーション審議会を設置した。イノベーション・産業基金による投資を促進し、フランスのイノベーション政策の主要な方針と優先課題を策定する任務を有する。イノベーション・産業基金が年1億5,000

万ユーロのファンディングを行う。この一環として「人工知能による医学的診断の改善方法」「人工知能を活用するシステムの安全確保、認証、信頼性確保の方法」が採択された。国立研究機構（ANR）の2019年活動計画には国の戦略的優先課題として「人工知能」や「量子技術」が盛り込まれている。

近年のフランスのシステム・情報学技術分野の焦点は、精密機器やロボティクスの高度な技術をどれほど国内産業に実装し、近代化に結びつけられるかにかかっている、といえる。フランスは、過去に製造業の拠点が労働力の安い外国に流出したことなどが影響し、近年は国内の製造拠点整備が、隣国ドイツなどに比べて遅れているとされている。また2010年代から政府が積極的に育成支援しているスタートアップも、ソフトウェア開発など設備投資の少ない分野・領域に偏ってしまい、製造業に携わる企業が欧州他国に比べて十分に育っていないとされている。

こうした経緯から、政府は「フランス2030」においてシステム・情報科学技術分野を「目標」ではなく「必要条件」に位置づけ、関係する各国家戦略に以下の目標値を盛り込んでいる。

・「世界のAIシェアの10～15%を掌握する」（AI国家戦略）
・「欧州域内のAIソフト基盤を3～4個作る」（AI国家戦略）
・「5Gで150億ユーロ規模の国内市場を作る」（5G国家戦略）
・「2021年現在73億ユーロある市場規模を、250億ユーロに伸ばすとともに、3万7,000人規模の雇用を7万5,000人規模にまで倍増させる」（サイバーセキュリティ国家戦略）

[人工知能関連の政策]

高等教育・研究・イノベーション省（MESRI：Ministère de l'Enseignement supérieur, de laRecherche et de l'Innovation）は2018年、フランスを人工知能先進国とするためのAI戦略を発表した。本戦略はAI研究・人材への投資に限らず、行政や経済、教育など社会全般でのAI・デジタル化の導入・推進により国全体の改革および国際競争力の向上を目指すもので、4つの戦略分野（健康・医療、環境、輸送、防衛・セキュリティー）を策定している。戦略の主な柱として、以下の項目が挙げられている。

・フランス国立情報学自動制御研究所（INRIA）を軸とした複数の高等研究機関が参加するAI研究プログラムの立ち上げ
・人工知能の開発に5年間で15億ユーロを投資
・「医療」「輸送」「防衛・セキュリティー」「環境」の4分野をAI戦略分野とし、これら分野別政策を実施
・公立高等教育機関および研究機関に学際的AI機関（3IA）を設立
・AI専攻の修士および博士課程の学生の数の増加、研究者の給与の増加、および学術界と産業の交流の向上

これに基づき、政府は人工知能の研究開発に関わる国家計画を発表した。2022年までの4年間に総額6億6,500万ユーロを、エコシステムの整備、AI人材の育成、ドイツのAI研究機関との連携強化などに充てる。2018年に、CNRS、国立情報学自動制御研究所（INRIA：Institut National de Recherche enInformatique et en Automatique）、パリ科学・人文学拠点、および企業（Amazon、Criteo、Facebook、Faurecia、Google、Microsoft、NAVER LABS、Nokia Bell Labs、PSAグループ、SUEZ、Valeo）は、アカデミアと産業界の関心を結集し、人工知能研究の中核拠点となるパリ人工知能研究機構（PRAIRIE）をパリに創設する旨を発表した。

[量子情報科学関連の政策]

2021年1月、産業のバリューチェーン強化と人材育成、科学研究、技術実験の大幅な強化を目的に国家量子戦略が発表された。フランスの優位点としてノーベル賞を受賞した大規模で優秀な研究室、産業界の大規模なコミュニティ、量子技術に特化した基金の存在、などが挙げられた。戦略の7本の柱には下記が挙げ

られている。

- NISQシミュレーター・アクセラレーターの応用開発・普及
- 大規模システムに移行する量子コンピューターの開発
- 量子センサーの技術開発と応用
- 耐量子計算機暗号
- 量子通信システムの開発
- 競争力のある実現技術の創出
- 横断的なエコシステムの構築

（7）中国

基本方針・政策として、国家中長期科学技術発展計画綱要（2006～2020年）と国家イノベーション駆動発展戦略綱要（2016～2030年）の2つがある。これらを踏まえ、2016年に、科学技術イノベーションや戦略的新興産業発展等の第13次五カ年計画が発表されている。

第13次科学技術イノベーション計画では、従来の科学技術五カ年計画と異なり、イノベーションを重視する姿勢がみられる。重大科学技術プロジェクトの実施15領域においては、③量子通信と量子コンピューター研究、④脳科学と類脳研究、⑤国家サイバーセキュリティー研究、⑩天地一体化通信網技術、⑪ビッグデータ技術、⑫インテリジェント製造とロボット技術が挙げられている。産業技術の国際競争力の向上10領域においては、②次世代情報通信技術、②先進製造技術、⑥先進交通技術、⑨ビジネスモデルの進化に資するサービス技術が挙げられている。基礎研究の強化の社会ニーズに向けた戦略的基礎研究においては、③マン・マシン融合に向けた情報通信技術、先進的基礎研究においては、②量子制御と量子情報が挙げられている。

第13次戦略的新興産業発展計画では1,000Mbps光ネットの普及、4G移動体通信の普及、5G移動通信技術の開発、テレビ放送網とインターネットの融合、全国をカバーするビッグデータシステムの開発と安全管理、高性能ICチップの開発、AI技術などの重点領域が挙げられている。また、産業競争力強化の戦略として中国製造2025が発表されており、その主要な理念は「情報化と産業化の融合」で、「スマート製造」、「グリーン製造」を目標としている。10の重点分野では、「次世代情報通信技術」が優先順位1位となっている。この他、インターネットと既存産業を結合し、新たなビジネス分野の開拓を目指すインターネット+が発表されている。

2020年10月には、科学技術を含む2035年までの長期計画及び第14次五カ年計画の大枠が発表された。ここでは、継続してイノベーションによる発展戦略を強化することが示されている。具体的には、国家の戦略的科学技術力の強化としてコア技術の開発、基礎研究の強化、人工知能、量子情報、集積回路等の先端的分野の発展をあげている。また、戦略的な新興産業の開発として、次世代情報技術、バイオ技術、新エネルギー、新素材等の成長の加速と同時に、インターネット、ビッグデータ、人工知能等との融合の促進を掲げている。企業の技術革新能力の強化、国際競争力のある人材育成等も重点領域とされている。また、新興産業の重点分野では、「中国製造2025」での10重点分野と同様、次世代情報技術、未来型産業分野として脳型知能、量子情報、未来型インターネット等をあげている。インフラの構築は、「十四五」においても促進され、5G通信の普及や6Gの技術的備蓄の配置、全国一体化ビッグデータセンターシステムの構築等をあげている。また、人工知能と量子科学技術は、軍民の統合的な発展強化の分野に含まれている。

［人工知能関連の政策］

2017年に国家次世代人工知能技術発展綱要（AI2030）を発表し、2030年までのロードマップを示している。この綱要の下で、工業・産業化部は「人工知能産業発展を促進するアクションプラン（2018－2020）」を発表、科学技術部は「次世代人工知能（AI）発展規画及び重大な科学技術プロジェクト始動会」を開催し、第一期の国家次世代人工知能オープン・イノベーション・プラットフォームリスト（2018年に5番目を追加）として、百度（Baidu）：自動運転、阿里雲公司（Alibaba Cloud）：「都市ブレーン」（スマートシティーの計算センター）、騰訊公司（Tencent）：「医療画像認識」、科大訊飛公司（IFlytek）：「スマート音声」、商流（Sensetime）：「AIによる画像処理技術」が挙げられた。その他、同会議では、「次世代人工知能発展規画推進事務室」及び「次世代人工知能戦略諮問委員会」を発足させることを公表した。

2019年5月、科学技術部と北京市政府が支援する北京智源人工知能研究院 が「北京AI原則」を発表した。人間のプライバシー、尊厳、自由、自律性、権利が十分に尊重されるべき等の、AIの研究開発における指針を示している。同年6月、科学技術部は、「新世代人工知能ガバナンス原則 」を公表し、開発者から使用者、管理者は社会的責任と自律意識を持ち、法令・倫理道徳と標準規範を厳守し、AIを違法活動に使用しない旨、指針を定めた。

［データ利活用・デジタル化関連の政策］

デジタル中国戦略では、経済、産業、社会の分野でデジタル化を促進するとし、特にデジタル産業化を促進している。2022年1月国務院は「デジタル経済発展第14次五カ年計画」を発表した。同計画では、デジタル経済の発展を新たな技術革命と産業変革から新たなチャンスをつかむための戦略的選択であり、デジタル時代における国の総合力であり、現代の経済システムを構築するための重要なエンジンと位置づけている。2025年までにデジタル経済のコア産業の付加価値をGDP比で10%までに拡大させ、2035年までにはデジタル経済の発展基盤と産業システムの発展レベルを世界トップレベルにひきあげる等を目標としている。データーセキュリティ法やサイバーセキュリティー法などの法整備も進められている。

参考文献

1）内閣府「第6期科学技術・イノベーション基本計画（令和3年3月26日閣議決定）」https://www8.cao.go.jp/cstp/kihonkeikaku/index6.html,（2023年3月2日アクセス）.

2）内閣府「統合イノベーション戦略2021（2021年6月18日閣議決定）」https://www8.cao.go.jp/cstp/tougosenryaku/2021.html,（2023年3月2日アクセス）.

3）デジタル庁「包括的データ戦略（令和3年（2021年）6月18日）」https://www.digital.go.jp/assets/contents/node/basic_page/field_ref_resources/63d84bdb-0a7d-479b-8cce-565ed146f03b/02063701/policies_data_strategy_outline_02.pdf,（2023年3月2日アクセス）.

4）デジタル庁「トラストを確保したDX推進サブワーキンググループ報告書（令和4年（2022年）7月29日）」https://www.digital.go.jp/assets/contents/node/basic_page/field_ref_resources/658916e5-76ce-4d02-9377-1273577ffc88/1d463bfc/20220729_meeting_trust_dx_report_01.pdf,（2023年3月2日アクセス）.

5）統合イノベーション戦略推進会議「人間中心のAI社会原則（平成31年3月29日）」内閣府, https://www8.cao.go.jp/cstp/aigensoku.pdf,（2023年3月2日アクセス）.

6）統合イノベーション戦略推進会議「AI戦略2022（令和4年4月22日）」内閣府, https://www8.cao.go.jp/cstp/ai/aistrategy2022_honbun.pdf,（2023年3月2日アクセス）.

7）統合イノベーション戦略推進会議「「安全・安心」の実現に向けた科学技術・イノベーションの方向性（令和2年1月21日）」内閣府, https://www8.cao.go.jp/cstp/siryo/haihui048/siryo5-2.pdf,（2023年3月2日アクセス）.

8）内閣サイバーセキュリティセンター「サイバーセキュリティ戦略（令和3年9月28日）」https://www.nisc.go.jp/pdf/policy/kihon-s/cs-senryaku2021.pdf,（2023年3月2日アクセス）.

9）総務省「Beyond 5G推進戦略：6Gへのロードマップ」https://www.soumu.go.jp/main_content/000696613.pdf,（2023年3月2日アクセス）.

10）統合イノベーション戦略推進会議「量子技術イノベーション戦略（最終報告）（令和2年1月21日）」内閣府,

https://www8.cao.go.jp/cstp/tougosenryaku/ryoushisenryaku.pdf,（2023年3月2日アクセス）.

11）統合イノベーション戦略推進会議「量子未来社会ビジョン：量子技術により目指すべき未来社会ビジョンとその実現に向けた戦略（令和4年4月22日）」内閣府, https://www8.cao.go.jp/cstp/ryoshigijutsu/ryoshimirai_220422.pdf,（2023年3月2日アクセス）.

12）National Science and Technology Council (NSTC), "The National Artificial Intelligence Research and Development Strategic Plan: 2019 Update, June 2019," The White House, https://trumpwhitehouse.archives.gov/wp-content/uploads/2019/06/National-AI-Research-and-Development-Strategic-Plan-2019-Update-June-2019.pdf,（2023年3月2日アクセス）.

13）National Artificial Intelligence Research Resource Task Force, "Strengthening and Democratizing the U.S. Artificial Intelligence Innovation Ecosystem: An Implementation Plan for a National Artificial Intelligence Research Resource, January 2023," National Artificial Intelligence Initiative, https://www.ai.gov/wp-content/uploads/2023/01/NAIRR-TF-Final-Report-2023.pdf,（2023年3月2日アクセス）.

14）National Institute of Standards and Technology (NIST), "NIST Risk Management Framework Aims to Improve Trustworthiness of Artificial Intelligence," https://www.nist.gov/news-events/news/2023/01/nist-risk-management-framework-aims-improve-trustworthiness-artificial,（2023年3月2日アクセス）.

15）Russell T. Vought, "Memorandum For The Heads Of Exective Departments And Agencies: Guidance for Regulation of Artificial Intelligence Applications, November 17, 2020," The White House, https://www.whitehouse.gov/wp-content/uploads/2020/11/M-21-06.pdf,（2023年3月2日アクセス）.

16）Donald J. Trump, "Executive Order on Promoting the Use of Trustworthy Artificial Intelligence in the Federal Government," The White House, https://trumpwhitehouse.archives.gov/presidential-actions/executive-order-promoting-use-trustworthy-artificial-intelligence-federal-government/,（2023年3月2日アクセス）.

17）The White House, "FACT SHEET: Biden-Harris Administration Announces Key Actions to Advance Tech Accountability and Protect the Rights of the American Public," https://www.whitehouse.gov/ostp/news-updates/2022/10/04/fact-sheet-biden-harris-administration-announces-key-actions-to-advance-tech-accountability-and-protect-the-rights-of-the-american-public/,（2023年3月2日アクセス）.

18）The White House, "FACT SHEET: President Signs Executive Order Charting New Course to Improve the Nation's Cybersecurity and Protect Federal Government Networks," https://www.whitehouse.gov/briefing-room/statements-releases/2021/05/12/fact-sheet-president-signs-executive-order-charting-new-course-to-improve-the-nations-cybersecurity-and-protect-federal-government-networks/,（2023年3月2日アクセス）.

19）The White House, "FACT SHEET: Biden Administration and Private Sector Leaders Announce Ambitious Initiatives to Bolster the Nation's Cybersecurity," https://www.whitehouse.gov/briefing-room/statements-releases/2021/08/25/fact-sheet-biden-administration-and-private-sector-leaders-announce-ambitious-initiatives-to-bolster-the-nations-cybersecurity/,（2023年3月2日アクセス）.

20）The White House, "FACT SHEET: Ongoing Public U.S. Efforts to Counter Ransomware," https://www.whitehouse.gov/briefing-room/statements-releases/2021/10/13/fact-sheetongoing-public-u-s-efforts-to-counter-ransomware/,（2023年3月2日アクセス）．

21）The White House, “FACT SHEET: The Second International Counter Ransomware Initiative Summit,” https://www.whitehouse.gov/briefing-room/statements-releases/2022/11/01/fact-sheet-the-second-international-counter-ransomware-initiative-summit/,（2023年3月2日アクセス）．

22）The White House, “FACT SHEET: National Cyber Workforce and Education Summit,” https://www.whitehouse.gov/briefing-room/statements-releases/2022/07/21/fact-sheet-national-cyber-workforce-and-education-summit/,（2023年3月2日アクセス）．

23）Federal Communications Commission（FCC）, “FCC Proposes to Protect National Security Through FCC Programs,” https://www.fcc.gov/document/fcc-proposes-protect-national-security-through-fcc-programs-0,（2023年3月2日アクセス）．

24）National Science and Technology Council’s Wireless Spectrum R&D Interagency Working Group（WSRD）, “Research And Development Priorities For American Leadership In Wireless Communications, May 2019,” Networking and Information Technology Research and Development（NITRD）, https://www.nitrd.gov/nitrdgroups/images/6/63/Research-and-Development-Priorities-for-American-Leadership-in-Wireless-Communications-Report-May-2019.pdf,（2023年3月2日アクセス）．

25）Office of Science and Technology Policy（OSTP）, “Emerging Technologies And Their Expected Impact On Non-Federal Spectrum Demand, May 2019,” Networking and Information Technology Research and Development（NITRD）, https://www.nitrd.gov/nitrdgroups/images/f/f0/Emerging-Technologies-and-Impact-on-Non-Federal-Spectrum-Demand-Report-May-2019.pdf,（2023年3月2日アクセス）．

26）The White House, “National Strategy to Secure 5G of the United States of America, March 2020,” https://trumpwhitehouse.archives.gov/wp-content/uploads/2020/03/National-Strategy-5G-Final.pdf,（2023年3月2日アクセス）．

27）National Telecommunications and Information Administration, “National Strategy to Secure 5G Implementation Plan,” https://ntia.gov/other-publication/national-strategy-secure-5g-implementation-plan,（2023年3月2日アクセス）．

28）National Science and Technology Council（NSTC）, “National Strategic Overview for Quantum Information Science, September 2018,” National Quantum Initiative, https://www.quantum.gov/wp-content/uploads/2020/10/2018_NSTC_National_Strategic_Overview_QIS.pdf,（2023年3月2日アクセス）．

29）The White House National Quantum Coordination Office, “A Strategic Vision for America’s Quantum Networks, February 2020,” National Quantum Initiative, https://www.quantum.gov/wp-content/uploads/2021/01/A-Strategic-Vision-for-Americas-Quantum-Networks-Feb-2020.pdf,（2023年3月2日アクセス）．

30）The White House National Quantum Coordination Office, “Quantum Frontiers: Report on Community Input to the Nation’s Strategy for Quantum Information Science, October 2020,” National Quantum Initiative, https://www.quantum.gov/wp-content/uploads/2020/10/QuantumFrontiers.pdf,（2023年3月2日アクセス）．

31）National Science and Technology Council（NSTC）, “A Coordinated Approach to Quantum Networking Research, January 2021,” National Quantum Initiative, https://www.quantum.gov/wp-content/uploads/2021/01/A-Coordinated-Approach-to-Quantum-Networking.pdf,

（2023年3月2日アクセス）.
32) Joseph R. Biden Jr., "National Security Memorandum on Promoting United States Leadership in Quantum Computing While Mitigating Risks to Vulnerable Cryptographic Systems," The White House, https://www.whitehouse.gov/briefing-room/statements-releases/2022/05/04/national-security-memorandum-on-promoting-united-states-leadership-in-quantum-computing-while-mitigating-risks-to-vulnerable-cryptographic-systems/,（2023年3月2日アクセス）.
33) European Commission, "A Digital Single Market Strategy for Europe, SWD (2015) 100 final," European Union, https://eur-lex.europa.eu/legal-content/EN/TXT/PDF/?uri=CELEX:52015DC0192&from=EN,（2023年3月2日アクセス）.
34) European Commission, "European Cloud Initiative: Building a competitive data and knowledge economy in Europe, SWD (2016) 106 final, SWD (2016) 107 final," European Union, https://eur-lex.europa.eu/legal-content/EN/TXT/PDF/?uri=CELEX:52016DC0178&from=EN,（2023年3月2日アクセス）.
35) European Open Science Cloud (EOSC) Portal, https://eosc-portal.eu,（2023年3月2日アクセス）.
36) European Commission, "Shaping Europe's Digital Future," https://commission.europa.eu/system/files/2020-02/communication-shaping-europes-digital-future-feb2020_en_4.pdf,（2023年3月2日アクセス）.
37) European Commission, "A European strategy for data," European Union, https://eur-lex.europa.eu/legal-content/EN/TXT/PDF/?uri=CELEX:52020DC0066&from=EN,（2023年3月2日アクセス）.
38) European Commission, "2030 Digital Compass: the European way for the Digital Decade," European Union, https://eur-lex.europa.eu/resource.html?uri=cellar:12e835e2-81af-11eb-9ac9-01aa75ed71a1.0001.02/DOC_1&format=PDF,（2023年3月2日アクセス）.
39) European Commission, "Regulation (EU) 2022/1925 of the European Parliament and of the Council of 14 September 2022 on contestable and fair markets in the digital sector and amending Directives (EU) 2019/1937 and (EU) 2020/1828 (Digital Markets Act)," *Official Journal of the European Union* L265 (2022) : 1-66.
40) European Commission, "Regulation (EU) 2022/2065 of the European Parliament and of the Council of 19 October 2022 on a Single Market For Digital Services and amending Directive 2000/31/EC (Digital Services Act)," *Official Journal of the European Union* L277 (2022) : 1-102.
41) European Commission, "White Paper on Artificial Intelligence: A European approach to excellence and trust," https://commission.europa.eu/system/files/2020-02/commission-white-paper-artificial-intelligence-feb2020_en.pdf,（2023年3月2日アクセス）.
42) European Commission, "Proposal for a Regulation of the European Parliament and of the Council laying down harmonised rules on artificial intelligence (Artificial Intelligence Act) and Amending Certain Union Legislative Acts, SEC (2021) 167 final, SWD (2021) 84 final, SWD (2021) 85 final," European Union, https://eur-lex.europa.eu/resource.html?uri=cellar:e0649735-a372-11eb-9585-01aa75ed71a1.0001.02/DOC_1&format=PDF,（2023年3月2日アクセス）.
43) the Cabinet Office, "Policy paper: National Cyber Strategy 2022 (HTML)," GOV.UK, https://www.gov.uk/government/publications/national-cyber-strategy-2022/national-cyber-

security-strategy-2022,（2023年3月2日アクセス）.
44) Department for Digital, Culture, Media & Sport, “Policy paper: UK Digital Strategy,” GOV.UK, https://www.gov.uk/government/publications/uks-digital-strategy/uk-digital-strategy,（2023年3月2日アクセス）.
45) GOV.UK, “Defence Artificial Intelligence Centre,” https://www.gov.uk/government/groups/defence-artificial-intelligence-centre,（2023年3月2日アクセス）.
46) Department for Science, Innovation and Technology, et al., “Guidance: National AI Strategy,” GOV.UK, https://www.gov.uk/government/publications/national-ai-strategy,（2023年3月2日アクセス）.
47) Bundesministerium für Bildung und Forschung, “Künstliche Intelligenz: Mehr Geld für die Forschung,” https://www.bmbf.de/de/kuenstliche-intelligenz-mehr-geld-fuer-die-forschung-9518.html, (in German)（2023年3月2日アクセス）.
48) Bundesministerium für Digitales und Verkehr（BMDV）, “Digitalstrategie Gemeinsam digitale Werte schöpfen,” https://bmdv.bund.de/SharedDocs/DE/Anlage/K/presse/063-digitalstrategie.pdf?__blob=publicationFile, (in German)（2023年3月2日アクセス）.
49) Federal Ministry for Economic Affairs and Climate Action, “Digital Agenda,” https://www.bmwi.de/Redaktion/EN/Artikel/Digital-World/digital-agenda.html,（2023年3月2日アクセス）.
50) Bundesministerium für Wirtschaft und Energie（BMWi）, “Digitale Strategy 2025,” Bundesministerium für Wirtschaft und Klimaschutz, https://www.bmwk.de/Redaktion/DE/Publikationen/Digitale-Welt/digitale-strategie-2025.pdf?__blob=publicationFile&v=18, (in German)（2023年3月2日アクセス）.
51) Federal Ministry for Economic Affairs and Climate Action, “Digital Summit,” https://www.de.digital/DIGITAL/Redaktion/EN/Dossier/digital-summit.html,（2023年3月2日アクセス）.

1.2.5 研究開発投資や論文、コミュニティー等の動向

まず、図1–2–8（左）に示した主要国の研究開発費総額（名目額の通貨換算値）の推移から、主要国の研究開発の規模感とその傾向を概観する。なお、この図は、文部科学省の科学技術・学術政策研究所（National Institute of Science and Technology Policy: NISTEP）が「科学技術指標2020」として報告した数値データをプロットしたものである[2]。世界第1位の規模を保っている米国の研究開発費総額は長期的な増加傾向を示している。中国は、（世界第2位をキープしていた）日本を2009年に上回りその後も研究開発費総額を驚異的に増加させ続け、2020年には59.0兆円にまで達したが、71.7兆円の米国との差は縮まっていない。日本は、長期的に増加傾向が続いてきたが、政権交代があった2009年に研究開発費総額が減少した際に中国に抜かれたものの、その後、世界第3位の座（2020年次19.2兆円[3]）をキープしている。ドイツは、2004年に中国に抜かれたが、長期的に増加傾向が続いており、2020年には14.5兆円になった。また、日本やドイツに追随してきた韓国の研究開発費総額も長期的に増加傾向にあり、近年では、緩やかな漸増傾向にあるフランス（2020年次7.5兆円）や英国（2019年次5.8兆円）を上回り、2020年では世界第5位の11.4兆円に達している。以上が、主要国の研究開発費総額の規模感とその傾向である。

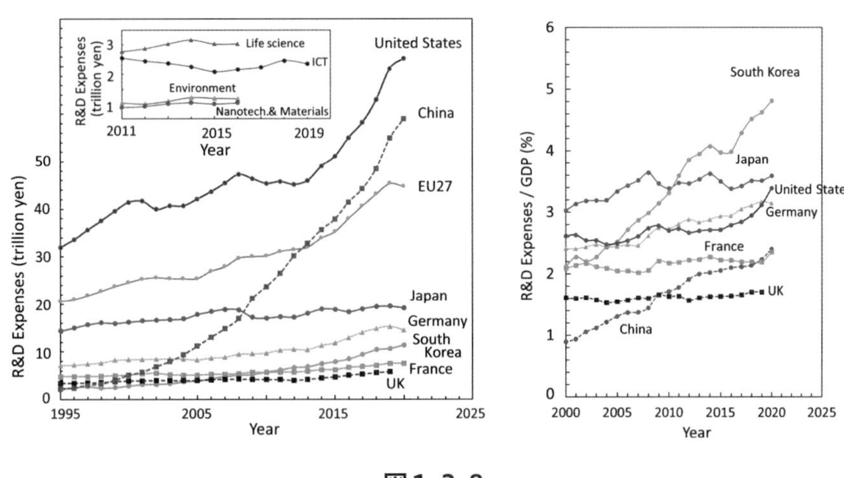

図1–2–8

（左）主要国における研究開発費総額（名目額）の推移。挿入図は、日本の重点推進4分野別の研究費の推移。なお、NISTEP「科学技術指標2022」および総務省「2022年科学技術研究調査」数値データをJST–CRDSが可視化したものであり、縦軸の単位は兆円（trillion yen）である。（右）主要国の研究開発費総額の対GDP比率の推移。ただし、縦軸の単位は%である。

図1–2–8（左）の挿入図に、日本の重点推進4分野（ライフサイエンス、ICT、環境、およびナノテクノロジー・材料）別の研究費の推移を示す。なお、この挿入図は、総務省が行った「科学技術研究調査」結果をプロットして可視化したものである。「ICT分野の研究費が徐々に減るとともに、ライフサイエンス分野の研究費が徐々に増える」傾向が2011～2014年の間に見られるが、ライフサイエンス、ICT、環境およびナノテクノロジー・材料の重点推進4分野の比率は、大ざっぱに見て、2016年以降は、3：2：1.1：1の割合で重点推

2　文部科学省NISTEPが企業、非営利団体・公的機関および大学等の研究費の合計を研究開発費総額として、その名目額を通貨換算したものである。

3　総務省が行った最新の科学技術研究調査結果によれば、2019年度の日本の科学技術研究費の総額（企業、非営利団体・公的機関および大学等の研究費の合計）は19兆5,758億円であり、2020年度には19兆2,413億円に落ち込んだものの、2021年度には19兆7,407億円と増加して、過去最高値を示している。研究費全体に占める割合は、企業72.1%、非営利団体・公的機関8.8%、大学等19.2%であり、ほとんど割合は変化していない。

進４分野の研究開発費は推移している。

図1–2–8（右）に、主要国の研究開発費総額の対GDP比率の推移を示す。日本の研究開発費の対GDP比は2000年から2008年までは微増傾向にあったが、2008年以降は3.3%前後で推移するなど、主要国と比較して高い割合を維持し続けているものの、増加の傾向は見られない。フランスや英国も、それぞれ2.2%、1.6%前後で推移しており、日本同様の傾向を示している。一方、日本、フランス、英国以外の他の主要国の研究開発費の対GDP比は、明らかに増加傾向にあり、研究開発力強化の方向性が見られる。特に、韓国の研究開発費総額の対GDP比率の増加率は（研究開発費総額で世界１位の米国を追っている）中国以上に大きく（世界１位）、研究開発費総額の対GDP比の大きさも、2011年には日本を抜いて世界１位となっていることから、韓国が研究開発力強化の方向性を最も示していることがわかる。欧州では、ドイツが、研究開発力強化の傾向が最も強い。

図1–2–9に、コンピューター科学（CS）関連分野の全出版物（全CS論文）に着目したトップ1%およびトップ10%論文数[4]に関するエルゼビア社のScivalを用いた整数カウント法による文献調査結果を示す。ここで、整数カウント法とは「論文１本の生産への関与度」を計測する手法である。ただし、CS分野の特徴を鑑み、article, review, conference paper, book, book chapterを含む全ての出版物の被引用数を調査し、また、中国のデータは、中国大陸、香港およびマカオの合算値とした。図1–2–9に示す「トップ1%およびトップ10%論文１本の生産への関与度」に関して、首位を独走してきた米国は、中国の猛追を受け、ついに2019年頃には世界2位となった。そして、驚くべきことに、2019年以降急減してEU27にも抜かれた。一方、中国は、トップ1%論文数で2006年にフランスとドイツを追い抜き、2010年には英国を抜いて米国を猛追して、2019年に（急減傾向が見え始めた）米国をも抜き去り世界１位の座を獲得した。なお、トップ10%論文数では、中国は、2002年にフランス、2004年にドイツを抜いて、そして2007年に英国、2018年に米国を抜き世界１位になっており、トップ10%論文数の増加の効果はトップ1%論文数より早く表れている。欧州では、英国は着実にトップ10%およびトップ1%論文数を伸ばしていたが、2018年以降増加が止まった。一方、ドイツの伸び率は英国に比べて緩やかであり、フランスの伸び率はさらに緩やかである。韓国と日本のトップ10%およびトップ1%論文数は、微増ながらも着実に伸びている。特に、韓国は、2018年にはトップ10%およびトップ1%論文数でフランスを抜き、日本はフランスにほぼ追いついた。以上要するに、「一定の質をもった量」を示す指標であるトップ10%およびトップ1%論文数において、米国の低下は著しく、中国は大躍進を続けており、「トップ1%およびトップ10%論文１本の生産への関与度」において明確な変化が現れている。

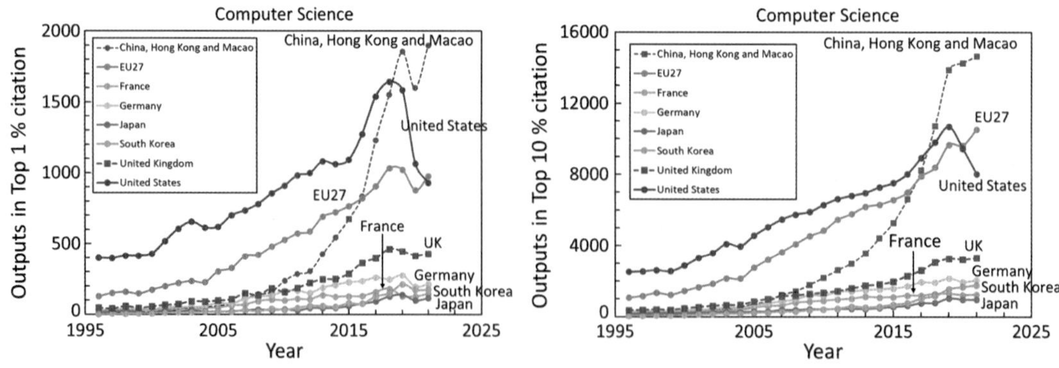

図1–2–9　　主要国のトップ1%およびトップ10% CS論文数（整数カウント）の推移

4　トップX%論文とは、出版年別の被引用数が世界全体の上位X%に含まれる文献のことである。トップ10%論文数は、被引用数で上位10% に入る論文群の論文数を示すものであり「一定の質をもった量」を示す指標である。

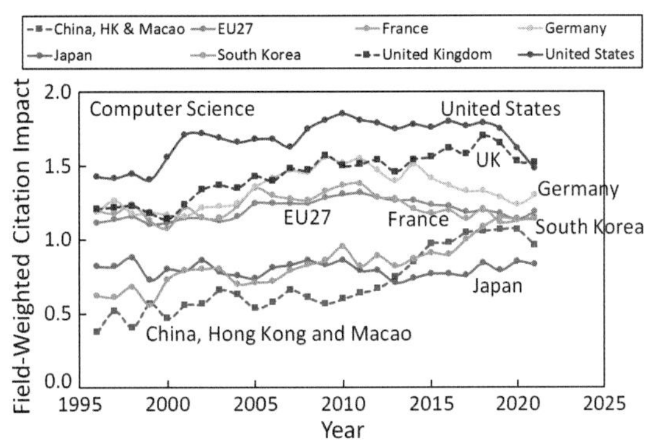

図1-2-10　　主要国のCS論文のFWCI値の推移

近年、該当論文の被引用数を、同じ分野・出版年・文献タイプの文献の世界平均（基準値）で割った（いわば論文の質を示す）指標Field-Weighted Citation Impact（FWCI）[5]による評価も行われるようになってきた。なぜなら、論文の被引用数による評価は、数字が具体的でわかりやすく検証が容易である反面、分野・出版年・文献タイプによって平均が異なり、他の文献との相対的な位置づけがわかりにくいからである。このようなFWCIによる評価は、具体的な被引用数が見えないものの、分野・出版年・文献タイプによる違いを補正しており、他の文献との相対的な位置づけがわかる。そこで、以下では、FWCIの観点から、全CS論文における主要国の動向を探るために、主要国のFWCI値の推移グラフを図1-2-10に示す。2016年において、世界1位の米国の全CS論文のFWCI値1.8に対して、中国、韓国、日本の全CS論文のFWCI値は、0.98、0.90、0.77であった。1995年以来、韓国と中国の全CS論文のFWCI値は増加傾向にあり、2017年以降、韓国や中国の全CS論文のFWCI値は、世界の平均値1.0を超えた。また、韓国は、2018年次には中国を上回り、着実にFWCI値を伸ばして2021年には1.14となってフランスやEU27に肩を並べるようになってきた。一方、日本のFWCI値は、1995年～2010年、変動しているものの顕著な増減傾向は見られなかったが、2010年～2013年には減少傾向が見られた。しかしながら、日本は2013年以降増加傾向に転じ、欧米がFWCI値を下げる中、韓国、中国を猛追しているものの、韓国や中国ほどの勢いはない。（中国のFWCI値が急増し始める）2010年を境に、米国、ドイツ、フランスは、増加傾向から減少傾向に転じているのに対して、英国は着実にFWCI値を伸ばし米国に接近し、2018年次から減少傾向にあるものの、2021年次には米国の1.48を抜いて1.52となって世界1位に躍り出た。

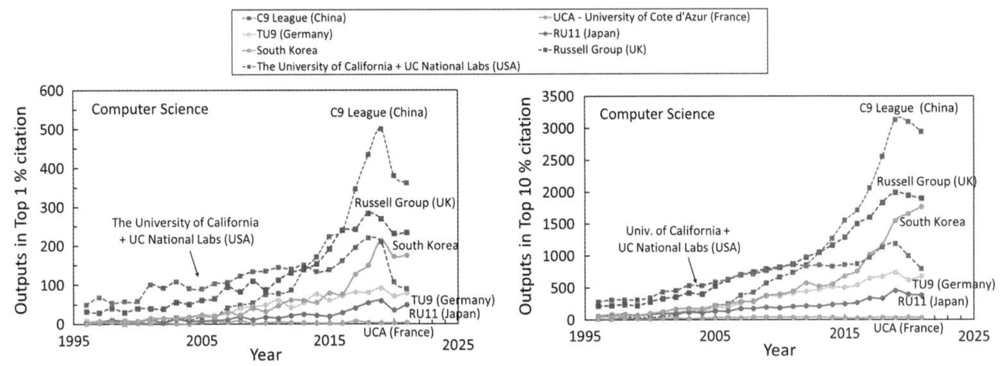

図1-2-11　　主要大学グループのトップ1%およびトップ10% CS論文数（整数カウント）の推移

5　Field-Weighted Citation Impact（FWCI）の世界の平均値は1.0である。FWCIが1以上ということは、被引用数が世界平均以上ということを意味している。

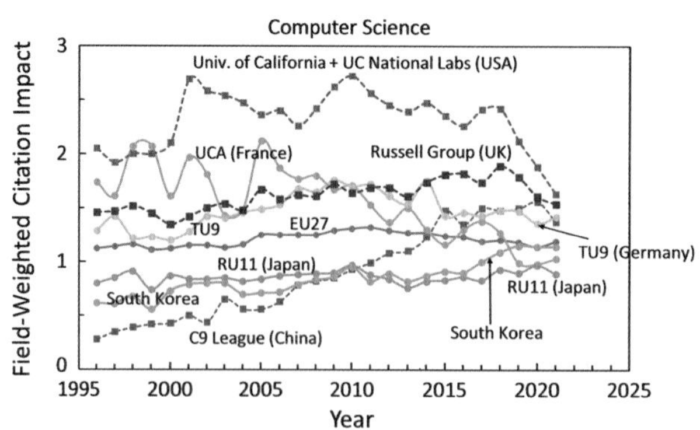

図1-2-12　　主要大学グループのCS論文のFWCI値の推移

次に、主要国におけるコミュニティーとして大学グループに着目し、主要大学グループのトップ論文数（整数カウント）およびFWCI値の推移から、主要大学グループの論文動向を探る。なお、主要国の主要大学グループとしては、米国からThe University of California + UC National Labsグループ、英国からRussellグループ（ケンブリッジ大学、オックスフォード大学、インペリアル・カレッジ・ロンドン等の研究型公立大学24校）、ドイツからTU9グループ（ミュンヘン工科大学等のドイツを代表する工科大学9校）、フランスからUCAグループ（フランストップ10の総合大学）、中国からC9 League（北京大学、清華大学等の中国大陸にあるトップ九校連盟）、日本からRU11グループ（北海道大学、東北大学、東京大学、名古屋大学、京都大学、大阪大学、九州大学、早稲田大学、慶應義塾大学、筑波大学、および東京工業大学の11大学）を選んで調査対象とした。韓国には、他国のような明確な大学グループが見られないので、上述の韓国データを用いるとともに、参考データとしてEU27の値も一緒に掲載している。

図1-2-11に示すように、トップ1%論文数について、米国のThe University of California + UC National Labsグループが2013年頃まで1位をキープしてきたが、2018年～2019年以降トップ1%およびトップ10%論文数において大幅な減少傾向が見られる。英国Russellグループのトップ1%およびトップ10%論文数は着実に伸びており、2015年頃に中国C9 Leagueに抜かれたものの、中国を追っている。中国C9 Leagueは2009年以降、いずれの論文数においても、驚異的に急増し、米英の主要大学グループを抜き去った。韓国と日本は、トップ1%論文数について、他の主要国に比べて、割合は少ないが、微増傾向にある。ただ、韓国のトップ10%論文数の増加傾向は顕著であり、2014以降世界2位をキープしている英国Russellグループに迫る勢いがある。

続いて、主要国の主要大学グループについても、上述したように、分野・出版年・文献タイプによる違いを補正した（いわば論文の質を示す）FWCI値の推移グラフを図1-2-12に示す。米国The University of California + UC National Labsグループは、2.5以上の高いFWCI値を示して世界1位の座を争っているものの、2018年以降急減して、ついには2.0の値を下回った。1.5程度のFWCI値から微増を続けてきた英国Russellグループは、ドイツTU9グループ、フランスUCAグループと長らく争ってきたが、2014年以降、抜き去った。ただし、やはり米国の主要大学グループ同様、2018年以降の急減傾向は見られる。フランスUCAグループは、2005年以降、顕著な減少傾向が見られるのに対して、1.3程度のFWCI値から微増を続けてきたドイツTU9グループは、2014年に英国Russellグループに抜かれてから緩やかな減少傾向にある。中国C9 Leagueは、FWCI値を着実に伸ばしており、2017年以降世界の平均値1.0を超えて、2018年以降値を下げている英国Russellグループに迫る勢いがある。韓国も、FWCI値を着実に伸ばしており、中国同様2017年以降世界の平均値1.0を超えて、ドイツTU9グループ、フランスUCAグループと同じレベルに達している。一方、日本のRU11グループは、1995年以降微増傾向にあり、全CS論文のFWCI値はまだ1.0を超えていないものの、世界の平均値1.0に接近してきている。

次に、コンピューターサイエンス（CS）の中でも、近年最も精力的に研究が行われている人工知能（AI）

関連の研究に着目する。図1–2–13（左）の挿入図は、AI Index 2018レポートの数値データを用いて、全科学技術分野、コンピューターサイエンス（CS）、および人工知能（AI）における学術論文の年間出版率（1996年との比較）の推移を1–2–13に再プロットしたものである。いずれの論文数も増加しているが、2010年以降AI関連論文数の増加率はCS関連論文数の増加率を凌駕しており、AI研究への関心の高さが急激に高くなったことを示唆している。それは、図1–2–13（右）に示すようにAI関連国際会議への参加者の推移にも表れている。特に、NeurIPS*（Conference on Neural Information Processing Systems）、CVPR（Computer Vision and Pattern Recognition Conference）、ICML（International Conference on Machine Learning）の国際会議が、2010年以降に多くの参加者を集めており、現在のCS研究の潮流を示している。

プレプリントサーバーarXivに投稿される論文は、特にCS研究においては、査読の有無や論文受理にかかわらず、著者が先見性を主張したり自身の研究を広めるために使われる傾向がある。arXivにおけるAI論文の主なサブカテゴリ別の論文数（AI Index 2022レポート・データ）の推移（図1–2–13（左））が示すように、arXivに関するAI論文の数は全体的にも多くのサブカテゴリでも増えている。特に、パターン認識（PR：Pattern recognition）に関するものが爆発的に増加しており、2014年以来arXivの最大のAIサブカテゴリとなっている。2番手は、機械学習（ML：Machine learning）である。この傾向は、パターン認識やコンピュータービジョン（CV：Computer vision）等の一般的なアプリケーションへの関心が高まっていることに加えて、自動運転車、言語、ロボティクスなどの他のAIアプリケーション分野での成長も示唆している。

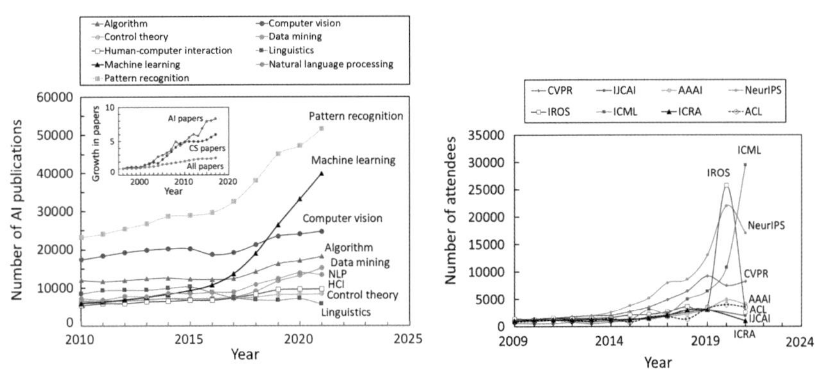

図1–2–13

（左）arXivにおけるAI論文の主なサブカテゴリ別の論文数の推移（AI Index 2022レポート・データ）なお、挿図はAI、CSおよび全論文数の1996年比の推移を示す。（右）大きい規模のAI会議への参加者数の推移。

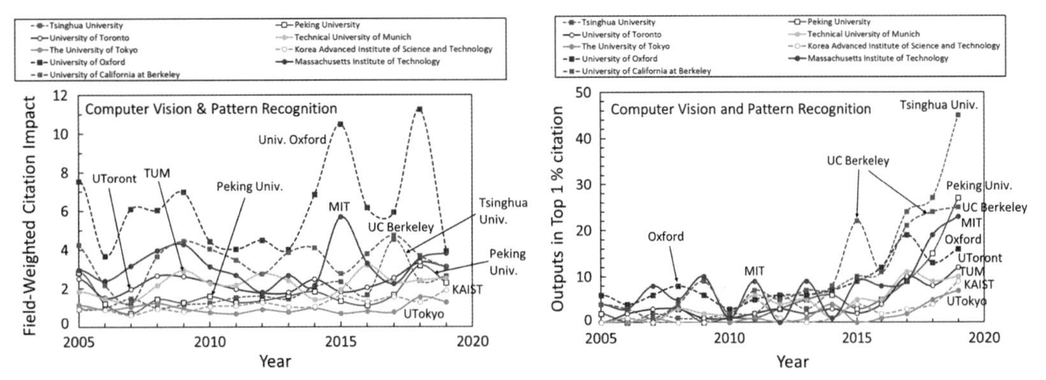

図1–2–14

各国トップレベル大学のFWCI値およびトップ1% CVPR論文数（整数カウント）の推移。ただし、参考データとしてAI系に強いカナダ・トロント大学の値も一緒に掲載している。

AI論文の中でも最も数が多いCVPR論文に着目し、各国トップレベル大学のFWCI値およびトップ1% CVPR論文数（整数カウント）の推移グラフを図1-2-14に示す。2016年以降の中国・清華大学（Tsinghua Univ.）のトップ1% CVPR論文数の増加は著しく世界1位の座をキープしている。また、2017年以降の中国・北京大学の増加も著しく、MITや（清華大学と激しくトップ争いをきた）UC Berkeleyに追いついた。オックスフォード大学も、UC Berkeley同様、2017年頃まで清華大学と激しくトップ争いをきたが、トップ1% CVPR論文数の増加は止まっている。一方、韓国KAIST、東京大学は、2015年以降、着実に数を伸ばしており、2017年以降勢いの止まったミュンヘン工科大学に追いつき始めている。該当論文の被引用数を同じ分野・出版年・文献タイプの文献の世界平均（基準値）で割った指標である（いわば論文の質を示す）FWCI値においては、図1-2-12（左）に示すように精華大学（2.64）・北京大学（2.29）の値は、（トップ1% CVPR論文数に比べて）それほど突出したものではない。むしろ、世界トップレベルのオックスフォード大学（3.94）やMIT（3.82）に比べて、中国の精華大学・北京大学はやや低い値を示しており、ミュンヘン工科大学（2.53）と同レベルにある。一方、2015年以降、韓国KAIST（1.92）は、FWCI値を着実に伸ばしており、東京大学（1.31）は追随している傾向にある。なお、上記のカッコ内の数字（FWCI値）は2019年の値（>世界平均1.0）である。

世界知的所有権機関（World Intellectual Property Organization: WIPO）によるAI関連特許に関する最新の報告書[6]によれば、企業別の累計出願数では日米が圧倒的に上位を占めており、米IBMが8290件で最多で、上位5社には米マイクロソフト（5930件）、東芝（5223件）、韓国サムスン電子（5102件）、NEC（4406件）が続く。出願件数トップ30のうち、12社が日本企業（東芝、NEC、富士通、日立製作所、パナソニック、キヤノン、ソニー、トヨタ自動車、NTT、三菱、リコー、シャープ）で占められている。ここで、注意しなければならないのは、このデータは、あくまでも過去からの（伝統的に強い企業の）累計出願数であり、多岐に亘る広義のAI関連特許数である。しかしながら、学術分野では圧倒的に中国の台頭が目立ち、AI関連特許の出願上位20の大学や公的研究機関のうち、17団体が中国であり、上記のトップ1%論文数の動向調査のように、今後急増することが予想される。

日本の出願数上位5分野は、車両・交通制御、言語・音声技術、AIコア技術、画像処理・通信、制御・工場系であり、日本の強みと呼ばれる分野である。例えば、トヨタ自動車は、2016年にTOYOTA RESERCH INSTITUTEをシリコンバレーに設立して、MITやスタンフォード大学と連携したAIの研究を始めており、特許庁の2020年度特許出願技術動向調査では「自動運転」と「MaaS（Mobility as a Service）」の関連技術区分において、米中勢を抑えて首位となっている。図1-2-13に示したように、パターン認識やコンピュータービジョン関連の論文の急増は自動運転車やロボティクスなどの応用分野へのAIアプリケーション分野での成長も示唆しており、自動運転車に不可欠な画像認識などのコンピュータービジョンが最多（49%：WIPO Technology Trends 2019）であることを裏付けるものである。また、ロボット分野へのAI応用も活発で、ロボティクス関連のAI特許出願は622件（2013年）から2272件（2016年）へ、ロボットアーム制御関連のAI特許出願は193件（2013年）から698件（2016年）へ急増している。

最後に、高度AI人材について述べる。トップカンファレンスであるNeurIPS 2019（採択率21.6%）に採択された研究者を世界の高度AI人材（上位20%）と仮定した「The Global AI Talent Tracker」調査によれば、彼らの所属先として米国が59%と圧倒的に多く、中国11%、欧州10%と続く。高度AI人材の活動拠点として米国が圧倒的に多くAI研究の最先端であることは疑いようもないが、AI論文の著者名からの推測では、かなりの数の中国系AI研究者が高度AI人材に含まれていることがたやすく予想できる。量が質に転化することを鑑みれば、今後ますますAI覇権争いが激化するのは間違いない。

6 WIPO Technology Trends 2019 - Artificial Intelligence, https://www.wipo.int/edocs/pubdocs/en/wipo_pub_1055.pdf

1.3 今後の展望・方向性

1.3.1 今後重要となる研究の展望・方向性

「1.2.2 研究開発の動向」に挙げたシステム・情報科学技術分野の動向を大局的に捉え、かつ、区分ごとの歴史背景と潮流を踏まえ、今後重要となる研究の展望と方向性を以下に区分ごとに述べる。

（1）人工知能・ビッグデータ

1.2.2節（1）で述べたように、この区分の研究開発の方向性は、大きく「第4世代AI」と「信頼されるAI」という2つの潮流で捉えられる。それぞれの潮流において重要になる研究開発課題は以下の通りである。

第1の潮流「第4世代AI」は、第3世代AIの中核である深層学習の抱える問題点（大規模なデータと計算資源が必要なこと、想定外の状況に臨機応変に対応できないこと、説明や意味など高次の処理ができていないこと）を克服する新しいAIのアーキテクチャーを探究する方向性である。大規模学習によって、マルチモーダル性と汎用性を大きく向上させた基盤モデル（Foundation Model）が出現し、大きく注目されている。しかし、この力任せのアプローチは人間の知能とは異なる方向に向かうように思える。人間は大量の教師データがなくとも発達・成長し、学習した結果を状況に応じて臨機応変に応用できる。人間の知能から学ぶアプローチとして、即応的な知能（システム1）と熟考的な知能（システム2）から成る二重過程モデルや、身体性や環境とのインタラクションを通した予測誤差最小化原理に基づく発達・創発モデルが注目され、研究が活発化しつつある。このような基盤モデル、二重過程モデル、発達・創発モデルを中心とした「知能モデルの解明・探究」が、「第4世代AI」に向けた重要な研究開発課題である[1)]。

第2の潮流「信頼されるAI」については、AIに対する社会からの要請が原則から実践フェーズへ移行する中で、技術開発だけでは必ずしも要請を十分に充足できない問題が顕在化してきた。AIの信頼性だけでなく、社会におけるトラスト（信頼）を、対象真正性、内容真実性、振る舞い予想・対応可能性といった多面から捉えて複合的に取り組むことが必要である。そのため、技術開発だけでなく制度設計や人文・社会科学の知見も結集した総合知による「デジタル社会におけるトラスト形成」が、今後重要な研究開発課題になる[2)]。

「AI戦略2019」においても中核的研究開発課題に設定された「信頼されるAI」が依然重要であることに加えて、「AI戦略2022」では差し迫った危機への対処や社会実装の推進などAI活用が強調されている。上述の「第4世代AI」や「信頼されるAI」の成果が、社会のさまざまな場面で活用されるためには、社会スケールの計算アーキテクチャー、それを支えるデータ基盤・データエコシステム、AIエージェント分散協調メカニズムなどを含む「社会システムを支えるAIアーキテクチャー」が、もう一つの重要な研究開発課題になる。

（2）ロボティクス

研究開発のトレンドは「技術の発展」「実社会への浸透」「人間との共生」という3つの観点で捉えることができる。画像認識や学習機能の実装によって産業用ロボットは工場内の定型的な作業を正確に休まず実施できるレベルに発展し、人間や動物の運動能力を模倣するロボットも登場した。この流れの中で基盤となる技術として、細胞などの生体材料を使ったウェットな「バイオハイブリッドロボット」が新たな潮流として注目される。また、生物が進化の過程で獲得した感覚と運動に関する無意識プロセスの解明など「身体性に宿る知能」もロボティクス研究の新潮流として重要である。

一般社会や家庭で働く知能ロボットの研究開発も盛んになり、手術支援ロボットやロボット掃除機など技術の発展は実社会へのロボットの浸透を促した。工場から飛び出し、人と一緒に働くコワーキングロボット（自動調理ロボット、食器仕分け自動化ロボット、惣菜盛付自動化ロボット等）に見られるように「人間との共生」という視点からは、これまで以上に人間との相互作用が重要になる。開かれた環境に柔軟に適応するロボティクス学理基盤の創出[3)] に加えて、インタラクションやロボットの研究から人間理解を深化させ、新たなインタクション技術の創出へとつなげていく「人間中心インタラクション」を国として重点的に取り組むべき研究開発課題として挙げた。

（3）社会システム科学

この区分における3つの技術発展のトレンド「システム化・複雑化」「ソフトウェア化・サービス化」「スマート化」はそれぞれ「安定化」「全体最適化」「社会革新」の方向への発展が期待される。社会システムアーキテクチャー、メカニズムデザイン、計算社会科学など基本的な研究開発領域は変化が少ないが、マッチング理論やオークション理論をビジネスに利用しようという動きが見られる。また、サービスサイエンスは観光・ホスピタリティーなど適用範囲を広げている。

デジタル変革は一番変化が大きい研究開発領域で、Web3.0やメタバースなどのキーワードが「経済財政運営と改革の基本方針2022」で取り上げられ、省庁での研究会開催や関連業界団体の複数発足など大きな動きが見られる。メタバースを新しい社会システムとして社会課題解決に活用するため、メタバースでの人間の認知・行動の理解と基本ルール作りに関する研究開発を進める必要がある。国が重点的に取り組むべき研究開発課題として「社会課題解決に向けたメタバースデザイン」を挙げた。

また、Society 5.0の実現に向けては、モノやサービス、システムにITを取り込むことによる「全体最適化」の方向性が極めて重要である。これには、技術のみならずメカニズムデザインや計算社会科学といったデザインのためのフレームワーク設定も求められる。社会課題解決を支援するため、IoT等のセンシング技術で取り込んだ実際の社会活動データから構築された社会モデルを利用して、社会現象を模擬する社会シミュレータの実現が期待される。このような研究開発課題として「社会デジタルツイン」を挙げた。

（4）セキュリティー・トラスト

「インフラ」「プラットフォーム」「サービス」という3つの大きな流れが社会に広がる中、セキュリティーとトラストの重要性が高く認識されるようになってきた。人への攻撃（フィッシング、内部不正等）や製造業への攻撃（マルウェア、ランサムウェア）などサイバー攻撃が高度化・激化しており、重要インフラやサプライチェーンへの攻撃など直接の被害だけでなく2次被害・3次被害も含めて深刻化している。サイバーセキュリティーがこれまで以上に重要になってきたことに加えて、サイバーフィジカルシステムといった新しい利用形態の登場でIoTシステムのセキュリティーにも注意を払う必要が出てきた。ゼロトラストセキュリティー等の技術が強化される中、人間の脆弱性をつく攻撃が高度化している点も見逃せない。このような人間の認知や思考・意思決定などに影響を与える攻撃からの防御に関する研究開発を進める「コグニティブセキュリティー」が重要である。

また、セキュリティーやプライバシーの保護とデータ利活用の両立には、個人情報漏えい対策やコンテンツの不正使用・操作対策のためのデータ・コンテンツのセキュリティーを考えることが重要となる。加えて、近年、社会への影響度の点で無視できないのが、情報システムや情報サービスにおける安心・信頼の概念である「トラスト」である。先述のとおり、AIの信頼性確保から社会におけるトラスト形成に向けた「デジタル社会におけるトラスト形成」が今後重要となる方向性である。

（5）コンピューティングアーキテクチャー

この区分における科学技術および応用の方向性は、連携の広がりの観点から「一つのコンピューター」「複数のコンピューター」「インターネット」「モバイル」「森羅万象」という大きな5つの流れで理解される。一台のコンピューターから始まり、複数のコンピューターが接続されるようになり、インターネットの普及とモバイル通信ネットワークによって利用者もサービスも爆発的に増大してきた。これまでコンピューターはムーアの法則に支えられ着実に性能向上してきたが、2003年頃にCPUクロック速度が上限に達し、2004年頃からはマルチコアが主流となった。このようなムーアの法則による性能向上の限界や、深層学習に代表されるようなワークロードの変化などにより、新たなコンピューティングアーキテクチャーへの期待が高まっている。

また、インターネットの社会浸透を背景にクラウドコンピューティングやIoTへの期待が高まり、処理内容に応じて柔軟な構成を実現するデータ処理基盤やIoTアーキテクチャーの重要度が増してきている。Society5.0の実現に向けて、スマートフォンなどのデバイスとクラウドコンピューティングの組み合わせによりさまざまなサービスを実現するデジタル社会基盤の構築も求められる。一方で、ソフトウェアの世界ではアルゴリズムの独占は難しく、学習や分析に用いるデータが競争力の源泉となることが顕在化してきている。経済安全保障の観点からも、資源であるデータを活用することが産業上の重要課題である。本俯瞰報告書では「データ共有」を国として重点的に取り組むべき研究開発課題として挙げた。

（6）通信・ネットワーク

「超多数・超低遅延・超高速大容量・超低消費電力」「通信と処理の融合、柔軟性・拡張性の向上」「ネットワークサービスの高度化・複雑化」の3つの流れの中で、近年Hyper-Giantsによるネットワークのプライベート化を軽減するための新たなネットワークアーキテクチャの検討が進められている。通信基盤技術としては、5Gの次の世代に相当するBeyond 5G（6G）の実現に向けた研究開発が活発化しており、量子通信ネットワークも古典セキュリティとの融合・衛星系を含むグローバルネットワーク構築などの実用化に向けた検討が進んでいる。

とりわけ通信と計算処理を融合する計算基盤としてのネットワークへと向かう研究開発が活発化しており、計算リソースを含めたマルチドメイン・マルチレイヤオーケストレーションの検討も進んでいる。国として重点的に取り組むべき研究開発課題に「ネットワークのスマート化」を挙げた。

（7）数理科学

数理科学は、科学的・社会的課題に対して基盤的役割を担っている。その役割は本質的に内在する抽象性や普遍性、演繹的思考と紐付いた論理性に起因する。社会との関係から「モデル基盤、データ駆動、モデル選択」「計算根拠、評価、設計」の3つの流れに分けるが、そこには新たな演繹的研究も生まれる。

「モデル基盤、データ駆動、モデル選択」：現象の機構の数理的解明と現象の数理的予測を行う数理モデリングが理学・医学・工学から社会人文科学までの広大な領域に利用されている。また、数理モデルをコンピューター上で計算するための数値解析は不確実性とも結びつき、現象の背後にある普遍的なメカニズムを理解するためのデータ解析の重要度も高まっている。そこではトポロジーや表現論などがかつて予見されなかった活躍の場を得ている。

「因果と最適意思決定」：人間の合理的な意思決定を支援するための予測・最適化は社会問題解決に有効な手段であるが、日本では利活用が限定的である。因果関係の導出を軸にした因果推論は経済・金融・保険での実践的利用が多く、最適なパラメータの取り出しなどと合わせて意思決定の根拠に利用できると期待される。これらの共通部分にある「最適化」を国として重点的に取り組むべき研究開発課題として挙げた。それは群論、数理物理や調和解析などともつながっている。

「計算根拠、評価、設計」：計算可能性や複雑性などを評価する計算理論、機械学習やCPSなどのシステムを理解するシステム設計はDXの進む社会には必須である。ここには、圏論のような抽象的手法の有用性が広がっている。

1.3.2 日本の研究開発の現状と課題

前節までにシステム・情報科学技術分野を7つの区分に分けてそれぞれの分野の動向を俯瞰し、社会・経済の動向も含めた日本の置かれた環境、現在の日本の取り組み状況やポジションについて述べた。ここでは研究開発領域の発展の方向性を総合的に精査し、国として重点的に取り組むべき研究開発課題を選定するための視点について紹介する。

本俯瞰報告書では各俯瞰区分の研究開発領域を

・ビジョン（1.1.1 社会の要請、ビジョン）
・トレンド（1.1.2 科学技術の潮流、変遷）
・選定基準（1.1.3 俯瞰の考え方（俯瞰図））
・社会環境・世界情勢の変化（1.2.1 社会・経済の動向、1.2.4 主要国の科学技術・研究開発政策の動向）
・CRDS内外有識者との議論（付録2 検討の経緯）

の視点から総合的に精査した。その際に、現時点の状況だけでなく、3つのビジョン/トレンドに沿ってこれまで実行されてきた国の戦略・プログラムを通して、継続的に強みが育成・蓄積されてきていることを踏まえ、ビジョン実現に向けて、今後さらに推進すべきと考えられるものを重視した。

研究開発領域の発展の方向性は世界各国が競って取り組んでいる方向性でもあり、その中で日本が国際競争力を構築・維持していくため、あるいは、国として自立した安全安心な社会を維持していくためには、単に技術発展の方向性だから取り組むというのではなく、国際競争力を構築するシナリオを持った研究開発戦略が必要である。本俯瞰報告書では国際競争力の確保に向けたシナリオとして4つの基本的な考え方を示し、これらが国として重点的に取り組むべき研究開発課題のそれぞれとどのように対応しているかを表1-3-1にまとめた。各テーマの内容やトレンドの中での位置付けは1.3.3節にまとめる。

（1）強い技術を核とした骨太化

既に保有している、あるいは、育ちつつある強い技術を足掛かりとして、技術の国際競争力を骨太化する作戦・シナリオである。例えば、最先端研究開発支援プログラムFIRST、革新的研究開発推進プログラムImPACT、戦略的創造研究推進事業CREST・ERATO等で生み出した中核技術に、周辺技術をかけあわせて、強みを出させる技術領域を拡大・強化するといった作戦・シナリオがその一例である。

（2）強い産業の発展・革新の推進

既に保有している、あるいは、育ちつつある強い産業を足掛かりとして、国際競争力のある技術群を育てる作戦・シナリオである。日本に強みのある産業において、現存する課題や将来直面する課題を見極め、それらを解決するための技術開発を推進し、その成果を産業に投入していくことで、その産業とそれを支える技術群の競争力を育成・拡大する。その際に、インクリメンタルな課題解決・技術改良だけでなく、サービス産業の生産性向上も含め、国際競争力を維持できるように産業構造・産業基盤を革新するような技術も、視野に入れて取り組むことが必要である。

（3）社会課題の先行解決

課題先進国として、先端技術の社会受容性で先行できることを活かして、国際競争力を構築する作戦・シナリオである。日本は課題先進国と言われ、特に人口減少・少子高齢化の問題が深刻なものとして認識されているとともに、震災を通して環境問題・省エネ対応等への取り組み意識が高い。このような日本の状況は、人手作業の自動処理への置き換えや、環境問題・省エネ対応等に伴う生活パターンの変化等への抵抗感が他国に比べて少ないという点で有利である。つまり、この種の社会課題解決のための先端技術導入・環境変化に対する社会受容性の面で、他国に先行できるチャンスがある。そして、社会課題の先行解決ができれば、それを日本に遅れて同様の社会課題に直面していくであろう他国に事業展開していくことが狙える。

（4）社会基盤を支える根幹技術確保

社会基盤を支える根幹技術は、国として保有・強化しなくてはならないという考えである。今日、あらゆる技術を自前開発でそろえることは不可能であり、オープンイノベーション、他国からの技術導入も組み合わせて、バランスよく技術開発・活用を進めることが必要となる。その際、自国で重点開発すべき技術のターゲティングは、上記の（1）（2）（3）のような作戦・シナリオを通して国際競争力を構築できる技術領域が基本となるが、もう1つ考慮しておくべき点がある。セキュリティーに代表されるような社会基盤を支える技術は、他国での技術開発に依存していると、国の安全性・安定性に不安を招きかねない。社会基盤を支える根幹技術への重点的・継続的な投資は確保しなくてはならない。

表1–3–1　国として重点的に取り組むべき研究開発課題と4つのシナリオ

	国として重点的に取り組むべき研究開発課題	4つのシナリオ			
		（1）強い技術を核とした骨太化 既に保有している、あるいは、育ちつつある強い技術を足掛かりとして、技術の国際競争力を骨太化する作戦	**（2）強い産業の発展・革新の推進** 既に保有しているあるいは、育ちつつある強い産業を足掛かりとして、国際競争力のある技術群を育てる作戦	**（3）社会課題の先行解決** 課題先進国として、先端技術の社会受容性で先行できることを活かして、国際競争力を構築する作戦	**（4）社会基盤を支える根幹技術確保** 社会基盤を支える根幹技術は、他国に依存せずに、国として保有・強化しなくてはならないという考え
デジタル安全保障に対する総合知による取り組み	デジタル社会におけるトラスト形成	●		●	●
	コグニティブセキュリティー			●	●
	データ共有		●		●
スマート化・自律化の根本である知能の原理探求	知能モデルの解明・探究/身体性に宿る知能	●	●		
	人間中心インタラクション	●		●	
	バイオハイブリッドロボット	●	●		
	最適化	●			●
サステナブル社会のためのICT基盤	社会課題解決に向けたメタバースデザイン			●	●
	ネットワークのスマート化	●	●		●
	社会デジタルツイン				●
	社会システムを支えるAIアーキテクチャー	●			●

1.3.3 わが国として重要な研究開発

①重要な研究開発

本項では、国内外の社会・経済の動向や研究開発の現状、今後の展望などを俯瞰した中から見えてきた、わが国として今後重要となる研究開発について記述する。日本・世界の研究開発の現状とわが国の課題を見据え、1.3.2節の考え方にもとづいて国として重点的に取り組むべき11の研究開発課題を抽出した。これらの研究開発課題は図1-3-1に示したとおり、3つのビジョンに向かう3つのトレンドの中、近年とりわけ重要度が高まっている3つの潮流に分類できる。

「（ビジョン3）社会課題解決と人間中心社会の実現」に向かう「（トレンド3）社会的要請との整合」の中では経済安全保障の視点や国のAI戦略における信頼されるAIの重視などを受けた「デジタル安全保障に対する総合知による取り組み」が求められる。「デジタル社会におけるトラスト形成」「コグニティブセキュリティー」「データ共有」といった研究開発課題が含まれる。

「（ビジョン2）データ駆動型・知識集約型の価値創造」に向かう「（トレンド2）あらゆるもののスマート化・自律化」の中では応用の進むAIやサービスロボットを基礎づける学理基盤の構築や数理的アプローチを含む「スマート化・自律化の根本である知能の原理探求」への期待が高まっている。国として重点的に取り組むべき研究開発課題として「知能モデルの解明・探究/身体性に宿る知能」「人間中心インタラクション」「バイオハイブリッドロボット」「最適化（離散・非線形）」が含まれる。

「（ビジョン1）サイバー世界とフィジカル世界の高度な融合」に向かう「（トレンド1）あらゆるもののデジタル化・コネクティッド化」の中ではあらゆる社会システムの基盤となる「サステナブル社会のためのICT基盤」が重要となる。「社会課題解決に向けたメタバースデザイン」「社会デジタルツイン」「ネットワークのスマート化」「社会システムを支えるAIアーキテクチャー」を国として重点的に取り組むべき研究開発課題に挙げた。

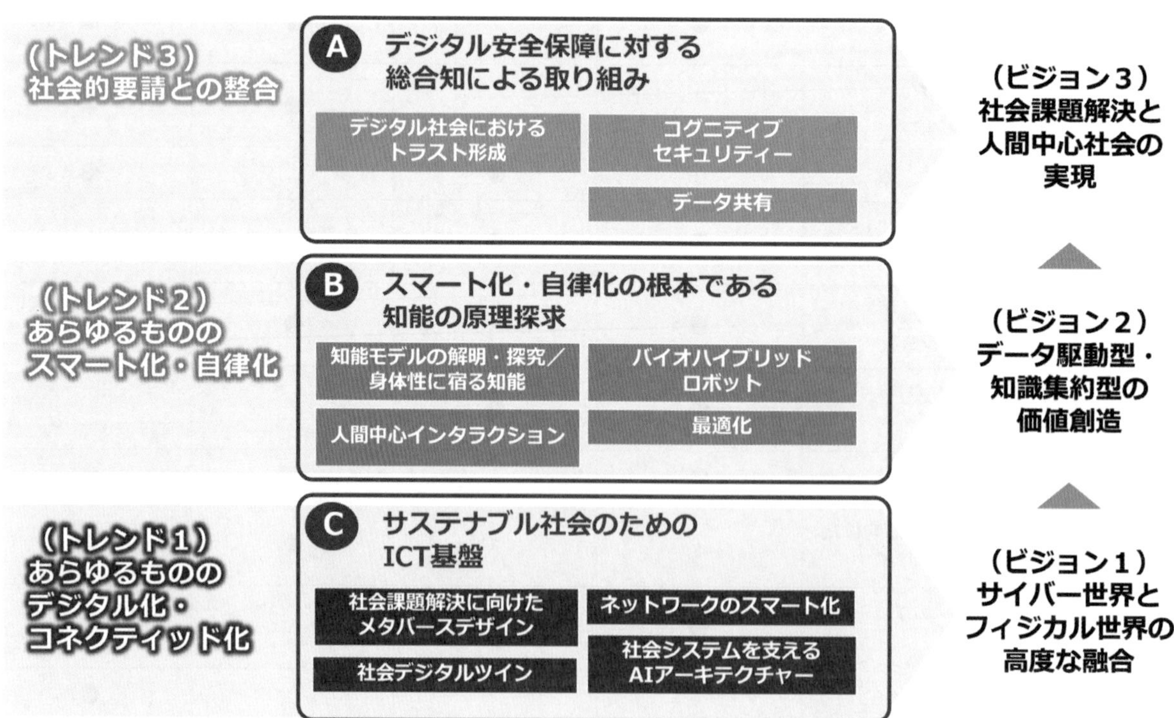

図1-3-1　　3つの技術トレンドと国として重点的に取り組むべき研究開発課題の関係

（1）デジタル社会におけるトラスト形成

デジタル化の進展に伴い、社会におけるその働きがほころびつつあるトラスト（信頼）の確保を目指す総合的な研究開発テーマである。技術開発や制度設計による社会的トラストのよりどころの再構築、それが社会の中で有効に機能するように社会・人間による受容性、具体的なトラスト問題の分析・検証など、幅広い学際的な研究開発が必要である。このテーマは「（シナリオ1）強い技術を核とした骨太化」「（シナリオ3）社会課題の先行解決」「（シナリオ4）社会基盤を支える根幹技術確保」による推進を念頭におく。詳細は研究開発領域「2.1.9 社会におけるAI」「2.3.4 メカニズムデザイン」「2.4.6 データ・コンテンツのトラスト」「2.4.7 社会におけるトラスト」を参照のこと（対応する戦略プロポーザル：「デジタル社会における新たなトラスト形成」[2)]）。

（2）コグニティブセキュリティー

人間の認知や思考、意思決定などに悪影響を与える攻撃からの防御に関する研究開発テーマである。フィッシングやフェイクニュース、デマなどは個人から国家まで幅広い影響を与えており、近年では米国DARPAでも安全保障上重要と考え、取り組みを開始している。このテーマは「（シナリオ3）社会課題の先行解決」「（シナリオ4）社会基盤を支える根幹技術確保」による推進を念頭におく。詳細は研究開発領域「2.1.5 人・AI協働と意思決定支援」「2.4.3 データ・コンテンツのセキュリティー」「2.4.4 人・社会とセキュリティー」を参照のこと。

（3）データ共有

政府や行政機関が持つビッグデータの流通・共有を円滑に行うためのデータベース基盤の構築をめざすテーマである。共通語彙やAPI整備など技術面の他、プライバシーや情報セキュリティーなど法制度やガイドラインなどの課題解決も求められる。このテーマは「（シナリオ2）強い産業の発展・革新の推進」「（シナリオ4）社会基盤を支える根幹技術確保」による推進を念頭におく。詳細は研究開発領域「2.3.1 デジタル変革」「2.3.3 社会システムアーキテクチャー」「2.5.4 データ処理基盤」を参照のこと。

（4）知能モデルの解明・探求/身体性に宿る知能

現在の深層学習の課題を克服し、人間と親和性が高く、実世界で発達・成長する、新しいAIの理論・アーキテクチャーにつながる研究開発テーマである。1.3.1節（1）で述べたように、大規模学習による基盤モデル、即応型（深層学習）と熟考型（知識・記号推論）を融合した二重過程モデル、身体性や環境インタラクションに基づく発達・創発モデルなどのアプローチが進められている。 これには、計算脳科学や認知発達ロボティクスのような人間の知能に関する研究成果・知見が有用であることに加えて、1.3.1節（2）で述べたような、生物が進化の過程で獲得した感覚と運動に関する無意識プロセスの解明などもヒントになる。人工知能研究とロボット研究の融合的な推進も重要になる。このテーマは「（シナリオ1）強い技術を核とした骨太化」「（シナリオ2）強い産業の発展・革新の推進」による推進を念頭におく。詳細は研究開発領域「2.1.1 知覚・運動系のAI技術」「2.1.2 言語・知識系のAI技術」「2.1.7 計算脳科学」「2.1.8 認知発達ロボティクス」「2.2.6 自律分散システム」を参照のこと（対応する戦略プロポーザル：「第4世代AIの研究開発−深層学習と知識・記号推論の融合−」[1)]）。

（5）人間中心インタラクション

人間は他の人や機械、あるいは環境などとインタラクション（相互作用）することによってさまざまな知的、あるいは身体的な活動を行っている。このインタラクションをより高度に、創造的にするためには、情報技術によって得られるデータも利用して人間そのものの行動や認知に関する理解を深め、その結果を人工知能やインターフェイス機器といった情報技術の向上にフィードバックするという学術のインタラクションが必要である。

情報技術と人間理解に基づくことによって、働くことや学ぶことといった日常生活に加えて、スポーツや芸術活動においても、より創造性の高い、それぞれの人に寄り添ったインタラクション環境が実現される。このテーマは「（シナリオ1）強い技術を核とした骨太化」「（シナリオ3）社会課題の先行解決」による推進を念頭におく。詳細は研究開発領域「2.1.3 エージェント技術」「2.2.5 Human Robot Interaction」を参照のこと。

（6）バイオハイブリッドロボット

生体もしくは生体材料からできた部品と人工物からできた部品を組み合わせて、生体特有の運動や感覚といった機能をアクチュエーターやセンサーとして利用したロボットである。バイオハイブリッド・ロボットには、昆虫に小型のMEMSマシンを移植して電磁パルスで制御するDARPAの「Cyborg Insect」のように生体そのものを利用するものと、ラットの心筋で作ったアクチュエーターで遊泳するアカエイ型のロボット（ハーバード大学）のように生体の一部を部品として利用するものに大別される。生体の一部を利用した超高感度なタンパク質センサーの開発など医療応用も含む。このテーマは「（シナリオ1）強い技術を核とした骨太化」「（シナリオ2）強い産業の発展・革新の推進」による推進を念頭におく。詳細は研究開発領域「2.2.2 生物規範型ロボティクス」を参照のこと。

（7）最適化

最適化はひろく社会において最適な行動や手段、設計などを定める指針を与えるための研究開発テーマである。社会問題解決に有効とされるが、日本では利活用が限られている。最適化問題は、制約条件や目的関数により離散と連続、線形と非線形などに大別される。特に、自然保護やナーススケジューリングに用いられ、計算複雑性理論、組み合わせ論とも関連の深い離散最適化、幾何学や機械学習と関連の深い非線形最適化の重要度が高まっている。「（シナリオ1）強い技術を核とした骨太化」による推進を念頭におく。詳細は研究開発領域「2.7.1 数理モデリング」「2.7.3 因果推論」「2.7.4 意思決定と最適化の数理」「2.7.5 計算理論」を参照のこと。

（8）社会課題解決に向けたメタバースデザイン

社会課題解決の取り組みを支援するために、誰もが安心・安全に参加できるメタバースの実現を目指す研究開発テーマである。没入感が高い新しい活動空間であるメタバースの利用が広がっている。アバターを使ったリモート就労やリモート教育をはじめ、ひきこもり、地域活性化などの社会課題への活用もはじまっている。一方で、メタバースでのなりすましや誹謗・中傷、フェイクニュースなどは、個人から国家まで幅広く、これまで以上に影響を与える懸念がある。アバターを介した人の認知・行動、人・社会への影響の理解のための基礎研究、メタバースのルール設計、空間を構築するためのコンピューティング技術などの学際的研究により、誰もが安心・安全に参加できるメタバースの実現が期待されている。

（9）ネットワークのスマート化

高度化・複雑化するネットワークサービスの要求に合わせ、自動的・自律的にリソース配分や構成を決定し通信と処理を融合する計算処理基盤としてネットワークをスマート化する研究開発テーマである。通信と処理を融合する方向性で日本が先行する光電融合、ディスアグリゲーテッドコンピューティング、ローカル5G、情報指向ネットワークといった研究開発成果の強みを生かした、分散・非集中型アーキテクチャによるサステナブルな社会インフラとしての将来ネットワーク基盤技術の確立が期待される。このテーマは「（シナリオ1）強い技術を核とした骨太化」「（シナリオ2）強い産業の発展・革新の推進」「（シナリオ4）社会基盤を支える根幹技術確保」による推進を念頭におく。詳細は研究開発領域「2.5.5 IoTアーキテクチャー」「2.5.6 デジタル社会基盤」「2.6.1 光通信」「2.6.5 ネットワークコンピューティング」「2.6.6 将来ネットワークアーキテクチャー」を参照のこと。

（10）社会デジタルツイン

社会課題解決を支援するために、IoT等のセンシング技術で取り込んだ実際の社会活動データを解析し構築された社会モデルを利用し、社会現象を模擬する社会シミュレーター実現に必要な研究開発テーマである。このテーマは「（シナリオ4）社会基盤を支える根幹技術確保」による推進を念頭におく。詳細は研究開発領域「2.3.2 サービスサイエンス」「2.3.3 社会システムアーキテクチャー」「2.3.5 計算社会科学」を参照のこと（対応する戦略プロポーザル：「進化的社会システムデザイン～自然科学と社会科学の連携協調による持続可能な社会の実現～」[4]）。

（11）社会システムを支えるAIアーキテクチャー

AI技術がさまざまな社会システムに組み込まれて動作する世界（ユビキタスAI）において解決すべき技術課題として、多数のAIシステム/エージェント間の交渉・協調・連携や望ましいメカニズムデザイン、社会システムスケールの効率的な分散協調AIアーキテクチャー（AI向けチップから計算機クラスターやエッジ・クラウドまで総合的に捉えて）、それらを支えるデータ基盤・データエコシステム等に取り組む研究開発テーマ。このテーマは「（シナリオ1）強い技術を核とした骨太化」「（シナリオ4）社会基盤を支える根幹技術確保」による推進を念頭におく。詳細は研究開発領域「2.1.3 エージェント技術」「2.1.5 人・AI協働と意思決定支援」「2.3.3 社会システムアーキテクチャー」「2.3.4 メカニズムデザイン」「2.5.4 データ処理基盤」を参照のこと。

②研究開発体制・システムのあり方

研究開発戦略の立案には、研究開発課題に合わせた推進方策やシステムを考える必要がある。本項では「社会デジタルツイン」「デジタル社会におけるトラスト形成」を例にその留意点を述べる。また、新たな方策としてオープンプラットフォームの構築と競技会型の研究開発の活用について戦略プロポーザル「リアルワールド・ロボティクス ～開かれた環境に柔軟に適応するロボティクス学理基盤の創出～」[3]の提案を紹介する。

（1）社会デジタルツイン

社会デジタルツインのように情報科学分野と社会科学分野が連携して推進する研究においては、着手できるところから始めるというアジャイル開発的なアプローチも重要である。現状得られるデータで描ける社会モデルを構築するところから始め、描けた社会モデルに基づいてシミュレーションを進め、精度を高めていく。その際、社会モデルの構築からシミュレーションに至るプロセスと、シミュレーション結果とをオープンにすることで、外在的な視座からのさまざまな指摘を受け、その指摘を試行しながら取り込んでいくことが重要である。データの偏りやELSI、少数派の扱いなど、人文学的な問題意識や多くの意見をつまびらかにしつつ、それらの課題を一つ一つ、多くの関与者とともに整理していくことが必要である。

段階的に、あるいは並行して適用範囲を広げていき、スマートシティーやシビックテックの取り組みとの連携といった、実社会での課題解決に向けた実験的活動にも取り組んでいくことが考えられる。それに向けたシミュレーションを行い、より多様なステークホルダーからのさまざまな指摘を受け止め、少しずつ改善していき、そのプロセスで関与者との対話を広げながら、社会の課題の解決に向けたシミュレーションとして、精度とともに社会の受容性も高めていく。また、計算機の中のシミュレーションでは発見できない思わぬ事象、ユーザー側の共感や忌避感などは、実際にユーザーの体験を共有していくことで顕在化する面があるだろう。試行錯誤を重ねながら実装されていくことが重要となる。

このように、社会科学の問題意識にのっとり、情報科学の手法でフィジカル世界をサイバーに投影し、シミュレーションを重ね、最適解を模索し、現実世界へのフィードバックを試みるそのプロセスと結果は常にオープンにして、社会科学や人文学、広くさまざまなステークホルダーの議論を喚起することが重要である。もちろん、初期の段階から一部でもステークホルダーを巻き込んだ取り組みの試行を奨励すべきである。

また、基本的な価値観の優先順位を切り替える場面もありうる。例えば、コロナ禍の緊急事態下において、感染の拡大を把握、抑制する観点から個人の行動をトレースすることの可否を判断するように、どのような条件なら個人のプライバシー保護を緩めることができるか、というような社会における価値判断（比較衡量）を必要とする事例がありうる。規制の強化や緩和等、有事に備えた検討にあたって、社会デジタルツインはシミュレーションの予測結果というエビデンスを持って議論・合意形成のための素材を提供することができる。

これらのプロセスの中で、人間をどこまで客体化して扱いうるか、少数派への対応やセーフティーネットによりどこまでカバーするか、自治体などの行政がカバーする範囲はどこまでで、市民社会が担う範囲はどのあたりか、といった論点も深められていくことが期待される。

取り組みを加速するため、現実の社会の課題解決に向けたデジタルツインを推進するファンディングプログラムが設定され、新たな研究コミュニティーの育成と社会課題解決型研究開発の双方の推進を図ることが重要である。プログラム設計においては、多様なステークホルダーの参画を促すことや、現実の課題を抱える自治体などの参画が重要であり、柔軟で機動的な運用が可能となるような設計に留意すべきである。

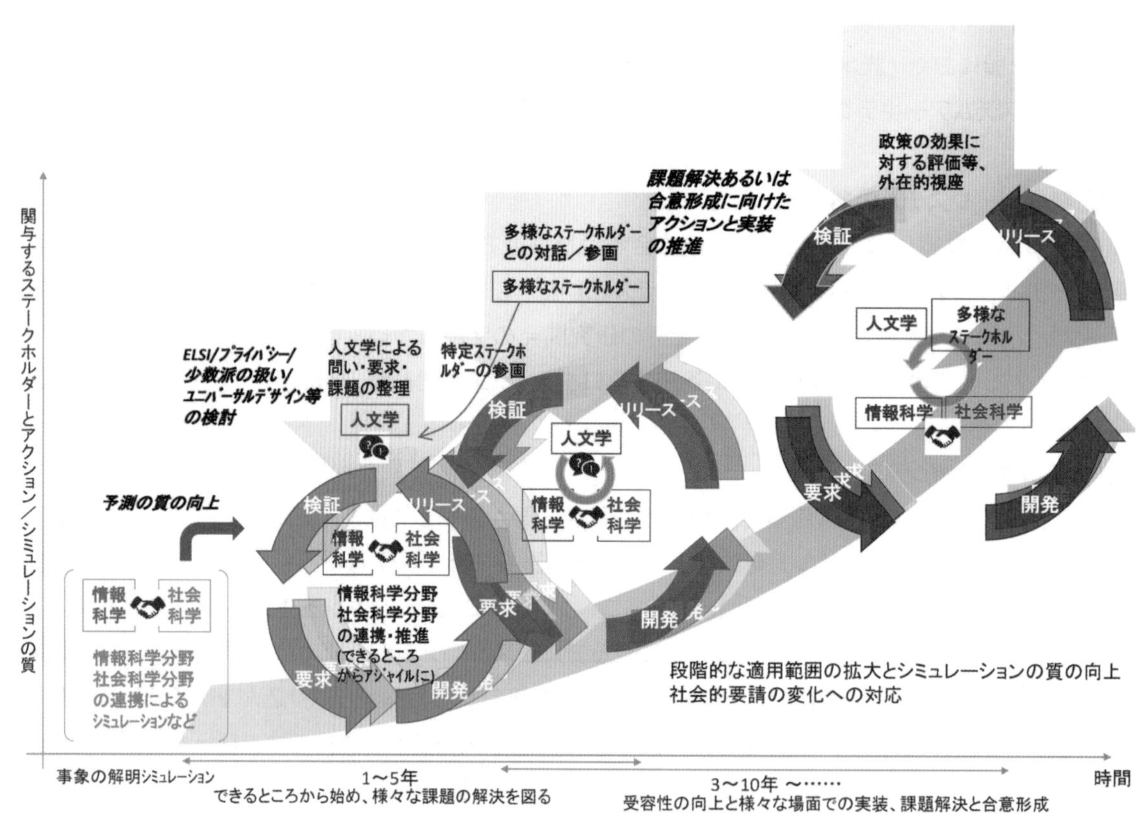

図1–3–2　「社会デジタルツイン」の推進方策と時間軸[4)]

（2）デジタル社会におけるトラスト形成

デジタル社会における新しいトラストの仕組みとそれによるトラスト問題対策の全体ビジョンを描いて共有し、具体的トラスト問題と共通基礎の両面からの取り組みを連携して進める形への変容が重要である。これを実現するために考えられる推進方法の全体像を図1–3–3に示す。研究コミュニティーや研究体制がどのような形に変容するのが望ましいかについての考えを中央の青枠内に示した。変容を促進するための方策として考えるべきポイントを、青枠部分への3つの緑矢で示した。以下、その内容を順に説明する。

［方策1：分野間の知見共有・連携促進の場作り］

全体ビジョンを共有した分野横断・総合的なトラスト研究という方向性について、研究コミュニティーから幅広い共感を得られることが、活発な研究開発の出発点になる。研究者個人の人脈や出会いを通してボトムアップにリーチできる範囲には限界があることから、分野間の知見共有・連携促進の場作りにはトップダウンな施策が望まれる。オープンに参加者を集めた公開型のセミナーシリーズやワークショップ、シンポジウムの開催が、研究コミュニティーの立ち上げや活性化に有効と考えられる。

また、このような場が、全体ビジョンの共有、幅広い研究事例の把握、分野横断の共同研究のタネの発見の機会となり、分野横断・学際的な研究コミュニティーの活性化も期待できる。

［方策2：学際的トラスト研究の継続的活動体制と人材育成策］

さまざまな研究分野に波及するトラスト共通基礎研究を骨太化し、研究者層を厚くしていくためには、方策1のような仕掛けをトリガーとしつつも、学際的トラスト研究の継続的な活動体制を作っていくことが必要である。研究活動の母体ができることで、研究人材の育成にもつながる。具体的には、学会・研究会の立ち上げ、学際的活動をコーディネートする人材やチームへの助成、学際的トラスト基礎研究を推進する拠点あるいはバーチャルな連携体制の構築などが、打ち手の候補として考えられる。

また、新しいトラストの仕組みの社会受容性の面では、日本社会の特性や日本人のメンタリティーを踏まえることが重要である一方、国際社会や他国との違いを最初から意識しておくことも重要である。米国IT企業がインターネット上のプラットフォームをほぼ支配している現状を考えると、「デジタル社会におけるトラスト形成」において、海外動向や海外から見た日本社会という視点から分析・考察できる人材の育成も必要と考える。

なお、分野横断・文理融合的な「総合知」に取り組むことに対する阻害要因が指摘されている。阻害要因の一例として、（1）テニュアポストが少ない、（2）「総合知」への取り組みは研究論文になりにくい一方、任期付きポストでは論文業績が必要、（3）個別分野で業績を上げながら、「総合知」に取り組まなければならないという高いハードルが現実、といったことが挙げられる。これはトラスト研究に限った問題ではなく、根本的な打ち手は簡単ではないが、方策2の中でも考慮しておく必要がある。

［方策3：ファンディングプログラムによる推進・加速］

方策2によってトラスト共通基礎研究を育成する一方で、より具体的な問題解決型の目標を設定し、それをファンディングプログラムによって推進・加速することも、重要な打ち手になる。複数のターゲット（ファンディングプログラムの候補）設定があり得るが、個別の問題解決にとどまらず全体ビジョンを踏まえた共通化も意識することが重要である。

方策3に関連する動きとして、図1-3-3の青枠内の左下パートに、既に進行している国の戦略に基づく活動体制、ファンディングによる活動、関連する政策提言活動を「対象真正性」「内容真実性」「振る舞い予想・対応可能性」「ガバナンス（ルール整備・プロセス管理）」という現在のスコープに沿ってまとめた。今後これらの活動について、そのスコープの拡大や取り組みの連携が期待される。

このようなファンディングによって、トラストを軸とした技術戦略で、わが国が国際的にリードするポジションを獲得することも狙い得る。また、これに関連して、欧米が人権や公平性などを基本に置いた理念・正義を押し出して、国際的なルールメイキングを先導している状況に対して、わが国はトラストを軸とした立ち位置が取り得るであろう。

［方策1～3の時間軸］

方策1は2022年から取り組んでいくとともに、方策2も模索し、1・2年程度で方策2に重点を移行させる。方策3も方策1を通して具体的な目標設定を進めるのがよい。優先度の高い目標を中心に複数のファンディングプログラムを立ち上げることが可能であろう。競争的研究費の公募を早期に行った場合、情報系が中心になった研究開発に、人文・社会科学系が協力するような形態での応募が多くなると思われる。一方、方策1・2を通した議論・連携が深まった時期になれば、人文・社会科学系の存在感がより高まった研究開発の比率が増加すると期待される。しかし、それには長期的な時間軸を見込んでおく必要がある。わが国が総合的なトラスト研究開発で先行し、技術戦略においても国際的にリードするポジションを狙うためには、迅速な打ち手も必要であろう。まずは方策1を実行し、その中で方策3の目標とタイミングを見定めていくのがよいと考える。推進形態として、方策3は具体的な目標を掲げた有期プロジェクトが想定されるのに対して、方策2は共通基礎研究としての継続的な育成が望ましい。

推進体制では情報系と人文・社会科学系と産業界が参画した強力なフォーメーションを組んでいる英国研究・イノベーション機構（UKRI）の「TAS（Trustworthy Autonomous Systems）Programme」が参考になる。ただし、TASはAI・自律システムにフォーカスしており、さらに広いスコープで、わが国が同様の強力なフォーメーションを組むことができるかは、大いにチャレンジングな課題である。方策3と併せて、強力なフォーメーション構築に向けたステップも設計していく必要がある。

「デジタル社会における新たなトラスト形成」は、ビジネスの発展やDX（デジタルトランスフォーメーション）を左右するものであり、産業界からの期待・関心も大きい。人々にトラストされるサービス・製品を提供していくことは、企業の使命・責任だとも言える。それと同時に、新たなトラストの仕組みが人々に活用され、社会に浸透していくかは、国の政策とともに企業の取り組みが担うところも大きい。上で言及した方策3のフォーメーションはもちろん、方策1のようなより早期のステージから学術界だけでなく産業界も参画した形で進め、産学でビジョン・方向性を共有した取り組みが望まれる。

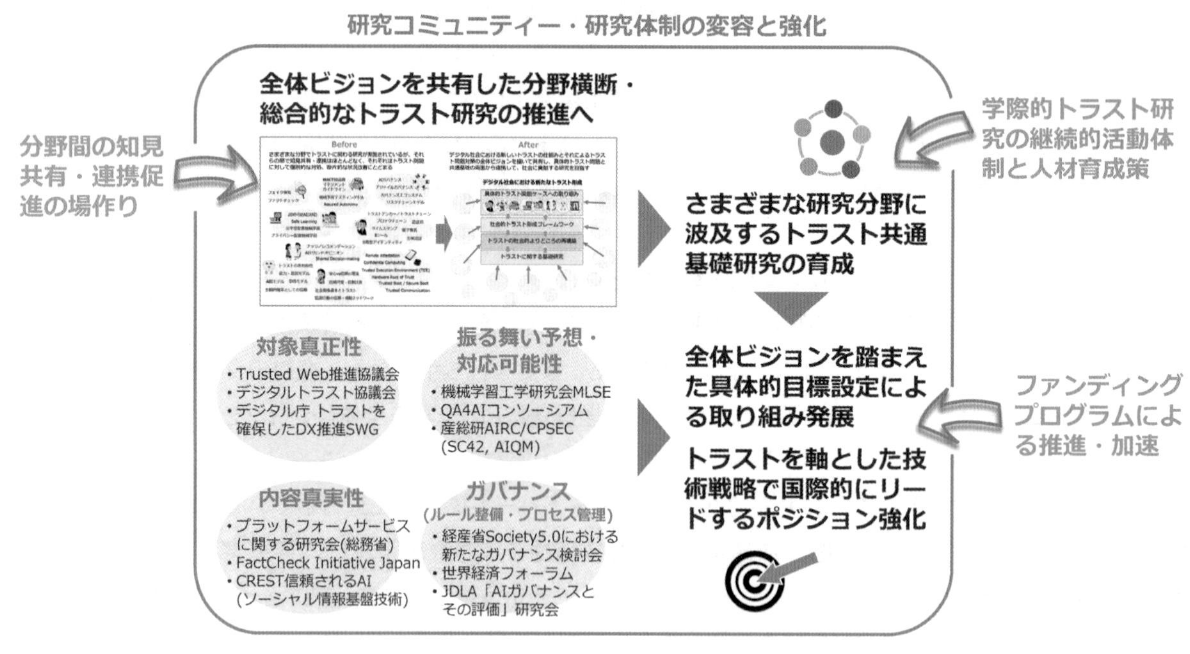

図1-3-3　「デジタル社会における新たなトラスト形成」の推進方策と時間軸[2)]

（3）リアルワールド・ロボティクス

ロボット技術の革新は、少子高齢化、災害対応など、日本が直面する社会的課題に対し、非常に有効な解決手段の一つと期待されている。「ロボット新戦略」等に掲げられている将来像でロボットに求められているのは、工場の生産ラインのような「閉じた環境」ではなく、われわれが生活している多様で動的な「開かれた環境」でのさまざまな非定型の作業である。「開かれた環境」は多種多様な要素からなり、これらが相互に影響を及ぼしあいながら、常に変化する環境である。

しかしながら従来のロボットの要素技術の性能を向上するのみでは「開かれた環境」に対処することは困難である。なぜなら、従来のロボットはセンサーにより未知の空間の情報を精密に測定してモデル化し、論理演算による行動計画に従い行動しているが、開かれた環境では、センサーがすべての情報を取得できない、さまざまな要素が複雑に関係しモデル化が困難である、状況が刻々と変化する、といった要因により、行動が破綻してしまうためである。

開かれた環境に柔軟に適応するロボットの実現と将来の社会実装に向けて、図1-3-4に示した

① 開かれた環境に適応できるロボットに関する基礎研究
② 基礎研究段階からの社会・経済的影響評価の推進
③ 基礎研究を加速するオープンプラットフォームの構築
④ 競技会型の研究開発の活用

の4つのアクティビティを相互に連携しながら実施することが重要である。

研究開発課題として、開かれた環境に適応できるロボットに関する基礎研究の推進（①）と、基礎研究段階からの社会・経済的影響評価の推進（②）が挙げられる。基礎研究では、適応する知能・適応する身体という二つのアプローチから、開かれた環境における多様性と動的な状況への対処に取り組む必要がある。ここでは、ロボットの知能面と身体面の研究を個別に推進するのではなく、双方が連携することで統合したシステムとしてのロボットを構築することが重要である。また、社会・経済的影響評価では、特に基礎研究段階から検討すべき研究課題として、ロボットに感じる安心、プライバシーの保護、社会とのインタラクション、および、新しい法制度の仕組み（責任分配）がある。

これらの研究開発課題に加えて、研究開発基盤として基礎研究を加速するオープンプラットフォームの構築（③）、競技会型の研究開発の活用（④）が重要である。ロボットのソフトウェアおよびハードウェアに関するオープンプラットフォームを提供することにより、ロボティクス研究に対して異分野からの研究者の参入を容易とし、システム統合に関する理論的基盤の確立が促進される。また、競技会型の研究開発により、研究成果の他チームによる再現や相互比較による有効性の検証が可能となり、基礎研究から応用研究や、さらには製品化への橋渡しが促進される。

開かれた環境に柔軟に適応するための研究開発や、ロボットに対する社会受容性の向上やルール作りに関する取り組みを基礎研究段階から実施することで、各応用分野で期待されるロボットの社会実装をいち早く実現し、わが国の産業競争力の向上に寄与するとともに、少子高齢化、多発する自然災害など、日本が直面する社会的課題に対して有効な解決手段の一つとなると期待される。

［基礎研究を加速するオープンプラットフォームの構築］

ロボティクス研究への異分野研究者の参入を容易にし、分野融合的な研究実施体制によりシステム統合に関する理論的基盤を確立するためには、オープンプラットフォームの整備が有効である。

ロボティクスにおける研究プラットフォームの一例として、オープンソースで提供されるロボット向けのメタ・オペレーティングシステムROS（Robot Operating System）が挙げられる。ハードウェアのプラットフォームとしては、トヨタが開発した生活支援ロボットHSR（Human Support Robot）の開発コミュニティーによる研究開発促進の取り組みがある。これらのプラットフォームは

・ロボットやソフトウェアを個別に開発する場合に比べ大幅なコスト削減が見込まれる。
・幅広い分野の研究者やユーザー等の研究コミュニティーへの参加が容易となる。
・コミュニティーによる共有・連携・再利用が研究を加速する共創の場となる。

という利点が見込める一方で、「研究が画一化し新規性のある研究を阻害するおそれがある」「自由な改造や機能追加が可能なオープンなハードウェアプラットフォームが少ない」「企業開発のハードウェアには仕様等の情報について非公開の部分が存在する」などの問題点も指摘されている。

現状では、ロボティクス研究においてプラットフォームが技術の発展を十分に促進できているとは言いがたい。これらの問題点を解消し、さらなるロボティクス研究の発展に寄与することを可能とするオープンプラットフォームの設計が求められる。同時に、プラットフォームが異分野の研究者にとっても活用しやすいものとなる仕組みづくりも重要となる。とくに、ROS上に構築した異分野研究者の参入を容易にするためのソフトウェア基盤と実ロボットを用いた研究実施を容易にするためのオープンなハードウェアプラットフォームの新規開発が重要である。

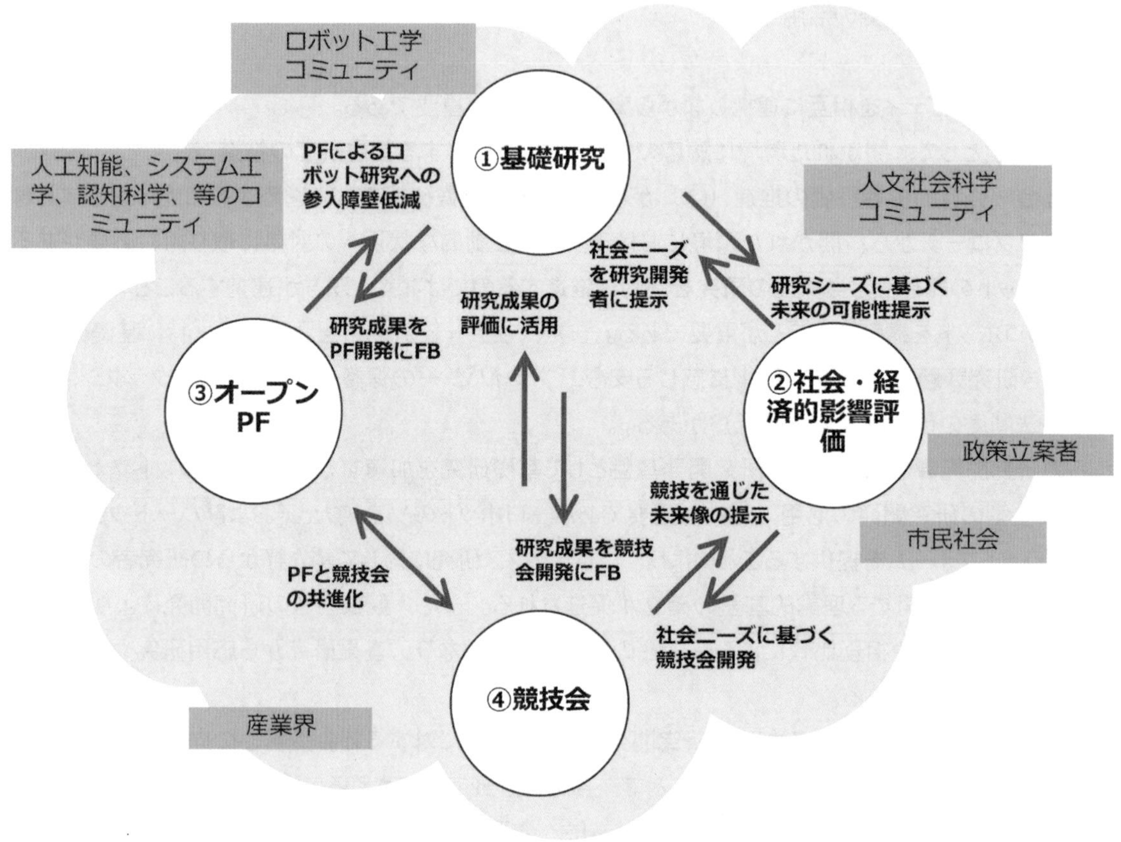

図1-3-4　「リアルワールド・ロボティクス」の研究開発を推進する4つのアクティビティ[3)]

[競技会型の研究開発の活用]

基礎研究から応用研究への橋渡し促進のため、競技会の枠組みの活用し、実環境に近い場面設定にて、リアルタイムにハードウェアが動くことを客観的に評価する体制を整備することが重要である。画像認識分野においては、競技会ILSVRC（the ImageNet Large Scale Visual Recognition Challenge）において深層学習が好成績を挙げたことから、その有効性が研究者コミュニティーに広く認知され、深層学習研究が大きく発展したという事例が知られている。このように競技会を通じたロボティクス研究の発展が期待される。ロボットに関する競技会の事例として、2050年までに自律型ロボットのチームがサッカーでW杯優勝チームに勝つことを目指してロボット開発を推進する国際的なプロジェクトであるロボカップや、2018年および2021年に開催されたWorld Robot Summit（WRS）において実施されたロボット競技会等が挙げられる。これらの競技会では、将来のロボットに期待されるタスクを想定した課題設定がなされ、それに解を与えるロボットのパフォーマンスを競いあうことで、技術開発の加速を図っている。

競技会が研究開発にもたらす利点として、以下の三つが挙げられる。

・チーム間の競争が研究開発を加速する。競技タスクに対する考察と経験の共有により理解が深まる。
・プラットフォームとタスクを共有することで、あるチームから提案された手法を別のチームでも再現でき、新規手法の優位性や問題点の検証が容易になる。
・ルールを設定し、点数をつけることで、課題に対処するロボットの能力を定量的に評価できる。さらに、ロボット競技会を通じて、新たなロボットを取り入れた未来像を人々に提示することにより、ロボットに対する一般の理解を増進するとともに、社会受容の障壁となる問題点の抽出が可能となる。

一方で、「論文になりにくい」「競技会で設定されたミッションに特化したロボット開発に陥りやすい」「競技参加準備のために多大な負担がかかり、他の研究ができなくなる」「競技場の設定が複雑・大規模で、自拠点での準備やロボットの性能評価への活用が難しい」などの問題点も指摘されており、現状ではロボティクス研究において競技会が十分に活用されているとは言いがたい。

これらの問題点を解消し、ロボティクス研究の発展をさらに促進するような競技会の設計が求められる。特に、競技会でのタスクを完遂することだけが目的となってしまわないような仕組みの導入が必要である。例えば標準性能試験法の導入、プラットフォームの活用、簡便な競技設定などを取り入れるべきである。

ロボットはさまざまな要素技術の複合により機能するため、その能力の優劣を判断することは容易ではないが、ロボットの具体的な性能を測定する標準性能試験法を競技会の競技設計に導入することで、異なるロボット間で能力の定量的かつ客観的な比較評価が可能となる。また、基礎的研究と実際の製品との関連づけや、標準的なベンチマーク手法として論文等での活用も期待できる。

ロボット、シミュレーター、開発環境等の共通プラットフォームを競技参加者に提供することで、参加者の負担を軽減し、競技への参加を促進することも期待できる。各競技者が共通のプラットフォームを用いることで、課題の共有や新規手法の再現が容易となり、研究の促進も期待できる。加えて、「競技場を小面積にする」「使用する機材や操作対象となるオブジェクトは世界中のどこでも容易に入手可能な物品で構成する」など競技設定の簡便化も重要である。競技会で活用することによりプラットフォームの限界や問題点が明らかになり、それが新たなプラットフォーム開発につながるという競技会とプラットフォームの共進化が期待できる。

参考文献

1）国立研究開発法人科学技術振興機構研究開発戦略センター「戦略プロポーザル：第4世代AIの研究開発 - 深層学習と知識・記号推論の融合 -」https://www.jst.go.jp/crds/report/CRDS-FY2019-SP-08.html,（2023年3月3日アクセス）.
2）国立研究開発法人科学技術振興機構研究開発戦略センター「戦略プロポーザル：デジタル社会における新たなトラスト形成」https://www.jst.go.jp/crds/report/CRDS-FY2022-SP-03.html,（2023年3月3日アクセス）.
3）国立研究開発法人科学技術振興機構研究開発戦略センター「戦略プロポーザル：リアルワールド・ロボティクス ～開かれた環境に柔軟に適応するロボティクス学理基盤の創出～」https://www.jst.go.jp/crds/report/CRDS-FY2022-SP-02.html,（2023年3月3日アクセス）.
4）国立研究開発法人科学技術振興機構研究開発戦略センター「戦略プロポーザル：進化的社会システムデザイン～自然科学と社会科学の連携協調による持続可能な社会の実現～」https://www.jst.go.jp/crds/report/CRDS-FY2019-SP-01.html,（2023年3月3日アクセス）.
5）国立研究開発法人科学技術振興機構研究開発戦略センター「戦略プロポーザル：Society 5.0実現に向けた計算社会科学」https://www.jst.go.jp/crds/report/CRDS-FY2020-SP-02.html,（2023年3月3日アクセス）.

2 俯瞰区分と研究開発領域

2.1 人工知能・ビッグデータ

人工知能（AI：Artificial Intelligence）技術は、人間の知的活動（認識、判断、計画、学習など）をコンピューターで実現するための技術群である。AI研究として、人間の知能のさまざまな側面を広くカバーし、さまざまな状況で人間の知能のように動作する汎用性の高いシステム（汎用AI）を目指す取り組みがある一方、特定の機能や特定の状況下でのみ人間に近い（ときには精度で人間を上回る）振る舞いをするシステム（特化型AI）の開発が活発に進められている。現在の第3次AIブームにおいてさまざまな応用に広がったAI技術は、基本的に特化型AIに相当する技術群であるが、きわめて大規模な学習によって作られた基盤モデル（Foundation Model）が登場し、AIの汎用性・マルチモーダル性が急速に高まりつつある。

一方、ビッグデータ（Big Data）は、元来は膨大な量のデータそのものを指す言葉だが、その収集・蓄積・解析技術は、大規模性だけでなくヘテロ性・不確実性・時系列性・リアルタイム性などにも対応できる技術として発展している。また、センサー、IoT（Internet of Things）デバイスの高度化と普及によって、さまざまな場面で実世界ビッグデータが得られるようになり、その収集・解析技術は、実世界で起きる現象・活動の状況を精緻かつリアルタイムに把握・予測するための技術としても期待されている。今日、さまざまな社会課題が人間の手に負えないほどに大規模複雑化しており、実世界ビッグデータの収集・解析による状況の把握・予測は、そのような課題の解決に共通的に貢献し得る有効な手段になる。

これらAI技術とビッグデータ（データそのもの、および、処理技術）は深く関係し合いながら発展している。ビッグデータが集められることでAI技術（特に機械学習技術）は高度化し、精度を高め、そのAI技術を用いて実世界のビッグデータを解析することで、実世界の現象・活動のより深く正確な状況把握・予測が可能になってきた。

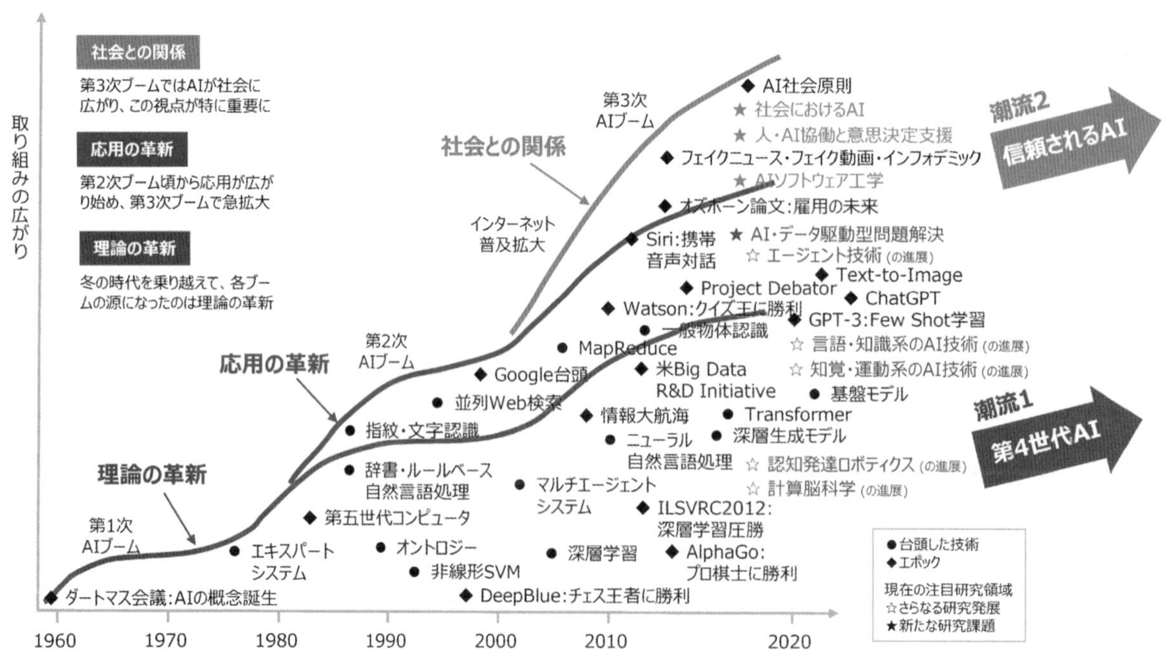

図2-1-1 人工知能・ビッグデータの俯瞰図（時系列）

［AI・ビッグデータの俯瞰図（時系列）］

AI・ビッグデータの技術発展に関する俯瞰図（時系列）を図2–1–1に示す。この図では、横軸が年代、縦軸が取り組みの広がりをおおまかに表している。図中には、その時期に台頭した技術およびエポックをプロットした。 AIは現在、3回目のブームを迎えているが、これまでブームと連動して取り組みが広がってきた様子を示している。

第1次AIブーム（1950年代後半から1960年代）では、AIに関わる基礎的な概念が提案され、AIが新しい学問分野として立ち上がったが、実用性という面ではまだトイシステムであった。第2次AIブーム（1980年代）では、人手で辞書・ルールを構築・活用するアプローチが主流となり、エキスパートシステム、指紋・文字認識、辞書・ルールベース自然言語処理など（カナ漢字変換など）の実用化にも結び付いた。第3次AIブーム（2000年代から現在）では、インターネットやコンピューティングパワーの拡大を背景として、ビッグデータ化と機械学習の進化がブームを牽引し、画像認識・音声認識、機械翻訳、囲碁・将棋などでは人間に追いつき/上回る性能を示し、さまざまなAI応用システム（認識・検索・対話システムなど）が実用化され、社会に普及している。

このような技術発展を図2–1–1では三つの大きな流れでとらえている。

一つ目の流れは「A. 理論の革新」である（図中の紫ライン）。3回のAIブームはいずれも理論面の発展（知識表現・記号処理、辞書・ルールベース処理、機械学習・深層学習など）やコンピューティングパワーの増大などの技術進化によってドライブされた。

二つ目の流れは「B. 応用の革新」である（図中の青ライン）。第2次AIブーム以降は実用的な応用が生まれ始め、ビッグデータの高速並列処理・知識処理の実用化が進み、第3次AIブームでは、機械学習の応用分野が爆発的に拡大した。

三つ目の流れは「C. 社会との関係」である（図中の緑ライン）。これは第3次AIブームを迎えて、活発に議論されるようになった視点である。 AI技術のさまざまな応用が社会に広がったことに加えて、AI技術の可能性が人間にとって恩恵だけでなく脅威や弊害ももたらし得るという懸念が強まったためである。

［研究開発の二つの潮流と注目する研究開発領域］

上で述べたような技術発展を経た現在、「第4世代AI」と「信頼されるAI」に向けた取り組みが研究開発の新たな潮流になっている。

現在のAI技術（ここでは「第3世代AI」と呼ぶ）は、さまざまな特定用途において人間を上回る性能を示しているが、大量の学習データ・計算資源が必要であること、学習範囲外の状況に弱いこと、意味処理・説明などの高次処理ができていないこと、といった問題が指摘されている。このような問題の克服に向けて、画像・映像認識や運動制御のような『知覚・運動系のAI技術』と、自然言語処理のような『言語・知識系のAI技術』の融合による「第4世代AI」の研究開発が進み始めた。知覚・運動系、言語・知識系のそれぞれのAI技術においても、深層学習・深層強化学習・深層生成モデル・自己教師あり学習などの技術発展が進んでいることに加えて、『計算脳科学』や『認知発達ロボティクス』の研究から得られる人間の知能に関する知見が「第4世代AI」の研究開発では重要な役割を果たす。そのようなAIと人間あるいは複数のAI間の関係が『エージェント技術』によって広がりを見せている。

その一方で、AI技術が社会に広がり、『社会におけるAI』という視点から、安全性・信頼性・公平性・解釈性・透明性などを含むAI社会原則・AI倫理指針が国・世界レベルで策定され、「信頼されるAI」のための技術開発も重要な研究課題となっている。具体的には、上記原則・指針を満たすようなAI応用システムを開発するための『AIソフトウェア工学』、人がAIと協働してよりよい判断や目的達成を目指す『人・AI協働と意思決定支援』、AI・ビッグデータ技術を活用した社会・産業・科学の変革に関わる『AI・データ駆動型問題解決』への取り組みが進展している。

以上において二重カギカッコ『』で囲った九つを、二つの潮流の中で特に注目する研究開発領域と定める。

「第4世代AI」に関わる5領域は、これまでの取り組みからさらなる発展が見られる研究開発領域である。一方、「信頼されるAI」に関わる4領域は、AIの社会への関わりの中で新たに広がってきた研究開発領域である。

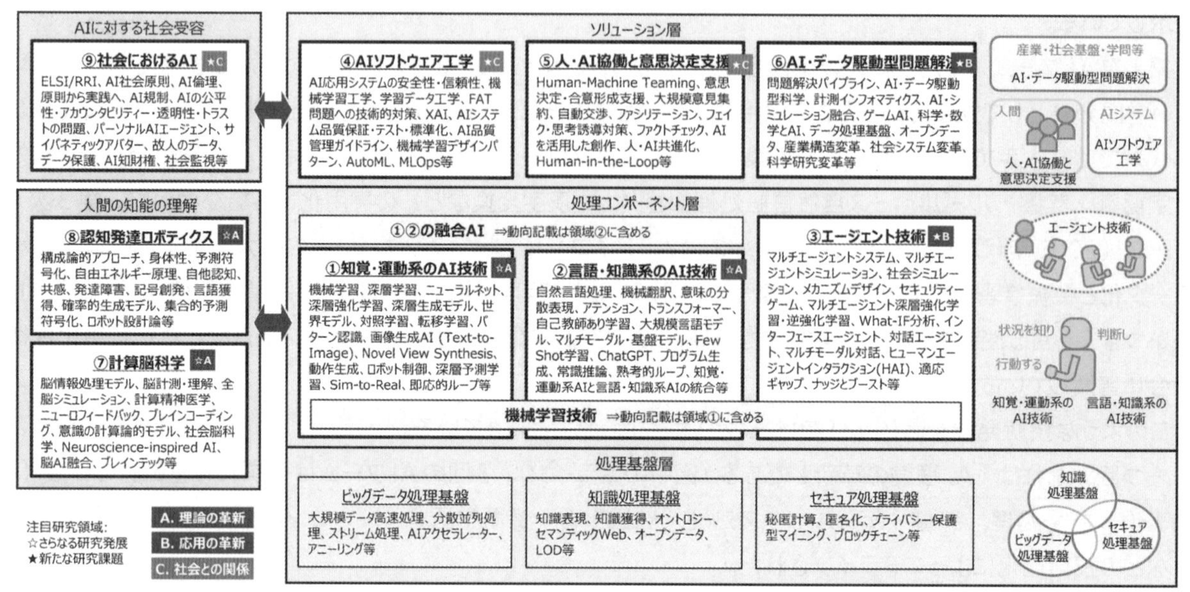

図2-1-2　　人工知能・ビッグデータの俯瞰図（構造）

［AI・ビッグデータの俯瞰図（構造）］

これら九つの注目する研究開発領域を、AI・ビッグデータの技術スタックの中に位置付けた俯瞰図（構造）を図2-1-2に示す。この図では、システムを構成する技術群を「処理基盤層」「処理コンポーネント層」「ソリューション層」に分けている。また、システムを設計する上で、その利用者となる人間やそれが組み入れられる社会についての理解・モデル化および指針の議論も必要になることから、処理コンポーネント層に対応させて「人間の知能の理解」、ソリューション層に対応させて「AIに対する社会受容」という視点を含めた。

図2-1-2の注目する九つの研究開発領域について、その簡単な定義を以下に示す。それぞれの詳細説明は後続の節にまとめている。なお、処理基盤層の技術群は、他の区分（コンピューティングアーキテクチャー区分、セキュリティー・トラスト区分など）で取り上げられるため、ここでは説明対象から外している。

①知覚・運動系のAI技術：画像・映像認識に代表される実世界からの入力としての知覚系と、ロボットなどの動作制御に代表される実世界への出力としての運動系という、知能の実世界接点の役割を実現するAI技術に関する研究開発領域である。

②言語・知識系のAI技術：自然言語の解析・変換・生成などや知識の抽出・構造化・活用などを行う言語・知識系のAI技術を実現するとともに、知覚系（見る）→言語・知識系（考える）→運動系（動かす）という一連の処理を総合的・統一的な仕組みで実現するための研究開発領域である。

③エージェント技術：自ら判断し行動する主体としてのAI（エージェント）について、その自律的メカニズム（自律エージェント）、複数主体の協調（マルチエージェントシステム）、人間とのインタラクション（インターフェースエージェント）、社会的活動・現象のシミュレーション（マルチエージェントシミュレーション）などを実現しようとする研究開発領域である。

④AIソフトウェア工学：AI応用システムを、その安全性・信頼性を確保しながら効率よく開発するための新世代のソフトウェア工学を意味する。従来の演繹型システム開発に加えて、機械学習を用いた帰納型システム開発にも対応した開発方法論・技術体系の確立を目指した研究開発領域である。

⑤人・AI協働と意思決定支援：人がAIと協働してよりよい判断や目的達成を目指す研究開発領域である。特に、個人や集団がある目標を達成するために、考えられる複数の選択肢の中から一つを選択する意思決定を支援するための研究開発を中心に取り上げる。

⑥AI・データ駆動型問題解決：AI・ビッグデータ解析が可能にする大規模複雑タスクの自動実行や膨大な選択肢の網羅的検証などによる、問題解決手段の質的変化、産業構造・社会システム・科学研究などの変革を生み出すための研究開発領域である。

⑦計算脳科学：脳を情報処理システムとしてとらえて、脳の機能を調べる研究開発領域である。人間の知能の情報処理メカニズムの解明、脳疾患・精神疾患の解明や治療、AI技術発展につながる示唆などが期待できる。

⑧認知発達ロボティクス：ロボットや計算モデルによるシミュレーションを駆使して、人間の認知発達過程の構成論的な理解と、その理解に基づく人間と共生するロボットの設計論の確立を目指した研究開発領域である。

⑨社会におけるAI：AI技術が社会に実装されていったときに起こり得る、社会・人間への影響や倫理的・法的・社会的課題（Ethical, Legal and Social Issues：ELSI）を見通し、あるべき姿や解決策の要件・目標を検討し、それを実現するための制度設計および技術開発を行うための研究開発領域である。

ここで機械学習を、注目する研究開発領域の一つに挙げていないことについて補足しておきたい。機械学習は、現在のAIにおける中核技術であり、上記九つの研究開発領域のほとんど全てに関わっている。技術スタックの層としては、処理コンポーネント層に相当するので、図2-1-2では、①②③に共通する技術として、機械学習を置いた。そして、後続節においては、機械学習の全般的な動向を「2.1.1 知覚・運動系のAI技術」に記載した上で、他の節でも、その研究開発領域に関わる機械学習のトピックを取り上げることにした。

機械学習を中心に各研究開発領域の動向を見ると、特に深層学習の技術発展が著しく、九つの研究開発領域のそれぞれの発展に大きく影響を与えている。深層学習はまず画像認識・音声認識などのパターン認識に著しい精度改善をもたらした。さらに、強化学習と結びついた深層強化学習は、試行の繰り返しからアクション決定方策を学習でき、囲碁などのゲームやロボット制御へと応用を広げた。これらは「①知覚・運動系のAI技術」の発展を牽引したが、さらに、意味の分散表現、アテンション、トランスフォーマー、自己教師あり学習といった技術が導入され、深層学習ベースの自然言語処理が大きく進展したとともに、それによって「②言語・知識系のAI技術」と「①知覚・運動系のAI技術」の融合が進み始めたことも注目すべき点である。また、深層生成モデルや自己教師あり学習の発展が①②とも結びついて、汎用性とマルチモーダル性を高め、画像・映像・音声・文章を自動生成するAI技術が新たな応用の可能性を広げた反面、フェイク生成をはじめAIに対する新たな懸念も引き起こしている。このようなAI・深層学習がもたらす可能性や懸念は、他の研究開発領域③④⑤⑥⑨においても、さまざまなポジティブ/ネガティブな影響を与えている。また、深層学習・深層強化学習・アテンションなどの技術は、人間の知能のメカニズムに通じるものであり、「⑦計算脳科学」「⑧認知発達ロボティクス」の研究成果が、今後も深層学習やAI技術のさらなる発展につながると期待される。

［研究開発状況・戦略の国際比較］

後続の節では、これら九つの研究開発領域の状況を詳しく説明するとともに、領域ごとの国際比較も示している。表2-1-1にその国際比較の部分を抜粋して示した。また、スタンフォード大学が公表しているAI Index[1]には、論文・特許・ソフトウェアなどのさまざまな視点から定量的な国際比較が示されている。「1.2.5 研究開発投資や論文、コミュニティー等の動向」にも論文数の国際比較・推移などを示した。これらに見ら

1 https://aiindex.stanford.edu/report/（accessed 2023-02-01）

れるように、米国が基礎研究と応用研究・開発の両面で圧倒的優位であるが、中国が急速に追い上げ、研究論文総数では中国が米国を抜くなど、米中２強と言われる状況になっている。

表2-1-1　AI研究開発状況の国際比較

国・地域	日本		米国		欧州		中国		韓国	
フェーズ	基礎	応用	基礎	応用	基礎	応用	基礎	応用	基礎	応用
①知覚・運動系のAI技術	○↗	○↗	◎↗	◎↗	○→	○↗	○↗	◎↗	△→	△↗
②言語・知識系のAI技術	○↗	○→	◎→	◎↗	○→	○→	◎↗	◎↗	△→	○↗
③エージェント技術	○→	○↗	◎→	◎→	◎→	○→	○↗	○↗	△→	△→
④AIソフトウェア工学	○↗	○↗	○↗	○↗	○↗	○↗	○↗	○↗	×→	×→
⑤人・AI協働と意思決定支援	○↗	○↗	◎↗	◎↗	◎↗	◎↗	◎↗	△→	△→	△→
⑥AI・データ駆動型問題解決	○↗	○↗	◎↗	◎↗	○↗	○→	○→	◎↗	△→	○→
⑦計算脳科学	◎→	○→	◎→	◎→	◎→	◎→	◎↗	○↗	○→	○→
⑧認知発達ロボティクス	○↗	○↗	△→	△↘	○→	○→	△↘	△↘	△↘	△↘
⑨社会におけるAI	◎→	○↗	◎→	◎→	◎→	◎→	△→	△↗	△→	△→

［注］研究開発領域ごとの状況を相対比較した結果（詳細は後続の各節に記載）を並べたものであり、ある国・地域について研究開発領域間の状況を比較・集計するものではない。

表2-1-2　AI技術開発の国際競争状況

	競争戦略のポイント	「第4世代AI」状況	「信頼されるAI」状況
米国	• Big Tech企業がビジネスと基礎研究の両面で圧倒的に優位 • Big Techやスタートアップによる民間の活発な技術開発の一方、DARPAが国としての中長期的な研究投資(AI Next Campaign)をシャープに打ち出している • 経済・国家安全保障のためのAI強化	○革新技術創出から産業化まで強み保有・牽引	○幅広い観点から研究の取り組みがあり、層が厚い
中国	• 次世代人工知能発展計画(AI2030)を掲げ、AIリード企業5社を選定、政府がAI産業を後押し • BtoC中心にビッグデータ獲得、AI実装スピードに勢い • 国際学会でも躍進著しく、米中2強の状況 • 政府はAIを活用した監視・管理社会(社会信用システム、天網、金盾)の構築推進、他国と大きく異なるAI応用技術開発を推進	○第3世代AI技術の改良・実装速度で凌駕	△国として原則は掲げたものの、市場での実践は伴っていない
欧州	• 各国のAI戦略に加えて、Horizon 2020/Europeによる国横断のAI研究(AI for Europe)を推進 • AIに関わる国際ルール作りを通して米中・GAFAと異なる路線を打ち出し(GDPR、信頼できるAIのための倫理ガイドライン、欧州AI法案等)	△強い部分はあるが、米中ほど産業化の勢いがない	○理念・倫理ガイドラインを重視・施策化
日本	• 「人間中心のAI社会原則」「AI戦略2019」(2021年と2022年に更新)を策定、信頼される高品質なAI (Trusted Quality AI)を打ち出し、および、信頼性のある自由なデータ流通に向けたDFFT (Data Free Flow with Trust)を打ち出し • 理研AIP、産総研AIRC、NICTが中核国研として国のAI研究を牽引 **日本が優位性を打ち出し得るポイント** ✓ Big Techが圧倒しているサイバー世界のAIに対して、日本は製造業・健康医療・モビリティー等を含む実世界AIを重視 ✓「Trusted Quality AI」を掲げ、高信頼・高品質な「信頼されるAI」は日本の強みになり得る ✓ AI・ロボット技術に対するマインドの違いを活かす(米国は道具・機械として対峙し、日本は人に寄り添うものととらえる) ✓ 脳科学・発達ロボティクス等の知能の基本的メカニズムの基礎研究、融合AIへの比較的早い取り組み等をもとに「第4世代AI」で先行チャンス	△強い部分はあるが、米中に比べて層が薄い	○信頼性・品質確保のための具体的取り組みでやや先行

AI技術開発は、産業競争力はもちろん、国の安全保障や社会基盤をも支えるものと認識されるようになり、各国ともAI技術開発の強化戦略を打ち出し、産業界での技術開発推進と国による戦略的研究投資の強化が図られている。この国際競争状況を、米国・中国・欧州・日本の比較という形で表2-1-2にまとめた。ここではこの表の詳細な説明は省くが（後続節の中で触れている）、表2-1-1に示した研究開発状況や競争優位分野の差異は、表2-1-2に示したような競争戦略が背景にある。

また、表2–1–2には、「第４世代AI」と「信頼されるAI」という二つの潮流の観点からの状況比較も示した。日本が国際競争力を確保するためにも、この二つへの取り組み方や推進策が重要である。「信頼されるAI」への取り組みについては、「AI戦略2019」で「信頼される高品質なAI」（Trusted Quality AI）が打ち出され、具体的な取り組みも国際的にやや先行している。品質へのこだわりは日本の産業界が伝統的に持っている強みでもあり、AI関連産業においても競争力になると期待される。「第４世代AI」への取り組みについては、深層学習を中心とする現在のAI（第３世代AI）が米中２強の状況であっても、競争の土俵が変わるとすれば、日本にも先行するチャンスがある。

［国としての研究開発強化の方向性］

上で述べたように、「第４世代AI」と「信頼されるAI」への取り組みは、研究開発の二つの潮流と日本の国際競争力の強化という観点から特に重要である。

第１の潮流「第４世代AI」は、第３世代AIの中核である深層学習の抱える問題点（大規模なデータと計算資源が必要なこと、想定外の状況に臨機応変に対応できないこと、説明や意味など高次の処理ができていないこと）を克服する新しいAIのアーキテクチャーを探究する方向性である。大規模学習によって、マルチモーダル性と汎用性を大きく向上させた基盤モデル（Foundation Model）が登場し、大きく注目されている。しかし、この力任せのアプローチは人間の知能とは異なる方向に向かうように思える。人間は大量の教師データがなくとも発達・成長するし、学習した結果を状況に応じて臨機応変に応用できる。人間の知能から学ぶアプローチとして、即応的な知能（システム１）と熟考的な知能（システム２）から成る二重過程モデルや、身体性や環境とのインタラクションを通した予測誤差最小化原理に基づく発達・創発モデルが注目され、研究が活発化しつつある。このような基盤モデル、二重過程モデル、発達・創発モデルを中心とした「知能モデルの解明・探究」が、「第４世代AI」に向けた重要な研究開発課題である。

第２の潮流「信頼されるAI」については、AIに対する社会からの要請が原則から実践フェーズへ移行する中で、技術開発だけでは必ずしも要請に十分に応えられない問題が顕在化してきた。AIの信頼性だけでなく、社会におけるトラスト（信頼）を、対象真正性、内容真実性、振る舞い予想・対応可能性といった多面から捉えて複合的に取り組むことが必要である。そのため、技術開発だけでなく制度設計や人文・社会科学の知見も結集した総合知による「デジタル社会におけるトラスト形成」が、今後重要な研究開発課題になる。

「AI戦略2019」においても中核的研究開発課題に設定された「信頼されるAI」が依然重要であることに加えて、「AI戦略2022」では差し迫った危機への対処や社会実装の推進などAI活用が強調されている。上述の「第４世代AI」や「信頼されるAI」の成果が、社会のさまざまな場面で活用されるためには、社会スケールの計算アーキテクチャー、それを支えるデータ基盤・データエコシステム、AIエージェント分散協調メカニズムなどを含む「社会システムを支えるAIアーキテクチャー」が、もう一つの重要な研究開発課題になる。

2.1.1 知覚・運動系のAI技術

（1）研究開発領域の定義

知能を知覚・運動系と言語・知識系という2面で捉え、ここでは前者を俯瞰する（後者については次節2.1.2で俯瞰する）。

知覚系は実世界からの入力、運動系は実世界への出力として、知能の実世界接点の役割を担う。研究開発領域として、知覚系は画像・映像などのパターン認識、運動系はロボットなどの動作生成が中心的に取り組まれてきたが、近年、機械学習（Machine Learning）、特に深層学習（Deep Learning）の発展によって、知覚系・運動系それぞれの精度・性能が向上したことに加えて、知覚系と運動系を統一的に扱う取り組みが進展しつつある。また、状況を知り、判断し、行動するという一連のプロセスは、知能において、知覚系と言語・知識系と運動系の連携によって熟考的に実行されることもあれば（ここでは熟考的ループと呼ぶ）、知覚系と運動系の間で即応的に実行されることもある（ここでは即応的ループと呼ぶ）[1]。

本節では、知覚・運動系の研究開発動向として、機械学習技術をベースとしたパターン認識と動作生成、および、それらを統合した即応的ループを中心に取り上げる。なお、機械学習技術は、人工知能（Artificial Intelligence：AI）の研究分野全般にわたって用いられる共通技術となっているが、その主要な研究開発動向については、本節に記載する。

知覚・運動系のAI技術の位置付け

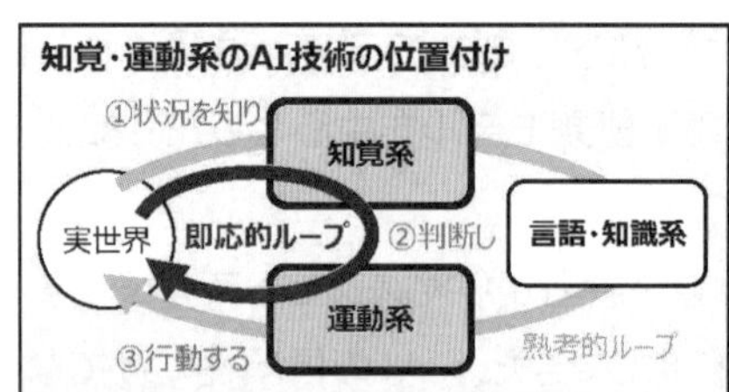

国際動向
- 米国が研究開発もビジネスも規模・質ともに世界をリード、DARPA投資、Big Tech企業の活発な取り組み
- 中国が急速に追い上げ、国際会議は米中2強の状況、政府がAI産業・企業を後押し
- 日本はAI戦略を推進、理研AIP・産総研AIRC・NICTが中核機関、国際学会は3-10位の一群、産業界ではPreferred Networks

政策的課題
- 国としてのAI戦略の推進と強化：AI戦略の推進、エクスペリエンスデータ構築、人材育成、ソフト開発力
- 大規模コンピューティング基盤の共同利用施設とその継続的強化・整備
- 顔認識技術や画像生成AIを含むAI ELSIへの対策

機械学習
- 観測データから自動的に規則性を見いだし、判別・分類、予測、異常検知等を可能にする
- 応用：画像・音声認識、医療診断支援、文書分類、商品推薦、広告配信、需要予測、与信、不正行為検知、ロボット制御、自動運転等
- トップランク国際会議：NeurIPS、ICML等
- ニューラルネットワーク機械学習の発展：パーセプトロン→誤差逆伝播法→SVM→深層学習(画像認識ILSVRCでの衝撃的な精度向上)
- 深層学習の改良・拡張：CNNの多層化、時系列を扱うRNN・LSTM、アテンション機構・トランスフォーマー、深層生成モデル、深層強化学習

(機械学習をベースとした)パターン認識
- 人間の感覚器官(目・耳等)による知覚を代行し、目視・監視等を自動化、大規模高速処理
- 応用：文字認識、医療画像診断支援、シーン分類、不審者・不審行動検知、欠陥検査・品質検査、個人認証、ロボットビジョン等
- トップランク国際会議：CVPR、ICCV等
- 深層学習：特徴抽出と識別を合わせて自動化
- 一般物体認識：ILSVRCで精度向上、人間の精度を上回り、ILSVRCは終了
- 物体検出：物体の位置検出＋識別、YOLO
- 画像もトランスフォーマー(ViT)に移行
- 姿勢推定、感情推定、遠隔視線推定

(機械学習をベースとした)動作生成
- 手順プログラミングが不要で、動作主体や環境の状態・変化に応じた動作生成可能
- 応用：パターン認識と組み合わせて、産業用・家庭用ロボットの柔軟な制御、自動走行車・ドローン等の自律的な運転制御等
- トップランク国際会議：IROS、ICRA等
- 演繹的アプローチ(モデルベース)から帰納的アプローチ(機械学習ベース)へ
- 部分的な機械学習への置き換えから深層強化学習によるEnd-to-End学習へ
- Sim-to-Real問題(シミュレーションによる学習結果と実機のギャップ)

注目技術
- 画像系のトランスフォーマー(ViT)と自己教師あり学習(対照学習MAE)
- 深層生成モデル(GAN、VAE、フローベースモデル、拡散モデル)
- 画像生成AI(Text-to-Image)：DALL-E、Imagen、Parti、Muse、Midjourney、Stable Diffusion
- NeRF: Novel View Synthesis
- 世界モデルの生成(GQN等)
- 深層予測学習：予測誤差からの動作生成学習
- ロボット×トランスフォーマー：PaLM-SayCan(曖昧な要求から動作生成)、RT-1(ロボット実機で大規模学習)
- グラフニューラルネット、ニューラルODE、逆強化学習、連合学習、蒸留

科学技術的課題
- 現在の深層学習の問題克服、知覚・運動系AIと言語・知識系AIの統合
- 深層学習の理論的解明
- 機械学習向けコンピューティング技術

図2-1-3　　領域俯瞰：知覚・運動系のAI技術

1　人間の思考は、直感的・無意識的・非言語的・習慣的な「速い思考」のシステム1と、論理的・系列的・意識的・言語的・推論計画的な「遅い思考」のシステム2とで構成されるという「二重過程理論」（Dual Process Theory）がある。社会心理学・認知心理学などの心理学分野で提案されていたが、ノーベル経済学賞を受賞したDaniel Kahnemanの著書「Thinking, Fast and Slow」[1)] でよく知られるようになった。本稿ではシステム1を「即応的ループ」、システム2を「熟考的ループ」と呼んでいる。

（2）キーワード

機械学習、画像認識、映像認識、パターン認識、一般物体認識、物体検出、顔認証、行動認識、深層学習、ニューラルネットワーク、敵対的生成ネットワーク、動作生成、ロボット制御、即応的知能、二重過程理論、基盤モデル、世界モデル

（3）研究開発領域の概要

［本領域の意義］

機械学習は、経験からの学習により自動で改善するコンピューターアルゴリズム[2]もしくはその研究領域である。事象や対象物についての観測データを集めて機械学習にかけることで、そこから（人間がルールを書く必要なく）データの背後に潜む規則性を自動的に見いだし、判別・分類、予測、異常検知などを行うことを可能にする。ビッグデータの時代と言われる今日、さまざまな事象や対象物について大量の観測データが得られるようになり、機械学習は幅広い分野・目的に利用されるようになった。例えば、画像認識、音声認識、医療診断支援、文書分類、スパムメール検出、広告配信、商品推薦、囲碁・将棋などのゲームソフト、商品・電力などの需要予測、与信、不正行為の検知、設備・部品の劣化診断、ロボット制御、車の自動運転など、多数の応用例が挙げられる。

このように機械学習はさまざまな応用が可能であるが、ここでは特に機械学習を用いたパターン認識と動作生成について述べる。

パターン認識は、カメラやビデオレコーダーなどで撮影された画像・映像・音声を、機械学習によって判別・分類して、その画像・映像・音声の内容、つまり、そこに写っているものや話されていることが何であるか、その位置や状態、あるいはシーン全体の状況を認識する技術である。人間の感覚器官（目・耳など）による知覚の代替となり、人間が行っている目視作業の自動化といった単なる省力化としての価値だけでなく、ヒューマンエラーを低減する判断・診断の支援や、人間では処理しきれないほど大量の画像・映像データの高速処理など、これまで得られなかった新たな価値も提供できる。具体的な応用先は、郵便区分機などでの文字認識、マンモグラフィーなどの医療画像診断支援、監視カメラ映像からの不審者・不審行動や異常状況の検知、インターネット上の画像・動画像検索、カメラ画像のシーン分類、半導体ウェハーやフォトマスクなどの欠陥検査、食品の異物検査、製品の品質検査、衛星画像などのリモートセンシング、出入国管理などでの顔や指紋を用いた個人認証、自動車の安全運転支援や自動運転、ロボットビジョン、スポーツ画像解析、動作認識によるヒューマンインターフェースデバイスなどへと広がっている。

動作生成は、実世界に作用する機器・デバイスに対して、どのような動作をどういう順序で実行させるかを計画し、その実行指示を行う技術である。従来は角度・距離なども含む詳細な動作パラメーターや動作順序をすべて人間が事前にプログラミングする必要があった。しかし今日、機械学習を用いた動作生成によって、ロボットなどの動作主体や環境の状態・変化に応じた臨機応変な動作生成が可能になり、さまざまな運動系タスクを容易に自動化できるようになりつつある。応用分野は、産業用から家庭用までロボット制御への適用はもちろん、自動走行車やドローンなどの移動体・飛行体の運転制御への適用も試みられている。また、このような応用では、カメラ映像から状況・状態を認識し、その状況・状態に応じた動作を計画・実行するという、パターン認識と動作生成を組み合わせた形態（前述の即応的ループ）が取られることも多い。例えば、カメラ映像から対象物の形状・位置・向きなどを認識し、それを把持するためにロボットアームの動作（アームをどう移動し、対象物のどこをつかむか）を決定したり、巨大な対象物をカメラ付きドローンで観測・検査する際に、対象物の一部を観測・検査した結果をもとに、次に観測すべき箇所を自律的に決定したりといっ

2　「コンピュータープログラムがタスクのクラスTと性能指標Pに関し経験Eから学習するとは、T内のタスクのPで測った性能が経験Eにより改善されること」という定義[2)]がよく知られている。

たことが可能になる。

以上のように、機械学習をベースとしたパターン認識と動作生成、および、それらを組み合わせた即応的ループは、人間の知覚・運動系のさまざまなタスクを代行できるようになりつつあり、幅広い産業応用にもつながっている。

［研究開発の動向］

❶ 機械学習の発展 [3]

機械学習の基本的な処理構成は、訓練ステップ（学習ステップとも呼ばれる）と判定ステップ（推論ステップや予測ステップとも呼ばれる）に分かれる。訓練ステップは、訓練データ（学習データとも呼ばれる）を与えて、モデルを作るステップである。ここで作られたモデルは、訓練データの統計的傾向・規則性を表したものになる。判定ステップは、新たに入力されるデータに対して、訓練済みモデル（学習済みモデルとも呼ばれる）に基づき、分類・回帰・予測・異常検知などの判定結果を出すステップである。訓練データに判定結果が付与されているケースは教師あり学習（Supervised Learning）、付与されていないケースは教師なし学習（Unsupervised Learning）と呼ばれる。なお、教師あり学習・教師なし学習とは異なるタイプとして強化学習（Reinforcement Learning）があるが、これについては後述する。

機械学習の研究では、訓練ステップのアルゴリズム（学習アルゴリズム）、つまり、訓練データからそこに潜む統計的傾向・規則性をどのようにして見いだすかが、一つの重要なポイントになる。モデルを訓練データにフィットさせ過ぎると、判定ステップで与えられるデータに対して必ずしも高い精度が得られないという問題（過学習と呼ばれる）も生じるため、汎化が適切に行われるような仕掛けが必要である。学習アルゴリズムの研究では、統計解析の手法とともに、人間の脳神経回路にヒントを得たニューラルネットワークを用いた手法が注目されるようになった。

このような研究は、古くは1958年にパーセプトロンと呼ばれる単純なニューラルネットワークモデルが提案され、任意の線形分離関数を学習できることから1960年代に活発に研究された。しかし、単純なパーセプトロンでは排他的論理和のような関数を学習できない問題が指摘され、1970年代には関連する研究は下火になった。この問題はニューラルネットワークに階層構造を持たせれば解決できるのだが、その学習を可能にする誤差逆伝播法（Backpropagation）が提案されたのは1986年であった。これをきっかけにニューラルネットワーク研究が再び活発化し、画像認識、音声認識、ロボット制御など、さまざまな問題に適用されるようになったが、一般に大域的な最適解を求めることができないという弱点があった。これに対して、1992年に提案されたカーネル学習器SVM（Support Vector Machine）は、階層性を持たず、容易に大域的な最適解を求めることができることから注目され、その利用が広がった。

ここからさらに衝撃的な精度向上をもたらしたのが、Geoffrey Hintonらが発表した深層学習（Deep Learning）である。これは、層の数が多い、すなわち、深い層のニューラルネットワークを学習させる手法であり、特徴抽出の自動化も可能にした。その前身として、1979年に福島邦彦が発表したネオコグニトロンがある。畳み込み層とプーリング層の組を複数積み重ねることで、パターンの局所変動に頑健になることが示されていた。1989年にYann LeCunが発表した畳み込みニューラルネットワークCNN（Convolutional Neural Network）では、それを誤差逆伝播法で最適化している。しかし、ネットワーク構造が深くなるほど伝播される誤差が小さくなり、学習が進まなくなる問題があった。この問題は、誤差が深い層まで伝播するように活性化関数や正則化を工夫することで改善された。その結果、深層学習は、2012年の画像認識コンペティションILSVRC（ImageNet Large Scale Visual Recognition

3 機械学習・深層学習の歴史的研究成果についての個々の参考文献は省略する（2021年版の俯瞰報告書[3)]では参考文献を挙げている）。各成果・方式の詳細は、機械学習[2)]、深層学習[4), 5), 6)]、画像認識[7)]などの教科書的文献が分かりやすい。

Challenge）で衝撃的な精度向上を示して大きく注目され、第3次AIブームを牽引する技術となった。「深層学習の父たち」と呼ばれるGeoffrey Hinton、Yann LeCun、Yoshua Bengioは、2018年度ACM（Association for Computing Machinery）チューリング賞を受賞した。

その後も深層学習の改良・拡張が活発に行われている。CNNの多層化を大きく進めたのは、入力データから出力への変換を学習するのではなく残差を学習するResNet（Residual Network）である。ResNetは、迂回路を含むネットワーク構造を持ち、階層を深くしても効率よく学習が行える。また、時間的構造の表現を扱いやすい回帰型の構造を持つニューラルネットワークRNN（Recurrent Neural Network）が考案された。RNNは過去の入力の影響を受ける構造を持つが、長期的影響と短期的影響を区別しないのに対して、長期の依存関係をモデルに取り込んだLSTM（Long Short-Term Memory）ネットワークも考案された。RNNやLSTMは、自然言語や時系列データなどの解析に用いられたが、その後、RNNやCNNを使わず、アテンション機構のみを用いたトランスフォーマー（Transformer）と呼ばれる多層ニューラルネットワーク（アテンション機構やトランスフォーマーの詳細は「2.1.2 言語・知識系のAI技術」を参照）が自然言語処理の主流になり、次いで画像処理・パターン処理にもトランスフォーマーが用いられるようになった。さらに、多層ニューラルネットワークを用いてデータの生成過程をモデル化する深層生成モデルや、強化学習に深層学習を組み合わせた深層強化学習といった拡張も行われ、これらの研究開発・応用も活発に取り組まれている。

❷ パターン認識の研究開発動向

パターン認識の基本的な処理は、観測、前処理、特徴抽出、識別から成る[8)]。観測は、カメラなどを通して、実世界の事象を処理可能なデータに変換する処理である。実世界は3次元立体であるが、カメラで撮影されるデータは2次元平面のため、被写体の姿勢変動や照明変動の影響で被写体の見えが大きく変化する。センサーの併用など、隠れ（オクルージョン）の発生への対処が課題として検討されている。前処理は、以降の処理にかかる演算量を軽減するための処理であり、具体的にはデータの正規化やノイズの除去が行われる。不明瞭な領域の鮮鋭化、霧などを除去するデヘイズ処理、画像の解像度を上げる超解像処理などの画像処理技術も開発されている。特徴抽出は、前処理後の画像・映像から識別に有効な特徴を抽出する処理である。局所フィルターを用いたエッジやコーナーなどの画像特徴抽出、識別に有効な特徴の組み合わせを選ぶ特徴選択、識別に有効な特徴への特徴変換などが行われる。識別は、得られた多数の特徴値を多次元特徴ベクトルとみなし、あらかじめ設定したクラス（あるいはカテゴリ）に分類する処理である。クラスは目的に応じて人間が設定するものであり、例えば、人物と車両を識別する場合は、それぞれが一つのクラスとして設定され、顔認証の場合は、人物一人一人を識別する必要があるため、それぞれが一つのクラスとして設定される。

観測と前処理は、専門家がこれまでの経験に基づき、目的に応じて設計している。識別は、テンプレートマッチングと呼ばれる単純な手法から機械学習で自動設計する手法に移行した。特徴抽出は、従来、専門家が経験に基づいて設計するのが一般的であったが、深層学習によって、特徴抽出と識別を合わせて自動設計できるようになった。

このように深層学習の導入が進むことになったきっかけは、2012年のILSVRCである。ILSVRCは大規模画像データセットImageNetを用いた画像認識コンペティションである[4]。前述のように、Hintonらは一般物体認識タスクで1位を獲得した。しかも、従来法がエラー率26%だったのに対してエラー率17%と、深層学習の適用によって一気に約10%もの飛躍的な精度向上を達成し、画像認識・機械学習の研究者ら

4　ImageNetは、スタンフォード大学のFei-Fei Liらによって構築され、1400万枚もの画像データが集められている。ILSVRCでは、タスクによって、この部分データが用いられた。

に衝撃を与えた。その後、深層学習はさらに改良と多層化が進み、2015年には人間レベルの精度（5.1%）を超えて、エラー率3.57%となった。2016年に2.99%、2017年に2.25%とさらに改善されつつも、精度はほぼ飽和状態に至った。なお、2015年以降は中国勢が1位を取っている。

一般物体認識は画像に映っている物体を識別するタスクであるが、物体の識別だけでなく、物体の位置も正確に検知する物体検出タスクへの取り組みも進んだ。2014年に、物体の候補領域を抽出する処理とCNNを統合したRegional CNN（R-CNN）が提案されたのをきっかけに、2015年にFast R-CNN、Faster R-CNNと高速化が進んだ。2016年には、画像をグリッドに区切った領域をもとに物体を抽出するSDD（Single Shot MultiBox Detector）、YOLO（You Only Look Once）が提案され、さらなる高速化と高精度化が進んでいる。これまでは十数種類の物体の検出・識別するモデルが多かったのに対し、2017年に提案されたYOLO 9000は、9000種類の物体の検出・識別が可能である。さらに、静止画でなく動画やカメラ映像に対する物体検出への拡張も盛んに取り組まれている。例えば、自動走行車がカメラ映像から周辺状況（他の車、歩行者、道路標識など）を認識するために必要な重要技術である。また、動画・カメラ映像からの人物行動認識も盛んに研究されている。技術的には、従来2次元画像に用いられているCNNを3次元に拡張した3D CNNが開発されている[9]。また、深層学習が注目される以前に実用化されていた文字認識・音声認識・顔認証などのパターン認識技術も、深層学習を用いた方式に置き換わってきている。併せて、「❶機械学習の発展」で述べたように、深層学習の方式はCNN型からトランスフォーマー型への移行が進んでいる。さらに、より詳細に人物を捉えるパターン認識技術として、人の頭・肩・腰・足・膝・肘といったパーツを検出し、それらの位置関係から姿勢を推定する技術（OpenPose[10]）、顔の表情や声の調子から人の感情を推定する技術、離れた場所のカメラ映像から人の視線の向きを推定する技術（遠隔視線推定技術）なども開発されている。

❸ 動作生成の研究開発動向

産業用ロボットなどで実用化されている動作生成技術は、伝統的なモデルベースの演繹的なアプローチが主流であるが、昨今活発に研究開発が進められているのは、深層学習を用いた帰納的なアプローチである[11]。従来の演繹的なアプローチでは、先に環境のセンシングと、環境や操作対象物のモデリングが行われ、環境、操作対象物、操作主体（ロボット）に関する精緻な物理モデルが正確に得られていることを前提に、最適な動作軌道を探索する。しかし、精緻なモデルを得るためには、事前に人手で記述しておかねばならない部分が多く、動作中に環境自体も変化し得ることから、適用できるケースは限定的にならざるを得ない。この改良として、モデル自身の曖昧性を認めた上で、センサーから取得したデータをもとに統計的な修正をかける確率的な手法も提案された。深層学習を含む機械学習の導入方法も当初は、環境や操作対象のセンシングとモデリングの後に、動作軌道を探索・生成するというシーケンシャルな流れの中で、一部のステップに機械学習を適用するというものであった。しかし、深層学習を用いることで新たな可能性が生み出されたのは、環境センシングから動作生成までをEnd-to-Endで学習するという処理形態である。すなわち、途中ステップをどのように構成・モデル化するか、どういう情報に着目して動作を生成するか、といった設計を人間が行う必要なく（モデルフリーで）、環境と操作対象物の状態に応じて操作主体が実行すべき動作の生成（「（1）研究開発領域の定義」で述べた即応的ループに相当する）が、End-to-End学習によって最適化される。

このようなEnd-to-End学習による動作生成で活用が広がっているのが、深層学習と強化学習を組み合わせた深層強化学習（Deep Reinforcement Learning）である。強化学習では、学習主体が、ある状態で、ある行動をしたとき、その結果に応じた報酬が与えられる。行動と報酬の受け取りを試行錯誤的に重ねることを通して、より多くの報酬が得られるように行動を決定する意思決定方策を学習する。この強化学習では、ある状態で、ある行動を取ることの良さを表す評価関数を求める必要があるが、この評価関数や方策を深層学習によって学習するのが深層強化学習である。

この深層強化学習によるエポックメイキングな成果として、Google DeepMindのAlphaGo（アルファ碁）が挙げられる。 AlphaGoは、モンテカルロ木探索に組み合わせて、膨大なプロの棋譜を訓練データとした教師あり学習と、膨大な回数の自己対戦による深層強化学習を用いて訓練され[5]、2016年～2017年に世界トップランクプロに圧勝し、大きな話題になった。AlphaGoでは試行錯誤を通してゲーム空間における行動（碁の打ち手）を学習・生成したわけだが、このような方法は、実世界における行動（ロボットなどの動作）の学習・生成にも応用できる[12)]。既に、ばら積み部品のピッキング作業、衣類を畳む作業、車の運転操作など、さまざまな適用事例がある[11), 13), 14), 15)]。例えば、産業用ロボットによる部品ピッキングタスクを考えると、部品の種類と置き方、照明状態などが固定されていれば、従来の演繹的なアプローチでも、部品のどこをどのように把持すればよいかを事前にプログラミングできる。しかし、部品がばら積みされ、照明状態にも変化があり、多種類の部品にも対応しなければならないならば、想定されるケースがあまりに複雑になり、演繹的なプログラミングはもはや困難である。深層強化学習を用いれば、さまざまなばら積み状態に対して、さまざまなバリエーションで把持操作を試行錯誤し、その成功・失敗から、状態に適した把持方法を学習していくことができる。あるいは、手本となる行動・動作を例示し、それをもとに報酬や方策を学習する逆強化学習・模倣学習も用いられる[11), 12)]。

しかし、AlphaGoで行われたような膨大な回数の試行錯誤を、実際にロボットに行わせることは不可能である。その対策として、コンピューター上でのシミュレーションによる深層強化学習の結果をロボットの実機に適用すること（Sim-to-Real）[16)] が行われているが、実機での動作・作用とシミュレーション上での結果が完全一致するとは限らないために、ドメイン適応やドメイン一般化を含め、何らかの調整が必要になるという課題が生じている。

一方で、自然言語処理や画像処理ではトランスフォーマー型の大規模モデルが成果を挙げていることから、動作生成・ロボット制御でも同様のアプローチが検討され始めた。自然言語による曖昧な要求に対して動作・行動を生成するPaLM-SayCanや、ロボット実機での大規模学習によって、さまざまな動作・行動を学習したRT-1など、その先駆的な研究事例が注目されている。これらについては［注目される国内外プロジェクト］❷❸で取り上げる。

❹ 学会・産業界の動向

各研究分野のトップランク国際会議として、機械学習分野はNeurIPS（Neural Information Processing Systems）やICML（International Conference on Machine Learning）、パターン認識分野はCVPR（Computer Vision and Pattern Recognition）やICCV（International Conference of Computer Vision）、動作生成を含むロボティクス分野はIROS（International Conference on Intelligent Robots and Systems）やICRA（International Conference on Robotics and Automation）が挙げられる。また、これらの研究分野は、AI分野全般のAAAI（Association for the Advancement of Artificial Intelligence）やIJCAI（International Joint Conferences on Artificial Intelligence）においてもホットな研究テーマとなっている。

機械学習の研究開発・ビジネスは、米国が規模・質ともに世界をリードしている。 AI分野の国家戦略・投資では、歴史的に米国国防高等研究計画局（Defense Advanced Research Projects Agency：DARPA）が中心的な役割を果たしてきたことに加え、Google（DeepMindも傘下に含む）、OpenAI、Apple、Meta（旧Facebook）、Amazonなどの Big Tech 企業が活発な取り組みを進めている。

その米国を中国が急激に追い上げ、上述の主要国際会議は米中２強という状況になり、AAAIやIJCAI

5　その後、棋譜のような訓練データを必要とせずに自己対戦だけで学習するAlphaZeroや、ゲームのルールが不明でもルール自体を学習するMuZeroへと発展した。なお、ゲームAIの発展については「2.1.6 AI・データ駆動型問題解決」に記載している。

では採択論文数で中国が米国を上回った。中国政府は2017年7月に次世代AI発展計画を発表し、2030年までに理論・技術・応用のすべての分野で世界トップ水準に引き上げ、中国のAI産業を170兆円に成長させるという目標を設定した。これに向けて、政府主導で重点AI分野を定め、医療分野はTencent（騰訊）、スマートシティーではAlibaba（阿里巴巴）、自動運転はBaidu（百度）、音声認識はiFLYTEK（科大訊飛）、画像認識はSenseTime（商湯科技）をリード企業として選定し、政府がAI産業を後押ししている。

画像認識コンペティションILSVRCが深層学習の性能向上に大きく貢献したことは前述の通りだが、2017年に終了する頃には中国勢が躍進し、技術改良・応用における中国の強さを示した。機械学習の応用やデータ分析の分野では、ILSVRCに限らず、共通のデータセットを用いたコンペティションが多数開催されており、技術の性能向上と普及につながっている。また、企業などがデータや問題をネット上で公開して、多数の人々に解かせる場（世界的には米国のKaggle[6]、国内ではSignateがそのプラットフォームとしてよく知られている）も生まれている。日本勢は、米国国立標準技術研究所（National Institute of Standards and Technology：NIST）の顔認証ベンチマークテストをはじめ画像認識関連コンペティションで1位を獲得したり、層の厚みには課題があるもののKaggleで活躍する産業界の人材もいたりと、一定の存在感を示してきた。

日本政府は、2016年4月に人工知能技術戦略会議を設立し、2019年6月に統合イノベーション戦略推進会議決定による「AI戦略2019」を発表し、「AI戦略2021」「AI戦略2022」とアップデートを加えているが、その中で、文部科学省による理化学研究所革新知能統合研究センター（AIP）、経済産業省による産業技術総合研究所人工知能研究センター（AIRC）、総務省による情報通信研究機構（NICT）の三つを中核的なAI研究機関と位置付けている。前述の国際会議の採択論文数において、圧倒的な米中2強の後、日本は欧州各国とともに3位から10位の一群に含まれているが、上記中核研究機関を中心に徐々に論文数を伸ばしつつある。国内産業界で特に注目されるのはPreferred Networksである。深層学習・深層強化学習をコア技術に持ち、交通システム（自動運転、コネクテッドカー）、製造業（ロボット）、バイオヘルスケアを重点領域として、トヨタ自動車、ファナックなどとも共同研究を進めている[13)]。自社開発の深層学習用スーパーコンピューターMN-3は、2020年以降のスーパーコンピューター省電力性能ランキングGreen500で世界1位を3回獲得している。

（4）注目動向

［新展開・技術トピックス］

❶ 画像系のトランスフォーマーと自己教師あり学習

［研究開発の動向］❶❷で述べたように、画像認識などのパターン認識に用いられる深層学習のアーキテクチャーは、従来主流だったCNN型からトランスフォーマー型へと移行が進んでいる。それまでトランスフォーマーで扱っていた自然言語処理では単語（分散表現ベクトル）の系列を入力としたので、2020年に発表されたビジョントランスフォーマー（Vision Transformer：ViT）[17)]では、画像を重なり合わないパッチに分割し、各パッチに位置符号を加えたものをベクトル化して入力系列とすることで、同様に処理できるようにした。ViTでは、それまでCNNで達成されていたスコアを上回り、かつ、計算コストも1桁少なくて済んだことが示され、その後、ViTのさまざまな派生方式が開発された[18)]。

また、トランスフォーマーを含めて深層学習で高い精度を得るためには大量の教師データ（教師あり学習のためのラベル付き訓練データ）が必要だが、それを大量に準備することは容易ではない。そこで、半教師あり学習（Semi-Supervised Learning）、能動学習（Active Learning）、転移学習（Transfer Learning）、ドメイン適応（Domain Adaptation）、データ合成（シミュレーションなどを利用）やデー

6　Kaggle運営会社は、2017年3月にGoogleに買収された。

タ拡張（Data Augmentation）などが試みられてきたが、特に大きな効果を示し、活用が広がっているのが、自己教師あり学習（Self-Supervised Learning）である。自然言語処理分野では、テキストの一部にマスクをかけて（隠して）、それ以外の部分からマスク部分を推測するという穴埋めタスクを設定することで、ラベル付けなしに教師あり学習を可能にする手法が、BERTで用いられ、それ以降のトランスフォーマー型モデルの大規模化を促進した。

画像系のトランスフォーマーで用いられている自己教師あり学習の手法は、主に対照学習（Contrastive Learning）[19] とMAE（Masked Autoencoder）[20] である。対照学習では、画像データに各種変換をかけることで、訓練データ量を水増し（Data Augmentation）する。そして、同じ画像に異なる変換をした画像同士を一致させる特徴量を最大化しつつ、違う画像に異なる変換をした画像同士を一致させる特徴量を最小化するように訓練を行う。これによって、教師あり学習と遜色ない認識精度が得られると報告されている。一方、MAEは、自然言語の場合と同様に、画像においてもマスクをかけて、その部分を推定する穴埋めタスクの学習を行う。

❷ 深層生成モデルと画像生成AI（Text-to-Image）

機械学習でクラス分類を解くための手法には識別モデルと生成モデルがある。識別モデルはデータの属するクラスを同定するが、そのデータがどのように生成されたかは考えない。一方、生成モデルはデータがどのように生成されたか、その過程までモデル化する。深層学習に関して、前述のCNNなどは識別モデルであるが、生成モデルにおいても著しい進展があった。深層生成モデル[21]（深層学習の生成モデル）の主なものとして、GAN（Generative Adversarial Networks：敵対的生成ネットワーク）[22]、VAE（Variational Autoencoder：変分自己符号化器）[23]、フローベースモデル（Flow-Based Generative Model）[24]、拡散モデル（Diffusion Model）[25] がある。

GANは、2014年にIan J. Goodfellowによって発明され、従来の生成モデルではできなかった高精細な画像を生成できることから、大いに注目された。GANは、生成器Gと識別器Dから構成され、Dは訓練データとGが生成したデータを識別するように訓練され、GはDが間違えるように訓練される。GANは、敵対的なコスト関数を最適化するため、学習の安定性が課題とされている。性能改良・機能追加や応用開発が進み、GANのさまざまなバリエーションが生まれている[21]。

VAEは、自己符号化器（Autoencoder）と呼ばれるニューラルネットワークを用いた深層生成モデルである。自己符号化器は、入力層に入ったデータが隠れ層でいったん変換された後、出力層で入力データが復元されるように構成したニューラルネットワークである。VAEは、その隠れ層にある潜在変数を操作することで、訓練データと類似しつつも異なるデータを生成する。当初はGANほど高精細な画像は生成できなかったが、さまざまな改良が加えられ、十分高精細な画像が生成できるようになってきている。

フローベースモデルは、正規化フローという手法を用いて、確率分布を明示的にモデル化することによって、複雑な分布に基づいた新しいサンプルを生成できるようにしたものである。

拡散モデルは、元データに少しずつノイズを加えていって最後には完全なノイズになるというプロセスが考えられるとき、その逆プロセスをモデル化して、データ生成に用いる。学習に要する計算コストが比較的大きくなるが、学習が安定し、生成結果の品質が高いことから、注目が高まっている。

深層生成モデルを用いることで、架空の人物顔を生成したり、ゴッホ風やレンブラント風など指定した画風に絵を変換したり、幻想的な絵や抽象画風の絵を生成したり、ラフスケッチを写実的な絵に変換したり、自動着色したりと、さまざまなアプリケーションが開発された。さらに、2022年に、テキストから画像を生成する画像生成AI（Text-to-Image）アプリケーションが大きな話題になっている。簡単な文を与えるだけで、まるでプロが描いたようなテイストの画像が生成される。特にインターネット上で使える形でMidjourneyやStable Diffusionといったサービスが提供され、その利用者が急増し、派生サービスも拡大した。

Text-to-Image生成が注目されるきっかけとなったのは、OpenAIから2021年1月に発表されたDALL-E[26]である。2022年4月には改良されたDALL-E2[27]が発表された。ここでは、テキストと画像の類似度を求めるモデルCLIPと、画像を生成する深層生成モデル（DALL-EではVAE系のVQ-VAE、DALL-E2では拡散モデルが使われている）を組み合わせて、Text-to-Image生成を実現している。CLIPは、大量の画像とキャプションテキストのペアをもとに、トランスフォーマーと対照学習によって学習して作られた。また、Googleは2022年5月にImagen[28]、6月にParti（Pathways Autoregressive Text-to-Image model）[29]、2023年1月にMuse[30]という異なる方式で2種類のText-to-Image生成を発表した。 Imagenでは拡散モデル、Partiでは自己回帰モデル（Autoregressive Model）が画像生成に用いられている。 Museの方式はそれらと異なり、事前学習された大規模言語モデルから得られたベクトルを用いて、離散トークン空間でマスク学習を行うことで、高速かつ画像生成をコントロールしやすくなったということである。なお、高品質な画像生成を可能にするため、大量データから大規模モデルを学習することが必要になっており、モデルのパラメーター規模は、DALL-Eが120億個、DALL-E2が55億個、Imagenが76億個、Partiが200億個、Museが30億個ということである。

なお、画像生成AIに伴う倫理的・法的・社会的課題については「（6）その他の課題」❸で取り上げる。

❸ 世界モデルと深層予測学習

人間は外界に関する限られた知覚情報から脳内に外界のモデルを作り、そのモデルを用いたシミュレーションを意思決定や行動に使っていると考えられる。このモデルは「内部モデル」「力学モデル」と呼ばれることもあるが、AI分野では「世界モデル」（World Models）[31]という呼び方が主流である。なお、本節の冒頭で、知覚系と運動系の即応的ループと、言語・知識系まで含めた熟考的ループという2タイプを挙げたが、この世界モデルは即応的ループの中に位置付けられ、無意識的・反射的な行動にも作用すると考えられている。例えば、バットを振ってボールに当てる場合、ボールが飛んでくるという視覚情報が脳に到達する時間は、バットの振り方を決める時間よりも短いので、世界モデルによって無意識的に予測を行い、それに基づいて筋肉を動かしていると考えられている。

知覚情報からボトムアップに世界モデルを作ろうとする試みの一例として、Google DeepMindのGQN（Generative Query Network）[32]がある。 GQNは、異なる複数の視点から見た画像を与えると、内部に世界モデルを作り、別の視点から見た画像を予測できる。そのためにGQNでは、VAEベースの深層生成モデルを用いている。❷で述べた深層生成モデルの研究発展も受けて、世界モデルを取り入れた深層学習研究がホットトピックになりつつある。

また、知覚情報に基づいて作られたモデルを用いてシミュレーション・予測を行うという考え方は、知覚系と運動系を即応的ループとしてつなぐ上で重要なものであり、その一例として、深層予測学習による動作生成が挙げられる。産業技術総合研究所・早稲田大学で開発された深層予測学習によるタオル畳みロボット[11),33]は、人間によるタオル畳み操作を手本として、それを模倣する動作を生成しつつ、動作を実行した結果の事前の予測と、実際に実行した結果をカメラで観測して比較し、その差異（予測誤差）から学習する。予測に使われるモデルは、模倣と予測誤差からの学習によって構築される。

「2.1.8 認知発達ロボティクス」で詳細を述べる通り、予測誤差最小化原理に基づくモデルの更新や環境への働きかけが、人間の認知発達に深く関わっていると考えられている。上に述べた世界モデルや深層予測学習を含め、人間の知能の認知発達メカニズムの解明に構成論的にアプローチしている認知発達ロボティクスの考え方は、深層学習の今後の発展と重なりが大きくなってくると思われる。

❹ その他の注目トピックス

本研究開発領域はAI分野の中でも特に活発に取り組まれている領域であり、新たな注目技術・応用が次々に生まれている。また、機械学習はパターン認識や動作生成への適用に閉じず、AI分野全般で幅広く活用されている。そこで、上述の❶～❸に含められなかった注目トピックスについても、以下、簡単に触れる。

a. GNN（Graph Neural Networks）[34)]：GNNはグラフ構造のデータを扱う深層学習である。 Web・SNS、交通・物流、化合物など、さまざまな対象物がグラフ構造で制約関係を表現でき、そういった関係を踏まえた計算が行える。

b. Neural ODE[35)]：多層ニューラルネットワーク構造の層は離散的に扱われていたが、微小化して連続値として扱うことで、常微分方程式（Ordinary Differential Equation：ODE）の枠組みで順・逆伝播が計算でき、メモリ効率なども向上する。

c. 連合学習（Federated Learning）[36)]：連合学習は、データを取得する端末側（エッジ）で学習した結果を組み合わせて機械学習モデルを作る手法である。端末側の生データをクラウド側に集めないので、プライバシー保護や処理効率の面で利点がある。

d. 蒸留（Distillation）[37)]：訓練済みの大きいニューラルネット（教師ネットワーク）の入出力データを用いて、小さいニューラルネットワーク（生徒ネットワーク）を訓練すると、生徒ネットワークの方が小さなサイズで精度も上がることが多い。

e. メタ学習（Meta Learning）：メタ学習は、学習方法を学習するものであり、ドメインやタスクの異なる複数のデータセットでの学習を通して、ターゲットとするドメインやタスクに合うような学習方法（パラメーターの決め方など）に関するメタ知識を獲得する枠組みである。代表的な手法としてMAML（Model-Agnostic Meta-Learning）[38)] が知られている。

なお、トランスフォーマーやアテンションなどの自然言語処理で注目された深層学習関連技術は「2.1.2 言語・知識系のAI技術」で取り上げる。説明可能AI（XAI）、機械学習の公平性、機械学習のテスティング手法や品質保証、自動機械学習（AutoML）など、機械学習の安全性・信頼性を確保するための技術群は「2.1.4 AIソフトウェア工学」で取り上げる。ゲームAIやAI駆動型科学の話題については「2.1.6 AI・データ駆動型問題解決」で取り上げる。AIの倫理的・法的・社会的課題（ELSI）は「2.1.9 社会におけるAI」で取り上げる。

［注目すべき国内外のプロジェクト］

❶ Neural Radiance Field（NeRF：ナーフ）

複数の視点の画像[7]をもとに新たな視点の画像を生成するタスクはNovel View Synthesis（NVS）と呼ばれる。 NeRF[39)] は、このNVSタスクをさまざまな撮影画像に対して、新たな視点からとても自然で高精細な画像を生成する。撮影されたものの質感や光の反射や透過などまでリアルに再現されているように見える。 UC Berkeleyの研究者らが2020年に発表し、コンピュータービジョンのトップ国際会議の一つ16th European Conference on Computer Vision（ECCV 2020）において注目され、Best Paper Honorable Mentionを受賞し、その後、多数の派生研究も生まれた。

NeRFでは、3次元座標と視線方向を入力として、その点の輝度と不透明度を出力する「場」（Field）を深層ニューラルネットワークで表現し、それを学習によって求める。新たな視点からの画像生成は、ボリュームレンダリング手法を用いており、光線上の各点の輝度・不透明度を積分することを、画像上の全ピクセルに対して行うことで実現している。

この研究から派生して、天候や時刻の異なる画像を入力としたり、写り込んだ人々を除去したりする研究[40)]、複数の静止画を入力する代わりに単一カメラでの撮影動画から生成する研究[41), 42)]、レンダリングを高速化してリアルタイム生成を可能にする研究[43), 44)] など、さまざまな技術改良・拡張が進められている。NeRFのような技術を活用することで、さまざまな対象物の3次元モデルが容易に構築できたり、スポーツ

7　数十枚から数百枚の画像が用いられる。

やゲームを好む視点から観戦したり参加したりと、さまざまな応用が考えられる。

❷ PaLM–SayCan

PaLM–SayCan[45]は、Googleとロボット開発会社Everyday Robots（EDR）の共同研究プロジェクトである。2022年8月に発表されたシステムでは、自然言語による曖昧な要求に対して、その要求に対して何ができるか、ロボットが行動を選択して実行することが示された。例えば「飲み物をこぼしてしまった。助けてくれる？」という問いかけに対して、スポンジを取ってくるという行動を起こす。PaLM–SayCanを搭載したロボットは、自然言語による問いかけを解釈し、事前に定義されたスキルセットの中から、その状況で実行可能で、要求に対して有効な行動を選択する。自然言語処理、画像認識、動作生成などの機能が統合されている。101件の命令に対して、84%は適切な行動を計画し、74%は実行できたということである。

PaLM–SayCanでは、Googleの大規模言語モデルPaLM（Pathways Language Model）[46]を用いている。 PaLMはトランスフォーマー型で、パラメーター数が5400億個という、2023年1月時点で世界最大規模の言語モデルである。Pathways[47]という分散学習インフラ上で動作する。

❸ RT–1

RT–1（Robotics Transformer 1）[48]も、PaLM–SayCanと同様にGoogleとEDRの共同研究プロジェクトである。ロボット実機を用いたトランスフォーマー大規模学習によって、深層学習ベースのロボット動作生成の汎用性を高めた。

トランスフォーマーベースの大規模モデルは、自然言語処理や画像・映像処理においてさまざまな機能が実現され、高い汎用性を示している。しかし、ロボット制御では、動作パターンの多様さや複雑さと、リアルタイム処理要求の高さが、大規模モデルの構築や利用の障壁となっていた。

これに対してRT–1では、EDRのロボット実機13台で17カ月にわたって、700以上のタスク[8]をカバーするような13万エピソードの動作データを収集して、大規模学習を実施した。その結果、700種類のタスクで97%の成功率を達成した。画像や動作データをトークン化して圧縮することや、トランスフォーマーのモデルパラメーターを19M個に抑えたことによって、実機での処理速度を確保している。シミュレーションではなく実機で大規模学習を行ったトランスフォーマー型モデルによって、ロボット動作生成の汎用性が高められた先進事例として注目される。コードはオープンソースとして公開されている。

❹ ムーンショット目標3

国内のプロジェクトでは、内閣府のムーンショット型研究開発制度において、「2050年までに、AIとロボットの共進化により、自ら学習・行動し人と共生するロボットを実現」がムーンショット目標3に掲げられ、2020年度に4件、2022年度に7件の研究開発プロジェクトが採択された。特に「一人に一台一生寄り添うスマートロボット」（プロジェクトマネージャー：菅野重樹、2020年度採択、略称：AIREC）では、「柔軟な機械ハードウェアと多様な仕事を学習できる独自のAIとを組み合わせたロボット進化技術を確立し、2050年には、家事、接客はもとより、人材不足が迫る福祉、医療などの現場で、人と一緒に活動できる汎用型AIロボットの実現により、人・ロボット共生社会を実現する」ことを目指しており、深層予測学習を含む先進AI技術をロボットに融合する研究開発が進められている。

8　動作（動詞）と対象物（名詞）のペア（例えば「皿をテーブルに置く」「瓶を開ける」など）を1タスクと数えている。

（5）科学技術的課題

❶ 現在の深層学習の問題克服、知覚・運動系AIと言語・知識系AIの統合

現在の深層学習に対して指摘されている問題をまとめると、次の3点になる[49]。

a. 学習に大量の教師データや計算資源が必要であること。

b. 学習範囲外の状況に弱く、実世界状況への臨機応変な対応ができないこと。

c. パターン処理は強いが、意味理解・説明などの高次処理はできていないこと。

これらの問題のそれぞれに対して、問題克服のための直接的な対策が検討されているとともに、人間の知能のメカニズムからヒントを得ることAIを進化させようという研究も進められている。比較的短期には前者から個別の成果が得られると見込まれるが、長期的には後者による技術発展が進むことによって、問題a・b・cが合わせて解決されるだろうという期待も持たれる。「2.1.7 計算脳科学」の分析的アプローチによる知能研究と、「2.1.8 認知発達ロボティクス」の構成論的アプローチによる知能研究が、後者の基礎となる。このような取り組みによって目指される次世代AIの姿は、「2.1.1 知覚・運動系のAI技術」と「2.1.2 言語・知識系のAI技術」が統合され、知能の即応的ループと熟考的ループの両方が実現されたものになると考えられている[49]。そのために具体的にどのような研究開発が行われているかについては「2.1.2 言語・知識系のAI技術」に記載している。

また、本節では詳しく触れてはいないが、深層学習を中心とする機械学習では、ブラックボックス問題、差別・バイアス問題、脆弱性問題、品質保証問題の発生が懸念されている。これらの問題の詳細と克服するための技術開発状況は「2.1.4 AIソフトウェア工学」や「2.1.9 社会におけるAI」にまとめたが、現在の深層学習はデータからのボトムアップなモデル化しか扱っていないことが、これらの問題の原因に深く関わっており、上で述べたような言語・知識系との統合がこれらの問題克服にもつながるはずである。

❷ 深層学習の理論的解明

深層学習は経験的に高い精度が得られているが、その理由は必ずしも明らかになっておらず、その理論的解明を目指した研究が活発に行われている[50]。一般には、モデルのパラメーターが多くなると自由度が高くなり、訓練データに対する過剰適合（Overfitting）、つまり過学習（Overtraining）が起きて、訓練データに対して高い精度が得られてもテストデータでは精度が低下する（汎化性能が低下する）と考えられている。しかし、深層学習の場合、パラメーターが多くても自由度が高くならず、汎化性能が低下しないらしいということが分かってきた。また、一般に、凸関数では大域最適解を求めるのが容易だが、深層学習が扱うような非凸関数では局所最適解に捕まり、広域最適解を求めることが難しいと言われる。しかし、深層学習の場合、局所最適解が大域最適解に近い値になるらしいということも分かってきた。このように、理論面の知見が徐々に得られてきているが、深層学習の理論的解明は重要課題である。

❸ 機械学習向けコンピューティング技術

機械学習には大規模な計算資源が必要とされ、消費電力の増加も問題となっている。高い精度を得るために大量の訓練データが必要で、学習処理に要する時間も増大している。そのため、機械学習の処理の高速化と省電力化を可能にするコンピューティング技術の研究開発も強く求められている。本節ではその技術内容・開発状況についてほとんど触れていないが、機械学習に必要とされる演算を高速化するGPU（Graphics Processing Unit）などのアクセラレータープロセッサーの開発や、並列処理や省電力化も含めたシステム化技術などの開発も進められている。ニューロモルフィックやレザバーといった新たなコンピューティング技術への取り組みも進められている。本報告書においては「2.5 コンピューティングアーキテクチャー」で関連する研究開発動向を記載している。また、「AI白書2022」でも関連動向[51]がまとめられている。さらに、量子コンピューティングを活用した量子機械学習の可能性も検討されている[52]。今後、こういった新たなコンピューティング技術を活用した機械学習の技術開発も進展が期待される。

（6）その他の課題

❶ 国としてのAI戦略の推進と強化

「2.1 人工知能・ビッグデータ」冒頭の総論に書いたように、米中2強と言われる状況において、研究投資規模では米中に追いつくことが困難な日本にとって、日本の社会課題やポジションを踏まえ、日本の強みや勝ち筋を意識したAI研究開発の戦略を持つことが必要である。このため日本政府は「AI戦略2019」（2019年6月統合イノベーション戦略推進会議決定、2021年・2022年にアップデート）を策定した。この中では、AI人材育成やAIリテラシー教育も含めた教育改革、人間中心のAI社会原則、AI中核センター[9]を中心とする研究開発体制強化や「Trusted Quality AI」（信頼される高品質なAI）を掲げた研究開発戦略などが示されている。本節との関わりの深い面では、日本が産業的にも実績を持つ認識応用やロボットなどの強みを生かした実世界適用AIが挙げられている。本節に示した技術群や研究開発の方向性は、この戦略上も重要な位置付けで推進されているが、一層の強化のためデータ基盤や人材育成面で補強・留意したい点を述べる。

まず、本節で述べたような研究開発の推進には、機械学習の訓練・評価用の大規模データの構築・活用が不可欠である。画像認識を中心としたパターン認識については、既に述べたようにImageNetをはじめとする大規模データセットが公開され、利用されている。しかし、動作生成まで含めた即応的ループに関わるデータは未整備である。画像・映像データだけでなく、動作の履歴との対応やその意味情報も付与されたデータ（エクスペリエンスデータと呼ぶ[49)]）の構築を考えていく必要がある[10]。

人材面では、勢いのあるBig Tech企業が、機械学習を専門とする博士学生、ポスドク研究員、さらには大学教授も大量に囲い込もうと躍起になっており、人材獲得競争が熾烈になっている。中国やインドは、トップ人材を組織的に米国に送り、彼らが本国に戻って活躍するという流れを作り、活用してきた。 AI人材の教育・育成とともに、幅広い人材の獲得や引き留めのための施策も重要である。さらに、AI・機械学習はアルゴリズムを適切なソフトウェアとして実装してこそ威力を発揮する。日本は人材育成において、理論・アルゴリズムの基礎研究に加えて、ソフトウェア開発力においても強化施策が望まれる。

❷ 大規模コンピューティング基盤の共同利用施設とその継続的強化・整備

最新の機械学習技術は大量の計算資源を必要とし、その実行環境は大学の一研究室で確保できる規模ではなくなっている。大規模コンピューティング基盤の共同利用施設が不可欠であり、産業技術総合研究所のAI橋渡しクラウドABCI（AI Bridging Cloud Infrastructure）や理化学研究所のスーパーコンピューター「富岳」がこの役割を担っている。この継続的な強化・整備が極めて重要である。

❸ 顔認識技術や画像生成AIのELSI

AI全般のELSI（Ethical, Legal and Social Issues：倫理的・法的・社会的課題）面については「2.1.9 社会におけるAI」にて論じるが、ここでは、本節との関わりが深い問題として顔認識技術と画像生成AIのELSIについて取り上げる。

近年、顔認識技術がさまざまな応用に急速に広がっている。顔認識技術は以前からプライバシー保護の面からの懸念が指摘され、堅牢なセキュリティー確保や画像データを保存しないなどの対策が取られてきた。しかし、従来は顔認識機能の利用が、そのような対策面で意識の高い大手企業に限られていたのが、裾野が拡大し、幅広い人・企業が簡単に利用できるような状況になりつつある。しかも、プライバシー保護の

9　理化学研究所の革新知能統合研究センター（AIP）、産業技術総合研究所の人工知能研究センター（AIRC）、情報通信研究機構（NICT）のユニバーサルコミュニケーション研究所（UCRI）および脳情報通信融合研究センター（CiNet）

10　新型感染症パンデミックによって、さまざまな活動・サービスがオンライン/リモート化されてきており、エクスペリエンスデータを取りやすくなってきたと言えるのかもしれない。

懸念だけでなく、特定の人種やマイノリティーの人々を差別してしまうリスク（訓練データの質・量によっては、そういった人々の認識率が低く、場合によっては犯罪者と誤認識されやすいなど）も指摘されている。さらに、顔の微妙な表情から感情追跡が可能になると、人の内面をのぞき込むような使われ方の懸念も生じる。米国・欧州では顔認識に対する法規制の議論も起きており、技術的な対策検討や日本における政策検討が必要になりつつある。

また、画像生成AIを用いて、一般ユーザーが簡単に一見プロ並みの画像を生成できるようになりつつある。これを悪用したフェイク画像生成（Deepfakes）は社会問題化している。自動生成された画像や画像生成AIの学習に使われた画像の著作権に関わる問題も、現状の著作権の考え方で十分なのかという議論もある。アーティストの創作活動に新たな手法を提供するという側面もあれば、アーティストの仕事を奪ったり収益を減らしたりといった側面もある。ある人の顔画像を少しずつ変形させていったとき、肖像権はどこまで及ぶのかといった議論もある。急速に利用が拡大しつつある画像生成AIについて、ELSI面からの検討が求められる。なお、画像生成AIに限らず、いわゆるDeepfakeなどのフェイク画像・映像・音声の問題と対策については「2.1.5 人・AI協働と意思決定支援」で取り上げている。

（7）国際比較

国・地域	フェーズ	現状	トレンド	各国の状況、評価の際に参考にした根拠など
日本	基礎研究	○	↗	理研AIP、産総研AIRC、NICTのAI中核センターを中心としたAI研究体制強化とともに、「AI戦略」の実行、JST事業・NEDO事業に加えてムーンショットプロジェクトも始まり、国主導の基礎研究推進策が強化されつつある。国際会議における採択率は米中2強には差を付けられているが、徐々に増えつつある。
	応用研究・開発	○	↗	日本の産業界は認識やロボット分野は実用化実績・性能などに強みがあり、特に顔認証ではNECがNISTベンチマークでトップの実績があり、世界的にも大きな存在感を示している。NEC、富士通、日立、パナソニック、NTT、Yahoo Japan!、楽天、リクルートなどがAI分野に積極的な技術開発投資を行っているほか、AIベンチャーも活発になりつつあり、特にPreferred Networksは深層学習・深層強化学習で高い技術力を示している。
米国	基礎研究	◎	↗	大学・企業とも機械学習の研究を非常に盛んに行っており、規模・質ともに世界をリードしている。国際会議における採択論文数も米中2強という状況である。 DARPAによる先進研究投資も注目に値する。また、基礎研究に必要なデータセットの多くが米国の大学・Big Tech企業によって公開されており、研究すべきタスクの設定や研究コミュニティーへの情報発信などでも中心的な役割を果たしている。
	応用研究・開発	◎	↗	Big Tech企業では有能な技術者を全世界から集め、基礎研究も応用研究・開発が盛んに行っている。大学との連携も活発で、大学でも起業を目指した応用研究や開発も数多く実施されている。 Big Tech企業以外にもAirbnb、Uberなど、AI技術を活用したベンチャー企業が次々と誕生し、国際的に成功を収めている。
欧州	基礎研究	○	→	オックスフォード大学、ETH、アムステルダム大学、INRIA、Max Planckなどに優秀な研究者が多数在籍、基礎研究力が高い。 Google DeepMind、Meta Research、Qualcommなどの企業の欧州研究部門での基礎研究もインパクトのある成果を挙げている。
	応用研究・開発	○	↗	ロンドンのGoogle DeepMind、ベルリンのAmazon Machine Learningなど、北米の企業の欧州支社が中心となり、応用研究開発を行っている。特にDeepMindが基礎・応用の両面で存在感を増している。ICMLやNeurIPSなどでの採択率もトップクラスである。

中国	基礎研究	○	↗	清華大学、MSRA（Microsoft Research Asia）などを中心に、国際会議での中国からの採択数が伸びている。画像認識コンペティションILSVRC 2015–2017で中国勢が上位獲得した実績がある。
	応用研究・開発	◎	↗	政府主導で重点AI分野を定め、医療分野はTencent、スマートシティーではAlibaba、自動運転はBaidu、音声認識はiFLYTEK、画像認識はSenseTimeをリード企業として選定し、政府がAI産業を後押ししている。これらの企業に加えてMSRAやHorizon Roboticsなども含め、産業界での応用研究開発が活発に推進されている。
韓国	基礎研究	△	→	ソウル大学、KAIST、POSTECHなどの主要大学にて関連の研究は行われているが、国際的に顕著なものは多くない。
	応用研究・開発	△	↗	Samsungなどで取り組まれていることに加えて、韓国の大企業の共同出資による知能情報技術研究院（AIRI）が2016年に設立され、応用研究が強化されつつある。

（註1）フェーズ
基礎研究：大学・国研などでの基礎研究の範囲
応用研究・開発：技術開発（プロトタイプの開発含む）の範囲
（註2）現状　※日本の現状を基準にした評価ではなく、CRDSの調査・見解による評価
◎：特に顕著な活動・成果が見えている　○：顕著な活動・成果が見えている
△：顕著な活動・成果が見えていない　×：特筆すべき活動・成果が見えていない
（註3）トレンド　※ここ1～2年の研究開発水準の変化
↗：上昇傾向、→：現状維持、↘：下降傾向

参考文献

1）Daniel Kahneman, *Thinking, Fast and Slow* (Farrar, Straus and Giroux, 2011).（邦訳：村井章子訳,『ファスト＆スロー：あなたの意思はどのように決まるか？』, 早川書房, 2014年）
2）Tom M. Michell, *Machine Learning* (McGraw-Hill Science Engineering, 1997).
3）科学技術振興機構 研究開発戦略センター,「研究開発の俯瞰報告書　システム・情報科学技術分野（2021年）」, CRDS-FY2020-FR-02（2021年3月）.
4）岡谷貴之,『深層学習 改訂第2版』（講談社, 2022年）.
5）Yann Le Cun, *Quand la machine apprend: La révolution des neurones artificiels et de l'apprentissage profond Broché* (Odile Jacob, 2019).（邦訳：松尾豊翻訳・監修, 小川浩一翻訳,『ディープラーニング 学習する機械：ヤン・ルカン、人工知能を語る』, 講談社, 2021年）
6）岡野原大輔,『ディープラーニングを支える技術：「正解」を導くメカニズム［技術基礎］』『ディープラーニングを支える技術2：ニューラルネットワーク最大の謎』（技術評論社, 2022年）.
7）原田達也,『画像認識』（講談社, 2017）.
8）佐藤敦,「安全安心な社会を支える画像認識技術」,『人工知能』（人工知能学会誌）29巻5号（2014年9月）, pp. 448-455.
9）Kensho Hara, Hirokatsu Kataoka and Yutaka Satoh, "Learning Spatio-Temporal Features with 3D Residual Networks for Action Recognition", *Proceedings of the ICCV Workshop on Action, Gesture, and Emotion Recognition* (2017).
10）Zhe Cao, et al., "Realtime Multi-Person 2D Pose Estimation using Part Affinity Fields", arXiv：1611.08050 (2016).
11）尾形哲也,『ディープラーニングがロボットを変える』（日刊工業新聞社, 2017年）.
12）有木由香・他,「特集：強化学習最先端とロボティクス」,『日本ロボット学会誌』39巻7号（2021年9月）, pp. 570-636.

13）西川徹・岡野原大輔,『Learn or Die：死ぬ気で学べ, プリファードネットワークスの挑戦』（KADOKAWA, 2020年）.
14）堂前幸康・原田研介,「ロボットラーニングによる部品のピッキング」,『人工知能』（人工知能学会誌）35巻1号（2020年1月）, pp. 25-29.
15）松原崇充・鶴峯義久,「方策を滑らかに更新する深層強化学習と双腕ロボットによる布操作タスクへの適用」,『人工知能』（人工知能学会誌）35巻1号（2020年1月）, pp. 47-53.
16）Wenshuai Zhao, Jorge Peña Queralta and Tomi Westerlund, “Sim-to-Real Transfer in Deep Reinforcement Learning for Robotics: a Survey”, arXiv：2009.13303 (2020).
17）Alexey Dosovitskiy, et al., “An Image is Worth 16x16 Words: Transformers for Image Recognition at Scale”, arXiv: 2010.11929 (2020).
18）Salman Khan, et al., “Transformers in Vision: A Survey”, *ACM Computing Surveys* Vol. 54, Issue 10s (January 2022), Article No. 200, pp. 1-41. DOI: 10.1145/3505244
19）Ashish Jaiswal, et al., “A Survey on Contrastive Self-supervised Learning”, arXiv：2011.00362 (2020).
20）Kaiming He, et al., “Masked Autoencoders Are Scalable Vision Learners”, arXiv: 2111.06377 (2021).
21）David Foster, *Generative Deep Learning: Teaching Machines to Paint, Write, Compose, and Play* (O'reilly Media Inc., 2019).（邦題：松田晃一・小沼千絵訳,『生成Deep Learning：絵を描き、物語や音楽を作り、ゲームをプレイする』, オライリージャパン, 2020年）.
22）Ian Goodfellow, et al., “Generative Adversarial Nets”, *Proceedings of 28th Conference on Neural Information Processing Systems* (NIPS 2014; Montréal, Canada, December 8-13, 2014), pp. 2672-2680.
23）Diederik P. Kingma and Max Welling, “Auto-Encoding Variational Bayes”, *Proceedings of the 2nd International Conference on Learning Representations* (ICLR 2014; Banff, Canada, April 14-16, 2014).
24）Ivan Kobyzev, Simon J.D. Prince, and Marcus A. Brubaker, “Normalizing Flows: An Introduction and Review of Current Methods”, *IEEE Transactions on Pattern Analysis and Machine Intelligence* Vol. 43 (November 2021), pp. 3964-3979. DOI: 10.1109/TPAMI.2020.2992934
25）Florinel-Alin Croitoru, et al., “Diffusion Models in Vision: A Survey”, arXiv: 2209.04747 (2022).
26）Aditya Ramesh, “Zero-Shot Text-to-Image Generation”, arXiv: 2102.12092 (2021).
27）Aditya Ramesh, “Hierarchical Text-Conditional Image Generation with CLIP Latents”, arXiv: 2204.06125 (2022).
28）Chitwan Saharia, et al., “Photorealistic Text-to-Image Diffusion Models with Deep Language Understanding”, arXiv: 2205.11487 (2022).
29）Jiahui Yu, et al., “Scaling Autoregressive Models for Content-Rich Text-to-Image Generation”, arXiv: 2206.10789 (2022).
30）Huiwen Chang, et al., “Muse: Text-To-Image Generation via Masked Generative Transformers”, arXiv: 2301.00704 (2023).
31）David Ha and Jürgen Schmidhuber, “World Models”, arXiv：1803.10122 (2018).
32）S. M. Ali Eslami, et al., “Neural scene representation and rendering”, *Science* Vol. 360, Issue 6394 (15 Jun 2018), pp. 1204-1210. DOI: 10.1126/science.aar6170

33) Pin-Chu Yang, et al., "Repeatable Folding Task by Humanoid Robot Worker using Deep Learning", *IEEE Robotics and Automation Letters* Vol. 2, Issue 2 (Nov. 2016), pp. 397-403. DOI: 10.1109/LRA.2016.2633383
34) Ziwei Zhang, Peng Cui and Wenwu Zhu, "Deep Learning on Graphs: A Survey", arXiv : 1812.04202 (2018).
35) Ricky T. Q. Chen, et al., "Neural Ordinary Differential Equations", *Proceedings of the 32nd Conference on Neural Information Processing Systems* (NeurIPS 2018; Montréal, Canada, December 2-8, 2018).
36) Jakub Konečný, et al., "Federated Learning: Strategies for Improving Communication Efficiency", arXiv : 1610.05492 (2016).
37) Geoffrey Hinton, Oriol Vinyals and Jeff Dean, "Distilling the Knowledge in a Neural Network", arXiv : 1503.02531 (2015).
38) Chelsea Finn, Pieter Abbeel and Sergey Levine, "Model-Agnostic Meta-Learning for Fast Adaptation of Deep Networks", *Proceedings of the 34th International Conference on Machine Learning* (ICML 2017; Sydney, Australia, August 6-11, 2017).
39) Ben Mildenhall, et al., "NeRF: Representing Scenes as Neural Radiance Fields for View Synthesis", arXiv: 2003.08934 (2020).
40) Ricardo Martin-Brualla, et al., "NeRF in the Wild: Neural Radiance Fields for Unconstrained Photo Collections", arXiv: 2008.02268 (2020).
41) Zhengqi Li, et al., "Neural Scene Flow Fields for Space-Time View Synthesis of Dynamic Scenes", *Proceedings of the 32nd IEEE / CVF Computer Vision and Pattern Recognition Conference* (CVPR 2021; June 19-25, 2021).
42) Keunhong Park, et al., "HyperNeRF: A Higher-Dimensional Representation for Topologically Varying Neural Radiance Fields", arXiv: 2106.13228 (2021).
43) Alex Yu, et al., "PlenOctrees for Real-time Rendering of Neural Radiance Fields", arXiv: 2103.14024 (2021).
44) Stephan J. Garbin, et al., "FastNeRF: High-Fidelity Neural Rendering at 200FPS", arXiv: 2103.10380 (2021).
45) Michael Ahn, et al., "Do As I Can, Not As I Say: Grounding Language in Robotic Affordances", arXiv: 2204.01691 (2022).
46) Aakanksha Chowdhery, et al., "PaLM: Scaling Language Modeling with Pathways", arXiv: 2204.02311 (2022).
47) Paul Barham, et al., "Pathways: Asynchronous Distributed Dataflow for ML", arXiv: 2203.12533 (2022).
48) Anthony Brohan, et al., "RT-1: Robotics Transformer for Real-World Control at Scale", arXiv: 2212.06817 (2022).
49) 科学技術振興機構 研究開発戦略センター,「戦略プロポーザル：第４世代AIの研究開発―深層学習と知識・記号推論の融合―」, CRDS-FY2019-SP-08（2020年３月）.
50) 今泉允聡,『深層学習の原理に迫る：数学の挑戦』(岩波書店, 2021年）.
51) 情報処理推進機構AI白書編集委員会（編）,「開発基盤」,『AI白書2022』(KADOKAWA, 2022年）, pp. 129-158（2.6節）.
52) 嶋田義皓,『量子コンピューティング：基本アルゴリズムから量子機械学習まで』(オーム社, 2020年）.

2.1.2 言語・知識系のAI技術

（1）研究開発領域の定義

知能を知覚・運動系と言語・知識系という2面で捉え、ここでは後者を俯瞰する（前者については前節2.1.1で俯瞰した）。研究開発領域としては、自然言語の解析・変換・生成などを行う自然言語処理（Natural Language Processing）、知識の抽出・構造化・活用を行う知識処理（Knowledge Processing）などが中心的に取り組まれてきた。

知覚系は実世界からの入力、運動系は実世界への出力として、知能の実世界接点の役割を担う。状況を知り、判断し、行動するという一連のプロセスは、知能において、知覚系と言語・知識系と運動系の連携によって熟考的に実行されることもあれば（ここでは熟考的ループと呼ぶ）、知覚系と運動系の間で即応的に実行されることもある（ここでは即応的ループと呼ぶ）[1]。近年、機械学習（Machine Learning）、特に深層学習（Deep Learning）が発展し、まずは知覚系（パターン認識）での活用が進み、次第に言語・知識系（自然言語処理、知識処理）や運動系（動作生成）にも広く活用されるようになった。知覚・運動系と言語・知識系の処理方式の共通性が高まり、それらを統一的に扱う枠組みも研究されるようになってきた。そこで、本節では、自然言語処理・知識処理そのものの研究開発の動向に加えて、知覚・運動系と言語・知識系を統合して熟考的ループを構成するための研究開発の動向についても取り上げる。

言語・知識系のAI技術の位置付け

①状況を知り
知覚系
実世界
即応的ループ
②判断し
言語・知識系
運動系
③行動する
熟考的ループ

国際動向

- 米国はGoogle・Meta・OpenAI・MS・IBM等の活発な取り組み、DARPA(AI Next)等の国による先進基礎投資
- 中国は政府がAI産業を後押し、MS・Baidu等
- 欧州はフレームワークプログラムで機械翻訳に投資、DeepL翻訳等
- 日本はAI戦略を推進、理研AIP・産総研AIRC・NICTが中核機関、NEDO・JST事業

政策的課題

- 新たな研究課題のための戦略的なベンチマーク環境・体制の構築
- 大規模コンピューティング基盤と大規模データ構築エコシステム
- 人間・社会面の深い理解・考察に基づく取り組み・人材育成

自然言語処理

- 自然言語を用いたコミュニケーション、思考等の知的作業、知識の流通・活用等における自動化・効率化や人間の限界を超えた大規模高速実行
- 応用：コンピューターとのインターフェース(カナ漢字変換、音声対話システム、質問応答システム)、大量テキストデータの自動処理(Webサーチエンジン、情報検索、文書分類、情報抽出、自動要約等)、機械翻訳・音声翻訳
- トップランク国際会議：ACL、EMNLP、NAACL等
- 辞書・ルールベースの方式から機械学習ベースの方式へ(機械翻訳はルールベースRBMT→統計的SMT→ニューラルNMT)
- ニューラル自然言語処理では入力系列から出力系列にEnd-to-Endで最適化(Seq2Seq)
- 意味の分散表現の導入・事前学習
- 時系列を扱うRNN・LSTMから、アテンション機構によるトランスフォーマーへ、マスク言語モデルによる自己教師あり学習の活用で大規模化進展
- ベンチマーク：SQuAD、GLUE・JGLUE等

知覚・運動系AIと言語・知識系AIの統合

- 画像・映像・音声等を扱うパターン処理的面と、言語・知識を扱う記号処理的面の両方を統合的に扱うメカニズムの実現
- 観測データからの帰納的でボトムアップな学習と、過去経験から蓄積した知識や外部知識に基づく演繹的でトップダウンな推論を組み合わせた判断・計画、実世界に対する動作生成の実現
- 従来に比べてさまざまなタスク・環境に対応(汎用性向上)、自然言語を介して状況・文脈に応じたコミュニケーション(人間との親和性向上)
- パターン処理AIと記号処理AIが別系統で発展
- 疎な組み合わせから、人間の知能モデルを意識したパターン処理(知覚・運動系)と記号処理(言語・知識系)の統合へ
- トップランク国際会議：AAAI、IJCAI、NeurIPS等

注目技術

- 大規模言語モデル・基盤モデル：BERT以降、GPT-3/ChatGPT、MT-NLG、PaLM等
- そのマルチモーダル化：Text-to-Image生成(DALL-E、Imagen、Parti、Muse等)、Flamingo(テキスト・画像・動画)、Gato(さらに動作生成・制御まで、高い汎用性)
- 深層学習の発展・拡張による知能のモデル化：パターン処理と記号処理の融合、Atlas(外部情報検索との統合)、Mind's Eye(物理シミュレーターとの統合)
- プログラムコード生成(AlphaCode、OpenAI Codex)

科学技術的課題

- 大規模言語モデル・基盤モデルの課題
- 第4世代AIのアーキテクチャー：二重過程理論、認知発達・記号創発、基盤モデル
- 真の意味理解・常識推論

図2-1-4　　領域俯瞰：言語・知識系のAI技術

1　人間の思考は、直感的・無意識的・非言語的・習慣的な「速い思考」のシステム1と、論理的・系列的・意識的・言語的・推論計画的な「遅い思考」のシステム2とで構成されるという「二重過程理論」（Dual Process Theory）がある。社会心理学・認知心理学などの心理学分野で提案されていたが、ノーベル経済学賞を受賞したDaniel Kahnemanの著書「Thinking, Fast and Slow」1) でよく知られるようになった。本稿ではシステム1を「即応的ループ」、システム2を「熟考的ループ」と呼んでいる。

（2）キーワード

自然言語処理、知識処理、テキスト処理、機械学習、深層学習、分散表現、アテンション、トランスフォーマー、基盤モデル、二重過程理論、意味理解、文書読解、質問応答、機械翻訳、文章生成、知識獲得、プログラムコード生成、マルチモーダル、生成型AI、大規模言語モデル

（3）研究開発領域の概要

［本領域の意義］

自然言語は人間が日常の意思疎通のために用いる自然発生的な記号体系である[2]。人間にとって自然言語は、概念を表現する記号体系として、日常の意思疎通（コミュニケーション）だけでなく、思考の過程やその結果である知識の表現・保存にも用いられる。コンピューターによる自然言語処理と知識処理は、このような人間のコミュニケーション、思考などの知的作業、知識の流通・活用などを含むさまざまな場面に適用され得る。そして、その自動化・効率化や、人間の限界を超えた大規模高速実行を可能にする。その代表的な場面・システムのいくつかを以下に挙げる。

まず、コンピューターとのインターフェースに使われる自然言語処理として、カナ漢字変換入力システム、音声対話システム、質問応答システムなどが挙げられる。最近はスマートスピーカー（Amazon Echo、Google Homeなど）が家庭で使われ始めているが、自然言語で操作・指示できると、特別のコマンド入力・操作方法をあれこれ覚える必要がない。コンタクトセンターでの問い合わせ受付では、簡単な質問への対応の自動化によって、問い合わせ対応のスループット向上や質の安定が得られる。

また、大量のテキストデータの処理をコンピューターで行うことで、人間の負荷を軽減しようという自然言語処理システムがある。 Webサーチエンジンが代表例だが、膨大な情報の中から条件に合う情報を高速に見つけたり、整理したりするための情報検索・文書分類、その概要把握を助ける情報抽出・自動要約などに、自然言語処理が活用され、例えば、科学技術研究の加速につながっている。また、大量のWebテキストから、概念をノードで、概念の間の関係をリンクで表現した大規模なナレッジグラフ（知識グラフ、Knowledge Graph）を構築し、検索語の拡張、検索結果の品質向上、対話システムの話題拡大などに利用することも行われている。

さらに、機械翻訳・音声翻訳（自動通訳）も自然言語処理の代表的な応用である。母国語から他国語、あるいは、逆に他国語から母国語への翻訳・通訳は、他国語を話す人々とのコミュニケーションを支援するとともに、インターネットなどを介して世界に流通している膨大な量の他国語で書かれた情報を調査・分析する労力を大幅に軽減してくれる。

以上、自然言語処理・知識処理の意義や応用について述べたが、次に、本節で取り上げるもう一つのトピックである知覚・運動系と言語・知識系の統合（熟考的ループ）について、その意義や応用について述べる。この統合によって、人工知能（AI：Artificial Intelligence）やロボットを実現する上で、より総合的な知能の性質がカバーされる。すなわち、画像・映像・音声などを扱うパターン処理的な側面と言語・知識を扱う記号処理的な側面の両方を統合的に扱うメカニズムが実現される。また、知覚系を通して直接的に得られる外界の観測データからの帰納的でボトムアップな学習と、過去の経験を通して蓄積された知識や社会・他者と共有された外部知識に基づく演繹的でトップダウンな推論の、両方を組み合わせた判断や計画のメカニズムと、その結果を実世界に対する一連の動作として生成・実行するメカニズムが実現される。このようなメカニズムを備えたAI・ロボットは、従来に比べて、さまざまなタスクや環境により少ない学習で対応可能にな

2　自然言語に対して、プログラミング言語やマークアップ言語など、人工的に定義された言語がある。これらの人工的に定義された言語は解釈が一意に定まるように設計されているが、自然言語は文・句・単語などの意味や構造の解釈に曖昧性が生じ得る点、記号接地（記号と実世界における意味をどのようにして結びつけるか）や意図理解のように記号だけに閉じない問題が関わる点などが、その処理を難しいものにしている。

り（汎用性の向上）、自然言語を介して、実世界の状況・文脈に応じたコミュニケーションが可能になる。このことは、人間との親和性を向上させ、人間とAI・ロボットが協働する中で共に知識を創成し、共に成長する社会の実現につながると期待される。

［研究開発の動向］

❶ 自然言語の解析技術の発展（～2017年頃）

自然言語処理技術において共通的に必要とされる基礎技術はコンピューターによる自然言語解析であり、形態素解析（単語分割や品詞認定）、構文・係り受け解析、文脈・意味解析（語義の曖昧性解消や照応解析を含む）というステップで、より深い解析への取り組みが進められた。そのアプローチは、黎明期の1950年代から1990年代頃まで、人間が記述した辞書・文法を用いるルールベース方式が主流だった。しかし、大量のテキストデータが利用可能になったことや、機械学習技術が大幅に進化したことから、徐々に統計的な方式、機械学習を用いた方式に主流が移った。適用される機械学習技術は、ナイーブベイズに始まり、2010年頃にはSVM（Support Vector Machine）が主流となったが、2014年頃からはニューラルネットワークによる機械学習、特に深層学習が盛んに適用されるようになった[2), 3), 4)]。

このような技術発展は特に機械翻訳への取り組みによって牽引されてきた。機械翻訳方式は当初のルールベース機械翻訳（Rule-Based Machine Translation：RBMT）から、1990年代に大規模な対訳コーパス（元言語のテキストとターゲット言語のテキストを対にしたもの）と機械学習技術を用いた統計的機械翻訳（Statistical Machine Translation：SMT）に主流が移った。 SMTの精度改善に頭打ちが見えてきた2010年代に、ニューラル機械翻訳（Neural Machine Translation：NMT）[3), 5)] が考案され、顕著な精度改善がもたらされた。 SMTからNMTへの移行は、SMTで用いていた統計処理・機械学習のパートを単純に深層学習に置き換えたものではなく、機械翻訳のパラダイムを大きく転換させたものである。SMTでは、機械翻訳のプロセスを多段階に分け、各段階の処理モデルを統計的にチューニングして組み合わせていたのに対して、NMTでは、入力原文から翻訳結果の出力までを一つのニューラルネットワーク構造（Seq2Seqモデル）として扱い、End-to-Endの最適化を行う。

その際、自然言語の単語系列をニューラルネットワークで扱うため、意味の分散表現[3]が用いられる。これは単語・句・文・段落などの意味を固定長ベクトル（実際には数百次元程度）で表現したものである[6), 7)]。大量テキストにおける文脈類似性に基づき、ニューラルネットワークを用いて分散表現を高速に計算するWord2Vecが2013年に公開され、自然言語処理の基本的な手法として広く使われるようになった。それまで使われていたBag-of-Words形式（N次元のうちの1要素だけの値が「1」というOne-Hotベクトル）と異なり、分散表現はベクトル計算によって単語や文の意味の合成・分解や類似度計算が可能である。例えば、分散表現を用いると、「king」－「man」＋「woman」＝「queen」のような意味のベクトル計算が近似的に可能になる。従来の記号処理は厳密な論理演算をベースとした固いものだったが、分散表現を用いることで曖昧な条件を許した柔らかい演算が可能になった。

この分散表現とSeq2Seqモデルを用いてEnd-to-Endで最適化するアプローチは、

入力系列（End）→［エンコーダー］→分散表現→［デコーダー］→出力系列（End）

という流れになる。このような系列変換は、機械翻訳だけでなく、質問応答、対話、情報要約、画像・映

3　分散表現（Distributed Representation）は、ニューラルネットワーク研究の分野では局所表現（Local Representation）に対する概念として考えられた。一方、自然言語処理研究においても、単語の意味を扱う方法論として分布仮説（Distributional Hypothesis）があり、これら両面が融合したものと考えられている[6)]。自然言語に限らず、なんらかの離散的な対象物の表現方法として、局所表現や分散表現を用いることができる。局所表現はone-hotベクトルのように一つないしは少数の要素で特徴を表現するのに対して、分散表現は多数の要素に特徴を分散させて表現する。また、埋め込み（Embeddings）という言い方も用いられる。たとえばDistributed Representation of WordsとWord Embeddingsは同義である。

像に対する説明文生成など、自然言語処理のさまざまな応用に使われるようになった。

「2.1.1 知覚・運動系のAI技術」で述べたように、深層学習はまず画像認識・音声認識の分野に適用され、衝撃的な性能向上がもたらされた。自然言語処理の分野では、そのような性能向上はすぐにはもたらされなかったが、少し遅れて新たな技術発展が生み出され、自然言語処理においても著しい進展がもたらされた。その内容は❸で後述する。

❷ 大規模テキスト活用・知識活用の発展

テキスト検索は、コンピューターの処理性能が乏しかった時代、事前に人手で各テキストに付与したキーワードを索引に用いるしかなかったが、1990年代以降、コンピューターの性能向上、並列処理技術の発展、ストレージの大容量化などが進み、フルテキストサーチ（全文検索）方式に主流が移った。急激に大規模化したWebサーチエンジンが、その代表であるが、クエリのキーワードとWebのフルテキストの単純なマッチングでは高い検索精度が得られないことから、Webページ間の被リンク関係やアンカー文字列（リンク元テキスト）を考慮した検索結果のランキング法（ページランク）や、ユーザーの嗜好や目的に応じた適合ページの選別法など、さまざまな観点からWeb検索の精度を高める技術が開発された。また、大規模なWebを解析・検索するため、大規模自然言語テキストを解析・検索するための分散・並列処理、文字列の圧縮・索引処理などの技術が急速に発展した[8)]。Webサーチエンジンは幅広い一般ユーザー向けのアプリケーションとして発展したが、インターネット上の多様な情報や企業内の大量文書から評判・意見、注目事象、傾向変化などを抽出し、企業経営、マーケティング、リンク管理などに活用するテキストマイニング・Webマイニングと呼ばれる技術・アプリケーションも開発が進んだ[8), 9)]。また、Google はWeb上の情報から大規模なナレッジグラフを構築し、ナレッジパネルとして検索結果とともに表示することを行っている。

さらにその発展として、大量のテキスト情報を知識源として用いる質問応答システムがある。代表的なシステムとしてIBMのWatson[10)] が挙げられる。Watsonは、大量テキスト情報を知識源として自然言語で書かれた質問に回答する技術を中核とし、2011年に米国の人気クイズ番組「Jeopardy!」で人間のクイズ王に勝利するというグランドチャレンジに成功した。国内では、情報通信研究機構（NICT）が、大規模なWeb情報をもとに、自然言語による「なに？（いつ/どこ/だれ）」「なぜ？」「どうなる？」「それなに？」という4タイプの質問に回答するシステムWISDOM Xを開発・公開した。このような応用においても、近年はニューラルネットワークをベースとした方式に移行し、2022年11月に公開されたChatGPTは大きな話題になっている（ChatGPTについては［新展開・技術トピックス］❶でも取り上げる）。

❸ ニューラルネット自然言語処理の最新動向（2017年～）

深層学習による画像認識には畳み込みニューラルネットワーク（Convolutional Neural Network：CNN）が主に用いられたが、自然言語処理には、当初、時系列情報を扱うのに適した回帰型ニューラルネットワーク（Recurrent Neural Network：RNN）やLSTM（Long Short-Term Memory）ネットワークが用いられた[6),51)]。これを用いた系列変換（Seq2Seq）の際に、ニューラルネットワーク中のどこ部分（特定の単語など）に注目するかを動的に決定するアテンション（Attention）機構が考案され、出力系列生成の品質向上につながった。アテンションのアイデアは最初、機械翻訳に導入されたが、その後、自然言語処理全般で（さらには画像処理にも）用いられるようになった[5), 11)]。

このアテンション機構を最大限に生かした新しい深層学習モデルとして、2017年にトランスフォーマー（Transformer）がGoogleから発表された[12)]。トランスフォーマーは、RNNやCNNを使わずに、アテンション機構[4]のみで構成した深層学習モデルである。RNNやCNNより計算量が抑えられ、訓練が容易で、並列処理もしやすく、複数の言語現象を効率良く扱えて、文章中の長距離の依存関係も考慮しやすいといった特長を持ち、機械翻訳や自然言語の意味理解タスクなどのベンチマークでも従来を上回る性能が示された。このことから、2018年以降、新たに提案されるモデルはトランスフォーマー一色となり、次に説明する自己教師あり学習による事前学習の手法と合わせて、自然言語処理のさまざまなベンチマークで最高スコアが更新されている。

ニューラルネット自然言語処理[51)]で高い精度を達成するには、大量の訓練データが必要だが、さまざまなタスクのおのおのについて大量の訓練データを用意することは容易なことではない。そこで、まず、さまざまなタスクに共通的な汎用性の高いモデルを、大量のラベルなしデータで事前学習（Pre-Training）しておき、それをベースに個別のタスクごとに少量のラベル付きデータでの追加学習（Fine Tuning）を行うというアプローチが取られるようになった。この事前学習で作られたトランスフォーマー型の深層学習モデルは、2018年にGoogleから発表されたBERT[13)]以降、自然言語処理においてスタンダードになった。ラベルなしの大量テキストデータで事前学習を行うため、BERTではMLM（Masked Language Model）が導入された[5]。MLMはもとのテキストに対して複数箇所をマスクし（隠し）、穴埋め問題のようにマスク箇所を当てるというタスクを、大量テキストデータで訓練するというものである。もとのテキストから穴埋め問題の答えは分かるので、このタスクは実質的に教師あり学習として訓練できる。これが自然言語処理における「自己教師あり学習」（Self-Supervised Learning）の代表的な成功例として定着した。

その後、BERTを改良・拡張したモデルが次々に考案され、GLUE（General Language Understanding Evaluation）、SQuAD（Stanford Question Answering Dataset）などの自然言語処理ベンチマークの最高スコアが次々に更新された。マスクする単語を動的に変更したRoBERTa[14)]、軽量化したALBERT[15)]、ナレッジグラフを組み込んだERNIE[16)]、片方向や双方向の言語モデルを統合したUniLM[17)]、マルチモーダルに拡張したViBERT[18)]、VL-BERT[19)]、UNITER[20)]などがある。意味の分散表現のベクトル形式は、テキストデータだけでなく、画像・映像・音声などの異なるデータタイプの入力に対しても用いることが可能で、マルチモーダル処理を共通的なニューラルネットワーク構造で行うことが容易になった。

MLMによって大量テキストからの言語モデル学習が一気に進んだ。言語モデルの規模を表すパラメーター数は、BERTの場合、3.4億個であったが、2020年にOpenAIから発表されたGPT-3[21)]では、事前学習に45TBのデータを用い、モデルのパラメーター数は1750億個となった[6]。さらに、2021年10月にMicrosoftとNVIDIAが発表したMT-NLG（Megatron-Turing Natural Language Generation）[22)]のパラメーター数は5300億個、2022年4月にGoogleが発表したPaLM（Pathways Language Model）[23)]のパラメーター数は5400億個に及んだ。これらは「大規模言語モデル」（Large Language Model：LLM）と呼ばれるが、高い汎用性を示すことから「基盤モデル」（Foundation Model）[24)]とも呼ばれるようになった。詳しくは［新展開・技術トピックス］❶で述べる。

また、GPT-3においては、それまでのGPTと同様に後続の系列を予測する自己回帰型の自己教師あり学習が用いられ、タスクごとのファインチューニング学習をせずとも、最初に入力する系列にタスクの記述や事例を含めること（プロンプト）で複数のタスクに対応することをゼロショット学習と呼び、言語モデル

4 アテンション機構には大きく分けると、Self-AttentionとSource-Target-Attentionという2種類がある。アテンションを求める際に、Self-Attentionは対象文中の情報からウェイトを計算し、Source-Target-Attentionは別文中の情報からウェイトを計算する。トランスフォーマーでは、Self-Attention機構をマルチヘッドで動かすことで、複数の言語現象を並列に効率良く学習できるようにしている。

5 より詳細には、MLMとともに、NSP（Next Sentence Prediction）がBERTに導入された。NSPは二つの文が連続する文かどうかを判定するタスクを学習するものである。

6 BERTやGPT-3などではパラメーター数の異なる複数のモデルがあるが、本稿中でのパラメーター数の比較は、それぞれの最も規模の大きいモデルをもとに記載している。

の汎用的な活用を開拓した。

❹ 知覚・運動系AIと言語・知識系AIの統合に関わる動向

パターン処理を中心とした知覚・運動系のAI技術と、記号処理を中心とした言語・知識系のAI技術は、別系統で発展してきた。1950年代後半から1960年代にかけての第1次AIブームと、1980年代の第2次AIブームで扱われたのは、記号処理のAI研究であった。「2.1.1 知覚・運動系のAI技術」で述べたように、第1次AIブームと同時期に、ニューラルネットワークを用いたパターン認識の研究も活発に取り組まれていた。そして、深層学習を中心としたニューラルネットワーク型のAI技術の発展が、2000年代以降の第3次AIブームの主役となった。

このように別系統で発展してきたが、AIとしてパターン処理と記号処理の両面を扱う必要があることは古くからいわれていた。また、これまでも二つのタイプのAI技術を組み合わせたシステムは多く見られる。例えば、音声翻訳システムは、音声認識というパターン処理と、機械翻訳という記号処理をつなげたシステムである。また、統計的機械翻訳（SMT）は、記号処理をベースに構成されたシステム中のいくつかのパーツを、機械学習を用いてチューニングしたものである。物理モデルや事前知識モデルを用いたシミュレーションシステムに機械学習を組み合わせたり、機械学習の分類・判定結果を解釈するためにナレッジグラフを組み合わせたりといった取り組みも、二つのタイプのAI技術の組み合わせと見ることもできる。

これらに対して、深層学習の発展によって2018年頃から顕在化してきた取り組みは、人間の知能のモデルを意識したパターン処理と記号処理の統合に関する研究である。すなわち、人間の知覚・運動系と言語・知識系の関係や、それらが構成する即応的ループと熟考的ループの情報の流れと対応するような、あるいは、そこからインスパイアされたような、パターン処理と記号処理の統合モデルが検討されている[25)]。

このような動きが顕在化したことを示したのが、NeurIPS 2019（The 33rd Conference on Neural Information Processing Systems）でのYoshua Bengioによる「From System 1 Deep Learning to System 2 Deep Learning」と題した招待講演[26)]である。ここで、System 1とSystem 2は、2002年にノーベル経済学賞を受賞したDaniel Kahnemanの言う直観的な「速い思考」（システム1）と論理的な「遅い思考」（システム2）[1)]のことで、本稿でいう即応的ループと熟考的ループに対応する。Bengioは、現在の深層学習はシステム1に相当するが、システム2までカバーするような深層学習へ発展させるのが今後の方向性だと示唆した。さらに、Yoshua Bengio、Geoffrey Hinton、Yann LeCunの3人は、深層学習発展への貢献で2018年度ACM（Association for Computing Machinery）チューリング賞を受賞したが、AAAI 2020（The 34th AAAI Conference on Artificial Intelligence）における同賞記念イベントでは3人の講演に加えてKahnemanを交えたパネル討論も実施され、この方向性が論じられた。一方、日本国内では、これよりも早く、「深層学習の先にあるもの－記号推論との融合を目指して」と題した東京大学公開シンポジウムが2018年1月と2019年3月[27)]に開催されている。

❺ 学会動向および国際動向

自然言語処理分野の最先端研究は、トップランク国際会議ACL（Annual Meeting of the Association for Computational Linguistics）、EMNLP（Conference on Empirical Methods in Natural Language Processing）、NAACL（North American Chapter of the Association for Computational Linguistics）などで活発に発表されている。ACL 2020の国別採択論文数は、1位の米国が305件、2位の中国が185件、3位の英国が50件、4位のドイツが44件、日本は5位で24件であった。投稿論文数では中国が米国を上回っており、自然言語処理分野も米中2強になりつつある。

パターン処理と記号処理の統合（知覚・運動系と言語・知識処理の統合）については、AI全般のトップランク国際会議であるAAAI（Association for the Advancement of Artificial Intelligence）やIJCAI（International Joint Conferences on Artificial Intelligence）、あるいは、機械学習分野のNeurIPS

（Neural Information Processing Systems）、コンピュータービジョン分野のICCV（International Conference on Computer Vision）やCVPR（Computer Vision and Pattern Recognition）、知能ロボット分野のIROS（International Conference on Intelligent Robots and Systems）などでの発表も目に付く。

米国はGoogle、Amazon、Meta、Apple、Microsoft、IBMなど、Big Tech企業を中心とする産業界による先進技術の研究開発・応用が活発である上に、技術政策として、国の安全保障目的も含めた自然言語処理の基礎研究への先行投資が際立っている。もともと米国国立標準技術研究所（NIST）による情報検索・質問応答技術、国防高等研究計画局（DARPA）による情報抽出技術や文章理解、高等研究開発局（ARDA）による質問応答技術の研究開発など、自然言語処理に関わる多くのプロジェクト（コンペティション型ワークショップを含む）が政府予算によって推進されてきた。さらに、DARPAは2018年に、AI研究に20億ドル以上の大型投資を実施するというAI Next Campaignを発表した。この発表では、AIの発展を、専門家の知識を抽出・活用するHandcrafted Knowledgeを「第1の波」、ビッグデータから知見を導く深層学習に代表されるStatistical Learningを「第2の波」とし、それに続く「第3の波」として、文脈を理解して推論するContextual Reasoningを挙げた。これによって、人間が把握・理解・行動する以上の速度でデータを生成・処理し、安全かつ高度に自律的な自動化システムを可能にしつつ、人間の意思決定を支援し、人間と機械の共生を促進することを狙っている。

中国政府は2017年7月に次世代AI発展計画を発表し、AI産業を強力に推進している。自然言語処理分野ではMicrosoftやBaidu（百度）が目に付く。Microsoftは2014年からチャットボットXiaoice（シャオアイス）を公開しており、ソーシャルネットやメッセージングのアプリケーションに導入され、世界中で6.6億人のユーザーがいるという。 BaiduはWebサーチエンジンで実績があるほか、前述のERNIE[16] も開発している。

欧州は多数の国にまたがることから、欧州フレームワークプログラムの中で、機械翻訳を中心に自然言語処理に継続的に投資を行ってきている。産業界でも、ドイツに本社のあるDeepLの機械翻訳サービスが翻訳品質の高さで注目されている。

日本は現在「AI戦略」（2019年6月に発表、2021年・2022年にアップデートを加えている）を推進しており、文部科学省による理化学研究所革新知能統合研究センター（AIP）、経済産業省による産業技術総合研究所人工知能研究センター（AIRC）、総務省による情報通信研究機構（NICT）の三つを中核的なAI研究機関と位置付けている。自然言語処理については、NICTが機械翻訳・音声翻訳を中心に取り組んでおり、その実用化でも実績があるほか、AIPで基礎研究を推進している。パターン処理と記号処理を統合した次世代AI研究については、新エネルギー・産業技術総合開発機構（NEDO）による「次世代人工知能・ロボット中核技術開発」や「人と共に進化する次世代人工知能に関する技術開発」などの事業においてAIRCが中心的に取り組んでいるほか、文部科学省の2020年度戦略目標「信頼されるAI」とそれを受けた科学技術振興機構（JST）の戦略的創造研究推進事業（CRESTなど）でも基礎研究面が強化された。

（4）注目動向

［新展開・技術トピックス］

❶ 大規模言語モデル・基盤モデル

［研究開発の動向］❸で述べたように、2018年にGoogleがBERTを発表して以降、トランスフォーマー型の大規模言語モデル（Large Language Model：LLM）をMLMや次単語予測による自己教師あり学習で構築することが主流になった。さらに、2020年にOpenAIがGPT-3を発表し、学習に用いたデータ規模でBERTの約3000倍（45TB）、モデルのパラメーター数でBERTの500倍以上（1750億個）まで大規模化したことで、追加学習なしに少数の例示（Few Shot Learning）だけで、さまざまな自然言語

処理タスクに対応できることを示した。例えば、例示した文に続けてブログや小説を生成したり、簡単な機能説明文からプログラムコードやHTMLコードを生成したり、さまざまな質問文に対して回答を生成したりといった活用例が示された。さらに、2022年11月末に、GPT-3の改良版であるGPT-3.5に、人間のフィードバックを用いた強化学習RLHF（Reinforcement Learning from Human Feedback）を加え（InstrustGPT[52]）、対話システムとしてファインチューニングされたChatGPTがWeb公開された。チャットという分かりやすいインターフェースを介して、さまざまな用途に自然言語で応えることが可能で、大きな話題になっている。

このような大量かつ多様なデータで訓練され、さまざまな下流タスクに適応できるモデルは「基盤モデル」（Foundation Model）[24] と呼ばれるようになった。GPT-3以降、さらにモデルの大規模化が進み、［研究開発の動向］❸でも述べた通り、2021年10月にMicrosoftとNVIDIAが発表したMT-NLG（Megatron-Turing Natural Language Generation）はパラメーター数が5300億個、2022年4月にGoogleが発表したPaLM（Pathways Language Model）はパラメーター数が5400億個にも及んでいる。

さらに、OpenAIは、テキストだけでなく、画像と関連付いたテキストのペアを学習させたモデルCLIPを深層生成モデルと組み合わせて、テキストからの画像生成（Text-to-Image）も可能にした。2021年1月にDALL-E、2022年4月に改良版のDALL-E2が発表された。Googleからも、2022年5月にImagen、6月にParti、2023年1月にMuseが発表された（それぞれ異なる方式でText-to-Imageモデルを実現している）。画像生成AIの詳細は「2.1.1 知覚・運動系のAI技術」に記載している。

従来、機械学習ベースのAIは、タスクごとに学習させることが必要な目的特化型AIだったが、基盤モデルを用いたAIは、汎用性やマルチモーダル性が高まり、それ一つでさまざまなタスクに使えるようになりつつある。そのような発展で特に注目されるのは、Google DeepMindのFlamingo[28]とGato[29]である（それぞれ2022年4月と5月に発表された）。Flamingoはテキスト・画像・動画を扱うことができ、Few Shot Learningで新しいタスクに適応できる（パラメーター数は800億個）。例えば、動画（画像の系列）とテキストのペアを例示して、その後に続くテキストを生成するというようなことが可能である。ここまで示してきたモデルが扱うタスクは、基本的にテキストや画像を生成・出力するものだったが、Gatoは一つのモデルで、テキストや画像の生成・出力から動作の生成・制御まで、さまざまなタスクを扱うことができる（パラメーター数は12億個）。その詳細は［注目すべき国内外のプロジェクト］❶で紹介する。

❷ 深層学習の発展・拡張による知能のモデル化

［研究開発の動向］❹で述べたように、パターン処理と記号処理を比較的疎な形で組み合わせたシステム化は以前から行われてきたが、深層学習が発展し、自然言語処理やナレッジグラフを用いた処理のような記号レベルの処理も深層学習によって再構成されるようになった。これにより、パターン処理と記号処理を統一的な考え方で統合する（共通の枠組み上に融合する）可能性が見えてきた。もともと深層学習や強化学習は、人間の知覚・運動系に類する学習モデルであり、その拡張として言語・知識系までカバーしようとするのは、自然な発展の方向である。その際、言語・知識系は二つの側面から位置付けられる。つまり、知覚・運動系からボトムアップに創発的に言語獲得・知識化が行われるという側面と、人間が他者から教えてもらったり本を読んだりするように外部の知識源から取り込むという側面がある。「2.1.7 計算脳科学」や「2.1.8 認知発達ロボティクス」の研究領域で人間の知能に関する研究が進展し、それに基づくニューロシンボリックAI（Neuro-Symbolic AI）、神経科学（脳科学）にインスパイアされたAI（Neuroscience-Inspired AI）、記号創発ロボティクス（Symbol Emergence in Robotics）といったコンセプトに基づく研究開発が進んでいる。

具体的な研究事例をいくつか挙げる。AI21 LabsのSenseBERT[30]は、深層学習ベースの言語モデル中に外部知識（ナレッジグラフ、意味ネットワーク）を組み込んだ。Julassic-X プロジェクトでは、言語モデルとデータベースなどの外部情報システムの結合を提唱している。MIT他によるNS-CL（Neuro-

Symbolic Concept Learner)[31] は、画像や環境・空間の認識と質問応答という2系統を持ち、画像・空間系統は教師あり学習、質問応答系統は強化学習を用い、2系統のマルチタスクのカリキュラム学習を通して、視覚的概念・単語・意味解析などを学習する。松尾豊（東京大学）の提案する知能の2階建てモデル[32] は、1階部分が深層学習をベースとした知覚・運動系で、その外界とのインタラクションを通して作られた世界モデルを介して、2階部分のトランスフォーマー的な言語・知識系が動くというものである。谷口忠大（立命館大学）らが提唱する記号創発ロボティクス[33] では、外界とのインタラクションを通して言語が創発的に形成されることを、確率的生成モデルをベースにモデル化することを試みている。

さらに、Metaから2022年8月に発表されたAtlas[34] は、大規模言語モデル（BERT派生のT5）に外部の情報を検索する機構（Contriever）を組み合わせて拡張した。Atlasの言語モデルの規模は110億パラメーターだが、64事例のFew Shot Learningにより、質問応答タスクにおいて、5400億パラメーターのPaLMよりも高い精度を達成した。

また、Googleから2022年10月に発表されたMind's Eye[35]は、大規模言語モデルに物理シミュレーター（DeepMindのMuJoCo）を組み合わせた。物理的推論を必要とする問題文[7]が与えられると、それは言語モデルによって物理シミュレーターを動かすためのコード（レンダリングのための情報を含む）に変換され、物理シミュレーションが実行される。そこで描画された物理世界での結果を用いて、問題文に対する答えを導出する。大規模言語モデルは基本的にテキストで訓練されるため、物理的推論が必要な問題に対しても、テキストを根拠として答えを出さざるを得ないという限界があった。Mind's Eyeは、この限界を克服する枠組みを示した[8]。

これらのシステムが示すように、今後、大規模言語モデルを人間とのインターフェースとしてさまざまな情報システムやAIシステムを結合・統合するようなアプリケーションの開発が急速に進む可能性がある。

なお、関連する話題として、AIとシミュレーションの融合、科学・数学へのAI活用、ゲームAIなどは、「2.1.6 AI・データ駆動型問題解決」で取り上げている。

［注目すべき国内外のプロジェクト］

❶ GATO[29]

前述したように、Gatoは一つのモデルで、テキストや画像の生成・出力から動作の生成・制御まで、さまざまなタスクを扱うことができる。具体的には、ビデオゲームをプレイしたり、チャットをしたり、文章を書いたり、画像にキャプションを付けたり、ロボットアームを制御してブロックを並べ替えたりすることができる。そのために604種類のタスクの実行例を学習した。そのようなさまざまな種類の実行例を学習するため、テキスト、画像、離散値、連続値などデータタイプの違いに応じたトークン化を行って、トランスフォーマーに入力している。現状で最大規模の基盤モデルと考えられるPaLMのモデル規模が5400億パラメーターであるのに対して、Gatoのモデル規模は12億パラメーターに抑えられている。これはロボットアームのリアルタイム制御のために、コンパクトなモデルにする必要があったためといわれている。個々のタスクについては必ずしもトップ性能とは言えないものがあるが、一つのモデルでこれだけ多種多様なタスクをそこそこの性能で実行できるというのは、汎用性という面で大きなインパクトのある成果である。開発元であるGoogle DeepMindは、GatoをGeneralist Agentと呼んでいる。

7　このような問題のベンチマークのためUTOPIAデータセットが構築された。

8　Mind's Eyeは物理世界での推論を扱うための拡張だが、関連して物理世界に対する動作計画・行動という面では、PaLM-SayCanやRT-1などの取り組みがある。これらについては「2.1.1 知覚・運動系のAI技術」のおける［注目すべき国内外のプロジェクト］❷❸で取り上げている。

❷ AlphaCodeとOpenAI Codex

Google DeepMindから2022年2月に発表されたAlphaCode[36)]と、OpenAIから2021年8月に発表されたOpenAI Codex[37)]は、トランスフォーマー型の言語モデルを用いてプログラムコードを生成する。

AlphaCodeは、競技プログラミングコンテストへの参加シミュレーションにおいて、コンテスト参加者の54%以内にランクされる成績となった。人間を上回るというような華々しい結果ではないが、競技プログラミングで人間並みの結果が出せるということを示した。モデルの学習は、まずGitHubで公開されているコードで事前学習が行われ、その後、競技プログラミングの小規模なデータセットで追加調整が行われた。AlphaCodeは、競技プログラミングの問題文が入力されたら、このモデルを用いて大量のC++とPythonのプログラムをいったん生成し、次いでそれらに対してフィルタリングやクラスタリングを行うことで、出力するプログラムコードを絞り込む。

OpenAI CodexはGPT–3をベースに、GitHubで公開されている大量のコードから学習しており、入力された文章に対して、Pythonをはじめ10以上のプログラミング言語でコードを出力可能である。GitHubにおいてCopilotの機能として利用可能になっている。また、同じくOpenAIから発表された前述のChatGPTも、自然言語による指示からプログラムを生成したり、プログラムの中のバグを指摘したりすることが可能である。

（5）科学技術的課題

❶ 大規模言語モデル・基盤モデルの課題

［新展開・技術トピックス］❶に示した通り、トランスフォーマー型の深層学習モデルは大規模化[9]とともに、汎用性・マルチモーダル性を高めている。さまざまなタスクに適用でき、あたかも人間の専門家が行ったかのような結果を出すことができつつある。特に2022年には、画像生成AI（Midjourney、Stable Diffusionなど）やChatGPTなどの生成モデルが、一般にも容易に利用できる形で公開されたため、機能・性能に関して大きな話題になった。しかし、その一方でさまざまな課題が指摘されつつある。

まず、極めて大規模なモデルであることに起因して、次のような問題がある。

・学習に極めて多大な計算リソースがかかる[10]。環境負荷もかかる。

・そのような多大な計算リソースをかけて、最先端の基盤モデルを作れるのは、世界中でもごく一部の企業（いわゆるBig Tech企業）に限られる。

・学習に使うデータが極めて大規模で、そのデータセットは公開されないため、他者による再現性評価がされない。

・1回の学習に費用も時間もかかるため、頻繁に作り直すことは難しく、学習を実行した時期以降に起きた出来事に追従できない。

また、現状の機能においては、次のような懸念が出ている。

・大量の学習データに基づき確率的な振る舞いをするのであって、（一見それらしく見えても）意味を理解しているわけではないし、物理法則・因果律・数学公式などの法則・知識にのっとっているわけではない。したがって、出力される結果の正しさは保証されず、むしろ、非常に自然な感じで間違った出力を生成するため、正しい結果と間違った結果を見分けにくくなっている。前述のMind's Eyeや、言語モデルを検索と組み合わせるperplexity.aiのような試みはあるが、それで十分に対応できているわけではない。

・膨大な学習データの中身は必ずしも十分に精査されてはおらず、倫理的な面、公平性の面、プライバシー

9 基盤モデルの性能は、パラメーター数、学習に用いるデータセットの規模、計算規模という3変数のべき乗則に従うという「スケーリング則」が観測されている[53)]。

10 BERTの場合で、1回の学習に要する費用（クラウド利用料換算）は百万円前後という報告[38)]があり、GPT–3はBERTと比較して、モデルの規模で500倍以上、学習データの規模で3000倍なので、1回の学習におそらく億円規模の費用がかかると推測される。

の面などから問題のある出力をするリスクがある。このような問題に対して、ChatGPTでは、差別的・性的・暴力的などの要素を検出・フィルタリングする仕組み（Content Moderation）が組み込まれているが、いっそうの強化が必要であろう。

・上記のような不完全・不適切な面を持ちながらも、一見すると、まるで人間の専門家並みの結果を出すことから、その内容を人々が信じてしまいがちであることや、AIによるものだと気付くことが難しいことから、社会的な問題が起き得る。

上記最後の項目に関わるものとして、GPT–3を用いて掲示板に自動投稿されていた文章が、1週間、人間が書いたものでないと見破られなかったという事例や、ChatGPTは米国のMBA、法律、医療の試験に合格できるレベルにあるという報告がある。しかし、Metaが開発したGalacticaは、4800万件を超える科学技術文献から学習し、科学的知識に関する利用者からの質問に答えることができるシステムだったが、誤りや偏見を含む答えを出すことがあったため非難され、わずか3日間で公開停止となった。 ChatGPTを使って試験レポートや論文を書くことを禁じる動きが出てきている一方、それを見分けることができるのかという問題もある。Open AI はAI が生成した文章と人が生成した文章を見分けるツールも提供しているが、ChatGPTや画像生成AIを悪用したフェイク作成も深刻化しつつある問題である。

また、画像生成AIやプログラム生成AIに対して、学習にデータを使われたアーティストなどの側から強い反発が出されている。創作的な活動に関わる権利保護や、AI生成物に関わる著作権についての議論も必要になってくると思われる。

なお、スタンフォード大学の基盤モデル研究センター（Center for Research on Foundation Models：CRFM）は、基盤モデル周辺の倫理的・社会的な側面も含めて研究に取り組むとうたっている[24)]。

❷ 第4世代AIのアーキテクチャー

2.1節の冒頭（総論）で述べたように、機械学習ベースのAIを第3世代AIとしたとき、その次の世代、つまり第4世代AIへアーキテクチャーを発展させることが考えられている[25)]。第3世代AIは、a.学習に大量の教師データや計算資源が必要であること、b.学習範囲外の状況に弱く、実世界状況への臨機応変な対応ができないこと、c.パターン処理は強いが、意味理解・説明などの高次処理はできていないこと、といった問題を抱えており、第4世代AIではこれらの解決が望まれる。これらの問題の解決には、古くからAIの基本問題として掲げられている記号接地問題やフレーム問題も関わっており、これを再定義して段階的に解決していくようなアプローチが必要になると思われる。

第4世代AIに向けたアプローチとして、以下のような取り組みが注目される。

第1のアプローチとして、知覚・運動系AI（2.1.1節）と言語・知識系AI（2.1.2節）を融合しようという取り組みがある[25), 26), 27), 39)]。これは、人間の知能・思考は、即応的ループ（システム1）と熟考的ループ（システム2）とから成るという「二重過程理論」（Dual Process Theory）に相当する。社会心理学・認知心理学などの心理学分野で提案されていたが、ノーベル経済学賞を受賞したDaniel Kahnemanの著書「Thinking, Fast and Slow」[1)] でよく知られるようになった。脳・神経科学の面からも論じられている[40)]。従来の深層学習はシステム1に相当するものであり、深層学習研究でACMチューリング賞を受賞したYoshua BemgioはNeurIPS 2019で「From System 1 Deep Learning to System 2 Deep Learning」と題した招待講演[26)] を行った。また、松尾豊は「知能の2階建てアーキテクチャ」[32)] を提案している。

第2のアプローチは、認知発達ロボティクスの分野（2.1.8節）で研究されている認知発達・記号創発のモデルである。環境や他者とのインタラクションを通して、人間が他者との概念共有や言語の獲得をしていくプロセスに着目している。ここで近年注目されているのが、生物の脳の情報処理に関する「自由エネルギー原理」（Free–Energy Principle）[41), 42), 43), 44)] である。これは「生物は感覚入力の予測しにくさを最小化するように内部モデルおよび行動を最適化し続けている」という仮説である。ここでいう「予測のしにくさ」は、内部モデルに基づく知覚の予測と実際の知覚の間の予測誤差を意味し、変分自由エネルギーと呼ばれるコスト関数で表現される。さまざまな推論・学習、行動生成、認知発達過程を統一的に説明できる原理として注目されている。

他にも、知能を機能モジュールに細かく分けて組み合わせるアプローチや、人工ニューロンをベースとした全脳シミュレーションなどの取り組みもあり、「2.1.7 計算脳科学」や「2.1.8 認知発達ロボティクス」のような人間の知能の解明に関する知見から、新たなAIアーキテクチャーにつながるヒントが期待される。

その一方で、［新展開・技術トピックス］❶に示したように、トランスフォーマー型の深層学習モデルについても、極めて大規模なデータで訓練した基盤モデルは、人間と区別するのが難しいほどの生成能力を示すことが明らかになった。これはある意味、人間離れした方向へ進みつつあるわけだが、このような力任せのアプローチが第４世代AIにつながる可能性もあるかもしれない。

❸ 真の意味理解・常識推論

さまざまな言語モデルが提案され、それらの性能評価には共通のベンチマークが用いられてきた。代表的なタスクとして、テキストを読んだ上で、その内容に関する質問に答える文書読解タスクがあり、そのベンチマークとしてよく使われているのがSQuADである。また、単一タスクでなく多数のタスクを評価できるベンチマークのセットとして、GLUEもよく使われている。 GLUEには含意関係判定、同義性判定、質問・回答解析、肯定的か否定的かの感情解析、文法チェックなどの約10種類のタスクが用意されている。2022年には日本語版のJGLUE[45)]も公開された。

言語モデルの改良により、これらのベンチマークでのスコアが人間の平均的スコアを上回ったという報告も出てきている。しかし、文章の意味を理解しなくても、統計的な傾向を捉えれば正解を当てられるような問題が多かったため、見かけ上、高いスコアが得られただけで、本当に意味を理解しないと当たらないような問題に対してはスコアが低くなることが指摘されている[46), 47)]。自然言語処理研究の黎明期からその難しさも含めて認識されている常識推論に向けて、含意関係認識やストーリー予測などのサブタスクの設定、敵対的サンプル（Adversarial Examples）なども取り入れたベンチマークの構築が求められる[48)]。その試みの一つとして、意味を理解しないと正答が難しい問題を多く含む文書読解タスクのベンチマークDROP（Discrete Reasoning Over the content of Paragraphs）[49)] が作られた。 SQuAD 2.0でのトップスコアが93%前後だが、DROPでは人間のスコアが96.4%であるのに対して、BERTのスコアが32.7%と、機械にとって難しいベンチマークとなっている（2022年末の時点でDROPのトップスコアは88%である）。

GPT–3などの基盤モデルにおいても、意味理解・常識推論は課題とされており、依然として難しく重要な課題である。

（6）その他の課題

❶ 新たな研究課題のための戦略的なベンチマーク環境・体制の構築

かつては形態素解析・構文解析などの自然言語処理のサブタスク別の精度評価が、技術改良における主たる目標になっていた。しかし、ニューラルネット自然言語処理では応用ごとのEnd–to–End最適化のアプローチが取られるため、サブタスクに注力することのウェイトが下がってきた。このような状況で、近年は、GLUEやその日本語版の JGLUEのように問題ごとのベンチマークタスクを複数用意して、言語モデルの汎用性あるいは特定用途の有用性を評価するようになった。

同時に、AI分野では共通タスク・共通データセットでのコンペティション型ワークショップが盛んに実施されてきた。特に米国NISTが自然言語処理・情報検索領域でこれを推進してきたことは先駆的で、この分野の基礎研究の強化を大きく牽引した。このような活動の推進においては、タスク設定に関わる目利き人材がキーになる。取り組むことに大きな価値があり、しかも無理難題ではなく挑戦意欲をかき立てるようなタスク設定のさじ加減を適切にでき、コミュニティーをリードできるような人材が求められる。

このようなベンチマークやコンペティションのタスク設定・データセット構築は、米国がリードし、中心的に貢献してきたが、日本においても、データセット構築とコンペティション型ワークショップ運営に20年以上取り組んでいる国立情報学研究所のNTCIR（NII Testbeds and Community for Information access Research）プロジェクトなどの実績がある。今後、言語・知識系と知覚・運動系の統合AIや、マルチモーダルAI・実世界連結応用などの新しい研究課題に取り組んでいくにあたっては、新たなタスク設定・データセット構築が重要である。日本としての戦略的取り組みが期待される。

その一方で、科学技術的課題❶で述べたように、最先端の基盤モデルは大規模化し、それを作れるのは、世界中でもごく一部の企業（いわゆるBig Tech企業）に限られる状況であり、その大規模データセットは公開されず、他者による再現性評価がされない。そのため、上で述べたようなベンチマークやコンペティションによる取り組みに限界が生じている。

また、基盤モデルは、頻繁に作り直すことは難しく、学習を実行した時期以降に起きた出来事に追従できないという問題に対する取り組みとして、RealTime QA[50]というベンチマークタスクが実施されている。ここでは、最新のニュース記事を用いた質問が出題される。

❷ 大規模コンピューティング基盤と大規模データ構築エコシステム

科学技術的課題❶で述べたように、最先端の基盤モデルの開発には極めて大量の計算リソースと大規模データを必要とする。最先端の基盤モデルはGoogleやOpenAIなどのBig Techのみが開発でき、日本はそのAPI（Application Programming Interface）を利用させてもらっているという状況である。今後、基盤モデルがさまざまなタスクの高度な自動化に使われていくならば、このBig Tech依存の状況は、経済安全保障上の懸念点にもなる。

計算リソース面を考えると、その実行環境はもはや大学の一研究室で確保できる規模ではなくなっている。大規模コンピューティング基盤の共同利用施設が不可欠であり、産業技術総合研究所のAI橋渡しクラウドABCI（AI Bridging Cloud Infrastructure）や理化学研究所のスーパーコンピューター「富岳」がこの役割を担っている。特にABCIでは、BERTの事前学習済みモデルを共同利用できるように公開している。このような共同利用施設・計算資源の継続的な強化・整備が極めて重要である。

データ規模の面については、Big Techと並ぶのは難しいし、今後果てしなく大規模化が続くというより、規模と質のバランスが重要になってくるであろう。日本として、何らかの付加価値の高いデータを構築・整備していくことを考えていくのがよい。そのためには、それを集中的に実行する組織を作るというよりも、さまざまな組織が何らかの形で貢献し合い、データの質や付加価値を高めていくような、データ構築エコシステムを考えていくべきかもしれない。

❸ 人間・社会面の深い理解・考察に基づく取り組み・人材育成

基盤モデルによって人間と区別できないような文章が生成されることが社会的懸念を生んでいるように、この研究分野から生み出される技術がもたらす社会的影響が増大している。また、今後の発展においては、人間の知能のメカニズムに学ぶという面が強くなりつつある。AI全般の倫理的・法的・社会的課題（Ethical, Legal and Social Issues：ELSI）面については「2.1.9 社会におけるAI」にて論じるが、この分野の技術の社会的影響や知能そのものに関する深い理解・考察とともに研究開発を進める必要があろう。人間の知能の情報処理メカニズムの理解という面では、「2.1.7 計算脳科学」や「2.1.8 認知発達ロボティクス」は日本が実績のある研究分野であり、その研究成果をこの分野の発展・強みに生かしていきたい。

1980年～2000年頃、ルールベース方式が主流だった時代は、カナ漢字変換、機械翻訳、サーチエンジンなどをターゲットとして、電気系大手企業の各社が自然言語処理の研究開発に力を入れていた。しかし、機械学習を用いる方式では、大量のテキストデータを使うことが研究開発に不可欠で、多数のユーザーを抱えるインターネットサービスを運営している企業において、自然言語処理への取り組みが活発になってきた。特にBig Techは保有するデータ量やそれを処理する計算機パワーが圧倒的で、データ収集や実験が行いやすいことは研究者に魅力的である。 AI分野の人材争奪戦が国際的に激しくなる中で、AI人材の教育・育成、幅広い人材の獲得や引き留めのための施策も重要である。

（7）国際比較

国・地域	フェーズ	現状	トレンド	各国の状況、評価の際に参考にした根拠など
日本	基礎研究	○	↗	「AI戦略」を推進しており、理研AIP、産総研AIRC、NICTの三つを中核的なAI研究機関と位置付けている。自然言語処理については、NICTが機械翻訳・音声翻訳を中心に取り組んでおり、その実用化でも実績があるほか、AIPで基礎研究を推進している。パターン処理と記号処理を統合した次世代AI研究については、NEDO「次世代人工知能・ロボット中核技術開発」事業においてAIRCが中心的に取り組んでいるほか、文科省の2020年度戦略目標「信頼されるAI」とそれを受けたJST戦略的創造研究推進事業でも基礎研究面が強化された。言語処理学会に活気があり、ACL・EMNLPなどの国際的トップカンファレンスでも一定数の発表がなされている。言語資源や研究利用可能なコンテンツの整備が不足しているとともに、言語モデルの超大規模化に対して計算機環境面で劣勢である。
	応用研究・開発	○	→	NICTが音声翻訳、大規模情報分析、災害関連情報分析などで実用性の高い研究成果をリリースしてきた。 NEC、NTTドコモ、日本IBM、Softbank、トヨタなどの民間企業でも、自然言語処理技術に基づく製品化・事業化が行われてきた。
米国	基礎研究	◎	→	Google、Meta、OpenAI、Microsoftなど、産業界による先進技術の研究開発・応用が活発である上に、技術政策として、国の安全保障目的も含めた自然言語処理の基礎研究への先行投資が際立っている。 ACL、EMNLPなどの有力な国際会議などでの発表の多くは米国発である。もともとNISTによる情報検索・質問応答、DARPAによる情報抽出・文章理解、ARDAによる質問応答など、自然言語処理技術に関わる多くのプロジェクトやコンペティションが政府予算によって推進されてきた。さらに2018年にDARPAはAI Next Campaignを発表した
	応用研究・開発	◎	↗	上述した基礎研究が大学教員の移籍などによって、比較的短期間にGoogle、Microsoft、IBM、Facebook、Amazonなどの応用研究・開発に回るサイクルが確立している。これらの企業の研究開発への投資も大きく、また、ベンチャーによる取り組みも活発である。
欧州	基礎研究	○	→	欧州は多数の国にまたがることから、欧州フレームワークプログラムの中で、機械翻訳を中心に自然言語処理に継続的に投資を行ってきているが、突出した研究は少ない。
	応用研究・開発	○	→	グローバル企業の研究所が存在し、一定のアクテビティーはあるが、米国主導による産業化の側面が強い。産業界では、DeepLの機械翻訳サービスが翻訳品質の高さで注目されている。
中国	基礎研究	◎	↗	北京大学・清華大学などの有力大学やMicrosoft Research Asia、Baiduなどの民間企業の研究所を中心に基礎研究が進められている。ACLなどのトップ国際会議でも論文採択数は米国に次いで中国が2位である。
	応用研究・開発	◎	↗	中国政府は2017年7月に次世代AI発展計画を発表し、AI産業を強力に推進している。自然言語処理分野ではMicrosoftやBaidu（百度）が目に付く。Microsoftは2014年からチャットボットXiaoice（シャオアイス）を公開しており、ソーシャルネットやメッセージングのアプリケーションに導入され、世界中で6.6億人のユーザーがいるという。 BaiduはWebサーチエンジンで実績があるほか、BERTを改良したERNIEも開発している。

韓国	基礎研究	△	→	KAIST、ETRI、KISTIなどの有力大学、国研を中心に基礎研究が進められている。ただ、ACLなどのトップカンファレンスでの韓国発の発表は減少している。
	応用研究・開発	○	↗	政府がNaver、サムソン、SK Telecom、HyundaiなどとArtificial Intelligence Research Instituteを設立予定。Naverなどによるチャットボットや機械翻訳のサービスの開始が相次ぐ。

（註1）フェーズ

基礎研究：大学・国研などでの基礎研究の範囲

応用研究・開発：技術開発（プロトタイプの開発含む）の範囲

（註2）現状　※日本の現状を基準にした評価ではなく、CRDSの調査・見解による評価

◎：特に顕著な活動・成果が見えている　　○：顕著な活動・成果が見えている

△：顕著な活動・成果が見えていない　　×：特筆すべき活動・成果が見えていない

（註3）トレンド　※ここ1～2年の研究開発水準の変化

↗：上昇傾向、→：現状維持、↘：下降傾向

参考文献

1) Kahneman, D., *Thinking, Fast and Slow* (Farrar, Straus and Giroux, 2011).（邦訳：村井章子訳，『ファスト＆スロー：あなたの意思はどのように決まるか？』，早川書房，2014年）

2) Christopher D. Manning, "Computational linguistics and deep learning", *Computational Linguistics* Vol.41, No.4 (2015), pp.701-707. DOI: 10.1162/COLI_a_00239

3) Minh-Thang Luong, Hieu Pham and Christopher D. Manning, "Effective Approaches to Attention-based Neural Machine Translation", *Proceedings of the 2015 Conference on Empirical Methods in Natural Language Processing* (EMNLP 2015; Lisbon, Portugal, September 17-21, 2015), pp.1412-1421.

4) 久保陽太郎，「ニューラルネットワークによる音声認識の進展」，『人工知能』（人工知能学会誌）31巻2号（2016年3月），pp.180-188.

5) 中澤敏明，「機械翻訳の新しいパラダイム：ニューラル機械翻訳の原理」，『情報管理』66巻5号（2017年8月），pp.299-306. DOI: 10.1241/johokanri.60.299

6) 坪井祐太・海野裕也・鈴木潤，『深層学習による自然言語処理』（講談社，2017年）.

7) 岡崎直観，「言語処理における分散表現学習のフロンティア」，『人工知能』（人工知能学会誌）31巻2号（2016年3月），pp.189-201.

8) Anand Rajaraman and Jeffrey David Ullman, *Mining of Massive Datasets* (Cambridge University Press, 2012).（邦訳：岩野和生・浦本直彦訳，『大規模データのマイニング』，共立出版，2014年）

9) 大塚裕子・乾孝司・奥村学，『意見分析エンジン―計算言語学と社会学の接点』（コロナ社，2007年）.

10) Special Issue: "This is Watson", *IBM Journal of Research and Development* Vol. 56 issue 3-4 (May-June 2012).

11) 西田京介・斉藤いつみ，「深層学習におけるアテンション技術の最新動向」，『電子情報通信学会誌』101巻6号（2018年），pp. 591-596.

12) Ashish Vaswani, et al., "Attention Is All You Need", *Proceedings of the 31st Conference on Neural Information Processing Systems* (NIPS 2017; Long Beach, CA, USA, December 4-9, 2017).

13) Jacob Devlin, et al., "BERT: Pre-training of Deep Bidirectional Transformers for Language

Understanding", arXiv：1810.04805 (2018).
14) Yinhan Liu, et al., "RoBERTa: A Robustly Optimized BERT Pretraining Approach", arXiv：1907.11692 (2019).
15) Zhenzhong Lan, et al., "ALBERT: A Lite BERT for Self-supervised Learning of Language Representations", arXiv：1909.11942 (2019).
16) Yu Sun, et al., "ERNIE: Enhanced Representation through Knowledge Integration", arXiv：1904.09223 (2019).
17) Li Dong, et al., "Unified Language Model Pre-training for Natural Language Understanding and Generation", arXiv：1905.03197 (2019).
18) Jiasen Lu, et al., "ViLBERT: Pretraining Task-Agnostic Visiolinguistic Representations for Vision-and-Language Tasks", arXiv：1908.02265 (2019).
19) Weijie Su, et al., "VL-BERT: Pre-training of Generic Visual-Linguistic Representations", arXiv：1908.08530 (2019).
20) Yen-Chun Chen, et al., "UNITER: UNiversal Image-TExt Representation Learning", arXiv：1909.11740 (2019).
21) Tom Brown, et al., "Language Models are Few-Shot Learners", *Proceedings of the 34th Conference on Neural Information Processing Systems* (NeurIPS 2020; December 6-12, 2020).
22) Shaden Smith, et al., "Using DeepSpeed and Megatron to Train Megatron-Turing NLG 530B, A Large-Scale Generative Language Model", arXiv: 2201.11990 (2022).
23) Aakanksha Chowdhery, et al., "PaLM: Scaling Language Modeling with Pathways", arXiv: 2204.02311 (2022).
24) Rishi Bommasani, et al., "On the Opportunities and Risks of Foundation Models", arXiv：2108.07258 (2021).
25) 科学技術振興機構 研究開発戦略センター,「戦略プロポーザル：第4世代AIの研究開発—深層学習と知識・記号推論の融合—」, CRDS-FY2019-SP-08（2020年3月）.
26) Yoshua Bengio, "From System 1 Deep Learning to System 2 Deep Learning", *Invited Talk in the 33rd Conference on Neural Information Processing Systems* (NeurIPS 2019; Vancouver, Canada, December 8-14, 2019). https://slideslive.com/38922304/from-system-1-deep-learning-to-system-2-deep-learning (accessed 2023-02-01)
27) 東大TV,「深層学習の先にあるもの－記号推論との融合を目指して（2）」(2019年3月5日). https://todai.tv/contents-list/2018FY/beyond_deep_learning (accessed 2023-02-01)
28) Jean-Baptiste Alayrac, et al., "Flamingo: a Visual Language Model for Few-Shot Learning", arXiv: 2204.14198 (2022).
29) Scott Reed, et al., "A Generalist Agent", arXiv: 2205.06175 (2022).
30) Yoav Levine, et al., "SenseBERT: Driving Some Sense into BERT", *Proceedings of the 58th Annual Meeting of the Association for Computational Linguistics* (ACL 2020; July 5-10, 2020).
31) Jiayuan Mao, et al., "The Neuro-Symbolic Concept Learner: Interpreting Scenes, Words, and Sentences From Natural Supervision", *Proceedings of the 7th International Conference on Learning Representations* (ICLR 2019; New Orleans, USA, May 6-9, 2019).
32) 松尾豊,「知能の2階建てアーキテクチャ」,『認知科学』(日本認知科学会誌) 29巻1号（2022年3月）, pp. 36-46. DOI: 10.11225/cs.2021.062
33) 谷口忠大,『心を知るための人工知能：認知科学としての記号創発ロボティクス』(共立出版, 2020年).
34) Gautier Izacard, et al., "Atlas: Few-shot Learning with Retrieval Augmented Language

Models", arXiv: 2208.03299 (2022).
35) Ruibo Liu, et al., "Mind's Eye: Grounded Language Model Reasoning through Simulation", arXiv: 2210.05359 (2022).
36) Yujia Li, et al., "Competition-level code generation with AlphaCode", *Science* Vol. 378, Issue 6624 (December 8, 2022), pp. 1092-1097. DOI: 10.1126/science.abq1158
37) Mark Chen, et al., "Evaluating Large Language Models Trained on Code", arXiv: 2107.03374 (2021).
38) "The Staggering Cost of Training SOTA AI Models", Synced (June 17, 2019). https://syncedreview.com/2019/06/27/the-staggering-cost-of-training-sota-ai-models/ (accessed 2023-02-01)
39) 科学技術振興機構 研究開発戦略センター,「科学技術未来戦略ワークショップ報告書：深層学習と知識・記号推論の融合によるAI 基盤技術の発展（2020年1月30日開催）」, CRDS-FY2019-WR-08（2020年3月）.
40) Jeff Hawkins, *A Thousand Brains: A New Theory of Intelligence* (Basic Books, 2022). (邦訳：大田直子訳,『脳は世界をどう見ているのか：知能の謎を解く「1000の脳」理論』, 早川書房, 2022年)
41) Karl J. Friston, James Kilner and Lee Harrison, "A free energy principle for the brain", *Journal of Physiology-Paris* Vol. 100, Issues 1-3 (July-September 2006), pp. 70-87. DOI: 10.1016/j.jphysparis.2006.10.001
42) Karl J. Friston, "The free-energy principle: a unified brain theory?", Nature Reviews Neuroscience Vol. 11, No. 2 (January 2010), pp. 127-38. DOI: 10.1038/nrn2787
43) 磯村拓哉,「自由エネルギー原理の解説：知覚・行動・他者の思考の推論」,『日本神経回路学会誌』25巻3号（2018年）, pp. 71-85. DOI: 10.3902/jnns.25.71
44) 乾敏郎・阪口豊,『脳の大統一理論：自由エネルギー原理とはなにか』(岩波書店, 2020年).
45) 栗原健太郎・河原大輔・柴田知秀,「JGLUE：日本語言語理解ベンチマーク」,『自然言語処理』(言語処理学会誌）29巻2号（2022年6月）, p. 711-717. DOI: 10.5715/jnlp.29.711
46) Robin Jia and Percy Liang, "Adversarial Examples for Evaluating Reading Comprehension Systems", arXiv：1707.07328 (2017).
47) Saku Sugawara, et al., "What Makes Reading Comprehension Questions Easier?", *Proceedings of the 2018 Conference on Empirical Methods in Natural Language Processing* (EMNLP 2018; Brussels, Belgium, October 31-November 4, 2018), pp. 4208-4219.
48) 井之上直也,「言語データからの知識獲得と言語処理への応用」,『人工知能』(人工知能学会誌）33巻3号（2018年5月）, pp. 337-344.
49) Dheeru Dua, et al., "DROP: A Reading Comprehension Benchmark Requiring Discrete Reasoning Over Paragraphs", *Proceedings of the 2019 Conference of the North American Chapter of the Association for Computational Linguistics* (NAACL 2019; Minneapolis, Minnesota, USA, June 2-7, 2019).
50) Jungo Kasai, et al., "RealTime QA: What's the Answer Right Now?", arXiv: 2207.13332 (2022).
51) 岡崎直観・他,『IT Text 自然言語処理の基礎』(オーム社, 2022年).
52) Long Ouyang, et al., "Training language models to follow instructions with human feedback", arXiv: 2203.02155（2022）.
53) Jared Kaplan, et al., "Scaling Laws for Neural Language Models", arXiv:2001.08361（2020）.

2.1.3 エージェント技術

（1）研究開発領域の定義

自ら判断し行動する主体[1)]をコンピューターシステムとして実現したものをエージェントと呼ぶ。広い意味では人工知能（AI）そのものであるが、特に自律性・自発性・社会性・反射性といった特性がエージェントの特徴として取り上げられる。すなわち、「自分自身の動作の目標を設定して動作したり（自律性、自発性）、他のエージェントと協力して組織を構成して問題解決を実行したり（社会性）、種々の変化や変動を察知して適応的に動作したり（反射性）する処理体」[2)]がエージェントとみなされる。その自律的メカニズム（自律エージェント）、複数主体の協調（マルチエージェントシステム）、人間とのインタラクション（インターフェースエージェント）、社会的活動・現象のシミュレーション（マルチエージェントシミュレーション）などを実現しようとするのが、本研究開発領域である。

エージェントの定義・特徴
- エージェントは自ら判断し行動する主体をコンピューターシステムとして実現したもの
- 自分自身の動作の目標を設定して動作したり(自律性、自発性)、他のエージェントと協力して組織を構成して問題解決を実行したり(社会性)、種々の変化や変動を察知して適応的に動作したり(反射性)する特徴を持つ

政策的課題
- 大規模コンピューティング基盤・データ基盤の整備・強化
- 産学連携：実社会・実用現場でのデータ取得・検証
- さまざまな分野の学際的な研究
- マルチエージェント、対話エージェント、HAIの間の連携

	マルチエージェントシステムおよびシミュレーション	対話エージェント	ヒューマンエージェントインタラクション(HAI)
領域の意義	● さまざまな社会活動・現象のモデル化とそれを用いたシミュレーション・予測 ● それを通して、社会活動・現象のより正確な理解や制度設計・意思決定への活用	● 普段使っている言葉(自然言語)でコンピューターに指示や意図を伝えられる ● ハンズフリー・アイズフリーで使える	● 外見や応答の仕方も含めて、ユーザーそれぞれが心理的・認知的に受け入れやすいインターフェースエージェント設計 ● 自然性・親密性・効率性等の向上
研究開発の動向	● 1980年代は分散人工知能、1990年代にマルチエージェント、2000年代は経済パラダイム志向、2010年代は社会実装志向(電子商取引、電力・交通、災害対策等のシミュレーション) ● マルチエージェントシステムの合意形成のための交渉と協調：深層学習を用いた自動メカニズムデザイン、仲介均衡、自動交渉、不完全情報ゲーム、セキュリティーゲーム等 ● マルチエージェント深層強化学習・逆強化学習 ● マルチエージェント社会シミュレーション ● トップランク国際会議としてAAMAS、コンペティションANAC、国内ではJAWS等	● タスク指向型対話から非タスク指向対話(雑談)へ、言語・音声のみでなくマルチモーダル対話へと広がり ● パイプライン構成から深層学習ベース大規模言語モデルの対話エージェントへ：Google Meena、Meta Blender、OpenAI ChatGPT ● SIGDIAL、ICMI等の国際会議のほか、コンペティションではAlexa Prize、日本発の対話ロボットコンペティションや対話システムライブコンペティションも	● 人間の心理・認知、自然言語だけでなくエージェントの外見・非言語情報まで総合的なインタラクションに着目した日本発の研究領域 ● 国内でHAIシンポジウム、日本発の国際会議HAI ● 仮想エージェント、ロボット、人間同士のコミュニケーションを研究 ● HAI設計論：エージェントのデザイン、擬人化と適応ギャップ、メディアの等式、ナッジとブースト、意図スタンス
科学技術的課題	● 人間の判断・行動のモデル化の限界 ● 将来予測の精度よりもWhat-IF分析による起こり得る問題に対する事前対策を重視 ● 深層強化学習・逆強化学習のマルチエージェント・多目的最適化問題へ適用拡大 ● 実社会におけるさまざまな課題解決・価値創造	● タスク指向型対話：多様な話題や不定形タスクへの対応 ● 非タスク指向型対話：話題共有から情報共有・価値観共有した対話へ ● マルチモーダル対話データセット構築 ● 大規模言語モデルベースの発展	● 受け止め方の個人差を吸収する設計方法論・評価方法 ● キラーアプリケーションの探索 ● 人間・エージェント間の信頼関係確立 ● HAIの知見をマルチエージェントシミュレーションや対話エージェントに展開

図2-1-5　　領域俯瞰：エージェント技術

（2）キーワード

自律エージェント、マルチエージェントシステム、マルチエージェントシミュレーション、インターフェースエージェント、ヒューマンエージェントインタラクション、対話エージェント、対話システム、分散人工知能

（3）研究開発領域の概要

［本領域の意義］

「2.1.1 知覚・運動系のAI技術」と「2.1.2 言語・知識系のAI技術」が、「見る」「聴く」「考える」「話す」「動かす」「学ぶ」といった、一人一人の人間の知能が持つある側面を実現することに重点を置いているのに対して、本節の「エージェント技術」は、自律的に行動するAIをベースとして、それが他者（他のAIや人間）や社会・環境とインタラクションするという側面にアプローチしている。それによって、例えば、以下のようなことを期

待できる。

複数のエージェントが相互にインタラクションするマルチエージェントシステムの枠組みを用いて、さまざまな社会活動・現象をモデル化することができる。そして、そのモデルを用いたシミュレーションを通して、起こり得ることを予測したり、モデルの妥当性を検証したりすることで、そのモデルが対象とする社会活動・現象に対するより正確な理解や意思決定への活用が可能になる。昨今、機械学習技術を用いたビッグデータ解析が予測や意思決定に盛んに活用されるようになったが、社会活動・現象のような複雑な振る舞いをする対象に対しては限界がある。その原因としてミクロ・マクロループの存在が指摘されている[3)]。社会活動・現象におけるミクロ・マクロループとは、個人の行動の集積がマクロなレベルの社会全体の動きを生成し、さらに、社会全体の動きがミクロなレベルの個人の行動を変化させていくような循環を意味する。これが存在するため、ある期間のビッグデータから規則性を見いだしたとしても、将来の動きはその規則性から外れていってしまうということが起こる。この問題に対して、マルチエージェントシステムによるシミュレーションでは、構成論的アプローチを取ることで、よりダイナミックに動きを捉え、多面的な理解・予測をすることが可能になる。

また、インターフェースエージェントは、人間とのインタラクションやユーザーインターフェースにおいて、自然性・親密性・効率性などを高める。例えば、普段使っている言葉（自然言語）でコンピューターに指示や意図を伝えられるインターフェース（対話エージェント）ならば、階層的なメニューから探したり、特別のコマンド入力・操作方法をあれこれ覚えたりする必要がない。しかも、ハンズフリー・アイズフリーで使える。さらに、自然言語での対話に限らず、人間とインターフェースエージェントあるいは物理的身体を持つロボットとの関係を総合的に考えるヒューマンエージェントインタラクション（HAI）に関する知見を取り込むことで、外見や応答の仕方も含めて、ユーザーそれぞれが心理的・認知的に受け入れやすいインターフェースエージェントの設計が可能になる。

［研究開発の動向］

論文1）では、エージェント技術に関する研究を次のような4種類に分類している。

一つ目は、実世界において自律的に環境を観測し、判断し、行動することを可能にする計算モデルの研究である。知能ロボットが典型的な応用例であり、BDI（信念、願望、意図）モデル、強化学習、サブサンプションアーキテクチャーなどが研究されてきた。

二つ目は、多数のエージェントの協調や競争の計算モデルの研究である。電子商取引、電力マネジメントなどに応用されている。黒板モデル/契約ネット、自動交渉、メカニズムデザインなど、マルチエージェントシステム研究として活発に取り組まれている。

三つ目は、人間（一人あるいはグループ）と言語的・非言語的な対話を行い、社会的役割を演じるインターフェースエージェントの研究である。自然言語による対話を実現する対話エージェントや、言語や擬人化のインターフェースに限ることなく、人間の心理・認知面を重視して総合的に人間とエージェントのインタラクションのあり方を考えるHAIの研究が進められている。

四つ目は、エージェントを用いたシミュレーションである。個々の行動主体を適切な粒度でモデル化し、そのインタラクションから生じる複雑な現象を観察する。

一つ目は二つ目の基礎にもなっており、四つ目は二つ目のマルチエージェントシステムを用いる。また、三つ目のうち対話エージェントは、自然言語処理（「2.1.2 言語・知識系のAI技術」で詳細記載）を基礎としており、HAIとは技術発展の流れが異なる。そこで、以下では、自律エージェントを含むマルチエージェントシステムおよびシミュレーション、対話エージェント、HAIに分けて、研究開発の動向を述べる。

❶ マルチエージェントシステムおよびシミュレーションの研究開発動向

初期のエージェントの研究分野は分散人工知能と呼ばれていた。1980年に米国で分散人工知能ワークショップDAI（Distributed Artificial Intelligence Workshop）の第1回が開催され、これは1994年までほぼ毎年開催された。当初は、分散した問題解決器の間で解くべき問題を共有し、協調しながら問題を解く分散協調問題解決の方法論に取り組みの中心があったが、その後、各問題解決器が自律性を備え、それぞれが独立の目標を持つようなケースへと取り組みが広がり、マルチエージェントシステムと呼ばれるようになる。1989年から欧州を中心にマルチエージェントに関するワークショップMAAMAW（European Workshop on Modelling Autonomous Agents in a Multi-Agent World）が開催されるようになった。1995年にはマルチエージェントシステム国際会議ICMAS（International Conference on Multi-Agent Systems）、1997年には自律エージェント国際会議AGENTS（International Conference on Autonomous Agents）が始まり、それらは2002年に統合されてAAMAS（International Conference on Autonomous Agents and Multi-Agent Systems）となり、この研究分野の中心的な国際会議となっている。日本国内でも1991年に日本ソフトウェア科学会に「マルチエージェントと協調計算」（MACC）研究会が立ち上がった。このMACC研究会を中心に、2002年からJAWS（Joint Agent Workshop & Symposium）がスタートし、現在では、電子情報通信学会「人工知能と知識処理」研究専門委員会、情報処理学会「知能システム」研究会、人工知能学会「データ指向構成マイニングとシミュレーション」研究会、IEEE Computer Society Tokyo/Japan Joint Chapterとの共同による学会横断的なイベントとして運営されている。他にも主要な国際会議として、PRIMA（International Conference on Principles and Practice of Multi-Agent Systems）、IEEE ICA（International Conference on Agents）、PAAMS（International Conference on Practical Applications of Agents and Multi-Agent Systems）がある。日本が主導して立ち上げたロボカップにおいても、サッカーシミュレーションやレスキューシミュレーションを中心に、マルチエージェント研究の応用の評価が進められている。PRIMAは当初の名称をPacific Rim International Workshop on Multi-Agentsとし、また、IEEE ICAはJAWSの国際セッションのコミュニティーによって創設されたものであり、日本が中心的な貢献をして、アジア地域におけるエージェント研究の活発化につなげてきた面を持つ。

このようにエージェント研究のコミュニティーが発展し、マルチエージェント間交渉、マルチエージェントシミュレーション、マルチエージェント学習、マルチエージェントプランニング、メカニズムデザイン、エージェント指向ソフトウェア工学など、マルチエージェントシステムをベースとした技術開発も広がりを見せている[1]。2000年～2010年頃には、マルチエージェントが経済パラダイムと相性が良いことが注目され、ゲーム理論や計算論的メカニズムデザインがオークションやマッチング問題に適用されて、実用的な成果を上げた[2]。2010年代になると、社会活動・現象を扱い、実際に社会に実装することが強く目指されるようになってきた。電子商取引、電力マネジメント、交通シミュレーション、ワイヤレスセンサーネットワーク、災害対策（避難・群衆誘導）などへの適用が行われている[6), 9), 29)]。このような社会活動・現象を扱う上で、マルチエージェントシステムの中に人間も含めてモデル化すること（例えば、人間にどうインセンティブを与えるか、人間の限定合理性[3]をどう考慮するかなど）が検討されるようになった。また、マルチエージェントの研究コミュニティーでは、国際会議と合わせて、コンペティションを通した技術検証・改良も取り組まれて

1　マルチエージェントシステムやエージェントシミュレーションの技術開発や応用分野の広がりについては、人工知能学会誌や情報処理学会誌の特集号[4), 5)]に掲載された一連の解説論文に詳しい。

2　マルチエージェントシステムにおいて、その系が複数の利己的なエージェントで構成される場合、系の設計者は個々のエージェントの行動を直接制御することはできない。その代わりに、エージェント間の関係、つまりゲームのルールを設計することで、間接的にエージェントを制御しようというのが、メカニズムデザイン[1), 6), 7), 8)]の考え方である。オークションやマッチング問題への適用事例を含め、詳しい内容を「2.3.4 メカニズムデザイン」に記載している。

3　限定合理性（Bounded Rationality）は、ノーベル経済学賞を受賞したHerbert A. Simonが1947年に提唱した概念で、人間は合理的に行動しようとしても、認知能力の限界やさまざまな制約により、限られた合理性しか持ちえないことを意味する。

きた。特に注目されるものとしては、前述のロボカップ[4]のほか、2000年代には電子商取引、オークション、サプライチェーンマネジメントなどに関するTAC（Trading Agent Competition）が開催され、2010年からは自動交渉エージェントに関するANAC（Automated Negotiating Agents Competition）が開催されている。

なお、（4）注目動向として、［新展開・技術トピックス］❶❷❸でマルチエージェントシステムの合意形成のための交渉と協調、マルチエージェント深層強化学習・逆強化学習、マルチエージェント社会シミュレーション、［注目すべき国内外のプロジェクト］❶でセキュリティーゲームを取り上げる。

❷ 対話エージェントの研究開発動向

音声対話技術を用いたインターフェースは、まず、タスクや利用シーンを限定した形で実用化が進んだ。このような限定によって、扱うべき語彙・文型・文脈を現実的な規模に抑えることができる。例えば、コンタクトセンターでの問い合わせ応答や、旅行会話の音声翻訳などが挙げられる。 Nuance、IBM、NECなどから法人向けソリューションが提供されたほか、情報通信研究機構（NICT）で開発された個人旅行者向け多言語音声翻訳アプリケーションVoiceTraは、スマートフォンアプリケーションとして、民間企業や、スポーツイベントでの案内、病院診察での外国人対応などに使われている。

この間、スマートフォンが普及したことで、そのフロントエンドのインターフェースとして音声対話アシスタントが使われるようになった。2011年にリリースされたAppleのSiriや2012年にリリースされたNTTドコモの「しゃべってコンシェル」がその代表である。また、2014年にMicrosoftがWindowsのフロントエンドとして、対話インターフェースを持つCortanaをリリースした。同年にはAmazon Echo（アシスタントソフトウェアAlexa）が発売され、家庭向けの音声対話アシスタント内臓スピーカー（スマートスピーカーやAIスピーカーとも呼ばれる）という新しい製品形態が生まれた。同種の製品として、その後、2016年にGoogle Home（アシスタントソフトウェアGoogle Assistant）、2017年にLINE Wave（アシスタントソフトウェアClova）などが続いた。さらに、アシスタント型の対話（タスク指向型対話）よりも雑談型の対話（非タスク指向型対話）が中心の「チャットボット」（Chatbot）[5]と呼ばれるソフトウェアも利用が広がりつつある。企業にとっての新たな顧客接点として、SNSやメッセージアプリケーションでチャットボットが会話の相手になるという使われ方もされている。

以上のような対話インターフェースは、厳密な意味での自律性を必ずしも備えてはいないが、知識ベースを備えたり、擬人化された外見や性格を持っていたり、ユーザーとの対話から学習したりといった知的な機能を持つことから「対話エージェント」とも呼ばれる。

技術面に目を向けると、近年はニューラルネットワーク・深層学習の適用が進んだ[10)]。従来、音声認識、言語理解、対話制御、応答生成、音声合成というモジュールをパイプライン接続する構成が取られていたが、各モジュールを深層学習でモデル化するという置き換えが進んだ。さらに、パイプライン構成を取らずに、深層学習によって入力文から応答文を直接出力するEnd-to-End構成も取られるようになってきた。

最先端の対話エージェントは、自然言語処理分野で発展したトランスフォーマー（Transformer）という深層学習モデル（詳細は「2.1.2 言語・知識系のAI技術」参照）をベースとし、極めて膨大な量のテキストデータを学習に用いている。2020年1月にGoogleが発表したチャットボットMeena（ミーナ）[11)]は、ソーシャルメディア上での会話データ341ギガバイトから、ニューラルネットワークのパラメーター26億個を学習した。 Facebook（現Meta）が同年4月に発表したチャットボットBlender（ブレンダー）[12)]は、

4 日本から1993年に提案され、1995年にスペシャルセッション、1996年にプレ大会が開催され、1997年を第1回として、以降毎年開催されている。

5 会話（Chat）とロボット（Bot）を組み合わせた造語。

掲示板サイトRedditの会話データ15億件から最大94億パラメーターを学習した。さらに、同年6月にはOpenAIから、3000億件のテキストデータから1750億個のパラメーターを学習した言語モデルGPT-3が発表された[13)]（Microsoftがその独占ライセンスを取得）[6]。2022年11月には、その改良版であるGPT-3.5を用いたChatGPTがWeb公開された（詳細は［国内外の注目プロジェクト］❷を参照）。

なお、対話エージェント技術に関する国際的な研究発表・議論の場としては、SIGDIAL（Annual Meeting of the Special Interest Group on Discourse and Dialogue）やICMI（ACM International Conference on Multimodal Interaction）があるとともに、ACL（Annual Meeting of the Association for Computational Linguistics）をはじめとする自然言語処理分野の国際会議や、NeurIPS（Conference on Neural Information Processing Systems）をはじめとする機械学習分野の国際会議で発表されている。また、共通タスクを設定して方式や性能を比較するコンペティション型のワークショップも活発に開催されている。近年は、非タスク指向型対話に関するコンペティション（Amazonが開催するAlexa Prize[14)] など）が注目されている。

さらに、言語や音声のみではなく、対話で扱うメディアを画像などにも広げたマルチモーダル対話の研究も盛んになりつつある。対話相手の内面状態などの情報を推定する技術は社会的信号処理（Social Signal Processing）と呼ばれ、ICMIやInterspeechなどの国際会議で研究発表やコンペティションが行われている。これらの技術を用いた対話システムの研究は今後盛んになる分野であり、コミュニケーションロボットの研究とも接点がある。対話システムライブコンペティションは、2022年の第5回からマルチモーダル表出を含むマルチモーダル対話へと発展している。また、対話ロボットコンペティションは、ロボットと対話するシステムに関するコンペティションである。これらは世界に先駆けた日本発の取り組みである。マルチモーダル対話については［新展開・技術トピックス］❹で取り上げる。

❸ ヒューマンエージェントインタラクション（HAI）の研究開発動向

HAIは人間とエージェントとのインタラクションに重点を置いている[15), 16), 17)]。マルチエージェントシステム研究と比べると、人間の心理・認知といった面からインタラクションを捉えている。対話エージェント研究と比べると、自然言語だけでなく、エージェントの外見や動きなどの非言語情報や人間の心理・認知なども含めた総合的なインタラクションを扱っている。このような立場からHAIという新たな研究分野が日本発で立ち上がり、RO-MAN（IEEE International Symposium on Robot and Human Interactive Communication）、IROS（IEEE/RSJ International Conference on Intelligent Robots and Systems）、人工知能学会全国大会などでのオーガナイズドセッションやワークショップを経て、2006年に第1回のHAIシンポジウムが開催された。2013年からは国際会議HAI（International Conference on Human-Agent Interaction）も開催されている。

HAI研究において、人間とインタラクションするエージェントとして、主に三つの形態が考えられている。一つ目は仮想的なエージェントである。その分かりやすい例は、人間の外見を持つ擬人化エージェントであるが、ユーザーや目的によっては、必ずしも擬人化されたエージェントが最良のインターフェースであるとは限らない。二つ目は物理的な身体を持つエージェントであるロボットであり、センサーによって置かれた環境を把握し、アクチュエーターを介した動作によって環境に変化を及ぼすことも可能である。三つ目は人間である。 HAI研究では、人間同士のコミュニケーションも研究対象と一つになっている。人間同士のコミュニケーションを解析・理解することは、一つ目や二つ目の形態をデザインする上で参考になるとともに、

6　言語モデルは大規模化が進んでおり、2021年10月にMicrosoftとNVIDIAが発表したMegatron-Turing Natural Language Generation（MT-NLG）は、GPT-3の約3倍となる5300億個のパラメーターを持つ。大規模言語モデル（基盤モデル）の動向については「2.1.2 言語・知識系のAI技術」で取り上げている。

エージェントを介した人間同士のコミュニケーション（Agent–Mediated Communication）の改善支援にHAI研究を役立てることにもつながる。

HAIや対話エージェントに関する研究は、AIだけでなく、認知科学、心理学、哲学、ヒューマンインターフェース、ロボティクスなどがクロスする学際的研究分野である。対話エージェントが既に実用の域にあるのと比較すると、HAIはまだ新しい研究分野だが、AI技術がさまざまなアプリケーション・サービスでさまざまな人間（ユーザー）に利用されていくことを考えると、HAI研究に基づくインターフェースエージェントの設計論は今後ますます重要になっていくと考えられる（[新展開・技術トピックス] ❺を参照）。

（4）注目動向

[新展開・技術トピックス][7]

❶ マルチエージェントシステムの合意形成のための交渉と協調

マルチエージェントの交渉と協調は、ゲーム理論を重要な数学的基礎として発展しており、基礎理論面の発展として、深層学習を用いた自動メカニズムデザインと、仲介均衡（Mediated Equilibrium）が注目される。応用面の発展では、自動交渉、不完全情報ゲーム、セキュリティーゲームが注目される。

メカニズムデザインでは、真実申告最良（正直に申告すると一番得をする/損をしない）となるように設計するとメカニズムが安定する。これを制約としてメカニズムの設計を自動化する試みが自動メカニズムデザインであり、2019年に発表されたRegretNetという手法[19)]がオークションの収入最大化問題で大きな成果を挙げた。この問題では単一財のケースが1981年に解かれたものの、複数財のケースは40年近く解けずにいた。 RegretNetでは、この問題に対して、真実申告最良の制約充足をRegret値（ある行動を選択したときに他の行動を選択していたらこれくらい効用が得られたはずだという後悔を数値化したもの）の最小化問題として定式化し、深層学習を適用することで、データに基づいてメカニズムが自動設計されるようにした。

仲介均衡は「囚人のジレンマ」問題に仲介者（Mediator）を導入する。この問題では従来、それぞれのプレーヤーが合理的で、かつ、コミュニケーションができない状態だと、両プレーヤーとも裏切るという均衡に落ちてしまうことが知られていた。しかし、仲介者が入ると、両プレーヤーとも仲介者に合意することが均衡となり、協力するという可能性が示された。

自動交渉は、それぞれの効用関数（いわばそれぞれの価値観）を持った複数のエージェントが相対する状況において、一定の交渉プロトコルに従ってうまく合意案を見つける技術である。ある問題について、複数のステークホルダーの間で対立したり、協調しようとしたりするとき、交渉プロトコルや効用関数を定めてエージェントに代行させて自動交渉を行うならば、人間同士が交渉するよりも、その条件で考えられる最適な合意点に高速に到達できると期待される。交渉理論を踏まえたモデルベースの方式のほか、機械学習ベースの方式も開発されている[8]。国内では、産業競争力懇談会（COCN）による提言、新エネルギー・産業技術総合開発機構（NEDO）のプログラムや内閣府の戦略的イノベーション創造プログラム（SIP）によって取り組みが推進され[9]、衝突を回避して安全に飛行するドローンの運航管理や、サプライチェーンにおける受発注会社間の商取引条件の調整（SCM）などで実証実験も行われた。特に後者は、ANACでのSCMリーグの立ち上げ（2019年）、自律調整SCMコンソーシアムの発足（2021年）にも発展した。海外でも

7　2022年1月26日に開催した俯瞰ワークショップ「エージェント技術」での発表・議論をもとにしており、詳細は同ワークショップの報告書[18)]を参照。

8　前述の国際自動交渉エージェント競技会ANACを共通の場として技術発展が進んできた[20)]。

9　COCNからは2018年に「人工知能間の交渉・協調・連携」の提言[21)]が出された。NEDOプログラムでは「ロボット・ドローンが活躍する省エネルギー社会の実現プロジェクト」（2017年度～2021年度）、SIPプログラムでは「AI間連携によるバリューチェーンの効率化・柔軟化」（2018年度～2022年度）が実施された。

2019年創業の米国Pactum社が、取引条件交渉から契約文書の取り交わしまで一気通貫のソリューションを提供する自動交渉AIを開発し、2020年にウォルマートで試験運用を開始するなど、国際的に取り組みが活発化している。

不完全情報ゲームは、プレーヤーがゲームの進行に必要な情報を全ては知ることができないタイプのゲームである。チェス・囲碁のような完全情報ゲームでは、ゲーム木(ゲームにおける可能な打ち手と状況を木構造で表現)における自分の位置が分かるが、不完全情報ゲームではその位置が一つに定まらないため、状況の評価がはるかに複雑で難しくなる。完全情報ゲームでは、囲碁においてGoogle DeepMindのAlphaGo[22]が2016年から2017年に世界トップランクプロに圧勝して大きな話題になったが、不完全情報ゲームについても、その代表であるポーカーにおいて、米国カーネギーメロン大学のLibratus[23]というソフトウェアが2017年に2人制ゲームで人間に勝利し、さらに、それを発展させたPluribus[24]というソフトウェアが2019年に6人制ゲームでもプロに圧勝した。ここでは、Regret値の最小化戦略が用いられ、反実仮想(観測され得たけれど実際には観測されなかった)Regret値を用いてモンテカルロ木探索を行うモンテカルロCFR(Montecarlo Counterfactual Regret Minimization)が開発・適用されている[25),26)]。

セキュリティーゲームについては[注目すべき国内外のプロジェクト]❶で取り上げる。

❷ マルチエージェント深層強化学習・逆強化学習

マルチエージェントにおいて、各エージェントがどのように振る舞うかを決める意思決定規範の設計は、重要な課題である。この課題に有効な技術として、深層強化学習・逆強化学習が注目されている。

強化学習(Reinforcement Learning)では、エージェントが、ある状態で、ある行動をしたとき、その結果に応じた報酬が与えられる。そして、行動と報酬の受け取りを試行錯誤的に重ねることを通して、より多くの報酬が得られるように行動を決定する意思決定方策を学習する。強化学習の中に深層学習を組み込んだものが深層強化学習(Deep Reinforcement Learning)であり、上述のAlphaGoに用いられた。囲碁のようなボードゲームでは、状態や行動に関する不確実性がないことや、過去の膨大な棋譜データに基づいた時系列行動と勝敗の蓄積があることから、報酬関数を定義することが比較的容易であるため、報酬関数に基づいた逐次的意思決定戦略(方策)を持つエージェントを設計できる。

しかし、報酬値はスカラー量として与える必要があるため、定性的な感覚の定量化や、複数の目的を両立させるような場合には、それぞれの目的に対する報酬値の重みを定義することは容易ではない。特に、複数の目的下での問題解決は、そのままマルチエージェント系の学習に大きく関わっており、実用に向けた課題として、報酬関数設計が重要となる。

報酬設計に有効な手法として逆強化学習(Inverse Reinforcement Learning)が注目されている。逆強化学習では、エキスパートの振る舞いの履歴など、良い見本となる意思決定系列から報酬関数を推定する。例えば、ロボットアームの制御、自動運転、人間や動物の行動解析などで報酬関数の推定が試みられている。また、エージェント単体だけでなく、2体系やN体系などマルチエージェントシステムへの拡張も行われている[27]。マルチエージェント強化学習においては、上述した複数の目的間にトレードオフがある場合(エージェント間の競合)の問題は顕著であり、加えて以前から議論されてきた同時学習の問題、スケーラビリティーなど、単一エージェントの場合では生じない課題は、シミュレーション、合意形成などに応用する上でも重要であり、これに対する新たな理論、アルゴリズムの提案が見られる[28]。

❸ マルチエージェント社会シミュレーション

マルチエージェント社会シミュレーション(Multi-Agent Social Simulation: MASS)は、人の行動や判断を模倣できるエージェントを多数用意し、コンピューター上に作った仮想的な都市や社会でそのエージェントたちを行動させ、集団としてどのような振る舞いが生じるかを分析・研究する取り組みである[29]。

さまざまな社会現象・社会活動の分析や理解に役立つとともに、起こり得るさまざまな可能性を事前に知ることで、適切な対策立案・社会制度設計や、多数のステークホルダー間の調整に活用できる。公共交通サービス、感染症対策、都市・地域設計、防災・減災、電力・金融・物流市場設計など、さまざまな分野への適用が進んでいる。

注目される最近の適用事例として、オンデマンド交通サービスSAVS（Smart Access Vehicle System）とCOVID-19感染シミュレーションを挙げる。SAVSでは、刻々と変化する車両と人・物の移動状況において、全ての空間移動と希望時間を同時に満たす車両の走行ルートを瞬時に計算する。タクシー運転手の収入の平等性を考慮した配車によって、パフォーマンスをあまり落とさずに収入格差を改善し得ることも、シミュレーションから分かった。また、COVID-19感染シミュレーションは、内閣官房のプロジェクト「COVID-19 AI・シミュレーションプロジェクト」[10]で実行されている。感染症流行を記述する数理モデルとしてSIRモデル[11]などが知られているが、感染は社会に一様に広がるわけではなく、地域や集団の特性・行動パターンなどさまざまな要因によって、感染の広がり方が不均一になる。エージェントシミュレーションでは、そのようなさまざまな要因を取り込んだり、経済活動への影響や医療リソース問題などを考慮したりといった、より現実の現象に近い分析・予測が可能になる。

❹ マルチモーダル対話システム

マルチモーダル対話システムでは、テキストに加えて、声の様子（韻律情報など）、見えている画像・映像情報、筋電・触覚・生理指標などのセンサー情報などが用いられる。研究課題は、（a）入力に関する状況認識と、（b）出力に関する表出に分けられ、さらに（a）は、（a-1）対話相手をマルチモーダルで観測して対話する場合と、（a-2）対話相手と自分が同じ対象を観測しながら対話する場合に分けられる。

（a-1）では、対話相手の表情・声色や話すタイミングなどから、感情、態度、リーダーシップ、エンゲージメント（参加度）などを推定して、対話の仕方に反映する。カウンセリング対話や面接の練習などの応用が開発されている（例えばUniversity of Southern CaliforniaのSimSensei[31)]）。

（a-2）は、応用シーンとして、ショッピング時に商品画像を見ながらの対話、メタバース内での対話、サービスロボットへの指示、自動運転車への指示などが考えられている。ここでは、対話文中の指示語に対する画像・映像との照応解析や状況認識が必要になる。この照応解析や状況認識は、画像より映像の方が難しく、屋内の限定空間よりも屋外のオープン空間の方が格段に難しい。

（b）では、特に対話相手となるロボットや仮想エージェントの表情のコントロールが重要である。ムーンショット目標1の「アバター共生社会」プロジェクトの中で、エージェントの表出を含むアバターコミュニケーション研究が進められている。

❺ HAI設計論

HAI研究の主要な目標の一つは、人間とインタラクションするエージェントの設計論である。HAIは比較的新しい研究分野であり、この設計論が確立されたとはまだ言えないが、エージェント自身の外観や機能、エージェントと人間の間でやり取りされる情報、エージェントと人間の関係などの観点から、設計において考慮すべき事項や指針が徐々に見いだされつつある[15), 16), 17), 32)]。そのいくつかを以下に示す。

a. エージェントのデザイン：外見の選択（人型・動物型など、人型の場合も性別・性格など、実写風・ア

10 プロジェクトによるシミュレーション結果や研究成果は https://www.covid19-ai.jp/ja-jp/ で公開されている（accessed 2023-02-01）。

11 人口集団を感染のステージにより、感受性保持者（Susceptible）、感染者（Infected）、隔離者・回復者（Removed/Recovered）という3種類に分け、感染に係る状態の時間的な変化をボトムアップにモデル化したもので、それら3種類の頭文字を取って「SIRモデル」と呼ばれている[30)]。

ニメ風などのどれを用いるか、親しみやすさと知性の印象が重要)、表出される情報の表現の選択（自然言語による発話、非言語な表情、ジェスチャーなどのどれを用いるか、タスクの種類や環境にも依存)、機能レベル（学習機能やユーザーの状態・意図の理解機能など）を適切に選択する必要がある。

b. 擬人化と適応ギャップ：擬人化エージェントはユーザーがその機能や能力を推測しやすい反面、ユーザーが期待した機能・能力と実際との間に生じるギャップがリスクとなる。

c. メディアの等式（Media Equation）：メディアの世界と現実を無意識のうちに同一視してしまうという人間の心理が、エージェントに対しても起こり得る。

d. ナッジ（Nudge）とブースト（Boost）：行動経済学で提唱された概念で、ナッジはそっと行動を促すというもので[12]、ブーストはよく考えるように促すというものである。エージェントが人間に寄り添いながら、人間の意思決定・行動変容を支援しつつも、最終的には人間自身が判断してほしいという立場だが、悪用されるリスクもあり、倫理面の配慮や適正な選択構造の設計が求められる。

e. 意図スタンス：哲学者Daniel Dennettは、人間が対象の振る舞いを理解し予測する際に、物理スタンス（物理現象として振る舞いを理解)、設計スタンス（設計仕様から振る舞いを理解)、意図スタンス（振る舞いの目的・意図から理解）という三つの心的姿勢を使い分けるとしている。 HAIは上記a～dのような点をコントロールしながら、意図スタンスにも踏み込んだ設計を行う。

［注目すべき国内外のプロジェクト］

❶ セキュリティーゲームの社会適用

Milind Tambeらのチーム（Teamcore）[13]は、マルチエージェント技術・ゲーム理論に基づく「AI for social good」のための研究開発に取り組んでいる。特に有名なのは、セキュリティーゲームとしての定式化に基づくロサンゼルス空港の警備計画アプリケーションARMORの成功である。セキュリティーゲームは、テロリストなどの攻撃者から空港などの重要施設を守るために、適切な警備員配置を決定する警備計画問題である[1), 6), 7), 8), 33)]。警備側・攻撃側ともに人員リソースは有限であり、かつ、互いに相手の動きを読み合い、最も効果的な人員配置を行おうとする。これはゲーム理論におけるシュタッケルベルグ（Stackelberg）ゲームとして定式化でき、均衡を計算することで、効果的な警備員配置の計画が可能になるというものである。この研究成果をきっかけとして、セキュリティーゲームはマルチエージェントシステム研究におけるホットトピックとなり、理論展開と具体的応用が広く発展した。

Teamcoreでは、上述のような治安問題の他にも、次のような問題に取り組んでいる。公衆衛生問題では、HIVリスク行動削減、結核予防、母子保健などに対して、ソーシャルワーカーや公衆衛生のリソースに限りがある条件下で、社会的ネットワークの効果を最大化する取り組みが進められている。保全問題では、絶滅の危機にひんした野生動物を保護するためのレンジャー配置計画をセキュリティーゲーム（グリーンセキュリティーゲーム）として扱うシステムPAWS（Protection Assistant for Wildlife Security）が開発され、世界100カ所以上の国立公園で使われている。他にも、サイバーセキュリティー、森林保護、ウイルスに対する薬設計、ソフトウェアコードテスト、交通システムなどへの適用も考えられている。このようなさまざまな社会的課題に対して実用的な成果を展開していることは注目される。

❷ ChatGPT

2022年11月末にOpenAIからChatGPTがWeb公開された。 OpenAIが2020年6月に発表した大規

12 ナッジのもともとの意味は「ひじで人を軽く突く」というものである。そこから、人々の行動を強制的に変えるのではなく、少しの刺激を与えることで自発的に望ましい行動を選択するように促すことを指すために使われるようになった。

13 以前は南カリフォルニア大学情報科学研究所（USC/ISI：University of Southern California/Information Sciences Institute）、現在はハーバード大学に属している。

模言語モデル[14]（基盤モデル）GPT−3の改良版であるGPT−3.5に、人間のフィードバックを用いた強化学習RLHF（Reinforcement Learning from Human Feedback）を加え（InstrustGPT）、対話システムとしてファインチューニングされたものだということである。入力された質問に対して、まるで人間が書いたかのような自然な文章で、詳しくもっともらしい説明を返してくれて、用途に応じたテキスト（論文・電子メール・プログラムコードなど）の作成にも活用できる。 GPT−3もユーザーからの例示をもとに（Few Shot Learning）、同じような内容を返すことができたが、ChatGPTはそれらがチャットという分かりやすいインターフェースで統一されている。また、差別的発言・性的発言・暴力的発言などの不適切な発言を避けるための仕組みも組み込まれている[15]。公開後の反響が大きく、2か月でアクティブユーザー数が1億人を記録したということである（1億人に到達するのにFacebookは4年半、TikTokは9か月かかった）。ただし、その性能に驚く一方、誤った内容をもっともらしく回答するケースも見られ（特に計算や演繹推論で間違うケースが見られる）、誤って信じてしまうリスクやそれが悪用されるリスクが懸念される。

（5）科学技術的課題

❶ マルチエージェントシステムおよびシミュレーションの技術課題

近年、マルチエージェントシステムによるモデル化やそれを用いたシミュレーションは社会活動・現象への適用が進み、前述のようなさまざまな社会的問題解決に効果を示しつつあるが、その一方、いくつかの技術的な課題が残されている。まず、シミュレーションに用いるエージェントのモデルの限界である。社会活動・現象に人間の行動が含まれる場合、その個々の人間の判断・行動を完全にモデル化することは難しい。そのため、現状における一つの方向性として、将来予測の精度よりも、むしろ、さまざまな条件でシミュレーションを繰り返すことで、どんな条件・要因で何が起こり得るのかを知る「What−If分析」の手法を技術的に確立し、発生し得る問題を予見して事前に対策を打てることの意義を重視する研究開発の方向が重要である。

エージェントのモデル設計（意思決定規範の設計）の難しさに対しては、深層強化学習や逆強化学習が注目されている。その発展方向として、前述したエージェント単体からマルチエージェント（N体系）への適用拡大に加えて、複数の競合する目的を持つ多目的最適化問題へ適用を拡大する多目的強化学習・多目的逆強化学習が研究されている。また、エージェントが物理世界で動作する場合（ロボットや自動運転車など）、物理的な制約やノイズを考慮したモデル設計が必要になる。このような取り組みによって、より多様で複雑な現実世界の問題を扱うための枠組みへの発展が期待される。

また、マルチエージェントシステムの枠組みを用いて、どのような社会課題解決や新たな価値創造に取り組むか、ということも重要な点である。人々の集合知を高める「ハイパーデモクラシー」[34)] が提案されているほか、地球環境問題なども視野に入れた取り組みも期待される。

❷ 対話エージェントの技術課題

タスク指向型対話・非タスク指向型対話ともに深層学習の適用が進み、対話における話題の広がりや対話の自然さが改善されてきた。しかし、タスク指向型対話では、まだ特定の話題で話すということしかできておらず、多様な話題や不定形タスクに対応できるような発展が求められる。非タスク指向型対話では、一問一答から話題の共有というレベルへ発展してきたが、さらに情報の共有、そして価値観の共有への発展が求められる[10), 35)]。窓口対応のようなうまく情報状態が定義できないようなタスクや、エピソードなどを

14　その詳しい動向については「2.1.2 言語・知識系のAI技術」の［新展開・技術トピックス］❶を参照。

15　2016年にMicrosoftのチャットボットTayが、悪意のあるユーザーとの対話によって不適切に訓練されて、問題発言を連発するようになってしまい、一日で公開停止となった。このような問題を回避するため、差別的・性的・暴力的などの要素を検出・フィルタリングする仕組み（Content Moderation API）が用意された。

共有するといったタスクはまだできていない。そのためには、互いの理解を積み重ねていくための共通基盤（コモングラウンド[36)]）の研究が重要になる。

マルチモーダル対話の研究では、音声・テキスト対話に比べて、対話研究用データセットの構築・公開が進んでいないことが課題である。シングルモーダルよりもコストがかかり、話者のプライバシーへの配慮も必要である。先駆的な取り組みとして、2020年に、（a–1）対話相手をマルチモーダルで観測して対話する場合については、大阪大学産業科学研究所が構築したデータセットHazumiが公開された。（a–2）対話相手と自分が同じ対象を観測しながら対話する場合については、ショッピングタスクのデータセットSIMMC（Situated and Interactive Multimodal Conversations）がFacebook Research（現Meta Research）から公開された。今後さらに対話研究用データセットの拡充が求められるとともに、どのような評価尺度を用いるべきかについての研究も重要である。

また、前述したように日本発の世界的にも新しい取り組みとして、マルチモーダル対話システムのライブコンペティションや対話ロボットコンペティションが行われている。2022年はどちらも大規模言語モデルをベースとしたシステム（LINE社が開発）が優勝したが、このような対話システムにおいて大規模言語モデルをどのように使っていくかは大きな課題である。

❸ HAIの技術課題

HAIはユーザーの心理・認知特性と関わりが深く、受け止め方の個人差が大きいことが、設計論の確立という面では難しさがあると考えられる。この課題に対して、従来のHCI（Human–Computer Interaction）の方法論への批判的観点から、多くのHAI研究では大規模な参加者実験による一般性の評価を行うことで対応している。一方、HAIの重要課題として、基礎的な観点から、ケーススタディー研究が多く、統一的な設計論が確立されていないこと、工学的な観点からは、インパクトのあるキラーアプリケーションが見えていないことなどが挙げられる。 AI技術がさまざまなアプリケーション・サービスで幅広く利用されていくことを考えると、インターフェースエージェントの設計におけるHAIの側面は今後ますます重要なものになっていく。［新展開・技術トピックス］❺で述べたような設計上の留意点や指針に関する基礎的な知見を、今後も積み上げていくことが必要である。併せて、心理学・哲学的な面からの理論構築も含めて、人間とエージェントの間の信頼関係確立のための設計技法も重要になるであろう。

また、HAIの考え方が効果的に働く応用分野として、医療、介護、福祉、教育、ビデオゲームなどが考えられる[15)]。このような応用を通して、設計論や要素技術を検証していくとともに、新たな技術課題や知見が生まれてくるものと思われる。さらに、既に実用化が進んでいるマルチエージェントシミュレーションや対話エージェントに対して、HAI研究から得られた知見を加えることで、新たな価値を生み出すという方向の展開が期待できる。

（6）その他の課題

❶ 大規模コンピューティング基盤・データ基盤の整備・強化

［注目すべき国内外のプロジェクト］❷に記載したように、最先端の対話エージェントの言語モデルは、膨大な量のテキストデータから学習したものである。この規模の学習処理を実行できるのは、OpenAI、Meta、Googleのような極めて大規模な計算資源を保有する組織だからこそである。また、マルチエージェント社会シミュレーションも、今後、エージェント数やシミュレーション条件のバリエーションが増えると、計算量が組み合わせ的に増大する。このようにエージェント研究には大規模なコンピューティング基盤やデータ基盤が必要になっており、これはもはや大学の一研究室で確保できる規模のものではなくなってきている。産業技術総合研究所のABCIや理化学研究所の富岳のように、国内の研究機関が共同利用できる大規模コンピューティング基盤・データ基盤の継続的な整備・強化が必要である。

❷ 産学連携および分野横断の研究開発推進

マルチエージェント社会シミュレーションや対話エージェントの研究開発では、実社会・実用現場でのデータ獲得や検証が不可欠であり、産学連携はそのための手段として、今後もいっそう推進されるであろう。また、HAIや対話に関する研究は、AI、ヒューマンインターフェース、ロボティクス、認知科学、心理学、哲学など、さまざまな分野の学際的な研究分野であり、分野横断の研究コミュニティーとして発展してきている。さらに、現状では、マルチエージェントシステム/シミュレーションと対話エージェントとHAIとの間の連携はまだあまり強くないが、今後、これらの間の知見共有・技術統合のための連携も有効なはずである。ここで述べた種類の分野横断の研究開発の推進体制の重要性が高まっていくと考える。

（7）国際比較

国・地域	フェーズ	現状	トレンド	各国の状況、評価の際に参考にした根拠など
日本	基礎研究	○	→	HAIは日本発の研究分野である。自動交渉エージェントに関するANACでも日本の貢献が見られる。対話分野の国際会議では一定数の論文が採択されているが、エージェント基礎研究全般として研究者層や国際学会での存在感はまだ弱い。
	応用研究・開発	○	↗	オンデマンド交通・避難計画などの交通・人流シミュレーションでの実用化が見られる。エージェント研究者も関わっている人狼ゲームやロボカップ、対話ロボットやマルチモーダル対話システムなどのコンペティションも日本が先導している。
米国	基礎研究	◎	→	他のAI分野と同様に研究者層が厚く、エージェント分野のAAMASや対話分野のSIGDIALやICMIの採択論文数も圧倒的1位である。
	応用研究・開発	◎	→	セキュリティーゲームでの実用化をはじめ、エージェント技術の先端的な応用が進んでいる。大規模学習による対話エージェントでは圧倒的優位性を示しており、Meta、Amazon、Microsoftなどからの論文発表も多い。
欧州	基礎研究	◎	→	米国に次いで研究者層が厚い。特に英国の存在感がある（AAMASの採択論文数では米国に次いで英国が2位をキープしている）。欧州はマルチモーダル対話も比較的強い。
	応用研究・開発	○	→	DeepMindがマルチエージェントシステムのトップカンファレンスで発表しているほかは、企業から目立った研究成果の発表は見られない。
中国	基礎研究	○	↗	AAMASの採択論文数は徐々に増加している。自然言語処理・対話関連はACL・EMNLPで米国と並んで2強。
	応用研究・開発	○	↗	AI分野全体では米中2強の状況であるが、対話分野（タスク指向・非タスク指向）で企業（Tencent、Alibabaなど）の取り組み・発表が活発であることを除いて、エージェント分野全般での中国の存在感はまだそれほどではない。しかし、中国のAI応用は急速に拡大しており、エージェント応用研究面も伸びつつある。
韓国	基礎研究	△	→	AAMASの採択件数もごくわずかである。 SIGDIAL・ICMIでも目立った活動は見られない。
	応用研究・開発	△	→	目立った活動は見られない。
イスラエル	基礎研究	◎	→	バルイラン大学などはメカニズムデザインやゲーム理論などの基礎研究でトップレベルである。
	応用研究・開発	△	→	企業から目立った研究成果の発表は見られない。

（註1）フェーズ
基礎研究：大学・国研などでの基礎研究の範囲
応用研究・開発：技術開発（プロトタイプの開発含む）の範囲
（註2）現状 ※日本の現状を基準にした評価ではなく、CRDS の調査・見解による評価
◎：特に顕著な活動・成果が見えている　○：顕著な活動・成果が見えている
△：顕著な活動・成果が見えていない　×：特筆すべき活動・成果が見えていない
（註3）トレンド ※ここ1～2年の研究開発水準の変化
↗：上昇傾向、→：現状維持、↘：下降傾向

参考文献

1) 長尾確・大沢英一・伊藤孝行，「エージェント・マルチエージェントの過去と現在」，『人工知能』（人工知能学会誌）35巻3号（2020年5月），pp. 430-443.
2) 木下哲男・他，「分散協調とエージェント」，電子情報通信学会知識ベース「知識の森」7群7編. http://ieice-hbkb.org/portal/doc_673.html（accessed 2023-02-01）
3) 和泉潔，「ビッグデータとエージェントシミュレーション」，『情報処理』（情報処理学会誌）55巻6号（2014年6月），pp. 549-556.
4) 服部宏充・栗原聡（編），「特集：エージェント」，『人工知能』（人工知能学会誌）28巻3号（2013年5月），pp. 358-423.
5) 青木健児・浅井達哉（編），「特集：マルチエージェントシミュレーション」，『情報処理』（情報処理学会誌）55巻6号（2014年6月），pp. 528-590.
6) 伊藤孝行・他，「未来の社会システムを支えるマルチエージェントシステム研究（1）—経済パラダイム，交渉エージェント，交通マネジメント—」，『人工知能』（人工知能学会誌）28巻3号（2013年5月），pp. 360-369.
7) 松原繁夫，「マルチエージェントシステムにおける経済学的アプローチ」，『計測と制御』（計測自動制御学会誌）55巻11号（2016年11月），pp. 948-953.
8) 岩崎敦・東藤大樹，「ゲーム理論・メカニズムデザインに関する研究動向」，『人工知能』（人工知能学会誌）28巻3号（2013年5月），pp. 389-396.
9) 伊藤孝行・他，「未来の社会システムを支えるマルチエージェントシステム研究（2）—電力システムおよびワイヤレスセンサネットワークへの応用—」，『人工知能』（人工知能学会誌）28巻3号（2013年5月），pp. 370-379.
10) 東中竜一郎，『対話システムの作り方』（近代科学社，2023年）.
11) Daniel Adiwardana, et al., “Towards a Human-like Open-Domain Chatbot”, arXiv：2001.09977 (2020).
12) Stephen Roller, et al., “Recipes for building an open-domain chatbot”, arXiv：2004.13637 (2020).
13) Tom Brown, et al., “Language Models are Few-Shot Learners”, *Proceedings of the 34th Conference on Neural Information Processing Systems* (NeurIPS 2020; December 6-12, 2020).
14) Raefer Gabriel, et al., “Further Advances in Open Domain Dialog Systems in the Third Alexa Prize Socialbot Grand Challenge”, *Proceedings of the Alexa Prize Socialbot Grand Challenge 3* (2020).
15) 大澤博隆，「ヒューマンエージェントインタラクションの研究動向」，『人工知能』（人工知能学会誌）28巻3号（2013年5月），pp. 405-411.

16）山田誠二・小野哲雄,『マインドインタラクション：AI学者が考える《ココロ》のエージェント』（近代科学社, 2019年）.
17）山田誠二（編）,「特集：進化するHAI：ヒューマンエージェントインタラクション」,『人工知能』（人工知能学会誌）24巻6号（2009年11月）, pp. 809-884.
18）科学技術振興機構 研究開発戦略センター,「俯瞰ワークショップ報告書：エージェント技術」, CRDS-FY2021-WR-11（2022年3月）.
19）Paul Dütting, et al., "Optimal Auctions through Deep Learning", *Proceedings of 36th International Conference on Machine Learning* (ICML 2019; June 9-15, 2019), pp. 1706-1715.
20）藤田桂英・森顕之・伊藤孝行,「ANAC：Automated Negotiating Agents Competition（国際自動交渉エージェント競技会）」,『人工知能』（人工知能学会誌）31巻2号（2016年3月）, pp. 237-247.
21）産業競争力懇談会（COCN）,「人工知能間の交渉・協調・連携」,「産業競争力懇談会2017年度プロジェクト最終報告」（2018年2月21日）.
22）David Silver, et al., "Mastering the game of Go with deep neural networks and tree search", *Nature* Vol. 529, No. 7587（2016）, pp. 484-489. DOI：10.1038/nature16961
23）Noam Brown and Tuomas Sandholm, "Superhuman AI for heads-up no-limit poker: Libratus beats top professionals", *Science* Vol. 359, Issue 6374 (December 17, 2019), pp. 418-424. DOI: 10.1126/science.aao1733
24）Noam Brown and Tuomas Sandholm, "Superhuman AI for multi-player poker", *Science* Vol. 365, Issue 6456 (July 11, 2019), pp. 885-890. DOI: 10.1126/science.aay2400
25）Martin Zinkevich, et al., "Regret minimization in games with incomplete information", *Proceedings of the 20th International Conference on Neural Information Processing Systems* (NIPS 2017; December 4-9, 2007), pp. 1729-1736.
26）Marc Lanctot, et al., "Monte Carlo sampling for regret minimization in extensive games", *Proceedings of the 22nd International Conference on Neural Information Processing Systems* (NIPS 2009; December 7-12, 2009), pp. 1078-1086.
27）荒井幸代,「複数の環境を利用した逆強化学習―推定報酬の精度向上と転移に向けて―」,『日本ロボット学会誌』39巻7号（2021年9月）, pp. 625-630.
28）Kaiqing Zhang, Zhuoran Yang, and Tamer Basar, "Multi-Agent Reinforcement Learning: A Selective Overview of Theories and Algorithms, A Selective Overview of Theories and Algorithms", *Handbook of Reinforcement Learning and Control. Studies in Systems, Decision and Control* Vol. 325 (Kyriakos G. Vamvoudakis, et al. (eds.), Springer, 2021), pp. 321-384. DOI: 10.1007/978-3-030-60990-0_12
29）野田五十樹,「マルチエージェント社会シミュレーションが浮き彫りにする緊急時避難の課題」,『学術の動向』23巻3号（2018年3月）, pp. 42-47. DOI: 10.5363/tits.23.3_42
30）W. O. Kermack and A. G. McKendrick (1927). "A Contribution to the Mathematical Theory of Epidemics". *Proceedings of the Royal Society A* Vol. 115, Issue 772 (August 1, 1927), pp. 700-721. DOI：10.1098/rspa.1927.0118
31）David DeVault, et al., "SimSensei kiosk: a virtual human interviewer for healthcare decision support", *Proceedings of the 13th International Conference on Autonomous Agents and Multi-agent Systems* (AAMAS 2014; May 5-9, 2014), pp. 1061-1068.
32）山田誠二・寺田和憲・小林一樹,「人を動かすHAIデザインの認知的アプローチ」,『人工知能』（人工知能学会誌）28巻2号（2013年3月）, pp. 256-263.
33）Milind Tambe, *Security and Game Theory: Algorithms, Deployed Systems, Lessons Learned*

(Cambridge Press, 2011).
34) 伊藤孝行・他,「ハイパーデモクラシー：ソーシャルマルチエージェントに基づく大規模合意形成プラットフォームの実現」,『人工知能学会全国大会（第36回）予稿集』(2022年）, 2H5-OS-11a-01.
35) 東中竜一郎,『AIの雑談力』(KADOKAWA, 2021年）.
36) 西田豊明,『AIが会話できないのはなぜか：コモングラウンドがひらく未来』(晶文社, 2022年）.

2.1.4 AIソフトウェア工学

（1）研究開発領域の定義

AIソフトウェア工学は、AI（Artificial Intelligence：人工知能）応用システムを、その安全性・信頼性を確保しながら効率よく開発するための新世代のソフトウェア工学を指す[1)]。

従来型のシステム開発においては、安全性・信頼性を確保し、効率よくシステム開発を行うための技術体系・方法論がソフトウェア工学の中で整備されてきた。ここでいう従来型とは、プログラム（手続き）を書くという演繹型のシステム開発方法を意味する。これに対して、AI応用システムの開発では、データを例示することによる、機械学習を用いた帰納型の開発方法が用いられる。 AIソフトウェア工学は、従来の演繹型システム開発のためのソフトウェア工学から、AI応用システム向けの帰納型システム開発にも対応したソフトウェア工学へ拡張した技術体系・方法論である。

なお、AIソフトウェア工学とほぼ等しい用語として、国内では「機械学習工学」[2), 3), 4)]、海外では「Software 2.0」[5), 6)] がよく用いられている。

狙い
- システム開発のパラダイム転換に対応し、安全性・信頼性が確保されたAI応用システムを効率よく開発するための新世代ソフトウェア工学「AIソフトウェア工学」の確立
- AIの品質問題(ブラックボックス問題・バイアス問題・脆弱性問題・品質保証問題等)が招く事故・社会問題の回避
- AI品質を強みとして、AI応用産業の国際競争力を強化

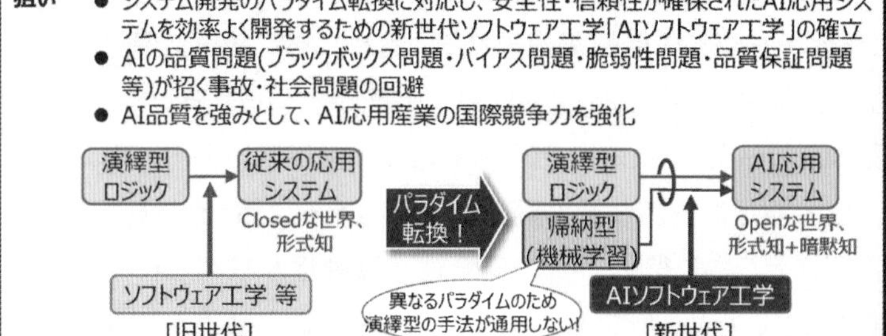

技術的課題
- AIの品質や安全性・信頼性を支える技術開発
  - ガイドラインからさらに開発現場での有効性実証、第三者認証や社会受容
  - 機械学習型と従来型の混在システム全体としての安全性確保・リカバリー処理設計法、帰納型と演繹型の最適な統合形態
  - オンライン学習によって動的にモデルが変化するシステムの品質保証
- 体系的な方法論の確立と総合的な技術整備
  - AIソフトウェア工学の知識体系(SQuBOKやSWEBOKからの拡張)
  - デザインパターンの蓄積・活用、AutoML、機械学習プロジェクトキャンパス、MLOps
  - 要求工学、契約ガイドライン、保険等
  - SOTIF・SaFAD、STAMP/STPA・FRAMの拡張
- 擬人化インターフェースの設計手法の確立
  - 機械学習に関わる問題とは異なる側面、認知ギャップの最小化のための設計手法等

業界動向
- AIとソフトウェア工学・安全工学がクロスする新しい技術領域、2017年から急速に活発化
- 国内では2018年4月に機械学習工学研究会(MLSE)とQA4AIコンソーシアムが発足
- QA4AIガイドライン、産総研のAIQMガイドラインがAIシステムの品質マネジメントのためのガイドラインとして作成、継続的に拡充改版されている
- 機械学習のテスティング技術・デバッグ技術、公平性・解釈性・透明性の技術、自動機械学習、機械学習システムセキュリティー等の研究開発が進展
- 自動運転分野で取り組みが先行・活発化、ISO TC22で機能安全に加えて、予期しないシナリオでの安全性確保を重視するSOTIFのアプローチ
- ISO・IEC JTC1 SC42でAIの安全性・信頼性に関わる国際標準化が進展
- 米国、ドイツ等で、安全性基準の設定、認証機関の設立に向けた動き

政策動向
- AI・機械学習技術の性能・精度を高めるだけでなく安全性・信頼性面の政策強化
- 日本政府は2019年に「人間中心のAI社会原則」、Trusted Quality AIを含む「AI戦略」を発表、欧州委員会は「信頼できるAIのための倫理指針」を受けた「AI規制法案」を公表、米国NISTは「AIリスク管理フレームワーク」を発表
- 米国DARPAではXAI(説明可能なAI)、Assured Autonomy(自律システムの安全性)
- JST・NEDOでもAI信頼性関連プロジェクト推進(ERATO MMSD、MIRAI eAI等)

政策的課題
- 国として戦略的取り組みを推進する体制・仕組み作り
  - 学術研究と人材育成、実応用での技術実証、基準策定・標準化という3つの活動を密連携推進等
- 機械学習活用に関わる知的財産権の整備

図2-1-6　　領域俯瞰：AIソフトウェア工学

（2）キーワード

機械学習工学、Software 2.0、AI応用システム、機械学習応用、AI品質、AI信頼性、AI公平性、説明可能AI、XAI、ブラックボックス問題、バイアス問題、ソフトウェアテスティング、訓練済みモデル、自動機械学習、AutoML、MLOps、SOTIF、SaFAD

（3）研究開発領域の概要

［本領域の意義］

現在のAIブームを牽引しているのは、深層学習（Deep Learning）をはじめとする機械学習技術の進化である。機械学習技術はさまざまな製品・システムに組み込まれ、実社会での応用・実用化が急速に広がっている。

しかし、機械学習による帰納型のシステム開発方法は、従来の開発スタイルとは大きく異なる。そのため、従来ソフトウェア工学として構築・整備されてきた技術・方法論（V字モデルなど）は必ずしも適さず、システムの要件定義や動作保証・品質保証にも新しい考え方が必要になる。システム開発のパラダイム転換が起きているのである[1), 2), 3), 4), 5), 6)]。

このパラダイム転換によって、システム開発に必要な人材スキルや方法論が刷新され、この変化に追従できないと、ソフトウェア産業やシステムインタグレーターは競争力を失いかねない。また、動作保証・品質保証などの考え方が整備されないまま、機械学習技術を組み込んだシステムが急激に社会に入っていくと、そこで発生した問題や事故が社会問題化する懸念もある。顕在化してきた問題として次のようなものが指摘されている[1]。

- ブラックボックス問題[7), 8), 9)]：判定理由について人間に理解可能な形で説明してくれない。事故発生時に原因解明や責任判断ができない。AIの解釈性・説明性が求められる。
- バイアス問題[10), 11), 12)]：訓練データ（学習データ）に偏見が含まれていると、判定結果に偏見が反映されてしまう。訓練データの分布の偏りが差別を生むこともある。AIの公平性が求められる。
- 脆弱性問題[28), 29)]：訓練（学習）範囲外のデータに対して、どう振る舞うかは不明である。敵対的サンプル（Adversarial Examples）[13)]と呼ばれる画像認識などの誤認識を誘発する攻撃[2]や、悪意を持った追加学習によって、不適切な振る舞いが引き起こされ得る。AIの安全性・頑健性が求められる。
- 品質保証問題：仕様（正動作）が定義されないため、テストの成否が定まらない。精度100%は無理で間違いは不可避で、動作保証が難しい。AIの信頼性が求められる。

「2.1.1 知覚・運動系のAI技術」「2.1.2 言語・知識系のAI技術」「2.1.3 エージェント技術」で述べてきたように、機械学習技術を用いることで、さまざまな応用において人間の判断を上回る精度の分類・予測・異常検知などが可能になった。これは、人間が形式知化できていないような規則性が機械学習技術によって獲得可能になり、コンピューターによってシステム化・自動化できる機能が広がってきたということである。 AIソフトウェア工学は、このような新たな価値を生み出すAI応用システムについて安全性・信頼性を確保するとともに、その効率の良い開発を可能にする。

［研究開発の動向］

❶ 学術界・産業界の動向

AIソフトウェア工学は、AIと、ソフトウェア工学（Software Engineering）や安全工学（Safety Engineering）がクロスする新しい技術領域である。国内では、2015年頃からシステム開発のパラダイム転換への対応が必要だという問題提起がされ始め、2017年初頭から学会・業界イベント（2017年2月の

1 これはAI応用システムの安全性・信頼性などが本質的に低いということを意味するわけではない。パラダイム転換に対して、システム開発のための技術体系・方法論がまだ整備されていないためである。 AIソフトウェア工学を確立していくことが、このような問題・懸念への対策になる。また、システムの安全性・信頼性の確保に向けては、開発者の視点だけでなく、システムの利用者や開発依頼者がAI応用システムの安全性・信頼性などに関する考え方や特性を理解し、どのように受け入れていくか、という側面も考えていく必要がある。

2 コンピューターセキュリティーインシデントに関する情報提供・技術支援を行っているJPCERTコーディネーションセンターから、脆弱性関連情報としてAdversarial Examplesに対する注意が発信された（2020年3月25日 JVNVU#99619336）。通常は特定製品に関する脆弱性が報告されるのに対して、アルゴリズムそのものに関する注意喚起が行われたのは異例のことである。

情報処理学会ソフトウェアジャパン2017、同年8月の情報処理学会ソフトウェア工学シンポジウムSES2017、他多数)で基調講演や企画セッションなどが立て続けに開催され、一気にホットトピック化した[1]。

さらに2018年4月に、日本ソフトウェア科学会に機械学習工学研究会MLSE(Machine Learning Systems Engineering)が発足した[4), 14)]。MLSEは、機械学習応用システムの開発・運用にまつわる生産性や品質の向上を追求する研究者とエンジニアが、互いの研究やプラクティスを共有し合う場として、研究発表会、ワークショップ、勉強会など、さまざまな活動を展開しており、この分野における日本の中核的コミュニティーになっている。機械学習を用いたシステムの要件定義から設計・開発・運用まで、プロセス管理や開発環境・ツール、テスト・品質保証の手法、プロジェクトマネジメントや組織論も含めて、機械学習を用いたシステム開発全般について幅広いスコープで活動している[4)]。

同じ2018年4月には、AIプロダクト品質保証コンソーシアムQA4AI(Consortium of Quality Assurance for Artificial-Intelligence-based products and services)も発足した[14)]。AIプロダクトの品質保証に関する調査・体系化、適用支援・応用、研究開発を推進するとともに、AIプロダクトの品質に対する適切な理解を啓発する活動を行っている。2019年5月にはQA4AIの「AIプロダクト品質保証ガイドライン」(QA4AIガイドライン)[15)]が公開された。また、2020年6月には産業技術総合研究所から「機械学習品質マネジメントガイドライン」(AIQMガイドライン)[16)]が公開された。両ガイドラインとも継続的にアップデートされている。QA4AIガイドラインは、品質保証で考慮すべき五つの軸が定義され、それぞれに関してチェックリストが示されている。また、生成系システム、Voice User Interface(スマートスピーカーなど)、産業用プロセス、自動運転、AI-OCR(機械学習を用いた光学文字認識)の5ドメインについて、個別のガイドラインも例示されている。一方、AIQMガイドラインは、利用時品質、外部品質、内部品質という三つを関係付けて、その向上のための要件を整理し、開発ライフサイクル全体としての品質管理の考え方を示している。相互に対応する部分は多く、二つのガイドラインは相補的な関係にある。いずれも産業界のメンバーを含めて検討・評価を行っており、産業界におけるAI品質管理の実践につながっている。これらのガイドラインは分野共通の基本的な考え方に重点が置かれており、産業界での実運用に際しては、分野ごとに具体化したガイドラインや事例集を用意するのが有効であり、そのような取り組みも行われている[3]。また、2022年には、AI品質管理に関わる法規・標準・ガイドラインの抽象的な要求事項を、AI品質管理の現場に迅速に適用し、AI品質を向上させる手法の開発を目的として、日本品質管理学会に「AI品質アジャイルガバナンス研究会」が発足した。

一方、海外でも2017年後半から、機械学習を従来型プログラミングに対する新しいパラダイムと捉える動きが見られた。新しいパラダイムは「Software 2.0」[5)]とも呼ばれ、国際学会(2018年6月のISCA 2018、2018年12月のNeurIPS 2018など)で基調講演[6)]も行われるようになった。カナダのモントリオール理工科大学にSEMLAイニシアチブ(The Software Engineering for Machine Learning Applications initiative)が発足し、2018年6月にキックオフシンポジウムが開催された。2018年9月にGoogle DeepMindが自社のAI開発ガイドラインを、仕様、頑健性、保証という3面からまとめたことを発表したのをはじめ、産業界でも自社のガイドラインを定める動きが国内外で広がっている。2021年7月にドイツのFraunhofer IAIS(Fraunhofer Institute for Intelligent Analysis and Information Systems)が公開したAI Assessment Catalog(Guideline for Designing Trustworthy Artificial Intelligence)は、日本のガイドライン(AIQM、QA4AI)と同様に詳細なガイドラインとして注目される。

3 例えば、石油・化学プラント向けガイドライン・事例集が策定されている。
https://www.meti.go.jp/press/2020/11/20201117001/20201117001.html(accessed 2023-02-01)

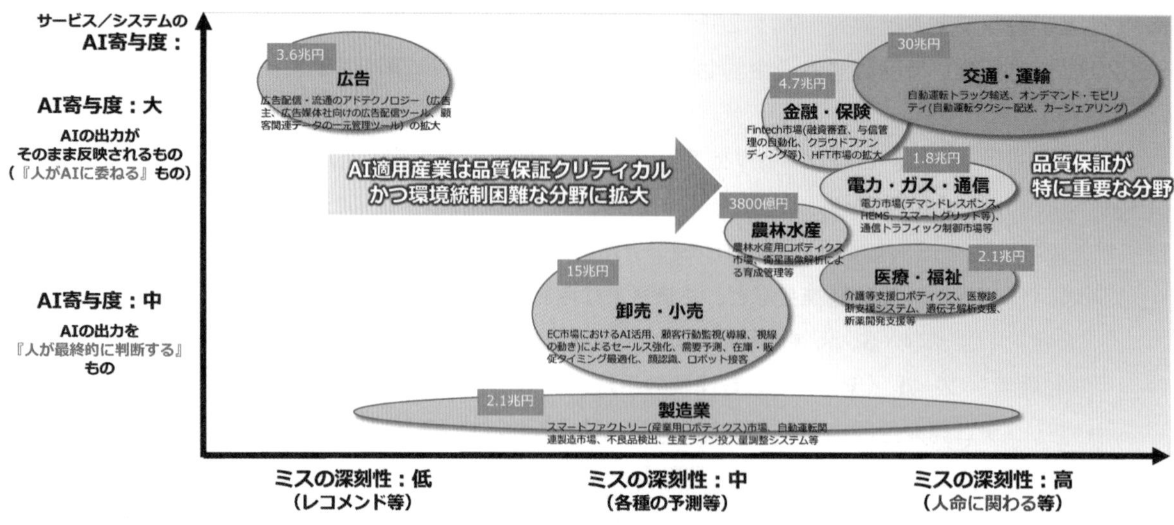

図2–1–7　　産業分野と品質保証クリティカル性[4]

以上に示したような取り組みが活性化してきた背景には、AI・機械学習技術の応用がさまざまな分野に急速に広がり、品質保証クリティカルな応用分野にも適用されるようになってきたことがある（図2–1–7）。安全性・信頼性に関する要求レベルは応用ごとに異なる。応用システムが持つ三つの性質「ミスの深刻性」「AI寄与度」「環境統制困難性」[5]に着目すると、一般に、ミスの深刻性が高く、AI寄与度が高く、環境統制困難性の高い応用ほど、品質保証がクリティカルになる[1)]。機械学習の応用として、商品のレコメンド機能や、文字認識による郵便物の自動読み取り区分システムなどは2000年以前に実用化されているが、これらはミスの深刻性や環境統制困難性が比較的低い応用である。これに対して、昨今注目される自動運転や医療診断といった応用分野は、ミスの深刻性や環境統制困難性が高い（ミスが人命に関わり、多様な環境条件で使われる）。そのため、事前（および運用時）の品質保証が極めて重要なものになっている。

産業界の中でも特に問題意識が高く、検討が先行しているのが自動車業界である。自動運転の実現に向けてAI・機械学習技術の役割が増しており、上でも述べたように品質保証クリティカルな応用分野として具体的な検討が進められている[17), 35)]。国際的には、ISO TC22などで自動運転の安全性規格の策定が進められている（詳細は［注目すべき国内外のプロジェクト］❶を参照）。国内でもデンソーが自動運転を含むAI搭載システムの品質保証のための仕組み作りや技術開発[36)]を進めているなど、取り組みが活発化している。

また、産業界では、品質管理・安全性確保という面にとどまらず、機械学習応用システム開発・運用のプロセス全体にわたって効率化・最適化していくため、新しい考え方・フレームワークが検討されている[18)]。従来、開発側（Dev）と運用側（Ops）が協調した取り組み・フレームワークとしてDevOpsがあるが、これを機械学習（ML）応用システムの開発・運用に発展させたものがMLOpsと呼ばれている。機械学習

4　文献1）から再掲。図中の金額は2030年のAI適用産業の予想市場規模であり、EY総合研究所のレポート「人工知能が経営にもたらす創造と破壊」（2015年9月）をもとにした。
https://kyodonewsprwire.jp/prwfile/release/M103415/201509143541/_prw_OA1fl_O8ov31l1.pdf (accessed 2023–02–01)

5　「ミスの深刻性」は、AI・機械学習が誤った判定結果を出したときに生じる問題がどれくらい深刻であるかを意味する。人命に関わるような場合は深刻性が高い。「AI寄与度」は、問題解決のために実行されるアクションの決定にAI・機械学習がどれくらい大きく寄与するかを意味する。AI・機械学習の出力（判定結果）がそのまま反映される場合は寄与度が高く、AI・機械学習の出力（判定結果）を参考にして人間が最終的に判断する場合は寄与度が低い。「環境統制困難性」は、AI・機械学習を実行する際の環境条件をコントロールすることの難しさを意味する。環境条件を列挙することが難しく想定外のことがいろいろ起こり得る場合は困難性が高く、環境条件を統制することが容易であれば困難性が低い。

型プロジェクトにおける要検討事項を整理した「機械学習プロジェクトキャンバス」[6]も活用されている。技術的には、さまざまな機械学習のアルゴリズムやそのパタメーターから、より良いものを選び、機械学習を用いた分析を自動化する自動機械学習（AutoML）も実用化されている。DataRobotや、NECからはカーブアウトしたdotDataをはじめ、Google Cloud AutoML、Microsoft Azure Machine Learning、H2O Driverless AI他、各社からAutoMLサービスが提供されている。また、設計ノウハウをデザインパターンとしてカタログ化して蓄積・活用する取り組みも進んでいる[19)]。データに基づいてソフトウェアの生産性や信頼性の向上を図る実証的ソフトウェア工学のアプローチを、機械学習システムに適用する取り組み（例えばバグの実態調査・分析など）も行われている。

その一方、AI・機械学習の研究者は、機械学習の精度・性能を高める競争が激しく、総じて開発法自体への関心は低かったが、この4–5年で社会におけるAIについての議論が活発に行われるようになり、機械学習の脆弱性問題・バイアス問題・ブラックボックス問題などへの対処を中心に取り組まれるようになった。2014年からFAT/ML（Fairness, Accountability, and Transparency in Machine Learning）ワークショップ、2018年からはACM FAT*が開催されているほか、AIの主要国際会議（AAAI・NeurIPSなど）でも研究発表が増えている。また、2019年12月には、国内の機械学習の研究者コミュニティー（人工知能学会倫理委員会、日本ソフトウェア科学会機械学習工学研究会、電子情報通信学会情報論的学習理論と機械学習研究会）が共同で「機械学習と公平性に関する声明」を発表し、翌月それを受けたシンポジウムを開催した。

❷ 基準策定・標準化の動向

上述のような問題意識の急速な高まりと連動して、AI品質関連の標準化活動や安全基準策定活動が多数進められている。AIに関する主な標準化委員会としては以下が挙げられる[20)]。

国際標準化機構ISO（International Organization for Standardization）と国際電気標準会議IEC（International Electrotechnical Commission）の第1合同技術委員会JTC1において、SC7がソフトウェア工学、SC42が人工知能を扱っており（JTC：Joint Technical Committee、SC：Subcommittee）、AIの品質や安全性・信頼性に関わる議論が進められている。特に2017年に立ち上がったSC42では、基盤的規格群に関するWG1、ビッグデータに関するWG2、Trustworthinessに関するWG3、ユースケースに関するWG4、計算的アプローチと特性に関するWG5、AIのガバナンスに関するSC40との合同WG、AIベースシステムのテスト法に関するSC7との合同WGが活動している（WG：Working Group）。これに対応するための国内のミラー委員会として、情報処理学会技術規格調査会に「SC42専門委員会」が設置されて活動している。前述のAIQMガイドラインもSC42の活動に反映されている。

また、米国電気電子工学会（IEEE）では、2019年3月に「倫理的に配慮されたデザイン（Ethically Aligned Design）」というレポートの第1版（EAD1e）を公表したが（詳細は「2.1.9 社会におけるAI」を参照）、これと連動する標準化プロジェクトとしてIEEE Standard Association（IEEE–SA）のP7000～P7014が進められている。IEEE–SAの提案により、AIシステム開発のための標準規格に関心を持つ機関に議論や協調の場を与える国際フォーラムOCEANIS（The Open Community for Ethics in Autonomous and Intelligent Systems）も設立された。他にもIECで標準管理評議会（SMB）システム評価グループ（SEG）10「Ethics in Autonomous and AI Applications」が、AIアプリケーションの倫理的側面に関する（IEC委員会に広く適用される）ガイドラインの作成などを目的に設置された。

6　ビジネスモデル構築における要検討事項を整理したものとしてよく知られた「ビジネスモデルキャンバス」を参考にしつつ、機械学習型プロジェクト向けに12の要検討事項が整理されている。三菱ケミカルホールディングスが自社の経験に基づいて体系的に整理し、2019年7月に一般に公開した。

さらに、欧州委員会は2021年4月に「AI規制法案（Proposal for a Regulation of the European Parliament and of the Council Laying Down Harmonised Rules on Artificial Intelligence (Artificial Intelligence Act) and Amending Certain Union Legislative Acts）」を公表した。この法案では、AI応用システムをリスクの大きさに着目して四つのレベルに分け、そのレベルに応じて使用禁止や適合性評価の義務化など、かなり踏み込んだ規制（ハードロー）をかけようとしている。意見公募を経て修正案が検討されており、2023年中の発効が有力で、完全施行は最速で2024年後半と見られている。また、米国では、2023年1月に標準技術研究所（National Institute of Standards and Technology：NIST）から「AIリスク管理フレームワーク（Artificial Intelligence Risk Management Framework：AI RMF）」が発表された。AIのリスクに対する考え方（技術属性、社会技術属性、信頼原則に分けて考えるなど）やリスクに対処するための実務が示されている。これら欧州AI規制法案と米国NIST AI RMF（「2.1.9 社会におけるAI」でも記載している）は、国際標準化への影響も見込まれる。

ドイツでは、ドイツ人工知能研究センター（The German Research Center for Artificial Intelligence：DFKI）とドイツの認証機関TÜV SÜDが共同で、TÜV for Artificial Intelligence策定の活動を進めている。日本国内では、ソフトウェア品質知識体系SQuBOK（Software Quality Body of Knowledge）が、2020年11月にV3に改訂され、新たにAI応用システムの品質に関わる内容が追加された[21)]。

なお、特定業界の安全規格の策定は、自動運転分野が特に進んでいるが、その状況については［注目すべき国内外のプロジェクト］❶に記載する。

❸ 科学技術政策の動向

AIに関する科学技術政策は、いま各国が国としての戦略を掲げ、重点投資を進めている。その中で、AI・機械学習技術の性能・精度を高める技術開発競争が強く意識されてきたが、徐々に安全性・信頼性の面にも目が向けられるようになってきた。

わが国では、総理指示を受けたAI研究の体制として、2016年に「人工知能技術戦略会議」とその下での総務省・文部科学省・経済産業省の3省連携による推進体制が構築された。さらに、2018年6月の閣議決定を受けて「統合イノベーション戦略推進会議」が設置され、2019年3月に「人間中心のAI社会原則」、2019年6月に「AI戦略2019」が決定された。「人間中心のAI社会原則」では、AIの社会的・倫理的・法的な課題（Ethical, Legal and Social Issues：ELSI）を含む社会から見たAIへの要請[7]として、（1）人間中心の原則、（2）教育・リテラシーの原則、（3）プライバシー確保の原則、（4）セキュリティー確保の原則、（5）公正競争確保の原則、（6）公平性、説明責任および透明性の原則、（7）イノベーションの原則という七つを掲げた。「AI戦略2019」ではAI社会原則を受けて、「Trusted Quality AI」[8]がAI研究開発の中核的課題として位置付けられた。AI原則を満たす「信頼される高品質なAI」を実現するための技術開発、すなわちAIソフトウェア工学の必要性が認識され、国立研究開発法人科学技術振興機構（JST）や国立研究開発法人新エネルギー・産業技術総合開発機構（NEDO）の研究開発プログラムが

7　社会から見たAIへの要請については、「人間中心のAI社会原則検討会議」（2018年4月発足）に先立ち、内閣府の「人工知能と人間社会に関する懇談会」、総務省の「AIネットワーク社会推進会議」、経済産業省の「AI・データ契約ガイドライン検討会」などで検討されてきており、それらを踏まえて「人間中心のAI社会原則」が検討された。特にAIネットワーク社会推進会議は、2017年7月に、連携、透明性、制御可能性、安全、セキュリティー、プライバシー、倫理、利用者支援、アカウンタビリティーという9つのAI開発原則を掲げた「国際的な議論のためのAI開発ガイドライン案」を公表し、2019年8月には「AI利活用ガイドライン」も公表した。

8　「AI戦略2019」に先立ち2019年2月に一般社団法人日本経済団体連合会（経団連）から発表された「AI活用戦略」にも「Trusted Quality AI」のコンセプトが示されている。AI戦略はその後「AI戦略2021」「AI戦略2022」とアップデートされたが、Trusted Quality AIは重要な研究開発課題として位置付けられている。

推進されている（[注目すべき国内外のプロジェクト] ❷を参照）。

AI社会原則・AI倫理指針は、2019年にG20（主要20カ国・地域首脳会議）で取り上げられ、各国から同様のものが次々に発表された。欧州委員会の「信頼できるAIのための倫理指針」（Ethics Guidelines for trustworthy AI、2019年4月）、OECD（経済協力開発機構）の「人工知能に関するOECD原則」（OECD Principles on Artificial Intelligence、2019年5月、42カ国署名）、ユネスコ（国際連合教育科学文化機関）の「AI倫理勧告」（first draft of the Recommendation on the Ethics of Artificial Intelligence、2021年11月、全193加盟国採択）などが挙げられる（詳細および関連動向は「2.1.9 社会におけるAI」参照）。関連する具体的な研究開発投資では、米国の国防高等研究計画局（Defense Advanced Research Projects Agency：DARPA）が推進するXAI（Explainable AI）プロジェクト（2017年5月～2021年4月）とAssured Autonomyプロジェクト（2018年5月～2022年4月）がAIの安全性・信頼性に関するものとして知られている。 XAIプロジェクトでは、人間の意思決定を支援するパートナーとしてのAIを、人間の兵士が理解・信頼し、管理することを目指し、具体的な目標として、マルチメディアデータからターゲットを選択する際の理由説明を扱うData Analyticsタスクと、ドローンやロボットなどの自律システムがどういう状況でどういう理由で次の行動を決定したかを説明するAutonomyタスクが設定された。Assured Autonomyプロジェクトでは、自動運転車やドローンなどの自律システムの安全性確保が研究された。

（4）注目動向

[新展開・技術トピックス]

❶ 機械学習のテストおよびデバッグの技術

機械学習を用いて作られたシステムは、どれだけテストすれば十分なのか、テストの方法や品質指標がまだ確立されていない。従来型の簡単なテストのイメージは、「ボタンAを押したら光る」「ボタンBを押したら音が鳴る」というような動作ロジックに沿って、すべてのケースと正しい結果を事前にリストアップすることができ、その通りの結果が得られるかを確認すればよいというものである。従来型でも、一定以上の規模や複雑さを持つシステムになると、すべてのケースはリストアップできず、テストが難しくなるが、機械学習型の場合は、動作ロジックの記述ではなくデータ例示によって動作を定義するので、そもそもすべてのケースをリストアップするための手掛かりがない。例えば、自動運転における環境認識では、「雨や霧のこともあるかもしれない」「物陰から人が飛び出すかもしれない」など、実世界で車が遭遇し得る環境の可能性をどう数え上げ、どれだけのケースをテストしておいたら十分安全なシステムだと言えるのか、という問題は機械学習型においていっそう難しい。

このことから、事前に想定していなかったケースに対するシステムの振る舞いが保証できず、脆弱性が生じる。この脆弱性を突く攻撃がAdversarial Examples攻撃[13)]である。例えば、機械学習を用いた画像認識システムがそれまで正しく認識できていた画像に対して、人間には気にならない程度の小さな加工（ごく小さなノイズなど）を加えて、それまでと全く異なる誤認識結果を出させるというものである。道路標識を対象とした実験で、停止標識を速度制限標識と誤認識させた（停止しなければ事故を招く）と報告されている。

機械学習のテスティング技術は、AIソフトウェア工学分野で特に活発に取り組まれている研究テーマの一つである[22)]。機械学習は訓練データによってシステムの動作が定まるが、起こり得るすべてのケースを訓練データやテストデータとして事前にカバーすることはできない。そのような前提のもと、テストデータのカバレッジやパターン量を適切かつ効率よく増やすためのさまざまな手法が開発されている[4), 22), 23)]。具体的には、ニューロンカバレッジ、メタモルフィックテスティング、サーチベースドテスティング、データセット多様性などのアイデアが知られている。ニューロンカバレッジは、深層学習などニューラルネットワーク系の機械学習において、ニューラルネットワーク内の活性化範囲を調べ、それを広げるようなテストパターンを生成しようという考え方である。メタモルフィックテスティングは、入力を変えると出力はこう変わるはずという関係を検証し、既存テストケースから多数のテストケースを生成する手法である。サーチベースドテスティングは、メタヒューリスティックを用いて、欲しいテストケースを表すスコアを最大化するようテストケースを生成する手法である。また、適用できるケースはまだ限定的だが、形式検証を深層学習のモデルにも適用する試みも進みつつあり、そのコンペティション（VNN–COMP）も開催されている。個別失敗ケースを見つけるのではなく、弱点領域・性能限界を追求するという取り組みもあり、機械学習のテスティング技術の研究は多様化している。その一方で、開発現場で十分な意義・効果が示されているか、費用対効果が妥当かなどは、まだ十分に見極められていない。

また、時間の経過とともに、入力されるデータの傾向や形式が変化したり、結果を利用する側の評価基準が変化したりして、実質的な精度が低下してしまうことがよく起こることから、機械学習システムでは、導入前の評価・テストだけでなく、運用中の評価・テストも重要である。入力データや出力結果をモニタリング・評価して、その変化が許容できるレベルを超えたら、調整・再学習するような仕掛けも用いられている。

また、問題を見つけるだけでなく原因把握・問題箇所特定・デバッグの手法も検討されるようになった[24), 25)]。成功ケースと失敗ケースの比較からニューラルネットワークの再訓練箇所を決める方法、再訓練で追加すべきデータを選択する方法、再訓練ではなくパラメーターを直接修正する方法などが提案されている。機械学習システムは、ある問題に対処するために加えた部分的な修正が、そのシステム全体の動作に影響を与えてしまうというCACE性（Changing anything changes everything）があり、これがデバッグを難しいものにしているが、影響を与える範囲を絞りつつ、問題に効果的に対処するような修正を求める方法も追求されている。

❷ 機械学習における公平性・解釈性・透明性（FAT/ML）

上記❶で述べたようなさまざまなケースをテストすることに加えて、FATと呼ばれる公平性・解釈性・透明性を、機械学習の応用システムにおいてどう確保するか、というのも重要課題である。特に解釈性と公平性に対する技術的対策がホットトピックになっている。透明性に関しては、解釈性・公平性と併せて実装されるが、欧州で2018年5月に施行された一般データ保護規制（General Data Protection Regulation：GDPR）にAIの透明性を求める条文（GDPR第22条）が盛り込まれたことから、規制順守という面での対応も求められる。

公平性の確保、すなわちバイアス問題への対策では、公平性配慮データマイニング（Fairness–aware Data Mining：FADM）[12)] あるいは公平性配慮機械学習（Fairness–aware Machine Learning）呼ばれる研究トピックが立ち上がっている。機械学習におけるバイアス問題は、主に訓練データの分布の偏りや正解ラベル付けへの偏見混入などによって、人種・性別のようなセンシティブ属性が判定結果に大きく関わることで起きる。例えば、特定人種の誤認識が多いとか、性別によって採用判定が左右されるとかの不公平な結果が生じる。人種・性別の属性を除外して機械学習にかけたとしても、他の属性に人種・性別と相関の高いものがあれば、不公平な結果になり得る。 FADMでは、グループ公平性・個人公平性などの公平性基準を定義し、それを用いて不公平さを検出する手法や、不公平を防止する手法が提案されている。そのためのツールとして、MicrosoftのFairlearn、IBMのAI Fairness 360、GoogleのFairness Indicatorなども提供されている[9]。ただし、公平性を確保することで通常、精度は低下することや、どの公平性基準を採用するかによって結果が異なることなどを理解し、応用ごとの要件を明確化して設計すること

9　このようなツールでよく活用されている公平性指標として、グループ公平性に基づくDemographic ParityやEqualized oddsなどがある。例えば、Demographic Parityでは「男女で採用率が同じ」、Equalized oddsでは「男女で判断基準が同じ」のようなことを意図した指標である。

が必要である。

解釈性の向上、すなわちブラックボックス問題への対策は、XAI（Explainable AI：説明可能AI）[7), 8), 9)]と呼ばれ、活発に取り組まれている研究トピックである。研究論文数が急増するとともに、OSS（Open Source Software）や商用ソフトウェアとして開発現場での活用も広がっている。XAI技術を大きく分けると、（A）深層学習のように精度が高いが解釈性が低いブラックボックス型の解釈性を高めるアプローチと、（B）決定木や線形回帰のような解釈性は高くても精度に限界のあったホワイトボックス型の精度を高めるアプローチがある。アプローチ（A）には複数のタイプがあり、その一つは（A–1）大域的な説明と呼ばれるもので、ブラックボックス型を近似するようなホワイトボックス型モデルを外付けするという方法である。例えば、深層学習の結果を決定木で近似するような試みがある（Born Again Treesなど）。もう一つは（A–2）局所的な説明と呼ばれるもので、ブラックボックス型がある判定結果を出したときに、その結果が出た要因を示すという方法である。LIME、Influence、Attention Mapなどのツールがよく知られている。さらに（A–3）人間の知見を埋め込むという方法がある。人間が定めた分類の着眼点が分かっているときなど、人間の知見をモデルの制約として与えつつ学習させるというものである（例えばAttention Branch Network）。一方、アプローチ（B）の例としては、決定木的な場合分けと重回帰分析式を合わせて最適化する異種混合学習技術（因子化漸近ベイズ推論）が実用化されている。解釈性と精度もトレードオフ関係にあり、説明の目的も、製品・システムの品質保証、事故・問題発生時の説明責任、開発の効率化（デバッグ）、ユーザーから見た安心感・信頼の確保など、さまざまであるから、そこで求められる解釈性の要件に応じて適切な方法を選択することが必要である。また、解釈・説明は近似的なものになるので、だますような説明（Fairness Washing）も作れてしまう可能性がある[26)]。そういった点も考慮し、XAIの評価についても検討されている。これに関連して、米国の国立標準技術研究所（National Institute of Standards and Technology：NIST）は、2020年8月に「Four Principles of Explainable Artificial Intelligence」と題したドラフトレポートを公開した[27)]。このレポートでは、XAIの4原則として、Explanation（結果に対するエビデンスや理由を示すべき）、Meaningful（ユーザーに理解可能な説明を提供すべき）、Explanation Accuracy（説明は結果を出すプロセスを正確に反映すべき）、Knowledge Limits（システムは設計された条件下か、結果に十分な確信があるときのみ動作する）を挙げている。

❸ 機械学習システムセキュリティー

機械学習システムには、それ特有の脅威がある。これを突く攻撃の種類として、以下のようなものがよく知られている[28), 29)]。

まず、誤認識や想定外動作を誘発する攻撃として、回避攻撃（Evasion Attack）やポイズニング攻撃（Poisoning Attack）などがある。回避攻撃は、機械学習システムへの入力に、悪意のある変更を加えることで、システムに誤動作をさせる。入力データに人間には気にならない程度のノイズを加えることで、モデルの誤判断を誘発する敵対的サンプル（Adversarial Example）と呼ばれる攻撃がよく知られている。ポイズニング攻撃は、訓練データやモデルに細工をすることで、システムに誤動作をさせる。データやモデルをある程度汚染して認識性能を低下させる攻撃のほか、特定データをトリガーとして誤動作を引き起こすように仕込むバックドア攻撃が知られている。

また、モデルやデータを窃取する攻撃として、モデル抽出攻撃（Model Extraction Attack）、モデルインバージョン攻撃（Model Inversion Attack）、メンバーシップ推測攻撃（Membership Inference Attack）などがある。これらは、対象とする機械学習モデルの入力と出力の関係を手掛かりとして、モデル抽出攻撃は同等の性能を持つモデルを作成し、モデルインバージョン攻撃は訓練データに含まれる情報を復元し、メンバーシップ推測攻撃はあるデータが訓練データ中に含まれるかを特定するものである。

このような攻撃への対策としては、モデルの頑健性を評価し、訓練方法を改良することや、差分プライバシー技術（「2.4.3 データ・コンテンツのセキュリティー」参照）や暗号化データ処理を用いて、データ内容を読み取り困難にすることや、攻撃を検知して対策を起動するなどのシステムレベルの防衛などが考えられている。

このような研究に基づき、機械学習システムの開発過程において、上記のような攻撃のリスク分析（影響分析や脅威分析）とその対策（攻撃の検知と対処）をどのように進めるべきかについて、ガイドラインの形で体系化が進められている。その代表的なものとして、機械学習工学研究会MLSEの「機械学習システムセキュリティガイドライン」[29]や、前述のAIQMガイドラインが挙げられる。

また、内閣府が主導する経済安全保障重要技術育成プログラム（K Program）において、個別研究型の研究開発構想の一つとして「人工知能（AI）が浸透するデータ駆動型の経済社会に必要なAIセキュリティ技術の確立」が挙げられており、ここで述べたような研究開発課題への取り組みが強化されつつある。

［注目すべき国内外のプロジェクト］

❶ 自動運転のAI安全性に関するプロジェクト

自動運転の安全性評価に関わるプロジェクトとして、2016年1月～2019年6月に、ドイツ経済エネルギー省（Bundesministerium für Wirtschaft und Energie：BMWi）が主導して実施されたペガサスプロジェクトがある。しかし、ここで検討されたのは自動運転システム全体としてのシナリオベース検証であり、その中で使われるAI技術そのものの安全性要件は明に論じられていない。日本においても、戦略的イノベーション創造プログラム（SIP）で「自動運転」（SIP–adus）が推進されており、同様に自動運転システム全体としての安全性確保のための取り組みが進んでいる。

AI技術が取り上げられたものとして、2019年6月にSaFAD（Safety First for Automated Driving）ホワイトペーパー[30]が公開された。Aptiv、Audi、Baidu、BMW、Continental、Fiat Chrysler Automobiles、Daimler、HERE、Infineon、Intel、Volkswagenの11社によるコンソーシアムが、安全性を考慮した自動運転システムを開発するための技術や検討事項について指針をまとめたものである。この中では、自動運転における機械学習ベースの画像認識システムを開発するときのプロセス・成果物・技術課題も取り上げられた。2020年には、SaFADをほぼ踏襲し、今後の自動運転安全性に関するISO標準化の基礎とする目的でまとめられた技術報告ISO TR 4804：2020が発行され、その後継となる技術標準ISO TS 5083（自動運転システムの安全）が検討されている。

自動車業界の国際標準はISO TC22（自動車）で作られる。従来適用されているのは、故障時のリスクを回避・低減する機能安全の規格ISO 26262である。しかし、AI応用では、誤認識や未学習ケースなど、故障以外の要因でリスクが多々発生する。そこで、2022年6月に、新たにISO 21448:2022（SOTIF）が発行された。SOTIF（Safety of the Intended Functionality）は、予期しないシナリオが発生したときの安全性確保を重視し、懸念されるケース・条件での動作が適切かどうかをひとつひとつ検討するアプローチをとる。未知のシナリオと危害が及ぶシナリオを特定して検証する作業を反復的に実行し、それを既知かつ危害のないシナリオに変えていくことで安全性を確保する。さらに、AIの安全性に関する公開仕様書ISO PAS 8800が2023年10月頃の発行を目指して議論されている。

なお、欧州では、前述の通りAI規制法案が定められつつあるが、厳格な既存規制が存在する応用分野では、その既存規制にAI要件を追加する形での運用が優先される見込みである。自動車業界については、車両型式認証がその既存規制に該当し、これにAI要件を加えていくことで、AI規制法案から除外されると考えられている。また、国連欧州経済委員会（United Nations Economic Commission for Europe）の自動車基準調和世界フォーラム（WP29）配下の自動運転技術分科会GRVA（Working Group on Automated/Autonomous and Connected Vehicles）からAIガイダンス案が発行され、それをたたき台としてAI用語定義などの議論が行われている。

米国では、第三者認証機関であるUnderwriters Laboratoriesが2020年4月にUL4600を発表した。これはドライバーが操作しない状態を主とする自動運転レベル4以上を想定して、安全性評価のための原則とプロセスを示している。特定技術の使用は義務付けておらず、設計プロセスの柔軟性を許容している。また、安全性に関する合格/不合格といった基準や、実走行試験や倫理的側面の要件も定めておらず、急速に進歩する技術を過度に制約せずに安全性を確保する柔軟な規格としている。

また、AI安全性に関する研究プロジェクトとしても、自動運転をターゲットあるいは具体的検討事例としたものが多く見られる（米国カリフォルニア大学バークレー校のVerifAI、英国ヨーク大学のSafe Autonomy、カナダのウォータールー大学のWiSE Drive、日本ではERATO MMSDなど）。自動車業界と学術界の両面で活発に取り組まれている。

❷ JST・NEDOのAI信頼性関連のプロジェクト

国内では［研究開発の動向］❸で述べたように、国のファンドによるプロジェクトが、JSTやNEDOの研究開発プログラムとして推進されている。NEDOでは「次世代人工知能・ロボット中核技術開発」プロジェクト（2015年度～、プロジェクトマネージャー：渡邊恒文、プロジェクトリーダー：辻井潤一）において、2019年度に「人工知能の信頼性に関する技術開発事業」が実施され、「説明できるAI」で7件、「AI品質」で1件が採択された。これを引き継いで「人と共に進化する次世代人工知能に関する技術開発事業」（2020年度～2024年度）が立ち上がり、2020年度に19件のテーマが採択・実施されているが、そのうち6件が「説明できるAIの基盤技術開発」、1件が「実世界で信頼できるAI の評価・管理手法の確立」[10]に関するテーマである。

JSTでは、「ERATO蓮尾メタ数理システムデザイン（MMSD）プロジェクト」（2016年10月～2025年3月[11]、研究総括：蓮尾一郎）が、数理的基盤・形式手法などを活用して、物理情報システムや機械学習システムのような不確かさを内包する情報システムの安全性を保証する技術開発にチャレンジしている。自動運転システムの安全性保障が具体的ターゲットに設定されており、国際規格化（IEEE P2846）が議論されている責任感知型安全論（Responsibility-Sensitive Safety：RSS）を拡張することで、現実の複雑な運転シナリオに対しても、数学的な裏付けを持って、目標達成と安全性の両方を満たす枠組みGA-RSS（Goal-Aware RSS）[31)]の開発などが進められている。

また、JST未来社会創造事業「超スマート社会の実現」領域で「機械学習を用いたシステムの高品質化・実用化を加速する“Engineerable AI”技術の開発」（2020年4月～、研究開発代表者：石川冬樹、略称：eAIプロジェクト）[12]が本格研究として採択され推進されている。医療や自動運転など安全性・信頼性が重要となる応用分野を重点ターゲットとし、細やかなニーズに応えるAIシステムのためのeAI技術を研究開発している。特に、データが少ない状況でも安全性などの観点で重要なケースに対応したり、前述したCACE性の問題に対して修正の影響範囲を少なく抑えたりする技術開発を進めている。

さらに、文部科学省の2020年度戦略目標の一つとして「信頼されるAI」が定められ、それを受けたJST CREST「信頼されるAIシステムを支える基盤技術」（研究総括：相澤彰子）、JSTさきがけ「信頼されるAIの基盤技術」（研究総括：有村博紀）も実施されている。

10 産業技術総合研究所の機械学習品質マネジメントガイドラインや機械学習品質管理テストベッドの研究開発は、NEDOの人工知能の信頼性に関する技術開発事業、人と共に進化する次世代人工知能に関する技術開発事業からファンドを受けている。

11 当初は2022年3月までのプロジェクトだったが、追加支援期間（機関継承型）の枠組みにより期間が3年間延長された。

12 2020年4月～12月の探索研究期間を経て、2021年1月より本格研究に移行した。また、このプロジェクトの前身として、探索研究「高信頼な機械学習応用システムによる価値創造」（2018年11月～2020年3月、研究開発代表者：吉岡信和）が行われた。

（5）科学技術的課題

❶ AIの品質や安全性・信頼性を支える技術開発

AI・機械学習の品質や応用システムの安全性・信頼性を確保するための技術開発は、いっそうの強化が望まれる。二つの品質管理ガイドライン（QA4AIとAIQM）がまとめられ、年々拡充されているが、実際に開発の現場での活用に十分か、あるいは、AI品質に関する第三者認証機関のような形で運用するのに十分か、AI品質に関しての社会受容を得るのに十分かなど、実践しながらさらに内容が整備・拡充されていくことが期待される。

また、機械学習型コンポーネントは100%保証ができないものであることや、ブラックボックス型機械学習モデルの解釈性・説明性はあくまで近似的なものであることを踏まえると、機械学習型コンポーネント単体での保証は限界がある。従来型と機械学習型の混在システム全体としての安全性評価法やリカバリー処理設計法が必要である。例えばSafe LearningやSafety Envelope[32)]のような従来型（演繹型）で安全性を確保した範囲内で機械学習（帰納型）を使う設計法や、機械学習型コンポーネントの入力・出力をモニタリングして例外処理・リカバリー処理を起動するシステム構成法が検討されている。AIの基本アーキテクチャー自体が、機械学習のような帰納型だけでなく、知識・記号推論のような演繹型と融合させた次世代AIアーキテクチャー[33)]へと発展しつつあるので、そのような面からも帰納型・演繹型の最適な統合形態とその安全性・信頼性確保を考えていくべきであろう。

さらに、今後のAIシステムの発展を考えるならば、オンライン学習によって動的にモデルが変化するシステムの品質保証も大きな課題となる。機械学習は、訓練データを与えてモデルを生成する訓練フェーズ（学習フェーズとも呼ばれる）と、その訓練済みモデルを用いて、新たに入力されたデータを判定する判定フェーズ（推論フェーズや予測フェーズとも呼ばれる）を持つ。これまで検討されてきた品質保証法は基本的に、訓練フェーズのバッチ的実行を想定している。すなわち、初期の訓練であれ、追加の訓練であれ、訓練フェーズを実行したら、判定フェーズに入る前に、必ず訓練済みモデルを評価・テストがされなければならない。しかし、機械学習の使い方として、オンライン学習によって、モデルを随時更新しながら、判定にも使っていく形があり得る。このような形の場合、システムの品質保証ははるかに難しく、新たな技術チャレンジが必要である。

❷ 体系的な方法論の確立と総合的な技術整備

システムの安全性・信頼性の確保や新たなパラダイムでの開発効率化は、一つの技術で解決・達成できるものではなく、体系的な方法論の確立とそこで必要になる技術のバランスの良い整備を進めていく必要がある。その際、開発・運用プロセスの全体像を押さえつつ、必要な技術群を多面的・総合的に整備していくべきであろう[1)]。SQuBOKやSWEBOKのようなソフトウェア工学の知識体系は参考になるであろうし、前述したように、デザインパターンの蓄積・活用や自動機械学習（AutoML）の活用による開発効率化、機械学習プロジェクトキャンバスやMLOpsの実践も進められている。また、機械学習ベースの帰納的開発では、従来の演繹型開発のような動作仕様が定められないことや、性能保証ができないことなど、要求分析時の不確実性が大きい[4)]。そのため、開発にかかる工数・費用の見積もりが難しく、開発完了に関わる出荷判定や検収条件でも問題が生じやすい。要求工学、契約ガイドライン[13]、保険などの面からも検討・整備が必要になっている。

また、従来のソフトウェア工学との対比で語られることが多いが、AI・機械学習の応用システム開発は、ソフトウェアだけに閉じず、ハードウェアやデータ管理も含めたシステムとして考える必要がある。狭い意味

13　経済産業省による「AI・データの利用に関する契約ガイドライン」、日本ディープラーニング協会による「契約締結におけるAI品質ハンドブック」が策定され公開されている。

でのソフトウェア工学に限らず、安全工学やシステム工学も検討範囲に含まれる。例えば、エッジケースに着目したSOTIF・SaFADや、機能間の関係性を踏まえて制御系が環境と相互作用することで起きうる事故モデルを使った安全性分析・ハザード解析手法として知られるSTAMP/STPA[34)]（System Theoretic Accident Model and Processes / System Theoretic Process. Analysis）やFRAM（Functional Resonance Analysis Method）などのAI・機械学習の応用システムへの拡張適用[14)]なども検討されている。このような多面的な取り組みを進めつつ、それらを体系的な方法論、総合的な技術群として整備していくことが望まれる。

さらに、AIシステムの安全性・信頼性などの品質マネジメントを含みつつ、より広くAIのELSIについて、原則レベルから実践フェーズへの移行が進み、AIガバナンスとしての取り組みも重要視されるようになってきた。AIガバナンスの考え方やフレームワークについては「2.1.9 社会におけるAI」で取り上げる。

❸ 擬人化インターフェース設計に関する方法論・技術

ここまで、AI応用システム開発における問題を、機械学習に起因するものにフォーカスして論じたが、機械学習以外にも問題になり得る要因が考えられる。その一つは擬人化インターフェースである。2次元（画面表示）にせよ3次元（ロボット形状）にせよ、人間の形状・表情・対話を模したインターフェース（擬人化インターフェース）を持つAI応用システムが提供されつつある。擬人化インターフェースの利点は、そのシステムと相対する利用者にとって、システムがどのような応答をするかのモデルを仮定しやすいことである。しかし、それは逆に、利用者が思い込みをしやすい面があり、利用者が仮定したモデルと、実際のシステムの応答モデルとの間のギャップが、想定外の状況を生む可能性を持つ。これはヒューマンエージェントインタラクション（HAI）の研究において「適応ギャップ」と呼ばれる問題である（「2.1.4 エージェント技術」を参照）。この適応ギャップを最小化するような設計手法が求められる。

❹ 生成AIを用いた開発手法

「2.1.2 言語・知識系のAI技術」で述べたように、生成AI技術をソフトウェア開発に活用することが行われつつある。ChatGPTやText-to-Imageなどのテキスト・対話からの生成系AIをコード生成に応用できるほか、DeepMindのAlphaCodeやOpenAI Codexなどプログラムコード生成向けに事前学習したツールも提供されている。このような技術を使って開発効率を高める方法論や品質確保手法も今後の研究開発課題である。

（6）その他の課題

❶ 国として戦略的取り組みを推進する体制・仕組み作り

［研究開発の動向］❸や［注目すべき国内外のプロジェクト］❷で述べたように、国のAI戦略の中でも言及され、NEDOやJSTのプログラムが実施されている。産業界で活用できるガイドライン（QA4AIとAIQM）も公開された。MLSEやQA4AIでは実践的な知識やノウハウの共有も進みつつある。しかし、AIの品質や安全性・信頼性を確保し、Trusted Quality AIを日本の強みとして確立し、国際競争力を高めていくためには、国として戦略的取り組みを推進する体制・仕組みをいっそう強化していくことが必要と考える。AIソフトウェア工学の研究開発は、（1）学術研究と人材育成、（2）実応用での技術実証、（3）基準策定・標準化、という三つの活動を密連携させて推進することが不可欠であり、そのための司令塔の役割を持つ部門が重要になってくる。社会で受容される適切な品質基準・安全性基準を国として策定し、その認証を行う機関を設立・運用（評価のための適切なデータセットの構築・管理も含む）し、標準化活動とも連動させていくことが望まれる。

また、産業界を中心に問題意識が高まり、MLSEを中心に研究コミュニティーも活性化してきたが、その一方で、学術界での取り組みは、まだ一部の研究機関に偏っているように思える。実践に基づく産業界での取り組みと並行して、パラダイム転換に対する原理・理論の基礎的な研究も強化が望まれる。

❷ 機械学習活用に関わる知的財産権の整備

機械学習に用いるデータや解析結果に関わる知的財産権に加えて、機械学習固有の問題として訓練（学習）済みモデルの知的財産権の問題がある。訓練済みモデルの再利用のパターンは、（1）Copy：そのまま複製して使う、（2）Fine Tuning：ある訓練済みモデルにさらにデータを与えて追加訓練したものを行う、（3）Ensemble：複数の訓練済みモデルの出力を束ねて（平均・多数決など）使う、（4）Distillation：ある訓練済みモデルの振る舞い（どんな入力を与えたときにどんな出力が得られるか）を訓練データとして作ったモデルを使う、という4通りがある[3)]。このようなパターンを含めて、訓練済みモデルの知的財産権をどのように保護すべきか、法整備が必要である。

（7）国際比較

国・地域	フェーズ	現状	トレンド	各国の状況、評価の際に参考にした根拠など
日本	基礎研究	○	↗	国の「AI戦略2019」や経団連の「AI活用戦略」にTrusted Quality AIが掲げられ、高品質で信頼されるAIを日本の強みとして打ち出そうとする方針が示された。文科省の2020年度戦略目標として「信頼されるAI」が設定され、JSTプログラム（ERATO、MIRAI、CREST、さきがけなど）でAI信頼性に関する研究課題が推進されている。ただし、基礎研究は少数の中核研究者によって牽引されているのが現状で、研究者層がまだ薄い。
	応用研究・開発	○	↗	2018年に機械学習工学研究会MLSEとQA4AIコンソーシアムが発足し、産業界からの多数の参画もあり、活発に活動が進められている。QA4AI・AIQM品質管理のガイドラインが公開された。NEDOプログラムとしてAI信頼性・説明可能AIなどの研究開発が推進されている。
米国	基礎研究	○	↗	DARPAが2017年からXAIプロジェクト、2018年からAssured Autonomyプロジェクトをスタートさせており、基礎研究への比較的大型の政府投資がなされている。
	応用研究・開発	○	↗	Big Tech企業はAI応用システム開発に関する実践的な手法や知見を保有している。米国の第三者認証機関Underwriters Laboratoriesから2020年に自動運転の安全規格UL4600が発表された。
欧州	基礎研究	○	↗	自動運転分野の安全性評価の基準や評価手法の開発のため、ドイツの産官学連携によるペガサスプロジェクトが2016年～2019年に実施された。
	応用研究・開発	○	↗	英国のDeepMindが自社のAI開発ガイドラインをまとめ、公開している。ドイツではDFKIとTÜV SÜDが共同でAIに関する第三者認証の検討を始めた。
中国	基礎研究	○	↗	データ品質やアノテーションに関する品質特性や評価プロセスなど、現実のAIモデルに即した観点からの検討も進められている。
	応用研究・開発	○	↗	多数の中国主要IT企業が参加して、中国のAI国内標準が作られているとともに、国際標準化にも力を入れている。
韓国	基礎研究	×	→	現状、特段の活動が見られない。
	応用研究・開発	×	→	現状、特段の活動が見られない。

（註1）フェーズ

基礎研究：大学・国研などでの基礎研究の範囲

応用研究・開発：技術開発（プロトタイプの開発含む）の範囲

（註2）現状　※日本の現状を基準にした評価ではなく、CRDSの調査・見解による評価

◎：特に顕著な活動・成果が見えている　　○：顕著な活動・成果が見えている

△：顕著な活動・成果が見えていない　　×：特筆すべき活動・成果が見えていない

（註3）トレンド　※ここ1～2年の研究開発水準の変化

↗：上昇傾向、→：現状維持、↘：下降傾向

参考文献

1) 科学技術振興機構 研究開発戦略センター，「戦略プロポーザル：AI応用システムの安全性・信頼性を確保する新世代ソフトウェア工学の確立」，CRDS-FY2018-SP-03（2018年12月）．

2) 丸山宏，「機械学習工学に向けて」，『日本ソフトウェア科学会第34回大会講演論文集』（2017年9月）．

3) 丸山宏・城戸隆，「機械学習工学へのいざない」，『人工知能』（人工知能学会誌）33巻2号（2018年3月），pp. 124-131.

4) 石川冬樹・丸山宏（編著），『機械学習工学』（講談社，2022年）．

5) Andrej Karpathy, “Software 2.0”, *Medium*（2017.11.12）. https://medium.com/@karpathy/software-2-0-a64152b37c35（accessed 2023-02-01）

6) Kunle Olukotun, “Designing Computer Systems for Software 2.0”, Invited Talk（December 6, 2018）in *the 32nd Conference on Neural Information Processing Systems*（NeurIPS 2018; Montréal, Canada, December 3-8, 2018）.

7) 高野敦，「もうブラックボックスじゃない，根拠を示してAIの用途拡大」，『日経エレクトロニクス』2018年9月号（2018年），pp. 53-58.

8) Amina Adadi and Mohammed Berrada, “Peeking Inside the Black-Box: A Survey on Explainable Artificial Intelligence（XAI）”, *IEEE Access* Vol. 6（17 September 2018）, pp. 52138-52160. doi: 10.1109/ACCESS.2018.2870052

9) Alejandro Barredo Arrieta, et al., “Explainable Artificial Intelligence（XAI）: Concepts, Taxonomies, Opportunities and Challenges toward Responsible AI”, arXiv: 1910.10045（2018）.

10) Kate Crawford, “The Trouble with Bias”, Invited Talk（December 5, 2017）in *the 31st Conference on Neural Information Processing Systems*（NIPS 2017; Long Beach, Calfornia, December 4-9, 2017）.

11) 「AI and bias：人工知能は公平か？」，『MITテクノロジーレビュー Special Issue』Vol. 7（2018年）．

12) 神嶌敏弘・小宮山純平，「機械学習・データマイニングにおける公平性」，『人工知能』（人工知能学会誌）34巻2号（2019年3月），pp. 196-204.

13) Kevin Eykholt, et al., “Robust Physical-World Attacks on Deep Learning Models”, arXiv: 1707.08945（2017）.

14) 進藤智則，「深層学習や機械学習の品質をどう担保するか？新しいソフト開発手法と位置付け「工学体系」構築へ」，『日経ロボティクス』2018年6月号（2018年），pp. 3-10.

15) AIプロダクト品質保証コンソーシアム（QA4AIコンソーシアム）編，「AIプロダクト品質保証ガイドライン」（初版2019年5月17日公開，以降改訂を重ねて最新版2022年7月15日公開）．

16) 産業技術総合研究所，「機械学習品質マネジメントガイドライン（第1版）」，産業技術総合研究所サイバー

フィジカルセキュリティ研究センターテクニカルレポートCPSEC-TR-2020001（初版2020年6月30日公開，以降改訂を重ねて最新3.2.1版2023年1月20日公開）．

17) 桑島洋・平田雄一・中江俊博，「自動車業界における機械学習システムの品質確保の事例」，『システム/制御/情報』（システム制御情報学会誌）66巻5号（2022年5月），pp. 187-194. DOI: 10.11509/isciesci.66.5_187

18) 本橋洋介，『人工知能システムのプロジェクトがわかる本：企画・開発から運用・保守まで』（翔泳社，2018年）．

19) Valliappa Lakshmanan, Sara Robinson and Michael Munn, *Machine Learning Design Patterns: Solutions to Common Challenges in Data Preparation, Model Building, and MLops* (Oreilly & Associates Inc., 2020).（邦訳：鷲崎弘宜・他3名訳，『機械学習デザインパターン：データ準備、モデル構築、MLOpsの実践上の問題と解決』，オライリージャパン，2021年）

20) 小川雅晴，「AIに関するルール・標準化の動向と今後の展望」，JEITA 国際戦略・標準化セミナー 〜Society5.0を創造する新たな標準化の取組み〜（2019年10月17日）．https://home.jeita.or.jp/press_file/20191023145047_3Ezs15ATUG.pdf (accessed 2023-02-01)

21) 飯泉紀子・鷲崎弘宜・誉田直美（監修），SQuBOK策定部会（編），『ソフトウェア品質知識体系ガイド（第3版）－SQuBOK Guide V3－』（オーム社，2020年）．

22) Jie M. Zhang, et al., “Machine Learning Testing: Survey, Landscapes and Horizons”, *IEEE Transactions on Software Engineering* (Early Access, 17 February 2020). DOI: 10.1109/TSE.2019.2962027

23) 中島震，『ソフトウェア工学から学ぶ 機械学習の品質問題』（丸善出版，2020年）．

24) Shiqing Ma, et al., “MODE: automated neural network model debugging via state differential analysis and input selection”, *Proceedings of the 26th ACM Joint Meeting on European Software Engineering Conference and Symposium on the Foundations of Software Engineering* (ESEC/FSE 2018, Lake Buena Vista, USA, November 4-9, 2018), pp. 175-186. DOI: 10.1145/3236024.3236082

25) 石本優太・他，「ニューラルネットワークモデルのバグ限局・自動修正技術」，『情報処理』（情報処理学会誌）63巻11号（2022年11月），pp. e28-e33.

26) Ulrich Aivodji, et al., “Fairwashing: the risk of rationalization”, *Proceedings of the 36th International Conference on Machine Learning* (ICML 2019; June 9-15, 2019), PMLR 97: pp. 161-170.

27) National Institute of Standards and Technology, “Four Principles of Explainable Artificial Intelligence”, Draft NISTIR 8312 (August 2020). DOI: 10.6028/NIST.IR.8312-draft

28) 森川郁也，「機械学習セキュリティ研究のフロンティア」，電子情報通信学会 基礎・境界ソサイエティ『Fundamentals Review』15巻1号（2021年7月），pp. 37-46. DOI: 10.1587/essfr.15.1_37

29) 日本ソフトウェア科学会機械学習工学研究会，「機械学習システムセキュリティガイドライン」（Version 1.03：2022年12月26日）．

30) SaFAD members (Aptiv, Audi, Baidu, BMW, Continental, Fiat Chrysler Automobiles, Daimler, HERE, Infineon, Intel and Volkswagen), “Safety First for Automated Driving” (SaFAD White Paper, 2019).

31) Ichiro Hasuo, et al., “Goal-Aware RSS for Complex Scenarios Via Program Logic”, *IEEE Transactions on Intelligent Vehicles* (July 5, 2022), pp. 1-33. DOI: 10.1109/TIV.2022.3169762

32) 蓮尾一郎，「統計的機械学習と演繹的形式推論：システムの信頼性と説明可能性へのアプローチ」，『日本数学会 2018年度秋季総合分科会 数学連携ワークショップ』（2018年9月24日）．http://group-

mmm.org/~ichiro/talks/20180924okayama.pdf (accessed 2023-02-01)

33) 科学技術振興機構 研究開発戦略センター,「戦略プロポーザル：第4世代AIの研究開発―深層学習と知識・記号推論の融合―」, CRDS-FY2019-SP-08（2020年3月）.

34) 情報処理推進機構 技術本部ソフトウェア高信頼化センター,『はじめてのSTAMP/STPA ～システム思考に基づく新しい安全性解析手法～』『はじめてのSTAMP/STPA（活用編）～システム思考で考えるこれからの安全～』(情報処理推進機構, 2016年3月).

35) 中江俊博・桑島洋,「自動車業界におけるAIセーフティ動向」,『人工知能』(人工知能学会誌) 38巻2号（2023年3月）, pp. 210-220.

36) Hiroshi Kuwajima, Hirotoshi Yasuoka and Toshihiro Nakae, “Engineering problems in machine learning systems”, *Machine Learning* Vol. 109 (April 2020), pp. 1103-1126. DOI : 10.1007/s10994-020-05872-w

2.1.5 人・AI協働と意思決定支援

（1）研究開発領域の定義

「人・AI協働」は、何らかの目的達成に向けて、人とAIが協力して取り組むことを指す。国際規格であるISO/IEC 22989：2022「Artificial intelligence concepts and terminology」において、Human-Machine Teaming（HMT）という概念が「Integration of human interaction with machine intelligence capabilities」と定義されており、これが「人・AI協働」とほぼ同義である。Human-in-the-Loopと呼ばれる概念もHMTに含まれる。HMTは、人（Human）とAI（Machine）の上下関係に応じて五つのパターンに整理される[1)]。人が上位となるタイプからAIが上位となるタイプの順に、Human Supervisor/User、Human Mentor、Peer、Machine Mentor、Machine Supervisorと呼ばれる（図2-1-8左）。

「意思決定」は、個人や集団がある目標を達成するために、考えられる複数の選択肢の中から一つを選択する行為である。その選択では個人の価値観がよりどころとなるが、集団の意思決定では、必ずしも関係者（メンバーやステークホルダー）全員の価値観が一致するとは限らない。関係者内で選択肢に関する意見が分かれたとき、その一致を図るためには「合意形成」も必要になる。近年、情報氾濫による可能性の見落としやフェイク生成などを用いた情報操作といった問題が顕在化し、意思決定ミスを起こすリスクが高まっている。このような問題・リスクを軽減するため、AI技術を活用した「意思決定支援」が期待されている[2), 3)]。これはHMTの五つパターンのうち、主にHuman Supervisor/UserやHuman Mentorに該当する（Humanが意思決定者）。

本領域は、「人・AI協働」のための、より良い枠組みと、そこで必要とされる技術を開発する研究開発領域である。その中でも特に「意思決定支援」のためのAI技術活用を重点的に取り上げる。

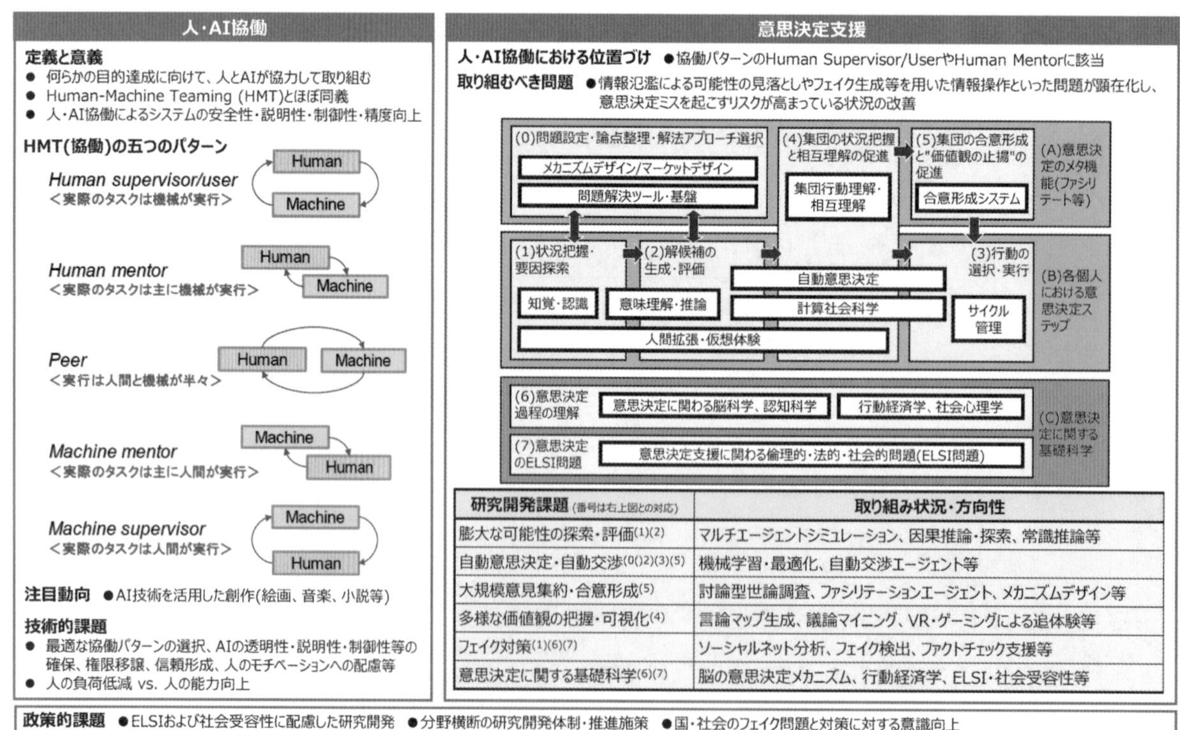

研究開発課題 (番号は右上図との対応)	取り組み状況・方向性
膨大な可能性の探索・評価(1)(2)	マルチエージェントシミュレーション、因果推論・探索、常識推論等
自動意思決定・自動交渉(0()2)(3)(5)	機械学習・最適化、自動交渉エージェント等
大規模意見集約・合意形成(5)	討論型世論調査、ファシリテーションエージェント、メカニズムデザイン等
多様な価値観の把握・可視化(4)	言論マップ生成、議論マイニング、VR・ゲーミングによる追体験等
フェイク対策(1)(6)(7)	ソーシャルネット分析、フェイク検出、ファクトチェック支援等
意思決定に関する基礎科学(6)(7)	脳の意思決定メカニズム、行動経済学、ELSI・社会受容性等

図2-1-8　　領域俯瞰：人・AI協働と意思決定支援

（2）キーワード

Human–Machine Teaming、Human–in–the–Loop、意思決定、合意形成、意見集約、フェイクニュース、フェイク動画、デジタルゲリマンダー、インフォデミック、議論マイニング、マルチエージェント、自動交渉、計算社会科学、行動経済学、処方的分析

（3）研究開発領域の概要

［本領域の意義］

われわれは日々さまざまな場面で意思決定を行っている。クリティカルな場面での意思決定ミスは個人や集団の状況を悪化させ、その存続・生存さえも危うくする。例えば、企業の経営における意思決定ミスは、企業の業績悪化・競争力低下を招き、国の政策決定・制度設計における意思決定ミスは、国の経済停滞や国民の生活悪化にもつながる。また、個人の意思決定における判断スキル・熟慮の不足は、その個人の生活におけるさまざまなリスクを誘発するだけでなく、世論形成・投票などにおける集団浅慮という形で、社会の方向性さえも左右する。

情報技術が発展し、社会に浸透した今日、情報の拡散スピードが速く、膨大な情報があふれ、影響を及ぼし合う範囲が思わぬところまで広がっている。そのような意思決定の行為自体の難しさが増していることに加えて、意思決定の際のよりどころとなる価値観の多様化[4)]によって、合意形成の難しさも増している。さらには、価値観の対立から悪意・扇動意図を持った情報操作（フェイクニュース、フェイク動画など）まで行われるという問題も顕在化し[5), 6), 7), 61)]、社会問題化している。さらに、それが国家の意思決定を誤らせたり、人々を混乱・対立させたりといった目的に使われるケースも起きており、新種のサイバー攻撃ともみなされる。さらに2020年に世界を一変させたCOVID–19パンデミックでは、インフォデミック[1]による社会混乱も発生した。

このような意思決定の困難化（意思決定ミスを起こすリスクの増大）という状況に対して、AI技術を活用することで、意思決定におけるさまざまな選択肢の探索や吟味を行いやすくしたり、悪意・扇動意図を持った情報操作に惑わされにくくしたりといった対策が考えられている。これによって、問題のすべてを解決できるわけではなくとも、リスクを軽減し、状況を改善する手段になり得る。新種のサイバー攻撃やインフォデミックによる社会混乱への対策としての意義も高まりつつある。

以上では、特に人が主体となったAI技術活用による意思決定支援という面について述べたが、HMTのバリエーションとして、逆にAIによってフルに自動化されたプロセスに対して、人が参加すること（Human–in–the–Loop）の意義・効果についても述べる。 AIが十分学習できていないケースや苦手なケースについて、人が参画することで、システムの安全性が確保されたり、人（特に専門家）からのフィードバックを通してAIの精度が向上したりといった効果が期待されている。また、AIによるフル自動化では結果の説明や制御が難しいという問題が指摘されているが、人が参画することで、説明性や制御性も改善され得る。

［研究開発の動向］

❶ 意思決定問題への取り組み

個人・集団の意思決定問題は古くから検討されてきた問題である。意思決定に関する先駆的な研究としては、1978年にノーベル経済学賞を受賞したHerbert A. Simonの取り組み[8)]がよく知られている。Simonは意思決定プロセスを、（1）情報（Intelligence）活動、（2）設計（Design）活動、（3）選択（Choice）活動というステップで構成されるとした。（1）で意思決定に必要な情報を収集し、（2）で考え

1　インフォデミック（Infodemic）は「情報の急速な伝染（Information Epidemic）」を短縮した造語で、正しい情報と不確かな情報が混じり合い、人々の不安や恐怖をあおる形で増幅・拡散され、信頼すべき情報が見つけにくくなるある種の混乱状態を意味する。

られる選択肢を挙げ、（3）で選択肢を評価し、どれを選択するか決定する。これらのステップにおいて、必要な情報をすべて集めることができ、可能性のあるすべての選択肢を挙げることができ、各選択肢を選んだときに起こり得るすべての可能性を列挙して評価することができるならば、合理的に最良の選択が可能になる。しかし、現実にはそのようなすべての可能性を考えて意思決定することはできず、人が合理的な意思決定をしようとしても限界がある。このSimonが導入した「限定合理性」（Bounded Rationality）と言う概念は、意思決定に関する研究発展の基礎となった。Simonは、経営の本質は意思決定だと考え、限定合理性を克服するための組織論も展開した。

そのように人の判断・行動が必ずしも合理的になり得ず、心理・感情にも左右されるものであることを踏まえて、行動経済学が発展し、その中では意思決定に関わる興味深い知見が示されている。特に有名なのは、Simonの後、行動経済学の分野でノーベル経済学賞を受賞した2人、Daniel Kahneman（2002年受賞）とRichard H. Thaler（2017年受賞）の研究である。Kahnemanは、直観的な「速い思考」のシステム1と論理的な「遅い思考」のシステム2から成るという二重過程モデル[9)]や、人は利得面よりも損失面を過大に受け止めがちだといったプロスペクト理論[10)]を提唱し、Thalerは、軽く押してやることで行動を促す「ナッジ」（Nudge）という考え方[11)]を提唱した。

また、脳科学分野における脳の意思決定メカニズムの研究も進んでいる（詳細は「2.1.7 計算脳科学」を参照）。ドーパミン神経細胞の報酬予測誤差仮説などが見いだされ、モデルフリーシステムによる潜在的な意思決定と、モデルベースシステムによる顕在的な意思決定が協調および競合しつつ、人の意思決定が動作していることが分かってきた[12)]。モデルフリーシステムは、事象と報酬との関係を直接経験に基づき確率的に結び付ける。モデルベースシステムは、事象と報酬との関係を内部モデルとして構築し、直接経験していないケースについても予測を可能にする。このような2通りのシステムは二重過程モデルとも整合しており、意思決定が合理性だけによるものではないことの裏付けにもなる。

このような人文・社会科学分野や脳科学分野における意思決定に関する研究が、主に人の側から掘り下げられてきた一方で、近年の情報技術の発展、Webやソーシャルメディアの普及は、意思決定を行う人の環境を大きく変化させた。その結果、意思決定問題は新たな様相を呈するようになり、以前とは異なる困難さが生じている。今日、意思決定問題は情報技術との関わりが大きなものになっている。

❷ 意思決定問題の新たな様相・困難さ

新たに生じている困難さを示す事象（問題）として顕著なものを四つ挙げる。

一つ目は、クリティカルな要因・影響の見落としの問題である。例えば、グローバル化したビジネス競争環境において、世界のあらゆる地域、思ってもいなかった業種から新たな競合が生まれ、想定していなかった法規制やソーシャルメディアで思わぬ切り口からの炎上も起こり得る。膨大な情報があふれ、社会がボーダーレス化した今日、意思決定に関連しそうな要因や意思決定結果の影響に膨大な可能性が生じ、人の頭でそのあらゆる可能性をあらかじめ考えるのは極めて難しい。Simonのいう限定合理性が極度に進み、問題として深刻化している状況である。

二つ目は、ソーシャルメディアによる思考誘導の問題である。Webやソーシャルメディアを用いた情報発信・交流が広がり、それが人々の意思決定や世論形成に与える影響は無視できないものになっている[13), 14)]。2016年の米国大統領選挙はその顕著な事例であり[5), 6)]、SNS（Social Networking Service）などのソーシャルメディアを用いた政治操作は「デジタルゲリマンダー」と呼ばれ[15)]、フェイクニュースが社会問題化した。SNSでは、価値観が自分に近い相手としかつながらず、自分の価値観に沿った情報しか見ない、いわゆる「フィルターバブル」状態[16)]に陥りやすいことも、SNSが思考誘導の道具になりやすい原因になっている。

三つ目は、価値観の対立激化、社会の分極化の問題である。集団の合意形成に難航し、対立が激化する傾向が強まっている。価値観の対立は古くから起こってきた事象だが、社会のボーダーレス化に伴う関係者範囲の広がりや、SNSでの同調圧力やエコーチェンバー現象による意見同質集団の形成強化が、対立を強め、社会の分極化（Polarization）や政治的分断と言われる事態も引き起こされている[17),18)]。

四つ目は、まるで本物のようなフェイク動画・画像の流通の問題である[61)]。前述のフェイクニュースは言葉（SNSテキストなど）で伝達されるものが主であったが、深層生成モデル（詳細は「2.1.1 知覚・運動系のAI技術」参照）によって、まるで本物のように見えるフェイク動画やフェイク画像が簡単に作れてしまうようになった（Deepfakesなど）[19)]。特にフェイク動画は本物だと信じ込まれやすく、政治家や有名人の架空の発言・行為などを作るためにこれが悪用され、社会に流通すると、何が真実で何かフェイクか、真偽判断を見誤るリスクが増大し、さまざまな混乱が生まれると危惧される[17),20)]。さらに2020年には、まるで人が書いたかのような自然なフェイク文章を生成することができるGPT–3[21)]というシステムも登場した。さらに2022年11月にはGPT–3.5をベースとして対話にチューニングされたChatGPTが一般に公開された。ChatGPTは、自然言語対話という分かりやすいインターフェースで、さまざまなタスクにまるで人間の専門家のような自然かつ詳細な応答をするので、大きな話題になっているが、もっともらしい応答に虚偽が含まれることが多々あることから、人々に虚偽を教えたり、悪用されたりすることが、強く懸念されている。

以上の問題に見られるように、（1）意思決定に関わる要因や意思決定結果の影響に、膨大な可能性が生じるようになってしまったこと、（2）悪意・扇動意図を持った、他者の意思決定に作用する情報操作が容易になってしまったことが、意思決定の困難化の原因として顕著である。

❸ 意思決定支援のための技術群

図2–1–8の右上部に、個人・集団の意思決定プロセス（合意形成を含む）に対応させて、関連する技術群を示した。Simonの3ステップに相当する（B）各個人における意思決定ステップを中心に、（A）意思決定のメタ機能と（C）意思決定に関する基礎科学を上下に配置した3層構造で技術群を整理した[2),3)]。以下、これらを六つの技術群に分けて、取り組みの現状と今後の方向性について述べる[20),22)]。

a. 膨大な可能性の探索・評価

上記❷に示した原因への対策としてまず求められるのは、意思決定に関わる要因や意思決定結果の影響における膨大な可能性を探索し、それらの組み合わせの中から目的に合うものを評価して絞り込む技術である。マルチエージェントシミュレーションによるWhat–If分析（「2.1.3 エージェント技術」参照）、統計的因果推論による選択肢評価・反事実的予測（「2.7.3 因果推論」参照）、自然言語処理による因果関係探索[23)]などの研究開発が進められている。自然言語処理による因果関係探索を用いたシステムの例としては、情報通信研究機構（National Institute of Information and Communications Technology：NICT）で開発された、「なぜ？」「どうなる？」などの因果関係に関する質問応答を扱うことができるWISDOM X[24)]が挙げられる。しかし、さまざまな分野・文脈で推論が行えるようにするには、常識を含め推論に必要な知識の獲得や、推論が成立する前提条件の精緻化など、取り組まなくてはならない技術課題がまだ多く残されている。

b. 自動意思決定・自動交渉

米国Gartner社は、データ分析の発展を記述的分析（Descriptive：何が起きたか）、診断的分析（Diagnostic：なぜそれが起きたか）、予測的分析（Predictive：これから何が起きるか）、処方的分析（Prescriptive：何をすべきか）という4段階で自動化が進むとし、4段階目の処方的分析は「意思決定支援」と「自動意思決定」という2通りがあるとしている[25)]。この段階が進むほど、データ分析の顧客価値が高く、ビジネス上の競争も処方的分析へと進みつつある。「自動意思決定」はデータ分析の結果に基づき、何をすべきかというアクションまで自動決定するものであり、「意思決定支援」はアクションの候補を人に提示し、どんなアクションを実行するかは最終的に人が決定するものである。一見すると、意思決定支援よりも自動意思決定の方が、より発展したものであるかのように思えるが、現状、意思決定問題の性質が異なると考えるのが適切である。すなわち、コスト、精度、速度、売り上げなどのような明確な指標（いわば価値観に相当）が定められ、それを評価関数・効用関数として合理的に解が一つ定められる意思決定問題は、機械学習・最適化などのAI技術を用いて「自動意思決定」が可能になる。それに対して、さまざまな価値観が混在している状況下、あるいは、価値観が不確かな状況下での意思決定問題は、最終決定に人が関わる「意思決定支援」の形が基本になる。これに関しては、人参加型（Human-in-the-Loop）のAI・機械学習が考えられている[26]。

自動意思決定には、強化学習や予測型意思決定最適化など、機械学習・最適化技術をベースとした方式が開発・適用されている。強化学習（Reinforcement Learning）[27]は、学習主体が、ある状態で、ある行動を実行すると、ある報酬が得られるタイプの問題を扱う機械学習アルゴリズムである。将来的により多くの報酬が得られるように行動を選択する意思決定方策を、行動選択と報酬の受け取りを重ねながら学習していく。囲碁で世界トッププロに勝利したGoogle DeepMindのAlphaGo[28]で使われたことがよく知られている。強化学習が適するのは、大量に試行錯誤することが可能な類いの意思決定問題である。一方、古典的なオペレーションズリサーチ（Operations Research：OR）で扱われているような類いの意思決定問題（例えば大規模システムの運用計画や小売業の商品価格設定戦略など）は、意思決定で失敗したときのダメージが大きく、大量の試行錯誤は難しい。このような類いの問題を、機械学習からの大量の予測出力（予測が当たるかは確率的）に基づくOR問題とみなした新しいアプローチが予測型意思決定最適化[29]である。

さらに、集団の意思決定を、異なる価値観（効用関数）を持ったエージェント間の交渉として定式化した自動交渉技術の研究も注目される。自動交渉は、それぞれの効用関数（いわばそれぞれの価値観）を持った複数の知的エージェント（AIシステム）が相対する状況において、一定の交渉プロトコルに従ってうまく合意案を見つける技術である。ある問題について、複数のステークホルダーの間で対立したり、協調しようとしたりするとき、交渉プロトコルや効用関数を定めてエージェントに代行させて自動交渉を行うならば、人同士が交渉するよりも、その条件で考えられる最適な合意点に高速に到達できると期待される。2010年からは毎年、国際自動交渉エージェント競技会ANAC（Automated Negotiating Agents Competition）が開催されており[30]、これを共通の場として技術発展が進んできた。マルチエージェントシステムの考え方がベースにあり、応用事例を含めて「2.1.3 エージェント技術」で取り上げている。

c. 大規模意見集約・合意形成

上述の自動交渉は異なる価値観を持つ者の間の勝負という面があり、集団の意見集約・合意形成を目的とするならば、建設的な議論の進め方や相手への共感による価値観の変化といった面、および、そこでのファシリテーターの役割[31]が重要なものになる。

集団の意見集約・合意形成のために情報技術を活用するシステムは、古くはグループウェアやCSCW（Computer Supported Cooperative Work）の研究分野での取り組みが見られる。例えば、Issue（課題、論点）をベースに木構造の表現でまとめるファシリテーション技法であるIBIS（Issue Based Information Systems）法をグラフィカルに実現したgIBISという意思決定支援ツール[32]がよく知られている。一方、政治学の分野では、あるテーマについて回答を得る前に回答者にグループ討論をしてもらう討論型世論調査（Deliberative Poll）[33]が、熟議に基づく民主主義の方法論として有効だと認識されるようになった。

近年は集合知の収集・活用の学際的研究が進んでおり、米国マサチューセッツ工科大学（MIT）に2006年に設立されたMIT Center for Collective Intelligence（集合知研究センター：CCI）が注目される。インターネットを使った大規模な議論を、その論理構造の可視化によって支援するシステムDeliberatorium[34]や、地球温暖化問題を取り上げて、解決プランを協議するシステムThe

ClimateCoLabなどのプロジェクトを進めている。さらに、CCIのトップであるThomas W. Maloneは、2018年の著書[35)]で、人の集合知にAIとの協働を含めたSuperintelligenceの方向性を示した。

そのような方向に沿って伊藤孝行研究室[2]では、議論構造の可視化に加えて、エージェント技術によるファシリテーター機能を導入した大規模合意形成支援システムD-Agree[36)]を開発し、大学発ベンチャーAgreeBit社も起業している。D-Agreeは、国内で名古屋市のタウンミーティングなどで社会実験適用の実績があるが（D-Agreeの前身Collagree[37)]もその実績あり）、さらに海外（アフガニスタンのカブール市など）にも展開されている。

d. 多様な価値観の把握・可視化

多様な価値観が混在する状況下での意思決定・合意形成に向けては、その状況や価値観の違いを可視化する技術が有効である。賛成・反対の各立場から意見と根拠を対比する言論マップ生成[38)]、主張・事実などへの言明とその間の関係（根拠・支持、反論・批判など）を推定する議論マイニング（Argumentation Mining）[39)]、議題に対して賛成・反対の立場でディベートを展開するシステム（IBMの「Project Debater」、日立の「ディベートAI」[40)]など）が研究開発されている。より応用をフォーカスし、論理構築・推論を深める研究として法学AI[41)]もある。これらは自然言語処理技術を用いた手法だが、集団の相互理解促進のためにはVR（Virtual Reality）技術やゲーミング手法を用いて相手の立場を追体験させるアプローチも効果がある。

Project Debaterは、2018年6月に米国サンフランシスコで開催されたイベントWatson Westにて、イスラエルの2016年度ディベートチャンピオンとライブ対戦[3]し、「政府支援の宇宙探査を実施すべきか否か」という議題で勝利して話題となった。ニュース記事や学術論文を3億件収集・構造化して用いており、2011年に米国のクイズ番組Jeopardy!で人のチャンピオンに勝利したIBM Watson[42)]の自然言語処理に加えて、ナレッジグラフや議論マイニングなどの技術が組み合わせて実現されたものと考えられる。

e. フェイク対策

ソーシャルメディア上での情報伝播の傾向や、そこで起きている炎上、フェイクニュース、エコーチェンバー、二極化などの現象を把握・分析すること[5), 7), 14), 18), 43), 44)]は、フェイク対策のための基礎的研究となる。フェイクニュースへの対抗としては、発信された情報が客観的事実に基づくものなのかを調査し、その情報の正確さを評価・公表するファクトチェックという取り組みが立ち上がっている[5), 45)]。ファクトチェックを行う団体として比較的早期に立ち上がった米国のSnopes（1994年～）やPolitiFact（2007年～）がよく知られている。この動きは世界的に広がっており、日本では2017年にFactCheck Initiative Japan（FIJ）、2022年にJapan Fact-check Center（JFC）が発足した。2015年には国際的に認証されたファクトチェック団体から成るInternational Fact-Checking Network（IFCN）が発足したが、日本は対応が遅れており、2022年の時点ではIFCNに加盟できた日本の団体がない。

ただし、大量に発信される情報を迅速にチェックするには人手では限界がある。そこで、コンピューター処理によってフェイクニュースの検出を効率化する試みが進められている（FIJでの取り組み[46)]や2016年から始まった競技会Fake News Challengeなど）。また、フェイク動画・フェイク画像・フェイク音声などの判定については、オリジナルの動画・画像・音声から改ざんされていないか、当事者が実際に発話や行動をしていない虚偽の動画・画像・音声ではないか、といったことを動画・画像・音声の特徴分析によっ

2　2020年9月まで名古屋工業大学、10月から京都大学。

3　ライブ対戦の進行は、対戦する両者が議題の肯定派と否定派に分かれ、まず4分間ずつ主張を述べ、次に4分間ずつ相手の主張に対する反論を述べ、最後に2分間ずつまとめを述べるという形で行われ、その勝敗は聴衆の支持数で決まる。ディベートの議題は直前に与えられ、その場で相手の主張も踏まえつつ、自分の主張を組み立てることになる。

て判定することも行われている。フェイク検出技術の詳細は、［新展開・技術トピックス］❶で述べる。ただし、フェイクの検出技術とフェイクの作成法は往々にしていたちごっこになるため、技術開発だけでなく、メディアリテラシーの教育・訓練や、表現・言論の自由を損なわないように配慮しつつ法律・ルールの整備による対策も進めることが必要である[5), 14), 47)]。

f. 意思決定に関する基礎科学

情報技術によって人の意思決定を支援するにあたって、そもそも人の意思決定とはどういうものか、どうあるべきかを理解しておくことは重要である。既に言及した通り、行動経済学や脳科学の分野（「2.1.7 計算脳科学」を参照）で意思決定プロセスのモデルやメカニズムが研究されてきた。また、社会心理学・認知科学などの分野で研究されている確証バイアスを含む認知バイアス[48)]も意思決定に大きく関わる。加えて、人の意思決定・合意形成を支援する機能がELSI（Ethical, Legal and Social Issues：倫理的・法的・社会的課題）の視点から適切であるかについても常に考えておかねばならない。

❹ 人とAIの協働

人がある目的を達成するために、一部のタスクをコンピューターで実行するというのは、コンピューターが発明された頃から行われていたことだが、それはコンピューターでできることがごく限られた処理だけだったため、それ以外は人が対応するしかなかったということである。しかし、AIに代表されるように、今日コンピューターでできることは飛躍的に拡大し、人が行うよりも高速・高精度にさまざまなタスクを実行できるようになった。そこで、目的に応じて、人とAIシステム（あるいはAI技術が組み込まれたロボット）とでどのような役割分担を行うのが最適であるか、人とAI（Artificial Intelligence、Machine Intelligence）の最適協働のあり方としてHMT（Human–Machine Teaming）が考えられるようになった。本節の冒頭でHMTには五つのパターンがあることを示したが、［新展開・技術トピックス］❷では、それらの各パターンの内容や状況について述べる。

（4）注目動向

［新展開・技術トピックス］

❶ フェイク検出技術

フェイクニュース検出は次の四つの面から試みられている[44)]。一つ目は知識ベース検出方式で、従来の人手によるファクトチェックを強化するように、クラウドソーシング的な仕組みを使って専門家集団に検証してもらったり、あらかじめ蓄積された知識ベースと自動照合したりする取り組みがある。二つ目はスタイルベース検出方式で、誤解を生みやすい見出し表現や欺くことを意図したような言葉使いなどに着目する。三つ目は伝播ベース検出方式で、情報拡散のパターン（情報伝播のグラフ構造やスピードなど）に着目する。例えば、フェイクニュースは通常ニュースよりも速く遠くまで伝わる傾向があることが知られている。四つ目は情報源ベース検出方式で、ニュースの出典・情報源の信頼性やその拡散者の関係などから判断する。社会環境・文脈などによって真偽の捉え方が変わるし、科学的発見によって真理の理解が変わることもあり、真偽が定められない言説も多いため、最終的には人による判断が不可欠だが、上に示したような技術は怪しいニュース・情報を迅速に絞り込むのに有効である。また、1件のニュース単独で真偽判定するよりも、複数の情報の間の関係比較や整合性判断、および、複数の視点からの複合的なチェックを行う方がより確かな判断が可能になる[49)]。

また、動画・画像・音声などがオリジナルから改ざんされていないか、当事者が実際に発話や行動をしていない虚偽の動画・画像・音声ではないか、といったことを動画・画像・音声の特徴分析、ニューラルネットワーク・機械学習を用いて判定したり、改ざんの箇所や方法を特定したりといった技術が開発されている[20), 50), 51), 61)]。例えば、不自然なまばたきの仕方、不自然な頭部の動きや目の色、映像から読み取れる人の脈拍数、映像のピクセル強度のわずかな変化、照明や影などの物理的特性の不自然さ、日付・時刻・場所と天気の整合などが手掛かりになる。フェイクの検出技術とフェイクの作成法はいたちごっこだとも言えるが、人の目・耳では見分けがつかないレベルのフェイク動画・画像・音声が作れてしまう事態において、コンピューターによる分析は不可欠である。さらに、動画・画像・音声の内容解析とは別に、ブロックチェーンを使って履歴を管理することで、改ざんが入り込むことを防ぐという方法もある。

フェイクは新種のサイバー攻撃として用いられ、社会混乱も引き起こすことから、安全保障上も対策が求められる。これに対して、米国は早い時期から研究投資を行っており、特に米国国防高等研究計画局（DARPA）は、画像・動画の改ざん検知を行うMedia Forensics（MediFor）プロジェクトや、その後継で、画像・動画の意味的不整合やフェイクの検知を行うSemantic Forensics（SemaFor）プロジェクトを推進している[4]。日本では、2020年度にJST CREST「信頼されるAIシステム」に採択された「インフォデミックを克服するソーシャル情報基盤技術」（研究代表者：越前功）が、フェイク問題に本格的に取り組むプロジェクトとして注目される[61)]。

❷ HMT（Human–Machine Teaming）の五つのパターン

本節の冒頭で述べたHMTの五つのパターンの概要・状況を簡単に述べる[1)]。なお、Human（人）、Machine（AI）ともに単独のケースも複数のケースも考えられ、また、実際の問題では、複数のパターンが組み合わせられることもある。各パターンにおいて、人とAIが協働する中で、人・AIそれぞれの能力が高まって、関係性・パターンが変化していくこともある。

Human Supervisor/Userは、人がAIの上位に位置するパターンで、人が上司となるケース（Human Supervisor）と人が単なるユーザーのケース（Human User）がある。実際のタスクはAIによって実行される。医療画像診断などがHuman Supervisorのケースであり、人が責任を持って監督・介入するHuman Oversightが重要な課題である。その前提としてAIの透明性・説明性・制御性などが求められる。Human Userのケースでは、人がそこまで深く関与せず、一般にHuman Machine Interfaceが重要である。

Human Mentorは、人がAIのやや上位に位置するパターンで、AIが実際のタスクを主に実行し、人はそのタスクを実行しようと思えば実行できるものの、主としてMentorとして機械を指導する。問い合わせや検査などについて、AIで可能な範囲は自動処理して、難しいケースのみ人に対応させるというのが、その一例である。AIへの権限移譲や人へのエスカレーションの仕方が重要課題である。そのために、人・AI双方が相手のモデルを持つこと（Mutual Model）が必要だと言われる。

Peerは、人とAIが同格で、どちらもタスクを実行する能力を有している。ただし、条件によってどちらのパフォーマンスが優れているかが変わってくるため、状況に応じてどちらがタスクを実行するかを決める必要がある。人とAIがタスクを分担して並列に実行することもあり得る。自動運転のレベル3はPeerに該当する。権限移譲の管理やMutual Modelが重要である。特に、人がAIの能力を適切に把握していることが望ましく、過信や不信を避けるように信頼較正[52)]という手法が考えられている。

Machine Mentorは、人が主としてタスクを実行するものの、一部のタスクに関してはAIが実行する。自動運転のレベル1や2はこれに該当する。 AIが人の作業・行動をモニタリングしていて、危ない状況や

4　米国DARPAでは、悪意を持ったオンラインやオフラインでの誘導・干渉によって人々の思考や行動に影響を与える問題に対処するための取り組みをCognitive Securityと総称し、MediFor、SemaFor以外にも、個人情報・プライバシーが目的外に使われないように管理するBrandies、状況を理解し、アクションするため、さまざまな情報源の間の矛盾・整合を踏まえながら仮説を生成するAIDA（Active Interpretation of Disparate Alternatives）、人の心理的な隙や行動のミスにつけ込んで個人が持つ秘密情報を入手する攻撃（ソーシャルエンジニアリング）を検知・防御するASED（Active Social Engineering Defense）、悪意のあるボットネットワークや大規模マルウェアに対抗する自律ソフトウェアエージェントHACCS（Harnessing Autonomy for Counering Cyberadversary Systems）などのプロジェクトを実施している。

不適切な状況が検知されたら、注意や助言を行うケースもこのパターンの一例である。人のモチベーションへの配慮が求められる。

Machine Supervisorは、人が専ら実際のタスクを実行し、上司の立場にあるAIはタスクの実行には携わらない。ライドシェアサービスUberが代表例である。また、クラウドソーシング[26]をAIで最適管理するようなケースも該当する。人のモチベーションを考慮したタスクアサインやフィードバックが課題として挙げられる。

❸ AI技術を用いた創作

深層生成モデルの発展によって、芸術作品（絵画・音楽など）や文学作品（小説・俳句など）の創作へのAI技術の活用が広がった[53),54),55),56)]。

まず絵画作品の生成では、2015年に、深層ニューラルネットワーク構造中の情報を操作することで、通常の画像を夢に出てくるような神秘的な画像に変換するDeepDreamが開発された。ゴッホやレンブラントらの絵画作品から画風を学習し、入力画像をそのような画風に変換するシステムなども開発され、深層生成モデルを学習したり、その内部情報を操作したりすることで、絵画的表現を生成したり変換したりする手法やツールが種々開発されるようになった。さらに、2021年に発表されたDALL-Eでは、簡単な文からそれを表現した画像が生成されるText-to-Imageが実現された。これに続いて、DALL-E2、Imagen、Perti、Museなど、より高品質な画像を生成できる技術が開発されるとともに、MidjourneyやStable Diffusionなど、文を入力するだけで簡単に使えて、まるでプロが書いたようなテイストの画像が生成できるシステムが、インターネット上で使える形で公開され、Text-to-Imageは2022年に大きな話題になった（深層生成モデルと画像生成AIの技術面については「2.1.1 知覚・運動系のAI技術」に記載している）。

音楽作品の生成（作曲）は、メロディー、リズム、コード進行などに関する音楽理論の蓄積があり、音楽理論・ルールをベースとした生成手法が古くから取り組まれていたことから、絵画作品の生成とは異なる発展を示している。深層学習を用いてバッハ風やビートルズ風といった新曲を作る取り組み、歌詞を入力として音楽理論やルールに基づいて曲を付ける取り組み、既存曲を入力として遺伝的アルゴリズム（Genetic Algorithm：GA）などの進化計算によって新たな曲を作る取り組みなど、さまざまなアプローチがなされている[57)]。また、深層学習でもGANだけでなく、時系列データを扱いやすいLSTM（Long Short-Term Memory）ネットワークもよく用いられている。さらに最新の話題として、Text-to-Imageの技術を用いた音楽生成システムRiffusionが2022年12月に公開された。このシステムでは、Stable Diffusionに音楽のスペクトラム画像を追加学習させることで、テキストからスペクトラム画像を生成し、それを音楽として再生する。

文学作品の生成では、2012年にスタートした「きまぐれ人工知能プロジェクト：作家ですのよ」がよく知られている[53)]。星新一のショートショート小説作品をコンピューターで解析して生成した作品を星新一賞に応募する試みを行っている。ここでは、登場人物の設定や話の筋、文章の部品に相当するものは人間が用意しておき、それらを用いた文章生成という部分にAI技術を適用したというものである。さらに現在大きな話題になっているのが、前述のChatGPTである。簡単な例示や指示を与えて文章を生成することができる。人間が書いたような自然な文章だと言われており、文学的な文章の生成事例も報告されている（技術的面については「2.1.2 言語・知識系のAI技術」に記載している）。

人間の持つ創作欲求（美意識や自己表現など）そのものをAIが持つことは当分難しいとしても、表現の種や見本となるものがあるときに、そのスタイルをまねたり、新たな連想を生み出したりといったことにAI技術が活用できるようになってきた。実際、絵画・音楽の領域では、AI技術を用いて人間の創作活動を支援・活性化するさまざまなソフトウェアツール（ラフスケッチの写実画への変換、着色、作曲、画風・曲調の変換、前衛的・不気味な絵の生成など）が実用化されている。

「AI美空ひばり」「AI手塚治虫」といったプロジェクト[58)]も、そのようなツールを活用したものだが、AI

技術を用いて故人の名を冠した新作を創作するという行為、あるいは、AI技術を用いて故人を仮想的によみがえらせるというコンセプトに対して、倫理的な視点や社会受容といった面から議論が起きた。両プロジェクトとも、故人の遺族の了承・意向を踏まえつつ取り組まれたものだが、ELSI面からは引き続き議論を深めていくことが必要である。

また、画像生成や文章生成の技術が高品質化し、プロ並みのものが簡単に生成できるようになったため、人間による創作物かAIで自動生成したものかの区別が難しくなってきた。そのため、創作物の権利や偽作に関する問題や、プロのアーティストからの反発なども生じつつある。

［注目すべき国内外のプロジェクト］

❶ NEDOプロジェクト「人と共に進化する人工知能に関する技術開発事業」

国立研究開発法人新エネルギー・産業技術総合開発機構（NEDO）のもとで実施されている5年間のプロジェクトである（実施期間：2020年度～2024年度、プロジェクトリーダー：辻井潤一）。人と共に進化するAIシステムの基盤技術開発、実世界で信頼できるAIの評価・管理手法の確立、容易に構築・導入できるAI技術の開発という三つの研究開発項目のもと、16の研究テーマが推進されている。

❷ ソニーのGT Sophy（Gran Turismo Sophy）

GT Sophyは、PlayStationのドライビングシミュレーター「グランツーリスモSPORT」において、世界最高峰のプレーヤーをしのぐドライビングスキルを学習したAIエージェントである[59]。深層強化学習によって訓練された自動意思決定AIだが、実在のレーシングカーやコースの見た目だけではなく、車体の重量バランスや剛性、空気抵抗やタイヤの摩擦などの物理現象に至るまで、現実のレーシング環境が限りなくリアルに再現された仮想環境で学習や自動制御が行われる。さらに、高速走行中の相手やコースのダイナミックな変化に応じたリアルタイム制御、スリップストリームやクロスラインからのオーバーテイクのような高度なレーシングスキル、レーシングエチケットなども獲得している。2022年2月10日発行のNature誌の表紙を飾った。

（5）科学技術的課題

❶ 意思決定支援AIの技術課題

［研究開発の動向］❸に挙げた、膨大な可能性の探索・評価（マルチエージェントシミュレーション、統計的因果推論など）、自動意思決定・自動交渉（強化学習、最適化など）、大規模意見集約・合意形成、多様な価値観の把握・可視化（言論マップ生成、議論マイニングなど）、フェイク対策、意思決定に関する基礎科学（意思決定プロセスのモデル、ELSIなど）のそれぞれは、さらなる研究開発が必要である。

それらの技術を用いての意思決定を支援する機能の提供形態としては、人（個人や集団）に寄り添うAIエージェントという形や、意見集約・合意形成のためのプラットフォームという形が考えられる。AIエージェントのデザインでは、HAI（Human-Agent Interaction、詳細は「2.1.3 エージェント技術」を参照）の設計方法論や、人とAIエージェントの間のトラスト形成（「2.4.7 社会におけるトラスト」を参照）という観点も踏まえる必要がある。また、意見集約・合意形成のためのプラットフォームでは、その健全性・公平性を確保するため、フェイク対策の取り込み、一次情報や意見根拠の追跡・確認、声の大きい意見だけでない意見集約の公平性確保なども課題となる。

❷ HMTの技術課題

［新展開・技術トピックス］❷では、HMTの五つのパターンを示し、そのような人・AI協働の形に応じて、AIの透明性・説明性・制御性などの確保や、人からAIへの権限移譲の管理、AIに対する信頼形成、人のモチベーションへの配慮などに課題があることを述べた。また、各パターンでの協働を通して、人やAI

それぞれの能力が高まり、関係性・パターンが変化する可能性があることにも触れた。どのような問題に対して、どの協働パターンが適していて、協働することでどれほど全体パフォーマンスが高まるか、あるいは、人・AIそれぞれの能力がどう高まり得るか、といった分析や方法論も今後さらに探究されていくものと期待される。

関連して、上記の意思決定支援AIでは、それに人が依存しすぎると、人の判断能力自体が低下するという懸念がある。HMTでも同様の懸念は生じ得る。意思決定支援AIやHMTにおいて、人にとって負荷が減って楽になることと、人の能力が高まることの両面からどのようなバランスが望ましいかを考えていくことも必要であろう。

（6）その他の課題

❶ ELSIおよび社会受容性に配慮した研究開発

意思決定支援AIは、倫理的・法的・社会的な視点（ELSI面）から適切であるかを常に考えておかねばならない。例えば、人の支援機能を意図したものが、思考誘導や検閲（表現・言論の自由の制限）と受け止められてしまう可能性もある。逆に、フェイク問題のようなケースに対しては法的規制をかけてしまえばよいのではないかという意見を聞くことがあるが、絶対的な真偽が定まらない言説は非常に多く、法的規制が強く働くと表現・言論の自由が制限されるリスクが高まることに注意を要する[20)]。この点を踏まえて、法的規制の検討は、極めて慎重に行う必要がある。その一方、人のメディアリテラシーを高める教育が重要である。

HMTはより広い人・AI協働の概念であり、同様に配慮が必要であろう。このような面に対して、利用者から見た透明性を確保し、社会受容性に配慮した技術開発が求められる。そのためには、実社会の具体的な問題に適用して社会からのフィードバックを受けるプロセスを、短いサイクルで回しながら判断・改良していくのがよいと考える。

❷ 分野横断の研究開発体制・推進施策

本研究開発領域は、AI技術などの情報技術だけでなく、計算社会科学、脳科学、認知科学、心理学、経済学、政治学、社会学、法学、倫理学などが重なる学際的な領域であり、分野横断の研究開発体制・推進施策が必要である。そのためには、初期段階から分野横断で研究者を共通の問題意識・ビジョンのもとに束ねる研究開発マネジメントが望ましい。現状、本研究開発領域の個々の技術課題・要素技術に関わる研究者は多いものの、研究者それぞれの取り組みは全体の問題意識に対してまだ断片的なものにとどまっている感が強く、分野横断の連携・統合による骨太化が求められる。その際、情報技術側で扱いやすい形の問題にしてしまうとか、人文・社会科学側から結果に対して駄目出しするとかではなく、具体的な問題に対する定式化において双方がコミットすべきである。実社会への適用において発生するさまざまな制約事項を、アルゴリズム・原理のレベルで扱うのか、運用上の制約（法規制など）の形で扱うのかによって、技術的なアプローチは変わってくる。

❸ 国・社会のフェイク問題と対策に対する意識向上

米国が国家安全保障の観点から重要な研究開発領域と位置付けて投資しているのに対して、日本ではその意識がまだ弱い。日本は米国の事例ほど、フェイク問題や社会分断が深刻化していないため、国・社会の危機感が薄いように思われるが、民主主義を揺るがし得る、社会の方向性を左右し得る、国・組織・個人に対する新しいサイバー攻撃になり得る、といった国・社会にとっての大きなリスクが生じることに備えておくべきである。フェイク問題への対策、フェイクによる攻撃への防御技術を育てておくことや、人々のメディアリテラシーを高めるための教育や啓発施策などを進めることを通して、健全な社会的意思決定・集合知を育てる意識・環境が、安全で信頼できる社会を発展させていくために極めて重要である。

（7）国際比較

国・地域	フェーズ	現状	トレンド	各国の状況、評価の際に参考にした根拠など
日本	基礎研究	○	↗	マルチエージェントシステムの分野で、オークション・マッチングの理論研究やインセンティブメカニズムの研究が多い。 HMTについては、SIP「ビッグデータ・AIを活用したサイバー空間基盤技術」で関連基礎研究を推進しており、日本発のHAI（Human-Agent Interaction）も強みとなる。
	応用研究・開発	○	↗	大規模合意形成支援システムなどで先端的な取り組みや、AI間の交渉・協調・連携に関するCOCNの取り組みが進展している。
米国	基礎研究	◎	↗	MIT CCIのDeliberatoriumやThe ClimateCoLab、Stanford Universityの討論型世論調査をはじめ、学際的な基礎研究が根付いている。 AI・マルチエージェントシステムの分野で、メカニズムデザイン、オークション・マッチングの理論研究が広く行われている。 HMTの基礎研究も実績がある[35),60)]。
	応用研究・開発	◎	↗	上記基礎研究がそのまま応用研究やベンチャーによる産業化につながる傾向が強い。国および企業によるAI分野への大型投資が行われている（Metaの自動交渉エージェントなど）。
欧州	基礎研究	◎	↗	Imperial College London、Oxford University、Delft University of Technologyなど、自動交渉の基礎研究が強く、論理的なアプローチによる自動交渉の研究も行われている。
	応用研究・開発	◎	↗	市民からの意見集約や合意形成のためのシステム・応用に盛んに取り組まれている。自動交渉の応用ソフトウェア（電力売買など）への取り組みも見られる。
中国	基礎研究	◎	↗	Hong Kong Baptist Universityのメカニズムデザインや自動交渉の基礎理論研究をはじめ、取り組みが活発になってきている。
	応用研究・開発	△	→	顕著な活動は見当たらない。
韓国	基礎研究	△	→	顕著な活動は見当たらない。
	応用研究・開発	△	→	顕著な活動は見当たらない。

（註1）フェーズ

基礎研究：大学・国研などでの基礎研究の範囲

応用研究・開発：技術開発（プロトタイプの開発含む）の範囲

（註2）現状　※日本の現状を基準にした評価ではなく、CRDS の調査・見解による評価

◎：特に顕著な活動・成果が見えている　　○：顕著な活動・成果が見えている

△：顕著な活動・成果が見えていない　　×：特筆すべき活動・成果が見えていない

（註3）トレンド　※ここ1～2年の研究開発水準の変化

↗：上昇傾向、→：現状維持、↘：下降傾向

参考文献

1）丸山文宏,「人とAIの関係性を考える」,『AIデジタル研究』第7号（2023年2月）.

2）科学技術振興機構 研究開発戦略センター,「戦略プロポーザル：複雑社会における意思決定・合意形成を支える情報科学技術」, CRDS-FY2017-SP-03（2018年12月）.

3）福島俊一,「複雑社会における意思決定・合意形成支援の技術開発動向」,『人工知能』（人工知能学会誌）34巻2号（2019年3月）, pp. 131-138.

4）Edmond Awad, et al., “The Moral Machine experiment”, *Nature* Vol. 563 (24 October 2018), pp. 59-64. DOI: 10.1038/s41586-018-0637-6

5）笹原和俊,『フェイクニュースを科学する―拡散するデマ, 陰謀論, プロパガンダのしくみ―』（化学同人,

2018年）.

6）湯淺墾道,「米大統領選におけるソーシャルメディア干渉疑惑」,『情報処理』（情報処理学会誌）58巻12号（2017年12月）, pp. 1066-1067.

7）藤代裕之,『フェイクニュースの生態系』（青弓社, 2021年）.

8）Herbert A. Simon, *Administrative behavior: a study of decision-making processes in administrative organization* (Macmillan, 1947).（邦訳：二村敏子・桑田耕太郎・高尾義明・西脇暢子・高柳美香訳,『新版 経営行動：経営組織における意思決定過程の研究』, ダイヤモンド社, 2009）.

9）Daniel Kahneman, *Thinking, Fast and Slow,* (Farrar, Straus and Giroux, 2011).（邦訳：村井章子訳,『ファスト＆スロー：あなたの意思はどのように決まるか？』, 早川書房, 2014年）

10）Daniel Kahneman and Amos Tversky, "Prospect Theory: An Analysis of Decision under Risk", *Econometrica* Vol. 47, No. 2 (March 1979), pp. 263-291.

11）Richard H. Thaler and Cass R. Sunstein, *Nudge: Improving Decisions About Health, Wealth, and Happiness* (Yale University Press, 2008).（邦訳：遠藤真美訳,『実践 行動経済学』, 日経BP社, 2009年）

12）坂上雅道・山本愛実,「意思決定の脳メカニズム—顕在的判断と潜在的判断—」,『科学哲学』（日本科学哲学会誌）42-2号（2009年）.

13）遠藤薫,『ソーシャルメディアと〈世論〉形成』（東京電機大学出版局, 2016年）.

14）山口真一,『ソーシャルメディア解体全書：フェイクニュース・ネット炎上・情報の偏りネット炎上の研究』（勁草書房, 2022年）.

15）金子格・須川賢洋（編）,「小特集 ディジタルゲリマンダとは何か—選挙区割政策からフェイクニュースまで」,『情報処理』（情報処理学会誌）58巻12号（2017年12月）, pp. 1068-1088.

16）Eli Pariser, *The Filter Bubble: What the Internet is Hiding from You* (Elyse Cheney Literary Associates, 2011).（邦訳：井口耕二訳,「閉じこもるインターネット」, 早川書房, 2012年）

17）「Politics and Technology テクノロジーは民主主義の敵か?」,『MITテクノロジーレビュー Special Issue』Vol. 11（2018年）.

18）田中辰雄・浜屋敏,「ネットは社会を分断するのか－パネルデータからの考察－」,『富士通総研 経済研究所 研究レポート』No. 462（2018年）.

19）Ruben Tolosana, et al., "DeepFakes and Beyond: A Survey of Face Manipulation and Fake Detection", arXiv：2001.00179 (2020).

20）科学技術振興機構 研究開発戦略センター,「公開ワークショップ報告書：意思決定のための情報科学～情報氾濫・フェイク・分断に立ち向かうことは可能か～」, CRDS-FY2019-WR-02（2020年2月）.

21）Tom Brown, et al., "Language Models are Few-Shot Learners", *Proceedings of the 34th Conference on Neural Information Processing Systems* (NeurIPS 2020; December 6-12, 2020).

22）科学技術振興機構 研究開発戦略センター,「科学技術未来戦略ワークショップ報告書　複雑社会における意思決定・合意形成を支える情報科学技術」, CRDS-FY2017-WR-05（2017年10月）.

23）井之上直也,「言語データからの知識獲得と言語処理への応用」,『人工知能』（人工知能学会誌）33巻3号（2018年5月）, pp.337-344.

24）水野淳太・他,「大規模情報分析システム WISDOM X, DISAANA, D-SUMM」,『言語処理学会第23回年次大会発表論文集』（2017年）, pp. 1077-1080.

25）Yannick de Jong, "Levels of Data Analytics", *IThappens.nu* (20 March 2019). http://www.ithappens.nu/levels-of-data-analytics/ (accessed 2020-11-08)

26）鹿島久嗣・小山聡・馬場雪乃,『ヒューマンコンピュテーションとクラウドソーシング』（講談社, 2016年）.

27）牧野貴樹・澁谷長史・白川真一（編著），他19名共著，『これからの強化学習』（森北出版，2016年）．
28）大槻知史（著）・三宅陽一郎（監修），『最強囲碁AI アルファ碁 解体新書（増補改訂版）』（翔泳社，2018年）．
29）藤巻遼平・他，「予測から意思決定へ ～予測型意思決定最適化～」，『NEC技報』69巻1号（2016年），pp. 64-67.
30）藤田桂英・森顕之・伊藤孝行，「ANAC: Automated Negotiating Agents Competition（国際自動交渉エージェント競技会）」，『人工知能』（人工知能学会誌）31巻2号（2016年3月），pp. 237-247.
31）桑子敏雄，『社会的合意形成のプロジェクトマネジメント』（コロナ社，2016年）．
32）Jeff Conklin and Michael L. Begeman, “gIBIS: a hypertext tool for exploratory policy discussion”, *Proceedings of the 1988 ACM conference on Computer-supported cooperative work* (CSCW‘88: Portland, USA, 26-28 September 1988), pp. 140-152. DOI: 10.1145/62266.62278
33）James S. Fishkin, *When the People Speak: Deliberative Democracy and Public Consultation* (Oxford University Press, 2011).（邦訳：岩木貴子訳，曽根泰教監修，『人々の声が響き合うとき：熟議空間と民主主義』，早川書房，2011年）
34）Mark Klein, “Enabling Large-Scale Deliberation Using Attention-Mediation Metrics”, *Computer Supported Cooperative Work* Vol. 21, No. 4-5 (2012), pp. 449-473. DOI: 10.2139/ssrn.1837707
35）Thomas W. Malone, *Superminds: The Surprising Power of People and Computers Thinking Together* (Little, Brown and Company, 2018).
36）Takayuki Ito, et al., “D-Agree: Crowd Discussion Support System Based on Automated Facilitation Agent”, *Proceedings of the 34th AAAI Conference on Artificial Intelligence* (AAAI-20, New York, 7-12 February 2020), pp. 13614-13615. DOI: 10.1609/aaai.v34i09.7094
37）伊藤孝行・他，「エージェント技術に基づく大規模合意形成支援システムの創成　―自動ファシリテーションエージェントの実現に向けて―」，『人工知能』（人工知能学会誌）32巻5号（2017年9月），pp. 739-747.
38）水野淳太・他，「言論マップ生成技術の現状と課題」，『言語処理学会第17回年次大会発表論文集』（2011年），pp. 49-52.
39）岡崎直観，「自然言語処理による議論マイニング」，『人工知能学会全国大会（第32回）』（2018年）1D2-OS-28a-a（OS-28招待講演）．https://www.slideshare.net/naoakiokazaki/ss-100603788 (accessed 2023-02-01)
40）柳井孝介・他，「AIの基礎研究：ディベート人工知能」，『日立評論』98巻4号（2016年4月），pp. 61-64.
41）佐藤健，「論理に基づく人工知能の法学への応用」，『コンピュータソフトウェア』（日本ソフトウェア科学会誌）27巻3号（2010年7月），pp. 36-44. DOI: 10.11309/jssst.27.3_36
42）“Special Issue: This is Watson”, *IBM Journal of Research and Development* Vol. 56 issue 3-4 (May-June 2012).
43）Robert M. Bond, et al., “A 61-million-person experiment in social influence and political mobilization”, *Nature* Vol. 489 (12 September 2012), pp. 295-298. DOI: 10.1038/nature11421
44）Xinyi Zhou and Reza Zafarani, “A Survey of Fake News: Fundamental Theories, Detection Methods, and Opportunities”, *ACM Computing Surveys* Vol. 53, No. 5 (September 2020), Article No. 109. DOI: 10.1145/3395046
45）立岩陽一郎・楊井人文，『ファクトチェックとは何か』（岩波書店，2018年）．
46）Tsubasa Tagami, et al., “Suspicious News Detection Using Micro Blog Text”, *Proceedings of the 32nd Pacific Asia Conference on Language, Information and Computation* (PACLIC 32,

Hong Kong, 1-3 December 2018).
47) 鳥海不二夫・山本龍彦,『デジタル空間とどう向き合うか：情報的健康の実現をめざして』(日経BP, 2022年).
48) 鈴木宏昭,『認知バイアス：心に潜むふしぎな働き』(講談社, 2020年).
49) 科学技術振興機構 研究開発戦略センター,「戦略プロポーザル：デジタル社会における新たなトラスト形成」, CRDS-FY2022-SP-03（2022年9月）.
50) Darius Afchar, et al., "MesoNet: a Compact Facial Video Forgery Detection Network", *Proceedings of IEEE International Workshop on Information Forensics and Security* (WIFS 2018, Hong Kong, 11-13 December 2018). DOI: 10.1109/WIFS.2018.8630761
51) Huy H. Nguyen, Junichi Yamagishi and Isao Echizen, "Capsule-forensics: Using Capsule Networks to Detect Forged Images and Videos", *Proceedings of IEEE International Conference on Acoustics, Speech and Signal Processing* (ICASSP 2019, Brighton, 12-17 May 2019). DOI: 10.1109/ICASSP.2019.8682602
52) Kazuo Okamura and Seiji Yamada, "Adaptive Trust Calibration for Human-AI Collaboration," *PLOS ONE* Vol. 15, No. 2 (February 2020), e0229132. DOI: 10.1371/journal.pone.0229132
53) 竹永康彦・他（編）,「小特集：創造性・芸術性におけるAIの可能性」,『電子情報通信学会誌』102巻3号（2019年3月）, pp. 207-264.
54) David Foster, *Generative Deep Learning: Teaching Machines to Paint, Write, Compose, and Play* (O'reilly Media Inc., 2019).（邦題：松田晃一・小沼千絵訳,『生成Deep Learning：絵を描き、物語や音楽を作り、ゲームをプレイする』, オライリージャパン, 2020年）.
55) 徳井直生,『創るためのAI：機械と創造性のはてしない物語』(ビー・エヌ・エヌ, 2021年).
56) David Cope, *Computer Models of Musical Creativity* (The MIT Press, 2005).（邦訳：平田圭二監修, 今井慎太郎・大村英史・東条敏訳,『人工知能が音楽を創る』, 音楽之友社, 2019年）.
57) Jean-Pierre Briot, Gaëtan Hadjeres and François Pachet, "Deep Learning Techniques for Music Generation - A Survey", arXiv：1709.01620 (2017).
58) 折原良平（編）,「特集：AIでよみがえる手塚治虫」,『人工知能』(人工知能学会誌）35巻3号, 2020年5月, pp. 390-429）.
59) Peter R. Wurman, et al., "Outracing champion Gran Turismo drivers with deep reinforcement learning", *Nature* No. 602 (2022), pp. 223-228. DOI: 10.1038/s41586-021-04357-7
60) National Academies of Sciences, Engineering, and Medicine, *Human-AI Teaming: State-of-the-Art and Research Needs* (The National Academies Press, 2022). DOI: 10.17226/26355
61) 笹原和俊,『ディープフェイクの衝撃：AI技術がもたらす破壊と創造』(PHP研究所, 2023年).

2.1.6 AI・データ駆動型問題解決

（1）研究開発領域の定義

人工知能（Artificial Intelligence：AI）・ビッグデータ解析が可能にする大規模複雑タスクの自動実行や膨大な選択肢の網羅的検証などによる、問題解決手段の質的変化、産業構造・社会システム・科学研究などの変革を生み出す研究開発領域である。本節では、「AI駆動」「データ駆動」を冠して呼ばれることが多い、さまざまな問題解決に共通的な考え方やフレームワーク・基盤技術を中心に俯瞰し、個別的・具体的なアプリケーションは最近の注目トピックのみ取り上げる。

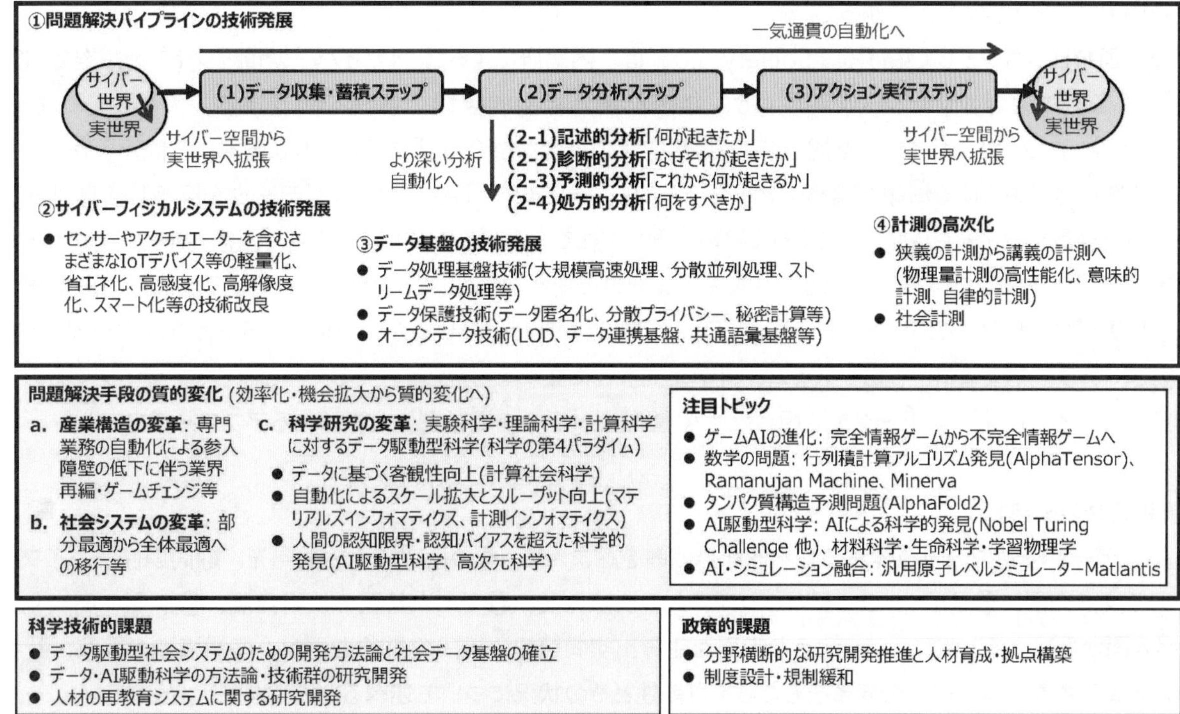

図2-1-9　　領域俯瞰：AI・データ駆動型問題解決

（2）キーワード

ビッグデータ、Cyber Physical Systems（CPS）、IoT（Internet of Things）、データサイエンス、オープンデータ、データ連携基盤、データ駆動、AI駆動、デジタルトランスフォーメーション（DX）、計測、ゲームAI、AI・シミュレーション融合、AI駆動型科学

（3）研究開発領域の概要

［本領域の意義］

ビッグデータ（Big Data）[1), 2)] は、元来は膨大な量のデータそのものを指す言葉だが、その収集・蓄積・解析技術は、大規模性だけでなくヘテロ性・不確実性・時系列性・リアルタイム性などにも対応できる技術として発展している。また、センサー、IoT（Internet of Things）デバイスの高度化と普及によって、さまざまな場面で実世界ビッグデータが得られるようになり、その収集・解析技術は、実世界で起きる現象・活動の状況を精緻かつリアルタイムに把握・予測するための技術としても期待されている。今日、さまざまな社会課題が人間の手に負えないほどに大規模複雑化しており、実世界ビッグデータの収集・解析による状況の把握・予測は、そのような課題の解決に共通的に貢献し得る有効な手段になる。ここにさらにAI技術が加わ

り、AI技術とビッグデータ（データそのもの、および、処理技術）が深く関係し合いながら発展している。すなわち、ビッグデータが集められることでAI技術（特に機械学習技術）は高度化し、精度を高め、そのAI技術を用いて実世界のビッグデータを解析することで、実世界の現象・活動のより深く正確な状況把握・予測が可能になってきた。

具体的なアプリケーションは、当初、Googleなどのサーチエンジンにおける検索連動型広告や、Amazonなどのショップサイトにおける商品レコメンデーションのように、インターネット上のサービスに集まるビッグデータを売上向上に活用するものが中心であった。しかし、現在は、実世界から集まるビッグデータを活用した社会課題解決へと広がってきており[1), 2)]、その社会的価値はますます高まっている。例えば、電力・エネルギーの需要を予測して最適に制御したり、実店舗のさまざまな商品の品ぞろえや仕入れを最適化したり、防犯のため不審な人や振る舞いを検知・通知したり、病気の疑いや機器の異常を早期に検知したりといった実世界のアプリケーションが広がっている。

わが国がビジョンとして掲げる「Society 5.0」は、内閣府によると、「サイバー空間とフィジカル空間（現実）を高度に融合させたシステムにより、経済発展と社会的課題の解決を両立する、人間中心の社会（Society）」であり、サイバー空間とフィジカル空間の高度な融合は「フィジカル（現実）空間からセンサーとIoTを通じてあらゆる情報が集積（ビッグデータ）、人工知能（AI）がビッグデータを解析し、高付加価値を現実空間にフィードバック」によって実現するとされている。これにより、交通、医療・介護、ものづくり、農業、食品、防災、エネルギーなど、さまざまな分野で新たな価値創出が目指されている。昨今、産業界を中心にデジタルトランスフォーメーション（DX）の推進が叫ばれているが、Society 5.0と方向性を同じくする動きであり、産業構造、社会システム、科学研究などに変革をもたらす。そして、これらをドライブするのが、本節で述べるAI・ビッグデータを活用した「AI駆動型」「データ駆動型」と呼ばれるアプローチである。

［研究開発の動向］

AI・データ駆動型の問題解決の基本的な枠組みを踏まえて、その研究開発の動向を、❶問題解決パイプラインの技術発展、❷サイバーフィジカルシステムの技術発展、❸データ基盤の技術発展、❹計測の高次化という4面から述べる。次に、このような発展が生み出す問題解決手段の質的変化が、産業構造の変革、社会システムの変革、科学研究の変革をもたらす可能性とその状況について述べる。

❶ 問題解決パイプラインの技術発展

AI・データ駆動型問題解決の基本的な処理の流れは、（1）データ収集・蓄積ステップ、（2）データ分析ステップ、（3）アクション実行ステップ、という順に進む。ここでは、これを「問題解決パイプライン」と呼ぶことにする。（2）のデータ分析ステップは、さらに、データ分析の深さによって段階がある。米国の調査・アドバイザリー企業であるGartnerは、データ分析の段階を、（2–1）記述的分析（Descriptive：何が起きたか）、（2–2）診断的分析（Diagnostic：なぜそれが起きたか）、（2–3）予測的分析（Predictive：これから何が起きるか）、（2–4）処方的分析（Prescriptive：何をすべきか）という4段階としている[3)]。（2–4）によってアクションが計画され、（3）のアクション実行が可能になる。

問題解決パイプラインで、（1）→（2–1）→（2–2）→（2–3）→（2–4）→（3）とステップを深めるほど、問題の解決に近づき、社会価値・ビジネス価値が高くなる。つまり、例えば（1）（2–1）しか自動化されなければ、（2–2）以降は人間が行うことになるが、（1）から（3）まで一気通貫で自動化されれば、人間は実行状況をモニタリングしていればよいことになる。電力マネジメントの例で具体的に説明するならば、前者のケースは、電力消費状況の計測・可視化までが自動化され、その状況に基づいて人間が今後の必要量を判断し、アクションを考えることになる。後者のケースは、電力消費状況を自動計測し、今後の必要量を自動予測し、最適な状況になるように自動制御も行われる（人間はその様子を見ていればよい）。

このような（1）から（3）まで一気通貫での自動化を可能にする方向で、技術開発が進められている。そのために使われる具体的な技術としては「2.1.1 知覚・運動系のAI技術」に記載されている機械学習・パターン認識・運動生成などの技術が挙げられる。

❷ サイバーフィジカルシステムの技術発展

前述したように、問題解決パイプラインは、当初、インターネット上のサービスに集まるデータを収集・解析し、そのサービスを改良・強化するために使われた。つまり、サイバー空間に閉じたパイプラインであった。しかし、現在は実世界（フィジカル空間）からデータを収集し、その解析結果に基づいて、実世界のシステムにフィードバックをかけるような応用へも広がっている。つまり、サイバーフィジカルシステム（Cyber Physical Systems：CPS）としての問題解決パイプラインへと拡張されている。

この拡張は、問題解決パイプラインにおける、（1）データ収集・蓄積ステップと（3）アクション実行ステップが、サイバー空間から実世界に広がったということである。そのために、センサーやアクチュエーターを含むさまざまなIoTデバイス、あるいは、ロボットが（1）や（3）に導入されるようになった。軽量化、省エネ化、高感度化、高解像度化、スマート化などの技術改良が進められている。その具体的な技術内容は「2.2.3 マニピュレーション」「2.5.5 IoTアーキテクチャー」に記載している。

❸ データ基盤の技術発展

上記❶❷のような問題解決パイプラインを支える技術として、データ基盤の研究開発も進められている。ここでいうデータ基盤は、a.データ処理基盤技術、b.データ保護技術、c.オープンデータ技術を含む。

a.データ処理基盤技術：

大規模なデータを高速に処理するための技術群である。ますます大規模化するデータを、より高速に処理するという要求が高まり、分散並列処理技術、圧縮データ処理技術、ストリームデータ処理技術などが発展している。その具体的な技術内容は「2.5.4 データ処理基盤」に記載した。

b.データ保護技術：

分析対象となるデータの保護のための技術群である。暗号化などのセキュリティー技術に加えて、分析対象データが個人属性や行動履歴のようなパーソナルデータである場合に、そのプライバシーを保護するための技術、さらには、データの分析と保護を両立させるプライバシー保護データマイニング技術が開発されている。匿名化、差分プライバシー、秘匿計算などの技術がある。それらの詳細は「2.4.3 データ・コンテンツのセキュリティー」に記載した。

c.オープンデータ（Open Data）：

最小限の制約のみで誰でも自由に利用、加工、再配布ができるデータのことである。さまざまな問題解決にデータ利用が促進され、また、他のデータと組み合わせた新しい価値創出・サービス創出が活性化される。そのために、共通的なデータ形式や付加的な情報（メタデータなど）の記述形式などがデザインされている。特に、セマンティックWeb分野で開発・標準化された技術を用いたリンクト・オープンデータ（Linked Open Data：LOD）[4] がよく知られている。さらに、分野・組織をまたいだデータの連携を容易にするため、共通語彙の設定も含むデータ連携基盤の構築が推進されている。米国では2005年にNIEM（National Information Exchange Model）、欧州では2011年にSEMIC（Semantic Interoperability Community）がデータ連携標準の取り組みとして始まった。わが国でも「未来投資戦略2018」で描くデータ駆動型社会の共通インフラとしてデータ連携基盤の構築が掲げられ、共通語彙基盤（Infrastructure for Multilayer Interoperability：IMI）が構築された[5]。IMI、NIEM、SEMICの間の国際的な相互運用性も検討されている。

❹ 計測の高次化

計測は「科学の母」（Mother of Science）と言われ、さまざまな科学研究を支えている。また、現在の状況を計測（センシング）することは問題解決（ソリューション）の出発点であり、計測技術はさまざまなソリューションビジネスを左右する。今日、❶で述べた問題解決パイプラインに沿って、計測は「狭義の計測」から「広義の計測」へと概念を広げ、これがさまざまな研究やビジネスに波及している。

「狭義の計測」は物理量計測である。従来の計測機器は、温度・重量などの物理量を直接計測して出力するものであった。しかし、いまでは、計測機器（あるいは計測システム）の中で、物理量データの統計処理・データ分析処理などの情報処理（AI・ビッグデータ技術の適用を含む）まで行い、その結果を計測結果として出力するものが増えている。そのような情報処理を加えることで、a.物理量計測の高性能化、b.意味的計測、c.自律的計測が可能になってきた。ここで、意味的計測と自律的計測が「広義の計測」に相当する。以下、これらa・b・cについて簡単に説明する（詳細は調査報告書[6)]にまとめた）。

a.物理量計測の高性能化は、従来と同様に物理量を計測結果として出力するが、情報処理を加えることで、精度や効率を高めるものである。例えば、カメラ画像の超解像（画像処理によって解像度を高める）などがある。

b.意味的計測は、計測結果として得られた物理量データを分析することで、その計測結果に意味を与える（上位概念に変換する）ものである。位置の計測データ（座標）の住所・ランドマークへの変換や、指紋認証・顔認証などのバイオメトリクス認証機器・システムがその一例である。

c.自律的計測は、物理量データの分析結果に基づいて、次のアクションの決定・実行まで行うものである。例えば、現在の計測結果に基づいて、次に何を計測するかを決定するような、ロボットやドローンをベースとした自律的な計測システムがこれに該当する。

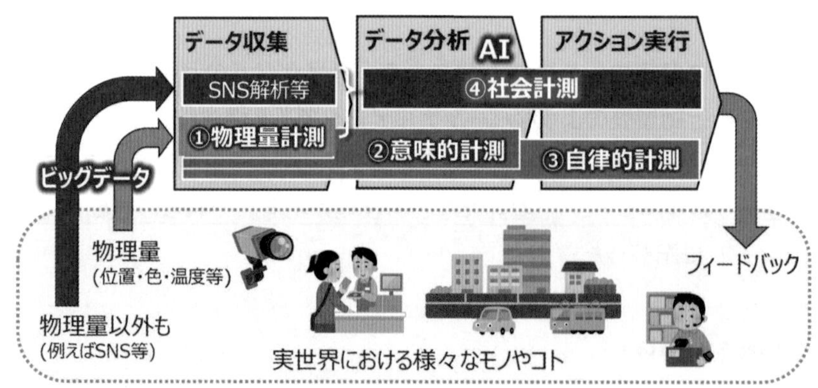

図2-1-10　　計測の高次化と問題解決パイプラインとの対応

また、上記a・b・cは、物理量計測を出発点とした計測の高次化であるが、物理量計測だけでなく、人々がSNS（Social Networking Service）やCGM（Cosumer Generated Media）で発信する情報も集めて、人々の行動や社会現象を把握しようというアプローチ（「社会計測」とも呼ばれる）も生まれている。さらに、「広義の計測」や「社会計測」で得られた人間や社会に関するビッグデータを分析して、人間の行動や社会の現象を定量的に理解しようとする計算社会科学（2.3.5節）も、近年、取り組みが活発になっている。

このような計測の高次化と合わせて、その自動化によって、規模の大きな現象・活動のリアルタイムな計測という方向への発展も進んでいる。

❺ 問題解決手段の質的変化

❶❷❸❹で述べたようなAI・データ駆動型問題解決の枠組みの発展によって、大規模複雑タスクの自動実行や膨大な選択肢の網羅的検証などが可能になり、問題解決手段の質的変化が起き、産業構造の変革、社会システムの変革、科学研究の変革にもつながる。

AI・データ駆動型問題解決の枠組みは、既に多くの業種・分野に広がっており、さまざまな種類、多数の事例が生まれている[7)]。それらの事例では、従来人手で行っていた作業を自動化することで効率化が進んだり、自動化に加えて、膨大なデータを精緻に観察・分析することによる精度向上によって適用場面（ビジネス機会）が拡大したりと、効率化・機会拡大の効果がまずは見られる。しかし、それにとどまらず、産業構造・社会システムなどの転換を引き起こすような質的変化も起こる。効率化（コスト削減など）と機会拡大（売上拡大など）は従来の土俵の上での競争だが、この質的変化は土俵を変える（ゲームチェンジが起きる）。このゲームチェンジに備えるための打ち手、さらには、ゲームチェンジを主導するための打ち手が、技術開発と制度整備の両面から求められる。以下、a.産業構造の変革、b.社会システムの変革、c.科学研究の変革という三つの面で、質的変化の可能性に着目する。

a.産業構造の変革

産業構造の変革については、人工知能技術戦略会議が2017年3月に公開した「産業化ロードマップ」が参考になる。このロードマップは、主要分野として、生産性分野、健康・医療・介護分野、空間の移動分野という3分野を取り上げ、各分野でのAI利活用の進展を三つのフェーズでとらえている。フェーズ1では、各領域においてデータ駆動型のAI利活用が進み、フェーズ2では、個別の領域の枠を越えてAI・データの一般利用が進み、フェーズ3では、各領域が複合的につながり合ってエコシステムが構築されるとしている。フェーズ1・2は概ね効率化と機会拡大に相当し、フェーズ3はゲームチェンジが起こり得る質的変化の段階に相当する。AI技術（特に機械学習技術）によって各業界の専門的業務が自動化され得る。これはその業界にとって業務効率化だが、業界外から見れば参入障壁の低下になるため、業界構造が変わり、ゲームチェンジが起こり得る。例えば、動画の効果的な加工はかつて専門業者に依頼するしかなかったが、今では個人がスマートフォンで簡単に加工操作でき（その裏ではAI的な技術が使われている）、それを用いた新たなサービスも生まれている。また、UberやLyftに代表されるような自家用車によるオンデマンドのライドシェアも、従来の業界構造を変えた事例だが、このゲームチェンジを可能にしたのは、一般ドライバー（自家用車の所有者）と車で移動したい一般ユーザー（乗客）とを、リアルタイムに把握して最適マッチングする仕組みが、AI・ビッグデータ活用によって実現されたからである。

なお、さまざまな産業分野の変革に影響を与えるようなAI技術については、新エネルギー・産業技術総合開発機構（NEDO）が2022年2月に発表した「人工知能（AI）技術分野における大局的なアクションプラン」が参考になる。

b.社会システムの変革

AI・ビッグデータの活用によって、社会システムの部分最適から全体最適への移行が考えられる。IoT技術の進化と普及によって、社会のさまざまな事象がビッグデータとして精緻かつリアルタイムに観測できるようになる。その一方で、さまざまな社会システムが相互に接続し合ったり、影響を与え合ったりするようになり、大規模で複雑な系をAI技術で全体最適化する方向が考えられる。大規模複雑なシステムを個別で精緻な観測に基づきながら全体最適化を行うことは、人間には困難であり、質的変化が生まれると考えられる。このような社会システムデザインに関わる技術群や研究開発課題については「2.3 社会システム科学」で取り上げている。なお、何を最適と考えるかという価値観は国・地域・文化や個人個人によって異なるため、電力・水道・交通などのライフライン系は共通的な方針のもとでの全体最適な供給制御が考えられるが、より個人の生活スタイルに関わる部分は各自の価値観に任せるべきものとなる。

c.科学研究の変革

科学には四つのパラダイムがあると言われる[8)]。第1のパラダイムは実験科学（あるいは経験科学）、第2のパラダイムは理論科学、第3のパラダイムは計算科学（あるいはシミュレーション科学）、第4のパラダイムはデータ駆動型科学（あるいはEサイエンス）と呼ばれる。データ駆動型科学は、データに基づいて科学的な知見や社会的に有益な知見を導き出そうとするアプローチを取る。これはAI・データ駆動型問題解決の発展によって生まれた新しい科学のパラダイムだと言える。以下、データ駆動型科学によってもたらされ得る科学の質的変化として考えられる点を挙げる。

第1点として、さまざまな現象・事象についてビッグデータが取得できると、従来は人間の主観や限られた観察に強く依存していたタイプの学問や施策設計が、データに基づく客観性の高い分析・検証を行えるようになる。計算社会科学（2.3.5節）のような研究分野が立ち上がっているのがその一例である。

第2点として、AI技術とロボット・IoT機器などを活用した高度な自動化によって、人間には不可能なスケールとスループット、すなわち組み合わせ的に膨大な数の条件・ケースに対して高速な実験・仮説検証の繰り返しが可能になる。例えば、マテリアルズインフォマティクス[9)]や計測インフォマティクス[6), 10)]と呼ばれる取り組みでは、このような面が生かされている。

第3点として、人間の認知限界・認知バイアスを超えた科学的発見がもたらされる可能性がある。科学研究においても、自分の研究に関連したすべての論文を読むことは不可能であり、自分の仮説に合うデータのみに着目したり、想定に合わなかったケースのみ厳しくチェックしたりといった認知限界や認知バイアスがあり、それが科学的発見の可能性を狭めているという指摘がたびたびなされている[11), 12), 14)]。AI技術を活用すれば、このような限界・バイアスを超えた仮説探索・検証が可能になり、これまでと質的に異なる科学的発見が生まれるかもしれない。

この第3点（および第2点を含めることもある）を強調して「AI駆動型科学」[15)]や「高次元科学」[14)]という呼び方がされることもある。また、計算科学（シミュレーション科学）にAI技術を組み合わせた「AI・シミュレーション融合」も活発な取り組みと発展が見られる。これらについては［新展開・技術トピックス］❷で、最近の注目トピックを紹介する。

（4）注目動向

［新展開・技術トピックス］

❶ ゲームAIの進化

チェス、将棋、囲碁のようなゲームは、問題を定式化しやすいことから、AI研究の対象として早い時期から取り上げられてきた。最近ではより複雑な問題設定も扱えるようになり、さまざまな現実の問題解決につながりつつある。

ゲームAI分野では、モンテカルロ木探索による膨大な先読みに機械学習が組み合わせることが行われ、チェスは1997年に、将棋は2015年に、人間のレベルを上回ったとみなされた後、囲碁はさらに10年かかると言われていたところ、Google DeepMindのAlphaGoは2016年～2017年に世界トップランクプロに圧勝した。AlphaGoは、モンテカルロ木探索に組み合わせて、膨大なプロの棋譜を訓練データとした教師あり学習と、膨大な回数の自己対戦による深層強化学習を用いて訓練された[16)]。その後、AlphaGoはAlphaGo Zero[17)]、AlphaZero[18)]、MuZero[19)]へと進化した。AlphaZeroは、訓練データを必要とせず、自己対戦だけで成長することができ、囲碁だけでなく、チェスや将棋でも世界チャンピオンプログラムに勝利した。さらにMuZeroは、ゲームのルールすら与えられていない状態から学習し、AlphaZeroに匹敵する強さに至った。

以上は完全情報ゲーム[1]として定式化されるタイプの問題を扱ったものだったが、現在では不完全情報ゲームも扱われている。 DeepMindはリアルタイムストラテジーと呼ばれるジャンルのゲームStarcraft IIでも、マルチエージェント強化学習などを用いたAlphaStar[20)]というソフトウェアを開発し、2019年にプロのゲーマーに勝利した。また、ポーカーにおいて、米国カーネギーメロン大学のLibratus[21)]というソフトウェアが2017年に2人制ゲームで人間に勝利し、さらに、それを発展させたPluribus[22)]というソフトウェアが2019年に6人制ゲームでもプロに圧勝した（「2.1.3 エージェント技術」で関連技術を紹介している）。MetaとDeepMindは2022年にそれぞれ、Diplomacyという交渉ゲーム（複数プレーヤー間で外交交渉をしながら領土拡大を目指すゲーム）で人間並みのプレーをするAIを発表した[23), 24)]。

このような技術は、ゲームにおいて効果を示した後、科学研究における探索問題、ビジネスや軍事などの戦略立案、マーケットなどにおける交渉問題などの実問題への展開が進んでいる。

タンパク質構造予測問題では、DeepMindのAlphaFold2が驚異的なスコアを出した（これについては［注目すべき国内外のプロジェクト］❶で取り上げる）。 DeepMindからは他にも、行列の積を計算するアルゴリズムという数学の問題について、従来知られていたものよりも高速なアルゴリズムを発見したAlphaTensor[25)]が発表された。このAlphaTensorは、深層強化学習を用いた前述のAlphaZeroをベースとして「行列の積を計算する最適な方法を求める」というゲームを実行させたものである。また、現状は数学定数に関する連分数式の形に限定されるが、膨大な組み合わせの探索によって、インドの天才的な数学者Srinivasa Ramanujanのように公式の候補を生成するRamanujan Machine[26)]が、イスラエル工科大学の研究チームによって開発された。

なお、「2.1.1 知覚・運動系のAI技術」や「2.1.2 言語・知識系のAI技術」において、大規模学習による基盤モデル（Foundation Model）がさまざまなタスクに対応できるようになったことを述べたが、数学・物理学で扱うような定量的推論が苦手だと言われる。Googleの基盤モデル（大規模言語モデル）PaLMで、米国の高校レベルの数学問題を集めたMATH Datasetを解くと正答率は8.8%に留まる。これに対して、PaLMに科学論文や数式が含まれる文書を大量に学習させたMinerva[27)]では、正答率が50.3%まで向上したということである。しかし、数学問題の意味を理解して定量的推論をしたわけではなく、確率的な出力の当たる率が高まっただけである。

❷ AI駆動型科学

上記❶で述べたとおり、囲碁の世界において、AI技術を用いたAlphaGoが世界トップクラスの棋士に圧勝した。その際、AlphaGoが行っていた膨大な可能性の探索から導出された打ち手は、人間の棋士には思いもよらなかった手を含んでいたが、それはその後、新手として人間の棋士も取り入れるようになった。同様のことは、今後、科学的発見においても起こり得る。

このような科学的発見の可能性の拡大にむけてキーとなる技術チャレンジは、a.人間の認知能力を超えた仮説生成・探索のための技術開発と、b.仮説評価・検証のハイスループット化と考えられる[30)]。 aに関しては、超多次元の現象（非常に多くのパラメーターで記述される現象）から規則性を見いだすことは人間には困難だが、深層学習を用いれば[14)]、それが可能になりつつある。また、複数の異なる専門分野の知識をつなぎ合わせた推論による仮説の生成・探索は人間には困難だが、論理推論の枠組み[28)]を分野横断で実行すれば、それが可能になるかもしれない。 bに関しては、ロボットなどによる物理的な実験の自動化技術[29)]も含め、科学的発見プロセスを構成するさまざまな技術を一つのプラットフォーム上に統

1　完全情報ゲームとは、すべての意思決定ポイントにおいて、これまでの行動や状態に関する情報がすべて得られるタイプの展開型ゲーム（ゲーム木の形式で表現できるタイプのゲーム）である。

合[12), 15)]するとともに、計算量や物理的操作を抑える効率の良い処理フローや絞り込みアルゴリズムが必要になる。

このような方向のグランドチャレンジとして、「2050年までに生理学・医学分野でノーベル賞級の科学的発見をできるAIシステムを作る」ことを目標に掲げたNobel Turing Challengeが2016年に提唱された[12), 13)]。このAIを活用した科学的発見のためのエンジンを作るというグランドチャレンジは国際的な目標になりつつあり、英国のアラン・チューリング研究所（The Alan Turing Institute）では、The Turing AI Scientist Grand Challengeプロジェクトを2021年1月にスタートさせた（グランドチャレンジ提唱者の北野もメンバーとして招聘されている）。日本国内でも、科学技術振興機構（JST）の未来社会創造事業で本格研究フェーズに移行した「ロボティックバイオロジーによる生命科学の加速」（研究開発代表者：高橋恒一）、ムーンショット型研究開発事業のムーンショット目標3に採択された「人とAIロボットの創造的共進化によるサイエンス開拓」（プロジェクトマネージャー：原田香奈子）などが推進されている。

材料科学（マテリアルズインフォマティクス）や生命科学・創薬の分野では、膨大な可能性から探索・絞り込みをするためにAIを活用して、科学的発見を実現することが試みられている。具体的には、計算コストが高いシミュレーションを機械学習で高速化し、目的とする新化合物を探索・絞り込みするバーチャルスクリーニングの取り組みが活発である。一方、物理学分野では、深層学習モデル、ニューラルネットワークを物理現象の理解のために用いるという取り組みが活発化し[31), 32), 33)]、物性物理学や重力理論などの分野で成功事例が報告されている。国内では、学術変革領域研究（A）に「学習物理学の創成」（領域代表：橋本幸士、研究期間：2022年6月～2027年3月）が採択された。ここでは、機械学習と物理学を融合して基礎物理学を変革し、新法則の発見や新物質の開拓につなげることを目指している。また、ボルツマンマシンや拡散モデルなど、物理学のモデルが深層学習の発展につながる流れも見られる。

一方で、人間の認知能力を超えた超多次元の規則性の発見は、もし人間に理解できないとしたら、それを科学として許容してよいのかという議論も起きている[2]。科学とは何かという基本的な問題や、科学コミュニティーや社会による受容の問題も併せて考えていくことが必要である。

また、AI駆動型科学とシミュレーション科学が重なるAI・シミュレーション融合の開発・応用も取り組みが進んでいる。科学分野では、物理シミュレーションの結果を学習データに用いることで、従来の数値シミュレーションを機械学習で置き換え、処理の高速化・時間短縮や、調整の容易化が行われている。[注目すべき国内外のプロジェクト] ❷に取り上げるMatlantisはその顕著な事例であるとともに、材料科学の進展に大きく寄与し得る取り組みである。また、複雑系や社会科学系では、ミクロマクロループへの対応、個人データ利用回避（プライバシー保護）、希少事例対応（データ合成）など、機械学習で生じる課題に対してシミュレーションを組み合わせることで対処するアプローチが有効である（「2.1.3 エージェント技術」に関連動向を記載）。

[注目すべき国内外のプロジェクト]

❶ AlphaFold

AlphaFoldは、Google DeepMindが開発したタンパク質の立体構造予測を行うソフトウェアである[34), 35)]。タンパク質構造予測の国際コンペティションCASP（Critical Assessment of protein Structure Prediction）に参加し、2018年のCASP13で最初のバージョンAlphaFold1で1位を獲得し、2020年のCASP14では改良されたAlphaFold2でさらに飛躍的なスコア向上を達成した。タンパク質構

2　超多次元の現象に規則性を見いだすことは人間に困難であっても、発見されてしまえば、その規則性を人間は理解し得るのかもしれないという見方や、直感的理解が困難でも、その規則性に反するものが見つからなければ受容し得るのかもしれないという見方もある。いずれにせよ、研究コミュニティーや社会による受容という面から継続的に考えていく必要がある。また、この受容性を高めるための補助的な枠組み（モデルの解釈性、数学的な枠組み、能動的検証の仕組みなど）も研究課題になり得る。

造予測は、タンパク質についてアミノ酸の配列が分かったとき、その立体構造を高精度に予測するという問題である。既に発見されたタンパク質は2億種類以上あるが、その働きを理解して、病気に対処したり新薬を開発したりするためには構造を知ることが重要である。X線結晶構造解析、低温電子顕微鏡、核磁気共鳴などの実験的手法では膨大な時間とコストがかかる。AlphaFoldが参加する前のCASP12では構造予測スコアが40程度であったが、CASP14ではスコアが90前後まで向上した。AlphaFold2は、アテンション機構を持つトランスフォーマー型の深層学習（「2.1.2 言語・知識系のAI技術」を参照）を用い、既に明らかになっていた約17万種類のタンパク質の構造データを学習した。

その後、2021年7月にはソースコードが公開され、2022年7月には既知のタンパク質の配列約2億種類に対する構造予測が行われたことがDeepMindから発表された。AlphaFoldによる構造予測の限界として、変異や他タンパク質との相互作用による形状変化には対応していないことなどが指摘されてはいるが、構造予測問題にほぼ目処が付いたことによって、この分野の研究の進め方に大きな変革がもたらされた。

❷ Matlantis

Matlantisは、株式会社Preferred Networks（PFN）とENEOS株式会社（ENEOS）が共同開発した、新物質開発・材料探索を高速化する汎用原子レベルシミュレーターである。両社の共同出資によって2021年6月に設立された新会社Preferred Computational Chemistry（PFCC）からクラウドサービスとして契約ユーザー向けに提供されている。Matlantisでは、第一原理計算に基づく物理シミュレーションのために必要な密度汎関数理論（Density Functional Theory：DFT）計算に、従来は数時間から数週間を要していたのを秒・分レベルで実行できるまで高速化した[36)]。物理シミュレーションと深層学習を統合しており、従来はデータセットが特定の原子構造・現象に絞って用意されていたが、より幅広く多様な元素・構造[3]を集めたデータセットを用意して汎用性を確保している。リチウムイオン電池のリチウム拡散、金属有機構造体の分子吸着挙動、金－銅合金の相転移現象などへの適用が紹介されている。秒・分レベルの高速化が実現されたことで、条件や観点を変えながらインタラクティブなシミュレーションが可能になり、研究開発の加速につながると期待される。

❸ ロボティックバイオロジー

生命科学分野では、ロボットによる実験の自動化とAIによる条件探索や最適化を組み合わせた「ロボティックバイオロジー」の取り組みで、科学の自動化に向けた要素技術の開発が進められている。2022年6月には理化学研究所を中心とする研究チームが、汎用ヒト型ロボットLabDroid「まほろ」と新開発の最適化アルゴリズムを組み合わせた自動実験システムを構築し、iPS細胞（人工多能性幹細胞）から網膜色素上皮細胞（RPE細胞）への分化誘導効率を高める培養条件を、人間の介在なしに発見できることを実証した。この系にとどまらず、さまざまな生命科学実験において、これまで人間が試行錯誤をする必要のあった工程が、AIとロボットの導入により自律的に遂行可能になると期待される。

（5）科学技術的課題

❶ データ駆動型社会システムのための開発方法論と社会データ基盤の確立

AI・データ駆動型問題解決は、データ駆動型の社会システムの開発方法論でもある。「2.3 社会システム科学」において関連する取り組みをまとめているほか、サイバーフィジカルシステムの開発方法論としてのReality 2.0[37)]や、AI応用システムの開発方法論としてのAIソフトウェア工学[38)]も関わりが深い。

3　Matlantisは、2023年2月時点で72の元素をサポートしている。また、従来は既知の安定した原子構造データが主だったが、不安定な構造も含め、多様なパターンを集めている。

また、国連で採択されたSDGs（Sustainable Development Goals：持続可能な開発目標）に掲げられているさまざまな社会課題に対しても、AI・データ駆動型問題解決は共通的に貢献する手段となる。ただし、貢献できる程度は社会課題の種類によって異なる。その差が生まれる要因として大きいのは、その社会課題の状況に関わる実世界ビッグデータを取得できるかという点と、状況把握・分析の結果を実世界へフィードバックして状況改善に結び付ける制御手段が整っているかという点だと考える。そのため、そのような仕組みを強化した社会データ基盤の整備も重要課題である。

❷ AI・データ駆動型科学の方法論・技術群の研究開発

本節に示したようなデータ駆動型やAI駆動型と呼ばれる問題解決の方法論・技術群をいっそう強化していくことが求められる。［研究開発の動向］❹で科学研究の変革について、科学の四つのパラダイムを取り上げた。実験科学・理論科学・計算科学がなくなることはないが、データ・AI駆動科学が、科学研究・技術開発の国際競争力を左右するものになりつつある。そして、産業構造の変革や社会システムの変革にもそれが及ぶ。米国エネルギー省（Department of Energy：DOE）は2020年2月に「AI for Science」と題したレポート[39]を公開し、AI技術がさまざまな科学分野に波及し、その戦略的強化の必要性を示した。日本国内でも2020年4月に科学技術振興機構研究開発戦略センターから「デジタルトランスフォーメーションに伴う科学技術・イノベーションの変容」と題する同様のレポート[40]を公開している。第6期科学技術・イノベーション基本計画においても、データ駆動型研究の推進が掲げられている。マテリアル[9]、バイオ[41]、物理学[31]などの科学分野を中心に、AI・機械学習技術の科学研究への活用が進んでいるが、［新展開・技術トピックス］❷で述べたように、人間の認知能力を超えた仮説生成・探索のための技術開発と、仮説評価・検証のハイスループット化をいっそう進めていくことが必要である。

❸ 人材の再教育システムに関する研究開発

社会や産業の質的変化が起こってくる中で、「なくなる職業・仕事」に関する報告書[42]が話題になった。なくなる職業・仕事の一方で、新たな生まれる職業・仕事があることも指摘される。しかし、なくなる職業・仕事から新たな生まれる職業・仕事へ、必ずしも同じ人間が移行できるわけではない。社会や産業の質的変化に伴い、そこで働く人々に求められる能力・スキルも変化する。しかも、その変化がはやいため、人間の能力・スキル獲得のスピードが追いつかないことが問題になる。社会制度（ベーシックインカムなど）や人材の再教育機会の整備を検討していく必要があるが、人材の再教育に関して、制度面の施策だけでなく、情報技術を活用した、より的確で効率のよい再教育システムの研究開発も必要と考えられる。

（6）その他の課題

❶ 分野横断的な研究開発推進と人材育成・拠点構築

さまざまな技術分野・産業分野において、AI・データ駆動型問題解決のアプローチは必須のものだと言える。国の政策としても、「AI戦略2019」において、「数理・データサイエンス・AI」の基礎は、デジタル社会の「読み・書き・そろばん」と位置付けられ、AI人材の育成、教育改革の推進が打ち出され、小中高・大学での教育、社会人リカレント教育などで取り組みが強化されている。文部科学省による大学変革の2023年度施策として、数理・データサイエンス・AI教育を全国レベルで推進するために、（1）学部再編などによる特定成長分野（デジタル・グリーンなど）への転換等支援、（2）高度情報専門人材の確保に向けた機能強化支援、が掲げられた。一方、大学においても、情報学部・データサイエンス学部を設置するところが急増している。

各分野でAI・データ駆動型アプローチを実践する上では、各分野のもともとの知識・技術と、AI・ビッグデータ技術の両方がわかる人材・組織の育成が重要である。AI・データ駆動型問題解決において、データ分析やAI・ビッグデータ技術は手段であり、問題解決・価値創造の側からの発想が重要である。分野横断的な技術者・研究者と、価値創造を牽引するリーダー人材と両面から人材育成を進めていくことが求められる。前者については、研究分野の異なる学会間の交流[32), 33)]が盛んになりつつあり、同様の動きの広がりが期待される。

また、さまざまな技術を統合し、科学的発見のプロセスや問題解決のプロセスの全体を一気通貫で動かすために拠点を構築することも有効と思われる。これは人材育成面にも寄与する。

❷ 制度設計・規制緩和

社会・産業などの質的変化に向けて、制度設計・規制緩和は必要になる。その際に、社会受容性に配慮した導入設計が重要になる。また、日本の社会適性という面だけでなく、グローバルな調和と競争環境も意識した設計が求められる。

（7）国際比較

国・地域	フェーズ	現状	トレンド	各国の状況、評価の際に参考にした根拠など
日本	基礎研究	○	↗	ノーベルチューリングチャレンジを提唱する中核的人材の存在や、AI戦略2019、第6期科学技術・イノベーション基本計画などで、AI人材育成やデータ駆動型研究推進が掲げられ、取り組みが強化されている。しかし、現時点では、人材育成やデジタル化の遅れが見られ、底上げが必要である。
	応用研究・開発	○	↗	実世界ビッグデータへの取り組みは強化されてきているが、社会・産業の変革に対する社会受容・制度設計などには課題がある。
米国	基礎研究	◎	↗	適切なグランドチャレンジの設定など、長期視点での変革につながる基礎研究への投資が国によって行われている（DARPA・DOEによる推進など）。
	応用研究・開発	◎	↗	Big Tech企業を中心とした産業界がAI・ビッグデータ技術の開発と社会・産業などの変革を牽引している。
欧州	基礎研究	○	↗	英国のアラン・チューリング研究所でThe Turing AI Scientist Grand Challengeプロジェクトがスタートした。
	応用研究・開発	○	→	インダストリー4.0など、ドイツでの取り組みが注目される。
中国	基礎研究	○	→	国がAI・ビッグデータ研究開発に大型投資を行い、強力に推進している。深層学習を中心としたAI研究は米中2強となっており、中国の基礎研究は強化されている。
	応用研究・開発	◎	↗	国がAI・ビッグデータ技術を活用した監視・管理社会の構築を推進している。日本・欧米とは異なる文化・価値観だが、独自の社会変革を推進している。
韓国	基礎研究	△	→	特筆すべき点はない。
	応用研究・開発	○	→	特筆すべき点はないが、デジタル化は推進されている。

（註1）フェーズ

基礎研究：大学・国研などでの基礎研究の範囲

応用研究・開発：技術開発（プロトタイプの開発含む）の範囲

（註2）現状　※日本の現状を基準にした評価ではなく、CRDSの調査・見解による評価

◎：特に顕著な活動・成果が見えている　○：顕著な活動・成果が見えている

△：顕著な活動・成果が見えていない　×：特筆すべき活動・成果が見えていない

（註3）トレンド　※ここ1～2年の研究開発水準の変化

↗：上昇傾向、→：現状維持、↘：下降傾向

参考文献

1) 喜連川優,「ビッグデータ」,『學士會会報』No. 918（2016年）, pp. 78-83.
2) 城田真琴,『ビッグデータの衝撃―巨大なデータが戦略を決める』(東洋経済新報社, 2012年）.
3) Yannick de Jong, “Levels of Data Analytics”, *IThappens.nu* (20 March 2019). http://www.ithappens.nu/levels-of-data-analytics/ (accessed 2021-02-03)
4) 大向一輝,「オープンデータとLinked Open Data」,『情報処理』(情報処理学会誌) 54巻12号（2013年12月）, pp. 1204-1210.
5) 加藤文彦・他,「IMI共通語彙基盤」,『デジタルプラクティス』(情報処理学会デジタルプラクティス論文誌) 9巻1号（2018年1月）.
6) 科学技術振興機構 研究開発戦略センター,「調査報告書：計測横断チーム調査報告書 計測の俯瞰と新潮流」, CRDS-FY2018-RR-03（2018年12月）.
7) 情報処理推進機構 AI白書編集委員会（編）,『AI白書2022』(KADOKAWA, 2022年）.
8) Tony Hey, Stewart Tansley and Kristin Tolle, *The Fourth Paradigm: Data-Intensive Scientific Discovery* (Microsoft Research, October 2009).
9) 岩崎悠真,『マテリアルズ・インフォマティクス：材料開発のための機械学習超入門』(日刊工業新聞社, 2019年）.
10) 鷲尾隆,「計測指向情報処理技術と情報処理指向計測技術の共進化」,『Readout - HORIBA Technical Report』53号（2019年10月）, pp. 62-67.
11) Regina Nuzzo, “How scientists fool themselves - and how they can stop”, *Nature* Vol. 526, Issue 7572 (8 October 2015), pp. 182-186. DOI: 10.1038/526182a
12) 北野宏明,「人工知能がノーベル賞を獲る日, そして人類の未来－究極のグランドチャレンジがもたらすもの」,『人工知能』(人工知能学会誌) 31巻2号（2016年3月）, pp. 275-286.
13) Hiroaki Kitano, “Nobel Turing Challenge: creating the engine for scientific discovery”, *npj Systems Biology and Applications* Vol. 7, Article No. 29 (18 June 2021). DOI: 10.1038/s41540-021-00189-3
14) 丸山宏,「高次元科学への誘い」, CNET Japanブログ（2019年5月1日）. https://japan.cnet.com/blog/maruyama/2019/05/01/entry_30022958/ (accessed 2021-02-03)
15) 高橋恒一,「AI駆動科学とその社会と人間性への影響」,『ここまで 来ました：右巻き左巻き・AI駆動科学・がん医療の革新』(武田計測先端知財団編, 丸善プラネット, 2020年）, pp. 41-77（第2章）.
16) David Silver, et al., “Mastering the game of Go with deep neural networks and tree search”, *Nature* Vol. 529, No. 7587 (2016), pp. 484-489. DOI：10.1038/nature16961
17) David Silver, et al., “Mastering the game of Go without human knowledge”, *Nature* Vol. 550, No. 7676 (2017) pp. 354-359. DOI 10.1038/nature24270
18) David Silver, et al., “Mastering Chess and Shogi by Self-Play with a General Reinforcement Learning Algorithm”, arXiv：1712.01815 (2017).
19) Julian Schrittwieser, et al., “Mastering Atari, Go, chess and shogi by planning with a learned model”, *Nature* Vol. 588 (2020), pp. 604-609. DOI: 10.1038/s41586-020-03051-4
20) The AlphaStar team, “AlphaStar: Grandmaster level in StarCraft II using multi-agent reinforcement learning”, DeepMind blog (30 October 2019), https://deepmind.com/blog/article/AlphaStar-Grandmaster-level-in-StarCraft-II-using-multi-agent-reinforcement-learning (accessed 2023-02-01)
21) Noam Brown and Tuomas Sandholm, “Superhuman AI for heads-up no-limit poker: Libratus beats top professionals”, *Science* Vol. 359, Issue 6374 (26 Jan 2018), pp. 418-424. DOI:

10.1126/science.aao1733
22) Noam Brown and Tuomas Sandholm, "Superhuman AI for multiplayer poker", *Science* Vol. 365, Issue 6456 (30 Aug 2019), pp. 885-890. DOI: 10.1126/science.aay2400
23) Anton Bakhtin, et al., "Human-level play in the game of Diplomacy by combining language models with strategic reasoning", *Science* Vol. 378, Issue 6624 (22 Nov 2022), pp. 1067-1074. DOI: 10.1126/science.ade9097
24) János Kramár, et al., "Negotiation and honesty in artificial intelligence methods for the board game of Diplomacy", *Nature Communications* Vol. 13, Article No. 7214 (6 December 2022). DOI: 10.1038/s41467-022-34473-5
25) Fawzi, Alhussein, et al., "Discovering faster matrix multiplication algorithms with reinforcement learning", *Nature* Vol. 610, Article No. 7930 (5 October 2022), pp. 47-53. DOI: 10.1038/s41586-022-05172-4
26) Gal Raayoni, et al., "Generating conjectures on fundamental constants with the Ramanujan Machine", *Nature* Vol. 590 (3 February 2021), pp. 67-73. DOI: 10.1038/s41586-021-03229-4
27) Aitor Lewkowycz, et al., "Solving Quantitative Reasoning Problems with Language Models", arXiv：2206.14858 (2022).
28) 井上克巳,「人工知能による科学的発見」,『電子情報通信学会誌』98巻1号（2015年）, pp. 35-39.
29) 夏目徹・高橋恒一・神田元紀（企画）,「特集：新型コロナで変わる時代の実験自動化・遠隔化」,『実験医学』39巻1号（2021年1月）, pp. 1-52.
30) 科学技術振興機構 研究開発戦略センター,「戦略プロポーザル：人工知能と科学 ～AI・データ駆動科学による発見と理解～」, CRDS-FY2021-SP-03（2021年8月）.
31) 田中章詞・富谷昭夫・橋本幸士,『ディープラーニングと物理学：原理がわかる、応用ができる』(講談社, 2019年）.
32) 小林亮太・岡本洋・山川宏（編）,「特集：物理学とAI」,『人工知能』(人工知能学会誌) 33巻4号（2018年7月）, pp. 391-448.
33)「シリーズ：人工知能と物理学」,『日本物理学会誌』74巻1号～11号（2019年）. https://www.jps.or.jp/books/gakkaishi/seriesai.php (accessed 2023-02-01)
34) John Jumper, et al., "Highly accurate protein structure prediction with AlphaFold", *Nature* Vol. 596 (15 July 2021), pp. 583-589. DOI: 10.1038/s41586-021-03819-2
35) 森脇由隆,「AlphaFold2までのタンパク質立体構造予測の軌跡とこれから」,『JSBi Bioinformatics Review』3巻2号（2022年11月）, pp. 47-60. DOI: 10.11234/jsbibr.2022.3
36) So Takamoto, et al., "Towards universal neural network potential for material discovery applicable to arbitrary combination of 45 elements", *Nature Communications* Vol. 13, Article No. 2991 (30 May 2022). DOI: 10.1038/s41467-022-30687-9
37) 科学技術振興機構 研究開発戦略センター,「戦略プロポーザル：IoTが開く超スマート社会のデザイン －REALITY 2.0－」, CRDS-FY2015-SP-02（2016年3月）.
38) 科学技術振興機構 研究開発戦略センター,「戦略プロポーザル：AI応用システムの安全性・信頼性を確保する新世代ソフトウェア工学の確立」, CRDS-FY2018-SP-03（2018年12月）.
39) Rick Stevens, et al., "AI for Science", Report on the Department of Energy (DOE) Town Halls on Artificial Intelligence (AI) for Science (February 2020).
40) 科学技術振興機構 研究開発戦略センター,「デジタルトランスフォーメーションに伴う科学技術・イノベーションの変容」(－The Beyond Disciplines Collection－), CRDS-FY2020-RR-01（2020年4月）.
41) 科学技術振興機構 研究開発戦略センター,「AI×バイオ　DX時代のライフサイエンス・バイオメディカル研究」(– The Beyond Disciplines Collection –）, CRDS-FY2020-RR-03（2020年9月）.
42) Carl Benedikt Frey and Michael A. Osborne, “The Future of Employment: How Sus-ceptible are Jobs to Computerisation?”, (September 17, 2013). https://www.oxfordmartin.ox.ac.uk/downloads/academic/The_Future_of_Employment.pdf (accessed 2023-02-01)

2.1.7 計算脳科学

（1） 研究開発領域の定義

脳を情報処理システムとして捉えて、脳の機能を調べる研究分野である。計算論的神経科学（Computational Neuroscience）とも称される。視覚の計算理論などで知られるDavid Marrは、情報処理システムを理解するにあたって、（A）計算理論、（B）表現とアルゴリズム、（C）ハードウェアという三つの水準を併存させた理解が重要であると述べているが[1)]、脳という情報処理システムについて、（A）の明確化を行うことで、（A）（B）（C）の三つのレベルの理解を相互に深め、脳の情報処理の機能を理解しようとするのが計算脳科学の一つの側面である。また、脳計測技術の発展によって、脳に関するさまざまな計測データが大量に取得できるようになってきた。そこで、大量の計測データに基づいて脳の情報処理を理解しようという、データ駆動科学として取り組まれているというのが、計算脳科学のもう一つの側面である。

領域の定義・意義
- 人間の知能を解明するため、脳を情報処理システムとして理解を試みる
- 人間の知能の理解が、脳疾患・精神疾患の解明や治療につながる
- 人間の知能の理解がAIの研究発展にさまざまな形で貢献し得る

脳情報処理の計測・理解技術の発展

過去10～20年の間に脳の機能・活動を知るための計測・理解技術が大きく発展
- 動物を対象に観測・操作: カルシウムイメージング、オプトジェネティクス(光遺伝学)
- 人間の非侵襲計測: 磁気共鳴機能画像法(fMRI)
- 計測に基づく脳情報処理のモデル化や詳細や比較分析・関係分析: 脳機能マッピング、モデルベース解析、ブレインコーディング(心の状態の解読)、Voxel Based Morphometry、拡張テンソル画像(DTI)、安静時fMRI (rsfMRI)等
- ニューロフィードバック: ブレインコーディング結果を被験者にフィードバックし、認知機能の増進や補綴を誘導(DecNef法)

全脳シミュレーションの発展
- スーパーコンピューター上にニューロンとシナプス結合から成る全脳の情報処理モデルを配置
- 富岳での全脳シミュレーションでは、世界で初めてヒト規模のシミュレーションを達成

脳機能の全容解明を目指す国際プロジェクト
- 米国: BRAIN Initiative、欧州: Human Brain Project、日本: Brain/MINDS、中国: China Brain Project等
- International Brain Initiative (IBI)が発足し、世界9地域が参加して国際連携

脳情報処理とAI・機械学習

脳情報処理からインスパイアされるAI技術
- 深層学習・強化学習: ニューラルネットワーク、モデルフリー型(大脳基底核)とモデルベース型(前頭前野)、ドーパミン神経細胞の報酬予測誤差仮説
- アテンション、エピソード記憶、転移学習、メタ学習、世界モデルと脳内シミュレーション等
- Google DeepMind: Neuroscience-Inspired AI

脳情報処理モデルの仮説とAI
- 大規模深層学習(基盤モデル)と人間の脳情報処理との差異
- 二重過程理論: 速い思考のSystem 1と遅い思考のSystem 2
- 認知発達・推論機構: 自由エネルギー原理
- 意識の計算論的モデル: 統合情報理論、グローバルニューロナルワークスペース理論等
- 計算脳科学とAI研究の共進化へ

国内における計算脳科学×AI研究の推進強化
- JST ERATO池谷脳AI融合プロジェクト
- 新学術領域研究「人工知能と脳科学の対照と融合」他、内閣府ムーンショット(目標1・2)等

計算脳科学とクロスする分野の拡大

社会知性を扱う社会脳科学の発展
- 心の理論、共感、利他性
- 他者の心のシミュレーション学習

ニューロテック(ブレインテック)の応用展開とELSI
- 神経・精神疾患の診断・評価補助や治療・介入などの医療応用から、ヘルスケア、教育、エンターテインメント、マーケティング、軍事まで
- ニューロテックのELSIの議論が国際的に進行、脳神経倫理学、米国BrainMind等の立ち上がり、ELSIと一体で進めるニューロテック応用開発へ
- 国内: 応用脳科学コンソーシアムCAN、ブレインテック・コンソーシアムBTC、Trusted BMIの社会基盤整備事業等

政策的課題
- 大規模データ管理基盤の整備: IBI Data Standards and Sharing Working Group、多施設多疾患MRIデータベース、Data-to-Modelフレームワーク等
- 分野間連携とバランスのよいファンディング
- 人材育成(複数分野横断)

図2-1-11　　領域俯瞰：計算脳科学

（2）キーワード

計算脳科学、計算論的神経科学、脳情報処理、脳活動計測、ブレインデコーディング、ニューロフィードバック、深層学習、社会脳科学、計算精神医学、全脳シミュレーション、ニューロテック、ブレインテック、脳神経倫理学

（3）研究開発領域の概要

［本領域の意義］

第1に、人間の知能とはどのようなものかを解明するために、脳を情報処理システムとして理解しようということが、計算脳科学の純粋に科学的なモチベーションとしてある。

第2に、人間の知能について情報処理システムとしての理解が進むことで、脳疾患・精神疾患の解明や治療につながるという医学的な貢献が期待できる。

第3に、人間の知能の理解が人工知能（AI）の研究発展にさまざまな形で貢献し得る。例えば、AIを創

るために、人間の脳で行われている情報処理のメカニズムを知ることは、より高度な機能や高い処理性能を実現する方式のヒントになる。また別な面では、AI（あるいはその要素技術を組み込んだシステム）と人間がインタラクションをする際に、人間（特にその脳）の応答パターンを知ることは、より良いインタラクションを設計・評価することにつながる。

現在のAIブームを牽引している深層学習（Deep Learning）は、脳を構成するニューロン（Neuron：神経細胞）の結合を模した計算モデルをベースとしている。深層学習は、計算脳科学の成果に基づき、画像認識・音声認識などのパターン認識の機能において、さまざまな条件下で、既に人間を上回る認識精度を達成するようになった（詳細は「2.1.1 知覚・運動系のAI技術」）。さらに、強化学習（Reinforcement Learning）との組み合わせによって、行動決定・運動制御でも著しい性能改善を示した。これらの成果は素晴らしいものであるが、同時にこれは脳の知覚・運動系機能の部分的実現に相当するにすぎない。脳は、知覚・運動・認知・言語・感情・意識などのさまざまな優れた情報処理機能を実現しており、AI研究が脳研究から得られることはまだまだ多い。例えば、深層学習は大量の学習データを必要とするのに対して、人間は比較的少量のデータからでも学習できている。また、深層学習は大きな計算パワー（消費エネルギー）を必要とするのに対して、人間の脳の消費電力は約20ワット（薄暗い電球程度）である。これらは、計算脳科学がAIの研究発展に大きく貢献してきたこと、および、これからもさらに貢献し得ることを示す一例である。

［研究開発の動向］

❶ 脳情報処理の計測・理解技術の発展

過去10～20年の間に、脳の機能・活動を知るための計測・理解技術は大きく発展した。

その一つは、活動しているニューロンを観測できるカルシウムイメージング[2)]である。カルシウムイオンはさまざまな細胞活動に関与しており、その動き・変化を観測することで、細胞活動の詳細を知ることができる。カルシウムイメージングでは、カルシウムイオンと結合すると蛍光強度が変化するようなタンパク質やカルシウム蛍光指示薬を細胞内に導入し、蛍光顕微鏡などを用いて、その蛍光強度の変化をもとにカルシウムイオンの濃度変化を検出する。蛍光が微弱である一方、強いレーザー光を当てると細胞が死んでしまうという問題への対処や2光子顕微鏡などの計測機器の技術発展が進み、従来の電極を使った方式に比べて桁違いの数のニューロンを、その種類を特定して計測可能になった。

また、光によって活性化されるタンパク分子を遺伝学的手法で特定の細胞に発現させ、その機能を光で操作するオプトジェネティクス（Optogenetics：光遺伝学）[3)]という技術がある。従来の電気刺激を用いる手法や薬理学的手法では難しかったレベルの高い選択性を持ち、ミリ秒オーダーのタイムスケールで特定の神経活動のみを制御できるようになった。例えば、マウスを使った実験結果によると、記憶をスイッチしたり[4)]、誤りの記憶を形成したり[5)]といった操作が行える。このような操作とその結果の観察から、ニューロンの機能に関する理解につながる。なお、Nature Method誌が科学全分野の中から選ぶ「Method of the Year 2010」に選定されたことが、この技術が画期的であったことを示している。

これらの技術は動物に適用されるものだが、人間を対象に非侵襲で脳の活動を調べることができる計測法として、fMRI（Functional Magnetic Resonance Imaging：機能的磁気共鳴画像法）[6)]が発展している。fMRIは、神経活動に伴う血管中の血液の流れ（血流量）や酸素代謝の変化を、磁気共鳴画像装置（MRI装置）を用いて計測・可視化する技術である。人間の脳の活動を頭皮の外から測定する方法として、従来は脳波測定法や陽電子を用いるPET（Positron Emission Tomography：ポジトロン断層映像法）があったが、これらに比べてfMRIは空間分解能が高く、PETの課題である被爆の心配もない。大きな病院に普及している臨床用の通常のMRI装置を活用できるという経済性もあり、fMRIは1990年代初頭に考案された後、急速に普及し、人間の高次の脳機能を調べるために活用されるようになった。

fMRIによって、人間の行動（心の状態を含む）と脳の活動の同時計測が可能になり、どのような行動や心の状態のときに、脳のどの部分が深く関わっているのか（脳機能マッピング）が調べられるようになった。

さらに、マッピングだけでなく、脳の情報処理のモデル化や詳細な比較分析・関係分析などを可能にする手法の発展によって、脳の情報処理についての理解が進展した。以下、その主な手法を簡単に紹介する。

- モデルベース解析（Model-based Analysis）[7]：脳の情報処理モデルを行動と脳の活動の両面から検証するアプローチである。まず複数考えられる仮説について、それぞれの処理モデルがどれだけ行動データを説明できるかを調べる。次に、この行動データへのフィッティングを通してモデルの自由パラメーターを推定する。その結果から脳のどの部分での活動かを導出し、脳の活動データと照らし合わせて検証する。
- ブレインデコーディング（Brain Decoding）：fMRIなどによって計測された人間の脳の活動データを、機械学習の手法を用いて解析することで、人間の心の状態を解読しようとする技術である。当初2005年頃は、fMRIの計測データのパターンと、少数のカテゴリーとの間の対応関係を学習するものであった[8]。その後、深層学習や分散表現（Word2Vec）などの機械学習の新たな手法も取り込み、脳に想起されたものを、1,000を超える数のカテゴリーと対応付ける一般物体デコーディング[9]や、対象物（名詞）やその動作（動詞）だけでなく、それらの印象（形容詞）のデコード[10]にも迫りつつある。
- Voxel Based Morphometry（VBM）[11]：MRI構造画像を用いた脳体積解析法である。脳全体を細かなボクセル単位（1～8mm^{3}程度）で統計解析するので、全脳を客観的に捉えやすい。脳構造の個人差を踏まえた、さまざまな精神疾患との関係、男女差、タクシー運転手経験や朝食スタイルとの関係などの分析・理解が進展している。
- 拡散テンソル画像（Diffusion Tensor Image：DTI）[12]：水分子が神経線維の方向に沿って速く動くが、それと垂直な方向には動きにくいという拡散異方性を利用して、脳の神経線維の走行状態を可視化する技術である。臨床適用可能なシステム化が進み、人間の脳活動部位間の機能的な結合の解明や精神疾患の定量評価に使われるようになってきた。
- 安静時fMRI（resting-state functional MRI：rsfMRI）[13]：何らかのタスクを遂行しているときよりも安静時の方が、脳内の神経活動が上昇する領域があることが発見された。 rsfMRIでは、神経活動に伴う血流の変化を反映した信号を測定し、脳領域間の機能結合や脳全体のネットワーク関係性を評価することができる。これは精神疾患の診断にも有用なことが分かってきた。

さらに、特定の脳領域の活動をモニタリングして被験者にフィードバックし、被験者自身による脳活動の操作を促すことによって、その領域に対応した認知機能の増進や補綴を誘導するニューロフィードバック技術が開発された。国際電気通信基礎技術研究所（ATR）で開発されたDecNef（Decoded Neurofeedback）法[14]は、ブレインデコーディング結果を被験者にリアルタイムにフィードバックすることで、従来に比べて細かい脳領域の操作を可能にした。つらい記憶を思い出すことなく消すことの可能な、心的外傷後ストレス障害（Post Traumatic Stress Disorder：PTSD）の新しい治療法につながる可能性も見いだされた[15]。個人の記憶ごとに必要だった事前訓練をなくすために、他者の脳活動から推測するハイパーアライメント法[16]も組み合わせられるようになった[17]。さらに、脳の特定領域同士のつながり方を被験者にリアルタイムにフィードバックすることを繰り返すことで、特定の領域同士のつながり方を増加させたり減少させたりできる、機能的結合ニューロフィードバック法（Functional Connectivity Neurofeedback）[18, 19]が開発された。これは、精神疾患の治療や加齢による認知機能の低下回復などに役立つ可能性が期待されている。DecNef法、rsfMRI、機能的結合ニューロフィードバック法をはじめ、計算脳科学と精神医学を融合した計算精神医学[20, 21]は重要性・期待が高まっている。

❷ 脳情報処理と機械学習

機械学習を中心とするAI技術の発展は、上記❶の発展を通して明らかになってきた脳情報処理の（A）計算理論や（B）表現とアルゴリズムと、結びつきが強いものになっている。前述した通り、深層学習は脳を構成するニューロンの結合を模した計算モデルをベースとしている。さらに、強化学習、アテンション、エピソード記憶、作業記憶、継続学習、世界モデルと脳内シミュレーション、メタ学習などについても、脳情報処理の知見・発見との結びつきが強いことが知られている[22), 23), 24)]。

脳情報処理への関心が触媒となっている機械学習の手法は大変多い。深層学習はもとより、その源流であるニューラルネットワーク、誤差逆伝搬法、自己組織化マップ、表現学習、独立成分解析、強化学習、情報幾何などがある。これらの研究の発展において、脳科学と機械学習の両方で、日本の研究は大いに貢献してきている。

例えば、強化学習（Reinforcement Learning）は、ドーパミン神経細胞の報酬予測誤差仮説によって、AI研究における強化学習と脳の強化学習とが強く結びついている[25), 26)]。AI研究における強化学習は、学習主体が、ある状態で、ある行動をしたとき、その結果に応じた報酬が得られるタイプの問題を扱い、より多くの報酬が得られるように行動を決定する意思決定方策を、行動と報酬の受け取りを重ねながら学習していく機械学習アルゴリズムである。一方、中脳にあるドーパミン神経細胞は、報酬予測誤差（実際に得た報酬量と予測された報酬量との誤差）に基づいてドーパミンを放出し、これが大脳基底核に運ばれることで、脳における強化学習の学習信号として働くということが分かってきた。また、脳における学習・意思決定のプロセスにはモデルフリー型とモデルベース型があり、モデルフリー型では、刺激と反応の関係性を報酬の程度・確率に直結した形で学習し、モデルベース型では、刺激や反応の間の関係性を状態遷移などの内部モデルとして学習する。モデルフリー型は上述の大脳基底核、モデルベース型は大脳新皮質、特に前頭前野が重要な役割を果たしていると見られている。

このように、脳情報処理における科学的発見がAI的手法の理論的な裏付けになるとともに、脳情報処理の知見を取り込むことがAI技術の発展につながり得るという事例が、機械学習を中心に積み上げられつつある。DeepMind社は、AlphaGo、AlphaFoldをはじめ、革新的な機械学習技術を組み込んだソフトウェアを次々に開発して注目されているが、「知能の解明」を企業ビジョンとして掲げており、創業者Demis Hassabis自身は脳科学研究での高い実績も有する[1]。Neuron誌に発表した論文「Neuroscience-Inspired Artificial Intelligence」[22)]では、脳科学を重視したAIへの取り組み姿勢とその可能性を示した。海馬やメタ学習に関する新しいモデルなども提案しており、AI応用だけでなく計算脳科学の基礎的研究にも注力している。

❸ 社会脳科学

人間は社会の中で他者との関わりを持ちながら考え、行動している。このような社会行動の根幹には、人々が互いの心や振る舞いを推断するときに働かせる社会知性（Socio-intelligence）がある。この他者の行動を予測し、その予測を踏まえた意思決定をする脳機能は、しばしば「心の理論」（Theory of Mind）と呼ばれる。そこには、他者の気持ち・感情を感じ取る能力である「共感」（Empathy）や、自分の利益のみにとらわれず他者の利益を図るように行動する性向である「利他性」（Altruism）も関わる。この社会知性の脳科学（社会脳科学）がこの15年ほどで著しい発展を見せている。

この計算理論は、❷で触れた脳の強化学習の計算理論をベースに発展させたものが考えられており、❶で述べたfMRIによる計測とモデルベース解析の手法を用いて、脳計算モデルの検証が行われている[7), 25)]。この脳計算モデルでは、自己の行動選択を報酬予測誤差信号に基づいて学習することに加えて、同様のプロセスが他者の心の中でも行われているというシミュレーションを自己の心の中で行って学習する。この他者の心のシミュレーション学習は、シミュレーションにおける他者報酬予測誤差信号だけでなく、他者の観察から得られる他者の行動予測と実際の行動との差を示す他者行動予測誤差信号も用いたハイブリッドな構成で行われていることが明らかになってきた。

1　海馬とエピソード記憶に関する研究成果でScience誌による2007年10大ブレイクスルーの一つに選ばれた。

この社会脳科学の研究は「2.1.5 人・AI協働と意思決定支援」との関わりが深い。複数の人間の間あるいは人間とAIエージェントの間で、相互理解・共感・説得などを生みつつ意思決定・合意形成が行われるように支援する上で、社会脳科学の研究成果・知見を取り入れていくことが重要になっていく。

❹ 国内外の政策・プロジェクト動向

2013年～2014年に、米国ではThe Brain Research through Advancing Innovative Neurotechnologies（BRAIN）Initiative、欧州ではHuman Brain Project（HBP）、日本では「革新的技術による脳機能ネットワークの全容解明プロジェクト」（Brain Mapping by Integrated Neurotechnologies for Disease Studies：Brain/MINDS、革新脳）という脳科学研究の大型プロジェクトが相次いで立ち上がった。 BRAIN Initiativeはアポロ計画やヒトゲノム計画に匹敵する巨大科学プロジェクトとして構想されたといわれるが、いずれも脳機能の全容解明に向けて、国主導のトップダウン型で、国際連携にも重点を置いたプロジェクト推進が必要という共通的な認識がある。一方、米国のBRAIN Initiativeは技術開発、欧州のHBPは計算論に基づいた脳のモデル化、日本のBrain /MINDSは霊長類モデルを活用したマップ作成など、各国の取り組みの特色も出されている。前述のように、fMRIなどの革新的な計測技術や、ビッグデータ解析・機械学習技術の進化が、脳機能の可視化の可能性を飛躍的に高めたことが、脳機能の全容解明を目指す方向性につながっており、これらのプロジェクトの中でも、脳情報処理の理論やデータ解析といった計算脳科学の側面は重きが置かれている。さらに2017年12月に日本・米国・欧州を含む9地域が参加して、International Brain Initiative（IBI）[2]が立ち上がった[27)]。脳科学に関する国際連携のため、データや技術の交流をどう図るかが検討されている。国内では、国際連携とヒト脳研究を強化するため、2018年6月に革新脳と姉妹プロジェクトとなる「戦略的国際脳科学研究推進プログラム」（Brain/MINDS Beyond、国際脳）も開始された。米国のBRAIN InitiativeはBRAIN 2.0として、欧州のHBPはEBRAINSを受け皿として継続される見込みである。中国は少し遅れてChina Brain Project（CBP）を2016年から2030年までの15年計画で実施するという計画であったが、資金配分の調整で議論になった結果、2021年12月に最初の5年間で50億元（1100億円）を投資すると発表した。これは米国Brainや欧州HBPと並ぶ規模になる。欧米ほど動物愛護の圧力がないことから、サルなどの霊長類を用いた研究が見込まれている。

米国・欧州・日本・中国以外に、カナダ・韓国・イスラエル・オーストラリアなどでも国際的な脳科学プロジェクトが推進されているが、計算脳科学の面で特に注目されるのはカナダである。カナダには深層学習の研究でチューリング賞を受賞したGeoffrey HintonとYoshua BengioもいてAI研究のレベルも高く、Canadian Brain Research StrategyのもとThe Canadian Open Neuroscience Platform（CONP）によって、データ基盤の構築や研究コミュニティーでの共有も強化されている。

国内においては、革新脳・国際脳に加えて脳科学研究戦略推進プログラム（脳プロ）も推進され、脳科学研究の強化が図られている。特に計算脳科学にフォーカスした新学術領域研究として、まず「人工知能と脳科学の対照と融合」（領域代表：銅谷賢治、研究期間：2016年6月30日～2021年3月31日）が実施されたのに続き、「記憶・情動における多領野間脳情報動態の光学的計測と制御」（領域代表：尾藤晴彦、研究期間：2017年6月30日～2022年3月31日）、「マルチスケール精神病態の構成的理解」（領域代表：林朗子、研究期間：2018年6月30日～2023年3月31日）も立ち上がり、計算脳科学の基礎的研究に厚みが出てきている。新学術領域を衣替えした学術変革領域研究でも、「大規模計測・シミュレーションに

2 類似した名称でInternational Brain Laboratory（IBL）という別組織がある。IBLはWellcome TrustとSimons Foundationが主スポンサーとなって2017年9月に英国で発足した。マウスの意思決定モデルの共同研究を中心に、オープンソースデータアーキテクチャの開発などが進められている。

よる脳の全体性の理解」（領域代表：平理一郎、研究期間：2021年8月～2024年3月）、「行動変容を創発する脳ダイナミクスの解読と操作が拓く多元生物学」（領域代表：松崎政紀、研究期間：2022年6月～2027年3月）が実施されている。さらに、2020年度にスタートした内閣府のムーンショット型研究開発制度でも、計算脳科学との関わりが深いプロジェクトが推進されている[3]。

（4）注目動向

［新展開・技術トピックス］

❶ 脳情報処理モデルの仮説とAI

［研究開発の動向］❷で述べたように、脳情報処理に関する知見・発見はAIの基本的なアルゴリズムや処理モデルに大きく関わってきた。「2.1.1 知覚・運動系のAI技術」や「2.1.2 言語・知識系のAI技術」で述べたように、この数年で深層学習モデルを大規模化するアプローチ（大規模言語モデル、基盤モデル）が大きな成果を挙げているが、それは人間が一生かかっても行えないような大量データの学習を必要とする。一方、人間はそれほど大量の教師データを必要とせずに発達・成長するし、学習したことを組み合わせて別な場面や状況にも応用できるし、脳のエネルギー消費もわずかである（20ワット程度）。そこで、脳情報処理のいくつかの側面をモデル化した仮説が、新しいAIの処理モデルやアルゴリズムにつながるものとして注目されている。例えば以下のようなものが挙げられる。

まず、人間の思考は、直感的・無意識的・非言語的・習慣的な「速い思考」のシステム1と、論理的・系列的・意識的・言語的・推論計画的な「遅い思考」のシステム2とで構成されるという「二重過程理論」（Dual Process Theory）がある。社会心理学・認知心理学などの心理学分野で提案されていたが、ノーベル経済学賞を受賞したDaniel Kahnemanの著書「Thinking, Fast and Slow」[28)]でよく知られるようになった。脳・神経科学の面からも論じられている[29)]。従来の深層学習はシステム1に相当するものであり、システム2の実現・統合が課題と考えられる[30)]。深層学習研究でACMチューリング賞を受賞したYoshua BemgioはNeurIPS 2019で「From System 1 Deep Learning to System 2 Deep Learning」と題した招待講演[31)]を行い、松尾豊は「知能の2階建てアーキテクチャ」[32)]を提案しており、AI研究において「二重過程理論」の実装が活発に論じられるようになった（「2.1.2 言語・知識系のAI技術」を参照）。

また、認知発達・推論機構として注目されているのが、Karl J. Fristonの提唱する「自由エネルギー原理」（Free-Energy Principle）[33), 34), 35), 36)]である。これは「生物は感覚入力の予測しにくさを最小化するように内部モデルおよび行動を最適化し続けている」という仮説である。ここでいう「予測のしにくさ」は、内部モデルに基づく知覚の予測と実際の知覚の間の予測誤差を意味し、変分自由エネルギーと呼ばれるコスト関数で表現される。さまざまな推論・学習、行動生成、認知発達過程を統一的に説明できる原理として注目されており、実験データによる計算原理の検証を可能にする理論も示されている[57)]。「2.1.8 認知発達ロボティクス」の分野では、この原理に基づくロボット実装[37)]や発達障害支援への応用[38)]も進んでいる。

意識[39)]に関する計算論的なモデル化も検討されている。「意識する」という状態は主観的なもので、科学的に扱いにくいものだったが、Giulio Tononiの提唱する「統合情報理論」（Integrated Information Theory：IIT）[40)]では、情報の多様性と統合という観点から統合情報量を定義し、脳内ネットワーク構造において多様な情報が統合されている状態に意識が生じるとしている。また、Stanislas Dehaeneの提唱する「グローバルニューロナルワークスペース理論」（Global Neuronal Workspace Theory：GNW）[41)]では、無意識に処理される情報はワークスペースにとどまるが、注意が向けられるとグローバルワークス

3　目標1「2050年までに、人が身体、脳、空間、時間の制約から解放された社会を実現」に「身体的能力と知覚能力の拡張による身体の制約からの解放」（プロジェクトマネージャー：金井良太）、目標2「2050年までに、超早期に疾患の予測・予防をすることができる社会を実現」に「複雑臓器制御系の数理的包括理解と超早期精密医療への挑戦」（プロジェクトマネージャー：合原一幸）が採択された。

ペースに入り、意識に上がってくるとされる。このような意識に関する理論をベースに、AI研究分野においても、人工意識（Artificial Consciousness、Machine Consciousness）に関する検討が行われている。また、教師なし機械翻訳などの観点からグローバルワークスペース理論の検討も行われている[58]。

❷ ニューロテック（ブレインテック）の応用展開とELSI[42]

脳から情報を読み出したり、脳に介入したりする技術は、近年「ニューロテック」や「ブレインテック」と呼ばれ、神経・精神疾患の診断・評価補助や治療・介入などの医療応用から、ヘルスケア、教育、エンターテインメント、マーケティング、軍事まで、さまざまな応用が広がりつつある。2010年代頃から米国を中心に有力なスタートアップが増加し、ニューロテック企業への投資額は過去8年間で7倍に増加し、2021年に71億ドルに上った[43]。多数の電極の高精度な埋め込みをロボット技術で可能にしたイーロン・マスクのNeuralink社をはじめ、血管からの電極挿入でBMIの治験を始めたSynchron社、非侵襲BMIデバイスを展開するKernel社など、業界を牽引するプレーヤーが複数登場している。

その一方で、さまざまな倫理的・法的・社会的課題（ELSI）が顕在化している。例えば、以下のような事象が現実に起こっている。

・学校で脳波計を導入し、生徒の集中度を測る実験[44]（2019年、中国）
・工場で作業員に脳信号を読み取るヘルメットを装着させ生産性に影響する感情変化を検出するプロジェクト[45]（2018年、中国）
・埋め込み型の脳刺激デバイスによるうつ病治療[46]（2021年、米国）
・集中力向上などをうたうコンシューマー向け脳電流刺激デバイスの市販
・兵士の戦闘力増強や、兵器のBMIによるコントロールなどの研究推進（米国）

このような状況から、ニューロテックのELSIとして、以下のような観点が指摘されており、国際的なルール形成へ向けた議論が進行している。これらは必ずしも計算脳科学に直接起因する問題ではないが、広く脳科学に関わるELSIに配慮していくべきであろう。

・脳情報とプライバシー：センシティブでありうる脳情報データの扱い
・エンハンスメント：人間の機能増強の是非をめぐる問題
・操作可能性と自律性：人々の監視や経済・政治的操作の道具に使われる可能性
・消費者向け製品の効果：消費者向けに宣伝される製品の効果の有無
・デュアルユース：医療・消費者向け・軍事利用にまたがる技術
・DIYニューロテック：自作のニューロテックが規制をすり抜ける可能性
・新たな格差：医療への不平等なアクセス、国家間の規制の差などによる新たな格差が生まれる可能性

2000年代に脳神経倫理学（Neuroethics）が立ち上がり、Global Neuroethics Summit 2017で優先検討事項[47]が議論されたのをはじめ、OECD（経済協力開発会議）、欧州評議会、IEEE（米国電気電子学会）などの国際機関・学会でも議論されている。さらに、米国のBrainMindは、第一線の脳研究者、起業家、ベンチャーキャピタル、慈善家、アカデミック機関、脳神経倫理学者などが参加したコンソーシアムで、2023年にアシロマ会議[4]の開催を予定している。

［注目すべき国内外のプロジェクト］

❶ JST ERATO池谷脳AI融合プロジェクト

このプロジェクト（研究期間：2018年10月～2024年3月、研究総括：池谷裕二）は、AIを用いて脳

4　米国アシロマは、1975年に遺伝子工学の倫理原則、2017年にAI倫理原則が議論された会議の開催地である。

の新たな能力を開拓し、脳の潜在能力はいったいどれほどなのかを見極めることを大きな目標に掲げ、以下の四つの研究課題に取り組んでいる[48)]。

・脳チップ移植：脳にコンピューターチップを移植することで、地磁気や血圧の変化といった本来人間が感知できない環境や身体の情報を脳にインプットする。それらの新たな知覚のインプットにより、脳の機能がどのように変化するかを調べていく。
・脳AI融合：脳内に存在する情報をAIで分析して脳にフィードバックすることで、脳の機能を拡張する。例えば、わずかな音の高低やメロディーの違いなど、本人が意識的には区別できない情報をAIが解読して脳にフィードバックすることで、これらの違いを知覚できるようになるかを調べる。
・インターネット脳：脳をインターネットや電子機器と連携させることで脳活動をもとにWeb検索や家電操作を行うというアプローチにより、脳と環境とをシームレスに接続することを目指す。
・脳脳融合：複数の脳の情報をAI技術で連結し、個体間で情報を共有する。これにより、言葉やしぐさなどの古典的な手段を超えた未来のコミュニケーションの形を模索する。

脳AI融合の一例として、ネズミに英語とスペイン語を聞き分けさせる実験が行われた。ネズミは生来的に英語とスペイン語を聞き分けることはできないが、ネズミの耳の鼓膜には2言語で異なる振動が伝わっている。そこに機械学習を介在させた電気信号をネズミの脳にフィードバックして学習させた結果、そのネズミは英語とスペイン語を判別できるようになり、その効果は機械学習の介在を外しても継続した。これは脳機能が拡張され得ることを示している。

また、JST ERATO「池谷脳AI融合プロジェクト」（BRAIN–AI Hybrid）とJST RISTEX「人と情報のエコシステム」研究開発領域（HITE）が連携した「BRAIN–AI×HITE」も進められている。これは、脳とAIが融合する未来を科学と人文知から考察する越境型の連携活動であり、ELSI面の検討にも取り組んでいる。

❷ 富岳全脳シミュレーションプロジェクト

脳情報処理についての理解の深まりとともに、スーパーコンピューターを用いた全脳シミュレーションへの取り組みが進んでいる。ニューロンやシナプス結合などで構成される全脳の情報処理モデルをスーパーコンピューター上に配置し、その振る舞いのシミュレーションを行い、その実行結果と、実際に全脳の活動を計測した結果とを比較することで、脳のより深く正確な理解が可能になる。さらに、パーキンソン病、てんかん、うつ病を含む多くの脳疾患は、複数の脳領域が直接的・間接的に影響し合っているといわれており、そのような脳疾患の解明には、全脳シミュレーションのアプローチが有効と考えられている。

2013年に日本とドイツの共同研究チーム（理化学研究所、ユーリッヒ研究所、沖縄科学技術大学院大学）によって、「京」コンピューターとNESTシミュレーターを用いた大脳皮質神経回路シミュレーション[49)]で、17.3億個のニューロンと10.4兆個のシナプスのシミュレーション実行が確認された。2018年には電気通信大学のプロジェクトにおいて、JAMSTECの暁光システムを用い、80億の神経細胞からなる小脳モデルのリアルタイムシミュレーション[50)]が実現された。これらのニューロン規模は小型のサル程度（マーモセット：約6億個、ヨザル：約14億個、マカクザル：約63億個）に相当する。

さらに、人間は約860億個の規模といわれており、「京」の100倍の性能を持つ次世代機「富岳」で人間の全脳シミュレーションを目指し、「ポスト京」萌芽的課題4「思考を実現する神経回路機構の解明と人工知能への応用」（2016年8月～2020年3月、研究代表：銅谷賢治）、「富岳」成果創出加速プログラム「脳結合データ解析と機能構造推定に基づくヒトスケール全脳シミュレーション」（2020年4月～、研究代表：山﨑匡）が実施されている。「富岳」の性能を引き出すシミュレーターMONETが開発され[51), 52)]、950億個のニューロンと57兆個のシナプスという世界で初めてヒト規模のシミュレーションを達成した。大規模データの取得を自動化し、そこからシミュレーションやモデルのキャリブレーション・検証までのワークフローをどう作るかが重要になってきている。

（5）科学技術的課題

❶ 脳情報処理の計測・理解技術のさらなる革新と脳の多階層な構造・機能の解明

前述のように、オプトジェネティクス、カルシウムイメージング、脳波測定法、PET、fMRIなど、脳の活動を計測する技術が発展し、低侵襲・非侵襲化、分解能向上が図られてきた。これにビッグデータ解析・機械学習技術を組み合わせて、ブレインデコーディング、モデルベース解析、ニューロフィードバックなど、脳情報処理をより深く理解する手段も生み出されてきた。ニューロテック（ブレインテック）の応用も広がりつつあることから、計測技術の簡便化や機械学習統合による高次解釈、計測だけでなく介入技術の高精度化や安全化といったニーズも高まり、計測・介入技術の多様化が進むと思われる。脳の活動に関するさまざまな計測データが大量に得られるようになってきたことから、機械学習技術を用いたボトムアップな解析によって脳情報処理をモデル化しようというアプローチが活発になっている。

脳の構造・機能の解明は、個々のニューロンや脳内各部の神経回路といったミクロなレベルから、脳全体の活動を捉えるマクロなレベルまで、さまざまな階層で進められてきた。それら多階層の成果を統合し、脳情報処理を総合的に解明していく取り組みが今後いっそう重要になっていく。そのために、多階層でビッグデータを蓄積していくことや、前述した全脳シミュレーションのためのコンピューティング基盤の研究開発も重要である。

❷ 計算脳科学とAI研究の共進化

［研究開発の動向］❷、［新展開・技術トピックス］❶で述べたように、計算脳科学（および認知発達ロボティクス）とAI研究の間の距離は急速に近づきつつある。大規模言語モデルや基盤モデルと呼ばれる最新の深層学習モデルは、急速にその機能・性能と汎用性を高めつつあり、人間の能力を超えた点や人間に至らぬ点など、人間との差異が強く意識されるようになってきた。その一方、計算脳科学についても、計測技術の進化や機械学習の活用による脳情報処理の理解が進展し、さまざまな新しい知見が得られるようになってきた。その結果、計算脳科学とAI研究の間のシナジーが高まり、共進化的な発展が進みつつある。新学術領域研究「人工知能と脳科学の対照と融合」から生まれた国際シンポジウムAIBS（International Symposium on Artificial Intelligence and Brain Science）などが、その一例であろう。

前述の二重過程モデルや自由エネルギー原理などに基づくAIモデルと、大規模言語モデル・基盤モデルとの関係がどのような方向に発展し、AIの汎用性・自律性・社会性が高まり、エネルギー効率・データ効率の問題が改善されるか、さらなる発展が期待される。また、人工意識や脳AI融合のような新たな可能性の開拓も期待される。

❸ ELSIと一体で進めるニューロテック応用開発

［新展開・技術トピックス］❷で述べたように、脳の計測や脳への介入を伴うニューロテック（ブレインテック）のさまざまな応用が広がりつつある。しかし、その研究開発や産業化では、倫理的・法的・社会的課題（ELSI）を常に考える必要がある。技術開発の後付けでELSIを考えるのではなく、ELSIと技術開発は一体的に取り組むべきである。

国内でも、脳関連プロジェクトの中でELSI面の検討は行われてきたが、海外での取り組みに比べると小規模にとどまっていた。しかし、応用脳科学コンソーシアムCAN（2010年発足、2020年に一般社団法人化）やブレインテック・コンソーシアムBTC（2021年発足）など、産業化を目指す企業や研究者から成るネットワークが形成されてきたことに加えて、ムーンショット目標1の金井プロジェクト中に法学者中心に立ち上がった「“Internet of Brains”-Society」や、エビデンス整備・構築を行う「Trusted BMIの社会基盤整備」事業など、研究開発とELSI検討を並走させる実践が進みつつある。このような取り組みを強化・拡大し、社会的にも国際的にも受容されるニューロテックの応用開発が望まれる。

（6）その他の課題

❶ 大規模データ管理基盤の整備

脳活動の計測技術の進化や、脳科学研究の大型プロジェクトの実施を背景として、脳活動に関わる大規模データが取得・蓄積されるようになってきた。データ解析が研究発展への貢献も高まってきており、大規模データの保管・共有・効率的解析のための基盤整備が、今後の研究加速のために求められる。これに関連する活動として、International Brain Initiative（IBI）は、IBI Data Standards and Sharing Working Groupを立ち上げ[5]、国際協力のもとでのデータガバナンスの強化を図っている[53)]。国内では、国際電気通信基礎技術研究所（ATR）と東京大学が中心となり、多施設多疾患MRIデータベースを公開した[54)]。また、実験データを集約するだけでなく、データからモデルの構築・検証・統合まで行って共有するData-to-Modelフレームワークも開発されている[55)]。このような取り組みをいっそう強化・拡大していくことが求められる。

❷ 分野間連携とバランスのよいファンディング

脳の情報処理メカニズムは未知の部分が多く、その解明には長期的な基礎研究の継続が不可欠である。その一方で、コンピューターに実装され、さまざまな応用・ビジネスへと展開が進んでいる深層学習・強化学習技術は、脳の情報処理メカニズムとの関係が深い。また、脳の機能や情報処理メカニズムの理解には、認知科学・心理学なども関係が深く、ELSI（Ethical, Legal and Social Issues：倫理的・法的・社会的課題）の面も考慮する必要がある。このような幅広い視点からの議論や分野間連携を促進するような研究プロジェクト体制も効果的である。長期的な基礎研究への継続投資を進めつつ、このような分野間連携の活動へもバランスよく研究投資していくことが重要である。

❸ 人材育成

上記❷で述べたように、計算脳科学の研究には、複数分野横断の幅広い視野・知見を持った人材が必要であるが、現状はそのような人材が非常に少ない。研究プロジェクトにおいて、複数分野の研究者を一つの拠点で共同・交流させるような体制を作ることが望ましい。さらに、AIや計算機科学そして計算脳科学と脳科学を同時に学べるような[56)]、新たな大学院研究科・学部創設も検討すべきである。また、医学系の学生はもともと数学の素養が高いので、プログラミングや統計・数理・データ解析など、コンピューター科学を学び、活用する機会を継続的に設けることは有効と考えられる。

（7）国際比較

国・地域	フェーズ	現状	トレンド	各国の状況、評価の際に参考にした根拠など
日本	基礎研究	◎	→	fMRI法、DecNef法、京による全脳シミュレーションなど、脳情報処理を計測・理解するための基本的手法の創出を主導してきた。国として脳科学の基礎研究プロジェクトを多階層で推進し、革新脳・国際脳プロジェクトなど、国際的にも認知されている。
	応用研究・開発	○	→	米国と比べると、民間財団・ベンチャー企業での取り組みが相対的に弱い。
米国	基礎研究	◎	→	BRAIN Initiativeをはじめ大型研究投資がなされており、分子細胞レベルからシステムレベルまで脳科学に関する層の厚い研究開発が進められている。
	応用研究・開発	◎	→	民間財団・ベンチャー企業での取り組みが活発で、基礎研究から応用への展開が円滑に進められる。大規模なデータベースやツール類の整備が進んでいる。

5　初顔合わせのラウンドテーブルは2020年1月に日本主催で東京で行われた。

欧州	基礎研究	◎	→	Human Brain Project（HBP）で欧州連携の大型投資が進められている。英国DeepMindが、脳科学に基づく先進的AI技術開発に取り組んでいる。
	応用研究・開発	◎	→	HBPでは脳科学と情報科学の融合分野を強化しており、計算脳科学のコンピューティング基盤の整備も進んでいる。
中国	基礎研究	◎	↗	第13次5カ年計画（2016年～2020年）で特に成長が見込まれる5分野の一つとして脳科学が挙げられ、15年計画（2016年～2030年）のChina Brain Project（Brain Science and Brain-inspired Intelligence）が立ち上げられた。上海の復旦大学が十数校および中国科学院（CAS）と脳科学共同イノベーションセンターを設立した。
	応用研究・開発	○	↗	中国はAI分野の研究開発・ビジネスで米国と2強になりつつあり、脳科学をAIと連携させて強化する方針が打ち出されている。
韓国	基礎研究	○	→	韓国科学技術研究院（KIST）に機能的コネクトミクスセンターが設立された。さらに、Korean Brain Initiativeが10年計画（2018～2027年）でスタート、さまざまな階層での脳マップの作製やAI関連研究などを推進している。
	応用研究・開発	○	→	

（註1）フェーズ
基礎研究：大学・国研などでの基礎研究の範囲
応用研究・開発：技術開発（プロトタイプの開発含む）の範囲

（註2）現状　※日本の現状を基準にした評価ではなく、CRDSの調査・見解による評価
◎：特に顕著な活動・成果が見えている　○：顕著な活動・成果が見えている
△：顕著な活動・成果が見えていない　×：特筆すべき活動・成果が見えていない

（註3）トレンド　※ここ1～2年の研究開発水準の変化
↗：上昇傾向、→：現状維持、↘：下降傾向

参考文献

1) David Marr, *Vision: A Computational Investigation into the Human Representation and Processing of Visual Information* (W. H. Freeman and Company, 1982).
2) Christine Grienberger and Arthur Konnerth, "Imaging Calcium in Neurons", *Neuron* Vol. 73, Issue 5 (8 March 2012), pp. 862-885. DOI: 10.1016/j.neuron.2012.02.011
3) Karl Deisseroth, "Control the Brain with Light", *Scientific American* Vol. 303, Issue 5 (November 2010), pp.48-55. DOI: 10.1038/scientificamerican1110-48
4) Roger L. Redondo, et al., "Bidirectional reversal of the valence associated with the hippocampal memory engram", *Nature* Vol. 513 (18 September 2014), pp. 426-430. DOI: 10.1038/nature13725
5) Steve Ramirez, et al., "Creating a false memory in the hippocampus", *Science* Vol. 341, Issue 6144 (26 July 2013), pp. 387-391. DOI: 10.1126/science.1239073
6) Seiji Ogawa, et al., "Brain magnetic resonance imaging with contrast dependent on blood oxygenation", *Proceedings of the National Academy of Sciences of the United States of America* Vol. 87, No. 24 (December 1990), pp. 9868-9872.
7) 中原裕之・鈴木真介，「意思決定と脳理論：人間総合科学と計算論的精神医学への展開」，『Brain and Nerve』65巻8号（2013年8月），pp. 973-982.
8) Yukiyasu Kamitani and Frank Tong, "Decoding the visual and subjective contents of the human brain", *Nature Neuroscience* Vol. 8 (24 April 2005), pp. 679-685. DOI: 10.1038/nn1444

9) Tomoyasu Horikawa and Yukiyasu Kamitani, "Generic decoding of seen and imagined objects using hierarchical visual features", *Nature Communications* Vol. 8, Article number 15037 (22 May 2017). DOI: 10.1038/ncomms15037
10) Satoshi Nishida and Shinji Nishimoto, "Decoding naturalistic experiences from human brain activity via distributed representations of words", *NeuroImage* Vol. 180, Part A (15 October 2018), pp. 232-242. DOI: 10.1016/j.neuroimage.2017.08.017
11) John Ashburner and Karl J. Friston, "Voxel-Based Morphometry—The Methods", *NeuroImage* Vol. 11, Issue 6 (June 2000), pp. 805-821. DOI: 10.1006/nimg.2000.0582
12) Denis Le Bihan, et al., "Diffusion Tensor Imaging: Concepts andApplications", *Journal of Magnetic Resonance Imaging* Vol. 13, Issue 4 (2001), pp. 534-546. DOI: 10.1002/jmri.1076
13) 小野田慶一・山口修平,「安静時fMRIの臨床応用のための基礎と展望」,『日本老年医学会雑誌』52巻1号（2015年）pp. 12-17.
14) Kazuhisa Shibata, et al., "Perceptual learning incepted by decoded fMRI neurofeedback without stimulus presentation", *Science* Vol. 334, Issue 6061 (09 Dec 2011), pp. 1413-1415. DOI: 10.1126/science.1212003
15) Ai Koizumi, et al., "Fear reduction without fear: Reinforcement of neural activity bypasses conscious exposure", *Nature Human Behaviour* Vol. 1, Article Bumber 0006 (21 November 2016). DOI: 10.1038/s41562-016-0006
16) James V. Haxby, et al., "A Common, High-Dimensional Model of the Representational Space in Human Ventral Temporal Cortex", *Neuron* Vol. 72, Issue 2 (20 October 2011), pp. 404-416. DOI: 10.1016/j.neuron.2011.08.026
17) Vincent Taschereau-Dumouchel, et al., "Towards an unconscious neural reinforcement intervention for common fears", *Proceedings of the National Academy of Sciences of the United States of America* Vol. 115, No. 13 (6 March 2018), pp. 3470-3475. DOI: 10.1073/pnas.1721572115
18) Fukuda Megumi, et al., "Functional MRI neurofeedback training on connectivity between two regions induces long-lasting changes in intrinsic functional network", *Frontiers in Human Neuroscience* Vol.9, Article 160 (30 March 2015), pp. 1-14. DOI: 10.3389/fnhum.2015.00160
19) Ayumu Yamashita, et al., "Connectivity neurofeedback training can differentially change functional connectivity and cognitive performance", *Cerebral Cortex* Vol. 27, Issue 10 (October 2017), pp. 4960-4970. DOI: 10.1093/cercor/bhx177
20) 国里愛彦・他,『計算論的精神医学：情報処理過程から読み解く精神障害』(勁草書房, 2019年).
21) 高橋英彦・山下祐一・銅谷賢治,「AIと脳神経科学—精神神経疾患へのデータ駆動と理論駆動のアプローチ」,『Clinical Neuroscience』Vol. 38（2020年11月）, pp. 1358-1363.
22) Demis Hassabis, et al., "Neuroscience-Inspired Artificial Intelligence", *Neuron* Vol. 95, Issue 2 (19 July 2017), pp. 245-258. DOI: 10.1016/j.neuron.2017.06.011
23) 銅谷賢治・松尾豊,「人工知能と脳科学の現在とこれから」,『BRAIN and NERVE』71巻7号（2019年7月）, pp.649-655. DOI: 10.11477/mf.1416201337
24) Brenden M. Lake, et al., "Building machines that learn and think like people", *Behavioral and Brain Sciences* Vol. 40, e253 (2017). DOI: 10.1017/S0140525X16001837
25) 中原裕之,「社会知性を実現する脳計算システムの解明：人工知能の実現に向けて」,『人工知能』(人工知能学会誌) 32巻6号（2017年11月）, pp. 863-872.

26) 田中慎吾・坂上雅道,「推移的推論の脳メカニズム―汎用人工知能の計算理論構築を目指して―」,『人工知能』(人工知能学会誌) 32巻6号 (2017年11月), pp. 845-850.
27) International Brain Initiative, "International Brain Initiative: An Innovative Framework for Coordinated Global Brain Research Efforts", *Neuron* Vol. 105, Issue 2 (22 January 2020), pp. 212-2168. DOI: 10.1016/j.neuron.2020.01.002
28) Daniel Kahneman, *Thinking, Fast and Slow* (Farrar, Straus and Giroux, 2011). (邦訳：村井章子訳,『ファスト＆スロー：あなたの意思はどのように決まるか？』, 早川書房, 2014年)
29) Jeff Hawkins, *A Thousand Brains: A New Theory of Intelligence* (Basic Books, 2022). (邦訳：大田直子訳,『脳は世界をどう見ているのか：知能の謎を解く「1000の脳」理論』, 早川書房, 2022年)
30) 科学技術振興機構 研究開発戦略センター,「戦略プロポーザル：第4世代AIの研究開発－深層学習と知識・記号推論の融合－」, CRDS-FY2019-SP-08 (2020年3月).
31) Yoshua Bengio, "From System 1 Deep Learning to System 2 Deep Learning", Invited Talk in the 33rd Conference on Neural Information Processing Systems (NeurIPS 2019; Vancouver, Canada, December 8-14, 2019).
32) 松尾豊,「知能の2階建てアーキテクチャ」,『認知科学』(日本認知科学会誌) 29巻1号 (2022年), pp. 36-46. DOI: 10.11225/cs.2021.062
33) Karl J. Friston, James Kilner and Lee Harrison, "A free energy principle for the brain", *Journal of Physiology-Paris* Vol. 100, Issues 1-3 (July-September 2006), pp. 70-87. DOI: 10.1016/j.jphysparis.2006.10.001
34) Karl J. Friston, "The free-energy principle: a unified brain theory?", *Nature Reviews Neuroscience* Vol. 11, No. 2 (January 2010), pp. 127-38. DOI: 10.1038/nrn2787
35) 磯村拓哉,「自由エネルギー原理の解説：知覚・行動・他者の思考の推論」,『日本神経回路学会誌』25巻3号 (2018年), pp. 71-85. DOI: 10.3902/jnns.25.71
36) 乾敏郎・阪口豊,『脳の大統一理論：自由エネルギー原理とはなにか』(岩波書店, 2020年).
37) 尾形哲也,「深層予測学習を利用したロボット動作学習とコンセプト」,『人工知能』(人工知能学会誌) 35巻1号 (2020年1月), pp. 12-17.
38) 長井志江,「認知発達の原理を探る：感覚・運動情報の予測学習に基づく計算論的モデル」,『ベビーサイエンス』15巻 (2016年3月), pp. 22-32.
39) 渡辺正峰,『脳の意識 機械の意識』(中央公論新社, 2017年).
40) Marcello Massimini and Giulio Tononi, *Nulla di più grande* (Baldini + Castoldi, 2013). (邦訳：花本知子訳,『意識はいつ生まれるのか：脳の謎に挑む統合情報理論』, 亜紀書房, 2015年)
41) Stanislas Dehaene, *Consciousness and the Brain: Deciphering How the Brain Codes Our Thoughts* (Viking, 2014). (邦訳：高橋洋訳,『意識と脳：思考はいかにコード化されるか』, 紀伊國屋書店, 2015年)
42) 科学技術振興機構 研究開発戦略センター,「科学技術未来戦略ワークショップ報告書：ニューロテクノロジーの健全な社会実装に向けたELSI/RRI実践」, CRDS-FY2022-WR-06 (2022年10月).
43) NeuroTech Analytics, "Investment Digest NeuroTech Industry Overview 2021 Q4". https://www.neurotech.com/investment-digest-q4 (accessed 2023-02-01)
44) "Why China Is Using A.I. in Class-rooms", *Wall Street Journal* (September 20, 2019).
45) Erin Winick, "With Brain-Scanning Hats, China Signals It Has No Interest in Workers' Privacy", *MIT Technology Review* (April 30, 2018).
46) Katherine W. Scangos, et al., "Closed-loop neuromodulation in an individual with treatment-resistant depression", *Nature Medicine* Vol. 27 (October 2021), pp. 1696-1700. DOI: 10.1038/

s41591-021-01480-w

47) Global Neuroethics Summit Delegates, "Neuroethics Questions to Guide Ethical Research in the International Brain Initiatives", *Neuron* Vol. 100, Issue 1 (October 2018), pp. 19-36. DOI: 10.1016/j.neuron.2018.09.021

48) 紺野大地・池谷裕二,『脳と人工知能をつないだら、人間の能力はどこまで拡張できるのか：脳AI融合の最前線』(講談社, 2021年).

49) Susanne Kunkel, et al., "Spiking network simulation code for petascale computers", *Frontiers in Neuroinformatics* 8：78 (10 October 2014). DOI: 10.3389/fninf.2014.00078

50) Tadashi Yamazaki and Wataru Furusho, "Realtime simulation of cerebellum", *International Symposium on New Horizons of Computational Science with Heterogeneous Many-Core Processors* (Riken Wako campus, Japan, February 27-28, 2018).

51) Jun Igarashi, Hiroshi Yamaura and Tadashi Yamazaki, "Large-Scale Simulation of a Layered Cortical Sheet of Spiking Network Model Using a Tile Partitioning Method", *Frontiers in Neuroinformatics* Vol. 13, Article 71 (29 November 2019). DOI: 10.3389/fninf.2019.00071

52) Hiroshi Yamaura, Jun Igarashi and Tadashi Yamazaki, "Simulation of a Human-Scale Cerebellar Network Model on the K Computer", *Frontiers in Neuroinformatics* Vol. 14, Article 16 (03 April 2020). DOI: 10.3389/fninf.2020.00016

53) Damian O. Eke, et al., "International data governance for neuroscience", *Neuron* Vol. 110, Issue 4 (February 2022), pp. 600-612. DOI: 10.1016/j.neuron.2021.11.017

54) Saori C. Tanaka, et al., "A multi-site, multi-disorder resting-state magnetic resonance image database", *Scientific Data* Vol. 8, Article No. 227 (August 2021). DOI: 10.1038/s41597-021-01004-8

55) Carlos E. Gutierrez, et al., "A Spiking Neural Network Builder for Systematic Data-to-Model Workflow", *Frontiers in Neuroinformatics* Vol. 16 (July 2022). DOI: 10.3389/fninf.2022.855765

56) 科学技術振興機構 研究開発戦略センター,「調査報告書：ドライ・ウェット脳科学」, CRDS-FY2019-RR-06（2020年3月）.

57) Takuya Isomura, Hideaki Shimazaki and Karl J. Friston, "Canonical neural networks perform active inference", *Communications Biology* Vol. 5, Article No. 55 (January 2022). DOI: 10.1038/s42003-021-02994-2

58) Rufin VanRullen and Ryota Kanai, "Deep learning and the Global Workspace Theory", *Trends in Neurosciences* Vol. 44, Issue 9 (September 2021), pp.692-704. DOI: 10.1016/j.tins.2021.04.005

2.1.8 認知発達ロボティクス

（1）研究開発領域の定義

認知発達ロボティクスは、ロボットや計算モデルによるシミュレーションを駆使して、人間の認知発達過程の構成論的な理解と、その理解に基づく人間と共生するロボットの設計論の確立を目指した研究領域である。発達心理学や神経科学などの経験主義的な学問分野と、人工知能（AI）やロボティクスなどの構成論的な学問分野が融合した学際的な研究領域として取り組まれている。なお、本研究領域の名称として、認知発達ロボティクス（Cognitive Developmental Robotics）のほか、認知ロボティクス（Cognitive Robotics）、発達ロボティクス（Developmental Robotics）、エピジェネティックロボティクス（Epigenetic Robotics）が用いられることもある。

目標　ロボットや計算モデルによるシミュレーションを駆使して、人間の認知発達過程の構成論的な理解と、その理解に基づく人間と共生するロボットの設計論の確立を目指す

取り組み状況の国際比較
- 日本発の研究領域、日本と欧州が中心で米中は現状関心が薄い
- ただし、深層学習が言語獲得等に発展、認知発達に近づきつつある

研究開発動向

研究コミュニティーの形成
- 人間は教師あり学習のみをしているわけではなく、身体性と身体的・社会的相互作用を通して、自律的にさまざまな認知能力を発達させている
- このような「発達」の重要性認識に基づいて2000年頃に日本から提唱
- 2000年WDLワークショップをきっかけとして、二大国際会議ICDLとEpiRobが発足、2011年に2つはIEEE ICDL-EpiRobに統合
- 国内ではJST ERATO浅田共創知能システムプロジェクトが研究発展を牽引

研究領域の広がり
- 個体単体での認知発達：身体の運動能力の発達を身体・外界の力学的な相互作用から理解、胎児や新生児の発達過程をシミュレーション検証
- 個体間の相互作用を通じた認知発達：生態的自己→対人的自己→社会的自己という3段階、ミラーニューロン(ある行動を自分で行う場合と他者が行う場合の双方に反応する神経細胞)が重要な役割
- 予測符号化：現時刻・空間の信号から将来や未知空間の信号を予測できるように、予測誤差最小化原理に基づき、その対応関係(内部モデル)を学習
- 記号創発ロボティクス：身体性に基づく言語獲得プロセスを機械学習のモデルを用いて表現し、ロボットに実装して構成論的に理解

研究開発のためのプラットフォーム
- 子供サイズのヒューマノイド型のロボットプラットフォームiCubやNAO、国内では、トヨタHSRやロボットシミュレーターSIGVerse、コンペティション等の基盤に

注目される技術トピックス
- 予測符号化・自由エネルギー原理：認知発達の共通メカニズムとして期待
- 自他認知と共感・意識：身体性・他者との関係の中で情動・主観面に対して構成論的にアプローチ
- 他者・環境とのインタラクションによる記号創発・言語獲得、集合的予測符号化

科学技術的課題

①認知発達のさまざまな側面の原理探究
- 感覚・運動・社会性・言語・推論・共感・意識等の認知発達の各側面の解明はまだ部分的で、基礎的な実験・試作が継続して必要
- 深層学習ベースの大規模な基盤モデルとの対比、身体性や環境との相互作用という面からの探究が重要

②総合的な認知発達モデルの構築と自律・発達するロボットの設計論の開発
- 部分的に分かってきた原理を組み上げて、総合的な認知発達モデル、自律・発達するロボットの設計論を構築、それを牽引する新たなフラグシッププロジェクト

③認知発達ロボティクスの応用開発
- 人間との親和性・共生能力の高いAI応用システムやロボットの実現
- 発達障害(ASD)、精神・神経疾患の解明や治療・予防への貢献

政策的課題

①学際的な研究推進・人材育成
- 発達心理学・神経科学等とAI・ロボティクス等の融合
- ソフトウェアからハードウェアやデバイスまでのシステム的な垂直統合

②倫理的・法的・社会的課題(ELSI)
- 自律的発達に関わる安全性・制御可能性の懸念
- 人間の認知発達過程の理解が進んだとき、その活用に関する倫理的な配慮が必要になること
- 人間に特徴的な言語獲得を含む自律的な認知発達を伴うロボットやAIシステムが実現されたときに、人間はそれをどう受け止めるかという心理的な問題

③長期的基礎研究投資のマネジメント
- 基礎科学的側面と工学的側面のバランス

図2-1-12　　領域俯瞰：認知発達ロボティクス

（2）キーワード

認知発達、身体性、社会的相互作用、知覚・運動能力獲得、言語獲得、記号創発、予測符号化、予測誤差最小化原理、自由エネルギー原理、ミラーニューロンシステム、共感、意識、発達障害、構成論的手法、ロボット設計論

（3）研究開発領域の概要

［本領域の意義］

現在実用化されているAI・ロボティクスの応用システムと人間の知能を比べると「発達」という面に大きなギャップがある。例えば、現在多くのAI応用システムで用いられているのは教師あり学習技術であるし、現在の産業用ロボットの動作はプログラムで明示的に規定されたことを繰り返しているにすぎない。それに対して人間は、生まれてから幼児期に、明示的な刺激と認識結果の対応関係としての教師データを与えられずとも、外界のものを認識して行動する能力や、言語を話し理解する能力を獲得していく。そのような人間の知能の発

達という面が、現在のAI・ロボティクスの技術ではまだほとんど実現できていない。そして、この発達に大きく関わるのが身体性や身体的・社会的相互作用だと考えられている。

認知発達ロボティクスは、この点に着目し、身体性や身体的・社会的相互作用を持つ人間の知能の発達メカニズムの解明と実装を目指している。この取り組みによって上述のギャップが縮められれば、自律的にさまざまな認知能力を発達させることができ、人間との親和性・共生能力の高いAI応用システムやロボットが実現可能になる。例えば、家庭・工場などの各環境において、個別に事前設定・事前学習をせずとも、人間との対話を含む日々のマルチモーダルなインタラクションを通して、扱える語彙や認識できる対象を増やし、より適切な応答・行動ができるように発達するロボットやAI応用システムが実現可能になるであろう。

また、人間の知能の発達メカニズムの理解が進むことで、人間に関わるさまざまな学問の発展にもつながる。特に、発達障害、精神・神経疾患の解明や治療・予防への貢献が期待される。他にも、言語学・心理学などとの関わりも深く、また、育児・保育・教育などへの示唆も得られるかもしれない。

脳科学が発展し、脳の状態に関するさまざまなデータ取得と分析、および、それに基づく脳機能の詳細把握が進みつつあるが、人間の知能という複雑なシステムを分析的アプローチだけで捉えるのには限界がある。そこで、対象を観測・分析して記述する分析的アプローチだけでなく、対象を模したシステムを作って動かしてみることで理解する構成論的アプローチとして、認知発達ロボティクスの役割は重要である。

［研究開発の動向］

❶ 研究コミュニティーの形成

認知発達ロボティクスは、上で述べた「発達」の重要性認識に基づいて2000年頃に提唱され、AI・ロボティクスと発達心理学・神経科学などの学際的研究領域として発展してきた[1), 2), 3)]。この提唱・立ち上げの段階から、浅田稔、石黒浩、國吉康夫、谷淳をはじめとする日本の研究者が大きな役割を果たしてきた。

研究コミュニティーの立ち上がりと言える最初のイベントは、2000年4月に開催されたWorkshop on Development and Learning（WDL）である。AI・ロボティクス側から発達に興味を持つ研究者と、人間の側の発達心理学に取り組む研究者が会する機会となった。このWDLをきっかけとして、国際会議International Conference on Developmental Robotics（ICDL）が設立された。「発達ロボティクス（Developmental Robotics）」という言葉が公式の場で初めて使われたのがこのときだと言われている。

続いて、2001年9月に第1回のInternational Workshop on Epigenetic Robotics（EpiRob）が開催され、ICDLとEpiRobが認知発達ロボティクスの二大国際学術イベントとなった。その後、2011年にこの二つは統合され、International Conference on Developmental and Learning and on Epigenetic Robotics（IEEE ICDL–EpiRob）が組織され、この研究領域の中心的な研究コミュニティーとなっている。

認知発達ロボティクスの日本国内における研究発展を牽引したのが、JST ERATO浅田共創知能システムプロジェクト（研究総括：浅田稔、研究期間：2005年9月～2011年3月）である[4)]。身体的共創知能、対人的共創知能、社会的共創知能、共創知能機構という四つのグループで取り組まれ、いくつかの認知発達過程のモデル化と関与する脳内基盤の対応付けが行われ、また、2歳児までの運動発達プロセスの機能が実装され、ロボット研究者のみでなく幅広い分野の研究者が使用可能な各種ロボットプラットフォームが開発された。

❷ 研究領域の広がり

このような取り組みの中で、人間の知能の発達のさまざまな側面が研究対象として扱われてきている。まず個体単体での認知発達という側面と、個体間の相互作用を通した認知発達という側面がある。前者については、例えば、はいはい、寝返り、つかまり立ち、2足歩行、走行、ジャンプなどの身体の運動能力の発達を、身体の特性・制約や外界との力学的な相互作用との関わりから捉えたり、胎児や新生児の発達過程をシミュレーションによって検証したりといったことが取り組まれている。後者については、個体間の相互作用を通した認知発達の段階として、生態的自己、対人的自己、社会的自己という3段階があると考えられている。生態的自己は身体と環境の同調を通した自己の萌芽、対人的自己は養育者からの同調を通した自他の同一視、社会的自己は複数者との同調・脱同調を通した自他分離という段階である。このような自他認知の発達においては、ミラーニューロン[5)]と呼ばれる脳内の要素[1]が重要な役割を果たしていると考えられ、これを鍵としたメカニズムの理解が進んでいる。

また、他者との相互作用においては、コミュニケーションの発達が重要な側面になる。養育者の働きかけによるコミュニケーション発達では、音声模倣、共同注意、共感発達、応答的視線などが着目されている。さらに、人間の社会的コミュニケーションにおいて特に重要なのは言語獲得である。言語は、他者とのコミュニケーションに用いられるだけでなく、推論や想像といった高次の思考に用いられるという点でも、人間の認知発達において重要な役割を持っている。認知発達に対する構成論的アプローチにおいて、特に言語獲得や社会における言語形成にフォーカスした取り組みは、記号創発ロボティクス（Symbol Emergence in Robotics）[6), 7)]と呼ばれる。記号創発とは、環境や他者との相互作用を通して、記号系をボトムアップに組織化していくプロセスのことであり[2]、身体性に基づく言語獲得プロセスということもできる。この記号創発のプロセスを機械学習のモデルを用いて表現し、ロボットに実装して構成論的に理解しようという取り組みが進められている。

以上のような認知発達の原理・理論の検討と並行して、研究開発を推進するための共通基盤として、ロボットプラットフォームやシミュレーターの整備も進められてきた。特に認知発達ロボティクスの研究では、子供サイズのヒューマノイド型のロボットプラットフォームが開発されている[2)]。イタリア技術研究所（IIT）を中心とした欧州の共同研究によって開発されたiCubは、オープンソースプラットフォームとして世界30以上の機関で利用されている。フランスのAldebaran Robotics社（現在はSoftBank Robotics Europe）によって開発・市販されたNAOは、2008年からRoboCup（ロボットによるサッカー競技会）の標準プラットフォームにも採用され、最も広く普及しているロボットプラットフォームとなっている。国内では、JST ERATO浅田共創知能システムプロジェクトで開発されたCB^{2}があり、認知発達ロボティクス研究用途に特化され、柔らかいシリコン皮膚を持つことが特徴で、胎児・新生児シミュレーターも開発されている。また、トヨタ自動車（株）の生活支援ロボットHSR（Human Support Robot）が、研究機関（HSR開発コミュニティー）向けに貸与されており、ヒューマノイド型ではないが、認知発達ロボティクス研究にも活用されている。ロボットシミュレーターとしては、国立情報学研究所（NII）の稲邑研究グループで開発されたSIGVerseが広く活用されており、RoboCup@HomeやWorld Robot Summitなど、研究発展に大きく寄与してきたコンペティションイベントでも使われている。

❸ 海外動向

認知発達ロボティクスは日本発の研究領域であり、国際的な研究コミュニティーの中核となっている研究者が多く、研究領域を先導する取り組みがなされている（具体的な取り組み事例は［新展開・技術トピックス］の項を参照）。

海外では、イタリア、英国、ドイツ、フランスなど、欧州で取り組みが進められている。イタリアには、上

1 ミラーニューロン（Mirror Neuron）は、他者がとった行動を見ても、自分が同じ行動を行っても、同じように反応する神経細胞である。詳細は［新展開・技術トピックス］❷で説明する。

2 AIの基本問題として記号接地問題（Symbol Grounding Problem）が知られているが、この場合、記号系が先にありきで、それを現実世界に関係付ける問題と捉えているようなところがある。それに対して記号創発は、記号系ありきではなく、現実世界のものにどうラベル（記号）を与えるかは環境依存で創発的だと考える。実際に地域・環境によって違いが生じる言語の多様性にも馴染む認知発達視点の考え方である。谷口忠大はこれを記号創発問題[8)]として再定義している。

で述べたようにiCubの中核研究機関となっているIITがある。英国は、EU FP7プログラムの中でITALKプロジェクト（Integration and Transfer of Action and Language Knowledge in Robots、2008年3月～2012年2月）を実施し、特に言語発達の側面に重きを置いて取り組んでいる。ドイツでは、ビーレフェルト大学が2007年に認知インタラクション技術分野で国の研究拠点CITEC（Cluster of Excellence Cognitive Interaction Technology、日本のCOEプログラムに相当）に選ばれ、CSRAプロジェクト（The Cognitive Service Robotics Apartment as Ambient Host、2013年10月～2018年12月）が実施された。フランスには、上で述べたNAOの開発元であるAldebaran Robotics社（現在はSoftBank Robotics Europe）があることに加えて、国立情報学自動制御研究所（INRIA）で内発的動機付けを含む基礎研究に取り組まれている。

米国・中国は、認知発達ロボティクス分野で目立った取り組みが見られない。深層学習を中心とする現在のAI技術開発では米中2強といわれるほど、研究投資額・国際学会採択件数などで米中が圧倒的な状況にあるが、逆にその競争が非常に激化していることが、当分野への関心が薄い要因になっているのかもしれない。ただし、深層学習研究の発展として、言語獲得・記号推論まで統合的に扱えるような枠組みへの拡張が検討され始めており[9]、認知発達的な面への取り組みと見ることができる（米国・カナダなど）。また、AI関連のトップランク国際会議の一つであるICLR（International Conference on Learning Representations）で、言語学習や内部表現の学習、発達的な機械学習に関する研究成果が発表されるようになってきていることも、同様の動きを表している。

（4）注目動向

[新展開・技術トピックス]

ニューラルネットワークがAIの基本的なモデルとなり、「知覚・運動系のAI技術」（2.1.1節）、「言語・知識系のAI技術」（2.1.2節）、「計算脳科学」（2.1.7節）と、本節で扱う「認知発達ロボティクス」の間で共通する話題が増えている。それを踏まえて、ここでは認知発達ロボティクスらしい身体性に基づく話題として、予測符号化と自由エネルギー原理、自他認知と共感・意識、他者や環境とのインタラクションによる記号創発・言語獲得に注目する。

❶ 予測符号化と自由エネルギー原理

乳幼児は生後数年の間に、自己の認知や物体操作、他者とのコミュニケーションなど、さまざまな認知機能を獲得する。これらの認知発達には一見別々のメカニズムが働いているように思われるが、実は感覚・運動情報の予測符号化という共通メカニズムによって理解できそうだということが分かってきた[10]。予測符号化（Predictive Coding）[11]とは、現時刻・空間の信号から、将来や未知空間の信号を予測できるように、その対応関係（内部モデル）を学習することである。そこでは予測誤差最小化原理が働き、身体や環境からの感覚信号と、脳が内部モデルをもとにトップダウンに予測する感覚信号との誤差を最小化するように、内部モデルを更新したり、環境に働きかけるような運動を実行したりする。

このような考え方は、自由エネルギー原理（Free-Energy Principle）[12), 13), 14), 15]としてより一般化されている。これは「生物は感覚入力の予測しにくさを最小化するように内部モデルおよび行動を最適化し続けている」という仮説であり、ここでいう「予測のしにくさ」は、内部モデルに基づく知覚の予測と実際の知覚の間の予測誤差を意味し、変分自由エネルギーと呼ばれるコスト関数で表現されるというものである。さまざまな推論・学習、行動生成、認知発達過程を統一的に説明する原理になり得ると注目されている。

予測符号化の具体的な応用として、ロボットの動作制御[16), 17]や発達障害の理解と支援[10]への取り組みが知られている。前者については「2.1.1 知覚・運動系のAI技術」で取り上げているので参照いただきたい。後者については、自閉スペクトラム症（ASD）を予測誤差に対する感度の面からモデル化し、非ASD者がASD者の視覚を模擬体験できるASDシミュレーターが開発された。これにより、ASD者は予測誤差に対する感度が過小もしくは過大であることが、環境変化に対する過敏さや鈍感さを生み、社会的コミュニケーション・対人関係に支障を生んでいるという理解が促された。

❷ 自他認知と共感・意識

予測符号化が認知発達をもたらすに際しては、ミラーニューロンシステムの働きが関わっていると考えられる。ミラーニューロン[5] は、他者が取った行動を見ても、自分が同じ行動を行っても、同じように反応するニューロン（神経細胞）であり、サルや人間で発見されている。生後間もない乳幼児は感覚・運動能力が未熟なため、ミラーニューロンの反応で自己と他者が未分化な状態にあるが、感覚・運動情報の予測符号化を通して、自己と他者を予測誤差の大きさに基づいて識別するようになる。さらに、自己を認知できるようになると、身体を意図的に動かすことを学び、物体操作の能力を獲得する。この際にも予測誤差最小化原理に基づいて、目的指向動作を学習する。続いて、自己の運動経験に基づいて内部モデルが形成され、それを用いた他者の運動の予測が可能になっていく。そして、他者運動の予測と、他者起因の予測誤差を引き金とした運動の生成が、利他的行動にもつながると考えられるようになった。他者起因の予測誤差の最小化のための自己運動として、他者の模倣や援助行動が生まれるというものである。

さらに、自他認知の発達と並行して起こる共感の発達のモデル化が試みられ、人工共感の設計が論じられている[18]。まず物理的身体性に基づく他者運動の「ものまね」から自動的・無意識的な情動伝染が引き起こされる。情動伝染からさらに自身への気づきに基づき、他者の情動状態とは必ずしも一致するとは限らない情動的共感や認知的共感が生まれる。情動的共感は、身体化シミュレーションを通じて生まれ、認知的共感は、他者視点獲得や他者の心の理解に基づいて生まれる。

また、「意識」に関する計算論的モデルとして「統合情報理論」[19]や「グローバルニューロナルワークスペース」[20] などが提案されていることを「2.1.7 計算脳科学」の中で述べた。これに対して、認知発達ロボティクスにおいては、身体性を踏まえた他者の痛覚への共感という面から「意識」を捉えようとする試みがある[21]。

このように、身体性に基づく他者との関係の中で、共感や意識など情動・主観面に対して構成論的にアプローチする試みは、認知発達ロボティクスらしい取り組みとして注目される。

❸ 記号創発・言語獲得

［研究開発の動向］❷の中で言及した通り、身体性に基づき、実世界における環境や他者やとのマルチモーダルな相互作用から言語獲得する過程のモデル化が、記号創発ロボティクスの研究[6, 7] として取り組まれている。ここでは、恣意性を基本的性質として持つ記号（言語を含む）の体系が、環境や他者との相互作用としてのマルチモーダル情報から、ボトムアップなクラスタリングによって創発的に形成される過程が、深層確率的生成モデルを用いたモデル化するアプローチなどが採られている。例えば、ロボットなどで自己位置推定とその置かれた環境の地図構築を同時に行う技術SLAM（Simultaneous Localization and Mapping）を拡張して、ボトムアップに場所概念・語彙を獲得するSpCoSLAM（Online Spatial Concept and Lexical Acquisition with SLAM）が開発された。「2.1.1 知覚・運動系のAI技術」では、環境との相互作用として得られる限られた感覚・運動情報をもとに、主観的な世界のモデル化・表現学習を行う「世界モデル」（World Models）の研究[22, 23, 24] が活発化していることを述べたが、これと重なる取り組みと考えられる。ただし、記号創発・言語獲得においては、記号体系・語彙セットが他者[3]と共有されることが本質的に重要である。この点に関して、集団による表現学習（その試みとしてメトロポリスヘイスティング名付けゲーム）や集合的予測符号化という捉え方が示されており[25]、注目される。

3　同質な集団ではなくヘテロ性を持つ集団の中の他者。

［注目すべき国内外のプロジェクト］

❶ 国内における認知発達ロボティクス関連プロジェクト

国内では、［研究開発の動向］❶で述べたように、JST ERATO浅田共創知能システムプロジェクト（2005年9月～2011年3月）が認知発達ロボティクス研究の立ち上げを牽引したのに続いて、近年は同じ科学技術振興機構（JST）の戦略的創造研究推進事業CRESTの中で、以下のプロジェクトが推進されてきた。

「記号創発ロボティクスによる人間機械コラボレーション基盤創成」（研究代表者：長井隆行、2015年度～2020年度）：記号創発ロボティクスのアプローチに基づき、人間とロボットの調和的協働による日常的タスク実行。

- 「認知ミラーリング：認知過程の自己理解と社会的共有による発達障害者支援」（研究代表者：長井志江、2016年度～2021年度）：予測符号化に基づき発達障害を理解、ASDシミュレーターを開発。
- 「脳領域/個体/集団間のインタラクション創発原理の解明と適用」（研究代表者：津田一郎、2017年度～2022年度）：認知発達ロボティクスにおける重要な概念である機能分化の創発原理を探究。
- 「知覚と感情を媒介する認知フィーリングの原理解明」（研究代表者：長井志江、2021年度～2026年度）：マルチモーダルな知覚と情動的感覚の動作原理を予測情報処理理論に基づいて統一的に解明。

上記2件目の研究が4件目へつながったほか、1件目の研究は、新エネルギー・産業技術総合開発機構（NEDO）の「人と共に進化する次世代人工知能に関する技術開発事業」（PL：辻井潤一、2020年度～2024年度）に採択された「説明できる自律化インタラクションAIの研究開発と育児・発達支援への応用」や、ムーンショット目標1のプロジェクト「誰もが自在に活躍できるアバター共生社会の実現」（PM：石黒浩、2021年度～）における課題4「CA協調連携の研究開発」につながっている。

❷ INRIAのFlowersプロジェクト

フランスの国立情報学自動制御研究所（INRIA）のPierre-Yves OudeyerをヘッドとするFlowersプロジェクトでは、発達のメカニズムに関する基礎的な理解を深めるため、発達心理学や神経科学との強い連携のもと、内発的動機付けによる深層強化学習などの高度な機械学習技術を活用した計算モデルの開発を進めている。特に、好奇心駆動型学習と呼ばれる内発的動機付けによる学習・探索のモデルに着目し、エージェントが自らの目標を表現・生成したり、限られた時間・エネルギー・計算機リソースの中で世界モデルを学習したり言語能力などを獲得したりするメカニズムを研究している。

置かれた環境の中でロボットやエージェントがなぜ学習するのか、という根源的な問いは認知発達において重要である。特に、外部からの報酬を獲得する動機付けだけでなく、自身で内部から報酬を生成するメカニズムとなる内発的動機付け（Intrinsic Motivation）は、近年注目される研究課題である[26), 27)]。

（5）科学技術的課題

❶ 認知発達のさまざまな側面の原理探究

本研究開発領域は、基礎的な研究として、感覚・運動・社会性・言語・推論・共感・意識などの認知発達のさまざまな側面について、その原理を探究する取り組みが進められているが、まだ分かってきたことは部分的である。ここまで動向・トピックとして挙げたような研究開発をいっそう発展させる中で、発達のさまざまな側面をより広く正確にカバーする原理を考え、それを検証する基礎的な実験・試作に引き続き取り組んでいくことが必要である。

2020年前後から深層学習モデルの超大規模化とそれによる汎用性の向上が著しい。これは「基盤モデル」（Foundation Model）[28)] と呼ばれている（詳細は「2.1.2 言語・知識系のAI技術」を参照）。基盤モデルは大量の学習データの統計に基づくものであり、言語の意味も理解していないといわれる。また、認知発達ロボティクスは、身体性に基づく環境との相互作用や認知発達という「子供の学習過程のモデル」に重点を置いているのに対して、基盤モデルは、大量データによる一括学習が完了した状態の「大人の学習結果のモデル」である。しかし、基盤モデルでは、超大規模学習による抽象化や推論的な面が、それまでの深層学習モデルよりも格段に高まっているようにも見える。基盤モデルの性質を認知発達・記号創発の観点から分析してみること[29)]も有用であろう。

また、[新展開・技術トピックス]の冒頭で述べたように、機械学習や計算脳科学との重なりが大きくなってきている中で、認知発達ロボティクスは身体性や環境との相互作用を扱っている点が大きな特徴であり、この点からのさらなる発展が期待される。

❷ 総合的な認知発達モデルの構築と自律・発達するロボットの設計論の開発

認知発達のさまざまな側面に関してこれまでに得られている原理・理論はまだ部分的・断片的なものである。つまり、発達過程の時系列の一断面を扱って、その時刻における発達課題を取り上げてきたものの、時系列を通した本来の意味での発達そのものは、まだ本格的に扱えていない。上記❶を探究しつつ、それらを組み上げることで、総合的な認知発達モデルを構築することは、今後の大きな課題である。そして、その総合的な認知発達モデルに基づき、自律・発達するロボットの設計論を作り上げていくことが、認知発達ロボティクスの中長期的な大目標である。

また、[注目すべき国内外のプロジェクト]❶に示したように、現在、認知発達ロボティクス関連で取り組まれている国内プロジェクトは、認知発達ロボティクス研究のある側面を取り出したもので、上に書いたような総合的なモデル・設計論を牽引するものではないよう思える。上記❶に書いたような基盤モデルのような方向性との対比や、後述する社会的な視点を考えていくべきフェーズであることを考えると、認知発達ロボティクスの立ち上げフェーズをJST ERATO浅田共創知能システムプロジェクトが牽引したように、新たなフラグシッププロジェクトが望まれる段階なのかもしれない。

❸ 認知発達ロボティクスの応用開発

認知発達ロボティクスの原理を用いることで、個別に事前設定・事前学習をせずとも、置かれた環境の中でのインタラクションを通して自律的に能力を発達させることができ、人間との親和性・共生能力の高いAI応用システムやロボットが実現可能になると期待される。最終的に総合的な認知発達モデルやロボット設計論ができるのを待たずとも、発達のある側面を捉えた部分的な原理であっても、産業の現場や家庭での応用場面を限定すれば、適用できるシーンがあるかもしれない。さらには、前述した発達障害（ASD）の支援のような形で役に立つシーンも広がり得る。このような応用・活用の可能性を見いだし、そのためのシステムを開発し、効果を検証していく取り組みも重要である。

また、ロボティクス分野で注目されているソフトロボティクスとの関りも深い。従来の硬いロボットの制御では、絶対座標系を想定したトップダウンな制御則をベースにしているが、ソフトロボティクスをその枠組みで扱うのは難しい。しかし、実はこの難しさを生み出しているダイナミズムや多様性が、インタラクションを豊かなものにし、認知発達を可能にしているのである。環境とのインタラクションからボトムアップに創発・学習する認知発達ロボティクスの枠組みが、ソフトロボティクスの発展にも大きく寄与するはずである。

（6）その他の課題

❶ 学際的な研究推進・人材育成

認知発達ロボティクスは、発達心理学や神経科学などの経験主義的な学問分野と、AI・ロボティクスなどの構成論的な学問分野が融合した学際的な研究領域である。また、実際にシステムを開発して動かす上では、ソフトウェアからハードウェアやデバイスまでのシステム的な垂直統合も必要になる[4]。従来と異なるタイプのシステムができることから、人間・社会的側面からの検討も求められる。このようなさまざまな技術・知識が必要になることから、分野横断・学際的な研究の推進やそのための人材育成が重要になる。

❷ 倫理的・法的・社会的課題（ELSI）

認知発達ロボティクスの研究に関わるELSI面の課題も考えていく必要がある[5]。「2.1.9 社会におけるAI」で述べるように、AI技術全般に関して、説明性・公平性・透明性・安全性・信頼性などの社会からの要請（AI社会原則・AI倫理指針といった形で文章化されるようになった）を充足することが求められているが、認知発達ロボティクスに関して特に検討が必要になると思われる点を以下に挙げる。また、このような議論の基礎として、人間やロボットの自律性そのものに関する考察[31), 32)]や人間・社会とロボットの間のトラスト構築[33)]も重要である。

第1点は、自律的発達に関わる安全性・制御可能性の懸念である。 AIシステムやロボットが自律的に発達できるようになったとき、その発達が人間や社会にとって好ましくない方向に進んでしまう可能性はないのか、その方向を人間が制御することは可能かという問題への対処を考えていく必要がある。

第2点は、人間の認知発達過程の理解が進んだとき、その活用に関する倫理的な配慮が必要になることである。既に取り組まれている発達障害（ASD）に対する支援は社会的に意義のある活用先だが、それとは異なる活用の仕方として、例えば、乳幼児の発達過程に対して何らかの操作を行おうとしたら、倫理的に許容されるレベルについて議論になるかもしれない。

第3点は、人間に特徴的な言語獲得を含む自律的な認知発達を伴うロボットやAIシステムが実現されたときに、人間はそれをどう受け止めるかという心理的な問題である。人間と類似することで、人間が共感や親しみやすさを感じる可能性がある反面、「不気味の谷」といわれるギャップも感じ得る。また、発達によってその振る舞いが決まっていくということは、人間にとってブラックボックスで理解できない不安な相手となるかもしれない。何か問題が発生したときに、その責任を、人間は自律性を持ったロボット側（ひいては開発者側）に負わせようとする心理が働くといった懸念もあり[32)]、第1点と合わせて法的な面にも関わりが生じる。

❸ 長期的基礎研究投資のマネジメント

（5）科学技術的課題の項でも述べたように、認知発達過程の全般の解明・理解や自律的に発達するロボットの設計論の構築は、長期的な取り組みを必要とする基礎研究テーマである。その一方で、AI・ロボティクスは産業応用も含めて技術開発競争が激化しており、認知発達ロボティクスの研究成果や知見の取り込みに期待を寄せるが、短期的な成果の刈り取りを求めがちである。また、基礎的な実験を行いながら認知発達の原理を探究する基礎科学的な側面と、ロボットの上に実装して動かすことで新たな知見を得たり、現システムの課題を解決したり、応用の可能性を見いだしたりといった工学的な側面がある。このような異なる性格・側面を有する研究領域に対して、どのようなバランスで研究投資を行い、マネジメントしていくのが適切かについても考えていく必要がある。

4 このような面に取り組んだプロジェクトとして、新エネルギー・産業技術総合開発機構（NEDO）の「高効率・高速処理を可能とするAIチップ・次世代コンピューティングの技術開発」事業のファンドによる「未来共生社会にむけたニューロモルフィックダイナミクスのポテンシャルの解明」（研究代表者：浅田稔、研究期間：2018年10月～2023年3月）がある。

5 このような面に取り組んだプロジェクトとして、JST RISTEX「人と情報のエコシステム」事業のファンドによる「自律性の検討に基づくなじみ社会における人工知能の法的電子人格」（研究代表者：浅田稔、研究期間：2017年10月～2021年3月）がある[30)]。

（7）国際比較

国・地域	フェーズ	現状	トレンド	各国の状況、評価の際に参考にした根拠など
日本	基礎研究	○	↗	認知発達ロボティクスの提唱国であり、研究コミュニティーを主導する中核研究者が複数いて、重要な研究成果も出されている。認知発達過程の解明に向けては、現状まだ部分的な成果にとどまっているが、JST CRESTなどを活用した複数のプロジェクトが推進されている。
	応用研究・開発	○	↗	日本に限らず自律的に発達するロボットの実現にはまだ遠い状況だが、予測誤差最小化原理に基づく発達障害（ASD）の支援のような応用事例は注目される。
米国	基礎研究	△	→	深層学習を中心とする現在のAI技術開発でリードしており、AI基礎研究への大型投資（DARPAのAI Nextなど）も行われているが、認知発達過程を探究しようというプロジェクトはほとんど見当たらない。ただし、深層学習研究の発展として、言語獲得・記号推論まで統合的に扱えるような枠組みへの拡張が検討され始めており、認知発達的な面への取り組みと見ることができる。また、脳科学の知見をAIに生かそうとする取り組みは見られる。
	応用研究・開発	△	↘	上記の傾向から、認知発達的な視点からの応用研究はまだ見られない。
欧州	基礎研究	○	→	イタリア技術研究所（IIT）、フランスでFlowersプロジェクトを進めている国立情報学自動制御研究所（INRIA）、英国でTHRIVE++プロジェクトを進めているマンチェスター大学、ドイツのビーレフェルト大学CITECなどで認知発達の基礎研究が取り組まれている。
	応用研究・開発	○	→	フランスのAldebaran Robotics社（現在はSoftBank Robotics Europe）のNAOは、認知発達ロボティクスの実装プラットフォームとして、世界で最も広く活用されている。イタリアのIITが中心となって開発してしたiCubもロボットプラットフォームとしてよく知られている。NAOがRoboCupに使われているように、ロボットプラットフォームを保有していることは、応用開発・展開において優位なポジションと言える。
中国	基礎研究	△	↘	AI分野の国際学会での論文採択数は米中2強となっており、深層学習を中心とした現在のAI技術開発には大規模な研究投資が行われている。しかし、米国と同様に、認知発達過程を探求しようという取り組みはほとんど見られない。
	応用研究・開発	△	↘	基礎研究の項と同様である。ただし、中国は応用開発のスピードが極めて速く、認知発達の応用が開けてくると、急参入の可能性がある。
韓国	基礎研究	△	↘	特筆すべき取り組みは見られない。
	応用研究・開発	△	↘	特筆すべき取り組みは見られない。

（註1）フェーズ

基礎研究：大学・国研などでの基礎研究の範囲

応用研究・開発：技術開発（プロトタイプの開発含む）の範囲

（註2）現状 ※日本の現状を基準にした評価ではなく、CRDS の調査・見解による評価

◎：特に顕著な活動・成果が見えている　○：顕著な活動・成果が見えている

△：顕著な活動・成果が見えていない　×：特筆すべき活動・成果が見えていない

（註3）トレンド ※ここ1～2年の研究開発水準の変化

↗：上昇傾向、→：現状維持、↘：下降傾向

参考文献

1) 浅田稔，『ロボットという思想：脳と知能の謎に望む』（NHK出版，2010年）．

2) Angelo Cangelosi and Matthew Schlesinger, *Developmental Robotics: From Babies to Robots* (The MIT Press, 2015). （邦訳：岡田浩之・谷口忠大・他，『発達ロボティクスハンドブック：ロボッ

2.1 俯瞰区分と研究開発領域 人工知能・ビッグデータ

トで探る認知発達の仕組み』, 福村出版, 2019年）
3）Angelo Cangelosi and Minoru Asada (editors), *Cognitive Robotics* (The MIT Press, 2022).
4）浅田稔,「共創知能を超えて―認知発達ロボティクスによる構成的発達科学の提唱―」,『人工知能』(人工知能学会誌）27巻1号（2012年1月）, pp. 4-11.
5）Giacomo Rizzolatti and Corrado Sinigaglia, *Mirrors in the Brain: How Our Minds Share Actions and Emotions* (Oxford University Press, 2008).（邦訳：柴田裕之・茂木健一郎,『ミラーニューロン』, 紀伊國屋書店, 2009年）
6）谷口忠大,『記号創発ロボティクス：知能のメカニズム入門』(講談社, 2014年）.
7）谷口忠大,『心を知るための人工知能：認知科学としての記号創発ロボティクス』(共立出版, 2020年）.
8）谷口忠大,「記号創発問題―記号創発ロボティクスによる記号接地問題の本質的解決に向けて―」,『人工知能』(人工知能学会誌）31巻1号（2016年1月）, pp. 74-81.
9）科学技術振興機構 研究開発戦略センター,「戦略プロポーザル：第4世代AIの研究開発―深層学習と知識・記号推論の融合―」, CRDS-FY2019-SP-08（2020年3月）.
10）長井志江,「認知発達の原理を探る：感覚・運動情報の予測学習に基づく計算論的モデル」,『ベビーサイエンス』15巻（2016年3月）, pp. 22-32.
11）Rajesh P. N. Rao and Dana H. Ballard, “Predictive coding in the visual cortex: a functional interpretation of some extra-classical receptive-field effects”, *Nature Neuroscience* Vol. 2 (1999), pp. 79-87. DOI: 10.1038/4580
12）Karl J. Friston, James Kilner and Lee Harrison, “A free energy principle for the brain”, *Journal of Physiology-Paris* Vol. 100, Issues 1-3 (July-September 2006), pp. 70-87. DOI: 10.1016/j.jphysparis.2006.10.001
13）Karl J. Friston, “The free-energy principle: a unified brain theory?”, *Nature Reviews Neuroscience* Vol. 11, No. 2 (January 2010), pp. 127-38. DOI: 10.1038/nrn2787
14）磯村拓哉,「自由エネルギー原理の解説：知覚・行動・他者の思考の推論」,『日本神経回路学会誌』25巻3号（2018年）, pp. 71-85. DOI: 10.3902/jnns.25.71
15）乾敏郎・阪口豊,『脳の大統一理論：自由エネルギー原理とはなにか』(岩波書店, 2020年）.
16）尾形哲也,「深層予測学習を利用したロボット動作学習とコンセプト」,『人工知能』(人工知能学会誌）35巻1号（2020年1月）, pp. 12-17.
17）尾形哲也・他,「特集：予測に基づくロボットの動作学習」,『日本ロボット学会誌』40巻9号（2022年11月）, pp. 701-806.
18）浅田稔,「情動発達ロボティクスによる人工共感設計に向けて」,『日本ロボット学会誌』32巻8号（2014年）, pp. 555-577.
19）Marcello Massimini and Giulio Tononi, *Nulla di più grande* (Baldini + Castoldi, 2013).（邦訳：花本知子訳,『意識はいつ生まれるのか：脳の謎に挑む統合情報理論』, 亜紀書房, 2015年）
20）Stanislas Dehaene, *Consciousness and the Brain: Deciphering How the Brain Codes Our Thoughts* (Viking, 2014).（邦訳：高橋洋訳,『意識と脳：思考はいかにコード化されるか』, 紀伊國屋書店, 2015年）
21）Minoru Asada, “Artificial Pain May Induce Empathy, Morality, and Ethics in the Conscious Mind of Robots”, *Philosophies* Vol. 4, Issue 3 (2019). DOI: 10.3390/philosophies4030038
22）David Ha, Jürgen Schmidhuber, “World Models”, arXiv: 1803.10122 (2018).
23）Karl Friston, et al., “World model learning and inference”, *Neural Networks* Vol. 144 (December 2021), pp. 573-590. DOI: 10.1016/j.neunet.2021.09.011
24）谷口忠大・他,「世界モデルと予測学習によるロボット制御」,『日本ロボット学会誌』40巻9号（2022

年11月）, pp. 790-795.
25) 谷口忠大, 「分散的ベイズ推論としてのマルチエージェント記号創発」, 『日本ロボット学会誌』 40巻10号（2022年12月）, pp. 883-888.
26) 浅田稔, 「内発的動機付けによるエージェントの学習と発達」, 『計測と制御』（計測自動制御学会誌） 52巻12号（2013年12月）, pp. 1129-1135. DOI: 10.11499/sicejl.52.1129
27) Pierre-Yves Oudeyer, Frdric Kaplan, and Verena V. Hafner, “Intrinsic Motivation Systems for Autonomous Mental Development”, *IEEE Transactions on Evolutionary Computation* Vol. 11, Issue 2 (April 2007), pp. 265-286. DOI: 10.1109/TEVC.2006.890271
28) Rishi Bommasani, et al., “On the Opportunities and Risks of Foundation Models”, arXiv: 2108.07258 (2021).
29) 谷口忠大, 「現代の人工知能と「言葉の意味」。そして記号創発システム。」, REPRE（表象文化論学会ニューズレター） 45号（2022年6月）.
30) 浅田稔, 「なじみ社会構築に向けて：人工痛覚がもたらす共感, 道徳, そして倫理」, 『日本ロボット学会誌』 37巻4号（2019年5月）, pp.287-292. DOI: 10.7210/jrsj.37.287
31) 浅田稔, 「再考：人とロボットの自律性」, 『日本ロボット学会誌』 38巻1号（2020年1月）, pp.7-12. DOI: 10.7210/jrsj.38.7
32) 河合祐司, 「ロボットへの原因と責任の帰属」, 『日本ロボット学会誌』 38巻1号（2020年1月）, pp. 32-36. DOI: 10.7210/jrsj.38.32
33) 科学技術振興機構 研究開発戦略センター, 「戦略プロポーザル：デジタル社会における新たなトラスト形成」, CRDS-FY2022-SP-03（2022年9月）.

2.1.9 社会におけるAI

（1）研究開発領域の定義

人工知能（AI）技術が社会に実装されていったときに起こり得る、社会・人間への影響や倫理的・法的・社会的課題（Ethical, Legal and Social Issues：ELSI）を見通し、あるべき姿や解決策の要件・目標を検討し、それを実現する制度設計および技術開発を行うための研究開発領域である。

狙い
- AI技術が社会に実装されていったときに起こり得る、社会・人間への影響や倫理的・法的・社会的課題(ELSI)を見通し、あるべき姿や解決策の要件・目標を検討し、それを実現するための制度設計および技術開発を行う（負の側面をできる限り抑え込み、より良い社会の実現に貢献する）

①「社会におけるAI」の課題抽出・目標設定

課題抽出(ELSI): 安全性・信頼性の懸念、人間の置き換え、プライバシーの懸念、新たな犯罪や悪用、思考誘導等
論点: AI制御、人権、公平性・非差別、透明性、アカウンタビリティー、悪用・誤用、プライバシー、AIエージェント、安全性、SDGs、教育、独占禁止・協調・政策、軍事利用、法律的位置付け、幸福(Well-being)等

新たな論点検討: アバターやメタバースで起きる問題、基盤モデルのELSI、医療ELSI等

あるべき姿や解決策の要件・目標(AI社会原則・AI倫理指針等)
- 2000年代半ばからの学際的検討を経て、2019年には国・国際レベルの議論と指針策定が行われた
- 日本: 人間中心のAI社会原則
- 欧州: 信頼できるAIのための倫理指針
- IEEE: 倫理的に配慮されたデザイン
- OECD AI原則、ユネスコAI倫理勧告
- 米国: AI権利章典のための青写真
- 中国: 次世代AIガバナンス原則　等

原則から実践へフェーズが移行

④AIと社会との相互作用

AI技術による社会変化
- オックスフォード大学「雇用の未来」論文(AIに奪われる職業)
- 基盤モデルAI(従来の特化型AIよりも高い汎用性)による人・AI協働のあり方や社会・産業・科学の変革
- メタバース・宇宙空間への可能性の広がり

①②③の有機的連携
- AI技術発展と社会変化のスパイラルを見据えた社会システムの発展プロセスのモデル化や社会システム設計の方法論

②「社会におけるAI」のための制度設計

AI原則・AI倫理指針の実践のための国際的活動
- GPAI: OECD AI原則の実践
- 欧州AI規制法案、米国AI RMF
- 国際標準化活動

データ保護に関する法改正
- 日本: 改正個人情報保護法
- 欧州: GDPR(AIの説明責任・透明性、忘れられる権利等)、EHDS(医療での利活用促進)
- 米国: セクトラル方式

AIガバナンスのフレームワーク
- 経産省: AIガバナンスガイドライン(アジャイルガバナンス)等
- 日本ディープラーニング協会: AIガバナンスエコシステム

AIに対応した知的財産戦略
- 機械学習の訓練(学習)データに関する著作権法改正
- 訓練(学習)済みモデルの権利保護(派生・蒸留モデルに課題)
- 高度化する生成系AIの問題

③「社会におけるAI」のための技術開発

プライバシー・FATの技術開発
- プライバシー保護と分析の両立技術、公平性配慮データマイニング技術、説明可能AI(XAI)技術等

中国のAIによる社会監視システム
- 金盾: インターネット通信の検閲システム
- 天網: 監視カメラネットワーク
- 社会信用システム:国民の社会信用スコア計算

パーソナルAIエージェント(PAIA)/サイバネティックアバター(CA)とELSI
- 個人データの自己管理を代行するPAIA、人の身代わりとなるCAケースの多様化(1対N、N対1等も)
- デジタル遺産管理に関わる問題

社会的なトラスト形成
- 説明可能AI等の技術対策の限界
- 技術的対策と制度設計の適切な組み合わせ、多面的・複合的な検証・保証、事例・実績の蓄積等

推進面の課題
- 責任ある研究・イノベーション(RRI)の推進と支援体制
- 国際的ルールメイキングが限定的人材の努力に依存
- 多様な視点・考え方の取り込みと具体化に基づく議論
- 社会的価値観の曖昧さや国民性に根差す受け身の対応

図2-1-13　　領域俯瞰：社会におけるAI

（2）キーワード

ELSI、RRI、FAT、AI倫理、AI社会原則、公平性、アカウンタビリティー、透明性、トラスト、ガバナンス、法制度、プライバシー、知的財産権、AIエージェント

（3）研究開発領域の概要

［本領域の意義］

AI技術は、人間の知的作業をコンピューターで代行する可能性を広げることで、社会における人間の役割を変え、人間の働き方やモチベーションにも影響を及ぼし、社会の仕組み・在り方も変貌させる可能性を持っている。これによって、便利で効率的な社会を築くことができ、人間は快適な生活を過ごせると期待される一方で、AIが職業を奪うとか、プロファイリング（個人の性格・特徴を分析する技術）によってプライバシーを侵害されるとか、負の側面に対するさまざまな不安・懸念が指摘されている。本研究領域の取り組みは、それら起こり得る影響・課題を事前に把握し、その対策を制度と技術の両面から実現することによって、負の側面をできる限り抑え込み、より良い社会を実現するために貢献する。

［研究開発の動向］

本領域の取り組みを、❶「社会におけるAI」の課題抽出・目標設定、❷「社会におけるAI」のための制度設計、❸「社会におけるAI」のための技術開発、❹AIと社会との相互作用、という四つに分け、その概要と動向を述べる。

❶「社会におけるAI」の課題抽出・目標設定

❶はAI技術が社会に実装されていったときに起こり得る、社会・人間への影響や倫理的・法的・社会的課題（ELSI）を抽出し、あるべき姿や解決策の要件・目標を定める活動である。

人間が行っていた知的判断のタスクがAIによって代替・自動化され、人間を上回る精度・規模・速度で処理されるようになってきた。これによって、さまざまなシーンで効率化・最適化、人間の負荷軽減がなされることは大きなベネフィットであるが、反面、AIによるタスク代替は人間の役割や心理に急激な変化をもたらすことでネガティブインパクトも生む。これがAIのELSIとして論じられている[1), 2), 3), 4)]。その代表的なものとして、以下のような問題が挙げられる。

- **安全性・信頼性の懸念：**機械学習は原理的に動作保証や精度保証が難しいこと（品質保証問題）、結果についての理由説明がされないこと（ブラックボックス問題）、偏見・差別を含んだ学習をしてしまうこと（バイアス問題）、Adversarial ExamplesのようなAI特有の脆弱性が存在すること（脆弱性問題）など、システムの安全性・信頼性に対する懸念が指摘されている[5)]。
- **人間の置き換え：**従来は人間が行っていたタスクがAIによって自動化されることで人間の失業が増えるという懸念、大量に生まれ得るAIによる生成物に関わる著作権の問題、AIによって故人（のある一面）を複製する行為の倫理問題、擬人化されたAIエージェントに心理的に依存するケースなどの懸念が指摘されている。
- **プライバシーの懸念：**さまざまな行動履歴データを解析することで、個人行動が追跡されやすい状況であることや、映像解析やバイオメトリクス解析によって個人の感情・心理状態などが読み取れるようになりつつあることなど、AI技術の発展に伴うプライバシー侵害の懸念が高まっている。
- **新たな犯罪や悪用：**AI技術を用いることで、本物と区別困難なフェイク画像・音声・映像が簡単に生成できるようになり、まるで人間が書いたかのような自然な文章生成や対話応答が可能になったことで、なりすましや偽装への悪用や、詐欺のような犯罪行為の巧妙化を招いている。
- **思考誘導：**AIによるリコメンデーションへの依存が高まると意思決定の主体性が低下していく懸念、情報のパーソナライズやソーシャルネットワークにおけるフィルターバブルやエコーチェンバー現象、フェイクニュースを用いた政治操作・プロパガンダなど、人々の思考が誘導されやすいというリスクが高まっている[6), 7)]。

次に、このような問題を議論し、あるべき姿や解決策の要件・目標を定めようとする取り組みが国内外で推進されている[1), 8), 9), 10), 11), 12), 13)]。以下にその代表的なものを挙げる。また、これらで重視されている論点を表2-1-3に挙げた[1]。

1　表2-1-3の論点項目は、主要なAI倫理指針を参照して文献11）で整理されたものである。同文献では、主要なAI倫理指針のそれぞれでどの項目が重視されているかについても比較表にまとめている。

表2-1-3　AI ELSIの主要な論点[11)]

論点	説明
AI制御	AIは人間によって制御可能でなくてはならない
人権	AIは人権を尊重するように設計されるべき
公平性・非差別	AIの処理結果によって、人々が不当に差別されないように配慮すべき（主にAIが用いるデータやアルゴリズムにバイアスが含まれることに起因する）
透明性	AIの動作の仕組みは開示されるべき、AIの動作の仕組みや処理結果は人々が理解できるレベルで説明可能であるべき
アカウンタビリティー[2]	AIが事故などを引き起こした際に、その原因や責任の所在を明らかにできるべき
トラスト	AIは人々が信頼できるものであるべき（AIの動作を予想できるとか、処理結果を受容できるとかいったことを含む）
悪用・誤用	AIの悪用・誤用を防ぐような対策を考えるべき
プライバシー	AIの開発時・利用時に人々のプライバシーを侵害してはいけない（開発時の学習データの個人属性や、利用時の内面や機微な情報に立ち入る分析など）
AIエージェント	AIエージェントは、そのユーザーの個人データの管理代行をするが、ユーザーの意思に沿った処理（プライバシー保護も含む）を行わねばならない
安全性	AIはそのユーザーおよび他の人々の生命・身体・財産などに危害を及ぼさないように設計されるべき
SDGs	SDGsで掲げられているような環境・社会などの課題にAIによる貢献を目指す
教育	AIについての理解や倫理・リテラシーを含む分野横断・学際的教育が求められる
独占禁止・協調・政策	特定の企業や国によるAI技術やデータ資源の独占は望ましくない、人材・研究の多様化・国際化や産学連携、国際協調・開発組織間協調が望まれる
軍事利用	自律型致死兵器システム（LAWS）に代表されるAIの軍事利用を制限すべき
法律的位置付け	AIを法律的にどのように位置付けるべきか（例えばAIに人格権などを与えるか）
幸福（Well-being）	AIは人々の幸福のために用いる

欧州では、比較的早い時期から、特に英国の大学・研究機関を中心に取り組まれてきた。まず、2005年にオックスフォード大学の哲学科の下部組織としてFuture of Humanity Institute（FHI）が設立された。FHIは、技術変化によってもたらされる倫理的ジレンマやリスクに対して、長期的にどう選択・対処していくべきか、学際的な研究を進めている。また、ケンブリッジ大学では、2012年に人文・社会科学部局の下部組織としてCambridge Center for Existential Risk（CSER）が設立された。CSERでは、AI、バイオ、ナノなどの先端技術のリスクに対する哲学的・倫理的な研究が行われており、産官学ワークショップなどを実施している。最近の重要な動きとして、2019年4月に欧州委員会のAI HLEG（High-Level Expert Group on Artificial Intelligence）が「信頼できるAIのための倫理指針（Ethics Guidelines for Trustworthy AI）」を公表した。さらに、欧州委員会は2020年2月に「AI白書」（White Paper on Artificial Intelligence - A European approach to excellence and trust）を発表して、市民の価値観と権利を尊重した安全なAI開発の「信頼性」と「優越性」を実現するための政策オプションを示し、2021年4月に「AI規制法案（Proposal for a Regulation of the European Parliament and of the

2　Accountability（アカウンタビリティー）の和訳として「説明責任」が用いられることが多い。「説明責任」という言葉から、説明すればよいと解釈されやすいが、Accountabilityには本来、説明に加えて、法的あるいは経済的な責任を取ることも含まれているということを踏まえておくべきである[4)]。

Council Laying Down Harmonised Rules on Artificial Intelligence (Artificial Intelligence Act) and Amending Certain Union Legislative Acts）」を公表するに至る。これは❷「社会におけるAI」のための制度設計の段階に入るものであり、その内容は❷にて後述する。

米国では、産業界や非営利組織が主導する形で取り組みが始まり、それを追うように学術界での取り組みや国の政策が立ち上がった。2014年3月設立のThe Future of Life Institute（FLI）、2015年12月設立のOpenAI、2016年9月設立のPartnership on AIなどの非営利組織がよく知られている。特にFLIは、2017年1月に5日間にわたるアシロマ[3]での会議の結果として、AIの研究課題、倫理と価値観、長期的な課題を含む23項目のガイドライン「アシロマAI原則」（Asilomar AI Principles）を公表し、多くの署名賛同を得ている[4]。2018年10月には、電子プライバシー情報センター（Electronic Privacy Information Center：EPIC）によって設立された団体であるPublic Voiceが「AIユニバーサルガイドライン（Universal Guideline for Artificial Intelligence）」を公表し、AIの設計や利活用の改善を目的として12の原則を提案した。 AIシステムに関わる主な責任は、同システムに資金を供給し、開発し、展開する機関にあるべきと言及している。

一方、米国の学術界での取り組みとしては、スタンフォード大学のOne Hundred Year Study on Artificial Intelligence（AI 100）、IEEE（The Institute of Electrical and Electronics Engineers：米国電気電子学会）の自律インテリジェントシステムの倫理に関するIEEEグローバルイニシアチブ（The IEEE Global Initiative on Ethics of Autonomous and Intelligent Systems）がよく知られている。特に注目されるのはIEEEグローバルイニシアチブでグローバルイニシアチブを開始し、「倫理的に配慮されたデザイン（Ethically Aligned Design）：自律インテリジェントシステムで人間の福祉を優先するためのビジョン」と題されたレポートを作成し、2016年12月にVer.1（EADv1）、2017年12月にVer.2（EADv2）を経て、2019年3月に1st Edition（EAD1e）をリリースした。 EADはデザインという言葉を使っている通り、倫理そのものではなく、設計論・設計思想、それをどのように技術に落とし込めるかといった論点が整理されていることが特徴である[14)]。 EADv2では自律型兵器システムのような問題にも踏み込んで論点を広げたが、最終的なEAD1eでは八つの原則に絞り込んだ。さらに、これらの原則を実践に結び付けるため、IEEE-SA（Standard Association：標準規格）のP7000シリーズとして標準化活動が進められている。米国政府からは2022年10月に「AI権利章典のための青写真（Blueprint for an AI Bill of Rights）」が公開された。

日本では、学会・政府主導のガイドライン策定が推進されている。学会では2014年に人工知能学会が倫理委員会を立ち上げ、同委員会での議論や公開討論を経て、2017年2月に「人工知能学会 倫理指針」を公開した。9項目から成り、主に研究者倫理に焦点が置かれているが、第9条「人工知能への倫理遵守の要請」はAI自体が倫理的であるべきということを掲げたのが特徴である。また、政府主導の活動としては、内閣府の「人工知能と人間社会に関する懇談会」、総務省の「AIネットワーク社会推進会議」[5]、経済産業省の「AI・データ契約ガイドライン検討会」などが進められてきたが、それらを踏まえた活動として、内閣府の「人間中心のAI社会原則検討会議」が2018年5月に始まり、2019年3月に「人間中心のAI社会原則」が決定・公表された。人間中心のAI社会原則は、人間の尊厳が尊重される社会（Dignity）、多

3 米国カリフォルニア州のアシロマは、遺伝子組み換えに関するガイドラインが議論されたアシロマ会議が、1975年に開催された場所である。このアシロマ会議は、科学者自らが研究の自由を束縛してまで自らの社会的責任を表明したもので、科学史に残る象徴的な場所で再びAIに関して同様の議論がなされた。

4 2023年2月2日時点の公開情報として、AI・ロボット工学研究者1797名、その他3923名がこの原則に署名したとのことである。

5 「人間中心のAI社会原則」に先立ち、2017年7月に「国際的な議論のためのAI開発ガイドライン案」、2018年8月に「AI利活用原則案」を公開している。後者はさらに「人間中心のAI社会原則」の発表後、2019年8月には「AI利活用ガイドライン」としてリリースされた。

様な背景を持つ人々が多様な幸せを追求できる社会（Diversity & Inclusion）、持続性ある社会（Sustainability）という三つの価値を基本理念とし、「AI-Readyな社会」をビジョンに掲げ、人間中心の原則、教育・リテラシーの原則、プライバシー確保の原則、セキュリティー確保の原則、公正競争確保の原則、公平性・説明責任・透明性の原則、イノベーションの原則という七つをAI社会原則として挙げている。

AI原則に関して、2019年は国際的な協調が議論された年でもあり、経済協力開発機構（Organisation for Economic Co-operation and Development：OECD）は5月に「人工知能に関するOECD原則（OECD Principles on Artificial Intelligence）」をまとめ、42カ国[6]が署名した。6月に日本で開催されたG20貿易・デジタル経済大臣会合では、「人間中心」の考えを踏まえたAI原則「G20 AI原則」に合意がなされた。さらに、ユネスコ（国際連合教育科学文化機関、United Nations Educational, Scientific and Cultural Organization：UNESCO）での検討も2019年から始まり、2021年11月に「AI倫理勧告（first draft of the Recommendation on the Ethics of Artificial Intelligence）」が全193加盟国[7]によって採択された。この勧告では、AIを開発・利用する際に尊重すべき価値として「人権」「環境保全」「多様性」「平和や公正さ」を掲げ、プライバシー保護や透明性確保など守るべき10の原則を規定している。このような国際的な動き[15)]と連動するように、上に述べた以外にも各国からAI原則が発表された。中国では、2019年5月に北京智源人工智能研究院（Beijing Academy of Artificial Intelligence：BAAI）が「北京AI原則（Beijing AI Principles）」を公表、6月には中国国家次世代AIガバナンス専門委員会が「次世代AIガバナンス原則―責任あるAIの発展」を公表、さらに中国AI産業発展連盟が「AI業界自律公約」を定めた[8]。また、企業や企業グループが自社の取り組みとしてAI原則・AI倫理指針を掲げるという動きも国内外で広がった。

図2-1-14　AI ELSI関連ガイドラインを中心とした主要な取り組み[12)]

6　OECD加盟36カ国に、アルゼンチン、ブラジル、コロンビア、コスタリカ、ペルー、ルーマニアを加えた42カ国。

7　米国は含まれていない。中国は含まれている。

8　「次世代AIガバナンス原則」が国家戦略「次世代AI発展計画」を受けたもの、「北京AI原則」は北京の研究機関が中心となって発信したもの、「AI業界自律公約」は産業界の順守を期待するものとなっている。

以上に挙げたように、さまざまな国・組織からAI原則・AI倫理指針が出されたが、OECDやG20のような国際的な場での議論も行われており、それらで取り上げられている事項には共通点が多く見られる。現在は、このような理念・原則レベルの議論から実践のフェーズへと移行している。実践フェーズの取り組み内容は、このあと❷❸で紹介する。原則から実践へという全体の流れを、AI ELSI関連ガイドラインに関する取り組みを中心に図2-1-14に示した。

❷「社会におけるAI」のための制度設計

❶で導出した要件・目標の実現に向けて、制度設計面の取り組みが進められている。主な取り組みとして、a. AI原則・AI倫理指針の実践のための国際的活動、b. AIガバナンスのフレームワーク、c. プライバシー・個人情報保護などのデータ保護に関する法改正、d. AIに対応した知的財産戦略、が挙げられる。以下ではa～dそれぞれの動向について述べる。なお、ここでは取り上げないが、他に自動運転・自律飛行や医療AIといった個々のAI応用ごとの制度整備なども進められている[16)]。

❷ -a AI原則・AI倫理指針の実践のための国際的活動

❶に示したようなAI原則・AI倫理指針は国や組織でさまざまな形で実践に結び付ける取り組みが進みつつあるが、特に国際的な活動としてGPAI（Global Partnership on AI）が挙げられる。これは、前述の「人工知能に関するOECD原則」を実践段階に進めるための国際的な組織である。その詳細は［国内外の注目プロジェクト］❶で述べる。

また、欧州では前述の通り、欧州委員会が2019年4月に公表した「信頼できるAIのための倫理指針」から、2020年2月の「AI白書」を経て、2021年4月には「AI規制法案（AI Act）」を公表した。この法案では、AI応用システムをリスクの大きさに着目して四つのレベルに分け、そのレベルに応じて使用禁止や適合性評価の義務化など、かなり踏み込んだ規制をかけようとしている。さらに欧州では、人権・民主主義・法の支配を掲げる欧州評議会（Council of Europe：CoE）[9]のCAI（Committee on Artificial Intelligence）において、AI条約の起草が進められている。リスクベースの考え方に基づく枠組み条約を方針とし、2023年11月の採択を目指している。

一方、米国では、「2020年国家AIイニシアチブ法（National Artificial Intelligence Initiative Act of 2020）」を受けて、前述の「AI権利章典のための青写真」（2022年10月公開）に続き、「AIリスク管理フレームワーク（Artificial Intelligence Risk Management Framework：AI RMF）」が2023年1月に発表された。標準技術研究所（National Institute of Standards and Technology：NIST）から発表されたもので、AIのリスクに対する考え方やリスクに対処するための実務が示されている。

欧州のAI規制法案と米国のAI RMFについては、［新展開・技術トピックス］❶でもう少し詳しい内容を記載するが、これらは国家レベルの政策として、原則から実践へトップダウンに落とし込む流れである。それに対して日本では、産業界や研究開発の現場主体のボトムアップな取り組みによって、AIシステムの安全性・信頼性の確保のための方法論が検討され、具体的応用を踏まえた開発者目線の実践的なAI品質管理ガイドラインが作られている。AIプロダクト品質保証（QA4AI）コンソーシアムによる「AIプロダクト品質保証ガイドライン」や、産業技術総合研究所による「機械学習品質マネジメントガイドライン」がその代表例である。これらについては「2.1.4 AIソフトウェア工学」の中で取り組みを紹介している。

上記のような欧州・米国の政策は、その国・地域内にとどまらず国際的に大きな影響力を持つ。ただし、これと並行して、AI倫理・AIガバナンスを含むAIに関する国際標準化活動が進められており、その中では、

9　欧州連合（EU）とは別の機構である。現在、46カ国が加盟しており（欧州で未加盟なのはベルラーシと2022年3月に除名されたロシアの2カ国のみ）、日本・米国など5カ国がオブザーバー国となっている。

欧州・米国だけでなく、中国・日本を含む各国の考え方を交えて活発な議論が行われている。標準化活動では、抽象的な理念だけでなく、システム開発に直結する面も大きいため、日本で検討してきた実践的なガイドラインも重要な貢献を示している。なお、標準化活動は開発方法論との関係が深いので「2.1.4 AIソフトウェア工学」に記載した。

❷ –b. AIガバナンスのフレームワーク

原則から実践へという動きは、国・国際レベルに限らず、個々の企業・組織の現場での実践が重要になる。これに関して、AIガバナンスという言葉がよく使われ、その実践のためのフレームワークやガイドラインの整備が求められている。

国内では、経済産業省から「我が国のAIガバナンスの在り方」（Ver. 1.1、2021年7月）、「AI原則実践のためのガバナンス・ガイドライン」（Ver. 1.1、2022年1月）、「AI・データの利用に関する契約ガイドライン」（Ver. 1.1、2019年12月）が公開されている。「我が国のAIガバナンスの在り方」では、AIガバナンスとは「AIの利活用によって生じるリスクをステークホルダーにとって受容可能な水準で管理しつつ、そこからもたらされる正のインパクトを最大化することを目的とする、ステークホルダーによる技術的、組織的、及び社会的システムの設計及び運用」と定義している。「AI原則実践のためのガバナンス・ガイドライン」は、企業ガバナンスとの親和性に配慮し、アジャイルガバナンスの考え方をベースとしていることや、法的拘束力のないガイドラインとしていることが特徴である[17)]。アジャイルガバナンスは、政府、企業、個人・コミュニティーといったさまざまなステークホルダーが、自らの置かれた社会的状況を継続的に分析し、目指すゴールを設定した上で、それを実現するためのシステムや法規制、市場、インフラといったさまざまなガバナンスシステムをデザインし、その結果を対話に基づき継続的に評価し改善していくアプローチである。その運用から受ける評価を速やかに反映するだけでなく、より大きな外部状況変化に対する環境・リスク分析によるゴール自体の見直しも行う。

また、日本ディープラーニング協会に「AIガバナンスとその評価」研究会が発足し、そこでの検討に基づき、2021年7月に報告書「AIガバナンス・エコシステム—産業構造を考慮に入れたAIの信頼性確保に向けて—」が公開された。従来はAIガバナンスが1組織・1企業における内部ガバナンスの在り方という限定的な意味で用いられがちであったが、日本におけるAIサービスは、開発者、サービス提供者や運用者、利活用者などにわたるサプライチェーンが非常に長い構造を持つことから、組織を超えたガバナンスの仕組みを考えていくべきということが提言されている。

❷ –c. データ保護に関する法改正[18), 19)]

日本におけるデータ保護の法制度としては、まず2003年に公布、2005年に施行された、個人情報保護法を含む個人情報保護関連5法がある。その後、改正が議論され、改正個人情報保護法が2015年に公布され、2017年5月に施行された。この改正では、事業者間での輾転流通が認められる匿名加工情報の新設、要配慮個人情報の導入、高い独立性を持つ個人情報保護委員会の設立など、データを取得した個人の同意なしでデータを流通・利用活するための新しい枠組みが創設された。3年ごとの見直し規定も定められ、2020年に公布、2022年4月から施行でさらに改正が加えられた。この改正には、第三者への提供禁止請求・提供記録開示請求など本人の権利保護の強化、データの利活用の促進のため制約を緩和した仮名加工情報[10]の新設、その一方で法令違反に対する罰則を強化などが盛り込まれている。

10 仮名加工情報とは、他の情報と照合しない限り、特定の個人を識別できないように個人情報を加工したものである。加工によって一定の安全性を確保しつつ、匿名加工情報よりもデータの有用性を保ち、詳細な分析が可能になった。仮名加工情報を、他の情報と照合して、特定の個人を識別することは禁止される。

欧州（EU）では、1995年に制定されたデータ保護指令（Data Protection Directive: 95/46/EC）が存在したが、2012年からインターネット、デジタル化といった技術進化やグローバル環境変化を踏まえた全面的な見直しが進められた結果、パーソナルデータの取り扱い（Processing）と移転（Transfer）に関わる規則（Regulation）を定めた一般データ保護規則（General Data Protection Regulation：GDPR）が2016年4月に成立し、2018年5月から適用が開始された[11]。先のデータ保護指令は、各国に一定の法律の制定を義務付けているが、指令（Directive）が各国に直接適用されるわけではない。それに対してGDPRは、各国に直接適用されるため、運用面での位置付けが大きく異なる。規則の内容の面では、特にAIとの関係が深いものとして、プロファイリングに基づく自動意思決定に対する説明責任・透明性を要求していること（GDPR第22条）が挙げられる。その他にも「削除権」（「忘れられる権利」、同第17条）、「開示請求権」（同第15条）、「データポータビリティー権」（同第20条）、罰則の強化などにも特徴がある。

米国では、公的部門については1974年のプライバシー法が存在するものの、民間部門については包括法がなく、自主規制を基本としている。すなわち、企業が自ら公表しているプライバシーポリシーに違反した場合、公正取引委員会（Federal Trade Commission：FTC）がFTC法第5条「不公正または欺瞞的行為の禁止」に照らして取り締まる。規制対象を限定して個別領域ごとに個別法が制定されるセクトラル方式がとられている。ただし、Google、Meta、Amazon、AppleなどのBig Tech企業に膨大な利用者データが集まる状況に際して、2012年に「ネットワーク化された世界における消費者データプライバシー」という政策大綱が公表され、その中で、事業者によるインターネット上の追尾・追跡（トラッキング）を消費者が拒否（オプトアウト）できる「Do Not Track（DNT）」という概念を明確化して基本方針とした「消費者プライバシー権利章典」が提案された。また、「急変する時代の消費者プライバシー保護」レポートで、Privacy by Design、単純化した消費者の選択、透明性という3条件が枠組みとして勧告された。2015年には権利章典をもとにした「消費者プライバシー権利章典法案」が公開された。また、州法レベルでのさまざまなプライバシー保護法が制定されているが、特にカリフォルニア州は先進的な法律を制定してきた。例えば、2002年に同州が最初に制定したセキュリティー侵害通知法（California Security Breach Notification Act：情報漏洩が発生した場合に事後的な通知・報告を義務付け）は、その後、ほぼ全州が同様の法律を制定した。さらに、カリフォルニア州は2018年6月に新たに消費者プライバシー法（California Consumer Privacy Act：CCPA）を制定した（2020年1月施行）。CCPAはGDPRと同様にパーソナルデータの保護を強く打ち出しているが、GDPRと比べて、対象となる企業や個人の範囲は狭いものの、個人に付与される権利はより幅広い。

また、GDPRのようなデータ保護を強化する施策だけでなく、保護しつつもデータ利活用を進めやすくするような施策も考えられつつある。その一例として、2022年5月に公表された欧州ヘルスデータスペース規則案（European Health Data Space：EHDS）が挙げられる。現状は国ごとに取り扱いルールが異なっているヘルスデータについて、国内や国を超えて自分のヘルスデータの管理を可能にし、安全性を保ちつつ研究・イノベーション・公衆衛生・政策立案などへの活用を可能にすることが目指されている。これに対して、日本では、個人情報管理規定が政府・自治体・民間事業者ごとにバラバラで、活用が阻害されているという「2000個問題」や、医療分野の研究開発に資するための匿名加工医療情報に関する法律「次世代

11 GDPRでは、EU域内の個人に関するデータをEU域外へ移転することを原則として認めていないが、十分なデータ保護政策がとられている国であれば、十分性認定を受けることで、移転が認められる。日本は十分性認定を受けている。米国は認められていない。

医療基盤法」の見直し[12]など、課題が積み残されている。

❷ –d. AIに対応した知的財産戦略

国内では、内閣の知的財産戦略本部での議論の中で、AIに対応した知的財産戦略・法改正などが議論されている。2017年3月に関連する報告書[20)]が公表された。

まず、機械学習の訓練（学習）データに関わる著作権法が改正され、機械学習のために、よりデータを利活用しやすくなった。もともと日本の著作権法は、コンピューターによる情報解析を目的とした複製などを許容する権利制限規定を有しており（旧47条の7）、営利目的であっても、第三者の著作物が含まれていても、一定限度で著作権者の許諾なく著作物を利用することが可能とされている。さらに、2019年1月1日施行の改正著作権法では、旧法では制限がかかっていたと解釈されるいくつかのケースに関して制限が緩和された（新30条の4第2号）。すなわち、旧法では訓練データを作成する主体と機械学習を実行する主体が同一であることを前提としていたのに対して、新法ではその前提が排除された。すなわち、作成した訓練データセットを他者に提供することも許容され、その利活用がいっそう促進される。

次に、訓練（学習）済みモデルの権利保護の課題について述べる。訓練済みモデルの再利用の仕方は、単純にモデルをそのままコピーして使うケース（複製）だけでなく、追加学習して使うケース（派生）、複数個の訓練済みモデルを組み合わせて使うケース（アンサンブル：Ensemble）、訓練済みモデルの振る舞い（どんな入力に対してどんな出力を出すか）の観測データを別のニューラルネットワークに学習させて新たなモデルを作るケース（蒸留：Distillation）が知られている[21)]。このうちアンサンブルで使うモデルは複数個だが、一つ一つは複製モデルに相当するので、権利保護を考えるべきモデルの種類は複製モデル・派生モデル・蒸留モデルの3種類である。このうち、派生モデルと蒸留モデルは、もとの訓練済みモデルとの関係性の立証が難しいことが権利保護上の課題である。契約・特許権・著作権などでどこまで保護できるか、新しい権利による保護が必要か、営業秘密として不正競争防止法で保護できるケースはどのようなケースか、といった検討がなされている[20)]。

また、AI生成物の著作権については、次のような解釈がされる[10)]。人間がAI技術を道具として利用した創作物は、その人間に創作意図と創作的寄与があれば、その創作物は著作物であると認められる。一方、人間に創作的寄与が認められないケースは、AI創作物とされ、現行の著作権法では著作物と認められない。AIはパラメーターを少しずつ変えながら休むことなく膨大なバリエーションの生成物を出力することが可能なので、それらに著作権を与えたら、大きな弊害を生む。ただし、ここでいう創作的寄与というのがどの程度のものならば該当するのかは、今後の課題として残っている。加えて、AI創作物を人間による創作物だと偽られる懸念や、機械学習を用いた場合に生成物が訓練データと類似してしまう問題なども課題である。知的財産として新たな保護を与えるかは、そのメリットとデメリット、それが市場に与える影響などのバランスも考えておく必要がある[13]。2022年には、一見するとプロが描いたようなテイストの画像が簡単な説明文から生成できる画像生成AI（Text-to-Image）が、一般にも利用可能な形で提供され、大きな話題になった（「2.1.1 知覚・運動系のAI技術」参照）。この技術を用いた作品がアートコンテストで1位になったことなどもあり、アーティストやクリエーターからの反発も生じており、上述の課題が急速に顕在化している。

12 2022年12月27日に開催された次世代医療基盤法検討ワーキンググループ第7回（内閣府 健康・医療戦略推進事務局）では、医療情報の研究ニーズ、社会的便益の観点から、新たに「仮名加工医療情報」の作成・提供を可能とし、その際、個人情報の保護の観点から、仮名加工医療情報の提供は国が認定した利活用者に限定するという提案がなされている。

13 文献6）の11章「ロボット・AIと知的財産権」（福井健策）に詳しい。また、その中ではロボット・AIによるコンテンツ生成に伴って考えられるメリットとして、（1）大量化・低コスト化による知の豊富化、（2）テーラーメイドでの個別ニーズの汲み取り、（3）侵害発見・権利執行の容易化によるフリーライドの抑制、（4）新たな体験・発見・感動、その一方でリスク要因として、（1）価格破壊による創造サイクルの混乱、（2）知のセグメント化の進行・集合体験の欠落、（3）フリーライドの多発・プロセス複雑化による権利関係の混乱、（4）コピーの連鎖による知の縮小再生産、が挙げられている。

同様に文章生成AI（ChatGPTなど）を用いて、文学作品や論文・レポートを作ることも行われ始めている。ChatGPTは米国のMBA、法律、医療の試験に合格できるレベルにあるという報告もあり、論文や試験レポートへの使用を禁じる動きが既に出てきている（「2.1.2 言語・知識系のAI技術」参照）。

❸「社会におけるAI」のための技術開発

❶で導出した要件・目標の中には、その実現のために新たな技術開発が必要なものが含まれている。特に活発に取り組まれている技術課題として、機械学習における公平性や解釈性を確保するための技術開発や、プライバシー保護のための技術開発が挙げられる。公平性・解釈性に関する代表的な技術としては、公平性配慮データマイニング技術（Fairness-Aware Data Mining：FADM）や説明可能AI技術（Explainable AI：XAI）などの開発が進められている。FADMでは、グループ公平性・個人公平性などの公平性基準を定義し、それを用いて不公平さを検出する手法や、不公平を防止する手法が開発されており、XAIでは、深層学習のように精度が高いが解釈性が低いブラックボックス型モデルに近似的な説明を外付けする方式や、決定木や線形回帰のような解釈性は高くても精度に限界のあったホワイトボックス型モデルを場合分けなどによって精度を高める方式が開発されている（詳細は「2.1.4 AIソフトウェア工学」を参照）。プライバシー保護のための代表的な技術としては、解析対象データにおけるプライバシー保護のためのデータ匿名化技術、データベース問い合わせにおけるプライバシー保護のための差分プライバシー技術、計算過程におけるデータ内容の漏洩防止のための秘匿計算（秘密計算と呼ばれることもある）技術、プライバシーを保護しながらデータ分析を行うプライバシー保護データマイニング技術（Privacy-preserved Data Mining：PPDM）などがある（詳細は「2.4.3 データ・コンテンツのセキュリティー」を参照）。

❹ AIと社会との相互作用

AI技術は社会を変え、変わった社会がさらに発展あるいは安定化するために、また新たなAI技術を要求する、というような連鎖（AI技術→社会変化→AI技術→社会変化→…）が起こってくる。そのような社会変化やAI技術の発展から、人間の在り方や思考の仕方も影響を受ける。連鎖のスピードや方向に、必ずしも全ての人々が追従できるわけではない。連鎖がどのような方向へ進むかを迅速に予測・把握し、連鎖の進行をうまくコントロールするための対策を的確に講じていくことが望ましい。

社会への影響に関する話題の一例として、英国オックスフォード大学から2013年に発行された「雇用の未来（The Future of Employment）」と題する論文[22)]が挙げられる。「今後10～20年程度で、米国の総雇用者の約47%の仕事が自動化されるリスクが高い」という予想を示したことから、AI技術による職業や雇用機会の変化が盛んに論じられるようになった。さまざまなタスクで、特化型AIが人間を上回る精度・性能を示していることに加えて、大規模言語モデル・基盤モデルによって、人間によるものか判別困難な品質で多数のタスクに対応できるという汎用性の向上も示され（「2.1.2 言語・知識系のAI技術」参照）、AIの社会に与える影響が急激に拡大しつつある。このような状況から、「2.1.5 人・AI協働と意思決定支援」で述べるような、人・AI協働の在り方や、人の意思決定への影響を考えていくことや、「2.1.6 AI・データ駆動型問題解決」で述べるような、AI技術による社会・産業・科学の変革をより良い方向に進めていくことが重要になる。

また、人々がアクセスできる空間の広がりとして、メタバースや宇宙が注目されている。このような新たな活動空間において、自律性の高いAIや人間の能力を拡張するようなAIへのニーズは高く、AIの技術発展と社会の発展・拡大の相互作用を適切にコントロールしていくは、ますます重要な課題になっていく。

（4）注目動向

［新展開・技術トピックス］

❶ 欧州AI規制法案と米国AIリスク管理フレームワーク

［研究開発の動向］❷–aで述べたように、欧州と米国では、原則から実践へのトップダウン政策として、欧州AI規制法案（AI Act）と米国AIリスク管理フレームワーク（AI RMF）が発表された。ここでは、これら二つの内容を簡単に紹介する。

欧州AI規制法案では、AIをリスクの大きさによって、（a）容認できないリスク、（b）ハイリスク、（c）限定的なリスク、（d）最小限のリスク/リスクなし、という4段階に分類し、（a）に該当するAIは使用禁止とされ、（b）は事前に適合性評価、（c）は透明性の確保が必要とされる。違反すると、巨額の制裁金や欧州でのビジネスに制約がかかる可能性がある。

具体的にどのような応用例が該当するかというと、（a）には、潜在意識への操作、子供や精神障害者を相手とする搾取行為、社会的スコアの一般的な利用、公的空間での法執行目的の遠隔生体認証が挙げられている。（b）には、規制対象製品の安全要素（産業機械・医療機器など、法によって第三者認証の対象となるもの）や、特定分野のAIシステム（自然人の生体認証と分類、重要インフラの管理と運用、教育と職業訓練、雇用・労働者管理・自営業の機会、必須の民間サービスや公共サービス・利益へのアクセスや享受、法のエンフォースメント、移住・亡命および国境管理、司法運営と民主的プロセス）で人の安全や権利に影響を及ぼすリスクが高いものが対象となる。（c）には、自然人と相互作用するシステム（例えばチャットボット）、感情推定や生体情報に基づくカテゴリー形成を行うシステム、ディープフェイクなどが例として挙げられ、そのような仕掛けを使っていることを人に通知する透明性義務が課される。

2021年8月まで意見公募があり[14]、その後、修正案が検討されており、2023年中の発効が有力で、完全施行は最速で2024年後半と見られている。なお、この法案には域外適用条項があり、日本企業がEU域内で商品やサービスを提供する場合にも適用される。

一方、米国AI RMFは、2部構成になっており、第1部でAIに関わるリスクの考え方と信頼できるAIシステムの特徴を概説し、第2部でAIシステムのリスクに対処するための実務を説明している。この第2部では、具体的な対処の仕方を、マップ（リスクの特定）、測定（リスクの分析・評価など）、管理（リスクの優先順位付けやリスクへの対応）と、それらの統治（組織におけるリスク管理文化の醸成など）という四つの機能に分けて解説している。2022年3月に初期ドラフト、8月に第2ドラフトが公開され、2回の意見公募を経て、2023年1月に第1版（AI RMF 1.0）として発表された。

AI RMFは、欧州AI規制法案のような強い規制をかけるものではなく、AIシステムを設計・開発・導入・使用する者が自主的に参照できるものとされているが、米国NISTから発表され、業界への影響力が大きいため、今後、AI標準化の有力なベースとなっていくものと考えられている。

❷ パーソナルAIエージェント/サイバネティックアバターとELSI

各個人に関わるデータ（パーソナルデータ）は、サービス運営企業のところに、利用者データとして集められ管理される形態が大半であった。しかし、パーソナルデータの漏洩事故や利用者の意図せぬ利用などの懸念も生じ、パーソナルデータの管理を個人主導の形態へ移行させようという動きが進みつつある[18)]。自分のパーソナルデータがどこまでどの企業に開示されているのかを、自分自身で把握し、コントロールしたい（すべき）という考えである。そのために法律面では、欧州のGDPRのように、自己情報コントロール権（開示請求権、削除権・訂正権、データポータビリティー権などが含まれる）の確保が考えられている。

14　規制対象となるリスクの高いAIについての定義の明確化や、責任範囲の明確化を求める意見など、304件の意見書が寄せられたとのことである。日本からも経団連などから意見書が出された。

一方、技術・システム面では、自分の管理下にパーソナルデータを集約・管理するPDS（Personal Data Store）や、その管理を委託する情報銀行（情報信託銀行の略称）などの仕組みが考えられている。

しかし、このような個人主導のパーソナルデータ管理では、各個人の管理能力・情報リテラシーが低いとかえってリスクが高まる恐れがあることに加えて、管理すべき相手・情報量の増大や条件・関係の複雑化によって、人間には管理しきれないという状況も予想される。これに対して、前述のIEEE EAD1eでは、各個人とサービス運営企業（事業者）との間に入り、個人の代理として、事業者の提示するパーソナルデータの利用方法とサービスが各個人の決めた条件に合致するかどうかを判断し、事業者にパーソナルデータを渡してその事業者からサービスを受けるかどうかを決定する「パーソナルAIエージェント」（PAI Agent）の概念が導入された。

また、ムーンショット目標1において、身代わりとしてのロボットや3D映像などを示すアバターに加えて、人の身体的能力、認知能力および知覚能力を拡張するICT技術やロボット技術を含めた概念が「サイバネティックアバター」（Cybernetic Avatar：CA）と称されている。CA（具体的にはOriHimeのようなアバターロボット）を使うことで、身障者が遠隔で職業に従事するといった社会的な取り組みも行われている。 CAとそれを使う人間の関係は、1対1とは限らず、一人の人間が複数のCAを使うパターンもあれば、複数の人間で一つのCAを共同で操作するパターンもある。必ずしもCAの一挙一動を人間がコントロールするわけではなく、CAの振る舞いはある程度の自律化・自動化がなされたものになっていく。その意味で、PAI AgentとCAの役割はかなり近いものになる。

これらPAI AgentやCAと人間の関係は、これまでの社会にはなかった新しい様相をもたらし、ELSIの観点からさまざまな課題が生じるため、検討が進められている[11), 23), 24), 25), 26)]。例えば、PAI AgentやCAがそれを使う人間の意図通りに振る舞わないかもしれない。それで事故や問題が起きたときの責任の所在はどこにあるのか。CAを操る人間をじかに確認することができない状態で、CAに相対する人間はCAをどうすればトラストできるのか。人間、CA、PAI Agentの間でなりすましやのっとりが起きていないことはどうすれば確認できるのか。一人で同時に複数のCAを使ったり、一つのCAを複数人で共同操作したりするとき、人間の心的面にどのような影響が生じるのか。さまざまな面から分析や実験を進めていくことが望まれる。

また、個人のライフサイクルとPAI Agentが代理を果たすべき期間に関わる問題も考えておく必要がある。個人のパーソナルデータが発生し、それが存続する期間に対して、その個人が自分自身でそのデータを管理できる期間は限定される。胎児・幼児期にはパーソナルデータを自分で管理できないことはもちろん、身体的な死を迎える以前に認知症などによって自分では管理できなくなる可能性がある。さらに死後もパーソナルデータ管理（特に故人がSNS上に発信していた情報やデジタル的に管理していた情報、いわばデジタル遺産管理）の問題は残る。このような期間のパーソナルデータ管理について、PAI Agentに代理を委ねることが考えられるが、技術的な実現方法の問題だけでなく、法的な位置付け、プライバシーの扱い、代理の権限移譲の方法なども重要な課題であり、併せて検討されている[23), 24), 26)]。

[注目すべき国内外のプロジェクト]

❶ GPAI（Global Partnership on AI）

前述の通り2019年5月に「人工知能に関するOECD原則」が出されたが、これを実践フェーズに移すために、2020年6月にGPAIが発足した。 GPAIは、人間中心の考え方に立ち、「人工知能に関するOECD原則」に基づき「責任あるAI」の開発・利用を、プロジェクトベースの取り組みで推進するために設立された、政府・国際機関・産業界・有識者などマルチステークホルダーによる国際連携イニシアチブである。2023年1月時点で、28カ国とEUが参加している。2022年11月に第3回年次総会が東京で開催され、同月より1年間、日本が議長国を務める。現在、「責任あるAI」「データガバナンス」「仕事の未来」「イノベーションと商業化」という四つのテーマについてワーキンググループが設置されており、専門家による議論が行われている。日本からはこれら全ワーキンググループに専門家が参加している。

❷ 中国のAIによる社会監視システム

中国では、従来の「金盾」（Great Firewall）システムに加えて、「天網」（Sky Net）システムと「社会信用システム」の構築を進めており、政府による社会や国民の監視・管理が、AI技術を用いて強化されている。「金盾」はインターネット通信の検閲システムであり、ウェブ検索エンジンの検索語、電子メールやインスタントメッセンジャーの通信内容、ウェブサイトやSNS（Social Networking Service）のコンテンツなどに対して検閲・遮断が行われる。2003年頃から稼働し、その後も段階的に強化されている。「天網」は監視カメラネットワークで、2012年に北京市に本格的に導入され、2015年には中国内の都市エリアが100%カバーされた。2019年には監視カメラ27億台の規模になっている。顔認証技術が組み込まれており、人混みの中から指名手配犯を見つけ、逮捕できたという実績もあげている。深圳市では、交差点に設置された監視カメラから信号無視などの違反者を見つけ、警告する試みも実施された。

さらに中国政府は「社会信用システム」の構築計画（2014年～2020年）を発表した。所得・社会的ステータスなどの政府が保有するデータに加えて、インターネットや現実社会での行動履歴も含めて評価し、各国民の社会信用スコアを計算するという計画である。しかし、実際には、政府によるものではなく、民間の電子マネー運営企業・電子決済運営企業において、利用者のプロファイルや行動履歴から独自に信用スコアを算出し、そのスコアに応じて利用者に優遇や制限を与える（公共交通機関の割引・制限、病院診察やビザ取得手続きでの優遇など）ことが行われている。特にAlibaba（阿里巴巴）が展開する信用スコア「芝麻信用」は中国内で利用者が5億人を超えるという電子決済サービスAlipayと連動しており、大きな存在感を示している。

このようなさまざまな行動の監視や信用スコアに基づく賞罰によって、品行方正に振る舞う人々が増え、犯罪・違反の抑制や迅速な逮捕にもつながるという効果が得られているという。中国の「金盾」「天網」「社会信用システム」そのものは、表現の自由やプライバシーを重んじる欧米・日本には適合しないシステムであるが、AIが組み込まれた社会の一形態として非常に興味深い。なお、中国も参加しているユネスコの第41回総会で2021年11月に満場一致で採択された「AI倫理勧告」では、人権を守り、社会監視や社会的格付けのためにAIを使用すべきでないとしており、中国はここに挙げた社会監視システムを今後どうしていくのか注目される。

（5）科学技術的課題

❶「社会におけるAI」の課題抽出・目標設定に関わる研究開発課題

AI社会原則・AI倫理指針がさまざまな国・機関から出され、国際的な議論もなされたことから、高い抽象度で記述される原則のレベルにおいては、世界共通の意識が持たれつつある。しかし、より具体化された場面、細則においては、国・地域固有の文化や社会の価値観には違いが表れる。その一例を示したのが、米国マサチューセッツ工科大学（MIT）メディアラボのモラルマシン実験である。これは自動運転車版のトロッコ問題（倫理的ジレンマ）に関する思考実験で、自動運転車にブレーキ故障などが生じ、事故で犠牲者が出ることが避けられない状況を示し、その中で一部の人だけ免れるとしたとき誰が優先されるべきかを、さまざまな人々に問い、233の国・地域、230万人からのべ4000万件の回答を得た。2018年10月に発表された分析結果[27)]によると、例えば、個人主義的な文化を持つ地域では、より多くの人数を救うことが優先される傾向や、一人当たりのGDPが低く、法の規律も低い地域では、法順守違反に寛容だという傾向や、経済格差の大きい地域では、社会的な地位の高さが優先される傾向などが見られ、地域の文化的背景との相関、各地域の特徴、地域間の類似性などが示された。

ここで示されたような倫理観の多様性に対して、倫理ルール作りをどのように進めていくべきか、あるいは、ある倫理観にしたがって作られた製品・サービスの地域ごとの受容性をどう考えていくかなど、より検討を深めていくことが望まれる。そのためには、技術者・利用者・政策関係者・企業経営者など、さまざまな立場の視点を盛り込み、具体的な問いを立てて論じていくことが有効と思われる1)。デザイン、アートの分野で注目されているスペキュラティヴ・デザイン（問いを立てるデザイン）28), 29) の取り組み・考え方も参考になる。また、AIの軍事利用問題もAI倫理に関わる重要課題であるが4)、前述のAI社会原則・AI倫理指針において、EADv2以外では踏み込んだ記載は見られない。自国第一主義が台頭してきている世界情勢の中で、重要だが取り組み方の難しい問題である。軍事利用の観点で一番の懸念と思われるのは、人間の関与なしに自律的に攻撃目標を設定することができ、致死性を有する自律型致死兵器システム（Lethal Autonomous Weapons Systems：LAWS）である。これについては、特定通常兵器使用禁止制限条約（CCW）の枠組みに基づき、CCW締結国の中で2014年から会合が持たれ、2019年11月には11項目から成る「LAWSに関する指針」が示された[15]。引き続き、LAWSの定義（特徴）、人間の関与の在り方、国際人道法との関係、既存の兵器との関係など、規制の在り方が主要論点とされており、規制に対する推進派・穏健派・反対派に各国の立場が分かれている。ロシアによるウクライナ侵攻をはじめ国際的対立が先鋭化する状況において、ますます重要でありながら、合意の難しい問題になりつつある。

❷「社会におけるAI」のための制度設計に関わる研究開発課題

研究開発の動向や注目動向のパートで取り上げたように、一部は日本としての戦略・制度改革方針に沿って手が打たれつつあるが、制度設計が追い付いていない課題も多く残され、新たな課題も生まれており、引き続き検討・施策推進が求められる。特にAIにはブラックボックス性があるため、予見可能性に基づく過失責任主義（ハザードベース規制）に馴染みにくい。そこで、厳格責任を含むリスクベース規制の考え方を取り入れることや、大きな罰則・制裁を加えるより操作や原因究明への協力を促進する訴追延期合意制度（Deferred Prosecution Agreements：DPA）の適用などが考えられている。

また、AIエージェントとサイバネティックアバターとロボットの間の境界は薄れつつあり、制度設計ではそれらを合わせて検討していく必要があろう10), 30)。

国の制度設計においては、他国の動きもウォッチし、国際的な方向性との整合性・連動性も考慮していくことも必要である。欧州は各個人の権利を重視し、法制度でAIをコントロールしようとする傾向が見られる。米国はAI技術がもたらすベネフィットとリスクのバランスを法制度で調整しようとしている[16]。中国は［注目すべき国内外のプロジェクト］❷に示したように、AI技術と法制度を用いて、国による監視・管理を強めている。

このような中、欧州がGDPRやAI規制法案などハードローに踏み込んで、国際的ルールメイキングを先導している。日本は国際的ルールメイキングに関わる人材が限定的であることが大きな課題であり、また、人権や正義に根差した理念重視の議論を行う欧州に対して、日本は社会的価値観の曖昧さや議論を避けがちな国民性から受け身の対応になりがちである。そのような状況の中でもGPAIやISO/IEC JTC 1/SC 42国際標準化活動などでは健闘していると言える。そこでも見られるが、理念から論ずるよりも、むしろ、具体的なケースから実践的なルール作りやトラスト形成を積み上げるというのが日本らしいアプローチかもしれない。

15 外務省「自律型致死兵器システム（LAWS）について」（2020年11月4日）
https://www.mofa.go.jp/mofaj/dns/ca/page24_001191.html（accessed 2023-02-01）

16 米国ホワイトハウスによるAIガイドライン「Guidance for Regulation of Artificial Intelligence Applications」（Memorandum for the Heads of Executive Departments and Agencies）では、重要な価値・権利を保護することが大切だとしつつも、過度の規制によってイノベーションの促進が阻害されることは避けるという考えが示されている。

❸「社会におけるAI」のための技術開発に関わる研究開発課題

既に技術開発が推進されているプライバシー保護技術や機械学習の公平性・解釈性を確保する技術に関しては、「2.4.3 データ・コンテンツのセキュリティー」「2.1.4 AIソフトウェア工学」の節で今後の研究開発の方向性や課題を述べている。システム開発の観点では、従来のITリスクだけでなくAI ELSI面も含んだ、より複雑なAIリスクを考えていくべきということが指摘されている[31]。

また、❷と❸の両方に関わる課題、すなわち、制度設計と技術開発の両面から取り組む必要がある課題として、社会的なトラスト形成[32), 33]が挙げられる。AIのブラックボックス問題に対して、説明可能AI（XAI）の技術開発は重要であるが、説明は近似なので、そこから外れる現象はどうしても残る（公平性を偽装するFairwashing[34]も可能だと指摘されている）。高度化するフェイク生成を見破るために技術的なアプローチは不可欠であるが、全てを見破ることができるわけではない。技術開発だけでは限界があり、技術開発による対策と制度設計の適切な組み合わせによるトラスト形成が重要になる。断片的な情報だけから判断したり、ある一面だけを見て信じ込んだりすることはとても危うく、多面的・複合的な検証・保証で支えていくことが必要になる。また、ある程度の時間をかけて事例・実績が蓄積されたり、万が一のケースが保険などで補償されたりといったことを通してトラストが形成され、社会に受容されていくという側面もある。その具体的な取り組みや動向については「2.4.7 社会におけるトラスト」に記載しているので参照いただきたい。

❹ AIと社会との相互作用に関わる研究開発課題

AI技術発展と社会変化のスパイラルを見据え、そのようなスパイラルを組み入れた社会システムの発展プロセスのモデル化や社会システム設計の方法論の研究開発にも取り組んでいく必要がある。その中で、上記の❶「社会におけるAI」の課題抽出・目標設定、❷「社会におけるAI」のための制度設計、❸「社会におけるAI」のための技術開発を有機的に連携させていくことが重要である。また、職業の変化や人材育成・教育への取り組みも、その中で描いていくことが必要である。

（6）その他の課題

❶ RRIの推進と支援体制

「社会におけるAI」への取り組みではRRI（Responsible Research and Innovation：責任ある研究・イノベーション）の考え方が不可欠である。RRIとは、新しい技術の創出・展開を進めるにあたって、生み出される成果が倫理的・法的・社会的に受容可能で、社会的価値・持続可能性などの面でも好ましいものであることを担保しながら取り組むことである。RRIは2000年代前半から欧米で議論されており、欧州のHorizon 2020においても政策的課題として重視されている。RRIを成り立たせる要件として、予見的であること（Anticipatory）、応答的であること（Responsive）、熟議的であること（Deliberative）、自己反省的であること（Reflective）が挙げられている[14), 35]。

ELSIやRRIに関する研究者の取り組みを強化するためには、個々の研究者に自覚を持たせるための継続的な教育・啓発とともに、事前検証と事後対応の両面で相談機会を促進し、ELSI問題を適切に解決するための仕組み作りも重要である。つまり、ELSIガイドラインなどを設定して研究者本人に任せるというだけでなく、知的財産センターが研究者の知的財産の創造・保護・活用を多面的に支援・促進するのと同じような、組織的な支援体制作りが求められる。

❷ 多様な視点・考え方の取り込みと具体化に基づく議論

AI・ロボティクスに関わる情報科学・工学分野の研究者・技術者だけでなく、倫理学者、哲学者、法学者、憲法学者、社会学者、政治学者、経済学者などの人文社会科学の研究者も検討に参画し、また、研究者・技術者だけでなく、利用者、政策関係者、企業経営者など、さまざまなステークホルダーの視点も取り込んで議論・検討を進めていくことが望ましい。その際、さまざまな人々の間で、高い抽象度の総論で意見の一致を見るというレベルにとどまらず、具体化された問題・シーンに踏み込んで議論を深めることが、実施における具体的な問題が何か、施策として何が足りないかなどを見極めるために効果的である。深い議論につながるような問いを立てることや特区制度の活用なども今後重要になってくると思われる。

（7）国際比較

❶「社会におけるAI」の課題抽出・目標設定、❷「社会におけるAI」のための制度設計、❸「社会におけるAI」のための技術開発、❹AIと社会との相互作用 という四つの活動のうち、❶❷を基礎研究、❸❹を応用研究・開発として扱い、下表にまとめる。

国・地域	フェーズ	現状	トレンド	各国の状況、評価の際に参考にした根拠など
日本	基礎研究	◎	→	人工知能学会、内閣府、総務省、経済産業省などによる学会・政府主導のガイドライン策定が推進されてきた。内閣府「人間中心のAI社会原則」を発信し、G20などでの国際的議論に反映させた。データ保護では、事業者間での輾転流通が認められる匿名加工情報の新設などを盛り込んだ改正個人情報保護法を施行（その後、仮名加工情報も導入）。
	応用研究・開発	○	↗	プライバシー保護技術やPDS・情報銀行への取り組みに加えて、パーソナルAIエージェントの検討なども進められている。
米国	基礎研究	◎	→	産業界主導で取り組み（FLI、Open AI、Partnership on AIなど）が始まり、それを追うように学術界での取り組み（AI 100、IEEE EADなど）が立ち上がった。 EADはIEEE標準化を並行して進めており、NIST AI RMFを含め、国際的な影響力が大きい。
	応用研究・開発	◎	→	プライバシー保護技術に関わる理論的アイデア、機械学習の解釈性に関するXAI研究など、米国の大学・企業の研究者から提案され、実装への取り組みも活発で、研究者層も厚い。
欧州	基礎研究	◎	→	オックスフォード大学のFHI、ケンブリッジ大学のCSERなど、英国の大学・研究機関を中心に、比較的早い時期から取り組まれており、Ethics Guidelines for TrustworthyからさらにAI規制法案などのハードロー化を推進。データ保護では、AI処理の説明責任・透明性の要求や忘れられる権利などを盛り込んだ一般データ保護規則GDPRを施行。
	応用研究・開発	◎	→	プライバシー保護の基礎研究や自動運転の制度設計への取り組みで実績がある。
中国	基礎研究	△	→	個人情報保護も含む中国インターネット安全法（中華人民共和国網絡安全法）の制定、次世代AIガバナンス原則などの公表が行われたものの、その実践面においては顕著な進展は見られない。
	応用研究・開発	△	↗	倫理・プライバシー保護面の取り組みは弱いが、AI技術開発とその社会実装への取り組みは急成長している。中国独自のAI監視・管理社会のための技術開発・システム化も注目される。
韓国	基礎研究	△	→	ロボットと人間との関係について定めたロボット倫理憲章の草案が2007年に産業資源部によって発表された。
	応用研究・開発	△	→	特に目立った活動は見られない。

（註1）フェーズ

基礎研究：大学・国研などでの基礎研究の範囲

応用研究・開発：技術開発（プロトタイプの開発含む）の範囲

（註2）現状　※日本の現状を基準にした評価ではなく、CRDS の調査・見解による評価

◎：特に顕著な活動・成果が見えている　○：顕著な活動・成果が見えている

△：顕著な活動・成果が見えていない　×：特筆すべき活動・成果が見えていない

（註3）トレンド　※ここ1～2年の研究開発水準の変化

↗：上昇傾向、→：現状維持、↘：下降傾向

参考文献

1) 江間有沙,『AI社会の歩き方：人工知能とどう付き合うか』(化学同人, 2019年).

2) Mark Coeckelbergh, *AI Ethics* (The MIT Press, 2020). (邦訳：直江清隆訳,『AIの倫理学』, 丸善出版, 2020年)

3) 保科学世・鈴木博和,『責任あるAI：「AI倫理」戦略ハンドブック』(東洋経済新報社, 2021年).

4) 中川裕志,『裏側から視るAI：脅威・歴史・倫理』(近代科学社, 2019年).

5) 科学技術振興機構 研究開発戦略センター,「戦略プロポーザル：AI応用システムの安全性・信頼性を確保する新世代ソフトウェア工学の確立」, CRDS-FY2018-SP-03（2018年12月）.

6) Shoshana Zuboff, *The Age of Surveillance Capitalism: The Fight for a Human Future at the New Frontier of Power* (PublicAffairs, 2019). （邦訳：野中香方子訳,『監視資本主義: 人類の未来を賭けた闘い』, 東洋経済新報社, 2021年)

7) 科学技術振興機構 研究開発戦略センター,「戦略プロポーザル：複雑社会における意思決定・合意形成を支える情報科学技術」, CRDS-FY2017-SP-03（2018年12月）.

8) 松尾豊・他,「人工知能と倫理」,『人工知能』(人工知能学会誌) 31巻5号（2016年9月）, pp. 635-641.

9) 江間有沙,「「人工知能と未来」プロジェクトから見る現在の課題」,『人工知能学会第29回全国大会』2I5-OS-17b-1（2015年）. DOI: 10.11517/pjsai.JSAI2015.0_2I5OS17b1

10) 弥永真生・宍戸常寿（編）,『ロボット・AIと法』(有斐閣, 2018年).

11) 中川裕志,「AI倫理指針の動向とパーソナルAIエージェント」,『情報通信政策研究』(総務省学術雑誌) 3巻2号（2020年）, pp. I-1-23. DOI: 10.24798/jicp.3.2_1

12) 福島俊一,「AI品質保証にかかわる国内外の取り組み動向」,『情報処理』(情報処理学会誌) 63巻11号（2022年11月）, pp. e1-e6.

13) 中川裕志,「デジタル社会におけるAIガバナンス—倫理と法制度—」,『情報処理』(情報処理学会誌) 62巻6号（2021年6月）, pp. e34-e39.

14) 江間有沙,「倫理的に調和した場の設計：責任ある研究・イノベーション実践例として」,『人工知能』(人工知能学会誌) 32巻5号（2017年9月）, pp. 694-700.

15) デロイトトーマツコンサルティング合同会社,「AIのガバナンスに関する動向調査 最終報告書（公開版）」, 令和元年度内外一体の経済成長戦略構築にかかる国際経済調査事業（2020年）.

16) 情報処理推進機構AI白書編集委員会（編）,「制度改革（国内）」,『AI白書2022』(KADOKAWA,2022年）, pp. 368-396（4.3節）.

17) 橘均憲,「「人間のためのAI（human-centric AI）」を実現する社会実装の道筋 ～AI 社会原則とAIガバナンス・ガイドライン～」,『情報処理』(情報処理学会誌) 63巻9号（2022年9月）, pp. e1-e7.

18) 中川裕志・他,「特集：パーソナルデータの利活用における技術および各国法制度の動向」,『情報処理』(情報処理学会誌) 55巻12号（2014年11月）, pp. 1333-1380.

19) 総務省,『情報通信白書（令和4年版）』(2022年).

20) 知的財産戦略本部 検証・評価・企画委員会 新たな情報財検討委員会,「新たな情報財検討委員会報告書 −データ・人工知能（AI）の利活用促進による産業競争力強化の基盤となる知財システムの構築に向けて−」(2017年3月).

21) 丸山宏・城戸隆,「機械学習工学へのいざない」,『人工知能』(人工知能学会誌) 33巻2号（2018年3月）, pp. 124-131.

22) Carl Benedikt Frey and Michael A. Osborne, "The Future of Employment: How Susceptible are Jobs to Computerisation?", (September 17, 2013). https://www.oxfordmartin.ox.ac.uk/downloads/academic/The_Future_of_Employment.pdf

（accessed 2023-02-01）
23）加藤綾子・中川裕志，「パーソナルAIエージェントの社会制度的位置づけ」，『電子化知的財産・社会基盤（EIP）研究報告』2020-EIP-90（25）（2020年11月18日）．
24）中川裕志，「ディジタル遺産のパーソナルAIエージェントへの委任」，『電子化知的財産・社会基盤（EIP）研究報告』2020-EIP-90（26）（2020年11月18日）．
25）中川裕志，「AIエージェント、サイバネティック・アバター、自然人の間のトラスト」，『情報通信政策研究』（総務省学術雑誌）6巻1号（2020年），pp. IA-45-60. DOI: 10.24798/jicp.6.1_45
26）Hiroshi Nakagawa and Akiko Orita, "Using deceased people's personal data", *AI & Society* (2022). DOI: 10.1007/s00146-022-01549-1
27）Edmond Awad, et al., "The Moral Machine experiment", *Nature* Vol. 563 (2018), pp. 59-64. DOI: 10.1038/s41586-018-0637-6
28）Anthony Dunne and Fiona Raby, *Speculative Everything: Design, Fiction, and Social Dreaming* (The MIT Press, 2013). （邦訳：久保田晃弘・千葉敏生訳，『スペキュラティヴ・デザイン：問題解決から、問題提起へ。―未来を思索するためにデザインができること』，ビー・エヌ・エヌ新社，2015年）
29）長谷川愛，『20XX年の革命家になるには―スペキュラティヴ・デザインの授業』（ビー・エヌ・エヌ新社，2020年）．
30）Ugo Pagallo, *The Laws of Robots: Crimes, Contracts, and Torts* (Springer, 2013).（邦訳：新保史生・松尾剛行・工藤郁子・赤坂亮太訳，『ロボット法』，勁草書房，2018年）
31）中島震，『AIリスク・マネジメント：信頼できる機械学習ソフトウェアへの工学的方法論』（丸善出版，2022年）．
32）科学技術振興機構 研究開発戦略センター，「戦略プロポーザル：デジタル社会における新たなトラスト形成」，CRDS-FY2022-SP-03（2022年9月）．
33）科学技術振興機構 研究開発戦略センター，「俯瞰セミナー&ワークショップ報告書：トラスト研究の潮流～人文・社会科学から人工知能、医療まで～」，CRDS-FY2021-WR-05（2022年2月）．
34）Ulrich Aivodji, et al., "Fairwashing: the risk of rationalization", *Proceedings of the 36th International Conference on Machine Learning* (ICML 2019; June 9-15, 2019), PMLR 97: pp. 161-170.
35）平川秀幸，「責任ある研究・イノベーションの考え方と国内外の動向」，文部科学省 安全・安心科学技術及び社会連携委員会（第7回）資料4-3（2015年4月14日）．

2.2 ロボティクス

ロボティクス分野は、高い自律性を持つ機械や機械と人間の緊密な相互作用を実現することで、安心安全でQoLの高い生活をもたらす新たな社会システムの形成に貢献する研究開発領域からなる。センサーやアクチュエーターなどのハードウェア技術の進歩に加え、深層学習や強化学習などの機械学習手法を認識や制御に導入することで、非定型な環境での作業や人との協調作業などが可能となり、活用領域が多様な分野へと拡大しつつある。

近代的なロボットの研究開発の歴史を振り返る。ロボットは、1962年の産業用ロボットに始まり工場内の工程の自動化の実現を目指し、パターン認識による自動位置決め機能や移動軌跡の学習機能を実装することで、定型的な作業を正確に休まず実施できるレベルになった。さらにこれらの技術の発展により、複雑な非定型作業や協調作業が可能となりつつある。90年代になると工場で働く産業ロボットだけでなく、一般社会や家庭で働くサービスロボットの研究開発が盛んになった。2000年代に入るとロボットの活用は広がり、手術支援ロボットやロボット掃除機も開発された。また、2010年代末には、ロボットの活用はさらに広がり、条件付き（レベル3）自動運転車、配送用ロボット、インフラ点検用ドローンが実用化された。また、一段と進歩した人工知能を搭載し、自らの行動を判断・決定して動作する知能ロボットが、人間と知的なインタラクションが可能なパートナーと言うべき存在になると期待が高まっている。また、メタバースなどVRやハプティクス技術によるアバターを介した新たな共生も登場している。以上のトレンドは、技術の発展、実社会への浸透、および、人間との共生という三つの観点で捉えることができる（図2-2-1）。

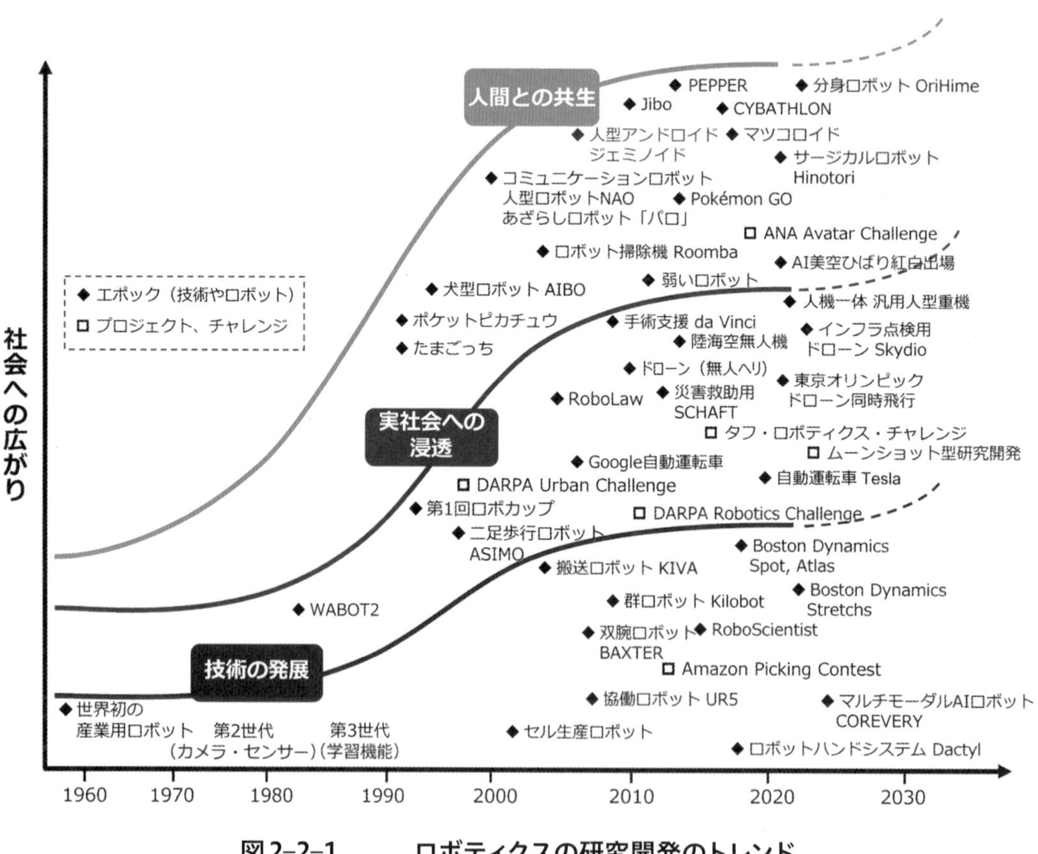

図2-2-1　　ロボティクスの研究開発のトレンド

また、ロボティクスはwith/postコロナ社会への対応として、触診などを含むオンライン医療、テレプレゼンスロボットを介した拡張テレワークなど、人と直接接触する業務や複数人の密接な連携を必要とする業務のテレワーク化を実現するための重要な基礎技術として位置づけられる。

本俯瞰区分では図2–2–2に示すように、ロボティクスの研究開発領域を応用領域、統合化技術・共通機能、および、基盤技術のスタックに整理した。その上で今回の俯瞰報告書では、1）技術の革新性やその技術への期待の急速な高まりに注目し、ロボティクスに革新的変化をもたらしうる新興領域を明確化すること、2）社会からの要請や国のビジョンとの整合性に着目し、これらの実現に向けて必要となる技術開発領域とその発展の方向性を明確化すること、3）人々のライフスタイル・ワークスタイルや社会・産業構造の変革とSDGsを含む社会課題解決に貢献すること、の三つの観点から、以下の11の研究開発領域を採り上げることとした。なお、ロボティクスにおける基盤技術である「認知発達ロボティクス」については、2.1 人工知能・ビッグデータにて論じている（2.1.8 認知発達ロボティクス）。

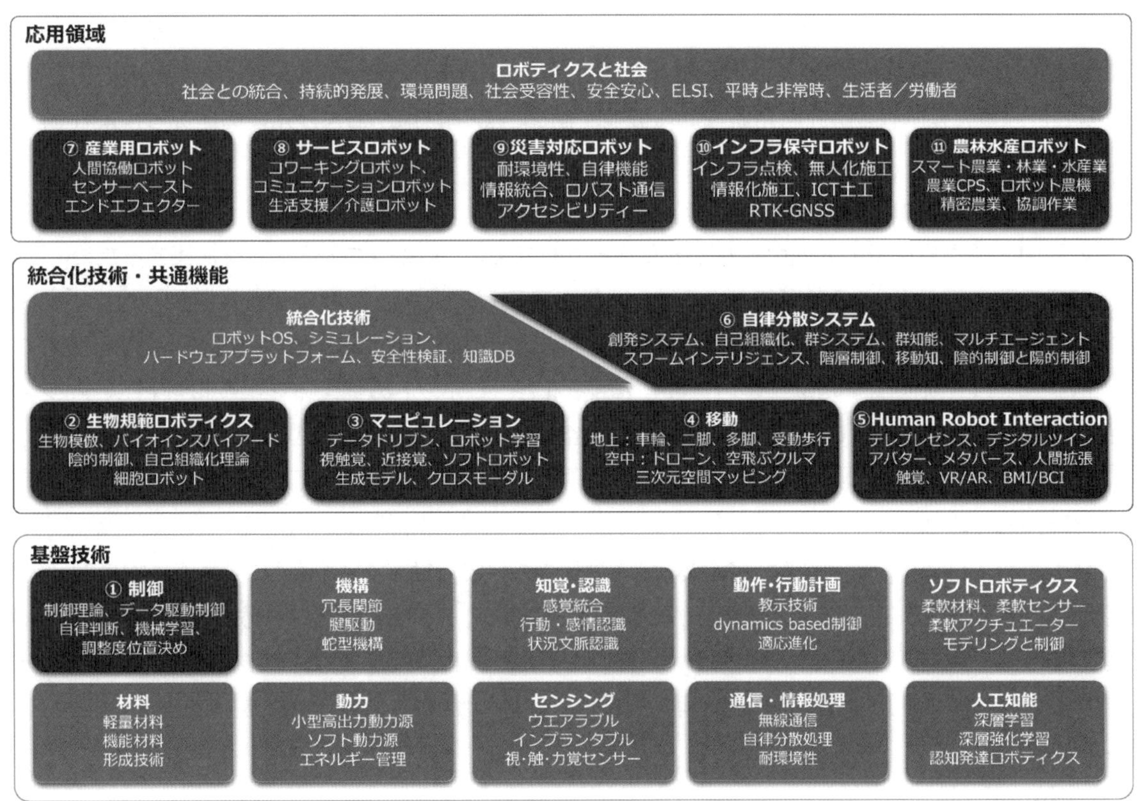

図2–2–2　　ロボティクスの俯瞰図

❶ 制御

ロボットの制御に関わる研究開発領域である。ロボットの制御とは指令生成により入力を決め、環境の変化を外乱として検出し、その外乱に対する修正項を入力に反映させて目的である出力を得るように速度と力を制御することである。制御の三要素である入力、外乱、出力があるシステム構成になっているという意味ではロボット制御系は特別なものではない。しかし、目標が単純な位置決めとは限らないこと、環境の変化に対する動作修正も単純なロバスト性の追求で終わらないこと等は通常の制御システムとは異なり、環境の変化に適応するための自律性をも含んでいるのが特徴である。

❷ 生物規範型ロボティクス

生物は、進化という壮大な試行錯誤の過程を通して、優れた機能や能力、構造を獲得してきた。生物規範型ロボティクスは、生物に内在する優れた機能や能力、構造をロボットの設計過程に積極的に取り入れ、発現する性能の向上を図ることを指向する研究開発領域である。広義には、バイオミメティクス（生物模倣）と捉えることができる。エマージングなトピックとして、生体もしくは生体材料からできた部品と人工物からできた部品を組み合わせるバイオハイブリッド・ロボティクスを特記した。

❸ マニピュレーション

ロボットが、人間の手作業であるピッキング、ハンドリングなどの物体操作をするために必要なセンサー、認識アルゴリズム、行動計画、ハンド機構などの基盤技術の研究、ならびに基盤技術の統合・応用に関する研究開発である。人間の手の機能や作業の解明などの学術的な知識の創出を目指す活動も含む。

❹ 移動（地上）

ロボットの移動機能に関する研究分野である。物理的な機構としては主に車輪機構と脚機構（2脚、4脚）に大別されるが、上半身に腕を持ち物体環境操作が可能な人型ロボットも含まれる。移動には、与えられた軌道を追従する移動制御に加え、現在位置から目標位置までの軌道を生成する移動計画の技術が必要になるなど、移動にまつわる研究開発領域は、機構、制御、計画認識、および知能の研究も含まれる。

❺ Human Robot Interaction

物理空間・情報空間での人間の経験や表現を豊かにすることに役立つシステムを構築するための研究開発領域である。ロボティクス分野においては、人間との交流、協働、行動支援等を意図したロボットの外部認識・意思決定モデルの構築、素材や機構の開発、ユーザビリティー評価といった研究が行われている。近年は、ユーザーの分身または身体の一部と考えるなど、ロボットの捉え方を柔軟に解釈したインタラクション研究開発が活発化しており、その対象は情報空間上のアバターにも及ぶ。

❻ 自律分散システム

生物の世界では個体が群れになって全体として意図を持って行動しているように見える生物の集団行動は、工学的には自律システムとして捉えることができる。このようなシステムを自律分散システムという。広義的には、そのシステムに隠されている制御メカニズムを明らかにし、大規模な人工システムや社会システムなどの人工物の制御に役立てるための研究開発領域であるが、本稿ではロボットに焦点を当てて記述する。

❼ 産業用ロボット

産業用ロボットは、自動車産業、電気電子産業など、主に製造業で自動化を目的として利用されるロボットに関する研究開発領域である。近年は食品産業などの新たな分野や高度な作業、中小企業への導入が求められ、従来のような繰り返し再生による大量生産ではなく状況に応じた柔軟なシステムの開発の重要性が増している。本領域はそのようなトレンドへの対応を目的として、ものづくりのための高度な要素技術開発、システムインテグレーション技術の高度化などの研究開発を実施する領域である。

❽ サービスロボット

サービスロボットは、人へのサービスを提供するロボットである。本稿では、基本日常生活動作や調理・掃除などの手段的日常生活動作の質的向上や社会的弱者の自立支援を目的とした生活支援・介護ロボット、小売業や宿泊、飲食サービス業などで客や従業員と同じ場所で共に働くコワーキングロボット、および、人と社会的なインタラクション、会話、触れ合いなどを行うコミュニケーションロボットについて論じる。特徴として、ユーザーとの距離が近いことに起因する安全性の確保や、自ら考え、認識、判断する自律性などの技術の確立を課題とした研究開発領域である。

❾ 災害対応ロボット

地震、津波、集中豪雨による水害、台風による暴風雨、山崩れ・地滑り、森林火事、竜巻、火山噴火、土石流、雪崩、未知のウイルスによる感染症などの自然災害がある。また、工場でのプラント事故、原子力発電所の事故、公共交通機関での事故、テロによる事故、火災などの人為災害が世界で頻繁に発生している。これらの災害現場に人間が入っていくには大きなリスクがある。本領域は、人間の替わりに災害直後の現場に進入し、情報収集や人命救助などの緊急対応や災害からの復旧復興に関わるタスクを極限環境で遂行するロボット（災害対応ロボット）に関わる研究開発領域である。

❿ インフラ保守ロボット

わが国では、高度経済成長期に集中的に整備された膨大な社会資本が老朽化したため、インフラの維持管理・更新が急務であるが、若年就業者数の減少や熟練技術者の不足といった問題がある。この問題を解決するため、ICTやロボット工学を適用した、建設機械やインフラ点検の自動化・省人化技術に関する研究開発が進められている。本領域は、新技術の創出ではなく、既存のロボット技術を建設分野に適用し、フィールド分野における新たな価値創出の実現を目指すものである。

⓫ 農林水産ロボット

わが国の農林水産業を取り巻く環境は大きく変化しており、地域資源の最大活用、脱炭素化、労力軽減・生産性向上等の実現に向け、農林水産業へのロボティクスの導入が強く求められている。また、世界の農林水産業においても、現場の効率化や労働力不足の他、地球温暖化、干ばつ、環境負荷低減への対応の中で、人に代わって自動で作業を行うロボットの開発が進行している。本領域は、農業（施設園芸、露地栽培、果樹栽培）、林業、水産業に対して、地域資源の最大活用、脱炭素化、労力軽減・生産性向上等の実現するためのロボット技術の研究開発動向を述べる。

2.2.1 制御

（1）研究開発領域の定義

本領域はロボットの制御に関わる研究開発領域である。ロボットの制御とは指令生成により入力を決め、環境の変化を外乱として検出し、その外乱に対する修正項を入力に反映させて目的である出力を得るように速度と力を制御することである。制御の三要素である入力、外乱、出力があるシステム構成になっているという意味ではロボット制御系は特別なものではない。しかし、目標が単純な位置決めだけではないこと、環境の変化に対する動作修正も単純なロバスト性の追求で終わらないこと等は通常の制御システムとは異なり、環境の変化に適応するための自律性をも含んでいるのが特徴である。

（2）キーワード

位置決め制御、環境適応動作、感覚統合、動作データ駆動制御、自律判断、機械学習による直間制御、人間協調ロボット、超精密位置決め、位置と力の指令合成、遠隔制御、ネットワークロボティクス

（3）研究開発領域の概要

［本領域の意義］

本領域の意義は、従来のロボットの制御方式である位置決め制御から、環境適応能力のある目標達成型ロボットの制御に進化させることで、ロボットの利用できるシーンを広げ、労働人口の減少などわが国の課題を解決する手段の一つになることにある。制御の目的は与えられる指令を高速かつ高精度に達成することである。従来は、指令としてロボットやワーク[1]の「位置」が重要視され発展を遂げてきた。その結果が現在の産業用ロボットアームや工作機械・加工機である。この取り組みは重要であり、大量生産における歩留まりの向上から、半導体の微細化プロセスの実現まで、現代の社会発展に多大なる貢献を果たしてきた。

一方で、人々のQOL（Quality of Life）の向上に向け、ニーズは多様化し、従来の大量生産体制から多品種少量生産への転換期を迎えている。また、主要先進国では労働人口の減少が喫緊の課題であり、その解決策の一つとして人とロボットの協調、もしくはロボットによる人の代行が期待されている。しかし、工作機械の詳細なプログラミングに対する費用対効果や、人や作業対象に対する安全性の観点から、従来の位置決め制御に重きを置いたシステムは必ずしも最適とは言えない。そのため、今後の制御という研究開発分野においては、単に位置を高速・高精度に制御するといった考え方ではなく、タスクの実現といった定性的な目標をいかにして制御的に達成するかという考え方が必要となり、その中でも人や対象など環境への適応能力の獲得は非常に重要な要素となる。

［研究開発の動向］

• 非定型かつ複雑な作業の実現を目的としたロボットの自律性

工場などで用いられている産業用ロボットは決められた環境下で決められた動作を寸分違わず繰り返すことを目的としており、言い換えれば自律性が皆無なロボットと言える。このようなロボットは、環境変化に対する適応力が非常に低く、ロボットが設置されている周辺環境はもとより、ロボットが扱う作業対象の、わずかな変化にも対応できず、作業に失敗する。これに対し、ある程度の融通をきかせるという視点からロボットに自律性を持たせる、という試みがある。作業対象の個体差が大きいといった、非定形で複雑な作業の実行には、人間が行うような柔軟な動きと環境適応能力が必要不可欠である。ここで必要なのは、人の持つ柔軟さをいかにして実現するかといった身体的な要素と、人の持つ感覚的な知識をいかにして定量化するかといった

1　加工対象物（ワークピースの略）

知性的な要素の2点に集約される。人の持つ柔軟さを実現する分野としてソフトロボティクスが注目を浴びているが、一方で、人の持つ感覚的な知識の定量化には、人の行う動作のサイクルを全てデータとして取得・実装する手法を確立しなければならず、本領域における喫緊の課題となっている。

• 省人・省力化と安全性が両立する人との作業における遠隔制御

ロボットの制御に関する研究の目的のほとんどは、人々の仕事を代替、もしくは人々の能力を超越することにある。家庭での掃除・料理・洗濯などの家事、工場での組み立てやはめ合い、工事現場や災害現場などの人が入り込めない極限環境での作業、人手では不可能な超精密作業などさまざまなタスクをロボットが代替することが、QOLの向上や安全性の担保、作業の効率化などにつながる。その中でも、人々の仕事を代替するロボットの制御では、ロボットの安全性が担保される必要がある。元来、工場で作業を行うロボットはフェンスと安全装置により厳重に隔離され、人と物理的に距離を置くことで危害を加える可能性を最小限に抑えてきた。家庭で作業を行うロボットや人間と協働作業を行うロボットには安全性が担保必要である。安全性を担保する一つの手法が遠隔操作である。肉体と筋肉は、ロボットにアクチュエーターを搭載し、頭脳は遠隔地の人間に委ねる方式である。この手法では、人の判断によりロボットを駆動するため安全性は担保され（人間に委ねられ）、医療現場や工事現場などではすでに実応用がされている。遠隔操作の性能向上、簡易化、視覚・力触覚の統合が早急な課題となっている。

（4）注目動向

［新展開・技術トピックス］

• モデル化が困難なシステムに対する人工知能の適応

制御分野では、ソフト・ニューマチック・アクチュエーター、エラストマー・アクチュエーター、油空圧アクチュエーターなど、高い出力重量比を持つアクチュエーターへの注目が増している。一方で、これらのアクチュエーターは非線形な動特性を有するため、一般的な線形制御器で高精度な制御を実現することは困難である。この問題を解決するために、モデルベースの非線形制御が提案されてきたが、モデルの精度が十分でない場合、性能が著しく低下してしまう。また、適応制御によりモデルの不確かさを補償する手法も取り組まれたが、適応制御はモデルの正確な関数形が判明している場合に最大の効果を発揮するものであり、上述したような解析的にモデル化が困難なシステムへの適用は不向きであった。そこで、近年では、ニューラルネットワークを始めとした人工知能を適用することで精密なモデリングを要さずにアクチュエーターの複雑な動特性を自動的に学習、制御器へ反映する学習型コントローラが提案されている。本取り組みは数多くの良好な結果を示しており、今後のさらなる発展が期待されている。

• 感覚情報を取り入れたロボット制御設計

ロボットが多種多様な環境において柔軟な動作を実現するには、人間が行うように五感情報を用いて環境や作業対象を認識し、動作軌道を生成・制御することが必須となる。感覚情報を制御に組み込むシステムとしては、ビジュアルサーボが最も一般的で、視覚情報を取り入れることで、作業対象へのアプローチや周辺環境との衝突回避が可能になる。衝突回避のための軌道生成は人間も意識して行っているために研究例も多く、画像認識や深層学習との組み合わせも検討されている。一方で、作業対象への微細な力加減の調整には力触覚情報を取得し、それを基に動作を修正する制御が必要となるが、このような制御の設計は人間が無意識で行っているという点もあり研究成果が十分でない。

• 安全安心を保証する制御方式

これからのロボットは人と共に作業を行うことが望まれている。位置制御により制御されるロボットは非常に硬く（融通が効かない）、予期せぬ環境と接触した場合にも位置指令値に合わせて強引に稼働しようとするため、対象の破損、ロボットの暴走を招く。この課題に対応するためには柔らかい制御が必要であり、さまざまな取り組みが行われている。接触状態を基にした力制御は不要な力をかけるのを防ぐように作用する。単なる力指令値を基にした電流制御ではなく、外乱オブザーバーや力センサーで計測された値に基づいて制御を行うことで、環境に適応した制御が可能である。力センサーではダイナミックレンジと小型化がトレードオフの関係にあるが、小型センサーで0.5gから100kgまでの計測が可能なセンサーが開発されている。さらなるダイナミックレンジの拡大と小型化が期待される。物理的に柔らかいソフトアクチュエーターの開発も行われている。ソフトアクチュエーターでは非線形性の補償、物理的に固い環境への適用などの課題が残っている。また、モーターのバックドライバビリティー（逆可動性）も必要であり、出力側（エンドエフェクター）に適当な力を加えたときに、それが入力側（モーター）に伝わり駆動する必要がある。バックドライバビリティーを有したモーターの制御方式の検討も今後の課題である。

[注目すべき国内外のプロジェクト]

• 日本：内閣府のムーンショットプログラム

ムーンショット目標3は、2050年までにロボット技術を活用した人とロボットが共生する社会を実現することを目的とした大規模プロジェクトである。具体的には、高齢者や障がい者の介護支援、建設現場での作業支援、災害現場での救援支援など、さまざまな分野でのロボット技術の活用を進め、人々の生活を支える社会を実現することを目指して研究開発が進められている。

• 米国：Boston Dynamics社

米国Boston Dynamics社は、4足歩行ロボットSpotや物流ロボット Stretch、人型ロボット Altasを開発・製品化しているが、いずれも、高度な歩行制御技術やバランス制御技術、ハイパフォーマンスアクチュエーター技術、機械学習技術などを組み合わせて、高い運動能力を示している。

• 中国：中国製造2025

2015年に公開された「中国製造2025」において、中国製造業を高度化し、世界的な製造業大国としての地位を確立するための重大推進10大産業の一つとして高性能NC工作機械とロボットが採り上げられており、製造業基盤能力の強化プロジェクトとして、『一頭の龍』応用計画」が進められている。「一頭の龍」とは、中国の古代神話に登場する龍のことであり、製造プロセスにおけるさまざまな工程を一元管理するための総合的な生産管理システムを示す。

（5）科学技術的課題

• サービスロボットや非定型作業に求められる「柔らかい動き」の実現

現在、社会で実動しているロボットの大半は産業用ロボットである。しかも、産業用ロボットが活躍している分野は、自動車産業を中心とした輸送機器製造分野と半導体産業を中心とした電子デバイス製造分野である。その他の製造業では、若年労働者不足や熟練作業者の枯渇という課題に直面していてもサービスロボットについてはその普及が始まったばかりである。JISのサービスロボットは「人又は設備にとって有益な作業を実行するロボット」という、定量的な評価ができない定義になっており、産業用ロボットと対比して議論するのは簡単ではない。サービスロボットへの期待は大きい一方、実現に向けては科学技術的な課題がある。

その課題の一つは、柔らかい動きの実現である。ロボットの制御性能に密接な関係があるにも拘らずこれまで深く考察されなかった。ソフトロボティクスや生物規範型ロボティクス（2.2.2「生物規範型ロボティクス」参照）と呼ばれる分野が注目される理由は、ロボットが持つ硬い動きを改善して環境適応性を向上させるためである。産業用ロボットの稼働台数が、輸送機器製造分野や電子デバイス製造分野に偏っている理由の一つである。

製造分野で大きく付加価値を付けている産業の一つに食品産業がある。この分野では形が不定で柔らかい食材を扱う作業事例が多く、ロボットの導入が難しい分野である。一般に、形が不定形で柔らかい、あるいは、脆弱な対象を扱う作業は、非定型作業に分類され、人手に頼っているのが現状である。これに対し、定型作業では作業対象の位置や形が決まっており、位置決めができれば作業が完遂できるのでロボットが導入しやすい。定型作業では位置決めに基づく「硬い」動きによる作業が必要で、位置決め制御に基づく産業用ロボットで作業が完遂できるのに対し、サービスロボットや非定型作業に求められているロボットは「柔らかい」動きと作業対象に適応する能力が求められていると考えてよい。課題は以下の3点に分解できる。

①作業目的を定量化してその達成が数値的に評価できるシステムの確立
　指令値の生成システムをこれまでの位置決め制御から脱却して、求められている作業を完遂するための速度と力の指令値を生成するシステムを開発すること
②柔らかい動きの定義と制御による実現方法の確立
　柔らかい動きを実現する力制御を含む総合的な制御方法の開発
③作業対象に適応するために必要な情報の取得方法の確立
　作業対象や作業環境の情報（画像情報や力触覚情報など）を取得して動作指令を修正して適応するシステムの開発

①は入力の合成法、②は制御システムの設計、③は外乱による動作修正システムの設計になる。③に関しては、AI等を利用したロボットの自律性が発揮される部分であり、新たなチャレンジである。この部分は人間の動作では潜在的な意識による運動であり本能的とも言える部分に相当する。このような暗黙知的な信号処理は定量化できないと考えられてきたが、最近の研究で数値データとして扱うことが可能になってきているという報告もある。結果として、柔らかい動きで、作業対象に適応しながら非定型作業を遂行するサービスロボットあるいは産業用ロボットの実現が夢ではなくなってきている。

また、これまで位置制御と力制御が並立的に議論されてきたが、統合していかなくてはならない。上記の課題は、これまでのロボットの制御を統合して、環境情報を動作に反映させる道筋が見えてきたことを意味している。

（6）その他の課題

• 学界・行政においてのシーズ技術のeasy-to-use化と産業界のニーズとの整合

ロボットが高等教育機関で一般に教えられるようになったのは1980年以降である。標準的な教科書であるR. Paulの“Robot Manipulators”が1981年にMIT Pressから発刊された。1980年はロボット元年と言われる年で産業ロボットが誕生したことと無関係ではない。しかし、その後の学界の研究成果とその産業への展開は成功しているとは言いにくい。一例として、研究初期の段階で盛んに研究された計算トルク法は産業ロボットにはほとんど搭載されていない。H^{∞}制御も同様である。前者は典型的なフィードフォワード制御であり、後者は高いロバスト性を獲得するためのフィードバック制御である。これら二つの制御方式が取り入れられない理由は、計算プロセスが複雑であるにもかかわらず、期待するほどの性能が得られないからである。また、力制御の要求仕様が明確ではなく上記のプロセスと整合しないことも原因である。

産業用ロボットは、位置決めが主たる制御性能評価の対象であったため、数値制御工作機械のサーボ機構を取り入れた。実際に先端軌跡を直線と円で補間することで十分な精度が得られていたのである。また、位置決め、あるいは軌跡追従制御においては、自律性や知能性が必要となることは少なく、制御に関しては速度制御を基本とする制御性能以上を必要としなかった。特にPTP（Point-to-point）制御と言われる始点と終点のみを指定する制御では、各軸の運動がその軸だけで補間（これには低次の代数方程式で近似するスプライン近似などが用いられている）されており、先端の軌跡に関しては特段の性能要求はない（人のような

柔らかい動作を実現するといった需要が多くなかった）。また、CPC（Continuous Path Control）制御と言われる軌道追従制御ではオペレーターがティーチングペンダントを用いて、実際のロボットを少しずつ動かしながら軌跡をあらかじめ教示するが、この作業が膨大で、かつ教示軌跡の変更が容易ではないため、さらなる制御の高度化に向かう動機付けがなかったためでもある。

少子高齢化と若年労働者の不足は、ロボットの高度化への要求になっており、人間の代理の役割が求められるようになった。米国のTesla社が人型ロボットを発表し、視覚情報を従来ロボット制御に組み入れることで工場労働者を代替させせると主張した。人間の代理をするロボットが希求されていることは確かである。しかし、このようなロボットの実用化は従来の制御技術の延長線にはなく、全く新しい発想が必要である。特に、力制御に関する革新が求められているのに対して十分なシーズ技術が育っていない。また、このようなシーズ技術を保護し産業界に展開するシステムが存在しない。学界と産業界が遊離している状況が革新的な技術を生む機会を逸していると考えられる。

学界でこのようなシーズ技術が育ってこない理由の一つに産業界のニーズを拾い上げる機会が少ないことが挙げられる。ロボット関係の国際・国内学会や学術集会においても、産業界からの参加者が少なく人的交流も希薄である。産業界で求められている革新的な技術は何かを把握しないことには、学界からの提案があってもすれ違いに終わってしまう。また、学会から発信される情報は抽象的でどのように実現するかという道筋が示されていないことも多い。産業界、特に中小企業では、手っ取り早く性能を評価したいという傾向が強く、新規な制御技術を見つけて育てる余裕がない。ロボットメーカーは顧客の要望と自分の技術をマッチングさせるだけで、その要望の中に含まれている新規技術への期待に応えることはなく、結果的に中小企業や民生でのロボット導入が進まない原因となっている。

このような不整合問題を解決するためには、産業界だけではなく民生や農業あるいは福祉介護といった人手のかかる産業における技術的なニーズを把握し、そこから抽出した課題を大学や国研などの学界にフィードバックする仕組みが必要である。その多くは、実はロボットの動きに柔らかさを求めている点にある。生物模倣制御やソフトロボティクスへの期待は、ロボットにおける柔らかい動きへの要求があるからで、このような共通した課題を個別の課題に落とし込むのではなく、その中の基本課題を抽出してシーズ技術として確立すべきである。

技術の管理と運営に学界と官界が果たす役割は大きい。産業界、特に中小企業では設置してすぐに作動するロボットを希求しており、教示作業や事前環境認識などを期待することが難しい。easy-to-use化が今後のロボットに必要である。多くの場合、人の動作の代替がロボット導入の動機である。ティーチングペンダントに代わって人の動作を簡単に移植できる新しい教示システムの確立が必要になっている。ロボット本体の制御だけではなく、ロボットの制御入力信号取得にも技術革新を必要とする課題がある。これらの技術を集めて知財を管理し、かつロボットのeasy-to-use化により産業界と学界を橋渡しする役割を担う行政機関ないしは行政システムが望まれる。

（7）国際比較

国・地域	フェーズ	現状	トレンド	各国の状況、評価の際に参考にした根拠など
日本	基礎研究	○	↘	内閣府のムーンショットプログラムやImPact、科学技術振興機構の未来社会創造事業など、ロボット制御を根幹とするプロジェクトの推進に力が入れられているが、COVID-19の影響で研究予算の削減もされており、やや状況としては懸念される。
	応用研究・開発	○	→	ロボット制御分野における産学連携取り組みの発表が増加傾向にあり、大学と企業の協力体制強化の結果が出始めている。また産業用ロボットメーカー各社から協働ロボットがリリースされており、人とロボット共存への取り組みに力が入れられているが、世界的には若干出遅れている。

国・地域	フェーズ	現状	トレンド	各国の状況、評価の際に参考にした根拠など
米国	基礎研究	○	↗	潤沢な研究予算を基に、ヒューマノイドロボットやマイクロドローンなど、非常に繊細かつ高速な動的応答性が求められる分野において目覚ましい成果が多数報告されている。
	応用研究・開発	◎	↗	Boston Dynamics社による4足歩行ロボットの販売、ヒューマノイドロボットのレンタルが開始されるなど、応用範囲の拡大が期待されている。またサンフランシスコで自律制御によるパトロールロボットが試験的に導入されるなど、実社会運用に向けた行政の協力体制も整っている模様である。最近ではTesla社が工場労働者を代替するというヒューマノイドロボットを発表したが詳細は未公開である。
欧州	基礎研究	○	↘	官民パートナーシップであるSPARCは2020年までに6億ユーロを財源とするロボティクス・イノベーション・プログラムであり世界的に見てもトップクラスの財源であった。カメラ情報を基に動作を生成する研究やソフトロボティクスに関する研究が多く報告されている。スイス、ドイツの研究機関からの文献が多いが、発表文献は減少傾向にある。
	応用研究・開発	◎	↗	スイスに本社を置くABB社、ドイツのメーカーであるKUKA社（中国の美的集団の傘下）など世界有数のロボットアームメーカーがあり、海外拠点も複数あり共に日本にも拠点がある。ますますの発展が期待される。
中国	基礎研究	◎	↗	IEEEでのMotion Controlを題材とした論文では中国発のものの割合が非常に増えている。
	応用研究・開発	◎	↗	国家プロジェクト「製造業基盤能力の強化プロジェクトの重点製品、製造工程『一頭の龍』応用計画」にてロボット用コントローラを扱う企業を対象とした金融機関からの支援の実施など国を挙げての活動が見られる。
韓国	基礎研究	○	→	Motion Controlを題材とした論文の数はそれほど増えておらず、現状維持にとどまっている。
	応用研究・開発	◎	→	斗山ロボティクス社による6軸協働ロボットが日本市場での販売を開始するなど、国外に向けた活動も見られる。
カナダ	基礎研究	○	↗	トロント大学を中心に近年、発表文献は増加傾向にある。特にビジョン情報を基に対象の推定や軌道の生成を行う研究が多く報告されている。
	応用研究・開発	◎	↗	世界有数のロボットアームメーカーであるKinova社、ロボットアームをカスタムする部品を製造、販売するRobotiq社などがありトレンドは上昇傾向にある。 Magna社はロボットが郊外を走るピザのデリバリーを始めるなど社会への普及も進められている。2010年頃の財政危機の影響で資金調達が難航していたが、近年は財政が安定し発展が期待される。

（註1）フェーズ

基礎研究：大学・国研などでの基礎研究の範囲

応用研究・開発：技術開発（プロトタイプの開発含む）の範囲

（註2）現状　※日本の現状を基準にした評価ではなく、CRDSの調査・見解による評価

◎：特に顕著な活動・成果が見えている　　○：顕著な活動・成果が見えている

△：顕著な活動・成果が見えていない　　×：特筆すべき活動・成果が見えていない

（註3）トレンド　※ここ1～2年の研究開発水準の変化

↗：上昇傾向、→：現状維持、↘：下降傾向

参考文献

1) 大岩孝彰，勝木雅英「超精密位置決め専門委員会：超精密位置決めにおけるアンケート調査：精密メカトロニクスと精密計測に関するアンケート調査」『精密工学会誌』86 巻 10 号（2020）：735-740., https://doi.org/10.2493/jjspe.86.735.

2) Scott Kuindersma, et al., “Optimization-based locomotion planning, estimation, and control

design for the atlas humanoid robot," *Autonomous Robots* 40, no. 3（2016）: 429-455., https://doi.org/10.1007/s10514-015-9479-3.

3) Ryo Sakurai, et al., "Emulating a sensor using soft material dynamics: A reservoir computing approach to pneumatic artificial muscle," in *2020 3rd IEEE International Conference on Soft Robotics (RoboSoft)* (IEEE, 2020), 710-717., https://doi.org/10.1109/RoboSoft48309.2020.9115974.

4) Sung-Woo Kim, et al., "Force Control of a Hydraulic Actuator With a Neural Network Inverse Model," *IEEE Robotics and Automation Letters* 6, no. 2（2021）: 2814-2821., https://doi.org/10.1109/LRA.2021.3062353.

5) 西川開, 黒木優太郎, 伊神正貫「調査資料-312 科学研究のベンチマーキング2021：論文分析でみる世界の研究活動の変化と日本の状況（2021年8月）」文部科学省 科学技術・学術政策研究所, https://www.nistep.go.jp/wp/wp-content/uploads/NISTEP-RM312-FullJ.pdf,（2023年3月7日アクセス）.

6) Robert Penicka, et al., "Learning Minimum-Time Flight in Cluttered Environments," *IEEE Robotics and Automation Letters* 7, no. 3（2022）: 7209-7216., https://doi.org/10.1109/LRA.2022.3181755.

7) Amirhossein Kazemipour, et al., "Adaptive Dynamic Sliding Mode Control of Soft Continuum Manipulators," in *2022 International Conference on Robotics and Automation (ICRA)* (IEEE, 2022), 3259-3265., https://doi.org/10.1109/ICRA46639.2022.9811715.

8) Wenyuan Zeng, et al., "LaneRCNN: Distributed Representations for Graph-Centric Motion Forecasting," in *2021 IEEE/RSJ International Conference on Intelligent Robots and Systems (IROS)* (IEEE, 2021), 532-539., https://doi.org/10.1109/IROS51168.2021.9636035.

9) Zhaocong Yuan, et al., "Safe-Control-Gym: A Unified Benchmark Suite for Safe Learning-Based Control and Reinforcement Learning in Robotics," *IEEE Robotics and Automation Letters* 7, no. 4（2022）: 11142-11149., https://doi.org/10.1109/LRA.2022.3196132.

10) Ryuya Tamura, et al., "High Dynamic Range 6-Axis Force Sensor Employing a Semiconductor-Metallic Foil Strain Gauge Combination," *IEEE Robotics and Automation Letters* 6, no. 4（2021）: 6243-6249., https://doi.org/10.1109/LRA.2021.3093008.

11) Jaehwan Kim, et al., "Review of Soft Actuator Materials," *International Journal of Precision Engineering and Manufacturing* 20, no. 12（2019）: 2221-2241., https://doi.org/10.1007/s12541-019-00255-1.

12) Shuangyue Yu, et al., "Quasi-Direct Drive Actuation for a Lightweight Hip Exoskeleton With High Backdrivability and High Bandwidth," *IEEE/ASME Transactions on Mechatronics* 25, no. 4（2020）: 1794-1802., https://doi.org/10.1109/TMECH.2020.2995134.

13) CNN, "Watch the creepy horror film promotion that went viral," https://edition.cnn.com/videos/us/2022/10/01/smile-movie-actors-sporting-events-orig-jc.cnn/video/playlists/atv-trending-videos/,（2023年3月7日アクセス）.

2.2.2 生物規範型ロボティクス

（1）研究開発領域の定義

生物は、進化という壮大な試行錯誤の過程を通して、優れた機能や能力、構造を獲得してきた。生物規範型ロボティクス（Bio-inspired Robotics）は、生物に内在する優れた機能や能力、構造をロボットの設計過程に積極的に取り入れ、発現する性能の向上を図ることを指向する研究開発領域である。広義には、バイオミメティクス（生物模倣）と捉えることができる。

（2）キーワード

バイオミメティクス、バイオ・インスパイアード・ロボティクス、ロボティクス・インスパイアード・バイオロジー、モーフォロジカル・コンピューテーション、バイオハイブリッド、バイオメディカル、機構系の賢さ

（3）研究開発領域の概要

［本領域の意義］

本領域はロボットの設計・開発に革新的なブレークスルーをもたらす原動力・先導的役割を担う意義を持つ。強力な計算パワーに依拠してサーボモーターを高速かつ高精度で動かすことを基盤とした現在のロボットは、生物とは異質の方向に進化し続けてきたと言える。現在の制御スキームの成否は、いかに適切な制御指令値を作り出すかに依存するため、制御アルゴリズムは大規模化・複雑化・精緻化の一途をたどる。しかし、近年の計算パワーの飛躍的向上をもってしても、例えば、DARPA Robotics Challenge（2015）で見られたように、実環境下で優れた性能が達成できないでいる。

一方で、生物は、高度な中枢神経系を持たない種であっても、オープンで不確定な実世界環境下で、驚くほどしなやかかつタフな振る舞いを見せる。有限な計算資源しか持たない生物は非構造環境下であっても即時適応的に振る舞う。しかし、このような振る舞いの発現メカニズムの本質は依然として解明されていない。

生物規範型ロボティクスの意義は、生物の皮相的な模倣から、生物特有の振る舞いの発現メカニズムの本質の追求へと変化している。生物規範型ロボットの構築は、単に構築するだけでなく、理解を伴った上で構築することが求められている。

［研究開発の動向］

生物は、種の数も膨大なだけでなく、一個体を取り上げてもさまざまな興味深い構造や機能を内包している。生物規範型ロボットに関係する研究トピックも必然的に多岐に渡るが、ここでは、センサー、アクチュエーター、形態、機構、制御という切り口から本領域の研究開発の動向を述べる。

センサー

昆虫の複眼に着想を得た視覚センサー[1)]、多数の圧力センサーを実装したロボットハンドなど、生物に着想を得たさまざまなセンサーシステムの研究開発が行われてきた。以下、代表的な研究アプローチを三つ採り上げる。

第一は、感覚モダリティーの種類と感覚器（センサー）の数に着目したアプローチである。生物には、多種多様な感覚モダリティーに対応したセンサーがあり、なおかつ膨大な規模で全身に遍在している。今後は、異なる感覚モダリティーのセンサー情報を活用することが、既存のロボットでは実現し得ない適応的運動機能の生成を試みる研究開発において重要となる。ソフトロボティクス分野においては、フレキシブルな基板上に多数のセンサーを実装する技術の開発などが精力的に行われており[2)]、新しい流れを創り出すことが期待される。

第二は、生物の感覚器官そのものを活用して、工学的には達成し得ない高精度なセンサーを構築する、ハ

イブリッド的なアプローチである。これに関して特筆すべき事例としてカイコガの触覚をロボットに実装する研究が挙げられる。カイコガの触覚はフェロモン一分子にも敏感に反応するという事実に着目して、ガス漏れや麻薬の検知などへの応用も試みられており[3)]、今後の発展が注目される。

第三は、生物の感覚情報処理の原理の解明を目指した研究である。一例としてコオロギの尾に存在する多数の微小毛が担う感覚情報処理に着目した研究が挙げられる[4)]。また、ゴキブリは、人間がわずかに近づいただけでも、それを敏感に察知して逃げてしまう。このような優れた探知能力はこれらの微小毛の基部に存在する感覚器によるものである。この研究では、複数の感覚器の情報を集めて確率共鳴に基づく情報処理を行うことで、個々の感覚器のS/N比の問題を克服して検知精度を著しく高められることが明らかになった。生物学と情報処理理論の融合を通して、生物に内在するメカニズムを明らかにした優れた研究と言える。

アクチュエーター

筋肉はモーターに比べて驚異的な柔軟性とパワーウェイトレシオを持つ。筋肉の優れた機能の工学的実現を目指して、さまざまなタイプのアクチュエーターの開発が試みられてきた。広く使われつつあるのが、マッキベン型アクチュエーターに代表される空気アクチュエーター（PMA：Pneumatic Muscle Actuator）[5)]と呼ばれるアクチュエーターであり、筋肉同様に大きな力を発生することができる。最近では、細径の空気圧アクチュエーターを束ねた新しいタイプのPMAの開発が進められており、アクチュエーターを配置する自由度がさらに向上しつつある[6)]。このような研究を通して、生物のごとく全身にアクチュエーターを張り巡らせることを可能とする技術の創成が期待される。

一方で、PMAの動特性には遅延時間や強い非線形性があり、制御はモーターほど容易ではない。このような問題の軽減化を目指して、化学反応を活用したアクチュエーターや[7)]）、生物の筋肉そのものを活用してウェットなアクチュエーターを創るという試みもなされている[8), 9)]。特に後者は、生物由来の材料ゆえに自己修復機能をも自然に併せ持つことが期待できる。このような新しい試みを通して、生物に比肩しうる軽量かつフレキシブルなアクチュエーターの早期の実現が待たれる。

形態

車輪型のロボットを除けば、多くのロボットは何らかのかたちで生物の身体構造やロコモーション様式から着想を得たデザインが施されていると言える。ここでは特に動物の指や羽、ヒレに着目した生物規範型ロボットを三つ採り上げる。

ヤモリが、垂直な壁を苦もなく移動できるのは指に生えた微小な毛が壁面と分子間力で結合できるためである。この生物学的知見に着想を得た壁面移動ロボットが開発されている[10)]。生物の身体に潜む構造を模倣することによって、壁面移動ロボットの新たなソリューションを示した意味で特筆すべき優れた研究である。

飛行ロボットは小型化に伴い、プロペラ等の推進器を使うのが困難となる。限界を打破するために、昆虫や小型の鳥のような羽ばたきロボットの研究が進んでいる[11), 12)]。小型飛行ロボット実現への新しいアプローチとして注目を集めている。

ヒレや身体の屈曲を活用した水中ロボットの開発も行われている[13)]。広く用いられているスクリューと違い、水底の砂を巻き上げないといった利点があるため、探査等に活用できると期待されている。

今後も、生物の身体構造や動きに着想を得ることで、既存のロボットが抱える問題を克服できる新しいタイプのロボットの開発が待たれる。

機構

機構系に工夫を施すことで、いわば賢い機構系を構成してロボットに優れた運動機能を発現させようとする試みについて紹介する。端的な事例は、歩行という高度な運動機能が機構系のみから生み出されることを示した受動歩行機械である[14)]。受動歩行機械は、力ずくの制御に偏重していたロボティクスにおいて振る舞い生成における機構系の役割について再考を迫るきっかけとなった。高速走行を可能とする受動走行機械も報告されており、注目に値する成果である[15]。

受動歩行機械の振る舞いには、関節の受動性が重要な役割を果たしている。機構系に何らかのかたちでソフトネス・柔軟性を持たせることから興味深い振る舞いを生み出している事例として、脚に柔らかさを持たせることで優れた環境踏破性を実現したRHex[16]やSprawlita[17]、i-Centipot[18]なども特筆すべきである。

動物の解剖学的特徴を機構系の設計に反映させることで、優れた運動能力を生み出そうとする試みも報告されている。前述の空気圧アクチュエーターは、その柔軟性を活用して二関節筋のように関節をまたいで配置することが可能である。これを活用して優れた運動能力を生み出す脚式ロボットが報告されている[19), 20]。

制御

ここでは、特にロボットの移動（ロコモーション）のための制御を採り上げる。生物規範型ロボットにおけるロコモーション制御は以下の二つに大別できる。

第一は、機構系には生物から着想を得た工夫が施されてはいるものの、制御系には生物に範を置く方策が特に用いられていないアプローチである。具体的には、機構系に柔らかさを持たせることで、フィードフォワード制御といった、言わば「決め打ち」の簡便な制御方策であっても優れた環境適応性が生み出されることを示した研究が多数報告されている。生物規範型ロボットと深く関係するソフトロボティクスの分野において、大部分の研究がロボットの適応能力を機構系の賢さにほぼ全面的に委ねており、制御方策は簡便なものにとどまっているというのが現状である。既存研究のほとんどはこのアプローチに基づいている。

第二は、生物規範型の制御方策を積極的に取り入れるアプローチである。リズミックなロコモーションを生み出すことを担っているCPG（Central Pattern Generator）と呼ばれる神経回路に着想を得て、結合振動子系などをベースとした自律分散的な制御方策を採用した研究などはこのアプローチの代表的な事例である[21), 22]。制御指令値に従ってアクチュエーターを中央集権的に制御するという、これまでのロボット制御のアルゴリズムとは一線を画したアプローチである。今のところ、制御系の素過程が結合振動子系にほぼ限られている。ここには重大な理由と課題が山積しているため、「（5）科学技術的課題」のところで詳述する。以上のように、生物規範型の制御方策は依然として未成熟の段階にあり、その理論体系の構築は喫緊の課題であると言える。

（4）注目動向

[新展開・技術トピックス]

ソフトロボティクス

ソフトロボティクスは、新興学問領域であり、柔らかな身体がもたらす知的能力に焦点を当てた研究が大きな流れを形成しつつある。前述のように、さまざまな新しい要素技術に関する研究が進行中である。本領域とも密接に関係している。しかしながら、大部分の研究は生物の構造模倣（ハードウェア技術）に関するものであり、生物が示す優れた能力の発現機序の理解を試みる研究は極めて少数にとどまっている。このような中で、morphological computationや陰的制御（implicit control）、手応え制御（tegotae–based control）といった、生物規範型ロボットの制御と深く関係する新しい概念が提唱されていることは注目に値する。今後は、概念レベルにとどまった議論に終始するのではなく、数理言語化を通して生物規範型ロボットならではの制御原理の理論的基盤を構築していくことが期待される。（詳細は、研究開発の俯瞰報告書2021年版2.2.1 ソフトロボティクスを参照）。

バイオハイブリッド・ロボティクス

バイオハイブリッド・ロボティクスは、生体もしくは生体材料からできた部品と人工物からできた部品を組み合わせて、生体特有の運動や感覚といった機能をアクチュエーターやセンサーとして利用するためのシステムに関する研究領域である。バイオハイブリッド・ロボティクスには、生体そのものを利用する研究と、生体の一部を部品として利用する研究に大別される。生体そのものを利用する研究は、DARPAのHI-MEMS（Hybrid Insect Micro-Electro-Mechanical Systems, 2006）が有名である。甲虫に移植した小型のマシン（MEMS）でインタフェースを構築し、電気パルスを与えることでその行動を制御する。研究成果をミシガン大学やジョージア工科大学が実証報告した[23]。一方で、生体の一部をアクチュエーターとして利用する研究は、1995年に東大の竹内らがハイブリッド昆虫ロボットとして公開した[24]。2000年代に筋肉そのものを使う研究が始まり、日本では昆虫細胞でマイクログリッパーを実現する研究[25]や、マウスの心筋を使って動くエイ型の遊泳ロボットも出た。また、生体をセンサーとして利用する研究として、細胞を使ったタンパク質センサーがある。細胞の膜タンパク質が外側にあるタンパク質に反応して、極微弱なイオン電流を一秒間あたり1000万倍に増幅する。これを利用して、肝臓のがんマーカーを呼気から検出することに成功した[26]。生物は化学反応のかたまりなので、生物的なリアクションをリアクターとして利用する細胞を使った治療が注目されている。リアクターは生体外でも同じ反応を起こすことができれば創薬にも利用が可能になる。現状は小さいチップしかできないためスケールアップが必要だが、細胞そのものを工業的に生産（増殖）できれば、将来的に培養肉としての用途も広がる。さらに、細胞を使ったプロセッサーによる計算機も考えられる。神経工学界では以前から、神経細胞の出力をリザバーに入力して処理する、神経細胞由来の脳型コンピューターの研究が始まっている[27]。

[注目すべき国内外のプロジェクト]

ヒューマン・フロンティア・サイエンス・プログラム

生体が持つ精妙かつ優れた機能の解明を中心とする基礎研究を国際的に協働して推進することを目的として設立されたヒューマン・フロンティア・サイエンス・プログラム（HFSP）機構（本部：フランス・ストラスブール）がサポートする国際共同プロジェクトは、生物系の研究分野においては世界的に広く知られている。2017年に採択された国際共同プロジェクトのうち、生物規範型ロボティクスに深く関係する国際共同プロジェクトが2件採択された。一つは、サンショウウオのように水陸両用のロコモーションを示す動物種から適応的運動機能の解明を試みる研究、もう一つはフンコロガシが示す多様かつ適応的な振る舞いの発現機序の解明を目指す研究である。これらはともに、生物学とロボティクスの両者に資する研究プロジェクトである。生物学の基礎研究サポートをするHFSPがロボティクスに関係する研究テーマを選んだことは、ロボティクスと生物学の新しいありようと言える。

NSF Engineered Living Systems

米国ではNSFが、研究・イノベーションの新興フロンティア（EFRI）プログラムにおいて、バイオインスパイアード及びバイオエンジニアリングシステムに関する学際的基礎研究の支援を開始した[28]。二つのテーマがあり、Brain-Inspired Dynamics for Engineering Energy-Efficient Circuits and Artificial Intelligenceは、ニューロモルフィックデバイスなど、生物学的知性の柔軟性、堅牢性、効率性を模倣し、情報処理のエネルギーコストを低減させる、脳に着想を得た工学的学習システムの研究である。また、Engineered Living Systemsは、安全性と持続可能性を高める生体システムおよび技術における細胞、植物、その他の生物のバイオエンジニアリングにより、自己複製、自己制御、自己治癒、環境応答性など、バイオハイブリッド・ロボティクスの新しい可能性を追求する。

（5）科学技術的課題

センサー、アクチュエーター、形態（マテリアルも含む）、機構、制御という観点から生物規範型ロボティクスが抱える科学技術的課題について述べる。

センサー

生物のもつ膨大かつ異なる感覚モダリティーのセンサー情報を活用することで、既存のロボットでは実現し得ない適応的運動機能の生成を試みる研究開発が重要である。量的な変化と、そこから質的な変化を生み出すセンサー技術の創成が喫緊の課題であり、そのためのハードウェア的・ソフトウェア的な課題として、以下のトピックが重要となる。

1）超多数のセンサーを高密度かつ分散して実装する技術
2）異なる感覚モダリティーのセンサー情報を縮約・統合化する情報処理技術ならびに、それを活用しうる制御スキーム
3）柔らかな身体の状態を検知するセンサー技術とそれらの情報を活用するための新規な知覚情報処理スキーム

上記3）に関して補足する。生物と同様の柔軟性を身体に持たせると、今後のロボットは連続体的な特性を持つように変容していくだろう。これに伴って、物理量がベクトルからテンソル場へと変化することを反映し得るセンサーの構築技術や、感覚情報処理のあり方を考察していく必要がある。

併せて、これらの膨大なセンサー出力を最大限に活用しうる、センサーリッチなフィードバック制御の理論体系の創成も重要な課題である。

アクチュエーター

生物が示すしなやかな動きの源の一つは、筋肉という柔軟かつ軽量のアクチュエーターが多数身体内に張り巡らされていることに起因している。ミミズの体表からは、推進のために剛毛と呼ばれる硬い毛針のようなものが飛び出すことが知られているが、一本の剛毛の根元には10本以上の筋肉が付いていると言われている。このことからもわかるように、生物規範型ロボットの究極の姿は、多数の軽量かつ柔軟で、生物に比肩しうるパワーウェイトレシオを持つアクチュエーターが物理的に離れた身体部位間をも結びつけつつ、全身にくまなく張り巡らされたものである。

このようなことを可能とする、新規な原理に基づくアクチュエーターの開発が強く望まれる。電磁力や形状記憶合金をベースとしたアクチュエーター、PMA以外にも、化学反応や生体由来の材料を用いたアプローチは、ブレークスルーを生み出すことが期待される。さらに、身体中に大量のアクチュエーターを配置できることを可能とする技術の創成も待たれる。

形態（マテリアルも含む）

前述のように、ヤモリの指に見出された構造を模倣することで垂直な壁面を自在に動き回るロボットや、羽ばたき機構を模擬することにより小型の飛翔ロボットが構築できたことなどは、生物規範型のアプローチによって新しいソリューションを提供し得ることを示す好事例である。個々の生物種が示す優れた能力の背後には、進化過程を経て獲得してきた、未だわれわれが知り得ぬ構造的な工夫が数多く伏在しているはずである。このことを改めて深く考えさせられる興味深い研究成果が最近発表された。それは、驚異的な跳躍能力を示すノミのような小型節足動物の脚の基部に「歯車」状の構造が見つかったというものである[29]。すなわち、歯車はわれわれ人類が発明するずっと以前から生物が使っていた訳である。これ以外にも、シャコが示す超高速のパンチ[30]やアギトアリというアリの一種が示す超高速のアゴの動き[31]（これは動物界最速の動きと言われている）などの背後にある構造的な工夫を解明した研究も、今後ロボティクスへの応用が期待される興味深い事例である。生物学者と協働しながらこのような事例やそこに内在する工夫を掘り出していく息の長い試みが今後ますます重要となってくるだろう。その分、波及効果は極めて大きいはずである。

その他の課題として、生物的な特性を持つマテリアルの開発が挙げられる。筋肉のようなアクチュエーターに関係するマテリアル以外にも、例えば、

1）粘弾性をリアルタイムで改変できるマテリアル
2）自己修復能力や成長機能を有するマテリアル
3）伸縮に富みつつも靭性に富むマテリアル

などが開発されれば、ロボティクスの分野に大きなインパクトをもたらすと期待される。

機構

現在の制御理論は、制御器と制御対象を分離することで構築された理論体系を基盤としている。制御対象である機構系は制御器によって制御される対象に過ぎず、振る舞いを生み出す主体はあくまでも制御器である。一方で生物は、制御対象である機構系（筋骨格系）も制御器（脳・神経系）と同様に振る舞い生成の一翼を担っており、制御器と制御対象が混然一体となったシステムとなっている。これによって生物は、限られた計算資源にもかかわらず、実世界環境下で驚くほど適応的な運動能力を示すことができるのである。振る舞い生成の一翼を担わせることが可能な機構系の賢さについての深い理解が望まれる。さらに、制御系と機構系の有機的な連関を初動段階から考えていくことも必要であろう。

制御

ここには重大な問題と課題が山積しているため、詳しく述べる。認識すべきことは、生物に範を置いた制御方策の理論的基盤は未だ脆弱であるという事実である。そもそもなぜこのような状況に至ったのか、その理由を分析すると以下のようになる。

現在のロボット制御は、環境や身体特性の徹底した既知化に基づいた、言わば「閉じたシステム」に立脚した制御理論体系を基盤としている。ロボットが工場などの構造環境下から生活環境のような非構造環境下へと稼働の場を拡大するにつれ、環境を認識するためのアルゴリズムが肥大化し、必然的に制御アルゴリズムはますます大規模化・複雑化・精緻化の一途をたどっている。工学者は、このような「閉じたシステム」に立脚する制御理論体系ではオープンで常に不確定性や曖昧性を内包する非構造環境に対峙する際には問題が生じることは十分に理解してはいる。しかしながら、代替となる理論的基盤が不在であり、なおかつ強力な計算パワーに頼ることができることも相まって、この思考の枠からなかなか抜け出せないでいる。

生物は限られた計算資源にもかかわらず、驚くほど多様かつ適応的な振る舞いを示す。これは、生物の制御系（脳・神経系）には、機構系（身体系）に実装され、そして環境に置かれてはじめて意味のある振る舞いを生み出すような制御則が脳・神経系にコード化されているからである。すなわち、生物の制御系は「開いたシステム」を基盤としており、現在のロボットの「閉じたシステム」とは根本的に異なっている。これが生物規範型の制御系を考察する際に遭遇する大きな壁となっている。この点をもう少し敷衍したい。後の説明の便宜上、陽的制御（explicit control）と陰的制御（implicit control）という概念を紹介する[32)]。陽的制御とは、制御系に明示的に（プログラムとして）記述されている制御則のことである。一方、陰的制御とは、身体と環境の相互作用の中に隠伏的に埋め込まれている制御則のことであり、morphological computationやphysical computation、non-neural computation、unconventional computationなどと呼ばれることもある。受動歩行機械は陰的制御則のみで動いているロボットと考えることができる。これまでのロボットの制御系の設計は、基本的に陽的制御則の設計に集約されており、問題の所在が明確であるという利点があった。一方、生物規範型の制御を考える際には、陰的制御の存在を前提として陽的制御のアルゴリズムを考えなければならない。しかしながら、これを実行するための理論的基盤がまったくない。

生物規範型の制御の典型例が、生物ロコモーションを司るCPG（Central Pattern Generator、中央パターン発生器）と呼ばれる神経回路に着想を得た自律分散的な制御であろう。現在広く行われているロボット制御のように、制御指令値を明示的に作り出す必要がなく、制御系と機構系そして環境との相互作用の中から振る舞いを生み出すことができるという優れた特長を有している。しかし、素過程として用いられる数学的ツールが結合振動子系にほぼ限られているのが問題である。さらに、センサー情報をどのようにフィードバックするかについては依然として設計論が不在であり、アドホックに設計されているのが現状である。これも生物規範型制御が実用化に繋がることを阻んでいる大きな障壁の一つとなっている。

生物規範型の制御は自律分散制御と密接に関係している。しかし、自律的な個体の振る舞いと自律個集団の振る舞いを結びつけるロジックが依然として存在していない。この理論的基盤の脆弱性が生物規範型制御の理解と構築の大きな障害となっている。

以上を踏まえ、制御に関する今後の科学技術的課題を以下に列挙する

1）環境の複雑化に呼応して制御系の設計がますます複雑化するという、現在のロボティクスが抱える呪縛から逃れるブレークスルーを与えることが、生物規範型制御に期待されている。このためには原点に立ち帰った研究が必要である。すなわち、有限なリソースで全身に遍在する膨大な運動自由度を実時間で巧みに操りながら、無限の変化の様相を示す実世界環境と合理的に折り合いをつけるという、進化過程の初期に生物が獲得したもっとも根源的な知の基盤の本質を丁寧に解き明かす必要がある。このためには、動物を動物たらしめる適応的運動機能の生成原理とは何かを徹底的に問いかける理学的な視座が可欠となる。このような研究は必然的に長期に渡る試みとなるが、ここから生み出されるロボティクスへの波及効果は非常に大きいと期待される。

2）生物は膨大な運動自由度を巧みに操りながら、リアルタイムで環境と折り合いをつけつつ適応的に振る舞っている。大自由度制御とリアルタイム性という背反する要請を同時に満足するためには、自己組織化理論（理学）と制御理論（工学）が有機的に融合した新規な理論体系の構築が喫緊の課題である。このような理論基盤が構築できた暁には、オープンで曖昧性や不確定性を内包する実世界環境下で、全身に遍在する運動自由度をリアルタイムで統御することも可能となるだろう。

3）中央集権的な制御と自律分散制御が有機的に連関した新規な制御理論の構築が必要である。高次脳機能に基づく制御（central control）と局所センサー情報に基づく自律分散的な制御（peripheral control）が調和的にカップリングすることで、大自由度システムを合目的的かつ即時適応的に制御することも可能となるだろう。その理論的基盤の構築は喫緊の課題である。

現在の生物規範型制御の多くは結合振動子系を基盤とした、いわゆるCPG制御である。しかしながら、どのような感覚モダリティーに関する情報をどのようにフィードバックするかに関しての設計論が不在である。この現状を打破するためのシステマティックな設計論の構築や、結合振動子系以外の基盤となる制御系の数理モデルに関してもブレークスルーが強く求められている。実際、生物は、周期的な運動のみならず非周期的な運動をも発現することが可能である。振る舞いの多様性は現在のロボットから欠落している。この問題を解決可能な理論的基盤も必要である。

4）生物規範型制御の理解と発展に向けては、陽的制御と陰的制御の間で有機的なカップリングを形成する必要がある。生物における制御には、身体と環境とセットになって初めて意味を持つことがコード化されている。陽的制御だけを考えればよかったこれまでのロボティクスに対して、このような制御のありように関して理解と数理言語的に説明可能な理論の創成が喫緊の課題である。

（6）その他の課題

生物規範型制御として現在広く使われている、結合振動子系を基盤としたCPG制御は、多賀らによって提唱された[33)]。このような革新的なアイデアが工学系ではなく、理学系の研究者（当時、多賀氏は薬学部に所

属）から出されたことは示唆的である。工学を中心に研究してしまうと、構築・実現を最優先され、生物の皮相的な模倣に陥りがちである。生物に内在する、未だわれわれが知り得ぬ発現メカニズムの本質を明らかにして理解の階梯を一段一段と上がっていくためには、理学的志向を持つ生物学や数理科学の研究者らとの長期に渡る有機的な協働が必須であろう。

ここで、生物学だけでなく、数理科学の研究者についても言及したのには理由がある。生物規範型ロボットの分野においては、生物学とロボティクスの研究者の、いわゆる生工連携が必要であることはいうまでもない。しかしながら、生物学とロボティクスの研究者を単に寄せ集めても、両者の間で着目している対象や言語に関して往々にして齟齬が生じるだけである。触媒が必要なのである。それが数理科学の研究者である。ものごとの本質を抽出するためには数理モデリング（数理科学区分2.7.1「数理モデリング」参照）が必要である。具象と抽象をつなぐことに長けている数理科学者は、生物規範型ロボティクスにおいては特に重要である。

以上を踏まえて課題を二点述べる。

第一は、将来の応用研究・開発そして事業化への道を切り拓くために、また、わが国がロボティクスの分野において強力なイニシアティブを発揮していくためには、生物学や数理科学の研究者らとの有機的な協働を行う基礎研究への手厚く息の長いサポートが必要である。具体的には、ロボティクスと生物学、そして数理科学が三位一体となった研究プロジェクトへの積極的な支援が重要である。JST CRESTの数学領域では、数学と生物学、ロボティクスが三位一体となったプロジェクトが採択された実績がある。このようなプロジェクトからは複眼的視座を持つ有能な若手研究者の育成が期待できる。

第二は、生物規範型ロボットに関する、ロボティクスと生物学の学際的な連携である。生物規範型ロボット（bio-inspired robotics）が指すのは、生物が進化過程という壮大な試行錯誤の場を通して獲得した人知を超える工夫をロボティクスに活かすという考えである。一方で、ロボットをツールとして使うことで、生物学に対して資する成果を積極的に生み出していくというアプローチも考えられる。これは、robotics-inspired biology[34), 35)]という呼称が与えられており、近年活発化している研究領域である。このアプローチでは、生物の身体機構や神経回路を模したロボットを創り、実際に生物と同様の環境で動かす実験を行うことで、従来の生物学的手法のみでは検証困難であった動力学特性等を実世界でシミュレートし計測することが可能となり、生物の振る舞いに対する理解が深まる。最近では、このようなアプローチに基づいて絶滅動物の運動様式の復元を試みる興味深い研究が報告されており[36), 37)]、古生物学も含めて生物学とロボティクスの両者が対等かつ有機的に結びついた新しい学問領域の創成が大いに期待できる。

（7）国際比較

国・地域	フェーズ	現状	トレンド	各国の状況、評価の際に参考にした根拠など
日本	基礎研究	○	↗	科研費新学術領域「ソフトロボット学」の発足に伴い、身体の柔らかさに注目した基礎・応用研究において、生物学者、材料科学との連携が加速するものと期待できる。トレンドとしては上向きの印象を受けるが、諸外国に比べて研究予算の手厚いサポートがさほどないことが懸念事項の一つである。
	応用研究・開発	○	→	ImPACT「タフ・ロボティクス・チャレンジ」に関連して、福島県にロボットテストフィールドが設置されるなど共用研究設備も充実し、災害対応を想定した生物規範型ロボットの研究成果が多く報告されている。一方で、ロボットの事業化に向けた流れは依然として弱い。
米国	基礎研究	◎	↗	国防省などからの潤沢な研究予算配分を背景に、著名な研究室から研究成果が多く報告されている。NSFが、新たな研究領域（Engineered Living Systems）としてバイオインスパイアード及びバイオエンジニアリングシステムに関する学際的基礎研究の支援を開始した。

	応用研究・開発	◎	↗	生物規範型の二脚ロボット（Agility Robotics社）や四脚ロボット（Boston Dynamics社）の市場販売が開始されるなど、物流分野を中心に実社会での本格的な用途拡大が期待される。これらのベンチャー企業の多くは、大学の基礎研究開発を母体としている。
欧州	基礎研究	○	↗	米国と同様に生物規範型ロボットを扱う著名な研究室が多数存在し、多くの研究成果が報告されている。
	応用研究・開発	○	→	ETHで開発された四脚ロボットANYmalに代表されるように、災害対応や研究開発向けの脚ロボットベンチャー企業が登場している。
中国	基礎研究	○	→	IEEE Cyborg and Bionic Systems（CBS）など中国系のコミュニティーが運営する生物規範型ロボットに関する国際会議も長く続いており、継続した研究が遂行されている。また、関連するソフトロボティクスの分野でも多くの研究成果が報告されている。
	応用研究・開発	◎	↗	ベンチャー企業Unitree Robotics社が、米国社製などと比較して安価な四脚ロボットを市場投入するなど、生物規範型ロボットの事業化への攻勢が強まっている。
韓国	基礎研究	○	→	新しく設立されたソフトロボティクスに関する国際会議RoboSoftの第2回大会が2019年に韓国で開催されるなど、一定程度の存在感および研究成果を示している。
	応用研究・開発	△	→	DARPA Robotics Challengeの本戦（2015年）にて韓国のチームが優勝したものの、それ以降、生物規範型ロボットの実世界応用に関する事業化や研究プロジェクトについては大きな動きがない。産業用ロボットへ注力している傾向が見受けられる。

（註1）フェーズ

基礎研究：大学・国研などでの基礎研究の範囲

応用研究・開発：技術開発（プロトタイプの開発含む）の範囲

（註2）現状　※日本の現状を基準にした評価ではなく、CRDS の調査・見解による評価

◎：特に顕著な活動・成果が見えている　　○：顕著な活動・成果が見えている

△：顕著な活動・成果が見えていない　　×：特筆すべき活動・成果が見えていない

（註3）トレンド　※ここ1～2年の研究開発水準の変化

↗：上昇傾向、→：現状維持、↘：下降傾向

関連する他の研究開発領域

・ソフトロボティクス（2021年版システム情報科学技術 2.2.5）

参考文献

1) Dario Floreano, et al., “Miniature curved artificial compound eyes,” *PNAS* 110, no. 23 (2013): 9267-9272., https://doi.org/10.1073/pnas.1219068110.

2) Martin Kaltenbrunner, et al., “An ultra-lightweight design for imperceptible plastic electronics,” *Nature* 499, no. 7459（2013）: 458-463., https://doi.org/10.1038/nature12314.

3) Noriyasu Ando, S. Emoto and R. Kanzaki, “Odour-tracking capability of a silkmoth driving a mobile robot with turning bias and time delay,” *Bioinspiration & Biomimetics* 8, no. 1 (2013): 016008., https://doi.org/10.1088/1748-3182/8/1/016008.

4) 下沢楯夫「昆虫のセンシングと行動」『日本ロボット学会誌』6 巻 3 号（1988）: 240-244., https://doi.org/10.7210/jrsj.6.240.

5) Bertrand Tondu and Pierre Lopez, “Modeling and control of McKibben artificial muscle robot actuators,” *IEEE Control System Magazine* 20, no. 2（2000）: 15-38., https://doi.

org/10.1109/37.833638.

6) Shunichi Kurumaya, et al., “Design of thin McKibben muscle and multifilament structure,” *Sensors and Actuators A: Physical* 261(2017): 66-74., https://doi.org/10.1016/j.sna.2017.04.047.

7) Shingo Maeda, et al., “Self-Walking Gel,” *Advanced Materials* 19, no. 21（2007）: 3480-3484., https://doi.org/10.1002/adma.200700625.

8) Yuya Morimoto, Hiroaki Onoe and Shoji Takeuchi, “Biohybrid robot powered by an antagonistic pair of skeletal muscle tissues,” *Science Robotics* 3, no. 18（2018）: eaat4440., https://doi.org/10.1126/scirobotics.aat4440.

9) Masahiro Shimizu, et al., “Muscle Tissue Actuator Driven with Light-gated Ion Channels Channelrhodopsin,” *Procedia CIRP* 5(2013): 169-174., https://doi.org/10.1016/j.procir.2013.01.034.

10) Sangbae Kim, et al., “Smooth Vertical Surface Climbing With Directional Adhesion,” *IEEE Transactions on Robotics* 24, no. 1（2008）: 65-74., https://doi.org/10.1109/TRO.2007.909786.

11) David Lentink, “Bioinspired flight control,” *Bioinspiration & Biomimetics* 9, no. 2（2014）: 020301., https://doi.org/10.1088/1748-3182/9/2/020301.

12) Hao Liu, et al., “Biomechanics and biomimetics in insect-inspired flight systems,” *Philosophical Transactions of the Royal Society B: Biological Sciences* 371, no. 1704（2016）: 20150390., https://doi.org/10.1098/rstb.2015.0390.

13) Robert K. Katzschmann, et al., “Exploration of underwater life with an acoustically controlled soft robotic fish,” *Science Robotics* 3, no. 16（2018）: eaar3449., https://doi.org/10.1126/scirobotics.aar3449.

14) Tad McGeer, “Passive Dynamic Walking,” *The International Journal of Robotics Research* 9, no. 2（1990）: 62-82., https://doi.org/10.1177/027836499000900206.

15) Dai Owaki, et al., “A 2-D Passive-Dynamic-Running Biped With Elastic Elements,” *IEEE Transactions on Robotics* 27, no. 1（2011）: 156-162., https://doi.org/10.1109/TRO.2010.2098610.

16) G. Clark Haynes, et al., “Laboratory on legs: an architecture for adjustable morphology with legged robots,” *SPIE Proceedings* 8387, Unmanned Systems Technology XIV（2012）: 83870W., https://doi.org/10.1109/10.1117/12.920678.

17) Jorge G. Cham, et al., “Fast and Robust: Hexapedal Robots via Shape Deposition Manufacturing,” *The International Journal of Robotics Research* 21, no. 10-11（2002）: 869-882., https://doi.org/10.1177/027836402021010837.

18) 大須賀公一, 他「ムカデ型ロボットi-CentiPot」『第8回横幹連合コンファレンス』(横断型基幹科学技術研究団体連合, 2017), D-2-4., https://doi.org/10.11487/oukan.2017.0_D-2-4.

19) Koh Hosoda, et al., “Pneumatic-driven jumping robot with anthropomorphic muscular skeleton structure,” *Autonomous Robots* 28, no. 3（2010）: 307-316., https://doi.org/10.1007/s10514-009-9171-6.

20) Kenichi Narioka, et al., “Development of a minimalistic pneumatic quadruped robot for fast locomotion,” in *2012 IEEE International Conference on Robotics and Biomimetics (ROBIO)* (IEEE, 2012), 307-311., https://doi.org/10.1109/ROBIO.2012.6490984.

21) Shunichi Kurumaya, et al., “Musculoskeletal lower-limb robot driven by multifilament muscles,” *ROBOMECH Journal* 3（2016）: 18., https://doi.org/10.1186/s40648-016-0061-3.

22) Gentaro Taga, et al., “Self-organized control of bipedal locomotion by neural oscillators in unpredictable environment,” *Biological Cybernetics* 65, no. 3（1991）: 147-159., https://doi.org/10.1007/BF00198086.

23) Alper Bozkurt, et al., "MEMS based bioelectronic neuromuscular interfaces for insect cyborg flight control," in *2008 IEEE 21st International Conference on Micro Electro Mechanical Systems (MEMS)* (IEEE, 2008), 160-163., https://doi.org/10.1109/MEMSYS.2008.4443617.

24) 竹内昌治「ハイブリッド昆虫ロボット」『日本機械学会主催ロボティクス&メカトロニクス講演会'95, 6』(日本機械学会, 1995), 576-579.

25) Yoshitake Akiyama, et al., "Atmospheric-operable bioactuator powered by insect muscle packaged with medium," *Lab on a Chip* 13, no. 24（2013）: 4870-4880., https://doi.org/10.1039/C3LC50490E.

26) Tetsuya Yamada, et al., "Highly sensitive VOC detectors using insect olfactory receptors reconstituted into lipid bilayers," *Science Advances* 7, no. 3（2021）: eabd2013., https://doi.org/10.1126/sciadv.abd2013.

27) Yuichiro Yada, Shusaku Yasuda and Hirokazu Takahashi, "Physical reservoir computing with FORCE learning in a living neuronal culture," *Applied Physics Letters* 119, no. 17（2021）: 173701., https://doi.org/10.1063/5.0064771.

28) U.S. National Science Foundation (NSF), "NSF invests in bio-inspired and bioengineered systems for artificial intelligence, infrastructure and health," https://beta.nsf.gov/news/nsf-invests-bio-inspired-bioengineered-systems,（2023年3月9日アクセス）.

29) Dai Owaki and Akio Ishiguro, "A Quadruped Robot Exhibiting Spontaneous Gait Transitions from Walking to Trotting to Galloping," *Scientific Reports* 7（2017）: 277., https://doi.org/10.1038/s41598-017-00348-9.

30) Shinya Aoi, et al., "Adaptive Control Strategies for Interlimb Coordination in Legged Robots: A Review," *Frontiers in Neurorobotics* 11（2017）: 39., https://doi.org/10.3389/fnbot.2017.00039.

31) Malcolm Burrows and Gregory Sutton, "Interacting Gears Synchronize Propulsive Leg Movements in Jumping Insect," *Science* 341, no. 6151（2013）: 1254-1256., https://doi.org/10.1126/science.1240284.

32) Katsushi Kagaya and Sheila N. Patek, "Feed-forward motor control of ultrafast, ballistic movements," *Journal of Experimental Biology* 219, no. 3（2016）: 319-333., https://doi.org/10.1242/jeb.130518.

33) Hitoshi Aonuma, Koichi Osuka and Kyohsuke Ohkawara, "Mechnisms of ultra-high speed movement in the trap jaw ant," in *2017 56th Annual Conference of the Society of Instrument and Control Engineers of Japan (SICE)*（IEEE, 2017）, 15-18., https://doi.org/10.23919/SICE.2017.8105578.

34) 大須賀公一, 他「制御系に埋め込まれた陰的制御則が適応機能の鍵を握る！？」『日本ロボット学会誌』28巻4号（2010）: 491-502., https://doi.org/10.7210/jrsj.28.491.

35) Nick Gravish and George V. Lauder, "Robotics-inspired biology," *Journal of Experimental Biology* 221, no. 7（2018）: jeb138438., https://doi.org/10.1242/jeb.138438.

36) 多賀厳太郎『脳と身体の動的デザイン：運動・知覚の非線形力学と発達』(東京: 金子書房, 2002).

37) John A. Nyakatura, et al., "Reverse-engineering the locomotion of a stem amniote," *Nature* 565, no. 7739（2019）: 351-355., https://doi.org/10.1038/s41586-018-0851-2.

2.2.3 マニピュレーション

（1）研究開発領域の定義

ロボットが、人間の手作業であるピッキング、ハンドリングなどの物体操作をするために必要なセンサー、認識アルゴリズム、行動計画、ハンド機構などの基盤技術の研究、ならびに基盤技術の統合・応用に関する研究開発。さらに人間の手の機能や作業の解明などの学術的な知識の創出を目指す活動も含む。

（2）キーワード

製造、物流、データドリブン、ロボットラーニング、視触覚、近接覚、ソフトロボットハンド、ピンチング、生成モデル、経験拡張、クロスモーダルセンサー、エンドエフェクター

（3）研究開発領域の概要

[本領域の意義]

ロボットマニピュレーションは人間の手や腕の機能の模倣や物体操作に関する技術を扱う基盤的な研究分野である。その研究成果はそのまま手作業の自動化につながるため応用範囲が広い。1960年代から実用化が進んできたロボットアームは、主に製造・物流分野での物体の搬送、組み立て作業における溶接、部品同士の組み付けなどに適用され、1980年代から1990年代にかけての画一的な大量生産時代の自動化、生産性向上に大きく貢献してきた。2000年代に入ると、インターネットが普及し始め、嗜好の多様性に対応する時代が始まり、製造においても同一品種の大量生産から、異なる品種を扱う変種変量生産が目立ち始めた。同時に、3次元視覚や力覚などのセンサー技術が発達したことで、変種変量生産における複数品種の操作や、力制御による高精度部品の組み付け、3次元視覚センサーによる姿勢が不定な物体の操作などの研究が加速し、バラ積みされた部品の操作（ビンピッキング）や、コネクターなど精度の必要な部品挿入作業（ペグインホール）など、より高度なマニピュレーションタスクも実用的に実行できるようになってきた。さらに2010年代に入ると、eコマースがロングテールのニーズに対応していくため、物流倉庫に存在する商品の超多種類化（例えば1倉庫に1億種類の商品が存在）が始まった。また同時期に深層学習がロボットマニピュレーションにも応用され始め、大規模商品種類の理解や操作に光明が差し始めた。Amazon社が主催する国際競技で数十種類の日用品を適切にロボットがピッキングし脚光をあびた[1] のもこの時期である。大規模日用品のピッキング技術開発は、2020年代も継続しており、物流倉庫において、数千から数万規模の日用品のマニピュレーションの自動化が実現し始めている。

時代のニーズをかなえる形で進歩を遂げてきたマニピュレーション分野であるが、現在でも人間が行う作業の全てを代替することはできていない。ニーズに対して限定的な応用にとどまっているとも言える。多様な物品をつかんでおくことができるようになったが、学習には大量のデータを得るための時間とコストが必要となる。Google社が大量の日用品のピッキングを深層学習により実現した際、80万回ものピッキングをロボットが行ったのは有名な話である[2]。また、持ち替えたり、陳列したり、箱詰めしたりといった丁寧な作業には課題がある。また柔軟物や透明物体、鏡面物体など、現在も認識・操作が難しい対象物も存在する。

本研究領域の意義は、学術的には、人間の手作業という高度な技能、それを実現する人間知能の解明であり、同時に、上記に述べたような実用的な課題を解くことにある。

[研究開発の動向]

• 実用化・ドメイン

本研究分野は実産業のニーズにより研究開発が加速している。US Robotics ロードマップ2020[3] では、20年代も製造物流に引き続き強いニーズがあると主張されている。中国製造2025やEU Horizon Europe（2021–2027）プロジェクトでも、製造とAI・ロボティクスの結びつきが重要視されている。2015–2017年

に開催されたAmazon社主催の物流日用品のマニピュレーション競技が火をつけた物流倉庫の商品操作の自動化は、現在では米国Berkshire Grey社、日本のMUJIN社などが独自の方法論でピースピッキングや物流内多品種商品ピッキングの実用化を果たしている。3D物体モデルと深層学習による把持位置検出の組み合わせで話題を呼んだ米国カリフォルニア大学のDex-Net[4] に関連する技術者も、ピッキングに関するスタートアップ（Ambidextrous Lab）を立ち上げた。店舗内物流においては日本のTelexistence社がコンビニ店舗内のペットボトル陳列作業を自動化し、コンビニ200店舗にロボットシステムを配備していくというインパクトのある報道があった。国内では食品惣菜のピッキングにニーズがあると言われているが、不定形柔軟物操作、柔軟物（液体）計量、ふぞろいな形状の食品整列など、非常に高難易度な問題が潜んでおり、明確でインパクトのある実用化事例は少ない。日本のエクサウィザーズ社・デンソー社は液体計量の自動化を深層予測学習技術により実用化している[5]。また調理環境の自動化にも強いニーズがあり、日本のConnected Robotics社がROSベースの柔軟なシステムインテグレーションに基づき、飲食店の食器洗浄や特定食品（例えば、たこやきなど）の調理に自動化などを実用化している。また、コロナ渦においては特定の医療行為の自動化のニーズも強まり、自動でのウイルスの検体採取にロボットアームが使われる[6] などのケースもある。家庭用ロボットでは日本のPreferred Networks社が「すべての人にロボットを」というコンセプトを打ち出していた。日用品を言語指示に基づき把持し片付けるロボット向けの学習モデルの提案[7] でトップカンファレンスのベストペーパーを獲得するなどインパクトのある研究活動を行ったが、現在の状況を見る限り、B2Bなどのより明確なニーズへの対応に重点戦略を切り替えているように思われる。また2022年には米国Tesla社が自動運転に利用される高度な深層学習認識・制御技術の横展開として、安価なヒューマノイドの製造を目指すという発表を行った。工場や物流倉庫でのダンボールや部品などの物品搬送ができることを示したが、まだ多くの実用面での課題が感じられる発表であった。しかし価格的なインパクトが強く今後の技術開発、適用タスクの発見次第では大きな市場を開拓する可能性もある。

• **データドリブン・ロボットラーニング**

加速する実用化を支える基盤技術がデータドリブンなロボットラーニング技術である。このアプローチは特に米国内での連携が強い。 MIT、UCバークレー、CMUなどの主要大学とGoogleやAmazonのような大企業の連携が強く、インパクトのある研究成果の発表を続けている。前述したDex-Net[8] では、大量の3Dモデルデータに対する把持位置検出の物理的演算を学習した深層学習モデルに基づき、多品種の未知物体の適切な把持をさまざまなグリッパー形状に対して実現し、さらに実用的な作業速度を達成している。現実の経験も一種の大量データであり、強化学習ではUCバークレーが開発するDayDreamerのように身体性の異なるさまざまなロボットでの実世界タスク（複数物体のピッキング、柔軟物ピッキング、四足歩行動作獲得、自律移動ナビゲーション）を現実での繰り返し経験から、60分から半日程度（ピッキング系のタスクは8–9時間程度）で実演できることを示している[9]。ロボットは現実経験の獲得に時間やコストがかかるため、シミュレーションのデータ生成に基づく経験獲得も進んでいる。 nVidiaはシミュレーションでの大量の行動経験と現実の行動経験からマニピュレーション作業を学習する強化学習フレームワークを構築し、シミュレーションと現実の行動経験のギャップから、シミュレーション側のロボット動作に関するパラメーターを調整することで、そのギャップを埋める研究成果[10] を披露した。Toyota Research Instituteはあえて低品質なシミュレーションデータを大量に生成することで、サーバー利用コストを削減しつつ大規模なデータを獲得することで、深層学習による物体認識学習モデルの訓練を進め、現実環境でのロボットマニピュレーションを実現している[11]。具体的なタスク応用では国内研究も強く、実際の工場部品のビンピッキング[12] や絡み合う物体のビンピッキング[13] を、シミュレーションによる生成データにより学習モデル訓練するといった事例が現れ始めている。シミュレーションの精度を現実に近づける、あるいは大量のデータ生成に基づき現実の変動がシミュレーションのデータ分布の中に収まるようにしてしまうなどの方法論で、シミュレーションと現実のギャップは縮まりつつある[14]。

• **クロスモーダルセンサー**

2010年代に多くの企業により3Dセンサーや力覚センサーが実用化された。近年は力覚と視覚をつなぐような、クロスモーダルなセンサーの実用化が盛んである。例えばMITで開発されたGelsight[15]のような、触覚に視覚センサーを応用する技術である。原理は単純で、指先表面の透明なゲルの奥にカメラが搭載されており、表面ゲルに接触した物体表面の視覚情報（見えや奥行き）が取得できる。これまで難しかった操作中の物体情報を詳細に理解できる上に、画像を使うためコンピュータービジョンの研究分野で進化してきた高度な深層学習モデルとの相性が良い。そのため現在のデータドリブンなロボットマニピュレーションの発達におけるキー技術の一つになっている。またCMUで開発されたFingerVision[16]は表面透明ゲルにドットマトリクスを配置することで、物体が押し付けられた際の形状的変形を視覚的に観測できるようにしている。またそこからかかる力の状態も推定できる。 GelSightは早々に精密検査用センサーとして製品化されていたが、近年ロボットグリッパーとして製品化した。またFingerVisionを開発した日本の山口博士は2021年に企業を立ち上げロボット用視触覚センサーの事業化を進めている。さらに大阪大学が開発する近接覚ハンド技術[17]も2022年に企業化・実用化がスタートした。近接覚ハンドは指先表面にフォトリフレクタをアレイ状に配置した物で、接触直前の物体の状態を理解できる。透明物体のハンドリングや、把持直前の物体の位置補正などさまざまな用途で利用できる。こちらも指先に距離センサーを設置した技術で、近年のデータドリブンなマニピュレーション技術との相性が良い。視触覚、近接覚ともに、器用なマニピュレーションにおける重要な手先センサー技術であり、今後の発展・応用が期待される。

• **エンドエフェクター**

Amazon Picking Challenge以降、汎用的に日用品をつかむハンドは吸引機構を持つエンドエフェクターが主流であったが、近年は2指や多指ハンドへの回帰の傾向も見られる。 Amazon社は複数センサーによりリアルタイムな3次元形状復元をベースに、2指のロボットハンドを器用に制御し、物体をさまざまな方向から挟む（ピンチング）技術を試作し、吸引でなくともさまざまな日用品を器用にピッキングできることを示した[18]。このインパクトにより、応用機構における流れも変わる可能性が出ている。また食品や柔軟物、壊れやすい物を扱うため、柔らかくフレキシブルなハンドの実用化も進んでいる。柔軟なグリッパーとしては内部が流体で満たされた球のような作りで、物体に押し付けた後に、電力や空気の入出力により球を硬くすることで汎用的にさまざまな物体を把持することができるjamming gripper[19]が過去に大きな話題となった。しかし周辺干渉などの問題で大きな普及にはつながっていなかった。これに対して、デンマークのOnRobot社は、シリコンで形成された柔らかく包み込むタイプのマルチフィンガーロボットハンドを実用化した。周辺干渉を極力排除しつつ、物体を柔らかく包み込むというjamming gripperのようなハンドの特性もうまく保持することで、実用性を担保している。こういったハンドは食品市場などへのロボット投入を拡大する可能性を秘めている。また柔らかい指先を持ったグリッパーは日本や中国などアジア圏を含め、世界中で実用化・製品化が進んでいる。例えば、日本のNITTA社はバウムクーヘンやからあげの操作のために、内部が空洞の柔らかい素材でグリッパーを市販している。ハンド・グリッパー内部の減圧・復圧により指先の開閉を実現している。

（4）注目動向

［新展開・技術トピックス］

• **生成モデル、データ生成**

近年驚異的な進歩を果たしているのが生成モデル（Generative Models）である。大規模な画像データや言語データとの関係から、テキストから多様な絵を創作するAI技術が2022年現在話題を呼んでいるが、2次元の絵だけでなく、テクスチャー付きの3次元の物体形状モデル[20]、動画[21]、人間行動[22]など、データが存在するあらゆる物が生成できるようになり始めている。ロボットマニピュレーションの分野でもテキストから想起した絵を視覚的なゴール状態として、ロボットの行動を生成する技術[23]が実現しており、「Google社のテキスト検索レベルの精度」で、人間の対話的指示から推論をした上で自律的に作業をするロボットの実現が近づいている[24)]。また「データが存在しないドメインにもAI技術を応用できる可能性」が高まっている。上記生成モデルで仮想的に無限に生成したデータを使うことで、大規模な学習モデルを訓練するようなことが想定できる。この場合、一般物体認識のようなAI完全問題[1]、あるいは3D物体認識のような問題が今まで以上に人間らしく解ける。その延長線には、追加学習不要の汎用的なロボットマニピュレーションが実現する可能性がある。また産総研はNEDO「人と共に進化する次世代人工知能に関する技術開発事業」において、異なる合理的なアプローチを提案している。数式によりランダム自動生成した画像や3Dデータ「のみ」、あるいは少数の実データとの併用で、一般的な画像や3Dデータの認識精度が、実データでの学習並みに達成することを示した[25), 26)]。ロボットピッキングにおいても実データの取得が不要になる時代が近づいている。

• **経験拡張・行動生成**

データドリブン・ロボットラーニングにおいてシミュレーションを活用した学習データ生成、学習モデル訓練について記載したが、近年の議題は「シミュレーションをいかに現実に近づけるか、現実的なデータ生成をどのように行うか」が中心である。シミュレーションを現実レベルの精度で再現するには莫大なコストがかかるなど非現実な面もある。産総研ではJST Moonshotプロジェクトなどを通じて、現実と一致しないデータ、あえて「非現実な経験」を生成することで、現実のロボットマニピュレーションを高度化する方法論（経験拡張）を研究している。シミュレーションにおいては現実では得られない正解データを容易に生成することができる。これはロボットのクロスモーダルな感覚取得に有効[27)]であり、視覚から物体の柔らかさを想起するデータを生成し、丁寧に物体を操作する[28)]などのロボットマニピュレーション手法が生まれている。現実と一致しない経験を学習モデルの訓練に活用する方法論は強化学習による四足歩行などで大きな成果を残している[29)]。今後のロボットラーニングにおいて重要な考え方の一つであると思われる。

（5）科学技術的課題

• **クロスモーダル・マルチモーダルな感覚の獲得・活用**

言語・視覚の大規模データをもとにした生成モデルや、シミュレーションなどによる非現実な経験を獲得する経験拡張などの方法論は、今後、ロボットがマルチモーダル・クロスモーダルな感覚を統合していくのに使われていくことが想定される。ロボットマニピュレーションにおいても、視覚・音声・力・触覚などのさまざまな情報、あるいはそのクロスモーダルからしか知り得ない情報をリアルタイムで判断しながら、適切な作業タスクを選択したり、物体の操作制御を切り替えたり、対話的かつ継続的に作業を修正し続けるといった協調的で動的な行動計画の実現に踏み込んでいく可能性が高い。大規模データ生成は米国が強いが、例えば日本はクロスモーダル・マルチモーダルな感覚の獲得手法やドメイン応用手法などをいち早く提案していくことで、アカデミック、また実用面でもプレゼンスを向上させられる可能性がある。

• **人間の模倣・協調**

前述のように生成モデルの驚異的な進化により人間モデルの仮想的な動作生成ができてきている。デジタルツイン、あるいは仮想空間上での人の作業模倣、人間行動のデータオーギュメンテーションなどが実現し始めており（例えば、nVidia社のOmniVerseでは、デジタルヒューマンによる仮想的な作業を、人間が作成しプレイバックできるようになってきている）、人間の模倣に基づくスキルトランスファーや、協調作業の行動生成、対話性の獲得などもデータドリブンな学習に基づき高度化する可能性がある。そのためには人間の身

1　人工知能における、特定のシンプルなアルゴリズムで解くことができないような複雑で困難な問題。コンピュータービジョンのような人間の視覚機能の実現は曖昧で高度な判断を含むことから、AI完全問題の一つと考えられている。

体的情報だけでなく、心理的な状態などを上手にセンシングし活用していく必要がある。家庭で誰でも使えるようなロボットアーム、マニピュレーションに近づく可能性がある。

• AIドリブンな冗長自由度・柔軟な身体制御

ソフトロボティクスによる柔らかいロボットアームなどが実現し始めている。従来柔軟性が実用面で嫌われる理由の一つに制御の困難さがあったが、冗長自由度の制御とデータドリブンな学習手法の相性は良く（例えば、東京大学の國吉・中嶋研究室では、冗長自由度を持つタコ足型のロボットの身体行動を強化学習で生成する試みが行われている）、近年一気に流れが変わる可能性がある。現在は主に基礎基盤的な研究活動が多いソフトロボティクス分野であるが、前述のようなデータ生成・経験拡張的な技術と連動することで、タスクスペシフィックの高難易度問題も解決できる状況がそろいつつある。

（6）その他の課題

日本は世界有数の超少子高齢化社会であり、若手人材が減少し、また国としてこれまでのような研究資金確保が難しい状況が続いていく。産学連携は一つの不可欠な方向性である。デンマークでは協働ロボットで有名なユニバーサルロボット社を中心に産学連携ハブが立ち上がっている。米国は前述の通りGAFAを中心に強力で自主的な産学連携体制が実現している。日本では2019年に産総研のサイバーフィジカルシステム研究棟が産官学のハブ、ドメインスペシフィックなロボット学習データの獲得などの目的で立ち上がった。産官学連携のプロジェクトが進んでおり、ロボットマニピュレーションと人手作業の協働を企業と実証する事例[30)]などが生まれている。こういった連携体制やハブの充実化、産学連携を持続する仕組み設計が重要であるが、若手人材、日本人人材が今後母数として減少し続ける可能性が高いことを考慮すると「オールジャパン」でなく、「ワールド」での人材確保・活用・連携を考えていく必要がある。産学連携においても「国際的な協調領域」を増やしていくべきであろう。

（7）国際比較

国・地域	フェーズ	現状	トレンド	各国の状況、評価の際に参考にした根拠など
日本	基礎研究	○	→	トップカンファレンスのベストペーパーレベルの研究成果が現在も複数出ている。またJSTやNEDOプロジェクトで、数式によるデータ生成や、経験拡張によるクロスモーダル感覚の獲得など、新しい方法論の提案が進んでいる。一方少子高齢化や科学政策が理由で、若手人材の確保が難しくなってきており、今後国際競争において成長を続けるには多くの困難が伴っている。
	応用研究・開発	◎	↗	以前から強い産業用ロボット分野を中心に、データドリブン技術のドメイン応用や、視触覚・近接覚のような重要なセンサー実用化がますます盛んに。ドメインデータ収集拠点も設立。
米国	基礎研究	◎	↗	データドリブンなロボットラーニング、生成モデルに大きな強み。 GAFAのような大企業が中心となり、基礎研究から応用研究まで自律的にドライブさせている。
	応用研究・開発	◎	↗	製造物流において複数のスタートアップが登場。基礎研究から一貫した実用化。
欧州	基礎研究	○	→	人間の作業模倣や作業理解、メカトロニクス、制御面の基礎研究などで手堅い強み。応用研究、産学の連携でも強み。
	応用研究・開発	◎	→	協働ロボットアームやソフトロボットハンドなどの面で、堅実な実用化が進む。デンマークなどで、大学と企業の連携を確立し、市場を着実に伸ばしている。

中国	基礎研究	△	↗	米国データドリブンの追従的な研究活動が多く、現在のプレゼンスは高くはない。しかし研究者人口・レベルともに年々向上している。また米国留学者が自国に戻るケースも多く、今後は高いプレゼンスを示す可能性大。
	応用研究・開発	○	↗	中国製造プロジェクトなどとも連携して製造業向け自国産ロボットアームが大きく進歩。安価で十分な性能の製品は今後世界市場でも大きなプレゼンスを示す可能性が高く、基礎研究をけん引する可能性もある。ソフトロボットハンドなどの製品化も進む。
韓国	基礎研究	△	→	ロボットマニピュレーションにおいては他国のフォロワー的な研究が多く、目立つ研究は少ない。
	応用研究・開発	△	→	ロボットアームの市場としては大きいが、インパクトのある発表は乏しい。官民連携による規制緩和を進めており、市場拡大の可能性あり。

（註1）フェーズ

基礎研究：大学・国研などでの基礎研究の範囲

応用研究・開発：技術開発（プロトタイプの開発含む）の範囲

（註2）現状 ※日本の現状を基準にした評価ではなく、CRDS の調査・見解による評価

◎：特に顕著な活動・成果が見えている　　○：顕著な活動・成果が見えている

△：顕著な活動・成果が見えていない　　×：特筆すべき活動・成果が見えていない

（註3）トレンド ※ここ１～２年の研究開発水準の変化

↗：上昇傾向、→：現状維持、↘：下降傾向

参考文献

1) Nikolaus Correl, et al., "Analysis and Observations From the First Amazon Picking Challenge," *IEEE Transaction on Automation Science and Engineering* 15, no. 1（2018）: 172-188., https://doi.org/10.1109/TASE.2016.2600527.

2) Sergey Levine, et al., "Learning hand-eye coordination for robotic grasping with deep learning and large-scale data collection," *The International Journal of Robotics Research* 37, no. 4-5（2017）: 421-436., https://doi.org/10.1177/0278364917710318.

3) H. I. Christensem, et al., "A Roadmap for US Robotics - From Internet to Robotics 2020 Edition," *Foundations and Trends ® in Robotics* 8, no. 4（2021）: 307-424., https://doi.org/10.1561/2300000066.

4) Jeffrey Mahler, et al., "Dex-Net 1.0: A cloud-based network of 3D objects for robust grasp planning using a Multi-Armed Bandit model with correlated rewards," in *2016 IEEE International Conference on Robotics and Automation (ICRA)*（IEEE, 2016), 1957-1964., https://doi.org/10.1109/ICRA.2016.7487342.

5) 尾形哲也「深層予測学習によるロボット動作学習：エクスペリエンス・ベースド・ロボティクス」『日本ロボット学会誌』38 巻 6 号（2020）: 516-520., https://doi.org/10.7210/jrsj.38.516.

6) Yang Shen, et al., "Robots Under COVID-19 Pandemic: A Comprehensive Survey," *IEEE Access* 9（2021）: 1590-1615., https://doi.org/10.1109/ACCESS.2020.3045792.

7) Jun Hatori, et al., "Interactively Picking Real-World Objects with Unconstrained Spoken Language Instructions," in *2018 IEEE International Conference on Robotics and Automation (ICRA)*（IEEE, 2018), 3774-3781., https://doi.org/10.1109/ICRA.2018.8460699.

8) Jeffrey Mahler, et al., "Learning ambidextrous robot grasping policies," *Science Robotics* 4, no. 26（2019）: eaau4984., https://doi.org/10.1126/scirobotics.aau4984.

9) Philipp Wu, et al., "DayDreamer: World Models for Physical Robot Learning," 6th Annual

Conference on Robot Learning (CoRL), 14-18 December 2022, https://openreview.net/forum?id=3RBY8fKjHeu, (2023年2月20日アクセス).

10) Yevgen Chebotar, et al., "Closing the Sim-to-Real Loop: Adapting Simulation Randomization with Real World Experience," in *2019 IEEE International Conference on Robotics and Automation (ICRA)* (IEEE, 2019), 8973-8979., https://doi.org/10.1109/ICRA.2019.8793789.

11) Mike Laskey, et al., "SimNet: Enabling Robust Unknown Object Manipulation from Pure Synthetic Data via Stereo," 5th Annual Conference on Robot Learning (CoRL), 8-11 November 2021, https://openreview.net/forum?id=2WivNtnaFzx, (2023年2月20日アクセス).

12) Hiroki Tachikake and Wataru Watanabe, "A Learning-based Robotic Bin-picking with Flexibly Customizable Grasping Conditions," in *2020 IEEE/RSJ International Conference on Intelligent Robots and Systems (IROS)* (IEEE, 2020), 9040-9047., https://doi.org/10.1109/IROS45743.2020.9340904.

13) Ryo Matsumura, et al., "Learning Based Robotic Bin-picking for Potentially Tangled Objects," in *2019 IEEE/RSJ International Conference on Intelligent Robots and Systems (IROS)* (IEEE, 2019), 7990-7997., https://doi.org/10.1109/IROS40897.2019.8968295.

14) 花井亮, 牧原昂志, 堂前幸康「Data AugmentationとDomain Randomization：データドリブンなロボットラーニングを支える経験的アプローチ」『日本ロボット学会誌』40 巻 7 号（2022）：605-608., https://doi.org/10.7210/jrsj.40.605.

15) Wenzhen Yuan, Siyuan Dong and Edward H. Adelson, "GelSight: High-Resolution Robot Tactile Sensors for Estimating Geometry and Force," *Sensors* 17, no. 12（2017）：2762., https://doi.org/10.3390/s17122762.

16) Akihiko Yamaguchi and Christopher G. Atkeson, "Implementing tactile behaviors using FingerVision," in *2017 IEEE-RAS 17th International Conference on Humanoid Robotics (Humanoids)* (IEEE, 2017), 241-248., https://doi.org/10.1109/HUMANOIDS.2017.8246881.

17) Keisuke Koyama, et al., "Integrated control of a multiple-degree-of-freedom hand and arm using a reactive architecture based on high-speed proximity sensing," *The International Journal of Robotics Research* 38, no. 14（2019）：1717-1750., https://doi.org/10.1177/0278364919875811.

18) John Roach, "Pinch-grasping robot handles items with precision," amazon science, https://www.amazon.science/latest-news/pinch-grasping-robot-handles-items-with-precision, (2023年2月20日アクセス).

19) Eric Brown, et al., "Universal robotic gripper based on the jamming of granular material," *PNAS* 107, no. 44（2010）：18809-18814., https://doi.org/10.1073/pnas.1003250107.

20) Ben Poole, et al., "DreamFusion: Text-to-3D using 2D Diffusion," arXiv, https://doi.org/10.48550/arXiv.2209.14988, (2023年2月20日アクセス).

21) Jonathan Ho, et al., "Imagen Video: High Definition Video Generation with Diffusion Models," arXiv, https://doi.org/10.48550/arXiv.2210.02303, (2023年2月20日アクセス).

22) Mingyuan Zhang, et al., "MotionDiffuse: Text-Driven Human Motion Generation with Diffusion Model," arXiv, https://doi.org/10.48550/arXiv.2208.15001, (2023年2月20日アクセス).

23) Ivan Kapelyukh, Vitalis Vosylius and Edward Johns, "DALL-E-Bot: Introducing Web-Scale Diffusion Models to Robotics," arXiv, https://doi.org/10.48550/arXiv.2210.02438, (2023年2月20日アクセス).

24) Michael Ahn, et al., "Do As I Can, Not As I Say: Grounding Language in Robotic Affordances,"

arXiv, https://doi.org/10.48550/arXiv.2204.01691,（2023年2月20日アクセス）.

25) Hirokatsu Kataoka, et al., "Replacing Labeled Real-image Datasets with Auto-generated Contours," in *2022 IEEE/CVF International Conference on Computer Vision and Pattern Recognition (CVPR)* (IEEE, 2022), 21200-21209., https://doi.org/10.1109/CVPR52688.2022.02055.

26) Ryosuke Yamada, et al., "Point Cloud Pre-training with Natural 3D Structures," in *2022 IEEE/CVF Conference on Computer Vision and Pattern Recognition (CVPR)* (IEEE, 2022), 21251-21261., https://doi.org/10.1109/CVPR52688.2022.02060.

27) Bruno Leme, 他「3P2-H06 Force map: an approach on how to learn to manipulate deformable objects」第23回計測自動制御学会システムインテグレーション部門講演会（SICE SI 2022)(2022年12月14-16日), https://sice-si.org/si2022/index.php,（2023年2月20日アクセス).

28) Koshi Makihara, et al., "Grasp pose detection for deformable daily items by pix2stiffness estimation," *Advanced Robotics* 36, no. 12（2022）: 600-610., https://doi.org/10.1080/01691864.2022.2078669.

29) Takahiro Miki, et al., "Learning robust perceptive locomotioin for quadrupedal robots in the wild," *Science Robotics* 7, no. 62（2022）: eabk2822., https://doi.org/10.1126/scirobotics.abk2822.

30) Tsubasa Maruyama, et al., "Digital Twin-Driven Human Robot Collaboration Using a Digital Human," *Sensors* 21, no. 24（2022）: 8266., https://doi.org/10.3390/s21248266.

2.2.4 移動（地上）

（1）研究開発領域の定義

ロボットの移動機能に関する研究分野であり、物理的な機構としては主に車輪機構と脚機構に大別される。車輪を用いた地上移動としては、工場内の自動搬送や、自動車の自動運転なども移動ロボットとして捉えることができる。脚ロボットには2脚ロボットや4脚ロボットがあり、また上半身に腕を持ち物体環境操作が可能な人型ロボットも含まれる。また、実際のタスクでこれらの移動機構・機能を活用するためには、与えられた軌道を追従する移動制御に加え、現在位置から目標位置までの軌道を生成する移動計画の技術が必要になる。前者は機構に依存した研究であり、後者は機構に非依存の技術となっている。このように移動にまつわる研究開発領域は、機構から制御、計画と広いものであり、さらに、この制御や計画を行うために認識や知能の研究も含まれる。

その中で、今後のロボットの活躍が期待される場面では平地と段差が混在する住宅環境、あるいは、階段やエスカレーターが存在する商業環境、車道、砂利道、あぜ道、田畑と移動する農業環境など、複合的な環境の踏破が必要とされることに注目し、特に近年の研究開発により脚型と車輪のハイブリッド機構や身体ダイナミクスを活用した脚機構により、ロボットの安定性、高速移動や不整地移動能力が飛躍的に向上し実用的になりつつある点に注目し本研究領域を概観する。

（2）キーワード：

車輪移動、4脚歩行、2脚歩行、脚型ロボット、受動歩行、脚車輪ハイブリッド機構、身体ダイナミクスの活用、MaaS

（3）研究開発領域の概要

[本領域の意義]

ロボットの移動機能はMaaS（Mobility as a Service）の基本機能であり、電子商取引の拡大を背景とした宅配需要の高まりと、人口減少下における配送員確保の困難さから注目を浴びている。これまではAI技術の高度化により可能になった地図生成、経路生成、自動運転制御の研究に焦点が当たってきていたが、これらの知能技術がある程度成熟すると、実際の住宅環境、商業環境、農業環境などにおいて、目的地まで確実に到達してサービスとして成立させるためには、不整地も含めた環境で安定かつ高速に移動できる移動ロボットが必要不可欠である。その中で、従来の車輪型だけでなく、それを支えるリンク機構により不整地を踏破可能、あるいは安定した不整地移動が可能な脚ロボットが改めて注目を浴びている。特に、脚ロボットは理論の発展とそれを実現する計算機の高速化により実用レベルに近づいており、さらに、従来の研究の流れとは大きく異なり身体ダイナミクスを最大限生かした二足歩行ロボットが登場する等、研究分野が活性化している状況にあり、理論的な発展が応用や事業に直結する分野として重点的に研究するべき領域である。

[研究開発の動向]

移動して作業するロボットにとって移動は基本機能の一つであり、その機構、制御に関する研究はロボティクスの黎明期から研究成果が蓄積されている。

車輪移動機構[1]は、いわゆる自動車のようにステアリングを有し、任意の方向への移動やその場回転が行えない非ホロノミック型と、全方位移動機構を有するホロノミック型に大別できる。ホロノミック型は高い移動能力を有するだけでなく、非ホロノミック型のロボットに必要となる複雑な経路計画問題が発生しないためアドバンテージは多い。その構造としてはフリーローラーを車輪円周上に取り付けたもの（特に45度に傾けて取り付けたものはメカナムホイールと呼ばれている）、クローラー[1]上に取り付けたもの、フリーローラー自体を回転させるものがある。全方位移動は移動能力の面でアドバンテージは多いが機構が複雑化することや段差踏破力が弱い場合が多く、工場内物販運搬用ロボット等、実用化されている車輪移動ロボットのほとんどは非ホロノミック型のものである。

一方で、災害地や宇宙環境など特殊環境での移動ロボットでは段差乗り越えのための特殊機構が広く見られる。例えばロボットの左右に2個ずつ全体で4個のクローラーを配置し、さらにそのピッチ軸可動機構を付加することで段差踏破能力を上げた機構[2)]も提案され、災害対応ロボットや廃炉ロボットに広く採用されている。また、宇宙用ロボットでは本体が変形するロッカーボギーサスペンションや、砂地での移動能力の高い車輪機構の研究が進められている。

これらの事例はある特定の環境（平地、砂地、不整地）に対応した移動機構を採用しているといえる。一方で、平地と段差が混在する住宅環境、あるいは、階段やエスカレーターが存在する商業環境、車道、砂利道、あぜ道、田畑と移動する農業環境など、今後のロボットの活躍が期待される場面では複合的な環境の踏破が必要とされる。そこでは、後述の応用指向の脚機構の研究や脚型と車輪のハイブリッド機構[3)]などの研究開発が注目されている。

連続して車輪を接地可能な地表面が必要な車輪ロボットに比べ、脚ロボットは脚接地箇所を離散的に選択できるため不整地踏破性能が高い点にメリットがある。また、ロボットが運搬する物体の軌道と、ロボットの脚の設置位置や運動を分離することが可能なため、不整地においても連続して安定した運搬物体の経路を選択することも可能である[4)]。このような移動機構としてのアドバンテージに加え、機構や制御としての興味から古くから研究が盛んである。

脚ロボットの機構としては1960年代にGeneral Electric社が操作者と油圧アクチュエータを介して機械的に接続され、遠隔操作可能な4脚ロボットを開発している[5)]。一方で計算機により制御される自律型のロボットはオハイオ州立大学のMcGheeらが開発した電気モータ式の6脚ロボットが1970年代に誕生している[6)]。また、東工大の広瀬らは機構と制御が不可分のものであると指摘し、歩行中のエネルギー消費を効率化するためのパンタグラフ型の脚機構を提案している[7)]。

脚ロボットの制御では支持脚が構成する多角形上に常に重心がある静歩行と、能動的に安定性を維持する動歩行に大別される。能動的安定性自体は1950年代に倒立振子の研究がなされているが、ロボットを用いた動歩行研究は、1980年代に東大の下山らにより開発された竹馬型二足歩行ロボット[8)]が挙げられる。この研究では各脚は地面と点接地する構成とし、遊脚が接地する際の姿勢が安定性に重要な影響を与えることを見いだし、その制御を行うことで動的歩行を実現している。さらに米国カーネギーメロン大学（CMU）のRaibertらは、ジャンプさせるホッピング、前進させるための着地位置制御、安定化させるための姿勢制御の三つの制御側からなる1本足のホッピングロボットにより2.15［m/sec］の速度でのあらかじめ与えられた軌道に沿った移動を実現した[9)]。

人型ロボットの研究は1980年代に早稲田大学[10)]で始まり、特に1990年代に本田技研工業が自立・自律型のヒューマノイドロボット[11)]を発表して以来、アカデミアにおけるハード開発研究分野が活性化（韓国KAIST、Hubo、イタリアIIT WALK-MAN、iCUB、ドイツDLR TORO）するだけでなく、多くの企業の参入が相次いだ（川田工業 HRP-2、SONY Qrio、トヨタ パートナーロボット、PAL Robotics REEM-C、Aldebaran Romeo）。また、安定化制御系としては、ZMP（Zero Moment Point床反力の圧力中心）が、ロボットの支持脚から構成される支持多角形内を運動するような目標軌道をあらかじめ計算し、これを実現する制御がある。具体的な制御手法は、倒立振子モデルによる簡略化と線形化を通じて得られた微分方程式の状態空間表現を用いるもの[13)]、ZMPが支持多角形内に存在するといった拘束条件に対して有効な手法であ

1 ブルドーザーなどの足回りで、ゴムや金属のベルトが回って進むもの。キャタピラーともいう。

るモデル予測制御を用いるもの[14]、重心加速度を入力とし、ZMPを出力する単質点モデルを用いた最適トラッキング制御として捉え、さらに、関節トルク限界などの各種の物理制約をロボットの全身動力学モデルの不等式条件とした2次計画法を解く方法[15]などへと発展しており、2010年代に入るとBoston Dynamics社によるAtlas等、非常に高いダイナミックな運動性能や不整地踏破性能を有するヒューマノイドロボットが現れている。

また、2脚ロボット分野では1990年代から研究が始まった受動歩行[12]の研究にも注目したい。これは、アクチュエータ、センサー、制御を用いず歩行機械のダイナミクスとスロープ環境の相互作用のみで移動するものであるが、2010年代に入るとオハイオ州立大学においてこの機構的なダイナミクスやエネルギーの効率活用を目指す考え方を踏襲し、受動柔軟性を有する脚を有し80年代の竹馬ロボットやホッピングロボットに見られるようなシンプルな制御則を指向した制御アルゴリズムを用いることで、不整地踏破性能や高速移動性能を実現する研究が進み[16]、ATRIASやCassieといった、軽量でばね要素を持った鳥形脚を有するロボットが開発された。また、その成果はベンチャー企業であるAgility Roboticsへの技術移転と工場における物品運搬作業ロボットDigitとしての事業化が進んでおり、2022年にはシリーズBの資金調達[2]を受ける等、期待が高まっている。

一方、4脚ロボットにおいては、2019年にBoston Dynamics社からSpotロボットが一般販売され、検査、見回り、配達、監視などの業務において事業化が進んでいる。また、2022年にはスイスのETHのスピンオフであるANYbotics社も同様に見回り検査用の4脚ロボットの一般販売を行った。さらに、中国Unitree社は5,000USDを切る価格で小型の4脚ロボットを市場投入し、ニューヨーク大学やフランスのCNRSらは4脚ロボットの民主化を掲げOpen Torque–controller modular robotプロジェクトを進めている等、改めて4脚ロボットの不整地踏破性が注目され、多くの企業が参入しつつある状況にある。

また、4脚ロボットや、あるいは受動柔軟性脚を有する2脚ロボットは、モータ等の重量物が脚でなく胴体に集中する構造にあり、シンプルな制御則を適用しやすいため、近年発展の著しい深層強化学習等により歩行や不整地踏破行動の獲得が可能になりつつあり、今後、本分野における学習手法の適用がさらに広がることが期待される。

（4）注目動向

［新展開・技術トピックス］

• 脚車輪ロボット

脚と車輪の両方を有する新しいロボット機構の研究が注目を浴びている。 Boston DynamicsのHandleは2脚ロボットの足が車輪になっており、2脚でバランスを取りながら車輪を用いた高速移動が可能である。また、韓国KAISTが開発した人型ロボットDRC–HUBO＋[17]は膝に車輪を有し膝をついた姿勢で車輪移動が可能であり、脚移動と車輪移動の二つのモードを有している。イタリアIITのCENTAUROも4脚車輪ロボットの下半身と双腕の上半身を持っている。また、スイスのSwiss–Mile社の4脚車輪ロボットは車輪移動、4足移動、二足移動を行っている。これらの研究は車輪ロボットの安定性、高速移動能力を有しつつ、なお脚ロボットの不整地踏破性を確保しようする試みである。また、従来は制御が困難とされていた脚ロボットも最適化制御や非線形系計画法による解法が現れ安定な制御が可能になりつつあり、今後の発展が期待される。

• 身体のダイナミクスを活用した脚ロボット

オハイオ州立大学やAgility Roboticsが取り組んできた一連の、コンプライアンス性（物理的な柔軟さ）を持つ脚機構を用いた鳥形脚ロボットの歩行安定性は、Digitロボットの事業化や商品化に伴いさらに注目が

2　スタートアップに対する投資の一段階で、事業が軌道に乗り始めたことを示す。

集まり、改めて機構のダイナミクスを活用した移動機構の研究が深化すると予想される。特に、ロボットにおけるエネルギー効率についてはこれまで注目されてきていないが、移動ロボットの事業化などでは必要不可欠な視点であるだけでなく、将来の省エネ社会へ向けた重要な研究テーマである。

• 脚型ロボットによるMaaS（Mobility as a Service）の展開

自動運転技術を背景としたMaaSに注目が集まっており、宅配ロボット等、自動搬送サービスがAmazon、Alibaba、Baiduなどにより始まっている。一方、これらのサービスで用いられている移動ロボットは一般的な非ホロノミック型の車輪ロボットであり、階段やエスカレーター、あるいは、歩道の段差等でも踏破できない場合がある。今後、脚車輪ロボットの知見を生かし、経済性を有しつつ活動範囲を拡大できる移動ロボットが現れれば、MaaS適用範囲を大きく広げることができる。また、既に商用化が進んだ4脚ロボットSpotやANYmal、またVCより事業化の資金援助を受けている二足歩行ロボットDigitなど、今後のMaaSに向けた発展が期待される。

• 民生用4脚ロボット

中国のUnitree社やDeepRobotics社は5,000USD以下の比較的安価な4脚ロボットを販売し始めている。現在は愛好家や研究者向けの商品や活用法にとどまっているが、民生用ドローンの大手であるDJIが登場した2010年前後を顧みるに、これらの取り組みから4脚ロボットの市場が広がり、ホビー用から新事業展開へと発展する可能性は大きく、注目すべき活動である。

[注目すべき国内外のプロジェクト]

• 災害現場や月面などで活動するロボット

2020年度から始まった内閣府ムーンショット型研究開発制度の中で「多様な環境に適応しインフラ構築を革新する協働AIロボット」では、自然災害の減災や月面インフラ構築にも役に立つロボットの開発が目標になっている。そこでは、環境になじむロボットのハードウェアの構築が目標の一つとなっており、移動（ナビゲーション）だけでなくインフラ構築のための操作（マニピュレーション）の研究もターゲットになっている。従来の車輪や脚を持った移動ロボットだけでなく、脚車輪がたやアームも含めた新しいロボットの研究が進められている。

• オープンソースロボット

Open Dynamic Robot Initiativeはドイツ・マックス・プランク研究所、米国・ニューヨーク大学、フランス・LAAS/CNRSが共同して進めているプロジェクトであり、4脚ロボットのハードウェアと制御ソフトウェアをオープン化して無償で公開している。脚型ロボットは、機構設計にも制御ソフト開発にも挑戦性があり、これまでは資金の豊富な企業や、長年取り組んでいる大学研究室でしか研究しづらかったが、オープンな情報が公開され活用されることにより、研究コミュニティーの活性化が期待される。

（5）科学技術的課題

• 異なる環境間で移動可能なロボット

平地と段差が混在する住宅環境、あるいは、階段やエスカレーターが存在する商業環境、車道、砂利道、あぜ道、田畑と移動する農業環境など、移動ロボットの応用場面ではその利用環境を平地、あるいは、不整地、などと限定することは難しい。従来のようにあらかじめ利用環境を決めて最適な移動機構を選択する設計手法でなく、より広い環境で利用可能な移動機構の開発が重要になる。従来のように車輪研究と脚研究と分けて考えることなく、脚車輪機構の中で、ハードウェアの複雑さと踏破能力のトレードオフを見極めた研究が必要にあるだろう。また、地上の移動だけでなく、ヒューマノイドロボットによる水中移動[18), 21)]や歩行と空中移動[19),20)]などの組み合わせの研究も始まりつつある。

• **エネルギー効率を考慮した移動ロボット**

移動ロボットは自身でバッテリーを運搬する必要があり常に活動時間の長さが課題になる。従来のような高剛性・高精度のロボットでは、必然的に重量が増してしまい、その分、活動時間が減るか、より多いバッテリーの搭載が必要になる。エネルギー効率の良い移動機構の研究は、事業化等では必要不可欠であるばかりか、将来の省エネ社会における重要な研究テーマである。また、特に脚ロボットにおいては、軽量身体や、受動歩行や身体ダイナミクスの活用など、研究すべき項目は多く残されており、今後の展開が期待される。

（6）その他の課題

• **法規制**

移動ロボットはMaaSなどの分野で大きく期待されている。一方、わが国では、従来の法体系でカバーされない新しいサービスの導入に時間のかかることが多い。しかしながら、移動ロボットを用いたMaaS展開では、2001年には警察庁が「特定自動配送ロボット等の公道走行に係る道路使用許可基準」を公表しており、公道実証実験の道路使用許可の簡素化や基準の策定がスピード感をもって進められている。新産業の育成では、新しい挑戦を数多く行えるような環境が大切である。米国や中国では既に自動配送ロボットによるMaaSの事業化が進んでいることから、引き続きスピード感をもった環境整備や、許可等が必要のない体制への展開などが必要不可欠である。

• **新産業創出のための産学連携と人材育成**

中国の民生用4脚ロボットや、米国の工場物品運搬作業用二足歩行ロボット、欧州の見回り検査用の4脚ロボット等など、移動ロボット技術を背景とした新産業創出では、大学の研究技術に基づいたスピンオフ型のベンチャー企業が主流である。わが国においても同様の研究開発は盛んであり、その成果を社会に還元するためのスピンオフ支援の体制が重要である。特に、高い人材流動性と資本流動性を有する米国とは異なる土壌を有することに留意し、国内企業の安定性と技術力を十分に生かせるような体制、例えば、大学の研究グループを企業内ベンチャーとして取り込む形や、あるいは逆に、寄付講座としてある程度の期間にわたって大学で事業化に向けた研究開発に取り込める体制の整備などが考えられる。

（7）国際比較

国・地域	フェーズ	現状	トレンド	各国の状況、評価の際に参考にした根拠など
日本	基礎研究	◎	→	車輪機構、脚機構制御共に長年の研究の蓄積もあり、研究レベルは高い。また、災害対応ロボット等では震災や廃炉のフィールドもあり研究開発が進んでいる。
	応用研究・開発	○	→	災害対応ロボットでは実用化や活用が進んでいる。一方で、自動配達ロボットや脚ロボットの事業化等に関しては動きが少ない。また、従来人型ロボット研究をけん引してきた企業の脱退も相次いでいる。
米国	基礎研究	◎	↗	近年、脚ロボット研究が盛んである。特に人型ロボットの制御に関する理論的研究、受動歩行やコンプライアンス性を持つ脚機構を用いた鳥形脚ロボット、水中人型ロボット、飛行人型ロボットなど、従来にない新しい機構への取り組みも多い。
	応用研究・開発	◎	↗	脚ロボットの事業化に取り組む大学スピンオフ型のベンチャー企業が生まれている。また、Ghost Roboticsなど軍事用4脚ロボットを手掛ける企業が現れている。

欧州	基礎研究	◎	↗	近年、脚ロボット研究が盛んである。制御理論に基づいた脚車輪ロボットの制御や、あるいは深層学習による歩行動作研究などが行われている。
	応用研究・開発	○	↗	スイスETHを中心に4脚ロボットの事業化に積極的に取り組んでいる。
中国	基礎研究	△	→	目立った研究は見られないが、一方で数多くのベンチャー企業に人員を輩出しており、車輪・脚移動の基礎教育は手厚いように見える。
	応用研究・開発	◎	↗	UnitreeやDeep Roboticsなど民生用4脚ロボット専業企業が生まれ始めている。また、BAT企業群を中心に自動配送サービスが盛んである。
韓国	基礎研究	◎	→	KAISTを中心に二足歩行ロボットの研究が盛んである。特に、脚車輪機構や新しい発想のロボットの開発が注目を浴びている。
	応用研究・開発	△	→	脚ロボットに関する目立った事業活動は行っていないように思われる。

（註1）フェーズ

基礎研究：大学・国研などでの基礎研究の範囲

応用研究・開発：技術開発（プロトタイプの開発含む）の範囲

（註2）現状　※日本の現状を基準にした評価ではなく、CRDSの調査・見解による評価

◎：特に顕著な活動・成果が見えている　　○：顕著な活動・成果が見えている

△：顕著な活動・成果が見えていない　　×：特筆すべき活動・成果が見えていない

（註3）トレンド　※ここ1～2年の研究開発水準の変化

↗：上昇傾向、→：現状維持、↘：下降傾向

参考文献

1) 山下淳, 他「ロボットの移動機構に関する研究動向『日本ロボット学会誌』21 巻 3 号（2003）：282-292., https://doi.org/10.7210/jrsj.21.282.

2) 広瀬茂男, 青木実仁, 三宅潤「対地適応型4クローラ走行車HELIOS-IIの開発」『日本ロボット学会誌』10 巻 2号（1992）：283-291., https://doi.org/10.7210/jrsj.10.283.

3) Marko Bjelonic, et al., "Whole-Body MPC and Online Gait Sequence Generation for Wheeled-Legged Robots," in *2021 IEEE/RSJ International Conference on Intelligent Robots and Systems (IROS)* (IEEE, 2021), 8388-8395., https://doi.org/10.1109/IROS51168.2021.9636371.

4) Marc H. Raibert, "Legged robots," *Communications of the ACM* 29, no. 6 (1986) : 499-514., https://doi.org/10.1145/5948.5950.

5) R. A. Liston, and R. S. Mosher, "A versatile walking truck," in *Proceedings of the Transportation Engineering Conference Organized by the Institution of Civil Engineers* (the Institution of Civil Engineers, 1968), 255-268.

6) R. B. McGhee, "Vehicular legged locomotion," in *Advances in Automation and Robotics*, ed. G. N. Saridis, (JAI Press, 1983).

7) 広瀬茂男, 梅谷陽二「歩行機械の脚形態と移動特性」『バイオメカニズム』5 巻（1980）：242-250., https://doi.org/10.3951/biomechanisms.5.242.

8) 三浦宏文, 下山勲「竹馬型二足歩行ロボットの制御系」『日本ロボット学会誌』1 巻 3 号（1983）：176-181., https://doi.org/10.7210/jrsj.1.3_176.

9) Marc H. Raibert, H. Benjamin Brown Jr. and Michael Chepponis, "Experiments in Balance with a 3D One-Legged Hopping Machine," *The International Journal of Robotics Research* 3, no. 2 (1984) : 75-92., https://doi.org/10.1177/027836498400300207.

10) 高西淳夫, 他「2足歩行ロボットWL-10RDによる動歩行の実現」『日本ロボット学会誌』3 巻 4 号(1985)：

325-336., https://doi.org/10.7210/jrsj.3.325.

11) Kazuo Hirai, et al., "The development of Honda humanoid robot," in *Proceedings. 1998 IEEE International Conference on Robotics and Automation*, vol. 2 (IEEE, 1998), 1321-1326., https://doi.org/10.1109/ROBOT.1998.677288.

12) Tad McGeer, "Passive Dynamic Walking," *The International Journal of Robotics Research* 9, no. 2 (1990) : 62-82., https://doi.org/10.1177/027836499000900206.

13) Shuuji Kajita, Osamu Matsumoto and Muneharu Saigo, "Real-time 3D walking pattern generation for a biped robot with telescopic legs," in *Proceedings 2001 ICRA. IEEE International Conference on Robotics and Automation*, vol. 3 (IEEE, 2001), 2299-2306., https://doi.org/10.1109/ROBOT.2001.932965.

14) Pierre-brice Wieber, "Trajectory Free Linear Model Predictive Control for Stable Walking in the Presence of Strong Perturbations," in *2006 6th IEEE-RAS International Conference on Humanoid Robots* (IEEE, 2006), 137-142., https://doi.org/10.1109/ICHR.2006.321375.

15) Russ Tedrake, et al., "A closed-form solution for real-time ZMP gait generation and feedback stabilization," in *2015 IEEE-RAS 15th International Conference on Humanoid Robots (Humanoids)* (IEEE, 2015), 936-940., https://doi.org/10.1109/HUMANOIDS.2015.7363473.

16) Christian Hubicki, et al., "Walking and Running with Passive Compliance: Lessons from Engineering: A Live Demonstration of the ATRIAS Biped," *IEEE Robotics & Automation Magazine* 25, no. 3 (2018) : 23-39., https://doi.org/10.1109/MRA.2017.2783922.

17) Hyoin Bae, et al., "Walking-wheeling dual mode strategy for humanoid robot, DRC-HUBO+," in *2016 IEEE/RSJ International Conference on Intelligent Robots and Systems (IROS)* (IEEE, 2016), 1342-1348., https://doi.org/10.1109/IROS.2016.7759221.

18) Oussama Khatib, et al., "Ocean One: A Robotic Avatar for Oceanic Discovery," *IEEE Robotics & Automation Magazine* 23, no. 4 (2016) : 20-29., https://doi.org/10.1109/MRA.2016.2613281.

19) Kyunam Kim, et al., "A bipedal walking robot that can fly, slackline, and skateboard," *Science Robotics* 6, no. 59 (2021) : eabf8136., https://doi.org/10.1126/scirobotics.abf8136.

20) Tomoki Anzai, et al., "Design and Development of a Flying Humanoid Robot Platform with Bi-copter Flight Unit," in *2020 IEEE-RAS 20th International Conference on Humanoid Robots (Humanoids)* (IEEE, 2021), 69-75., https://doi.org/10.1109/HUMANOIDS47582.2021.9555801.

21) Tasuku Makabe, et al., "Development of Amphibious Humanoid for Behavior Acquisition on Land and Underwater," in *2020 IEEE-RAS 20th International Conference on Humanoid Robots (Humanoids)* (IEEE, 2021), 104-111., https://doi.org/10.1109/HUMANOIDS47582.2021.9555671.

2.2.5 Human Robot Interaction

（1）研究開発領域の定義

ヒューマンロボットインタラクション研究は、物理空間・情報空間での人間の経験や表現を豊かにすることに役立つシステムを構築するための研究開発領域である。ロボティクス分野においては、人間との交流、協働、行動支援等を意図したロボットの外部認識・意思決定モデルの構築、素材や機構の開発、ユーザビリティー評価といった研究が行われている。近年は、ユーザーの分身または身体の一部と考えるなど、ロボットの捉え方を柔軟に再解釈したインタラクション研究開発が活発化しており、その対象は情報空間上のアバターの身体にも及ぶ。

（2）キーワード

HRI（Human Robot Interaction）/ HCI（Human Computer Interaction）、Virtual Human、Cybernetic Avatar、テレイグジスタンス / テレプレゼンス、VR（Virtual Reality）/ AR（Augmented Reality）、メタバース / デジタルツイン、触覚、BMI/BCI（Brain Machine Interface / Brain Computer Interface）、人間拡張、人と機械の共生 、自在化、共生インタラクション

（3）研究開発領域の概要

［本領域の意義］

ロボティクスは従来、極度の肉体的疲労を伴う作業や危険な環境での作業など、人間にとって望ましくない作業を自動化・効率化することで人間を苦役から開放することを目標にしてきた。近年はロボットの軽量化・小型化・安全性が進展し、人間の生活環境の中でもロボットが行動できるようになっている。また、ロボットを身にまとうことで身体的能力を補綴（ほてつ）・拡張し自立歩行を支援したり技能習得を促進する等、作業自動化のためのロボット開発とは異なる、人間の行動可能性を開くロボティクスへの関心が高まっている。

ロボットと人間が緊密に関わり合うことによる価値創出に欠かせないのがインタラクション研究である。機械が人間に対してコミュニケーションを図ったり支援したりするためには、ユーザーの意図や環境の状況を計測・推定し適切なタイミングとプロセスで反応する必要がある。また、人間と接触する上での安全な素材や機構を搭載したり、ユーザー側の直感的な状況理解に資するインターフェイスやフィードバックの提示方法を工夫する必要もある。このように、研究開発の要素に人間の存在が強く関連する技術開発は他のロボティクスの研究領域にない特徴であり、そこに本領域を探求する意義を見いだすことができる。

さらに、インタラクション研究を展開する上では、ロボット工学、メカトロニクス、センシング技術、ネットワーク技術、ディスプレー技術、機械学習をはじめ、ウエアラブル技術、人間拡張工学などの人間工学・認知心理学的知見、さらに最近は眼電位・筋電位の活用や脳計測、BMI（ブレイン・マシン・インターフェイス）などの神経科学的アプローチも重要視されてきている。こういった学際性に鑑みると、本領域は分野横断的な研究開発によって生み出される新たな知見を創出するフロンティアとしても意義深い。

また、学際研究を通じて培われる新しいインタラクション技術は、やがて社会の活性化や産業の競争力強化につながると期待される。例えばロボットの身体を自らの身体のように自在に遠隔操作する研究は、身体の不調や地理的要因で社会参画が困難な人々の行動可能性を拡大しうる。また、世界各地や宇宙にあるロボットを遠隔操作していくつものオペレーションをこなすことが容易になれば、国境を問わず活躍する個人がより増えることも予期される。したがって、次世代の価値創出や競争力を下支えする基盤技術としての本領域の意義は今後ますます高まると考えられる。

［研究開発の動向］

インタラクション研究分野はHCI（ヒューマンコンピューターインタラクション / ヒューマンインターフェイ

ス）とも言われ、その初期はコンピューターやスマートフォンなどの情報機器とのインターフェイス要素技術（グラフィカルユーザーインターフェイスやインタラクションデザインなど）を主な研究開発対象としてきた。その発展の過程で、物理空間に存在するロボットをインターフェイスとした研究が興り、HRI（ヒューマンロボットインタラクション）領域が確立された。HRI領域では、作業自動化のためのロボット開発とは一線を画すアプローチが次々と提唱されている。

ロボットと人間が会話し、ふれあい、共生するための社会的要因などを対象とした共生インタラクション研究では、人と安全に関わることができるロボットの皮膚や内部メカニズム、頑健で柔軟な音声認識技術の開発、さらに欲求、意図、行動・発話の階層モデルの構築が進められている。例えば、JST ERATO「石黒共生ヒューマンロボットインタラクションプロジェクト」や新学術領域研究「人間機械共生社会を目指した対話知能システム学」が挙げられる。

他者としてのロボットではなく、人間と一体的にふるまうロボットの研究開発も進んでいる。生体電位信号をセンシングしユーザーの運動を支援するパワードスーツは、複数の企業によって製品化された。また、従来のパワードスーツとは異なり、装着者の3本目、4本目の腕や脚のように新たな身体部位として機能するようなウエアラブルロボットの概念が提唱され、MITのHarry Asadaらの研究グループ[1)]をはじめ、日本を含めた各国で研究が進められている。近年は、ウエアラブルロボットを取り外した状態であっても身体の一部として操作できるといったアプローチも提案されている[2)]。ロボットを身体の一部としてまとったり遠隔操作したりする発想は、人間と機械と情報・環境の関連づけの再考を促す潮流の一つとなっている。

人間をとりまく物理空間の情報を情報空間に取り込むIoT（Internet of Things）技術の発展、情報空間に蓄積されるビッグデータとその解析技術としての機械学習の進展は、より複雑で柔軟なインタラクション研究への道筋を開いた。例えば、JST CREST「人間と情報環境の共生インタラクション基盤技術の創出と展開」領域においては、人間と機械そして環境全体を含む多様な形態を想定したインタラクション支援技術の研究開発が展開された。その中では、空中超音波による触覚提示法[3)]をはじめ、技能伝承のためのウエアラブルな力覚フィードバックシステムの開発[4)]、さらには脳活動計測を用いたバーチャル身体部位の操作手法の開発[5)]など、HRIの裾野を広げる研究が精力的に進められた。

このような展開を受けて、HRI、ロボット工学、メカトロニクス、センシング技術、ディスプレー技術、ウエアラブル技術、人間工学などを統合的に扱う研究領域として人間拡張学（Human Augmentation）と呼ばれる新たな潮流が形作られ、盛り上がりを見せている。人間拡張学では、人間が持つ感覚や運動機能や知的処理機能を物理的・情報的に補綴・拡張・増強し、身体能力に関わらず自らやりたいことを自由自在に行う技術の確立を目指している。身体機能を直接補綴するパワード義足といった従来の研究開発に加え、テレプレゼンスやテレイグジスタンスのようにロボットの遠隔操縦における情報環境への没入体験を通じて人工物と人間の機能を融合し総合的に能力を高めるアプローチなど、人間とロボットの距離がより近く、時に曖昧になるほどの新奇なインタラクション研究が展開され始めた。例えばJSTさきがけ「人とインタラクションの未来」領域では、高速かつ低遅延な情報処理技術に基づく人間−機械協調[6)]や、バーチャルリアリティー（VR）上に構築された身体をインターフェイスとした人間拡張体験および自己認知の変容の研究[7)]がその一例と言える。さらにJST ERATO「稲見自在化身体プロジェクト」では、物理空間でのウエアラブルロボットおよび情報空間でのバーチャル身体の開発、それらを用いたインタラクションに対する心理・神経科学的反応の検証が一体的に推進された。そこでは、装着型のロボットを介した二人羽織のような協調作業[8)]や、一つのアバターを複数人で操作する共有身体[9)]、筋電で操る第6の指への脳の適応過程の検証[10)]といった、生得的な物理的身体にとらわれない身体観とそれらにまつわるインタラクション手法が提案されている。

すでに触れたように、HRIにおいてはハードウェアやソフトウェアの開発のみならず人間側の理解も不可欠である。特にロボット（バーチャルな身体を含む）と人間が一体的に行動することで得られる新奇なインタラクション体験の心理的・神経科学的影響について、認知神経科学領域と協働し研究する必要性が増してきた。今日では、日本はもちろん米国、英国、スイスなど各国で、人間拡張技術に伴う触覚や身体感覚に関する神経機構の変容を解明しようとする動きが見られる。

ただし、こうした技術の進展が人間行動および社会にどのような影響をもたらすのか、社会はどのように新技術の利便性を享受しつつ制御していくべきかを検討することを研究開発の段階でおろそかにしてはならない。この点については、科学技術倫理学からの知見が参考になる[11]。

まとめると、昨今は人間・機械・環境のインタラクションのあり方はより柔軟かつ複雑になっており、HRIの領域はバーチャルな身体とのインタラクションや人間側の認知といった領域とのつながりを強めている。こういったHRI技術によって人間の行動可能性が広がる一方、その心理的・神経科学的な影響や新技術の社会的受容の議論に注意を払う必要性も高まっている。

（4）注目動向

［新展開・技術トピックス］

サイバネティック・アバター

「身代わりの身体」を意味するサイバネティック・アバター[12]は、人間が自らの分身を遠隔操作する等の文脈でのHRI研究の方向性に影響を与える概念である。身代わりの身体は物理的なロボットでもよく、情報空間でのアバターでもよい。人型でもよいし他の形状の身体でもよい。単一でもよいし複数の身体でもよい。操作者はユーザー本人だけでもよいし、システムや他ユーザーが介入して協調的に行動してもよい。この概念は、遠隔作業、人間機械協調、情報空間におけるヒューマンアバターインタラクションといった領域で用いられることで、HRIのデザインの自由度を飛躍的に広げうる。研究開発においては、サイバネティック・アバターを用いた新しい行動のあり方を体験可能な形で示していくことがまず求められる。それと並行して、生来の身体とは異なる新しい身体やその機能に人間がどのように適応していくか、システムがどのように適切に支援すべきか、といった課題に挑む必要が出てくる。本概念を掲げた研究は、例えばムーンショット型研究開発制度「身体的共創を生み出すサイバネティック・アバター技術と社会基盤の開発」で精力的に進められている。また、戦略的イノベーション創造プログラム（SIP）で検討が始まった「人協調型ロボティクスの拡大に向けた基盤技術・ルールの整備」の動向にも注目すべきであろう。

透明な介入

円滑なHRIや人間拡張を実現する上で、ユーザーの意図や行動を的確に検出・予測することは非常に重要である。近年はセンサー技術や機械学習の発展によりこれらの精度は実用に足るレベルに達している。しかしながら、ユーザーが機械に支援されていることを知覚すると、自らが行動している感覚（行為主体感）が損なわれ、機械に操られているような経験へとつながってしまう。加えて最近では、行為主体感を維持した介入がユーザーのもともとの運動能力を向上させること示唆する結果も報告されている[13]。そのため、ユーザーの知覚をかいくぐってさりげなく機械や環境が支援を加える「透明な介入」[14]の設計手法の開発が今後ますます注目を集めると考えられる。

共創と試行錯誤の場としてのメタバース

情報空間内に社会やサービスを構築するメタバースは、物理モデルや機械学習を駆使した複雑なシミュレーションや仮説検証が可能な研究開発プラットホームとして活用されうる。 MicrosoftやMetaといったビッグテックによる開発も盛んであり、HMDをはじめとした高品質なデバイスの実用化も進みつつある[15]。 HRIの開発におけるプロトタイピング制作と検証を物理空間から情報空間へ移行することができれば、情報空間上で多様なパターンのインタラクションをシミュレートし、最善の結果のみを物理的に実装するといった効率的な技術開発が可能になる。ロボット研究・開発やサービス探索・検証に与えるインパクトは、3Dプリンターやレーザーカッターなどの従来のラピッドプロトタイピングを超えると想定される。

また、メタバースを技能訓練・習得に用いるアプローチも興味深い。メタバースを用いれば重力加速度といった物理モデルのパラメータを技能レベルに合わせて調整でき、熟練者の動きを見本としてスロー再生することも可能である。けん玉を題材とした実験では、短時間でもスキルの上達が可能であることが示された[16)]。また、筋肉トレーニングへの応用可能性も報告されている[17)]。さらに、こういったアプローチはサイバネティック・アバターを用いた新奇な身体を使いこなすための学習プラットホームにも応用可能であるため、次世代のHRIの研究開発および産業応用に広く用いられることが予想される。

産業応用

HRIのより具体的な産業応用の動向も特筆に値する。株式会社オリィ研究所が展開する分身ロボットカフェは、遠隔操作ロボットを介して外出困難者がカフェの店員として働けるようにするなど、テクノロジーを活用した新しい社会参画の事例を提案した。また、GITAI USA Inc. / GITAI Japan株式会社は、宇宙空間や月に送り込んだロボット身体を地球から遠隔操作することで安全かつ効率的に宇宙産業を開拓するための実証実験を次々と成功させている。

ブレインテックの応用

脳活動信号を利用したインターフェイスであるBMIをはじめとするブレインテックには、より直感的な操作系の実用化や自覚できない身体内の状態のフィードバックといった期待が集まっている[18)]。サイバネティック・アバターの操作においてブレインテックが応用できれば、人間の行動可能性はさらに広がると考えられる。非侵襲的かつ高精度な信号検出・膨大なデータの処理手法の進展が待たれるが、BMIによるロボットアームの操作実験[19)]等、興味深い成果が報告され始めている。

［注目すべき国内外のプロジェクト］

日本国内においては、ムーンショット型研究開発制度で展開されている研究への注目が必要である。特に、目標1「2050年までに、人が身体、脳、空間、時間の制約から解放された社会を実現」[12)]、目標3「2050年までに、AIとロボットの共進化により、自ら学習・行動し人と共生するロボットを実現」[20)]、そして目標9「2050年までに、こころの安らぎや活力を増大することで、精神的に豊かで躍動的な社会を実現」[21)]に属する研究課題には、HRI領域により学際的な広がりと社会的価値を持たせ、目標実現の糸口を形作る成果が出てくることが期待される。

産業界の動向としては、NTTドコモが人間拡張技術のプラットフォーマーとして名乗りを上げたことが印象的である。センシングデバイスの開発、データの最適化と物理的な運動への変換など、物理空間と情報空間を横断的に扱うようになってきたHRIを下支えする基盤的環境を整えていくことに企業が価値を見いだしていることは特筆に値する。

海外の研究開発においては、コロナ禍で動向が見えづらくなった点はあるものの、欧州で2022年に立ち上がったHuman–Robot Sensorimotor Augmentation（HARIA Project）[22)]に注目したい。イタリアをはじめ、ドイツ、スウェーデン、オランダ、スペインの研究者らが参画するこの国際プロジェクトは、2019年頃から登場したSupernumerary Robotic LimbsやSuperLimbsといったキーワードのもと、ロボットの腕をあたかも身体の一部であるかのように自在に操るための技術の確立を目指している。加えて、認知の拡張やインタラクションに関するダグスツールセミナー[23)]が開かれるなど、人間拡張と結びついたHRI領域が欧州でも活発化していると言えよう。

また、2022年11月にはANAの協賛によるテレイグジスタンス技術のコンテストXPRIZE AVATAR[24)]の決勝戦が行われ、1. 会話、2. 簡単なバーの上げ下げ、3. 移動、4. 重さの違うビン（2kg or 500g）を見分けて枠にはめる、5. 電動ドリルでボルトを外す、6. テクスチャの違う（つるつる or ざらさら）石を触り分けてつかむ などのタスクが世界から選出されたチームに競われるなど、大きな注目を集めている。なお、ドイツ・ボン大学によるチームが優勝した。

（5）科学技術的課題

インタラクション技術の学際性に鑑みると、今後も分野融合的にさまざまな研究者が協働し研究を推進していくことが求められる。例えば、脳計測を通じた神経信号の活用や神経機構の変容を解明しようとする場合には、脳の特性やその情報を読み出す部位や方法を熟知している認知神経科学分野の研究者との協働をますます密にする必要がある。また、機械学習分野との協働の促進も課題である。特に人間行動支援においては、人間自らの挙動と機械側からの支援をいかにシームレスに切り替えられるかが課題となっている。これは上述した「透明な介入」にとっても重要であり、この課題に対する技術的進展がなければHRIを通じた豊かな経験の創出は限定的になるだろう。

加えて、触覚を介した他者の気配の伝達あるいは他者との意図の共有が技術的にどう実現できるかも興味深い課題である。例えば人間同士が重い物を協力して運ぶ際、運搬物を介して伝わる触覚から他者が急ぎたがっているのか、どこへ動こうとしているかといった意図を類推することができる。HRIにおいてこのような感覚提示を応用できれば、新たな意思疎通のアプローチが開ける。近年、物の手触りや他者とのふれあいを伝えるという文脈で目覚ましい展開を見せている触覚研究だが、協働を前提とした気配の伝達や意図の共有という点では、HRI領域が探求すべき課題はまだまだ残されている。

（6）その他の課題

インタラクション技術は社会的に有用かつ人間の高次の欲求を満たす技術として期待されているが、一方でその影響力の強さから使用方法を正しく規定することが重要である。例えば、HMD（ヘッドマウントディスプレー）は、人間の目や脳への悪影響が懸念されており、装着時の眼精疲労、注意の転導、転倒の危険性なども考慮する必要がある。

また、近年は技術の革新速度が著しく向上しており、技術が確立してからルールを制定するのではなく、技術開発と同時並行でそのあり方を検討していく必要がある。さらに、技術の標準化に関しては、日本国内での認可・規制のハードルの高さ故に海外での応用が先行しているケースが多く、こちらも課題と言える。今後は新たな融合領域に対する研究開発支援を行うだけでなく、研究開発特区の策定とそこでの社会実験により、研究開発と市場開拓を促進するための政策的配慮も必要となるであろう。

新しい社会実験の場としては、メタバースやデジタルツインといった情報空間での検証も有用になると考えられる。例えば東京大学は2022年からメタバース工学部というVR等を活用した新たな一般向け教育プログラムを開始したが、従来的な大学知の還元のアプローチでは思い至らなかった教育的・制度的課題が見えてくることが予期される。このような社会実験としての一面を持つ試行の数々が後のイノベーションの創出・促進につながるよう、研究開発と政策側が自主的・公的規制のあり方を適切に定めるエコシステムの構築も引き続き課題となる。

（7）国際比較

国・地域	フェーズ	現状	トレンド	各国の状況、評価の際に参考にした根拠など
日本	基礎研究	◎	→	ムーンショット型研究開発制度が立ち上がり、神経科学や機械学習領域などとの学際的な協働を含むHRI研究開発が促進されている。
	応用研究・開発	○	↗	もう一つの身体としてのロボットやアバターを活用した産業展開の事例が出始めている。また、NTTドコモなどの大手企業も人間拡張を話題にし始めた。さらなる展開のためには、技術移転やスタートアップへの支援が求められる。
米国	基礎研究	◎	→	依然として本領域のトップランナーである。シカゴ大学のコンピューターサイエンス研究科[25]は、VRや透明な介入などのアプローチをHRIに取り込み[13]存在感を増している。MITでは身体拡張やインタラクション技術に関する先進的な研究が継続的に行われている[1), 26)]。

2.2 俯瞰区分と研究開発領域 ロボティクス

	応用研究・開発	◎	→	DARPAのACEプログラムをはじめとした中心とした産学軍の連携が密接に行われている[27]。 XPRIZEのような高額な賞金を用意したコンテストを企画し、技術開発を活性化させる取り組みも行っている[28]。また、大学などの教育機関での研究に加え、MicrosoftやMetaなどの企業での研究開発が盛んで、実用化の速度も速い[24]。
欧州	基礎研究	◎	↗	欧州の合同プロジェクトであるHARIA Projectをはじめ、認知の拡張やインタラクションに関するダグスツールセミナー[15]が開かれるなど、人間拡張をキーワードとしたHRI研究が活発化している。
	応用研究・開発	○	↗	WEART（触覚伝達デバイス）[23]やEXISTO（身体拡張型のウエアラブルデバイス）[29]など、近年のHRIの動向を反映したスタートアップが見られる。 英国はドイツと共同で人間拡張に関する調査プロジェクトを発足している[30]。
中国	基礎研究	○	↗	触覚や身体感覚に関する神経科学的なアプローチからの基礎研究は限定的であるが、ウエアラブル技術やVRなど HRIと関係が深い HCI論文が増加している。
	応用研究・開発	○	↗	Pico[31]などのVR関連企業の存在感が出てきた。ただし、オンラインゲーム規制など、政策の影響に注視が必要である。
韓国	基礎研究	△	→	ウエアラブル・VR技術などの企業を中心とした研究開発は多数進められているが、触覚や身体感覚に関する神経科学的なアプローチからの基礎的な研究は限定的である。
	応用研究・開発	○	↗	政府によるIoT・スマートカー事業への助成は、SamsungやLGを中心とした企業のウエアラブル・VR技術開発を押し上げる可能性が高い。それらがHRI領域の産業応用に波及すると予期される。

（註1）フェーズ

基礎研究：大学・国研などでの基礎研究の範囲

応用研究・開発：技術開発（プロトタイプの開発含む）の範囲

（註2）現状 ※日本の現状を基準にした評価ではなく、CRDS の調査・見解による評価

◎：特に顕著な活動・成果が見えている　○：顕著な活動・成果が見えている

△：顕著な活動・成果が見えていない　×：特筆すべき活動・成果が見えていない

（註3）トレンド ※ここ1～2年の研究開発水準の変化

↗：上昇傾向、→：現状維持、↘：下降傾向

参考文献

1) The d'Arbeloff Laboratory for Information Systems and Technology, "Robotics Research," Massachusetts Institute of Technology, https://darbelofflab.mit.edu/robotics-research/,（2023年2月21日アクセス）.

2) Yukiko Iwasaki, et al., "Detachable Body: The Impact of Binocular Disparity and Vibrotactile Feedback in Co-Presence Tasks," *IEEE Robotics and Automation Letters* 5, no. 2（2020）: 3477-3484., https://doi.org/10.1109/LRA.2020.2977320.

3) Shun Suzuki, et al., "AUTD3: Scalable Airborne Ultrasound Tactile Display," *IEEE Transactions on Haptics* 14, no. 4（2021）: 740-749., https://doi.org/10.1109/TOH.2021.3069976.

4) Nobuhiro Takahashi, Shinichi Furuya and Hideki Koike, "Soft Exoskeleton Glove with Human Anatomical Architecture: Production of Dexterous Finger Movements and Skillful Piano Performance," *IEEE Transactions on Haptics* 13, no. 4（2020）: 679-690., https://doi.org/10.1109/TOH.2020.2993445.

5) Takufumi Yanagisawa, et al., "BCI training to move a virtual hand reduces phantom limb pain: A randomized crossover trial," *Neurology* 95, no. 4（2020）: e417-e426., https://doi.

org/10.1212/WNL.0000000000009858.
6) Yuji Yamakawa, Yutaro Matsui and Masatoshi Ishikawa, “Development of a Real-Time Human-Robot Collaborative System Based on 1 kHz Visual Feedback Control and Its Application to a Peg-in-Hole Task,” *Sensors* 21, no. 2（2021）：663., https://doi.org/10.3390/s21020663.
7) Akimi Oyanagi, et al., “Impact of Long-Term Use of an Avatar to IVBO in the Social VR,” in *Human Interface and the Management of Information. Information Presentation and Visualization*, eds. Sakae Yamamoto and Hirohiko Mori, Lecture Notes in Computer Science 12765 (Springer Cham, 2021), 322-336., https://doi.org/10.1007/978-3-030-78321-1_25.
8) Mhd Yamen Saraiji, et al., “Fusion: full body surrogacy for collaborative communication,” in *ACM SIGGRAPH 2018 Emerging Technologies*（New York: Association for Computing Machinery, 2018), 1-2., https://doi.org/10.1145/3214907.3214912.
9) Takayoshi Hagiwara, et al., “Individuals Prioritize the Reach Straightness and Hand Jerk of a Shared Avatar over Their Own,” *iScience* 23, no. 12（2020）：101732., https://doi.org/10.1016/j.isci.2020.101732.
10) Kohei Umezawa, et al., “Bodily ownership of an independent supernumerary limb: an exploratory study,” *Scientific Reports* 12（2022）：2339., https://doi.org/10.1038/s41598-022-06040-x.
11) 久木田水生, 神崎宣次, 佐々木拓『ロボットからの倫理学入門』(名古屋: 名古屋大学出版会, 2017）.
12) 文部科学省「ムーンショット目標1：2050年までに、人が身体、脳、空間、時間の制約から解放された社会を実現：研究開発構想（令和2年2月）」内閣府, https://www8.cao.go.jp/cstp/moonshot/concept1.pdf, (2023年2月21日アクセス）.
13) Shunichi Kasahara, et al., “Preserving Agency During Electrical Muscle Stimulation Training Speeds up Reaction Time Directly After Removing EMS,” in *Proceedings of the 2021 CHI Conference on Human Factors in Computing Systems*（New York: Association for Computing Machinery, 2021), 1-9., https://doi.org/10.1145/3411764.3445147.
14) Hiroto Saito, et al., “Transparency in Human-Machine Mutual Action,” *Journal of Robotics and Mechatronics* 33, no. 5（2021）：987-1003., https://doi.org/10.20965/jrm.2021.p0987.
15) Anton Brisinger, “META’s Augmented Reality, And The Severing Of Human Connection,” Startups Magazine, https://startupsmagazine.co.uk/article-metas-augmented-reality-and-severing-human-connection, (2023年2月21日アクセス）.
16) 川崎仁史, 他「けん玉できた！VR：5分間程度のVRトレーニングによってけん玉の技の習得を支援するシステム」『エンタテインメントコンピューティングシンポジウム2020論文集』(一般社団法人情報処理学会, 2020), 26-32.
17) Edouard Ferrand, et al., “Exploring a Dynamic Change of Muscle Perception in VR, Based on Muscle Electrical Activity and/or Joint Angle,” in *Augmented Humans Conference 2021*（New York: Association for Computing Machinery, 2021), 298-300., https://doi.org/10.1145/3458709.3459007.
18) 間瀬英之「IT動向リサーチ：ブレインテックの概説と動向：脳科学とテクノロジーによる金融ビジネスの未来」株式会社日本総合研究所, https://www.jri.co.jp/page.jsp?id=38453, (2023年2月21日アクセス）.
19) Christian I. Penaloza and Shuichi Nishio, “BMI control of a third arm for multitasking,” *Science Robotics* 3, no. 20（2018）：eaat1228., https://doi.org/10.1126/scirobotics.aat1228.
20) 文部科学省「ムーンショット目標3：2050年までに、AIとロボットの共進化により、自ら学習・行動し人と共生するロボットを実現：研究開発構想（令和2年2月）」内閣府, https://www8.cao.go.jp/cstp/moonshot/concept3.pdf,（2023年2月21日アクセス）.
21）文部科学省「ムーンショット目標9：2050年までに、こころの安らぎや活力を増大することで、精神的に豊かで躍動的な社会を実現：研究開発構想（令和3年11月）」内閣府, https://www8.cao.go.jp/cstp/moonshot/concept9.pdf,（2023年2月21日アクセス）.
22）European Commission, "Human-Robot Sensorimotor Augmentation - Wearable Sensorimotor Interfaces And Supernumerary Robotic Limbs For Humans With Upper-Limb Disabilities," https://cordis.europa.eu/project/id/101070292,（2023年2月21日アクセス）.
23）Schloss Dagstuhl, "Dagstuhl Seminar 20342," https://www.dagstuhl.de/en/seminars/seminar-calendar/seminar-details/20342,（2023年2月21日アクセス）.
24）XPRIZE, "MEET THE WINNERS," https://www.xprize.org/prizes/avatar,（2023年2月21日アクセス）.
25）University of Chicago, "RESEARCH AREA: Human Computer Interaction," https://cs.uchicago.edu/research/human-computer-interaction/,（2023年2月21日アクセス）.
26）Massachusetts Institute of Technology, "Fluid Interfaces," https://www.media.mit.edu/groups/fluid-interfaces/overview/,（2023年2月21日アクセス）.
27）Lamar Johnson, "DARPA AI Project Focuses on 'Human-Machine Symbiosis'," Meri Talk, https://www.meritalk.com/articles/darpa-ai-project-focuses-on-human-machine-symbiosis/,（2023年2月21日アクセス）.
28）Weart S.r.l., https://www.weart.it/,（2023年2月21日アクセス）.
29）Existo S.r.l., https://www.existo.tech/en/home-en/,（2023年2月21日アクセス）.
30）UK Ministry of Defence, "Human Augmentation - Dawn of a New Paradigm: A strategic implications project, dated by May 2021," https://assets.publishing.service.gov.uk/government/uploads/system/uploads/attachment_data/file/986301/Human_Augmentation_SIP_access2.pdf,（2023年2月21日アクセス）.
31）PICO, https://www.picoxr.com/,（2023年2月21日アクセス）.

2.2.6 自律分散システム

(1) 研究開発領域の定義

生物の世界では個体が群れになって全体として意図を持って行動しているように見えることがある。例えば、ムクドリやイワシが数千とか数万匹集まって全体として大きな生物のように見える団体行動をとることはよく知られている。このような生物の群れには中央で統率する司令官のような存在はいないにもかかわらず、全体として目的を持っているかのように行動する。さらに、シロアリの巨大な蟻塚にみるように、集団になると個々の個体が持っている能力を上回る能力が発現する。生物が単独で行動する方が有利か、集団で行動する方が有利かは状況によって異なり、その選択には数理が隠されている[1)]。

生物の集団行動は、工学的には「自律システム」として捉えることができる[2), 3)]。このようなシステムを自律分散システムという。広義的には、そのシステムに隠されている制御メカニズムを明らかにし、大規模な人工システムや社会システムなどの人工物の制御に役立てるための研究開発領域であるが、本稿ではロボットに焦点を当てて記述する。

(2) キーワード

自律分散システム、創発システム、システムバイオロジー、自己組織化、群システム、スワームシステム、マルチエージェントシステム、群知能、スワームインテリジェンス、移動知、陰的制御と陽的制御、環世界

(3) 研究開発領域の概要

[本領域の意義]

人類は何万年も前からさまざまな道具を発明し、それは操り人形、カラクリ機械、時計技術、オートマタ、ロボット、あるいは自動車や飛行機などの交通機関へと進化してきた。これらの人工物は技術革新を経て、多種多様な人工物が多数関わる大規模なシステムへと発展してきた。そこでは、個々の人工物が独立に存在するのではなく、何らかの形で互いに連携する大規模ネットワークシステムになってきたのである。

このように、人工物の世界でも自然界における生の集団行動と同型のシステムが自然発生的に生まれてきた。当初は、賢く振る舞うように造られた個々が、ある程度以上の数の規模になると動かなくなる。また、少数の高性能な制御器を備えた個体が全体を考えて全体を制御する中央制御の方法ではできることに限界があることもわかってきた。そこで群行動をする生物たちが注目され、上述の「自律分散システム」という概念が明確化されることになる。

「自律分散システム」は人類の進化と共に社会の複雑さが増してきた中で必然的に生まれてきた概念である。その奥には自然界の「群れをつくる生物」たちの成功例が見据えられている。1980年後半に「自律分散システム」という概念が提案されたとき、このようなシステムが持つメリットが多く述べられた。例えば、伊藤によると[4)]、「自律分散システムは、システム全体を統合する管理機構を持たず、システムを構成する各要素（サブシステム：個とも呼ぶ）が分散して存在し、自律的に行動することにより要素間の協調をとり全体として任務を達成する（秩序を生成する）システムである。」と説明されている。さらに、このようなシステムが実現されれば、「システムの一部が故障したり、システムに課せられた目的や取り巻く環境に変更が生じたりしても、自己組織的に協調行動を変更させて任務を遂行することができるので、極めて高い柔軟性、多様性、耐故障性を持つことが可能となる。そのため、「自律分散システム」の研究には、多くの期待が寄せられている。」と述べられている。本領域の意義は、大規模・複雑化する昨今のシステムを合理的に制御するための有力な手法を生み出すことがロボティクスにおいても期待できるという点にある。

[研究開発の動向]

「自律分散システム」は、高い柔軟性や多様性、耐故障性を持つと期待される。群れをつくる生物たちはそ

のような能力を持っているようにみえる。そのため、自律分散システムという概念が明確になって以来（約30年）、この期待を現実のものとすべくさまざまな研究開発が進められてきている。

特に本領域は日本で生まれたこともあって、世界的にみても、日本における研究動向が参考になる。以下、歴史的流れを見ていく。

まず、「自律分散」という言葉が我々工学の世界に広められたきっかけをつくったのは、1984年に書かれた森（欣）らの論文であると言われている[2]。それ以前にも、エネルギーシステム、交通システム、あるいは計算機システムなどにおいて、いわゆる中央制御装置が全体を制御するシステムから、いくつかのサブシステムが自律的に動き全体として調和して働くシステムが、構築されてきた。また、1975年には森（政）らによって「みつめむれつくり」というロボットが研究されていた[5), 6]。ここで紹介されたロボットは個々のロボットには全体を知る能力はないが、近傍のロボットと自分との関係で行動が決まり、全体の個体数や周りの環境との相互作用によって群れ全体の行動様式が変化するという「群ロボット」であった。

「自律分散システム」という概念が工学分野で表に出てきたのが、1980年前後である。森（欣）の論文2）では、あらためて各サブシステムが自律可制御性と自律可協調性を持つシステムを自律分散システムと定義した。そして、このような条件を制御理論的に考察し、その適用例としてLAN（Local Area Network）を紹介している。

1985年頃、日本学術会議自動制御研究連絡委員会の委員で当時の制御工学やシステム工学をけん引していた5名（市川惇信氏（東工大）、北森俊行氏（東大）、茅陽一氏（東大）、須田信英氏（阪大）、伊藤正美氏（名大）（所属はいずれも当時））によって、「自律分散システム」をこれから構築すべきシステム研究における「新しいパラダイム」にしよう、という発案が生まれ検討が始まった[7]。その動きは、文部省科学研究費補助金の重点領域研究「自律分散システム（領域代表・伊藤正美）：1990–1993」として大規模にスタートした[8]。このプロジェクトでは、自律分散システム論という新しい学術領域を目指して、工学に加えて、理学（生物学、物理学、数学）などの研究者により、各分野における事例研究を集積し、「自律分散システム」という新しい概念の明示化と理論構築のための枠組みを模索した。さらに、長田らによって、「自律分散をめざすロボットシステム」[9]で、ロボットにも自律分散の考え方が浸透し始めていることが示された。また同時期に、福田らは、ロボットの機構学的構造をセルと称する自律的機能単位（サブシステム）に分割可能な構造にすることにより、タスクや作業環境に応じて形態を自己組織化することが可能になる分散型ロボットを提案した[10), 11]。また石黒らも、真正粘菌やクモヒトデの自律分散的な行動様式をヒントに、粘菌様群ロボットやクモヒトデロボットを提案した[12), 13]。

このように1980年後半～1990年前半までで、「自律分散システム」という魅力的なパラダイムの枠組み（もし理想的な自律分散システムが構築されたらどのような能力が発揮できるか）が検討されつくした。この流れは、後述する「創発システム」や「自己組織化システム」、そして「移動知」などとつながっていく。まずは、自律分散システムの理論的側面について考察する。

1989年に湯浅・伊藤らは[14] 複数の非線形なサブシステムが影響を与え合うような自律分散システムを想定して、その系が勾配系（ポテンシャルを持つ）になるための条件を求めている。そして、自律分散システムがある目的に沿って動いていることをある状態がポテンシャルの最下点に落ち着くことであるとした。ある意味、平衡状態が存在することを要求していることになる。一般に非線形システムの場合、必ずしもポテンシャルを持つとは限らないので、そのための条件を求めるというものである。ただ、この段階では場（環境）の影響は考えていない。

続いて、伊藤・湯浅・伊藤らは[15] 上の結果を拡張して、場の変化に応じて全体システムの挙動が変化して、ある意味適応することの考察をしている。まず、場が変化しない状態で、ポテンシャルが存在して考えている変数が最下点に落ち着いているところから始めている。この状態で場が変化すると、変数がポテンシャルの最下点からずれる。そこで、システムの内部パラメーターを調整して新たなポテンシャルを作り、そのポテンシャルの最下点に落ち着くようにする。伊藤らはそれを「適応」と呼んだ。要するに、「新たな平衡点を探す」ということである。

上述の2件はこのような自律分散システムに対する期待を少しでも数理で説明しようとした初期の研究である。その後は、多くの場合、ヒューリスティックにシステムを作り込み、試行錯誤の循環による構成論的なアプローチがとられ、理論的研究の後が続かないまま現在に至っている。

それに対して、問題を適切に限定（例えば、エージェントが置かれている環境は一様に外乱として捉えたり、個々のエージェントはシンプルな数理モデルで近似したりする）すれば、問題を制御理論の枠組みに持ってきて理論展開することができるようになる。「マルチエージェントシステムの制御[16)]」などはその好例で、うまく問題設定することで学術的な研究領域を構成する試みが精力的になされている。一方で、理論的考察を厳密にしようとすればするほど、問題が限定的になっていく（逆に言うと、問題を限定化することで理論体系が構築できる）。

（4）注目動向

［新展開・技術トピックス］

自律分散システムという概念が生まれ、さまざまな研究が展開された中で、「自律分散システムが自律的に動き始めると、システム全体として新しい機能が生まれるのではないか」という期待から、「創発システム」という考えが提案された[17)]。実際、さまざまな生物の行動を見ているとそのような機能を持っているように見える。例えば、微小脳しか持たないアリは1匹ではそれほど高度な行動ができるとは思えないが、集団になると群全体が予想を超える能力を発揮することはよく知られている[18)]。

「創発」を人工物で実現しようと「群ロボット」という考え方が生まれた。源流は、前述の1975年に森（政）らによって開発された「みつめむれつくり」[5), 6)]というロボットである。その後、自律分散システム、創発システムという考え方が明確になり、さらに計算機、センサー、アクチュエーターなどの高性能化などによって当時は難しかったことが実現できるようになった結果、一つの研究領域へと発展した[19)]。群れをなすエージェントが知能を発現するということに焦点をあて「群知能」や「スワームインテリジェンス」などという生まれる[20)]。

自律分散や創発という考え方は生物の行動にヒントを得ていることから、生物そのものに焦点を当て、これらの概念をより深く理解しようとする試みも始まる。例えば、北野らは生命現象は従来の要素還元論的に遺伝子やタンパク質、謝物、細胞などが単に集まったものであると捉えるのではなく、それらから構成されるネットワークシステムであると捉える「システムバイオロジー」という概念を提唱した[21)]。また、淺間が領域代表を務めた「移動知」プロジェクトでは、生物の知能は脳そのものから生まれるのではなく「脳・身体・環境の相互作用」によって生まれるという考え方が提案された[22), 23)]。このプロジェクトでは、生物が持っているさまざまな環境において適応的に行動することができる能力は動くことで生じる身体、脳、環境の動的な相互作用によって発現されると捉え、そのような知能を移動が重要であるという意味をこめて、「移動知」と呼んだ（図2-2-3）。

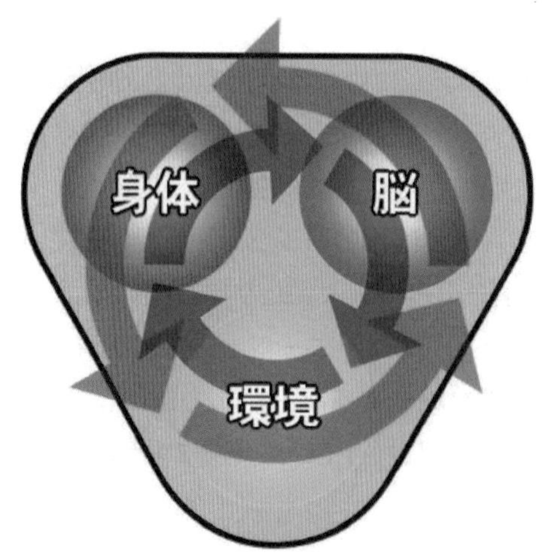

図2-2-3　　移動知のコンセプト

「移動知」プロジェクト[22] のパンフレットより作成

さらに、小林が代表を務めた「生物ロコモーションに学ぶ大自由度システム制御の新展開[24]」では、現実の複雑な環境の中を生物のように自在にしなやかに動き回るロボットを造るには生物同様しなやかな動きを生み出す制御のからくりを数理的に解明しなくてはならないという考えのもと、大自由度ロボットの自律分散的制御法の創出を目指した。このプロジェクトを受けて連続して小林が代表を務めた「環境を友とする制御法の創成[25]」では、生物のように無限定環境の中を動き回ることのできる移動ロボットの設計原理を構築するには徹底した環境の既知化に基づく従来のロボットの制御法に根本的な問題があると考えた。本プロジェクトでは、従来の工学の王道ではなく生物に学ぶ道を選び、「階層制御」「手応え制御」「陰陽制御」という三つのコンセプトを提唱して、新たな学問領域を創成しようとした。

以上の研究動向をまとめてみると、自律分散システムを構成する際、当初は個々のエージェントをどのように設計するか、という観点だったのが徐々に、そのモノを取り巻く環境（他個体も含む）との相互作用を外乱として捉えるのではなく制御に資する作用を生み出すモノである、という考え方にシフトしてきたということになる。

[注目すべき国内外のプロジェクト]

自律分散システムに関連する注目すべき研究開発プロジェクトは以下のとおり。

（a）ソフトロボット学の創成：機電・物質・生体情報の有機的融合（2018–2022）

文部科学省 科学研究費補助金 新学術領域研究（研究領域提案型）

領域代表：鈴森 康一（東京工業大学）

概要：近年、生体システムが持つ「やわらかさ」を指向する研究が同時多発的に生まれてきている。これらはいずれも「自律分散システム」と大いに関係がある。本領域では「やわらかさ」を目指す新しい学問の種を融合し、従来の「硬さ・パワフルさ」を目指す科学技術とは真逆とも言える価値観に立脚した大きな学術の潮流を創りだし、「やわらかさ」に立脚する学術領域「ソフトロボット学」を構築しようとするものである。

（b）多細胞間での時空間的相互作用の理解を目指した定量的解析基盤の創出（2019–2024）

科学技術振興機構 戦略的創造研究推進事業（CREST）

研究総括：松田道行（京都大学）

概要：近年、細胞や生体分子の網羅的かつ定量的な解析が可能になりつつある。それにより、個別の遺伝子や分子に着目した研究から、より複雑な解析へとライフサイエンスの方法論が認められつつある。本領域では、細胞間や分子間のネットワークの時空間的な理解に資する新たな技術や理論を構築し、多細胞動態の解明に関する研究開発を推進しようとしている。またこれらの研究開発を通じて多細胞の動態を予測・操作するための技術基盤を構築することを目指している。

（c）サイバー・フィジカル空間を融合した階層的生物ナビゲーション（2021–2026）

文部科学省 科学研究費補助金　学術変革領域研究（A）

領域代表：橋本浩一（東北大学）

概要：本領域では、なぜ渡り鳥は道に迷わないのか、魚はなぜ大集団で回遊できるのかなど、生物の移動や集団行動にまつわる謎を明らかにしようとしている。そのために、生物に行動記録計（データロガー）やGPS装置などの機器をとりつけ、生物自身の生態や周囲の環境情報などを記録する「バイオロギング」の展開や、多様な階層ナビゲーションモデルを提案し、人間を含む生物およびモノの移動情報を分析するための情報学的基盤を整備することを目指している。

（d）多様な細胞の集団動態から切り拓く群知能システムの革新的設計論（2021–2023）

文部科学省 科学研究費補助金　学術変革領域研究（B）

領域代表：加納 剛史（東北大学電気通信研究所）

概要：生物は「群れ」になると、あたかもその集団全体が意思を持った一つの個体であるかのように知能的に振る舞う。この振る舞いは、群れの構成要素の間の局所的なやり取りによって創発的に生み出されているように見え、「群知能」と呼ばれている。本領域では、そのような「群れ」に対して、多くの研究が「均質な自律個」を想定するのとは異なり、さまざまな性質を持つ自律個を考える。そして、それらが変動環境下において適切な役割を自身で見つけながら秩序を創発し、高い機能を発揮し続ける「ヘテロな群知能システム」の設計原理を明らかにすることを目標としている。

（e）多様な環境に適応しインフラ構築を革新する協働AIロボット（2020–2025）

科学技術振興機構 内閣府　ムーンショット型研究開発制度

プロジェクトマネージャー：永谷 圭司（東京大学）

概要：本研究では、月面や被災現場を含む難環境において、想定と異なる状況に対して臨機応変に対応し、作業を行うことが可能な協働AIロボットの実現を目指す。このプロジェクトは、ここ30年、自律分散システムや移動知などの研究を中心にさまざま考えられてきた概念の集大成的な位置づけであると言える。その中で、淺間らによって体系づけられようとしている「動的協働AI」は、1990年来、淺間らが夢に描いていた自律分散システムの具現化になっており、大須賀らによる「開いた設計」という概念は2010年来提唱されている「陰陽制御」[19), 20), 21)]がベースになって構築されようとしている。これらの概念は次項で簡単に触れる。

**（f）米国National Robotics Initiative 3.0：
Innovations in Integration of Robotics（NRI–3.0）（2020～）**

概要：米国での統合ロボットシステムの開発と利用を加速する基礎研究をサポートすることを目標に掲げたファンディングプログラムで、全米科学財団（NSF）を中心とした複数省庁の共同によって開始された。ロボットと人間の協調チームやマルチジェントシステムなど、自律分散システムをテーマとした研究も進行中である。

(g) 欧州 Horizon 2020（2014～2020）、Horizon Europe（2021～2027）

概要：Horizon 2020では、ICT分野の重点項目5件の一つとして「先進インターフェイス・ロボット、ロボティクス・スマート空間」を掲げている。本資金により、群ロボットで代表される自律分散システムは、精密農業システム（イタリア）、海洋環境モニタリング（クロアチア）、水中環境探査（イギリス）、都市交通検出（スペイン）、都市建設（ドイツ）などにおいて優れた応用研究成果を挙げている。後継の枠組みとして2021年に開始したHorizon Europe（2021～2027）においては、官民協働イニシアチブである「欧州パートナーシップ」の一環として、人工知能・データ・ロボット技術に対し、官民合わせ26億ユーロの投資が行われる予定である。

(5) 科学技術的課題

自律分散システムは、生物をヒントにしながら同時に人工物の発展からの必然性も相まって、多くの研究者や技術者を魅了し、創発システムや自己組織化システム、群ロボットなど新たな概念が生まれ、現在継続的に研究が進められている。近年の計算機システムの高性能化・小型化および、アクチュエーターや素材の高性能化によって、これまで実現不可能だった自律分散システムを具現化できるようになってきた。今後も発展する傾向が見込める中、科学技術的課題として具体的な集大成と設計論について述べる。

(a) 集大成に向けた取り組み

前述のムーンショット（多様な環境に適応しインフラ構築を革新する協働AIロボット）において淺間らが精力的に研究開発を進めている「動的協働AI」というテーマは、これまで当該分野でさまざま行われてきた検討結果の集大成になっている。このプロジェクトでは、災害現場において複数の建機が活躍する方法について考察している。具体的には、そのような現場においては直感的にヒトであれば、ある場合は建機が個々に働き、別の状況では建機どうしのチームを編成し、さらに能力不足な建機があれば他の建機たちが助っ人に回る、ということをするだろう。淺間らはこのようなスキームを階層的に実現しようとしている。具体的には、最上位には人間を設定し、現場に向かうほどシステムを自律化することを考える。このようなことは20年ほど前から考えられてはいたが、当時のさまざまなハードウェアの能力が貧弱で実現できなかった。それが近年の計算機や通信機器の高性能化によって具現化できるようになってきたのである。

(b)「開いた設計」

設計論がないという課題は自律分散システムという概念が生まれた当初から言われ続けており、いまだに解決していない。したがって、多くの場合、ヒューリスティックにシステムを作り込み、試行錯誤の循環による構成論的なアプローチがとられ、現在に至っている。また、このような概念は生物の行動からヒントをもらっているという観点からみると「生物のことがわかっていない」という課題も残されている。そもそも1万匹なら群れで1千匹なら群れでないのかといった問いに対して答えがない。群れをどのように定義するのかなど、群れの本質的な問題が解決されていない。群れは局所情報から大域情報を知り得ているのではないか、個体は群れを同定できるか、群れは身体性を持つか、など未解決な問題が山積していると松野は述べている[20]。

ここでは、自律分散システムが抱えている課題の本質を探る。自律分散システム、創発システムなどを構成することは、必然的に多数の要素の集積や無限定環境下（変動したりあらかじめ定められない環境）で移動するシステムの構成を意味する。すなわち、システムの設計時に「境界条件が閉じていない」ために、不良設定問題にならざるを得ないのである。そこで必要になるのが、境界条件が閉じない状況での設計法「開いた設計」なのである（図2-2-4）[26), 27)]。なお、境界条件が閉じている設計問題は良設定問題になり、以前からのモノづくりの基本である。ここではそのような設計を「閉じた設計」と呼ぶ。

従来の工学が得意としてきたのは「閉じた設計」であり、「開いた設計」論は問題が難しく、まだ完成していない。その本質の一つが「環境の存在」であり、「身体と環境との相互作用」であると考えられる。人工物の設計においては、ターゲットの対象物自体（身体）に注目することはもちろんであるが、それと同等に「身体とそれが置かれている環境との相互作用」に注目すべきである。

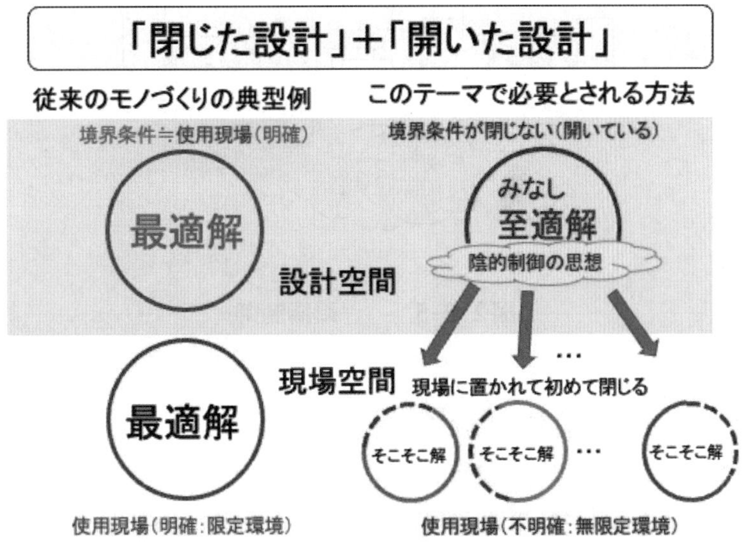

図2-2-4　　閉じた設計と開いた設計

出典：計測自動制御学会：第22回システムインテグレーション部門講演会（SI2021），3H3-10（2021）

（6）その他の課題

自律分散システムの守備範囲は広く、生物から人工物、さらには社会システムまでカバーし得る考え方である。概念が生まれた背景には生物の存在があるが、工学の分野で概念が明確化されてきたことから、主に工学的な研究課題として発展してきた。その過程で、群ロボットや群知能やスワームシステム、スワームインテリジェンスなど、ますますロボット指向が強くなってきた。結果的に、閉じた設計をすることになり、周りの境界条件を明確にするために、外界の様子を俯瞰的に観察するためのさまざまな高性能センサーや高速演算可能な計算機を要求する。また、多くのデータから制御戦略を計算するために、ビッグデータを活用した人工知能などを導入する。自律分散システムにおいても、個々のエージェントの位置情報などを要求し始め、生物の制御スキームからはどんどん離れてゆく。この路線でもある一定以上の成果は期待できるが、究極的な行き先には「フレーム問題」が横たわっていることも確かである。

一方、生物は上のような戦略はとっていない。限られた身体能力と限られた計算資源のもとで、自在にしなやかに無限定環境である自然環境の中を巧みに移動する。俯瞰的に観察して行動を決めることはしないで、自身の内部で感じる外界を解釈してできることをするだけである。

以上のようなことを考えると、今後、当分野で注力すべきは「環境との相互作用を明示的に意識する（陰陽制御、図2-2-5）[28), 29)]」こと、および「その個体自身の内部に入ってモノゴトを考える（環世界）[30), 31)]」という姿勢だと考えられる。陰陽制御とは、図に示すように、身体と環境との相互作用を敵ではなく味方になるように、すなわち制御則になるよう、うまく振る舞う、という考え方である。また「環世界[32)]」はユクスキュル（1864～1944）が100年ほど前に提唱した、生物は自分自身の知覚のみで環境を理解しているという考え方である。近年では、認知科学やロボティクスにおいてもその重要性は認識されている。

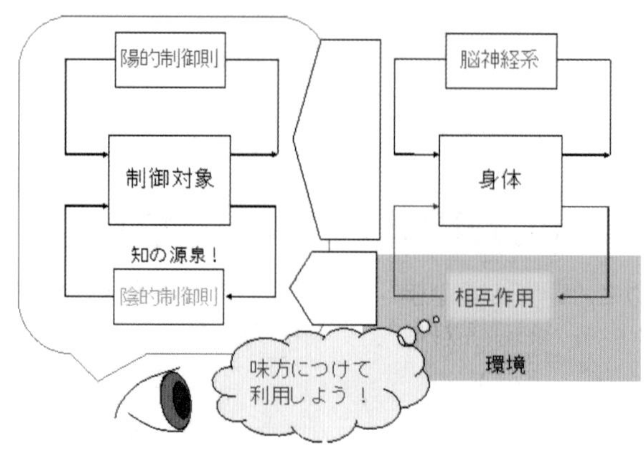

図2-2-5　陰陽制御

当該分野に欠如しているのは「設計論」である。自律分散システムには、複雑なシステムを縦割り的に設計するのではなく、横断的に「統合による設計をする」という考え方である「システムインテグレーション」が妥当な選択である。そのような設計論が当初から望まれていた。古くは1970年代、吉川は一般設計学序説（あるいは一般デザイン学）[33), 34), 35)] で「各分野の設計活動の背後には、統合（シンセシス）に関する一般的な方法が存在するはずである（中略）一方、統合に関する一般的方法はまだ解明されていない。」と述べている。そして、そこでは「統合に関する一般的方法（原理）を解明することをことに目標をおく」とし数学的に考察を深めている。

このような問題提起は、まさに「自律分散システム」のシステムインテグレーション的方法論（学理）を構築しようとする試みの源流であり、規範にすべき考え方である。とは言え、まだ「一般デザイン学」は完成しておらず考察を加える余地がある。その一つが「環境の存在」であり「身体と環境との相互作用」である。人工物の設計においては、ターゲットの対象物自体（身体）に注目することはもちろんであるが、それと同等に「身体とそれが置かれている環境との相互作用」に注目すべきである。

（7）国際比較

国・地域	フェーズ	現状	トレンド	各国の状況、評価の際に参考にした根拠など
日本	基礎研究	◎	→	自律分散システムの研究を最初に行った国の一つとして、この分野の基礎研究を高い水準で維持し続けている。特にムーンショット型研究開発制度の目標3である「2050年までに、AIとロボットの共進化により、自ら学習・行動し人と共生するロボットを実現」のプロジェクトでは、土砂災害対応や月面インフラ構築用の動的協働AIロボット群の開発が進んでいる。同時に、基盤研究や重点研究領域などの研究助成による自律分散システムの基礎研究も行われ、成果を上げている。
	応用研究・開発	○	↘	応用開発研究の面では、日本は世界でもトップクラスの研究水準で維持する。ムーンショットプロジェクトのCAFÉプロジェクトや、動的協働AIの開発だけでなく、NEDOの助成によるさまざまな自律分散型システムの実用化に関する研究も行われている。また、株式会社ispaceとジグソー株式会社の月面・小惑星探査型「宇宙群ロボット」の共同開発（2016年から）や、NTTとJAXA（宇宙航空研究開発機構）の地上と宇宙をシームレスにつなぐ超高速大容量でセキュアな光・無線通信インフラの実現に向けた共同研究などが進んでいる。株式会社トライアートとトヨタ自動車九州株式会社は工場内での複数メーカーのAGVどうしが交差点での優先走行を自律的に判断する「分散型優先走行制御システム」の開発に成功したと報告している。しかし、具体的な研究成果の産業化や社会実装においては、他国との競争力に見劣りする傾向にある。今後の巻き返しが期待される。

米国	基礎研究	◎	→	NSFやDARPAなどのfunding Agencyの投資による自律分散システムの研究は、依然として高いレベルを維持している。例えば、コロンビア大学のLiは、統計学の法則を利用して、簡単な自律分散制御で移動・運搬・障害物対応を行うロボット群を提案している。また、National Robotics Initiative（NRI）3.0やRI（IIS: Robust Intelligence）などの研究プロジェクトで、ロボットと人間の協調チームやマルチジェントシステムなど、自律分散システムをテーマとした研究も進行中である。
	応用研究・開発	◎	→	NASA、米軍、そして民間企業やスタートアップ企業は、自律分散システムの応用研究開発の分野で高い競争力を維持している。宇宙開発の分野では、NASAが小型ロボットの群れで異星の海に生命の痕跡を探るプロジェクトに多額の資金を提供し、DARPAが進めるOFFensive Swarm-Enabled Tactics（OFFSET）プロジェクトでは、自己分散システムの幅広い軍事利用が実現されている。
欧州	基礎研究	○	→	Horizon 2020、Horizon Europeなどの欧州の大規模プロジェクトの資金を受け、自律分散システムに関する多くの研究プロジェクトが進行中である。
	応用研究・開発	◎	↗	ヨーロッパは、自律分散システムの産業的な研究開発において、非常に強いポジションを占めている。また、Horizon 2020などの資金により、群ロボットで代表される自律分散システムは、精密農業システム（CANOPIES、イタリア）、海洋環境モニタリング（クロアチア）、水中環境探査（イギリス）、都市交通検出（スペイン）、都市建設（ドイツ）などにおいて優れた応用研究成果を挙げている。
中国	基礎研究	○	→	中華人民共和国国務院は「人工知能新世代発展計画」を発表し、「群知能」が人工知能分野の重要な研究方向であると明言している。科学技術省も「科学技術イノベーション2030における『新世代人工知能』主要プロジェクトの案内」の中で、人工知能分野の現在進行中の5大研究方向の一つとして「群知能」を挙げている。また、「共融ロボットの基礎理論と肝心な技術研究重大な研究計画」の資金援助により、自律分散システムに関する研究・論文数は増加し、論文の質も向上している。
	応用研究・開発	○	↗	一方、DJIに代表されるテクノロジー企業は、物流、農業、輸送などさまざまな分野で活用されるドローンについて、自律分散型システムに基づく製品開発に注力している。同時に、習近平の中国共産党第20回全国代表大会報告には、「科学技術を基盤とする中小・零細企業の成長に資する有利な環境を作り、イノベーションチェーン、産業チェーン、資本チェーン、人材チェーンの深い統合を目指す」と明記され、自律分散システムを技術的中核とする零細企業や新興企業の発展に有利な社会条件が整備される。
韓国	基礎研究	○	→	韓国研究財団（NRF）の資金援助により、ヘテロジニアス・マルチエージェントシステムの研究に代表される自律分散システムの基礎研究において、一定の成果が得られている。
	応用研究・開発	△	→	サービスロボットの分野に大きな投資をしており、その中でも自律分散型システムによるサービスロボットの研究は一定の成果を上げている。また、米国との協力により、自律分散システムが軍事利用されるようになり、一定の研究成果が得られている。
その他の国・地域（任意）	基礎研究	○	→	カナダやシンガポールなどは高いレベルを維持している。一方、インド、ブラジル、UAEなどの国も徐々に軌道に乗り始めている。
	応用研究・開発	△	→	インド、シンガポール、ブラジル、UAEなどでは、作物栽培、米の品質管理、スマート工場などで自律分散システムを活用している。ロシアは、宇宙探査に応用するための自律分散システムの開発のポテンシャルを持っている。

（註1）フェーズ

基礎研究：大学・国研などでの基礎研究の範囲

応用研究・開発：技術開発（プロトタイプの開発含む）の範囲

（註2）現状　※日本の現状を基準にした評価ではなく、CRDS の調査・見解による評価

◎：特に顕著な活動・成果が見えている　　○：顕著な活動・成果が見えている

△：顕著な活動・成果が見えていない　　×：特筆すべき活動・成果が見えていない

（註3）トレンド　※ここ１～２年の研究開発水準の変化

↗：上昇傾向、→：現状維持、↘：下降傾向

参考文献

1) 今福道夫「生物集団における群知能：動物集団の知能行動」『計測と制御』31 巻 11 号（1992）：1185-1189., https://doi.org/10.11499/sicejl1962.31.1185.

2) 森欣司, 宮本捷二, 井原廣一「自律分散概念の提案」『電気学会論文誌. C』104 巻 12 号（1984）：303-310., https://doi.org/10.11526/ieejeiss1972.104.303.

3) 森欣司『自律分散システム入門：システムコンセプトから応用技術まで』（東京：森北出版, 2006).

4) 伊藤正美「「自律分散システム」研究の動向と課題」『計測と制御』31 巻 1 号（1992）：214-218., https://doi.org/10.11499/sicejl1962.31.214.

5) 東京工業大学「みつめむれつくり（沖縄国際海洋博覧会 1975年）」YouTube, https://www.youtube.com/watch?v=-OCgbrbcQHQ,（2023年3月9日アクセス）.

6) 森政弘「日本のロボット研究の歩み 1975 Locomotion〈ロコモーション〉：みつめむれつくり」ロボ學, https://robogaku.jp/history/locomotion/L-1975-1.html,（2023年3月9日アクセス）.

7) 伊藤正美, 須田信英, 市川惇信『自律分散宣言：明日を拓くシステムパラダイム』（東京：オーム社, 1995).

8) 伊藤正美「自律分散」『文部省科学研究費補助重点領域研究成果報告書』（文部省, 1994).

9) 石川正俊, 他『自律分散をめざすロボットシステム』長田正 編著（東京：オーム社, 1995).

10) 福田敏男, 中川誠也「セル構造を有する自己組織化ロボット：その基礎概念とセル間の粗接近制御および形態決定方法について」『電気学会論文誌C（電子・情報・システム部門誌）』107 巻 11 号（1987）：1019-1026., https://doi.org/10.1541/ieejeiss1987.107.11_1019.

11) 福田敏男, 植山剛「分散型ロボットシステム：通信量からみたシステム組織の集中と分散」『日本ロボット学会誌』10 巻 3 号（1992）：329-333., https://doi.org/10.7210/jrsj.10.329.

12) Akio Ishiguro, Masahiro Shimizu and Toshihiro Kawakatsu, “A modular robot that exhibits amoebic locomotion,” *Robotics and Autonomous Systems* 54, no. 8（2006）：641-650., https://doi.org/10.1016/j.robot.2006.02.011.

13) Takeshi Kano, et al., “A brittle star-like robot capable of immediately adapting to unexpected physical damage,” *Royal Society Open Science* 4, no. 12（2017）：171200., https://doi.org/10.1098/rsos.171200.

14) 湯浅秀男, 伊藤正美「自律分散システムの構造理論」『計測自動制御学会論文集』25 巻 12 号（1989）：1355-1362., https://doi.org/10.9746/sicetr1965.25.1355.

15) 伊藤聡, 湯浅秀男, 伊藤正美「自律分散システムの適応理論」『計測自動制御学会論文集』35 巻 5 号（1999）：684-692., https://doi.org/10.9746/sicetr1965.35.684.

16) 石井秀明, 他『マルチエージェントシステムの制御』東俊一, 永原正章 編著, システム制御工学シリーズ 22（東京：コロナ社, 2015).

17) 北村新三, 喜多一「創発システム」『計測と制御』40 巻 1 号（2001）：94-99.,

https://doi.org/10.11499/sicejl1962.40.94.
18）小林亮「生物に学ぶ自律分散制御：粘菌からロボットへ」『計測と制御』54 巻 4 号（2015）：236-241., https://doi.org/10.11499/sicejl.54.236.
19）松野文俊「群行動の理解と群ロボット研究」『日本ロボット学会誌』35 巻 6 号（2017）：428-431., https://doi.org/10.7210/jrsj.35.428.
20）松野文俊「群行動の理解から群知能の創出をめざして」『計測と制御』59 巻 2 号（2020）：141-144., https://doi.org/10.11499/sicejl.59.141.
21）北野宏『システムバイオロジー：生命をシステムとして理解する』（東京：学研メディカル秀潤社，2001）.
22）文部科学省「身体・脳・環境の相互作用による適応的運動機能の発現：移動知の構成論的理解（淺間一）」https://www.mext.go.jp/a_menu/shinkou/hojyo/chukan-jigohyouka/1301311.htm,（2023年3月9日アクセス）.
23）淺間一，他 編著『移動知：適応行動生成のメカニズム』シリーズ移動知 1（東京：オーム社，2010）.
24）小林亮「科学技術振興機構 戦略的創造研究推進事業（CREST）：生物ロコモーションに学ぶ大自由度システム制御の新展開（2008-2014）」http://kobayashi-lab.jp/index.html,（2023年3月21日アクセス）.
25）小林亮「科学技術振興機構 戦略的創造研究推進事業（CREST）：環境を友とする制御法の創成（2014-2020）」http://jst.team-kobayashi-crest.jp/index.html,（2023年3月21日アクセス）.
26）大須賀公一「3H3-10 人工物の「開いた設計」とは？」第22回計測自動制御学会システムインテグレーション部門講演会（SI2021）（2021年12月15-17日），https://sice-si.org/conf/si2021/index.html,（2023年3月9日アクセス）.
27）大須賀公一「建設機械の「開いた設計」とは？」『計測と制御』61 巻 9 号（2022）：684-687., https://doi.org/10.11499/sicejl.61.684.
28）大須賀公一，他「制御系に埋め込まれた陰的制御則が適応機能の鍵を握る！？」『日本ロボット学会誌』28 巻 4 号（2010）：491-502., https://doi.org/10.7210/jrsj.28.491.
29）大須賀公一『知能はどこから生まれるのか？：ムカデロボットと探す「隠れた脳」』（東京：近代科学社，2018）.
30）大須賀公一，他「1D1-1「環世界ベースド制御学の創成」に関する一考察」第35回自律分散システムシンポジウム（2023年1月22-23日），https://sites.google.com/sice-das.org/das35th/%E3%83%97%E3%83%AD%E3%82%B0%E3%83%A9%E3%83%A0,（2023年3月9日アクセス）.
31）小林祐一『ロボットはもっと賢くなれるか：哲学・身体性・システム論から学ぶ柔軟なロボット知能の設計』（東京：森北出版，2020）.
32）ユクスキュル，クリサート『生物から見た世界』日高敏隆，羽田節子 訳（東京：岩波文庫，2005）.
33）吉川弘之「設計学研究」『精密機械』43 巻 505 号（1977）：21-26., https://doi.org/10.2493/jjspe1933.43.21.
34）吉川弘之「一般設計学序説：一般設計学のための公理的方法」『精密機械』45 巻 536 号（1979）：906-912., https://doi.org/10.2493/jjspe1933.45.906.
35）吉川弘之『一般デザイン学』（東京：岩波書店，2020）.

2.2.7 産業用ロボット

(1) 研究開発領域の定義

産業用ロボットは、自動車産業、電気電子産業、など、主に製造業で自動化を目的として利用されるロボットである。近年は食品産業などの新たな分野や高度な作業、中小企業への導入が求められ、従来のような繰り返し再生による大量生産ではなく状況に応じた柔軟なシステムの開発の重要性が増している。本領域はそのようなトレンドへの対応を目的として、ものづくりのための高度な要素技術開発、システムインテグレーション技術の高度化などの研究開発を実施する領域である。

(2) キーワード

製造業、ロボットアーム、人間協働ロボット、安全、機械学習、センサーベーストマニピュレーション、動作計画、デジタルツイン、システムインテグレーション、エンドエフェクター

(3) 研究開発領域の概要

[本領域の意義]

産業用ロボットはこれまで日本が世界をけん引してきた。ロボットの導入をいち早く進め、1980年代から90年代にかけて製造台数、使用台数共に世界の過半数を占めていた。しかし、多くの製造業が工場の海外移転を進めると、わが国のシェアは下がり始めた。さらに近年では諸外国の産業用ロボットメーカーも増え、特に人間協働ロボットについては数多くの外国メーカーが台頭してきている。従来型の大量生産のためには、高速高精度に動く産業用ロボットが有利であり、日本のメーカー各社の培ってきた技術により他の追随を許さない優位性がある。一方で、それほどには高速性、精度を要求しない人間協働ロボットについてはその優位性は発揮されず、日本メーカーの優位性は失われつつある。

また近年は、IT技術の発達に伴い、画像処理技術の発達、ディープラーニングなどの機械学習技術の利用、デジタルツインなどのサイバーフィジカルシステムの導入など、さまざまな新技術が産業用ロボットの領域に組み込まれてきた。このため産業用ロボットシステムは複雑化し、従来の技術だけでは対応しきれない状況が生まれてきている。今後も日本の産業用ロボットの領域が世界をけん引していくためには、これらの技術を組み込んだシステムの研究開発および人材の育成は必須であり、急務である。

複雑化する産業用ロボットシステムを扱うためには、単にシステムの設計・開発を担うシステムインテグレーション人材を増やすだけではなく、効率的に設計・開発が進められるよう、新たな技術の研究開発が重要である。周辺の環境や作業者によって動作を自動的に変更するための動作計画技術、周辺環境を監視するセンサー類や作業を実施するエンドエフェクター類、作業者や周辺の安全を確保する保護装備等の設計を支援する技術、など、この領域に特化したさまざまな技術開発、研究開発が必要である。

今後も産業用ロボットが日本を代表する技術であり続けるためにも、本領域におけるこれらの研究開発、人材育成は重要な意義を持っている。

[研究開発の動向]

産業用ロボットの稼働台数推移[1)]

産業用ロボットは1980年ごろから本格的な普及が始まったとされている。日本ではいち早く工場での生産に取り入れ、日本ロボット工業会の統計によれば、1985年には全世界で14万台弱のロボットが稼働しているうち、その67%ほどが日本国内で稼働していた。バブル経済崩壊後、日本国内の稼働台数は停滞を続けていたが、2000年においても全世界75万台ほどのうち日本国内で39万台ほど、と過半数を占めていた。しかし2000年代から2010年代半ばにかけて停滞が続き、2017年で日本国内の稼働台数は30万台弱となっていた。

この間、世界でのロボット導入は着実に進み、2010年には100万台に達し、2017年には212万台と200万台を超えた。日本も徐々に数を増やし始めており、2020年には37万台強まで回復した。しかし、全世界ではそれ以上のペースで増加しており、2020年には301万台と300万台を超えており、200万台から300万台まではわずか3年で達している。

この間に最もロボットの導入が進んだのは中国である。2000年から初めて統計に930台で登場し、その後はほぼ毎年30%以上の伸びを記録し、2010年には5万2000台、2016年には35万台弱と日本を抜いて世界1位となり、2017年には50万台、2020年には94万台に達している。

産業用ロボットの出荷台数推移[1)]

全世界の出荷台数は1980年代から2000年代まで、途中世界の経済情勢による増減はあるものの、ほぼ1次関数的に順調に伸び、2010年には年間10万台強となった。その後2010年代は中国をはじめとした世界中の需要の伸びに支えられ、指数関数的に増え、2018年には42万台強となった。ただし、その後は新型コロナ感染症の影響で伸び悩み、2020年は38万台強にとどまっている。

日本のロボット出荷台数は、1980年代から90年代にかけては全世界の出荷台数の9割ほどを占めていた。その後シェアは徐々に減り2012年以降は、過半数は維持しているが6割弱で推移している。6割弱のシェアを占めていることもあり、出荷台数は、2010年代後半は順調に伸び、2018年には24万台を出荷している。ただし、そのうち国内向け出荷は3割前後で推移しており、海外への輸出が7割ほどを占めているのが現状である。

人間協働ロボット

一般的な産業用ロボットは、その動作が複雑で予測が困難なことから安全のために柵などで囲い、作業者とは分離した状態で使用することがISOやJISにより求められている。そのために、ロボットを設置する工場では広いスペースが必要となり、また、システムや配置の変更が行いづらいという問題をもたらしていた。そのような中で、2008年ごろにUniversal Robots社のUR5や川田工業のNEXTAGEなどが発売され、2015年ごろにはFANUCのCRシリーズや安川電機のHC-10など、さまざまな人間協働ロボットが発表され、このころからさまざまなユーザー企業で人間協働ロボットが用いられるようになってきた。人間協働ロボットは、センサーを搭載し、人との接触時にも安全を確保する仕組みを有しているため、安全柵などで分離をする必要がなく、人と隣り合って作業をすることが可能という点が大きな特徴となっている。

ただし、安全性を担保するため、最高速度の制限などが課せられており、一般的な産業用ロボットに比してその作業スピードはかなり遅くなる。このため、例えば、製造ラインに並んでいる人1人をそのまま人間協働ロボットに置き換えることができない場合もある。現状では、人と協調して作業を遂行する、という使われ方は多くなく、安全柵が不要なロボットとして利用されているケースが多い。一方で、柵が不要のため再配置がしやすい点から、短いサイクルでの組み換えが起こる製造ラインに使いやすい、というメリットもある。

人間協働ロボットは最高速度や位置決め精度がそれほど求められない場合が多く、従来の産業用ロボットメーカー各社のほかに、中国をはじめとする海外からの多くの新規参入メーカーが出てきている。中国メーカーのJAKA、DOBOT、Elite Robotや、台湾メーカーのTechManなどの製品は、既に日本でも多く扱われている。

アームを搭載した移動ロボット

生産現場において移動ロボットは古くから利用されている。これは主にAGV（Automatic Guided Vehicle）と呼ばれるもので、床に磁気テープを貼り、そのテープに沿って移動ロボットが走行するというものである。 AGVには、製造ライン等の配置を変更するときには磁気テープの貼り直しが必要となり、手間がかかる欠点があった。近年、センサーを搭載し、環境の地図に基づいて自律的に走行するAMR（Autonomus

Mobile Robot）と呼ばれる移動ロボットが登場した。磁気テープなどの設備なしで移動できるため、途中に障害物があっても避けて通ることができ、配置変更にも容易に対応ができるなどさまざまなメリットを有している。周囲の計測と自己位置推定を同時に行うSLAM（Simultaneous Localization and Mapping）技術は15年ほど前から国内外で研究が行われてきたが、2018年ごろからは物流や生産現場においても普及が進み、カナダのOTTO Motors、スイスのラピュタロボティクス、デンマークのMobile Industrial Robots、中国のForwardX Robotic、ギークプラスなど、さまざまなAMRメーカーが誕生している。

さらに、AMRにマニピュレータアームを搭載し、荷物の搭載、積み下ろしも自律的に可能な移動マニピュレータも提案され、用いられるようになった[11)]。これもAGVへの積載用コンベアーなどの設備が不要となり柔軟な配置変更を容易とする。

AI・機械学習

ディープラーニングをはじめ、機械学習などのAI技術は画像処理との相性が良く、近年、産業用ビジョンシステムに大きな変革をもたらした。ハンドリングや溶接等の対象物（ワーク）の種別認識や位置姿勢計測、ロボットの動作計画、ロボットハンドでの把持可能領域の推定等、さまざまな計測・認識技術に利用されている。ただし、ビジョンでワークを計測し、ハンドでつかむべき位置を学習するときには、実際の環境で行わなければならず、数千回、数万回のデータが必要な機械学習は現実には困難である。そこで、シミュレーション環境で多数回の学習を行い、十分学習が進んだ段階で実機での学習を行うことで高速に高効率に学習を行う手法なども開発されている[10)]。この分野は今後ますます発展し、重要度が増していくものと考えられる。

システムインテグレーション

近年のロボットシステムは高度化が進んでいる。ビジョンセンサーや力センサー、近接センサー、触覚センサーなどさまざまなセンサー類が搭載され、センサー情報に基づいたロボット動作の変更が求められるなど、システムの複雑化、制御プログラムの高度化が進んでいる。高度化するロボットシステムに対し、適切なセンサーや周辺機器の選択、さらにそれらを活用するソフトウェアの設計・開発を行うロボットシステムインテグレーション技術の重要度は日に日に高まっている。以前は特定のメーカーのロボットのみを扱うインテグレーター企業も多く存在していたが、近年では顧客のさまざまな要求に応えられるよう、多くのメーカーの機種を扱うことが増え、ますますシステムインテグレーションの専門家の需要は高まっている。2018年に、それまでは各企業が個別に技術の蓄積、技術者の育成を行っていたものを、共通基盤として能力強化および事業環境向上等を目的として、FA・ロボットシステムインテグレーション協会が設立された。ロボットシステムの設計・開発を行うロボットシステムインテグレーター（ロボットSIer）の需要は今後ますます高まり、システムの安全性の確保や、海外での競争力向上のためにも、その支援は重要なものとなっている。

（4）注目動向

［新展開・技術トピックス］

産業用ロボットとサービスロボットの融合[12)]

先に紹介したように近年の研究開発の動向として、人間協働ロボットの普及、および、AMR等の自律移動ロボットの登場がある。この技術は産業用途としても有効なものだが、それと同時にいわゆるサービスロボットにも共通して必要となる機能である。家庭内で指示されたものを取ってくるロボットと安全柵や磁気テープなどの環境の作りこみを廃した移動機能を兼ね備えた産業用ロボットの間には、機能上の大きな差異はない。これまでは産業用ロボットとサービスロボットは別のものと考えられていたが、今後は境界のあいまいなものとして、さまざまな点で共通に扱う必要が出てくるものと考えられる。例えばドイツのロボットメーカーKUKAでは既に、介護の分野で人間協働ロボットを利用したリハビリテーションロボットの開発を進めている。

ソフトウェア研究の重要性の高まり

近年、ロボット関係の大型プロジェクトとして、IMPACT「タフ・ロボティクス・チャレンジ」、ムーンショット「目標3：2050年までに、AIとロボットの共進化により、自ら学習・行動し人と共生するロボットを実現」などが行われている。前者ではハードウェア機構を重視したシステム開発が進められているがこれは災害対応を対象としたプロジェクトであり、まだまだハードウェア開発が重要な分野である。後者に見られるように、産業用ロボット分野やサービスロボット分野においては、ディープラーニングをはじめとする機械学習や動作計画など、研究の主体がソフトウェアに移行している。これは国内外共通の傾向である。日本ロボット学会学術講演会、IEEE ICRA（Int. Conf. on Robotics and Automation）、IEEE CASE（Int. Conf. on Automation Science and Engineering）などの主要な学術講演会においても同様の傾向が見られる。

共通プログラム環境ROS

これまで、産業用ロボットの動作に必要なプログラム言語は、ロボットメーカー各社が独自に開発・発展してきたため、互換性がなく、ユーザーやSIerは同じメーカーの機械を使い続けるか、複数のメーカーの言語を覚えなければならなかった。共通化の取り組みは古くから行われていたが、今後は、ROS（Robot Operating System）[1]が研究者だけでなく、ロボットメーカー、システムインテグレーター、ロボットユーザーにも使われるようになり、共通化の中心的な役割を果たしていくものと思われる。

さまざまなタイプのロボットハンド

従来は、空気圧もしくは電動による1自由度開閉型のグリッパーやバキュームタイプのハンドがほとんどであった。しかし近年、不定形な食品などのハンドリング用に開発された空気圧で変形する柔軟ハンドや、ベルヌーイ効果を利用した非接触ハンドなど新たな形態のハンドが見られるようになった。また米国Robotics Material社の開発したSmart Handは2指の平行グリッパーにカメラおよびコントローラを内蔵し、ハンド内で画像処理に基づく動作計画を実施し、ロボットアームへ動作指示を送ることができる。

このようにさまざまなタイプのロボットハンドが提供されるようになった反面、ロボットアームおよびコントローラへの接続は複雑になった。特に自由度の高いハンドやセンサーを搭載したハンドについては特殊なインターフェースとなることが多く、今後は機械的・電気的・制御的なハンドの接続の規格化が必要となる。

[注目すべき国内外のプロジェクト]

中国

2015年に発表された「中国製造2025」で中核産業の一つとして高性能NC工作機械とロボットが含められたことに引き続き、2016年には「ロボット産業発展計画（2016–2020）」が発表され、10製品、5基幹部品が指定された。10製品は、溶接ロボット、清掃ロボット、知能化産業用ロボット、人間機械協調ロボット、双腕ロボット、重量物用無人搬送車、消防救助ロボット、手術ロボット、知能公共サービスロボット、知能看護ロボットである。また、5基幹部品は、高精度減速機、ロボット用高性能モーター、高性能コントローラー、センサー、ターミナルアクチュエータである。サービスロボット分野関連も含まれているが、産業用ロボット分野にかなり注力をしていることが見て取れる。さらに、2020年には「2020年知能ロボット重点特別プログラム」が発表されている。

第14次国家経済社会発展5カ年計画（2021–2025）では、戦略目標として、2025年までにロボット分野のイノベーション、ハイエンド製造、集積ソフトウェアの世界的ハブになること、2035年にはロボット分野

1　米Willow Garage社が開発した、オープンソースのロボット制御ソフトウェアで開発環境も含む。現在は、非営利団体Open Source Robotics Foundationが開発管理を行っている。

が経済発展、人々の生活、社会管理の重要な一部分となること、を掲げている。その内容としては、サプライチェーンや重要製品と基幹技術の研究開発など、産業基礎能力の強化、先進的製造クラスターの育成による、集積回路、航空宇宙、船舶海洋工学設備、ロボット工学、先進的輸送設備、電力設備、建設機械、ハイエンドNC工作機械、医療医薬設備などの産業の革新的発展を促進する、としている。

日本

革新的ロボット研究開発基盤構築事業（NEDO）

2020年度から5年間の予定で実施されている産業用ロボットに関するプロジェクトである。ロボット導入があまり進んでいない領域にも対応可能な産業用ロボットの実現に向けた要素技術開発を進めるものである。具体的な対象としては、汎用動作計画、ハンドリング、遠隔制御、ロボット新素材が挙げられている。汎用動作計では、作業対象物や把持動作のデータベースを活用して作業計画の最適化のロジックやアルゴリズムの開発を行う。ハンドリングでは、各種センシング技術を搭載し、データベースとの連携を可能とするエンドエフェクターの開発を行う。遠隔制御では、通信遅延や擾乱がある状況でも安全に制御が行えるような信号伝達規格の開発を行う。ロボット新素材では、樹脂や複合材料のロボットへの適用可能性について評価すると共に、圧力・振動・温度などのセンサー材料の組み込み技術や無線給電等の実現等に向けた技術の開発を行う。

World Robot Summit（経産省・NEDO）

2018年と2021年の2回開催されたWorld Robot Summit（WRS）は、展示会であるWorld Robot Expo（WRE）と競技会であるWorld Robot Challenge（WRC）からなるイベントである。WRCの中では、ものづくりカテゴリー（Industrial Robotics Category）の競技として製品組み立てチャレンジ競技が開催された。ここでは2～3台程度のロボットアームで多種の部品からなる製品を組み立てる技術が競われた。取り扱う部品や組み立て技術の高度さに加え、直前に製品の仕様変更があるなど、対応の柔軟性も求められる。これにより参加チーム（ロボットSIer、一般企業、大学 等）の技術力向上および人材育成が図られている。

韓国

2019年に「第3次知能化ロボット基本計画（2019–2023）」が発表され、2023年までに世界トップ4のロボット産業国に飛躍するというビジョンが掲げられた。主な課題として、2023年までに累計70万台の産業用ロボットを供給すること、食品、飲料、繊維などの作業を対象に標準モデルを開発すること、などを挙げている。また、ロボット産業エコシステムの強化、として、インテリジェントコントローラ、自律移動センサー、スマートグリッパーの次世代3要素、ならびに、ロボットソフトウェアプラットホーム、把持技術ソフトウェア、画像情報処理ソフトウェア、人間・ロボット相互作用の4要素の自律化を支援し、さらに、減速機、モーター、モーションコントローラなどの実証・普及に重点を置いた支援を強化する、としている。

欧州

2014年から2020年まで行われたFP8（第8次フレームワークプログラム.別名Horizon2020）において、研究成果を市場に出すことを目的として、ナビゲーション、人間とロボットの相互作用、認識、認知、ハンドリングなどの自律システム・機能に焦点を当てた後、2018年から2020年にかけては、ロボティクスによる産業のデジタル化、AIと認知、認知メカトロニクス、モデルベースの設計・構成ツールなどのコア技術に関連した取り組みを行った。

2021年から2027年までとして始まったHorizon Europeではロボット関連はCluster4: Digital, Industory, and Spaceに組み込まれている。ここでは、デジタル化、AI、データ共有、先端ロボット、モジュール化などの研究に基づき、製造業などのデジタル化、作業者を支援する自律的ソリューション、認知機能の強化、人とロボットの協働に重点が置かれている。

米国

2011年に発表された先進製造パートナーシップの施策の一つとしてNational Robotics Initiative（NRI）がスタートし、その後も2016年にNRI–2.0、2021年にNRI–3.0が発表されている。また2017年にはロボティクスとAIを通じて米国の製造業を強化することを目的として、産官学の垣根を越えて活動する組織としてAdvanced Robotics for Manufacturing（ARM）Institute が、カーネギーメロン大学を中心に立ち上げられた。

NRI–3.0では農業、宇宙、運輸、衛生、労働安全など多岐にわたる分野のプロジェクトが進められているが、その中で人間との密接な協働、さまざまな状況に対応するエンドエフェクターなど、産業用ロボットにも有効な研究開発も行われている。

（5）科学技術的課題

ロボットシステムの汎用化

ロボットアームは6自由度など多自由度の汎用機械である。これらの機械は、工場に導入する際に目的の作業に合わせて周辺装置と組み合わせたロボットシステムに組み込むと、その作業の専用機械システムとなってしまい、その作業が行われなくなると使われなくなり、死蔵となることが多々見受けられる。しかし、近年のセンサー類を備えた動作計画や、AI・機械学習等ソフトウェア技術の発達、システムインテグレーション技術の需要増加という流れによって、今後ロボットシステムの汎用化を進める素地ができ上がりつつある。これにより、そのようなことを可能とするソフトウェア技術、ハンドリングや各種作業のための汎用化が可能なツール群、これらをまとめるシステム設計論の開発が今後の重要な課題となってくる。

エンドエフェクターの規格化

ハンドなどのエンドエフェクターを取り付ける、アーム手首部先端のフランジの機械的な接続に関する規格はISOおよびJISで規定されているが、電気信号、空気配管、制御プロトコルなどについては各メーカー、機械で個別に規定されており、統一されていない。人間協働ロボットアームURシリーズを開発・販売しているデンマークのUniversal Robots社は、ハンドなどのエンドエフェクターの規格をUR+として制定し、UR+にのっとった製品を取り付けると、アーム部と合わせて同様な方法でエンドエフェクターのプログラミングも可能となる。 TechManも同様にTM Plug & Playという機能を提供している。これらが別々に開発されていくと、囲い込みによりアームとハンドの組み合わせの自由度が失われていく危険性がある。このため全体を通した規格化が重要でなる。規格化により各メーカーの製品をそろえる必要がなくなり、コストの低下も可能となる。

安価で性能の良い人間協働ロボットの開発

日本メーカーは、高性能な産業用ロボット提供し続けることでこれまで世界におけるシェアを拡大してきた。しかし近年、人間協働ロボットのように高速で動かすことのない製品の登場や、工場以外の用途としてそれほど精度が必要とならない作業の増加に伴い、新興国から安価なロボットが販売されるようになり、日本メーカーのシェアを減らす一因ともなっている。このことから、今後の目指すべき方向の一つとして、自動車産業における日本メーカーの取り組みと同様に、安価で性能の良いロボットの開発が考えられる。このためには制御技術の向上、モーターや減速機の開発、センサーの搭載およびその利用技術の向上などが重要な課題となってくる。

（6）その他の課題

人材確保・人材育成

これまで示したように、近年は多種のセンサーの利用、AI・機械学習の導入、それらに基づく動作プログラムの複雑化が進んでいる。このためロボットユーザー自身でロボットシステムを構築することは困難となっており、専門のシステムインテグレーター（SIer）の需要が高まっている。しかしロボットシステムインテグレーター企業は規模の小さな会社が多く、またロボットシステムの設計・開発は経験等に依存する点が多く、人材の確保、育成は簡単ではない。FA・ロボットシステムインテグレーション協会では、高校・高専・大学への紹介講座等の実施や、若手技術者のための講座開設や認定試験の実施など、さまざまな取り組みを行っているが、協会単独の取り組みでは限界がある。SIerの確保・育成の遅れは、今後のロボットシステム開発の国際競争力の低下に直結する問題であり、速やかに対策をとる必要のある重要な課題である。

産学官連携の枠組みの構築

わが国において一時期、学（研究者）と産（ロボット関連企業）の乖離が懸念されていた時期がある。学会において企業の参加者が少なくなり、研究者も独自に考えた前提条件で研究発表を行っていた。近年、AI・機械学習等ソフトウェア研究が増えてきたことに合わせ、企業からの学会参加者は増えてきてはいるが、課題設定の妥当性などについてはいまだ解消されたとは言い難い。これは学の側だけに問題があるわけではない。例えば、力センサーは30年前には「高価で壊れやすく使えない」として企業からは敬遠されていたが、10年ほど前からは安価で対故障性能の高い製品が出てきたことから今や標準的な産業用ロボットのオプションとなっている。先を見据えた、かつ妥当性のある課題設定を見つけ出すことが重要であり、官による支援のもと、産学が連携して妥当性のある課題を発掘する枠組みが必要と思われる。また、上記と近い問題ではあるが、既存技術の延長ではなく、新たなブレークスルーをもたらす技術開発を、学における基礎的な研究を活用しつつ、そこに残された課題を産により検討し、有望そうなものに対して産学官共同で解決法を探る仕組みが、今後のイノベーションのためにも重要になる。

（7）国際比較

国・地域	フェーズ	現状	トレンド	各国の状況、評価の際に参考にした根拠など
日本	基礎研究	○	↘	研究人口は多く、国内学会等での研究発表は盛んであるが産業用ロボットに関するものは少ない。またICRA、IROSなどの主要な国際会議における発表件数が減っており、プレゼンスの低下傾向が見られる。
	応用研究・開発	◎	→	高いレベルでの一定の水準は維持しているが、新たな研究・開発の面では進度は低い。
米国	基礎研究	○	→	研究人口は多く、ICRA、IROSなどの主要国際会議でも多くの発表がなされている。
	応用研究・開発	◎	→	産業用ロボットを主目的とした政策的な支援は少ない（National Robotics Initiative 3.0の一部等）が、Mantis RoboticsやAgility Robotics等のベンチャーをはじめとする企業の活動は旺盛であり、多くの事業化がなされている。
欧州	基礎研究	◎	↗	Horizon2020に引き続き、Horizon Europeにおいても基礎研究として多くの成果をあげている。
	応用研究・開発	○	→	Horizon2020では現場への実装も含めた成果をあげている。また、Universal RobotsやFranka Emikaなどの新興企業も堅調に成長している。

中国	基礎研究	○	↗	研究人口は年々増加しており、ICRA、IROSなど主要な国際会議における発表件数も増加傾向にある。
	応用研究・開発	◎	↗	新松などの古くからある企業に加え、Dobot、Elite Robots、Standard Robots等、多くのベンチャー企業が立ち上がり、人間協働ロボット、AMRの開発に注力している。
韓国	基礎研究	○	→	研究人口は必ずしも多くないが、ICRA、IROSなどで一定のレベルの成果はあげている。
	応用研究・開発	△	↗	一時期は産業用ロボット関連は下火であったが、導入の増加に合わせて、第3次知能化ロボット基本計画など産業への注力が行われ、成長を見せている。
台湾	基礎研究	△	→	研究人口は多くないが、ICRA、IROSなどで一定のレベルの成果はあげている。
	応用研究・開発	○	→	HIWINやTechManなどのメーカーが堅調に成果をあげており、日本にも多く進出している。

（註1）フェーズ

基礎研究：大学・国研などでの基礎研究の範囲

応用研究・開発：技術開発（プロトタイプの開発含む）の範囲

（註2）現状　※日本の現状を基準にした評価ではなく、CRDSの調査・見解による評価

◎：特に顕著な活動・成果が見えている　　〇：顕著な活動・成果が見えている

△：顕著な活動・成果が見えていない　　×：特筆すべき活動・成果が見えていない

（註3）トレンド　※ここ1～2年の研究開発水準の変化

↗：上昇傾向、→：現状維持、↘：下降傾向

参考文献

1) 日本ロボット工業会『ロボット産業需給動向2022年版（産業ロボット編）』(東京: 日本ロボット工業会, 2022).
2) ロボットによる社会変革推進会議「ロボットを取り巻く環境変化と今後の施策の方向性：ロボットによる社会変革推進計画（2019年7月）」経済産業省, https://www.meti.go.jp/shingikai/mono_info_service/robot_shakaihenkaku/pdf/20190724_report_01.pdf, (2023年3月9日アクセス).
3) 日本工業標準調査会『JIS B 8433-2：2015ロボット及びロボティックデバイス：産業用ロボットのための安全要求事項：第2部：ロボットシステム及びインテグレーション』(日本規格協会, 2015).
4) ISO/TC 299 Robotics, *ISO 10218-2: 2011: Robots and robotic devices — Safety requirements for industrial robots — Part 2: Robot systems and integration* (International Organization for Standardization, 2011).
5) International Federation of Robotics (IFR), *Information Paper: World Robotics R&D Programs* (Frankfurt: IFR, 2021).
6) International Federation of Robotics (IFR), "Positioning Paper: Robots and the Workplace of the Future (March 2018)," https://ifr.org/papers, (2023年3月9日アクセス).
7) International Federation of Robotics (IFR), "Positioning Paper: How Connected Robots are Transforming Manufacturing (October 2020)," https://ifr.org/papers, (2023年3月9日アクセス).
8) 国立研究開発法人新エネルギー・産業技術総合開発機構（NEDO）「（NEDO北京事務所仮訳）「十四五」計画におけるロボット産業の発展計画の発表に関する通知」https://www.nedo.go.jp/content/100952928.pdf, (2023年3月9日アクセス).

9）八山幸司「米国におけるロボットに関する取り組みの現状（2015年7月）」独立行政法人日本貿易振興機構（JETRO）, https://www.jetro.go.jp/ext_images/_Reports/02/a959c3cf82bb7530/reports_NY201507.pdf,（2023年3月9日アクセス）.

10）Kensuke Harada, et al., “Experiments on learning-based industrial bin-picking with iterative visual recognition,” *Industrial Robot* 45, no. 4（2018）: 446-457., https://doi.org/10.1108/IR-01-2018-0013.

11）International Federation of Robotics（IFR）, “Information Paper: A Mobile Revolution: How mobility is reshaping robotics（June 2021）,” https://ifr.org/papers,（2023年3月9日アクセス）.

12）International Federation of Robotics（IFR）, “Information Paper: Robots in Daily Life: The Positive Impact of Robots on Wellbeing (October 2021）,” https://ifr.org/papers,（2023年3月9日アクセス）.

2.2.8 サービスロボット

（1）研究開発領域の定義

サービスロボットとは、汎用的な産業用ロボット以外のロボット全般を指すことが多く、明確に定義されているものではないが、本稿においては、1）基本日常生活動作（ADL: Activities of Daily Living）や調理・掃除などの手段的日常生活動作の質的向上や社会的弱者の自立支援を目的とした、生活支援・介護ロボット、2）小売業や宿泊、飲食サービス業などで客や従業員と同じ場所で共に働くコワーキングロボット、3）人々と社会的なインタラクション、会話、触れ合いなどを行うコミュニケーションロボットの3分野について論じる。

人へのサービスを提供するロボット分野であることから、ユーザーとの距離が近いことに起因する「安全性」や、自ら考え、認識、判断する「自律性」などの技術の確立を課題とした研究開発領域である。

（2）キーワード

非構造化環境（non-structured environment）、介護ロボット、リハビリ支援、ブレイン・マシン・インターフェイス（BMI）、コワーキングロボット、テレプレゼンスロボット、ソフトロボティクス、対人インタラクション、コミュニケーションロボット、スマートスピーカー、ロボットセラピー

（3）研究開発領域の概要

[本領域の意義]

新エネルギー・産業技術総合開発機構（NEDO）の「2035年に向けたロボット産業の将来市場予測」において、2035年におけるロボット産業の市場規模を9.7兆円と予測している。中でもサービス分野の伸びは著しく2020年の1兆円から2035年には5兆円に迫るとしている。サービス分野の伸びが大きいと予測される理由として、少子高齢化による労働人口の減少に伴い、生活支援・介護や医療などにおける人材不足解消や、これらの業務従事者の負担軽減に資するロボットの普及が期待され、社会課題の解決という観点からも高い意義がある。面倒な家事、屋外での危険な作業、コンビニやファミリーレストラン等での深夜業務などを代替するため、コワーキングロボットの導入および、コミュニケーションロボットやスマートスピーカー等の新たな分野への普及が現実味を帯びている。

サービスロボットは家庭や店舗、公共施設などの非構造化環境において、ユーザーと近接して、共同で働くものである。このため、より高度な安全性が要求される。また、定型的なタスクの定義が困難であるため、自ら考え、認識、判断する自律性が強く求められる。これらの課題を解決するためには、機構学や制御工学といった従来の研究分野とともに、ソフトロボティクスや対人インタラクションなどの新しい研究分野との学際的な研究開発が必須となる。以上のように、市場規模が増大すると予想されるサービスロボット分野に対応するおよび、新しい研究分野とのコラボレーションが必須であることが、本領域の研究意義である。

[研究開発の動向]

これまでの研究の経緯

生活支援・介護ロボットは、生活機能が低下した高齢者や障がい者の「活動」や「社会参加」を支援するという目的で、1970年代より研究開発が始まった。例えば、1977年から機械技術研究所（現：産業技術総合研究所）において、視覚障がい者の移動支援を行う「盲導犬ロボット」[1]の開発が行われた。一方、介護者の負担軽減も重要なテーマであり、1978年頃から同じく機械技術研究所で、双腕マニピュレーターにより人が乗ったベッドごと抱き上げて移乗支援を行う介助移動装置「メルコング」[2]の開発が行われた。1990年代前半には、加藤一郎により就労支援も含む自立支援、社会参加支援、介護者支援からなる生活支援ロボットの構想が提案され[3]、また土肥健純は、広範なライフサポートテクノロジーとして、介護ロボット、コミュニケーション支援と精神的支援も合わせて、介護者および被介護者の両方の立場に立ったロボットを提案して

いる[4)]。

サービスロボットは、従来、工場や店舗のバックヤードで作業を行う、人が留守のうちに家庭の掃除をする等、人と直接触れ合うことは少なかったが、近年は飲食店のバックヤードやフロントヤード、ホテルの受付、案内のように、人と共生、協働することが求められ、2010年代後半からベンチャー企業を中心に市場を形成しつつある。本稿ではそれらのロボットを総称してコワーキングロボットと呼んでいる。

コミュニケーションロボットの研究開発は比較的新しく2000年頃に始まった[5), 6)]。当時、ASIMO（ホンダ）やAIBO（ソニー）など、ヒューマノイドロボットやペットロボットによる人々とのインタラクションに注目が集まった。初期の研究の多くは、ロボットがパフォーマンスを行う等のエンターテインメント目的のものや、ロボットが周囲の人々と比較的シンプルで情緒的な交流を行う方法とその応用に関するものであった[7)]。例えば、MITのCynthia Breazealらが開発したロボットKismetは擬人的な外見を持ち、周囲の状況に応じてさまざまな顔表情を表出することで、ロボットとユーザーとの間に、まるで幼児とその保護者の間のような情緒的な交流を引き起こした。産業技術総合研究所が開発したアザラシ型ロボットParoは、触れ合いによりユーザーとの情緒的な交流を可能にした。衛生面の問題から動物を持ち込めない病院等で、アニマルセラピーに代わる、Paroを用いたロボットセラピーが行われ、入院患者や高齢者に癒やしをもたらした。

現在の潮流

移動という基本的な生活機能に対する支援技術には、家庭・病院・介護施設などの屋内環境用から外出用まで、さまざまな場面で利用されるものが研究開発されている。パーソナルモビリティー技術に関して、2011年に始まったつくばモビリティロボット実験特区における社会実験の取り組みが行われ[8)]、その後全国に展開された。またWHILL（株）が開発した電動車いすは、近距離移動のプラットフォームとして障がい者だけでなく健常者に対しても家庭、買い物、駅、空港などさまざまな場面で使われている。さらに、2020年には自律移動機能を実装した空港ターミナル内での自動運転サービスを実用化した。

介護現場での高齢者見守りに特化したシステムの実用化事例も増えてきた。カメラ、レーダー、あるいはマット型センサーシート、荷重センサーなどのデバイスを用いて、ベッド上や浴室などでの危険事象（転倒、転落、単独での離床など）を検知し、介護者に知らせる機能を持つ。その際に、コミュニケーションロボットやスマートフォン、時計型デバイスなどと連動し、声がけを行うシステムも開発されている。見守りシステムは介護施設における介護職員の、特に夜間の負担軽減につながることが分かっており、その利用は2018年の介護保険報酬改定にて加算の対象となり普及が加速した。

2022年時点でのコワーキングロボットの例では、空港で働く自律走行型の警備ロボットやレストランの配膳ロボットが、接客・案内も行うなど、1台のロボットに対しコア機能を中心にさまざまな機能が付加され、サービスロボットが提供する機能の多角化が進んでいる[9), 10)]。また、従来のコワーキングロボットは、上述のように人と直接触れ合うことは少なかったが、近年はホテルの受付、案内のように、人と同じ労働環境で人と作業を分担するロボットが強く求められている。

コミュニニーケーションロボットの大きな市場としてAIスピーカーがある。対話型の音声機能は、当初、アシスタントデバイスやスマートフォンに搭載されて普及してきたが、現在では、自動車に標準装備されたり、病院の受付、事前診療、観光案内、情報提供、子供やペットの見守りなどさまざまな応用事例で使われることが増えてきた。また、ロボットの自律移動能力の向上や携帯通信網の普及・性能、に伴って、移動能力を有したテレプレゼンスロボットの実用化が進んでいる。テレプレゼンスロボットは主には遠隔勤務の支援に用いられているが、長期入院中の子供の遠隔登校や物理的に移動することが困難な人の就業を可能にするといった応用も見いだされている。これらも広い意味ではコミュニケーションロボットと言えよう。

諸外国の政策

米国連邦政府がまとめた米国におけるロボット研究開発のロードマップ「A Roadmap for US Robotics：From Internet to Robotics 2020 Edition」（September 9, 2020）によると、工場内だけで作業する従来型の産業用ロボットに加え、人と協働するサービスロボットの活用や工場の外でのロボット利用が、AIの実用化と相まって拡大していくとし、日本と同様に、米国においてもサービスロボット市場の大幅な拡大が予想されている。欧州ではEUの「Horizon 2020」プログラムのもとで「研究室から産業へ、そして市場へ」を旗印に研究開発主導での社会課題の解決を促進している。EUでは120を超える研究プロジェクトがSPARCと呼ばれる官民パートナーシップをベースにして連携しており、2014年から2020年にかけて7億ユーロの資金を欧州委員会から受け、民間主導としては世界最大のロボティクス・イノベーション・プログラムである[11), 12)]。中国では2049年（中華人民共和国建国100周年）までに世界一の製造大国となるべく「中国製造2025」を掲げている。現在、中国は世界の工場として世界一の製造規模を誇るが、サービスロボット分野では、高齢化の進展に対処するため家事や店舗オペレーション等のロボットによる代替を目標として掲げている[13)]。

技術の進展状況

サービスロボットに要求される機能は多種多様であり、必要とされる技術も多岐に亘る。ここでは、「センシング」、「マニピュレーション」、「ヒューマンインターフェース」の3項目について技術の進展状況を述べる。

センシング

安価で手軽に周囲の情報を得る手段として画像や音声の認識性能の向上が求められている。画像認識に関しては、ステレオカメラに始まり、赤外線方式によるリアルタイム3次元距離センサーへと発展した。ゲーム機への実装により距離画像が手軽に利用できるようになったり、安価なトイロボットでの利用も可能になったりした。音声入力に関しても複数のマイクの入力をリアルタイムに処理するマイクロホンアレイの利用により音源定位や雑音の除去などが容易になった。このようなハードウェアの進歩に加え、深層学習の進展により、事前知識の乏しい状況でも大量のデータからの学習機能により不特定話者との音声対話や一般画像理解などの諸問題に対し、従来の手法を圧倒する高い性能を示している。

マニピュレーション

サービスロボットが人と協働する際の最大の課題である安全性の確保に向け、柔らかい制御と柔らかいマニピュレーターが注目されている。制御においては、マニピュレーターの安全性を担保するために、コンプライアンス制御と呼ばれる、いわゆる柔らかい制御アルゴリズムの研究が進められている。以前からのハイブリッド制御やインピーダンス制御などの制御理論の改良ばかりでなく、深層学習や強化学習などの機械学習手法によりセンサーの生データから直接ロボットを制御するEnd-to-endの方法論を用いた物体操作が実現しつつある。また、柔らかな素材や軽量な材料でマニピュレーターを作る研究開発も重ねられている。ソフトロボティクスと呼ばれる研究分野では人工筋肉や非機械的な動きを実現するソフトアクチュエーターの利用により、これまでにない動特性を持ったマニピュレーターが開発されている[14)]。

ヒューマンインターフェース

人と共存するサービスロボットの大きな特徴として、人との対話やコミュニケーション機能が考えられる。人を対象とした、心理学、認知科学、脳科学といった研究分野とのコラボレーションにより、ロボットの感情表現や対話戦略などの分野で成果が出ている[15)]。アバターやインターフェースロボットと呼ばれる分野では、外出が困難なユーザーに代わって買い物や美術館での鑑賞を体験するロボットの実証実験が進んでいる。CGキャラクターによる擬人化、音声合成アルゴリズム、高速な公衆回線（5G）などの日本が優位な技術とマッチすることもあり諸外国に先駆けて実用化が期待できる分野である。

（4）注目動向

［新展開・技術トピックス］

深層学習（Deep Learning）に代表される人工知能技術の発展が世界的な潮流[16]となっており、大学や研究機関のみならず、多くの企業が参入している。これにより、画像識別や音声認識技術が生活支援ロボットやコミュニケーションロボットのインターフェースとして利用可能なレベルまで発展し、これらの技術が安価にかつ手軽に実装できるようになると期待されている。

家庭内のさまざまな機器がネットワーク化・スマート化し、複雑な操作が必要になったことを背景として、スマートスピーカーが爆発的に普及したことがある。2015年にはAmazon Echo、2016年にはGoogle Homeと次々に競合する製品が販売され、総務省の調査では2021年の時点でわが国の普及率は17.6%と年々増加している。さらに、その一歩先を見据えて、身体性を有するロボットを利用したより高度なインタラクションについても研究が進んでいる。近年、コミュニケーションロボットの応用対象として特に盛んに研究されているのが学習支援である。ロボットとインタラクションをしながら外国語を学ぶといった試みは早くから行われていたが、ここ数年、欧米にて研究が進展し、ロボットが直接的にチューター役を担当したり、あるいはコンピューター端末で学習するユーザーを励ましたり、といった新たな利用法が検討されている。

欧州ではFP7（2007年～2013年）、Horizon 2020（2014年～2020年）において、継続的にロボットの知能化に関する研究プロジェクトが採択されている。また、Horizon2020の後継としてHorizon Europe[17]が進められているが、ここでも生活支援ロボットは人工知能分野と密接に関連しながら、高齢化という社会的課題に挑戦するために官民パートナーシップの下での進展が期待される。欧州における生活支援ロボットは、人々が自立した生活を行うためのケア・システムとして位置付けられている。これら技術的なソリューションの発展とともに、各国の社会保障制度への導入が重要となる。

米国では、省庁横断型のロボット開発支援プログラムNational Robotics Initiative （NRI）が2011年に発表され、国防高等研究計画局（DARPA）、航空宇宙局（NASA）、国立衛生研究所（NIH）、農務省（USDA）らのパートナーシップの下で、広範にわたるロボティクス分野の支援が行われてきた[11]。2020年から始まったNational Robotics Initiative 2.0：Ubiquitous Collaborative Robots（NRI–2.0）では、生活のあらゆる面で人を支援するための協働ロボット（co–robots）システムの研究開発を促進している。

［注目すべき国内外のプロジェクト］

コロナ禍が続く中、家庭外で商業的に調理・加工されたものを購入して食べる中食（なかしょく）の需要が高まっており、その市場規模は年々拡大を続けている（『中食2030 ニューノーマル時代の新たな「食」を目指して』ダイヤモンド社）。これまで中食産業でのロボット利活用は、産業ロボットの一部門として少品種大量生産のコンビニ向けお弁当の製造工場などに導入されてきた。しかしながら、盛り付けなどの産業用ロボットに難しい作業は依然として労働集約型の作業であり、外国人、高齢者が従事していることが多い。

一方で、昨今は新たな中食産業の形態として、外食店が自ら多品種少量生産のお弁当を販売したり、デリバリーの利用者が急増している。外食産業もセントラルキッチンを持ち効率化を進めているところもあるが、そこで求められているのは、人と共存して、万能工として協働するようなサービスロボットである。そのような人と協働するロボットには従来の工場用のロボットとは異なる、高度なAIによる動作計画と柔軟な動きを実現する高度な制御、厳しい安全性と共に食品を扱う厳密な衛生管理が一層求められるようになっている。機構学や制御工学といった従来の研究分野とともに、ソフトロボティクスや対人インタラクション、センサーフュージョンなどの新しい研究分野とのコラボレーションが進んでいる。

株式会社アールティ（以下、RT社）が開発した人型協働ロボット「Foodly（フードリー）」は人の隣に並んで食材の盛り付け作業ができることをコンセプトに中食工場向けに開発された。ディープラーニングを活用したAI Vision Systemにより、ばら積みされた食材をひとつひとつ認識して高速にピッキングし、弁当箱・トレイへ盛り付けするまでの作業を１台で完結させることが可能である。食品製造工程の中でも特に盛り付け工程は、惣菜の認識、作業の複雑さや作業速度、人が作業するためロボット専用の環境が設けられないことから自動化が非常に難しいと言われている。現状は人手に頼ることが多く、効率化が求められている領域である。しかしながら、労働安全の観点からロボットのスピードが制限されており、実現には技術はもとより法律の壁もある。いずれにしても人と同じベルトコンベヤーラインで隣り合って安全に作業が可能であったり、現状人間が使っている省力化機械を操作したりするようなロボットの導入により、生産性の向上とコスト削減が実現される。これらは、すでに人手による生産に特化された産業を、既存設備を生かしながら、将来的には自動化を行うまでの過渡的な自動化を担うものである。また、新型コロナウイルス感染拡大もあるが、2022年からHACCP[1]の施行があるなど、衛生にも要求が高まっている。人手に頼っていた作業をロボットに置き換えることで、人由来の髪の毛やまつ毛などの異物混入や、人を介してのウイルス・微生物の持ち込みを抑え、衛生管理の向上につなげることができる。実現すれば、店頭に食品を置ける時間が延び、フードロスの問題の解決の一助になるとも期待されている。

（5）科学技術的課題

サービスロボットにおける最大の技術的ボトルネックは知能化である。人の理解に基づくロボットの行動過程の生成は、人工知能分野の長年の課題である。近年盛んに研究されている深層学習等の機械学習技術により、画像認識や音声認識には大きな進歩が見られ、ロボットのインターフェースとしての利便性は高まっている。しかしながら、現状の機械学習は、事象の相関を学習する能力には長けているが、人々が行っている日常動作の背景にある概念や社会知に関する知識が欠如しており、実世界で実用的なレベルで動作する汎用型の知能ロボットの実現にはまだ至っていない。米国および中国においては、政府のみならずビッグテック（Google、Apple、Meta、Amazon）、BATH（Baidu、Alibaba、Tencent、Huawei）をはじめとしたIT関連企業が数兆円規模で人工知能開発に注力し、また、生活分野に関する人の行動履歴、ヘルスケア情報など大量の個人データを収集している。わが国においても「人工知能研究開発ネットワーク」[18)] 等において実施されている基礎研究で得た成果をサービスロボット等に応用するための取り組みが求められる。

汎用型サービスロボット実現のためのソフトウェアからのアプローチは、機械学習手法の活用である。事前に想定するタスクをすべて作りこむことは困難であるため、ロボットは、画像認識、音声認識、マニピュレーション、移動計画などの基本的な機能だけを有し、タスクに関する知識や解決手段はユーザーとインタラクションしながら学習する、すなわち使いながら賢くなっていく仕組みが必要とされる。これは、いわゆる汎用人工知能と呼ばれる技術であり、人と同じように、想定外の要求があってもそれまでの経験に基づいて総合的に判断し、問題解決に至る技術の実用化が期待されている。

一方、ハードウェアからのアプローチは、掃除のような特定の機能に特化したロボットではなく、家庭や店舗で汎用的に使える標準的なロボットハードウェア（プラットフォームロボット）を開発し、その上でさまざまなサービスを実装するという手法である。複数の開発機関が共通のプラットフォームロボットを使って異なるソフトウェアを開発することで、開発成果の汎用化により流通が促進され、さらに研究開発が促進されるという相乗効果が期待できる。トヨタ自動車はFetch（モノをつかむ）とCarry（モノを運ぶ）に特化した小型で安全性の高いプラットフォームロボットHSR（Human Support Robot）を開発し、13カ国にわたる50を超える機関に100台以上のロボットを提供している（2022年10月現在）。それぞれの機関はHSR開発コミュ

1 Hazard Analysis and Critical Control Point（HACCP）とは、食品等事業者自らが食中毒菌汚染や異物混入等の危害要因（ハザード）を把握した上で、原材料の入荷から製品の出荷に至る全工程の中で、それらの危害要因を除去又は低減させるために特に重要な工程を管理し、製品の安全性を確保しようとする衛生管理の手法です。［厚生労働省のHPより］

ニティーとして活動し、コミュニティー内では開発成果を共有するなどの横断的な連携を行っている。コワーキングロボットのように人がロボットと物理的な空間を共有するためには、ソフトロボットに代表されるような対人親和性の高いロボットの実現も喫緊の課題である。接触安全性の確保という観点からは、外力に対し敏感に応答するアクチュエーター技術が重要となる。

汎用型サービスロボット実現のためには、ソフトウェアとハードウェアの両面からのオープン化を図るオープンイノベーションの取り組みをさらに進めていく必要がある。サービスロボットは、機械工学、ロボット工学、AI・IoT、ウエアラブル技術、自然言語処理、インタラクション技術など多数の技術が有機的に連携した研究領域である。特に、わが国が強みを持つハードウェアとソフトウェアを融合したメカトロニクス技術に関連するものであり、日本の産業を牽引し、世界的な競争力強化の礎としていくべき分野である。

（6）その他の課題

サービスロボットの開発においては、科学技術的課題に加え、実社会における実証試験、安全性に関する基準策定、医療機器としての許認可、健康保険・介護保険収載まで、社会に実装するまでにさまざまなハードルが存在する。また、国内と海外では医療機器に関する認証制度が大きく異なり、国内では規制を受けていない生活支援ロボットや介護ロボットでも、欧米では医療機器のカテゴリーに該当する場合が多く、せっかく実用的なロボットを開発しても国内市場から海外市場にシームレスに展開ができないという課題がある。国内でも、生活支援ロボットの国際安全規格、安全性検証手法の確立、ロボットソフトウェアの機能安全等の検証を目指したNEDO生活支援ロボット実用化プロジェクト（2009～2013年度）により[19)]、サービスロボットの国際安全規格ISO13482の策定が行われたが、この規格とCEマーク、FDAをはじめとした諸外国における医療機器規格との関係性の整理と、相互認証の仕組みの整備などが必要になる。

諸外国に比べ、日本ではPoC（Proof of Concept：概念実証）で導入が止まってしまうのに対し、諸外国ではどんどんチャレンジが進んでいく。サービスロボットが日本で導入が進まない大きな理由は、ロボットに対する期待度の高さ、コストパフォーマンスに対する過度な要求、チャレンジに対して費用を負担しない社会構造にある。そこにいち早く気づき、経産省では、ロボットフレンドリーなユーザー環境を推進する取り組み[20)]に着手している。

人と共存するロボットに関しては安全規格やELSIについても検討が必要である。人と協働・共生し、自律的に動き、判断し、さらには人に指示をするようなロボットの実現が現実味を帯びてきている。そこで大きな課題となるのは、リスクアセスメントと、倫理的、法的、社会受容性の課題（Ethics, Legal, Social Issues：ELSI）である。装着型、移動作業型、搭乗型といったサービスロボットについては国際安全規格ISO13482が定められているが、コミュニケーションロボット全般についても安全規格を整備する必要がある。

ロボットが認識や学習を行うには、大量の人行動などのデータセット構築が必要になる場合が多い。特に、生活支援・介護や医療ドメインにおいて、プライバシー性の高い情報をロボットが扱う場面も今後予期される。ロボットによるデータの取得、収集についてはELSI面での検討、法制度の整備が必要となる。

日本におけるサービスロボットの開発水準は世界を先導している。府省連携による研究開発支援のみならず、実証評価、機器認証、市場開拓のそれぞれのフェーズを支援する政策的な取り組みが望まれる。

（7）国際比較

国・地域	フェーズ	現状	トレンド	各国の状況、評価の際に参考にした根拠など
日本	基礎研究	◎	↗	人工知能技術の進展に伴い、画像理解、音声理解、空間認識などの知能化技術がサービスロボットに利用されるようになってきた。それに伴い、モバイルマニピュレーションのような新規研究分野が盛んになっている。対人親和性の向上、新材料（特にソフトロボティクス）を用いたロボット要素技術の開発など、高い研究レベルにある。
	応用研究・開発	◎	↗	トヨタ自動車（HSR）、（株）RT（Foodly）などサービスロボットの標準プラットフォームロボットの開発が盛んになっている。2021年の東京オリンピックを契機にさまざまな地域でサービスロボットの社会実装検証が行われた。今後は、実証から商品化へのフェーズにシフトするものと思われる。
米国	基礎研究	◎	↗	政府機関や軍、大学を中心に巨額な資金に支えられえて基礎研究は進められている。加えて、大手IT関連企業の研究部門において画像認識や音声認識に基礎研究が盛んである。軍事産業からのフィードバックも多くみられる。 また、教育・療育支援ロボットなどの取り組みに大きな予算が措置されるなど、ハイリスクな研究にも支援が行われる体制がある。
	応用研究・開発	○	→	世界的に掃除ロボットを普及させたiRobot社をはじめ、リハビリ等の医療分野でも、大学からのスピンオフなど多くのベンチャー企業を中心に応用研究・開発が盛んである。しかしながら、継続的な開発はそれほど多くはなく、特に高齢者介護向けの生活支援ロボットに関しては、期待された成果は出ていない。
欧州	基礎研究	◎	→	欧州における生活支援ロボットは、特にイタリア、ドイツ、フランスの研究者が主動的な役割を果たしており、過去10年では当該分野の研究者がIEEEのロボット分野のプレジデントを務めるなど、そのプレセンスは極めて高い。ヒューマンロボットインタラクションや最適化アルゴリズムなどの基礎研究が中心でありレベルは高い。
	応用研究・開発	◎	↗	生活支援ロボットに関するHorizon2020での大型プロジェクトなど、世界的にも注目度が高い。コミュニケーションロボット分野では、小型の人型ロボットで有名な仏アルデバランロボティクス社をソフトバンク社が2016年に買収した。また、スウェーデンを中心としたロボット・ベンチャー企業による介護支援分野の開発が盛んである。また介護現場での評価・導入に関しては、デンマークが積極的に進めている。 一方で、店舗などでのコワーキングロボットの利活用は進んでいない。
中国	基礎研究	○	↗	国家中長期科学技術発展規画綱要（2006年～2020年）において、先端技術8分野の中に知的ロボットをあげている。これは、認知ロボットやソーシャルロボットに関連する広範な分野であり、今後のサービスロボットへの応用が期待できる。主要な国際学会での論文投稿数の伸びは著しい。一方で、応用研究に傾注する傾向があり、オリジナルなアイデアに乏しい。
	応用研究・開発	◎	↗	ベンチャー企業を中心に応用研究と社会実装が進んでいる。深眸科技（Deep Eye Technology）はAI技術の強化によりコスト削減を図り低価格な家庭用サービスロボットを商品化した。サービスロボット市場としては世界一と言える。 日本企業により開発された生活支援ロボット、介護支援ロボットの模倣品とみられるものも出てきており、今後、知財戦略について注意が必要である。
韓国	基礎研究	△	→	2000年代のユビキタスロボットコンパニオンプロジェクト（URC）に主導される形でさまざまな家庭用・公共施設用サービスロボットに関する研究が盛んになり、プラットフォームを含めて多くの成果が出たが、その後継プロジェクトが限定的である。このため、HRIに関する有力な研究者らが減少気味である。 韓国科学技術院を中心に基礎研究が若干増えているが、特筆すべき活動・成果が見えていない。

	応用研究・開発	○	→	URC終了後、企業との連携を中心としてその成果の実用化が進められたが、新規市場創出には至らなかった。その後、2013年から10年間のロボット未来戦略を発表し、また産業・商業・医療・公共分野におけるロボット関連の規制緩和を進めるなど、新たなサービスロボットの産業創出を目指している。 小型サーボモーターや教材用の小型ロボット（（株）ロボティズ））が世界市場で大きなシェアを得ているが、サービスロボットの利活用に関しては特筆すべき例は無い。
タイ	基礎研究	△	→	国際学会等でもタイからの論文投稿は少ない。
	応用研究・開発	◎	↗	コワーキングロボットの事業化例が急増している。病院や公共施設での受付・案内ロボット。ロボットレストラン等での省力化の事例が増加中である。

（註1）フェーズ

基礎研究：大学・国研などでの基礎研究の範囲

応用研究・開発：技術開発（プロトタイプの開発含む）の範囲

（註2）現状　※日本の現状を基準にした評価ではなく、CRDSの調査・見解による評価

◎：特に顕著な活動・成果が見えている　○：顕著な活動・成果が見えている

△：顕著な活動・成果が見えていない　×：特筆すべき活動・成果が見えていない

（註3）トレンド　※ここ1～2年の研究開発水準の変化

↗：上昇傾向、→：現状維持、↘：下降傾向

2.2 俯瞰区分と研究開発領域 ロボティクス

参考文献

1) Susumu Tachi, et al., “Guide dog Robot - Its basic plan and some experiments with Meldog Mark I,” *Mechanisms and Machine Theory* 16, no. 1（1981）：21-29., https://doi.org/10.1016/0094-114X(81)90046-X.

2) 中野栄二, 他「介助ロボット「メルコング」の概要」『バイオメカニズム学術講演会予稿集』2巻（バイオメカニズム学会, 1981), 137-138.

3) 加藤一郎「リリスボット－生活支援ロボット-の構想」『日本ロボット学会誌』11巻5号（1993）：614-617., https://doi.org/10.7210/jrsj.11.614.

4) 土肥健純「ライフサポートテクノロジーの今後の展望：生命から生活へ」『BME』7巻4号（1993）：44-51., https://doi.org/10.11239/jsmbe1987.7.4_44.

5) Terrence Fong, Illah Nourbakhsh and Kerstin Dautenhahn, “A survey of socially interactive robots,”
Robotics and Autonomous Systems 42, no. 3-4（2003）：143-166., https://doi.org/10.1016/S0921-8890(02)00372-X.

6) Michael A. Goodrich and Alan C. Schultz, “Human-Robot Interaction: A Survey,” *Foundations and Trends® in Human-Computer Interaction* 1, no. 3（2008）：203-275., https://doi.org/10.1561/1100000005.

7) Cynthia Breazeal, Kerstin Dautenhahn and Takayuki Kanda, “Social Robots,” in *Springer Handbook of Robotics*, 2nd ed. eds. Bruno Siciliano, Oussama Khatib（Springer Cham, 2016）, 1935-1972., https://doi.org/10.1007/978-3-319-32552-1_72.

8) 鶴賀孝廣「モビリティロボットの公道実証実験：特区制度の利用から全国展開へ」『日本ロボット学会誌』33巻8号（2015）：564-567., https://doi.org/10.7210/jrsj.33.564.

9) 森直子「ロボット産業を取り巻く近況：サービスロボットを中心に」機械振興協会, http://www.jspmi.or.jp/system/file/6/89/202002essey08_mori.pdf,（2023年2月21日アクセス）.

10）神藤彩乃，野中朋美，新村猛「配膳ロボット導入済み店舗と導入検討中店舗の従業員への機械化に対しての意識調査とテキストマイニング」『人工知能学会全国大会論文集 第36回（2022）』（人工知能学会，2022）., https://doi.org/10.11517/pjsai.JSAI2022.0_4J1OS25a01.
11）Matthew Spenko, Stephen Buerger and Karl Iagnemma, eds., *The DARPA Robotics Challenge Finals: Humanoid Robots To The Rescue*, Springer Tracts in Advanced Robotics 121（Springer Cham, 2018）., https://doi.org/10.1007/978-3-319-74666-1.
12）Philippe Moseley, "EU Support for Innovation and Market Uptake in Smart Buildings under the Horizon 2020 Framework Programme," *Buildings* 7, no. 4（2017）：105., https://doi.org/10.3390/buildings7040105.
13）頼寧「GLOBAL INNOVATION REPORT 進化し続ける「世界の工場」：「中国製造2025」に見る製造強国戦略」『日立評論』99 巻 6 号（2017）：603-609.
14）細田耕「ソフトロボティクスとは何か？」『知能と情報』29 巻 5 号（2017）：159., https://doi.org/10.3156/jsoft.29.5_159.
15）Sebastian Wrede, et al., "The Cognitive Service Robotics Apartment," *KI-Künstliche Intelligenz* 31（2017）：299-304., https://doi.org/10.1007/s13218-017-0492-x.
16）国立研究開発法人科学技術振興機構 研究開発戦略センター「CRDS-FY2021-RR-01 人工知能研究の新潮流：日本の勝ち筋」https://www.jst.go.jp/crds/report/CRDS-FY2021-RR-01.html,（2023年2月21日アクセス）.
17）Konstantinos Charisi, et al., "ARESIBO HORIZON 2020 EUROPEAN RESEARCH PROJECT - Enriched Situation Awareness For Border Surveillance," STRATEGIES XXI - Command and Staff College 17, no. 1（2021）：247-255., https://doi.org/10.53477/2668-2028-21-31.
18）AI Japan R&D Network（人工知能研究開発ネットワーク）, https://www.ai-japan.go.jp/,（2023年2月21日アクセス）.
19）国立研究開発法人新エネルギー・産業技術総合開発機構（NEDO）「生活支援ロボット実用化プロジェクト」https://www.nedo.go.jp/activities/EP_00270.html,（2023年2月21日アクセス）.
20）経済産業省「ロボットフレンドリーな環境が実現する日が近づいています。」https://www.meti.go.jp/press/2021/09/20210930003/20210930003.html,（2023年2月21日アクセス）.

2.2.9 災害対応ロボット

（1）研究開発領域の定義

地震、津波、集中豪雨による水害、台風による暴風雨、山崩れ・地滑り、森林火事、竜巻、火山噴火、土石流、雪崩、未知のウイルスによる感染症などの自然災害および工場でのプラント事故、原子力発電所の事故、公共交通機関での事故、テロによる事故、火災などの人為災害が世界で頻繁に発生している。これらの災害現場に人間が入っていくには大きなリスクがある。本領域は、人間の替わりに災害直後の現場に進入し、情報収集や人命救助などの緊急対応や災害からの復旧復興に関わるタスクを極限環境で遂行するロボット（災害対応ロボット）に関わる研究開発領域である。なお、災害対応ロボットはレスキューロボットとも言う。

（2）キーワード

アクセシビリティー、耐環境性（防塵防水防爆性、耐放射線性）、Human-in-the-loop、ユーザーフレンドリーなインターフェース、自律機能、ロバストな通信、時空間情報統合システム、インターフェースの共通化・標準化、レスキューロボット、ドローン

（3）研究開発領域の概要

世界各地で災害が多発しており、それに備えることは各国共通の課題である。災害には、自然災害（洪水、地滑り、地震、台風、森林火災、雪崩、未知のウイルスによる感染症など）と人為災害（テロ、プラント災害、火災、交通事故など）があるが、大規模災害では多くの人が被災し、被災した国の組織と経済に大きな影響を与える。災害の様相は国の風土や文化によってさまざまであるが、災害対応技術の基礎となる基盤技術は共通であり、特に情報収集はあらゆる災害において最重要である。日本では阪神淡路大震災で地震直後に瓦礫の中に閉じ込められた被災者の生存確率は3日後には5%以下になってしまうことが分かった。この「黄金の72時間」以内に、被災者を発見し救助することがその生死を分ける。災害の被害をいかに少なくできるかは、初動にかかっている。二次災害を起こすことなく、迅速に大域的な情報と局所的な情報を収集し、適切な対応策を実施することが重要である[1)]。また、2019年12月に発生したCOVID-19の世界的な感染拡大は、災害として考える必要がある。未知のウイルスに対する備えや対応は多くの課題を残したままである。

災害時には電力・人材・時間・情報・食料など全てのリソースが不足する。このリソース不足を技術によって補完することで、より効果的効率的に災害対応活動を支援することは工学分野の使命のひとつである。特に情報が錯綜する初動時に、迅速に正確な情報を収集し共有することは極めて重要である。要救助者の位置の特定など、局所的な詳細情報を提供できれば、救助活動の効率化に大きく貢献する。これらの時間と空間に依存した大域的・局所的情報を、時空間地理情報システムにて管理・利活用することは、災害初動期だけではなく復旧・復興期も含め重要である。

災害では、被災者が受けた災害時の精神的ダメージや避難所・仮設住宅での生活に対するストレスでPTSDなどを発症する場合もある。また、被災者だけでなくレスキュー隊員・医療従事者・災害対応支援者なども同じく精神的なストレスを受けることになる。これらのストレスをケアすることも災害対応として重要である。アザラシ型ロボットのパロ[2)]はメンタルケアに有効であることが医学的にも証明されており、ロボット技術がメンタルケアにも貢献できることを示している。今後の進展が期待される。

日本は災害大国だと言われている。災害を経験した国は、その対応策を次に同じ問題に直面する国々に示す必要がある。しかし、全ての国にとって、それが可能とは限らない。地震・津波・豪雨・火山の噴火・台風・原子力発電所の事故・COVID-19による感染症など多くの災害を経験した災害大国であり先進国である日本は、災害を経験した国々の代表として、その解決策を世界に示す必要があり、それが日本のプレゼンスを示すことにもなる。

［研究開発の動向］

日本では、1995年の阪神淡路大震災や地下鉄サリン事件を契機として、大都市直下型の地震や地下街などの閉鎖空間にけるNBC[1]テロ災害などを想定して、大学の研究者を中心にレスキューロボット開発が進められてきた[1)]。海外では、2001年にハイジャックされた旅客機がニューヨークの世界貿易センタービルに突っ込むというテロが発生した。この9.11テロの現場において、軍用の遠隔操作ロボットを使って遺体を発見するという事例があった。また、フランスなど原子力発電所を積極的に進めている国々では、事故時に備えて原子力災害対応ロボットが開発・配備されてきた。日本でも1999年に発生した東海村JCO臨界事故直後に、原子力災害対応ロボットが政府主導で開発されたが、開発のみにとどまっており、実運用には至らなかった。2011年に日本で発生した東日本大震災では、陸海空のロボットが実災害現場で使用された[3), 4)]。JSTとNSFの支援で、日米の合同チームが結成され、水中ロボットによる瓦礫の調査や遺体の探索が実施された[5)]。また、福島第1原子力発電所の事故現場では、無人化施工機械が瓦礫の除去に活用された。これは、国土交通省が普賢岳における土石流対策のための土木工事を遠隔で行うためのシステム開発を継続してきた成果である。現場での実運用を通じて開発にフィードバックする体制を継続的に支援してきたからこそ、福島第1原発での成果につながった。また、建屋の中の情報収集に国内外のロボットが用いられた。廃炉まで30～40年を要すると予想されており、現在でもさまざまなロボットが開発されている。

米国のレスキューロボットの開発は、国防高等研究計画局（DARPA）からの豊富な資金援助を背景に軍用ロボット技術を転用することで進められてきた。これに比べ、日本では災害対応のみに用途が限られるレスキューロボットでは市場を形成することはできず、大学の研究者が開発を担ってきたため、商品化は困難な状況であった。しかし、東日本大震災における福島原発事故対応のために、政府も予算をつぎ込んで災害対応ロボットの開発を進めるようになり、状況は少しずつではあるが変化している。今後は、平常時に使っているロボットシステムを緊急時にも使うという、平常時と緊急時のデュアルユースの考え方で災害対応ロボットシステムの開発を進めることが重要である。

ヨーロッパ諸国の原子力発電所を積極的に進めていた国々では、ドイツ電力会社等によって出資設立されたKHG社やフランスの原子力事業者によって設立されたグループアントラ社などにより、事故時に備えて原子力災害対応ロボットが開発・配備されてきた。2015年から2017年までANR（The French National Research Agency）から公募された、石油サイト向け自律ロボットの国際コンテストARGOS Challenge - Autonomous Robots for Gas & Oil Sitesが開催され、プラントの保守点検および緊急時の対応にロボット技術を導入する試みがなされた。また、2018年にEUのプロジェクトであるHorizon2020において、Boosting the effectiveness of the Security Union（SU）の分野でInnovation for disaster-resilienceに関する研究開発が実施されるなど、継続的に災害対応ロボットシステムに関するプロジェクトが採択・実施されており、災害対応の初動における技術の重要性が認識されていることがうかがえる。

日本では、World Robot Summit（WRS）のプレ大会が2018年に東京ビッグサイトで開催され、災害対応のカテゴリでプラント災害予防チャレンジ、災害対応標準チャレンジ、トンネル事故対応・復旧チャレンジの三つの競技が実施された。2021年にはWRS2020本大会が福島ロボットテストフィールドで実施された[6)]。プラント災害予防チャレンジは、平常時と緊急時のデュアルユースの考え方に基づいたロボット競技会であり、本大会では東北大学のQuixが優勝した。平常時には、プラントの保守点検、施設の警備、建物の床下・天井裏の点検などにロボットを適用し、緊急時には災害対応に活用することにより、災害対応ロボットシステムの市場が創出され普及が加速する。その先鞭として、三菱重工はプラント自動巡回点検防爆ロボットEX ROVRを開発し、商品化している[7)]。このロボットは、6自由度のマニピュレータを持ち、自律移動機能・自動充電機能（非接触自動給電）などを搭載しており、複雑なプラント内での夜間の自動点検などに活用が期

1　核物質、生物剤又は化学剤若しくはこれらを用いた大量破壊（殺傷）兵器を使用したテロ［首相官邸のHPより］

待されている。

石油コンビナートにおける大規模・特殊な災害では、消防隊が現場に近づけない等の大きな課題がある。消防庁では、耐熱性が高く、災害状況の画像伝送や放水等の消防活動を行うAI技術を活用した消防ロボットシステムの研究開発を進めている[8)]。指令システムを搭載した搬送車両、飛行型偵察・監視ロボット、走行型偵察・監視ロボット、放水砲ロボット、ホース延長ロボットで構成された消防ロボットシステムが開発され、2019年に千葉県市原市消防にスクラムフォースとして配備されている。

アジアに目を向けてみると、中国は各分野で国策として多額の予算をかけて、世界のトップを目指して研究開発を加速させている[9)]。第14次5カ年計画（2021–2025）では、ロボットを鉱業、石油、化学、電力、建設、航空、宇宙、原子力などさまざまな産業に適用する必要性が指摘されている。災害対応ロボットシステム分野もその例外ではなく、地震などの自然災害直後に用いるロボットから、災害調査や公共安全等に用いられるロボットまでさまざまなロボットの開発が精力的に行われている。開発されているレスキューロボットは地震災害対応ロボット、消防ロボット、災害調査無人飛行ロボット、水難事故対応ロボット、水中ロボットなどである。開発体制は、瀋陽自動化研究所、上海交通大学、ハルビン工業大学、北京航空航天大学、北京理工大学、中国鉱山大学などの研究所や大学などから、企業へとその中心が遷移し、商品化が進められている。

（4）注目動向

［新展開・技術トピックス］

近年の人工知能の進展は目覚ましく、深層学習（Deep Learning）が画像認識に対して有効であることが明らかになり、ロボットの認識技術も大幅な向上が期待されている。災害対応分野では、被災者の発見などに適用が試みられている。また、移動ロボットの自己位置と環境地図を同時に作製するSLAM（Simultaneous Localization and Mapping）技術にも大きな進展があり、ロボットの自律化に大きく貢献している。さらに、ドローン（無人ヘリコプター）の活用が加速しており、自律飛行技術も実用化され、大規模災害時の大域的情報収集に非常に有効である。倒壊家屋内の調査や平常時のインフラ点検を目的として、ドローンを細い骨組みで覆った球殻ドローンが開発され実用化されている。なお、災害対応ロボットに限らないが、ロボットのソフトウェアのオープン化も進み、ミドルウェアであるROS（Robot Operating System）や動力学シミュレーターGazeboが普及し、世界中で活用され、全世界の研究者のアルゴリズムやソフトウェアなどの知見を共有できるようになってきた。日本でも、同様な目的で産業技術総合研究所（産総研）が中心となりRT（ロボット技術）ミドルウェアの開発普及に向けた努力がなされている。

内閣府が進めた革新的研究開発推進プロジェクト（ImPACT: Impulsing PAradigm Change through disruptive Technologies）では、「タフ・ロボテックス・チャレンジ（TRC）」が採択され、2014年度から5年間のプロジェクトが実施された[10)]。TRCでは、（1）サイバー救助犬（センサーユニットなどを装備し情報化された救助犬）、（2）細径索状ロボット（瓦礫内の探査を目的とした能動スコープカメラ）、（3）太径索状ロボット（プラント点検を目的としたヘビ型ロボット）、（4）脚ロボット（二足歩行、四足歩行、腹這い移動などを実現する4脚ロボット）、（5）飛行ロボット（劣悪環境で自律飛行可能な無人ヘリコプター）、（6）建設ロボット（双腕を搭載した建設ロボット）、（7）極限油圧コンポーネント（小型軽量大出力の油圧アクチュエータユニット）（8）シミュレーター（動力学シミュレーター：Choreonoid）、（9）フィールド評価・安全・STM（Standard Test Method）に関する研究開発と実用化に向けたフィールド評価が実施された[10)]。また、2019年から3年間JSTのSICORP e-ASIAプログラム「防災」分野で日本・ロシア・タイの3カ国国際共同プロジェクト「洪水と地すべり災害における分散的異種ロボット群を用いた情報システム」が実施された[11)]。2021年から日本の内閣府が進めるMoonshot Research & Development Programの目標3「2050年までに、AIとロボットの共進化により、自ら学習・行動し人と共生するロボットを実現」では、災害対応をも視野に入れた「多様な緩急に適応しインフラ構築を革新する協働AIロボット」プロジェクトが推進されている[12]。また、2023年から実施予定の「月面探査/拠点構築のための自己再生型AIロボット」も地上展開として災害対応を視野に入れて研究開発が進められる予定である。

米国Boston Dynamics社が開発した4脚ロボットSpotは、重量2kgで、可搬重量が17kgであり、360度の環境認識が可能で、必要に応じたセンサーを搭載することができる。このロボットは軍用に開発されたBigDogで培われた技術が転用されたものであり、民生用としてさまざまな現場での点検や調査および災害時に適用可能であり、試験運用がなされている。

ヨーロッパでは、2018年から開始されたEUのプロジェクトであるHorizon2020において、災害対応ロボットシステムの研究開発に関するプロジェクトが実施されている。既に終了した、CENTAUROSプロジェクト[13]では、先端に車輪を持つ5自由度の4脚に7自由度アームと9自由度ハンドにより構成される腕を二つ搭載した胴体を持つ遠隔操作ロボットが、ICARUSプロジェクト[14]では人間の緊急対応支援チームの補助をするUGV・UAV群ロボットにより収集された情報に基づいて3Dの環境モデルをリアルタイムに構築するシステムが開発された。Horizon2020では災害対応ロボットシステムに関する、CURSORプロジェクト[15]、INGENIOUSプロジェクト[16]、ResponseDronsプロジェクト[17]、Proboscisプロジェクト[18]が実施された。

[注目すべき国内外のプロジェクト]

日本発の研究者を対象とした国際的なロボット競技会であるロボカップにおいて、ロボカップレスキュー実機リーグが2001年から実施され、現在、世界大会のほか各国でロボカップオープンが開催されている[19, 20]。この競技会は、災害空間を模擬した実寸大のフィールドで、開発したロボットシステムを用いて、被災者を含めた環境情報をいかに正確に多く収集できるかを競うものである。本競技のフィールドは米国国立標準技術研究所（NIST）が主導して設計した。NISTは米国ホームランドセキュリティー省からレスキューロボットの評価方法を標準化するプロジェクトを受託し、国際標準の策定を行ってきた。この評価方法は、本競技を長年実施して蓄積された知見を基盤として、Disaster Cityなどを利用したロボットの評価実験における多くのレスキュー隊員たちの協力のもと、試行錯誤を経て構築されている。したがって、この評価方法には現場の隊員のニーズが反映されており、将来的にはここで構築された評価方法がレスキューロボットシステムの調達での重要な役割を担うことになる。レスキューロボットリーグにおいて、この評価方法の基盤をなすフィールドを採用することにより、競技を通して現実的な課題に解を与える技術が培われるとともに、評価方法も洗練されていくことになる。2019年シドニー世界大会では、日本の京都大学のSHINOBIチームが総合優勝した。2020、2021年はCOVID–19の影響で現地開催は中止されたが、2022年にバンコクで開催された世界大会でもSHINOBIチームが総合優勝し2連覇を果たした。技術的には、不整地の自律走破やロボット転倒時の自律復帰機能など遠隔操作システムに自律機能の導入が進んでいる。このような災害現場を模した実寸大の模擬フィールドでロボットを運用することは、米国のように軍用ロボットの転用といった研究開発シナリオが成り立たない日本では特に重要である。

国立研究開発法人日本原子力研究開発機構（JAEA）の楢葉遠隔技術開発センターは、福島第1原子力発電所の廃炉推進のために遠隔操作機器（ロボット等）の開発実証施設として整備され、2016年4月より外部利用を開始している。研究管理棟は、廃炉作業の作業計画検討や作業者訓練等に活用可能なバーチャルリアリティーシステム、ロボットシミュレーター、音響映像設備を備えている。試験棟は、ロボット等の性能評価のための試験設備を備えるほか、屋内大空間を活用した実規模モックアップ試験に利用することが可能ある。また、2020年に全面開所された福島ロボットテストフィールド（RTF）は「ロボット社会実装により安全で豊かな社会の実現に貢献する」ことを目的として、福島イノベーション・コースト構想におけるロボット・ドローンなど航空機の研究開発拠点として位置付けられている[21]。福島RTFでは、陸海空のフィールドロボットの実証実験、インフラ点検・災害対応エリア、無人航空機エリア、水中・水上ロボットエリア、500mの滑走路が整備されており、実践的な実証実験やWRSなどのロボット競技会などが実施されている。これらの施設を有効に活用して、研究開発を進めるためのファンディング戦略が必要である。

東京オリンピックに合わせて開催予定であった、WRS（World Robot Samite）2020の国際ロボット競技大会が、COVID-19の影響で延期され2021年に開催された。（1）BtoB中心の分野（ものづくり、農林水産業・食品産業分野）、（2）BtoC中心の分野（サービス、介護・医療分野）、（3）インフラ・災害対応・建設分野の3分野で競技が開催された。（3）では、プラント点検、プラントの中の人の発見・救助などが利活用シーンとして想定されており、「プラント災害予防チャレンジ」と「トンネル事故災害対応・復旧チャレンジ」、「災害対応標準性能評価チャレンジ」の3種目が、福島RTFで実施された。プラント災害予防チャレンジでは、プラント設備のクラックや錆の自動検出やメータの自動読み取りなど点検タスクにAI技術が導入され、平常時と緊急時のデュアルユースを加速させる試みがなされている。

EUのHorizon2020で現在実施中のCURSORプロジェクト[15]は、EUと日本の国際共同プロジェクトであり、日本側はJSTが東北大学に研究開発費用を提供している。大型UGVと小型UGVとUAVを開発し、母船UAVが通信のハブになり、ロボット群と制御センターとの通信を可能としている。また、INGENIOUSプロジェクト[16]とResponseDroneプロジェクト[17]は、現在実施中のEUと韓国との国際共同プロジェクトであり、前者はUAVで収集された情報をレスキュー隊員に提示するための装着デバイス、後者は収集された情報の共有システムと意思決定支援システムを開発している。

中国では2021年2022年と災害対応に関する大規模演習「緊急使命」においてロボットの運用試験が実施されている。「緊急使命2022」の演習では、レベル7.5の地震にて、家屋の倒壊や死傷者が多数発生したほか、被災地の一部の道路、電気、水道、ガス、通信が寸断され、山間部で土砂崩れや倒木が発生した状況を想定し、延べ5000人以上が参加した。DEEPRobotics社（曇深処科技）[22]が開発した四足ロボット絶影X20は、温度カメラ、放射線センサー、有毒ガスセンサー、点群センサーなどが装備されており、遠隔操作で災害現場を探索した。Beijing lesentech社（北京力升高科）[23]が開発した長いアームで高所の消火活動や火災が発生した建物の窓から部屋に進入して内部を消火することが可能な消防ロボット「RXR-M40L-16」も演習に参加した。Beijing lesentechは、消防員の代わりに燃えている建物に進入でき1000℃の熱に30分耐える消防ロボット「RXR-M80D-AX2」を開発しており、この会社のロボットは数十回の使用実績がある。成都时代星光科技[24]が開発した大型ドローンは、可搬重量25kg、動作時間5時間で、車での高速充電や複数ロボットの制御、長距離通信（5km）が可能である。森林火災、山岳事故の調査にも使用が可能で、赤外線熱画像で被害者を発見して非常食を運搬することが想定されている。中国航空工業集団有限公司[25]が生産する翼竜-2H（CAIG Wing Loong-2H）は長時間滞空無人航空機の災害対応バージョンである。災害現場の無線通信が完全に破壊されることを想定し、長時間の携帯ネットワーク（2G、3G、4G）を提供することができる。2021年9月5日に四川の地震災害に使用された実績をもつ。また、2019年長江幹線水域共同捜索救助演習が、重慶市福陵区の黄旗埠頭の海域で開催された。水上消防ロボット（上海欧迅睿智能科技（株）OXR-S10）、消防ドローンロボット[26]や人が持ち運べる水上レスキューロボット「イルカ1号」が参加した。イルカ1号は遠隔操作することも可能であり、緊急時は救命ロボットを水面に放り投げるだけで、溺れている人のそばまで素早く正確に航行し、安全な場所に牽引することが可能である。ロボットの動作時間35分、長距離リモコン800m、耐荷重200kgである。2021年7月の洪水災害に100台ほど配備され、試験運用された[27]。また、中国ではCOVID-19対応ロボットとして、自動パトロールロボット、消毒液散布ロボット、サービスロボット、医療ロボットなどさまざまなロボットが開発された。中国政府によりCOVID-19対応における科学技術支援に優れた企業として表彰された79社の内、18社がロボット会社である[28]。消毒液を噴霧するロボットとして、屋内を想定した创泽机器人（株）社[29]のCZ Proや屋外を想定した山东国兴智能科技（株）社[30]のクローラー型ロボットが開発された。また、墨影科技（株）[31]が開発した鼻咽頭ぬぐいによる検体採取ロボットは、工業ロボットを改造したもので、深圳市罗湖医院において試験運用されている。新聞によると2022年6月14日までに634名の被験者が使用した。

また、中国でも災害対応に関するロボット競技会が開催されている。「智创杯A-Tec」（Advanced Technology & Engineering Challenge）が深圳市政府と清華大学が主催し2020年10月26日から29日に開催された[32]。ロボット競技の課題は「災害後の地域の探索と救援」であった。ロボット競技として、複雑な通路を通過する、障害物を取り除く、ドアを開ける、階段を上り下りする、未知の領域を自律的に通過する、濃い煙の環境で火災に対処する、人命を救うなど13 の競技タスクが用意された。実際の災害後の環境をシミュレートするために構築された 4,000 平方メートルの会場で、ロボットが同じステージで競い合った。ロボットは2時間かけて、競技タスクに挑戦し、クリアした競技の数で優勝チームが決定された。優勝賞金800万元（当時約1億3600万円）であった。国際的な競技として準備されたが、コロナの影響で大会の規模が縮小された。

（5）科学技術的課題

大規模災害現場ではライフラインや通信網など社会基盤システムが大きなダメージを受け、使用可能な情報インフラが限られているという想定をしなくてはならない[33]。災害直後にテンポラリにロバストな通信インフラを構築することは重要であり大きな課題である。有線通信は確実であるが、移動ロボットの運動の制約になる。陸上のロボットではケーブルをロボット本体に搭載して手繰りだす方式が採られているが、本体重量の増加を招いてしまう。実際、福島第１原発の事故対応でもケーブルのトラブルにより建屋内に取り残されたままのロボットも存在する。無線通信の場合には、アドホックネットワークなどが適用されているが、ホップするごとに伝送量が減少してしまうなど問題がある。また、通信と同様に、エネルギー供給に関しても、有線と無線（バッテリー駆動）のトレードオフがある。災害現場でのエネルギー源の確保も大きな問題である。

原子力発電所の事故の様な災害現場では、放射能の影響を考えた耐放射線性を付与する必要がある。また、尼崎の列車脱線事故やトンネル内の事故やプラント災害など、火気による爆発の危険性がある場合には、防爆性能が要求される。このように、防塵防水に始まって防爆や耐放射線性など耐環境性の実現も重要な課題である。

ドローンは上空からの情報収集には非常に有効な手段であり、福島第１原発の被害状況をはじめ火山、氾濫した河川、山崩れなどさまざまな災害の被害状況を上空から把握する調査に適用された。しかし、運用が容易な小型のドローンは強風下での飛行が困難であり、建物の壁などの近くでは気流の乱れにより安定な飛行は難しい[34]。航続時間も30分程度であり、適用に大きな制約が課される。航続時間を延ばそうとすると大容量のバッテリーを搭載する必要があり、機体重量の増加を招く。ここにもトレードオフの問題がある。効率の良い（軽量で長時間持ち、急速充電が可能な）安全なバッテリーの開発が急務である。また、屋外でのドローンの自己位置同定はGPSを用いれば精度よく計測でき自律飛行も可能であるが、屋内の自律飛行にはSLAMのような自己位置同定技術が必須であり、非GPS環境下で高精度の自己位置同定を可能とする技術開発が求められる。

東日本大震災において日米の合同チームなどにより水中ロボットを用いた、港の瓦礫の調査・ご遺体の探索・沖合の漁場や養殖場の調査などが実施された[5]。瓦礫などの対象の位置を特定し、地理情報システムに連動させて情報を記録し、その後の瓦礫撤去や養殖施設再生など、あらゆる場面で活用されることになる。水中でセンシングに有効な物理量は光と音波であり、これらの物理量を用いて水中の対象物の位置を特定することは非常に難しく、精度の高い位置計測装置は非常に高価である。水中での位置同定技術開発も大きな課題である。

陸（UGV：Unmanned Grand Vehicle）・海（UUV：Unmanned Underwater Vehicle）・空（UAV：Unmanned Aerial Vehicle）のそれぞれのロボット群による効率的な被害状況の調査には、システム全体の故障に対するリスクを分散するために、集中制御でなく自律分散制御系を構築する必要がある。また、UGV群、UUV群、UAV群で構成された異種のロボット群により自律分散協調的に情報収集や救助支援タスクを実現できる安価で大量に現場に投入でき、故障に対してロバストな異種群ロボットシステムの構築も今後の課題である。

さらに、陸海空すべてのロボットに共通するが、ロボットを操作するオペレーターの訓練には時間を要することに注意が必要である。災害現場は未知の環境であり、人間による遠隔操作が基本である。災害現場を模したモックアップを構築し、実災害さながらの訓練を通して、日頃からの運用やメンテナンスを実施することは、有事にシステムを有効に機能させるための必須の条件である。また、実災害現場でのロボット操作には失敗が許されず、オペレーターにかかる精神的および肉体的負担は想像を絶するものがある。オペレーターの負荷を軽減化できるインターフェースの開発が重要である。そのために、未知の不整地環境でも自律的に移動や作業が可能な知能に関する研究開発を推進し、半自律機能を搭載していくことも今後の大きな課題である。

現状ではレスキューロボットに期待されている主なタスクは情報収集であり、アクセシビリティーをどのように向上させるかが課題となっているが、今後は移動からさまざまな作業へと適用できるタスクを広げていく必要がある。さらに、広域災害では情報が錯綜する。携帯電話などによる人間からの情報や固定センサー・レスキューロボットなどで収集した情報など膨大な時空間情報を柔軟にハンドリングでき、災害直後だけでなく復旧復興を経て平時に至るまでを含めたそれぞれの時期に、有効に利活用できる情報システムの構築は重要な課題である。また、収集したリアルタイムの災害情報を用いて、災害対応戦略を検討する災害対応シミュレーターを構築し、効果的効率的な意思決定支援をすることができる情報システムとシミュレーターが連動した統合化システムを構築することも重要な課題である。

（6）その他の課題

2011年3月11日に発生した東日本大震災は地震動や津波による被害さらには原子力発電所の事故が折り重なった巨大複合災害であり、日本で災害対応ロボットが運用された初めての大災害となった[3), 4)]。ここで、これらの活動における課題について考える[32)]。事故後の原子炉建屋内は強い放射能が予想され、ロボットに搭載されている電子機器やセンサー類の耐放射能性を十分検討する必要がある。電子機器はビット反転する可能性があり、CCDカメラやLRFなどのセンサーはいずれ使用不可能になってしまう。耐性が無い場合には何らかの措置を講ずる必要があり、福島第1原発の対応では準備に時間を要した。実は、1999年に発生した東海村JCO臨界事故が起こったことを受けて、国がプロジェクトを設置し、短期間に多くの技術者が心血を注いで放射能災害対応ロボットが開発された。しかし、製作しただけで、ロボットシステムの運用やメンテナンスや改良に必要な予算が計上されず、技術者たちもそのプロジェクトから離れざるを得なかった。せっかく培った技術や知見が消えて行ってしまった。無人化施工機械の成功例を見ても研究開発を継続し、現場での運用実績を積み重ねることが重要であることは明白である。

東日本大震災においてレスキューロボットを用いた災害対応支援のための日米の合同チームが結成されたときに、なかなか公的な機関からの要請が出ず、米国チームの来日が遅れた経緯がある[5)]。即時の受け入れが可能なような制度の設計が必要である。また、活動予算に関しても直後からの支援は重要である。海外からの支援を受け入れる場合に、協調活動をスムーズに進めるためには、システムの統合や情報の共有が容易なようにプロトコルを国際的に標準化しておく必要がある。また、前節で技術的課題としても述べたが、無線通信に関して有事には特定の周波数帯の使用や民生用で許可されている微弱な電波のパワーの増大を認めるような法整備も必要である。

東日本大震災における福島第1原発の事故は人類史上最悪の事故であり、その廃炉には30－40年に歳月が必要と言われている。これは、われわれの世代だけでは解決できない未来への大いなる負の遺産である。この課題を次世代の人たちに託していかなければならない。その意味でも、経験や英知の伝承のために次世代を担う人材育成は非常に大切である。いくつもの要因が複雑に絡み合った大規模複合災害に立ち向かうためには、自分の専門に関する知識や技術だけでは不十分である。自治体職員・レスキュー隊員・医師や看護師・臨床心理士をはじめ他機関や他分野の職員・研究者・技術者・支援者などとの協力により課題を解決することが必要である。さらに、政治や経済の状況を正確に把握したうえで、行政と協働することにより初めて大規模複合災害に対応することができる。安全で安心に暮らせる災害に強い文化や社会を築くためには、俯瞰的に物事をみることができ、的確な判断をすることのできる人材育成が必須である[35)]。

近年、デジタル技術としてAR、VR、AI、Iot、Roboticsが発展してきており、生産やサービスがプロセスのデジタル化に向かっており、ビジネスプロセスにおける意思決定のデジタル化も進んでいる。災害対応ロボットシステムの平常時と緊急時のデュアルユースの重要性を述べたが、その具体的展開がプラントのDX化にロボット技術を組み入れることである。ロボティクスを活用した次世代プラント操業において、プラント事業者は関連ステークホルダーとデジタルでの深い相互連携が一層進み、DX化された企業グループ同士での新たなデジタルビジネスが生まれてくることが期待される。また、人間主体のプラントオペレーションから、ロボティクス活用による無人オペレーションを前提とするプラント設計に変遷することは、プラント建設のためのコストや工期が大幅に削減と可能になり、カーボンニュートラル時代に向けた新規プラント建設手法となるが期待される。その中で、プラントや建設物の屋内点検の省人化と高精度化を実現するためにデジタルツイン・ロボット・人を連携するための汎用的なミドルウェアの開発が重要である。ミドルウェアをプラント業界が推進するDX化に対応させることにより、ロボットと人の連携を汎用的かつ効率的に統合化し、プラント業界へのロボット導入や管理をしやすくする。また、日本発のミドルウェアを国際標準化することを目指し、さまざまな業界の共通課題であるDX化の推進に合わせてロボットの利活用を可能とすることが重要である。日常のプラントの自動巡回や保守から災害時に即座に対応できるロボットシステムを構築することで、市場の創出を図り、災害対応ロボットシステムを日常に溶け込ませることを目指してプラント業界やロボット業界の連携を支援することが重要である。

防災学術連携体は、防災減災・災害復興に関わる59学協会のネットワークで、日本学術会議を要として集まり、多分野の学協会の連携を進め、緊急事態時に学問の緊密な連絡がとれるよう、2021年に設立された一般社団法人である。本連携体は「日本学術会議と連携して平常時から学協会間の連携を深め、大災害等の緊急事態時には、日本学術会議と共に、学協会間の緊急の連絡網として機能するべく備え、高まる災害外力から国土と生命を守るために、学協会をこえて議論し、学協会間の連携を深め、防災減災・災害復興に関わる諸課題に取り組む」ことを目標に掲げている[36)]。災害の様相は多様であり、関連学協会の連携が必要であり、今後災害対応ロボットシステムのあり方を他分野の研究者・自治体・政府関係者と議論する必要がある。日本災害医学会と日本ロボット学会が、連携体制を構築すべく、会合を重ねており、このような連携を加速させること、そのような活動を支援することも重要である。

（7）国際比較

国・地域	フェーズ	現状	トレンド	各国の状況、評価の際に参考にした根拠など
日本	基礎研究	○	→	EUのHorizon2020やe-ASIAなどのプロジェクトで他国・地域との国際共同研究プロジェクトは実施されているが、日本独自の災害対応ロボットに関する大きな研究開発プロジェクトは実施されていない。Moonshotプロジェクトにおいて、出口として災害対応を考えているプロジェクトもあるものの直接的には災害対応ロボットシステムの研究開発を実施しているわけではない。
	応用研究・開発	○	↗	重工メーカーが防爆仕様のプロント自動巡回点検ロボットを商品化した。また、福島原発の廃炉に向けてさまざまなロボットが開発され、実際に現場に投入されている。また、石油コンビナートの災害に備えるべく消防ロボットシステムが消防に実戦配備されている。
米国	基礎研究	○	↘	DARPAのロボティクスチャレンジの後、災害対応ロボットシステムに関する大きなプロジェクトは実施されていない。ロボット関連の重要な国際会議における論文発表の状況から推測すると、災害対応分野でのロボット技術の基礎研究の学術的な状況は大きな変化はないように思われる。
	応用研究・開発	○	→	DARPAの支援で開発された軍用のBigDogが民生用のSpotとして、プラントの保守点検や建物の内外の警備などをターゲットとして、応用研究開発が加速されている。

欧州	基礎研究	◎	↗	Horizon2020で火災などの災害やテロ災害に対応するための災害対応ロボットシステムの研究開発プロジェクトが、UE以外の国を巻き込んで実施されている。
	応用研究・開発	○	→	Horizon2020で多くの災害対応ロボットシステムが研究開発されているものの、実用化には少し時間がかかりそうである。
中国	基礎研究	△	→	ロボット関連の重要な国際会議における論文発表の状況から推測すると、災害対応分野でのロボット技術の基礎研究はそれほど進んでいないように感じられる。
	応用研究・開発	◎	↗	災害対応だけでなく軍用を視野に入れて、大学や研究所を中心に開発が進められたロボットシステムが企業で実用化されている。DJIの成功は好例である。さまざまなロボットが大規模な災害対応訓練にも適用されるなど実用化を加速している。COVID-19対応ロボットシステムも即座に開発され、実証試験も実施されており、そのスピード感からも国としてさまざまな分野へのロボット技術の適用に力を入れていることがうかがえる。
韓国	基礎研究	○	→	Horizon2020でEUとの国際共同研究プロジェクトINGENIOUSプロジェクトとResponseDroneプロジェクトが採択され実施されているなど、ある程度の研究開発は進められている。ロボット関連の重要な国際会議における論文発表の状況から推測すると、災害対応分野でのロボット技術の基礎研究はそれほど進んでいないように感じられる。
	応用研究・開発	△	→	Horizon2020で研究成果が実用化されるまでには少し時間がかかりそうである。

（註1）フェーズ

基礎研究：大学・国研などでの基礎研究の範囲

応用研究・開発：技術開発（プロトタイプの開発含む）の範囲

（註2）現状　※日本の現状を基準にした評価ではなく、CRDSの調査・見解による評価

◎：特に顕著な活動・成果が見えている　　○：顕著な活動・成果が見えている

△：顕著な活動・成果が見えていない　　×：特筆すべき活動・成果が見えていない

（註3）トレンド　※ここ1～2年の研究開発水準の変化

↗：上昇傾向、→：現状維持、↘：下降傾向

参考文献

1）松野文俊「阪神淡路大震災を振り返って」『日本ロボット学会誌』28巻2号（2010）：138-141., https://doi.org/10.7210/jrsj.28.138.

2）柴田崇徳「メンタルコミットロボット「パロ」の開発と普及：認知症等の非薬物療法のイノベーション」『情報管理』60巻4号（2017）：217-228., https://doi.org/10.1241/johokanri.60.217.

3）一般社団法人日本ロボット学会「特集：震災対応　レスキューロボットの活動を振り返って I」『日本ロボット学会誌』32巻1号（2014）：1-41.

4）一般社団法人日本ロボット学会「特集：震災対応　レスキューロボットの活動を振り返って II」『日本ロボット学会誌』32巻2号（2014）：91-161.

5）松野文俊「東日本大震災におけるレスキューロボットと国際協力」『日本ロボット学会誌』30巻10号（2012）：1013-1016., https://doi.org/10.7210/jrsj.30.1013.

6）田所諭, 他「World Robot Summit 2020福島大会の概要と成果」『日本ロボット学会誌』40巻6号（2022）：475-483., https://doi.org/10.7210/jrsj.40.475.

7）大西献「石油ガスプラントなどでガス爆発災害の予防と対応に貢献するロボット技術：防爆技術を中心として」『日本ロボット学会誌』38巻3号（2020）：235-238., https://doi.org/10.7210/jrsj.38.235.
三菱重工業株式会社「プラント自動巡回点検防爆ロボットEX ROVR：製品」https://www.mhi.com/jp/products/energy/ex_rovr_products.html,（2023年2月21日アクセス）.

8）天野久徳「石油化学コンビナート火災・爆発対応のための消防ロボットシステムの研究開発：研究開発と社会実装としての実証配備」『日本ロボット学会誌』38 巻 3 号（2020）：220-225., https://doi.org/10.7210/jrsj.38.220. 総務省消防庁「令和２年版　消防白書：2. 研究開発の状況」 https://www.fdma.go.jp/publication/hakusho/r2/topics4/56540.html,（2023 年 2 月 21 日アクセス）.

9）国立研究開発法人科学技術振興機構（JST）中国総合研究交流センター『中国のロボット分野における研究開発の現状と動向』(JST, 2018).

10）一般社団法人日本ロボット学会「特集：タフ・ロボティクス」『日本ロボット学会誌』35 巻 10 号（2017）：695-734.

11）Evgeni Magid, et al., “e-ASIA Joint Research Program: development of an international collaborative informational system for emergency situations management of flood and land slide disaster areas,” *Artificial Life and Robotics* 27, no. 4（2022）：613-623., https://doi.org/10.1007/s10015-022-00805-3.

12）国立研究開発法人科学技術振興機構（JST）「多様な緩急に適応しインフラ構築を革新する協働 AI ロボット」 https://projectdb.jst.go.jp/grant/JST-PROJECT-20338891/,（2023 年 2 月 21 日アクセス）.

13）CENTAURO, http://www.centauro-project.eu,（2023 年 2 月 21 日アクセス）.Tobias Klamt, et al., “Flexible Disaster Response of Tomorrow: Final Presentation and Evaluation of the CENTAURO System,” *IEEE Robotics & Automation Magazine* 26, no. 4（2019）：59-72., https://doi.org/10.1109/MRA.2019.2941248.CENTAURO, “Publcations,” http://www.centauro-project.eu/publications,（2023 年 2 月 21 日アクセス）.

14）ICARUS, https://icarus.rma.ac.be/fp7-icarus.eu/index.html,（2023 年 2 月 21 日アクセス）. ICARUS, “Publications,” https://icarus.rma.ac.be/fp7-icarus.eu/publications.html,（2023 年 2 月 21 日アクセス）.

15）CURSOR, https://www.cursor-project.eu,（2023 年 2 月 21 日アクセス）. CURSOR, “Publications and Presentations,” https://www.cursor-project.eu/results-publications/publications-and-presentations/,（2023 年 2 月 21 日アクセス）.

16）INGENIOUS, https://ingenious-first-responders.eu,（2023 年 2 月 21 日アクセス）.INGENIOUS, “Downloads,” https://ingenious-first-responders.eu/downloads/,（2023 年 2 月 21 日アクセス）.

17）ResponseDrone, https://respondroneproject.com,（2023 年 2 月 21 日アクセス）.ResponseDrone, “Research Papers,” https://respondroneproject.com/resources/research-papers/,（2023 年 2 月 21 日アクセス）.

18）PROBOSCIS, https://proboscis.eu,（2023 年 2 月 21 日アクセス）.PROBOSCIS, “Publications,” https://proboscis.eu/publications,（2023 年 2 月 21 日アクセス）.

19）田所諭「ロボカップレキューロボットリーグ」『日本ロボット学会誌』27 巻 9 号（2009）：983-986., https://doi.org/10.7210/jrsj.27.983.20）松野文俊, 他「ロボカップレスキューから実災害対応へ」『計測と制御』52 巻 6 号（2013）：495-502., https://doi.org/10.11499/sicejl.52.495.

21）細田慶信, 鈴木慎二「福島ロボットテストフィールドの紹介」『日本ロボット学会誌』40 巻 6 号（2022）：471-474., https://doi.org/10.7210/jrsj.40.471.

22）曇深処科技（DEEPRobotics）, https://www.deeprobotics.cn,（2023 年 2 月 21 日アクセス）.

23）北京力升高科科技有限公司（Beijing lesentech）, http://www.lesentech.com,（2023 年 2 月 21 日アクセス）.

24）成都時代星光科技有限公司（Chengdu Timestech）「産品中心」
http://www.tim-uav.com/Products/zhanlang/,（2023年2月21日アクセス）.
25）中国航空工業集団有限公司（Aviation Industry Corporation of China），
https://en.avic.com,（2023年2月21日アクセス）.
26）上海欧迅睿智能科技有限公司,
http://www.oceanring.cn,（2023年2月21日アクセス）.
27）珠海雲洲智能科技股份有限公司,
http://www.yunzhou-tech.com,（2023年2月21日アクセス）.
28）中華人民共和国工業情報化部「点賛！79家人工智能企業在科技支撑抗撃疫情中表現突出」百度,
https://baijiahao.baidu.com/s?id=1669927220602750035&wfr=spider&for=pc,（2023年2月21日アクセス）.
29）創沢智能機器人集団股份有限公司（CZ-ROBOT），
http://www.chuangze.cn,（2023年2月21日アクセス）.30）山東国興智能科技股份有限公司（Guo Xing Intelligent），
https://www.sdgxzn.com,（2023年2月21日アクセス）.31）深圳墨影科技有限公司（Moying Robotics）「産品＆解決方案」
http://www.moyingrobotics.com/pro.aspx?nid=3&typeid=82,（2023年2月21日アクセス）.
32）粤港澳青年創業孵化器「智創杯A-TEC」http://www.ghm-yei.com/gzgaqncyfhq/item_22488799_0.html,（2023年2月21日アクセス）.
33）一般社団法人日本ロボット工業会「特集：災害対応ロボットの適用」『ロボット』235号（2017）：1-45.
34）Hiroaki Nakanishi, et al., “Modeling and experimental validation for ceiling wall effect on aerodynamic characteristics of a rotor,” *Artificial Life and Robotics* 27, no. 4（2022）：734-742., https://doi.org/10.1007/s10015-022-00798-z.
35）エネルギーレビューセンター「特集：廃炉措置のための遠隔操作技術開発と人材育成」『エネルギーレビュー』35巻2号（2015）：6-25.
36）一般社団法人防災学術連携体,
https://janet-dr.com/index.html,（2023年2月21日アクセス）.

2.2.10 インフラ保守ロボット

（1）研究開発領域の定義

現在、日本の建設業では、少子化に起因する若年就業者数の減少が進むと共に、これに起因する熟練技術者や技能者の不足が大きな問題となっている。また、高度経済成長期に集中的に整備された膨大な社会資本が老朽化したため、インフラの維持管理・更新が急務であるが、この分野においても、同様の問題が発生している。これらの問題を解決するため、現在、ICTやロボット工学を適用した、建設機械やインフラ点検の自動化・省人化技術に関する研究開発が進められている。このように、新技術の創出ではなく、既存のロボット技術を建設分野に適用し、フィールド分野における新たな価値創出の実現を目指すものが、本研究開発領域である。

（2）キーワード

ロボット技術、ICT、RTK-GNSS（Real Time Kinematic-Global Navigation Satellite System）、インフラ点検、無人化施工、情報化施工、ICT土工、ドローン、建設機械、マシンコントロール、i-Construction

（3）研究開発領域の概要

［本領域の意義］

日本の産業においては、少子化に起因する若年就業者数の減少や、高齢化に起因する熟練した技術者・技能者の不足が問題となっているが、建設現場においては、この問題が顕著であり、特に、地方の土木建設工事において、その状況は深刻である[1)]。そこで、国土交通省は、2016年を生産性革命元年と位置づけ、建設施工分野で「i-Construction」と銘打って、ICT（Information Communication Technology）土工（土木工事）を推進してきた[2), 3)]。これにより、土工における20%の生産性向上を目指している。この施策をさらに進めるため、ICTならびにロボット技術を用いた建設機械の自動化に対する研究開発も進められており、この分野に対する期待も大きい[4)]。

一方、日本では、昭和30年代からの高度経済成長期に集中的に整備された社会資本の老朽化が現在急速に進んでおり、2012年に発生した笹子トンネル天井板落下事故に代表されるように、老朽化が大事故につながるケースが存在する。このような事故を未然に防ぐためには、インフラの維持管理・更新の作業が急務である[5)]。そこで、国土交通省は、2014年7月より、日本国内の全トンネルと橋梁で一律に、5年に1度の点検を義務付けた[6), 7)]。この点検により、2019年までに、日本国内に存在する70万橋の橋梁と、1万本のトンネル点検が実施されたが、点検コストが膨大となること、熟練点検員とそうでない点検員とのスキルの差に起因する点検精度不均一と言った問題が明らかとなってきた。これらの問題を解決することが可能なロボット技術に対する期待は大きい。

以上に記した通り、インフラ点検や土木工事におけるロボット技術、センシング技術や建設機械の高度化に対し、大きな期待が寄せられている。しかしながら、工場内などのロボットと異なり、対象とするのは屋外環境であり、要求される移動、センシング、作業等において、より高度なロボット技術が求められている。

［研究開発の動向］

ICT技術を活用した建設機械の高度化について、これまで、国土交通省が主導する情報化施工戦略[8)]の下、ICT技術を導入した自動制御建設機械の研究開発が進められてきた。この施策は、2016年に開始されたi-Constructionと呼ばれる施策中の、ICTの全面的な活用（ICT土工等）[2)]に引き継がれ、「建設現場の生産性を2025年までに20%向上させる」ことを目指し、2022年現在も、この施策は継続している。このICT土工とは、ドローンなどを使った3次元測量を行い、3次元設計データを活用して、建設機械を自動制御または部分的な自動制御により施工を実施し、再びドローンなどを使って3次元で出来形を検査するといった、3次元データとICTを全面的に活用する工事である。さらに、国土交通省は、インフラ分野のDX推進本部を2020年に立ち上げ、インフラ分野におけるデータとデジタル技術の活用を進めているが、この中でも建設機械の自動化について議論が進められている[4)]。

ICTを活用した自動施工に関する具体的な技術の例としては、鹿島建設が、CSG（Cemented Sand and Gravel）ダムの建設に対し、ダンプトラック、ブルドーザー、振動ローラーの自動化を行い、自動建設の試行施工を試みている[9)]。建設現場の自動化という意味では、世界的に見ても、この工事が自動施工のフロントランナーであると言える。また、マシンガイダンス（MG）、マシンコントロール（MC）技術の、現場への導入も進んでいる。MGとは、建設機械の位置・姿勢をRTK-GNSSやIMU（Inertial Measurement Unit）等で精度良く取得すると共に、その位置・姿勢と3次元の施工図をオペレーターに提示することで、丁張りや水糸を必要とせずとも、工事を実施することができる技術である。MCは、MGで取得した建設機械の位置・姿勢ならびに、施工図面に応じて、建設機械の作業機の一部を自動制御することで、オペレーターの作業負荷を低減できる。これらの技術は、近年、実施工にも積極的に利用され始めている。

また、建設機械の自動化に関連し、アカデミアでは、2018 年 10 月に、ゼネコンやコンサルタント会社からの寄付を得て、i-Constructionを推進する技術ならびに技術者を育成することを目的とし、東京大学大学院工学系研究科に「i-Construction システム学」寄付講座が設置された[10)]。コマツは、大阪大学内に、コマツみらい建機協働研究所を設置し[11)]、コベルコも、広島大学内にコベルコ建機夢源力共創研究所を設置した[12)]。このように、建設機械の自動化に向けた研究開発については、大学と企業が共同で進める産学連携が生まれつつある。さらに、内閣府を中心に、さまざまな研究開発やプロジェクトがスタートした。例えば、2020年にスタートした内閣府Moonshot型研究開発のプロジェクトでは、目標3の中の「多様な環境に適応しインフラ構築を革新する協働AIロボット」というプロジェクトで、複数台の小型建設ロボットの協働作業によるインフラ構築の自動化に関する研究開発が、現在も進められている[13)]。

インフラ点検に関する自動化に関する研究開発については、2014年以降、戦略的イノベーション創造プログラム（SIP）[14)]や国立研究開発法人新エネルギー・産業技術総合開発機構（NEDO）[15)]が主導した研究開発が行われると共に、国土交通省がトンネルや橋梁といった点検対象となる試行現場を提供するなど、省庁間連携による実用化研究も強力に進められ、一部は、実用段階に達している。例えば、東急建設が進めてきたトンネル全断面点検・診断システム「iTOREL：アイトーレル」は、SIPの終了後も継続して現場試行を実施し、実用化を進めている[16)]。また、ドローン技術を用いた橋梁点検やトンネル点検については、足場を組まずに近接目視を行うことが可能であるため、大変期待されている。ドローンを用いた橋梁点検については、SIPでも多くの研究開発が行われたが、現在は、ドローン空撮を活用した橋梁点検調書の作成支援を行う業務を実施している業者も存在する。さらに、AIを用いたコンクリートのひび割れ検知なども開発が進み、さまざまな技術がインフラ点検に導入されつつある。しかしながら、ここ数年は、インフラ点検に関する大型プロジェクトは実施されていない。

海外に目を向けると、ヨーロッパでは、建設機械の自動化やインフラ点検に関する産学連携のプロジェクトが複数立ち上がっている。英国ケンブリッジ大学では、Digital Road/Future Road[17)]というプロジェクトが立ち上がり、産学連携で、道路建設や点検に関する新たな研究開発を進める動きが出てきている。また、フィンランドでも、複数建設機械の自動化に関する産学連携のプロジェクトが複数進められている[18)]。建設機械については、各社が自動化技術の向上を競っているが、近年は、Carbon Freeに対する取り組みが目立っている。例えば、2022年のBaumaという建設・建築産業用機械の見本市（2022年10月ミュンヘン）では、多くの建設機械会社から最新の電動化建機の発表が行われた。この例からも分かる通り、建設機械のMC、MGや自動化と共に、電動化に関する研究開発が進められている。

（4）注目動向

［新展開・技術トピックス］

近年、土工を対象とするアカデミアが貢献するロボット技術としては、複数の研究開発チームが、土質を考慮した研究開発を進めている。スイスETH のHutterのグループは、シミュレーション環境において、建設ロボットによるさまざまな条件下での掘削動作を行わせることで掘削に関する学習を行わせ、この学習結果を元に、土質を考慮した掘削用の建設ロボットの制御を実現するAI技術を開発した[19)]。これは、建設機械の油圧の圧力や建設機械の姿勢をセンサー情報として検知し、シミュレーターで学習した情報と比較することで地盤強度を推定して、その地盤強度に応じた掘削動作を生成するものである。これにより、これまでの自動化では、土質にかかわらず、決められた動作による自動掘削を実現していたものが、土質に応じた掘削動作を生成し、最適な掘削を実現することが期待できる。また、東京大学の永谷のグループでは、3次元計測を行うことが可能なセンサーを用いて、油圧ショベルの掘削作業を観察することによる土質推定を行う手法を提案した。この推定結果を元に、土質に応じた最適掘削動作をあらかじめ生成しておくことで、実機によるエネルギー効率の高い掘削動作を実現した[20)]。この技術は実建設機械に実装され、作業中の建設機械の燃料計を観察することで、この技術の有用性が確認された。現在、ゼネコン各社においても、全自動施工を目指した研究開発を進めるにあたり、掘削において、単に油圧ショベルの刃先の位置制御を正確に行えれば良い、という方針ではなく、地盤強度に応じてどのような動作で掘削するか、といった点について議論を始めている。

一方、研究開発を進めるためのプラットフォームについて関する新展開として、国立研究開発法人土木研究所は、ハードウェアを抽象化し、基礎的なルールならびに、データの定義や構造を共通化した、建設機械向け標準プラットフォーム OPERA（Open Platform for Earthwork with Robotics and Autonomy）を提案し、実装を進めている[21)]。これまで、ゼネコンや建設機械メーカー、測量機器メーカーらがおのおのチームを作り、それぞれ独自に、建設機械の自動化に関する研究開発を進めてきたが、異なるメーカー間でのセンサーの相互利用は基本的に不可能であり、ソフトウェアやシステムの再利用性も乏しいという問題があった。このプラットフォームにより、今後、大学の研究機関やベンチャー企業なども、建設機械の自動化に関する研究開発に容易に参入できるようになり、本分野の研究開発が活性化することが期待できる。

一方、橋梁やトンネル点検に関するアカデミアが貢献するロボット技術についても、近年、AIを用いた点検や診断に関する研究開発が取り入れられている。例えば、東京大学の全のグループでは、ディープラーニングを用いて各損傷を検出し、Structure from Motionを用いて局所的な位置情報を取得し、その位置情報を橋梁全体の3Dデータに統合する手法を提案している[22)]。

もう一点、忘れてならないのが、本研究分野へのCarbon Freeの影響である。先にも述べた通り、Bauma2022では、多くの企業がCarbon Freeを掲げて建設機械の電動化に関する展示を行った。電動化＝Carbon Freeという点については、議論の余地もあるが、ヨーロッパの土工分野に関する研究開発プロジェクトでも、Carbon Freeを銘打ったテーマが多く見受けられる。

［注目すべき国内外のプロジェクト］

2020年にスタートした内閣府Moonshot型研究開発のプロジェクトでは、目標3の中の「多様な環境に適応しインフラ構築を革新する協働AIロボット」というプロジェクト内で、複数台の小型建設ロボットの協働作業によるインフラ構築の自動化に関する研究開発が進められている[13)]。このプロジェクトは、「変動する多様な環境においても動作を可能とする」という点が特徴である。具体的な研究開発項目として、土工を革新するハードウェアの研究開発、複数台ロボットの協調アルゴリズム、地盤情報を含む現場の情報を収集するセンシング技術が挙げられ、最終的にこれらの要素技術を統合することで、自動インフラ構築を実現する建設ロボット群の実現を目指している。

フィンランド、オウル大学のHeikkiläらのプロジェクト「Autonomous Low–Emission Swarm of Infra Construction Machinery project」でも、産学協同で、複数建設ロボットによるインフラ構築に関する実

2.2 俯瞰区分と研究開発領域 ロボティクス

証研究開発が進められている[18]。ここでは、油圧ショベル、ダンプトラック、ブルドーザー、振動ローラーなどの異種ロボットの協調動作により、自動でインフラ構築を進めるシステム構築を目指している。タイトルにもあるように、複数台建設ロボットの協働作業の研究のみならず、Low-Emissionというキーワードがタイトルに入っているところも特徴である。建設機械に対するLow-EmissionやCarbon Freeに対する需要は、日本にも来ていると考えられる。

スイスETHのHutterらは、Autonomous Walking Excavatorに関する研究開発を進めている[19), 23)]。利用している建設機械は、脚の姿勢を変更することが可能な特殊な建設機械（Menzi Muck社製スパイダー）で、この筐体を用いた掘削に関する適応制御や不整地走行制御などの研究を進めてきた。近年は、この筐体1台を用いた公園の造成工事を全自動で実現し、注目を集めている。

インフラ点検については、SIPプロジェクト第1期で実施されたインフラ点検のプロジェクトが2018年度末で終了となったが、官民研究開発投資拡大プログラムにて、これらの技術に関する研究開発が進められている。さらに、2022年には、次期SIP課題候補として、「スマートインフラマネジメントシステムの構築」という課題名のFSがスタートした。今後、SIP第3期では、同課題名のプロジェクトがスタートすると期待される。

（5）科学技術的課題：

本分野における科学技術的課題については、対象となる環境が屋外自然環境である点、不確定の地盤を扱うことが多い点から、屋内環境で培ったロボット工学の基礎技術が、そのままでは屋外環境で適用困難となることも少なくない。これらを踏まえ、以下に、今後インフラ保守・建設ロボットに必要と考えられる技術的課題について列挙する。

（1）建設機械における移動技術については、対象とする環境が不整地または軟弱地盤であることから、建設機械の走破性能（トラフィカビリティー）の検証ならびに、走行性能の向上が重要となる。軟弱地盤については、テラメカニクス[24)]をベースとした研究が、建設機械に対しても進められてきたが、現実の環境は地盤が均一であるといったテラメカニクスに必要となる条件を満たすことが不可能であるため、実問題に対して、直接適用することが困難と言われている。また、走行性能の検証には、土質パラメータの取得が重要となるが、これを非接触で計測する手段も未解決の問題である。

（2）建設機械やドローンの位置推定については、基本的にはGNSSで行うものが多い。 RTK-GNSS技術により、センチメートル単位で位置推定ができるようになったため、この技術が広く利用されるようになった。さらに近年、GNSSデバイスの価格も低下し、利用しやすくなった。しかしながら、谷間で行う土木施工や橋梁点検などのアプリケーションでは、衛星からの信号が遮られるため、GNSSによる位置推定を行うことが困難な場合がある。これを解決するための手法として、レーザー距離センサーや画像を用いた位置推定技術（SLAM: Simultaneously Localization And Mapping）[25)]を利用したさまざまな方法が提案されている。この手法を用いて自然地形や特徴量の少ない橋梁/トンネルにおける位置推定を行うことは、環境によっては困難である。今後、位置推定技術の頑強性に関する研究の進展が期待される。

（3）今後の自動施工について考えると、建設機械単体を自動化するのみならず、複数台の建設機械をどう協調させていくかが重要な課題になると考えられる。また、施工図面が与えられた際、どのような段取りで各建設機械を動作させるか?という施工計画についても自動化が期待される。この分野の研究開発を実現するためには、地盤、設計、施工、動作計画、制御、センシングなど、さまざまな研究分野の知見を結集する必要があり、今後の研究開発が期待される。

（4）インフラ保守・建設ロボットは、数多くのセンサーや駆動系を必要とする規模の大きいロボットシステムとなるが、現状では、ゼネコンや建機メーカーが一対一で組み、開発が行われているため、開発効率が低いという問題や、複数社の建設機械を同時に制御することができないといった問題が存在する。先に述べた通り、土木研究所では、これを解決するためのプラットフォームOPERAを提案している[21]。このような、協調領域の研究開発に関する研究開発も、今後広く求められる。

（6）その他の課題

（1）無人移動体が利用できる無線帯域の確保

ロボットとオペレーター間の無線通信を安定して確保することは、インフラ保守・建設ロボットの分野を進めていく上で必要不可欠である。しかしながら、現状では、通信距離の問題、通信遅延の問題、複雑な自然地形での遮蔽（しゃへい）物による通信遮断の問題などが存在し、これらが問題とならない範囲でのみ、実用化が図られてきた。無線通信については、通信帯域の確保の問題も含むため、政策的課題の側面もあるが、5Gの活用を含め[26]、今後、ハード面、ソフト面共に、通信に関する目覚ましい技術革新を起こすことができれば、インフラ保守・建設ロボットの適用範囲が大きく広がる可能性がある。なお、移動体の通信技術については、通信帯域確保ならびに、通信出力の上限に関する問題が存在する。なお、国土の狭い日本では、無線通信の干渉をできる限り低減するため、無線通信に利用可能な通信出力が抑えられている。また、災害時などの非常時に占有可能な通信帯域も確保できていなかった。そこで、2016年8月、総務省は、移動体を対象とした5.7GHz帯、2.4GHz帯、169MHz帯の無人移動体用無線通信を可能とするように、電波法施行規則が改正された[27]。今後も、ロボットの活用において、無人移動体が利用しやすい無線帯域の確保が必要となると考えられる。そのための法整備ならびに、非常時におけるルールの策定など、総務省の対応が期待される。

（2）建設機械施工の自動化・自律化に関する安全基準の策定

また、自動化・自律化を行った建設施工技術を現場に試験導入する際、現状では、安全や開発面での統一的な基準がないため、現場ごとの安全対応となっている。これにより、効率的な開発が阻害されているというのが現状である。このような状況において、国土交通省は、2022年、自動化・自律化・遠隔化技術について、現場状況を踏まえた適切な安全対策や関連基準の整備等により開発および普及を加速化させるため、関係する業界、行政機関および有識者からなる分野横断的な「建設機械施工の自動化・自律化協議会」を設置した。この協議会において、現在、安全に関するルールの設定や自動化目標の設定等が議論されている。

（7）国際比較

国・地域	フェーズ	現状	トレンド	各国の状況、評価の際に参考にした根拠など
日本	基礎研究	○	→	不整地移動に関する基礎研究、掘削効率に関する基礎研究については、全般に継続して成果が出ていると見受けられる。（国内会議：日本ロボット学会学術講演会や建設ロボットシンポジウム等にて、さまざまな基礎研究や応用研究の発表あり。）
	応用研究・開発	◎	↗	インフラ点検ロボットや建設ロボットの応用研究や実用化については、継続して成果が出ている。（国内会議：日本ロボット学会学術講演会や建設ロボットシンポジウム等にて、さまざまな基礎研究や応用研究の発表あり。）ゼネコン各社は、それぞれ、建設機械の自動化に関する提案を行っている。
米国	基礎研究	○	→	不整地の走行に関する基礎研究では、特にカーネギーメロン大学やMITが、継続して高い成果を挙げている。建設ロボットに関する基礎研究は、米国からは、それほど多くないという印象。（International Symposium on Automation and Robotics in Construction など）

	応用研究・開発	◎	→	ブルドーザー、グレーダー、油圧ショベルなどの自動制御の建設機械については、日本と同等（またはそれ以上）に実用化が進められている。インフラ点検を含むドローンを用いたビジネスは多数あり、そのビジネスの中でも技術開発が大きく進んでいる。
欧州	基礎研究	○	→	遠隔操作の臨場感に関する基礎研究や掘削に関する基礎研究において、大学や研究機関で、研究開発が進められている。（IROS等の国際会議など）
	応用研究・開発	◎	→	ブルドーザー、グレーダー、油圧ショベルなどの自動制御の建設機械については、日本と同等に実用化が進められている。特に、フィンランドやスウェーデンなどにおいて、マシンコントロールを用いた実施工が数多く実施されている。
中国	基礎研究			
	応用研究・開発	○	→	あまり情報が入ってこないが、Web上の記事によると、鉱山や建設現場における自動化の研究開発が進められている。また、Bauma2022にも、中国から、多くの企業が出展を行っていた。
韓国	基礎研究			
	応用研究・開発	△	→	あまり情報が入ってこないが、Web上の記事によると、建設現場における無人化・自動化の研究開発が進められている。

（註1）フェーズ

基礎研究：大学・国研などでの基礎研究の範囲

応用研究・開発：技術開発（プロトタイプの開発含む）の範囲

（註2）現状　※日本の現状を基準にした評価ではなく、CRDSの調査・見解による評価

◎：特に顕著な活動・成果が見えている　　○：顕著な活動・成果が見えている

△：顕著な活動・成果が見えていない　　×：特筆すべき活動・成果が見えていない

（註3）トレンド　※ここ1～2年の研究開発水準の変化

↗：上昇傾向、→：現状維持、↘：下降傾向

参考文献

1）一般社団法人日本建設業連合会「建設業ハンドブック2021」https://www.nikkenren.com/publication/pdf/handbook_2021.pdf,（2023年2月21日アクセス）.

2）国土交通省「ICTの全面的な活用：i-Construction」https://www.mlit.go.jp/sogoseisaku/constplan/sosei_constplan_tk_000031.html,（2023年2月21日アクセス）.

3）建山和由, 横山隆明「ICTを利用した建設施工の高度化と将来展望」『計測と制御』55巻6号（2016）: 477-482., https://doi.org/10.11499/sicejl.55.477.

4）国土交通省「インフラ分野のDX」https://www.mlit.go.jp/tec/tec_tk_000073.html,（2023年2月21日アクセス）.

5）Keiji Nagatani and Yozo Fujino, "Research and Development on Robotic Technologies for Infrastructure Maintenance," *Journal of Robotics and Mechatronics* 31, no. 6（2019）: 744-751., https://doi.org/10.20965/jrm.2019.p0744.

6）国土交通省道路局 国道・技術課「道路トンネル定期点検要領（平成31年3月）」国土交通省, https://www.mlit.go.jp/road/sisaku/yobohozen/tenken/yobo3_1_9.pdf,（2023年2月21日アクセス）.

7）国土交通省道路局「道路橋定期点検要領（平成31年2月）」国土交通省, http://www.mlit.go.jp/road/sisaku/yobohozen/tenken/yobo4_1.pdf,（2023年2月21日アクセス）.

8）情報化施工推進会議「情報化施工推進戦略:「使う」から「活かす」へ、新たな建設生産の段階へ挑む！！

（平成25年3月29日）」国土交通省, http://www.mlit.go.jp/common/000993270.pdf,（2023年2月21日アクセス）.

9）浜本研一, 三浦悟, 出石陽一「次世代建設施工システムによるダム建設とシステム制御の役割」『計測と制御』61 巻 9 号（2022）：671-675., https://doi.org/10.11499/sicejl.61.671.

10）小澤一雅「東京大学「i-Constructionシステム学」寄付講座における取り組み」『建設マネジメント技術』493 号（2019）：61-64.

11）大畠陽二郎「大阪大学 コマツみらい建機協働研究所」『システム/制御/情報』64 巻 3 号（2020）：111-113., https://doi.org/10.11509/isciesci.64.3_111.

12）広島大学「コベルコ建機夢源力共創研究所」https://www.dream-driven.hiroshima-u.ac.jp,（2023年2月21日アクセス）.

13）Keiji Nagatani, et al., "Innovative technologies for infrastructure construction and maintenance through collaborative robots based on an open design approach," *Advanced Robotics* 35, no. 11（2021）：715-722., https://doi.org/10.1080/01691864.2021.1929471.

14）戦略的イノベーション創造プログラム（SIP）「インフラ維持管理・更新・マネジメント技術」国立研究開発法人科学技術振興機構, https://www.jst.go.jp/sip/k07_kadai_dl.html,（2023年2月21日アクセス）.

15）国立研究開発法人新エネルギー・産業技術総合開発機構（NEDO）ロボット・AI部「インフラ維持管理・更新等の社会課題対応システム開発プロジェクト」NEDO, https://www.nedo.go.jp/content/100871665.pdf,（2023年2月21日アクセス）.

16）中村聡, 井上大輔, 伊藤正憲「変状自動検出技術を適用したトンネル点検システム「iTOREL」の開発」『電力土木』416 号（2021）：95-97.

17）University of Cambridge, "Digital Roads of the Future," https://drf.eng.cam.ac.uk,（2023年2月21日アクセス）.

18）University of Oulu, "University of Oulu is researching autonomous infra construction machinery swarm," https://www.oulu.fi/en/news/university-oulu-researching-autonomous-infra-construction-machinery-swarm,（2023年2月21日アクセス）.

19）Pascal Egli, et al., "Soil-Adaptive Excavation Using Reinforcement Learning," *IEEE Robotics and Automation Letters* 7, no. 4（2022）：9778-9785., https://doi.org/10.1109/LRA.2022.3189834.

20）Shinya Katsuma, et al., "Excavation Path Generation for Autonomous Excavator Considering Bulking Factor of Soil," in *2020 Proceedings of the 37th International Symposium on Automation and Robotics in Construction (ISARC)*（IAARC, 2020）, 578-583., https://doi.org/10.22260/ISARC2020/0080.

21）鈴木裕敬, 他「自律施工技術開発促進に向けた土木研究所の取り組み」『計測と制御』61 巻 9 号（2022）：651-655., https://doi.org/10.11499/sicejl.61.651.

22）Tatsuro Yamane, Pang-jo Chun and Riki Honda, "Detecting and localising damage based on image recognition and structure from motion, and reflecting it in a 3D bridge model," *Structure and Infrastructure Engineering*（2022）., https://doi.org/10.1080/15732479.2022.2131845.

23）Dominic Jud, et al., "HEAP - The autonomous walking excavator," *Automation in Construction* 129（2021）：103783., https://doi.org/10.1016/j.autcon.2021.103783.

24）Jo Yung Wong, *Theory of Ground Vehicles*, 4th ed.（John Wiley & Sons. Inc., 2008）.

25）Josep Aulinas, et al., "The SLAM problem: a survey," *CCIA* 184, no. 1（2008）：363-371.

26）青木浩章，他「O1-2 次世代通信規格（5G）を用いたクローラダンプの自動走行システムのフィールド検証：建設現場における可搬型5Gの活用」第19回建設ロボットシンポジウム（2019年10月9-11日），https://ccrr.jp/event/symposium/2019/2019.html,（2023年2月21日アクセス）．
27）総務省 総合通信基盤局電波部移動通信課「ロボット・IoTにおける電波利用の高度化など最新の電波政策について（平成28年6月17日）」一般社団法人九州テレコム振興センター（KIAI），http://kiai.gr.jp/jigyou/h28/PDF/0617p1.pdf,（2023年2月21日アクセス）．

2.2.11 農林水産ロボット

（1）研究開発領域の定義

わが国の農林水産業を取り巻く環境は大きく変化している。農業従事者の減少、地域社会の衰退、自然災害の頻発、地球温暖化の進行などは、日本の農業物生産に大きな影響を及ぼしており、それらへの対応が急務である。さらには、新型コロナウイルスのパンデミックや、ウクライナ紛争の勃発などによりフードチェーンの脆弱さが露呈し、食料安全保障の重要性が再認識された。このような状況の中、地域資源の最大活用、脱炭素化、労力軽減・生産性向上等の実現に向けて、農林水産業へのロボティクスの導入は強く求められている。また、世界においても、現場の効率化や労働力不足の他、地球温暖化、干ばつ、環境負荷低減への対応の中で、人に代わって自動で作業を行うロボットの開発が進行している[1)]。本領域は、農業（施設園芸、露地栽培、果樹栽培）、林業、水産業に対して、地域資源の最大活用、脱炭素化、労力軽減・生産性向上等の実現するためのロボット技術の研究開発動向を述べる。

（2）キーワード

スマート農業、スマート林業、スマート水産業、農業Cyber–Physical System、ロボット農機、ドローン、収穫ロボット、水中ドローン、精密農業、リモートセンシング、協調作業、マルチロボット、ローカル5G、みどりの食料システム戦略、標準化（ISOBUS）

（3）研究開発領域の概要

[本領域の意義]

2022年6月3日に閣議決定された「統合イノベーション戦略2022」では、食料・農林水産業分野の研究開発について「世界の食料需給等を巡るリスクの顕在化を踏まえ、食料や生産資材の多くを海外からの輸入に依存しているわが国においては、食料安全保障の確保を図ることが重要である。将来にわたり、農林水産業の発展と食料の安定供給を図るためには、生産力向上と持続性を両立した食料システムの確立が不可欠」であることから、「みどりの食料システム戦略（令和3年5月12日みどりの食料システム戦略本部決定）」[2)] に基づき、中長期的な観点から、食料、農林水産業における資材等の調達、生産、加工・流通、消費までの各段階について、地域資源の最大活用、脱炭素化、労力軽減・生産性向上等のイノベーションを推進するとされている。

農林水産業へのロボティクスの導入は、深刻な労働力不足に直面しているわが国の農林水産業を未来に継承していくため、スマート農林水産業の早期実装として重点的に取り組む必要がある。「農林水産研究イノベーション戦略2022（令和4年5月24日農林水産省農林水産技術会議事務局）」[3)] には、研究開発課題として、超省力・省資源型スマート農林水産技術の開発が挙げられている。具体的には、自動化を可能とする作業ロボットや農林業機械、ICT・AIを活用した生産・作業管理技術、無駄のない養殖システム等スマート農林水産業の研究開発である。また、品目横断的に利用できる汎用的な作業ロボットやさまざまな環境条件に対応できるロボット農機等の開発を戦略的に推進することが求められている。

[研究開発の動向]

日本における農業（施設園芸、露地栽培、果樹栽培）、林業、水産業へのロボット、ロボティクスの導入を中心に研究開発動向を述べる。

農業

（1）施設園芸

施設園芸用ロボットについて、わが国ではミニトマト[4)]、ピーマン[5)]、アスパラガス[6)] などを対象として、多くのメーカーで収穫ロボットの開発が進められており、一部は農林水産省のスマート農業実証プロジェクトなどで実証試験が行われている。人工光型植物工場でのイチゴの栽培では、常栽培のようにハチによる授粉が行えないことから、受粉と収穫両方が可能なマルチタスクロボット[7]も開発されている。近年は、収穫ロボットの他にも、施設園芸のトマト、イチゴを対象として、RGBカメラで着果果実を検出して、検出果実数から収量を予測する移動センシングロボットの開発も行われている。今後、施設園芸用ロボットの普及のためには、収穫作業などの高速化、低コスト化に加え、センシングで得られた作物の生育データ等を活用し収量増につながるようなシステムを加えるなど、ロボット導入による経営的メリットを最大化できる技術開発が望まれる。

（2）露地栽培

露地栽培用ロボットについては、ロボットトラクター、ロボット田植機、ロボットコンバインが既にメーカー各社から販売されている[8]。これらは農林水産省「農業機械の自動走行に関する安全性確保ガイドライン」で定める安全性確保の自動化レベル2に対応したものであり、ロボット農機のそばで作業を目視で監視することが求められている[9]。現在は、安全性確保の自動化レベル3に準拠した、遠隔監視下での自動走行のための研究が行われており、ほ場間移動も含めた自動走行技術の開発が産官学で進められている[10]。また、遠隔監視における通信の遅延を低減するため、ローカル5G等の高度な情報通信環境を用いたスマート農機の遠隔監視制御機能の実現に向けた評価検証が行われている[11]。

ドローンに関しては、わが国では、2022年に航空法を改正することで可能となった、三者上空の目視外飛行（レベル4飛行）に対応した技術開発が進められている。世界シェア7割を超えている[12]といわれているDJIの農業用ドローンAgras T30は、ほ場の形に合わせて外周を自動で1周する「額縁散布モード」を追加するなど農薬散布自動化技術を向上させた。さらに、Agras T30は、目視外飛行への対応技術として球面型全方向レーダーシステムを搭載し、3D環境のリアルタイム認識により、正確な地形適応、全方向の障害物回避・自動迂回機能を提供している[13]。

国内では他の飛行体や障害物との衝突を回避しつつ飛行するための衝突回避技術の開発、実証が行われており、非協調式SAA（Sense And Avoid）システム、協調式SAAシステムともに相対速度 200km/hの対有人航空機に対して自律的に回避できることを確認した[14]。このように国内、海外問わず目視外衝突回避技術は向上しており、2020年から2025年にかけて市場規模が約3倍に伸びると予測されている、国内の農業のドローンサービス分野[15]でのドローン目視外飛行での利用が進むと思われる。

（3）果樹栽培

果樹栽培用ロボットは、国内ではリンゴ、ナシ[16]、ブドウ、オウトウ用収穫ロボットの開発が行われている。特に、ナシではV字ジョイント仕立てを対象にした収穫ロボットの実証[17]が行われるなど、果樹ではナシのロボット化技術開発が最も進んでいる。日本産果実は海外で人気が高く、輸出拡大が期待されている一方で、果樹生産は収穫に加え、摘果などの多様な管理作業を行う必要があり、機械化が進まず規模拡大も困難で生産は漸減傾向である。果実の種類やさまざまな管理作業に応じた個別の機械開発では高コストになることから汎用化が必須である。そこで、ブドウ・オウトウなどの軟弱果実を対象として、アーム・車両に既存の産業用機器の技術を活用し、共通の機体を複数の樹種・作業に適用し、低コスト化を実現する取り組みが進められている。栽培面でも、近年、平面的に着果させる省力樹形栽培が実用化され、ロボット導入の素地が整いつつある。

林業

日本の林業は、厳しい地形条件等に起因してきつい・危険・高コストの3K産業である。このような労働環境の改善と生産性の向上のために伐採・搬出や造林のなどの作業を自動化する機械の開発が必要である。とりわけ、林業における死亡災害の7割を占める伐倒作業の自動化は急務である。このような背景のもと、わが国では伐採作業のロボット化に関する研究開発が林野庁を中心に進められてきた[18]。一方で、ICTなど最新技術を活用した「スマート林業」の実現を目指して、電動四足歩行ロボットによる造林地の巡回や見回り、監視、荷物の運搬などの作業を担わせる実証実験を開始している[19]。傾斜角度が30度までの斜面の上り下りができる電動四足歩行ロボットを用いて、高精度な自動歩行や作業が可能な地表面の柔らかさなどへの対応の実験が進められている。

水産業

水産分野においても、水産資源の持続的な利用と水産業の成長産業化の両立化のため、「スマート水産業」によるロボット技術の導入が進められている[20]。特に、ICTなどの技術の利用には、水中ドローン[21]の利用が重要となってくる。養殖業では、魚の生育具合や死骸の除去、養殖施設確認などのための職員が毎日潜水していたが、水中ドローンを適用することで、潜水せずとも毎日の海中の状況を把握できたり、台風やしけなどによる網の損傷具合を確認したり、補修箇所も共有できるので、効率的かつ省力化が図れる。また、将来的な漁業者の人材不足を補うために、操業を助けるドローン[22]や、カツオ自動釣り機[23]などの開発が進められている。

（4）注目動向

［新展開・技術トピックス］

• 協調作業

ロボット農機の開発が進む中で、複数台のロボット農機が同時に作業を行うことができれば大幅な作業能率の向上に加え、作業可能面積の増大や労働コストの削減が見込まれることから、マルチロボットによる協調作業が注目されている[24, 25]。水田作では、導入対象ほ場の大きさに応じて「標準区画（30a～1ha）」向けマルチロボット作業システム[26]および「大区画（1ha以上）」向けマルチロボット作業システム[27]が提案されている。

標準区画向けシステムでは、2台のロボットトラクターがそれぞれ異なるほ場において同時に作業を行う体系である。オペレーターは1人で2台の監視とほ場間移動等を行い、タブレット等の情報端末を用いてロボットトラクターに作業の開始や停止等の指示を出す。耕うん作業を対象としたシステムの実証試験の結果、最大1.8倍の作業効率の向上が得られている。この他にも、代かきの同時作業、乾田直播と鎮圧作業、麦稈処理と大豆は種などの異種作業について取り組みが進められている。

大区画ほ場向けシステムは、1ほ場に複数台（3台以上）のロボットが連携協力して作業を行う体系であり、うち1台に監視要員を搭乗させるか、管制室からの遠隔監視を想定している。ロボットトラクターは、相互通信により互いの位置や動作状態を確認することで、走行速度の変更、停止を行う。このシステムでは、生産規模の拡大に対してもロボット群の台数を増すことで対応可能であり、既存のロボットを継続使用できるメリットがある。旋回時に待ち時間が発生すると作業効率の妨げとなるため、ほ場面積に応じた投入台数を決定するなどの、ロボット作業プランナー・シミュレーターが同時に開発されている。

• 精密農業

ロボット農機の開発が進む一方で、農地・農作物の状態を良く観察し、きめ細かく対処し、農作物の収量および品質の向上を図る農業技術として精密農業が提案されている[28]。空間的にも時間的にも一定ではない土壌環境や作物の生育状態に対して、従来は農家の勘や経験で対処してきたが、近年注目されているCyber-Physical System（CPS）を導入することで新たな展開が期待される。

土壌物理性・化学性の可視化については、リモートセンシングによる手法[29]として、近赤外スペクトルによる水分、全炭素、全窒素などの定量の他、可視・近赤外域の反射光の分光分析による紫外線域の蛍光スペクトルによる可給態窒素の推定[30]、レーザー変位計で土壌の破砕度を計測[31]、田植え時の作土深と土壌

2.2 俯瞰区分と研究開発領域 ロボティクス

肥沃度を測るものなど、多くの研究が進められている[32]。

植物の生育状態を可視化するリモートセンシング技術として代表的なものに、近赤外域と可視赤色域の反射率から求めるNormalized Difference Vegetation Index（NDVI）が挙げられる。衛星画像を用いた植物量の推定に利用されてきていたが、近年、低価格のマルチスペクトルカメラの登場とドローンの普及により農業における利用場面が広がっている[33), 34), 35), 36]。ドローン空撮では、1ピクセルが数センチメートルから数ミリメートルと、衛星画像と比べ格段に精細な画像情報を得ることができる。また、3次元に再構成した画像からは、作物の高さ方向の凹凸を知ることができ、草丈や植物体のボリュームをより詳細に知ることが可能となっている。さらにAIを活用し、作物の収量予測、病害発生箇所の同定、雑草検出と判別などの研究開発が推進されている[37), 38]。

[注目すべき国内外のプロジェクト]

[1] スマート農業の実現に向けた産官学連携プロジェクト（日本）

農業生産の現場では労働力不足が深刻な問題となっており、その解決手段の一つとしてスマート農業が期待されている。そこで、ロボット、AI、IoTなど先端技術を活用したスマート農業技術を実際に生産現場に導入し、技術実証を行うとともに技術の導入による経営への効果を明らかにすることを目的として、令和元年度から「スマート農業実証プロジェクト」[39] が開始された。このプロジェクトでは、これまでに全国205地区において実証が行われ、対象とする経営体は大規模水田作、施設園芸および畜産など多岐にわたり、さまざまなスマート技術を導入、実証してきた。プロジェクト第1期の課題で多く導入されたロボット技術は、水田・畑作を対象とするロボットトラクターであった。このロボットトラクターは安全性確保の自動化レベル2[9] であり、人が目視で監視することを前提に、耕起、砕土・整地および播種等の無人作業を行い、作業能率の向上を図るものであった。トラクター以外では作業者に追従する運搬車や茶の摘採ロボットなど、人手不足解消を主眼に置いた取り組みが多くみられた。実証を終了した課題の成果として、経営体の大きさや栽培様式によって差があるものの、ロボットトラクターの協調作業による作業時間3割減、未熟練者が熟練者並みの作業精度を達成などの導入効果が明らかになっており、経営面からの評価も進んでいる。2期以降は、これまでのスマート農業技術に加え、ローカル5G技術の活用の取り組みも始まり、映像遅延を抑え遠隔監視によるトラクターの自動運転が可能であることが実証された。また、高額なロボット農機をシェアリングすることで機械費を低減し、スマート農業技術の普及を加速する取り組みも進んでいる。3期以降は、これまでの取り組みでは不十分であった野菜・果樹等に係る作業を主な対象として、自動走行する小型ロボットによる作物センシング、除草、農薬散布、人と協調した運搬作業などの実証が盛んになっている。

[2]「2030年に向けたEU土壌戦略」（EU）

2021年、EUの政策執行機関であるEuropean Commission（EC）により、ヨーロッパの土壌健全化に関する方針[40] が示され、2030年までに土壌の養分損失を50%、農薬リスクを50%削減することなどが目標に掲げられた。ヨーロッパの土壌健康目標に向けた進捗状況を監視するための必要なデータを提供するための組織として、European Soil Observatory（EUSO）[41] が2020年に発足し、EU全体の25万点超の土壌データベースであるLand Use and Coverage Area frame statistics Survey（LUCAS）[42] に炭素量、土壌汚染データを整理しモニタリングを行っている。2020年からは、農家が衛星データ等に基づき環境規制を遵守するための意思決定支援システムとして、Farm Sustainability Tools（FaST）[43] の開発を開始し、無料Webアプリケーションとして公開を予定している。また、資金面から土壌研究とイノベーションを促進するため、砂漠化防止、有機炭素保護、土壌再利用、土壌汚染防止と回復、浸食防止、生物多様性の向上等を目的とする資金調達公募[44] が2022年10月まで進められている。

[3]「Robs4Cropsプロジェクト」（オランダ、フランス、スペイン、ギリシャ）

農業の人手不足問題を解決するため、ロボットによる自動化を目的とするRobos4CropsプロジェクトがEurope Horizon 2020の資金提供を受け、2021年から2024年末までの4年計画で進められている[45)]。ワーヘニンゲン大学を中心とし、オランダ、フランス、スペイン、ギリシャ4カ国の農家と連携し、実際の運用条件でロボットを用いた試験を行い、ユーザー要件の分析、反復テスト、ビジネスモデルの実験を行うことで、既存の農機やロボット[46)]、除草機[47)]を統合した全体システムの完成を目指している。具体的課題として、ジャガイモ栽培における除草、リンゴ園での農薬散布、ブドウ園の機械除草、ブドウへの噴霧等のロボット化を行う中で、画像認識に基づく散布機、除草機といったスマート作業機、環境センシングと自己位置推定に基づく自動運転、デジタルツインテクノロジーを使用しプロアクティブかつリアクティブに作業計画を提示する営農管理ソフトウェアの開発を推進している[48)]。

[4] VINEROBOT、VINBOT、VineScout「自律走行生育センシングロボット」（EU）

近年、ワイン用ブドウを対象としてEUの3プロジェクト（VINEROBOT[49)]、VINBOT[50)]、VineScout[51)]）がほぼ同期間に実施され、3機種の樹列間自動走行ロボットが開発された。いずれもスペインを中心に、EU内3～5カ国の大学、研究機関、メーカーで進められた国際プロジェクトである。各機種にはLiDAR、RGBステレオカメラなどからなる3Dビジョンシステムが搭載され、ブドウ樹列の間を自動走行し、着果房数・熟度、繁茂度合いなどの生育状態をマッピングし、かん水の区画別制御など精密栽培管理に役立てる。ワイン用ブドウは欧州果樹生産の中でも生産額が高く、産業としても大きいため、自動収穫機や環境負荷低減型防除機の開発・導入など機械化・省力化が進んだ作物である。

[5] International Plant Phenotyping Networkプロジェクト（EUを中心に米国、中国等）

高速育種を目的としたハイスループットフェノタイピング（high-throughput phenotyping）においては、自動的に大量のデータを取得するためにセンシングを行うロボット技術が導入されている。人工気象再現設備（人工光を利用した閉鎖型施設、太陽光を利用した開放型施設）においては高精度センサーによるハイスループットフェノタイピングを実現しようとしているのに対し、露地を対象としたフィールドベース設備においては、ガントリー、トラクターなどに搭載された画像計測装置、センサーを用いて露地栽培の多数の植物を計測するためのロボット技術活用の研究開発が必要である[52)]。

[6] Specialty Crop Automation（米国）

カーネギーメロン大学のNational Robotics Engineering Centerでは、農機メーカー大手のJohn Deere社と共同で、果樹園を対象とした自動走行トラクター、収穫機の開発および病害検出、精密農薬散布技術等の開発を行っている。自動走行トラクターでは、樹冠によりGNSS信号が取得困難な状況を想定し、GPS-Free Navigationシステムの開発を進めている[53)]。

[7] LASERWEEDER IMPLEMNET（米国）

Carbon Robotics社は、畑地向けの自動除草機を開発し、2021年から市販を開始した。本機は、機体に取り付けたカメラで取得した画像からAIで認識した雑草のみを30本の炭酸レーザーで除去する。作業速度は最大1.6km/hで1時間に20万本の除草が可能としている[54)]。

（5）科学技術的課題

生産者の減少・高齢化、地球温暖化など、食料・農林水産業が直面している課題に対応するべく、農林水産省は「みどりの食料システム戦略」を令和3年に策定した[2)]。この中で、施設園芸においては、温室効果ガス低減のため2050年までに化石燃料を使用しない施設園芸への完全移行を目指し、2030年までに省エネ型施設園芸設備の開発を進めるなどの目標設定が行われ、露地栽培においては、2050年までに化学農薬の使用量（リスク換算）を50%低減、化学肥料の使用量の30%低減などの目標設定が行われた。

一方で、飛躍的に発展したICT、デジタル技術を活用して、フィジカル空間とサイバー空間を融合することで新たな価値を創造し、経済発展と社会課題を同時に達成する「Society5.0」の早期実現がさまざまな産業分野で提唱されている。農業・食品産業分野においても、これらの目標達成に向け、フィジカル空間とサイバー空間を融合させたCyber Physical System（CPS）をフル活用した革新的な研究開発が開始されている。

施設園芸では、生育や施設環境のセンシングデータとトマトの収量予測シミュレーション[55]、局所暖房[56]などを組み合わせて施設園芸の省エネ化を実現する環境制御を実現するCPSの開発が望まれる。また、露地栽培でも、以前から提案されている精密農業の高度化を目指して、作物生育や土壌、ほ場環境のセンシングデータと検量線、スマート農機を組み合わせ、収量最大化・環境負荷低減を実現するCPSの開発の加速化が求められている。

（6）その他の課題

• 法制度上の課題

ロボット農機の生産現場への普及と同時に新たな技術開発が進んでいる。ロボット農機を安全に使用するために、「農業機械の自動走行に関する安全性確保ガイドライン」[9]（平成29年策定）において製造者、導入主体、使用者の担う役割を規定している。このガイドラインはロボット技術の開発状況や社会情勢を反映して改正されており、令和4年度には、隣接するほ場からの監視でロボット農機を使用することを想定し、「ほ場内やほ場周囲等の目視可能な場所から監視する方法」に監視方法が適用範囲の拡大がなされた。さらに、研究開発中の遠隔地から農機をモニター等により遠隔監視による自動走行、ほ場間移動における自動走行についても実用化を見据えた安全性確保策が検討されている[57]。ロボット農機の普及加速化にはほ場間移動等による利便性向上が求められており、一層の規制緩和が期待されるところではあるが、公道では第三者の安全確保が最優先事項である。利便性向上と安全性確保を高度に両立させるためにも、生産者や農機メーカーだけでなく、周辺住民や自治体等の利害関係者を交えた協議の場を設けていくための支援策が期待される。

• 標準（ISOBUS）への対応

電子化が進む農業機械間のデータ交換のための国際通信規格としてISO11783が定義されており、その実装規格であるISOBUSは欧米を中心に開発、普及が進んでいる。ISOBUS対応機器の導入により作業機のコントローラを共通化でき、トラクター内への配線や個別の制御装置を省略できるなどのメリットがある。さらには、測位情報と処方箋マップに基づく可変レート制御（TC-GEO）、測位情報と作業履歴・ほ場マップを参照して重複作業、ほ場外への散布を防ぐセクションコントロール（TC-SC）などの高次機能を利用できる。現在のところISOBUS対応機器は海外製のトラクターや作業機が主であるが、スマート農業の普及もあり国産農機でもISOBUSに対応した可変施肥作業機、可変施肥の処方箋マップを出力するソフトウェア、セクションコントロールが可能な防除機[58]などが市販化されている。ISOBUSは規格が発行された以降も改訂や機能追加が行われており、世界の標準化の流れに遅れないよう常に動向を把握する必要がある。最近追加された機能に、作業機からの要求によりトラクターを自動制御するTractor-Implement-Management-System（TIM）があるが、この機能を実装したトラクターおよび作業機は既に海外市場に投入されている[59]。また、水田農業を中心とする東南アジア地域等においもスマート農業の普及拡大が見込まれており、拡大する東南アジアの農業機械市場を開拓し、今後の国際標準づくりに向けて欧米と対等な力関係を確保するためには、わが国が強みとする水田用の中小型農機を対象とした規格獲得に向け積極的な標準化活動を行う必要がある。

• 中国の台頭

中国も、農業ロボットの研究開発を積極的に行っている。2018年には江蘇省興化市において、国内外100名以上の専門家や政府・企業関係者を招き、トラクター、田植機、コンバイン等のロボット農機による完全自動化農業の実演を実施した[60)]。また、2021年には中国内の大学、研究機関、技術系企業から195のプロジェクトを集めた“First China Agricultural Robot Innovation Competition”が開催された[61)]。本大会は、中国人工知能学会、国家農業情報工学技術研究センター、華南農業大学、ECプラットフォームの拼多多による共同主催で、産学官が連携して研究開発を加速させようとしていることが伺える。今後も中国の技術開発動向を把握していくとともに、研究開発予算の確保のために、公的資金だけでなく民間投資の拡大を誘発していく方策が必要であると考えられる。

（7）国際比較

国・地域	フェーズ	現状	トレンド	各国の状況、評価の際に参考にした根拠など
日本	基礎研究	○	→	内閣府や関係各省庁の予算による研究開発が推進されている。AI技術の農業分野への応用が試みられており、病害虫・雑草診断、果実の熟期判定、品質予測など、幅広い作物を対象とした研究が行われている。
	応用研究・開発	◎	↗	2019年から農林水産省によるスマート農業実証プロジェクトが開始され、生産現場における実証研究が進んでいる。また、ローカル5G等の先端通信技術を用いたロボット農機の遠隔無人走行の実証試験も行われている。
米国	基礎研究	◎	→	米国農務省の国立食品農業研究所を始めとする政府機関が農業用ロボット開発への資金提供を行っている。これらを受け、イリノイ大学では複数のロボット群の行動計画プログラミングを容易にするツールの開発を進めている。また、カーネギーメロン大学では、John Deer社と協力し、柑橘類を対象とした自動走行トラクターの開発を行っている。
	応用研究・開発	◎	↗	iRobot社の元社員が設立したHarvest Automation社などベンチャー企業の参入が活発となっている。多くは収益性の高い施設園芸、果樹を対象としている一方、露地栽培でもAIによる雑草認識を組み込んだ除草ロボットが市販されている。
欧州	基礎研究	○	→	EUの機関であるEuropean Commisionにより土壌健全化に関する方針が示され、砂漠化防止、生物多様性保護等に向けた複数の研究プロジェクトがEurope Horizonによる資金提供のもとに進められている。Europe Horizonでは、ロボットによる自動化農業に関するプロジェクトも多く推進されており、ワーヘニンゲン大学ではオランダ、フランス、スペイン、ギリシャ4カ国の農家と連携した研究が進められている。
	応用研究・開発	◎	↗	施設園芸を中心に人間を代替するロボットの開発が進められている。露地栽培においては、環境保全を目的とした精密農業が普及し、ロボットの小型化・電動化や農薬削減に資する除草ロボット（Bosh社Bonirob）の開発、実証が進んでいる[1), 2)]。
中国	基礎研究	◎	↗	政策によりロボット研究、スマート農業の関連予算が潤沢で、土地利用型作物・施設園芸、いずれも多くの大学、公的研究機関で要素技術研究を実施している。
	応用研究・開発	◎	↗	土地利用型農業ロボットに力を入れており、上海、広州等で無人農場の実証実験が行われている。施設園芸用収穫ロボットについてもIT企業、農業施設・機械企業複数社が実証研究を行っている。
韓国	基礎研究	○	→	畜産・園芸・土地利用型作物ともにロボット自体の研究よりもセンサー、AI、アクチュエータといった要素技術開発が多い。
	応用研究・開発	◎	↗	政府のプロジェクトで企業を中心とした実証研究により、土地利用型作物や施設園芸より畜産のロボット化・スマート化の研究開発が多く行われている。畜産では家畜飼養・管理、畜舎環境制御でロボット・AI利用技術開発が行われている。

（註1）フェーズ

基礎研究：大学・国研などでの基礎研究の範囲

応用研究・開発：技術開発（プロトタイプの開発含む）の範囲

（註2）現状　※日本の現状を基準にした評価ではなく、CRDSの調査・見解による評価

◎：特に顕著な活動・成果が見えている　○：顕著な活動・成果が見えている

△：顕著な活動・成果が見えていない　×：特筆すべき活動・成果が見えていない

（註3）トレンド　※ここ1～2年の研究開発水準の変化

↗：上昇傾向、→：現状維持、↘：下降傾向

参考文献

1）農林水産省農林水産技術会議事務局「農林水産研究イノベーション戦略2021（2021年6月）」 https://www.affrc.maff.go.jp/docs/innovate/attach/pdf/index-3.pdf,（2023年2月23日アクセス）．

2）農林水産省「みどりの食料システム戦略（本体）（令和3年5月）」https://www.maff.go.jp/j/kanbo/kankyo/seisaku/midori/attach/pdf/index-10.pdf,（2023年2月23日アクセス）．

3）農林水産省農林水産技術会議事務局「農林水産研究イノベーション戦略2022」https://www.affrc.maff.go.jp/docs/innovate/attach/pdf/index-6.pdf,（2023年2月23日アクセス）．

4）株式会社デンソー「FARO」DENSO DESIGN, http://design.denso.com/works/works_096.html,（2023年2月23日アクセス）．

5）農林水産省「令和2年度スマート農業実証プロジェクト：実証成果：新富町農業研究会（宮崎県新富町）」農林水産技術会議, https://www.affrc.maff.go.jp/docs/smart_agri_pro/pdf/pamphlet/r2/R2_2-51.pdf,（2023年2月23日アクセス）．

6）inaho株式会社「RaaSモデルによるアスパラガス収穫ロボットの導入」https://inaho.co/solution/raas,（2023年2月23日アクセス）．

7）HarvestX株式会社, https://harvestx.jp,（2023年2月23日アクセス）．

8）川島礼二郎「憧れの自動運転！トラクター自動化製品まとめ：スマートトラクター編」AGRI JOURNAL, https://agrijournal.jp/renewableenergy/66612/,（2023年2月23日アクセス）．

9）農林水産省「農業機械の自動走行に関する安全性確保ガイドライン（令和4年3月）」 https://www.maff.go.jp/j/kanbo/smart/attach/pdf/index-11.pdf,（2023年2月23日アクセス）．

10）農研機構「遠隔監視ロボット農機現地実演会」https://www.naro.go.jp/project/research_activities/laboratory/naro/137232.html,（2023年2月23日アクセス）．

11）農業共同組合新聞「国内初　岩見沢市でローカル5Gの実証を開始　NTT東日本」 https://www.jacom.or.jp/saibai/news/2021/01/210122-48991.php,（2023年2月23日アクセス）．

12）財務省関東財務局 経済調査課「ドローン機体ビジネスの動向について」財務省関東財務局, https://lfb.mof.go.jp/kantou/keichou/20211112_doron.pdf,（2023年2月23日アクセス）．

13）DJI JAPAN株式会社「Agras T30」https://www.dji.com/jp/t30,（2023年2月23日アクセス）．

14）国立研究開発法人新エネルギー・産業技術総合開発機構（NEDO）「2020年度～2021年度成果報告書：ロボット・ドローンが活躍する省エネルギー社会の実現プロジェクト／無人航空機の運航管理システム及び衝突回避技術の開発／単独長距離飛行を実現する運航管理機能の開発（離島対応）」 https://seika.nedo.go.jp/pmg/PMG01B/PMG01BG02,（2023年2月23日アクセス）．

15) 春原久徳, 青山祐介, インプレス総合研究所『ドローンビジネス調査報告書2022』(東京: インプレス, 2022).
16) Takeshi Yoshida, et al., "Automated harvesting by a dual-arm fruit harvesting robot," *ROBOMECH Journal* 9 (2022) : 19., https://doi.org/10.1186/s40648-022-00233-9.
17) 農林水産省「令和3年度スマート農業実証プロジェクト：(農) 世羅幸水農園 (広島県世羅町)」農林水産技術会議, https://www.affrc.maff.go.jp/docs/smart_agri_pro/pdf/pamphlet/r3/R3_3-32.pdf, (2023年2月23日アクセス).
18) 林野庁「林業イノベーション現場実装推進プログラム (令和4年7月アップデート版)」https://www.rinya.maff.go.jp/j/press/ken_sidou/attach/pdf/220715-2.pdf, (2023年2月23日アクセス).
19) 国立研究開発法人森林研究・整備機構森林総合研究所, ソフトバンク株式会社「スマート林業の実現に向けて、電動四足歩行ロボットを荷物の運搬などに活用するための実証実験を実施」森林総合研究所, https://www.ffpri.affrc.go.jp/press/2022/20220628/index.html, (2023年2月23日アクセス).
20) 農林水産省「スマート農林水産業の展開について：水産業 (2021年2月)」内閣官房, https://www.cas.go.jp/jp/seisaku/seicho/wgkaisai/nougyou_dai1/siryou3-1.pdf, (2023年2月23日アクセス).
21) 日本水中ドローン協会「水中ドローンとは」https://japan-underwaterdrone.com/underwater-drone/, (2023年2月23日アクセス).
22) 長崎大学「漁業者、ロボット開発企業と水産業の持続性を高める「漁火 (いさりび) ロボ」を開発」https://www.nagasaki-u.ac.jp/ja/science/science252.html, (2023年2月23日アクセス).
23) 木村拓人「次世代型かつお自動釣り機の開発：ロボットで魚を釣る」国立研究開発法人水産研究・教育機構, https://www.fra.affrc.go.jp/topics/20200302/01.pdf, (2023年2月23日アクセス).
24) Noboru Noguchi, "Agricultural Vehicle Robot," *Journal of Robotics and Mechatronics* 30, no. 2 (2018) : 165-172., https://doi.org/10.20965/jrm.2018.p0165.
25) Chi Zhang and Noboru Noguchi, "Development of a multi-robot tractor system for agriculture field work," *Computers and Electronics in Agriculture* 142, Part A (2017) : 79-90., https://doi.org/10.1016/j.compag.2017.08.017.
26) 趙元在, 林和信「標準区画向けマルチロボット作業システム」『農業食料工学会誌』81 巻 5 号 (2019) : 270-274., https://doi.org/10.11357/jsamfe.81.5_270.
27) 石井一暢「大区画向けマルチロボット作業システム」『農業食料工学会誌』81 巻 5 号 (2019) : 275-279., https://doi.org/10.11357/jsamfe.81.5_275.
28) 澁澤栄「精密農業におけるイノベーション」『計測と制御』48 巻 2 号 (2009) : 151-156., https://doi.org/10.11499/sicejl.48.151.
29) 澁澤栄, 平子進一「精密農法のためのリアルタイム土中光センサー」『分光研究』50 巻 6 号 (2001) : 251-260., https://doi.org/10.5111/bunkou.50.251.
30) 織井孝治, 井上直人「紫外LED励起蛍光分析による畑作土壌の可給態窒素、全炭素、全窒素、C/N比の推定」『日本土壌肥料学雑誌』90 巻 2 号 (2019) : 116-122., https://doi.org/10.20710/dojo.90.2_116.
31) 泉貴仁, 他「ロータリ耕うんにおける土壌破砕度の非破壊リアルタイム計測」『農業機械学会誌』67 巻 3 号 (2005) : 90-95., https://doi.org/10.11357/jsam1937.67.3_90.
32) 亀岡孝治「農業の現在と未来を考える中でのIT・センシングの有効利用」『情報処理学会研究報告. CVIM』2014 巻 11 号 (2019) : 1-14.
33) 杉浦綾「ドローン空撮画像による大規模圃場のリモートセンシング」『日本農薬学会誌』45 巻 2 号

（2020）：146–149., https://doi.org/10.1584/jpestics.W20-22.
34）岡安崇史，深見公一郎，長谷川克也「露地栽培作物の生育評価のためのドローンの利用」『農業食料工学会誌』78巻2号（2016）：110-115., https://doi.org/10.11357/jsamfe.78.2_110.
35）大政謙次「植物機能リモートセンシングとフェノミクス研究への展開」『学術の動向』21巻2号（2016）：2_72-2_76., https://doi.org/10.5363/tits.21.2_72.
36）Ryo Sugiura, et al., "Field phenotyping system for the assessment of potato late blight resistance using RGB imagery from an unmanned aerial vehicle," *Biosystems Engineering* 148（2016）：1-10., https://doi.org/10.1016/j.biosystemseng.2016.04.010.
37）田邊大，他「無人航空機（UAV）と畳み込みニューラルネットワーク（CNN）を利用したバレイショの収量予測」『農業食料工学会誌』82巻6号（2020）：624-635.
38）田邊大，他「無人航空機（UAV）と人工知能（AI）を利用したバレイショの収量予測のためのモニタリングシステムの開発（第1報）」『農業食料工学会誌』82巻4号（2020）：339-346.
39）農林水産技術会議「スマート農業実証プロジェクトについて」 https://www.affrc.maff.go.jp/docs/smart_agri_pro/smart_agri_pro.htm,（2023年2月23日アクセス）.
40）European Commission, "EU Soil Strategy for 2030 Reaping the benefits of healthy soils for people, food, nature and climate," https://eur-lex.europa.eu/legal-content/EN/TXT/?uri=CELEX%3A52021DC0699,（2023年2月23日アクセス）.
41）Joint Research Centre, "European Soil Observatory launched to monitor trends of soil health in Europe," European Commission, https://joint-research-centre.ec.europa.eu/jrc-news/eu-soil-observatory-launched-monitor-trends-soil-health-europe-2020-12-04_en,（2023年2月23日アクセス）.
42）European Soil Data Centre (ESDAC), "LUCAS: Land Use and Coverage Area frame statistics Survey," European Commission, https://esdac.jrc.ec.europa.eu/projects/lucas,（2023年2月23日アクセス）.
43）EU Space Data for Sustainable Farming (FaST), "About FaST," European Commission, https://fastplatform.eu/about,（2023年2月23日アクセス）.
44）European Commission, "EU Mission: A Soil Deal for Europe," https://research-and-innovation.ec.europa.eu/funding/funding-opportunities/funding-programmes-and-open-calls/horizon-europe/eu-missions-horizon-europe/soil-health-and-food_en,（2023年2月23日アクセス）.
45）Wageningen University & Research, "New EU project Robs4Crops accelerates shift towards robotics," https://www.wur.nl/en/research-results/projects-and-programmes/agro-food-robotics/show-agrofoodrobotics/new-eu-project-robs4crops-accelerates-shift-towards-robotics.htm,（2023年2月23日アクセス）.
46）Agreenculture, "CEOL: Robot agricole autonome," https://www.agreenculture.net/ceol,（2023年2月23日アクセス）.
47）AGROINTELLI, "ROBOTTI," https://agrointelli.com/robotti/,（2023年2月23日アクセス）.
48）The Robs4Crops Consortium, "Robs4Crops," https://robs4crops.eu,（2023年2月23日アクセス）.
49）VINEROBOT, https://www.vinerobot.eu,（2023年2月23日アクセス）.
50）Robotnik Automation S.L., "VINBOT," https://robotnik.eu/projects/vinbot-en/#pll_switcher,（2023年2月23日アクセス）.
51）VineScout, http://vinescout.eu/web/,（2023年2月23日アクセス）.

52) International Plant Phenotyping Network (IPPN), https://www.plant-phenotyping.org,（2023年2月23日アクセス）.
53) National Robotics Engineering Center, "Specialty Crop Automation," Carnegie Mellon University, https://www.nrec.ri.cmu.edu/solutions/agriculture/specialty-crop-automation.html,（2023年2月23日アクセス）.
54) Carbon Robotics, "2023 LASERWEEDER™ IMPLEMENT," https://carbonrobotics.com/laserweeder,（2023年2月23日アクセス）.
55) 農研機構「重点普及成果：施設園芸作物の生育・収量予測ツール」https://www.naro.go.jp/project/results/juten_fukyu/2018/juten06.html,（2023年2月23日アクセス）.
56) 河崎靖, 他「トマトの生長点：開花花房付近の局部加温が植物体表面温度および収量関連形質に与える影響」『園芸学会誌』9巻3号（2010）：345-350., https://doi.org/10.2503/hrj.9.345
57) 一般社団法人日本農業機械化協会「農作業安全関連：ロボット農機安全コーナー」https://nitinoki.or.jp/bloc3/robotics/index.html,（2023年2月23日アクセス）.
58) 湯木正一「やまびこのISOBUS対応ブームスプレーヤ」『農業食料工学会誌』84巻2号（2022）：79-82.
59) 和田学「ISOBUSの近年の機能拡張と最新動向」『農業食料工学会誌』84巻2号（2022）：70-74.
60) 新浪財経「我国首輪農業全過程無人作業試験啓働」http://finance.sina.com.cn/roll/2018-06-04/doc-ihcmurvh2048800.shtml,（2023年2月23日アクセス）.
61) domeet webmaster, ""The First China Agricultural Robot Innovation Competition" ended successfully 20 "Robot Sky Groups" help the digitalization of agriculture," https://www.ww01.net/en/archives/134785,（2023年2月23日アクセス）.

2.3 社会システム科学

第6期科学技術・イノベーション基本計画で実現を目指すとされたSociety 5.0は、国民の安全と安心を確保する持続可能で強靭な社会であり、一人ひとりの多様な幸せ（well-being）が実現できる社会である。社会システム科学は、わが国が目指す未来社会の姿として提唱されたSociety 5.0における社会システムに関する研究開発領域である。社会システム科学はSociety 5.0の社会システムが安定した挙動を示すよう、設計、構成、監視、運用、制御、可視化、模擬および適切なメカニズムデザインにより社会システムの柔軟性とレジリエンスの実現を目指す。社会システムの大規模化・複合化・複雑化が高度に進展する中、社会システム科学の必要性が増してきている。

［社会システム科学の俯瞰図（時系列）］

IT技術はハードウェアの進歩によって、図2-3-1に示すように1980～90年代のPCとインターネットの普及、さらに2000年代のスマートフォンの普及やIoTの実装が進んだ。これに従って、社会システムはクローズドシステムからネットワークで接続された巨大で複雑なオープンシステムへと発展した。また、ソフトウェア化・サービス化が進み、事業体内での最適化から複数事業体間での最適化も可能となり、都市規模の最適化へと向かっている。eコマースやオンラインバンキング、APIエコノミーなどITのスマート化はさらに拡大を続け、金融、教育、法律といったこれまでデジタル技術があまり適用されていなかった分野にもデジタル技術が浸透してきた。一方、ITが格段に普及してもそれを扱う社会の仕組みは数十年変わらないか、もしくはゆっくりとしか変化しないこと、あるいは、既存の法制度や商慣習のために新技術や新サービスの社会適用が阻まれるなど、既存の社会システムの進展とITの進展との間の食い違いが顕在化している。

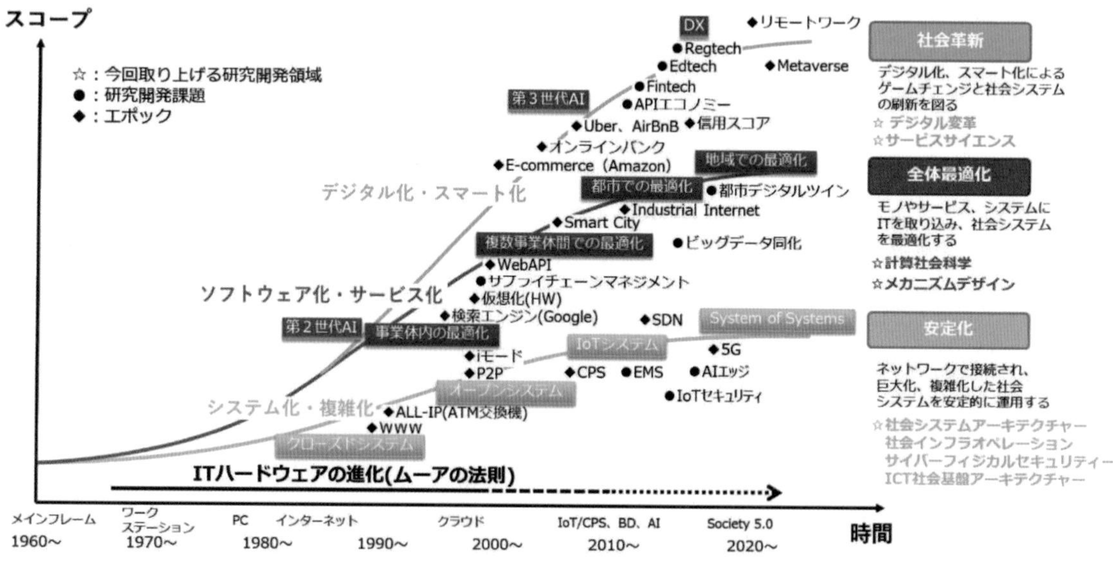

図2-3-1　　社会システム科学の俯瞰図（時系列）

［社会システム科学の俯瞰図（構造）］

この区分における三つの技術発展のトレンド「システム化・複雑化」「ソフトウェア化・サービス化」「スマート化」はそれぞれ「安定化」「全体最適化」「社会維新」の方向への発展が期待される。図2-3-2に注目する六つの研究開発領域を示した。

ネットワークで接続され巨大化・複雑化した社会システムの安定的な運用に向けて、大規模システムのマネジメントに重要なコンセプトである「2.3.3 社会システムアーキテクチャー」を取り上げる。

また、Society 5.0の実現に向けては、モノやサービス、システムにITを取り込むことによる「全体最適化」の方向性が極めて重要である。これには、技術のみならず「2.3.4 メカニズムデザイン」や「2.3.5 計算社会科学」といった最適化やデザインのためのフレームワークの設定が求められる。

その上で、デジタル化・スマート化によるゲームチェンジと社会システムの刷新を図る「社会維新」に向けた研究開発戦略が求められる。本俯瞰報告書ではサービスに関わる科学的な概念・理論の構築から、サービス提供のためのシステムマネジメント技術、構築のためのエンジニアリング技術までを含む「2.3.2 サービスサイエンス」とデジタル技術を利用することでビジネスモデルや組織構成をも変えていく「2.3.1 デジタル変革」を戦略的に重要な研究開発領域として取り上げる。

これらの研究開発領域を支えるサービスプラットフォームのアーキテクチャーであるICT社会基盤アーキテクチャーについては、コンピューティングアーキテクチャー区分の「2.5.6 デジタル社会インフラ」が関連している。

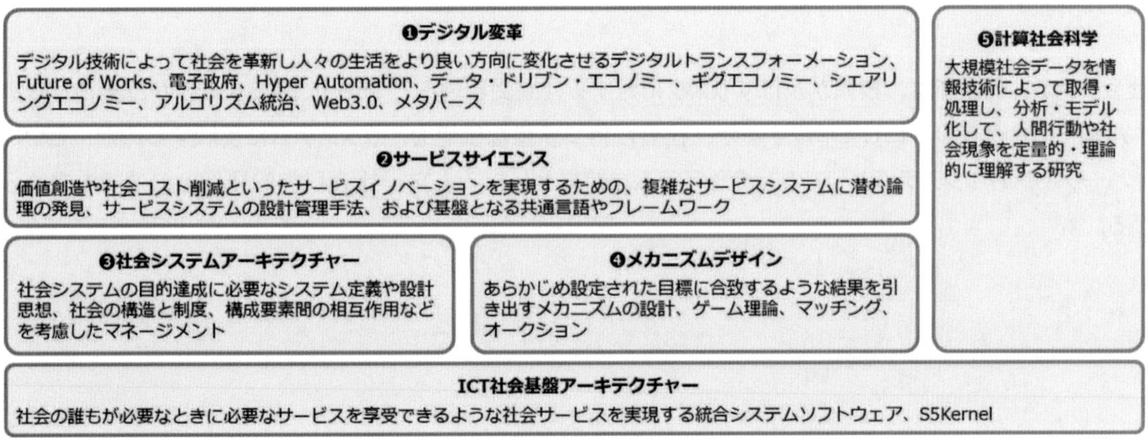

図2-3-2　　社会システム科学の俯瞰図（構造）

①デジタル変革

デジタル技術を利用して、社会や産業を変革することを目的としている。企業においては文化や風土といった組織のありかたや新たな顧客価値を生み出すためのビジネスモデルの創出などを目指す。デジタル技術をストーリーを持って社会に浸透させることの重要性が増している。

②サービスサイエンス

サービスは、カウンター越しの対面サービスのようなものも含めて、サービスを提供する人と利用する人が相互に影響し合って価値を生み出す行為である。サービスはさまざまな構成で実行されるプロセスであり、構成要素間の相互作用が非常に複雑なシステムととらえて、サービスシステムと呼ばれることもある。サービスの生産性向上と提供者と受用者の価値共創を目的とした、サービスとサービスシステムに関わる科学的な概念、理論、マネジメント技術、エンジニアリング技術の構築ならびに活用がサービスサイエンスである。

③社会システムアーキテクチャー

社会システムは、社会を持続的に発展させ、社会を構成する人々の身体的、精神的、社会的に良好な状態

（ウェルビーイング）を実現することを目的とする、社会インフラなどのさまざまなシステムが相互に接続されたシステムである。このように、それぞれが独立したシステムとして動作しつつ、相互に関係しているシステム全体をシステムのシステム（System of systems：SoS）と呼ぶ。社会システムアーキテクチャーはSoSである社会システムのアーキテクチャー設計と、マネジメントに関する研究開発領域である。

④メカニズムデザイン

社会は目的や選好が異なる者が集まって構成される。社会にとって望ましい性質を持つ意思決定のルールや制度を設計するための研究領域がメカニズムデザインである。入札によって価格を決める意思決定の応用としてのオークションや、参加者の利益の全体を最大化する組み合わせを見つけるマッチングといった応用を持っている。近年は、より実践的な側面を重視して、「マーケットデザイン」という用語が用いられることも多い。

⑤計算社会科学

ビッグデータやコンピューターを活用するデジタル時代の社会科学である。人間や社会が生み出す膨大なデータの分析、デジタルツールを活用した実験や調査、社会経済現象の大規模なコンピューターシミュレーションなど、新たに利用できるようになったデータや情報技術を駆使し、個人や集団、社会や経済等を、これまでにない解像度とスケールで定量的に研究する学際領域である。

社会システム科学では、技術が及ぼすリスクに対する社会受容性をどうやって醸成するのか、多様なステークホルダーの合意をいかにして形成するか、社会が持つ多様な価値をどうシステムに反映するのか、といったサイバーフィジカルシステムとしての社会システムを前提とした、人文・社会科学的研究との連携も求められている。

2.3.1 デジタル変革

（1）研究開発領域の定義

デジタル変革領域は、社会や産業を、デジタル技術を利用して変革することを目的とした研究領域である。デジタル変革（Digital Transformation：DX）はすべての産業分野が対象であり、企業においては、文化や風土を変革し、競争力を高めて業績に貢献することが、社会においては、Society 5.0といった目指す社会を実現することが変革の内容である。研究開発においては、現場を深く理解し洞察したうえで、新たな価値創出につなげることが必要となる。

（2）キーワード

情報通信、人工知能、モノのインターネット（Internet of Things：IoT）、ビッグデータ、5G、CPS（Cyber Physical Systems）、ブロックチェーン、デザイン、Society 5.0

（3）研究開発領域の概要

［本領域の意義］

計算機の進展に伴い、情報だけでなくメディアもデジタル化することで計算機処理ができるようになった。さらにPC、インターネット、クラウド、モバイル、といったICTインフラが整い、モノのインターネット（Internet of Things：IoT）が現れたことで、モノの情報がデジタル化され、データとしてサイバー空間に持ち込まれるようになった。さらに、ディープラーニングの適用の広がりにより、サイバー空間でのデータ処理技術が質的に変化したことで、デジタル技術を利用して、社会や産業を変革しようとする機運が生まれた。デジタル変革によって、リアル空間とサイバー空間が融合したCPS（Cyber Physical Systems）を利用して、顧客に新たな価値を提供することで利益を増大させたり、目まぐるしく変化するビジネス環境に対応するレジリエンス（強靭性）やアジリティ（敏捷性）を備えたりできると期待されることから、企業の注目が集まっている。また、社会課題の解決のためにもデジタル技術を活用することが有効であると認識され、第5期科学技術基本計画では超スマート社会実現に向けた取り組みとしてSociety 5.0が提唱され、第6期科学技術・イノベーション基本計画においても、Society 5.0の実現を目指すとされている。デジタル変革は社会や産業を大きく変化させるという意義がある。

デジタル技術を研究開発する側からみると、新しいデジタル技術を創出することの重要性は変わらないものの、生み出したデジタル技術を社会や企業に浸透させる領域での研究開発がデジタル変革においては重要性を増している。デジタル技術を社会や企業に浸透させる領域においては、課題を明らかにして技術課題に落とし込むトップダウン型の研究開発が必要となる。情報科学技術分野においても、「デザイン」「スマート」「社会課題」などの言葉が多用され始めているが、以前からこれらの言葉を用いてきた土木や機械などの分野においてはトップダウン型の研究開発が推奨されている。

トップダウン型の研究開発において求められるのが「ストーリー」である[1)]。どのように（how）実現するのか、だけではなく、何を（what）なぜ（why）行うのかに、より重きが置かれる。なぜこの研究開発を行わなければいけないのか、この研究開発における課題は何か、この研究開発で誰にどのような価値を提供するのか、といった事項を要求や要件を明確にしたうえで語ることが必要となる。ストーリーを明らかにしながらデジタル変革の研究開発を進めることで、デジタル分野の研究者や技術者に限らない多様な人々を集めることができ、デジタル技術を利用して新たな価値を創出する動きを社会や産業のさまざまな場所で促進することができる。

［研究開発の動向］

デジタル技術の利用形態は、デジタイゼーション（digitization）、デジタライゼーション（digitalization）、デジタル変革と変化してきた。デジタイゼーションはアナログフォーマットをデジタルフォーマットに変えること、つまりデジタル化である。CD、デジタル放送などがその例であり、デジタル化によってビジネスの効率化や合理化、付加価値の追加などができる。デジタライゼーションはデジタルデータやデジタル技術を使って処理の自動化（場合によっては一部の自動化）を行う。デジタライゼーションが進んだデジタル革新では、デジタル技術を利用したビジネスモデルの変革や新しい価値の創出が行われるようになる。デジタル変革（digital transformation）という用語は2000年に発行された書籍Digital Transformation: The Essentials of e-Business Leadership[2)]のタイトルとして使われているが、この本はデジタイゼーションに関連した内容であった。デジタライゼーションの意味でデジタル変革という用語を提示したのは2004年に出た論文Information Technology and the Good Life[3)] である。この論文ではデジタルトランスフォーメーションにより情報技術と現実が徐々に融合して結びつく変化が起こるので、情報システム研究者はより本質的な情報技術研究のためのアプローチ、方法、技術を開発する必要があるとしている。現在のところデジタル変革の定義は使うコンテキストに応じて微妙に異なるが、いずれの定義でも、デジタル変革に必要な新技術を開発するというだけでなく、すでにあるさまざまなデジタル技術を利用することで引き起こされる、産業や社会の変革に焦点をあてている。

デジタル変革を推進するためにはデジタル技術を社会や組織に浸透させることが必要であるが、その研究の起点は、課題の発見にある。新たな技術を開発することも大事だが、それだけでなく、社会や組織の課題に気付き、課題と技術をマッチングさせることが重要となる。フィールドの要求や制約を抽出して具体的なモノを作り出すというデザイン学が、社会的・組織的課題とデジタル技術をマッチングさせる作業と類似していることから、Research through Design[4)] が提唱されたり、フィールドの問題を情報学から解決することを目指したフィールド情報学[5)] が提案されたりしている。 Research through Designはデザイン学の分野である。デザインは現実の世界に適用可能な特定のソリューションを構成的に作り出すことを目的としている。デザインの知識や手法を利用して、別の領域でも使えるような汎用的な知識を作り出すことを目的として研究を進めようとするのがResearch through Designである。 Research through Designでは人工物やプロトタイプのデザイン（具体化）を利用して知識の一般化/抽象化を進める。Research through Designは特定の問題の解決策を探る研究で用いられることが多いが、デザインの分野のみならずHCI（Human-Computer Interaction）の分野でも Research through Designが取り入れられ始めている。ただし、まだ確固たる枠組みが確立されているというところまでには至っていない。

（4）注目動向

［新展開・技術的トピックス］

欧州のデジタル戦略

EUでは、2020年2月にShaping Europe's Digital Futureと題した文書[6)] をまとめた。デジタル技術を使って、以下の三つの柱に沿った施策を今後5年間で実施するとしている。

①人々の役に立つ技術

②公平かつ競争力のあるデジタル経済

③民主的かつ持続可能で開かれた社会

①では、人々のデジタルスキルの向上やインフラの構築といった施策を、②では、オンラインプラットフォームの責任強化とオンラインサービスの規則明確化を目的とした「デジタルサービス法」の提案や高品質データへのアクセス向上や個人情報の保護といった施策を、③では、炭素排出量削減や欧州グリーンディールに絡めた施策をそれぞれ打ち出している。

仕事の将来（Future of Work）

世界中でデジタル変革が仕事の将来（Future of Work）にどのような影響を及ぼすか、という議論が活発になされている。特にシンギュラリティ（AI技術の進展が人間の能力を超える時点）が2045年にやってくる、としたカーツワイルの著書[7]が出てから、AIに職を奪われるといった論調の記事が多く見られるようになり、Future of WorkとしてAI技術が発展した世界における仕事が議論されるようになった。Future of Workは人口統計の変化、技術の進展などに伴って以前から議論されてきたテーマであるが、デジタル変革の議論においても重要な視点である。デジタル化はその汎用性から、あらゆる業種や職種に影響を与え、仕事の質や生産性を向上させ、組織の効率化やレジリエンスの向上をもたらすといわれている[8]。さらに、Uberのように、デジタル技術を活用して、自分の都合で働きたいときに働くようなgig worker（ギグ・ワーカー）を生みだすなど、デジタル変革は仕事の質的な変化も引き起こしている。

Covid-19によるデジタル変革の加速

2019年末に発見された新たな新型コロナウイルス感染症（Covid-19）の世界的な流行を受けて、対面での会議に代わってインターネットを利用したリモート会議の実施を余儀なくされたり、対面での授業の代わりにインターネットを使った遠隔授業が広く利用されるようになったりした。日本では、給付金の交付などを通して、行政手続きや医療のオンライン化が急務であるとの認識が広くなされた。またテレワークを困難にする押印といったビジネスプロセスの見直しも検討され、実行に移された。感染拡大が抑制されたあとのニューノーマル時代には、Covid-19流行以前にはあまり進んでいなかったリモートワークなども含めて、デジタル変革の必要性があらためて認識され、デジタル変革の推進が加速されている。リモートワークの議論は、直接的にFuture of Workとして仕事のやり方の変革に関係している。

Web3.0、DAO、NFT

インターネットの進化を、電子メールとウェブサイトを中心としたWeb1.0、スマートフォンとSNSに特徴付けられるWeb2.0と捉えて、次のインターネットとして提唱されているのが、Web3.0である。現在のインターネットを支配しているAmazon、Alphabet、Metaなどの巨大プラットフォーマーを排して、ユーザー自身が個人データやアイデンティティーを保持して管理できるようなアプリケーションを実装できるインターネットとしてWeb3.0は提唱されている。従来、非中央集権的インターネットと呼ばれていたものである。Web3.0は分散台帳技術であるブロックチェーンをベースに実装される。現在のインターネット上でも、DAO（Decentralized Autonomous Organization：分散型自律組織）やNFT（Non Fungible Tokens：非代替性トークン）といったアプリケーションが作成されているように、当面Web3.0はWeb2.0と共存していくと想定される。

DAOはブロックチェーン上で運営されているデジタル的な組織であり、ソフトウェアによる合意形成やスマートコントラクトを使って自律分散的に統治される。そのため、特定の人やグループのマネジメントが無くても運営することができる。

NFTはブロックチェーンに所有権を記録することで、デジタルデータの非代替性（唯一性）を担保するという特長を持っている。ただし、現在のところ、所有者やデータへのリンクの記録の非代替性を担保するだけであり、デジタルアートやトークン化された資産といった所有しているデータそのものはコピーできる。非代替性を担保することから、クリエーターが所有権を維持する手段として利用できるため、クリエーターの経済圏を作ることができるのではないかと期待されている。経済財政運営と改革の基本方針 2022（いわゆる骨太の方針 2022）で、NFTやDAOの利用等のWeb3.0の推進に向けた環境整備の検討を進める、と記載されたことから注目を集めている。

一方、DAOやNFTは今のところ投機的な目的で利用されることが多いことに注意が必要である。DAOで運営されていたBeanstalk社で、フラッシュローン（超短期のローン）を使って過半数のガバナンストークンを入手した人物が、すべての資産をその人物の口座に移す決議を実行し、すべての資産を奪われた事件が発生している。これは、そのような攻撃が可能であるという懸念が示されていたにもかかわらず、対策をしなかったために起こった事件である。NFTについても、ポンジスキーム（いわゆる出資金詐欺）ではないか、という指摘がある。

メタバース

3次元の仮想空間で、没入感のあるユーザーエクスペリエンスを提供し、実空間と同様に仮想空間内でコンテンツの売買などの経済活動ができる。経済活動を支える技術はNFTやデジタル通貨である。

Facebook社が2021年8月にメタバースを事業の中心に置くために社名をMeta社に変更する、と発表したことから、メタバースが注目を浴びた。その後、日本では日本メタバース協会[1]、メタバース推進協議会[2]、Metaverse Japan[3]、日本デジタル空間経済連盟[4]、バーチャルシティコンソーシアム[5]などのメタバース関連団体が乱立している。また、経済産業省はMeta社が発足する以前に仮想空間の今後の可能性と諸課題に関する調査報告書[6]を発表したり、総務省では2022年8月からメタバース等の利活用に関する研究会が開催されたりしている。世界経済フォーラムでも、メタバースのガバナンス（安全・安心、相互運用）、価値創造（インセンティブとリスク）、新たなバリューチェーンによる影響などを検討する「メタバースの定義と構築」イニシアチブが2022年5月に発足した。

[注目すべき国内外のプロジェクト等]

国内に関しては、IoTをはじめとするDXで利用される情報技術については、戦略研究、SIP、ムーンショット等さまざまな取り組みが行われているので、研究開発プロジェクトではなく、DXそのものを推進しようとするプロジェクトを挙げる。

経済産業省の取り組み

経済産業省は平成30年にDXレポート[7]を発表している。これは企業のDXを推進するため現状と課題を明らかにしたレポートであるが、同時に経済産業省自身のDXを推進することを決め、経済産業省デジタル・トランスフォーメーションオフィスを設置し[8]、法人・個人事業主向け行政手続きをデジタル技術で簡素化するための「法人デジタルプラットフォーム」の実現を目指している。

さらに、令和3年から4年にかけて、DXレポート2（中間取りまとめ）[9]、DXレポート2.1（DXレポート2追補版）[10]、DXレポート2.2（概要）[11]を発表して、目指すべきデジタル産業の姿・企業の姿や、具体的な方向性・アクションを提示している。

日本経済団体連合会の取り組み

日本経済団体連合会は2020年5月にDigital Transformation（DX）〜価値の協創で未来をひらく〜と

1 http://japanmeta.org/
2 https://jmpc.jp/
3 https://metaverse-japan.org/
4 https://jdsef.or.jp/
5 http://shibuya5g.org/research/
6 https://www.meti.go.jp/press/2021/07/20210713001/20210713001.html
7 https://www.meti.go.jp/shingikai/mono_info_service/digital_transformation/20180907_report.html
8 https://www.meti.go.jp/policy/digital_transformation/index.html
9 https://www.meti.go.jp/press/2020/12/20201228004/20201228004.html
10 https://www.meti.go.jp/press/2021/08/20210831005/20210831005.html
11 https://www.meti.go.jp/shingikai/mono_info_service/covid-19_dgc/pdf/002_05_00.pdf

題した提言[9]をまとめている。デジタル変革を「デジタル技術とデータの活用が進むことによって、社会・産業・生活のあり方が根本から革命的に変わること。また、その変革に向けて産業・組織・個人が大転換を図ること」と定義している。企業におけるデジタル変革への取り組み指針や、デジタル変革を推進するための規制のあり方についての提言をまとめている。

デジタル庁の取り組み

2021年9月に発足したデジタル庁はデジタル社会の実現に向けた重点計画を策定し、「生活者、事業者、職員にやさしい公共サービスの提供」、「デジタル基盤の整備による成長戦略の推進」、「安全安心で強靭なデジタル基盤の実現」の3つの柱を注力領域として定義し、精力的な活動を続けている[12]。生活者、事業者、職員にやさしい公共サービスの提供として、マイナンバーカードの普及に努めたり、すべての行政手続きをスマートフォンで提供できるような取り組みを進めたりしている。また、デジタル基盤の整備による成長戦略の推進として、データの取り扱いルールを策定したり、データの整備・公開を進めたりしている。さらに、安全安心で強靭なデジタル基盤の実現として、ガバメントクラウドの整備や国際連携強化を通じたDFFT（Data Free Flow with Trust）の推進を行っている。

EUの取り組み

EUではデジタルヨーロッパプログラムと呼ばれるデジタル変革を加速するためのファンディングプロジェクトが2021年から2027年にかけて実施されている。予算額は7年間で75億8800万ユーロである。デジタル革新のための必要なインフラ構築、競争力強化、技術主権確保が目的で、スーパーコンピューティング分野に22.3億ユーロ、AI分野に20.6億ユーロ、サイバーセキュリティー分野に16.5億ユーロ、先端デジタルスキル分野に5.8億ユーロ、経済・社会全体でのデジタルの幅広い利用確保に10.7億ユーロが投資される計画である。経済・社会全体でデジタルの幅広い利用確保では、デジタルイノベーションハブと呼ばれるネットワークの構築・強化を目指している。

（5）科学技術的課題

デジタル変革を支える情報技術の中で、CPSのベースとなっているIoT技術と通信技術、これから活用が期待されるブロックチェーン技術を、さらにCPSを利用する上で課題となる、セキュリティーとデータ管理を挙げる。

クラウドとエッジの機能分担

IoTにより、さまざまなモノに取り付けられたセンサーから多種多様で玉石混交なデータがインターネット上を飛び交うことになる。それらのデータの交通整理を行うための研究開発が必要である。例えば、データの要・不要をクラウドで学習して、不要なデータはエッジ側で廃棄する判断ができるような技術が望まれる。監視カメラのデータのような画像データはデータ量が多いので、エッジ側で適切な処理ができるように機能分散できれば、ネットワーク上のトラフィックを削減でき、無駄な電力も減らせ、コスト削減にも役立つ。どのようにクラウドとエッジの機能を定義し、それを実現するかが課題である。詳細な説明が「2.5.5 IoTアーキテクチャー」にある。

beyond 5G

IoT時代の無線通信に求められる属性である、超低遅延、多数同時接続を実現するものが5Gだと期待さ

12 https://www.digital.go.jp/policies/report-202109-202208/

れている。5Gの超低遅延通信が実現すれば、建設機械やロボットをリアルタイムに遠隔操作できるようになる。多数同時接続が実現すればあらゆる機器をネットワークに接続できるようになる。さらに5Gには超高速・大容量通信という属性もあり、多種多様なトラフィックを収容できるようになると期待されている。5Gの次であるbeyond 5Gで、これらの属性の高度化や新たな機能の研究開発をしていくことが技術的課題である。「2.6.2 無線・モバイル通信」に詳細な説明がある。

ブロックチェーン

ブロックチェーンは、ネットワーク上に「ブロック」と呼ばれるデータの塊を「チェーン（鎖）」のように連結していく分散台帳の一つである。台帳の整合性を保つためにP2P（Peer to Peer）ネットワーク技術と合意形成アルゴリズムが使われるので「分散」台帳と呼ばれる。さらに、取引情報の中にプログラムを組み込むことで、取引条件に応じて契約を自動化できるスマートコントラクトも実装されている。仮想通貨ビットコインの技術として注目を集めたが、近年ではWeb3を実現するための技術として期待される。利用範囲を広げていくにあたって、トランザクション処理の拡張性（スケーラビリティー）を高めること、トランザクションの真正性確定（ファイナリティー）の安定性を高めること、マイニングなどブロックチェーンの維持・運用に必要な電力消費を削減することなどの技術課題がある。

サイバーフィジカルセキュリティー

IoTですべてのモノがインターネットにつながり、サイバー空間とフィジカル空間が高度に融合した社会になると、電力ネットワークや水道といった社会インフラがサイバー攻撃される可能性がある。そのため、サイバー空間からの不正アクセスを防ぐセキュリティー技術が重要である。あるサイバー攻撃を防ぐようにセキュリティー技術が進化すると、そのセキュリティーを突破するようにサイバー攻撃が進化し、進化した攻撃を防ぐようにセキュリティー技術が進化するといった具合に、防御と攻撃はいたちごっこが続くので、セキュリティー技術は継続して開発する必要がある。また、セキュリティー技術だけでなく、不測の事態の発生を遅滞なく検出する監視体制の整備や、ユーザーにセキュリティー意識を醸成するためのセキュリティー教育も重要である。サイバーフィジカルセキュリティーに関する詳しい説明は「2.4.1 IoTシステムのセキュリティー」や「2.4.2 サイバーセキュリティー」に記載している。

安全・安心なデータ管理

デジタル変革ではデータを集めて保管し利用する。個人情報のようにデータの取り扱いに法的な制限がかけられている情報も含め、あらゆる情報を適切に収集し、解析し、利用する技術の開発が求められる。信頼できないハードウェアやオペレーティングシステムを含む計算機環境でも安全にデータを取り扱えるセキュリティー技術の創出、オープンな環境でもプライバシーを確保する技術の創出、データの自由な流通と個人情報の安全性確保を両立するデータ駆動プラットフォームの研究などが必要である。「2.5.6 デジタル社会インフラ」や「2.4.3 データ・コンテンツのセキュリティー」に詳細な説明がある。

（6）その他の課題

現場と技術をつなぐ人材とそれを含めたチームビルディング

デジタル技術を社会に浸透させる研究開発を加速するには、現場と技術を「つなぐ」カスタマーサクセスに求められるスキルを持った人材を研究開発に含めることが求められる。現場にある顧客ニーズを深掘りするためには、現場に深入りする必要があるからである。書籍「カスタマーサクセスとは何か」[10)]には、そういった人材に向く特性として、「共感性を持つ」、「論理やデータを優先して意思決定する」、「関係性を重視し、長期・全体へ目配りできる」、「自分と違うタイプの人と知り合うのが好きで、影響力を生かした協業がうまい」、「未知のことに挑戦し、未踏のフロンティアを歩くのが好き」という5点が挙げられている。ビジネスエコシステムを構築しながら事業開発をする人と言っても良い。ディレクター、プロデューサー、チャンピオンなどと呼ばれることもある。

カスタマーサクセス人材と御用聞きとは異なる。御用聞きのように、特定の顧客しか見ていないと、いわゆるアカウントマネジャーになってしまう。カスタマーサクセス人材は上記のように「関係性を重視し、長期・全体へ目配り」しながら、新たなビジネスエコシステムを構築する。コンソーシアムなどの成否も、カスタマーサクセス人材の存在が肝となる。参画している多様なステークホルダーそれぞれに共感し、すべてのステークホルダーの間にウィン－ウィンの関係性を構築していくことができれば、コンソーシアムは成功する。

今まで、日本ではこのようなカスタマーサクセス人材を研究開発分野において、きちんと評価してこなかった。そのため、研究開発分野にカスタマーサクセス人材が入ってきていない。研究から産業化までをつなぐためには、事業開発の経験のあるカスタマーサクセス人材と研究者・技術者との掛け合わせを考えていかなければいけない。カスタマーサクセス人材にリソースをより重点的に分配していく必要がある。

研究開発プロジェクト構成

デジタル変革領域に関連する研究開発プロジェクトは、先端研究、実用化研究から産業化領域まで分野横断で進めていくことに特徴がある。米国のNSFやDARPAが長期にわたって継続的に支援し続けているCPS（Cyber Physical System）やEUのArtemisやFIWAREなどが代表的である。これらのプロジェクトは組み込みシステムなど技術に立脚した分野であっても、研究と産業化の接続を意識して分野横断で進めており、産業界が主導しているプロジェクトも多い。また、さまざまな産業領域が出口となるとともに、分野横断で進めることになるため、多くのステークホルダーを集めた大規模な「アンブレラ」プロジェクトを構成することもある。

米国とEUの研究開発プログラムのアプローチには違いもある。米国は、NSFがアカデミア中心、NISTやDARPAが実用化を見据えた社会実装、業界団体が産業化を担うという構造になっているように思われる。人材の流動性がこれらの接続を滑らかにし、先端研究から産業化まで連携がなされている。 EUは、トップダウン型であるべき社会の姿に向けて研究プログラムが組成され、実用化に至る道筋までを政策でつなげる構造になっているように見受けられる。

人材の流動性に乏しいわが国においては、欧州のトップダウン型プログラムの方が、親和性が高いように思われる。産業界なども巻き込み、トップダウン型でアンブレラ型プロジェクトを組成することが、デジタル変革を推進する一つの方策となり得る。

（7）国際比較

国・地域	フェーズ	現状	トレンド	各国の状況、評価の際に参考にした根拠など
日本	基礎研究	○	→	beyond 5Gとして、通信についての基礎研究を推進。社会科学と自然科学が連携した研究の支援は増加してきている。
	応用研究・開発	○	↗	政府のデジタル化を目指したデジタル庁が設立され、国・地方行政のIT化やDXが推進されている。
米国	基礎研究	○	→	NSF、DARPA、NISTといったファンディングエージェンシーが連携して、基礎研究から、実用化まで支援。
	応用研究・開発	◎	→	巨大プラットフォーマーを中心にデジタルを生かしたビジネスモデルが新たに生まれ続けている。
欧州	基礎研究	○	→	Horizon EuropeやDigital Europeなどのトップダウンであるべき社会の姿を示して基礎研究を支援。
	応用研究・開発	○	→	ドイツはIndustrie4.0を掲げ製造業のデジタル化推進。
中国	基礎研究	○	→	国家重点研究開発として、基礎研究から応用研究までを接続した研究を推進。
	応用研究・開発	◎	→	国家主導でデジタル化を推進。国内向けの巨大プラットフォーマーも出現。
韓国	基礎研究	○	→	基礎研究の重要性は認識しているものの、具体的なアクティビティーが見えない。
	応用研究・開発	○	→	ICTの普及は世界的にトップレベルである 政府のデジタル化も進んでいる。

（註1）フェーズ

基礎研究：大学・国研などでの基礎研究の範囲

応用研究・開発：技術開発（プロトタイプの開発含む）の範囲

（註2）現状　※日本の現状を基準にした評価ではなく、CRDSの調査・見解による評価

◎：特に顕著な活動・成果が見えている　　○：顕著な活動・成果が見えている

△：顕著な活動・成果が見えていない　　×：特筆すべき活動・成果が見えていない

（註3）トレンド　※ここ1～2年の研究開発水準の変化

↗：上昇傾向、→：現状維持、↘：下降傾向

関連する他の研究開発領域

・都市環境サステナビリティ（環境・エネルギー分野　2.7.1）
・IoTシステムのセキュリティー（システム・情報分野　2.4.1）
・サイバーセキュリティー（システム・情報分野　2.4.2）
・データ・コンテンツのセキュリティー（システム・情報分野　2.4.3）
・IoTアーキテクチャー（システム・情報分野　2.5.5）
・デジタル社会インフラ（システム・情報分野　2.5.6）
・無線・モバイル通信（システム・情報分野　2.6.2）

参考文献

1) 森川博之「ストーリーとしての研究開発」『電子情報通信学会誌』100 巻 7 号（2017）：635-641.
2) Keyur Patel and Mary Pat McCarthy, *Digital Transformation: The Essentials of e-Business Leadership* (McGraw-Hill, 2000).
3) Erik Stolterman and Anna Croon Fors, "Information Technology and the Good Life," in *Information Systems Research: Relevant Theory and Informed Practice*, eds. Bonnie Kaplan, et al. (Boston: Springer, 2004), 687-692., https://doi.org/10.1007/1-4020-8095-6_45.
4) John Zimmerman, Jodi Forlizzi and Shelley Evenson, "Research through design as a method for interaction design research in HCI," in *Proceedings of the SIGCHI Conference on Human Factors in Computing Systems* (New York: Association for Computing Machinery, 2007), 493-502., https://doi.org/10.1145/1240624.1240704.
5) 京都大学フィールド情報学研究会 編『フィールド情報学入門：自然観察、社会参加、イノベーションのための情報学』(東京：共立出版, 2009).
6) European Commission, "Shaping Europe's digital future," https://ec.europa.eu/info/strategy/priorities-2019-2024/europe-fit-digital-age/shaping-europe-digital-future_en,（2023年2月4日アクセス）.
7) Ray Kurzweil, *The Singularity Is Near: When Humans Transcend Biology* (Penguin Books, 2005).
8) Chartered Quality Institute (CQI) / International Register of Certificated Auditors (IRCA), "A CQI Quality Futures Report: The Future of Work, March 2020," https://www.quality.org/article/cqi-launches-new-report-future-work,（2023年2月4日アクセス）.
9) 一般社団法人日本経済団体連合会「Digital Transformation（DX）：価値の協創で未来をひらく」https://www.keidanren.or.jp/policy/2020/038.html,（2023年2月4日アクセス）.
10) 弘子ラザヴィ『カスタマーサクセスとは何か：日本企業にこそ必要な「これからの顧客との付き合い方」』(東京：英治出版, 2019).

2.3.2 サービスサイエンス

（1）研究開発領域の定義

サービスは、いわゆる旧来のカウンター越しの対面サービスのようなものも含めて、サービスを提供する人と利用する人が相互に影響しあって価値を生み出す行為である。サービスの提供者と利用者は一対一だけでなく、多対一、一対多、多対多など、さまざまな組み合わせがある。サービスを生み出す全体、言い換えると、単数もしくは複数の提供者と単数もしくは複数の利用者間の相互作用のプロセスを含めた全体をサービスシステムと呼ぶ。サービスの生産性向上と提供者と利用者の価値共創を目的とした、サービスとサービスシステムに関わる科学的な概念、理論、マネジメント技術、エンジニアリング技術の構築ならびに活用がサービスサイエンスである。サービスサイエンスは当初Service Science, Management, and Engineeringの総称であったが、近年はDesign、Art、Public Policyが加わり、Service Science, Management, Engineering, Design, Art, and Public Policyの総称とされる。サービス経済の拡大に対応して、サービスエコシステム、サービスシステム等も対象とする。

（2）キーワード

サービスシステム、プロダクトサービスシステム、価値共創、サービスドミナントロジック、サービスデザイン、製造業のサービス化、サービスエコシステム、参加型デザイン、サービソロジー、サービスマーケティング、サービスマネジメント

（3）研究開発領域の概要

［本領域の意義］

サービスとは、経済用語においては売買した後に物が残らず、サービスを受ける側に効用や満足を提供する、形のない財のことである。産業分類では、サービス産業は農林水産業にも工業にもあてはまらない第３次産業を意味している。一般的に、人が一連の行為を通じて他者に利益をもたらすことをサービスと呼んでいる。しかしながら、広く捉えると、サービスとはさまざまな行為者（提供者と利用者、それは人でも機械でも構わないし、個人や１台の機械でも構わないし、組織や機械を含むシステムでも構わない）が相互に作用して価値を生み出すことと定義することができる。ITの世界において、30年前は、どのようなハードウェアを使った計算機か、ということにユーザーの関心があったが、クラウドの発展とともに、IaaS（Infrastructure as a Service）、SaaS（Software as a Service）、PaaS（Platform as a Service）というように、xxx as a Serviceという言い方が広まってきており、計算機の機能をサービス視点から捉えるようになってきている。また、MaaS（Mobility as a Service）という概念が提唱され、自動運転車の実現がみえてくると、車もサービスの視点から語られるようになってきている。このように、介護や観光などといった、旧来のサービス産業だけでなく、製造業も含め多くの経済活動の本質がサービスを提供することにある、と再定義され、サービスサイエンスの適用範囲が広がっている。幅広い産業にサービスサイエンスを適用することで、より優れたサービスを提供することが可能になり、サービスを利用する顧客の満足度向上につながる。

サービスサイエンスの研究開発が進展することによって、科学的・工学的手法を生かしたサービスの生産性向上と、価値共創を中核概念とした産業構造や社会システムの変革のデザインが期待される。サービスを定量的に計測することを可能にすることで、サービスを工学的に取り扱うことができるし、共創される価値とは何かを追求することで、生活の質の向上や、社会課題の解決もサービスサイエンスのスコープに入ってくる。一方で、サービスは文化や歴史に根差しているため、その研究や実践は人文社会学やアートの領域に広がりつつある。サービスサイエンスは、情報工学、認知科学、経済学、組織論、マーケティング、オペレーションズリサーチ等、多くの研究領域にまたがるインターディシプリナリーな研究領域として、自然科学的・定量的な取り組みが進むとともに、人文社会学的な研究も発展している。日本においてはサービス学会（Society for Serviceology）が本領域を推進している[1]。

[研究開発の動向]

サービス研究において2004年が大きな転換点であった[1)]。まず、同年に発表された全米競争力協議会による提言書“Innovate America”、通称パルミサーノ・レポートにおいて「サービスサイエンス（SSME: Service Science, Management, and Engineering ）」の概念が示され、米国を中心にサービスに対する科学的・工学的アプローチの本格的な検討が開始された。米国に続き、ドイツ、フィンランド、英国、韓国でもサービスサイエンス振興の取り組みを開始した。もう一つのエポックが、S. L. VargoとR. F. Luschによるマーケティング研究を源流としたサービスドミナントロジック（SDL: Service Dominant Logic）である[2)]。もともとこれらは別々の潮流であったが、2008年頃より相互に参照しあうなどの動きがみられ[3), 4)]、補完がなされている。

日本国内の動向についても同様である。日本のサービス産業の生産性（労働生産性）が他の先進国と比べて低いことは以前から指摘されていたが、上述のサービスサイエンスの動きも相まって、日本におけるサービス科学・工学の政策的取り組みは、この生産性向上に端を発して2005年頃に始まった。代表的な取り組みとしては、サービス産業生産性協議会（SPRING）の設置、文部科学省の人材育成プログラム、経済産業省の研究開発委託事業、産業技術総合研究所のサービス工学研究センターの設置、JST RISTEXの問題解決型サービス科学研究開発プログラム（S3FIRE）の設置などが挙げられる[5)]。

S3FIREではサービス科学を「サービスに関わる科学的な概念、理論、技術、方法論を構築する学問的活動、およびその成果活用」として定義しており、上述のサービスの科学的・工学的アプローチを色濃く反映した活動を当初行っていた。S3FIREの本格活動時期（2011–2014年頃）は、国内でいえば人文社会科学、特にサービスマーケティング・マネジメントを含めたサービス科学の研究者コミュニティーが形成されてきた時期である。また、国際的にみればサービスサイエンスとサービスドミナントロジックとが交差した時期とも一部重なる。そのため、S3FIREのサービス科学研究を国際的な研究開発競争の潮流に合わせて推進するために、サービスドミナントロジック等での中心概念である価値共創を軸に据えた展開や成果のとりまとめが徐々に行われていった。つまり、日本におけるサービスサイエンスも共創の概念を包摂していったのである。共創の概念はサービスドミナントロジック以前にもシステム論や経営学の分野で存在していたが、情報通信技術の発達やスマートフォンの爆発的な普及などによりもたらされたさまざまな社会変化が、この概念の重要性にリアリティーを持たせたといえる。

現在、日本国内の関連学会においてもサービスサイエンス等に関する研究が個別に行われているが、上記の流れを最もくんでいるのが、S3FIREの研究者コミュニティーを中心に2012年に設立されたサービス学会である。その基本理念においても、サービスに対する科学的・工学的アプローチと価値共創の二つのキーワードがみられる。これが、本領域を読み解く上での基本的な理解である。2012年以降、世の中ではビッグデータへの関心、プラットフォーム・ビジネスの興隆、IoTによる製造とサービスの融合、シェアリングエコノミーの進展などがみられてきた。また、日本では第5期科学技術基本計画として超スマート社会であるSociety 5.0が掲げられており、ここではAIやIoTに大きな役割が期待されている。サービスについてもAIやIoTによる高度化が期待されており、サービスサイエンスの対象分野は広がりをみせている。

技術的な研究開発と合わせて、サービス研究はデザイン、文化、アートなどとの連関を深化させている。これには、まずホテル、レストラン、販売店舗などのサービス事象が感性的なデザイン、文化的意味、伝統などの文化的な側面を重視していることに加えて、東京オリンピックでの「おもてなし」の強調やインバウンドの観光促進の政策などが絡んでいる。同時に、サービスデザインが2000年代中頃から欧州を中心に広がり、

1 http://ja.serviceology.org/introduction/index.html

国内でも盛んに議論されるようになってきたことで、デザインの文化的な側面が議論されるようになってきた。つまり、問題を解決することや効率を高めること以外に、利用者が体験する身体的、感性的、文化的意味が重視されている。さらに、近年はビジネス領域でもデザインからアートへと関心が広がるなかで、この文化的な領域の範囲がより広まっている。そして、近年の持続可能性への注目も関連し、ローカルな文化や社会的なつながりを重視する傾向が強まっている。

（4）注目動向

［新展開・技術的トピックス］

サービスデザイン

サービスづくりのための一つの方法論や学術分野を表す固有名詞としてサービスデザイン（service design）という言葉が広く使われるようになっている。サービスデザインとは、ユーザーの体験全体の改善を目的として、サービスを構成する要素を検討したり、その要素をまとめ上げたりする活動である。サービスデザインの動きには人間中心設計とデザイン思考が大きな影響を与えている。サービスデザインでは、事業者や生活者の活動を観察、あるいは一緒に活動することで得られた共感をもとに、問題解決の方策を設計していく。欧州ではサービスデザインが組織戦略・経営に及ぼす影響について研究がされている他、特に北欧諸国と英国では、企業、行政、NPOなどとの協働により、医療、健康福祉サービスの改善等で成果が挙げられてきた。

また、サービスデザインを利用者中心に捉えると、解決策そのものに対する興味よりも、サービスによって、利用者の行動をどう支援するのか、あるいは利用者の行動をどのように変えるのか、という点に興味の中心がある[6)]。行動デザイン（behavior design）や行動のためのデザイン（design for action）と呼ばれる領域では、行動経済学などの知見を活用しながら、人々の日々の活動や行動習慣を変容し得るサービスをどのようにデザインするかに焦点があてられている。欧州では主に公共政策的な観点で、米国では産業の観点での応用が進められている。また、サービスデザインに関連しては、市民が参加して社会課題の解決方法を探るといった、参加型デザイン（participatory design）の手法の研究開発が進められてきた。さらに近年では、参加型デザインのアプローチの一環として、生活に根付いた場所（リビング）を実証実験の場（ラボ）として、提供者と利用者とが共に解決策を創り出す（共創）というリビングラボも注目を集めている[7)]。

さらに、近年はデザインの発展として、アートにも興味が集まっている。デザイン思考の議論が落ち着くなか、アート思考の議論が盛りあがりつつあり、より表現、批判、歴史を含んだ創造性が求められている。その中で、サービスデザインも、利用者の便益や問題解決を超えて、自己表現や社会問題に関連したデザインが模索されている。アートの観点からは、資本主義の大量生産・大量廃棄、労働者の疎外の問題などを批判する政治性を含んだデザインが実践されている。さらに、サービスも顧客との接点だけではなく、原材料の持続可能な調達、商品などの廃棄やリサイクル、アップサイクルなどを含めた循環型のシステムデザインにも注目が集まっている。このような文脈における創造性・デザインの新しい取り組みは、欧州連合（EU）が主導する大規模な「新欧州バウハウス（New European Bauhaus）」に代表されるように政策の中心になりつつあり、国内では文部科学省価値創造人材育成拠点形成事業や経済産業省創造性リカレント教育を通じた新規事業創造促進事業などでも、限られた規模であるが推進され始めている。

サービスドミナントロジックとサービスエコシステム

2004年にマーケティング研究者であるS. L. VargoとR. F. Luschが、すべての経済活動をサービスとして捉えるサービスドミナントロジックという考え方を提唱した[2)]。商品は有形無形を問わず、顧客が利用することで初めて価値を持つものである、つまり、同じ商品であっても顧客によって価値は異なるため、商品の提供者は価値を提供するのではなく、価値を提案し、商品を受け取った顧客と一緒になって価値を創り出すという考え方である。近年のサービスドミナントロジックの論点は、一対一のアクター間の原始的サービスに対するものというよりも、マルチステークホルダーを前提としたサービスエコシステム（service ecosystem）とそのデザインに対するものへと移りつつある。この文脈の下で、ネットワーク論、システム論、複雑適応系などの関連分野の他、サービスデザインや制度設計（institutional design）との関係についても言及がなされつつある。2018年11月にはさまざまな研究者からの寄稿論文から構成されるHandbook of Service Dominant Logicが出版され、サービスドミナントロジックの近年の展開についてまとめられている[8)]。サービスドミナントロジックを軸にした社会システム（技術）への接近が行われており、社会のモデリングとシミュレーションの他、経済学（特にゲーム理論）をもとにしたマーケットデザイン/メカニズムデザインとの関連も強くなっている。2021年にはサービスドミナントロジックに関連した1700の研究論文を調査して、サービスドミナントロジックの研究フレームワークをまとめた論文も発行された[9)]。

トランスフォーマティブ・サービス

トランスフォーマティブ・サービス研究（transformative service research）とは、サービスと満足できる状態（ウェルビーイング：well–being）の両方に焦点をあて、特にウェルビーイングの向上を目指す研究である。ウェルビーイングとは、直訳すれば良い状態にあること、であり、何が「良い」ことなのかを明言していないが、満足、幸福、喜びといった感情を持つことや人生に意義を見いだし、能力を発揮している状態なども含まれると考えられる。サービスを受けてウェルビーイングを向上させる対象としては、個人だけでなく、家族、コミュニティー、エコシステム、社会も対象とする。サービス経済は、単に経済的規模の拡大を追求する段階から、社会・環境の発展・持続可能性も考慮した変革的サービス経済（transformative service economy）を目指す段階に移行しなければいけないという考えに基づいている。経済的価値の創造だけでなく、社会的価値や自然生態系への配慮を含めた持続可能な価値の創造から考え、実践していくものである。サービス経済の成熟化への内省を含むものであり、過剰・過少消費の現象を考え直す過程で生まれたとされる[10)]。想定されるアウトプットとして、幸福や生活の質の向上の他、必要な人が必要なサービスを受けられるためのアクセス性の向上、サービスの過程で消費者が何らかの不利に陥る可能性の最少化、公平さの維持、格差の減少などが挙げられる。事例が集まりつつあるものの、いまだ途上の分野であるが、ここで掲げられているウェルビーイングは、今後のサービス研究にとって重要なトピックになるであろう。

プロダクトサービスシステム

プロダクトサービスシステム（product service system）とは、消費者のニーズに応えるために、プロダクトだけでなくサービスを組み合わせて対応するシステムのことである。製品製造・流通に伴う環境影響を低減し、持続可能な発展を実現するために、「脱物質主義」、「サービス化」を、ミラノ工科大学を中心とする都市工学の研究者たちが提唱したことが背景にある。プロダクトをサービス化しただけで、環境影響が低減されるわけではないが、一般にプロダクトサービスシステムはサーキュラーエコノミーを実現するために役立つコンセプトであると認識されている。例えば、利用サービスだけを提供することにすると、カーシェアリングのように、商品（車）の総量を減らすことができ、商品の製造に伴う環境影響（原料採掘での廃棄物、製造でのCO2排出等）の削減につながる。

観光・ホスピタリティー

サービスサイエンスやサービス研究に関連して、観光・ホスピタリティー領域へも注目が集まっている。国内では、観光庁が2016年度より観光MBA、中核人材育成講座などの事業を実施し、さまざまな大学などが人材育成を担ってきた。 COVID–19の影響で観光・ホスピタリティー産業は打撃を受けてきたが、それ以前は海外からの旅行者数および消費額は飛躍的に拡大してきた背景がある。ホスピタリティーは、東京オリンピックに向けて「おもてなし」が注目を集めてきた。事業としての拡大に加えて、観光・ホスピタリティーは世界的にも発展している研究分野である。

観光・ホスピタリティーは、領域横断の研究分野である。マーケティングで観光やホスピタリティーを研究している人だけではなく、地理学で観光の地域開発や地政学的な視点から研究している人、社会学や文化人類学で社会の視点から研究している人などによって構成されている。議論されているトピックは、従来の旅行者に向けたマーケティング、観光地経営、観光に関する地政学だけではなく、近年は持続可能性やAI、ビッグデータなどにも広がっている。その他、COVID-19では、観光・ホスピタリティー産業が大きな影響を受けたことに応じて、今後の観光・ホスピタリティー産業のあり方については多くの研究がなされた。

近年、持続可能性は特に注目を集め、Journal of Sustainable Tourismがトップジャーナルの一翼を担うようになっている。さらに、近年のツーリズムは、従来の訪問先のブランディングやマネジメントを超えて、特殊なツーリズムの研究に注目が集まっている。例えば、避妊治療のための医療ツーリズム、過去の悲劇的な出来事にまつわる場所を訪問するデス・ツーリズム（death tourism）などに関する研究が進んでいる。このようにツーリズム研究は多様な広がりをみせており、今後の動向にも注意を払う必要がある。

研究は基本的に米国がリードしている。観光産業自体が欧州よりもアジアへ重点を移している背景から、欧州よりもアジアの研究コミュニティーが活性化している。特に、香港が存在感を示している。香港理工大学は、School of Hotel & Tourism Managementが多くの教員を抱え、組織として研究コミュニティーをリードしている。中国でもこの領域の研究は増えているが、中国市場に特化した研究が多く、理論的な成果はこれからの課題となっている。

［注目すべき国内外のプロジェクト等］

スマートサービスシステム

スマートサービスシステムは、将来の状況への対応改善のため、データに基づき学習、動的適応、意思決定ができるサービスシステムである。超スマート社会やCPS（Cyber Physical Systems）のコンセプトで掲げられているように、ICTの進展により可能となったIoTを利用することで、サービスを提供する場の状況を検出し、状況に応じたサービスを提供できるスマートサービスシステムもまたサービスサイエンスの大きな研究対象である。NSF（National Science Foundation）のDirectorate for Engineering, Industrial Innovation and Partnerships部門が実施する「Partnerships for Innovation：Building Innovation Capacity（PFI：BIC）プログラム」のトピックとして“human-centered smart service system”が2013年から2016年の間実施された。2015年には有毒藻類観測管理システムや感染症追跡システムなど10個のスマートサービスシステム研究開発に、2016年にはスマート工場や危険通知システムなど13個のスマートサービスシステム研究開発に、それぞれ100万ドルの資金提供がされた。また、このNSFでの取り組みを踏まえて、スマートサービスシステムに関する整理・体系化の試みもなされている[11)]。2017年1月には、米国のサービスサイエンスの研究者・実務家コミュニティー（The International Society of Service Innovation Professionals：ISSIP）とNSFの共催で“Industry-Academe research partnerships to enable the human-technology frontier for next generation smarter service systems”という内容の2日間のワークショップが開催された[12)]。

サービスの国際標準化動向

ISO（国際標準機構）やJIS（日本工業規格）のような標準は、今まで、その多くが製品（モノ）を対象として確立されてきた。近年この標準の対象がサービスにも広がってきている[13)]。シェアリングエコノミーの品質標準、高齢社会のケアサービス標準などが、欧米主導の国際標準として議論され始めている。さらに、より一般的・横断的な標準として、持続的なサービス提供の基盤となる人間中心の組織設計や、優れた顧客体験（カスタマーデライト）を継続して提供する組織の能力であるサービスエクセレンス（service excellence）の標準なども開発された。これらの規格はサービスを画一化するのではなく、サービスに関する共通理解を設定し、各自が切磋琢磨できる基盤を提供しようとするものである。2011年にドイツの規格

DIN SPEC 77224が発行され、2015年には欧州の規格としてCEN/TS 16880が発行された。ドイツでは金融などの領域で、この規格を利用して組織変革を成功させた事例などが議論されている。2021年6月にはISO 23592[2]とISO/TS 24082[3]が発行され、11月には国内でJIS Y 23592とJIS Y 24082が発行された[14)]。国際規格では先行したドイツの委員がリードする中で、日本の研究者も委員会ISO/TC 312のワーキンググループの主査として参画し、特に価値の共創についての議論をリードするなど存在感を示している[15)]。

（5）科学技術的課題

サービスサイエンスはさまざまな科学技術成果を結集した総合学問としての色合いが強い。2014年に行われた第10回科学技術予測調査では、それまでの“製造”分野に代わり“サービス化社会”分野が新設され、製造業のサービス化に限らず社会のさまざまな要素がサービス化しそれらがゆるやかにつながった社会像に関する広範なトピック（全101問）について専門家調査がなされた[4]。2019年前半に実施された第11回科学技術予測調査では、第10回で問われていた内容（トピック）の多くが、ICT・アナリティクスの科学技術予測における社会実装像（社会に浸透した像や人に働きかける像）として直接問われるようになった。特にセンシング技術、データ解析技術、サービスロボット技術など、サービス科学・工学的アプローチから類推される設問に顕著である。このことは、サービスサイエンスという用語を出さずともその目指すところが浸透しつつあるという見方ができる一方で、サービスサイエンスでは何を研究すべきか、また何が他と違うかを明確に宣言しなければならない時宜に差し掛かっているとも捉えられる。サービスサイエンスにおける科学技術的課題を、サービス理論と価値共創、品質測定と価値評価、利用者の行動、提供者の活動、サービスデザインの観点から挙げると、以下のような技術課題が想定される。

- 個人や社会に対して価値をもたらす行為としてのサービスに関する新理論の確立。
  つまりサービスドミナントロジックをより発展させた新理論の追求
- サービスに関連した量の測定技術の開発
- 共創によって生成される価値を測定する尺度
- 利用者の主観性や多様性を考慮したサービス品質基準
- 財・サービスの利用によって生じる快、不快、好き、嫌い等の感情計測
- サービス提供者および組織のスキルや成熟度計測
- ウェブルーミングやショールーミング（実店舗で商品を見てWEBで購入、もしくはその逆）など、サイバー空間と実空間を行き来する利用者の行動解明
- 個人や社会が持つ資源・スキルの効果的組み合わせや、共創における相互作用のダイナミズムの理論化
- さまざまな資源・スキルの遊休状況を複合したシェアサービスの社会システムシミュレーション
- 今後の社会・経済の再設計に有効なパラダイムの創出

（6）その他の課題

サービスサイエンスは経営学、マーケティング、オペレーションズ・リサーチ、人事、組織学、経済学、情報工学、認知科学、自然科学、社会科学、人間科学、工学と幅広い研究領域に関わる研究であるため、サービスサイエンスを推進する人材の確保が課題である。ひとりの研究者がすべての分野のスペシャリストになることはできないので、いかにして必要十分な人材をサービスサイエンスの分野に集めるか、というチーム構成

2　ISO23592はサービスエクセレンスの標準規格で、原則とモデルを定めている。

3　ISO/TS24082はサービスエクセレンスの標準規格で、優れた顧客体験を達成するためのエクセレントサービスデザインを定めている。

4　https://www.nistep.go.jp/archives/22697

の課題がある。

そのためには、上記のような広い領域の人材を集めなければ達成できないような、ビッグチャレンジを設定して研究開発を推進する、課題設定型のプロジェクトが必要であろう。例えば、「環境問題に配慮した行動変容が促される社会をシェアリングエコノミーベースで検討」や、「パーソナルデータ、オープンデータを活用した地域振興のためのサービス検討」といったプロジェクトを設定し、推進する必要がある。

加えて、近年ビジネスにおいてデザイン、アート、文化の重要性が高まっているが、サービスは特にこれらの側面が統合される領域であり、サービスサイエンスも科学的・工学的なアプローチに加えて、人文社会学的なアプローチへの発展が見られるようになっている。欧米がこの領域に戦略的に投資しているが、国内では研究や人材育成への投資は十分ではない。

また、サービスサイエンスは産業界が実際の事業の中で活用しサービスのイノベーションにつながることで価値が高まる。新型コロナ感染症がサービス産業に及ぼした影響は多大であるが、アフター・コロナ時代における新たなサービスを創出していくなかで、サービスサイエンスの産業界での活用が望まれる。

（7）国際比較

国・地域	フェーズ	現状	トレンド	各国の状況、評価の際に参考にした根拠など
日本	基礎研究	○	→	サービス学会に限らず、関連学会（専門領域）で活発に研究が行われている。一方で、JST RISTEX S3FIREのファンディング終了後、本領域にあった基礎研究費がなく、科研費細目“Web情報学”の中にキーワード「サービス工学」「サービスマネジメント」が存在する程度。
	応用研究・開発	◎	→	サービス学会やJST RISTEX S3FIREで形成された研究体制を生かしながら、日本の研究者がISO国際標準でリーダーシップを取るなど重要な成果が出ている。しかしながら、研究資金やプログラムなどへの支援が限られ、研究自体がその潜在能力を生かせる環境が十分に整備されていない。
米国	基礎研究	◎	→	サービスドミナントロジック、サービスマーケティング、マーケティング・デザイン/メカニズムデザインに関する研究が盛んである。
	応用研究・開発	◎	→	米国の場合には、当初よりこちらが強い。
欧州	基礎研究	○	→	サービスの国際会議 RESERの他、University of CambridgeのCambridge Service Allianceなど、欧州では以前より製品サービスシステム（Product Service System: PSS）として研究がなされてきている。
	応用研究・開発	◎	↗	Circular Economy, Industrie 4.0などの流れが多い。サービスデザインにおいては、行政や企業において先進的な成果を出している。特に、EUの新欧州バウハウスは大規模な予算が長期間組まれるなど投資が進んでいる。
中国	基礎研究	○	→	2008年頃から振興の取り組みを始めたと思われる。2019 INFORMS Conference on Service Scienceの開催国となっている。
	応用研究・開発	○	↗	観光やホスピタリティーでも中国の存在感は増している。特に観光・ホスピタリティー研究では香港が世界の中心地の一つを形成している。今後基礎研究における成果が期待されている。
韓国	基礎研究	−		第2次科学技術基本計画（2008~2012）で達成目標の一つとして挙げられたが、詳細不明。
	応用研究・開発	△	↗	サービスロボットが開発され、利用されようとしている。

2.3 俯瞰区分と研究開発領域 社会システム科学

（註1）フェーズ

基礎研究：大学・国研などでの基礎研究の範囲

応用研究・開発：技術開発（プロトタイプの開発含む）の範囲

（註2）現状　※日本の現状を基準にした評価ではなく、CRDSの調査・見解による評価

◎：特に顕著な活動・成果が見えている　　○：顕著な活動・成果が見えている

△：顕著な活動・成果が見えていない　　×：特筆すべき活動・成果が見えていない

（註3）トレンド　※ここ1〜2年の研究開発水準の変化

↗：上昇傾向、→：現状維持、↘：下降傾向

関連する他の研究開発領域

・都市環境サステナビリティ（環境・エネルギー分野　2.7.1）

参考文献

1) 村上輝康「サービス学とサービソロジー」第1章『サービソロジーへの招待：価値共創によるサービス・イノベーション』村上輝康, 新井民夫, JST社会技術研究開発センター 編著（東京: 東京大学出版会, 2017), 4-20.

2) Stephen L. Vargo and Robert F. Lusch, “Evolving to a New Dominant Logic for Marketing,” *Journal of Marketing* 68, no. 1（2004）: 1-17., https://doi.org/10.1509/jmkg.68.1.1.24036.

3) Robert F. Lusch, Stephen L. Vargo and G. Wessels, “Toward a conceptual foundation for service science: Contributions from service-dominant logic,” *IBM Systems Journal* 47, no. 1（2008）: 5-14., https://doi.org/10.1147/sj.471.0005.

4) Paul P. Maglio and Jim Spohrer, “Fundamentals of service science,” *Journal of the Academy of Marketing Science* 36（2008）: 18-20., https://doi.org/10.1007/s11747-007-0058-9.

5) 国立研究開発法人科学技術振興機構 社会技術研究開発センター（RISTEX）「未来を共創するサービス学を目指して：サービス学将来検討会　活動報告書（平成27年10月）」https://www.jst.go.jp/ristex/servicescience/topics/pdf/houkoku2015.pdf,（2023年2月4日アクセス）.

6) Daniela Sangiorgi, “Transformative Services and Transformation Design,” *International Journal of Design* 5, no. 2（2011）: 29-40.

7) Esteve Almirall and Jonathan Wareham, “Living Labs: arbiters of mid- and ground-level innovation,” *Technology Analysis & Strategic Management* 23, no. 1（2011）: 87-102., https://doi.org/10.1080/09537325.2011.537110.

8) Stephen L. Vargo and Robert F. Lusch, eds., *The SAGE Handbook of Service-Dominant Logic*（SAGE Publications Ltd, 2018)., https://dx.doi.org/10.4135/9781526470355.

9) Joachim C. F. Ehrenthal, Thomas W. Gruen and Joerg S. Hofstetter, “Recommendations for Conducting Service-Dominant Logic Research,” in *New Trends in Business Information Systems and Technology: Digital Innovation and Digital Business Transformation*, ed. Rolf Dornberger（Springer, 2020), 281-297., https://doi.org/10.1007/978-3-030-48332-6_19.

10) 白肌邦生, ホー バック「ウェルビーイング指向の価値共創とその分析視点」『サービソロジー論文誌』1巻1号（2018）: 1-9., https://doi.org/10.24464/jjs.1.1_1.

11) Chiehyeon Lim and Paul P. Maglio, “Data-Driven Understanding of Smart Service Systems Through Text Mining,” *Service Science* 10, no. 2（2018）: 154-180., https://doi.org/10.1287/serv.2018.0208.

12）Service Science, Management, Engineering, and Design, “ISSIP/NSF Workshop: Industry-Academe research partnerships to enable the human-technology frontier for next generation smarter service systems,” https://servicescienceprojects.org/ISSIPNSF/,（2023年2月4日アクセス）.
13）持丸正明, 戸谷圭子「サービスの国際標準化動向」『サービソロジー』4 巻 3 号（2017）：40-43., https://doi.org/10.24464/serviceology.4.3_40.
14）水流聡子, 原辰徳, 安井清一『サービスエクセレンス規格の解説と実践ポイント：ISO 23592（JIS Y 23592）：2021/ISO/TS 24082（JIS Y 24082）：2021』ISO/TC312サービスエクセレンス国内審議委員会 監（東京: 日本規格協会, 2022).
15）International Organization for Standardization, “Strategic Business Plan ISO/TC312, Version: Draft #1,” https://www.iso.org/home.isoDocumentsDownload.do?t=hiGzp3Dt0NVtry_pdRSznUREwGP8jEinjT3-brKzkimpUjC1aDcMm4z5U3LwlvlH&CSRFTOKEN=M4GN-TBX4-SCTG-X1TJ-P5NC-XBV6-A51H-ZIQK,（2023年2月4日アクセス）.

2.3.3 社会システムアーキテクチャー

（1）研究開発領域の定義

社会システムアーキテクチャーは、社会インフラなどのさまざまなシステムが相互に接続された社会システムのシステム要素と要素間の関係性を定義・具体化する研究開発領域であり、社会システムのアーキテクチャー設計、マネジメントを通じて、経済・環境・技術の変化に対応し、社会を構成する人々の、身体的、精神的、社会的に良好な状態を意味するウェルビーイング（well-being）を維持、発展させることを目的としている。

（2）キーワード

System of systems、アーキテクチャー、ELSI、システムズエンジニアリング、ウェルビーイング、自律システム（Autonomous Intelligent System：A/IS）、ESD（Education for Sustainable Development）

（3）研究開発領域の概要

［本領域の意義］

インターネット、モバイルネットワーク、Internet of Things（以下、IoT）技術の発展により、さまざまなモノやシステムが相互につながるようになってきた。さらに、急速に進展する人工知能技術やそれを搭載するロボットなどの新技術も、今後社会システムに浸透していくと予想される。社会で利用されるさまざまなシステムが相互接続され大規模複雑化した社会システムは、いわゆるSystem of Systems（以下、SoS）となり、社会に影響する新たな課題をもたらすことが懸念される[1),2)]。システムアーキテクチャーとはシステムの基本的な概念または特性であり、システム要素と要素間の関係性を定義・具体化したものであり、システムの設計や進化の原則となる。その役割はシステム全体の構想を示し、相互運用性を高め、関係する人の意思決定に貢献することにある。社会システムをSoSとして捉え、SoSのアーキテクチャーを定義・具体化することで、倫理、法律、社会など多岐にわたる分野横断的な専門家や利害関係者が社会のめざす姿を描き、ELSIを考慮した対話によって社会的合意を形成し、それに基づきSoSの分析と統合を行うプロセスと仕組みを実現することが可能となる。さらに、SoSに対するシステムズエンジニアリング[3)]を活用することで、必ずしも運用、管理が及ばない複数のシステムで構成されている社会システムを、経済的、政策的、技術的な環境変化のもとでもライフサイクル全般にわたって進化させることができるようになる[4)]。

［研究開発の動向］

システムのアーキテクチャーは、コンピューターアーキテクチャーが典型的な例であるが、システムを構成する複数の要素と、それらの要素間の関係を定義するものである。社会を支えるインフラストラクチャーも、電力システム、交通システムあるいは防災システムなどシステムとして構築されるようになった。近年はインターネットを含む通信ネットワークに接続されたコンピューターシステムによって管理、統制される、いわゆるサイバーフィジカルシステム（Cyber Physical System：CPS、以下CPS）[5)]となってきている。これは、さまざまなシステムが相互接続され大規模複雑化したSoSである。

SoSは、大規模かつ複雑でネットワーク化されているため、個々のシステムは独立して動作可能でありつつも相互に関係があり、それぞれ異なるライフサイクルを持つ。 SoSは、個々のシステムを最適化しても、全体の最適性は保証されないという特徴を持つ。このような特徴を持つSoSを機能させるには、さまざまなシステムが混在することで得られる能力を、構成システムの能力の合計よりも優れたものにするために、計画し、分析し、編成し、統合するプロセスとして、System of Systems Engineering（以下、SoSE）が必要となる。システムズエンジニアリングで検討されるコンセプトである、分析、制御、評価、設計、モデリング、可制御性、可観測性、信頼性などを、どのように拡張してSoSに適用すればよいのかという研究が進められている。

SoSEの難しい課題に対処するためのマネジメントフレームワークとして、SoSEのプロセスを時間で展開した波モデル（wave model）が提案されている[4)]。そこでは、多岐にわたる進化の繰り返しの中で構成システムの開発を促し、社会システムを追加開発の対象として特徴づけている。外部環境からの社会システムへの継続的な入力の把握と、社会システムの動的な性質に対処するための継続的な分析を行い、社会システムを進化させる。この過程の中で、アーキテクチャーの進化もまた重要となる。社会システムアーキテクチャーは、時間とともに進化する社会システムの持続的なフレームワークを与えると同時に、新たな社会システムアーキテクチャーが追加実装されることで、アーキテクチャー自身も進化する。

また、従来はシステムが提供するサービスはユーザーの要求を実現するプロセスの効率化であったが、社会システムにおいては効率化だけでなく、社会を構成する人々のウェルビーインを維持、発展させるサービスを提供するシステムとして、社会システムアーキテクチャーが検討されるようになった。 SoSとして提供するサービスをEnterprise Architectureとして記述するため、2016年にOMG（Object Management Group）からUAF（Unified Architecture Framework）が発行され、2022年にはVersion1.2が発行された[6)]。このUAFのガイドを用いることで、関心事と目的に基づき戦略的計画を策定し、現実と理想のギャップを補うために段階的にその能力を展開し、サービス、リソース、人員による運用コンセプトを考え、リスクや脅威を回避、軽減することにつながるものと期待される。

さらに、システムのマネジメントに関連して、開発と運用が連携し、ビルド、テストなどを迅速に開発するソフトウェア開発手法であるDevOpsが、IEEE標準であるIEEE Std 2675-2021[7)] として制定された。この標準では、安全で信頼性の高い方法でソフトウェアとシステムを構築、パッケージ化、展開する一連のプロセスと方法が、開発中や運用中だけでなくシステムのライフサイクル全体を通じて定義されている。

（4）注目動向

[新展開・技術的トピックス]

アーキテクチャーへの人の組み込み

社会システムの要素システムとして利用されるCPSについては、現実世界にユーザーとして存在する人を陽に考慮することの重要性が指摘され[8)]、CPSのループの中に人が介在することを前提とした取り組みがなされている[9)]。また、波モデルのプロセスを実現するための仕組みとして、SoSアーキテクチャーに社会ビューを持たせた上で、社会と技術システムの分析結果を踏まえて繰り返しマネジメントを行う仕組みとして、社会的合意をとりまとめた抽象的約定を設けるという提案もある[10)]。

社会システムに浸透する人工知能技術利用システム

技術の発展により、人工知能（Artificial Intelligence、以下AI）の活用は避けて通れない。人々の仕事や生活に大きな影響を与えるAIについて政府や国際機関、企業で、AI活用原則ないしは倫理原則が策定されている[11), 12), 13)]。このように各政府、各企業、各団体が独自の原則を掲げることは、おのおのの姿勢や思想を国際社会、学会や市場に表明することとして大変意義深い。一方で、製品やサービスに搭載される自律システム、新興技術を設計する際のガイドラインの策定が望まれる。米国電気電子学会（IEEE）の標準策定組織（IEEE-SA）では、高度な知性を持った自律システム（Autonomous Intelligent System）の倫理にのっとった設計のガイドライン（Ethically Aligned Design、以下EAD）[1]を提唱している。 EADには、その概念のフレームワークとして、“三つの柱”（The Three Pillars of the Ethically Aligned Design Conceptual Framework）が定義され、ユニバーサルな人間の価値観（Universal Human Values）、政治的な自己決定とデータエージェンシー（Political Self-Determination and Data Agency）、技術的信

1 https://ethicsinaction.ieee.org/wp-content/uploads/ead1e.pdf

頼性（Technical Dependability）から構成されている。また、人権、ウェルビーイング、透明性などの一般原則と、三つの柱との対応付けについても記載されている。

さらに、IEEEではEADに基づき、透明性、プライバシーなどの倫理を考慮した設計およびそのプロセスに関する標準を策定するプロジェクトP7000シリーズ[2]が2017年に発足し、これまでに次の標準が承認されている。

- IEEE Std 7000–2021「システム設計での倫理的懸念に対処するためのモデルプロセス」[14)]
- IEEE Std 7001–2021「自律システムの透明性」[15)]
- IEEE Std 7002–2022「データプライバシープロセス」[16)]
- IEEE Std 7005–2021「従業員のデータガバナンスの標準」[17)]
- IEEE Std 7007–2021「倫理駆動ロボティクスと自律システムのためのオントロジーの標準」[18)]
- IEEE Std 7010–2020「自律的で高度な知能を備えたシステムが人間のWell–beingに及ぼす影響を評価するためのIEEE推奨プラクティス」[19)]

また、P7000標準で使用される用語集（Glossary）[20)]も作成されており、自律システムに関するキーワードが整理されている。さらに、ビジネスにAI倫理を利用する価値と必要性、AI倫理の持続可能な文化を醸成するための推奨事項、必要なスキル、人材などについての概要を説明するホワイトペーパー「A Call to Action for Businesses Using AI –Ethically Aligned Design for Business」[21)]もリリースされている。

AI開発ガイドラインについては、「2.1.4 AIソフトウェア工学」、「2.1.9 社会におけるAI」に詳細な記載がある。

[注目すべき国内外のプロジェクト等]

情報処理推進機構のデジタルアーキテクチャ・デザインセンターの活動[3]

Society 5.0を形成する基盤となるシステム全体のアーキテクチャーを産官学の連携の下で設計・提案し、その設計のための方法論を開発・確立するために、独立行政法人 情報処理推進機構（IPA）にデジタルアーキテクチャ・デザインセンター（DADC）が2020年5月設立された。DADCではSociety 5.0時代のデジタル市場基盤の構築で中心的な役割を果たすために、以下に取り組んでいる。

- Society 5.0を形成するシステム全体のアーキテクチャーを産官学連携で設計・提案し、その方法論を開発・確立する。
- 検討で見えた制度的・技術的な課題等について、産官学で連携、または必要な働きかけにより、制度の見直し、各種標準の整備、さらなる研究開発等につなげる。
- アーキテクチャー設計を担う人材を、実践を通じて育成する。
- 上記の取り組みを国際的な協力・連携で行い、世界の課題解決、人を中心とした自由で信頼ある国際社会の発展に貢献する。

以下、経済や環境、技術的な変化に対応し、社会を構成する人々のウェルビーイングを維持、発展させることを目標とした社会システムを構築しようとするプロジェクト等を挙げる。

JST未来社会創造事業の「超スマート社会の実現」

国内では、JST未来社会創造事業の「超スマート社会の実現」領域[4]の中で、将来の産業創造と社会変革

2 https://ethicsinaction.ieee.org/
3 https://www.ipa.go.jp/dadc/index.html
4 https://www.jst.go.jp/mirai/jp/program/super-smart/index.html

に向けた新たな価値の創出を視野に入れ、領域横断的なプロジェクトを実施している。具体的には、以下のような重点テーマがある。

・異分野共創型のAI・シミュレーション技術を駆使した健全な社会の構築（令和2年度～）
・サイバーとフィジカルの高度な融合に向けたAI技術の革新（令和元年度～）
・サイバー世界とフィジカル世界を結ぶモデリングとAI（平成30年度～）
・多種多様なコンポーネントを連携・協調させ、新たなサービスの創生を可能とするサービスプラットフォームの構築（平成29年度～）

なお、上記の「サイバー世界とフィジカル世界を結ぶモデリングとAI」の中では、2021年度に「製造業に革新をもたらすスマートロボット技術の開発」および「機械学習を用いたシステムの高品質化・実用化を加速する“Engineerable AI”技術の開発」が、本格研究として採択された。

RISTEX 科学技術の倫理的・法制度的・社会的課題（ELSI）への包括的実践研究開発プログラム（RInCA）

RISTEXの科学技術の倫理的・法制度的・社会的課題（ELSI）への包括的実践研究開発プログラム（RInCA）[5]は2020年度からの新規プログラムで、科学技術の発展に伴い発生する倫理的・法制度的・社会的課題（ELSI）を予見して、責任ある研究・イノベーション（RRI）を行うための実践的協業モデルの開発を推進するものである。科学技術と社会が調和して新たな価値を持続的に創出することをめざしている。期待されるアウトプットは、以下とされている。

・科学技術の特性を踏まえた具体的なELSI対応方策の創出
・研究開発現場における共創の仕組みや方法論の開発
・トランスサイエンス問題の事例分析とアーカイブに基づく将来への提言
・根源的問いの探求・考察を通じた、研究・イノベーションの先に見据える社会像の提示

SIP第2期　ビッグデータ・AIを活用したサイバー空間基盤技術

超スマート社会を実現するために、都市の抱える諸課題に対してICT等の新技術を活用しマネジメントするスマートシティーの取り組みが全国各地でなされている。SIP「ビッグデータ・AIを活用したサイバー空間基盤技術」の中で、スマートシティーのアーキテクチャーの設計が行われている[6]。スマートシティーへの取り組みでは、分野、都市ごとに個別に実装されて持続的な取り組みになりにくい、分野間のサービスが統合されないために住民の利便性が向上しにくい、構築されたシステムやサービスが再利用できないために開発コストが高いといった問題があった。スマートシティーの構築に関する統一された手法・ルールを定義したリファレンスアーキテクチャーがないことが原因と考え、内閣府の総合科学技術・イノベーション会議重要課題専門調査会での分野間データ連携基盤の整備に向けた方針の中で提示されたSociety 5.0のリファレンスアーキテクチャーをベースに統一されたスマートシティーリファレンスアーキテクチャーを構築し、産官学が共通指針とすべきリファレンスとして提供した。「利用者中心の原則」、「都市マネジメントの役割」、「都市オペレーティングシステム（都市OS）の役割」、「相互運用の重要性」の四つの基本コンセプトに基づき構築され、「都市マネジメント」と「都市OS」がスマートシティーのサービスを提供する両輪とされている。地域のスマートシティー化により、デジタルによるコスト削減、生産性と付加価値の向上、住民中心の持続可能な地域経営の実現をめざしている。

5　https://www.jst.go.jp/ristex/funding/elsi-pg/
6　https://www8.cao.go.jp/cstp/stmain/a-whitepaper1_200331.pdf

（5）科学技術的課題

社会システムアーキテクチャーに基づいて社会システムをマネジメントし、さらに、社会システムの分析を行いながら社会システムの進化に合わせて、そのアーキテクチャーを進化させていく、波モデルを実現するための技術的課題は少なくない。社会システムをどのように分析するのか、アーキテクチャーの進化をどのようにマネジメントし統治するのか、社会システムを進化させるときに必要なアーキテクチャーには何を記述しておくべきかについては、さまざまな利害関係者と共に取り組まなければならない大きな課題である。これらの課題は、技術的な観点だけでは解決に至らないこともあると考えられる。社会コンセンサスあるいは社会の合意に基づき、受容される社会システムを形づくる必要があるため、社会科学の分野の研究者、あるいは、地域と密着して活動をしている人々との協働が必要になる。地域やコミュニティーで暮らす人々が身体的、精神的に良好な状態となり、そこに提供されるインフラやサービスに対してどのような意見を持っているのかを適時受け取ることは、社会システムの分析を行う際のもとになる情報を得るために必要と考えられる。

また、その分析に際しては、社会システムの状況をシミュレーションすることが求められるが、いわゆるデジタルツインと呼ばれる技術では、シミュレーションに用いるモデルの粒度を的確に定める必要がある。任意の粒度で適切に分析ができるようにすることは大きな技術課題となっている。このようなシミュレーションモデルを構築するためには、社会システムアーキテクチャーをあらかじめ定義しておくことが必要であるが、現時点では社会ビューポイントを網羅する方法論が確立されていないことも技術課題である。社会システムアーキテクチャーの統治、マネジメントに関しては、ISO/IEC/IEEE 42020 Architecture Processesが策定され、標準としての指針はここに示されているものの、社会システムへの適用に際してのテーラリングが課題となる。そして、この課題とともに、社会システムアーキテクチャーとして何を記述する必要があるのかを明確にする必要があり、このためには、社会システムの利害関係者を漏れなく抽出し、全ての関心事を把握することがその基礎となる。このことは社会コンセンサス、社会との合意と密接に関係することであり、社会科学の専門分野の研究者との協働が欠かせないことを意味する。

（6）その他の課題

社会システムのマネジメントに対処するには、社会全体の課題を捉え、できる限りフラットな立場で検討を試みることができるシステムズエンジニアリングの基礎を身に付けることが重要となる。また、広範囲の技術分野と社会科学の分野の専門家や利害関係者との連携が必須になると考えられる。新しく開発された技術が、そもそも持続的で善き社会の構築に貢献できるのか、新たな課題を解決する可能性があるかなどを、多様な分野の専門家や利害関係者と批判的に、多角的に検証できる、倫理的な思考を持ったエンジニアを育成する土壌が必要となる。言い換えるならば、自身の持つ専門性に引っ張られて、考え方が狭くなってしまうことを極力避けなければならない。 ELSIを正しく理解し、例えば、「自律」、「共生」といった言葉を正しく理解し行動することができる技術人材こそが、これからの社会システムに欠かせないと考える。ただし、このような意識変革は、技術者などの理系人材にのみに求められるものではなく、いわゆる文系の研究者にも求められると考えられる。そして、両者が共に社会を形づくるために力を合わせることができる研究体制の構築が求められる。そして、「より公正で持続可能な世界を構築する」というESDのマインドを持ってエンジニアがシステムを設計すれば、そのシステムを利用する人も、「より公正で持続可能な世界を構築する」マインドを持ち、結果的に社会全体が身体的、精神的に良好な状態に保たれると期待される。

今後ますます進化するAI、ロボットなどの高度な知性を持った自律システムが、人の代わりに人の仕事・サービスを提供することになる。そのような時代では、意図せずして人の行動を操作し、人権を侵害し、個人情報を乱用する危険性がある。 EADでは、自律システム（Autonomous Intelligent System：A/IS）の懸念として、プライバシーへの潜在的な害、差別、スキルの喪失、経済への悪影響、重要なインフラストラクチャーへのセキュリティーリスク、および社会的ウェルビーイングに対する長期的な悪影響の可能性を挙げている。そのため、A/ISを設計する技術者が、ELSIを正しく理解することが必要となる。以前から技術者倫理の教育はなされているものの、エンジニアに対してELSIを考慮する教育がなされていないという問題がある。そのため、今後、倫理的な考慮のできるエンジニア、その育成環境の整備が求められる。

国連では「Education for Sustainable Development: Towards achieving the SDGs（ESD for 2030）」[7]が掲げられ、日本でも2019年にG20サミットに関連した教育イベントとして「21世紀の教育政策～Society5.0時代における人材育成～」[8]が開催され、Society 5.0時代や人生100年時代に向けた教育の転換点として、「ESD for 2030」の意義が確認された[9]。このような取り組みをさらに広げていく必要がある。

（7）国際比較

国・地域	フェーズ	現状	トレンド	各国の状況、評価の際に参考にした根拠など
日本	基礎研究	○	→	システムズエンジニアリングの基礎に対する理解が十分ではなく、SoS関連の基礎研究が不足している。
	応用研究・開発	○	→	企業を中心にIoTへの興味は高く、個別の研究、プロジェクトは実施されていると考えられるが、システム全体あるいはSoSとして検討された研究はほとんど見られないが、IPAでのDADCの設立など、社会システムへのデジタル技術の普及を図る試みがある。
米国	基礎研究	◎	→	IEEE、INCOSE関係では、SoSに関する研究は多数あり、標準化に向けての議論がなされている。 IEEE SA Global InitiativeによりEAD公開、具体的な標準をP7000シリーズとして策定中、IEEE Std 7000, 7001, 7005, 7007, 7010がすでにリリース済み。 国家科学技術会議（NSTC）の人工知能特別委員会（Select Committee on Artificial Intelligence）による米国人工知能研究開発戦略計画2019年アップデート。
	応用研究・開発	◎	↗	ビジネスへの応用を視野にUAFが提案され、それを応用する研究がすでに始まっている。2021年にはUAFガイド1.2が発行された。 NSFは他の省との連携によるプロジェクトへの予算化を進めている。
欧州	基礎研究	○	→	CPSoS、SoSアーキテクチャーに関する研究がなされている。
	応用研究・開発	◎	↗	個々の分野への応用を視野に入れており、電力が関係するスマートシティーへの応用プロジェクトをHORIZON 2020で実施している。さらにHorizon Europeが2021年からの7年間のプロジェクトとして開始されている。 産業用データ連携の仕組みとしてGaia-xおよびIDS（International Data Sciences）よりアーキテクチャーが公開されている。 Horizon 2020により、接続された自動運転車（CAV）の開発と利用に関する20の倫理的推奨事項を示した“Ethics of connected and automated vehicles: Recommendations on road safety, privacy, fairness, explainability and responsibility”が2020年9月にリリースされた。 欧州AI規制法案（AI Act）を公表した。
中国	基礎研究	○	→	システムズエンジニアリングハンドブックの翻訳版を発行し、その導入を進めている。
	応用研究・開発	○	↗	中国製造2025を立ち上げ、2049年までを見通した構想を掲げ、欧州企業との連携をすでに開始している。
韓国	基礎研究	○	→	システムズエンジニアリングハンドブックの翻訳版を発行し、その導入を進めている。
	応用研究・開発	△	→	具体的な研究、プロジェクトは見えない。

7 https://www.unesco.org/en/articles/un-general-assembly-highlights-unescos-leading-role-education-2030-agenda

8 https://www.mext.go.jp/a_menu/kokusai/2019g20event/1419637.htm

9 https://shop.gyosei.jp/library/archives/cat01/0000006828

（註1）フェーズ

基礎研究：大学・国研などでの基礎研究の範囲

応用研究・開発：技術開発（プロトタイプの開発含む）の範囲

（註2）現状　※日本の現状を基準にした評価ではなく、CRDS の調査・見解による評価

◎：特に顕著な活動・成果が見えている　　○：顕著な活動・成果が見えている

△：顕著な活動・成果が見えていない　　×：特筆すべき活動・成果が見えていない

（註3）トレンド　※ここ1～2年の研究開発水準の変化

↗：上昇傾向、→：現状維持、↘：下降傾向

関連する他の研究開発領域

・エネルギーマネジメントシステム・消費者行動（環境・エネルギー分野　2.4.1）
・エネルギーシステム・技術評価（環境・エネルギー分野　2.4.2）
・水循環（水資源・水防災）(環境・エネルギー分野　2.6.3）
・都市環境サステナビリティ（環境・エネルギー分野　2.7.1）
・水利用・水処理（環境・エネルギー分野　2.8.1）

参考文献

1) Mohammad Jamshidi, ed., System of Systems Engineering: Innovations for the 21st Century (John Wiley & Sons, Inc., 2009).
2) Mark W. Maier, “Architecting principles for systems-of-systems,” Systems Engineering 1, no. 4 (1998) : 267-284., https://doi.org/10.1002/(SICI)1520-6858(1998)1:4<267::AID-SYS3>3.0.CO;2-D.
3) David D. Walden, et al., eds., INCOSE Systems Engineering Handbook: A Guide for System Life Cycle Processes and Activities, 4th ed. (John Wiley & Sons Inc., 2015).
4) Judith Dahmann, et al., “An implementers’ view of systems engineering for systems of systems,” in 2011 IEEE International Systems Conference (IEEE, 2011), 212-217., https://doi.org/10.1109/SYSCON.2011.5929039.
5) Community Research and Development Information Service (CORDIS), “Towards a European Roadmap on Research and Innovation in Engineering and Management of Cyber-physical Systems of Systems,” European Commission, https://cordis.europa.eu/project/id/611115, (2023年2月5日アクセス).
6) Object Management Group® (OMG®), “About the Unified Architecture Framework Specification Version 1.2,” https://www.omg.org/spec/UAF/1.2/About-UAF/, (2023年2月5日アクセス).
7) IEEE, “IEEE Standard for DevOps: Building Reliable and Secure Systems Including Application Build, Package, and Deployment,” in IEEE Std 2675-2021 (IEEE, 2021), 1-91., https://doi.org/10.1109/IEEESTD.2021.9415476.
8) Sulayman K. Sowe, et al., “Cyber-Physical-Human Systems: Putting People in the Loop,” IT Professional 18, no. 1 (2016) : 10-13., https://doi.org/10.1109/MITP.2016.14.
9) Azad M. Madni, Michael Sievers and Carla Conaway Madni, “Adaptive Cyber-Physical-Human Systems: Exploiting Cognitive Modeling and Machine Learning in the Control Loop,” INSIGHT 21, no. 3 (2018) : 87-93., https://doi.org/10.1002/inst.12216.

10）西村秀和「Society5.0を形づくる」『横幹』12巻1号（2018）：33-37., https://doi.org/10.11487/trafst.12.1_33.
11）内閣府 統合イノベーション戦略推進会議「人間中心のAI社会原則（平成31年3月29日）」https://www8.cao.go.jp/cstp/ai/aigensoku.pdf,（2023年2月5日アクセス）.
12）人工知能学会倫理委員会「人工知能学会 倫理指針」http://ai-elsi.org/wp-content/uploads/2017/02/人工知能学会倫理指針.pdf,（2023年2月5日アクセス）.
13）Karen Yeung, "Recommendation of the Council on Artificial Intelligence (OECD)," International Legal Materials 59, no. 1（2020）：27-34., https://doi.org/10.1017/ilm.2020.5.
14）IEEE, "IEEE Standard Model Process for Addressing Ethical Concerns during System Design," in IEEE Std 7000-2021 (IEEE, 2021), 1-82., https://doi.org/10.1109/IEEESTD.2021.9536679.
15）IEEE, "IEEE Standard for Transparency of Autonomous Systems," in IEEE Std 7001-2021 (IEEE, 2022), 1-54., https://doi.org/10.1109/IEEESTD.2022.9726144.
16）IEEE, "IEEE Standard for Data Privacy Process," in IEEE Std 7002-2022 (IEEE, 2022), 1-41., https://doi.org/10.1109/IEEESTD.2022.9760247.
17）IEEE, "IEEE Standard for Transparent Employer Data Governance," in IEEE Std 7005-2021 (IEEE, 2021), 1-81., https://doi.org/10.1109/IEEESTD.2021.9618905.
18）IEEE, "IEEE Ontological Standard for Ethically Driven Robotics and Automation Systems," in IEEE Std 7007-2021 (IEEE, 2021), 1-119., https://doi.org/10.1109/IEEESTD.2021.9611206.
19）IEEE, "IEEE Recommended Practice for Assessing the Impact of Autonomous and Intelligent Systems on Human Well-Being," in IEEE Std 7010-2020 (IEEE, 2020), 1-96., https://doi.org/10.1109/IEEESTD.2020.9084219.
20）Sara Mattingly-Jordan, et al., "ETHICALLY ALIGNED DESIGN: First Edition Glossary," IEEE Standards Association, https://standards.ieee.org/wp-content/uploads/import/documents/other/ead1e_glossary.pdf,（2023年2月5日アクセス）.
21）IEEE, A Call to Action for Businesses Using AI - Ethically Aligned Design for Business (IEEE, 2020), 1-20.

2.3.4 メカニズムデザイン

（1）研究開発領域の定義

目的や選好が異なる参加者が複数存在する際に、望ましい性質を持つ社会的意思決定のルールや制度を設計することを目的とした研究開発領域である。望ましい性質とは、ある種の安定性や公平性である。各参加者の選好は個人情報であって、通常、制度の設計者（mechanism designer）にとって未知である。そのような条件下で、参加者に真の選好を申告する誘因やインセンティブを与えるように制度を設計することが求められる。近年は、より実践的な側面を重視して、「マーケットデザイン」という用語が用いられることも多い。

（2）キーワード

ゲーム理論、ミクロ経済学、オークション、マッチング、マーケットデザイン、インセンティブ、資源配分

（3）研究開発領域の概要

［本領域の意義］

従来は、資源配分や公共的意思決定などの領域で、実現したいことを人間がアイデアを出し、議論に基づいて決めていたが、その結果は必ずしも最適とは言えなかった。本研究領域は、実現したい目標が自律的あるいは分権的に実現できるようなルール（メカニズム）を計算論的に設計（デザイン）することで、価格の均衡、公平性、正直であることが得をするといった性質を持つルールを実現することを目指している。

身近な例として、インターネットオークションで買い物をする際には、出品されている商品のどれを選択するか、また、いくらまでなら入札してもよいかなどの、さまざまな意思決定をする必要がある。また、出品する立場では、最低販売価格をいくらに設定するか、出品期間をどう設定するかなどを決める必要がある。これらの意思決定においては、自分の行動や利益のみではなく、他者がどのように考えて、どのように行動するかを考慮に入れる必要がある。このような複数の人間（プレーヤー）が、相手の利益や行動を考慮して戦略的に行動する場合の意思決定を分析する理論がゲーム理論である。メカニズムデザインはゲーム理論の一分野であり、複数の戦略的行動をするプレーヤーが集団で意思決定を行う場合に、意思決定の過程や結果が望ましい性質を満たすように社会的ルールを設計するための理論的根拠を与える。オンライン広告の値付けや社内の人材配置といったビジネス分野から、電波の周波数帯の割り当てや保育園への保育園児の割り当てといった公的分野まで広い応用分野において、メカニズムデザインは適切なルール設計に役立つ。

また、人工知能の一分野であるマルチエージェントシステムと呼ばれる研究分野では、人間や知的なソフトウェア等の自律的な主体をエージェントと呼び、複数のエージェント間の相互作用を扱っている。マルチエージェントシステムの研究において、エージェント間の合意形成のためのルール設計は重要な研究課題となっている。このような研究を支える基礎理論として、ゲーム理論とメカニズムデザインの知見が用いられている。また、後述するキーワード連動型広告や組み合わせ入札等、インターネット等の技術の発達により実現可能となった新しい状況に適用可能なようにメカニズムを拡張することが、近年のマルチエージェントシステム研究における一つの大きな流れとなっている。

近年では、財やサービスを交換あるいは配分する方法に関して、コントロールできない個人や企業が交流し影響を及ぼし合う場（マーケット）を、どのようにデザインすると誰が何を得るのかを調べ、より望ましい性質を持つ仕組みを実現するという観点から、「マーケットデザイン」という用語が用いられることも多い。

［研究開発の動向］

メカニズムデザインの主要な理論的基盤がオークション理論とマッチング理論である。以下、オークション理論とマッチング理論に関して、簡単な解説と研究開発の動向を示す。

オークション理論

オークションとは販売目的で売り手がなんらかの場に出した物品・サービスを、複数の買い手が価格を競って落札者を決定する仕組みである。オークションの仕組みは相互に提示価格を知ることができる公開型と、知ることができない封印型に分けられる。公開型は低い価格から始めてより高い値をつけた買い手に落札する英国式と、高い価格から始めて徐々に価格を下げて、最初に買うと宣言した買い手に落札するオランダ式がある。メカニズムデザインを適用するのは参加者が相互に他社の価格を知ることができない封印型のオークションである。オークション理論の動向を以下の例で説明する。

・顧客はペイ・パー・ビューで、ある動画を見ようとしている。その際に複数の動画配信サービス会社が、顧客に対して同時に入札をして価格を提示する。顧客はこれらの入札に基づいて、どの会社を利用するかを決定する。

常識的な方法として、顧客は最も安い入札を選び、最も安い入札をした会社がその入札した金額で動画を提供することが考えられる（この方法は第一価格秘密入札と呼ばれる）。例えばA社が180円、B社が200円、C社が230円の入札をした場合、A社が落札し、180円で動画を提供する。普通に考えれば、これより良い方法はないと思われるが、この方法には若干の問題点がある。この方法を用いた場合、各社にとって入札値をどう設定するかが非常に難しい問題となる。入札値は理想的には原価に対して適切な利潤を加えたものになるべきであるが、適切な利潤というものを決める方法がない。実際のところ、各社は可能な限り利潤を増やしたいのであるが、落札できなくては利益が得られない。各社にとって他社の入札値をなるべく正しく推定することは非常に重要な課題となり、ダミーの顧客を使って他社の入札値を引き出そうとしたり、他社の入札をスパイしたりするような行為がはびこることが十分に予想される。

この問題を回避するために、以下のように価格の決定方法を変更する。

・顧客は最も安い入札をした会社を選ぶが、その際に顧客が支払う金額は2番目に安い入札値とする。

前述の例では、A社が落札することは変わらないが、顧客の支払う金額はB社の提示した200円となる。この方法は第二価格秘密入札もしくはビックリー入札と呼ばれ、ノーベル経済学賞を受賞したWilliam Vickrey（ウィリアム・ビックリー）によって提案されたものである[1)]。この方法をとった場合、他社の入札値を察知することに意味がない。自分の入札値は自分が落札できるかできないかには影響するが、落札した場合の受取額には影響しないからである。よって、各社にとって入札をつり上げようという誘因はなく、受取額は、勝者が勝てる範囲で最大の金額を示していると考えられる。

顧客の立場からは180円の入札があるにも関わらず200円を支払うのは納得できないと感じられるかもしれない。しかしながら、実際にはこの方法をとった場合、各社にとっては利潤をむやみに上乗せしない、原価ギリギリの価格を提示するのが最適な戦略となる。そのため、最初の方法と2番目の方法では、各社の提示する金額が異なり、2番目の方法であれば、顧客が支払う金額は原価ギリギリに近い価格となるのである。このような原価ギリギリの価格は、最初の方法をとる限り、決して各社からは引き出せない。英語で、Honesty is the best policy（正直は最良の策）という格言がある。通常は入札のような金もうけの場面で、正直（原価ギリギリの価格提示）が最良の策となることは考えにくいが、ビックリー入札という、最も安値で入札した会社が、2番目に低い価格で落札するという制度を用いることにより、正直が最良の策となるのである。さらには、最も低い原価を持つ会社が落札するということは、社会的に無駄がない効率的な結果となっている。

長い間、ビックリー入札は、優れた理論的な性質を持つものの、一般に広く用いられることはないと言われてきた。しかし近年、検索連動型広告（sponsored search）で広く用いられるようになっている。検索連動型広告では、広告主はサーチエンジンのキーワードに対して入札額を設定する。キーワードがユーザーによって検索されると、基本的には入札額の高い順に、検索結果とは別に、例えば画面の右側に広告が提示される。キーワード連動広告により、ターゲットを絞った効率的な広告が可能となる。また、ユーザーが広告のリンクをクリックした場合にのみ、広告主はサーチエンジンに広告料を支払う（pay-per-click）ようになっている。初期のシステムでは、広告主は前述の第一価格秘密入札と同様に、入札額を支払っていた。しかし、この場合、広告主にとっては入札額の設定方法にさまざまな戦略が考えられる。このため、エージェントを用いてダミーの検索を行い、入札額を自動的に変化させる等の行為が横行し、入札額が著しく不安定になるという問題が生じた。

現在では、上からk番目の位置の広告（スロット）を得た広告主は、k+1番目の広告の入札額に等しい額を払うという、ビックリー入札に準じた方式（一般化第二価格オークション：Generalized Second Price Auction）に変更されている。この変更により、入札額の調整が不要となり、入札額が安定するという結果が得られている[2)]。この事例は、人間同士のオフラインの取引では問題が生じなかった制度（第一価格秘密入札）であっても、参加者にコンピューターエージェントを含む場合は、入札のスピードが非常に高速であるため破綻してしまう可能性があり、より安定性の高い制度の導入が必要とされることを示している。

入札制度の設計に関して近年注目を集めた事例として、米国の連邦通信委員会（FCC）による無線周波数帯域の使用権のオークションがある。FCCは米国国内の無線電波に関する免許を発行している組織であり、従来は公聴会や抽選等によって免許を発行していたが、免許発行後の権利譲渡や、不要になってしまった周波数帯域が有効に利用されない等の問題があった。公共の財産である周波数帯域の効率的かつ迅速な運用を行うため、1994年より入札によって無線免許を与える方針となった。入札メカニズムの設計にメカニズムデザインの専門家が多数参加し、入札の理論的研究を活発化させる契機となった[3)]。電波の周波数割り当てなど、従来の方法では売ることが難しかったモノやサービスを売ることを可能にする、新たなオークションのメカニズムデザイン研究と実用化に貢献したとして、2020年のノーベル経済学賞をスタンフォード大学のPaul Milgrom（ポール・ミルグロム）とRobert Wilson（ロバート・ウィルソン）が受賞した。

他にも、入札制度の設計に関して、売り手の利益を最大化するためのメカニズムデザイン[4)]、価値に依存関係のある複数の商品が販売される場合（組み合わせオークション）のメカニズムデザイン、および組み合わせオークションが関わる計算問題の効率的な解法に関する研究[5)] 等が行われている。

マッチング理論

マッチングは、学生と学校、労働者と企業のような二種類の実体間の望ましい組み合わせを求める問題であり、学生と学校をマッチする学校選択制、研修医と病院をマッチする研修医配属問題、学生を卒業研究の研究室にマッチする研究室配属問題、さらに生体腎移植において患者とドナーをマッチする腎臓交換問題などの広範な応用を持つ。

マッチングの基礎となる問題として、安定結婚問題が研究された。これは男女がそれぞれn人いるとして、なんらかの望ましい性質を満たすn組の男女のペアを作る（マッチング）というものである。望ましい性質として安定性を考える場合、現在の相手と別れて別の相手とペアになった方が、二人とも今より幸福（より好む相手とペアになる）になるような現在のペアを不安定なペアと呼び、不安定なペアを含まないマッチングを安定なマッチングと呼ぶ。

安定なマッチングを求める最も単純な方法として、男性の順序を固定し、女性の並び替えをすべて生成し、固定した男性の順序と組み合わせて、安定かどうかをチェックするという総当たり法が考えられるが、これは最悪の場合、n!の組み合わせをチェックすることになり、人数が増えると現実的な時間内に安定なマッチングを求めることは絶望的となる。より効率的に安定マッチングを見つける方法として提案されているのが、David Gale（デイビッド・ゲイル）と、Lloyd Shapley（ロイド・シャプレイ）によるDA（Deferred Acceptance）メカニズム[6)] である。この方式では、独身の女性が残っていれば、以下の1、2の処理を繰り返し適用し、独身の女性がいなくなれば、その時点で婚約中のペアでマッチングを確定する。

1. 独身の女性は、これまでにまだプロポーズをしていない男性のうちで、最も好みの男性にプロポーズする（男性が婚約中でも気にしない）。ただし、一度断られた男性には二度とプロポーズできない。
2. 男性は、婚約中の女性がいなければ、自分にプロポーズした女性と婚約するし、現在婚約中の女性がいても、より好きな相手がプロポーズしてきたら、現在の婚約を解消して、婚約する。

この方式を用いた場合、各女性は一度断られた男性には二度とプロポーズできないので、繰り返しはたかだかn^2回で終了する。

終了した時点で、女性に関しては、婚約中の相手よりも望ましい男性には、すでにプロポーズして断られている。また、男性に関しては、今まで自分にプロポーズしてきた女性の中で、最も望ましい女性と婚約しており、この女性よりも自分にとってより望ましい女性は、自分にはプロポーズしていない。よって、終了時のマッチングは安定である。

さらに、女性にとっては、まだプロポーズしていない中で最も好みの男性にプロポーズするのが最適である、すなわち、正直が最良の策であることが示される。この方式ではプロポーズして断られても、その後に不利な扱いを受けることはないので、玉砕覚悟で最も好みの相手にプロポーズするのが最適な戦略となる。また、このメカニズムで得られたマッチングは、すべての安定なマッチング中で女性にとって最も望ましいものになっていることが保証される。一方、男性にとっては最も望ましいものになっているとは限らない。

安定結婚問題の拡張として、学生と学校や研修医と病院のような、一つの学校/病院に複数の学生/研修医を割り当てる多対一のマッチングがある。この状況に上記のDAメカニズムを拡張することは容易であり、学生を女性に、学校を男性に対応させればよい。各学生は、それぞれ第1希望の学校に応募する。学校は自分の学校に応募している学生から、自身の選好に基づいて定員まで学生を仮受諾として、その他の学生を拒否する。拒否された学生は、第2希望の学校に応募する。各学校は、仮受諾となった学生と、新たに応募してきた学生を区別せず、選好に基づいて定員まで学生を仮受諾とし、この処理を新たに応募する学生が生じなくなるまで繰り返す。この制度を用いた場合、学生にとって正直が最良の策であり、結果の安定性が保証される。また、安定なマッチング中で、学生にとって最も望ましいものが得られる。マッチングに関して、DAメカニズムの理論的性質の解析や、各種の応用事例に関する検討[7)]、マッチングに関わる各種の計算問題に関する検討[8)]、さらには、後述する制約の導入も含めたモデルの拡張等が行われている。

カリフォルニア大学ロサンジェルス校のロイド・シャプレイとハーバード大学のAlvin Roth（アルビン・ロス）（現在はスタンフォード大学）はマッチングメカニズムの理論とその実践に関する業績で2012年のノーベル経済学賞を受賞している。

（4）注目動向

［新展開・技術的トピックス］

自動メカニズムデザイン

制度とは、人々の選好（例えばオークションであれば各参加者の商品に対する価値）を入力として、社会的決定（誰がいくらで落札するか）を返す関数とみなすことができる。さまざまな最適化の技術を用いて、望ましい性質を持つ制度/関数を人手によらず自動的に生成する自動メカニズムデザインと呼ばれる研究が行われている。アイデア自体は以前から提案されていたが[9)]、探索空間が膨大となるため、実用的な規模の問題に適用可能な制度の設計は困難であった。近年、深層学習[10)]やSATsolver[11)]等の最新の最適化技術を用いる研究が活発化している。

制約条件下でのマッチング

マッチングに関して、現実の問題で重要となる各種の制約条件を満足する制度の設計に関する研究が進んでいる。制約条件としては、例えば、研修医配属において、大都市圏の病院全体での研修医の数を制限することにより、地方の病院に十分な数の研修医が配属されることを目的とする地域上限制約[12)]、あるいは直接的に過疎地域の病院に一定の数の研修医を割り当てることを保証する下限制約[13)]、さらには公立学校において、学生の多様性を確保するためのアファーマティブアクション[14), 15)]等がある。また、DAメカニズムで扱うことのできる制約のクラスに関する数学的性質に関する研究[16)]も進んでいる。

一般化マッチング

より広範囲の問題を扱えるようにマッチングのモデルを一般化した研究が行われている。例えば、難民の家族を国や地域に割り当てる難民マッチングと呼ばれる問題[17), 18)]では、各家族は家、学校、病院等の複数の資源を必要とする。通常のマッチングでは、各学生/医師は、学校/病院の定員を一つ消費するのに対し、難民マッチングは複数の資源を扱い、また、資源の消費量が複数単位になり得るという点で、通常のマッチングの一般化となっている。

［注目すべき国内外のプロジェクト等］

東大マーケットデザインセンター

東京大学経済学研究科が中心となり、東京大学マーケットデザインセンター[1]が2020年に開設された。前スタンフォード大教授でマッチング理論の世界的権威である小島武仁教授がセンター長を務めており、伝統的な経済学だけではなく計算機科学などの関係領域との学際的な協働を行い、これらの関係領域との高い次元での真に有機的な融合を実現することを目的としている。

ビジネス応用を目指した展開

2020年に慶應義塾大学経済学部教授の坂井豊貴と、大阪大学大学院経済学研究科教授の安田洋祐を含む4名が共同創業者となって、企業の課題解決にマーケットデザインや行動経済学といった経済学の研究を役立てる会社を創業した。広告戦略、プライシング、入札、オークション、売り手と買い手のマッチングといった課題を解決するコンサルティングや、会員向けの経済学講義などを行っている。

研修医配属

研修医配属はマッチングの典型的な応用事例である。米国のNational Resident Matching Program（NRMP）[2]では、毎年、研修医と病院のマッチングを行っており、2018年には4万人以上の研修医と3万以上の病院におけるポストとのマッチングを行っている。研修医と病院の希望（研修医はどの病院に配属されたいか、病院はどの研修医なら受け入れられるか）のリストを元にマッチングを実施する、DAメカニズムをベースにしたアルゴリズムが採用されている。日本においても2004年から必修の臨床研修医制度が発足し、医学部卒業生に2年間の研修が義務付けられた。この研修制度とあわせて研修医と病院とのマッチング制度が採用され、NRMPと同じアルゴリズムが採用されている[3]。日本においては、研修医の大都市圏への集中を避けるため、都道府県別の募集定員の上限が設定されているが、都道府県の上限を満たしつつ、より柔軟な配属が可能な制度の導入[19)]が望まれる。

生体腎移植ネットワーク

倫理的理由から、生体腎移植は近親者等のみに制限されることが通例であるが、免疫の不適合から近親者のドナーからの移植が不可能な場合に、生体腎移植ネットワークと呼ばれる、適切にドナーを交換することで移植の可能性を広げる方法が用いられている（例えば米国のUnited Network for Organ Sharing[4]）。適切なドナーと患者のマッチングを発見する制度/アルゴリズムが導入されている[20)]。

1 https://www.mdc.e.u-tokyo.ac.jp
2 https://www.nrmp.org/
3 https://www.jrmp.jp/
4 https://unos.org/

（5）科学技術的課題

オークション、マッチング共に、理論研究は数理モデルに基づいて緻密な理論が構築されており、モデルにおける前提条件が成立するなら、理論的帰結は論理的に正しい。しかしながら、理論的成果を実問題に適用する際には、モデルにおける前提条件、例えば人間の行動選択に関する仮定が成立するか否かを吟味する必要がある。前提条件が成立しない場合には、当然のことながら帰結も成立しない。

例えば、安定結婚問題におけるDAメカニズムが女性にとって正直が最良の策であるという帰結は、各男性は女性に対して固定された順序を持ち、その順序に従って行動するという前提に依存している。現実の状況を考えると、この前提が成立するかが疑わしい場合が存在する。例えば、男性、女性がそれぞれ100名の安定結婚問題において、自分が男性であり、事前の状態ではAliceとBeckyは、同程度に好きだが、ごくわずかにAliceの方を好んでいるとする。DAメカニズムを実行した際に、Beckyは最初から自分にプロポーズして婚約しているのに対して、Aliceの方は他の男性にプロポーズして断られ続けて、99番目に自分にプロポーズしてきたという状況を考えよう。人間の心理から言って、この状況でBeckyを断ってAliceを選ぶことは難しいが、DAメカニズムは、あくまで事前の順序に基づいてBeckyを断ってAliceを選ぶことを前提としている。事前に決めた好きな度合いの差が小さいとき、最初から自分を1番好きだと言ってくれているBeckyを選びたいというのは自然な心理である。しかし、好きな度合いの大小を無視して、最初に1番好きと言う女性を優先すると、女性側にうそであっても「あなたが1番好き」と言う誘因を生じさせてしまう。行動・実験経済学、心理科学等の分野と協力し、エージェントシミュレーション、被験者実験、実証分析等を用いて、人間がモデルから外れた行動をとる場合の制度の頑健性の検討等を行い、社会的に受容可能な制度に発展させる必要がある。

また、現実の問題は複雑でありすべてを数理モデルでモデル化することはほぼ不可能である。既存の数理モデルで対応できるのは、現実の問題から抽出された部分問題にすぎない。例えば、マッチングにおいては、各学校には固定された上限制約が与えられているという前提が置かれていることが通例であるが、現実には各学校の定員は、その前段階として予算や人的資源に関する資源割り当て問題を解いた結果であると考えることができる。通常、前段階の資源割り当て問題は、学生の選好を予測して決定されているが、この予測が間違っていると、個々の問題に関して最適解が得られたとしても、全体としての最適解が得られることは保証できない。現実的な問題において、より大きな部分問題をカバーできるようにモデルを拡張することが必要である。前述の難民マッチングは、そのような一般化の一つであり、また、マッチングと資源割り当てを同時に扱う研究[21)]がある。

（6）その他の課題

メカニズムデザインの実問題への適用に関して、わが国は立ち遅れており、過去の経験にとらわれた科学的根拠の弱い政策決定が行われがちである。例えば、わが国はOECD加盟国の小国を除いた中で、周波数利用免許割り当てをオークションによらず国の裁量で決定している唯一の国となっている。政策決定者や国民のメカニズムデザインに関する知識や理解を促進することが課題である。

（7）国際比較

国・地域	フェーズ	現状	トレンド	各国の状況、評価の際に参考にした根拠など
日本	基礎研究	○	↗	前述の東大マーケットデザインセンターが開設される等、研究コミュニティーが拡大しつつある。
	応用研究・開発	△	↗	理論研究と比較して、やや弱い印象を受けるが、実用化を目指す動きは見られる。
米国	基礎研究	◎	↗	AAAI、AAMAS等の主要会議において、論文の3割超は米国の大学・企業によるものである。
	応用研究・開発	◎	↗	周波数オークション、研修医マッチング等の社会応用事例、各種のスタートアップ企業が存在する。
欧州	基礎研究	◎	↗	伝統的に理論研究に強みがあり、英国、フランス、ドイツをはじめ、多くの国でメカニズムデザイン、特に計算量的社会的選択理論と呼ばれる分野の研究が盛んである。
	応用研究・開発	○	↗	特にスマートグリッド等に関する応用研究が盛んであり、社会実験の事例、各種のスタートアップ企業が存在する。
中国	基礎研究	○	↗	機械学習等の他のAI分野における急速な進展（AAAI2020では国別の採択論文数はトップ）と比較すると、やや緩やかではあるが、国際会議等でのプレゼンスは拡大しつつある。
	応用研究・開発	△	→	理論研究と比較して、やや弱い印象を受ける。
韓国	基礎研究	△	→	特に目立つ動きはない。
	応用研究・開発	△	→	特に目立つ動きはない。
シンガポール	基礎研究	○	↗	シンガポール国立大、南洋理工大、管理大等で活発に研究が行われており、研究資金も潤沢である。
	応用研究・開発	○	↗	交通渋滞解消等の社会実験の事例、各種のスタートアップ企業が存在する。

（註1）フェーズ

基礎研究：大学・国研などでの基礎研究の範囲

応用研究・開発：技術開発（プロトタイプの開発含む）の範囲

（註2）現状　※日本の現状を基準にした評価ではなく、CRDS の調査・見解による評価

◎：特に顕著な活動・成果が見えている　○：顕著な活動・成果が見えている

△：顕著な活動・成果が見えていない　×：特筆すべき活動・成果が見えていない

（註3）トレンド　※ここ1～2年の研究開発水準の変化

↗：上昇傾向、→：現状維持、↘：下降傾向

関連する他の研究開発領域

- エネルギーマネジメントシステム・消費者行動（環境・エネルギー分野　2.4.1）
- エージェント技術（システム。情報分野　2.1.3）

参考文献

1) William Vickrey, “Counterspeculation, Auctions, and Competitive Sealed Tenders.” The Journal of Finance 16, no. 1 (1961) : 8-37., https://doi.org/10.1111/j.1540-6261.1961.tb02789.x.

2) Benjamin Edelman, Michael Ostrovsky and Michael Schwarz, “Internet Advertising and the

Generalized Second-Price Auction: Selling Billions of Dollars Worth of Keywords," American Economic Review 97, no. 1 (2007) : 242-259., https://doi.org/10.1257/aer.97.1.242.

3) John McMillan, "Selling Spectrum Rights," Journal of Economic Perspectives 8, no. 3 (1994): 145-162., https://doi.org/10.1257/jep.8.3.145.

4) Roger B. Myerson, "Optimal Auction Design," Mathematics of Operations Research 6, no. 1 (1981) : 58-73., https://doi.org/10.1287/moor.6.1.58.

5) Peter Cramton, Yoav Shoham, and Richard Steinberg, eds., Combinatorial Auctions (Cambridge: The MIT Press, 2010).

6) D. Gale and L. S. Shapley, "College Admissions and the Stability of Marriage," The American Mathematical Monthly 69, no. 1 (1962) : 9-15., https://doi.org/10.1080/00029890.1962.11989827.

7) Alvin E. Roth and Marilda A. Oliveira Sotomayor, Two-Sided Matching: A Study in Game-Theoretic Modeling and Analysis, Econometric Society Monographs 18 (Cambridge: Cambridge University Press, 1990)., https://doi.org/10.1017/CCOL052139015X.

8) David F. Manlove, Algorithmics of Matching Under Preferences, Series on Theoretical Computer Science 2 (World Scientific, 2013)., https://doi.org/10.1142/8591.

9) Tuomas Sandholm, "Automated Mechanism Design: A New Application Area for Search Algorithms," in Principles and Practice of Constraint Programming - CP 2003, ed. Francesca Rossi (Berlin, Heidelberg: Springer, 2003), 19-36., https://doi.org/10.1007/978-3-540-45193-8_2.

10) Paul Dütting, et al., "Optimal auctions through deep learning," Communications of the ACM 64, no. 8 (2021) : 109-116., https://doi.org/10.1145/3470442.

11) Nodoka Okada, Taiki Todo and Makoto Yokoo, "SAT-Based Automated Mechanism Design for False-Name-Proof Facility Location," in PRIMA 2019: Principles and Practice of Multi-Agent Systems, eds. Matteo Baldoni, et al. (Springer Cham, 2019), 321-337., https://doi.org/10.1007/978-3-030-33792-6_20.

12) Yuichiro Kamada and Fuhito Kojima, "Efficient Matching under Distributional Constraints: Theory and Applications," American Economic Review 105, no. 1 (2015) : 67-99., https://doi.org/10.1257/aer.20101552.

13) Daniel Fragiadakis, et al., "Strategyproof Matching with Minimum Quotas," ACM Transactions on Economics and Computation 4, no. 1 (2015) : 1-40., https://doi.org/10.1145/2841226.

14) Lars Ehlers, et al., "School choice with controlled choice constraints: Hard bounds versus soft bounds," Journal of Economic Theory 153 (2014) : 648-683., https://doi.org/10.1016/j.jet.2014.03.004.

15) Ryoji Kurata, et al., "Controlled School Choice with Soft Bounds and Overlapping Types," Journal of Artificial Intelligence Research 58 (2017) : 153-184., https://doi.org/10.1613/jair.5297.

16) Fuhito Kojima, Akihisa Tamura and Makoto Yokoo, "Designing matching mechanisms under constraints: An approach from discrete convex analysis," Journal of Economic Theory 176 (2018) : 803-833., https://doi.org/10.1016/j.jet.2018.05.004.

17) Haris Aziz, et al., "Stability and Pareto Optimality in Refugee Allocation Matchings," in AAMAS '18: Proceedings of the 17th International Conference on Autonomous Agents

and MultiAgent Systems (Richland: International Foundation for Autonomous Agents and Multiagent Systems, 2018), 964-972.

18) David Delacrétaz, Scott Duke Kominers and Alexander Teytelboym, “Matching Mechanisms for Refugee Resettlement, Working Papers 2019-078,” Human Capital and Economic Opportunity Global Working Group, https://hceconomics.uchicago.edu/research/working-paper/matching-mechanisms-refugee-resettlement,（2023年2月5日アクセス）.

19) Yuichiro Kamada and Fuhito Kojima, “Stability and Strategy-Proofness for Matching with Constraints: A Problem in the Japanese Medical Match and Its Solution,” American Economic Review 102, no. 3（2012）: 366-370., https://doi.org/10.1257/aer.102.3.366.

20) Michael A. Rees, et al., “A Nonsimultaneous, Extended, Altruistic-Donor Chain,” New England Journal of Medicine 360, no. 11（2009）: 1096-1101., https://doi.org/10.1056/NEJMoa0803645.

21) Kentaro Yahiro and Makoto Yokoo, “Game Theoretic Analysis for Two-Sided Matching with Resource Allocation,” in AAMAS '20: Proceedings of the 19th International Conference on Autonomous Agents and MultiAgent Systems (Richland: International Foundation for Autonomous Agents and Multiagent Systems, 2020), 1548-1556.

2.3.5 計算社会科学

（1）研究開発領域の定義

計算社会科学（computational social science）とは、ビッグデータやコンピューターの活用が可能にするデジタル時代の社会科学である。人間や社会が生み出す膨大なデータの分析、デジタルツールを活用した実験や調査、社会経済現象の大規模なコンピューターシミュレーションなど、新たに利用できるようになったデータや情報技術を駆使し、個人や集団、社会や経済等を、これまでにない解像度とスケールで定量的に研究する学際領域である。さらに、計算社会科学は、従来の仮説駆動型（hypothesis-driven）の社会科学研究だけでなく、データ駆動型（data-driven）の探索的研究やその知見に基づく理論構築、実社会問題に関する解決志向型（solution-oriented）の研究にも重きを置く。図2-3-3に計算社会科学の領域を示す。

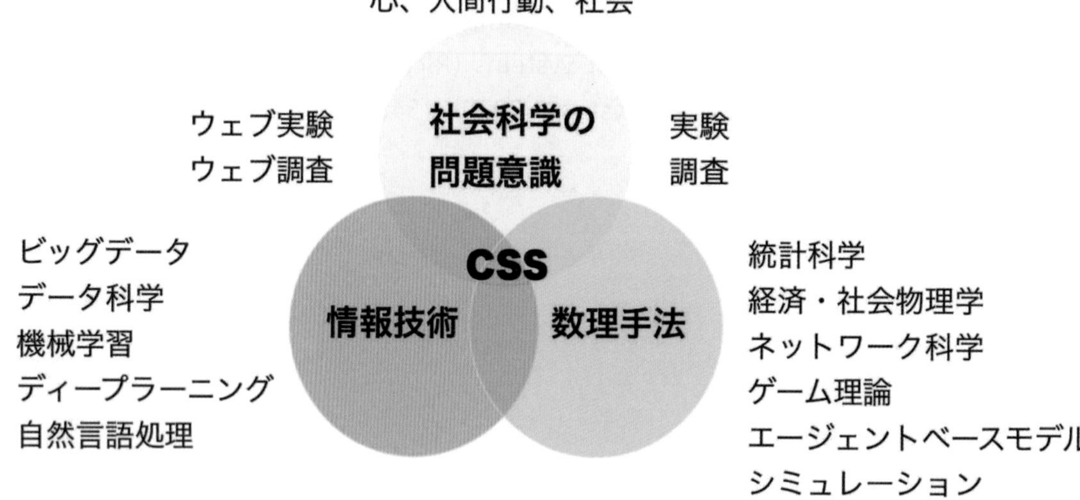

図2-3-3　　計算社会科学の領域

（2）キーワード

機械学習、計算科学、経済学、政治学、社会学、心理学、社会物理学、シミュレーション、ソーシャルメディア、データサイエンス、ネットワーク科学、ビッグデータ、バーチャルラボ

（3）研究開発領域の概要

［本領域の意義］

人はつながりの中で生きる社会的な存在であり、人と社会は共進化の関係にある。したがって、個人や集団、社会や経済を理解するためには、社会的関係性（社会的ネットワーク）と社会的相互作用のダイナミクスを理解することが重要になる。これまでの社会科学はこれらの問題に実験や調査の手法で取り組み、さまざまな仮説や理論を提唱してきた。しかし、実験や調査においてデータをとるための手段、時間的・空間的制約、リソースやコストなどが、これらの仮説や理論を検証する上でボトルネックになっていた。

デジタル社会になって、公共や民間のデータベース、オンライン取引、ソーシャルメディアでのやりとり、インターネット検索、IoT機器のセンシングデータなど、新しい情報源から大規模で高密度なデータを取得し、分析することが可能になった。また、クラウドソーシングなどを活用した大規模な行動実験（バーチャルラボ）やオンライン調査を行うことも可能になった。これらのビッグデータは社会科学の素材として新しい。また、大量のテキストやGPSなどの位置情報、画像や映像などのメディアデータの高速な処理、機械学習を用いた高度な解析も可能になり、非構造化データを知識に変える技術も誰もが利用可能になった。

このような新たに利用可能になったデータとツールの登場によって、これまでは不可能だったような「社会現象の要素」を計測し、定量的に議論できるようになった。その知見から人間・社会の本質を理解し、洞察を引き出し、レジリエントで持続可能な未来社会を築くための原理に接続するのが計算社会科学の意義である。計算社会科学の発展によって、データに基づいて、迅速かつダイナミックにビジネス上あるいは政策上の意思決定ができるようになったり、適切な対策を打てるようになることが期待される。

［研究開発の動向］

計算社会科学の名が知られるきっかけとなったのは、2009年Science誌に掲載された、ノースイースタン大学の政治学者David Lazer（デイビッド・レイザー）らによる論文である[1)]。2000年代後半といえば、電子メールやブログ、携帯電話の通話記録やバイオセンサーによる身体情報などの行動の電子的痕跡（デジタルトレース）の取得と分析が盛んになり始めた頃である。その後、ソーシャルメディアやIoTが社会に浸透し、人間行動と社会経済活動に関するビッグデータが利用できるようになった。

社会学や心理学や経済学などは、計算社会科学の誕生以前から人間社会の問題を扱い、ネットワーク科学やコンピューターサイエンスは、理論や技術の応用先として人間社会の実データを研究対象としていた。しかし、ビッグデータの登場以前は、これらの分野間の交流はほとんどなかった。ビッグデータが登場し、発達したネットワーク科学とコンピューターサイエンスが計算の手段と技術を生み出したことよって、これらの分野が急接近し、現在の計算社会科学の原型が作られた。

欧米諸国では早くから計算社会科学の重要性が認識され、現在、シカゴ大学、マサチューセッツ工科大学（MIT）、オックスフォード大学などの主要大学、マイクロソフト[1]やメタ[2]などのテック系企業に、計算社会科学に関連する研究グループや研究・教育プログラムが設けられている（表2-3-1、2-3-2）。また、計算社会科学という名前は冠していないものの、欧米の主要大学を中心に社会学や心理学、政治学や経済学、物理学やネットワーク科学、コンピューターサイエンスの分野で、計算社会科学を研究している研究室も増えている。これらの研究室で博士号を取得した学生や博士研究員をしていた研究者が顕著な業績を上げて独立し、欧米のみならずアジアやそれ以外の国々で計算社会科学の研究室を新たに立ち上げるケースも増えてきている。

表2-3-1　計算社会科学の主要な研究組織（2022年9月現在）

国名	大学名・組織名	学部・部門	研究室・研究グループ
米国	Microsoft Research		Computational Social Science Group
	Meta Research		Core Data Science
	University of Washington	Information School	Data Lab
	University of Pennsylvania	Annenberg School for Communication	
	Stanford University	Institute for Research in the Social Sciences	Center for Computational Social Science

1 https://www.microsoft.com/en-us/research/theme/computational-social-science/
2 https://research.facebook.com/teams/core-data-science/

米国	University of Southern California	Dornsife College of Letters Arts & Sciences	Computational Social Science Lab
		Viterbi School of Engineering	Information Sciences Institute
	Indiana University	Luddy School of Informatics, Computing, and Engineering	Center for Complex Networks and Systems Research
	University of Michigan	School of Information	
	Cornell University	Department of Sociology, Department of Information Science	Social Dynamics Lab
	Columbia University	Data Science Institute	
		Institute for Social and Economic Research and Policy	Working Group on Computational Social Science
	Northeastern University	The Network Science Institute	MOBS Lab, Brabasi Lab, Lazer Lab
	Northwestern University	Kellogg School of Management	
	Harvard University	Institute for Quantitative Social Science	
	Massachusetts Institute of Technology	Media Lab, Sloan School of Management	Human Dynamics Group, Social Machines Group
	Princeton University	Center For Information Technology Policy	
	Yale University	Yale Institute for Network Science	Human Nature Lab
	University of Vermont	Vermont Complex Systems Center	
	Duke University	Department of Sociology	Social Networks and Computational Social Science
	University of Pennsylvania		Computational Social Science Lab at Penn
	University of Maryland, College Park	Interdisciplinary Laboratory of Computational Social Science	
	University of California, Davis		Computational Communication Research Lab
	University of Colorado Boulder	Complex Systems group	
日本	神戸大学		計算社会科学研究センター
中国	清華大学	社会科学学院	計算社会科学研究所
香港	香港中文大学		Computational Social Science
	香港城市大学	Computational Social Sciences and Law Lab	
韓国	Korea Advanced Institute of Science and Technology	School of Computing	
英国	University of Southampton		Computational Modeling Group
	University of Oxford	Oxford Internet Institute	

	University of Surrey	Centre for Research in Social Simulation	
	Nokia Bell Labs		
ポーランド	Unversity of Warsaw	Interdisciplinary Centre for Mathematical and Computational Modelling UW	Computational Social Science Lab
フランス	CNRS	Centre Marc Bloch	Computational Social Science Team
フィンランド	University of Helsinki	Helsinki Center for Digital Humanities	
	Aalto University	Department of Computer Science	
トルコ	Koç University	College of Administrative Sciences and Economics and Graduate School of Business	Computational Social Science Lab
ドイツ	GESIS Leibniz Institute for the Social Sciences	Computational Social Science Department	
	Max Planck Institute for Human Development	Center for Humans & Machines	
	University of Konstanz	Center for Data and Methods	
スペイン	Universidad Carlos III de Madrid	GISC	
スイス	ETH Zurich	Professorship of Computational Social Science	
シンガポール	Singapore Management University		Computational Social Science Research Lab
カナダ	University of Toronto	Department of Computer Science	Computational Social Science Lab
カタール	Hamad Bin Khalifa University	Qatar Computing Research Institute	
オランダ	University of Groningen	Interuniversity Center for Social Science Theory and Methodology	
	University of Amsterdam, Vrije Universiteit Amsterdam		Computational Social Science Amsterdam
オーストリア	Graz University of Technology	Institute of Interactive Systems and Data Science	Team Garcia: Computational Social Science Lab
エストニア	University of Tartu	Institute of Computer Science	Computational Social Science Group
イタリア	IMT School for Advanced Studies Lucca	Networks Department	Laboratory of Computational Social Science
	ISI Foundation		
デンマーク	University of Copenhagen	Copenhagen Center for Social Data Science	

表2-3-2　計算社会科学の主要な教育プログラム（2022年9月現在）

国名	大学	学部	プログラム名
米国	The University of Chicago	Division of the Social Sciences	Masters in Computational Social Science
	University of Massachusetts Amherst	Computational Social Science Institute	Program in Data Analytics and Computational Social Science
	George Mason University	Computational and Data Sciences Department	Computational Social Science Ph.D Program
	University of Warwick	Centre for Interdisciplinary Methodologies	Social Inequalities and Research Methods (MSc)
	University of California, Davis		Graduate Programs Designated Emphases, Computational Social Science
	The University of Arizona	College of Social and Behavioral Sciences	Graduate Certificate in Computational Social Science
	Northeastern University	College of Social Sciences and Humanities	Computational Social Science
	New York University		Computational Social Science Online Certificate Program
英国	University of Oxford	Oxford Internet Institute	MSc in Social Data Science
	University of Exeter		College of Social Sciences and International Studies Masters Degrees
トルコ	Koç University		Masters in Computational Social Science
ドイツ	RWTH Aachen University		MSs in Computational Social Systems
	University of Mannheim		Master's in Data Science
デンマーク	University of Bamberg		Master of Arts in Political Science with Focus on Computational Social Sciences
スペイン	Universidad Carlos III de Madrid		Masters in Computational Social Science
シンガポール	Singapore Management University		Programmes in Computational Social Science
オランダ	University of Amsterdam		BSc Computational Social Science
オーストリア	University of Graz	Computational Social Systems	Master's Programme Computational Social Systems

計算社会科学の国際会議IC²S²（International Conference on Computational Social Science）は2015年に第1回大会が開催されて以降、欧米を中心に毎年開催され、社会科学やコンピューターサイエンスを含むさまざまな分野の研究者が交流する場となっている。2020年と2021年は新型コロナウイルス感染症の世界的流行の影響でオンライン開催となったが、世界中から参加者がバーチャルに集まった。本学会への論文投稿数で見ると米国が圧倒的に多く、差が開いて英国とドイツが続き、以降はイタリア、フランス、スイス、日本、韓国などの国々がほぼ横並びだった。2022年に再開された現地開催では、正式な数字は示されなかったが、米、英、独がこの分野をリードしている傾向は変わっていない。

大学院生や若手研究者向けの計算社会科学の国際的なサマースクールSICSS（Summer Institutes in Computational Social Science）は、2017年以降毎年、世界30カ国の研究機関で開催されており、次世代の計算社会科学者の育成に貢献している。開催地は依然として欧米が中心だが、2022年はアジアやアフリカでの開催も増えた（表2-3-3）。このことは、アジアやアフリカでサマースクールを開催できる実力をつけた研究者が増えたことや、計算社会科学に関心を持つ若手が増えていることを示唆している。

近年は国内でも計算社会科学への関心が高まっている。計算社会科学研究会は2017年以降、年1回のペースでワークショップを開催し、毎回100名前後の参加者が分野を超えて集まり、発表や議論を活発に行っている。2021年にはこの研究会を母体に計算社会科学会[3]が設立された。2017年には神戸大学計算社会科学研究センター[4]が設立され、2018年には計算社会科学の学術誌Journal of Computational Social Scienceが日本発で創刊された。

計算社会科学が誕生して約10年が経過した2020年、David Lazerらによる論文が再びScience誌に掲載された[2)]。そこでは、個人情報を含むデータへのアクセスや共有、研究倫理、学際的研究へのインセンティブの設計や教育改革など、計算社会科学が直面する問題や克服すべき課題が指摘されている。2021年にはNature誌で計算社会科学の特集が組まれ、この分野の騎手であるDuncan Watts（ダンカン・ワッツ）らが、今後の計算社会科学のあるべき姿についてパースペクティブを紹介している[3)]。現在の計算社会科学は、関連諸科学を緩く束ねるアンブレラ・タームの時期を過ぎ、独自のアイデンティティーを持つ新しい社会科学へと変化している段階だといえる。

表2-3-3　　SICSSの開催回数（2022年9月現在）

	アジア	オセアニア	北米	中南米	欧州	中東	アフリカ	合計
2018	0	0	6	0	2	0	1	9
2019	0	0	6	1	3	1	1	12
2020	0	0	5	0	1	1	1	8
2021	4	0	6	1	8	1	1	21
2022	8	1	7	1	11	1	3	32
合計	12	1	30	3	25	4	7	82

3　https://css-japan.com/
4　http://www.rieb.kobe-u.ac.jp/

（4）注目動向

［新展開・技術的トピックス］

オルタナティブデータ

政府統計や企業統計などの公開データとは別のデータを総称してオルタナティブデータという。クレジットカードの決済データや販売のPOSデータ、電力需要データや衛星画像データ、交通系ICカードの利用データやスマートフォンの位置データ、ウェブの記事やSNS（交流サイト）の投稿などがそれに当たる。オルタナティブデータの入手のたやすさと組み合わせによって価値が増すという特徴に加え、機械学習や人工知能（AI）の発展によって膨大な非構造化データを分析できるようになったことが、利用促進につながっている。消費統計の推定など、主に金融領域での経済分析からオルタナティブデータの利用が始まったが、公開データでは捉えきれないリアルタイム性の高い情報源として、現在では、消費者意識の把握などのマーケティング応用から政策立案まで、幅広い用途で使われている。

ナウキャスト

ビッグデータからアルゴリズムによって、現状の把握や近未来の状態を予測する技術をナウキャスト（Nowcasting）という。有名な例はGoogle Flu Trends（GFT）である。同社の研究グループは、インターネット検索で使用される特定の語がインフルエンザの流行と高い相関を示すことを明らかにし、GFTを開発した[4)]。米国疾病予防管理センターではインフルエンザの流行予測に1～2週間かかるのに対し、GFTは1日遅れで予測することができた。これはインターネットの検索データを公衆衛生予測に用いたオルタナティブデータ活用の事例でもある。後の研究で、検索語のみを予測モデルに用いる方法の欠点が指摘されているが、改善方法も提案されている[5)]。コロナ禍においては、位置情報ビッグデータを用いた人流予測や外出自粛率の可視化、SNSの投稿からの巣ごもり経済のトレンド予測など、実世界についてのタイムリーで正確な予測は、企業戦略や政策立案をする上でも重要である。さらに、高精度の人流推定や交通流予測の技術は、災害時におけるリアルタイムの状況把握や災害情報の伝達、効果的な災害対策を講じるために欠かせない。

個人の属性・パーソナリティーの測定と推定

SNSの行動履歴、投稿や共有のデータから、個人の属性やパーソナリティーなどを推定する技術が盛んに研究されている[6)]。ユーザーが生成したテキストデータから、年齢や性別などの基本属性に加え、個人の性格因子であるビッグ・ファイブ[5]などの特徴がある程度予測できることは知られていたが、予測に寄与する情報の種類についても明らかになってきている[7)]。オンラインシステムを活用した道徳観の測定[8)]や購買行動に見られる政治的イデオロギーの違い[9)]など、こうした測定技術は社会科学の有効なツールとなるだけでなく、職場や学校におけるメンタルヘルスの分析や、個性に応じた適切なコーチング、マーケティングにおける効果的な広告戦略や潜在顧客の発掘など、さまざまな実社会応用が期待される。

フェイクを創る・見破る技術

2016年以降、フェイクニュースやフェイク動画がインターネット上を拡散する現象が社会問題となっている。OpenAI[6]が開発した文章を自動生成する大規模言語モデルGPT-3や画像を自動生成するDALL·E 2、オープソースの画像生成モデルStable Diffusion、動画の合成技術Deepfakeなどの技術は、より巧妙なフェイクコンテンツを誰もが簡単に生成することを可能にする。フェイクコンテンツを創る技術は、正しく活用すれば拡張現実やデジタルツイン、エンターテインメントやアートなど、新たな表現と創造の可能性を切り開く。一

5　人間の性格を説明する五つの因子。開放性、誠実性、外向性、協調性、神経症的傾向。

6　https://openai.com/

方で、詐欺やプロパガンダなどに悪用されれば、不確かな情報がまん延するインフォデミックの状況を悪化させ、情報戦の武器として使用されるなど、民主主義の根幹を脅かす危険性がある。「フェイク」を見破り、拡散しないようにするためには、フェイクニュース現象の仕組みを解明する必要がある。このテーマはIC^{2}S^{2}においても活発に議論されており、計算社会科学が重要な知見を提供し、「フェイク」の分析・対抗技術の開発に貢献している[10), 11)]。そのような技術は、一般公開されている情報源からデータを収集・分析する諜報活動OSINT（Open Source Intelligence）のツールとしても活用できる。

[注目すべき国内外のプロジェクト等]

ウェルビーイングの計測

ウェルビーイングとは身体的、心理的、社会的に良好な状態であることを意味しており、人の幸福感と関係している。従来はアンケートなどによって幸福度を測る試みがなされてきたが、センサーで人の身体運動や人と人とのコミュニケーション頻度を計測することによりウェルビーイングを定量化する、あるいはマインドフルネスを実践することでウェルビーイングを向上させる研究が行われている。青山学院大学は次世代Well-Beingプロジェクトとして、人や環境の情報を可視化することで人々の豊かな生活に役立てる研究を行っている。日立は、企業経営にハピネス・マネジメントを取り入れることを事業とする株式会社ハピネスプラネットを設立し、企業の生産性、創造性の源泉としての幸福感を向上させる事業を行っている。

Social Science One

Social Science One[7]はメタ（フェイスブック）のデータを社会科学の研究者に公式に提供するための窓口となる独立機関である。将来的には他の企業からのデータ提供も視野に入れている。2018年4月、同機関とフェイスブックは、ソーシャルメディアが民主主義と選挙に与える影響を調査するプロジェクトを立ち上げ、データの利用申請が認められた研究者にデータへのアクセスを提供開始した。2020年には、世界中のユーザーがフェイスブック上で共有あるいはクリックしたほぼ全ての公開URL、および「いいね！」などのメタ情報を持つデータセットを公開した。

International Conference on Computational Social Science（IC^{2}S^2）

計算社会科学の国際会議IC^{2}S^{2}は、社会科学やコンピューターサイエンスを含む、さまざまな分野の研究者が交流する場となっている。2015年にフィンランドのアールト大学で第1回大会が開催され、2016年は米国ノースウエスタン大学、2017年はドイツのGESIS-ライプニッツ社会科学研究所、2018年は再び米国ノースウエスタン大学、2019年はオランダのアムステルダム大学で開催された。2020年と2021年は新型コロナウイルス感染症の影響でオンライン開催となったが、米国MITとスイスのチューリッヒ工科大学（ETH Zürich）がホストを務め、世界中の国からオンラインでの参加があった。2022年は米国シカゴ大学で現地開催（オンライン併用）され、闊達な議論の場となった。とりわけ議論されたトピックは、フェイクニュースや政治的分極化、男女格差を含むさまざまな不平等、道徳問題、コラボレーションやコミュニティー運営などだった。

Summer Institute in Computational Social Science（SICSS）

サマースクールSICSSは、大学院生を含む若手研究者の計算社会科学教育を目的としている。プリンストン大学の社会学者Matthew Salganik（マシュー・サルガニック）が2017年に第1回を開催して以降、世界中のさまざまな国で年に複数回開催されている。日本でもカーネギーメロン大学の白土寛和を中心に、

7 https://socialscience.one/home

2021年、2022年にSICSS　Tokyoがオンライン形式で開催された。同サマースクールはデューク大学の社会学者Chris Bail（クリス・ベイル）がディレクターを務め、アルフレッド・P・スローン財団、ラッセルセージ財団、メタ、米国社会科学研究会議の助成を受けつつ継続し、世界中の国々で開催されるサマースクールに成長している。開催地域は欧米が中心だが、2022年はアジアやアフリカでの開催が顕著に増えた（表2-3-3）。

計算社会科学会

日本での計算社会科学の普及と発展を目指して、社会学、心理学、経済学、政治学、情報学、物理学などのさまざまな分野の研究者が集まり、研究発表や議論、情報共有を行う場として計算社会科学研究会が2017年に発足し、2021年3月、同研究会を母体として計算社会科学会が発足した。研究会時代も含め、年1回のペースで全国大会を開催している。また同学会のメンバーは、人工知能学会や数理社会学会などの国内学会、IEEE Big DataやWeb Intelligenceなどの国際会議において、計算社会科学の企画セッションやワークショップをオーガナイズしている。2021年には、同学会のメンバーが中心となって執筆した教科書「計算社会科学入門」[12)]が刊行された。

神戸大学計算社会科学研究センター

同センターは2017年3月に発足し、2020年現在、日本では唯一の計算社会科学に特化した研究センターである。上東貴志センター長を中心として、データサイエンスと計算科学に基づいた新しい社会科学としての計算社会科学を確立し、同領域の国際研究拠点を形成することを目指している。2020年2月には同センター主催で、大学院生向けのスクールCCSS School on Computational Social Scienceを開催した。2021年2月には「計算社会科学入門」の執筆人によるオムニバス講義が行われ、その動画は同センターのYouTube公式チャンネルで公開されている[8]。

（5）科学技術的課題

人間の行動理論の構築

個人の属性・パーソナリティーの測定と推定が行われているが、さらに、従来の社会科学では研究不可能と思われていたような社会学の問い、例えば、マクロレベルの社会ネットワークや文化の変化をミクロな個人の意思決定と結びつけるような理論を大量のデータとデータサイエンスを使って構築するような研究開発が必要である。情報科学側から見ると、社会現象や人々の行動を多様なデータから多面的に分析する技術の開発につながる。人間行動に関する理論が構築されれば、それに基づく数理モデルを利用した社会シミュレーションも可能になる。シミュレーションについては、実際の人間行動とシミュレーション結果を比較することで理論を進展させたり、社会実験の代わりにさまざまな施策の効果を見積もったりするといった活用が考えられる。

個人情報を含むデータの共有と分析

計算社会科学が社会課題解決型の研究を行うためには、これまで以上に詳細な個人情報を含むデータを扱うことになる。例えば、社員の個人情報とひもづいた企業の事業活動のデータ、教育機関における成績データ、医療やヘルスケア分野における電子カルテデータなどである。暗号化したままデータを扱える準同型暗号を使って大規模なデータを高速に処理できる技術のように、個人情報を含むデータを、プライバシーの問題を解決しつつ共有し、分析する技術の研究開発が必要である。

8 https://www.youtube.com/channel/UCtkEsJPXUmi0iGX2APv4thA

スーパーコンピューターの社会科学への応用

現在、次世代スーパーコンピューター「富岳」を利用した新型コロナウイルスの対策が研究されている。新型コロナウイルスの治療薬候補同定などの創薬研究はもちろん、せきや発声による飛沫の拡散のシミュレーションにも活用されている。その結果は、マスクの効果的な使用法、オフィスの配置、医療機関等での換気方法の検討などに直接つながる。それらはさらに、コロナ後の社会における新しい行動・生活様式を決めたり、政策や戦略を立てたりする上で重要な基礎データとなる。ナウキャストは直近の予測だが、経済・金融、交通・人流などの予測シミュレーションを使って社会課題を解決するには、大規模シミュレーションを効果的に活用することが必要である。

（6）その他の課題

データの活用環境の整備

計算社会科学において圧倒的に米国のプレゼンスが高いことは、GAFAM（Google、Amazon、Facebook（現在のMeta）、Apple、Microsoft）をはじめとするビッグデータを所有するIT巨大企業が多いことや、オープンデータを含めデータ利活用の環境が整っていることと無関係ではない。IoTやクラウドの活用で産出されるデータはますますプラットフォームに集積され、価値の源泉となる。IT巨大企業が個人や企業のデータを囲い込み、そのデータの利用に関して圧倒的な権限を有する現状は健全とはいえない。法の整備と併せて、研究用途でビッグデータを安全に共有し、効率よく分析できるようなデータインフラやガイドラインの整備は急を要する課題である。

人材育成

計算社会科学が学問領域として発展するためには、現在の縦割りの大学教育を見直し、文理融合型の学際的方法論を身につける教育を目指す必要がある。コンピューターサイエンスのスキルを持った社会科学者や社会科学の素養を持ったコンピューターサイエンティストの育成は急務である。大学で進むデータサイエンスの学部新設は、その問題を解決する方法の一つである。また、デジタル時代の調査・実験に伴う倫理の問題は、技術的な問題以上に重要であるため、科学技術を学ぶ者に対する倫理教育が欠かせない。加えて、計算社会科学のコミュニティーを醸成したり、次世代を担う博士人材を支援したりする制度づくりも重要である。

学際的研究の支援

科学研究費補助金の場合、申請に際して社会科学や情報学などの申請分野を選択しなければならないが、伝統的な分野では、計算社会科学の研究提案が適切に評価されないかもしれないというリスクがあり、学際的なテーマに挑戦しづらいという事情がある。学際的研究に関する研究助成も増えてきているが、まだ支援は十分とはいえない状態である。社会科学系と数理・情報系の研究の思考・嗜好・志向の溝は大きく、それを乗り越えて研究成果が出るまでには、ある程度の時間を要する。学術界と産業界のコラボレーションにおいても状況は同様である。したがって、学際的コラボレーションを中長期の視点で支援する仕組みが重要になる。

（7）国際比較

国・地域	フェーズ	現状	トレンド	各国の状況、評価の際に参考にした根拠など
日本	基礎研究	△	→	国際会議（IC²S²、WWW、ICWSM等）の発表数や国内における関連ワークショップの数、関連する論文の掲載数はほぼ横ばいで、中国や韓国と比べるとやや勢いがない。また欧米と比較して、海外の研究機関との共同研究が少ないのが課題である。
	応用研究・開発	○	↗	SansanやDeNAなどのように、Kaggleの資格を持つデータサイエンティストを積極的に採用し、実社会データやAIを高度に活用した研究開発を行う企業が増えている。また、理化学研究所の「富岳」などのスーパーコンピューターの社会科学への活用が進むことが期待される。特に、新型コロナ対策、経済・金融、交通・人流の予測シミュレーションなどは社会課題解決のための重要なツールになる。
米国	基礎研究	◎	↗	国際会議の発表数、論文数（特に、NatureやScience等の高インパクトの学術誌）、研究機関や教育プログラムの数のいずれにおいても、圧倒的に米国の大学や企業の研究所が多い。このことは、GAFAM（Google、Amazon、Facebook（現在のMeta）、Apple、Microsoft）をはじめとするビッグデータを所有する企業が多いことや、オープンデータを含めデータ利活用の環境が整っていることが理由としてあげられる。
	応用研究・開発	◎	↗	米国では、計算社会科学の知見を社会課題のインパクトのある解決やイノベーションにつなげる動きが盛んである。特に、MIT、スタンフォード大学、ノースウエスタン大学は、基礎研究を重んじる欧米の他の大学と比べると、その色が強い。
欧州	基礎研究	○	↗	米国に次いで計算社会科学の基礎研究が盛んなのが、英国のオックスフォード大学、ドイツのGESIS、スイスのETH Zürichなどである。国際会議の発表数や論文数の増加、研究機関や教育プログラムの整備も着実に進んでいる。
	応用研究・開発	○	↗	欧州にはNokiaやBooking.comのような世界的IT企業があり、IoTを活用した社会イノベーションは盛んである。GDPRなどの個人データに関するルールが世界に先駆けて整備されれば、ビッグデータやAIを活用した応用研究・開発がやりやすくなり、さらに進展する可能性がある。
中国	基礎研究	◎	↗	清華大学や香港城市大学などに計算社会科学の研究グループができ、日本を抜く勢いで研究者人口が増えている。実際、計算社会科学の論文の量と質が劇的に向上している。また、欧米の大学で学位を取得し、PIとして海外で研究室を主宰する中国人研究者が増えている。
	応用研究・開発	◎	↗	AIに関する主要な国際会議（ICML、KDD、IEEE系）での中国のプレゼンスは、米国をしのぐ勢いで高まっている。また、テンセント、アリババ、バイドゥなど米国シリコンバレーに匹敵するIT企業や社会実験のしやすい環境から、AI技術の社会応用ではこの分野をリードする可能性がある。
韓国	基礎研究	○	↗	KAIST（Korea Advanced Institute of Science and Technology）にはソーシャルコンピューティングのグループがあり、アジアの中で存在感を示している。欧米の大学で学位を取得した研究者がもどって、計算社会科学関係の研究室を開催する数も増えている。
	応用研究・開発	○	↗	韓国は電子政府ランキングでも常に上位で、DX（デジタルトランスフォーメーション）の進展も日本を上回るスピードで進んでいる。今後、デジタル技術の応用研究・開発で大きく発展する可能性がある。

（註1）フェーズ

基礎研究：大学・国研などでの基礎研究の範囲

応用研究・開発：技術開発（プロトタイプの開発含む）の範囲

（註2）現状 ※日本の現状を基準にした評価ではなく、CRDSの調査・見解による評価

◎：特に顕著な活動・成果が見えている　〇：顕著な活動・成果が見えている

△：顕著な活動・成果が見えていない　×：特筆すべき活動・成果が見えていない

（註3）トレンド ※ここ1～2年の研究開発水準の変化

↗：上昇傾向、→：現状維持、↘：下降傾向

関連する他の研究開発領域

・エネルギーマネジメントシステム・消費者行動（環境・エネルギー分野　2.4.1）
・都市環境サステナビリティ（環境・エネルギー分野　2.7.1）
・エージェント技術（システム。情報分野　2.1.3）

参考文献

1) David Lazer, et al., "Computational Social Science," *Science* 323, no. 5915 (2009) : 721-723., https://doi.org/10.1126/science.1167742.

2) David M. J. Lazer, et al., "Computational social science: Obstacles and opportunities," *Science* 369, no. 6507 (2020) : 1060-1062., https://doi.org/10.1126/science.aaz8170.

3) Jake M. Hofman, et al., "Integrating explanation and prediction in computational social science," *Nature* 595, no. 7866 (2021) : 181-188., https://doi.org/10.1038/s41586-021-03659-0.

4) Jeremy Ginsberg, et al., "Detecting influenza epidemics using search engine query data," *Nature* 457, no. 7232 (2009) : 1012-1014., https://doi.org/10.1038/nature07634.

5) Sasikiran Kandula and Jeffrey Shaman, "Reappraising the utility of Google Flu Trends," *PLoS Computational Biology* 15, no. 8 (2019) : e1007258., https://doi.org/10.1371/journal.pcbi.1007258.

6) Michal Kosinski, David Stillwell and Thore Graepel, "Private traits and attributes are predictable from digital records of human behavior," *PNAS* 110, no. 15 (2013) : 5802-5805., https://doi.org/10.1073/pnas.1218772110.

7) Kazuma Mori and Masahiko Haruno, "Differential ability of network and natural language information on social media to predict interpersonal and mental health traits," *Journal of Personality* 89, no. 2 (2021) : 228-243., https://doi.org/10.1111/jopy.12578.

8) Edmond Awad, et al., "The Moral Machine experiment," *Nature* 563, no. 7729 (2018) : 59-64., https://doi.org/10.1038/s41586-018-0637-6.

9) Feng Shi, et al., "Millions of online book co-purchases reveal partisan differences in the consumption of science," *Nature Human Behaviour* 1 (2017) : 0079., https://doi.org/10.1038/s41562-017-0079.

10) Soroush Vosoughi, Deb Roy and Sinan Aral, "The spread of true and false news online," *Science* 359, no. 6380 (2018) : 1146-1151., https://doi.org/10.1126/science.aap9559.

11) Kazutoshi Sasahara, et al., "Social influence and unfollowing accelerate the emergence of

echo chambers," *Journal of Computational Social Science* 4 (2021) : 381-402., https://doi.org/10.1007/s42001-020-00084-7.

12) 鳥海不二夫編著『計算社会科学入門』(東京: 丸善出版, 2021).

2.4 セキュリティー・トラスト

情報サービスや情報システム、さらには人、社会をサイバー攻撃[1]から守るためのセキュリティーと、人や社会が情報サービスや情報システムを安心して利用できるよう信頼を確保するためのトラストという二つの側面から研究開発動向を俯瞰する。情報サービスや情報システムは進歩・発展を続けており、われわれの社会生活に欠かすことができない存在になってきている。これらを悪意ある第三者の攻撃から守るためのセキュリティー、および安心・信頼して利用するためのトラストが重要になってきている。

［セキュリティー・トラストの俯瞰図（時系列）］

本区分の時系列の俯瞰図を図2-4-1に示す。この図では、横軸が年代、縦軸が社会への広がりを表している。通信や制御システムなど「インフラ」が発展し、さまざまなものがつながるようになってきたこと、また多種多様な「プラットフォーム」が登場し人々が利用できるようになってきたこと、さらに社会の中で多岐にわたる「サービス」が展開されてきたことを示している。図中には、その時期に台頭した技術、および攻撃事案やその他のエポックをプロットしている。

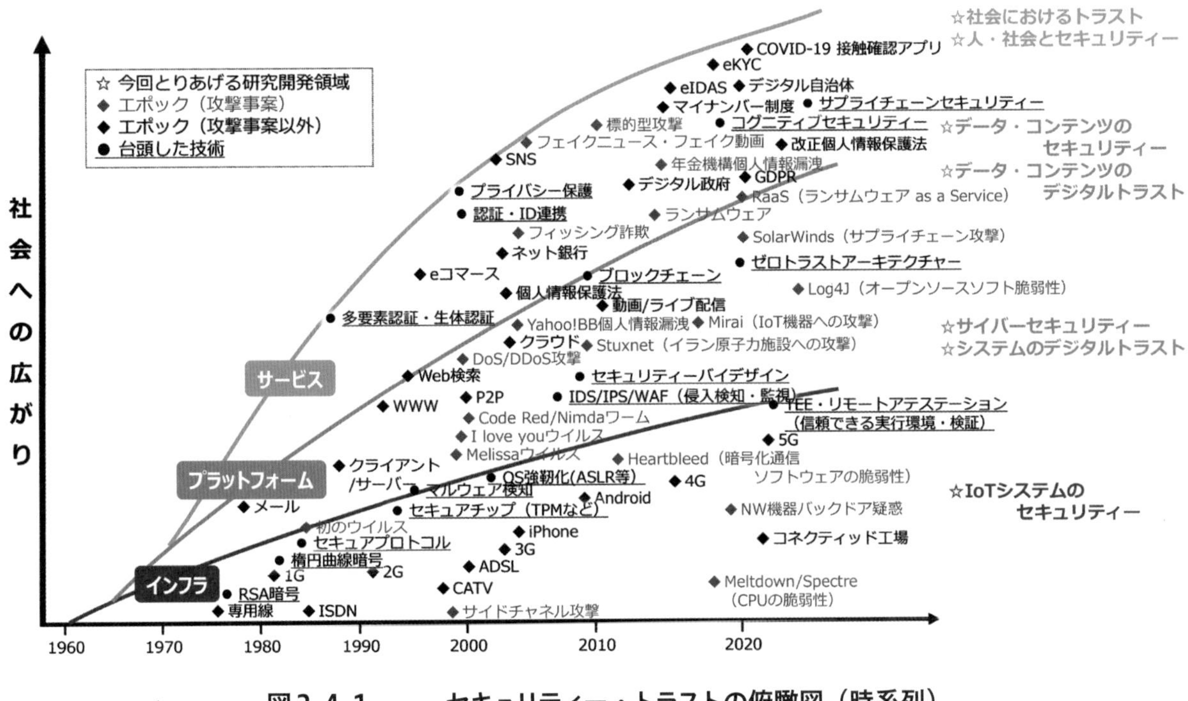

図2-4-1　　セキュリティー・トラストの俯瞰図（時系列）

以下では、図2-4-1のインフラ、プラットフォーム、サービスの進展と、本区分で扱うセキュリティー、トラストの進展について概観する。

1　サーバーやパソコンなどのコンピューターシステムへの不正なアクセスや、個人、組織をターゲットとした電子メールや偽サイトなどにより、システムの動作妨害・停止・破壊や情報の搾取・改ざん・破壊などを行う攻撃で、標的型攻撃、ランサムウェア攻撃、ビジネスメール攻撃、DDoS攻撃、ソフトウェアの脆弱性を悪用した攻撃、ばらまき型メールによる攻撃、人を狙った攻撃などがある。

❶ インフラ・プラットフォーム・サービスの進展

1970年代のデータ通信は、主に専用線を利用して行われた。専用線は、企業や組織におけるコンピューターを直接つなぐ接続方式であり、利用者間でクローズドなデータのやりとりが行われていた。この状況を劇的に変えたのが、インターネットの登場である。ISDN（Integrated Services Digital Network）やケーブルテレビ（CATV）、ADSL（Asymmetric Digital Subscriber Line）、光回線の普及により、より高速・大容量なインターネット接続が可能になると、さまざまなサービスやコンテンツがインターネットを介して利用できるようになっていった。2000年代中頃になると、モバイル化の流れが加速していく。3G（第3世代移動通信システム）によって、モバイル端末が本格的にインターネットに接続され、メールなどのコミュニケーションサービスが利用可能になった。iPhoneやAndroidの登場によって、スマートフォンが急速に普及し、スマートフォンからインターネットにアクセスする利用者が増加した。モバイル通信は4G、そして5Gへと進み、生活に必要不可欠な社会インフラとなっている。従来、スマートフォンやコンピューターがインターネットに接続されていたが、近年、モノがインターネットに接続されるIoT（Internet of Things）が広がり、家電などの個人の身の回りの物から自動車や電気、ガス、交通設備などの社会インフラもネットワークに接続され、サイバー空間とフィジカル空間の融合が進展している。さらに、通信インフラの発展・普及に応じて、電子メールやウェブ検索、クラウド、動画やライブ配信などのプラットフォームや、eコマースやネット銀行、SNS（Social Networking Service）、電子政府などの多様なサービスが登場し、われわれの生活に必要不可欠なものとなっている。一方で、インターネットを介したサイバー攻撃による被害も増加しており、情報サービスや情報システムをサイバー攻撃から防御するためのセキュリティーや、人や社会が情報サービスや情報システムを安心・信頼して利用するためのトラストが重要視されるようになってきた。

❷ セキュリティー

サイバー攻撃は、その目的や手法を変えつつ、社会に大きな被害と影響を与えている。マルウェア（不正プログラム）を使ったウェブサイトやデータの改ざんなど、個人や企業へのいたずら行為として始まった攻撃は、インターネットの普及に伴い深刻化してきた。攻撃の目的は、企業・組織への妨害や、個人情報や金銭の搾取へと悪質化し、攻撃手法もDoS（Denial of Service）・DDoS（Distributed Denial of Service）攻撃や標的型攻撃など多様化した。データを暗号化し復元の見返りに身代金を要求するマルウェア（ランサムウェア）による被害が多発している。さらに、近年のランサムウェアは、データを搾取した上で攻撃先のデータを暗号化し身代金を支払わない場合には搾取したデータを公開すると脅す二重脅迫や、ランサムウェアの開発と実行が分業化されたランサムウェアサービス（RasS：Ransomware as a Service）に進化している。個人や企業を狙ったフィッシング詐欺も頻発しており、その件数は、毎年、過去最高を更新している[2]。

サイバー攻撃が多様化する中で、近年、人の脆弱性を狙った攻撃への対策の重要性が高まっている。これまでのサイバー攻撃では、デバイスやOS、システム、ネットワーク、データが狙われてきた。一方で、フィッシング詐欺では、フィッシングメールや偽サイトを用いて人をだまして重要な情報を搾取しようとしている。システムへの不正侵入でも、従来はシステムの脆弱性が狙われることが多かったが、フィッシングメールにより人をだましてパスワードを奪いシステムに侵入する事例も発生している。もう一つ重要性が高まっているものが重要インフラ施設やサプライチェーンなどを狙い、社会に大きな影響を及ぼす攻撃への対策である。例えば、2021年、米国の石油パイプライン施設のシステムがマルウェアに感染し、米国東海岸のガソリン価格が高騰するなど社会に大きな影響を与えた。サプライチェーンを狙った攻撃は、2つに区別する

2 フィッシング対策協議会（https://www.antiphishing.jp/）を参照いただきたい。

ことができ、一つは、ある企業が攻撃を受けることにより、サプライチェーンに関係する他の企業にまで被害が及ぶケースである。もう一つは、マルウェアなどに感染したソフトウェアなどがサプライチェーンを介して広く配布されて、そのソフトウェアを利用する多くの企業にまで被害が及ぶケースである。2022年には、自動車部品会社がランサムウェアの攻撃を受け、自動車製造会社にまで影響が及んだ。2020年には、ネットワーク監視ソフトウェアを提供する米国企業がサイバー攻撃を受け、ウィルスに感染したソフトウェアがサプライチェーンを介して世界中で利用されている同社のシステムに配信され、世界中の多くの企業に影響を与えた。オープンソースソフトウェア（OSS：Open Source Software）でもサプライチェーンを介した被害のリスクが顕在化してきている。2021年に発見されたOSSの脆弱性では、脆弱性を持つOSSが、さまざまな製品に導入されていたため、世界中の製品がサイバー攻撃のリスクに晒された。このように、重要なインフラ施設やサプライチェーン、OSSの脆弱性を狙った攻撃のリスクは増加しており、その被害は、攻撃を受けた施設や企業に留まらず、二次被害、三次被害と大規模化し、社会に影響を及ぼしている。

このような脅威に対して、セキュリティーは、情報サービスや情報システム、さらには人・社会をサイバー攻撃から守る重要な役割を持っている。進化するさまざまなサイバー攻撃に対抗すべく、暗号技術やマルウェアの検知、認証技術をはじめとする、さまざまなセキュリティー技術による対策強化が進められてきている。技術的な対策以外にも、製品の企画や設計のフェーズからセキュリティー対策を組み込むことでサイバーセキュリティーを確保しておくセキュリティーバイデザインの考え方や、各種ガイドラインによる運用面での対策も進められている。重要インフラ施設やサプライチェーンを狙ったサイバー攻撃により被害が大規模化する中で、サイバー攻撃の防御の考え方も、システムがインターネットとつながる境界で防ぐ境界防御から、全てのシステムへのアクセスを検証するゼロトラストアーキテクチャーの考え方に変化している。また、セキュリティーの研究開発では、実際のサイバー攻撃のデータが対策を講じる上で重要な役割を持つため、サイバー攻撃の観測基盤を拡充してデータを蓄積していくことが望まれている。人への攻撃に対抗するためには、人の認知（コグニティブ）を考慮したセキュリティーの研究開発が重要になってきている。近年、問題となっているSNSに拡散したフェイクによる世論の誘導などについても、人の認知や社会・行動科学などを含めた研究開発が必要となってきている。人や社会に関するセキュリティーは、今後、重要となる研究開発領域であり、心理学、社会学、経済学、法学などを含めた学際的アプローチによる総合的なセキュリティー対策の研究が望まれている。さらに、セキュリティー分野に共通する課題が人材育成である。セキュリティーは、ハードウェアからソフトウェア、システムなどの分野横断的な幅広い知識や、さまざまな守る対象に対するサイバー攻撃を分析・対策する技術、最近では機械学習などの隣接分野の技術も必要となっている。その一方で、このような知識や技術を持つ研究者の数は限られている。また、インシデント対応を行う現場のセキュリティー人材も不足している。重要インフラやサプライチェーンのセキュリティーなど、セキュリティー分野の重要性は年々増しており、セキュリティー分野の研究者や高度なスキルを持つ実務者を育成していくことが必要となっている。

❸ トラスト

情報サービスや情報システムをサイバー攻撃から守り安全性を確保するのが「セキュリティー」の役目であるのに対して、それらを安心して利用できるよう信頼を確保するのが「トラスト」の役目である。「旧来のトラスト」は、顔が見える人間関係や人々の間のルールに支えられたが、デジタル化の進展につれて、バーチャルな空間にも人間関係が広がり、複雑な技術を用いたシステムへの依存が高まり、また、だます技術も高度化している。例えば、最新のAI技術により巧妙に偽装されたフェイクなどによる情報サービスや情報そのものへの不信感や、ユーザーにとってブラックボックスであるAI技術を用いた自動運転車に安心して乗車できるのか、さらには、メタバースなどのバーチャル空間での活動において、生身の人間や物理的な実体が必ずしも確認できなくても相手を信用できるか、など、さまざまな問題が想定される。このような不信・警戒を過度に持つことなく幅広い協力・取引・人間関係を作り、デジタル化によるさまざまな可能性・恩恵がより広がるようなデジタル社会を実現するものがトラストであり、デジタル社会におけるトラスト形成の仕組みを構築することが重要となっている。トラストを考える上では、対象真正性（本人・本物であるか?）、内容真実性（内容が事実・真実であるか?）、振る舞い予想・対応可能性（対象の振る舞いに対して想定・対応できるか?）の「トラストの3側面」を考慮する必要がある[3]。さらに、トラストの3側面のそれぞれについて、技術的な担保に加えて、人間の心理的な要素や、制度による保証などもあわせて、多面的に考慮することが重要である。このトラストの3側面の中の対象真正性を担保する役割を持つのが以下で説明するデジタルトラストである。本書では、デジタルトラストを、データ・コンテンツの信頼性を保証するためのデータ・コンテンツのデジタルトラストと、システムの信頼性を保証するためのシステムのデジタルトラストに分けて扱う。

データ・コンテンツのデジタルトラストは、データを扱う人やモノが本人、本物であることと、データが改ざんされていないことを技術的側面と法的側面の両面から保証する。例えば、行政活動や経済活動のデジタル・トランスフォーメーション（DX）は人々の生活や企業活動にさまざまな恩恵を与えている。マイナンバーカードは、コンビニエンスストアでの各種行政証明書の取得やe–Taxによる確定申告、健康保険証としても利用することが可能で、その利便性が拡大している。一方で、マイナンバーカードが他人によって利用されたりデータが改ざんされたりすると、利用者に不安や不信を与えるだけでなく犯罪にも繋がる。このような問題に対処するために必要となるのがデータ・コンテンツのデジタルトラスト（トラストサービス[4]とも呼ばれる）である。システムのデジタルトラストは、システムのハードウェアやソフトウェアが不正に改変されていないことを検証しシステム間の信頼関係を確立する。例えば、システム間の信頼関係を確立することなくシステムが構築・運用されると、自動運転車が不正なシステムに繋がり不正操作により人命に影響が及ぶ危険性が生じる可能性がある。また、近年の情報システムは、複数のステークホルダーが役割に応じてシステムを構築し、ステークホルダーのシステムを接続して運用する場合が多く、ステークホルダーのシステム間を接続するためには、膨大な数のシステム間の信頼関係を確立することが必要となる。システムのデジタルトラストは、ステークホルダーのシステム間の信頼関係を、人を介さずにダイナミックに確立でき、サービスを迅速に提供することができる。

［セキュリティー・トラストの俯瞰図（構造）］

以下では、図2–4–2に示す本区分の俯瞰図（構造）について説明する。この図では、本区分の全体像を、基盤層、デバイス・システム・情報層、人・社会層の3層に分けている。基盤となる領域としては、心理学、経済学などの人文・社会科学と、数学・暗号技術・コンピューターサイエンス、教育・人材開発、法制度があり、セキュリティー・トラスト分野において重要なベースとなる役割を果たしている。この土台の上に、悪意ある第三者の攻撃から情報サービスや情報システムを守るセキュリティー、および情報サービスや情報システムの信頼性を保証するためのデジタルトラストに関する技術群を位置づけた。セキュリティー、デジタルトラストの縦軸は、守る対象であるデバイス、システム、および情報に分けて示している。最上位の層は、人・社会との関係に注目する層として、人・社会を守るための人・社会とセキュリティーと社会におけるトラストを位置づけた。

3　詳細は「4.2.7 社会におけるトラスト」を参照いただきたい。

4　総務省 トラストサービスの概要（https://www.soumu.go.jp/main_content/000684847.pdf）を参照いただきたい。

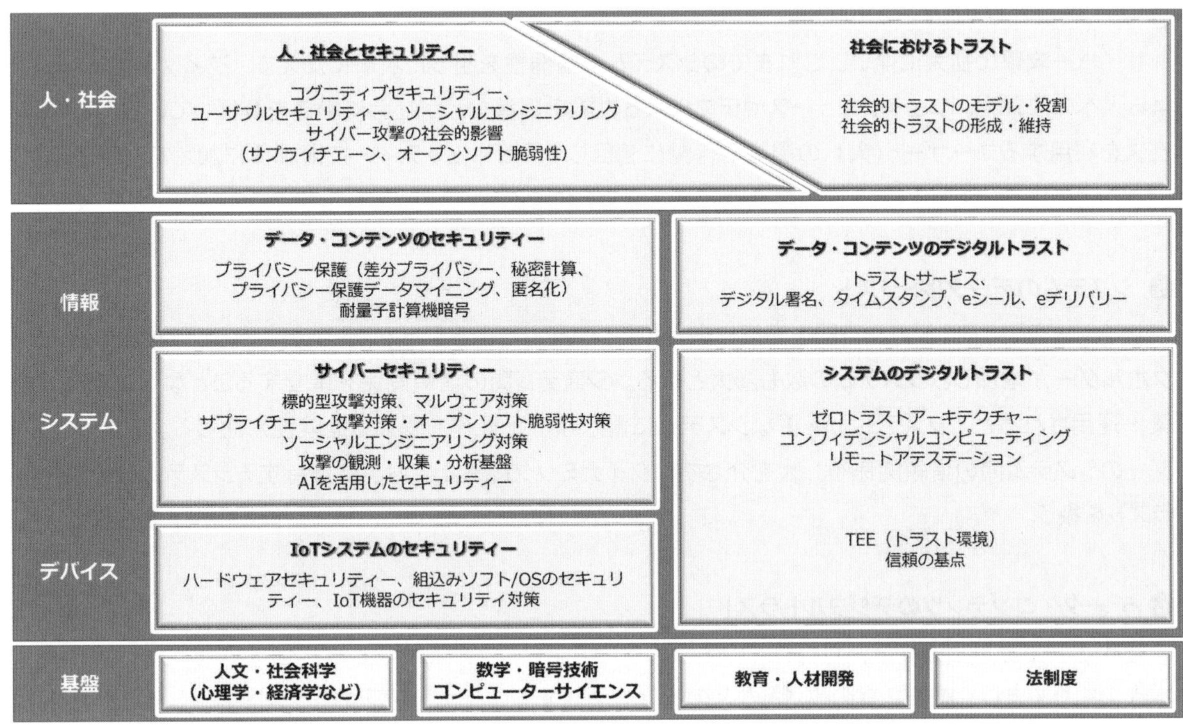

図2-4-2　　セキュリティー・トラストの俯瞰図（構造）

以下では、本区分において取り上げる❶から❼までの研究開発領域について概観する。

❶ IoTシステムのセキュリティー

家電から、医療機器、工場・インフラなどの産業用途、自動車・宇宙航空など、幅広くIoT化が進展している。一方、近年、自動車、センサーなどに対するセキュリティーのリスクも増大している。IoTシステムのソフトウェアやハードウェア、ネットワークなど、広範かつ縦断的なセキュリティーを扱う。

❷ サイバーセキュリティー

インターネットは生活や産業など多くの社会活動が依存する社会インフラとなっている。インターネットの進歩・発展の影で、インターネットを経由したサイバー攻撃は日々高度化を続けており、サイバーセキュリティーは、安心・安全な社会を実現する上で必要不可欠である。近年、身代金を要求するマルウェア（ランサムウェア）の攻撃による被害が拡大しており対策が必要である。ユーザーの端末を含む情報サービス・情報システムをサイバー攻撃から守るためのセキュリティーを扱う。

❸ データ・コンテンツのセキュリティー

データは「インターネットにおける新しい石油」とも評され経済の発展の鍵となっており、データ活用の重要性が高まっている。一方で、欧州を中心にプライバシー保護への要求やAIの拡大に伴い学習データのプライバシー保護など、プライバシー保護の重要性も高まっている。また、近年、量子コンピューターの研究開発が活発に進められており、十分な性能を持つ量子コンピューターが実用化されると、現在利用されている暗号が解読されてしまうことが懸念されている。データ活用とプライバシー保護を両立するための技術と、将来、量子コンピューターが実用化されたとしてもデータ・コンテンツの保護を維持するために必要な耐量子計算機暗号技術を扱う。

❹ 人・社会とセキュリティー

サイバー攻撃の拡大に伴い、これまでのシステムの脆弱性を狙った攻撃に加えて、フィッシングメールによる人への攻撃や、フェイクニュースやデマによる世論の誘導などが社会に影響を及ぼしている。情報サービスを利用するユーザー（人）の認識や行動に着目して、セキュリティー技術単体に加えて、心理学、経済学などの人文・社会科学を含めた学際的アプローチによるセキュリティーを扱う。

❺ システムのデジタルトラスト

サイバー空間とフィジカル空間を高度に融合したシステムによるSociety5.0では、そこに参加するステークホルダーが増加し、システムの数も膨大となる。システム間の信頼関係を確立することなくシステムが構築・運用されると、システムが不正なシステムに繋がり不正操作を受ける危険性が生じる。ステークホルダーのシステム間の信頼関係を、人を介さずにダイナミックに確立、および維持するシステムのデジタルトラストを扱う。

❻ データ・コンテンツのデジタルトラスト

行政活動や経済活動など、われわれの生活の中のさまざまな活動がデジタル化（DX）されていく中で、本人のなりすましや電子文書の改ざんなどの行為を防止することは、情報サービスを提供していく上で必要不可欠である。データ・コンテンツを扱う人、組織、ものが本物であることや、データが改ざんされていないことを保証するデータ・コンテンツのデジタルトラストを扱う。

❼ 社会におけるトラスト

近年、情報サービスや情報システムをサイバー攻撃から守り安全性を確保するセキュリティーに加え重要になってきているのが、それらを安心して利用できるよう信頼を確保するトラストである。デジタル化の進展につれて、バーチャルな空間にも人間関係が広がり、複雑な技術を用いたシステムへの依存が高まり、だます技術も高度化した。不信・警戒を過度に持つことなく幅広い協力・取引・人間関係を作ることができ、デジタル化によるさまざまな可能性・恩恵がより広がるような社会を実現するための社会におけるトラストを扱う。

セキュリティー・トラストは、人々の生活や社会に密接に関係する重要な研究開発領域である。セキュリティーでは、近年、人を狙った攻撃が増加し、その影響は社会へ拡大している。トラストでは、AIやデジタル技術の進化で従来とは大きく異なる信頼に関係する問題が発生している。今後、安心・安全なデジタル社会を実現する上では、これまでのセキュリティーやデジタルトラストに関する研究開発に加えて、人・社会の層に位置づけた「人・社会とセキュリティー」や「社会におけるトラスト」に関する研究開発の推進が求められている。

2.4.1 IoTシステムのセキュリティー

(1) 研究開発領域の定義

IoT（Internet of Things）の進展によって、さまざまなセンサー搭載機器や、工場・インフラの制御機器などの「モノ」がネットワークに接続されつつある。これらの「モノ」がつながることによって発生するIoTシステムのハードウェア、ソフトウェア、センサー、ネットワーク、サプライチェーンなどのリスクに対するセキュリティー対策を実現するための研究開発を行う領域である。

(2) キーワード

IoT（Internet of Things）、信頼の基点、計測セキュリティー、ハードウェアセキュリティー、意図的な電磁妨害、サイドチャネル攻撃、テンペスト、ハードウェアの真正性、耐タンパー性、サプライチェーンセキュリティー、ハードウェアトロージャン、オフェンシブセキュリティー、レジリエンス、パブリッシュ・サブスクライブ型通信

(3) 研究開発領域の概要

[本領域の意義]

ネットワークにつながる機器の台数は年々増加している。その中でも、家電などの電子機器、医療、工場・インフラなどの産業、自動車・ドローン・宇宙航空など、IoT化が大きく進展している[1)]。IoT機器には、利用目的や環境によって、各種のオペレーティングシステム（OS：Operating System）やセンサー、LSI（Large Scale Integration）などの多種多様なソフトウェア・ハードウェアが搭載され、イーサネットやWiFi、4G/5G、LPWA（Low Power Wide Area）などさまざまな通信方式が利用されている。このため、IoT機器では、サイバー攻撃を受ける可能性がある領域（アタックサーフェース）が拡大している。また、IoT機器は、その台数が非常に多く、従来のパスワードによる保護が不十分な機器や、外部との接続を想定していない時代に設計された自動車のCAN（Controller Area Network）などのレガシーシステムなど、セキュリティー対策が行き届いていない機器も存在している。さらに、ハードウェアやアナログ情報を扱うセンサーへの物理攻撃のリスクも存在する。

国立研究開発法人情報通信研究機構（NICT：National Institute of Information and Communications Technology）が発表したNICTER（Network Incident analysis Center for Tactical Emergency Response）観測レポート2021[2)]では、2021年にNICTERプロジェクトの大規模サイバー攻撃観測網で観測されたサイバー攻撃関連通信のうち、全体の約3割がIoTのサービスやシステムの脆弱性を狙った攻撃であることが明らかにされており、引き続き当該分野におけるセキュリティー対策が重要であることを示している。医療、自動車分野などでは、セキュリティー対策の不十分性や欠落が人命を左右する問題に直結し、また、電力やガス、水道などの重要インフラ施設においては、システムの誤動作や停止などによって、組織、およびわれわれの生活を含む社会全体に大きな影響を与えうる。また、IoT機器に実装されるハードウェアやソフトウェアは、さまざまなサプライヤーから提供されている。ソフトウェアの脆弱性やハードウェアの製造時における不正な部品の混入が発生すると、世界中で稼働しているIoT機器に影響を与えることとなる。このため、IoT機器では、設計から製造、検査、流通、運用に至るサプライチェーンの観点からもセキュリティー対策が必要である。

以上のように、IoTシステムは、自動車や電気・水道・ガスなど、われわれが生活していく上で必須なものとなってきており、さらに、わが国が目指すサイバー空間とフィジカル空間を高度に融合したシステムによるSociety5.0の基盤となるものである。これらを悪意のある第三者からの攻撃から守り、安全・安心にIoTシステムを利用できるものとするために、IoTシステムのセキュリティーの研究開発は必要不可欠である。

［研究開発の動向］

❶ IoTシステムのセキュリティーリスクと研究開発のトレンド

IoT機器は、無人でかつ第三者が物理的にアクセス可能な場所に設置されることによる物理的な場所でのセキュリティー攻撃のリスクに加えて、ネットワークに接続されることによる遠隔からのセキュリティー攻撃のリスクへの対策が重要になってきている。IoTシステムのセキュリティーの重要性が顕在化したのは、2016年9月に発生した「Mirai」と呼ばれるマルウェアの感染事例である[3), 4)]。感染したIoT機器が一斉に大規模なDDoS（Distributed Denial of Service）攻撃を行ったことにより、重要なインターネットサービスを一時的に機能不全に陥れた。このように、IoT機器に対してマルウェア感染などを通して行われる遠隔からのサイバー攻撃は、情報システムへのサイバー攻撃のような情報の搾取よりも、IoT機器の乗っ取りやサービスの停止などを目的としている場合が多い。「Mirai」の亜種や新種は、ルーターの脆弱性を狙う「Satori」やAndroid OSを搭載したIoT機器を狙う「Matryosh」など2021年も多数発生している。

・IoT機器の認証と信頼の基点

「Mirai」に感染した事例では、多くの IoT機器がデフォルトパスワードや容易に推測可能なパスワードを利用して運用されていたことや、IoT機器の制御がスーパーバイザーモードやルート特権により保護されていなかったため、そこを狙われて大規模なDDoS攻撃を実現したものである。IoT機器に関するインシデントの原因はIoT機器のパスワード管理が不適切であることが多いが、多数のIoT機器を個別のパスワードで管理することは難しい。IoT機器の認証には、証明書を利用する方法もあるが、証明書が保存されているデバイスから抜き取られて複製されるリスクも存在する。このため、デバイスの外部から覗かれたり改変されたりしない耐タンパー性に優れたハードウェアに認証鍵を保管する「信頼の基点」が必要である 。内閣府の戦略的イノベーション創造プログラム（SIP）第2期では、極小のIoT端末に搭載できるハードウェアによる「信頼の基点」の開発が進められている。今後は、信頼の基点の上に暗号、認証、認可などの機能を統合していくことが求められている。

・産業用システムやレガシーシステムのセキュリティー

産業用設備・機器の制御システムは、従来、固有のプラットフォーム、専用ソフトウェア、独自プロトコルで構築され、外部ネットワークと接続しない環境での運用が想定されてきた。しかしながら、近年、汎用のプラットフォームや標準プロトコルの採用が進み、さらにメンテナンスや管理などの目的で外部ネットワークに接続されるようになったため、サイバー攻撃の対象になりつつある。2015年と2016年のウクライナの電力システムを狙ったサイバー攻撃による大規模停電や、2021年の米国の石油パイプライン施設におけるマルウェア感染による米国東海岸のガソリン価格高騰、2021年の国内の医療機関におけるマルウェア感染による新規患者・救急搬送の受け入れ停止など、社会に影響を与えるインシデントが多数報告されている。近年、このような重要インフラのセキュリティー対策が重要視されており、各国政府から各種指針が公開されている。

また、従来はネットワークに接続されていなかったレガシーシステムもネットワークに接続されるようになってきている。例えば、自動車はネットワークに接続されコンピューターで制御されるコネクティッドカー（CAV：Connected Autonomous Vehicle）となる一方で、ネットワークを経由して自動車の制御システムに侵入できることが報告されている[5)]。内閣府の戦略的イノベーション創造プログラム（第2期）「自動運転（システムとサービスの拡張）」では、持続的に安全・安心な自動運転の実現に向けた新たなサイバーセキュリティーの研究が行われている。今後も、産業用システムやレガシーシステムのネットワーク接続の拡大にともない脅威の増大が予想されるため、早急に対策の強化が必要になってきている。

・計測セキュリティー

IoT機器の多くは、搭載されたセンサーを用いて実世界の情報をセンシングし、取得した情報をクラウドやローカルで処理し、その結果をアクチュエーターにより実空間にフィードバックしている。センサーによる計測を攻撃から守る計測セキュリティーの重要性も高まっている。例えば、センサーが計測する信号に対して超音波で機械的共振を起こさせたり、レーザーで偽情報を発生させたりする攻撃のリスクや、センサー自体が別物に置き換えられたりするリスクも存在する。近年は、攻撃の対象が自動運転で重要な役割を持つLiDAR（Light Detection And Ranging）など、さまざまなセンサーに広がっている。IoT機器の計測データへの攻撃は、実空間における事故に直結する可能性があるため、計測データへの攻撃に対する防御のスキームが求められている。また、攻撃によって改変された計測データが、後段のソフトウェア処理や学習モデルに与える影響についても検討を進めることが求められている。

・ハードウェアのセキュリティー

IoT機器のソフトウェアに対する攻撃に加えて、システムの基盤となるハードウェアへの物理的な攻撃のリスクも高まっている。例えば、機器内部に強制的に電磁界を誘導し、IC（Integrated Circuit）や素子を破壊する意図的な電磁妨害などの侵襲攻撃や、ハードウェア動作中に副次的に生じる物理量を観測して暗号処理に用いる秘密鍵を盗むサイドチャネル攻撃、非暗号デバイスの内部情報を奪うテンペストなどの非侵襲攻撃がある。以下では、意図的な電磁妨害、サイドチャネル攻撃、テンペストについて紹介する。

a）意図的な電磁妨害

意図的な電磁妨害（IEMI：Intentional Electromagnetic Interference）は、電磁波によりハードウェアの信頼性、およびセキュリティーを低下させる脅威である。IEMIは、高出力電磁パルスを用いて機器内部に強制的に電磁界を誘導し、ICや素子を誤動作させたり破壊したりするものであり、IoT機器の動作を決定するようなデバイスにとっては致命的なダメージを与え得る脅威である。交通網やデータセンターなどの社会インフラに関係するIoTシステムを対象として、IEMIの発生装置、および大電力電磁波を空間に放出させるアンテナなどが研究されている[6)]。

b）サイドチャネル攻撃

サイドチャネル攻撃は、ハードウェア動作中に副次的に生じる物理量を観測して暗号処理に用いる秘密鍵を盗む攻撃であり、これまで、主にスマートカードが攻撃の対象であったが、近年は暗号モジュールが搭載されたハードウェア全般に広がっている。従来は暗号モジュールのごく近傍からの攻撃がメインであったが、近年の研究では、機器から十分離れた遠方からでもサイドチャネル攻撃が可能であることが報告されている。また、IoT機器で使用されている汎用的なプロセッサーからもサイドチャネル攻撃により秘密鍵を取得できることが報告されており、攻撃の対象となるハードウェアや取得される情報が拡大している。さらに、機械学習モデルの取得を目的としたサイドチャネル攻撃も提案されている[7)]。今後は、サイドチャネル攻撃による物理現象に着目した対策技術などの確立が求められている（詳細は「（5）科学技術的課題❷ハードウェアセキュリティーを低下させる物理現象に着目した対策技術の確立」に記載）。

c）テンペスト

テンペストは、ハードウェアから非意図的に生ずる電磁情報を計測し、機器内部の秘密情報を取得する攻撃の総称であり、人と機器の間でやりとりされる暗号化が困難な情報を対象としている。例えば、ディスプレイ、プリンタ、キーボード、マイクロフォン、スピーカなどの入出力ハードウェアが対象となる。この攻撃の成否は機器から漏えいする電磁情報の計測精度に依存するため、これまでは高度な知識と専用の高精度な計測器を用いなければ困難であったが、近年、ソフトウェア無線、およびその制御ソフトウェアを用いることで計測環境の構築が容易になり、インターネットに公開されている攻撃パラメーター情報を利用することで攻撃が可能となり、その敷居が下がっている。今後、より多くのハードウェアが攻撃対象となる可能性もあり、ネットワークから切り離しても完全には防げないため、脅威を事前に分析して対策しておくことが求められている。

・IoT機器のサプライチェーンセキュリティー

最近の重要なリスクの一つに、IoT機器のサプライチェーンリスクがある。IoT機器は、さまざまなサプライヤーから提供されるハードウェア、ソフトウェアにより構成され世界中で利用されている。2020年6月には、過去20年以上、多くのIoT機器で利用されているTCP/IPライブラリーで「Ripple20」と呼ばれる脆弱性が発見され世界中の多くのIoT機器に影響を及ぼした。2020年12月にはオープンソースとして公開されているTCP/IPスタックに「AMNESIA：33」と呼ばれる脆弱性が発見され世界中の多くのIoT機器に影響を及ぼした。また、ハードウェアにおいても、最先端プロセスの半導体チップの需要増や新型コロナウイルス感染症のパンデミックなどによる部品の供給不足により、IoT機器の製造時に不正な部品が混入するリスクが発生している。半導体メーカーの正規品の製造能力の増強や、不正な半導体流通の抑止、半導体チップ真正性の検証技術の開発が必要である。近年、各国政府においてサプライチェーンのセキュリティーが重要視されており各種指針が公開されている（詳細は「（3）研究開発領域の概要［研究開発の動向］❷海外・国内政策動向」に記載）。

❷ 海外・国内政策動向

米国では、オバマ前大統領による2013年の大統領令13636号（重要インフラのサイバーセキュリティーの向上）が、当該分野のセキュリティー施策における重要なマイルストーンとなった。当該大統領令を受け、2014年に米国・国立標準技術研究所（NIST：National Institute of Standards and Technology）から「重要インフラのサイバーセキュリティーを改善するためのフレームワーク（CSF：Cyber Security Framework）」が発行された（2018年4月にCSF Version 1.1へ改訂され、CSF Version 2.0への改訂が計画されている）。CSFは、業種や企業規模などに依存しない、汎用的・体系的なガイドラインとなっており、現在では重要インフラ分野を越えて、多くの国・組織で採用されている[8)]。バイデン政権においても大統領令14028号により、2021年5月に起きた米国の石油パイプライン施設へのサイバー攻撃などに対応すべく、サイバーセキュリティー強化のためにIoT機器を含むサプライチェーンの安全性向上が指示されている。当該大統領令を受け、2022年にNISTからサプライチェーンのセキュリティー強化のための各種文書が発行されている[9)]。わが国においては、重要インフラ分野のセキュリティーについては、内閣サイバーセキュリティセンター（NISC：National center of Incident readiness and Strategy for Cybersecurity）から「重要インフラの情報セキュリティ対策に係る第4次行動計画」（2020年1月改訂）や、「重要インフラにおける情報セキュリティ確保に係る安全基準等策定指針（第5版）」（2019年5月改訂）、「重要インフラのサイバーセキュリティに係る行動計画」（2022年6月）が公表されている。

IoTについては、NISCより「安全なIoTシステムのためのセキュリティに関する一般的枠組み」（2016年8月）や、経済産業省や総務省からも政策が積極的に出されている。経済産業省・総務省によるIoT推進コンソーシアムのワーキンググループは「IoTセキュリティガイドラインVer1.0」（2016年7月）を公表しており、これに基づきISO/IEC27400の規格化が進められている。経済産業省からは、「サイバー・フィジカル・セキュリティ対策フレームワークVer1.0」（2019年4月）や、「IoTセキュリティ・セーフティ・フレームワーク」（2020年11月）が公表されている。総務省からは「IoTセキュリティ総合対策」（2017年10月）や、その改訂版として「IoT・5Gセキュリティ総合対策2020」（2020年7月）、「ICTサイバーセキュリティ総合対策2022」（2022年8月）が公表されている 。諸外国においてもIoT機器の大量マルウェア感染を契機に、コンシューマーデバイスのセキュリティーの重要性を認識し、各種のガイドラインやセキュリティー要件の策定が進められている[10]。

サプライチェーンセキュリティーについては、半導体メーカーによる正規品の製造能力を増強するために、米国では、商務省（DoC）と国立標準技術研究所（NIST）による半導体推進プログラム（CHIPS）[11]が推進されている。また、欧州では、2022年2月にEuropean Chips Act[12]により430億ユーロ規模を想定した半導体の研究開発・製造能力の増強プログラムが提案され、2030年に現在の市場シェアを2倍の20%にするという目標が掲げられている。

❸ 国際標準・規格

国際標準は、国際標準化機構（ISO：International Organization for Standardization）や国際電気標準会議（IEC：International Electrotechnical Commission）、国際電気通信連合電気通信標準化部門（ITU-T：International Telecommunication Union Telecommunication Standardization Sector）などが定めている。情報分野の標準化については、ISOとIECが独立して活動していたが、1987年にISO/IEC JTC1（Joint Technical Committee 1）が設立され、合同で審議されるようになった。ISO/IEC JTC1は、分野ごとのSubcommittee（SC）に分かれて活動している。この中でIoTセキュリティーについて注目すべきは、SC27（Information security, cybersecurity and privacy protection）のセキュリティー関連技術とSC41（Internet of things and digital twin）のIoT関連技術である[13]。また、ISO/TC184（Automation systems and integration）、IEC/TC65（Industrial-process measurement, control and automation）もIoTシステムのセキュリティーと関係がある。 SC41では、日本の提案2件が採択されている[14), 15]。

セキュリティー認証制度では、ISO/IEC15408に基づくCC（Common Criteria）認証、制御システムの認証としてIEC62443に基づくCSMS（Cyber Security Management System）認証、および EDSA（Embedded Device Security Assurance）認証がある。 IoTデバイスのセキュリティー認証の国際的な制度はまだないが、国内では2019年11月に、一般社団法人重要生活機器連携セキュリティ協議会（CCDS：Connected Consumer Device Security Council）がIoT機器のセキュリティー認証事業を開始している[16]。米国では、サイバーセキュリティーに関する米国大統領令 14028号を受けて、米国・NISTが2022年2月に、消費者向けのIoT機器とソフトウェアのためのセキュリティーラベリング基準を策定している[17]。これは、サイバーセキュリティーの専門的な知識を必要とせずに、消費者がIoT製品やソフトウェアを購入できるよう支援するものである。 IoT機器のラベリングでは10個の評価項目（6 つのTechnical Product Criteriaと4つのNon-Technical Criteria）が、ソフトウェアのラベリングでは15個の評価項目（7個のDescriptive Claimsと8個のSecure Software Development Claims）が示されている。また、EUでは、ハードウェア、およびソフトウェア製品の安全性を確保することを目的としたCyber Resilience Actが提案されている[18]。

（4）注目動向

［新展開・技術トピックス］

❶ IoT 向けオペレーティングシステム（OS）の研究開発の加速とセキュリティー

パソコンやスマートフォンのOSであるWindows、iOS、Android、Linux に対して、IoT機器では、組み込みLinuxや多様なRTOS（Real Time Operating System）が使われている。 RTOSの開発には長い歴史があるが、IoTの普及に伴って、自動車や産業用の制御システム、医療機器、カメラなどのマルチメディア機器、家電などで利用が拡大しており、IoT向けのOSの研究開発が盛んになっている。例えば、Google は、従来のLinuxをベースとしたOSではなく、Fuchsiaと呼ぶ新しいリアルタイムカーネルを用いた IoTデバイス向けのRTOSを公開している。一方で、OSやネットワークなどの周辺機能を安価に利用するために、組み込みLinuxなどの従来のOSも多くのIoT機器で使われている。従来のOSをサイバー攻撃から守るために、マルウェアによるOSカーネルへの不正アクセスを監視する研究も行われている。また、新たにRTOSのリアルタイム制御や省電力制御を侵害する攻撃の可能性が高まってきており、これらの攻撃や防御の研究も行われている。暗号機能やアプリケーションについても、ハードウェアセキュリティモジュール（HSM：Hardware Security Module）と呼ばれるデバイスの外部から覗かれたり改変されたりしない耐タンパー性に優れたハードウェアや信頼できる実行環境（TEE：Trusted Execution Environment）を用いて暗号鍵の管理や暗号化処理機能をマルウェアから守る研究や、アプリケーションを独立した仮想マシン上で実行することでセキュリティーリスクを低減する研究が行われている。

❷ IoTシステムのソフトウェア更新

IoT機器はその台数が膨大であるため、新しく発見された脆弱性に迅速に対処するためには無線回線経由でソフトウェアの更新を行うOTA（Over The Air）機能が重要な役割を持つ。一方で、この機能を攻撃者が悪用するとIoT機器が乗っ取られるリスクがあるため高いセキュリティーが求められている。例えば、インターネット技術の通信仕様を策定しているIETFではIoT機器のためのソフトウェア更新のRFC（Request For Comment）としてSUIT（Software Update for Internet of Things）、自動車向けでは既存のITシステムのソフトウェア更新フレームワークであるTUF（The Update Framework）をベースにしたUPTANEの仕様化が進められており研究が活発化している。ソフトウェア更新の信頼性を保証するためには、信頼できる認証局が発行した証明書を用いる方法やチップ内の信頼の基点を用いる方法、ブロックチェーンにより分散管理されている情報を用いる方法なども研究されている。

❸ IoT機器のコンテクスト認証

IoT機器をサーバーに接続する際、IoT機器のなりすましを防ぐために、サーバーはIoT機器の接続権限を認証する。IoT機器はその台数が膨大であるため、従来のパスワードによる認証はパスワード管理などの点で現実的でない。また、信頼の基点に認証情報を格納して認証する方法が研究されているが、認証情報が改ざんされるリスクも存在する。そのため、機器の位置情報や、複製が困難な機器・チップ固有の物理複製困難関数（PUF：Physically Unclonable Function）などの機器に関するコンテクストを用いるコンテクスト認証が研究されている。

❹ パブリッシュ・サブスクライブ型 IoT ネットワークのセキュリティー確立

IoT機器の通信では、低消費電力、かつ広範囲の無線通信を可能とするLPWA（Low Power Wide Area）と呼ばれる方式が検討されており、通信プロトコルとしては、MQTT（Message Queue Telemetry Transport）やCoAP（Constrained Application Protocol）、DDS（Data Distribution Service）などの、パブリッシュ・サブスクライブ型プロトコルが有力である。この方式では、センサーなどのIoT機器側を「パブリッシャー」、処理を行うサーバー側の機器などを「サブスクライバー」として定義し、その間に「ブローカー（またはフォグ）」と呼ばれる中継サーバーを用いるか、あるいは「パブリッシャー」からのブロードキャストを用いて通信環境を構築する。これらの通信方式は、非同期で1対多の通信を確立できるため、多数の機器が接続され、また頻繁に追加/削除されるIoTシステムには適しているが、不適切な機器が接続されるリスクがあり、他の機器になりすましてデータが送信されたり、他の機器の通信が盗聴されたりする危険性がある。また、IoT機器は処理能力に制限があるため、IoT機器の認証や暗号化、IoT機器間の通信のチェックなどのセキュリティー機能をフォグで集中的に処理する方法も研究されている。今後は、IoTのオープンな特性を維持しつつ、高いセキュリティーを持つIoTネットワークの確立、およびIoTネットワークのプロトコルに係わる脆弱性検査手法の確立も必要である。

❺ **ハードウェアトロージャン検出・抑制**

IoT機器などのハードウェアメーカーは、自社で設計したICチップを、サードパーティーのファウンドリーを利用して製造することがある。この時、ICチップ製造のサプライチェーンにおいて、チップ設計者が意図しない回路が付加され、ICの破壊やセキュリティーの低下を引き起こす可能性がある。こうした設計者の意図に反して付加される回路は、ハードウェアトロージャン（HT：Hardware Trojan）と呼ばれ、新たなセキュリティーの脅威として早急な対処が必要になっている。これに対して、例えば、機器から漏えいするサイドチャネル情報を用いてハードウェアトロージャンを検出する方法が研究されている[19)]。近年は、ICや他の電子部品をプリント基板（PCB：Printed Circuit Board）に実装する工程や、PCBを複数接続し機器を組み上げる工程においても、ハードウェアトロージャンが混入する可能性が指摘されている[20)]。機器の組み立てに必要なPCBや電子部品のサプライチェーンは世界中に広く拡大しており、信頼できるサプライチェーンの構築とともに、機器の組み立てまで含めた広範な対象に対して、製造過程だけでなく製品出荷後も継続的にハードウェアトロージャンを検知、抑制する技術の開発が求められている。ハードウェアトロージャンやデバイスの真正性を主たるスコープとする国際会議であるIEEE International Conference on PHYSICAL ASSURANCE and INSPECTION of ELECTRONICS（PAINE）においてもPCBのハードウェアトロージャンに関する発表が増加している。

❻ **低出力の電磁波を用いた意図的な電磁妨害**

意図的な電磁妨害では、高出力電磁パルスなどを用いて、機器内部の素子やICなどのデバイスを破壊し、IoT機器の信頼性や可用性を低下させる攻撃がこれまで行われてきた。近年、本来は無線受信機能を有しない電源線や有線通信経路を経由してハードウェアに低出力の電磁波を誘導させることで、機器そのものを破壊することなく、セキュリティの低下が引き起こされる可能性も示されている。このように外界からアクセスできない環境にある機器に対しても、ハードウェアレベルでの攻撃が成立する可能性がある。また、スマートフォンやスマートスピーカーへのコマンド注入攻撃やデバイスの制御信号を改ざんして動作を妨害、または制御を乗っ取るといった新たな脅威も示されている。従来は高価な計測器を用いなければ困難であったが、ソフトウェア無線、およびその制御ソフトウェアの普及により、出力電磁波の時間・周波数領域での高精度な制御が容易になったことから攻撃の敷居が下がっている。こうした新たなハードウェアセキュリティーの脅威についても十分な対策を講じていく必要がある。

［注目すべき国内外のプロジェクト］

❶ **戦略的イノベーション創造プログラム（SIP）第2期「IoT社会に対応したサイバーフィジカルセキュリティ」（内閣府）**

内閣府の戦略的イノベーション創造プログラム（SIP）では、社会実装を強く意識した取り組みが推進されている。当該分野に関しては、SIP第1期において「重要インフラ等におけるサイバーセキュリティの確保（2015～2019年度）」が実施され、重要インフラなどのIoT機器の監視・防御技術の研究開発やセキュリティー人材育成などサイバー脅威に対するIoT社会の強靭化が目指された。続くSIP第2期においては、SIP第1期の技術成果を引き継ぎ、「IoT社会に対応したサイバー・フィジカル・セキュリティ（2018～2022年度）」が実施されている。SIP第2期では、「信頼の創出・証明」として、IoT機器のなりすましおよびセンシングデータの改ざんを防止する技術や、IoT機器のソフトウェアの完全性・真正性を確認する技術、PCBのハードウェアトロージャンの検知やLSI設計で利用するIPコアのハードウェアトロージャンの混入を設計・製造段階で検証する技術などの研究開発が進められている。また、それらの技術を実現する上で鍵となる「信頼の基点」をIoT機器でも利用できるようにするためのキーデバイスとして、セキュア暗号ユニット（SCU：Secure Cryptographic Unit）の研究開発も進められ、今後さまざまな産業分野への応用が期待されている。

❷ CREST「基礎理論とシステム基盤技術の融合によるSociety 5.0のための基盤ソフトウェアの創出」（JST）

JSTのCREST「基礎理論とシステム基盤技術の融合によるSociety 5.0のための基盤ソフトウェアの創出（2021～2029年度）」では、安心・安全で信頼できるデータ駆動型社会の実現に向けて、原理的に安心・安全で信頼できる他国に依存しないオープンな基盤ソフトウェアの創出が目指されている。当該分野に関しては、近年増加しているハードウェアやOSの新たな脆弱性への対処を踏まえ「信頼できないハードウェアやOSを含む計算環境で安全なシステムを構築可能とするセキュリティ技術の創出」が進められている。その中で、ゼロトラストの概念を踏襲しIoTのトラストチェーンの正当性の数学的証明と実行隔離・自動検知・自動対処を行うゼロトラストIoTシステムの研究が進められている。ゼロトラストアーキテクチャーはIoTにとっても有用であるが、IoT機器ではソフトウェアや証明書が改変され乗っ取られているリスクがあるため何を信頼の基点としてIoT機器を検証するか、IoT機器の処理能力に制限がある中で情報の漏えいや改ざん（機密性）を完全に防ぐのではなく攻撃を受けた後のIoT機器の運用の維持（可用性・完全性）・回復のためのレジリエンスをどう実現するか、についての研究開発も求められている。

（5）科学技術的課題

ここでは、「（3）研究開発領域の概要、（4）注目動向」に関する科学技術的課題を紹介する。

❶ 水平連携型IoTシステムのセキュリティーの確立

従来のIoT機器は、あらかじめ登録されているクラウドと接続することを前提としていたが、移動するIoT機器では、IoT機器同士が直接つながって通信する水平連携型IoTシステムが検討されている[21)]。例えば、自動車では、自動運転のために路側機器と通信したり、行き交う自動車同士で通信したりするケースが想定される。このためには、不特定のIoT機器同士が相互認証できるセキュリティー技術が必要となる。IoT機器では、ソフトウェアや証明書が改変され乗っ取られているリスクもあるため、何を信頼の基点として相互認証するかが課題となっている。

❷ ハードウェアセキュリティーを低下させる物理現象に着目した対策技術の確立

従来、ハードウェアセキュリティーでは、ハードウェア内部で取り扱われる情報ごとの脅威の分析や対策技術が研究されてきている。一方で、ハードウェアレベルでのセキュリティー低下は、物理現象まで突き詰めると同一のメカニズムによって引き起こされている可能性があり、統一的な対策技術が期待されている。例えば、サイドチャネル攻撃やテンペストは「機器の内部から外部への電磁界伝搬により引き起こされる脅威」であり、電磁波を用いた攻撃や意図的な電磁妨害は「機器の外部から内部への電磁界伝搬により引き起こされるセキュリティー低下の脅威」と考えられる。こうしたセキュリティー低下を引き起こす物理現象に着目してメカニズムを解明することで、多種多様なハードウェアに統一的に適用可能な対策技術を実現できる可能性がある。例えば、サイドチャネル攻撃やテンペストでは、攻撃者が機器の電磁界を外部から計測することによるその周辺の電磁波の乱れに着目し、その乱れを検出することで攻撃を検知する方法が研究されている。こうした対策の検討により、強固な新しいセキュリティーが実現できる可能性を秘めている。

❸ ハードウェアの経年劣化と真正性を検証可能な技術の確立

近年、最先端プロセスの半導体チップの需要増やIoT機器の保守に不可欠なレガシー半導体チップの供給不足により、IoT機器の製造では、半導体メーカーが保証する正規の半導体チップに加えて、リユース品やリファービッシュ品（保証付き再生品）を使うケースも発生している。リユース品やリファービッシュ品では、偽造・模造品、あるいは異常な経年劣化特性を有する「フェイクチップ」が混入するリスクが高まっている。これに対して、IoT機器に搭載される半導体チップの真正性の検証や流通から製造に至るまでの半導体チップのトレーサビリティーを検証する仕組みが提案されている。例えば、半導体チップに埋め込んだ暗号モジュールを用いて半導体チップを認証する方法[22]や半導体チップが持つ複製が困難な機器・チップ固有の物理複製困難関数（PUF：Physically Unclonable Function）を用いる方法が提案されている。また、半導体チップの経年劣化特性を用いて真正性を判定する方法が米国を中心に研究されている[23]。しかしながら、これらの方法は、半導体チップ内部に専用回路を搭載したり、専用の半導体試験装置を開発したりするなど、半導体メーカーに依存している。近年、情報機器全般に対してフェイクチップが混入するリスクが高まっており、半導体メーカーに依存することなく、機器の製造者が半導体チップの経年劣化と真正性を検証できる技術の確立が求められている。

❹ オフェンシブセキュリティーと脅威分析の拡充、レジリエンス

IoT機器では、セキュリティー対策が十分に考慮されずに設計され、ハードウェアやソフトウェアに脆弱性が存在したままの状態で長期間運用されると、その間に脆弱性が攻撃されるリスクが高くなる。ハードウェアに生ずる脆弱性は、製品出荷後に対策を施すことが難しいため、発見された新たな脅威はリコールの対象となり企業が受ける経済的な損失は非常に大きい。こうした状況を打破するには、事前に脅威を想定して対策を施しておくオフェンシブセキュリティーの考え方を取り入れ、設計時に、発生しうる攻撃を想定し、脅威分析に基づく対策を講じておくことが重要である。脅威分析では、攻撃パターンのデータベースが重要となるが、サイバーセキュリティーと比較するとまだ規模が小さく、今後拡充していく必要がある。また、IoTシステムのセキュリティーの専門人材が不足しており、システム仕様を論理式で記述しセキュリティー対策の十分性を客観的かつ自動的に評価する検証方法の確立も望まれている。IoT 機器は、重要な社会インフラの一部として機能していることも多く、攻撃による被害の影響は広範囲に及ぶ可能性が高いため、インシデントが発生した後も、機能を回復・維持し、その脅威に対して耐性が獲得できるようにするレジリエンスの研究も求められる。

（6）その他の課題

❶ 分野連携

IoTシステムのセキュリティーの研究開発では、情報系、電気系、物理系など幅広い知識が必要である。情報系に限っても、ソフトウェア、通信方式、ネットワークなどの知識が要求され、電気系・物理系では、センサー、アクチュエーター、電子回路、半導体、熱管理、電波干渉などの知識が必要である。これらを全て熟知している人材は少なく、今後、専門家集団の分野横断的な活発な議論や連携が必要である。米国では、集積回路関連の学会（International Solid-State Circuits Conference（ISSCC）[24]やSymposia on VLSI Technology and Circuits[25]、環境電磁工学関連の学会[26]で分野横断的な議論が始められている。国内では、電子情報通信学会のハードウェアセキュリティ研究会が分野横断的な議論ができる場となっており、今後、議論が活発化することが望まれる。また、IoTシステムのセキュリティーは、システム開発、運用とも密接に関係しており、アカデミアと産業界が連携して取り組む必要がある。戦略的イノベーション創造プログラム（SIP）（内閣府）では産官学により社会実装を目指した取り組みが、電子情報技術産業協会（JEITA）でも産学による電子部品、電子機器の規格化が行われており、今後、さらにIoTのセキュリティー分野の産官学による連携が拡大していくことが望まれている。

❷ 人材育成

IoTシステムのセキュリティーでは、上述のとおり分野横断的な幅広い知識が必要となるが、そのような人材が不足している。これまで、文部科学省における補助事業「成長分野を支える情報技術人材の育成拠点の形成（enPiT）」（第２期）では、セキュリティー分野の人材育成プログラムが2016年から2021年３月

まで実施された[1]。セキュリティー分野における課題は年々増加しており、例えば、サプライチェーンセキュリティーではサプライチェーンにおける脅威を俯瞰し解決策を講じられる人材の育成など、従来以上に分野を縦横断した学際的な人材を育成するための育成事業と教育プログラムが重要となっている。これまでの取り組みを含め、今後さらなる人材育成の拡大・拡充が必要である。

（7）国際比較

国・地域	フェーズ	現状	トレンド	各国の状況、評価の際に参考にした根拠など
日本	基礎研究	○	↗	・戦略的イノベーション創造プログラム（SIP）第2期「IoT社会に対応したサイバー・フィジカル・セキュリティ」（内閣府）や官民研究開発投資拡大プログラム（PRISM）（内閣府）でIoTシステムのセキュリティーの研究開発が進められている。 ・センサーのセキュリティーで、先導的な研究が進められている。
	応用研究・開発	○	↗	・戦略的イノベーション創造プログラム（SIP）第2期「IoT社会に対応したサイバー・フィジカル・セキュリティ」（内閣府）において開発された技術が民間企業を通じて社会実装されつつある。 ・自動車を中心とした大規模なコネクティッド・シティーの実証実験が開始されている。 ・一般社団法人重要生活機器連携セキュリティ協議会（CCDS）が、国内企業を対象としてIoTのセキュリティー認証制度を2020年に開始した[16)]。 ・産業技術総合研究所のサイバーフィジカルセキュリティ研究センターを通して、産学官連携体制の構築が進められている。
米国	基礎研究	◎	↗	・DEFCONやBlackhat などのハッカー向き国際会議でのIoTセキュリティーの活動が著しい。 ・IC チップ真正性を保証する技術として、Supply Chain Hardware Integrity for Electronics Defense（SHIELD）で電子機器のライフサイクルにわたる追跡性を確保する仕組みを完成している。さらに、セキュリティー機能IC チップについて自動設計技術の創出を狙う研究開発プログラム（Automatic Implementation of Secure Silicon, AISS）が進行している。
	応用研究・開発	◎	↗	・IoTのセキュリティー基準に関して、NISTが世界の先導的役割を果たしている。 ・自動車のセキュリティー技術開発で躍進している。 ・PCやサーバー向けのプロセッサーでは設計段階からサイドチャネル攻撃などを含むハードウェアセキュリティーを意識した実装が進められている。 ・IoTシステムを担う半導体の製造フローにおいても不正な半導体チップが正規品として混入するリスクを避けるために、商務省（DoC）と国立標準技術研究所（NIST）が半導体推進プログラム（CHIPS）を立ち上げ、米国内の製造能力の増強が計画されている。

1　現在は各分野・大学での自主運営に移行しており、情報セキュリティ大学院大学、東北大学、大阪大学、和歌山大学、九州大学、長崎県立大学、慶應義塾大学の7大学院が連携して「情報セキュリティプロ人材育成短期集中プログラム（enPiT Pro Security）」が実施されている。

欧州	基礎研究	○	↗	・航空機のIoTでは、エアバスが中心となってシステム検証を取り入れた安全な設計技術の研究を進めている。 ・Horizon Europeの「6. Civil Security for Society」[27]において、Hardware, Software and supply chain securityとして在庫管理、安全でないコンポーネントの検出、および廃棄のための効果的なメカニズムの構築が進められている。
	応用研究・開発	○	↗	・ICカードのセキュリティーで先行。 ・IoTにおけるプライバシー保護について、GDPRなどの制度で先行する。 ・CC（Common Criteria）認証においてドイツの提案が多い。 ・欧州提案のLPWAの複数の方式が実用フェーズに入った。 ・欧州発の自動車規格であるAutosarで自動運転も含めたセキュリティを検討している。 ・European Chips Act[12]として、430億ユーロ規模を想定した半導体の研究開発・製造能力の増強プログラムを提案し、2030年に現在の市場シェアを2倍の20%にするという目標を掲げており、米国同様に、半導体製造能力の増強を行うことで、不正な半導体の流入を防ぐための取り組みが行われている。
中国	基礎研究	○	↗	・米国の研究機関に在籍する中国人や、米国の大学と中国の大学との共同執筆による国際会議論文は多い。 ・過去10年間において、サプライチェーンにおいて悪意あるハードウェアが混入するシナリオを考慮した論文を出口とした学術研究は米国についで2位となっており、基礎研究に力を入れている。
	応用研究・開発	○	↗	・ISO/IEC JTC1 SC41に多数の規格提案をしている。 ・自動車のセキュリティーについて中国独自の規格を定めている。 ・ハードウェアセキュリティーは軍事研究として行われている模様で、成果が見えない。
韓国	基礎研究	△	→	・小数の研究者で研究を遂行している印象であり、分野形成には至っていない。ブロックチェーン技術をIoTへ適用する研究がある。 ・他国と比べ、国内に十分な半導体製造能力を有していることから、ICチップ真正性保証技術などのハードウェアセキュリティーの基礎研究は十分ではない。
	応用研究・開発	△	→	・CC（Common Criteria）認証への提案がある。 ・ハードウェアセキュリティーは軍事研究として行われている模様で、成果が見えない。

（註1）フェーズ

基礎研究：大学・国研などでの基礎研究の範囲

応用研究・開発：技術開発（プロトタイプの開発含む）の範囲

（註2）現状　※日本の現状を基準にした評価ではなく、CRDSの調査・見解による評価

◎：特に顕著な活動・成果が見えている　○：顕著な活動・成果が見えている

△：顕著な活動・成果が見えていない　×：特筆すべき活動・成果が見えていない

（註3）トレンド　※ここ1～2年の研究開発水準の変化

↗：上昇傾向、→：現状維持、↘：下降傾向

参考文献

1）総務省「令和4年版情報通信白書（本編）」https://www.soumu.go.jp/johotsusintokei/whitepaper/ja/r04/pdf/01honpen.pdf,（2023年2月24日アクセス）.

2）国立研究開発法人情報通信研究機構（NICT）サイバーセキュリティ研究所サイバーセキュリティ研究室「NICTER観測レポート2021」NICT, https://www.nict.go.jp/report/NICTER_report_2021.pdf,（2023年2月24日アクセス）.

3）Ben Herzberg, Igal Zeifman and Dima Bekerman, "Breaking Down Mirai: An IoT DDoS

Botnet Analysis," Imperva, https://www.imperva.com/blog/malware-analysis-mirai-ddos-botnet/,（2023年2月24日アクセス）.

4) Hamdija Sinanović and Sasa Mrdovic, "Analysis of Mirai malicious software," in 2017 25th International Conference on Software, Telecommunications and Computer Networks (SoftCOM)（IEEE, 2017）: 1-5., https://doi.org/10.23919/SOFTCOM.2017.8115504.

5) Charlie Miller and Chris Valasek, "Remote Exploitation of an Unaltered Passenger Vehicle," IOActive, https://ioactive.com/pdfs/IOActive_Remote_Car_Hacking.pdf,（2023年2月24日アクセス）.

6) William A. Radasky, "Electromagnetic Warfare is Here," IEEE Spectrum, https://spectrum.ieee.org/electromagnetic-warfare-is-here,（2023年2月24日アクセス）.

7) Lejla Batina, et al., "CSI NN: Reverse Engineering of Neural Network Architectures Through Electromagnetic Side Channel," in Proceedings of the 28th USENIX Security Symposium (USENIX Association, 2019), 515-532.

8) 木下翔太郎『「つながる世界」のサイバーリスク・マネジメント：「Society 5.0」時代のサプライチェーン戦略』佐々木良一 監（東京：東洋経済新報社, 2020).

9) National Institute of Standards and Technology (NIST), "NIST Issues Guidance on Software, IoT Security and Labeling," https://www.nist.gov/news-events/news/2022/02/nist-issues-guidance-software-iot-security-and-labeling,（2023年2月24日アクセス）.

10) 独立行政法人情報処理推進機構「情報セキュリティ白書2022」184-185, https://www.ipa.go.jp/files/000100472.pdf,（2023年2月24日アクセス）.

11) CHIPS.GOV, "About CHIPS for America," National Institute of Standards and Technology (NIST), https://www.nist.gov/chips,（2023年2月24日アクセス）.

12) European Commission, "Digital sovereignty: Commission proposes Chips Act to confront semiconductor shortages and strengthen Europe's technological leadership," https://ec.europa.eu/commission/presscorner/detail/en/ip_22_729,（2023年2月24日アクセス）.

13) 松井俊浩『IoTセキュリティ技術入門』（東京：日刊工業新聞社, 2020).

14) 独立行政法人情報処理推進機構（IPA）社会基盤センター「IoT製品・サービスにセーフティ・セキュリティ等を実装するプロセスが国際標準として出版：日本提案の規格が国際標準化団体ISO/IECにて出版」IPA, https://www.ipa.go.jp/ikc/info/20210621.html,（2023年2月24日アクセス）.

15) 金沢工業大学「電気電子工学科の横谷哲也教授が主導してきたIoTプラットフォームが国際標準として出版。IoTの普及促進に向けIoTプラットフォームを規定。大学院生も調査分析及び原理検証に貢献」https://www.kanazawa-it.ac.jp/kitnews/2021/0115_yokotani.html,（2023年2月24日アクセス）.

16) 一般社団法人重要生活機器連携セキュリティ協議会「CCDSサーティフィケーションプログラムの概要」https://www.ccds.or.jp/certification/index.html,（2023年2月24日アクセス）.

17) Information Technology Laboratory, "Cybersecurity Labeling for Consumers: Internet of Things (IoT) Devices and Software," National Institute of Standards and Technology (NIST), https://www.nist.gov/itl/executive-order-14028-improving-nations-cybersecurity/cybersecurity-labeling-consumers-0,（2023年2月24日アクセス）.

18) European Commission, "Cyber Resilience Act," https://digital-strategy.ec.europa.eu/en/library/cyber-resilience-act,（2023年2月24日アクセス）.

19) Duy-Phuc Pham, et al., "Obfuscation Revealed: Leveraging Electromagnetic Signals for Obfuscated Malware Classification," in ACSAC '21: Annual Computer Security Applications Conference (New York: Association for Computing Machinery, 2021), 706-719., https://doi.

org/10.1145/3485832.3485894.
20) 林優一, 川村信一「ハードウェアセキュリティの最新動向：3. ハードウェアトロージャンの脅威と検出」『情報処理』61巻6号（2020）：568-571.
21) 山崎育生, 他『oneM2Mハンドブック：水平連携型IoTシステムの標準規格と実装』山﨑徳和 編著（東京：森北出版, 2021）.
22) Serge Leef, "Supply Chain Hardware Integrity for Electronics Defense (SHIELD), (Archived)," Defense Advanced Research Projects Agency (DARPA), https://www.darpa.mil/program/supply-chain-hardware-integrity-for-electronics-defense,（2023年2月24日アクセス）.
23) Lok Yan, "Automatic Implementation of Secure Silicon (AISS)," Defense Advanced Research Projects Agency (DARPA), https://www.darpa.mil/program/automatic-implementation-of-secure-silicon,（2023年2月24日アクセス）.
24) International Solid-State Circuits Conference (ISSCC), https://www.isscc.org,（2023年2月24日アクセス）.
25) 2023 Symposia on VLSI Technology and Circuits, https://www.vlsisymposium.org,（2023年2月24日アクセス）.
26) EMC Society, "EM Leakage," https://www.emcs.org/emleakage.html,（2023年2月24日アクセス）.
27) European Commission, "Horizon Europe Work Programme 2021-2022: 6. Civil Security for Society," https://ec.europa.eu/info/funding-tenders/opportunities/docs/2021-2027/horizon/wp-call/2021-2022/wp-6-civil-security-for-society_horizon-2021-2022_en.pdf,（2023年2月24日アクセス）.

2.4.2 サイバーセキュリティー

（1）研究開発領域の定義

サイバー攻撃の検知や遮断、侵入後の調査や復旧、分析・防御技術の確立などのための研究開発を行う領域である。特に、セキュリティーオペレーションを自動化する技術に関する研究開発に主眼があり、サイバー攻撃の迅速な検知、インターネット上での脅威状況の把握、マルウェアの分析など、システム管理者やセキュリティーアナリストが実施している業務を強力にバックアップする、もしくは自動化する技術を構築する。近年は、攻撃者の振る舞いや背景の理解、脅威情報の把握、攻撃を受けた際の対応、組織構成員の教育など、より広範囲の対策に資する研究開発が行われるようになってきている。

（2）キーワード

侵入検知、標的型攻撃、フィッシング攻撃、DDoS（Distributed Denial of Service）攻撃、マルウェア分析・対策、脅威インテリジェンス、サイバーセキュリティー演習、サイバー攻撃、インシデントレスポンス、脆弱性検知、ゼロトラストセキュリティー、AI for Security、機械学習、ビッグデータ分析

（3）研究開発領域の概要

［本領域の意義］

インターネットの進歩・発展の陰で、インターネットを経由したサイバー攻撃も日々高度化を続けており、個人、組織、国家に直接的、間接的に影響を及ぼす重大な社会問題となっている。インターネットはすでに社会基盤となっており、多くのビジネスが本基盤に依存しているだけでなく、私生活面においてもその依存度は高い。IoT（Internet of Things）や5Gなどに代表される通信技術の発達を背景に、自動運転や遠隔医療など、さまざまな応用分野の発展が今後見込まれており、これらの発展の基盤にサイバーセキュリティー技術が必須であることは言うまでもない。個人についても、フィッシングによる情報の盗取や盗取情報の悪用による不正アクセス、スマホ決済でのアカウント乗っ取り、オンラインバンキングでの不正送金などが問題となっている。また、テレワークの普及に伴い社外から社内システムにアクセスするためのVPN製品の脆弱性を対象とした攻撃も増加している。サイバーセキュリティーは、金銭的な対価を得るための攻撃から、国家を背景とした攻撃まで、その対象範囲は幅広い。産学官の連携、国際連携により対策を進める必要がある。一方、中核となる技術や情報が国際的に共有されることは必ずしも期待できないため、自国内で高い技術水準、情報の蓄積を継続的に行うことが特に重要となっている。このように、サイバーセキュリティーはわれわれの生活の安心・安全から国家の安全維持にまで関わり、安心・安全な社会を実現するためにはサイバー攻撃への対策を継続的に行うことが必要不可欠といえる。

［研究開発の動向］

❶ これまでの研究開発の流れとトレンド

従来、侵入検知やマルウェア（不正プログラム）の解析、検知、駆除などの対策について、さまざまな研究開発が行われてきた。例えば、侵入検知では、シグネチャーと呼ぶ検出ルールに従って不正侵入を検出するIDS（Intrusion Detection System）や検出した際に遮断まで行うIPS（Intrusion Prevention System）が導入されている。最近では、AIを用いて、ネットワーク内の通信内容や端末の挙動などを観測して不正侵入を検知する方法も導入されている。マルウェアの検知でも、これまではシグネチャーベースのマルウェア検知手法が利用されてきたが、膨大な亜種マルウェアや解析回避機能を有するマルウェアの出現によって効果が低下しており、検査対象のファイルを実際に動かして検知する方法や、検知したマルウェアをAIで学習して未知のマルウェアを検知する方法が研究されている。また、不正侵入の防御では、COVID–19の感染対策を契機としたテレワークの急速な普及を背景に、組織内外に関わらずセキュリ

ティー脅威が存在するという前提に基づいたゼロトラストセキュリティーの導入が進展している。サイバーセキュリティーの研究は、従来、ソフトウェアやネットワーク技術、暗号理論などが中心であったが、現在ではその領域は拡大しつつあり、機械学習、自然言語処理、ハードウェアなどの周辺分野との交わりが積極的になされている。急増するサイバー攻撃の検知や防御にAIを活用する研究も進展している。また、常に新たな攻撃が出現する中、その直接的な対策技術を開発するような対処療法的な研究開発だけでなく、組織、組織の構成員、システム、システムを構成する機器群、それらの運用、保守体制を含め、多様かつ総合的な対策を行う研究開発へと裾野が広がってきている。

セキュリティーの研究開発では、実際の攻撃に基づき対策を検証する必要があるため、観測データの蓄積が重要な役割を持っている。国立研究開発法人情報通信研究機構（NICT：National Institute of Information and Communications Technology）は、日本最大規模のサイバー攻撃観測・分析・対策システムNICTERを構築し、そこで収集したデータを活用して研究開発を推進しており、特にそのリアルタイム分析・可視化技術は世界をリードしている。また、NICTが開発した対サイバー攻撃アラートシステムDAEDALUSは、クルウィット社により商用サービス化（SiteVisor）されるなど、公的機関の研究開発が産業化される事例も出てきている。今後、さらなるサイバー攻撃の観測データ基盤の拡充が求められている。

さらに、サイバーフィジカルセキュリティーという言葉が象徴するように、サイバーインシデントが実社会に実害を与えるようなケースも取り扱う必要があり、サイバー社会にさまざまなものが移行してくるにつれ、サイバーセキュリティーが扱う技術領域は今後も拡大傾向にあると考えられる。

❷ 海外・国内政策動向

諸外国の中では、特に米国がサイバーセキュリティー分野の研究開発をリードしている。トランプ前政権では、防衛やサイバーセキュリティーの研究開発に重点が置かれてきた。2017 年には、大統領令により連邦政府としてサイバーセキュリティー・リスクを管理するという基本姿勢が示され、それに続く形で、さまざまなサイバーセキュリティー戦略が策定され[1)]、豊富な研究資金に基づき大小幅広いプロジェクトが継続的に実施されてきた。バイデン政権においてもサイバーセキュリティーは最優先事項と位置づけられ、さまざまな施策が展開されている。大統領令[2)]（2021年5月）では、同月に起きた石油パイプライン施設へのサイバー攻撃などに対応すべく、サプライチェーンの安全性向上を主な目的としてサイバーセキュリティーの強化が指示されている。また、2022年4月には、サイバースペースでの国家安全保障、デジタル近代化を担うサイバースペースおよびデジタル政策局（Bureau of Cyberspace and Digital Policy）が発足している。

わが国においては、2014年にサイバーセキュリティー基本法が制定され、サイバーセキュリティー分野における研究開発の重要性が唱えられた。本基本法を受けて、内閣サイバーセキュリティセンター（NISC: National center of Incident readiness and Strategy for Cybersecurity）が、2015年に初めてのサイバーセキュリティー戦略を策定し、日本のサイバーセキュリティーの施策目標や実施方針が示された。2021年には3回目となる同戦略が策定され、「Cybersecurity for All」がコンセプトとして掲げられている。また、2022年には、経済活動に関して行われる国家および国民の安全を害する行為を未然に防止することを目的として経済安全保障推進法が成立している。さらに、第6期科学技術・イノベーション基本計画でも、サイバーセキュリティーの研究開発の重要性が示されている。ファンディングでは、内閣府が主導する「戦略的イノベーション創造プログラム（SIP）第2期」（テーマ：IoT社会に対応したサイバー・フィジカル・セキュリティ）や「官民研究開発投資拡大プログラム（PRISM）」（テーマ：サイバーセキュリティ対策の高度化AIを活用したサイバー攻撃対策技術の開発）、総務省が主導する「電波資源拡大のための研究開発」（テーマ：電波の有効利用のための IoT マルウェア無害化/無機能化技術等に関する研究開発）の中で実践的な応用研究が進められている。

（4）注目動向

［新展開・技術トピックス］

❶ 大規模、かつユニークな観測データ収集を強みとしたビッグデータ分析

サイバーセキュリティーの研究開発はサイバー攻撃の観測データに基づく研究開発になる傾向が強く、ビッグデータの蓄積と分析の重要性が高まっている。より大規模かつユニークなデータを収集することにより、他者の追従が困難な研究開発が実施できる。データは研究開発機関が自ら収集するケースもあるが、大規模な商品・サービス展開を実施している企業から提供されるケースも存在する。NICTが構築している日本最大規模のサイバー攻撃観測・分析・対策システムNICTERや、Web媒介型攻撃対策技術の実用化に向けた研究開発（WarpDrive）は、その一例である。

❷ 観測データのプライバシーを配慮した分析

サイバーセキュリティーの研究開発は上述のとおりビッグデータ分析が求められるケースが多いが、大規模なデータを用意するには、複数機関で連携してデータを収集する、もしくは複数機関が保有する異なるデータを共有して分析することが有効なケースも存在する。しかし、組織の壁を越えてデータを共有する際には、扱うデータによってはプライバシーや機密性の観点から配慮を要するケースが多い。そのような配慮を着実に実施してデータを収集するケースもあるが、データを暗号化したままで分析を行うプラバシー保護データマイニング技術[1]や、データ自体の共有を行わないで学習を実施する連合学習技術[2]、プライバシーに配慮した形でデータを共有し演算を実施する差分プライバシー技術[3]の活用も進められている。

❸ 説明可能なAIに関する研究

機械学習や深層学習などのAI技術の発展により、さまざまな分野において自動化技術が発展してきているが、AI技術が下した判断の根拠を理解することは難しく、AI技術の社会実装の一つの問題点となっている。サイバーセキュリティー分野においても同様の問題があり、AI技術が下した判断をもとに人が検証した上で対策を実行するケースが多い。AI技術が判断の根拠を示すことができれば、人手による検証作業の効率化が期待できる。AI分野では説明可能なAI技術が研究されており、サイバーセキュリティー分野へ適用するための研究が望まれている。

❹ ヒューマンファクターを考慮したセキュリティー研究

デジタルトランスフォーメーションの進展やCOVID–19の感染対策を契機としたテレワークの急速な普及を背景に、クラウドサービスやリモートアクセスの利用が進み、クラウド内に保存されている企業の機密情報や個人情報などにどこからでもアクセスすることが可能となってきている。近年、これらの情報を狙うサイバー攻撃では、フィッシングなどのユーザーの隙を突いたソーシャルエンジニアリング攻撃が利用されるケースが増加している。システム的側面だけでなく、ICTを扱う人間の振る舞いの理解、すなわちヒューマンファクターを考慮したセキュリティー研究の重要性が高まっている[4]。

1 詳細は「2.4.3（3）研究開発領域の概要［研究開発の動向］❶これまでの研究開発の流れとトレンド　プライバシー保護データマイニング」を参照いただきたい。

2 詳細は「2.4.3（4）注目動向［新展開・技術トピックス］❷連合学習」を参照いただきたい。

3 詳細は「2.4.3（5）科学技術的課題❷局所差分プライバシーによるデータ活用」を参照いただきたい。

4 詳細は「2.4.4 人・社会とセキュリティー」を参照いただきたい。

❺ スマートコントラクトに関する研究

ブロックチェーンは、仮想通貨だけでなく、スマートコントラクトなどを利用した多様なサービスへの利用が開始されており、その基盤となるシステムやソフトウェアの開発も進んでいる。一方で、これらのシステムにもさまざまな脆弱性が発見され、実際に攻撃による経済的損失が発生している。この対策として、スマートコントラクトのプラットフォームや、その上で動作するプログラムであるスマートコントラクト自体の脆弱性に関する研究が世界的に活発に行われている。

❻ 研究倫理への配慮

国際学会では、相当数の学会で研究倫理に配慮することが投稿の条件となっており、特に難関国際学会ではその傾向が高い。例えば、特定のソフトウェアの脆弱性が発見された際には、その情報をベンダーに報告し、適切な対応を実施するといった責任ある情報開示（Responsible Disclosure）の重要性が、学術界を中心に認識されるようになっている。同様に、プライバシーにかかわる情報を扱う場合には、研究倫理委員会にて問題がないことを確認するなど、ユーザーのプライバシーに十分配慮した対応がなされていることが分かるような記載が求められている。セキュリティーの研究は、報告することで攻撃者に資する状況を生じてしまう可能性があるため、研究倫理への配慮を徹底することで、そのリスクを最小化する、もしくはリスクよりもメリットの方が格段に大きいことを研究者自身が確認しながら研究を実施することが求められている。

［注目すべき国内外のプロジェクト］

❶ Web媒介型攻撃対策技術の実用化に向けた研究開発（NICT）

上述のとおり、サイバーセキュリティー領域では、より大規模かつユニークなデータを収集することが競争力の源泉になりうる。NICTでは、Web媒介型攻撃対策技術の実用化に向けた研究開発（WarpDrive：Web-based Attack Response with Practical and Deployable Research Initiative）が進められた。本プロジェクトは2021年3月31日をもって終了したが、2021年4月1日より、NICTのCYNEX事業の一つとして継続して実施されている。本プロジェクトでは、複数の研究開発機関が結束し、ユーザーがブラウザーからWebページにアクセスした履歴を日本中の実験参加者から収集し、それをもとに研究開発、そして社会展開することを目指している。特に、単なるWebページのアクセス記録だけでなく、そのユーザーがどのようなWebページへ遷移するアクションをとったのかなどのきめ細かな情報が取得され、今後の研究開発に活用できる貴重な情報が蓄積されている。この取り組みは、サイバーセキュリティーに関する情報を収集し巨大なデータハブを作ろうとする構想であり、本業界におけるデータ収集の重要性が強く認識されている状況が伺える。

❷ 戦略的イノベーション創造プログラム（SIP）第2期（内閣府）

内閣府が実施している戦略的イノベーション創造プログラム（SIP）第2期では、社会展開までを意識した研究開発が実施されている。研究開発テーマ「IoT社会に対応したサイバー・フィジカル・セキュリティ」では、IoTシステム/サービスおよび中小企業を含む大規模サプライチェーン全体を守るサイバー・フィジカル・セキュリティ対策基盤のための「信頼の創出・証明」「信頼チェーンの構築・流通」「信頼チェーンの検証・維持」技術の研究開発が進められている。

❸ 官民研究開発投資拡大プログラム（PRISM）（内閣府）

内閣府が実施している官民研究開発投資拡大プログラム（PRISM）でも、社会展開を意識した研究開発が実施されている。令和元年度のPRISMでは「サイバー攻撃ハイブリッド高速分析プラットフォームの研究開発」の中でAIを活用したサイバー攻撃対策技術の開発が行われ、大規模なサイバー攻撃につながるマルウェアの初期挙動を検知する技術の開発が行われている。このような機械学習を用いたサイバーセキュリティー技術の実用化を国が研究開発プロジェクトとして進めている。

❹ 電波資源拡大のための研究開発（総務省）

総務省が実施している電波資源拡大のための研究開発では、さまざまな研究開発が実施されているが、その中で「電波の有効利用のための IoT マルウェア無害化/無機能化技術等に 関する研究開発」では、IoT マルウェア、および関連情報の詳細分析技術の開発を行うとともに、遠隔からの IoT マルウェアの無害化および無機能化を実現するための研究開発が実施されている。本研究の中では機械学習がツールとして用いられることが記されているが、本研究の目的は機械学習技術自体の発展ではなく、最終的にIoT機器のセキュリティー対策を実現することにある。

❺ IoT 機器を悪用したサイバー攻撃防止に向けた注意喚起の取り組み（NOTICE）（総務省および NICT）

総務省およびNICTはインターネットプロバイダーと連携して、脆弱なID・パスワードの利用など、サイバー攻撃に悪用されるおそれのあるIoT機器の調査、および当該機器の利用者への注意喚起の取り組み（NOTICE：National Operation Towards IoT Clean Environment）を実施している。 NICTの業務にサイバー攻撃に悪用されるおそれのある機器の調査などを追加（5年間の時限措置）する「電気通信事業法及び国立研究開発法人情報通信研究機構法の一部を改正する法律」が2018年11月1日に施行され、法的に問題がない形で上記調査を2019年2月20日より実施している。施行から数年が経過した現在、調査対象ポート・プロトコルの拡大が検討されている。このような取り組みを実施しなければならないほど脆弱なIoT機器の現状は危機的な状態であり、対策が急がれている。

❻ 米国・NSF によるサイバーセキュリティー研究開発支援

米国・NSF（National Science Foundation）は、2022年8月にNSFにおける最大規模の研究プログラムThe Secure and Trustworthy Cyberspaceプログラム[3), 4)]として、サイバーセキュリティーとプライバシーに関する最先端研究に2540万ドルの資金を投入することを発表している。このプログラムによってサポートされるプロジェクトの一つに、ノースカロライナ州立大学が主導する「安全で信頼できるソフトウェアサプライチェーンの実現」[5)]がある。このプロジェクトでは、一般消費者、政府、産業界、学界が使用するソフトウェアのリスクを軽減することを目指して、ソフトウェアのセキュリティーを確保するための原則やツール、プロセスを策定し、サプライチェーンセキュリティーの指標を示すことを目標としている。ワシントン大学が主導する「不利な立場にある人々のコンピューティングの未来の確保」[6)]では、セキュリティーやプライバシーに関する機能を十分に活用できずリスクに晒されている弱い立場の人々をサポートするソリューションを開発することを目標としている。インディアナ大学が主導する「分散秘匿コンピューティングセンター」[7)]では、信頼できる実行環境を実現するハードウェア機能を利用し、クラウドコンピューティング環境などの分散コンピューティングシステム全体で悪意のあるソフトウェアによる侵害を防ぎ計算を実行する方法に取り組むことを目標としている。

❼ 欧州・Horizon Europeによるサイバーセキュリティー研究開発支援

欧州ではHorizon 2020の終了に伴い、Horizon Europe（2021–2027）による研究開発支援が行われている。 Horizon Europeの長期計画として、「The first Horizon Europe strategic plan（2021–2024）」が発行されており、それによるとHorizon Europeには3つの柱が存在し、そのうちの一つの「Global Challenges & European Industrial Competitiveness」では6つのクラスタが定義されている。サイバーセキュリティーはこの6つのクラスタのうちの「Civil Security for Society」において大きく取り上げられているほか、クラスタをまたがる事項として、その重要性が認識されている。欧州ではHorizon

Europeとは別に、European Defence Fund（EDF）による研究開発支援も存在する。 EDFは防衛に関する研究開発に対して支援を実施するもので、2016年に提案され2017年に設立されたものである。 EDFではサイバーセキュリティーに関する研究開発も取り上げられている。

（5）科学技術的課題

ここでは、「（3）研究開発領域の概要、（4）注目動向」に関する科学技術的課題を紹介する。

❶ インターネットレベルでのセキュリティー対策技術

・大規模感染型マルウェア対策技術

大規模感染型マルウェアはインターネット上で依然猛威を振るっており、Windows端末だけではなくLinux組み込み機器であるブロードバンドルーターやWebカメラなどのIoT機器がマルウェアに感染する事例も多くみられる。大規模感染型マルウェア対策技術として、大規模ネットワーク観測・分析の高度化と、その観測結果を活用した対策技術の開発に加えて、組み込み機器やモバイル機器に感染するマルウェアを想定した新しいハニーポット技術の確立も課題となっている。

・DDoS攻撃対策技術

特定のサーバーに通信を集中させ、外部からのアクセスを不能にするDDoS（Distributed Denial of Service）攻撃への対処は、サービス提供者や通信事業者にとって依然として重要な課題となっている。2013年初頭からDDoSツールやボットネットを利用した従来型のDDoS攻撃に加え、DNS（Domain Name System）やNTP（Network Time Protocol）などによる通信の増幅を悪用した反射型分散サービス妨害（DRDoS：Distributed Reflection Denial of Service）攻撃が台頭しており、対策を一層困難にしている。 DDoS攻撃対策技術として、攻撃観測用ハニーポット技術、大規模ネットワーク観測技術、さらにそれらと被害サーバー側のDDoS攻撃観測情報を用いたDDoS攻撃の予測・早期検知・早期対策技術の確立が重要となっている。

・マルウェア分析技術

膨大な亜種マルウェアや解析回避機能を有するマルウェアの出現によって、シグネチャーベースのマルウェア検知手法の効果が低下している。マルウェア対策技術として、サンドボックス解析技術の高度化や、カーネルモードで動作するマルウェアの解析技術、マルウェアの長期動的解析技術、マルウェアの解析回避機能への対策技術の確立が求められている。マルウェアのコード分析（静的解析）においても、パッカーなどを通じた亜種の大量生成に左右されない分析技術や、CPUアーキテクチャーの差異を超えた分析技術の確立が求められている。また、組み込み機器やモバイル機器に感染するマルウェアの収集・解析技術の確立も重要となっている。

❷ 説明可能なAI技術

AIの判定結果の根拠を説明するための技術は、さまざまな分野において、その重要性が認識され始めているが、現時点では、AI分野での研究開発が主流であり、サイバーセキュリティー分野での判定結果の説明性を提供できる技術は確立されていない。AIのアルゴリズムの入力・出力・モデルだけに着目した分析・説明性の提供がAI技術の分野にて研究されている段階であり、その技術をそのままサイバーセキュリティー分野に適用しても、AI技術に精通していないセキュリティーオペレーターが理解できる説明性を担保できる状況にはなっていない。現在、AIはすでにシステムの中の部品として用いられており、サイバーセキュリティー分野のオペレーターにも理解できるレベルの説明性を提供できる技術の開発が求められている。

❸ ヒューマンファクターを考慮したセキュリティー研究のための大規模観測・分析技術

フィッシング攻撃やWebを介した攻撃であるドライブ・バイ・ダウンロード（DBD: Drive-by Download）攻撃は、ハニーポットなどの受動的観測では捉えられない攻撃である。インターネット上に存在するWebサイトを巡回して情報を収集（Webクローリング）して、その中から攻撃に加担する悪性サイトを検知する取り組みもあるが、Webクローリングのシード選択の問題や、数時間で生滅する悪性サイトを捉えられないなど問題が多い。特にフィッシングサイトに関しては引き続き増加傾向にある。これらの攻撃は人間がだまされるという側面があり、対策にはヒューマンファクターの理解が重要となる。どのようにしてユーザーがだまされ、被害者になっていくのかというユーザー視点での分析のためには、ユーザーのWebブラウザーや組織のWebプロキシーなどの観測データを取り込み、分析を行うための大規模観測・分析技術の確立が必要となっている。

❹ 組織の枠を超えた情報連携技術

・サイバー攻撃情報共有技術

サイバー攻撃は容易に国境を跨いで行われる。従って、サイバー攻撃対策には国際的なサイバー攻撃情報の共有が有効であり、脅威の源泉となっている攻撃者や攻撃グループの背景の把握、これらの脅威情報の収集、蓄積が重要である。しかし、多くの場合、人手による情報共有が主流となっており、また機微な情報の共有は困難となっている。サイバー攻撃情報共有技術として、サイバー攻撃に関連した情報のグローバルなリポジトリーの構築（そのためのサイバー脅威の記述方法や共有手順の統一、国際標準化）、機微情報のサニタイズ技術、高速な検索技術、異なる攻撃キャンペーン間の相関分析技術などの確立が重要となっている。

・脅威インテリジェンスの生成・活用技術

効率的なセキュリティー対策を実施するために、脅威インテリジェンスの重要性がこの数年間主張されてきている。脅威インテリジェンスとは、攻撃者の意図や目的、攻撃パターンなど、さまざまな情報を収集・分析して得た知見であり、これをもとにサイバー攻撃への効果的な対策を打つことが期待できる。しかしながら、そのインテリジェンスが有効に活用できていない現状が指摘されている。脅威インテリジェンスの中でもサイバー攻撃の通信先IPアドレスやURIなどの痕跡を表すIoC（Indicator of Compromise）情報は比較的普及しており利用が進んでいるものの、IoC以外の情報については十分に活用されていないといわれており、効果的に記載・共有できるインテリジェンスを用意するなどしてオペレーターがより効果的な現状把握・対策を講じることを可能にすることが求められている。また、IoC情報についても、セキュリティー対策のより高度な自動化の実現など、さらなる活用が望まれている。一方で、インテリジェンス自体を自動生成する技術も研究されている。インテリジェンスには、一般に公開されている情報から得られるインテリジェンスであるオシント（OSINT：Open Source Intelligence）や、人が人に接触して収集するヒューミント（HUMINT：Human Intelligence）、通信などを傍受して収集するコミント（COMINT：Communication Intelligence）などがある。OSINTの一つであるソーシャルメディアなどのWebの情報ソースを用いて自動的にインテリジェンスを抽出する技術の確立が望まれている。

・観測データのプライバシーを配慮した分析技術

複数の機関が収集した観測データのプライバシーを配慮して分析するためには、データ自体を共有することなく分析する技術や、データを共有しても共有先に解読されない技術を活用することが有用である。学習したモデルだけを共有する連合学習や、データを暗号化したまま演算を実施する準同型暗号技術、データを分割し処理空間を分けることでデータの秘匿性を担保する秘密分散技術などが存在している。今後、これらの技術がサイバーセキュリティー領域でも適用可能性および有用性を検証した上で活用されることが望まれる。

❺ サイバー攻撃可視化技術

サイバー攻撃は元来不可視であるが故に、セキュリティーオペレーターが攻撃の状況を迅速に理解することを難しくしている。サイバー攻撃可視化技術はセキュリティーオペレーションの迅速化・効率化のためのセキュリティーアウェアネスの向上を図る上で重要となっている。また対策の重要性を組織のトップマネージメントが正しく理解することに役立てることにも活用できる。

❻ 各組織の中のセキュリティー対策能力を向上する技術

・標的型攻撃対策技術

標的型攻撃とは、特定組織をターゲットとした長期にわたる執拗な攻撃である。典型的な標的型攻撃では、周到に準備された電子メールに添付されたマルウェアが組織内に侵入する。標的型攻撃対策では、従来型の境界防御技術（入口対策、出口対策）が有効に働かないケースも多いため、組織内部の観測・分析・検知技術（内部対策）の確立が重要となっている。さらに、組織内のログマネージメント技術や、インシデント発生後のフォレンジック技術の高度化も必要となっている。

・アラート対応疲れへの対応

SIEM（Security Information and Event Management）機器を導入することで異常を検知しやすくなるが、人間のオペレーターがこれらの機器が生成するアラートを検証する必要がある。その検証作業に非常に多くの時間を要するため、オペレーターが疲弊するという「アラート対応疲れ」という問題が近年指摘されてきている。これらの問題に対応すべく、喫緊にアクションが必要なアラートだけを抽出する技術が求められている。

（6）その他の課題

❶ 有用なデータ基盤の運営拠点の構築

サイバーセキュリティーは「データオリエンテッド」な研究分野であり、研究の成否は、いかに大規模な「実データ」を定常的に収集できるかにかかっていると言っても過言ではない。実データを定常的に収集するためには、収集技術の開発のみならず、システムの安定稼働や長期運用体制の構築、関係組織（例えば大学の場合は学内情報センター）との折衝など、人的コストの非常に高い作業を継続的に行う必要がある。そのため、有用なデータの収集が始まるまでに数年単位の時間を費やす事も珍しくない。さらに、研究の材料となるデータの中にはプライバシー保護が必要な情報や機密情報が含まれる可能性もあり、入手を困難にしている[8)]。また、わが国の公的な競争的資金は数年程度の年限で設定されており、大規模なデータ収集基盤の構築に多くの時間を割くことが難しく、そのためオリジナルな「実データ」を用いた研究環境を構築できている国内大学は数えるほどしか存在しない。また、公的な競争的資金では研究の新規性やデマケーション（他の研究との差別化）が重視されるため、すでに構築したデータ収集基盤の長期運用という重要な項目に予算計上することが難しい。データ基盤の構築・運用のためには、サイバーセキュリティーの研究のための実データを扱うシステムの構築から関係組織との調整・ノウハウ蓄積などを一元的に行い、期限が限定されていない資金で運営が行える拠点の構築が望まれる。

❷ 産学連携

サイバーセキュリティーは実践的な研究分野であり、常に実用化を目指した研究開発が重要である。米国の例をみると、ミシガン大学の研究グループが設立したArbor Networks社（DDoS対策製品に強み。NETSCOUT社が買収）や、カリフォルニア大学サンタバーバラ校などの研究グループが設立したLastline

社（標的型攻撃対策製品に強み。2020年VMware社が買収）など、大学の学術研究が実用化に直結している。さらに、それら企業の製品が集めた実データを学術研究にフィードバックすることで、新たな研究を生み出しており、実データを中心とした研究のライフサイクルが確立している。日本では、サイバーセキュリティー分野において国内大学の研究成果が実際の製品やサービスに結びつき大規模に産業展開した例はほぼ皆無であり、産業界と学術界の間で大きなギャップが存在している。今後、日本国内でも実現可能な産学連携の方策を模索するべきである。

また、サイバーセキュリティー分野は、すでに顕在化している、または、その兆候が表れている問題を対象にする傾向が強いため、研究トピックの変遷や研究開発された技術の陳腐化が早く、普遍的な科学技術、学問分野としての蓄積が難しい。今後の社会的、技術的な動向の予測に従い、サイバーセキュリティーの観点で高いニーズが予想される領域を特定し、産学連携で研究者が参入できる環境・体制を確立して国際競争力をつけることが重要といえる。

さらに、サイバーセキュリティーにおいては、分野横断の学際的研究が必要である。すでに取り組みが始まっている「サイバーセキュリティー×経済学・経営学」、「サイバーセキュリティー×心理学」、「サイバーセキュリティー×金融工学」など、広い視点からの産学連携・学際連携が期待される。

❸ ファンディング

日本の公的な研究資金ではデマケーションが重要視されるため類似の研究課題に関して複数の研究グループが研究資金を獲得して同時並行的に研究開発を進めることは、ほぼ起こり得ない（そして、研究資金獲得後は競争が発生しない）。今後、研究成果を高めるためには、重要なテーマについては複数の研究グループに研究資金を提供し、高い研究成果を上げた研究グループを評価する仕組みなどにより研究グループ間の競争を促すことが必要である。そのためには、研究資金提供側の組織も各分野の専門家を擁して、技術的な評価を行える体制が必要である。例えば、米国では、前述のとおり複数の省庁がサイバーセキュリティーに関する研究予算を計上しており、その全体調整はNITRD（Networking and Information Technology Research and Development）が受け持っているが、省庁間のデマケーションを行うのではなく、ある程度の重複は許容しつつ、年度ごとの評価を厳正に行い、高い研究成果を上げている研究グループが生き残る仕組み（つまり資金獲得後の競争の仕組み）を構築している。

❹ 人材育成

サイバーセキュリティーの研究開発の現場では、慢性的な人材不足に悩まされている。NICTで2022年4月に新たに組織されたサイバーセキュリティネクサスでは、国内のセキュリティー人材の育成を促進するため、NICTが開発した演習教材と実機の演習環境から成るサイバーセキュリティー演習基盤のオープン化トライアルを開始している。これは、これまで主に国の機関や地方公共団体向けに行ってきた実践的なサイバーセキュリティー演習を、国内の民間事業者や教育機関向けにも提供するトライアルであり、2023年度に本格運用が開始される予定である。情報処理推進機構（IPA）サイバーセキュリティセンターでは、模擬プラントを用いた演習や攻撃防御の実践経験、最新のサイバー攻撃情報の調査・分析などを通してセキュリティー人材を育成するプログラムを実施している。また、文部科学省「成長分野を支える情報技術人材の育成拠点の形成（enPiT）」（第2期）では、セキュリティー分野の人材育成プログラムが2016年から2021年3月まで実施された[5]。これらの取り組みを含め、今後、さらなる人材育成の拡大・拡充が必要である。

5　現在は各分野・大学での自主運営に移行しており、情報セキュリティ大学院大学、東北大学、大阪大学、和歌山大学、九州大学、長崎県立大学、慶應義塾大学の7大学院が連携して「情報セキュリティプロ人材育成短期集中プログラム（enPiT Pro Security）」を実施している。

セキュリティーは、機械学習やネットワーク技術、自然言語処理など、さまざまな分野と隣接・重複しており、必然的に人材の獲得競争率が上昇する。また、セキュリティーはその性質上、誰にでも仕事を任せられるものではなく、例えば海外の人材を無条件で採用するのは難しい。さらには、国内におけるサイバーセキュリティー関係の職種の給与水準は欧米と比べていまだに見劣りするのが現状である。国や自治体が自らセキュリティー人材の処遇改善をリードする施策も重要である。海外では、産業界での経験を生かして学術界で活躍するケースや、逆に学術界の研究成果を基に産業界に進出するケースを見ることができる。実用性が高く実務経験が重要となるサイバーセキュリティー分野においては、このような人材の流動性があることが望ましい。

また、米国・標準技術研究所（NIST：National Institute of Standards and Technology）が国家サイバーセキュリティー教育イニシアチブ（NICE：National Initiative for Cybersecurity Education）の下で資金提供をするとともに、2020年2月にはサイバーセキュリティー人材育成のためのベストプラクティスを共有する取り組みなどを行っている[9)]。わが国においても、人材流動や人材育成を促進するためのキャリアパス支援、セキュリティー産業育成が必要である。

❺ CSIRTの拡充

CSIRT（Computer Security Incident Response Team）は、セキュリティーインシデントが発生した際に対応するチームであり、セキュリティーインシデントへの対応や脆弱性情報の収集・共有、セキュリティーインシデント対応の窓口機能などを持つ。 CSIRTには、企業などの組織に関わるセキュリティーインシデントを扱うInternal CSIRTや、国や地域全体に関わるセキュリティーインシデントを扱うNational CSIRT（例：JPCERT/CC）、グローバル連携を目的としたFIRST（Forum of Incident Response and Security Teams）などがある。 CSIRTには、さまざまなセキュリティーインシデントに対応するために、情報セキュリティーマネージメントのスキルに加えて、ITインフラやサイバー攻撃、セキュリティー対策などの幅広い知識と高度なスキルを持つ人材が必要となる。さらに、今後は、高度化する攻撃へ対応するために、情報の蓄積・分析、改善策の考案などのインテリジェンスサイクルの実行や、異なる国・文化圏で働くベンダーやサプライヤースタッフとの連絡調整が正確にできる人材が求められる。このためには、「本節（6）❹人材育成」や「2.4.4（6）❷人材育成」でも述べているように、セキュリティーに関する高度なスキルを持つ人材の育成が求められている。

（7）国際比較

国・地域	フェーズ	現状	トレンド	各国の状況、評価の際に参考にした根拠など
日本	基礎研究	○	↗	・国内シンポジウムなどでのサイバーセキュリティーやマルウェア解析に関する発表件数は大学、企業とも増加傾向にある。一方、著名な国際会議での発表件数は多くはないものの、ここ数年、着実に伸びてきている。従来は海外の研究機関との共著という形で採録されているものが時々存在していた程度であったが、横浜国立大学、早稲田大学、電気通信大学、情報通信研究機構などから、日本人が主著の研究論文が採録されるなど、国際的な成果も伸びつつある。
	応用研究・開発	○	→	・内閣府が主導する「官民研究開発投資拡大プログラム（PRISM）」、総務省が主導する「電波資源拡大のための研究開発」の中で、実践的な応用研究が進められている。 ・日本最大規模のサイバー攻撃観測・分析・対策システムNICTERを中心とした研究開発を推進しており、特にそのリアルタイム分析・可視化技術は世界をリードしている。 ・国産のセキュリティー製品は非常に少なく、大部分を海外ベンダーに依存している。大手企業の多くも、海外製品のSI業に徹しており、自社製品が普及している例は少ないものの、FFRI社のアンチウイルス製品（Yarai）など、国産製品の普及が徐々に進んでいる事例が出てきている。

				・情報通信研究機構が開発した対サイバー攻撃アラートシステムDAEDALUSは、クルウィット社により商用サービス化（SiteVisor）されるなど、公的機関の研究開発が産業化される事例も出てきている。
米国	基礎研究	◎	→	・米国の大学・公的研究機関による基礎研究レベルは非常に高く、著名な国際会議でのプレゼンスも高い。 ・NSF、DoD、DHSなどからの豊富な研究資金に基づく大小のプロジェクトが継続的に実施されている。 ・産業界からの人材流入も多い。
	応用研究・開発	◎	→	・大学での研究が実用を目指した応用研究であるものが多く、ミシガン大学発祥のArbor Networksや、カリフォルニア大学サンタバーバラ校発祥のLastline社など、起業につながっている例も多い。 ・Palo Alto Networks（ファイアウォール）、Sourcefire（IDS）、FireEye（サンドボックス）などのセキュリティー企業による製品や、CiscoやJUNIPER NETWORKSなどのネットワーク機器ベンダーによる製品など、セキュリティー市場における支配的立場にある。 ・巨大IT企業から大手セキュリティー企業、通信機器メーカー、スタートアップ[10]までさまざまな規模で製品やサービスを展開している。
欧州	基礎研究	◎	↗	・CISPA Helmholtz Center for Information Security（ドイツ）では国の強力な経済的支援を基に国内外から優秀な研究者が集まり、トップカンファレンスで多数の発表を行うなど、急速に成果をあげている。 ・ウィーン工科大学（オーストリア）やEurecom Institute（フランス）など、マルウェア解析技術やサイバー攻撃観測技術などで高い研究成果を上げている。 ・一方で、優秀な研究者が米国などの研究機関に移籍する事例も多く、研究人材の確保は容易ではないように伺える。
	応用研究・開発	○	↗	・全欧州規模で実施される研究および革新的開発を促進するための欧州研究Horizon Europe（2021–2027）がHorizon 2020（2014–2020）に続いて実施されており、セキュリティーは重要な課題として取り上げられている。 ・Kaspersky（ロシア）、F-Secure（フィンランド）、Sophos（イギリス）、Panda Security（スペイン）、Avast（チェコ）、ESET（スロバキア）など、国際的に活躍するセキュリティーベンダーが複数存在し、アンチウイルスやセキュリティー製品で国際的に高いシェアを有している。
中国	基礎研究	◎	↗	・中国国内のトップクラスの大学の学生が米国などに留学し、研究成果を上げており、近年では中国国内の研究機関における研究成果が、著名な国際会議に採録されてきている。
	応用研究・開発	△	↗	・これまで国際的に注目される大規模研究プロジェクトは公表されているレベルでは見られない。 ・アンチウイルスなどの国内ベンダーのうち、国際的な普及を果たしている著名なものは存在しない。 ・Huaweiなど通信産業で世界をリードする技術を示し、Qihoo 360など国内向けのセキュリティー産業も成長してきている。
韓国	基礎研究	○	→	・KAISTやPOSTECHなどのトップクラスの大学の研究成果が、ACM CCSやNDSSなどの著名な国際会議に採録されるなど、基礎研究の国際的な評価は上がりつつある。
	応用研究・開発	○	→	・国家的なセキュリティーインシデントを多数経験しており、政府主導のセキュリティー対策を実践している。 ・KISA、ETRI、KISTIといった公的機関が、サイバーセキュリティー技術の研究開発や、モニタリング、インシデント対応を行っており、特に政府機関に導入されているセキュリティー機器は100%国産と言われている。

（註1）フェーズ
基礎研究：大学・国研などでの基礎研究の範囲
応用研究・開発：技術開発（プロトタイプの開発含む）の範囲
（註2）現状 ※日本の現状を基準にした評価ではなく、CRDS の調査・見解による評価
◎：特に顕著な活動・成果が見えている　○：顕著な活動・成果が見えている
△：顕著な活動・成果が見えていない　×：特筆すべき活動・成果が見えていない
（註3）トレンド ※ここ1～2年の研究開発水準の変化
↗：上昇傾向、→：現状維持、↘：下降傾向

参考文献

1) 国立研究開発法人科学技術振興機構研究開発戦略センター『研究開発の俯瞰報告書 主要国の研究開発戦略（2020年）』(2020), https://www.jst.go.jp/crds/pdf/2019/FR/CRDS-FY2019-FR-02.pdf.
2) Joseph R. Biden Jr., “Executive Order on Improving the Nation’s Cybersecurity,” The White House, https://www.whitehouse.gov/briefing-room/presidential-actions/2021/05/12/executive-order-on-improving-the-nations-cybersecurity/, (2023年2月24日アクセス).
3) U.S. National Science Foundation, “Secure and Trustworthy Cyberspace (SaTC),” https://beta.nsf.gov/funding/opportunities/secure-trustworthy-cyberspace-satc, (2023年2月24日アクセス).
4) The Japan Society for the Promotion of Science (JSPS) Washington Office「NSF、高セキュリティ・高信頼性サイバースペースプログラムの下で総額2,540万ドルを助成（8月1日）」https://jspsusa.org/wp/academic_trends/nsf、高セキュリティ・高信頼性サイバースペース/, (2023年2月24日アクセス).
5) U.S. National Science Foundation, “Collaborative Proposal: SaTC: Frontiers: Enabling a Secure and Trustworthy Software Supply Chain,” https://www.nsf.gov/awardsearch/showAward?AWD_ID=2207008, (2023年2月24日アクセス).
6) U.S. National Science Foundation, “Collaborative Proposal: SaTC: Frontiers: Securing the Future of Computing for Marginalized and Vulnerable Populations,” https://www.nsf.gov/awardsearch/showAward?AWD_ID=2205171&HistoricalAwards=false, (2023年2月24日アクセス).
7) U.S. National Science Foundation, “Collaborative Proposal: SaTC: Frontiers: Center for Distributed Confidential Computing (CDCC),” https://www.nsf.gov/awardsearch/showAward?AWD_ID=2207231&HistoricalAwards=false, (2023年2月24日アクセス).
8) Muwei Zheng, et al., “Cybersecurity Research Datasets: Taxonomy and Empirical Analysis,” in Proceedings of the 11th USENIX Conference on Cyber Security Experimentation and Test (USENIX Association, 2018), 2.
9) Dwight Weingarten, “NIST Releases Roadmap on How to Build Cybersecurity Workforce,” MeriTalk, https://www.meritalk.com/articles/nist-releases-roadmap-on-how-to-buildcybersecurity-workforce/, (2023年2月24日アクセス).
10) Louis Columbus, “The Top 20 Cybersecurity Startups To Watch In 2021 Based On Crunchbase,” Forbes, November 29, 2020, https://www.forbes.com/sites/louiscolumbus/2020/11/29/the-top-20-cybersecurity-startups-to-watch-in-2021-based-on-crunchbase/?sh=293066926f21.

2.4.3 データ・コンテンツのセキュリティー

(1) 研究開発領域の定義

データを活用していくためには、その収集、流通、管理、解析などの過程においてセキュリティーやプライバシーの保護が必要となる。本研究開発領域では、個人情報や個人にかかわる情報であるパーソナルデータ[1]を利用するにあたり、データ活用と個人情報・プライバシー保護とを両立するための技術と、将来、データの保護に必要となる耐量子計算機暗号技術を扱う。

(2) キーワード

個人情報、パーソナルデータ、プライバシー保護、匿名化、秘匿計算、秘密計算、プライバシー保護データマイニング、差分プライバシー、局所差分プライバシー、準同型暗号、秘密分散、秘匿回路計算、連合学習、耐量子計算機暗号

(3) 研究開発領域の概要

[本領域の意義]

「データは、インターネットにおける新しい石油である」と評されるように、データの活用は経済の発展における中心的役割を果たすことが期待されている。その中でも、「パーソナルデータ」は、さまざまな分野で、その活用による経済効果が期待されている。例えば、医療機関が保有する患者の医療情報を活用した創薬・臨床分野の発展や、カーナビなどから収集される走行位置情報を活用したより精緻な渋滞予測などにより、社会や産業の発展、人々の生活の質向上が期待できる。一方で、プライバシーは他人に知られたくない私事でありそれをコントロールする基本的人権であり、個人に係わるパーソナルデータを扱う際には適切なプライバシー保護が求められている。データ活用におけるプライバシー保護への要求は、欧州連合における一般データ保護規則（GDPR：General Data Protection Regulation）の適用開始を契機に高まっている。このような中で、データ活用と個人情報やプライバシー保護を両立するデータのプライバシー保護技術を確立することは、社会や産業の発展、人々の生活の質向上のために必要不可欠である。

暗号は、Webサイトの閲覧やVPN（Virtual Private Network）によるリモートアクセスなどで情報を安全に送受信するために用いられ、マイナンバーカードを使った各種サービスなどではデジタル署名で暗号が利用されており、現在のわれわれの生活の中で必要不可欠なものとなっている。一方で、近年、量子コンピューターの研究開発が活発に進められており、十分な性能を持つ量子コンピューターが実用化されると、現在利用されている暗号が解読されてしまう懸念がある。このため、量子コンピューターでも解読できない耐量子計算機暗号技術の確立が求められており、将来にわたり安全・安心なデジタル社会の維持・発展に必要不可欠である。

[研究開発の動向]

❶ これまでの研究開発の流れとトレンド

多くの企業が顧客の情報や購買履歴などを管理して、ビジネスに活用する動きが加速している。いわゆる

1 個人情報保護法において「個人情報」とは、生存する個人に関する情報で、氏名、生年月日、住所、顔写真などにより特定の個人を識別できる情報を指す（政府広報オンライン「「個人情報保護法」をわかりやすく解説：個人情報の取扱いルールとは？」内閣府大臣官房政府広報室）。
「パーソナルデータ」は、個人情報に加え、個人の属性情報、移動・行動・購買履歴、ウェアラブル機器から収集された情報など個人情報との境界が曖昧なものを含め個人と関係性が見出される広範囲の情報を指す（総務省「令和４年版情報通信白書　情報通信に関する現状報告（本編）」）。

ビッグデータと呼ばれる、大規模で機械的に収集される多量のデータが、あらゆる分野で注目されている。その一方で、データの活用から生じるセキュリティーやプライバシーの課題が浮き上がってきた。例えば、2018年にはソーシャルネットワーキングサービス（SNS）の個人情報が無断で政治広告のために不正利用されたり、2019年には2億6,700万人以上のユーザーID、電話番号、名前がパスワードやその他の認証なしにオンライン上で閲覧可能な状態に置かれていたとの報告があった[1)]。2013年には鉄道会社が利用履歴などのパーソナルデータを活用するためにデータを社外へ提供しようとして問題となった[2)]。一方、パーソナルデータの活用に関しては、個人が自らの意思でパーソナルデータを蓄積・管理するための仕組み（システム）であるパーソナルデータストア（PDS：Personal Data Store）や、個人の指示に基づき提供されたパーソナルデータをPDSなどで管理し、個人から提供されたパーソナルデータを使って事業を行う情報銀行が注目されている。2018年には「個人がパーソナルデータを自分自身のために使い、自分の意思で安全に共有できるようにする」という個人中心のMy Dataの考え方を世界に発信していくことを目指してMyData Globalが設立されている。日本でも、2019年に「公正で持続可能な社会を実現するため、パーソナルデータに関する個人中心のアプローチを推進し、個人をエンパワーする」ことを目的としてMyDataJapanが設立されている[2]。このように、データは価値の源泉であり、データは個人の意志に基づき個人情報やプライバシーを保護した上で活用していくことが大きな流れになっている。

以下では、プライバシー保護対策のための代表的な技術として、①個人を識別不能にする匿名化技術、②プライベートなデータを暗号化したままで任意の計算を実行する秘密計算技術、③プライバシーを保護した上でデータマイニングを実施するプライバシー保護データマイニング技術、④抽出された知識からプライベート情報が漏えいしないように精度を落としたりノイズを加えたりする差分プライバシー技術について紹介する。

・匿名化技術

匿名化技術は、データとデータ主体（あるいは所有者）との間の相関を取り除く技術である。パーソナルデータの収集において、姓名などの識別子を削除しただけでは、上記の相関は完全には取り除けず、他の属性情報・履歴情報を束ねて見ることで個人が特定され得るリスクがある。このようなリスクを定式化し、低減するための考え方として k–匿名性[3)] がよく知られている。具体的には、表形式データについて、パーソナルデータの属性値の組み合わせが同じであるデータが、パーソナルデータ集合中にk個以上存在している状態が、k–匿名性が成立した状態である。データの正確性は犠牲になるが、パーソナルデータを改変することで、k–匿名性を成立させ、個人特定を困難にする。その後、k–匿名性を基礎概念として、匿名化対象を表形式データからグラフや時系列データに拡張する研究や、k–匿名性モデルにおいて十分にプライバシーを保護できない状況下におけるより強力な匿名性定義の研究などが進められてきた（l–多様性、t–近似性など）。個人情報保護法による匿名加工情報の実装において実務上重要な技術である。

・秘密計算技術

秘密計算（マルチパーティー・コンピュテーション， MPC：Multi–Party Computation）技術は、複数のコンピューターが、開示できないデータを暗号化したまま処理して、計算結果以外の情報を一切開示することなく計算可能にする技術である。安全な秘密計算のためのプロトコルは、1980 年代から研究が開始された。近年では、理論的には成熟しつつあり、実用的な時間で動作する秘密計算を実行するための汎用コンパイラーが開発され、専門家でなくても秘密計算を利用したシステム開発を行うことが可能になりつつある[4)]。秘密計算の研究は安全性などの理論も継続して研究されているが、ここ数年、実用のためのアル

2　MyDataJapanは、MyData Globalの日本拠点としての活動も行っている。

ゴリズム研究と応用研究が大きく増えている。秘密計算を実現する暗号要素技術にデータをシェアと呼ばれる断片に分割し機密性を守る秘密分散がある。秘密分散ベースの秘密計算の研究では、わが国が実用的なスループットや大規模データ処理に必須な機能であるセキュアソートで最高性能を打ち立てており、その汎用性や実用性が確認されている[5), 6)]。また、いわゆるデータ処理以外でも応用されており、セキュリティー用途、すなわちデータ暗号化時の秘密鍵の管理を秘密計算で行うことなどの成果がある。なお、秘密計算には、上述の秘密分散を用いたものの他に、準同型暗号（プライバシー保護データマイニングに記載）を用いたものなどがある。

・プライバシー保護データマイニング技術

プライバシー保護データマイニング（PPDM：Privacy Preserving Data Mining）技術は、利用者のプライバシーを保護しながらビッグデータの活用を実現する技術である。PPDM研究の原点は、2000年に発表された二つの同名の論文「Privacy Preserving Data Mining」である。一つは、公開鍵と秘密鍵のペアからなる公開鍵暗号方式を用いる暗号学的アプローチによるもの[7)]で、もう一方はランダムなデータを入力に加えてマイニング処理を行うランダム化アプローチによるもの[8)]であった。両論文のアプローチは異なるが、対象は両者ともプライバシー保護を考慮した決定木学習（与えられたデータから決定木と呼ばれる木構造のグラフを生成する手法）を実行するものであったことは、興味深い事実として知られる。この二つの論文を出発点として、PPDMに関して盛んに研究が行われるようになった。

PPDMの主な要素技術としては、暗号化したまま加算や乗算の演算が可能な準同型暗号があり、加算が可能なPaillier暗号[9)]や乗算が可能なRSA暗号[10)]が知られる。これらの要素技術の研究開発や安全性評価は2000年代にはほぼ完成していて実現可能性は確認されているが、暗号化にかかる計算コストが大きく、広い実用化のレベルには至っていない。この技術的な困難さを改良するために、加法、乗法の両方の演算が可能な完全準同型暗号などの暗号要素技術の改良が重ねられている。

・差分プライバシー技術

差分プライバシー技術は、データ収集者が信頼できる場合に、データ収集者が公開した統計情報から個人に関する情報が推測されることを防ぐ技術である[11)]。一方で、あらゆるデータ収集者が完全に信頼できるとは限らないため、個人がデータを提供する際にプライバシー保護処理を行い、その個人に関する情報が推測されることを防ぐことを保証する、局所差分プライバシー（LDP：Local Differential Privacy）が提案されるようになった[12)]。

差分プライバシーでは、個人が保持しているデータを個人から収集者へ提供する。収集者は収集した個人データに対して統計処理を行い、それを解析者へ公開する。この流れの中で、差分プライバシーにおいては、収集者が統計処理した結果を解析者に公開するときに個人データが漏えいしないようにプライバシー保護処理を行う。ただ、収集者は生の個人データを閲覧することができるため、個人が収集者を信頼できる必要がある。一方、局所差分プライバシーでは、個人がデータを提供する際にプライバシー保護処理を行い、個人のデータが漏えいしないようにする。従って、信頼できない収集者に対する個人データの漏えいも防ぐことができる。局所差分プライバシーでは、個人から収集者への提供データにノイズを加えて、元のデータが推測できないようにするとともに、収集者はノイズが入った提供データを用いて所望の統計処理を行う。従って、データセット全体で見たときには、差分プライバシーと比べて多くのノイズが加えられるため、実用性が低下しやすく、適用範囲が広いとはいえない。しかし、仕組みの単純さとプライバシー保証の強力さのために、多くのユーザーから情報を収集するGAFA（Google、Amazon、Facebook、Apple）を含むプラットフォーマーは、局所差分プライバシーを利用したデータ収集を取り入れ始めている。

以下では、暗号耐量子計算機暗号についての研究開発の流れとトレンドを紹介する。

現在、電子署名やWebサイトの閲覧、VPNによるリモートアクセスでは、公開鍵暗号であるRSA暗号および楕円曲線暗号が広く利用されている。これらの暗号は、量子ゲート型の量子コンピューターとShorのアルゴリズムを利用することで、十分な性能を持つ量子コンピューターが登場した場合に、暗号が解読され安全性が危殆化することが懸念されている[13), 14)]。このため、十分な性能を持つ量子コンピューターが実用化されても安全性を保つことが可能な耐量子計算機暗号の研究開発と標準化が活発に進められている。

・耐量子計算機暗号技術

耐量子計算機暗号は、2022年時点では、公開鍵暗号を意味することが多い。その理由は、公開鍵暗号を除く、共通鍵暗号などの他の主要な暗号技術に対して量子コンピューターを用いた効率の良い解読方法がまだ提案されていないためである[15), 16)]。耐量子計算機暗号の代表的な候補として、格子に基づく暗号技術、符号に基づく暗号技術、多変数多項式に基づく暗号技術、同種写像に基づく暗号技術、ハッシュ関数に基づく署名技術が挙げられる。これらの公開鍵暗号は、整数の素因数分解や楕円曲線上の離散対数問題（ECDLP）とは異なる数学的な計算問題の計算困難性をその安全性の根拠としている[17)]。量子コンピューター実機を用いて素因数分解する計算や離散対数問題を解く計算の研究が進められており、その成果によって、RSA暗号や楕円曲線暗号に対する量子コンピューターの脅威を把握し、耐量子計算機暗号が必要となる時期を見積もることが期待されている。この研究に関する調査がCRYPTREC（Cryptography Research and Evaluation Committees）によって2020年度に実施され、2020年においてはRSA暗号および楕円曲線暗号に対する量子コンピューターの脅威は生じていないことが報告されている[18)]。しかし、量子コンピューターの開発が進み、RSA暗号などを解読するのに十分な性能を持つ量子コンピューターが登場したときに生じるリスクは極めて大きく、使用されている暗号を更新するためには長い年月が準備期間として必要となるため、早めに耐量子計算機暗号を使用できるように準備することが望ましい。そのため、CRYPTRECや米国・国立標準技術研究所（NIST：National Institute of Standards and Technology）などの世界各国の組織が耐量子計算機暗号の使用に向けた活動を実施している。

上記で紹介したプライバシー保護や耐量子計算機暗号に関する研究開発は、ACM Conference on Computer and Communications Security（ACM CCS）やIEEE Symposium on Security and Privacy（IEEE S&P）、USENIX Security Symposiumなどの国際学会や、国内の情報処理学会　コンピュータセキュリティシンポジウム（CSS）や電子情報通信学会　暗号と情報セキュリティシンポジウム（SCIS）で活発に議論されている。

❷ 海外・国内政策動向

個人データの取り扱いに関する研究は、欧州においては2018年から施行されたGDPRに大きく影響されたといえる。 GDPRの大きな特徴の一つは、IPアドレスやCookieなどのインターネットで利用される識別子を含む情報も、個人情報として取り扱うこととなったことにある。このことは、Web経由で個人のデータを暗黙的に収集してきた事業者に多くの影響を与えた。またGDPRは、個人情報を取り扱うサービスやシステムについて、設計段階でデータ保護が組み込まれ、利用者が明示的に設定しなくても、十分なプライバシー保護が初期状態で設定されていることを要求する（設計段階、および初期状態におけるプライバシー）。この設計思想は、プライバシー・バイ・デザインの影響を受けたものである。さらにGDPRは、プロファイリングを含む個人に対しての自動化された意思決定について、分析する側に透明性の確保（プロファイリングしている事実を知らせること、およびプロファイリングの方法やその影響について説明すること）などを求めるとともに、利用者はこのような自動化された意思決定を受けない権利を有するものとした。「プロファイリング」とは、「個人の特定の側面を評価するために個人データを自動的に処理すること」であり、特に個人の業務実績、経済状況、健康、個人的嗜好、興味、信頼、行動、所在、または移動など、個人について重要な判断を伴う分析・予測やそれを提供するシステムとそのロジックについて、透明性の確保と説明責任を求めるとともに、そのような決定を受け入れない権利があることを定めている。

わが国においても、個人情報保護法が改正され、プライバシー保護の関連では、個人データを規則にのっとって加工することで利用目的の変更が緩和される仮名加工情報、利用目的に加え第三者提供が緩和される匿名加工情報の制度がそれぞれ2022年、2017年に導入された。また2018年、医療分野の研究開発に資するための匿名加工医療情報に関する法律「次世代医療基盤法」の施行や、同年に総務省および経済産業省がとりまとめを行った「情報信託機能の認定に係る指針」によって、認定された事業者によるデータ収集や利活用ができるようになってきた。さらに2022年には電気通信事業法が改正され、いわゆるサードパーティーCookieと呼ばれる仕組みによる利用者情報の外部送信に規制が入るようになった。今後の安心・安全なデータ利活用のため、データ・コンテンツに関するセキュリティー、およびプライバシー保護技術がますます重要になってきている[19)]。

(4) 注目動向

[新展開・技術トピックス]

❶ 差別への配慮

データ解析に関わる個人情報の問題は、これまでは取得・収集データ（入力データ）の扱いにフォーカスされてきたが、AI技術の発展により、取得・収集された個人データを用いて学習したAIの出力データの扱いにも、配慮が必要となりつつある。例えば、AIシステムによる人種、性別、健康、宗教などによる差別の問題が挙げられる。 AIの入力データにこれらの情報が含まれる場合には、プライバシー・個人情報保護の問題となるが、AIによる出力や決定がこれらの情報と相関する場合には、差別の問題となる。このため、人工知能分野では公平性に配慮したAI（公平配慮型AI）の研究がホットトピックとなっている。

❷ 連合学習（Federated Learning）

従来、AIの学習は、拠点に分散している学習データを一カ所に集約して行っていた。一方で、学習データを一カ所に集約するためには大量の学習データの送信や保存が必要となるとともに、パーソナルデータを扱う場合にはプライバシー保護が必要となる。連合学習では、学習データが拠点に分散したままでAIを学習させる学習方法であり、学習データそのものではなく学習の手がかりになる情報（学習モデルの勾配）だけを各拠点から収集してAIを学習させる。連合学習は、AIを使ったパーソナルデータの活用とプライバシー保護を両立する点でも注目されている。

[注目すべき国内外のプロジェクト]

❶ 戦略的創造研究推進事業におけるプロジェクト（JST）

・CREST「イノベーション創発に資する人工知能基盤技術の創出と統合化」

JSTの戦略的創造研究推進事業CREST「イノベーション創発に資する人工知能基盤技術の創出と統合化」研究領域においては、研究課題「プライバシー保護データ解析技術の社会実装」が実施されている。個人情報や企業の機密情報などのあらゆる機微情報を、安全性を保ったまま任意のデータ処理に適用可能とするプライバシー保護データ解析技術を創出することを目的としている。2016年度にスモールフェーズの研究を開始し、2019年度からは加速フェーズへと移行し社会実装に向けた研究が進められている。

・CREST「基礎理論とシステム基盤技術の融合によるSociety 5.0のための基盤ソフトウェアの創出」

2021年度、文部科学省において「Society 5.0時代の安心・安全・信頼を支える基盤ソフトウェア技術」という戦略目標が決定され、セキュリティーやプライバシーが組み込まれた基盤を開発するCREST「基礎理論とシステム基盤技術の融合によるSociety 5.0のための基盤ソフトウェアの創出」研究領域が設立されている。

❷ CRYPTREC（Cryptography Research and Evaluation Committees）（デジタル庁、総務省、経済産業省、NICT、IPA）

CRYPTRECは、デジタル庁、総務省、経済産業省、国立研究開発法人情報通信研究機構（NICT：National Institute of Information and Communications Technology）、独立行政法人情報処理推進機構（IPA：Information-technology Promotion Agency）が共同で運営する電子政府推奨暗号の安全性の評価監視などを実施するプロジェクトである。これまでに耐量子計算機暗号に関わる以下の調査や評価が実施され、報告書として公開されている。

- 「格子問題等の困難性に関する調査」[20]（2015年3月）：
  2013年度から2014年度に実施された耐量子計算機暗号の候補である格子に基づく暗号技術などの安全性に関する調査。
- 「耐量子計算機暗号の研究動向調査報告書」[17]（2019年3月）：
  2017年度から2018年度に実施された4種の耐量子計算機暗号の候補（格子に基づく暗号技術、符号に基づく暗号技術、多変数多項式に基づく暗号技術、同種写像に基づく暗号技術）の技術動向調査。
- 「量子コンピュータが共通鍵暗号の安全性に及ぼす影響の調査及び評価」[15]（2010年1月）
- 「暗号技術評価委員会報告」[16]（2020年3月）：
  2019年度時点においては電子政府推奨暗号リストにある共通鍵暗号、暗号利用モード、ハッシュ関数に対する直近で現実的な脅威が生じる可能性は極めて低く、現状では CRYPTREC での具体的な対応は不要であると結論付けられている。
- 「Shorのアルゴリズム実装動向調査」[18]（2021年6月）：
  2020年度に実施されたShorのアルゴリズムと量子コンピューター実機を用いた、素因数分解及びおよび離散対数問題を解く数値実験の調査。
- 「暗号技術評価委員会報告」[21]（2021年3月）：
  2020年度時点においてRSA暗号や楕円曲線暗号の安全性に量子コンピューターの脅威は生じていないことが確認されている。
- 「ハイブリッドモードの技術動向調査」[22]（2020年12月）：
  耐量子計算機暗号とRSA暗号などの現在使用されている公開鍵暗号の双方を併用するハイブリッドモードに関する調査。
- 「暗号技術評価委員会報告」[23]（2022年3月）：
  2021年度から2022年度にかけて耐量子計算機暗号の技術動向調査が実施され、耐量子計算機暗号ガイドラインを2022年度中に作成する予定となっている。

❸ 耐量子計算機暗号の標準化（米国・国立標準技術研究所（NIST））

NIST（National Institute of Standards and Technology）は2016年より耐量子計算機暗号の標準化プロジェクトを実施している[24]。標準化プロジェクトでは、鍵共有のための暗号方式（鍵共有暗号方式）と署名のための暗号方式（署名暗号方式）の標準化が進められている。2022年7月に3回目の評価ラウンドが終了し、鍵共有暗号方式として格子に基づく暗号1件が、署名暗号方式として格子に基づく暗号2件とハッシュ関数に基づく暗号1件が標準化されることとなっている。また、標準化に進まなかった4件について4回目の評価ラウンドを実施することと、署名暗号方式を新たに公募することが決定されている[25]。

（5）科学技術的課題

ここでは、「（3）研究開発領域の概要、（4）注目動向」に関する科学技術的課題を紹介する。耐量子計算機暗号については、「2.7.5 計算理論」を参照いただきたい。

❶ AIとプライバシー・個人情報保護

人工知能の学習には大量の情報が必要であり、特に個人情報や個人の行動履歴などのパーソナルデータを入力とする場合には、大量のデータの適切な収集と管理にコストがかかる。さらに、GDPRをはじめとする法令上の規制から、個人情報の収集は必要最小限度にとどめることが求められており、個人情報の収集が可能であったとしてもなるべく収集量を少なくすることが必要である。そのため、個人情報の提供者である個人の手元に情報をとどめるなどの対策をとりつつ、AIを学習させる技術が注目されつつある。具体的には、既存のAIを少量の情報だけを用いて別の目的のAIに転換する転移学習、少量の情報を基にその情報の特徴を踏まえ類似情報を大量に生成するGAN（Generative Adversarial Networks）、個人の手元に情報をとどめ情報そのものではなく学習の手がかりになる情報（学習モデルの勾配）だけを収集してAIを学習させる連合学習（Federated Learning）などである。これらの技術は本来個人情報やプライバシー保護とは無関係に機械学習技術として発展してきたが、GDPRの発足とともに、個人情報やプライバシー保護を目的とした利用技術としても発展してきており、これらの技術と局所差分プライバシーや秘密計算を併用した技術の研究開発も期待されている。

GDPRでは、自分の情報をAIがどのように使用するかの決定権を個人が持つことを保証するよう求めており、AIによる決定のロジックに透明性があることが必要とされている。深層学習を始めとしてAIによる決定は帰納的であり、決定のロジックが説明不可能であることが多い。 AIによる決定を、演繹的・説明可能にすることも課題となっており、そのための研究もここ数年盛んになってきている。

❷ 局所差分プライバシーによるデータ活用

個人にかかわる情報であるパーソナルデータを活用するに際には、プライバシー保護が必要となる。局所差分プライバシーには、個人データを提供するユーザーやデータ収集者の間のやり取りの制限を定めた対話可能性という概念が理論解析において必要となる。ユーザーが一斉にデータをランダム化し、それらの処理済みデータを収集者がいったん収集してから統計処理を行うモデルを非対話的モデル、ユーザーがデータをランダム化する際にユーザーと収集者全員に共有された乱数を活用できるモデルを公開コインモデルと呼ぶ。公開コインモデルはユーザー負担の増加が少なく、非対話モデルに比べて統計処理で大きな精度の向上が見られる場合があり、前に紹介したGoogleやAppleの事例で利用されている。ユーザー一人ずつ逐次的にデータの収集を行う逐次的対話モデルや、同じユーザーに対して何回もデータ収集を行うことが可能な完全対話モデルは、プライバシーに配慮した機械学習を行うための対話モデルとして盛んに研究が行われている。加えて局所差分プライバシーにおいては、極めて多くのユーザーからのデータ収集がプロセスに含まれること、ユーザーはスマートフォンなど限られた計算能力と限られた通信帯域しか持たないデバイスを通じてデータ提供を行うことなどの事情から、サンプル複雑度に加えて、ユーザーサイドにおける送信データ生成に要する時間やデータ提供時の通信量なども議論の対象となる。スマートフォンやIoTなどデータ収集に利用されるデバイスやインフラに合わせたデータ収集スキームと理論解析は未解決課題である。

❸ AI学習モデルのプライバシー保護

AIでパーソナルデータを利用する際には、学習モデルのプライバシー保護も必要となる。深層学習は、画像認識や機械翻訳などの多くの分野で大きなブレークスルーを達成しているが、高精度なモデルを作成するためには、大規模なデータセットによるモデル学習が必要である。この際、データ収集に伴うプライバシーの問題に加えて、学習済みのモデルの公開に伴うプライバシー情報漏えいの問題にも対処することが必要である。これに対して、差分プライバシーを保証した深層学習が活発に研究されている。特に、ローカルにデータを所有する多数のクライアントから独立にモデルの更新情報だけを収集し、グローバルな深層モデルを学習する連合学習においては、クライアントからのデータ収集におけるプライバシー保護や、各クライアントがモデルの更新情報を計算するために配布されるグローバルモデルからのプライバシー情報漏えいのリスクがあることから、差分プライバシーや局所差分プライバシーの活用が模索されている。差分プライバシーの適用においては、データを信頼できる中央サーバーが収集し、そのデータを用いて中央サーバーがモデル学習を行うことによって、学習されたモデルの公開におけるプライバシーを保護しようとしている。その実現においては、モデル学習に用いる目的関数をランダム化した上でモデルを学習する方法や、学習の結果得られたモデルをランダム化する方法、学習に用いるデータをランダム化する方法などが提案されている。局所差分プライバシーの適用においては、中央サーバーが信頼できないケースを想定し、各クライアントが中央サーバーに提供するデータを提供前にランダム化することによって、データ提供におけるプライバシーを保護しようとしている。深層学習モデルの学習に必要なデータが大規模化するにつれて、こういったプライバシーを保護したデータ収集・活用の技術の必要性も高まると考えられる。

（6）その他の課題

❶ 法規制

わが国の個人情報保護法は、入力データとしての個人情報を保護するために必要な措置や、その措置を緩和するための手続き（匿名加工情報・仮名加工情報）を定めているが、急速に進展する人工知能などのデータ利用技術や秘密計算技術にキャッチアップできているとは言いにくい。データの活用と個人情報・プライバシー保護に関して、法制度は「だれもが理解できる範囲」の技術しか想定していない。世界的なAI開発競争の波に乗り遅れないためにも、最先端の技術の利用を促進するための工夫が必要である。例えば、用途や範囲を限定した上で、既存の規制にとらわれることなく新たな技術の実証を行える場を導入することなども考えられる。日本政府からは、データ活用の在り方とAI技術活用の在り方についての「データ戦略タスクフォース　第一次とりまとめ」（2020年12月）や、その具体的な取り組みの方向性となる「包括的データ戦略」（2021年6月）、「AI戦略 2019　～人・産業・地域・政府全てにAI～」（2019 年6月）が公表されており、議論の活性化が期待される。

❷ 産学連携

産学連携は一昔前に比べれば活発になり、特に企業が所持するデータを利用した研究は盛んになった。一方で産学官の人材の行き来は欧米・中国に比べ活発ではなく、産は産、学は学、あるいは産から学への一方通行に限られる。クロスアポイントメント制度や時限付きでアカデミアの人材が積極的にインダストリーの中で活躍できるような事例が増加してゆけば良い効果が生まれる可能性がある。

❸ 人材育成

日本における本分野のトップ国際会議での存在感は非常に小さい。トップ国際会議での発表には粘り強く精密な実験と精緻な議論を行う必要があるが、そもそも博士課程を目指す学生が減少する中、アカデミアでは目先の成果を追い求め、チームで息の長い研究を行う体力が失われている。また産業界では、研究成果を広くオープンにするなど人材を引き寄せ発展を促す戦略をとっていない場合も多い。研究者を目指す学生を手厚く支援し、キャリアプランを充実化させ、研究開発に取り組みたいと思う若い研究者を地道に増やすこと、また流行の分野に大型予算を配分するだけでなく、基礎的な成果にも分け隔てなく継続的に中規模の予算を多方面に配分することが必要である。

（7）国際比較

国・地域	フェーズ	現状	トレンド	各国の状況、評価の際に参考にした根拠など
日本	基礎研究	○	→	・暗号理論の基礎研究に従事する研究者は多く、論文も多く出ているが、統計的プライバシー、AIセキュリティー・プライバシーについては、取り組む研究者の数も少なく存在感が薄い。
	応用研究・開発	○	→	・企業による秘密計算実装の提供などが行われているが、応用分野における先進的なプロジェクトは少ない。
米国	基礎研究	◎	↗	・多くの学術論文が発表されている。いずれの研究領域においても、コアとなる理論的アイデアはほとんど米国の大学・企業の研究者から提案されている。
	応用研究・開発	◎	↗	・局所差分プライバシーなど理論成果の実サービスへの導入が進んでいる。産学の人材交流も活発である。
欧州	基礎研究	○	→	・GDPR施行もあって、データ利活用とプライバシーを見据えた基礎的な研究が活発である。
	応用研究・開発	◎	↗	・エストニアにおける秘密計算の実用化など、実用を見据えた動きは活発である。
中国	基礎研究	○	↗	・中国本土の大学・企業でも、分野問わずトップ国際会議における論文数は年々増加している。
	応用研究・開発	○	↗	・民間企業において、秘密計算などの実用例が出始めている。
韓国	基礎研究	○	→	・各種の暗号アルゴリズムの基礎的な研究を行い、国際標準に提案活動を行っている。
	応用研究・開発	△	→	・特に目立った活動は見られない。

（註1）フェーズ

基礎研究：大学・国研などでの基礎研究の範囲

応用研究・開発：技術開発（プロトタイプの開発含む）の範囲

（註2）現状　※日本の現状を基準にした評価ではなく、CRDS の調査・見解による評価

◎：特に顕著な活動・成果が見えている　○：顕著な活動・成果が見えている

△：顕著な活動・成果が見えていない　×：特筆すべき活動・成果が見えていない

（註3）トレンド　※ここ1～2年の研究開発水準の変化

↗：上昇傾向、→：現状維持、↘：下降傾向

参考文献

1）独立行政法人情報処理推進機構（IPA）「情報セキュリティ白書2020」https://www.ipa.go.jp/files/000087025.pdf,（2023年2月24日アクセス）.

2）総務省「平成29年版情報通信白書　データ主導経済と社会変革（本編）」https://www.soumu.go.jp/johotsusintokei/whitepaper/ja/h29/pdf/29honpen.pdf, https://www.soumu.go.jp/johotsusintokei/whitepaper/ja/h29/pdf/29honpen.pdf,（2023年2月24日アクセス）.

3）Latanya Sweeney, “k-Anonymity: a model for protecting privacy,” International Journal of Uncertainty, Fuzziness and Knowledge-Based Systems 10, no. 5（2002）: 557-570., https://doi.org/10.1142/S0218488502001648.

4）Marcella Hastings, et al., “SoK: General Purpose Compilers for Secure Multi-Party Computation,” in 2019 IEEE Symposium on Security and Privacy（SP）（IEEE, 2019）, 1220-1237., https://doi.org/10.1109/ SP.2019.00028.

5）Toshinori Araki, et al., “High-Throughput Semi-Honest Secure Three-Party Computation with an Honest Majority," in Proceedings of the 2016 ACM SIGSAC Conference on Computer and Communications Security (New York: Association for Computing Machinery, 2016), 805-817., https://doi.org/10.1145/2976749.2978331.

6) Gilad Asharov, et al., "Efficient Secure Three-Party Sorting with Applications to Data Analysis and Heavy Hitters," in Proceedings of the 2022 ACM SIGSAC Conference on Computer and Communications Security (New York: Association for Computing Machinery, 2022), 125-138., https://doi.org/10.1145/3548606.3560691.

7) Yehuda Lindell and Benny Pinkas, "Privacy Preserving Data Mining," in Advances in Cryptology - CRYPTO 2000, ed. Mihir Bellare, Lecture Notes in Computer Science 1880 (Berlin, Heidelberg: Springer, 2000), 36-54., https://doi.org/10.1007/3-540-44598-6_3.

8) Rakesh Agrawal and Ramakrishnan Srikant, "Privacy-preserving data mining," in Proceedings of the 2000 ACM SIGMOD international conference on Management of data (New York: Association for Computing Machinery, 2000), 439-450., https://doi.org/10.1145/342009.335438.

9) Pascal Paillier, "Public-Key Cryptosystems Based on Composite Degree Residuosity Classes," in Advances in Cryptology - EUROCRYPT '99, ed. Jacques Stern, Lecture Notes in Computer Science 1592 (Berlin, Heidelberg: Springer, 1999), 223-238., https://doi.org/10.1007/3-540-48910-X_16.

10) Ronald Linn Rivest, Adi Shamir and Leonard Max Adleman, "A method for obtaining digital signatures and public-key cryptosystems," Communications of the ACM 21, no. 2 (1978) : 120-126., https://doi.org/10.1145/359340.359342.

11) Cynthia Dwork, et al., "Calibrating Noise to Sensitivity in Private Data Analysis," Journal of Privacy and Confidentiality 7, no. 3 (2016) : 17-51., https://doi.org/10.29012/jpc.v7i3.405.

12) Shiva Prasad Kasiviswanathan, et al., "What Can We Learn Privately?" SIAM Journal on Computing 40, no. 3 (2011) : 793-826., https://doi.org/10.1137/090756090.

13) Peter W. Shor, "Algorithms for quantum computation: discrete logarithms and factoring," in Proceedings 35th Annual Symposium on Foundations of Computer Science (IEEE, 1994), 124-134., https://doi.org/10.1109/SFCS.1994.365700.

14) Peter W. Shor,"Polynomial-Time Algorithms for Prime Factorization and Discrete Logarithms on a Quantum Computer," SIAM Journal on Computing 26, no. 5 (1997) : 1484-1509., https://doi.org/10.1137/S0097539795293172.

15) 細山田光倫「量子コンピュータが共通鍵暗号の安全性に及ぼす影響の調査及び評価（2020年1月）」Cryptography Research and Evaluation Committees（CRYPTREC）, https://www.cryptrec.go.jp/exreport/cryptrec-ex-2901-2019.pdf,（2023年2月24日アクセス）.

16) 国立研究開発法人情報通信研究機構, 独立行政法人情報処理推進機構「CRYPTREC Report 2019：暗号技術評価委員会報告」Cryptography Research and Evaluation Committees（CRYPTREC）, https://www.cryptrec.go.jp/report/cryptrec-rp-2000-2019r1.pdf,（2023年2月24日アクセス）.

17) 国立研究開発法人情報通信研究機構, 独立行政法人情報処理推進機構「耐量子計算機暗号の研究動向調査報告書（2019年3月）」Cryptography Research and Evaluation Committees（CRYPTREC）, https://www.cryptrec.go.jp/report/cryptrec-tr-2001-2018.pdf,（2023年2月24日アクセス）.

18) 高安敦「Shorのアルゴリズム実装動向調査（2021年6月3日）」Cryptography Research and Evaluation Committees（CRYPTREC）, https://www.cryptrec.go.jp/exreport/cryptrec-ex-3005-2020.pdf,（2023年2月24日アクセス）.

19）国立研究開発法人科学技術振興機構研究開発戦略センター「戦略プロポーザル Society 5.0 時代の安心・安全・信頼を支える基盤ソフトウエア技術」https://www.jst.go.jp/crds/pdf/2020/SP/CRDS-FY2020-SP-06.pdf,（2023年2月24日アクセス）.
20）暗号技術調査（暗号解析評価）ワーキンググループ「格子問題等の困難性に関する調査（2015年3月）」Cryptography Research and Evaluation Committees（CRYPTREC）, https://www.cryptrec.go.jp/exreport/cryptrec-ex-2404-2014.pdf,（2023年2月24日アクセス）.
21）国立研究開発法人情報通信研究機構, 独立行政法人情報処理推進機構「CRYPTREC Report 2020：暗号技術評価委員会報告（令和3年3月）」Cryptography Research and Evaluation Committees（CRYPTREC）, https://www.cryptrec.go.jp/report/cryptrec-rp-2000-2020.pdf,（2023年2月24日アクセス）.
22）株式会社レピダム「ハイブリッドモードの技術動向調査」Cryptography Research and Evaluation Committees（CRYPTREC）, https://www.cryptrec.go.jp/exreport/cryptrec-ex-3004-2020.pdf,（2023年2月24日アクセス）.
23）国立研究開発法人情報通信研究機構, 独立行政法人情報処理推進機構「CRYPTREC Report 2021：暗号技術評価委員会報告（令和4年3月）」Cryptography Research and Evaluation Committees（CRYPTREC）, https://www.cryptrec.go.jp/report/cryptrec-rp-2000-2021.pdf,（2023年2月24日アクセス）.
24）Computer Security Resource Center, "Post-Quantum Cryptography," National Institute of Standards and Technology（NIST）, https://csrc.nist.gov/projects/post-quantum-cryptography,（2023年2月24日アクセス）.
25）Gorjan Alagic, et al., "NIST IR 8413-upd1: Status Report on the Third Round of the NIST Post-Quantum Cryptography Standardization Process," National Institute of Standards and Technology（NIST）, https://nvlpubs.nist.gov/nistpubs/ir/2022/NIST.IR.8413-upd1.pdf,（2023年2月24日アクセス）.

2.4.4 人・社会とセキュリティー

（1）研究開発領域の定義

情報サービスのユーザーの観点からセキュリティーの問題を解決し、社会に受容され人々に活用され、社会を守るセキュリティー技術の研究開発を行う領域である。セキュリティーの観点において、人の脆弱性を狙った攻撃の解決や、情報サービスが実現できることと情報サービスを利用する人が期待することのギャップ（Socio-technical gap）の解決、多数の人・組織の関わりにおいてセキュリティー技術の普及を阻害する要因の解決、法制度などの社会的要請に応えられるセキュリティー技術の設計、情報が社会に拡散することによる影響の分析・対策などが盛んに研究開発されている。

（2）キーワード

ユーザブルセキュリティー、ユーザー調査、EU一般データ保護規則（GDPR）、ダークパターン、Misinformation、Disinformation、ファクトチェック、サプライチェーンセキュリティー、ソフトウェアの透明性（Software Component Transparency）、ソフトウェア部品表（SBOM）、サイバーセキュリティー研究倫理

（3）研究開発領域の概要

［本領域の意義］

インターネットの発展に伴い、多種多様な活動がデジタル化され複雑な相互接続が急速に進む中で、セキュリティー技術の対象は個人・組織・産業などに拡大している。これまで、セキュリティー技術として、サイバー攻撃の検知・対策や脆弱性のないセキュアなシステム・サービスの技術的な実現などが研究されてきた。一方、近年では、ユーザーの認知を標的にする攻撃（フィッシング攻撃やMisinformation・Disinformation）による脅威が増してきた。例えば、フィッシング攻撃では、フィッシングメールやフィッシングサイトを使って人をだまして重要情報を搾取しようとしている。システムへの不正侵入でもフィッシングメールを使って人をだましてパスワードを搾取してシステムに侵入する事例も発生している。また、サプライチェーンは複雑化・グローバル化しており、1つのソフトウェアの脆弱性が世界中のシステムに影響を及ぼす事例もある。さらに、虚偽の情報（Disinformation）を含んだフェイクニュースにより世論が誘導される問題も起こっている。法規制の面では、EU一般データ保護規則（GDPR：General Data Protection Regulation）などのユーザーのプライバシーを保護するための法規制の整備が世界的に進み、情報サービスを取り巻く状況が大きく変わってきており、情報サービスを利用するユーザーに法制度との関係を提示する必要性や、法規制に適合したシステムの開発が求められている。情報サービスを利用するのは人であり、情報システムを開発・運用するのも人である。本研究領域では、セキュリティーに関する技術だけではなく、セキュリティー技術を活用するユーザー（人）、ユーザーが情報サービスを利用する際の社会的・組織的なプロセスやルールにも着目している。この研究開発領域は、これまでのセキュリティー分野の技術に加えて、心理学、経済学などの人文・社会科学を含めた学際的アプローチにより総合的に取り組む必要がある。情報を使った人への攻撃や、それによる組織、社会への影響、情報サービスが実現できることと情報サービスを利用する人が期待することのギャプ、情報サービスの開発・運用の複雑さは、日々、増しており、人・社会に関するセキュリティー技術を確立することは、人々にとって安心・安全に利用できる情報サービスや社会を実現する上で必須である。

［研究開発の動向］

❶ これまでの研究開発の流れとトレンド

セキュリティーは、デバイスやOS、システム、ネットワーク、情報などの守る対象への攻撃を防御するこ

とを主眼としている。一方で、情報サービスを利用するのは人であり、また、情報機器や情報システムを開発・運用するのも人である。サイバー攻撃が多様化する中で、守る対象として人の重要性が高まっている。例えば、フィンシング詐欺の報告件数は、年々増加している。システムへの不正侵入でも、2021年には初期アクセスにフィッシングを悪用する攻撃の割合が41%と、2020年までのシステムの脆弱性を悪用する攻撃を抜いてトップに浮上している[1)]。守る対象として重要性が高まっているもう一つが社会である。近年、サプライチェーンが大規模化、グローバル化しており、ウィルスが混入したソフトウェアがサプライチェーンを介して供給され、多数の企業に影響を与える事例が発生している。例えば、2020 年12月には、米国のネットワーク監視ソフトウェアを提供する会社が攻撃を受け、ウィルスに感染したソフトウェアがサプライチェーンを介して世界中で利用されている同社のシステムに配信され、大きな影響を与えたという報告がある。また、さまざまな製品で利用されているオープンソースソフトウェア（OSS：Open Source Software）でも、脆弱性が発見されると、それを狙った攻撃により多数の製品に被害が及ぶ。2021年4月には、多くの製品やソフトウェアで使用されているOSSに脆弱性が見つかり、世界中の製品が攻撃のリスクに晒された。また、近年では、技術の発展によって膨大な情報が非常に速いスピードで拡散するようになった。その結果、フェイクニュースと呼ばれる、悪意・扇動意識を持った思考誘導の情報操作が起きるようになり、社会的な問題になってきている。サイバー攻撃や悪意を持った情報操作などは、社会に大きな影響を与えており、今後、情報攻撃からいかに社会を守るかについても考える必要がある。

このような人や社会に関係するセキュリティーとして取り組まれている代表的な技術として、以下では、ユーザブルセキュリティー技術、Misinformation・Disinformationの対策技術、ソフトウェアのサプライチェーンセキュリティー技術について紹介する。

・ユーザブルセキュリティー技術

ユーザブルセキュリティーは、情報サービスを利用する人（ユーザー）を中心にしてセキュリティーやプライバシーの問題解決に取り組む分野である。ユーザーが情報サービスを利用するさまざまなシーンにおいて認識（perception）・行動（behavior）を観測してユーザーを理解することで、ユーザーがより適切な認識や意思決定（decision-making）を行いやすいセキュリティー・プライバシー技術の確立を目指している。

ユーザブルセキュリティーの研究では、ユーザーのより深い理解を試みる社会科学・心理学のアプローチを取り入れた観測が行われる。例えば、ユーザーがセキュリティー技術を十分に活用できていない状況や技術の誤解（misconception）が発生する理由、また、フィッシングなどによって、攻撃者にだまされる原理などを解明することで、専門性が必ずしも高くないユーザーにも十分な恩恵が得られるセキュリティー技術が研究されている。さらには、開発者が脆弱なシステムを作ってしまう原因の理解と、それに基づく開発者のサポート技術の創出、セキュリティー技術者が解析作業を行う際の明文化されていないノウハウ（暗黙知）を形式知化する試み、システム管理者が抱える組織におけるセキュリティー運用の困難さと解決策の模索なども研究対象となっている。

・Misinformation・Disinformationの対策技術

インターネットでは、ソーシャルメディアプラットフォーム（ソーシャルネットワークサービス、コメントの投稿が可能なニュースサイトなど）を中心に虚偽の情報を伴ったコンテンツが投稿され、それら虚偽の情報が受け手により拡散される事象の発生が急増している。 Misinformationは、情報を最初に発信した者に虚偽であることの自認もしくは拡散の意図があるかないかを問わない情報を指し、一方、Disinformationは、最初の発信者に虚偽の自認および拡散の意図があると見なされる情報を指す。これらの事象においては、虚偽の情報が高速かつ幾何級数的な広まりをもって流布され、情報の受け手を扇動することで、時として極めて短時間のうちに国を跨ぐ規模で世論を動かす結果をもたらすことさえある[2), 3), 4)]。このような虚偽の情報拡散は人々の認識をゆがめ誤った判断を誘発することから、人の認知に対するサイバー攻撃であるとも捉えられる。プラットフォームでは、虚偽の情報拡散を未然に防ぐための介入手段が講じられている。例えば、SNSなどのプラットフォームでは、情報の内容を確認して何らかの対処を行うコンテンツ・モデレーション（Content Moderation）が行われている。コンテンツ・モデレーションでは、信頼性の低いもしくは有害である可能性が高い情報に関して注意を表示するソフトモデレーションと、虚偽であることが明らかである情報や有害であることが明確な情報を削除するハードモデレーションが行われている。

・ソフトウェアのサプライチェーンセキュリティー技術

サプライチェーンは複雑化・グローバル化しており、今日ではプロダクト開発が単一の組織で完結することはまれである。このような背景において、サプライチェーンのセキュリティーリスクは、一つのプロダクトを開発するために、多様な人々や組織によって作り出される構成要素（ソフトウェア/ハードウェアのコンポーネント）の脆弱性に起因するものが多い。

効率的かつ迅速なプロダクト開発においてオープンソースソフトウェア（OSS：Open Source Software）が果たす役割は非常に大きい。一方で、ソフトウェアコンポーネントとして活用されるOSSに脆弱性が発見された場合、この脆弱性は、サプライチェーンにおいて容易にかつ広範囲に波及し、そのソフトウェアコンポーネントを利用するあらゆるプロダクトに影響を及ぼす可能性がある。OSSに脆弱性が発見された場合、迅速に対応するためには、事前にプロダクトで利用されているソフトウェアコンポーネントを把握しておくことが必要となり、ソフトウェアコンポーネント（特にOSS）を特定・列挙するための技術としてソフトウェア・コンポジション解析（SCA：Software Composition Analysis）が実施されている。

❷ セキュリティー・プライバシーに関する法規制とシステムデザイン

法規制とセキュリティー・プライバシーには密接な関わりがある。特に、2018年に欧州で運用が開始されたGDPRは、個人情報保護を強化するという世界的な潮流を作り、日本の改正個人情報保護法や米国のカリフォルニア州消費者プライバシー法（CCPA：California Consumer Privacy Act of 2018）などにも影響を与えている。

プライバシーに関する法規制と実際のシステム・サービスの運用とのギャップについてはしばしば指摘されている。例えば、Cookieの使用同意では、サービス事業者が同意を得ることだけを目的とするあまり、Cookieの意味や関連する情報がどのように活用されるのかがユーザーに対して十分に説明されていないことや、さまざまな状況でユーザーが同意を求められることで「同意疲れ」が発生していることが指摘されている。また、個人情報を本人の同意なく第三者提供できるオプトアウト提供においても、一般のユーザーにとってオプトアウト提供を停止するための操作が難しい（例えば、Webサイトのトップページから簡単にアクセスできない）という指摘がされており、今後、改善の検討が必要である。

一方で、ユーザーが抱いているプライバシーに関する認識と法規制として定められている内容とのギャップも指摘されている。例えば、GDPRでは、「自動化された個人に対する意思決定とプロファイリング（Automated individual decision-making and profiling）」の中で、個人データを収集分析して判断を行うプロファイリングによる自動意志決定（例えば、常習的なスピード違反かにより罰金額を決める）に関するプライバシー保護を規定している。GDPRでは、個人データを保護するために適法性・公正性・透明性を原則として挙げているが、ユーザーの視点からの調査では、自動意思決定からいかにして個人データが保護されるかが分かりにくく、上記の原則が十分に実現できていないという報告がある。今後、このような問題に対して、法規則の内容をユーザーに対してわかりやすく提示でき、かつユーザーが使いやすいシステムデザインを実現する取り組みが期待されている[5)]。

さらに、法規制とシステムを開発する開発者の認識との間にもギャップがあることが報告されている。例えば、個人のWebアクセス情報を利用する広告サービスと連携したモバイルアプリを開発する場合、モバイルアプリの開発者は広告サービスと連携するためのソフトウェアライブラリーやAPIを利用するだけで開発できる。このため、プライバシー法規制に関する実装内容がブラックボックスとなり、さらに、広告サービスの提供者から提示されるプライバシー法規制の構成や文言も複雑で開発者が十分に理解できないことから、システム開発においてプライバシーに関する法規制が順守されていない場合があることが報告されている。今後、開発者がソフトウェアライブラリーやAPIの内容やプライバシー法規制を理解した上で開発するために、ソフトウェアライブラリーやAPIの開発サポート技術やプライバシー法規制の直感的なドキュメンテーションなどが求められている[6]。

❸ サイバーセキュリティー研究倫理

サイバーセキュリティーの研究は、その研究行為や研究成果が社会システムやそれを利用する人々に対して、直接的な影響（場合によっては悪い影響も含まれる）を与えうる。十分に前例のない研究対象や研究手法を取り扱う際には倫理的な問題にも直面しやすいため、特に配慮が必要になる。研究者の行動規範として研究者の間で認識され順守されるものが研究倫理であり、これにより研究に対して社会から信頼を獲得するとともに、社会的要請（社会に対する貢献）に応えることができる。特にサイバーセキュリティーに関する研究倫理として、社会との関わりの中での研究行為・成果の説明責任や法令・関連規則などの順守が重要視されている。このような考え方は、2012年に米国・国土安全保障省によりMenlo Reportと呼ばれるセキュリティーを含むICT研究全般の研究倫理原則が発行されて以降、欧米の学術国際会議を中心に認識が広まった[7]。

サイバーセキュリティーの研究倫理としては、ヒューマンファクターの問題、および脆弱性発見時の責任ある情報開示（responsible disclosure）が頻繁に議論の対象になっている。前者は、研究行為においてユーザーのプライバシーや心身が適切に保護されることが推奨され、後者は脆弱性を発見した際に適切に関係各所に情報が開示され論文発表までに適切な対策が取られることが推奨される。サイバーセキュリティーの国際会議では、このような倫理的配慮はCall for Paperにも記載されるなど必須事項となっており、倫理的配慮がなされていない論文は不採択になる可能性がある。

（4）注目動向

［新展開・技術トピックス］

❶ 多様なユーザーの調査とサポート技術

ユーザブルセキュリティー研究ではユーザー調査によって課題発見や創出したサポート技術の有効性評価が実施される。この際、情報サービスのユーザーとして研究対象になるのは、「エキスパートユーザー」と「エンドユーザー」とに大別される。エキスパートユーザーは、情報サービスを作り出したりその技術を運用や管理したりする人々を指し、開発者、オペレーター（システム管理者、ネットワーク管理者など）、セキュリティー専門家、セキュリティー研究者などが当てはまる。エンドユーザーは、上記のエキスパートユーザーとは異なり、情報サービスの純粋なユーザーを指す。

従来のユーザブルセキュリティー研究の多くはエンドユーザーを対象としていたが、近年ではエキスパートユーザーを対象とした研究が増加傾向にある。エキスパートユーザーを対象とした研究として、例えば、開発者が誤って脆弱なプログラムを作成してしまう要因の分析やセキュア開発のための開発サポート技術、セキュリティー専門家、例えばSOC（Security Operation Center）やCSIRT（Computer Security Incident Response Team）などが直面するセキュリティー運用の現場における課題の明確化と効率的なセキュリティー運用をサポートする技術などが研究されている[8]。

エンドユーザーには多様な属性が存在しており、近年では特に「at-riskユーザー」と呼ばれる人々に対する研究が盛んに実施されている。「at-riskユーザー」とは、セキュリティー・プライバシー（さらにはセーフティー）に関する被害に遭いやすい人々を指し、例えば、情報リテラシーが低いユーザーや、被害によるリスクが大きいユーザーなどに対する調査と技術的な解決策の検討が進んでいる[9]。このようなより被害に遭いやすい人々への調査の関心が高まっている傾向は、心理学やヒューマンコンピューターインタラクションの分野と同様に、従来のユーザブルセキュリティーが暗黙的に欧米在住者・健常者・十分な教育を受けている人々ばかりを対象として調査されてきたことの裏返しであることを意味している。

❷ Misinformation・Disinformationのファクトチェック技術

Misinformation・Disinformationの広まりを未然に防ぐため、情報拡散の原理の分析、コンテンツの分析、およびその対策方法は、ヒューマンコンピューターインタラクションやソーシャルメディアに関する学術会議において議論されてきたが、近年ではセキュリティー関連の学術会議でも議論の対象になってきている。

Misinformation・Disinformationの疑いがある情報への対策として、コンテンツに対して補助的な情報を付与して注意を促すなどの対策方法（ソフトモデレーションの一種）やその効果が研究され始めており、ソーシャルメディアにおいても実験的な取り組みが始まっている。例えば、COVID–19関係のコンテンツに対して公的機関の情報源のリンクを付与することや、第三者による誤解しやすいコンテンツに対する第三者による事実確認と情報付加機能などがある[10), 11]。

ファクトチェック（Fact Checking）とは、情報の真偽を検証する行為であり、プラットフォーム事業者やメディア関連団体、ファクトチェック推進団体、行政機関などによって実施されている。特に近年においては、新型コロナウイルス感染症に関する情報発信に関連したファクトチェックの重要性が注目されており、令和3年情報通信白書においても取り上げられている[12]。

アメリカ国立科学財団（NSF：National Science Foundation）はMisinformation・Disinformation対策に関係する研究開発プロジェクトにファンディングを実施している。例えば、虚偽の情報を迅速に捉えて分析するフレームワークを開発し、実世界で生じる虚偽情報に複数のステークホルダーが協働しながら即時に対処する試み[13]や、特定の目的をもった意図的な情報操作とその結果もたらされる影響について心理的、社会的、経済的などの側面から分析する試み[14]などが挙げられる。

❸ ダークパターンと法規制

ユーザーが無意識のうちに自身に不利な行動を取るように誘導するデザインのことをダークパターンと呼ぶ。このダークパターンを利用してユーザーから金銭、プライバシーデータ、注意・依存性を引き出す事象が多発している。例えば、有料プログラムを無料プログラムよりも目立たせることで、ユーザーを有料プログラムに誘導するものや、値引きオファーとカウントダウンタイマー（実際はカウントダウンタイマーが切れた後も値引きが有効）とを合わせて表示することでユーザーに購入を促すものなどがある。このようなダークパターンは30年も前から観測されており、小売業界などで日常的に行われている欺瞞的慣行であった。ダークパターンではナッジ（Nudge：行動科学に基づいてユーザーをある行動に導くために後押しをするアプローチ）が悪用されている場合もある[15]。

ダークパターンにより生じる消費者の不利益を防ぐため、法によってダークパターンを規制する動きも存在する。例えば、米国カリフォルニア州では2021年、既存のカリフォルニア州消費者プライバシー法（CCPA：California Consumer Privacy Act）にダークパターンの使用を禁止する項目を追加した。カリフォルニア州ではダークパターンの使用が特定された場合、当該サービス主体の組織に状況の是正が求められ、その後一定期間を経過しても改善が認められない場合は罰金が科される。

❹ ソフトウェア部品表（SBOM：Software Bill Of Materials）

サプライチェーンセキュリティーにおいて、プロダクトに利用されているソフトウェアの透明性（software component transparency）の担保が重要視されている。ソフトウェアの透明性を担保するための方法として、ソフトウェアコンポーネント（プロダクトが内包するコンポーネント、ライブラリー、モジュールなど）を部品表としてまとめたSBOM（Software Bill of Materials）が提案されている。2021年5月に米国大統領により「サイバーセキュリティー強化のための大統領令」[16] が発されたことにより、ソフトウェアサプライチェーンに関するセキュリティーの向上に資するガイドラインの策定やSBOMの発行の必須化などが米国連邦政府の公式な取り組みとして定められた。これに伴い2021年7月、米国商務省・国家電気通信情報局（NTIA：National Telecommunication and Information Administration）がSBOMに記載すべき最小要素を規定する文書[17] を公開した。また2022年2月、米国・国立標準技術研究所（NIST：National Institute of Standards and Technology）は、ソフトウェアの購入者にSBOMを提供することの必要性を含んだ文書[18] を公開している。このような動きを受け、日本でもSBOMに関する検討が進められており、経済産業省では「サイバー・フィジカル・セキュリティー確保に向けたソフトウェア管理手法等検討タスクフォース」にてSBOMの作成・共有・活用などに関する議論およびそれらの実証に向けた検討が進められている[19]。

SBOMを生成・管理することは、ソフトウェア開発者にとってのソフトウェア脆弱性管理のメリット[20]、およびソフトウェア使用者によるセキュリティー対策に有効な情報となるメリットがある。SBOMの導入・活用にはサプライチェーンのリスクを根本から低減する効果が想定されており、活用が期待されている。

❺ 倫理的なサイバーセキュリティー研究のサポート

日本国内においては2016年頃から、各研究コミュニティーにおいて、サイバーセキュリティーの研究倫理に関する認識状況の確認や課題の整理、アクションプランの考案などを行う動きが広まった。2018年には、日本学術振興会サイバーセキュリティ第192委員会にワーキンググループが設置され、以後研究分野全体を横断する形で啓発活動が推進されている。これらの動向に伴い、研究倫理上配慮すべき具体的項目の整理や、個別の研究事例について妥当性を相談する場の開設が行われるようになった。例えば、サイバーセキュリティー分野における国内最大級の学術シンポジウムである「コンピュータセキュリティシンポジウム（CSS：Computer Security Symposium）」においては、2018年に研究倫理相談窓口が開設され、2019年には「サイバーセキュリティ研究における倫理的配慮のためのチェックリスト」[21] が整備され、研究論文の投稿者は同リストの活用により倫理的配慮のセルフチェックが可能になっている。

［注目すべき国内外のプロジェクト］

❶ Security Behavior Observatory（カーネギーメロン大学）

カーネギーメロン大学（CMU：Carnegie Melon University）は、プライバシーとセキュリティーについての意思決定に関連するユーザーの行動を調査するプロジェクト「Security Behavior Observatory（SBO）」を実施している[22]。SBOでは、同プロジェクトに参画したユーザーの端末にデータ収集ソフトウェアをインストールし、Webブラウザーやネットワークトラフィック、ファイルシステムなどのさまざまな要素のモニタリングを常時行い、モニタリング結果を同プロジェクトのサーバーに集約している。SBOはこれらのデータを用いて、ユーザーがコンピューターを短期的および長期的に使用する際に日常的に直面する問題を理解することを目的としている。

❷ Web媒介型攻撃対策技術の実用化に向けた研究開発（WarpDriveプロジェクト）（NICT）

国立研究開発法人情報通信研究機構（NICT：National Institute of Information and Communications Technology）は、Webを媒介する攻撃への対策として、ユーザーに配布するエージェント型アプリケーションを介して悪性サイトの閲覧履歴の収集および閲覧時の警告を行うプロジェクト「WarpDrive（Web媒介型攻撃対策技術の実用化に向けた研究開発）」を実施した[23), 24]。本プロジェクトは2021年3月31日をもって終了したが、2021年4月1日より、NICTの研究開発の一つとして継続して実施されている。悪性サイト閲覧時の警告の他にも、ユーザーのネットワーク環境において攻撃に遭いやすいポートの開放・サービスの稼働があった場合に注意喚起の通知を実施する試みや、悪性サイト閲覧直前のアクセスログから、その後悪性サイトに至る危険性の高い検索行為、およびその際に用いられる検索単語を割り出し、その単語を用いて新たに検索を行うユーザーにその危険性を通知する試みなど、新たな視点での警告や注意喚起のあり方が検討されている。このような取り組みを通して今後の研究の基礎となる有用なデータが蓄積されてきている。

❸ am I infected?（横浜国立大学）

横浜国立大学 情報・物理セキュリティー研究拠点では、総務省の電波資源拡大のための研究開発における委託研究「電波の有効利用のためのIoTマルウェア無害化/無機能化技術等に関する研究開発」で、上記WarpDriveプロジェクトとも連携して、令和4年2月より家庭向けルーターやウェブカメラなどのIoT機器がマルウェアに感染しているかもしくは脆弱性を有するかを診断するサービス「am I infected?」を運営している[25)]。当該サービスを訪れたユーザーは、Webサイトに自身のメールアドレスと現在のネットワーク環境（自宅・勤務先など）を入力するだけで、即時に感染・診断を受けて診断結果を確認することができ、診断対象のネットワークに問題が発見された場合は、当該サービスの運営側から利用ユーザーに対して推奨される対策が提供される仕組みとなっている。この取り組みを通して、感染と対策を通知したユーザーの行動（対策するか、放置するか）やユーザーが対策する際に持つ疑問点、ユーザーへの通知方法によるユーザーの行動の違いなどの有益なデータが蓄積されていきている。

❹ IoT機器を悪用したサイバー攻撃防止に向けた注意喚起の取り組み（NOTICE）（総務省およびNICT）

総務省はNICTおよびインターネットプロバイダーと連携して平成31年2月より、サイバー攻撃に悪用されるおそれのある機器の調査および当該機器のユーザーへの注意喚起を行う取り組み「NOTICE（National Operation Towards IoT Clean Environment）」を実施している。安易なパスワード設定により容易に管理権限を奪取されるおそれのあるIoT機器を特定し、インターネットプロバイダーを介して該当機器のユーザーに電子メールや郵送などによる注意喚起を行う。注意喚起の内容照会や機器の設定変更のサポートをユーザーが希望した場合に応じるサポートセンターも設置されている。問題のある機器を適切な設定に修正するまでの操作は、通常、複数の手順を含んでおり、特に技術的な知識が豊富でないユーザーにとっては複雑かつ不可解である。 NOTICEでは、インターネットプロバイダーや関係機関が連携して知見を蓄え、ユーザーが円滑に対策行動を起こせるよう平易かつ正確に説明を行う通知手法が検討され、有益なデータが蓄積されてきている。

❺ サプライチェーン・サイバーセキュリティ・コンソーシアム（SC3）

サプライチェーンの脆弱性は、ある一企業の製品で発見された問題が、同時に、その製品を利用している多数の企業の製品に共通した問題として発展し、大規模な被害をもたらす危険性がある。そのため、組織間で脆弱性の具体事例や、その脆弱性に対して起きうるサイバー攻撃の手法などを共有・整理し、継続的に予防策と対応策を講じることが肝要となる。この課題に対処する取り組みとして、令和2年11月に経済産業省が中心となり、「サプライチェーン・サイバーセキュリティ・コンソーシアム（SC3）」が設立されている[26)]。 SC3では、中小企業を含めた産業サプライチェーンに関わる組織が多数参加し、サイバー攻撃事案に関する情報共有、機微な技術情報などを含む場合の関係者への報告、攻撃による被害が不特定多数に及ぶ可能性がある場合の事案公表に関する取り組みを推進している。また、サイバーセキュリティー人材の育成や、学術研究機関におけるサイバーセキュリティー対策の強化などを行うWGを設立し、産学官の連携も推進している。

❻ コグニティブセキュリティー関連プロジェクト（米国・国防高等研究計画局（DARPA））

コグニティブセキュリティー（Cognitive Security）は、認知を意味するコグニティブ（Cognitive）とセキュリティーを合わせたものであり、フィッシング攻撃など人の心理的な隙やミスにつけ込むソーシャルエンジニアリングや、フェイクニュースに見られるように、悪意を持ったオンラインやオフラインでの誘導・干渉によって人々の思考や行動に影響を与える問題に対処するための技術の一つである。これらの問題は、個人から国家まで幅広い影響を与えており、近年注目されている。DARPA（Defense Advanced Research Projects Agency）では、画像・動画の改ざんやフェイクの検知[27)]、ソーシャルエンジニアリングの検知・防御[28)]、情報拡散による社会への影響の認知と対策[29)]に関する研究開発プロジェクトが推進されている。

（5）科学技術的課題

ここでは、「（3）研究開発領域の概要、（4）注目動向」に関する科学技術的課題を紹介する。

❶ ユーザー調査のためのユーザー募集方法

ユーザブルセキュリティー研究では、実際のユーザーに対して認識や行動を調査することで、問題の発見や対策技術の有効性が評価される。その際にまず参加者の募集が行われるが、調査対象のユーザーをピンポイントで募集することの難しさがある。多くのユーザー調査では、クラウドソーシングサービスを利用して大規模に募集されるが、このようなサービスに登録しているユーザー層と調査対象のユーザー層に乖離が発生しやすい。このような問題は参加者募集が難しいユーザーになるほど顕著になりやすく、特に近年の傾向であるエキスパートユーザーを対象にした研究や、エンドユーザーの中でもアットリスク・ユーザー（at-risk user）を対象にした研究においては、適切な実験参加者を集めること自体が容易ではない。そのため、一般的に、研究者の身近にいる人々を実験参加者として募集する便宜的標本抽出法（Convenience Sampling）が実施されることが多く、そのような場合においては母集団の代表性があるとは必ずしも言えない。ユーザー募集を円滑に進めるために、調査対象となるユーザーがいる組織との連携体制の構築やユーザーが安心して調査に参加できるよう調査データのセキュリティーが確保されプライバシーが保護されるデータ管理基盤を作ることが必要と考えられる。

❷ 適切なユーザー調査手法

ユーザー調査手法として、ラボ実験、サーベイ（アンケート）、インタビューなどが一般的に用いられるが、セキュリティーやプライバシーに関する調査を実施する際、参加者に対してさまざまなバイアスがかかりやすい状況があることが知られている。例えば、ラボ実験において、実験参加者に実験の趣旨を説明しすぎることで実験参加者が研究者の期待に応えようと行動してしまうホーソン効果（Hawthorne Effect）が発生したり、普段とは異なる人工的な環境で作業をすることで本来の自然な行動を観測できない生態学的妥当性（Ecological Validity）が低い事象が発生したりする。これらは、実験が日常生活で行っている行動と照らし合わせて意味のあるものになっているかという観点において、問題視されている。例えば、フィッシングメールに対する反応を調査する場合、実験前に実験参加者にフィッシングメール判別であることを説明しすぎると普段以上に警戒した行動を取りやすくなり、普段の環境でのフィッシングメールに対する自然な反応を観測することが難しくなる。他にも、サーベイやインタビューなどでは、本来とは異なる社会的に望ましいとされる回答をする「社会的望ましさバイアス（Social Desirability Bias）」や、言い回し（Wording）による回答のバイアスが発生しやすい。このようなバイアスが含まれにくい調査方法の設計や、生態学的妥当性を向上するための調査方法の確立が求められる。

❸ Misinformation・Disinformationの介入技術

Misinformation・Disinformationが発生しやすい状況として、ユーザーの行動分析に基づくパーソナライズされた推薦アルゴリズムによって提示された偏った情報に囲まれてしまうフィルターバブル（Filter Bubble）や、価値観の似た考えを持つユーザーで形成される狭いコミュニティーにおいて自分の意見が増幅・強化されるエコーチェンバー（Echo Chamber）などが知られている。このような状況を改善するために、ユーザーに対して自身とは異なる意見の情報を提示するなど、多様な情報・意見を提示することで客観性を持たせるための効果的な介入手段を実現することが課題となっている。Misinformation・Disinformationが発生しやすい話題の一つとして政治があるが、誤った情報を拡散するユーザーに対して公の場で訂正行為（Debunking）を行う場合、そのユーザーの党派性や言葉の有害性が高まり、コンテンツの正確性から注意が逸れてしまうという逆効果（Backfire Effect）が発生することが知られている。今後、介入手段が効果を発揮する適切な状況や方法についてのさらなる調査が期待される[30)]。

❹ ダークパターンの定義と検知

企業が収益を重視するあまり、意図せず自社のサービスにダークパターンを含めて設計してしまう場合がある。米国やフランスでは、ダークパターンに対して法的な規制が始まっているが、実際の対策は十分とは言えない状況である。一方で、一部のダークパターンについて実態調査と問題指摘がされている。例えば、ウェブサイトにおけるオプトアウト提供やサブスクリプション解除の設定の難しさの定量的な調査や、ユーザーが設定しやすい推奨されるウェブサイトの設計が提案されている。しかしながら、調査対象となるダークパターンやユーザーは限定的であり、将来的にはダークパターンの先鋭化も想定されるため、ユーザーへの影響の幅広い調査・評価、ダークパターンの定義や識別方法を明確化する取り組みが必要である。

❺ ユーザーへの効果的なセキュリティー注意喚起

セキュリティーの問題をユーザーに効果的に通知する方法の研究が盛んに取り組まれている。Webブラウザーにおいて問題があるWebサイトにアクセスする場合に表示されるセキュリティー警告画面（例えばTLSに不備があるWebサイト）はユーザーによって無視されることが多いことが知られている。専門性が高くないユーザーであっても脅威の内容が理解しやすいテキスト・アイコン・レイアウトなどに改良することが課題になっている。

一方で、直接的にセキュリティーの注意喚起を通知することが難しい事例もある。インターネット上をスキャンするツール（Zmap、Masscanなど）やWebサービス（Shodan、Censysなど）によってインターネットにつながる脆弱なデバイスを早期に発見できるようになったものの、デバイス所有者との直接的なコミュニケーション方法が存在しないため、発見した問題の対策を依頼できないという問題がある。デバイス所有者と間接的にコミュニケーションする方法としては、デバイスのIPアドレスを管理している組織（インターネットサービスプロバイダー（ISP）やホスティングサービスプロバイダー）や当該IPアドレスが属する国のナショナルCSIRTを介してコミュニケーションする方法がある。しかし、デバイス所有者が判明しない事例も多く、判明したとしても多少の差異はあるものの、どのコミュニケーション方法であってもデバイス所有者からの反応は高くないことが知られている。コミュニケーション方法の確立やデバイス所有者への適切な通知方法について検討が必要である。

❻ OSSプロジェクトに対する攻撃の対策

近年のプロダクト開発においてOSSは基本的な機能を実現する上で欠かせない存在であるが、OSSプロジェクトに対する攻撃も確認されており、OSSに脆弱性や攻撃コードが混入しやすいことが明らかになっている。例えば、コードリポジトリのフォークやクローンに悪性なコードを挿入する事例が多く発見されている[31),32)]。例えば、2020年から2021年にかけて、Linux Kernel開発コミュニティーに対して大学研究者が「善意の開発者」を装って脆弱なコードをコミットする実験を実施したことが大きな問題になった[33)]。この研究者はOSSにおけるコードレビュープロセスの問題点を発見することを目的にしていたものの、調査方法自体は開発コミュニティーには受け入れられず、開発コミュニティーは研究者によってコミットされた全てのコードを再検証するために膨大な人的コストを負うことになった。この研究ではくしくも、OSSプロジェクトにおいて悪意のある開発者・コードが入り込む余地があることを広く知らしめることになった。このように、OSSの開発においてもセキュアな開発を行うために、開発段階におけるコードを悪意のある開発者から保護することが課題になっている。

(6) その他の課題

❶ 法規制

近年、無料サービスを提供するプラットフォーム事業者が増加しており、こういったプラットフォーム事業者は、取得・集積したユーザー情報を利用して、ユーザーに対して商品・サービスなどの推薦を幅広く行っており、ユーザーにとっては利便性向上の一助にもなっている。一方で、ユーザーはその趣旨と方法を正しく理解しないまま情報を取得・利用され、また無自覚・無意識のうちに推薦の結果に影響される可能性がある。

総務省が主催する「プラットフォームサービスに関する研究会」（2018年10月～）では、検討対象の一つとして電気通信事業者と国内外のプラットフォーム事業者における、ユーザー情報（通信の秘密やプライバシー情報など）の取扱状況、およびそれらに対するルールなどの差異について検討を行っている[34)]。これまで当該問題については、電気通信事業法の観点から、主に通信の秘密に関して電気通信事業者やその設備に着目して法規制の議論がなされてきたが、今後は電気通信サービスのユーザーのプライバシー保護も電気通信事業法の目的の範疇とし、ユーザー情報を取り扱う者全てが保護すべき義務を負う形での法整備が必要である旨の課題提言が行われ、検討が進められている。また、ユーザーによる理解促進も課題の一つとして捉えられており、ユーザーのリテラシー向上にむけた周知啓発の推進や、事業者のプライバシーポリシーの外部レビュー実施（分かりやすい通知もしくは公表であるか、同意取得の方法は適切か、など）も検討が進められている。

❷ 人材育成

独立行政法人情報処理推進機構（IPA：Information-technology Promotion Agency）では、平成29年4月に「産業サイバーセキュリティセンター（Industrial Cyber Security Center of Excellence）」を設立し、情報系・制御系システムを想定した模擬プラントを用いた演習や、攻撃防御の実践経験、攻撃情報の調査・分析などを通じて、重要インフラや産業基盤を狙ったサイバー攻撃への対策の中核となる人材を育成している[35)]。産業サイバーセキュリティーの実務担当者やCEO、CIO・CISO、部門長などの責任者クラスなど、多岐にわたる対象者に向けた育成プログラムが提供されており、毎年、さまざまな業界からの参加者が修了している。修了後も修了者間で最新の知見に基づいた情報交換が可能なコミュニティーが設けられており、業界を横断した制御システムセキュリティーの連携体制が構築されている。この人材育成の取り組みにおいては、インシデント発生時、インシデントへの対処のみでなく原因調査、情報の蓄積・分析、改善策の考案などのインテリジェンスサイクルを実行できる人材や、異なる国・文化圏で働くベンダーやサプライヤースタッフとの連絡調整が正確にできる人材をどのように育成していくかが課題として捉えられている。また、今後は必ずしもIT・セキュリティーの専門知識や業務経験を有していない人材であってもセキュリティー専門人材との協働が必要となる場面があり得るため、そのような際に追加して習得しておくべき知識「プラス・セキュリティー知識」をいかにして従前に補充するか、ひいてはそのための人材育成プログラムをどのように整理するかが課題として捉えられている。

(7) 国際比較

国・地域	フェーズ	現状	トレンド	各国の状況、評価の際に参考にした根拠など
日本	基礎研究	○	↗	・国内ではユーザブルセキュリティーの研究コミュニティーが2017年に立ち上がり、大学や企業の研究発表数も増加傾向にある。 ・国際会議での存在感も徐々に増してきており、直近では、EuroUSEC 2021でBest Paper Awardを早大/NTTが受賞している。 SOUPSでは日本から2015年に1件（早大/NTT）、2021年に1件（NTT/早大）、2022年に3件（東大、KDDI/CMU、NTT/早大）採択されている。 ・サイバーセキュリティー研究倫理について、国内学会でチェックリストの整備や相談窓口の設置などサポート体制の充実が確認できる。
	応用研究・開発	△	↗	・ユーザーの行動観測やユーザーに対する注意喚起などを実施するいくつかのプロジェクトが始動しており、今後の研究成果や社会実装が期待できる。
米国	基礎研究	◎	→	・米国はユーザブルセキュリティーの黎明期から研究分野をけん引・発展させてきた。中心的な研究グループが属するCMU Cylabや、そのOB/OGの多くが米国の各大学（メリーランド大、シカゴ大など）で研究チームを作り、本分野をけん引している。
	応用研究・開発	◎	→	・ユーザブルセキュリティーの研究成果はNISTなどのガイドライン（NIST SP800-63Bなど）に取り入れられて、米国だけでなく、欧米や日本などでも広く参照されている。 ・SBOMの仕様策定や普及推進活動が活発に行われている。
欧州	基礎研究	◎	↗	・GDPRを後押しに、ここ数年で多数の研究成果をあげている。またユーザブルセキュリティーに関して有力な研究グループが増加しており、UKに加えて、ドイツの複数の研究グループの成果が顕著である。
	応用研究・開発	◎	↗	・GDPRによるプライバシーの規制は、プライバシーポリシーやCookieなどインターネット上でのビジネス活動に大きな影響を与えている。またEUに限らず、米国や日本などに対してもビジネス/法規制の面で大きな影響を与えている。
中国	基礎研究	×	→	・顕著な成果はみられない。
	応用研究・開発	×	→	・顕著な成果はみられない。
韓国	基礎研究	△	→	・ユーザブルセキュリティーに関する国際会議発表がいくつか確認できる。
	応用研究・開発	×	→	・顕著な成果はみられない。

（註1）フェーズ

基礎研究：大学・国研などでの基礎研究の範囲

応用研究・開発：技術開発（プロトタイプの開発含む）の範囲

（註2）現状　※日本の現状を基準にした評価ではなく、CRDS の調査・見解による評価

◎：特に顕著な活動・成果が見えている　○：顕著な活動・成果が見えている

△：顕著な活動・成果が見えていない　×：特筆すべき活動・成果が見えていない

（註3）トレンド　※ここ1～2年の研究開発水準の変化

↗：上昇傾向、→：現状維持、↘：下降傾向

参考文献

1) IBM, “IBM Security X-Force Threat Intelligence Index 2023,” https://www.ibm.com/reports/threat-intelligence/jp-ja/,（2023年2月24日アクセス）.

2) Claire Wardle, “Information disorder: Toward an interdisciplinary framework for research and policy making (2017),” Council of Europe, https://edoc.coe.int/en/media/7495-information-disorder-toward-an-interdisciplinary-framework-for-research-and-policy-

making.html,（2023年2月24日アクセス）.

3) Directorate-General for Communications Networks, Content and Technology, "A multi-dimensional approach to disinformation," European Commission, https://op.europa.eu/en/publication-detail/-/publication/6ef4df8b-4cea-11e8-be1d-01aa75ed71a1,（2023年2月24日アクセス）.

4) House of Commons, Digital, Culture, Media and Sport Committee, "Disinformation and 'fake news': Final Report, Eighth Report of Session 2017-19," UK Parliament, https://publications.parliament.uk/pa/cm201719/cmselect/cmcumeds/1791/1791.pdf

5) Smirity Kaushik, et al., ""How I Know For Sure": People's Perspectives on Solely Automated Decision-Making (SADM)," in the Proceedings of the Seventeenth Symposium on Usable Privacy and Security (USENIX Association, 2021), 159-180.

6) Mohammad Tahaei, et al., "Charting App Developers' Journey Through Privacy Regulation Features in Ad Networks," in Proceedings on Privacy Enhancing Technologies Symposium (De Gruyter Open Ltd., 2022), 33-56.

7) U.S. Department of Homeland Security, "The Menlo Report: Ethical Principles Guiding Information and Communication Technology Research, August 2012," https://www.dhs.gov/sites/default/files/publications/CSD-MenloPrinciplesCORE-20120803_1.pdf,（2023年2月24日アクセス）.

8) Mannat Kaur, et al., "Human Factors in Security Research: Lessons Learned from 2008-2018," arXiv, https://doi.org/10.48550/arXiv.2103.13287,（2023年2月24日アクセス）.

9) Noel Warford, et al., "SoK: A Framework for Unifying At-Risk User Research," in 2022 IEEE Symposium on Security and Privacy (SP) (IEEE, 2022), 2344-2360., https://doi.org/10.1109/SP46214.2022.9833643.

10) Twitter, Inc.「TwitterのBirdwatchについて」https://help.twitter.com/ja/using-twitter/birdwatch,（2023年2月24日アクセス）.

11) Twitter Japan「ファクトチェック機能「Birdwatch」をさらに充実」https://blog.twitter.com/ja_jp/topics/product/2022/building-a-better-birdwatch_2022,（2023年2月24日アクセス）.

12) 総務省「情報通信白書令和3年版」https://www.soumu.go.jp/johotsusintokei/whitepaper/r03.html,（2023年2月24日アクセス）.

13) U.S. National Science Foundation (NSF), "Collaborative Research: SaTC: CORE: Large: Rapid-Response Frameworks for Mitigating Online Disinformation," https://www.nsf.gov/awardsearch/showAward?AWD_ID=2120496&HistoricalAwards=false,（2023年2月24日アクセス）.

14) Sylvia Butterfield, Kellina M. Craig-Henderson and Margaret Martonosi, "Inviting Proposals Related to Information Integrity to the Secure and Trustworthy Cyberspace Program," U.S. National Science Foundation (NSF), https://beta.nsf.gov/funding/opportunities/inviting-proposals-related-information-integrity-secure-and-trustworthy,（2023年2月24日アクセス）.

15) Arvind Narayanan, et al., "Dark Patterns: Past, Present, and Future: The evolution of tricky user interfaces," Queue 18, no. 2 (2020) : 67-92., https://doi.org/10.1145/3400899.3400901.

16) Joseph R. Biden Jr., "Executive Order on Improving the Nation's Cybersecurity," The White House, https://www.whitehouse.gov/briefing-room/presidential-actions/2021/05/12/executive-order-on-improving-the-nations-cybersecurity/,（2023年2月24日アクセス）.

17) The United States Department of Commerce, "The Minimum Elements For a Software

Bill of Materials (SBOM) : Pursuant to Executive Order 14028 on Improving the Nation's Cybersecurity, July 12, 2021," National Telecommunications and Information Administration (NTIA), https://www.ntia.doc.gov/files/ntia/publications/sbom_minimum_elements_report.pdf,（2023年2月24日アクセス）.
18) National Institute of Standards and Technology (NIST), "Software Supply Chain Security Guidance Under Executive Order (EO) 14028, Section 4e, February 4, 2022," https://www.nist.gov/document/software-supply-chain-security-guidance-under-executive-order-eo-14028-section-4e,（2023年2月24日アクセス）.
19) 経済産業省「サイバー・フィジカル・セキュリティ確保に向けたソフトウェア管理手法等検討タスクフォース」https://www.meti.go.jp/shingikai/mono_info_service/sangyo_cyber/wg_seido/wg_bunyaodan/software/index.html,（2023年2月24日アクセス）.
20) Stephen Hendrick「SBOM（ソフトウェア部品表）とサイバーセキュリティへの対応状況（2022年1月）」The Linux Foundation, https://www.linuxfoundation.jp/wp-content/uploads/2022/05/LFResearch_SBOM_Report-ja.pdf,（2023年2月24日アクセス）.
21) CSS2019研究倫理委員会「コンピュータセキュリティシンポジウム2019：サイバーセキュリティ研究における倫理的配慮のためのチェックリスト」International Workshop on Security（IWSEC）, http://www.iwsec.org/css/2019/files/ethics_list.pdf,（2023年2月24日アクセス）.
22) Societal Computing, "Security Behavior Observatory," Carnegie Mellon University, https://sc.cs.cmu.edu/research-detail/146-sbo,（2023年2月24日アクセス）.
23) WarpDrive, https://warpdrive-project.jp,（2023年2月24日アクセス）.
24) 国立研究開発法人情報通信研究機構（NICT）「高度通信・放送研究開発委託研究：Web媒介型攻撃対策技術の実用化に向けた研究開発」https://www.nict.go.jp/collabo/commission/k_190.html,（2023年2月24日アクセス）.
25) 横浜国立大学「am I infected?」https://amii.ynu.codes,（2023年2月24日アクセス）.
26) サプライチェーン・サイバーセキュリティ・コンソーシアム（SC3）, https://www.ipa.go.jp/security/sc3/,（2023年2月24日アクセス）.
27) William Corvey, "Semantic Forensics (SemaFor)," Defense Advanced Research Projects Agency (DARPA), https://www.darpa.mil/program/semantic-forensics,（2023年2月24日アクセス）.
28) Bernard McShea, "Active Social Engineering Defense (ASED)," Defense Advanced Research Projects Agency (DARPA), https://www.darpa.mil/program/active-social-engineering-defense,（2023年2月24日アクセス）.
29) Brian Kettler, "Influence Campaign Awareness and Sensemaking (INCAS)," Defense Advanced Research Projects Agency (DARPA), https://www.darpa.mil/program/influence-campaign-awareness-and-sensemaking,（2023年2月24日アクセス）.
30) Mohsen Mosleh, et al., "Perverse Downstream Consequences of Debunking: Being Corrected by Another User for Posting False Political News Increases Subsequent Sharing of Low Quality, Partisan, and Toxic Content in a Twitter Field Experiment," in Proceedings of the 2021 CHI Conference on Human Factors in Computing Systems (New York: Association for Computing Machinery, 2021), 182., https://doi.org/10.1145/3411764.3445642.
31) Alan Cao and Brendan Dolan-Gavitt, "What the Fork? Finding and Analyzing Malware in GitHub Forks," Network and Distributed System Security Symposium 2022, https://www.ndss-symposium.org/ndss-paper/auto-draft-275/,（2023年2月24日アクセス）.

32) Check Point Software Technologies Ltd., “Github “Supply Chain” Attack,” https://blog.checkpoint.com/2022/08/03/github-users-targeted-in-supply-chain-attack/,（2023年2月24日アクセス）.
33) Thorsten Holz and Alina Oprea, “IEEE S&P’21 Program Committee Statement Regarding The “Hypocrite Commits” Paper,” IEEE Computer Society Technical Community on Security and Privacy, https://www.ieee-security.org/TC/SP2021/downloads/2021_PC_Statement.pdf,（2023年2月24日アクセス）.
34) 総務省「プラットフォームサービスに関する研究会」https://www.soumu.go.jp/main_sosiki/kenkyu/platform_service/index.html,（2023年2月24日アクセス）.
35) 独立行政法人情報処理推進機構（IPA）「産業サイバーセキュリティセンター」https://www.ipa.go.jp/icscoe/,（2023年2月24日アクセス）.

2.4.5 システムのデジタルトラスト

(1) 研究開発領域の定義

サイバー空間とフィジカル空間を高度に融合したシステムによるSociety5.0では、そこに参加するステークホルダーが増加し、システムの数も膨大となる。暗号技術が組み込まれたコンピューティング技術を用いて、人を介さずに自動的に複数のステークホルダーの複数のシステム間における信頼関係を検証・確立し、信頼できるシステムによる情報サービスの提供を実現するシステムのデジタルトラストに関する研究開発を行う領域である。

(2) キーワード

TEE（Trusted Execution Environment）、リモートアテステーション（Remote Attestation）、Hardware Root Of Trust（HW RoT）、Chain Of Trust（CoT）、トラストモデル、信頼関係（Trust Relationship）、コンフィデンシャルコンピューティング、ゼロトラストアーキテクチャー、プラットフォームセキュリティー

(3) 研究開発領域の概要

[本領域の意義]

サイバー空間とフィジカル空間を高度に融合したSociety5.0においては、あらゆるもののデジタル化・コネクティッド化、スマート化・自律化が進み、さまざまなステークホルダーのシステムが参加することにより社会に価値を提供すると考えられる。この際、各ステークホルダーのシステム間における信頼関係の確立が必要となる。一方で「あらゆるもののデジタル化・コネクティッド化」という観点からは、膨大な数の信頼関係の確立とその維持が必要となり、「スマート化・自律化」という観点からは、人を介さないダイナミックな信頼関係の確立が要求される。

従来の人と人との間のトラストでは、トラストする側（Trustorと呼ばれる）はトラストされる側（Trusteeと呼ばれる）を信頼するか否かをトラストされる側の信頼性により人が判断してきた。Society5.0では、トラストされる側（Trustee）が非常に複雑なシステムとなり、その複雑なシステムをトラストする側（Trustor）もシステムとなる場合が増加している。また、これらのシステムは企業内などに閉じたシステムに留まらず、場所に捉われない多くのステークホルダーのシステムが対象となり、膨大な数の信頼関係を、人を介さずにダイナミックに構築（確立と維持）することが求められる。

近年このような信頼関係構築の要求に対して、暗号技術が組み込まれたコンピューティグ技術などの発展により、トラストされる側（Trustee）のシステムの信頼性をトラストする側（Trustor）のシステムが自動的に検証（Verify）するトラストメカニズムの技術が進化してきている。こうした技術を用いてシステム間の信頼関係を構築するのがシステムのデジタルトラストである。システムのデジタルトラストにより、システム間の信頼関係を構築することは、例えば、自動運転車が不正なシステムに接続されてしまい不正な制御をされたり、不正にデータが搾取されたりするといった問題を防ぐことに繋がる。また、人を介さずにシステム間の信頼関係をダイナミック、かつ自動的に構築することにより、複数のステークホルダーが参画する場合においてもシステムを迅速に構築することが可能となり、必要なサービスを迅速に提供することが可能となる。

このように、システムのデジタルトラストは、サイバー空間とフィジカル空間を高度に融合したデジタル社会において、ユーザーが安全・安心に利用できるサービスを迅速に提供し、そこに参画するステークホルダーに価値を提供していく上で必須である。

［研究開発の動向］

❶ 研究開発のトレンド

システムのデジタルトラストの研究開発では、近年、トラストする側（Trustor）のシステムからトラストされる側（Trustee）のシステムの信頼性（Trustworthiness[1]）をリアルタイムに検証（Verify）する技術としてリモートアテステーションが注目されている。このリモートアテステーションがさまざまなデバイス、システムに組み込まれることにより、非常に複雑なシステム全体の信頼関係の構築を自動的、自律的に行うことが可能になりつつある。

リモートアテステーションにより信頼性の検証を可能とするためには、トラストされる側（Trustee）のシステムでは、信頼の基点（RoT：Root Of Trust）や信頼のおける実行環境（TEE：Trusted Execution Environment）[2]が用いられ、RoTには検証のための暗号鍵が組み込まれている。リモートアテステーションは、信頼のおける実行環境でRoTの暗号鍵を使って信頼性の検証を行い、システム間の信頼関係を確立する。システム間の信頼関係の繋がりはトラストチェーン（CoT：Chain Of Trust）と呼ばれており、その先のシステムの信頼性を検証していくことで、RoTを基点にCoTを拡張していくことができる。

信頼性を検証する際に必要となるRoTは信頼の基点となるものであり非常に高度なセキュリティーの実装が要求される。そのため、書き換えが容易なソフトウェアだけで達成することは困難であり、高度なハードウェアセキュリティーを施したHardware Root Of Trust（HW RoT）によりRoTを実現する取り組みが進められている。また、脆弱性を生みやすい一般的な汎用OSと分離されたTEEの実装も一般化してきており、このTEEにさまざまなTrustworthinessの検証が可能なリモートアテステーションのメカニズムを実装する取り組みも進められている（詳細は「2.4.5（4）注目動向［注目すべき国内外のプロジェクト］」に記載）。

一方、システムのデジタルトラストを考える際、デジタルトラストにより実現したいビジネスモデルとそのビジネスモデルが要求するトラストモデルの理解が不可欠であり、欧州Horizon 2020では、マルチステークホルダーのシステム間の信頼関係構築を目指して、5Gやヘルスケア分野などのプロジェクトが進められている（詳細は「2.4.5（4）注目動向［注目すべき国内外のプロジェクト］」に記載）。

また、リモートアテステーションや信頼の基点、TEEが組み込まれたプラットフォームは、ゼロトラストアーキテクチャーやコンフィデンシャルコンピューティングでも活用されており、クラウドサービスの進化を支えている（詳細は「2.4.5（4）注目動向［新展開・技術トピックス］❶ゼロトラストアーキテクチャー、❷コンフィデンシャルコンピューティング」に記載）。

❷ 国際標準・規格

システムのデジタルトラストを実現する上で重要なリモートアテステーションは、インターネット技術の規格化を推進しているIETF（Internet Engineering Task Force）のRATS（Remote ATtestation ProcedureS）WG[1)]においてプロトコルなどの標準化が進められており、ユースケースやアーキテクチャーをまとめたドラフト文書が公開されている[2)]。米国・国立標準技術研究所（NIST：National Institute of Standards and Technology）の「NISTIR 8320 Hardware-Enabled Security」[3)]では、信頼の基点をHW RoTに実装し、TEE、リモートアテステーションを用いてCoTの範囲を拡張するセキュリティーメカニズムや、Intel、AMD、ARM、CiscoなどによるさまざまなCoTの実装例が示されている。欧州の標準化団体である欧州電気通信標準化機構（ETSI：European Telecommunications Standards Institute）

1 Trustworthinessは、トラストされる側（Trustee）のシステムが持つ属性であり、システムのデジタルトラストでは例えばその品質などになる。トラストされる側（Trustee）のシステムがAIやIoTとした場合、それぞれに応じてTrustworthinessの意味するところが多義的になり、現在、標準化団体などによりこのTrustworthinessの定義に関する議論が盛んに行われている。

2 信頼できる実行環境は、エンクレーブ（Enclave）と呼ばれる場合もある。

の「ETSI GR SAI 006」[4]では、「Hardware security standardization ecosystem」での中でリモートアテステーションなどの標準化動向が紹介されている。

ゼロトラストアーキテクチャーについては、米国・NISTがゼロトラストアーキテクチャーの定義や原則、構成要素、ユースケース、脅威などをまとめたNIST SP800–207[5]を公開している。また、国内では、デジタル庁が「ゼロトラストアーキテクチャ適用方針」（2022年6月）を公開している。

（4）注目動向

［新展開・技術トピックス］

❶ ゼロトラストアーキテクチャー

近年、企業システムのクラウド化やリモートワークの普及により、インターネットを介して場所を問わずアクセスできるモバイルデバイスやクラウド環境の活用など、アクセス手段やシステムが多様化しており、これまでの外部からの攻撃を境界線で防御し内部は暗黙的に安全であると考える「境界線防御」のリスクが高まっている。ゼロトラストアーキテクチャーは、境界、および内部の全てのシステムを信頼せず、都度検証する「Never Trust, Always Verify」の考え方に基づいており、あらゆるシステムへのアクセスを検証するという考え方である。ゼロトラストアーキテクチャーについては、米国・NISTがゼロトラストアーキテクチャーの定義や原則、構成要素、ユースケース、脅威などをまとめたNIST SP800–207[5]を公開しているが、具体的な実装仕様は利用者に委ねられている。2021年5月に起きた米国の石油パイプライン施設へのサイバー攻撃などに対応すべく指示された米国大統領令[6]（2021年5月）では、ゼロトラストアーキテクチャーを適用することが求められている。

ゼロトラストアーキテクチャーの実装においては、認証で利用する認証器やハードウェアが本物であるか、さらにアプリケーションが本物であるかを検証するためにリモートアテステーションを利用することも検討されている。また、欧州・Horizon 2020のASSUREDプロジェクト[7]では、ゼロトラストアーキテクチャーの原則を取り入れ、システムの信頼性を検証して信頼関係を確立することによって、システム全体としての信頼性を確立しようとしている。このように、システムのデジタルトラストは、ゼロトラストアーキテクチャーにおいても重要な役割を持っている。

❷ コンフィデンシャルコンピューティング

クラウドサービスでは、ストレージ内に保存されているデータやシステム間で転送されているデータは暗号化により保護することが可能であるが、CPUがデータを処理する際のメモリ上のデータは暗号化されておらず、セキュリティーリスクが存在していた。この問題に対して、近年、CPUがデータを処理する際の使用中データ（data in use）の暗号化による保護が可能なコンフィデンシャルコンピューティングが注目されている。コンフィデンシャルコンピューティングでは、CPUにはHW RoTと信頼できる実行環境であるTEE（または、エンクレーブ）が組み込まれ、リモートアテステーションにより暗号化機能の完全性を検証し、TEEにおいてCPUの使用中データを暗号化している。コンフィデンシャルコンピューティングでは、使用中データの暗号化を保証するのは、クラウド事業者ではなくプロセッサーを提供する半導体ベンダーとなる。使用中データの暗号化機能を持つプロセッサーとしては、Intel SGX, Arm TrustZone, AMD SEVなどがあり、これらを利用したコンフィデンシャルコンピューティングが注目されている。また、2019年には業界団体であるコンフィデンシャルコンピューティング・コンソーシアムが設立されている[8]。

［注目すべき国内外のプロジェクト］

❶ 欧州・Horizon 2020のプロジェクト

5G分野では、5G–PPP（5G Infrastructure Public Private Partnership）[9]の中で、システムのデジタルトラストを中心的なテーマと捉えた5G–ENSURE（2015年11月～2017年10月）[10]や5GZORRO

（2019年10月～2022年10月）[11]、INSPIRE-5Gplus（2019年11月～2022年10月）[12]、MonB5G（2019年10月～2023年4月）[13]が推進されている。5G-ENSUREでは、5Gのトラストモデルを構築する取り組みが行われ、その後、5GZORRO、INSPIRE-5Gplus、MonB5Gでは、5Gのトラストモデルをベースとして5G機能を実装する取り組みが行われた。INSPIRE-5Gplusでは「5Gネットワーク管理のためのフレームワーク」の中でTEEとリモートアテステーションが利用されている。また、5GZORROでは、そのフレームワークの中でゼロトラストアーキテクチャーの原則が議論されている。

サイバーフィジカルシステム分野のASSURED（2020年9月～2023年8月）[7]では、ユースケースとしてスマート工場、スマートシティー、スマート宇宙、スマート衛星通信などが想定されており、自律的なサイバーフィジカルシステムの構築が目指されている。ここではセキュリティーやプライバシーを考慮して自律的にシステムのデジタルトラストを構築するためのフレームワークが提案されており、さまざまな箇所でリモートアテステーションのスキームが幅広く適用されている。また、ASSUREDでは、ゼロトラストアーキテクチャーの原則が採用されており、システム間の信頼関係を構築することによって、システム全体としての信頼性（Trustworthiness）を確立しようとしている。

IoTプラットフォーム分野では、接続時における「ゼロタッチ」コンフィギュレーションや、サービスを利用する際の自動的な信頼性（Trustworthiness）の検証など、膨大な数のIoTデバイスに対応するスケーラブルなデジタルトラスト構築のためのメカニズムをテーマとしたプロジェクトが推進されている。例えば、RAINBOW[14]では、ユースケースとして製造における人とロボットのコラボレーションや、都市モビリティのデジタル化、電力網の監視などが想定されており、IoTサービスをスケーラブルかつ安全に利用できるオープンで標準化されたリモートアテステステーション技術の研究開発が推進されている。また、ARCADIAN-IoT[15]では、ユースケースとして産業用制御システム、緊急警戒システム、医療IoTデバイスなどが想定されており、IoTにおけるセキュリティー、プライバシー管理の向上を目指し、IoTデバイスまたはゲートウェイ、スマートフォンなどのデバイスが機密性の高い情報やサービスにアクセスする際に、デバイスのセキュリティーやプライバシーなどの機能の信頼性（Trustworthiness）をリモートアテステーションにより検証する研究開発が推進されている。

ヘルスケア分野では、2022年5月にEU域内統一ルールとして公開された欧州ヘルスデータスペース規則案（EHDS：European Health Data Space）に関連する研究開発プロジェクトが推進されており、プライバシー保護が重要な要件となっている。例えば、ASCLEPIOS[16]では、コンフィデンシャルコンピューティングを用いて、ユーザーデータのプライバシーを保護するクラウドベースのデジタルヘルスフレームワークが開発されている。このフレームワークでは、クラウドサービスにおける暗号化などの信頼性（Trustworthiness）を検証するためや、利用者が医療デバイスを使用する前に医療デバイスの完全性を検証するために、リモートアテステーションが利用されている。

これら以外にも、プライバシーに配慮したリモートアテステーションメカニズムの研究や、AI分野でも学習データや学習済みモデルの保護、複数のAIエッジとクラウドとの間でフェデレーション学習を行う際のデータの保護のためにTEEやリモートアテステーションを用いる研究が推進されている。

❷ 欧州・Horizon Europeのプロジェクト

モビリティ分野で将来の自動運転車の安全性を高めるための研究（CCAM：Cooperative, Connected and Automated Mobility）が進められており、CONNECT（Continuous and Efficient Cooperative Trust Management for Resilient CCAM）（2022年9月～）[17]では、車両からMEC（Multi-access Edge Computing）、クラウド環境に至るシステム全体のトラストチェーンを確立して、転送中、保管中、使用中のデータを保護するとともに、データやリソースへアクセスする際には、都度、認証を行うゼロトラストアーキテクチャーの考え方を適用する研究開発が推進されている。

(5) 科学技術的課題

ここでは「(3) 研究開発領域の概要、(4) 注目動向」に関する科学技術的課題を紹介する。

❶ リモートアテステーションの相互運用性の確立

リモートアテステーションは、システムのデジタルトラストを構築する上で重要な技術であるが、これまで、プロセッサーに実装されたHW RoTなどを元にボトムアップに発展してきた経緯がある。このためプロセッサーのアーキテクチャーへの依存性が強く、異なるプロセッサーとの間での相互運用性の確保が課題となっている。インターネット技術の規格化を推進しているIETFのRATS WG[1)] においてリモートアテステーションの相互運用性を確保すべくプロトコルなどの標準化が進められている。

❷ システムのデジタルトラストのフレームワーク構築

システムのデジタルトラストを構築するためには、対象とするビジネスモデルとそのビジネスモデルが要求するトラストモデルを理解した上で、そのフレームワークを構築する必要がある。例えば、5G分野で紹介したINSPIRE-5Gplusでは、「複数のドメインにまたがるネットワークスライス（クロスドメインスライス）の利用を前提に5G ネットワーク管理のためのフレームワーク」の構築を目指している。また、ヘルスケア分野で紹介したASCLEPIOSでは、TEEなどを利用したコンフィデンシャルコンピューティングにより、ユーザーのプライバシーを保護した上で攻撃を防ぐクラウドベースのデジタルヘルスフレームワークが開発されている。この様に、さまざまなビジネスモデルに対応するためには、そのフレームワークの構築が求められている。

(6) その他の課題

❶ ハードウェアセキュリティーとソフトウェアセキュリティーの研究開発の融合

システムのデジタルトラストの構築のためには、HW RoTやTEEなどに関するハードウェアセキュリティーの研究とそれらを利用するソフトウェアセキュリティーの研究を合わせたプラットフォームとしてのセキュリティーの研究が重要となる。プラットフォームとしてのセキュリティーの研究を進めるためには、ハードウェアやソフトウェアを含めシステム全体を見渡せる幅広い知識を持ったセキュリティー人材が必要となる。文部科学省において実施された補助事業「成長分野を支える情報技術人材の育成拠点の形成（enPiT）」(第2期)で取り組まれていたように、今後、さらなる人材育成が求められている。(「2.4.1 IoTシステムのセキュリティー（6）その他の課題❷人材育成」にも記載)

❷ 技術と制度

デジタルトラストは、技術だけでなく、法制度によりその法的有効性が担保される必要がある。欧州FP7のプロジェクトであるOPTET（2012年11月～2015年10月）[18)] では、デジタルトラストの定義や、関連する技術、法制度が社会経済に及ぼす影響について幅広く検討されている。例えば、OPTET–法的統合モデルやソフトローのあり方、欧州連合における一般データ保護規則（GDPR：General Data Protection Regulation）やeIDAS（electronic Identification and Authentication Service）規則[3]などのハードローがシステムのデジタルトラストに果たす役割などが考察されている。わが国においても、OPTETのようにデジタル社会におけるトラストに関する基礎研究がなされ、その上で取り組むべき制度、技術を検討していく必要がある。

3　eIDAS規則については「2.4.6 データ・コンテンツのデジタルトラスト（3）研究開発領域の概要［研究開発の動向］」を参照いただきたい。

(7) 国際比較

国・地域	フェーズ	現状	トレンド	各国の状況、評価の際に参考にした根拠など
日本	基礎研究	○	→	・HW Root Of Trust の基礎となるハードウェアセキュリティーの研究は盛んに行われている一方、トラストの重要性が認識されてきているが、コア技術の研究開発までに至っていない。
	応用研究・開発	△	→	・現状、関連する活動は少ない。
米国	基礎研究	○	↗	・各半導体ベンダーIntel、AMD、NVIDIA、Qualcomm、プラットフォーマー（Apple、Google、Amazon、Microsoft）がHW Root Of Trust を組み込んだセキュリティチップの研究開発を盛んに行っている[19), 20), 21)]。
	応用研究・開発	◎	↗	・プラットフォーマーがリモートアテステーションサービスを自社のプラットフォームに組み込みつつある。半導体ベンダーもIntel のProject Amberなど、リモートアテステーションの組み込みを推進している[22)]。
欧州	基礎研究	◎	↗	・過去からFP6、FP7、HORIZON 2020などのR&Dプログラムにおいて、多くのプロジェクトがトラストをテーマに取り上げており、その中で「システムのデジタルトラスト」の概念が構築されている[23)]。
	応用研究・開発	○	↗	・5G分野などを中心に、マルチステークホルダーで構成されるシステムにおいて、デジタルトラストの研究開発が盛んに行われている[11), 12), 13)]。
中国	基礎研究	○	↗	・米国と同様、中国のプラットフォーマーであるAlibabaなどが、コンフィデンシャルコンピューティングなどの分野で多くの論文を発表している[24)]。
	応用研究・開発	◎	↗	・米国と同様、中国のプラットフォーマーが、自社のサービスにアテステーションサービスを組み込みコンフィデンシャルコンピューティングなどのサービスを展開している[25)]。
韓国	基礎研究	△	→	・目立った動きは少ない
	応用研究・開発	○	→	・サムソンが、HW RoT, TEE, リモートアテステーションなどをベースにして、クラウド、スマートデバイスの垂直統合的なサービスを提供している[26)]。

（註1）フェーズ

基礎研究：大学・国研などでの基礎研究の範囲

応用研究・開発：技術開発（プロトタイプの開発含む）の範囲

（註2）現状　※日本の現状を基準にした評価ではなく、CRDS の調査・見解による評価

◎：特に顕著な活動・成果が見えている　　○：顕著な活動・成果が見えている

△：顕著な活動・成果が見えていない　　×：特筆すべき活動・成果が見えていない

（註3）トレンド　※ここ1～2年の研究開発水準の変化

↗：上昇傾向、→：現状維持、↘：下降傾向

参考文献

1) Internet Engineering Task Force (IETF), “Remote ATtestation ProcedureS (rats),” https://datatracker.ietf.org/group/rats/about/, (2023年2月25日アクセス).

2) Henk Birkholz, et al., “Remote ATtestation procedureS (RATS) Architecture, 2. Reference Use Cases,” Internet Engineering Task Force (IETF), https://datatracker.ietf.org/doc/draft-ietf-rats-architecture/, (2023年2月25日アクセス).

3) Michael Bartock, et al., “NISTIR8320 Hardware-Enabled Security : Enabling a Layered Approach to Platform Security for Cloud and Edge Computing Use Cases,” National Institute of Standards and Technology (NIST), https://csrc.nist.gov/publications/detail/nistir/8320/final, (2023年2月25日アクセス).

4）European Telecommunications Standards Institute（ETSI），“ETSI GR SAI 006 V1.1.1（2022-03）：Securing Artificial Intelligence（SAI）；The role of hardware in security of AI,” https://www.etsi.org/deliver/etsi_gr/SAI/001_099/006/01.01.01_60/gr_SAI006v010101p.pdf,（2023年2月25日アクセス）．
5) Scott Rose, et al., “NIST Special Publication 800-207: Zero Trust Architecture,” National Institute of Standards and Technology (NIST), https://csrc.nist.gov/publications/detail/sp/800-207/final,（2023年2月25日アクセス）．
6) Joseph R. Biden Jr., “Executive Order on Improving the Nation's Cybersecurity,” The White House, https://www.whitehouse.gov/briefing-room/presidential-actions/2021/05/12/executive-order-on-improving-the-nations-cybersecurity/,（2023年2月25日アクセス）．
7) ASSURED Project, https://www.project-assured.eu,（2023年2月25日アクセス）．
8) Confidential Computing Consortium, https://confidentialcomputing.io,（2023年2月25日アクセス）．
9) 5G Infrastructure Public Private Partnership (5G-PPP), https://5g-ppp.eu,（2023年2月25日アクセス）．
10) Mike Surridge, et al., “3 State of the Art in Trust Modelling,” in 5G Enablers for Network and System Security and Resilience (5G-ENSURE), D2.5 Trust model (final) v2.2, 5G ENSURE, 15-29., http://5gensure.eu/sites/default/files/5G-ENSURE_D2.5 Trust model (final) v2.2 inc history.pdf,（2023年2月25日アクセス）．
11) Gregorio Martínez Pérez, et al., “2.1.1 Design Updates,” in 5GZORRO Grant Agreement No. 871533, D4.4: Final Design of Zero Touch Service Management with Security and Trust Solutions, 5GZORRO, 14-21., https://www.5gzorro.eu/wp-content/uploads/2022/06/5GZORRO_D4.4_v1.1_Final-withWM.pdf,（2023年2月25日アクセス）．
12) Milon Gupta, “Trust mechanisms for 5G environments - INSPIRE-5Gplus deliverable D4.1,” INtelligent Security and PervasIve tRust for 5G and Beyond (INSPIRE-5Gplus), https://www.inspire-5gplus.eu/trust-mechanisms-for-5g-environments-inspire-5gplus-deliverable-d4-1/,（2023年2月25日アクセス）．
13) MonB5G, https://www.monb5g.eu,（2023年2月25日アクセス）．
14) European Commission, “HORIZON 2020: AN OPEN, TRUSTED FOG COMPUTING PLATFORM FACILITATING THE DEPLOYMENT, ORCHESTRATION AND MANAGEMENT OF SCALABLE, HETEROGENEOUS AND SECURE IOT SERVICES AND CROSS-CLOUD APPS, https://cordis.europa.eu/project/id/871403,（2023年2月25日アクセス）．
15) Autonomous Trust, Security and Privacy Management Framework for IoT (ARCADIAN-IoT), https://www.arcadian-iot.eu,（2023年2月25日アクセス）．
16) Advanced Secure Cloud Encrypted Platform for Internationally Orchestrated Solutions in Healthcare (ASCLEPIOS), https://www.asclepios-project.eu,（2023年2月25日アクセス）．
17) European Commission, “Continuous and Efficient Cooperative Trust Management for Resilient CCAM,” https://cordis.europa.eu/project/id/101069688,（2023年2月25日アクセス）.
18) Laura German, et al., “2. OPTET Trust and Trustworthiness Model,” in D2.5 Consolidated report on the socio-economic basis for trust and trustworthiness, University of Southampton Institutional Research Repository, 9-15., https://eprints.soton.ac.uk/410774/1/OPTET_WP2_D2_5_v1_0.pdf,（2023年2月25日アクセス）．
19) Alon Jackson, “Trust is in the Keys of the Beholder: Extending SGX Autonomy and Anonymity,”

Reichman University, https://www.runi.ac.il/media/151p1eou/jackson-msc-thesis.pdf,（2023年2月25日アクセス）.

20) Advanced Micro Devices, Inc., “AMD Secure Encrypted Virtualization (SEV),” https://developer.amd.com/sev/,（2023年2月25日アクセス）.

21) Andrés Lagar-Cavilla, Prabhu Jayanna and Bryan Kelly, “Caliptra: An open source, reusable silicon IP block for a Root of Trust for Measurement (RTM),” Open Compute Project, https://146a55aca6f00848c565-a7635525d40ac1c70300198708936b4e.ssl.cf1.rackcdn.com/images/6dadf83e9f93ca89efaf3b93ab076cea8f9ac747.pdf?utm_source=thenewstack&utm_medium=website&utm_content=inline-mention&utm_campaign=platform,（2023年2月25日アクセス）.

22) Intel Corporation「インテル コーポレーション、クラウドからエッジ、オンプレミス環境での信頼性を保証するProject Amberを発表」https://www.intel.co.jp/content/www/jp/ja/newsroom/news/vision-2022-project-amber-security.html,（2023年2月25日アクセス）.

23) European Commission, “HORIZON 2020: Enablers for Network and System Security and Resilience (5G-ENSURE5G),” https://cordis.europa.eu/project/id/671562,（2023年2月25日アクセス）.

24) Alibaba Cloud, “TEE-based confidential computing,” https://www.alibabacloud.com/help/en/container-service-for-kubernetes/latest/tee-based-confidential-computing-tee-based-confidential-computing,（2023年2月25日アクセス）.

25) Alibaba Cloud, “Use confidential containers to implement remote attestation in TEE-based ACK clusters,” https://www.alibabacloud.com/help/en/container-service-for-kubernetes/latest/use-confidential-containers-to-implement-remote-attestation-in-tee-based-ack-clusters,（2023年2月25日アクセス）.

26) SAMSUNG Knox, “The Big Picture,” https://docs.samsungknox.com/dev/common/knox-ecosystem.htm,（2023年2月25日アクセス）.

2.4.6 データ・コンテンツのデジタルトラスト

(1) 研究開発領域の定義

サイバー空間とフィジカル空間を高度に融合したシステムによるSociety5.0では、データは価値の源泉である。本領域は、データを扱う人やモノの真正性やデータの非改ざん性に関する信頼性を保証する研究開発を行う。

(2) キーワード

デジタルトラスト、トラストサービス、デジタルアイデンティティー、デジタル署名、電子署名、タイムスタンプ、eシール、eデリバリー、eIDAS（electronic Identification and Authentication Service）規則、FICAM（Federal Identity, Credential and Access Management）

(3) 研究開発領域の概要

[本領域の意義]

サイバー空間とフィジカル空間を高度に融合したシステムによるSociety5.0の中核となるデータ駆動型社会では、人だけでなく、モノもインターネットに繋がる。そこで得られた膨大なデータは価値の源泉となるものであり、社会で活用し、社会問題の解決や経済の発展に寄与することが期待されている。一方で、このデータを扱う人やモノのなりすましや、データの改ざんが行われると、データの価値が失われることに繋がる。また、急速な情報化社会に伴う市民活動、経済活動、行政活動のデジタル・トランスフォーメーション（DX）は、人々にさまざまな恩恵を与えており、例えば、マイナンバーカードは、コンビニエンスストアでの各種行政証明書の取得やe-Taxによる確定申告、健康保険証としても利用することが可能であり、その利便性が拡大している。一方で、マイナンバーカードの所有者本人以外による利用や、データの改ざんは、利用者に不安や不信を与えるだけでなく犯罪にも繋がる。このため、データ駆動型社会の発展やDXの推進のためには、データを扱う人やモノの真正性（本人、本物であること）や、データの非改ざん性を保証することが非常に重要である。このように、Society5.0におけるデータ駆動型社会やDXを推進していく上で、基礎となる人やモノの真正性やデータ・コンテンツの非改ざん性を保証するデータ・コンテンツのデジタルトラストは、今後のデジタル社会の発展に必要不可欠なものである。

[研究開発の動向]

米国の心理学者であるデニース・ルソーは「他者の意図または行動に対する肯定的な期待に基づいて脆弱性を受け入れる意図からなる心理的状態」とトラストを定義している[1)]。このようにトラストとは、個人の心理状態を示す言葉であり、データやコンテンツをトラストするかどうかは、個人の主観的な判断によるものである。その判断要因の一つとなるものが、人やモノが本人・本物であること、扱うデータ・コンテンツが改ざんされていないことを保証するデータ・コンテンツのデジタルトラストと考えることができる。

データ・コンテンツのデジタルトラストは、一般には、「トラストサービス」と呼ばれており、データ・コンテンツと個人、組織との結び付きを技術的・法的に保証する形でそのトラストを確立している。トラストサービスは、2016年に欧州で施行されたeIDAS規則[2)]で初めて定義され、トラストサービスの法的要件、技術的要件、第三者評価の枠組みが整備された。 eIDAS規則では、トラストサービスとして、電子署名、タイムスタンプ、eシール、eデリバリーなどを定義している。技術的要件については、技術的中立性の観点から排他的に示されていないものの、現在、採用されている実装のための技術基準では、デジタル署名技術がベースとなっている。その後、トラストサービスは、国際規格ISO/IEC 27099[3)]などでも扱われている。

日本におけるトラストサービスとしては、平成12年に電子署名に係わる「電子署名及び認証業務に関する法律（平成十二年法律第百二号）」[4)]が公布され、令和3年にはタイムスタンプに係わる「時刻認証業務の認定に関する規程（令和3年総務省告示第146号）」[5]、eシールに係わる「eシールに係る指針（令和3年6月25日）」[6] が公布されている。

電子署名は、データ・コンテンツと個人の結びつきを保証する仕組みであり、「電子署名及び認証業務に関する法律」では、公開鍵暗号を用いたデジタル署名方式の電子署名を定義している。タイムスタンプは、データ・コンテンツと時刻の結びつきを保証する仕組みであり、技術的には複数の方式があるものの、デジタル署名方式に基づくタイムスタンプが主流である。現在、一般財団法人日本データ通信協議会が運営するタイムビジネス認定センターによる認定を取得しているタイムスタンプサービスは全てデジタル署名方式である[7]。eシールは、電子署名と対比して、自然人ではなく、法人および組織とデータ・コンテンツの結びつきを保証する仕組みであり、電子署名と同様にデジタル署名方式が主流である。eシールについては現在のところ総務省指針が示されているに留まっており、引き続き制度化が期待されている。その他のトラストサービスとしては、送受信者の識別と、送受信日時の正確性、送受信データの非改ざん性などを保証するeデリバリーなどがある。

これらのトラストサービスは、すでにさまざまな用途で利用されており、今後もその利用範囲の拡大が予想される。例えば、2020年に内閣府の規制改革推進会議において、書面、押印、対面の必要性の見直しが行われ、電子署名などのトラストサービスを活用することで、必要な手続きの「デジタル完結」を目指す取り組みが進められている[8]。また、マイナンバーカードの交付率は60%を超え（2023年2月末時点）、健康保険証とマイナンバーカードを一体にした「マイナ保険証」や運転免許証とマイナンバーカードとの一体化も計画されている。デジタル庁においては、マイナンバーカードの機能をスマートフォンに搭載する検討もされており、利用者が便利に利用できる環境整備が進められている。さらに、国際的な信頼性のある自由なデータ流通の促進を目指すDFFT（Data Free Flow with Trust：信頼性のある自由なデータ流通）や、人に加えてモノもインターネットにつながるIoT（Internet of Things）でも、モノのなりすましやデータの改ざんを防ぎ、データの信頼性を保証するトラストサービスが必要不可欠である。このようにトラストサービスは、今後もその用途が拡大していくことが予想されている。その構築に際しては、技術的な仕組みに加えて、法的な保証を与える制度上の仕組みを整備することが重要となる。また、システムの観点からは、利用する人にとってユーザーエクスペリエンス（UX：User Experience）に優れた設計であることや、大量のデータを効率的に検証するためにアプリケーションが自動的にデータやコンテンツの信頼性を検証できることが必要である。

国内では、今後のトラストサービスの拡大を踏まえその具体的な推進方策を検討するために「データ戦略推進ワーキンググループ 」の下に令和3年10月に「トラストを確保したDX 推進サブワーキンググループ」が設置された（「データ戦略推進ワーキンググループの開催について」（令和3年9月デジタル社会推進会議議長決定）第4項の規定に基づく）。そこでは、トラストサービスが担保する範囲、トラスト確保のニーズおよび課題の洗い出しと検討が行われ、10項目のトラストサービスの基本方針や今後の取り組みがまとめられた[9]。

欧州では、2016年7月に施行されたeIDAS規則に続き、eIDAS規則の改正案（eIDAS2.0[1]）[10] が検討されている。米国では、FICAM（Federal Identity, Credential and Access Management）[11] が導入され、政府情報システムにアクセスする政府職員および個人に対して当該情報システムのリスク評価に応じたクレデンシャル[2]が発行され、データへのアクセス管理が導入されている。また、連邦政府職員向けの身分証であるPIV（Personal Identity Verification）カードでは、電子政府法に基づいて整備された連邦PKI（FPKI：Federal Public Key Infrastructure）から発行されるPIV証明書が利用され、本人のなりすましを防止している。FPKIはブリッジ認証局を通じて民間の認証局とも相互接続しており、民間の航空宇宙・防衛・医薬品業界などにおいて、政府基準と同等かつ相互運用性が保証された技術の実装が進められている。

このように、データ・コンテンツのデジタルトラスト（トラストサービス）は、さまざまな用途、分野で、そ

1 詳細は「2.4.6（4）注目動向［注目すべき国内外のプロジェクト］❶欧州・eIDAS規則改正案（eIDAS2.0）」を参照いただきたい。

2 システムにアクセスするための認証情報であり、例えば、IDとパスワード、証明書、ワンタイムパスワードなど。

の利用が拡大しており重要性が高まっている。

(4) 注目動向

[新展開・技術トピックス]

❶ デジタルアイデンティティーウォレット

デジタルアイデンティティーウォレットは、多様なクレデンシャルをスマートフォンのアプリケーションで管理できるようにするサービスの機能である。欧州では、eIDAS規則の改正案（eIDAS2.0）において、欧州加盟各国にEUデジタルアイデンティティーウォレット（EUDIW：EU Digital Identity Wallet）の整備と国民への配布を義務付け、全欧州市民が安全・安心なオンライン認証を利用できるようにすることを目標にしている。また、AppleやGoogleはすでにウォレットアプリを実装しており、米国の一部州においては、運転免許証や州IDをスマートフォンのウォレットアプリで管理することが可能となっている。国際標準規格ISO/IEC 18013-5では、スマートフォンで運転免許証機能を実現するために必要となるインターフェース仕様および関連要件が定義されており、上記Appleのウォレットアプリはこの規格に準拠している。

❷ 自己主権型アイデンティティー（SSI）と分散型識別子（DID）、ヴェリファイアブルクレデンシャル（VC）

自己主権型アイデンティティー（SSI：Self-Sovereign Identity）は、中央集権的な管理主体が個人のデジタルアイデンティティーを管理するのではなく、個人が自らデジタルアイデンティティーを管理する新しい概念である。分散型識別子（DID：Decentralized Identity）とヴェリファイアブルクレデンシャル（VC：Verifiable Credential）は、SSIを実現する一つの方法である。 DIDは、アイデンティティーの登録・検証に分散型台帳であるブロックチェーンの仕組みを用いたアイデンティティーの管理方式であり、W3C（World Wide Web Consortium）やDIF（Decentralized Identity Foundation）において標準化が進められている。 VCは、例えば、個人の氏名、年齢、住所、運転免許証、学位証、資格証明書などの属性情報である。VCは、それぞれの情報に対応する発行者によって発行されるため、非中央集権的なクレデンシャル発行の方式として注目されている。 DIDとVCを利用することで、第三者が相手のアイデンティティーや提示された属性情報を検証することができる。

[注目すべき国内外のプロジェクト]

❶ 欧州・eIDAS規則改正案（eIDAS2.0）

eIDAS規則は、欧州の電子署名指令の枠組みを拡大し、トラストサービスの法的効力と要件、監査の枠組みを規定している。 eIDAS規則では、電子署名以外のタイムスタンプ、eシール、e デリバリーなどのトラストサービスについても法的効力が定められ、加盟国間における相互承認の枠組みも整備された。eIDAS規則では4年ごとのレビュープロセスが定められており、レビュー結果に基づいた改正案（eIDAS2.0）が現在、提案されている。eIDAS2.0では、金融、医療、旅行などの業界特有のニーズや新しい技術動向を元にトラストサービスの拡大が提案されており、新たに、電子台帳（分散台帳）、属性（資格、学位、年齢など）の証明、電子アーカイブ、リモート署名などが追加されている。また、EU市民のデジタルアイデンティティーに関する新たな枠組みとしてEUデジタルアイデンティティーウォレット（EUDIW）が提案されている。

❷ トラストを確保したDX推進サブワーキンググループ（デジタル庁）

日本ではトラストを確保したデジタルトランスフォーメーションの具体的な推進施策を検討するために、令和3年10月に「トラストを確保したDX推進サブワーキンググループ」が設置された。このワーキンググループでは、デジタル社会の実現に向けた重点計画（令和3年12月24日閣議決定）の「包括的データ戦略」に関する具体的な施策の中で示されている「令和4年度を目途にトラストを確保する枠組みの基本的な考え方（トラストポリシー）を取りまとめる」ことを目的としている。トラスト確保の実態調査や有識者ヒアリングを通じたトラストに関するニーズと導入課題の洗い出し、実態調査に基づいたトラスト確保の検討、今後のトラスト実装ユースケースとその推進体制が検討された。令和4年7月に「トラストを確保したDX推進サブワーキンググループ報告書」がまとめられ、トラストポリシーの基本方針や今後の推進体制などが示されている。

❸ 戦略的イノベーション創造プログラム（SIP）第2期「分野間データ連携基盤」（内閣府）

内閣府の戦略的イノベーション創造プログラム（SIP）第2期の「分野間データ連携基盤開発」では、業界を超えたデータ連携の仕組みの構築を推進している。データ連携には、必要なデータの検索とデータの交換ができる仕組みが必要であり、その仕組みとして「分散型データ交換のためのコネクタ・アーキテクチャ（CADDE：Connector Architecture for Decentralized Data Exchange）」が開発されている。CADDEでは、コネクターと呼ばれるデータ交換の窓口を介してデータの交換を実現しており、データ提供者とデータ利用者のコネクター間では、必要に応じて認証認可、契約管理、検索などの機能を利用することができる。データ提供者がデータ利用者に情報を提供する際、なりすまし防止、改ざん防止を保証するために、リモート署名型の電子署名サービスを利用するデジタルトラスト基盤が開発されており、欧州のトラストサービスとの相互運用性を保証するために日欧間での相互運用性の実証実験も進められている。その中では、相互接続に必要なデジタルトラスト基盤の要件の作成や欧州と同等のリモート署名の実装、および検証などが行われている。

❹ 欧州・GAIA-Xプロジェクト

ドイツとフランスのGAIA-Xプロジェクト[12)]は、データ連携基盤の構築を通じてデータ主権とイノベーションを促進することを目的としたプロジェクトである。データの所有者がデータに対する完全な主権を保持したまま、信頼できる環境でデータ交換ができるデジタルエコシステムの確立を目指している。GAIA-Xでは、業界ごとのデータやAI、IoT、データ分析などのデータに関する「データエコシステム」と、クラウドサービスやネットワークサービスプロバイダーからなるインフラに関する「インフラエコシステム」とがGAIA-X Federation Services（GXFS）を通じて連携している。また、データやサービスをVC（Verifiable Credential）をベースとした自己記述（Self-Description）と呼ばれる形式で定義し、eIDAS規則におけるトラステッドリスト（検証可能なトラストサービスのリスト）を用いてデータ連携時にデータの提供者やデータ、サービスの信頼性を保証する仕組みが検討されている。

（5）科学技術的課題

ここでは「（3）研究開発領域の概要、（4）注目動向」に関する科学技術的課題を紹介する。

❶ トラストサービスのポリシー

トラストサービスを社会で利用していくためには、そのサービスが社会的に信頼できることが必要である。そのためには、トラストサービスを「法的背景」、「監督と監査」、「技術基準」および「トラストリプレゼンテーション」の4つの観点から構築する必要がある。法的背景は、トラストサービスに関する法的枠組みを指しており、トラストサービスの効果や要件に関する法律上や契約上の規則となる。監督と監査は、トラストサービスが法的背景で要求されている要件を充足していることを保証するための制度を指し、技術基準は、法的背景で定められている要件の確認に用いる技術基準を指す。トラストリプレゼンテーションは、トラストサービスが法的背景で位置付けられたトラストサービスであることを検証するための仕組みである。欧州ではeIDAS規則を通じて法的背景の側面からトラストサービスを定義して、その技術基準と、監督と監査の制度を整備し、トラステッドリスト（トラストサービスのリスト）を用いて法的に有効なトラストサービスであるか否かを技術的に検証可能とすることにより、社会的に信頼できるトラストサービスを実現している。日本ではトラストサービスの信頼性に対する画一的な基準が設けられておらず、「トラストを確保したDX推進サブワーキンググループ」でトラストポリシーの基本方針が整理されたが、今後、技術的な側面も含めて、上記の4つの観点から具体的なトラストポリシーを策定することが必要である。

❷ トラストサービスの国際的通用性の確立

国際的な信頼のある自由なデータ流通（DFFT：Data Free Flow with Trust）を実現するためには、トラストサービスの国際的通用性が求められる。国際的通用性では、法制度、技術基準、監督・監査の仕組みおよび、トラストレプレゼンテーション（信頼できるトラストサービスであることを検証できる仕組み）について、その同等性を国家間の合意、あるいは企業間で相互承認することが求められる。欧州では、eIDAS規則第14条に基づく相互承認の枠組みが設けられており、その技術的な実装についてもCEF（Connecting Europe Facilities）プロジェクトの「eSignature Building Block」において研究開発が行われている。米国では、連邦PKIのブリッジ認証局と他国の認証局を相互認証する仕組みが導入されており、他国との相互接続が可能になっている。日本でも、他国とのデータ流通のためにはトラストサービスの国際的通用性が求められるため、今後、技術基準や制度設計を行う際には、他国の基準・制度との同等性を考慮して検討することが必要である。

❸ トラストサービスの保証レベルの確立

トラストサービスを行政サービスや生活サービスで広く利用していくためには、トラストサービスがどのレベルの信頼性を持つのかを示す保証レベルの確立が必要である。デジタルアイデンティティーの保証レベルは、NIST SP 800-63や、eIDAS規則、ISO/IEC 29115などで整理され、第三者評価や相互レビューなどの評価の枠組みも存在し、デジタルアイデンティティー関連製品やサービスの導入が容易な環境が整ってきている。一方で、トラストサービスの保証レベルについては十分な整理が行われておらず、今後、トラストサービスを活用していくためには、トラストサービス自体の保証レベル、およびトラストサービスの保証レベルとデジタルアイデンティティーの保証レベルとの関係性について検討が必要である。

（6）その他の課題

❶ 電子署名用秘密鍵の保護環境の検証

日本の電子署名と欧米の電子署名の違いに、デジタル署名方式における署名用秘密鍵の保護環境に関する規定がある。欧州では、手書き署名と同等の法的効果が認められる適格電子署名において、秘密鍵の安全な保護環境としてセキュリティー評価を受けたトークン（QSCD：Qualified electronic Signature / Seal Creation Device）[3]の利用を義務付けている。米国でも、連邦PKIの証明書ポリシーによってはPIV（Personal Identity Verification）カードなど、セキュリティー評価を受けた保護環境の利用が求められており、電子署名検証時にセキュリティー評価を受けた保護環境が秘密鍵の保護に利用されていたかについても検証できる。一方、日本の電子署名法では、主務大臣から認定を受ける認証業務（認定認証業務）においても、ユーザー環境下における秘密鍵の保護にセキュリティー評価を受けたトークンの利用を求めておらず、電子署名の検証時に、セキュリティー評価を受けたトークンが利用されて秘密鍵の安全性が確保されていたかを検証できない。データ駆動型社会においてミッションクリティカルな分野でデータの信頼性を保証するためには、電子署名に使われた秘密鍵の保護環境についても検証できる仕組みを構築することが必要である。

3　署名者の秘密鍵を保護し、セキュアな署名プロセスを可能にするセキュリティー評価を受けたデバイス。

❷ 適格ウェブ認証証明書の扱い

欧州ではeIDAS規則によってサーバー証明書についても法的な枠組みを整備しており、改正案であるeIDAS2.0において、適格ウェブ認証証明書（QWAC：Qualified Website Authentication Certificate）のブラウザーにおける受け入れを強制化しようとしている。従来、ブラウザーに表示されるウェブサイトの安全性などを示す情報は、接続先のサーバー証明書とブラウザーにプリインストールされている信頼できる認証局のリストに基づいて表示されている。eIDAS2.0では、EUのトラステッドリスト（信頼できるトラストサービスのリスト）を信頼できる認証局のリストとして追加することを要求している。一方で、ブラウザーベンダーは、信頼できる認証局を自らで管理できなくなることによりセキュリティーリスクが増大することへの懸念を示している。日本においても、現状では、政府系認証局がブラウザーにプリインストールされている信頼できる認証局に含まれておらず、今後、ブラウザーベンダーに対して、認証局のリストに追加することを要求していくかの検討が必要である。また、信頼できるウェブサイトであることをブラウザーに表示するためには、WebTrust for CAと呼ばれる海外の監査制度に基づき監査を受けた民間認証局から発行されるサーバー証明書を購入することが一般的である。他国の制度やその監査を受けた民間の認証局に依存している実態の見直しにも取り組む必要がある。

（7）国際比較

国・地域	フェーズ	現状	トレンド	各国の状況、評価の際に参考にした根拠など
日本	基礎研究	△	→	・デジタルトラストの基礎研究に従事する研究者は少なく存在感も薄い。
	応用研究・開発	○	→	・SIP 第2期「分野間データ連携基盤」などの実証実験があるものの、先進的なプロジェクトは少ない。
米国	基礎研究	◎	→	・デジタルアイデンティティーの分野で世界をリードしており、リスク分析をベースとしたデジタルアイデンティティー、トラストの研究が盛んである。
	応用研究・開発	◎	→	・特に民間企業における研究・開発および実装が盛んである（Mobile Driver's License、航空機ソフトウェアの信頼性保証など）。
欧州	基礎研究	◎	→	・データ保護、プライバシー、自己主権などの研究が盛んである。
	応用研究・開発	◎	↗	・GXFS（GAIA-X Federation Services）、EUDIW（EU Digital Identity Wallet）、EBSI（European Blockchain Service Infrastructure）など、トラストを活用した先端的な仕組み、制度設計を大規模な公的予算で積極的に推進している。
中国	基礎研究	△	→	・AI、5G通信、ビッグデータおよびクラウドコンピューティングにおける基礎研究が盛んな一方で、デジタルトラストに関する研究は少ない。
	応用研究・開発	－	－	・特に目立った活動は見られない。
韓国	基礎研究	○	→	・住民登録番号に基づいたオンラインでの本人確認方法に関する基礎研究が多い。
	応用研究・開発	◎	↗	・セクターごとに多様な認証方式、デジタル署名が開発・実装されている[13]。

（註1）フェーズ

基礎研究：大学・国研などでの基礎研究の範囲

応用研究・開発：技術開発（プロトタイプの開発含む）の範囲

（註2）現状　※日本の現状を基準にした評価ではなく、CRDS の調査・見解による評価

◎：特に顕著な活動・成果が見えている　　〇：顕著な活動・成果が見えている

△：顕著な活動・成果が見えていない　　×：特筆すべき活動・成果が見えていない

（註3）トレンド　※ここ1～2年の研究開発水準の変化

↗：上昇傾向、→：現状維持、↘：下降傾向

参考文献

1) Denise M. Rousseau, et al., "Not So Different After All: A Cross-Discipline View Of Trust," Academy of Management Review 23, no. 3（1998）: 393-404., https://doi.org/10.5465/amr.1998.926617.

2) The European Parliament and the Council of the European Union, "REGULATION（EU）No 910/2014 OF THE EUROPEAN PARLIAMENT AND OF THE COUNCIL of 23 July 2014 on electronic identification and trust services for electronic transactions in the internal market and repealing Directive 1999/93/EC," Official Journal of the European Union L257 57（2014）: 73-114.

3) ISO/IEC JTC1 SC27, "ISO/IEC 27099:2022 Information technology — Public key infrastructure — Practices and policy framework," International Organization for Standardization（ISO）, https://www.iso.org/standard/56590.html,（2023年2月25日アクセス）.

4) 法務省「平成十二年法律第百二号：電子署名及び認証業務に関する法律」e-GOV法令検索, https://elaws.e-gov.go.jp/search/elawsSearch/elaws_search/lsg0500/detail?lawId=412AC0000000102,（2023年2月25日アクセス）.

5) 総務省「総務省告示第百四十六号：時刻認証業務の認定に関する規程（令和三年四月一日）」https://www.soumu.go.jp/main_content/000742664.pdf,（2023年2月25日アクセス）.

6) 総務省「eシールに関する指針（令和3年6月25日）」https://www.soumu.go.jp/main_content/000756907.pdf,（2023年2月25日アクセス）.

7) 一般財団法人日本データ通信協議会 タイムビジネス認定センター「認定事業者一覧」https://www.dekyo.or.jp/tb/contents/list/index.html,（2023年2月25日アクセス）.

8) 内閣府「書面規制、押印、対面規制の見直し・電子署名の活用促進について」https://www8.cao.go.jp/kisei-kaikaku/kisei/imprint/i_index.html,（2023年2月25日アクセス）.

9) デジタル庁「トラストを確保したDX推進サブワーキンググループ報告書（令和4年（2022年）7月29日）」https://www.digital.go.jp/assets/contents/node/basic_page/field_ref_resources/658916e5-76ce-4d02-9377-1273577ffc88/1d463bfc/20220729_meeting_trust_dx_report_01.pdf,（2023年2月25日アクセス）.

10) European Commission, "Proposal for a REGULATION OF THE EUROPEAN PARLIAMENT AND OF THE COUNCIL amending Regulation（EU）No 910/2014 as regards establishing a framework for a European Digital Identity, COM/2021/281 final," https://eur-lex.europa.eu/legal-content/EN/TXT/?uri=CELEX%3A52021PC0281,（2023年2月25日アクセス）.

11) Federal Chief Information Officers Council and Federal Enterprise Architecture, "Federal Identity, Credential, and Access Management（FICAM）Roadmap and Implementation

Guidance, Version 2.0," U.S. General Services Administration, https://playbooks.idmanagement.gov/docs/roadmap-ficam.pdf,（2023年2月25日アクセス）.

12) GAIA-X Federation Service, "GXFS IDM & Trust: Architecture Overview," https://www.gxfs.eu/download/3397/,（2023年2月25日アクセス）.

13) Jang GyeHyun and Lim Jong-In, "CHAPTER 1: Technologies of Trust: Online Authentication and Data Access Control in Korea," in The Korean Way With Data, Carnegie Endowment for International Peace, 11-44., https://carnegieendowment.org/files/202108-KoreanWayWithData_final5.pdf,（2023年2月25日アクセス）.

2.4.7 社会におけるトラスト

(1) 研究開発領域の定義

トラスト（信頼）を「相手が期待を裏切らないと思える状態」と定義する[1)]。トラストは、情報科学分野だけでなく、心理学・社会学・政治学・哲学などの人文・社会科学分野も含め、幅広い分野で研究されており、その定義もさまざまだが[2), 3)]、それらに共通したトラストの性質として次の4点が挙げられている[4)]。上記の定義はこれらの性質を踏まえたものである。

・トラストする側とトラストされる側という2者間の関係である。

・トラストは危険な状況や不確実な状況に存在する。

・トラストはリスクを取る行動につながる。

・トラストは非常に主観的な問題で、個人と環境の状況・文脈の影響を受ける。

トラストするか否かは最終的に各人の主観的な判断になるが、その判断に関わる「社会的よりどころ」を与え、人々がそれを活用して判断できるようにすることで、トラスト関係が社会に広がる。その際、セキュリティー・トラスト区分の他の研究開発領域で取り上げられているさまざまな要素技術が活用されるが、個々の技術内容は各研究開発領域にて記載されるので、本研究開発領域では、それらが社会に受容され、デジタル社会におけるトラスト形成の仕組みとして、うまく機能するようにするための研究開発を中心に記載する。

(2) キーワード

トラスト、信頼、安心、リスク、対象真正性、内容真実性、振る舞い予想・対応可能性、デジタル社会、制度設計、社会受容、総合知

(3) 研究開発領域の概要

[本領域の意義]

冒頭で述べたように、トラストは相手が期待を裏切らないと思える状態である。リスクがあるとしても、相手をトラストできると、安心して迅速に行動・意思決定ができる。トラストは協力や取引のコストを減らしてくれる効果があり、人々の活動を拡大し、ビジネスを発展させ、ビジネスの生き死にを左右する要因にもなる[5), 6), 7), 8)]。

しかし、デジタル化の進展につれて、バーチャルな空間にも人間関係が広がり、複雑な技術を用いたシステムへの依存が高まり、だます技術も高度化してしまった。その結果、デジタル社会と言われる今日において、顔が見える人間関係や人々の間のルールに支えられた「旧来のトラスト」だけではカバーされないケースが拡大し、社会におけるトラストの働きがほころんできている。この問題は、自動運転車、AIエージェント、コミュニケーションロボット、メタバースなどの新技術・新サービスの社会受容を左右し、フェイク・偽装・なりすましなどによる詐欺・犯罪の懸念を高める。

本領域が目指すのは、デジタル社会におけるトラスト形成の仕組み作りによって、不信・警戒を過度に持つことなく幅広い協力・取引・人間関係を作ることができ、デジタル化によるさまざまな可能性・恩恵がより広がるような社会である（図2-4-3）。

(a)過去
(b)現在の状況
(c)目指す姿
旧来のトラスト
顔が見える人間関係や
人々の間のルールに支
えられたトラスト
デジタル社会におけるトラストのほころび
● バーチャルな空間にも広がった人間関係
● 複雑な技術を用いたシステムへの依存
● だます技術の高度化
新たなトラスト形成
不信・警戒を過度に持つことなく幅広い協力・
取引・人間関係が作ることができ、デジタル化
によるさまざまな可能性・恩恵がより広がる
FAKE
FAKE

図2-4-3　　デジタル社会におけるトラストの問題意識と目指す姿

［研究開発の動向］

❶ トラスト研究の系譜

トラストは社会秩序、人間関係、ビジネス上の取引など、さまざまな形で社会における重要な役割・効果を果たしていることから、トラストに関わる研究開発も、幅広い分野でさまざまな取り組みが進められてきた[2), 3)]。

まず、人文・社会科学分野におけるトラスト研究として、古くは17・18世紀頃から哲学・社会学の分野で社会秩序問題という面から捉えた研究の流れがある。20世紀半ば頃には、心理学の立場から「囚人のジレンマ」問題を含む社会集団内の紛争解決要因としてトラストを位置付けた研究が進んだ。その後、1980年頃以降は、トラストがさまざまな役割の中で捉えられるようになってきた。 Niklas Luhmann（ニクラス・ルーマン）がトラストの役割を「社会的複雑さの縮減」と位置付けたのは有名である。また、Robert Putnam（ロバート・パットナム）やFrancis Fukuyama（フランシス・フクヤマ）はトラストを社会関係資本（Social Capital）として位置付けている。Anthony Giddens（アンソニー・ギデンズ）のリスク社会論や、近年のBruno Latour（ブリュノ・ラトゥール）らによるアクターネットワーク理論との関係も深い。国内では、社会心理学の立場から、認知バイアスとしての安心と信頼（トラスト）を対比して論じた山岸俊男の研究が知られている。人文・社会科学分野では、これまで人と人の間のトラストに関する研究が主だったが、近年は、情報ソースとトラスト、コンピューターエージェントとトラスト、トラストと非言語行動、トラストと社会認知など、社会心理学におけるトラスト研究の対象や尺度が拡大してきている。

次に、情報科学分野では、「トラスト」という言葉を使った研究開発が始まったのは1990年代以降である。情報科学技術分野でのトラストと言ったとき、セキュリティーやプライバシーの研究に関わる取り組みが一つ大きな流れになっている。デジタルトラスト、トラストサービスといった取り組みは、デジタルアイデンティティーや認証基盤などの仕組みをベースに個人・組織などが本人・本物であることを保証しようとするものである。また、その下位のコンピューティング層では、CPUなどのデバイスが正しく動作することを保証しようというDevice Integrityの取り組みがある。これらは、コンピューターとネットワークを用いたさまざまなデジタルサービスにおけるトラストを支える基盤技術となっている。そこに関わる新しいパラダイム、特に改ざんや盗聴を防止するための新技術として、近年、ブロックチェーン技術や量子暗号（量子鍵配送）技術も注目されている。一方、アプリケーション層では、電子商取引、災害時コミュニケーションなどにおいて、トラストの感情面を考慮した取り組みがある。また、AIやロボットと人間との間のトラスト関係が、近年注目されるトピックとなっている。

さらに、トラスト研究の一面として、科学技術のリスク面に目を向けた取り組みがある。 ITシステムのリスクに関する考え方として、1980～1990年代はコンピューター安全という面からハードウェアや基盤ソフトウェアの信頼性が着目された。2000年代になると、それにアプリケーションまで含めた信頼性・安全性を考えるようになり、ソフトウェアディペンダビリティーという見方がされるようになった。さらに近年は、AIやCPS（Cyber–Physical Systems）のTrustworthinessとして、信頼性・安全性に加えて、回復性・プライバシー・セキュリティーなども併せて論じられるようになった。

一方、1975年のアシロマ会議に始まり、科学技術のELSI（Ethical, Legal and Social Issues：倫理的・法的・社会的課題）面の議論が活発に行われるようになり、近年、ITシステム関連では特にAI ELSIが重要課題になっている。「信頼されるAI」「Trustworthy AI」といった表現が用いられ、AI社会原則・AI倫理指針が国・国際レベルで掲げられるようになった。国際標準化活動においてもAIのTrustworthinessが取り上げられている。また、デマや偽情報は古くから存在したが、インターネットやソーシャルメディアの普及・発展に伴い、フェイクニュースが社会問題化し、ディープフェイクで生成されたフェイク動画などのAIによるフェイクの高度化に懸念も高まっている。

❷ 現在のトラスト研究の概観

上述のようなトラスト研究の系譜・広がりを経て、現在取り組まれている主要な研究開発トピックを5つの分野ごとに概観する。より具体的な例示を表2-4-1に示す。

表2-4-1　　トラスト研究の分野と研究開発トピック例

分野	研究開発トピック例
A: デジタルトラスト	トラストアンカー/トラストチェーン、ブロックチェーン、認証局、タイムスタンプ、eシール、電子署名、生体認証、分散型アイデンティティー、Remote Attestation、Confidential Computing、Trusted Execution Environment（TEE）、Hardware Root of Trust、Trusted Boot/Secure Boot、Trusted Communicationなど
B: フェイク対策	フェイク検知、ファクトチェックなど
C: 信頼されるAI	機械学習品質マネジメントガイドライン、機械学習テスティング手法、Assured Autonomy、説明可能AI（XAI）、Safe Learning、公平性配慮機械学習、プライバシー配慮機械学習など
D: AIガバナンス	AIガバナンス、アジャイルガバナンス、ガバナンスエコシステム、リスクチェーンモデルなど
E: トラストの観察・理解	トラストの非対称性、能力・意図モデル、ABIモデル、SVSモデル、主観的確率としての信頼、安心vs.信頼の理論、信頼尺度・信頼計測、社会関係資本とトラスト、協調行動の信頼・規範ネットワークなど

「A：デジタルトラスト」は、セキュリティー技術との関係が深く、現在特に活発に取り組まれている分野である[9]（詳細は「2.4.5 システムのデジタルトラスト」「2.4.6 データ・コンテンツのデジタルトラスト」に記載）。ハードウェア的な改ざん防止の仕組み、ブロックチェーン（改ざん防止機能を持つ分散型台帳）、暗号技術に基づく電子署名・認証、個人や機器の認証技術などが含まれる。

「B：フェイク対策」には、近年社会問題化しているフェイクニュースやフェイク画像・動画・音声などの検知や拡散防止のための技術や、ファクトチェックの活動・システムなどが該当する[10), 11)]（詳細は「2.1.5 人・AI協働と意思決定支援」に記載）。デジタルトラストと比べると、何が正しいかを定めることが難しく、「表現の自由」の問題に関わることも多い。

「C：信頼されるAI」（Trustworthy AI）も近年非常に活発に取り組まれるようになった分野で、AIシステムの安全性・信頼性・社会受容性を確保するためのさまざまな技術開発が進められている[12), 13)]（詳細は「2.1.4 AIソフトウェア工学」に記載）。ブラックボックスとも言われる深層学習（Deep Learning）などのAI技術による判定結果に説明を与える説明可能AI（Explainable AI: XAI）技術、機械学習技術を用いた帰納型のシステム開発におけるテスト・デバッグ手法や品質管理ガイドラインなどソフトウェア工学的な方法論、プライバシーや公平性を確保するデータ分析法など多岐にわたっている。

AIシステム開発のための技術分野とは別に、運用に関わるガイドラインや活用に関わるルールの整備などを含めた「D：AIガバナンス」と呼ばれる取り組みも進められている[14)]（詳細は「2.1.9 社会におけるAI」に記載）。

また、哲学・社会学・政治学・心理学・経済学などの分野では、トラストの定義・モデル化、人間の振る舞い・態度に関する観察・比較実験などが行われてきた[3), 5), 15)]。この「E：トラストの観察・理解」の研究では、長年、人間に対するトラストが論じられてきたが、近年は機械・システムに対するトラストも検討対象に含められるようになってきた。

以上のように、トラストに関連する異なる切り口からさまざまな研究開発が進められている。研究論文数が近年大きく増加している研究開発トピックも多い。しかし、さまざまな分野で進められているトラスト研究開発の間での知見共有・連携はほとんど見られない。多くの研究開発は、トラストに関わるある一面にフォーカスしたものであることから、個別的な対処や断片的な状況改善にとどまりがちである。この状況は、国内だけでなく海外でも同様である。本節の冒頭で述べたようなデジタル社会におけるトラスト形成の仕組み作りに向けては、上述のA～Eのような個々の研究開発を一層推進するとともに、それらを総合した社会的トラスト形成への取り組みが望まれる[1)]。

❸ 関連政策・プログラムの状況

上記❷に示した分野ごとに関連政策・プログラムとして注目されるものを表2-4-2に示す。

これらのうち特に注目される取り組みとして、内閣官房デジタル市場競争本部の「Trusted Web推進協議会」と、英国研究・イノベーション機構（UKRI）の「Trustworthy Autonomous Systems Programme」を［注目すべき国内外のプロジェクト］の項で取り上げる。

表2-4-2　　トラスト関連政策提言・プログラム事例

分野	国	政策提言・プログラム事例
A：デジタルトラスト	日本	・「Data Free Flow with Trust（DFFT）」（2019年1月ダボス会議、安倍元首相） ・デジタルトラスト協議会（2020年8月設立） ・内閣官房デジタル市場競争本部 Trusted Web推進協議会「Trusted Webホワイトペーパー Ver.1」（2021年3月）、「同Ver.2」（2022年8月） ・デジタルガバメント閣僚会議 データ戦略タスクフォース「包括的データ戦略」（2021年6月閣議決定） ・デジタル庁 データ推進戦略ワーキンググループ トラストを確保したDX推進サブワーキンググループ（2021年11月～2022年7月）
	欧州	・eIDAS（electronic Identification and Authentication Service）規則（2014年7月成立、2016年7月施行）：トラストサービスの統一基準
B：フェイク対策	米国	・国防高等研究計画局（DARPA）「Media Forensics（MediFor）」プログラム、「Semantic Forensics（SemaFor）」プログラム
C：信頼されるAI	日本	・統合イノベーション戦略推進会議「AI戦略2019」（2019年6月）における主要な研究開発課題として「Trusted Quality AI」 ・文部科学省2020年戦略目標「信頼されるAI」を受けたJSTプログラム：CREST「信頼されるAIシステム」、さきがけ「信頼されるAI」（2020年度～） ・NEDO「次世代人工知能・ロボット中核技術開発事業」において「AIの信頼性」（2020年度～）
	英国	・英国研究・イノベーション機構（UKRI）「Trustworthy Autonomous Systems Programme」

D：AIガバナンス	日本	・世界経済フォーラム「Rebuilding Trust and Governance: Towards DFFT」白書（2021年3月） ・経済産業省「Governance Innovation Ver.2: アジャイル・ガバナンスのデザインと実装に向けて」（2021年7月）、「AI原則実践のためのガバナンス・ガイドライン Ver. 1.1」（2022年1月） ・日本ディープラーニング協会「AIガバナンスとその評価」研究会報告書「AIガバナンス・エコシステム－産業構造を考慮に入れたAIの信頼性確保に向けて－」（2021年7月）
	欧州	・欧州委員会「Proposal for a Regulation of the European Parliament and of the Council Laying Down Harmonised Rules on Artificial Intelligence (Artificial Intelligence Act) and Amending Certain Union Legislative Acts」（2021年4月）

(4) 注目動向

［新展開・技術トピックス］

❶ トラストの3側面と多面的・複合的な検証

［研究開発の動向］で取り上げたさまざまな研究開発では、対象（トラストする相手）のどのような側面を扱っているかに違いが見られる。これを整理するため「トラストの3側面」という概念が示された[1)]。すなわち、対象真正性（本人・本物であるか？）、内容真実性（内容が事実・真実であるか？）、振る舞い予想・対応可能性（対象の振る舞いに対して想定・対応できるか？）を「トラストの3側面」と呼ぶ。また、トラスト問題への対策は、技術開発による対策だけでなく、制度設計（ルール整備・プロセス管理などを含む）による対策も考えられ、また、それらが有効に働くかの裏付けも求められる。以上を踏まえて、トラスト研究開発に関する前述の5分野を整理すると、図2-4-4のようになる。［研究開発の動向］の項で「さまざまな分野で進められているトラスト研究開発の間での知見共有・連携はほとんど見られない」と述べたが、このような観点の違いが一つの要因と考えられる。

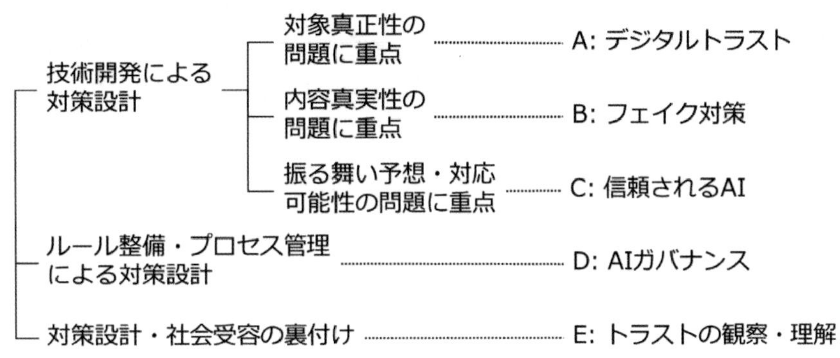

図2-4-4　　トラスト研究の観点の違い

しかし、人が主観的に判断する場合には、おそらく3側面を多面的・複合的に捉えた上で、トラストできるかを総合的に判断していると思われる。例えば、ある新しいサービスを使ってみようかと考えるとき、「そのサービスの仕組み（どのように動いてどのような結果が得られそうか）が信じられるか」（振る舞い予想・対応可能性の側面）、「そのサービスの提供企業が怪しくないか」（対象真正性の側面）、「そのサービスについての評判やレビュー投稿は本当か/ヤラセではないか」（内容真実性の側面）というように、多面的にチェックしようとするであろうし、一つの側面についても複数の情報を突き合わせることもするであろう。このように、いろいろな視点から多面的に関連情報を集め、その一つだけでは確信を持てなくとも、それらを複合的に検証することで、総合的な判断を下すというようなことを、人は行っている。

「トラストの3側面」という整理に基づき、今後、トラストに関するより総合的な研究開発や戦略構築が進むと期待される。

❷ **Web3**

ハイパーテキスト構造をベースとした読むことが主体の第一世代Web（Web 1.0）、ソーシャルネットワークサービス（SNS）など双方向のメディアとなった第二世代Web（Web 2.0）に対して、ブロックチェーンを用いた分散型のWeb3が次世代Webとして注目されている。Web3はWeb 3.0と称されることも多いが、セマンティックWebの概念を中核として提唱されたWeb 3.0とは異なるものである。2022年9月、デジタル庁は「Web 3.0研究会」（座長：慶応義塾大学の國領二郎教授）を設置し、2022年12月に「Web 3.0研究会報告書～Web 3.0の健全な発展に向けて～」（Web3.0研究会）を公表している。

Web3自体は、必ずしもトラストを打ち出した概念ではないが、後述するTrusted Webと一部類似するところがあり、今後のデジタル社会基盤に関連した動向として注目される。「Trusted Webホワイトペーパー Ver.2」[8)]では、「昨今、次世代のインターネットやウェブのあり方として、「Web3」という概念が広く議論されている。現状のインターネットやウェブに対する問題意識や、分散型で検証可能な部分を広げることを志向しているという意味での方向性は、Trusted Webと共通するものがあると考えられるが、「Web3」の厳密な定義についてはさまざまな見解があり、定義は定まっていないと考えられる。こうした中で、Trusted Webについては、アイデンティティー管理のあり方に重点を置くほか、技術中立的な取り組みとして進めているものであり、ブロックチェーン技術の活用のみでなく、検証可能性を高めるさまざまな枠組みを活用し、組み合わせることにより、Trustのレベルを高めることを目指すものである。」との言及がある。

[注目すべき国内外のプロジェクト]

❶ **Trusted Web推進協議会**

「Data Free Flow with Trust（DFFT）」（2019年1月ダボス会議）や「デジタル市場競争に係る中期展望レポート」（2020年6月デジタル市場競争会議）を受けて、2020年10月に内閣官房デジタル市場競争本部にTrusted Web推進協議会（座長：慶応義塾大学の村井純教授）が設置された。

そのコンセプトや設計方針などは「Trusted Webホワイトペーパー」（2021年3月にVer.1、2022年8月にVer.2を公開）[8)]にまとめられている。Trusted Webでは「やり取りされるデータが信頼できるか、データをやり取りする相手方を信頼できるか、提供したデータの相手方における取り扱いを信頼できるか」といった点をペインポイントと捉えて、インターネットやWebの良さを活かし、その上に重ね合わせるオーバーレイアプローチを採る。特定サービスに過度に依存せず、ユーザー（自然人または法人）自身が自らに関連するデータをコントロールすることを可能とし、データのやり取りにおける合意形成の仕組みを取り入れ、その合意の履行のトレースを可能としつつ、検証できるケースを拡大することによって、トラストの向上を目指している。

ホワイトペーパーVer.2ではユースケースも取り上げられたが、より具体化・検証を進めるべく、「Trusted Webの実現に向けたユースケース実証事業」が公募され、2022年9月に13案件が採択された。

❷ **Trustworthy Autonomous Systems Programme（TASプログラム）**

TASプログラムは、英国研究・イノベーション機構（UK Research and Innovation: UKRI）による「トラストできる自律システム」に関する学際的研究プログラムで、ELSI（Ethical, Legal and Social Issues：倫理的・法的・社会的課題）やRRI（Responsible Research and Innovation：責任ある研究・イノベーション）の諸課題を包括している。資金規模は約52億円で、その体制は、Verifiability（検証可能性）、Governance and Regulation（ガバナンスと規制）、Trust（信頼）、Security（安全保障・人権なども含むセキュリティー）、Resilience（レジリエンス）、Functionality（機能性）という6つのノードとハブで構成され、主要大学と多数の産業界からの参加がある。自動運転、医療・介護、防衛・安全保障、AI倫理とガバナンスなどにわたり、12件のプロジェクトが採択されている[16)]。前述の分類C（信頼されるAI）に重点を置いたプログラムだが、大型の学際的研究体制を構築している点が注目に値する。

（5）科学技術的課題

本領域が目指す、デジタル社会におけるトラスト形成の仕組み作りに向けて、以下の4層から成る研究開発課題が重要と考えられる。これらは相互に関連し、連携した取り組みが有効である。

❶ トラストの社会的よりどころの再構築

表2-4-3に、「トラストの3側面」のおのおのについて、現状の「社会的よりどころ」としてどのようなものが機能しているかを例示するとともに、デジタル化の進展に伴い、それらでは不十分になってきているという問題点も併せて示した。例えば内容真実性について、従来は証拠写真・監視カメラ映像などが事実性判断の「社会的よりどころ」になり得たが、AI技術によって高品質なフェイク映像が簡単に生成できるようになってしまったため、必ずしも確かなよりどころにならなくなってしまったというのが一例である。

このような問題に対して、トラストの3側面（対象真正性/内容真実性/振る舞い予想・対応可能性）で何を社会的よりどころに設定するか、社会的よりどころをどのような技術と制度によって担保するか、を考えねばならない。対象真正性/内容真実性/振る舞い予想・対応可能性それぞれの社会的よりどころの再構築、複合的検証のメカニズム、改ざんされない記録・トレーサビリティーなどの研究開発が含まれる。

表2-4-3　　トラストの3側面に対する「社会的よりどころ」の例と問題点

トラストの3側面	現状の社会的よりどころ	問題点
対象真正性（本人・本物であるか?）	印鑑・サイン、身分証・鑑定書、デジタル認証・生体認証など	真正性保証の対象が拡大、デジタル特有の偽造・偽装・改ざんの可能性も拡大。トラスト基点の信頼性担保にも課題あり。
内容真実性（内容が事実・真実であるか?）	事実性は証拠写真・監視カメラ映像など、学説は査読制による学術コミュニティー合意など	AIによるフェイク生成が高品質化したため、写真・映像の証拠性が揺らぎつつある。そもそも絶対的真実・事実は定まらず、ファクトチェック可能な対象は限定的。
振る舞い予想・対応可能性（対象の振る舞いに対して想定・対応できるか?）	人的行為・タスクについては契約・ライセンスなど、機械・システムの動作については仕様書など	ブラックボックスAIでは動作仕様が定義できず、常にその動作を予見できるわけではない。説明可能AIも近似的説明であり、保証にはならない。

❷ 社会的トラスト形成フレームワーク

❶の「社会的よりどころ」を用意するだけでなく、人々がそれを容易に使いこなし、トラストできる対象を広げていけるようにするとともに、「社会的よりどころ」が公正・健全に維持されるようにすることも、重要な研究開発課題である。トラスト域拡大と権限制御、公正・健全なトラスト基点の維持、トラストの悪用・攻撃への対策、使いこなしを容易にする技術・教育などの研究開発が含まれる。

❸ 具体的トラスト問題ケースへの取り組み

デジタル化の進展で生じた具体的なトラスト問題の各ケースに対して、上記❶❷の枠組みを用いた解決や状況改善を実証する取り組みも重要である。具体的ケース固有の問題分析・対処と具体的ケースからの❶❷の研究開発へのフィードバックも含む。トラスト問題ケースの例としては、ネット取引・サプライチェーンやメタバースなどに関わる「ビジネスにおけるトラスト」、フェイクニュースやインフォデミックなどの問題に関わる「ネット情報のトラスト」、自動運転車やAIエージェントなど「AI応用システムのトラスト」、医療者と患者との関係にAIがセカンドオピニオン的に関わるなどの「専門家＋AIのトラスト」などが挙げられる。

❹ トラストに関する基礎研究

上記❶❷❸の実現とその社会受容のため、社会におけるトラストについての理解や、そのデジタル化による影響・変化に関する基礎的な研究開発も重要である。例えば、デジタル社会におけるトラスト形成や不信のメカニズム理解、トラストに関わる日本人のメンタリティーと国際比較・文化差、デジタル社会のトラスト形成のための方策・対策設計の裏付けなどに関する基礎研究が挙げられる。

(6) その他の課題

❶ 分野間の知見共有・連携促進の場作り

トラスト研究には「総合知」[1]による取り組みが不可欠であり、分野横断の学際的研究の活性化が望まれる。トラストに関わる研究分野の幅広さに対して、研究者個人の人脈や出会いを通してボトムアップにリーチできる範囲には限界があることから、分野間の知見共有・連携促進の場作り[2)]を、トップダウンな施策によって立ち上げることが有効であろう。このような場が、総合的なトラスト研究のビジョン共有、幅広い研究事例の把握、分野横断の共同研究のタネの発見機会となり、分野横断・学際的な研究コミュニティーの活性化につながる。

❷ 学際的トラスト研究の継続的活動体制と人材育成策

学際的研究を骨太化し、研究者層を厚くしていくためには、上記❶のような仕掛けをトリガーとしつつも、学際的トラスト研究の継続的な活動体制を作っていくことが必要である。研究活動の母体ができることで、研究人材の育成にもつながる。具体的には、学会・研究会の立ち上げ、このような学際的活動をコーディネートする人材やチームへの助成、学際的トラスト基礎研究を推進する拠点あるいはバーチャルな連携体制の構築などが、打ち手の候補として考えられる。

人材育成に関しては、分野横断・文理融合的な「総合知」に取り組むことに対する阻害要因が指摘されている。阻害要因の一例として、テニュアポストが少ないこと、「総合知」への取り組みは研究論文になりにくい一方で任期付きポストでは論文業績が必要になること、個別分野で業績を上げながら「総合知」に取り組まなければならないという高いハードルが現実といったことが挙げられる。これはトラスト研究に限った問題ではなく、根本的な打ち手は必ずしも容易なことではないが、考えていく必要がある。

❸ ファンディングプログラムによる推進・加速

上記❷によってトラスト共通基礎研究を育成する一方で、より具体的な問題解決型の目標を設定し、それをファンディングプログラムによって推進・加速することも必要であろう。前述の「トラストの3側面」のそれぞれに対する取り組みを表2-4-2に例示したが、さらにそのスコープを拡大し、総合的なトラスト形成に向けた連携を促進したり、自動運転車、AIエージェント、コミュニケーションロボット、メタバースなど具体的シーンでのトラスト問題に対策したりといった展開・発展が期待される。

日本政府はDFFT（Data Free Flow with Trust）を掲げたデータ戦略や、Trusted Quality AIを掲

1 「第6期科学技術・イノベーション基本計画」で掲げられた「多様な分野の知見を合わせて新しい知を創出する」という考え方。詳細は、「総合知」ポータルサイト（内閣府）を参照いただきたい。
https://www8.cao.go.jp/cstp/sogochi/index.html

げたAI戦略を発信している。上記❶❷❸によって、これをさらに推し進めた、より総合的で一貫性のあるトラストを軸とした日本の研究戦略を構築でき、国際的にも先行したコンセプト発信が狙い得る。

参考文献

1）国立研究開発法人科学技術振興機構研究開発戦略センター「戦略プロポーザル：デジタル社会における新たなトラスト形成」https://www.jst.go.jp/crds/pdf/2022/SP/CRDS-FY2022-SP-03.pdf,（2023年2月25日アクセス）.

2）国立研究開発法人科学技術振興機構研究開発戦略センター『俯瞰セミナー＆ワークショップ報告書 トラスト研究の潮流：人文・社会科学から人工知能、医療まで』(2022), https://www.jst.go.jp/crds/pdf/2021/WR/CRDS-FY2021-WR-05.pdf,（2023年2月25日アクセス）.

3）小山虎 編著『信頼を考える：リヴァイアサンから人工知能まで』(東京: 勁草書房, 2018).

4）Piotr Pietrzak and Josu Takala, “Digital trust - a systematic literature review,” Forum Scientiae Oeconomia 9, no. 3（2021）: 56-71., https://doi.org/10.23762/FSO_VOL9_NO3_4.

5）ニクラス・ルーマン『信頼：社会的な複雑性の縮減メカニズム』大庭健, 正村俊之 訳（東京: 勁草書房, 1990).

6）レイチェル・ボッツマン『TRUST：世界最先端の企業はいかに〈信頼〉を攻略したか』関美和 訳（東京: 日経BP, 2018).

7）World Economic Forum, “White Paper: Rebuilding Trust and Governance: Towards Data Free Flow with Trust (DFFT),” https://www.weforum.org/whitepapers/rebuilding-trust-and-governance-towards-data-free-flow-with-trust-dfft/,（2023年2月25日アクセス）.

8）Trusted Web推進協議会「Trusted Webホワイトペーパー Ver.2.0（2022年8月15日）」首相官邸, https://www.kantei.go.jp/jp/singi/digitalmarket/trusted_web/pdf/trustedweb.pdf,（2023年2月25日アクセス）.
Trusted Web推進協議会「Trusted Webホワイトペーパー Ver.1.0（2021年3月12日）」首相官邸, https://www.kantei.go.jp/jp/singi/digitalmarket/trusted_web/pdf/documents_210331-2.pdf,（2023年2月25日アクセス）.

9）日本ネットワークセキュリティ協会PKI相互運用技術WG, 電子署名WG「デジタル社会におけるトラスト」PKI & TRUST Days online 2021（2021年4月15-16日）, https://www.jnsa.org/seminar/pki-day/2021/index.html,（2023年2月25日アクセス）.

10）国立研究開発法人科学技術振興機構研究開発戦略センター『公開ワークショップ報告書 意思決定のための情報科学：情報氾濫・フェイク・分断に立ち向かうことは可能か』(2020), https://www.jst.go.jp/crds/pdf/2019/WR/CRDS-FY2019-WR-02.pdf,（2023年2月25日アクセス）.

11）山口真一『ソーシャルメディア解体全書：フェイクニュース・ネット炎上・情報の偏り』(東京: 勁草書房, 2022).

12）国立研究開発法人科学技術振興機構研究開発戦略センター「戦略プロポーザル：AI応用システムの安全性・信頼性を確保する新世代ソフトウェア工学の確立」https://www.jst.go.jp/crds/pdf/2018/SP/CRDS-FY2018-SP-03.pdf,（2023年2月25日アクセス）.

13）柿沼太一, 他『機械学習工学』石川冬樹, 丸山宏 編著, 機械学習プロフェッショナルシリーズ（東京: 講談社サイエンティフィク, 2022).

14）AI原則の実践の在り方に関する検討会, AIガバナンス・ガイドラインWG「AI原則実践のためのガバナンス・ガイドライン Ver. 1.1（令和4年1月28日）」経済産業省, https://www.meti.go.jp/shingikai/mono_info_service/ai_shakai_jisso/pdf/20220128_1.pdf,（2023年2月25日アクセス）.

15）山岸俊男『信頼の構造：こころと社会の進化ゲーム』(東京: 東京大学出版会, 1998).

16）UKRI Trustworthy Autonomous Systems Hub, “Annual Report 2021,” https://www.tas.ac.uk/wp-content/uploads/2021/09/Annual-Report-2021.pdf,（2023年2月25日アクセス）.

2.5 コンピューティングアーキテクチャー

これまでコンピューターはムーアの法則に支えられ、着実な性能向上を果たしてきたが、そのムーアの法則に限界が見えてきたことや、人工知能に代表されるように計算対象や求められる機能・性能にもこれまでと違う変化が現れてきた。また、IoT、クラウドコンピューティング、エッジコンピューティングなどへの対応が求められている。ここでは、コンピューターの性能向上、計算負荷に応じた構成、用途に応じた構成、新しい応用の開拓などの技術課題について技術動向を俯瞰し、今後の展開について検討する。 CPU のインストラクションセットや、コンピューターそのもののハードウェア構造などには立ち入らない。

（1）俯瞰構造

コンピューティングアーキテクチャーをデバイス層、基盤層、サービスプラットフォーム層、応用、サービス層の4層に整理した（図2–5–1）。今後のコンピューティングについて考えると、サイバーの世界だけでなく、フィジカルの世界との連携も重要になる。そこで、フィジカル世界との接点であるデバイス層を一番下に据えている。ここには通信やセンシング、アクチュエーションなどの機能が並び、サイバーとフィジカルの融合を実現する。その上に、コンピューティングのあり方を考える基盤層がある。ここでは、これまで中心的なアーキテクチャーであったフォンノイマン型コンピューターに限らず、新たな計算方式、それらに基づく新たなマイクロプロセッサー、今後の実用化が期待される量子コンピューティング、大規模データセンターの基本的な構成を決定するデータセンタースケールコンピューティングがある。

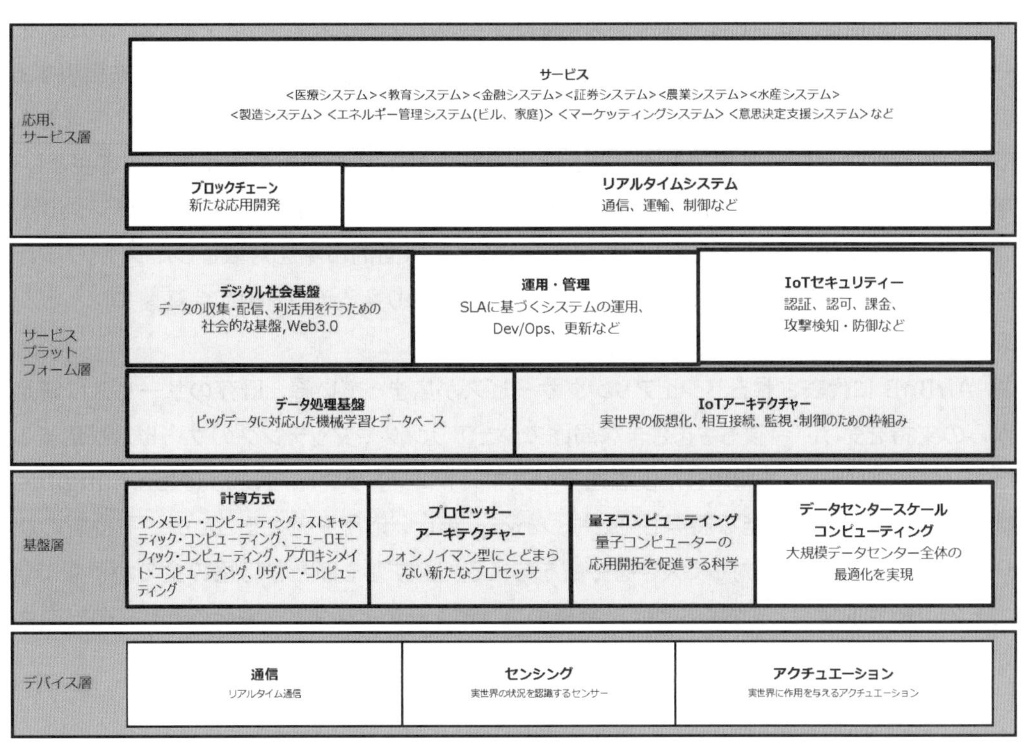

図2–5–1　　コンピューティングアーキテクチャー区分俯瞰図（構造）

さらにその上に、あらゆるサービスの基盤を提供するサービスプラットフォーム層があり、クラウドコンピューティングにおけるビッグデータに対応した機械学習とデータベースを提供するデータ処理基盤、サイバーとフィジカルの融合を実現するIoT（Internet of Things）のためのアーキテクチャーがある。また、社会におけるデジタルトランスフォーメーションを実現する上では、データの収集・配信、利活用を推進するためのデジタル社会インフラが必要となる。

最上位には応用やサービスそのものが位置する。公共的なサービス・システムや、企業が運用するサービス・システム、それらの融合したものや、どちらでも使われるものもある。また、特にリアルタイム性を重視する交通や運輸、通信などはIoTにおける重要な応用領域である。また、仮想通貨で注目を集めたブロックチェーンは、さまざまな変革を実現する可能性を持っており、今後のサービスや応用を考える上で重要である。

今回の俯瞰報告書では、図中黄色で示した研究開発領域に関して記述する。

（2）時系列

これらの技術要素をコンピューターが誕生して以来の時系列の流れとして捉える（図2-5-2）。最初は1台のコンピューターを使うところから出発したが、すぐに複数のコンピューターを連結して使うようになった。当初は企業内でのコンピューターネットワークであったが、大規模データセンターが各地に建設されるようになり、CPU、記憶装置、通信装置などを適切に配備し運用するための技術開発が行われてきた。

さらにインターネットが普及するにつれ、ネットワーク接続されたコンピューティング環境が広く一般に使われるようになってきた。特に、クラウドコンピューティングが一般的になり、スマートフォンなどのデバイスとクラウドコンピューティングの組み合わせによりさまざまなサービスが提供されるようになり、そのためのソフトウェア基盤整備も進んだ。

また、IoT/CPS（Cyber Physical Systems）と言われる、フィジカル世界とサイバー世界の融合領域においては、その計算内容や負荷、反応時間などに応じて、どこにデータを置きどこでどのタイミングでどの処理をするかといった柔軟な構成が求められ、それを可能にするIoT/CPSアーキテクチャーが重要になる。特に、フィジカルデバイス付近で処理を行うエッジコンピューティングは今後の発展が望まれる。

上位のサービスや応用と、コンピューティングを接続するのがサービスプラットフォームである。ハードウェアやソフトウェアの隠蔽化により、下位層の構成を意識せずにさまざまな応用やサービスを実現することができる。特にデータの利活用を進め、社会の革新を目指す上では、社会的なサービスプラットフォーム、すなわちデジタル社会基盤が決定的に重要である。第5期科学技術基本計画でわが国が進むべき姿として示され、第6期科学技術基本計画でその実現が謳われているSociety 5.0を実現するためにも、デジタル社会基盤の実現が待たれる。北米を中心とする大手ITサービス企業は、多面的市場を対象としたプラットフォームを掌握し、スケーラブルなビジネスを実現している。国家の基盤となりえるデジタル社会基盤には、ビジネスに加えて安全保障の上でも、わが国の技術力向上が必須である。

UBER や AirBnB に代表される、シェアリングサービスが広まっている。既存のサービスに満足できないユーザーからの支持を受け、今後もさまざまな局面でシェアリングやマッチングのサービスが広まると期待される。また、ブロックチェーンを利用した仮想通貨やスマートコントラクト、NFT（Non Fungible Token）など、連携の広がりの観点で新たな展開も見せつつある。新しい応用を考えることが、下位層のサービスプラットフォームや分散処理基盤に対して大きな影響を与える。必ずしも新たな応用の全てが予想できるわけではないが、その可能性を検討しておくことは、今後のコンピューティングアーキテクチャーの方向性を考える上で役に立つであろう。

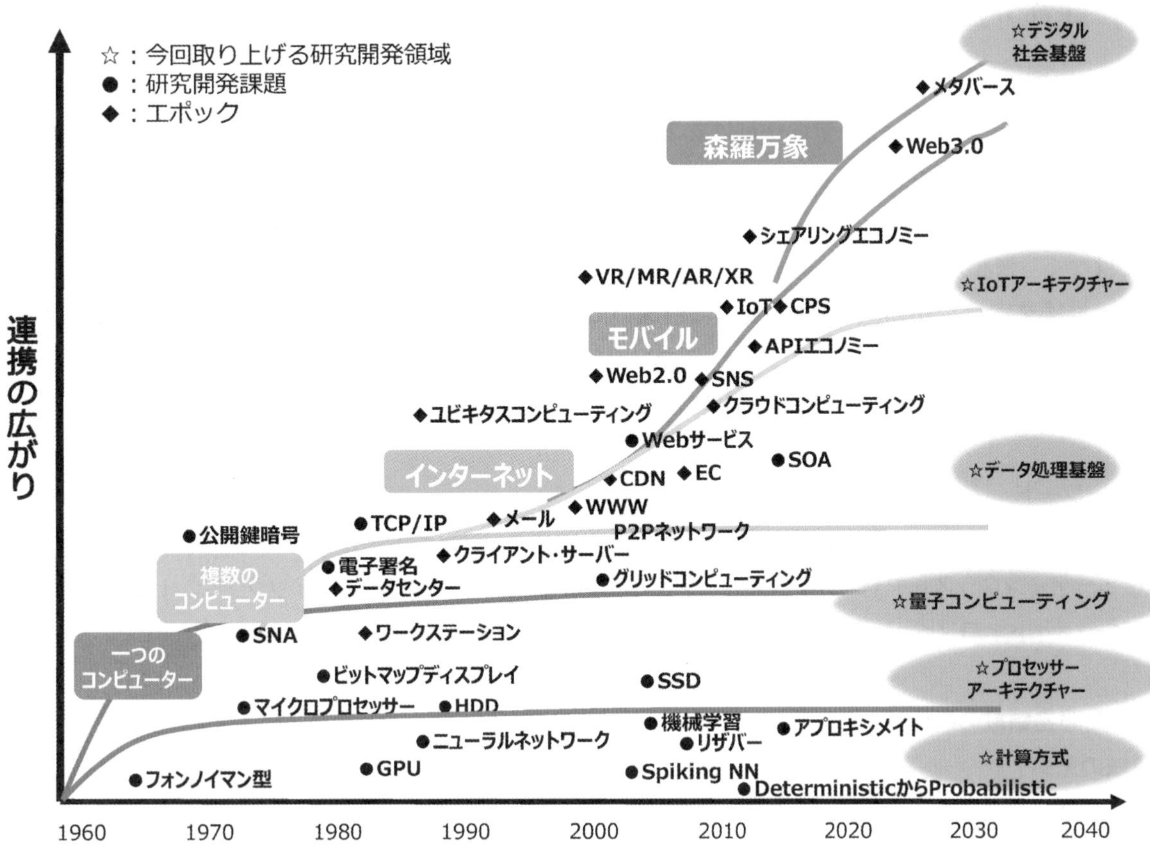

図2–5–2　　コンピューティングアーキテクチャー区分俯瞰図（時系列）

本節の構成は以下のようになっている。2.5.1では新しい計算方式の動きについて述べる。ムーアの法則の限界や、人工知能に代表されるワークロードの変化などにより、従来のフォンノイマン型にとらわれない新たな計算方式が期待されている。ここでは新たなパラダイムに基づく計算方式について述べる。2.5.2では、マイクロプロセッサーのアーキテクチャーに関して、微細加工だけに頼る性能向上は限界に達しつつあるため、新たなプロセッサーとして、布線論理型やニューロモーフィックなどの新しいアーキテクチャーのプロセッサーについて述べる。

さらに、従来とは全く異なる原理で動作する量子コンピューターの登場が期待されている。

2.5.3では、基礎研究段階にある量子コンピューターを、コンピューターたらしめる計算機科学の観点から技術動向と課題について述べる。

大規模データ処理技術の進展が現在の人工知能技術の発展や、IoT への期待を高めている。大規模データ処理のためには大きく分けて、計算処理そのものとデータベースがある。これらの技術について2.5.4で俯瞰する。

モバイルネットワークの進歩、普及につれて、現実世界のモノやサービスと、サイバー世界が融合し始めている。この動きは農業から工業、サービス業まで全てのセクターで起きている重要なトレンドである。そこには、IoTのシステムアーキテクチャー設計と、物理世界とサイバー世界を結びつけるデバイスが重要な役割を果たす。それらについて、2.5.5において述べる。

また、クラウドコンピューティングやエッジコンピューティングは計算処理そのものもさることながら、様々なサービスを結びつけ、新たなサービスを創りだし、それらを人々に届けることが重要である。そしてデータの収集・配信、利活用を進め、社会のデジタルトランスフォーメーションを進めるためのプラットフォームが重要な役割を果たしている。2.5.6ではデジタル社会基盤について述べる。

2.5.1 計算方式

（1）研究開発領域の定義

これまでコンピューターはムーアの法則に支えられ、着実な性能向上を果たしてきたが、そのムーアの法則に限界が見えてきたことや、人工知能に代表されるように計算対象や求められる機能・性能にもこれまでと違う変化が現れてきた。特に、人工知能での応用においては、従来のプログラムを順々と処理する逐次型計算処理ではなく、積和演算などを大規模に並列に処理することが必要になる。また、IoTエッジデバイスでAIの学習・推論を実行するには、従来に比べて桁違いに電力効率が高いデータ処理と記憶が求められている。以上のような新しい要請を実現するために、新たな計算方式が求められている。本研究開発領域においては、新たな計算方式に関する動向を把握し、研究開発課題を俯瞰する。

（2）キーワード

インメモリー・コンピューティング、メモリー・セントリック・コンピューティング、データ・セントリック・コンピューティング、ストキャスティック・コンピューティング、ニューロモーフィック・コンピューティング、アプロキシメイト・コンピューティング、リザバー・コンピューティング

（3）研究開発領域の概要

[本領域の意義]

1.5年ごとに集積回路のトランジスタ数が2倍になるというムーアの法則に従って、コンピューターは1970年代から順調にその性能を向上してきた。しかし、2000年代前半からクロック周波数の伸びが鈍化し、集積率の向上にも陰りが見られるようになってきた。また、消費電力についても限界に近づき、これまでのような性能向上が困難になってきた。

一方で、人工知能、特にニューラルネットワークにおいては、膨大なデータを大規模なネットワークで学習する必要があり、コンピューターの性能向上への要求はますます高くなっている。2010年までは機械学習で必要とされる計算量は2年で2倍の伸びを示していたが、2010年以降は大規模なニューラルネットワークが導入され、3.4カ月で2倍の計算量を必要とするようになってきている。

また、IoTで使用される端末の中には、大きさや電力などの制限が厳しい場合もある。

そこで従来のフォンノイマン型を基本とするコンピューティングだけではなく、本研究開発領域で示す、新たな計算方式によって、今後も継続的に性能を向上するとともに、2050年までに実現すべきカーボンニュートラルに向けて、極低電力化や省電力化を実現することによって、さまざまな応用への展開が期待されている。

[研究開発の動向]

これまでフォンノイマン型の汎用コンピューティングが主流であったが、それでも特定の用途に向けてはそれぞれに適した処理方式の研究開発が行われてきた。プロセッサーに関しては、「2.5.2 プロセッサーアーキテクチャー」の節に詳しいが、1980年代には通信用の信号処理や画像処理専用のプロセッサーが開発され、特定の市場を形成したこともある。また、グラフィックス処理用のGPUは行列の積和演算に特化していることから、機械学習にも応用され、現在非常に多く使われるようになっている。

プロセッサーにおける実装の形態に関わらず、新たなコンピューティングの研究開発も進められてきた。例えば、プロセッサーを中心とするコンピューティング（プロセッサー・セントリック・コンピューティング）だけでなく、メモリーを中心とするコンピューティング（インメモリー・コンピューティング、メモリー・セントリック・コンピューティング、あるいはデータ・セントリック・コンピューティング）の研究が進められている。AIの膨大なデータの学習やIoTエッジデバイスにおける極低電力なデータ処理では、計算（プロセッシング）よりもデータの記憶・移動に要する時間がボトルネックとなる。特に、SRAM、DRAMのみならず磁気メモリー

（MRAM）、抵抗変化型メモリー（ReRAM）、相変化メモリー（PCRAM）、強誘電体FET（FeFET）といった高速な不揮発性メモリーに情報記憶のみならず、情報処理の機能を具備することによって、AIの積和演算を超並列・超高エネルギー効率で実行することができる。

この他にも、ゆらぎや非厳密性を許容するストキャスティック・コンピューティングや生体の情報処理を模倣したニューロモーフィック・コンピューティングなども盛んに研究されるようになっている。

（4）注目動向

[新展開・技術トピックス]

インメモリー・コンピューティング

AIの膨大な学習などを実行する際に超並列で積和演算を実行する計算機として、GPUやCMOSベースのアクセラレーターが活用されている。しかし、これらのアクセラレーターは膨大な電力を消費するため、導入コストのみならず電力コスト（空調も含めて）が膨大になっている。通信ネットワークの末端であるエッジにおいてAIの学習・推論を低電力に実行するインメモリー・コンピューティングが注目されている。ニューラルネットワークの重み（パラメーター）をReRAM、MRAM、PCRAM、SRAM、FeFETなどメモリーのコンダクタンスとして記憶する。入力電圧と重みの乗算の結果はオームの法則によってメモリー素子を通じて流れる電流として出力される。これらの電流をキルヒホッフの法則に従って加算することで、積和演算を超並列で行うことができる。このような非常に単純な素子で積和演算を実行することで、IoTエッジ向けに極低電力動作も可能となる。

現状のGPUやCMOSアクセラレーターではメモリー、DRAMを3次元に積層したHBM（High Bandwidth Memory）を近接に実装することで高速化・低電力化を図っている。近い将来、アクセラレーターの演算素子と大容量メモリーを一つのチップに混載し、演算素子とメモリーをチップ上で近接に配置する、ニアメモリー・コンピューティングが実現すると予想される。インメモリー・コンピューティングはその先にある技術であり、まだ克服すべき問題があるものの、特にIoTエッジデバイスやモバイル端末に向けて、究極の低電力化および高速化を実現できると期待されている[1)]。

インメモリー・コンピューティングで将来、本質的に解決すべき問題としては、メモリーが大容量化、並列処理が増えるにつれて、電流センスの問題が顕在化すると予想される。バイポーラトランジスタやNMOS回路からCMOS回路に遷移したように、電流駆動の回路方式には、おのずと限界があると予想される。FeFETを利用した電圧駆動のインメモリー・コンピューティングが提案されているが[2)]、今後、インメモリー・コンピューティングの回路方式の検討が必要と考えられる。

ソフト・ハード統合とヘテロジニアス・インテグレーション

インメモリー・コンピューティングに関する論文は集積回路や電子デバイスのトップ学会、ISSCC、IEDM、VLSI Symposiumなどで数多く発表されているのみならず、CAD・コンピューターアーキテクチャーの学会DAC、DATE、ASP-DACなどでも数多く発表されている。これはニューラルネットワークを効率的にインメモリー・コンピューティング回路にマッピングするには、ニューラルネットワークのアルゴリズム、マッピング手法、回路デバイスの全体最適化が必要だからである[3)]。そのためのソフト・ハード統合評価ツールも積極的に開発されている[4), 5), 6)]。また、画像認識、音声認識、自然言語処理などのAI処理の7–9割のタスク（積和演算）にはインメモリー・コンピューティングが有効なものの、活性化関数の計算やバッチ正規化といったこまごまとした処理は、汎用CPUの方が優れている。すなわち、インメモリー・コンピューティングが実用化した場合も、汎用CPUとの「ヘテロジニアス・インテグレーション」となると考えられる[7), 8)]。

アプロキシメイト・コンピューティング

コンピューターが開発されて以来現在まで、例えば大陸間弾道ミサイルの軌道を計算することにコンピューターが使われているように、計算にエラーが許されず、「正確な計算」を実行することが求められた。データを記憶するメモリー、ストレージにも同様に正確さが求められ、微細化などによりメモリーにエラーが生じる場合には、ECC（誤り訂正符号）を掛けることでエラーを修正した。しかし、集積回路では精度、性能、電力、コストなどの間にトレードオフがある。このような「正確な答え」を求める従来のコンピューティングに対して、画像認識、物体認識、音声認識、検索などの統計的機械学習応用では、（ある程度の不正確さ、エラーを許容して）おおよその答えを求めるアプロキシメイト・コンピューティングが注目されている。そもそも、人間が実際に行う画像や音声の認識も「100%の正確さ」が求められているわけではないので、コンピューターにも100%の正確さを求めないことも妥当と考えられる。LSIの精度の多少の低下・エラーを許容する（最終的なアプリケーションレベルでの精度は確保しつつ）ことで、高速化・低電力化を図ることが重要になっている。

インメモリー・コンピューティングでは、メモリーのコンダクタンスとしてニューラルネットワークの重みを記憶するため、メモリー書き込み時の非線形性やばらつき、データ保持中やリード時のディスターブによるコンダクタンス変化が（既存のデジタルメモリーでは）問題になりかねない。しかし、AI応用では、数%程度のメモリーの非線形性、エラー、ばらつきは最終的な認識精度の問題にならないことが示されている[9]。

ストキャスティック・コンピューティング

ストキャスティック・コンピューティングとは、アプロキシメイト・コンピューティングの一種で、論理回路で確率的な計算を行うことによって計算結果の正確さと引き換えに計算時間の短縮や低消費電力化を実現する。概念は1960年代[10]からあり、国内外でニューラルネットワークに適応した研究は多数あるものの、実用化にまでは至っていない。2000年初頭、ベイズの定理の計算に適した回路構成法が見つかり、米国を中心にLDPC decodingへの応用が活性化し[11]、SSDのBCH置換の動きなどもあったが、超高速化には不向きのためその活動は縮小した。演算器を極めて少ない素子で表現できるため、超並列演算が可能になるが、できる演算はニューラルネットワーク、LDPC decodingなどに限られる。ロジック素子があれば実現可能で、現在はCMOSデジタルだけであるが、CMOSに限った技術ではなく、ロジック応用可能なERD（Emerging Research Device）も候補に含まれる。ニューラルネットワークなどのAI適用は限定的であったが、近年大きなブレークスルーがあり、推論のみならず、学習もSGD（Stochastic Gradient Descent, 確率的勾配降下法）は可能になった[12]。課題は、メモリーと界面（通常演算と確率演算のインターフェース）のオーバーヘッドが大きいことである[13]が、メモリーについては解決されつつある[14]。その他の課題は、適用範囲の探索であり、AIだけでなく、結果にある程度ゆらぎがあっても問題ないアプロキシメイト・コンピューティングの一部などが候補になる。

ニューロモーフィック・コンピューティング

脳を抽象化した計算機として捉えるのではなく、可能な限りそのあるがままの姿、構造、機能（の一部）を模倣して行う計算[15]。広義には、スパイキング・ニューラルネットワーク[16]や後述のリザバー・コンピューティングも含まれるが、それらにおいては模倣の度合いは、年々減ってきている。現在のニューロモーフィック・コンピューティングと冠する研究開発のほとんどは、アナログシナプスの積和演算と重み保持を行う不揮発クロスバーアレイ[17]のことを差す。アナログシナプス単体のSTDP（Spike-Timing-Dependent Plasticity、スパイクタイミング依存可塑性）特性を模する研究[18]も多いが、同じ事は現行AIでもできてしまうため、それが役に立つ有効な応用先はまだ見つかっていない。脳神経系がスパイクを採用しているのは、ノイズ経路におけるS/N確保のため「だけ」かもしれないという意識が共有されつつある。タイミングが重要な事例（STDPなど）も多数あるが、スパイクタイミングを有効利用できる「計算方法」そのものは、ニッチなもの（運動制御[19]、音声分離[20]など）を除いて、見つかっていない。2013年頃までは生物のゆらぎの利用法に学び、半導体のゆらぎを味方に付けるような計算法がITRS 2013[21]においてまとめられたが、その後実用化への発展の兆しはない。不揮発クロスバーアレイ関係の研究ではなく、本来の意味でのニューロモーフィック・コンピューティングを追求しているのは、スイス（ETH）、米国（Stanford）、日本（東大・北大）、フランスが主である。後述するリザバー・コンピューティングや、近年のAIにおける宝くじ仮説[22]は、本来のニューロモーフィック・コンピューティングの思想に親和性がある。

リザバー・コンピューティング

RNN（Recurrent Neural Netwaork）の代替技術である。ネットワークが一層であるため、学習が軽いという特徴がある。物理的に存在するもの（材料）を計算媒体として使えるため、材料・デバイス分野でアナログ素子として使えるか探索研究が進んでいる[23]。リザバーは、Echo State Property（ESP）と呼ばれる性質[24]、つまり入力の伝達と非線形作用、入力の忘却、および入出力の再現性を持つものであれば、ある意味なんでもよい。光[23]、スピン[23]、軟体（生体やゴムのような柔らかいもの）、分子[24]、アナログ回路[25]・デバイス[26]、デジタル（FPGA[27]）などが使われる。リザバーはセンサーを兼ねてもよい。例えば、自動車のタイヤは一種の歪みセンサーであり、地面の凹凸などの外力が入力として与えられたことによりタイヤに歪みが発生するとそれが全体に伝わり（入力の伝達と非線形作用）、外力がなくなれば歪みもなくなる（入力の忘却）。その再現性が良い場合、タイヤ自体がリザバー兼センサーとして機能する[28]。一方で、リザバーの学習器としての専用ハードウェアやアクセラレーターの研究はさほど進んでいない（FPGA実装のみ[29]）。応用は、学習・推論が軽いため、主にエッジでの異常検知、時系列予測、分類タスクが主。アナログCMOSリザバー、または性能はあまり出ないがデジタル（FPGA）リザバーが実用化に一番近いため、その応用が注目されている。課題は、現在はヒューリスティックに頼っているリザバーの最適設計法の確立、および現行の学習方法[23]である線形・リッジ回帰（バッチ）学習、オンラインFORCE（First-Order Reduced and Controlled Error）学習などを超える学習方法の確立である。国際的には、オランダ・米国はデバイス・応用色が強く、日本は化学・材料関係の研究者が多く、理論が強い。

［注目すべき国内外のプロジェクト］

日本ではAI応用などに向けた新しいコンピューティングの国家プロジェクトとして、2020年度からJST CREST「情報担体を活用した集積デバイス・システム」、JST さきがけ「情報担体とその集積のための材料・デバイス・システム」、NEDO「高効率・高速処理を可能とするAIチップ・次世代コンピューティングの技術開発事業」が実施されている。しかし、これらのプロジェクトも2027年には終了することになっている。上記の大きな問題を解決するために十分な政府研究開発投資が行われているとは言いがたく、より一層の強化が必要である。

本村らは、科研費基盤研究S, 2018–2022年度“知能コンピューティングを加速する自己学習型・革新的アーキテクチャ基盤技術の創出”[30]において、DNNアーキテクチャー、DNNの画像処理応用、リザバー計算、確率的コンピューティングに関する研究を進めている。

松本らは、“マテリアル知能による革新的知覚演算システムの構築プロジェクト”[31]において、物質・材料に内在する神経型演算機能を原子・分子論から明らかにして「マテリアル知能」と 呼べる新しい分野横断的学術領域を創出するとともに、ロボットなどへの実装を目指している。

ニューロモーフィック・コンピューティングにより、省電力化や処理速度の向上を実現しようと、“未来共生社会にむけたニューロモルフィックダイナミクスのポテンシャルの解明”[32]においては、神経生理学的な知見、工学的な応用を可能にするモデル化の理論研究、実装のためのハードウェアアキテクチャーを中心とするデバイス研究を進めようとしている。

これまでコンピューティングの性能向上を支えてきたムーアの法則の終焉を迎え、コンピューティングを根底からすべて考え直そうという動きが IEEE の Rebooting Computing Initiative である。材料、デバイス、システム、アーキテクチャー、言語など多くの領域の専門家が集い、コンピューティングの将来を模索している。2016年からは国際会議を開催し、さまざまなコンピューティングに関する議論が行われており、そこでは特に異分野間の交流が推奨されている。

欧州においてはHORIZON2020において、Advanced Computingというトピックを設定し、2014年から研究提案を募集し、現在までに30以上のプログラムが実施された。低電力プロセッサー、フォグコンピューティング、ディープラーニングの学習アルゴリズムなど多岐にわたる研究が推進されている。2015年から2017年の間に開始されたプロジェクトへの投資金額は総額1億5000万ユーロに達する。2021年から開始されたHorizon Europeにおいても、Digital and Industryというクラスタの中にAdvanced Computing and Big Dataという領域を設け、ハイパフォーマンス・コンピューティング、ビッグデータおよびICTにおける低炭素化などに関する研究開発が行われている。

（5）科学技術的課題

インメモリー・コンピューティングはAIの学習・推論を低電力に実行することができるため、この研究を強力に推進することが必要である。鍵となるのはメモリー素子だが、メモリー素子の能力を最大限に発揮させるためには、メモリーハードウェアの研究開発だけでは不十分であり、機械学習アルゴリズム・機械学習のネットワークのインメモリー・コンピューティングへのマッピングなど全体最適化したコンピューティング技術の研究開発が必須であり、上記のように世界中で、ハード技術者・研究者のみならずソフト技術者・研究者も精力的に研究を行っている。ハード・ソフトの統合は一つの企業、単独の研究機関・大学では行うことは難しく、分野のレイヤーをまたいだ複数の産学の連携が必要になる。

ストキャスティック・コンピューティングにおいては、現行の類似研究・技術（ゆらぎや非厳密性を許容、または活かすコンピューティング技術）は、まだ特定の計算問題に特化したものであり、それらを俯瞰し、非厳密計算を厳密解に定量的に近づける理論構築とその実証が必要である。

従来のニューロモーフィック・コンピューティングの基本コンセプトは、脳の「構造」に学んで構成した人工物への機能付与であった。脳の構造は、その構成要素（主に神経膜などの生物（なまもの））由来であるとも考えられ（だからスパイクで情報が表現される）、もし構成要素が別物（例えば固体）であったとするならば、全く違う構成になることが予測される。そのため、脳の構造を模倣するのではなく、「基本機能」を模倣する新たなニューロモーフィック・コンピューティングのアプローチが出てきている（まだ組織的には行われていない）。脳の基本機能は予測誤差の能動的最小化であり、その統一原理（自由エネルギー原理）に関する研究が神経科学分野においてホットである。その自由エネルギー関数を物質（または回路）のエネルギー関数と対応付ける設計ができれば、脳の基本機能を模する物質（または回路）ができる。ただし、自由エネルギー原理は多くの研究者（特に回路系、材料デバイス系）にとって難解なものであり、今のところ自由エネルギー原理と物質（回路）をつなげる研究の流れはできていない。このような流れを作ることが課題である。

リザバー・コンピューティングにおいては、今後の課題として、リザバーの最適設計法の確立、学習則の新規開拓が必要となる。その実装や工学的応用に関する研究自体は今後も自然に進んでゆくと考えられるが、それ以外のアプローチが極めて少ないことが問題である。ところで、脳の一部はリザバーとして機能している可能性がある。その部分を人工リザバーで置き替えて（脳に人工リザバーを埋め込んで）、推論や予測能力を向上させるための環境構築が進んでいる。この場合、この人工リザバーを使って学習するのは脳であり、上述の人為的な学習則の開拓は不要となる。そのためのBCI（Brain–Computer Interface）技術の研究開発を推進することが必要である。

（6）その他の課題

ハード・ソフトを統合・全体最適化したコンピューティング技術の研究開発では、分野のレイヤーをまたいだ複数の産学の連携が必要になる。ハードが強い日本を活かすことができる将来有望な分野と考えられる。

（7）国際比較

国・地域	フェーズ	現状	トレンド	各国の状況、評価の際に参考にした根拠など
日本	基礎研究	○	→	・材料・物性の研究（磁性体など）は伝統的に強いが、回路・アーキテクチャー分野では国際会議などでもプレゼンスが落ちている。
	応用研究・開発	△	→	・上記のように、応用研究に位置付けられる、回路・アーキテクチャー分野ではプレゼンスが落ちており、強化が必要である。
米国	基礎研究	◎	→	・DARPAの支援を受けてStanford、MITなどの主要大学が、材料・物性から回路・アーキテクチャーまで全体統合を行っている。
	応用研究・開発	◎	→	・材料、デバイス、回路、アーキテクチャーまで異分野を統合する研究が積極的に行われており、新コンピューティングを実用化するためのエコシステムの構築に積極的である。
欧州	基礎研究	◎	→	・IMEC（ベルギー）、CEA-LETI（フランス）を中心とする研究機関・大学や、ETH Zurich（スイス）などが、先進的な研究を進めている。
	応用研究・開発	◎	→	・米国と同様に、材料、デバイス、回路、アーキテクチャーまで異分野を統合する研究が積極的に行われている。
中国	基礎研究	○	→	・材料・デバイスの研究を中心に、国際会議での論文発表が増えているものの、単発的な研究の印象。
	応用研究・開発	△	→	・分野・レイヤー間を統合する研究はさほどプレゼンスはなく、また応用・実用化に向けた研究のプレゼンスも高くない。
韓国	基礎研究	○	→	・Samsung社・Hynix社のメモリー技術をコアに大学も巻き込み、PiM（Procesing in Memory）の研究が盛んである。
	応用研究・開発	△	→	・機械学習やデータベース機能をSSDにオフロードするIn-storage computingなどの分野ではSamsung社を中心に積極的に行っている。一方、ニューロモーフィック・コンピューティングに関する研究は限定的。

（註1）フェーズ

基礎研究：大学・国研などでの基礎研究の範囲

応用研究・開発：技術開発（プロトタイプの開発含む）の範囲

（註2）現状　※日本の現状を基準にした評価ではなく、CRDS の調査・見解による評価

◎：特に顕著な活動・成果が見えている　　○：顕著な活動・成果が見えている

△：顕著な活動・成果が見えていない　　×：特筆すべき活動・成果が見えていない

（註3）トレンド　※ここ1～2年の研究開発水準の変化

↗：上昇傾向、→：現状維持、↘：下降傾向

関連する他の研究開発領域

・脳型コンピューティングデバイス（ナノテク・材料分野 2.3.2）

参考文献

1）Chih Hang Tung, "FF.3: Heterogeneous Integration Technology Trends at the Edge," 2020 Symposia on VLSI Technology andCircuits, 14-19 June 2020, https://ieeexplore.ieee.org/stamp/stamp.jsp?arnumber=9265071,（2023年2月5日アクセス）.

2）Chihiro Matsui, et al., "Energy-Efficient Reliable HZO FeFET Computation-in-Memory with Local Multiply & Global Accumulate Array for Source-Follower & Charge-Sharing Voltage Sensing," in *2021 Symposium on VLSI Technology* (IEEE, 2021), 1-2.

3) Helen Li, "Alternate Technologies for SRAM," in *2020 IEDM Conference Proceedings* (IEEE, 2020).
4) GitHub, Inc., "NeuroSim," https://github.com/neurosim,（2023年2月5日アクセス）.
5) Pouya Houshmand, et al., "Opportunities and Limitations of Emerging Analog in-Memory Compute DNN Architectures," in *2020 IEEE International Electron Devices Meeting (IEDM)* (IEEE, 2020), 29.1.1-29.1.4., https://doi.org/10.1086/10.1109/IEDM13553.2020.9372006.
6) Maha Kooli, "COMPUTATIONAL SRAM: A LOW LATENCY & ENERGY EFFICIENT VECTOR PROCESSING FOR EDGE AI APPLICATIONS," IEEE ESSDERC, 2020.
7) Sunil Shukla, et al., "A Scalable Multi-TeraOPS Core for AI Training and Inference," *IEEE Solid-State Circuit Letters* 1, no. 12 (2018) : 217-220., https://doi.org/10.1109/LSSC.2019.2902738.
8) Naveen Verma, "In-Memory Computing: from fundamentals to complete architectures," IEEE ESSDERC, 2020.
9) Kazuhide Higuchi, et al., "Comprehensive Computation-in-Memory Simulation Platform with Non-volatile Memory Non-Ideality Consideration for Deep Learning Applications," in *Extended Abstracts of International Conference on Solid State Devices and Materials (SSDM)* (SSDM, 2021), 121-122.
10) Brian R. Gaines, "Stochastic computing systems," *Advances in information systems science*, pp.37-172, Springer, 1969.
11) Saeed Sharifi Tehrani, Warren J. Gross and Shie Mannor, "Stochastic decoding of LDPC codes," *IEEE Communications Letters* 10, no. 10 (2006: 716-718., https://doi.org/10.1109/LCOMM.2006.060570.
12) Yoshiaki Sasaki, et al., "Digital implementation of a multilayer perceptron based on stochastic computing with online learning function," *Nonlinear Theory and Its Applications, IEICE* 13, no. 2 (2022) : 324-329., https://doi.org/10.1587/nolta.13.324.
13) 浅井哲也「確率的コンピューティングの再開拓：その場学習が可能な極低電力エッジAIに向けて」『情報処理』63巻3号（2022）: e8-e14
14) 村松 聖倭, 西田 浩平, 安藤 洸太, 赤井 恵, 浅井 哲也, 確率的メモリの実現に向けたサブスレッショルドCMOS双安定回路の提案, 第35回 回路とシステムワークショップ, 電子情報通信学会（2022）
15) Jia-Qin Yang, et al., "Neuromorphic Engineering: From Biological to Spike-Based Hardware Nervous Systems," *Advanced Material* 32, no. 52 (2020) : 2003610., https://doi.org/10.1002/adma.202003610.
16) Kashu Yamazaki, et al., "Spiking Neural Networks and Their Applications: A Review," *Brain Sciences* 12, no. 7 (2022) : 863., https://doi.org/10.3390/brainsci12070863.
17) Qiangfei Xia and Jianhua Joshua Yang, "Memristive crossbar arrays for brain-inspired computing," *Nature Materials* 18, no. 4 (2019) : 309-323., https://doi.org/10.1038/s41563-019-0291-x.
18) Teresa Serrano-Gotarredona, et al., "STDP and STDP variations with memristors for spiking neuromorphic learning systems," *Frontiers in Neuroscience* 7 (2013) : 2., https://doi.org/10.3389/fnins.2013.00002.
19) Shogo Yonekura and Yasuo Kuniyoshi, "Spike-induced ordering: Stochastic neural spikes provide immediate adaptability to the sensorimotor system," *PNAS* 117, no. 22 (2020) : 12486-12496., https://doi.org/10.1073/pnas.1819707117.

20) Naoki Hiratani and Tomoki Fukai, "Mixed Signal Learning by Spike Correlation Propagation in Feedback Inhibitory Circuits," *PLoS Computational Biology* 11, no. 4（2015）: e1004227., https://doi.org/10.1371/journal.pcbi.1004227.
21) Semiconductor Industry Association, "International Technology Roadmap for Semiconductors 2013 Edition," Japan Electronics and Information Technology Industries（JEITA）: 55-56, https://semicon.jeita.or.jp/STRJ/ITRS/2013/ITRS2013_ERD.pdf,（2023年2月5日アクセス）.
22) @kyad「ICLR2022の宝くじ仮説論文」Qiita Inc., https://qiita.com/kyad/items/1f5520a7cc268e979893,（2023年2月5日アクセス）.
23) 田中剛平, 中根了昌, 廣瀬明『リザバーコンピューティング：時系列パターン認識のための高速機械学習の理論とハードウェア』(東京: 森北出版, 2021).
24) Megumi Akai-Kasaya, et al., "Performance of reservoir computing in a random network of single-walled carbon nanotubes complexed with polyoxometalate," *Neuromorphic Computing and Engineering* 2, no. 1（2022）: 014003., https://doi.org/10.1088/2634-4386/ac4339.
25) Xiangpeng Liang, et al., "Rotating neurons for all-analog implementation of cyclic reservoir computing," *Nature Communications* 13（2022）: 1549., https://doi.org/10.1038/s41467-022-29260-1.
26) Kasidit Toprasertpong, et al., "Reservoir computing on a silicon platform with a ferroelectric field-effect transistor," *Communications Engineering* 1（2022）: 21., https://doi.org/10.1038/s44172-022-00021-8.
27) Chunxiao Lin, Yibin Liang and Yang Yi, "FPGA-based Reservoir Computing with Optimized Reservoir Node Architecture," in *2022 23rd International Symposium on Quality Electronic Design (ISQED)*（IEEE, 2022)., https://doi.org/10.1109/ISQED54688.2022.9806247.
28) 中嶋浩平, 他「やわらかい人工筋肉のダイナミクスを用いた高精度センサーの生成」東京大学, https://www.i.u-tokyo.ac.jp/news/20200522_modified_20200515_pl_hpversion.pdf,（2023年2月5日アクセス）.
29) Kose Yoshida, Megumi Akai-Kasaya and Tetsuya Asai, "A 1-Msps 500-Node FORCE Learning Accelerator for Reservoir Computing," *Journal of Signal Processing* 26, no. 4（2022）: 103-106., https://doi.org/10.2299/jsp.26.103.
30) 国立情報学研究所「知能コンピューティングを加速する自己学習型・革新的アーキテクチャ基盤技術の創出」科学研究費助成事業データベース（KAKEN）, https://kaken.nii.ac.jp/ja/grant/KAKENHI-PROJECT-18H05288/,（2023年2月5日アクセス）.
31) 松本卓也「分野横断プロジェクト研究部門：マテリアル知能による革新的知覚演算システムの構築プロジェクト」大阪大学大学院理学研究科附属フォアフロント研究センター（FRC）, https://www.frc.sci.osaka-u.ac.jp/project/nanochem,（2023年2月5日アクセス）.
32) 浅田稔, 他「未来共生社会にむけたニューロモルフィックダイナミクスのポテンシャルの解明」", NEDO, http://www.ams.eng.osaka-u.ac.jp/nedo-nmd/, （2023年2月8日アクセス）.

2.5.2 プロセッサーアーキテクチャー

（1）研究開発領域の定義

コンピューティングにおいてプロセッサーは中心的な役割を果たし、長らくフォンノイマン型アーキテクチャーが大勢を占めていた。アーキテクチャー（Architecture）という言葉は、元来は建築学の分野において建築様式を意味する言葉であるが、情報処理分野では、計算機ハードウェアの基本様式、基本構造、設計思想などを指す言葉として使われている。ソフトウェアは「アーキテクチャーをターゲットとしてコンパイルされる」ものであり、ハードウェアは「アーキテクチャーをもとにしてデザインされる」ものであると理解することができ、ソフトウェアとハードウェアとを結びつける抽象モデルがアーキテクチャーであると言える。その位置付けは極めて重要であり、プロセッサーを特徴付ける概念である。

（2）キーワード

フォンノイマン型アーキテクチャー、ドメイン・スペシフィック・アーキテクチャー、深層ニューラルネットアクセラレーター、リコンフィギュラブル・コンピューティング、インメモリー・コンピューティング、エッジコンピューティング

（3）研究開発領域の概要

［本領域の意義］

プロセッサーにおけるアーキテクチャー研究は、1980年代から1990年代にかけて、CISC（Complex Instruction Set Computer）対RISC（Reduced Instruction Set Computer）アーキテクチャー論争、RISCアーキテクチャーをベースにしたプロセッサーの高実行効率化技法、命令レベル並列化、スレッドレベル並列化等の並列実行手法などの研究で大いに盛り上がった。その後、ムーアの法則（トランジスタ数は1.5年で2倍になる）に従ったプロセッサー単体性能の着実な向上の勢いに隠れ、アーキテクチャー研究は次第にその輝きを失っていった。しかし、2010年頃より、主に1）ムーアの法則に陰りが出たこと、2）アーキテクチャーの工夫を必要とする新しいタイプの情報処理課題がメインストリームになったこと（後述）、の二つの事象が並行して進行し、従来のアーキテクチャーから新しいアーキテクチャー（DNN、DSA、脳型など）への期待、展開が広がり、新たな波になりつつある。特にここ数年は「アーキテクチャー研究の黄金時代」とも呼ばれる活況を呈している。 Society 5.0というキーワードで近未来の超スマート社会のビジョンが産官学で議論されているが、その議論は、情報処理能力のこれまで通りの指数関数的な発展を前提にしている。その前提を支えてきたムーアの法則の今後が心もとない現状においては、アーキテクチャー技術の果たすべき役割は大きい。

［研究開発の動向］

コンピューティングアーキテクチャーは、いわゆるフォンノイマン型を王道として発展してきた。これは、メモリー内に蓄えられた命令列（処理プログラム）を順次解釈・実行していくことを基本的特徴とする手続き処理型のアーキテクチャーであり、チューリングマシンを源流とする極めて強力な問題記述能力・汎用性を誇る。1980年代に、多様なプログラムをより少ない命令数で実行することを目的として命令数が膨れ上がってしまったIBM等の汎用コンピューター（CISC）に対するアンチテーゼとして、アーキテクチャーを単純化・規則化して命令数を減らしたマイクロコンピューター（RISC）が提案された。 RISCは実行命令数が増えるものの、命令当たり実行時間の短縮によりプログラム処理性能が向上することが定量的に示され、脚光を浴びた。ムーアの法則の力を大いに借りて、クロック周波数向上により性能向上を図るRISCドリブンなアプローチが、その後のアーキテクチャーを席巻することとなった。

フォンノイマン型アーキテクチャーでは、処理プログラムと処理データの双方をメインメモリーに蓄えるため、

頻繁なメインメモリーアクセスが性能律速要因になる（フォンノイマンボトルネック）ことが知られている。RISCアーキテクチャー登場以来のアーキテクチャー研究の主要な分野の一つは、このボトルネックを緩和するためのメモリーシステム階層に関するものであり、キャッシュメモリーの工夫やその他さまざまな命令・データのバッファリング手法が提案されてきている。その他の主要分野としては、手続き型処理の根幹となる分岐命令の先読み・予測、制御ハザードの回避、複数命令並列実行や複数スレッド（スレッドとは一塊の手続きのこと）並列実行、プロセッサーを多数並べた大規模並列システムなどが挙げられる[1)]。

フォンノイマン型に代わる「非ノイマン型」のアーキテクチャー思想を打ち立てる研究も古くから続いている。その一つは、1980年代から1990年代にかけて盛んに研究されたデータフローアーキテクチャーである。その基本思想は入力データがそろって実行可能になった命令から実行する点にあり、あらかじめ定められた手続き順に命令を実行するフォンノイマン型に比べると、自然に並列化が可能というメリットがあった。一方、デメリットとしては、プログラム実行の際のさまざまな局所性（特にメモリーアクセス）が担保されないという点が挙げられる。ムーア則に基づく単体プロセッサー高速化の波と、当時の処理対象ワークロードが手続き処理型向きだったことで、情報処理アーキテクチャーの主流とはならなかったが、さまざまな並列化技術としてプロセッサー内に埋め込まれる形で、現在でも広く影響を与えている。その当時、電総研（現産業技術総合研究所）をはじめとして日本でも有力な研究がいくつも進められ（SIGMA-1[2)]、EM4[3)] など）、日本のデータフロー分野の技術・アイデア・知見の蓄積は厚い。

FPGA（Field Programmable Gate Array）は、ユーザーが手元で自在に回路を実装できる集積回路として、ハードウェア設計のプロトタイプ目的で1985年に登場し発展してきた。視点を変えて、所望の情報処理をソフトウェアプログラムにではなくハードウェア構造に設計することを考えるならば、FPGAは新たなコンピューティングデバイスと考えることもできると登場当初から提唱されていた。トランジスタ微細化の進展につれFPGAに搭載できる回路規模が爆発的に増大し、特に2010年頃からはこの「FPGAコンピューティング」の考え方が実用的な意味を持ち始めている。

FPGAコンピューティングは、あくまでプロトタイプ目的だったFPGAの別用途利用であり、コンピューティングに使うならばそもそもプログラマブルハードウェアのアーキテクチャーから再定義すべきと考える研究が1990年代から2000年代にかけて盛んに進められた。一つの方向性は、1–2バイトのデータ処理に適した粗粒度の演算器アレイ（Coarse Grained Reconfigurable Array: CGRA）アーキテクチャーであり、もう一つは動的再構成アーキテクチャーである。後者は、ソフトウェアにおける仮想メモリーの考え方に倣い、ハードウェアを仮想化することで汎用性を高めようとするアプローチであり、特に日本で研究が盛んに進められた（慶応大学WASMII[4)]、NEC（現ルネサスエレクトロニクス）の動的再構成プロセッサーDRP[5)] など）。これらの分野はリコンフィギュラブル・コンピューティングと呼ばれている（FPGAコンピューティングもその中に含んで使われる場合が多い）。

コンピューターの出力を人間が視覚的に理解するために必要となるのがグラフィックス処理であり、GPU（Graphics Processing Unit）はその専用アーキテクチャーとして発展してきた。グラフィックス処理には、画素、線分、頂点、視線方向などさまざまなレベルでデータ並列性が存在するため、主にSIMD（Single Instruction Multiple Data）型のデータ並列アーキテクチャーとして進展してきている。既にコンピューターに組み込まれたGPUをグラフィックス目的以外でも使用して他のデータ並列性の高い応用を処理できるように、2010年頃からいわゆるGPGPU（General Purpose GPU）アーキテクチャーやその利用環境が広まってきた（GPUコンピューティング）。

信号処理分野でも独自のアーキテクチャーが発展してきた。信号処理には積和演算が演算の大半を占めることや、あらかじめ静的に処理時間を計算できるリアルタイム性が要求されるという特徴があり、これに応え汎用プロセッサーから分化して誕生したのが信号処理プロセッサー（DSP）アーキテクチャーである。主にベースバンド信号、音声、画像などが処理対象であり、特に静止/動画像を加工したり圧縮・伸長したりする処理では、2次元画像を効率よく処理するためのさまざまなアルゴリズム–アーキテクチャー連動の工夫が創案されてきており、イメージ処理プロセッサー、ビデオ処理プロセッサーなどと呼ばれている。

これらコンピューターから出発したアーキテクチャー以外に、回路の集積度がある程度進んできた段階で、それをアーキテクチャーに対する境界条件の大きな変化と捉え、集積回路の効率実装の観点からアーキテクチャーを作り直そうと考える研究分野が1980年代に勃興した（VLSIアーキテクチャー）。特に、フォンノイマンボトルネックの解消を狙ってメモリーとロジックが一体となったインメモリー型の処理を標榜する場合が多く、知能メモリーアーキテクチャーと呼ばれている[6]。メモリーアレイ内で演算を行うことから、データの移動が少なく並列性を高めやすいという特徴があるが、応用が限られるという難点があり、大きなブレークスルーを起こすには至っていない（部分的にシステムLSIに取り込まれることはある）。

また、同じく集積回路ドリブンで、正統的なアーキテクチャー研究からははみ出た研究としてニューロモーフィックアーキテクチャーが挙げられる。1980年代の第2次ニューラルネットブームの際に、網膜神経回路のアナログ集積回路化で注目を集め、シナプスの動作を精密に模倣する回路の試作などが報告されているが、実用化とは距離のある研究であったため、単発的な研究にとどまっていた。しかし、近年になり人工知能分野において注目を浴びるようになり、IBMのTrueNorth、マンチェスター大学のSpiNNaker（Spiking Neural Network Architecture）、IntelのLoihiなど機械学習のアクセラレーターとして開発が進められている。

従来のコンピューターとは異なる計算原理で動作し、問題によっては圧倒的な高速化を実現すると期待されているのが量子コンピューターである。1980年代に理論的可能性が示され、その後、因数分解への適用可能性、量子誤り訂正符号の提案があり、2000年代には量子コンピューターの研究が活発化したが、スケーラビリティーを確保する技術的な見通しの悪さから研究開発は停滞していた。近年になり、ハードウェア技術や量子誤り訂正符号などの進展により、その可能性が再認識されている（詳細は、2.5.3を参照）。

（4）注目動向

［新展開・技術トピックス］

現在のアーキテクチャー研究の活況は、情報処理性能向上に対する社会的要求に応えるためには今後アーキテクチャーで差分を生み出すしかない、という状況を反映したものである。一方、時代の変化により情報処理の対象ワークロードが変化することで、アーキテクチャーの工夫で性能向上ができる余地が生まれたからでもある。

その一つは、ビッグデータを活用しクラウドサービスを支える大規模分散並列コンピューティング技術であり、それを先鋭化したデータセンタースケール・コンピューティングアーキテクチャーの考え方である[7]。すなわち、今やネットワークでつながった巨大な数のコンピューティングノードの集合体そのものがコンピューターシステムであり、その構成のみならず、空調を含めた電力モデル、故障に対する冗長性、機器のライフタイムマネジメント等、システム全体のオペレーション最適化を考えることがアーキテクチャーの一つの大きな分野となっている。また、光通信の持つ特性を利用してCPUやGPUなどの演算リソースを接続し、通信オーバーヘッドを減らしつつ、柔軟なリソース制御を行えるというディスアグリゲーテッド・コンピューティングというアーキテクチャーも提案されている。

もう一つの分野がドメイン・スペシフィック・アーキテクチャーの新展開である[8]。その背景には、機械学習、深層ニューラルネット（Deep Neural Network: DNN）、大規模グラフ処理、アニーリングマシンなどに代表されるビッグデータ時代の新たな情報処理ワークロードが、従来の手続き型処理から離れ、構造型処理に適した特徴を有するようになっている点が大きい。例えば、DNNは、大量・多層に並べられたニューロン間の複雑な結合網という「構造」の中に入力データストリームを流し込んで学習や推論を行うことを特徴とする。処理の中に、分岐を含む手続きはほとんど存在せずDNNという構造そのものを並列ハードウェア構造の上に適切にマッピングすることで大幅な処理能力向上を見込むことができる。このような処理対象領域の特徴をアーキテクチャーに反映させることで、大幅に処理効率を向上させることがドメイン・スペシフィック・アーキテクチャーの狙いであり、前述のグラフィックス処理、信号処理、イメージ/ビデオ処理などはそのはしりとも言える。なお、プログラミング言語の世界でも、アーキテクチャーの世界の動きに呼応して、ドメイン・スペシフィック言語（Domain Specific Language: DSL）が発展していることも注目される。このような流れは、2020年代を迎えてさらに加速しており、正統的なアーキテクチャー研究（メモリー階層、分岐予測、並列処理）を抑えて、ドメイン・スペシフィック・アーキテクチャーに関する研究成果が主要国際会議での注目分野・注目発表として位置付けられている。

深層ニューラルネット（DNN）アクセラレーター

深層ニューラルネット（DNN）が画像分類精度で従来手法を大きく超えることが2011年に報告され、本技術は一躍脚光を浴びることとなった。その成功の鍵となった学習手法は1980年代に提唱されたバックプロパゲーション（BP）技術であるが、大規模学習データ、高性能計算機、さまざまなBP改善手法（いわゆるディープラーニング/深層学習技術）等が相まって急速に技術発展し、今や多様な応用分野（画像・音声認識、自動翻訳、自動運転など）でDNN活用が広がっている。また、DNNの学習・推論処理の加速、低電力化を目指して多くのDNN処理エンジンが提案され（Google社TPU[9)]、MIT Eyeriss[10)] など）、新しい情報処理アーキテクチャー技術として大きな注目を集めてきており、ドメイン・スペシフィック・アーキテクチャーの代表的な存在であると言える。2020年には、学習の高速化をターゲットにしたGoogle社のTPUv2、v3の技術内容が公開された[11)]。技術的な新しさはさほどないが、学習環境やDNNのモデル開発を中心的にドライブしている立場を利用し、トータルな解を提供している点で大きな強みを見せている。膨大な並列性を有するという点でGPUコンピューティングがまずその中心的アーキテクチャーとなり（特に学習処理）、エッジ側での推論処理を対象として、組み込み機器（特に画像処理）の積和演算アクセラレーターとして発展してきたDSPベースのアプローチも提案されている。また、構造型の情報処理であるという特徴に注目して、データフローマシンをベースとしたものや[12)]、FPGAコンピューティング[13)]、リコンフィギュラブル・コンピューティング[14)] など、さまざまなアプローチがしのぎを削っている状況である。国内では、東京工業大学がFPGAコンピューティング[15)]、北海道大学（発表当時：2019年より東京工業大学）がリコンフィギュラブル・コンピューティング[16)] ベースの研究を活発に進めている。また、産業界ではルネサスエレクトロニクス社が動的再構成プロセッサーをDNN処理の差別化エンジンとする技術やマイコンの製品ラインを発表し[17), 18)]、注目を浴びている。また、プリファードネットワークス社が、国内で開発されてきた並列処理マシンのアーキテクチャーの系統を継ぐDNNの深層学習（ディープラーニング）アクセラレーターチップを発表し、これを搭載したスーパーコンピューターMN-3がGreen500で1位となるなど大きな注目を集めている[19)]。

このように深層ニューラルネット（DNN）技術の爆発的進展が続いている中、より大きなDNNモデルの方がより高い汎化性能、すなわち未学習のデータに対して正しく予測できる能力を持つことが分かり、過剰なパラメーターは忌避すべしという従来の機械学習の基本的理解（オッカムの剃刀）に反する新発見として大きな話題になっている。この「DNNのスケーリング則」の発見を理解する鍵とされているのが宝くじ理論、すなわちDNN学習を母体DNNに無数に存在する部分ネットワーク群の中から「良い部分ネットワーク（NW）=宝くじ」を削り出すプロセスであると位置付ける理論である。この理論では、NW接続とその重みパラメーターが増えるほど部分NWの数が組み合わせ爆発的に増えていくため、その中に存在する宝くじの数は増えることが示唆される。この宝くじ理論に基づく推論チップが2022年に東京工業大学から発表された[20)]。これは、宝くじ理論では乱数初期化された重みパラメーターをそのまま使えることに着目し、重みの乱数生成により推論実行時のメモリーアクセスを大幅に削減して電力効率を向上するものであった。このように、DNN理論の爆発的な進展は続いており、その進展をうまくコンピューティング手法の革新に転換したアーキテクチャーの研究は今後も活性化すると予想される。

ハイパーディメンジョナル・コンピューティング

一方、DNNの学習処理の重たさや推論時に入力摂動に弱い、すなわちだまされやすいという課題を解決しうる別の機械学習アプローチとして、1980年代に提案された超高次元（ハイパーディメンジョナル）コンピューティング（HDC）も注目されている。大脳の中で各種情報が超高次元のベクトルで分散表現・想起されているとの仮説から模擬して、学習や推論の対象データを超高次元のハイパーベクトル（HV）にランダム写像し、そのベクトル間の演算により分類・推論等を行う仕組みである。典型的にはHVの各要素は{1, 0}のバイナリ変数で表される。高次元になればなるほどランダムなHV同士はほぼ必ず直交することを利用して、要素毎多数決でビット融合、すなわち判定を行う簡便な学習とHV間のハミング距離の近傍探索に基づくロバストな推論とを実現している。注目ポイントは、その軽量性・超並列性を活かし、HV記憶機構の中（もしくは近傍）でHVを並列処理するイン（ニア）メモリー・コンピューティングによる実現である。HDCについては、Stanford大学が15年に米国Rebooting Computingムーブメントの中で発表したN3XT構想[21)]の中でカーボンナノチューブベース3次元集積システムの計算モデルとして再発見された印象である。ただ、機械学習モデルとしては精度に改善の余地があり、インメモリー計算ハードウェアを志向する上で「使える計算モデル」としてのみ利用されてきた感が強い。今後の別視点での発展が期待される。

ニューロモーフィック・ハードウェア

DNNの興隆の影響を受けて、集積回路の上で生体神経回路網の動作をできる限り精密に模擬しようとするニューロモーフィック・ハードウェア分野も活性化している（DNNアクセラレーターと混同される場合が多いが、区別して理解する必要がある）。生体模倣の目的については慎重に考える必要がある（例えば鳥を忠実に模倣しても飛行機は実現できない）が、脳がDNNより桁違いに（一説に10^4倍）エネルギー効率が良い理由を探求し、その本質を新しい時代のアーキテクチャーとして昇華していく方向の研究ならば工学的な意義も持ち得る。この分野では、IBM社のTrueNorth[22)]や、清華大学のTianji[23)]、Intel社のLoihi[24)]などが知られている。これらはデジタル回路を採用しているが、不揮発性メモリーを用いたアナログ回路アプローチも、特に新規デバイスの出口戦略的な位置付けで、活発に研究されている。

アニーリングマシン（量子、非量子）

DNNの勃興と並行して、種々の組合せ最適化問題を二値スピン格子のイジングモデルにおけるエネルギー最小化問題に置き換え、その近似解を求めるアニーリング計算機分野も広く注目を集めている。格子状に並べられ互いに相互作用するスピンが安定状態（すなわちエネルギー最低状態）に自然に収束するという物理現象を情報処理と見なし、短時間で質の高い近似解を得ようとする方法と理解できる。基本的には物理現象を利用して情報処理を実現するナチュラルコンピューティングの流れをくむものであり、これまでに量子現象を使うアプローチ[25)]と、集積回路で疑似的に再現するアプローチ[26), 27)]が提案されている。「量子アニーリング」の原理は1998年に東京工業大学・西森教授が発表したことで知られ、量子力学的なトンネル効果によりエネルギー極小値にはまらずに与えられた最適化の解（最低状態）を探索できるという特徴がある（ただし、実際のD-waveマシンはこの「量子アニーリング」の原理とは異なる動作をしていると考えられている）。一方、量子効果に頼らなくとも、成熟した集積回路技術とアーキテクチャーの知見を活かし、スケーラビリティー、結合数、結合の階調などの観点で量子アプローチよりも実用的な計算機として開発を進めているのが日立や富士通などである。2020年には、東京工業大学[15)]と同じチームや北海道大学等が並列にスピンを更新できる新しいスピン更新モデル・確率的セルラーオートマトンとこのモデルに基づく全結合・全スピン並列型アニーリング集積回路を発表し注目を集めた[28)]。

後者のような、凝縮系（Condensed Matter）の物理現象に内在する協働現象の理論を並列計算システムに持ち込む考え方を、ナチュラルコンピューティング（Natural Computing）やPhysics-Inspired Computingと呼ぶ。この分野は、大量の計算資源をチップ内に集積化できるようになった時代にふさわしい新しい並列計算原理アプローチとして、今後注目を集めていく可能性がある。また、DNNを中心とする機械学習分野とアニーリング分野とは、共に「目的関数の最適化」という共通基盤技術を背景として持っており、今後、その計算モデルがどのように融合・協創していくかは、今後のアーキテクチャー研究トレンドの大きな注目ポイントである。

これらは、大きく捉えるならば、「計算するとは何か？」を新しい視点で捉え直すイニシアチブでもあり、長期的には、前述のPhysics Inspired Computingのようなアプローチが、人工知能を支えるアーキテクチャー基盤技術として大きな発展を遂げる可能性があるとも言える。

量子コンピューター

従来のコンピューターの論理素子（bit）では「0か1か」の2状態の情報を計算に用いるのに対し、量子コンピューターでは「0でありかつ1でもある」状態を任意の割合で組み合わせた量子ビットを用いる。量子コンピューターの計算原理としては、量子ビットに位相の回転、量子もつれ、量子干渉などの量子ゲート操作をすることにより情報処理を行う量子回路型量子計算（量子チューリングマシン）が代表的な計算原理であり実装も進んでいるが、量子断熱計算や測定型量子計算など等価な計算モデルも多く知られている。理論通りに動作すれば、現在のコンピューターよりも本質的に高速な計算が可能になると証明されているが、現在のところ、量子性に基づく量子コンピューターの高速性を実験実証するまでには至っていない。 Shorの素因数分解やGroverの検索などの典型的な量子アルゴリズムが要求する量子ビット数やエラー率と、現状の技術との間には大きな隔たりがある（詳細は2.5.3を参照）。今後、量子コンピューターアーキテクチャーの研究開発の充実が期待される。

以上のような主要なドメイン・スペシフィック・アプローチの中で、アーキテクチャー的な手段として特に注目されているのがリコンフィギュラブル・コンピューティングである。これは、HWの構造に問題を落とし込んで解くというこのアプローチの基本的特質が、構造型の情報処理ワークロードと非常に相性が良いからである。日本では、1990年代から2000年代にかけてさまざまなリコンフィギュラブル・アーキテクチャーが活発に研究されてきたという歴史的な経緯があり、相対的に技術・人材の蓄積が厚い分野であるということは注目に値する。

また、演算自体は単純かつ並列化しやすく、入出力データに強くバインドされたものであるという特徴から、ニアメモリー・コンピューティング、ないしはインメモリー・コンピューティングというアプローチも重要になっている。これらのアーキテクチャー概念は知能メモリー・アーキテクチャーとして古くから存在するが、現実的な応用の中で重要性が増してきたため改めて注目されている状況である。

さらに、クラウド一極集中に対するアンチテーゼとして、エッジコンピューティングの概念も注目されている。利点は、ネットワークバンド幅の削減、データの秘匿性や安全性の向上、リアルタイム性の向上などであるが、エッジ側の情報処理能力をどの程度持たせるべきかなどの定量的な答えが見えていないなど、課題はまだ多い[29)]。日本の産学が有する強みを今後のスマート社会に活かしていくという意味では、エッジコンピューティングのシナリオが技術競争的に非常に重要なことはほぼ間違いがない。これを成立させるユースケースや応用スタディー、対応する社会的プラットフォーム等の研究開発に期待が集まるところである。スマートエッジやエッジコンピューティングの動向については、「2.5.5 IoTアーキテクチャー」で整理した。

[注目すべき国内外のプロジェクト]

米国では、IEEEが中心となって、Rebooting Computingキャンペーンを2013年から始めた。これに呼応する形でDARPAが各種のコンピューティングプラットフォームに関するプロジェクトを年々増やし始め、2018年にはこれをまとめる形で電子技術の復権を目指すERI（Electrics Resurgence Initiative）を立ち上げ[30)]、これから数年間で1600億円もの研究費をつぎ込むと報道されている。対象は、前述のドメイン・スペシフィック・アーキテクチャーの各分野やそのLSI設計手法、テストシステム実証を中心として、それ以外にも新規半導体デバイスや3次元実装技術のシステム応用を含んでいる。

また、UC Berkeley発のイノベーションとして、ピュアなプロセッサーアーキテクチャーの世界で、オープンなプロセッサープラットフォームを標榜するRISC-Vアーキテクチャーが急速に求心力を高めていることも注目に値する。アーキテクチャーに新規性があるのではなく、寡占の度を強めるデファクト・プロプライエタリIPであるARMアーキテクチャーに対するアンチテーゼとして、オープンソースIPであることが最大の特徴であり、UC Berkeley発であるという正統性を強みにMakersムーブメントの上げ潮に乗ることに成功したように見える[8)]。AI系ハードウェアのアクセラレーターを構成する際にもシステム全体の管理を行うプロセッサーは必須部品であり、ここにARMではなくRISC-Vを選択するプロジェクトが急速に増えている。2022年段階では、RISC-Vエコシステムの成熟化に伴い、IoT向けからデータセンター向けチップまで、RISC-V搭載をうたうチップの数が急激に増えてきている。同プロセッサーコアをライセンスする米国SiFive社によれば、2020年から年率73.6%で伸び、2025年には600億個を増えるという[31)]。例えばデータセンター向けAIアクセラレーターチップの1000並列プロセッサーコアとしてRISC-Vを採用する事例[32)]なども増えてきており、今後AI処理向けCPUコアとしてARMと並んでRISC-Vが大きな位置を占める可能性も出てきた。

中国では、中国政府や有力都市の行政府が、大規模な人工知能ハードウェアプロジェクトを始めている。その予算は年間1000億円以上といわれ、米国以上の規模を誇る。清華大学にはAI/ニューロモーフィック分野のハードウェア研究センターが設立され、北京市内の狭いエリアに隣接する清華大学、北京大学、中国科学院の関係者がキャンパス周辺にスタートアップ企業を次々に立ち上げる生態系が形成されている（一説には中国では現在30を超えるAIハードウェア系スタートアップがあるとのこと）。北京では国策によってこれらの動きが推進されている状況であるが、上海・深圳でもHuawei社やBaidu社が中心となって、北京と同規模の民間ムーブメントが起きている模様である。このようなAI分野における中国の活況が、2020年になってからの米中の政治的軋轢の一つの原因だという指摘もあるが、AI分野をリードせんとする中国の勢いにブレーキがかかることになるのかどうか、現時点では先行き不透明の状況である。

欧州は、Human Brainプロジェクト等、ニューロモーフィック系のプロジェクトが歴史的に盛んに進められてきており、相対的には現在のアーキテクチャー革新の動静からは少し距離を置いたポジションに見える。英国に位置するARM社は米中からの遅れに危機感を感じてこの分野のR&Dに力を入れ始めている。イスラエルでは、画像処理・信号処理技術の強みを活かして、小規模ながらスタートアップ企業が蓄積し始めている。

日本では、2018年度から文科省の戦略目標「Society5.0を支える革新的コンピューティング技術の創出」をもとにJSTにおいてCREST、さきがけ研究領域が立ち上がり、これと並行して経産省-NEDOでも「高効率・高速処理を可能とするAIチップ・次世代コンピューティングの技術開発」事業が立ち上がった。投資規模で米中にはるかに劣ることは明白であり、日本が蓄積してきた技術的強みや産業界でのポジショニングを明確に意識した、勝てるシナリオ作りとそれに沿った研究開発戦略が求められるところである。

（5）科学技術的課題

爆発的なスマート化の進展に呼応した情報処理対象のドラスチックな変化により、情報処理アーキテクチャーは今大きな変革期を迎えている。いわゆる人工知能（AI）ブームの下、米国・中国を中心に活発な開発競争が数年来続いているが、今見えているAI技術は単なる氷山の一角であり、将来にはより豊潤な知能コンピューティングの世界が広がっていると推定して研究を強力に進めなければならない。なぜならば、一つには日進月歩で過去の常識を覆し続ける深層学習技術の爆発的発展がそれを示唆しているからであり、また一つには、それが真ならば、今後数十年にわたって発展し続けるであろう新しい情報処理アーキテクチャーのイニシアチブを取ることが世界的な社会のスマート化の大競争の中で決定的に重要だからである。

DNN技術の勃興以来、10年強がたとうとしており、これを主ターゲットとするいわゆるAIチップの開発は、もう飽和しているのではないかという観測が2018年頃から浮上していた。しかしながら、2022年においても、

DNN分野は日々新しいネットワークモデルや学習技術が浮上し、進化を続けている（例えば、ネットワークの枝刈り技術により深層学習を刷新する提案[28]、宝くじ仮説に基づく軽量DNN推論の提案など)。このような新規技術は今後も登場し続けることが予想され、現時点で最適なAIチップのアーキテクチャーが数年後も最適だという保証は全くない。

科学技術上の課題としては、短期的な「AIチップ開発競争」に勝つことが目標ではなく、この新しい時代にふさわしい本質的で持続可能な情報処理アーキテクチャーの変革を生み出すことを目標としなければならない。アーキテクチャーの世界は、Winner-Take-Allの世界であり、アーキテクチャー的に正しいからデファクトスタンダードになるというのではなく、近未来の応用分野に適した尖ったアーキテクチャーでニーズに応え、そのニッチな応用の爆発的な拡大とともにデファクトスタンダードに成長する。この観点から、エッジにおける知的なデータ処理を、そのデータ処理に適したドメイン・スペシフィックなアーキテクチャーで、リコンフィギュラブル、インメモリーなどの尖ったアーキテクチャー的な特徴を武器としながら、応用課題やソフトウェアのエコシステムと連携して発展させていくことが重要である。

（6）その他の課題

アーキテクチャー革新の好機との認識に立つ海外の著名計算機アーキテクチャー研究者は、データと研究資金を持つGoogle、NVIDIA、FacebookなどのAIプラットフォーマー企業を足場に次世代アーキテクチャーの研究を進めている。また、米国・中国は、AIハードウェアに1000億円規模の国家予算の投資を始めており、そのような企業群に比べて国家投資余力を持たない日本の立ち遅れは大きい。コンピューター産業競争力低下の影響を受けてアーキテクチャー研究分野から人材が流出してきた国内ではアーキテクチャー人材が払底しており、学生にも不人気な時期が長く続いていた。長らくアーキテクチャー研究を主導してきた米国では、アーキテクチャーを含むコンピューター科学の分野は継続的に人気先行であり、例えばMITのアーキテクチャー講義では、大型教室に学生が入りきらない状況になっている。一方、半導体とコンピューター技術振興を国策に掲げる中国では最優秀の学生層がこの分野に集中している。人材や次世代教育の点でも彼我の差は非常に大きい。

このような状況で日本が取るべきアプローチは、まずキャッチアップしなければならない状況を正しく反省することを出発点に、短中期的には過去の技術蓄積を再度掘り起こしながら尖ったアイデアの創出をプロモーションする戦略が重要である。また、長期戦略的にはコンピューティングアーキテクチャー分野の若手世代の育成を目立った形で始めることだと考える。後者に関して、中国がいかに若手世代を育成し技術をキャッチアップしてきたかを正しく理解することは、重要な一手ではないだろうか。

（7）国際比較

国・地域	フェーズ	現状	トレンド	各国の状況、評価の際に参考にした根拠など
日本	基礎研究	△	→	・アーキテクチャー分野の国際学会ではプレゼンスはないに等しく、集積回路分野では過去の影響力を辛うじて保ってはいるが、新しいムーブメントを起こすような指導的立場は持てておらず、チャレンジャーポジションである。どちらの技術階層でも中高年層に優秀な人材は存在するが他の技術階層へのシフトが顕著であり、特に若年層については人材の層が薄い。
	応用研究・開発	△	→	・DNNのエッジコンピューティング分野ではルネサスエレクトロニクス社がEmbedded AIとその差別化IPとしてDRPコアを戦略的に開発・事業展開している。プリファードネットワークス社のMNコアも世界的レベルの競争力を有している。アニーリングマシン分野においては、集積回路型で日立・富士通のプレゼンスが見える以外は、総じて世界的プレーヤーとして活躍できていない。

米国	基礎研究	◎	→	・Stanford、MIT、UCB、Harvardなどの主要大学が積極的に先進技術を発信し続けている。産学連携、官学連携等も活発で研究資金や人材育成・供給の面で研究開発のエコシステムが活発に機能している。 ・DARPAの研究資金投入が突出して目立っている。
	応用研究・開発	◎	→	・Google、Facebookなどのプラットフォーマーがアーキテクチャー分野に投資し続け、NVIDIAもGPGPUへの先行投資が実ってDNN分野でデファクト企業の位置を積極的に狙って影響力を高めている。また、多数のスタートアップ企業が誕生し、世界の技術開発をリードしている。
欧州	基礎研究	○	→	・ニューロモーフィック分野での活動が目立つ。DNN分野ではKU Lueven、EPFL等の少数の大学が世界的に見てレベルの高い研究を進めている。
	応用研究・開発	○	→	・ARM社がドメインスペシフィック分野に事業戦略のかじを切り始めた。 ・英国のGraphCoreやイスラエルのCEVAなど、技術的な特徴が鮮明なスタートアップ企業も存在する。
中国	基礎研究	◎	→	・アーキテクチャー分野では優れた研究成果を発表し続けており、集積回路分野でもそのレベルに達しつつある。巨額の国費を投資して技術開発を振興しており、清華大学や中国科学院の成果が目立っている。
	応用研究・開発	◎	↗	・米国には劣るものの、BAIDUやAlibabaなどのプラットフォーマーを有し、積極的にアーキテクチャー分野に投資している。30社以上のAIハードウェアスタートアップ企業が生まれているといわれており、例えば、その一つであるユニコーン企業のCambricon社の技術がHUAWEI社のスマートフォンに搭載されている。2020年のHotChipsでは、BAIDUとAlibabaのAIチップ（DNN推論）が注目を集めていた。
韓国	基礎研究	○	→	・アーキテクチャー分野でも集積回路分野でも、日本よりもはるかにプレゼンスが大きい存在となっている。KAISTやソウル大学がメインプレーヤー。
	応用研究・開発	△	→	・Samsung社の研究開発動向が垣間見える程度で、産業界全体の状況は不明。
台湾	基礎研究	○	→	・国立清華大学や台湾大学などで、メモリー回路をベースにしたインメモリー・コンピューティング技術の研究開発が盛んに行われている。
	応用研究・開発	△	→	・TSMCがLSIファウンダリーとして世界的に1強の地位を占めているが、プロセッサー分野でのプレゼンスはあまりない。

（註1）フェーズ

基礎研究：大学・国研などでの基礎研究の範囲

応用研究・開発：技術開発（プロトタイプの開発含む）の範囲

（註2）現状　※日本の現状を基準にした評価ではなく、CRDSの調査・見解による評価

◎：特に顕著な活動・成果が見えている　　○：顕著な活動・成果が見えている

△：顕著な活動・成果が見えていない　　×：特筆すべき活動・成果が見えていない

（註3）トレンド　※ここ1～2年の研究開発水準の変化

↗：上昇傾向、→：現状維持、↘：下降傾向

関連する他の研究開発領域

・革新半導体デバイス（ナノテク・材料分野 2.3.1）

参考文献

1) John Hennessy and David Patterson, Computer Architecture: A Quantitative Approach, 6th ed. (Morgan Kaufmann, 2017).

2) Toshitsugu Yuba, et.al., "The SIGMA-1 dataflow computer," in ACM '87: Proceedings of the 1987 Fall Joint Computer Conference on Exploring technology: today and tomorrow (IEEE Computer Society Press, 1987), 578-585.

3) Yoshinori Yamaguchi, Shuichi Sakai and Yuetsu Kodama, "Synchronization Mechanisms of a Highly Parallel Dataflow Machine EM-4," IEICE Transactions E74-D, no.1 (1991) : 204-213.

4) Xiao-Ping Ling and Hideharu Amano, "WASMII: a data driven computer on a virtual hardware," in Proceedings IEEE Workshop on FPGAs for Custom Computing Machines (IEEE, 1993), 33-42., https://doi.org/10.1109/FPGA.1993.279481.

5) 本村真人, 他「新世代マイクロプロセッサアーキテクチャ（後編）：3. 実例4. 動的再構成プロセッサ（DRP）」『情報処理』46 巻 11 号 （2005） : 1259-1265.

6) 村岡洋一, 古谷立美『知的連想メモリマシン』（東京：オーム社, 1989）.

7) Parthasarathy Ranganathan, "More Moore: Thinking Outside the (Server) Box," 44th International Symposium on Computer Architecture (ISCA), 24-28 June 2017, https://iscaconf.org/isca2017/doku.php%3Fid=wiki：main_program.html, （2023年2月5日アクセス）.

8) David Patterson, "50 years of computer architecture: From the mainframe CPU to the domain-specific tpu and the open RISC-V instruction set," in 2018 IEEE International Solid - Sate Circuits Conference (ISSCC) (IEEE, 2018), 27-31., https://doi.org/10.1109/ISSCC.2018.8310168.（講演ビデオ：https://www.youtube.com/watch?v=NZS2TtWcutc）.

9) Norman P. Jouppi, et al., "In-Datacenter Performance Analysis of a Tensor Processing Unit," in Conference Proceedings of 44th Annual International Symposium on Computer Architecture (New York: Association for Computing Machinery, 2017), 1-12., https://doi.org/10.1145/3079856.3080246.

10) Yu-Hsin Chen, Joel Emer and Vivienne Sze, "Eyeriss: A Spatial Architecture for Energy-Efficient Dataflow for Convolutional Neural Networks," in 2016 ACM/IEEE 43rd Annual International Symposium on Computer Architecture (ISCA) (IEEE, 2016), 367-379., https://doi.org/10.1109/ISCA.2016.40.

11) Thomas Norrie, et al., "Google's Training Chips Revealed: TPUv2 and TPUv3," in 2020 IEEE Hot Chips 32 Symposium (HCS) (IEEE, 2020), 1-70., https://doi.org/10.1109/HCS49909.2020.9220735.

12) Chris Nicol, "Wave Computing: A Dataflow Processing Chip for Training Deep Neural Networks," 2019 IEEE Hot Chips 29 Symposium (HCS), 20-22 August 2018, https://hc29.hotchips.org/, （2023年2月5日アクセス）.

13) Jeremy Fowers, et al., "A Configurable Cloud-Scale DNN Processor for Real-Time AI," in 2018 ACM/IEEE 45th Annual International Symposium on Computer Architecture (ISCA) (IEEE, 2018), 1-14., https://doi.org/10.1109/ISCA.2018.00012.

14) Shouyi Yin, et al., "An Ultra-High Energy-Efficient Reconfigurable Processor for Deep Neural Networks with Binary/Ternary Weights in 28NM CMOS," in 2018 IEEE Symposium on VLSI Circuits (IEEE, 2018), 37-38., https://doi.org/10.1109/VLSIC.2018.8502388.

15) 中原啓貴「FPGAを用いたエッジ向けディープラーニングの研究開発動向」『人工知能』33 巻 1 号 （2018） : 31-38., https://doi.org/10.11517/jjsai.33.1_31.

16）Kodai Ueyoshi, et al., "QUEST: A 7.49TOPS multi-purpose log-quantized DNN inference engine stacked on 96MB 3D SRAM using inductive-coupling technology in 40nm CMOS," in 2018 IEEE International Solid-State Circuits Conference (ISSCC) (IEEE, 2018), 216-218., https://doi.org/10.1109/ISSCC.2018.8310261.

17）Taro Fujii, et al., "New Generation Dynamically Reconfigurable Processor Technology for Accelerating Embedded AI Applications," in 2018 IEEE Symposium on VLSI Circuits (IEEE, 2018), 41-42., https://doi.org/10.1109/VLSIC.2018.8502438.

18）小島郁太郎「ルネサスがAI推論使うビジョン処理MPU、動的変更DRPと専用MACで電力効率急上昇」日経XTECH, https://xtech.nikkei.com/atcl/nxt/news/18/08080/,（2023年2月5日アクセス）.

19）岡林凛太郎「PFNのスパコン「MN-3」が世界1位に、消費電力性能ランキングのGreen500で」日経XTECH, https://xtech.nikkei.com/atcl/nxt/news/18/08188/,（2023年2月5日アクセス）.

20）Kazutoshi Hirose, et al., "Hiddenite: 4K-PE Hidden Network Inference 4D-Tensor Engine Exploiting On-Chip Model Construction Achieving 34.8-to-16.0TOPS/W for CIFAR-100 and ImageNet," in 2022 IEEE International Solid- State Circuits Conference (ISSCC) (IEEE, 2022), 1-3., https://doi.org/10.1109/ISSCC42614.2022.9731668.

21）Mohamed M. Sabry Aly, et al., "Energy-Efficient Abundant-Data Computing: The N3XT 1,000x," Computer 48, no. 12（2015）: 24-33., https://doi.org/10.1109/MC.2015.376.

22）Paul A. Merolla, et al., "A million spiking-neuron integrated circuit with a scalable communication network and interface," Science 345, no. 6197（2014）: 668-673., https://doi.org/10.1126/science.1254642.

23）Luping Shi, et al., "Development of a neuromorphic computing system," in 2015 IEEE International Electron Devices Meeting (IEDM) (IEEE, 2015), 4.3.1-4.3.4., https://doi.org/10.1109/IEDM.2015.7409624.

24）Mike Davies, et al., "Loihi: A Neuromorphic Manycore Processor with On-Chip Learning," IEEE Micro 38, no. 1（2018）: 82-99., https://doi.org/10.1109/MM.2018.112130359.

25）D-Wave Systems Inc., "The D-Wave 2000Q™ Quantum Computer Technology Overview," D-Wave, https://dwavejapan.com/app/uploads/2019/10/D-Wave-2000Q-Tech-Collateral_1029F.pdf,（2023年2月5日アクセス）.

26）山岡雅直「組合せ最適化問題に向けたCMOSアニーリングマシン」『IEICE Fundamentals Review』11巻3号（2018）: 164-171., https://doi.org/10.1587/essfr.11.3_164.

27）富士通株式会社「AIと量子コンピューティング技術による新時代の幕開け：デジタルアニーラが未来を切り拓く」FUJITSU JOURNAL, 2017.

28）Kasho Yamamoto, et al., "7.3 STATICA: A 512-Spin 0.25M-Weight Full-Digital Annealing Processor with a Near-Memory All-Spin-Updates-at-Once Architecture for Combinatorial Optimization with Complete Spin-Spin Interactions," in 2020 International Solid-State Circuits Conference (ISSCC) (IEEE, 2020), 138-140., https://doi.org/10.1109/ISSCC19947.2020.9062965.

29）本村真人「AIエッジコンピューティングへの期待と展望」『Okiテクニカルレビュー』8巻2号（2019）: 4-7.

30）Defense Advanced Research Projects Agency (DARPA), "DARPA Electronics Resurgence Initiative," https://www.darpa.mil/work-with-us/electronics-resurgence-initiative,（2023年2月5日アクセス）.

31）小島郁太郎「中印激増で25年にRISC-V搭載IC累計600億個、最大手から車載向けコアも」日経

XTECH, https://xtech.nikkei.com/atcl/nxt/column/18/01537/00403/,（2023年2月5日アクセス）.

32）Hisa Ando「Esperantoの低電力メニーコアMLサーバプロセッサ「ET-SoC-1」、Hot Chips 33」TECH+, https://news.mynavi.jp/techplus/article/20210825-1955136/,（2023年2月5日アクセス）.

2.5.3 量子コンピューティング

(1) 研究開発領域の定義

量子コンピューティング（量子計算）とは、状態の重ね合わせ、量子もつれ、量子干渉などを計算資源として、従来の計算機では不可能な情報処理を可能とする新たなコンピューティングパラダイムである。本研究開発領域は、理論的な計算モデルから、ソフトウェア、アーキテクチャー、ハードウェアなど物理学・計算機科学・電子工学の広範囲に及ぶ話題を含む。また、量子コンピューター実現に必要となるさまざまな工学、量子コンピューター研究を通して得られる計算機科学への示唆も関連トピックスとして含む。

(2) キーワード

量子コンピューター、量子計算、量子情報科学、量子ビット、量子ゲート、量子回路、量子アルゴリズム、量子加速、量子プログラミング言語、量子コンパイラー、量子SDK、NISQ（Noisy Intermediate-Scale Quantum）、量子優位性、量子誤り訂正符号、量子メモリー、量子センサー、量子通信、量子アニーリング、イジングモデル、量子シミュレーター

(3) 研究開発領域の概要

［本領域の意義］

半導体微細加工技術によるコンピューターの飛躍的な性能向上が技術的・経済的な限界に近づきつつある一方で、ビッグデータ処理、メディア処理、深層学習、組合せ最適化などの計算ニーズが高まり、コンピューターの性能向上に大きな社会的期待が寄せられている[1]。新計算原理、新アルゴリズム、新アーキテクチャー、新デバイスなど新しい計算パラダイムとその計算機システム実現技術への関心が近年急速に高まっており、とりわけ注目を集めているのが「量子コンピューター」である[2]。

素因数分解や検索などの特定の問題を効率的に計算できる量子アルゴリズムが複数知られているが、いずれも実用サイズの計算を実行するにはハードウェア性能が不足している。量子回路モデルを中心とするハードウェアの開発目標は、量子ビット集積化と高忠実度・高操作性の量子ゲート実装、そして量子誤り訂正符号の実装による大規模化[3] であるが、開発は長期的テーマである。ソフトウェアやアーキテクチャーの視点もまだ不足している[4]。現在利用可能な小規模のデバイスで有用な計算を行う量子・古典ハイブリッドアルゴリズムは量子化学計算や量子機械学習での有用性の探索が進められている。この理論・アルゴリズムとハードウェアの間の大きなギャップを埋めるには、量子情報科学と電子工学、計算機科学、数理科学などの融合から成る学際的な取り組みが必要である。本領域は、量子コンピューター実現を支える学理基盤・工学基盤としてだけでなく、新しいアルゴリズムの発見など、量子計算・量子情報処理が計算機科学にもたらすフィードバックが大いに期待できる点でも意義がある。

［研究開発の動向］

これまでの研究開発の流れ

量子コンピューターの計算モデルとして現在一般的なものは、1993年にYaoにより提案された量子回路モデル[5] である。等価な量子計算モデルには、断熱量子計算、測定型量子計算、トポロジカル量子計算などがある[6]。量子回路モデルよりも物理的に自然な（すなわち、計算機実現に妥当そうな）モデルもあるが、現在のところ量子回路モデルに基づく研究に取り組む研究者・組織が多い。

量子コンピューター研究の第1次ブームのきっかけはShorの素因数分解アルゴリズム（1994年）とGroverの検索アルゴリズム（1996年）という二大アルゴリズムの登場である[7]。デコヒーレンスや量子誤りなどハードウェアの技術課題に明るい見通しはなかったものの、Calderbank、Shor、Steane らによって具体的な誤り訂正符号[8] も提案され、理論的研究が2000年代初頭にかけての量子コンピューター研究の駆動

力となった。ウェブサイト「Quantum Algorithm Zoo」には、現在までに提案された多数の量子アルゴリズムが整理されている[9)]。

大規模量子コンピューターの実現には、複数の物理量子ビットにより冗長性を持たせた論理量子ビットを構成する「量子誤り訂正符号」が鍵となる。中でも、表面符号は許容できるエラーの閾値が約1%と高く注目されている。この符号には、エラーの検出・訂正に最近傍の量子ビット間での2量子ビットゲートまでしか必要としない、2次元正方格子の各辺を伸ばすだけでエラー耐性を決める符号距離を大きくできるなど、ハードウェア実装面での利点もある[10)]。

近年のトレンド

現在生じている第2次量子コンピューターブームの火付け役は、2014年のカリフォルニア大学サンタバーバラ校（UCSB）のMartinisグループによる、超伝導5量子ビットデバイスでの高忠実度（1量子ビットゲート：99.92%、2量子ビットゲート：99.4%、測定：99%）の実証[11)]だといわれる。このブームは、理論・実験の両面で「量子コンピューターをいかに創るか」という工学的なフェーズに入ったことが特徴である。Google、IBM、Microsoft、Intel、AlibabaといったIT企業が量子コンピューターへの研究開発投資を拡大し、QC Ware、Rigetti Computing、IonQ、1QBit、Zapata Computingなどスタートアップも次々立ち上がった。

量子ゲートの実現方式にはいくつかあるが、現状では、超伝導量子ビット系とイオントラップ系では100量子ビット程度の動作確認までされており、その他の光、量子ドット、分子などの実装系に比べてスケールアップが進んでいる。このサイズは誤り訂正符号の原理実証が可能である[12)]。量子誤り訂正が未実装の場合には、ゲートの物理エラーが計算の論理エラーに直結する。このとき、有効な量子計算が実行できる量子回路の深さ（ステップ数）は限られるため、浅い量子回路と（古典）統計処理・最適化を組み合わせて演算する量子・古典ハイブリッドアルゴリズムが精力的に探索されている。また、ノイズを増加させたときの計算結果からの外挿により計算エラーを取り除く「量子誤り抑制」という手法の研究も盛んに行われている[13)]。古典コンピューターでは量子コンピューターの振る舞いを効率的にシミュレーションできないことを証明する量子優位性の検証[14)]も、小規模量子コンピューターで実行可能なインパクトある研究課題である。

海外・国内政策動向

量子コンピューターを含む一連の量子技術には、各国政府は競うように大規模な研究開発投資を進めている。米国[15)]、欧州[16)]、中国[17)]、イギリス[18)]、カナダ[19)]、ドイツ[20)]などでは今後も政府研究開発投資の継続が見込まれる。国として早期から量子技術への注力を表明してきたのはオランダである。2013年のQuTechセンター開設に呼応するように、翌年にはオランダ政府は科学技術外交における「National Icon」に位置付け、大規模な政府投資を行うことを発表した。QuTechは量子コンピューターの重要開発拠点であるだけでなく、欧州全体の量子技術研究の象徴的な研究機関と言えよう。欧州のFET Flagshipプログラム「Quantum Technology Flagship」の初回公募では、OpenSuperQとAQTIONの二つの量子コンピューター開発プロジェクトが採択された。米国では2018年12月にNational Quantum Initiative法が成立し、多数の研究支援策が実施された。中でも、DoEは傘下の五つの国立研究所（アルゴンヌ、ブルックヘブン、フェルミ、オークリッジ、ローレンスバークレー）にそれぞれ量子情報科学センターを新設するなど、大規模な研究開発投資を行っている。

わが国では、2017年に文部科学省量子科学技術委員会が「量子科学技術（光・量子技術）の新たな推進方策」[21)]を発表、これを受ける形で、同省は研究開発プログラム「光・量子飛躍フラッグシッププログラム（Q–LEAP）」を開始、「量子情報処理」「量子計測・センシング」「次世代レーザー」の三つの技術領域で合計20件の研究課題が採択された。2020年7月には新たに「量子AI」「量子生命」のQ–LEAPフラッグシッププロジェクトが採択された。2020年1月には「量子技術イノベーション戦略」が発表された[22)]。また、内閣府ムーンショット型研究開発制度では、ムーンショット目標6「2050年までに、経済・産業・安全保障を飛躍的に発展させる誤り耐性型汎用量子コンピュータを実現」が2020年度に発足した。量子人材育成については、情報処理推進機構（IPA）「未踏ターゲット事業」において「アニーリングマシン」「ゲート式量子コンピュータ」の2部門でIT人材育成・支援が進められている他、2020年7月にはQ-LEAPに新たに人材育成プログラムが設置された。

また、情報通信研究機構（NICT）では、2020年9月から量子計算や量子通信などの量子ICTを使いこなす高い知識・技術を持つ「量子ネイティブ（Quantum Native）」の育成を目的としたプログラムNICT Quantum Camp（NQC）が設置された。なお、2022年4月からは、大学院生のオリジナルな研究開発を支援する若手チャレンジラボが開始された。

(4) 注目動向

[新展開・技術トピックス]

量子ソフトウェア開発プラットフォーム

ハードウェアの技術進展に伴い、その計算能力を最大限引き出したり、現在のコンピューターと協調動作させたりするためのソフトウェアの重要性が増してきている[4)]。量子ソフトウェア開発の基盤となる量子プログラミング言語の設計は、比較的初期から取り組まれたテーマである。QCL、QPL、QMLなどの初期の量子プログラミング言語の他、コンパイラーを伴った量子プログラミング言語QuipperやScaffoldが開発された。これらの言語では、基本的には量子コンピューターは古典コンピューターからの古典制御を受ける受動的デバイスとして扱われ、プログラムカウンターには重ね合わせや量子力学的な分岐・並列操作は想定されていない[23)]。初期に開発されたこれらの言語は今ではほとんど使われていないが、プログラミング言語における量子コンピューターの扱い方は現在も変わっていない。

実際の小規模量子コンピューター実機やそれを模したシミュレーター上で誰もが量子計算を実行できるような、具体的プラットフォームも複数登場している[24)]。代表的な量子ソフトウェア開発キット（SDK）として、IBMのqiskit、RigettiのForest、スイス連邦工科大学（ETH）のProject Q、MicrosoftのQDK、GoogleのCirq、デルフト工科大学（TU Delft）のQuantum Inspireなどがある。多くは、プログラミング言語とコンパイラーの他、シミュレーター、ライブラリー、検証ツール、サンプルコード、ドキュメントなどがパッケージとなっている。量子プログラミング言語としてはIBMのOpenQASMの他、RigettiのQuil、MicrosoftのQ#などそれぞれSDKごとに独自に提供される。Pythonのライブラリーとして提供される形も多い。いずれの言語も量子回路レベル（量子アセンブリ言語：QASM）の比較的低い抽象度である。IBMは量子ビット制御用の低級言語のOpenPulseも公開している[25)]。関数型の量子プログラミング言語としては（Haskellをホストとする）Quipper[26)]が有名であるが、上記いずれのプラットフォームでも採用されていない。

コンパイラーによる最適化は、論理的な量子回路を実デバイスで実行可能な形式に変換するだけでなく、処理能力の向上という面でも重要な役割を果たしている。特に、現在の小規模デバイスであるNISQ（Noisy Intermediate-Scale Quantum）デバイスでは量子ビットの寿命や量子ゲートの精度がばらついており、その物理的な配置や接続性を満たすようにプログラム（量子回路）を最適化する必要がある。プログラム上の量子ビットの物理量子ビットへのマッピングや、2量子ビットゲートの順序変更やSWAPゲートの挿入などにより量子回路を最適化する[27)]。また、空間的なマッピングの他、測定回数やノイズの大きなゲートを別のゲートの組み合わせで近似するなど、時間方向への分解と最適化も重要な課題である。

従来は、この作業はプログラマーの責任であったが、近年はIBMのqiskitのTranspilerに見られるように、コンパイラーに任せられる部分も多くなり改善されつつある。高級言語からOpenQASMをターゲットとしたコンパイラー（Microsoft QDKではドライバーの扱い）も開発されており、OpenQASMは量子回路の表現形式としてデファクト標準になりつつある。現状は多様な可能性が試されている状況であり、今後の整理・洗練に注視する必要がある。

量子コンピューターアーキテクチャーの重要性

量子コンピューターにおけるアーキテクチャーの概念は、ハードウェアの規模拡大とともにその重要性が認識されつつある[28), 29)]。現状のNISQ量子コンピューターは量子ビット数の増加に伴って計算誤りが指数関数的に増えるため、そのまま大規模化して意味のある計算を実行することは不可能である。誤り訂正がある場合とない場合では抽象化レイヤー構造は大きく異なり、どのように構造化するかはアーキテクチャー研究の重要なテーマである。構成要素の粒度・抽象度、要素間インターフェース、古典・量子の命令フロー、量子・古典部分のインターフェースなど、設計すべきことは多い。大規模な誤り耐性量子コンピューターでは誤り訂正符号の選択がシステムアーキテクチャーを決める。前節で述べた量子アルゴリズムや量子プログラミング言語、量子ソフトウェア開発キット（SDK）がハードウェア制約からある程度自由に開発されているのは、計算機と呼ぶに十分な性能のハードウェアがまだ登場していないからという見方もできるだろう[30)]。

よりハードウェアに近いレイヤーのアーキテクチャー（マイクロアーキテクチャー）の研究も極めて重要な研究開発課題と認識されている。高い操作性（ゲート速度）と高い忠実度を達成し、集積化するような実装技術の開発は依然として困難を極めている。実現系には固体（超伝導、量子ドット、ダイヤモンドNVC）、非固体（光、イオン、原子）がある。ゲート速度で優れる超伝導回路と、ゲート忠実度に優れるイオントラップの二つの系が有望視されている他、固体系のシリコン量子ドットも注目されている[31)]。超伝導量子コンピューターでは、量子ビットのコヒーレンス時間向上や高密度・低ノイズの配線・パッケージング技術[32)]の他、チップ間の接続技術、冷凍機技術、クライオエレクトロニクスなど集積化に向けた周辺技術の課題は少なくない。低温動作のマイクロ波源[33)]、光ファイバーの導入[34)]、大型の希釈冷凍機[35)]などさまざまなアイデアが世界中で試されている。量子センサーや量子通信との接続性を考えると、ダイヤモンドNVセンターや光量子ビットも開発余地が十分にあると思われる。高周波回路、配線、パッケージング、低温技術など、電子工学の知見も広く活かされる。

NISQ時代の量子計算

誤り耐性量子コンピューターの登場にはまだ時間がかかるため、現実的に手に入る誤り耐性無しの量子コンピューター上で、論理誤りを許しながら、なんらかの有用性のある計算を実行することは重要な研究開発テーマである。近年、NISQデバイスでの実行を考慮して、Variational Quantum Eigensolver（VQE）[36)]や、Quantum Approximate Optimization Algorithm（QAOA）[37)]、Quantum Circuit Learning（QCL）[38)]などの量子・古典ハイブリッドアルゴリズムの提案が相次いでいる。これらのアルゴリズムが対象とする問題設定はそれぞれ、量子化学計算、組合せ最適化、機械学習、である。いずれもパラメーター付きの量子回路の実行を量子コンピューターが担い、そのパラメーターを古典の非線形最適化アルゴリズムで最適化するしかけである。量子回路部分は1回の計算に多くのステップを必要としない（浅い量子回路）という特徴がある。また、量子計算と言っても従来考えられてきたような量子アルゴリズムだけでなく、統計分布からのサンプリングのような処理も含まれている。

量子優位性・量子コンピューターのシミュレーション

量子優位性（Quantum AdvantageやQuantum computational supremacyと呼ばれる）の検証は、「量子コンピューターの振る舞いが古典コンピューターでは（多項式時間では）シミュレーションできない」ことを証明しようという理論・実験研究である。用いられるアルゴリズムの実用的な意味合いはないものの、量子コンピューターの研究の重要テーマである。ランダム量子回路、ボソンサンプリング、IQP、DQC1などさまざまなモデルが提案されており、Shorの素因数分解アルゴリズムと比べて単純な量子回路で実現可能である[39)]。Googleのグループは53量子ビットの超伝導量子コンピューターを用い実験検証を試み、スーパーコンピューターでは1万年かかると見積もられる計算タスク（ランダム量子回路が出力する確率分布からある精度でサンプリングする）が量子コンピューター実機であれば200秒程度で実行できることを示した[40)]。後に別の古典アルゴリズムによりこの問題は、2次記憶を用いる方法で約2.5日、テンソルネットワークを用いるアルゴリズムによって20日以下、などと計算時間を改善できることも示された[41), 42)]。2021年には、中国のチームがスーパーコンピューター「神威（Sunway）」を用いて100量子ビット、深さ（1+40+1）のランダム量子回路のシミュレーションを304秒で実行し、ゴードンベル賞が贈られるなど話題を呼んだ[43)]。高速の量子回路シミュレーターは量子ソフトウェア開発に重要であり、大阪大学で開発されたQulacks[44)]、中国科学院のYao[45)]、NVIDIAのcuQuantum[46)] などさまざまなシミュレーターが開発・提供されている。

量子コンピューターが古典コンピューターを凌駕する領域を理論的・実験的に正確に把握することは、量子コンピューティング分野の発展にとって重要なだけでなく、従来の計算量理論への新たな視点のフィードバックも期待できる。古典コンピューターによる計算時間を量子コンピューターによる計算時間が下回る点は「量子古典クロスオーバー」と呼ばれ、計算時間の見積もりやハードウェアの性能要求などが検討されている。問題設定は素因数分解や量子化学計算などの複雑な問題の他、2次元スピン系のシミュレーションなど物性物理学における問題設定で詳細な検討が進められている[47)]。他にも量子コンピューターの計算能力のベンチマーキングや、さまざまなレベルにおける検証にも有益な知見を提供し得る。加えて、量子計算を古典計算で検証できるかという問題は、計算量理論における未解決問題のひとつであり、その証明は大きなインパクトを生む。実用的な検証プロトコル実現の意味でも重要な問題である。

標準化・ベンチマーキング

IEEE Standard Association（IEEE–SA）が量子コンピューティングにかかる用語の標準化プロジェクトを推進している[48)]。IEEE P7130「Standard for Quantum Computing Definitions」は、トンネル効果、量子干渉、重ね合わせ、エンタングルメントなどの用語定義に加え、技術の進展に合わせた追加定義も想定されている。IEEE P7131「Standard for Quantum Computing Performance Metrics & Performance Benchmarking」はメトリクスやベンチマーキングに関する標準化である。

IBM社の研究グループは量子コンピューターがアクセスできる状態空間の実行的な大きさを測定する量子ボリュームと呼ばれる指標を導入した[49)]。量子ボリュームが$64=2^6$とは、幅（量子ビット数）と深さ（ステップ数）が両方とも6であるようなランダム量子回路を確実に実行できるということを意味する。ただし、実際に実行することになる量子プログラムは必ずしも幅と深さが等しいようなものばかりではないため、量子ボリュームだけでなくプログラム実行成功確率の分布の情報など、さまざまな指標がユーザーに提供されるのが望ましいと考えられる[50), 51)]。IonQ社のイオントラップ型量子コンピューターやIBM社の超伝導量子コンピューターなどNISQ量子コンピューターの実機上でさまざまな量子アルゴリズムを実行した場合の性能評価も報告されている[52)]。多様な量子コンピューターの技術進展を定量的に評価・追跡することは今後の量子コンピューター研究開発を加速するための基盤として重要である。

量子アニーラー・量子シミュレーター

量子回路モデルに基づく量子コンピューターとは異なる計算原理で動作するコンピューターとして量子アニーラーと量子シミュレーターが挙げられる[53)]。最も大規模であるD–wave Systems社のマシンは最適化問題を横磁場イジングモデルの最低エネルギー状態探索問題として解く。量子アニーリングは組合せ最適化問題に対するメタヒューリスティックス解法であり、理想的な条件下では「量子計算」のひとつである量子断熱計算を含む広い概念と理解される[54)]。この計算原理で動作するコンピューターは自然現象を利用して最適化問題の近似解を与えるアナログ量子コンピューターと捉えるべきだろう。比較的大規模の量子シミュレーター[55)] や、non–stoquastic（注：sto“qu”asticは量子的に見えて実は古典の確率的（stochastic）モデルで表現可能、という意味の造語）な効果による指数加速の達成[56)] など、今後の発展も注目される。

［注目すべき国内外のプロジェクト］

- QuTech（オランダ）[57)]：「誤り耐性量子計算」「量子インターネットとネットワークコンピューティング」「トポロジカル量子計算」の三つを研究目標に掲げる欧州の量子技術研究の中心拠点。IntelやMicrosoftなどと共同研究を実施。
- Networked Quantum Information Technologies（NQIT）Hub（イギリス）[58)]：「UK National Quantum Technologies Programme（UKNQTP）」の4カ所のハブ拠点のうち最大の拠点。Oxford大学を拠点とし、量子コンピューターと量子シミュレーター（Quantum demonstrator）の開発が目標。
- 中国科学院量子情報・量子科学技術イノベーション研究院（中国）[59)]：中国科学院（CAS）と安徽省によって設立された量子情報の中核的な研究拠点。「量子通信研究部」「量子コンピューティング研究部」「量子精密計測研究部」「エンジニアリングサポート部」の四つの研究ユニットが設置され、中国科学技術大学をはじめとする中国全土の大学や研究機関、関連企業と共同研究を実施。
- EPiQC（米国）[60)]：NSF支援による量子情報とコンピューターサイエンスの混成チームで、実用的な量子コンピューター開発をねらうプロジェクト。シミュレーター、デバッガー、コンパイラー開発の他、IEEEやACM系の国際学会でのチュートリアル実施など、アウトリーチにも積極的。
- IEEE Rebooting Computing Initiative（米国）[2)]：IEEE内のワーキンググループ。主催する国際会議ICRCでは量子コンピューター関係の発表も多い。「IEEE Quantum Computing Summit」の開催や、「量子コンピューティングのメトリクスとベンチマークのためのIEEEフレームワーク」の公開など、活動は活発である。
- ムーンショット目標6「2050年までに、経済・産業・安全保障を飛躍的に発展させる誤り耐性型汎用量子コンピュータを実現」(日本)[61)]：量子誤り訂正の有効性実証を目標とした量子コンピューター開発プロジェクト。ハードウェア、通信ネットワーク、理論・ソフトウェアというさまざまな面から研究開発を推進している。

(5) 科学技術的課題

エラー耐性量子コンピューターと現状のNISQ量子コンピューターとの間には量子ビット数で5～6桁に渡る計算機システムとしての大きなギャップが存在している。ソフトウェアとアーキテクチャーの研究開発の充実により、量子アルゴリズムから量子ハードウェアに至る量子コンピューター開発全体を強化する必要がある。とりわけ、計算機システムとして実現するような、大規模化を前提とした俯瞰的な設計・開発が求められる[62)]。

理論・ソフトウェアではオーバーヘッドの軽い誤り訂正符号、浅い量子回路で有用な計算を行える新アルゴリズム、ハードウェアでは量子ゲートのエラー制御技術の高精度化、実装容易な集積化法の探索、量子制御部分まで含めたチップレイアウト設計など、さまざまなアプローチでギャップを埋めてゆく必要がある。量子回路を最適化することで誤り訂正符号のオーバーヘッドをソフトウェア的あるいはアーキテクチャー的に緩和できることもあろう。また、トポロジカル量子誤り訂正符号を採用する場合に、計算リソースの大半を占めるTファクトリー（論理Tゲートをサポートするために必要な「魔法状態」と呼ばれるアンシラ状態の生成）などを、実行ユニットやファブリックなどとして取り出すような、アーキテクチャー指向の取り組みも必要である[63)]。

研究開発が進行している超伝導回路では、デコヒーレンスの理解とそれに基づく改善、制御用エレクトロニクスの開発（低温 CMOS、超伝導回路）、量子誤り訂正符号と量子ビットレイアウト・配線のコ・デザイン、そして、量子ビットの集積化が必要である[64)]。また、マイクロ波帯で動作する超伝導回路と光量子通信（近赤外～可視域）との間を量子情報のまま接続する量子インターフェース技術が長期的には必要である。

ソフトウェア工学の発展も待たれる。とりわけ、量子ハードウェア制御に関するソフトウェア（ファームウエア、ミドルウエア）として、誤り訂正処理を行うプログラム、NISQ量子コンピューターでの誤り抑制方法、動作検証の理論と具体的なソフトウェアツールは喫緊の課題である。同様に、量子プログラムのコンパイラー、リソース推定・最適化ツール、最適化後の量子回路の検証ツールなども、（古典コンピューター上の）ソフトウェアとして重要である。ハードウェアとしての量子回路を検証するような理論の構築と、具体的なツールの開発も不可欠である。

さらに新しい量子アルゴリズム開発とその実問題への適用、優位性の理論保証なども重要な研究課題である。変分量子アルゴリズム[65)]や量子機械学習[66), 67)]などがどういう仮定の下でどのような優位性があるのかを調べる試みはNISQ量子コンピューターの応用探索の観点からも重要である。量子多体系の問題に（古典の）機械学習を適用する試み[68)]とも合流し、量子コンピューターに優位性のあるタスクや高効率の計算方法などはまさに研究萌芽期と言えよう[69)]。ニューラルネットワークを用いた機械学習のフレームワーク上で量子回路（量子ニューラルネットワーク）を扱うソフトウェアツールも登場しているが、ベクトルや行列などの形式の古典データを量子ビットに効率よく入力する方法や、量子コンピューター実機とクラウド上の計算資源（従来のCPU、GPU）との連携などにはまだ課題が残る[70)]。

(6) その他の課題

量子コンピューターの研究開発にはハードウェアからソフトウェアに至るまでの必要な全ての技術をフルスタックで用意することが重要となるが、それらに関わる機器や人材を物理的に1カ所に集合させることは現実的ではない。したがって、多様な研究開発拠点や研究チームから成る研究開発ネットワークの構築と、その効果的・効率的な連携・協調動作のためのハブ拠点が複数必要だろう。

例えば、量子コンピューターサイエンス研究開発拠点、計算プラットフォーム運営・提供拠点、教育・訓練拠点、海外の有力研究者と日本国内の研究者を取り次ぐ国際連携拠点などさまざまな種類が考えられる。それぞれの機能に合わせて大学や公的研究機関に設置し、その上で、量子情報処理の教育・訓練プログラムの開発・提供、正確で積極的なアウトリーチ・科学広報活動、スピンアウトする量子スタートアップ企業の積極的支援など、多様な施策により、持続性あるネットワーク構築が求められる。

これらの研究開発プロジェクトや研究開発ネットワークの成功は、量子コンピューターコミュニティーのプレーヤーの充実と、エコシステムの醸成にかかっている。計算機科学・物理・数学・電子工学にまたがった研究者・技術者のコミュニティーは萌芽期であり、多分野連携、産学連携、技術レイヤー連携を可能とする研究開発・人材育成の拠点形成を念頭にした政府投資により、コミュニティー形成・エコシステム形成を強力に促進することが不可欠である。

(7) 国際比較

国・地域	フェーズ	現状	トレンド	各国の状況、評価の際に参考にした根拠など
日本	基礎研究	○	↗	・JST戦略事業（CREST、さきがけ）や共創の場形成支援プログラム、大型プロジェクト（Q-LEAP、SIP、ムーンショット）が開始された。 ・「量子技術イノベーション戦略」「量子未来社会ビジョン」が策定され、国の研究開発投資は増加傾向であるが、研究成果や技術水準としての大きな変化はまだ顕在化していない。
	応用研究・開発	○	↗	・産業化に向けた応用研究、製品開発には至る研究成果は顕著でなく量子デバイス技術・量子光学技術の蓄積はあるが、計算機システムに至らない。 ・量子化学計算や金融計算など企業における実問題での量子アルゴリズムのPoCが精力的に進められている。

米国	基礎研究	◎	↗	・超伝導量子ビットではUCSB、MIT、Yale大学、UCバークレー、イオントラップではMaryland大学、Duke 大学、Harverd大学などがそれぞれ中心的存在である。量子情報科学ではCaltech、MITが中心的である。 ・国家量子イニシアチブ法により、NSFのグラントや、DoE傘下の研究センター新設が行われている。 ・IEEE Rebooting Computing Initiative などコンピューターサイエンス側も活発な活動が進む。
	応用研究・開発	◎	↗	・Google、IBM、Intel、Microsoft、Amazon Web Servicesが研究開発を進める。大学やスタートアップで開発されたハードウェアのクラウド公開やソフトウェアの共同研究などエコシステムが形成されつつある。 ・応用研究や開発だけでなく、理論計算機科学や量子誤り訂正符号などの基礎研究も一部の企業で行われている。 ・多様なスタートアップが登場し、大手IT企業との間で協業エコシステムが形成されつつある。
欧州	基礎研究	◎	→	・多数の大学での量子情報科学の基礎研究の取り組みがある。EU Quantum Technology Flagship プログラムが始まり、量子技術に関する多数の国際連携チームが採択された（量子コンピューターについては、超伝導形式とイオントラップ形式のチームが採択された）。 ・オランダの TU Delft にあるQuTechでは量子コンピューターアーキテクチャーや量子インターネットなどの研究開発が精力的に進められている。
	応用研究・開発	△	↗	・企業による量子コンピューター研究開発・利用で目立った成果は少ない。 ・オランダ、ドイツ、フランス、イギリスなどでは国家戦略の中に量子技術を利用した新産業・新サービスの創出が掲げられている。
中国	基礎研究	◎	↗	・「国民経済・社会発展第13次五カ年計画」で量子コンピューターが重大科学技術項目に明記され、中国科学院（CAS）による拠点形成が進む。 ・超伝導量子コンピューターによるランダム量子回路と光量子コンピューターによるボソンサンプリングの両方で量子超越の実験を成功させており、ハードウェア技術の進展が見られる。 ・スーパーコンピューターを用いた量子回路のシミュレーションでは2021年のゴードンベル賞を受賞した。
	応用研究・開発	△	↗	・CAS-Alibaba量子計算実験室が設立され、量子コンピューターのクラウド提供を行っている。 ・量子暗号鍵配送の応用ほどには量子コンピューターの産業利用は進んでいない。
韓国	基礎研究	-	-	（顕著な動きは見られない）
	応用研究・開発	-	-	（顕著な動きは見られない）
カナダ	基礎研究	○	↗	・「Seizing Canada's Moment」でICT優先テーマに量子コンピューティングが明記され、Waterloo 大学のInstitute for Quantum Computing（IQC）に大規模な研究費支援がなされた。量子情報の基礎研究では同地区にあるペリメーター研究所も顕著な成果を上げている。
	応用研究・開発	○	↗	・ウォータールー地区は BlackBerry 創業者の Lazaridis による寄付で研究所が集積、「Quantum Valley」となりつつある。 ・西側のブリティッシュコロンビア州でも D-wave Systems、1QBit など量子アニーラー関係のスタートアップが活躍している。

（註1）フェーズ

基礎研究：大学・国研などでの基礎研究の範囲

応用研究・開発：技術開発（プロトタイプの開発含む）の範囲

（註2）現状　※日本の現状を基準にした評価ではなく、CRDSの調査・見解による評価

◎：特に顕著な活動・成果が見えている　　○：顕著な活動・成果が見えている

△：顕著な活動・成果が見えていない　　×：特筆すべき活動・成果が見えていない

（註3）トレンド　※ここ1～2年の研究開発水準の変化

↗：上昇傾向、→：現状維持、↘：下降傾向

関連する他の研究開発領域

・量子コンピューティング・通信（ナノテク・材料分野 2.3.5）
・量子マテリアル（ナノテク・材料分野 2.5.5）

参考文献

1) 国立研究開発法人科学技術振興機構研究開発戦略センター「戦略プロポーザル：革新的コンピューティング～計算ドメイン志向による基盤技術の創出～」https://www.jst.go.jp/crds/report/CRDS-FY2017-SP-02.html,（2023年2月5日アクセス）.

2) IEEE Rebooting Computing Task Force, "IEEE Rebooting Computing," https://rebootingcomputing.ieee.org/,（2023年2月5日アクセス）.

3) National Academies of Sciences, Engineering, and Medicine, Quantum Computing Progress and Prospects, eds. Emily Grumbling and Mark Horowitz (Washington, DC: The National Academies Press, 2018)., https://doi.org/10.17226/25196.

4) Frederic T. Chong, Diana Franklin and Margaret Martonosi, "Programming languages and compiler design for realistic quantum hardware," Nature 549, no. 7671（2017）: 180-187., https://doi.org/10.1038/nature23459.

5) A. Chi-Chih Yao, "Quantum circuit complexity," in SFCS '93: Proceedings of the 34th Annual Foundations of Computer Science (IEEE, 1993), 352-361., https://doi.org/10.1109/SFCS.1993.366852.

6) 小柴健史, 藤井啓祐, 森前智行『観測に基づく量子計算』(東京：コロナ社, 2017).

7) Michael A. Nielsen and Isaac L. Chuang, Quantum Computation and Quantum Information (Cambridge: Cambridge University Press, 2000).

8) Keisuke Fujii, Quantum Computation with Topological Codes: From Qubit to Topological Fault-Tolerance, SpringerBriefs in Mathematical Physics 8 (Springer, 2015)., https://doi.org/10.1007/978-981-287-996-7.

9) Stephen Jordan, "Quantum Algorithm Zoo," https://math.nist.gov/quantum/zoo/,（2023年2月5日アクセス）.

10) 田渕豊, 杉山太香典, 中村泰信「超伝導技術を用いた量子コンピュータの開発動向と展望」『電子情報通信学会誌』101巻4号（2018）: 400-405.

11) R. Barends, et al., "Superconducting quantum circuits at the surface code threshold for fault tolerance," Nature 508, no. 7497（2014）: 500-503., https://doi.org/10.1038/nature13171.

12) Google Quantum AI, "Exponential suppression of bit or phase errors with cyclic error

correction," Nature 595, no. 7867（2021）：383-387., https://doi.org/10.1038/s41586-021-03588-y.

13) Suguru Endo, et al., "Hybrid Quantum-Classical Algorithms and Quantum Error Mitigation," Journal of the Physical Society of Japan 90, no. 3（2021）：032001., https://doi.org/10.7566/JPSJ.90.032001.

14) Aram W. Harrow and Ashley Montanaro, "Quantum computational supremacy," Nature 549, no. 7671（2017）：203-209., https://doi.org/10.1038/nature23458.

15) National Science and Technology Council (NSTC), "National Strategic Overview for Quantum Information Science (September 2018)," quantum.gov, https://www.quantum.gov/wp-content/uploads/2020/10/2018_NSTC_National_Strategic_Overview_QIS.pdf,（2023年2月5日アクセス）.

16) European Commission, "Quantum Manifesto: A New Era of Technology (May 2016)," http://qurope.eu/system/files/u7/93056_Quantum%20Manifesto_WEB.pdf,（2023年2月5日アクセス）.

17) JST CRDS,「中国：中国・第13期全人代第4回会議　第14次五カ年計画における科学技術イノベーション政策動向概要」, https://www.jst.go.jp/crds/pdf/2020/FU/CN20210325.pdf（2023年2月8日アクセス）.

18) Quantum Technologies Strategic Advisory Board, "National strategy for quantum technologies: A New Era for the UK, March 2015," https://www.ukri.org/wp-content/uploads/2021/12/IUK-071221-NationalQuantumTechnologyStrategy.pdf,（2023年2月5日アクセス）.

19) Government of Canada, "Seizing Canada's moment: Moving Forward in Science, Technology and Innovation 2014," https://publications.gc.ca/site/eng/477317/publication.html,（2023年2月5日アクセス）.

20) Bundesregierung, "Forschung und Innovation für die Menschen: Die Hightech-Strategie 2025," https://www.bmbf.de/SharedDocs/Publikationen/de/bmbf/1/31431_Forschung_und_Innovation_fuer_die_Menschen.pdf?__blob=publicationFile&v=6,（2023年2月5日アクセス）.

21) 文部科学省 科学技術・学術審議会 量子科学技術委員会「量子科学技術（光・量子技術）の新たな推進方策：我が国競争力の根源となりうる「量子」のポテンシャルを解き放つために 報告書（平成29年8月16日発表）」文部科学省, https://www.mext.go.jp/component/b_menu/shingi/toushin/__icsFiles/afieldfile/2017/09/12/1394887_1.pdf,（2023年2月5日アクセス）.

22) 統合イノベーション戦略推進会議「量子技術イノベーション戦略（最終報告）（令和2年1月21日）」内閣府, https://www8.cao.go.jp/cstp/tougosenryaku/ryoushisenryaku.pdf,（2023年2月5日アクセス）.

23) Mingsheng Ying『量子プログラミングの基礎』川辺治之 訳（東京：共立出版, 2017）.

24) Ryan LaRose, "Overview and Comparison of Gate Level Quantum Software Platforms," Quantum 3（2019）：130., https://doi.org/10.22331/q-2019-03-25-130.

25) David C. McKay, et al., "Qiskit Backend Specifications for OpenQASM and OpenPulse Experiments," arXiv, https://doi.org/10.48550/arXiv.1809.03452,（2023年2月6日アクセス）.

26) Benoît Valiron, et al., "Programming the quantum future," Communications of the ACM 58, no. 8（2015）：52-61., https://doi.org/10.1145/2699415.

27) Beatrice Nash, Vlad Gheorghiu and Michele Mosca, "Quantum circuit optimizations for

NISQ architectures," arXiv, https://doi.org/10.48550/arXiv.1904.01972,（2023年2月6日アクセス）.
28) N. Cody Jones, et al., "Layered Architecture for Quantum Computing," Physical Review X 2, no. 3（2012）: 031007., https://doi.org/10.1103/PhysRevX.2.031007.
29) Rodney Van Meter and Dominic Horsman, "A blueprint for building a quantum computer," Communications of the ACM 56, no. 10（2013）: 84-93., https://doi.org/10.1145/2494568.
30) 蓮尾一郎, 星野直彦「量子コンピュータ：5.量子プログラミング言語」『情報処理』55 巻 7 号（2014）: 710-715.
31) 阿部英介, 伊藤公平「固体量子情報デバイスの現状と将来展望：万能ディジタル量子コンピュータの実現に向けて」『応用物理』86 巻 6 号（2017）: 453-466., https://doi.org/10.11470/oubutsu.86.6_453.
32) 中村泰信「超伝導量子ビット研究の進展と応用」『応用物理』90 巻 4 号（2021）: 209-220., https://doi.org/10.11470/oubutsu.90.4_209.
33) Adam J. Sirois, et al., "Josephson Microwave Sources Applied to Quantum Information Systems," IEEE Transactions on Quantum Engineering 1（2020）: 6002807., https://doi.org/10.1109/TQE.2020.3045682.
34) Florent Lecocq, et al., "Control and readout of a superconducting qubit using a photonic link," Nature 591, no. 7851（2021）: 575-579., https://doi.org/10.1038/s41586-021-03268-x.
35) Sebastian Krinner, et al., "Engineering cryogenic setups for 100-qubit scale superconducting circuit systems," EPJ Quantum Technology 6（2019）: 2., https://doi.org/10.1140/epjqt/s40507-019-0072-0.
36) Abhinav Kandala, et al., "Hardware-efficient variational quantum eigensolver for small molecules and quantum magnets," Nature 549, no. 7671（2017）: 242-246., https://doi.org/10.1038/nature23879.
37) J. S. Otterbach, et al., "Unsupervised Machine Learning on a Hybrid Quantum Computer," arXiv, https://doi.org/10.48550/arXiv.1712.05771,（2023年2月6日アクセス）.
38) K. Mitarai, et al., "Quantum circuit learning," Physical Review A 98, no. 3（2018）: 032309., https://doi.org/10.1103/PhysRevA.98.032309.
39) 森前智行『量子計算理論：量子コンピュータの原理』(東京: 森北出版, 2017).
40) Frank Arute, et al., "Quantum supremacy using a programmable superconducting processor," Nature 574, no. 7779（2019）: 505-510., https://doi.org/10.1038/s41586-019-1666-5.
41) Edwin Pednault, et al., "Quantum Computing: On Quantum Supremacy," IBM Research Blog, https://www.ibm.com/blogs/research/2019/10/on-quantum-supremacy/?mhsrc=ibmsearch_a&mhq=quantum%20supremacy,（2023年2月6日アクセス）.
42) Cupjin Huang, et al., "Classical Simulation of Quantum Supremacy Circuits," arXiv, https://doi.org/10.48550/arXiv.2005.06787,（2023年2月6日アクセス）.
43) Yong Liu, et al., "Closing the "quantum supremacy" gap: achieving real-time simulation of a random quantum circuit using a new Sunway supercomputer," in SC '21: Proceedings of the International Conference for High Performance Computing, Networking, Storage and Analysis (New York: Association for Computing Machinery, 2021), 1-12., https://doi.org/10.1145/3458817.3487399.
44) Yasunari Suzuki, et al., "Qulacs: a fast and versatile quantum circuit simulator for research

purpose," Quantum 5（2021）：559., https://doi.org/10.22331/q-2021-10-06-559.
45）The Yao Framework, https://yaoquantum.org/,（2023年2月6日アクセス）.
46）NVIDIA Developer, "cuQuantum," https://developer.nvidia.com/cuquantum-sdk,（2023年2月6日アクセス）.
47）Nobuyuki Yoshioka, et al., "Hunting for quantum-classical crossover in condensed matter problems," arXiv, https://doi.org/10.48550/arXiv.2210.14109,（2023年2月6日アクセス）.
48）IEEE Standards Association, "P7130: Standard for Quantum Technologies Definitions," https://standards.ieee.org/project/7130.html,（2023年2月6日アクセス）.
49）Andrew W. Cross, et al., "Validating quantum computers using randomized model circuits," arXiv, https://doi.org/10.48550/arXiv.1811.12926,（2023年2月6日アクセス）.
50）Robin Blume-Kohout and Kevin C. Young, "A volumetric framework for quantum computer benchmarks," arXiv, https://doi.org/10.48550/arXiv.1904.05546,（2023年2月6日アクセス）.
51）Jens Eisert, et al., "Quantum certification and benchmarking," Nature Reviews Physics 2（2020）：382-390., https://doi.org/10.1038/s42254-020-0186-4.
52）Thomas Lubinski, et al., "Application-Oriented Performance Benchmarks for Quantum Computing," arXiv, https://doi.org/10.48550/arXiv.2110.03137,（2023年2月6日アクセス）.
53）IEEE Rebooting Computing, "An IEEE Framework for Metrics and Benchmarks of Quantum Computing," https://quantum.ieee.org/images/files/pdf/ieee-framework-for-metrics-and-benchmarks-of-quantum-computing.pdf,（2023年2月6日アクセス）.
54）Troels F. Rønnow, et al., "Defining and detecting quantum speedup," Science 345, no. 6195（2014）：420-424., https://doi.org/10.1126/science.1252319.
55）Richard Harris, et al., "Phase transitions in a programmable quantum spin glass simulator," Science 361, no. 6398（2018）：162-165., https://doi.org/10.1126/science.aat2025.
56）Hidetoshi Nishimori and Kabuki Takeda, "Exponential Enhancement of the Efficiency of Quantum Annealing by Non-Stoquastic Hamiltonians," Frontiers in ICT 4（2017）：2., https://doi.org/10.3389/fict.2017.00002.
57）QuTech, https://qutech.nl/,（2023年2月6日アクセス）.
58）Networked Quantum Information Technologies（NQIT）, https://nqit.ox.ac.uk/,（2023年2月6日アクセス）.
59）中国科学院量子信息与量子科技創新研究院, http://www.quantumcas.ac.cn/,（2023年2月6日アクセス）.
60）Enabling Practical-scale Quantum Computation（EPiQC）, https://www.epiqc.cs.uchicago.edu/,（2023年2月6日アクセス）.
61）北川勝浩「ムーンショット目標6：2050年までに、経済・産業・安全保障を飛躍的に発展させる誤り耐性型汎用量子コンピュータを実現」国立研究開発法人科学技術振興機構, https://www.jst.go.jp/moonshot/program/goal6/index.html,（2023年2月6日アクセス）.
62）国立研究開発法人科学技術振興機構研究開発戦略センター「戦略プロポーザル：みんなの量子コンピューター～情報・数理・電子工学と拓く新しい量子アプリ～」https://www.jst.go.jp/crds/report/CRDS-FY2018-SP-04.html,（2023年2月6日アクセス）.
63）Tzvetan S. Metodi, Arvin I. Faruque and Frederic T. Chong, Quantum Computing for Computer Architects, 2nd ed. (Springer Cham, 2011)., https://doi.org/10.1007/978-3-031-01731-5.
64）Garrelt J. N. Alberts, et al., "Accelerating quantum computer developments," EPJ Quantum

Technology 8（2021）：18., https://doi.org/10.1140/epjqt/s40507-021-00107-w.

65) M. Cerezo, et al., "Variational quantum algorithms," Nature Reviews Physics 3（2021）：625-644., https://doi.org/10.1038/s42254-021-00348-9.

66) Yunchao Liu, Srinivasan Arunachalam and Kristan Temme, "A rigorous and robust quantum speed-up in supervised machine learning," Nature Physics 17（2021）：1013-1017., https://doi.org/10.1038/s41567-021-01287-z.

67) Hsin-Yuan Huang, et al., "Power of data in quantum machine learning," Nature Communications 12（2021）：2631., https://doi.org/10.1038/s41467-021-22539-9.

68) Giuseppe Carleo and Matthias Troyer, "Solving the quantum many-body problem with artificial neural networks," Science 355, no. 6325（2017）：602-606., https://doi.org/10.1126/science.aag2302.

69) Keita Osaki, Kosuke Mitarai and Keisuke Fujii, "Classically Optimized Variational Quantum Eigensolver for Topological Ordered Systems," 20th Asian Quantum Information Science Conference（AQIS）2020, https://sites.google.com/view/aqis2020-osaki/home,（2023年2月6日アクセス）.

70) Michael Broughton, et al., "TensorFlow Quantum: A Software Framework for Quantum Machine Learning," arXiv, https://doi.org/10.48550/arXiv.2003.02989,（2023年2月6日アクセス）.

2.5.4 データ処理基盤

（1）研究開発領域の定義

本領域は、多数の計算機あるいはメニーコアを搭載するなどのハイエンドな計算機を利用することで、大規模なデータ（ビッグデータ）に対する処理を効率的に実行する基盤的ソフトウェア技術を確立する領域である。主な要素技術はクラウド環境で利用されている分散並列型の大規模データ処理であり、代表的なデータ処理の例としてデータベースの検索処理、機械学習、データマイニングが挙げられる。

（2）キーワード

クラウドコンピューティング、エッジコンピューティング、並列分散データ処理、データベース、機械学習、データマイニング

（3）研究開発領域の概要

［本領域の意義］

ビッグデータが急速に増大する一方で、ムーアの法則の終焉により1CPU当たりの計算量に上限があるため、計算機を並列分散化してデータを処理する技術が必要不可欠である。特に、近年普及しているクラウド環境において、ビッグデータの並列分散処理基盤が活用されている。このような処理基盤の具体例として、分散ファイルシステム、分散データベースシステム、Sparkなどの分散処理基盤、機械学習のワークフロー全体をサポートする機械学習基盤が挙げられる。これらにおける主な技術課題としては、高速化・効率化によるクラウド環境における処理コスト削減、およびクラウドユーザーによる応用プログラム（機械学習やデータ分析）の開発コストの削減が挙げられる。

本領域の市場規模の観点について述べる。調査会社である IDC Japan の 2021 年 10 月の報告[1] によれば、国内における2020 年のBDA（ビッグデータアナリティクス）テクノロジー/サービス市場は、前年比 6.8 ポイント増と成長率が鈍化しており、市場規模は 3337億7200万円となったとされている。また、同市場においても新型コロナウイルス感染症（COVID–19）流行の影響のため成長の鈍化傾向は続くが、デジタルシフトは顕著であり企業におけるデータ活用需要が拡大して、再び成長率は2桁台に戻ると予想している。一方で、世界のクラウドビジネスの観点では、調査会社のCanalysの2022年8月のリポート[2] によれば、世界におけるクラウドサービスのビジネスは34%と高い年成長率を示しており、2022年第1四半期の時点で559億ドルの市場規模に達したと報告されている。また市場全体はAmazon AWS が33%、Microsoft Azure が21%、Google GCP が8%、その他が38% を占めると報告されている。

これらのビジネス面での成長を支える上で、本研究開発領域は決定的に重要な要素となる。

［研究開発の動向］

ビッグデータの並列分散処理基盤の経緯を説明する。古くは1980年代に分散データベースが登場し、1990年代のインターネットの普及に伴い検索エンジンのデータ管理が分散化され、2000年代にはGoogleの初期の分散処理基盤である分散ファイルシステムGoogle File System（GFS）、分散処理システムMapReduce、分散テーブルBigTable が登場し、同時期にウェブ系の企業を中心としてAmazon Dynamo、Yahoo PNUTS や、Googleに対抗する形でオープンソースプロジェクトとしてHadoopプロジェクトが2006年に登場した。これらのシステムでは、分散データベースにおけるSQL処理機能および分散トランザクション処理機能を簡略化することで、1000台規模の廉価サーバーで高スケールな分散処理を実現していた。2010年代には主記憶の大容量化に伴いHadoopの後継としてSparkプロジェクトが2014年に開始され、そのサブシステムとしてSQL処理、Streamingデータ処理、機械学習処理、グラフデータ処理の機能が開発された。

業界を技術力でけん引するGoogle では、上記のBigTable の機能を拡張してSQL処理と分散トランザク

ション処理をサポートするF1、Spannerを2012年に発表し、その後に機械学習処理基盤のTensorFlowを2015年に発表した。 GoogleのクラウドにおいてはSQL処理によるデータ分析が可能なBigQueryを2011年にサービスとしてリリースし、機械学習に関してはColaboratoryを2018年にリリースした。Colaboratoryは、AIプログラムの標準的な開発環境であるJupiter notebookとクラウド環境をシームレスに連携するとともに、機械学習のワークフロー全体を支援する。このように2010年代の一つ目の動向として、機械学習が多くの応用分野に急速に普及した影響を受けて、機械学習の開発環境とクラウド環境の連携が目覚ましく進化を遂げたことが挙げられる。

一方、クラウド市場において最大シェアを占めているAmazon AWSは2008年のGoogleのクラウドサービス開始に先行して、現在でも主要サービスである分散ストレージS3およびスケール可能な計算資源サービスEC2の提供を2006年に開始した。その後、ウェブサイトの性能を向上するContent Delivery Service（CDN）機能を提供するCloudFront（2008年）、リレーショナルデータベースサービスであるRDS（2009年）、仮想計算機のサーバーを不要とするServerless Computingの機能を提供するLambda（2014年）を提供している。機械学習に関しては映像認識（Rekognition）・音声合成（Polly）の機能を2016年に提供を開始し、特に近年は、MLopsと呼ばれる汎用な機械学習のライフサイクル全体を管理する機能を提供するSageMakerが普及しつつある。

これらのビッグデータの並列分散処理基盤に関する研究開発の動向に関して、1）ビッグデータ処理・管理の要素技術に関する研究開発、2）クラウド環境におけるビッグデータ処理基盤に関する研究開発、3）機械学習のライフサイクル全体を通したデータ管理に関する研究開発、に大別して説明する。

ビッグデータ処理・管理の要素技術

ビッグデータを処理・管理する基盤としてデータベース管理システムを中心とした研究開発が挙げられる。データベース管理システムにおけるコア技術としては、クエリワークロード処理の高速化およびトランザクション処理の高速化が挙げられる。前者のクエリワークロード処理の高速化に関しては、ワークロードコストを最小化する最適化が主たる課題であり、これを細分化するとクエリコスト予測、最適なインデックス・実体化ビューの推薦、最適なクエリの実行計画の決定（特にジョイン順序の最適化）、ワークロードの将来変化の予測などの部分課題が挙げられる。

一方、後者のトランザクション処理の高速化に関しては、分析処理に適したエンジンとトランザクション処理に適したエンジンとの間でデータの同期を取るHTAP（Hybrid Transaction/Analytical Processing）の技術や、GPU・永続メモリー・SSDなどの最新ハードウェアを用いた技術などが主に研究されている。また、インターネットの広域での分散処理を対象とした分散トランザクション処理の研究がある（例えばCRDT（Conflict-free Replicated Data Type）などが挙げられる）。

クラウド環境におけるビッグデータ処理基盤

上述したビッグデータ処理・管理の要素技術はクラウド環境におけるビッグデータ処理基盤にも適用可能であるが、特にクラウド環境特有な技術として、プライバシー保護したデータ検索、分散クエリ最適化、サーバーレス・コンピューティング、サーバー数を動的に制御することでクラウド環境のSLO（Service-level objective）に関する性能保証を行う研究（プロビジョニング）、大規模なクエリワークロードに対するコスト最小化の研究が挙げられる。

さらには、大規模データ処理と機械学習処理を独立に処理するのではなく、これらを横断して分析処理工程全体を最適化する研究や、エッジコンピューティングによってエッジ側でも機械学習を行う研究が行われている。

機械学習のライフサイクル全体を通したデータ管理

機械学習のライフサイクルは、Amazon のSageMaker などで支援されており、クラウド環境と連携した統合的な開発および運用環境として利用されている。特にデータ管理に関してはDB for ML（機械学習のためのデータベース技術）と呼ばれる技術分野であり、教師データの自動生成、教師データの再利用性向上のためのメタデータ管理、教師データの信頼度推定、分散機械学習の最適化、モデル精度と公平性のトレードオフに関する研究、モデルのベンチマークなどの研究が取り組まれている。またライフサイクル全体の運用に関しては開発者のエンジニアリングスキルに委ねられており、自動化が重要課題の一つとして挙げられる。

（4）注目動向

［新展開・技術トピックス］

ビッグデータ処理・管理の要素技術

画像認識や自然言語処理の分野と同様に、データベースあるいはビッグデータ処理・管理の領域においても、近年では機械学習（深層学習、強化学習）や整数計画問題などの数理科学の知見を活用する動向が多く見られ、ML for DB（データベースのための機械学習技術）と呼ばれる技術分野となり、多くの研究が盛んに行われている。具体的には「（3）研究開発領域の概要」で示した技術課題である、クエリコスト予測、最適なインデックス・実体化ビューの推薦、最適なクエリの実行計画の決定（特にジョイン順序の最適化）、ワークロードの将来変化の予測などの課題に対して機械学習や整数計画問題の適用が進んでいる。また国際会議・ワークショップとして、AIとシステムとデータ処理分野に横断の国際会議（MLSys: 2018年～）やワークショップ（AIDB：2019年～、aiDM: 2018年～）が開催されて注目を集めている。

クラウド環境におけるビッグデータ処理基盤

クラウド環境におけるビッグデータの並列分散処理に関しては、市場ニーズが高いと同時に技術的に難易度が高いため、さらなる技術開発が必要である。従来と同様に分散クエリ最適化や実行コード生成などのクエリ高速化、拡張可能性、自動チューニングの課題が引き続きある一方で、新たな展開としては1）構造化データや非構造化データなど多種多様なデータを格納するデータレイクに対するクエリ最適化、2）データベースにおける差分プライバシーを用いたプライバシー保護、3）多種多様なデータを統合するオープンデータ統合の際のデータの信頼性計算・来歴管理などの研究課題が挙げられる。

さらには、エッジコンピューティングと融合してエッジ側で機械学習の一部を実施する研究として、学習モデルの小型化、FPGAによる実装、クラウド側との連携アーキテクチャなどの研究が取り組まれている。

機械学習のライフサイクル全体を通したデータ管理

DB for ML（機械学習のためのデータベース技術）を含む大規模機械学習に関する技術分野であり、重要な研究課題として1）省電力化とモデル精度のトレードオフに関する研究、2）公平性とモデル精度のトレードオフに関する研究、3）データの増加や更新に伴うモデルの差分更新、4）データおよびベンチマーク公開が挙げられる。1）と2）に関しては公平性・説明責任などに関する国際会議FAccT 2021で発表され注目を集めた内容であり[3)]、3）と4）に関しては、例えば機械学習に関する国際会議NeurIPSでは2021年からDatasets and Benchmarksに関する論文トラックが新設されている。

また、機械学習の出現により新展開に発展している領域としては、グラフデータベースおよび多次元インデックスの研究が挙げられる。グラフデータベースに関しては、多くのIT系の企業では知識グラフを構築・活用することで自然言語処理や情報検索の高精度化を図っており、この用途向けにグラフデータベースが発展してきている。多次元インデックスに関しては、多種多様な対象が深層学習によって多次元空間に埋め込まれるため、大規模な多次元データ用の高速検索可能なインデックス技術が再注目されている。

［注目すべき国内外のプロジェクト］

ビッグデータ処理・管理の要素技術

数理科学の知見（線形計画問題、深層学習、強化学習など）を活用したビッグデータ処理・管理の高速化は多数の大学で研究がなされている。代表的なプロジェクトとしては、マサチューセッツ工科大学のSageDBプロジェクト[4), 5)]があり、学習型のデータ構造（インデックス、実体化ビュー）、クエリコスト予測、クエリ最適化など多岐にわたって体系的にデータ処理を学習型に置き換える取り組みを行っている。カーネギーメロン大学では、自動運用データベース管理システム（Self–Driving Database Management System）としてNoisePage[6)]の研究開発を進めている。

高速トランザクション処理に関しては、ミュンヘン工科大、スイス連邦工科大学、Oracleなどが代表的な研究プロジェクトを実施している。ミュンヘン工科大では、フラッシュメモリーと主記憶を連携して高速にトランザクション処理可能なUmbraを研究開発している[7)]。

クラウド環境におけるビッグデータ処理基盤

この領域における代表的なプロジェクトとして、マイクロソフトではBing、Office、Windows、Skype、Xboxなどの各種サービスのデータ分析を行っており、クラウド環境でのデータ管理の研究を続けてきている[8)]。例えば、QO–AdvisorはContextual Banditモデルを用いてクエリ最適化を制御する技術[9)]であり、数千マシン規模でペタバイトスケールのデータ処理を実現するサービスで実用化されている。また、コストパフォーマンスを最大化するようリソース量を制御するAutoExecutor[10)]を提案し、SparkSQL上で性能検証を行っている。

構造化データや非構造化データなど多種多様なデータを一元的に格納するデータリポジトリであるデータレイクに対するクエリ最適化に関しては、Databricks社が開発しているLakehouse[11)]のクエリエンジンの最適化[12)]が研究されており、多種多様なデータを統一的に扱うフレームワークをSpark上に実現している。データベースにおける差分プライバシーを用いたプライバシー保護技術に関しては、Google がライブラリーを開発しオープンソースとして公開しており[13)]、日本でもLINE研究所が差分プライバシー技術に関して多数の研究成果を挙げている。

エッジコンピューティングに関しては、オンデバイス学習技術の確立と社会実装の研究に関して慶應義塾大学が理論と実践を両立した研究を手掛けている[14)]。

機械学習のライフサイクル全体を通したデータ管理

昨今の機械学習の開発環境はワークフロー全体を支援するツール群から構成されており、ワークフローのステップごとに研究開発が取り組まれている。データクリーニングに関しては、人手でアノテーションされたラベルあるいは自動生成された弱ラベルに関するエラーを発見するための確率モデルを学習するFixy[15)]が提案されている。Appleにおいては、商業化の目的のため知識グラフを用いたモデル学習の高スケールな更新に関する研究開発を行っている[16)]。データの公平性や責任に関しては、ニューヨーク大の「Data, Responsibly」プロジェクト[17)]において、教師データの多様性を保持する学習方法、モデルが得られた背景にある教師データおよびデータ処理方法を判断できる仕組み、データの公平性と保護に関して研究を進めている。

知識グラフなどを格納するグラフデータベースに関しては、商用製品のNeo4jが最大のシェアを占めており、スタートアップとしては中国のTigerGraphなどの製品が台頭してきている。クラウド環境で利用可能なグラフデータベースとしては、Amazon Neptuneなどがある。TikTokのサービスを展開しているByteDanceでは、グラフデータベースとしてByteGraphを発表し[18)]、特に安定した実行速度と広域レプリケーションによる高可用性の点で技術的に優位であり、商用運用の実績も有している。また、深層学習によって多次元空間に埋め込まれたデータに対する多次元インデックスに関しては、Google のScaNN（Scalable Nearest Neighbors）が公開され広く利用されている[19)]。

（5）科学技術的課題

ビッグデータ処理・管理の要素技術

データの大規模化に伴い自動運用が可能なデータベース管理システムのニーズが高まっている。自動運用を実現するため、多くの数理科学の知見（線形計画問題、深層学習、強化学習など）を活用したビッグデータ処理・管理の高速化の研究が取り組まれているが、データの更新に伴うモデルの再学習・差分更新が重要な技術課題として挙げられる（前述の参考文献［16］のようなモデルの差分更新の取り組み）。国際会議VLDB2021のチュートリアル[20]では、この領域におけるopen problemとして1）モデル学習の軽量化（few-shot learningや巨大pre-trained modelの利用）、2）学習モデルの検証（データセット、ベンチマークの公開）、3）汎化性能の高いモデルの学習（複数の利用シナリオに共通する知識の獲得）、4）ワークロードに応じた最適なDBエンジンの（学習ベースの）アルゴリズム選択とDBエンジンの自動構成、5）統一されたデータベース最適化を挙げている。

一方、高速トランザクション処理に関しては、引き続き最新ハードウェア（GPU・永続メモリー・SSD）を活用したデータベースエンジンの研究が進むと考えられる。

クラウド環境におけるビッグデータ処理基盤

この領域でもコスト最小化問題を機械学習によって解くというアプローチがなされているが、特にハードウェアなどの資源競合によって引き起こされる急激な処理性能の変化によって、クラウドサービスにおけるサービスレベル保証（SLO：Service Level Objective）が困難となる問題は大きな技術課題として残っている。特に、SLOとして応答時間やスループットなどの性能保証とコストパフォーマンス最適化の課題がある。また、この分野では、データの多様化と同時に処理系の多様化が進んでおり、これら異種（ヘテロジニアスな）データを扱うデータレイクのシステムを、エッジコンピューティングとクラウドコンピューティングのハイブリッド環境で実現するというのが大きな研究の方向である。

さらにデータおよびワークロードの大規模化、およびクラウド環境を構成する多様なオープンソースソフトウェアの発展・バージョンアップに伴い、ソフトウェアの回帰テストのコストが膨大になってきている。このような観点から効率的なソフトウェアの信頼性担保の技術開発が必要である。

機械学習のライフサイクル全体を通したデータ管理

（4）注目動向の「機械学習のライフサイクル全体を通したデータ管理」で述べた1）省電力化とモデル精度のトレードオフに関する研究、2）公平性とモデル精度のトレードオフに関する研究は今後も非常に重要な研究課題と考えられる。特に参考文献［3］で述べられている通り、自然言語処理で利用されている言語モデルは精度を追求するあまり、2019年のBERTから2021年のSwitch-Cのたった2年間でパラメーター数が1万倍に増大しており、実際のサービスへの導入に当たっては電力消費などの問題と合わせてシステム設計が必要である。一方、機械学習による推論結果がブラックボックス化されたシステム内で利用されると、適正な利用や適正な学習が阻害され、結果として人事採用システムなどにおいてバイアスのかかった採用判断が生じる事例などが報告されている。ブラックボックス化を避けるためのAI活用原則に関しては、総務省よりAI利活用原則案[21]として報告されている。学習に関するこの種の不適切な問題を回避するために、教師データの来歴管理と学習したモデルの構成管理（どの教師データを、どの学習モデルによって、どのようなハイパーパラメーター設定でモデル学習を実施したか）が必要である。

ビッグデータを処理する観点あるいはデータ管理の側面から機械学習を捉えた場合、モデルの再利用の促進が大きな課題になると考えられる。ベンチマークデータとしての教師データはアーカイブなどで共有が進んでいるが、学習モデルの共有およびモデルをアンサンブルして統合的に再利用する取り組みが重要な課題であると考えられる。具体的には、共有化された膨大な学習モデル集合の中から適用先に適した学習モデルを選別するモデル検索技術、検索した学習モデルを転用するための転移学習の技術、転移学習後の再学習において破壊的忘却を避ける技術などが重要な課題であると考えられる。

また、機械学習の出現により新展開に発展している領域であるグラフデータベースに関しては、特に知識グラフを構築するためのコーパスの収集、知識グラフの共有、知識グラフから導出したモデルの共有化による技術の大衆化の取り組みが重要であると考えられる。

（6）その他の課題

冒頭で述べた通り世界規模でのクラウドビジネスの成長率は34％と極めて高いが、日本企業はごく少数の企業以外はクラウドビジネスから撤退してしまっており、日本の大学での研究の適用先を探すことが難しくなっている実情がある。一方で大学側としては10兆円ファンドなどの国策によって、世界と伍する研究成果を生み出し大学自体の国際化が必要な状況にある。このような状況下において、本データ処理基盤に関する研究分野に関しては、日本の大学から海外の大学進学や海外企業への就職をより後押しする施策が必要であると考えられる。そのためには、早い段階から海外企業でのインターンシップの経験を積みやすい環境づくりが必要である。

また、クラウドコンピューティングは電力コストが小さい場所での運用コスト効率が良いため、日本のようにインフラに関するコストが大きい環境では不利な面があった。近年、5Gやハードウェアの小型化によるエッジコンピューティングが普及しつつあり、サービスが利用される現場でのコンピューティングが競争力を持つ状況に変化しつつある。このような観点から、世界のクラウドと日本の通信・エッジコンピューティングをハイブリッドに組み合わせたコンピューティング技術を日本の主たる企業が参画して研究開発を共同で進められる施策が重要になると考えられる。

(7) 国際比較

国・地域	フェーズ	現状	トレンド	各国の状況、評価の際に参考にした根拠など
日本	基礎研究	○	→	・機械学習やデータマイニング系の最難関会議では、日本の大学および企業からコンスタントに発表されている。データベースやシステム系の最難関会議でもVLDB2020では日本からの投稿は世界5位と増加している。
	応用研究・開発	△	→	・クラウド環境の浸透に伴い、多くの大企業およびスタートアップ企業がAIを活用したサービスを開始している。スタートアップ企業としては、Preferred Networks社、ティアフォー社などがクラウドとエッジコンピューティングを活用した応用研究で目立っている。
米国	基礎研究	◎	→	・米国の大学・企業における基礎研究レベルは高く、データベース系および機械学習系の両面で世界をリードしており、特にデータベース分野での最難関会議の約3割は米国からの発表である。
	応用研究・開発	◎	→	・AmazonとMicrosoftの2社でクラウドの市場の54％を占めており、ユーザー向けのサービスラインアップも充実している。 ・大学発の多くのスタートアップが生まれる素地があり、特に米国西海岸でのデータ処理基盤に関するスタートアップが有名研究室から生まれている。また、OSS開発コミュニティーでは大学との連携が強い。
欧州	基礎研究	◎	→	・不揮発性メモリー、メニーコア、高速ネットワーク、GPU 、FPGAなどの最新ハードウェアを活用したDBMS の研究開発が強い（ミュンヘン工科大、スイス連邦工科大学）。
	応用研究・開発	○	→	・SAP社の HANAなどのカラム指向で主記憶型のDBMSやストリームデータ処理エンジンの取り組みが目立っている。

中国	基礎研究	◎	↗	・大学が中心となって基礎研究において多く成果を挙げている。近年の中国からのデータベース系の難関国際会議への投稿数・採択数とも米国に次いで世界第2位になってきている。
	応用研究・開発	◎	→	・Alibabaが商業的に成功しており、Eコマース業界からクラウド業界へと進出を果たしている。 ・中国全体としてスタートアップ企業が好調である。
韓国	基礎研究	○	→	・最新ハードウェアを利用したDBMSの高速化などの高速 DBMSの取り組みや、グラフエンジンの取り組みなどが目立っている。
	応用研究・開発	○	→	・SAP社は韓国に支店を構え、韓国の大学と共同研究を行い、SAP HANA DBMSの高速化に取り組んでいる。

（註1）フェーズ

基礎研究：大学・国研などでの基礎研究の範囲

応用研究・開発：技術開発（プロトタイプの開発含む）の範囲

（註2）現状　※日本の現状を基準にした評価ではなく、CRDS の調査・見解による評価

◎：特に顕著な活動・成果が見えている　　○：顕著な活動・成果が見えている

△：顕著な活動・成果が見えていない　　×：特筆すべき活動・成果が見えていない

（註3）トレンド　※ここ1～2年の研究開発水準の変化

↗：上昇傾向、→：現状維持、↘：下降傾向

参考文献

1) IDC「国内ビッグデータ/データ管理ソフトウェア市場予測を発表」https://www.idc.com/getdoc.jsp?containerId=prJPJ48327821,（2023年2月6日アクセス）.

2) Canalys, "Global cloud services spend up 33% to hit US$62.3 billion in Q2 2022," https://www.canalys.com/newsroom/global-cloud-services-q2-2022,（2023年2月6日アクセス）.

3) Emily M. Bender, et al., "On the Dangers of Stochastic Parrots: Can Language Models Be Too Big?" in FAccT'21: Proceedings of the 2021 ACM Conference on Fairness, Accountability, and Transparency (New York: Association for Computing Machinery, 2021), 610-623., https://doi.org/10.1145/3442188.3445922.

4) Data Systems and AI Lab (DSAIL), "SageDB: A Self-Assembling Database System," http://dsail.csail.mit.edu/index.php/projects/,（2023年2月6日アクセス）.

5) Tim Kraska, et al., "SageDB: A Learned Database System," The biennial Conference on Innovative Data Systems Research (CIDR) 2019, 13-16 January 2019, https://www.cidrdb.org/cidr2019/papers/p117-kraska-cidr19.pdf,（2023年2月6日アクセス）.

6) Matthew Butrovich, et al., "Tastes Great! Less Filling! High Performance and Accurate Training Data Collection for Self-Driving Database Management Systems," in SIGMOD'22: Proceedings of the 2022 International Conference on Management of Data (New York: Association for Computing Machinery, 2022), 617-630., https://doi.org/10.1145/3514221.3517845.

7) Technische Universität München, "UMBRA: Flash-Based Storage + In-Memory Performance," https://umbra-db.com/,（2023年2月6日アクセス）.

8) Alekh Jindal, et al., "Peregrine: Workload Optimization for Cloud Query Engines," in SoCC'19: Proceedings of the ACM Symposium on Cloud Computing (New York: Association for Computing Machinery, 2019), 416-427., https://doi.org/10.1145/3357223.3362726.

9) Wangda Zhang, et al., "Deploying a Steered Query Optimizer in Production at Microsoft,"

in SIGMOD'22: Proceedings of the 2022 International Conference on Management of Data (New York: Association for Computing Machinery, 2022), 2299-2311., https://doi.org/10.1145/3514221.3526052.

10) Rathijit Sen, Abhishek Roy and Alekh Jindal, "Predictive Price-Performance Optimization for Serverless Query Processing," in Proceedings of the 26th International Conference on Extending Database Technology (EDBT 2023) (OpenProceedings.org, 2023), 118-130., https://doi.org/10.48786/edbt.2023.10.

11) Michael Armbrust, et al., "Lakehouse: A New Generation of Open Platforms that Unify Data Warehousing and Advanced Analytics," 11th Annual Conference on Innovative Data Systems Research (CIDR 2021), 11-15 January 2021, https://www.cidrdb.org/cidr2021/papers/cidr2021_paper17.pdf,（2023年2月6日アクセス）.

12) Alexander Behm, et al., "Photon: A Fast Query Engine for Lakehouse Systems," in SIGMOD'22: Proceedings of the 2022 International Conference on Management of Data (New York: Association for Computing Machinery, 2022), 2326-2339., https://doi.org/10.1145/3514221.3526054.

13) Royce J. Wilson, et al., "Differentially Private SQL with Bounded User Contribution," Proceedings on Privacy Enhancing Technologies 2020, no. 2 (2020) : 230-250., https://doi.org/10.2478/popets-2020-0025.

14) 慶應義塾大学松谷研究室, https://www.arc.ics.keio.ac.jp/,（2023年2月6日アクセス）.

15) Daniel Kang, et al., "Finding Label and Model Errors in Perception Data With Learned Observation Assertions," in SIGMOD'22: Proceedings of the 2022 International Conference on Management of Data (New York: Association for Computing Machinery, 2022), 496-505., https://doi.org/10.1145/3514221.3517907.

16) Ihab F. Ilyas, et al., "Saga: A Platform for Continuous Construction and Serving of Knowledge at Scale," in SIGMOD'22: Proceedings of the 2022 International Conference on Management of Data (New York: Association for Computing Machinery, 2022), 2259-2272., https://doi.org/10.1145/3514221.3526049.

17) Data Responsibly, https://dataresponsibly.github.io/,（2023年2月6日アクセス）.

18) Changji Li, et al., "ByteGraph: A high-performance distributed graph database in ByteDance," Proceedings of the VLDB Endowment 15, no. 12 (2022) : 3306-3318., https://doi.org/10.14778/3554821.3554824.

19) GitHub, Inc., "google-research: Scalable Nearest Neighbors (ScaNN)," https://github.com/google-research/google-research/tree/master/scann,（2023年2月6日アクセス）.

20) Guoliang Li, Xuanhe Zhou and Lei Cao, "Machine learning for databases," Proceedings of the VLDB Endowment 14, no. 12 (2021) : 3190-3193., https://doi.org/10.14778/3476311.3476405.

21) 総務省情報通信政策研究所「AI利活用原則案（平成30年7月31日）」内閣府, https://www8.cao.go.jp/cstp/tyousakai/humanai/4kai/siryo1.pdf,（2023年2月6日アクセス）.

2.5.5 IoTアーキテクチャー

（1）研究開発領域の定義

本研究開発領域で取り扱う技術は、膨大な数のセンサーや端末がネットワークに接続されるIoT時代において、実世界と情報世界を高度に融合するコンピューティング環境を実現するための技術である。

実世界を構成するモノ・ヒト・コトの状況を認識するセンサー技術、それらに作用や情報を与えるアクチュエーション技術、デバイスそのものの構成法、認識処理方式、作用や表示方式等の情報通信技術をはじめとして、長期稼働を実現するための電力供給技術、必要に応じて機器や端末が自律的に移動する技術、ビッグデータ分析を可能にする機械学習/AI技術、データに含まれるパーソナルデータのセキュアな取り扱いのためのセキュリティー技術が含まれている。

ここでは、実世界との境界（エッジ）にあってSociety 5.0を実現する情報流の源でありかつ作用点としての観点から関連する技術、動向と課題を俯瞰する。

（2）キーワード

エッジコンピューティング、フォグコンピューティング、スマートエッジ、5G/Beyond 5G、ストリームコンピューティング、Internet of Things、エネルギーハーベスト、VR/AR/メタバース、生体情報、パーソナルデータ/個人情報の保護/活用、ウェルビーイングコンピューティング、行動変容、アクチュエーション、ヒューマンAI協調

（3）研究開発領域の概要

［本領域の意義］

膨大な数のモノがネットワークに接続されるようになると[1)]、現在のクラウドコンピューティングはネットワークに起因する遅延、さまざまなデバイスへの対応、地域性・局所性への対応などの観点で必ずしも最適な解とはならなくなる。モノがクラウドに接続される形態に加えて、生成される情報の時空間的な流通価値に応じてエッジ側に機能追加することも必要となる。

例えば、スマートグリッドにおける高速デマンドレスポンス[2)]では、数秒オーダーの速度で需要側に設置された膨大な数のスマートメーターからデータを収集して、需給調整を行うことが必要となる。コネクテッドカーやV2Xをベースとするスマートモビリティーの実現[3)]でも時空間的な情報の流通価値を考慮しなければならない。エッジ側とクラウド側とが連携しながら処理を行う仕組みが必要となる。さらにエッジ側で高度なAI処理が可能なデバイスが普及し始め、実世界認識と前処理はエッジで行い、ビッグデータ分析のみクラウド側で処理するといった分業や、階層的な分散処理が現実的になり始めている。さらにそこにはAIと人間の協調関係をどのように導入すべきかといった課題もある。

実世界と接し、そこからさまざまな状況を認識し情報を取得するセンシング、実世界に作用を与えるアクチュエーションといった技術、実世界に接するエッジでのAIに代表される高度な認識を担うスマートコンピューティング技術、エッジで得られた情報が構成するビッグデータを大量の計算機資源で制御・分析するクラウド技術、そしてエッジとクラウドをつなげるさまざまな情報通信技術と分散処理技術が本領域には含まれる。IoTアーキテクチャーは、これらの広範な技術を統合した上に成り立ち、実世界と情報空間の間に位置し、利用者にとって最も身近に感じられる重要な位置付けにある。

［研究開発の動向］

コンピューティング分野は、時代とともに何度もパラダイムシフトを繰り返してきた。1960年代にはユーティリティーコンピューティングという概念が生まれ[4)]、その後、クラスターコンピューティング、さらに1990年代に入ると、ユビキタスコンピューティングの考え方が登場し、ヒューマンセントリックでコンテキストアウェ

アなサービスが創出された。また、インターネット上の多くの計算資源を結び付け、一つの複合したコンピューターシステムとしてサービスを提供するグリッドコンピューティングも登場した。2000年代に入ってからは、大規模データセンターを背景としたクラウドコンピューティングが世界を席巻した。2000年代後半からモバイルクラウドコンピューティングが唱えられ始め、スマートなエッジコンピューティング[5)]へと発展している。

これらの変遷の背景には、エンドユーザーの要求とハードウェアの進化がある。スマートなエッジコンピューティングが登場した背景も、エンドユーザーの要求の変化とデバイスの高性能化にある。クラウドコンピューティングでは通信遅延が大きく、デバイスの移動への対応が不十分、コンテキストアウェアネス対応が困難などといった課題や、エッジからクラウドへ流通する情報に含まれる個人情報をいかに保護するかといった課題を抱えていた。

通信技術

5Gの「大容量」という特長を活かすミリ波サービスが始まっているが、28GHz帯基地局設置のノウハウが不足していることと、設置のためのコストの増大により、しばらくは他の特長である「低遅延」と「多数接続」を活かすことになるが、これらは元々遅延の大きいクラウド処理よりもエッジでの情報流通と実時間処理での活用こそが本命である。産業界においてもスマートエッジコンピューティング分野での動きが活発になりつつある。5Gの持つ「低遅延」、「大容量」、「多数接続」という特長を活かして、アプリケーションの応答性の改善や、ユーザーエクスペリエンスの向上などが期待されている。

Bluetooth 4.0で採用されたBLE（Bluetooth Low Energy）は新型コロナ感染防止など近距離プレゼンス認識で注目を戻し、Bluetooth 5.0ではメッシュネットワーク機能が取り入れられ多数端末管理機能の充実が期待される。また、Bluetooth機器のアンテナへの入射角度を認識するAngle of Arrival（AoA）方式の測位技術が規格化され[6)]、屋内空間などでの利用が期待されている。920MHz帯を活用するLPWA（Low Power Wide Area）と呼ばれるノイズレベルのサブGHz帯の無線信号を低ビットレート、超低消費電力でサポートする広域無線網はソニーのELTRESのような高信頼性を実現し、今後のダウンリンクへの展開も注目されている[7)]。

センシング技術

センシング機器はMEMS（Micro Electro Mechanical Systems）技術を用いた小型化、省電力化が進み、さらにデジタルセンサー機器に専用プロセッサーを追加することによるスマート化がますます推進されている。いわゆるニューラルネットワーク処理エンジンを用いた高度な実世界認識技術がエッジでのセンサーにより獲得された生のデータ量を目的とする情報にまで認識・分析して抽象度を上げ、大幅に圧縮する。その場でカメラ映像から人のみを抽出し、匿名化処理を施してプライバシーに配慮する試みも実用化段階にきている[8)]。

一方で高齢化の進展や新型コロナウイルス感染拡大といった状況で、生体情報センサーの注目度が急激に上がっている。体温、脈拍、心電の他、パルスオキシオメーター（動脈血酸素飽和度）などをウエアラブル機器が装備するようにもなっている。中国では感染封じ込めのため、市中に設置したセンサーやロボットで自動的に発熱者の追跡もなされたという。

自動運転車用センサーとしては高価であったLiDARの低廉化、その代用としての画像認識機器の進歩、ミリ波レーダーの活用などが注目されている。また、クルマとモノの通信であるV2Xが4G LTEや5Gを利用したCellular V2X（C-V2X）へと進展しており、米国フォード社は2022年から開始予定としている。このC-V2Xにより、クルマと歩行者のスマートフォンとの通信サービス（V2P（Vehicle-to-Pedestrian））が実現され、歩行者事故防止への貢献が期待される。

近年のスマートフォンでは、UWB（Ultra-Wide Band）およびWi-Fi RTT（Round Trip Time）による精密で正確な測距・測位技術が注目され[9)]、特に赤外線を用いたLiDARとUWBとは携帯端末への搭載が普及しつつある。UWBはこれまで各社で独自に実装されていたが、UWBは通信のみならず高精度な測距が可能なセンシング機能を持ち、2021年にIEEEにより規格化がなされた[10)]。Apple社のU1チップ、AirTagでの導入を契機に各社での実装が期待されている。これらの実世界認識センサー機器の進歩により、自動運転のみならずAR/メタバース関連サービスなどでの活用はもとより、スマートモビリティーに類するビークルやロボットなどでも応用が期待される。

機械学習・AI技術

AIプロセッサーは、Google、NVIDIA、Intelの他にも2020年以来Green500でトップを3度獲得しているPFNのMN-Core[11)]をはじめ、スタートアップ各社によって百花繚乱である。クラウド・エッジともにターゲットとされて開発されているが、論文として公刊されているTPUを除いて技術的詳細は公開されていない。機械学習にはモデル生成の学習フェーズと、生成されたモデルによる識別フェーズがあるが、クラウド用途はモデル生成を競いスケーラビリティーと浮動小数点演算が重視され、エッジでは識別器のみを効率よく動かすことが主眼とされている。特に携帯端末におけるAIハードウェア技術では、カメラによる撮影画像やメディア再生を高度化、高品質化するのに大きく寄与した。例えばカメラにおいては、これまでは高品質な撮像素子の進歩に期待されていた部分が複数の専用撮像素子/LiDARおよびレンズにより撮影し、AIハードウェアにより高度に合成する手法（Computational Photography）に変わったといってもよい。

携帯端末におけるAI・機械学習ソフトウェアではこれらのAIハードウェアを開発者に透明に活用させる仕組みが確立した。iOSのCoreMLやGoogleのTensorFlowとその携帯端末版であるTensorFlow Liteを内蔵するML KitがmBaaS（mobile Backend as a Service）であるFirebaseの一部として実装されている。そこでは、モデルサイズを極限まで縮小し、オンデバイスでのスタンドアローン実行がテキスト、顔、ランドマーク、バーコードといった一般的モデルで実現されている。また、画像・動画のみならず音声のリアルタイムでの文字起こしも実現されている。

AIがどれほど優秀になっても、人とAIはどちらかが完全に責任を取る形ではなく、互いに主導権を移譲し合いながら業務を遂行するための技術が必要となる。排他的に移譲するのか、協調的な業務遂行が可能か、といったことを踏まえて移譲を安全に実現する技術[12)]が注目されている。

電力供給技術

エッジにおける小型端末に必須の要素である電力供給をいかに実装するかは常に課題である。大容量二次電池では全固体電池技術によるさらなる高性能化が期待され、一気に電気自動車への適用が加速している。より小型のIoT機器では電気二重層コンデンサー（Electric double- layer capacitor、EDLC）やリチウムイオンキャパシターなどの高効率キャパシターの実用化のための開発、IoT機器に特化したエネルギーハーベスターの開発に注目が集まっている。電池駆動のBLEタグを屋内照明でのハーベスターにより駆動するものは既に一般化している。環境発電技術では光発電以外に、レクテナによる電磁波や近距離での無線給電技術、音や振動による発電の研究も実用間近である。

一方で無線給電技術として、給電ステーションなどの特定の位置ではなく、部屋の中全体といったより広い空間での位置に縛られない無線給電や、広範囲の面給電装置に対して効率的な給電ルーティングと無線給電スポットの任意箇所での生成が実現されており、遍在するIoT機器へのより自由度の高い給電可能性が広がっている[13)]。

アクチュエーション技術

実世界に影響を与える作用を実現するものであり、携帯端末での情報の提示、街中でのデジタルサイネージなどで使われる。タッチデバイスに導入される力覚生成機器はウエアラブル機器、特にヒアラブル機器（ワイヤレスイヤホンなどの機器で、スマートフォンに接続して音声インターフェースとして利用する）のインターフェースとしても多用されるようになってきており、今後は広範囲に力覚を用いたUIが適用されていくと思われる。

一方で、自律移動ロボットも種類が増えUAV/UGV（Unmanned Aerial/Ground Vehicle）も低価格化、普及が始まっている。UAVはまだ規制が厳しく無人での自動運転は実用にはなっていないが、都市空間の極小エリアでの気象予報技術との連携が注目されている[14)]。UGVは私有地内等でのカート、コミューター用途での活用、物流倉庫等での荷物カート、一般歩道でのデリバリーカートなどが実用化されつつある。高度化したスマートなエッジデバイスはその最たるものが自動運転車であるが、適用される技術がIoT分野からロボティクス分野との融合を起こしつつあり、次世代移動支援技術開発コンソーシアムによるAIスーツケースは「盲導犬」の役割を担うLiDAR付きスーツケースであり、まさにその例だといえる[15)]。また、従来の剛体のロボット技術だけでなく、人間や他の生物のように柔らかいボディーを持ったソフトロボットの研究開発や社会応用が注目されている[16)]。JST ERATO川原万有情報網プロジェクトでは、イモムシ型ソフトロボットにおける這行制御の理論と応用実証が行われ、新たな産業用途への利用が期待されている[17)]。

（4）注目動向

［新展開・技術トピックス］

スマートなエッジコンピューティング分野の特徴は、プレーヤーの多様化である。元々は、シスコがフォグコンピューティングを2012年に提唱[18)]したように、IT企業がフォグ/エッジコンピューティングを主導してきた。これに対して、昨今は、通信事業者や製造業などからフォグ/エッジコンピューティングに参入するプレーヤーが増えてきている。通信事業者ではMobile Edge Computing（MEC）、製造業においてはGEのIndustrial IoT Consortium[19)]、ファナックのField System、三菱電機のEdge Crossなどの活動がある。また、一方でフォグコンピューティングの研究開発をうたうものは見られなくなっている。これは、エッジとクラウドの中間である「フォグ」を担う事業者の欠如が原因だと考えられる。

このような流れの中で求められるものは、多種多様なアプリケーションの要件を理解することに加えて、これらの要件を抽象化してスマートエッジコンピューティングの設計につなげていくことである。現在は、個別のアプリケーションに特化したスマートエッジコンピューティングにとどまっている。特化型スマートエッジコンピューティングの開発を通して要件を一つ一つ積み重ねていきながら、抽象化につなげ、汎用的なスマートエッジコンピューティング基盤の構築につなげていくことが望まれる。

また、IoTデータを単一システム内、あるいは、複数のシステム間をまたいで流通させるためのメタデータの記述や流通プロトコルが重要である。インターネットがTCP/IPによって発展したようにIoTシステムのさらなる発展には、汎用的な流通プロトコル（MQTT、CoAP、HTTP REST、SOX、SPAQL）の確立が重要な課題である。

センシングの注目動向としてはスマートフォンに搭載されるセンサーとして、LiDAR、UWB、Wi-Fi RTT、多眼カメラデバイスが挙げられる。LiDARはAppleのFaceIDから導入されたがAR/VR応用が期待される中、カメラ撮影画像の認識、AI現像での実用化が広がっている。UWBは正確な測距センサーとして機能するが、応用には測位ではなく測距の技術であることからSOM（自己組織化マップ）技術などの基盤が必要となろう。また、マーカーとして機能するコンパニオンデバイスが必要とされる。Wi-Fi RTTはWi-Fi基地局への導入から始まっているが、今後は端末間でも正確な測距が可能なハードウェアが導入されていくと思われる。多眼カメラデバイスはAI技術による写真撮影のHDR（High Dynamic Range）など高度修正機能としてのみ利用されているが、いずれは立体視された空間認識結果を活用するAR/VRアプリケーション等、メタバース応用サービスでのLiDARの補完的な役割を担うであろう。一方で、グリップ検出の圧力センサー、ミリ波レーダーによるジェスチャーセンサー（Google Pixel4のSoli）は応用が依然として追いついてきていない状況である。

モビリティーの大きな動向としては、無人タクシーや物流の先導追従運転など自動運転の社会への導入が始まり、ポスト自動運転の世界を考えた動きが始まっていることであろう。トヨタのe-Paletteを始めとするモビリティーをプラットフォーム化する動き[20]に加えて、富士裾野市でのWoven City構想[21]はインテリジェントビークル社会実現のためのデータセントリック手法として位置付けられる。自動運転技術の熟成のためのデータ収集という側面と、そこで暮らす人々のパーソナルデータの活用という側面も持つ。またMaaS（Mobility as a Service）を実現しようとする社会実証が各地で始まっているが、鉄道・地下鉄・タクシーの連携のみでの試みが多く、自治体主導でMaaSレベル4（政策の統合）の実現を目指そうとしているものは少ない。一方で自動運転技術については政府主導でレベル4（限定エリアでの無人運転）を実現する動きがある。これは遠隔での運行管理センターを前提とする計画であり、そのためのAIと人間の協調を支援する技術開発が必要となる。

個人情報データは保護すべき対象とされるが、それを安心して活用できる基盤として情報銀行という仕組みが立ち上がりつつある。個人がその健康データや購買データを信託し、非識別化加工を実施した上で、活用するサービス企業とやりとりし、銀行預金の利息のようにその一部の利益が個人情報提供者に戻ってくる仕組みである。情報銀行はこれらの個人情報を中央集権的に管理する仕組みであるが、一方ではPLR（Personal Life Repository）に基づいた個人の医療・介護記録を自身で管理し、流通の制御を個人に委ねる分散PDS（Decentralized Personal Data Store）の仕組みの実証も始まっている[22]。高齢化が進む社会でのパーソナルデータ活用の推進の意味でも注目すべき試みである。

自動車保険の分野でもセンシングを活用した新たなサービスが開発されている。あいおいニッセイ同和損害保険は、トヨタ自動車のテレマティクスサービス「T-Connect」のナビから、スマートフォン等を通じて取得した車両運行情報を、走行距離に基づいた保険料の算出や安全運転アドバイスなどのサービスに活用している[23]。名古屋大学とSOMPOホールディングズによる運行記録からの重要なイベントの抽出とそのテキスト化による自動運転向けデジタルリスクアセスメント技術[24]は自動運転時代を見据えて注目すべき開発とみられる。

[注目すべき国内外のプロジェクト]

ZEB（Zero Energy Building）の取り組みの中でも、IT/IoT/AI技術を活用して実証環境を自社内に建築している三菱電機のZEB関連技術実証棟「SUSTIE」[25]では省エネ性に優れた居住・執務空間の実現が期待される。

また、CES2020で発表されたWoven City構想では、超スマートシティーとしての工場・モビリティーにとどまらず、観光、健康、医療、農林業といった広範な分野での貢献が期待されている。

携帯電話ネットワークの状況としては、5G以降の技術開発での中国に対抗する計画として2025年大阪・関西万博での披露を目指してBeyond 5G/6Gのプロジェクトが起きている。開発目的として5Gが目指してきた高速性、低遅延、多端末のレベルをさらに引き上げるとともに、DX（Digital Transformation）を後押し、さらにはコロナ禍を通して進展した社会のオンライン化をさらに加速する目的もある。さまざまなネットワークの透明で自律的な連携を視野に入れ、HAPS（High Altitude Platform Station）や衛星を含んだハイブリッドでの拡張性や超低消費電力の実現などを目的としている。米国Appleが発表した衛星経由の緊急通報サービスやクララコムがCES2023で発表した衛星通信を使った双方向メッセージ通信サービスなど、地上系通信サービスと非地上系サービスの一体化をBeyond 5G/6Gに向けて加速している。このようなサービスが開拓され、単に地上系通信インフラ技術のみの研究開発では不十分とみられている。

位置情報を活用したマーケティングとサービス施策の促進のために世界中に26のチャプターを持つLocation Based Marketing Associationが設立され、日本支部[26]でも位置情報サービス提供のスタートアップ、地理情報計測企業、マーケティングリサーチ企業などが参加している。位置情報はその表現が直接的なものでなく、デバイス情報を利用することが多いため、個人情報保護の観点からその利活用のガイドラインの確立においてカメラ情報よりも遅れていたが、会員会社らの努力により時代に合わせた運用が今後提案されていくことが期待されている。

米国では2020年2月の大統領令により、PNT（Position Navigation Timing）に関連するインフラの脆弱性対策、冗長性の整備が義務付けられており[27)]、さらに2019年のFCC命令では緊急呼（E911）での発信者位置情報への3D情報の追加[28)]もあって、屋内外位置情報や高精度時刻情報のためのインフラ整備事業が興りつつある。特に、通信キャリアは端末の機能追加が必要になるため、それに必要となる技術を持つ会社との提携が始まっている。地上基地局を整備して3次元測位および屋内外測位をサービス提供するNextNav社は大型融資を実現し、AT&Tからのサービス提供も開始している[29)]。

また、IoT機器の普及とともに、IoT機器への不正ログインやソフトウェアの脆弱性を利用したサイバー攻撃が増加しており、各国でIoT機器のセキュリティー認証制度（セキュアラベリング）の議論が活発となっている。シンガポールでは、国主導でセキュリティーラベリングが実施され、わが国においては、民間主導でIoT機器に対する共通ラベリングと車載機器、決済端末、スマートホームなどの製品ごとの固有な要件に対応したラベリングが実施されている。一方、米国においては、サイバーセキュリティーの向上を目指した2021年5月の大統領令を受け、NIST（National Institute of Standards and Technology）が中心になってドローンなどのソフトウェアも含めて、一般消費者向けIoT機器ソフトウェアのラベリングシステムを検討している。

（5）科学技術的課題

エッジコンピューティングは、利用できる計算機資源が時々刻々変化する環境であり、フォグ、クラウドとなるに従い、資源の可用性は安定してくる。その度合いに適応して稼働するために、フォールトトレーランスの実現に必要となる動的スケジューリングやプロセス・コンテナのマイグレーションが必要となる。現在、そこまでのソフトウェア環境をエッジに装備することはできていないが、いずれ高速で移動するインテリジェントカーを計算機資源として活用するための開発が必要となる。

エッジコンピューティングの進展は、エッジで利用できるデバイスの発展がいくらあっても、何らかのフォグ、もしくはクラウドでの処理との連携が必要である。特に、現在のAI技術に代表される機械学習・深層学習の学習フェーズはクラウドでの処理が必須となる。大量の計算資源を必要とする学習フェーズでは、分散化をいかに効率よく実現するか、さらには多くの生のデータが含む個人情報をどのように保護するかが課題となっている。 Federated LearningやPrivacy-Preserved Learningでは分散化や暗号化、多段の特徴量生成などが試されているが、データの完全性が欠如するため学習効率とのトレードオフが問題とされている。またフォグおよびクラウドでは複数かつ異種の事業者によりデータをマッチングさせたサービスの展開が期待されており、それらをセキュアに実現するための秘密計算技術や連合学習技術についてもさらなる研究開発が必要となる。

一方、識別処理に関しては、何をどの精度で識別するかが、ベースとするモデルで処理性能（メモリーサイズや処理時間）に影響が出るので、エッジで単体のオールマイティーの能力を有する識別器を用意するのは現実的ではない。そこで、識別対象を限定した識別器をエッジにおいて同時に複数でハイブリッドに活用するAI技術の「センサーフュージョン」の実現が期待されている。

エッジコンピューティングで利用されるIoTデバイスは、オープンな環境下での利用が多く、特に、ここ数年TCP/IPポート23（Telnet）をターゲットに不正ログインをし、マルウェアに感染させ、これら機器を踏み台にした大規模サイバー攻撃（DDoS攻撃）によりインターネットに障害が生じるなど深刻な被害が発生している。また、IoTデバイス向けの軽量暗号や機器認証が課題である。攻撃を受けた上でもそれに耐性を持つことのできるセキュアOSや冗長性を機器、アルゴリズム、接続方式など多面的に実現していくことや、基本となるWi-FiやBluetoothの国際規格へのセキュリティーを加味した管理運用のための機能の策定が期待されている。

（6）その他の課題

After/Withコロナ時代に対応した、位置情報を始めとする個人情報活用の新たなスタンダードが必要とされている。特に、緊急時と平常時といった2段階ではない複数段階のBCP（事業継続計画　Business Continuity Plan）レベルの定義とそのレベルの自動識別、識別されたレベルに対応したデータ品質と処理の実現が要求される。

5Gにおいて日本が出遅れた大きな理由の一つは、標準化活動への人材投入意識の圧倒的な欠如にある。特に若い世代の人材投入が世界的な標準化事業に対してほとんどなされておらず、その一方で中国の若い世代の投入は目覚ましいものがある。この状況が続く限り、世界的な標準化事業における日本のプレゼンスは今後の改善が全く見込めない。

アーキテクチャー設計は技術開発項目に含まれることになるが、学術的成果として認められづらいこともあり、なかなかアーキテクチャー議論にリソースを割くことができない状況になっている。そのため、研究開発プロジェクトにおいては、意識的にアーキテクチャー議論を推進する仕組みがあることが望ましい。抽象化して議論する場を提供することが、わが国のアーキテクチャー人材の育成にもつながる。例えば、クラウド技術の民間活用に比べて、エッジコンピューティングの利用に関してはデファクトスタンダードが存在せず、アドホックに利用できる安価なソリューション自体も存在しない。これはアーキテクチャーの標準化がなされていないことに起因する。スマートシティー・スーパーシティー構想においても、いわゆる「都市OS」という考え方はその意味でも重要な意味合いを持っている。

（7）国際比較

国・地域	フェーズ	現状	トレンド	各国の状況、評価の際に参考にした根拠など
日本	基礎研究	△	↘	・研究費、人材の減少が長く響く。 ・標準化への資材・人材投資の不足。
	応用研究・開発	○	↘	・選択と集中される分野が既に主導権を取れないものばかり。コロナ禍でDXの遅れの顕在化。
米国	基礎研究	◎	→	・明らかな米中2強時代の始まり。 ・好調なGAFAなど応用サービスの企業からの基礎への投資が目覚ましい。
	応用研究・開発	◎	→	・GAFAのGDPRへの対応に辛うじて成功。 ・引き続き、GAFAに対抗できる存在が、BATH以外に見られない。
欧州	基礎研究	○	→	・目覚ましい動きは見られない。 ・イギリスのベンチャーは依然堅調。
	応用研究・開発	○	↘	・スマートシティーなど「場」造りは進むも、コロナ禍に加えウクライナ危機により研究的な進展や独自サービスの動きは見えない。
中国	基礎研究	◎	↗	・5G/AI/バイオいずれも圧倒的な世界的特許の数。研究開発への国家予算の規模が桁違い。
	応用研究・開発	◎	↗	・米国の制裁を受けてもたじろがない、独立した独自サービスの充実と、それを十分に支えてけん引するマーケット。
韓国	基礎研究	△	→	・ディスプレー技術以降の独自研究成果を見るまでには至らない。
	応用研究・開発	○	→	・家電系、モバイルに加え半導体製造業も存在感を見せ、引き続き堅調。
その他の国・地域	基礎研究	○	→	・インド、台湾のIT、フィンランドの各種スタートアップ、イスラエルなどの軍事関連技術の台頭。
	応用研究・開発	○	→	・エストニア、フィンランドなど、電子政府、MaaSでの台頭。

（註1）フェーズ

基礎研究：大学・国研などでの基礎研究の範囲

応用研究・開発：技術開発（プロトタイプの開発含む）の範囲

（註2）現状 ※日本の現状を基準にした評価ではなく、CRDS の調査・見解による評価

◎：特に顕著な活動・成果が見えている　○：顕著な活動・成果が見えている

△：顕著な活動・成果が見えていない　×：特筆すべき活動・成果が見えていない

（註3）トレンド ※ここ1～2年の研究開発水準の変化

↗：上昇傾向、→：現状維持、↘：下降傾向

関連する他の研究開発領域

・IoTセンシングデバイス（ナノテク・材料分野 2.3.4）

参考文献

1) 総務省「情報通信白書平成30年版：IoTデバイスの急速な普及」https://www.soumu.go.jp/johotsusintokei/whitepaper/ja/h30/html/nd111200.html,（2023年2月6日アクセス）.

2) 経済産業省 資源エネルギー庁「ディマンドリスポンスについて（2017年 4月20日）」経済産業省, https://www.meti.go.jp/shingikai/enecho/denryoku_gas/denryoku_gas/seido_kento/pdf/004_s01_00.pdf,（2023年2月6日アクセス）.

3) 特許庁審査第四部調査室「クルマとモノをつなげるV2X通信技術、業界の枠超えた研究開発が重要」日経XTECH, https://xtech.nikkei.com/atcl/nxt/column/18/00053/00036/,（2023年2月6日アクセス）.

4) Simson Garfinkel, “The Cloud Imperative,” MIT Technology Review, https://www.technologyreview.com/s/425623/the-cloud-imperative/,（2023年2月6日アクセス）.

5) 山口弘純, 安本慶一「エッジコンピューティング環境における知的分散データ処理の実現」『電子情報通信学会論文誌B』J101-B 巻 5 号（2018）: 298-309.

6) Bluetooth SIG, Inc.「BLUETOOTHについて学ぶ：方向性の発見：高精度な屋内位置情報サービス」https://www.bluetooth.com/ja-jp/learn-about-bluetooth/recent-enhancements/direction-finding/,（2023年2月6日アクセス）.

7) 阪田史郎「経営者のためのIoT技術入門「LPWA」(5)：成長期を迎えたLPWAの将来と課題」JBpress Digital Innovation Review, https://jbpress.ismedia.jp/articles/-/52839,（2023年2月6日アクセス）.

8) 東京急行電鉄株式会社「駅構内カメラ画像配信“駅視－vision（エキシビジョン）”の実証実験を開始します」https://www.tokyu.co.jp/company/news/list/Pid=2392.html,（2023年2月6日アクセス）.

9) Frederike Dümbgen, et al., “Multi-Modal Probabilistic Indoor Localization on a Smartphone,” in 2019 International Conference on Indoor Positioning and Indoor Navigation (IPIN) (IEEE, 2019), 1-8., https://doi.org/10.1109/IPIN.2019.8911765.

10) Petr Sedlacek, Martin Slanina and Pavel Masek, “An Overview of the IEEE 802.15.4z Standard its Comparison and to the Existing UWB Standards,” in 2019 29th International -Conference Radioelektronika (RADIOELEKTRONIKA) (IEEE, 2019), 1-6., https://doi.org/10.1109/RADIOELEK.2019.8733537.

11) 株式会社Preferred Networks「MN-CoreTM Series: Deep Learning Accelerator」https://projects.preferred.jp/mn-core/,（2023年2月6日アクセス）.

12) 泉田啓, トレス リカルデス ルイス アンヘル, 村松歩武「協調タスクを行うマルチ・エージェント分散制御の制御器の存在確認方法と最適制御に関する研究」『システム制御情報学会研究発表講演会講演論文集』64巻 (2020) : 657-664.
13) Takuya Sasatani, Alanson P. Sample and Yoshihiro Kawahara, "Room-scale magnetoquasistatic wireless power transfer using a cavity-based multimode resonator," Nature Electronics 4 (2021) : 689-697., https://doi.org/10.1038/s41928-021-00636-3.
14) 森康彰「ドローン向け気象情報提供機能の研究開発」Japan Drone 2018, 3rd（ジャパンドローン2018｜第3回）, https://ssl.japan-drone.com/conference/index_other.html,（2023年2月6日アクセス）.
15) 一般社団法人次世代移動支援技術開発コンソーシアム（AIスーツケース・コンソーシアム）, https://caamp.jp,（2023年2月6日アクセス）.
16) 飯田史也, 新山龍馬, 國吉康夫「身体性知能の実現に向けたソフトロボティクスの設計原理」『計測と制御』58巻10号 (2019) : 791-797., https://doi.org/10.11499/sicejl.58.791.
17) 国立研究開発法人科学技術振興機構「ERATO川原万有情報網プロジェクト」https://www.jst.go.jp/erato/kawahara/,（2023年2月6日アクセス）.
18) シスコシステムズ合同会社「フォグコンピューティング」, https://www.cisco.com/c/dam/m/ja_jp/offers/164/never-better/core-networking/computing-solutions.pdf,（2023年2月7日アクセス）.
19) Industry IoT Consortium, https://www.iiconsortium.org,（2023年2月6日アクセス）.
20) トヨタ自動車株式会社「トヨタ自動車、モビリティサービス専用EV"e-Palette Concept"をCESで発表」https://newsroom.toyota.co.jp/jp/corporate/20508200.html,（2023年2月6日アクセス）.
21) トヨタ自動車株式会社「トヨタ、「コネクティッド・シティ」プロジェクトをCESで発表」https://global.toyota/jp/newsroom/corporate/31170943.html,（2023年2月6日アクセス）.
22) 近藤寿成「東京大学、医療・介護記録を自身で管理する仕組みを試験運用」日経XTECH, https://xtech.nikkei.com/dm/atcl/news/15/090400176/?ST=health,（2023年2月6日アクセス）.
23) e燃費「あいおいニッセイ同和損保、走行距離連動の保険を4月から販売…トヨタ T-Connect活用」https://e-nenpi.com/article/detail/243935,（2023年2月6日アクセス）.
24) 損害保険ジャパン株式会社, 株式会社ティアフォー, アイサンテクノロジー株式会社「「国内初」レベル4自動運転サービス向け「自動運転システム提供者専用保険」の開発」損害保険ジャパン株式会社, https://www.sompo-japan.co.jp/-/media/SJNK/files/news/2021/20220204_1.pdf?la=ja-JP,（2023年2月6日アクセス）.
25) 三菱電機株式会社「ZEB関連技術実証棟「SUSTIE」竣工のお知らせ：省エネ性に優れた快適な居住空間の実現に貢献」https://www.mitsubishielectric.co.jp/news/2020/1001-a.html,（2023年2月6日アクセス）.
26) 一般社団法人LBMA Japan, https://www.lbmajapan.com,（2023年2月6日アクセス）.
27) TechCrunch Japan「トランプ政権が新大統領令でGPSの防衛目指す」, https://techcrunch.com/2020/02/13/trump-administration-aims-to-protect-gps-with-new-exec-order/.
28) Federal Communications Commission (FCC), "Wireless E911 Location Accuracy Requirements, October 29, 2019," https://docs.fcc.gov/public/attachments/DOC-360516A1.pdf,（2023年2月6日アクセス）.
29) 片岡義明「スマホ位置情報の精度が向上、"高さ"特定可能に。日本で10月より「垂直測位サービス」提供開始～MetCom」INTERNET Watch, https://internet.watch.impress.co.jp/docs/column/chizu3/1441013.html,（2023年2月6日アクセス）.

2.5 俯瞰区分と研究開発領域 コンピューティングアーキテクチャー

2.5.6 デジタル社会基盤

（1）研究開発領域の定義

センサーやスマートフォンなどのIoT機器を用いて人やモノの状況把握・行動推定のためのさまざまな情報をセンシングできるようになってきており、複数のセンシング情報を組み合わせ、それらの経時的な変化などを収集・分析することで、自動運転や街のエネルギー削減、防災・減災など街のスマート化や、健康管理、高齢者見守り、未病改善など人の健康や医療・介護に資することを可能にするものである。

Society 5.0はこのようなサイバーとフィジカル世界の融合した社会を目指しており、それを支えるデジタル社会基盤としては、社会を網羅的に計算可能化する技術の確立が必要である。すなわち、ダイナミックな社会の情報が自律分散的に集まるデータ収集基盤と、データを安全に共有してさまざまな主体がさまざまな目的で計算可能とするデータ共有基盤、および計算結果を用いて社会と人のウェルビーイングを向上させる技術の確立が必要である。

さらに非機能的要件としては、ディペンダビリティーを向上させる技術や、IoT情報基盤構築技術、ゼロエナジーIoTネットワーク技術の創出も重要である。本領域は異なる要素技術を含む複合領域であり、具体的な研究開発課題は多岐にわたる。

（2）キーワード

超スマート社会（Society 5.0）、デジタル変革（Digital Transformation：DX）、ウェルビーイング、スマート＆コネクティッド・コミュニティー、デジタルツイン 、センシング、アフェクティブコンピューティング、状況把握/行動推定、データ流通、サイバー・フィジカル・システム（Cyber-Physical System：CPS）、ゼロエナジーIoTネットワーク、エッジAI

（3）研究開発領域の概要

［本領域の意義］

自動運転のICT基盤も含め、日本政府が標榜している超スマート社会（Society 5.0）を実現するためには、人やモノの状況把握・行動推定を行うための高度なリアルタイムセンシング技術を多数組み合わせることのできるIoT情報基盤が必要であり、文部科学省の令和3年度の戦略的創造研究推進事業の戦略目標においても「Society 5.0時代の安心・安全・信頼を支える基盤ソフトウェア技術」の推進がうたわれている。街のスマート化には、人やクルマなどのモビリティーを正確に把握する技術が必須であり、渋滞緩和や物流、防災・減災などのためには、収集したモビリティーデータをベースにしたシミュレーション技術とAI技術との連携や広範囲なエッジサーバーを連携させたエッジAI（EdgeAI）技術などが重要となる。また、メタバースの進展・普及に伴い、当該街区の3Dマップを構築して、気象情報や河川・下水道の排水能力などをもとにしたシミュレーションやデジタルツインを構成することが可能になるが、そこではデータ通信およびデータ保管コストの削減や学習モデルの更新を容易かつ効率的に行うために連合学習（Federated Learning[1]）などを用いた分散強化学習を行う必要も生じる。一方、人の健康や医療・介護に資する技術を構築するには、各個人のバイタル情報の収集のみならず、それらの人々の活動状況や電子健康記録（Electric Health Record, EHR）などの医療情報との連携が必須である。近年の人の状況把握・行動推定技術は物理的な人の動きや活動状況のみならず、その人の心理状況やストレスなどもかなりの精度で推定できるようになってきている。それらの技術をさらに進展させることにより、真に人の医療や健康、介護に資する技術が生まれようとしており、デジ

1　学習用のデータを分散されたノード群（ユーザに近いEdgeやIoT機器群）で保持し、適当なタイミング毎にエッジ群間で学習成果を交換しながらより高度なAIに作り変えていく仕組み

タルセラピューティクス（デジタル治療）の技術開発も世界的に進んでいる。これらの情報を収集・利活用するためには、対象領域や街でエッジコンピューティング[1), 2)]ベースの情報基盤を構築し、その上でさまざまなAI機能や統計的な分析機能を利活用し、メタバースなどの仕組みを用いて街の状況や個人の健康状態などを視覚的に見える化することが重要となる。

空間から収集するデータを活用して人の生活を円滑化するという考え方は、各地の「スマートシティー化」で社会に実装されつつあり、センサーを用いたデータ収集やデータの蓄積に関する取り組みが先行している。道路の混雑状況や人・車両の位置、河川の水位など、空間内の多様な事物に関するデータを、行政と民間企業の双方を含むさまざまな主体が収集・蓄積し、一部はインターネット上で閲覧可能となっている。この状況はいわゆるSociety5.0へ至る極めて初歩的な段階にすぎない。データを獲得した主体がそれを自ら消費する、サイロ化した形態が現状であり、多様なデータを分野横断的、主体横断的に計算して新たな価値を生み出す段階には至っていない。収集されるデータについても、時間と空間の双方で極めて疎な状態であり、社会のさまざまな側面を計算、予測可能な段階には至っていない。さらに各地の「スマートシティー」では、収集されたデータが蓄積されてはいるものの、それをリアルタイムに計算して人の個性や感情をダイナミックに理解しながら、社会に作用する情報をフィードバックする段階に至っていない。これらの状況に鑑み、人や社会が安心してその機能に依存できるデジタル社会基盤技術を確立し、横断的に社会のさまざまな側面を計算、予測可能とし、次世代社会への進化を実現することが重要である。

5G（第５世代移動通信システム）の技術開発や米中の覇権争いは、高速・広帯域・多数接続の携帯通信網の開発という側面のみならず、その上で構築される都市のスマート化の情報基盤が国家の成長や安全・国防に大きな影響を与えるという点で注目されている。中国のように国家が国民の行動履歴情報などを比較的容易に収集可能な国の都市のスマート化と、欧米や日本において収集可能なデータに基づく（プライバシー保護に配慮したデータのみを用いた）都市のスマート化の手法に大きなギャップが生じている。トヨタ自動車が開発中のウーベンシティー構想（Woven City Concept）など日本的なスマートシティーの実現に資する情報基盤構築という観点からも、個人情報を保護しつつ、対象街区の人やモノの状況把握・行動推定のためのセンシング情報をエッジコンピューティングベースで分散収集し、それらのデータを協調運用するための都市情報基盤の構築が日米欧などで喫緊の研究課題となっている。

一方、社会のさまざまな箇所でIoT機器を利用するためにその都度コンセントを増設したり電池を定期的に交換して電力を供給したりするという方法はあまり現実的でない。IoT機器の運用に必要な電力を可能な限りゼロに近づけるゼロエナジーIoTデバイスの開発やアンビエント・バックスキャッター（Ambient Backscatter）通信などを用いたエナジーハーベスト型のセンシング技術の開発、効率的な無線給電技術、ゼロエナジーIoTネットワーク構築技術なども重要な研究課題である。

このように、本研究開発領域は社会のデジタル変革やスマート社会の構築には必須の研究開発領域である。

[研究開発の動向]

デジタル社会基盤を構成し得る要素技術の研究が進んでいる。1990年代後半より無線センサーネットワークに関する研究が進んだ[3)]ことから、これに関連して実空間からデータを獲得するさまざまな手法が提案されてきた。これには無線センサーネットワークの他に、参加型センシング、モバイルセンシング、オートモーティブセンシングなどが含まれる。2015年ごろより電波を用いた新たなセンサーの研究開発が着手されている。また2000年ごろより大規模データベースやストリーム処理、AIを含めた大規模データ処理の研究開発[4)]が進み、これが実社会の可視化や予測などに応用されつつある。リアルタイムな可視化やデータ収集主体を横断した大規模データ処理、あるいは大規模データの中で特定の個人に特化したデータ処理が今後の課題となりつつある。データ流通の観点では、大量のセンサーデータを送受信する通信プロトコルとその基盤に関する提案が続いている。特に2010年ごろからPublish-Subscribe型プロトコルであるMQTT（Message Queueing Telemetry Transport）やXMPP（Extensible Messaging and Presence Protocol）、およびその派生系をセンサーデータに応用した研究開発が進みつつある[5)]。これらと並行し、Human Computer Interaction（HCI）分野では、Persuasive ComputingやAffective Computingに関する研究を通じて、人に作用するコンピューティングに関する研究が進められてきた。現在は、行動経済学の知見が加わって、人の能力や個性、あるいは感情をコンピューターが理解し、それに応じて挙動を変化させるプログラムの研究開発が着手されつつある。総合的には、社会からのデータ収集と蓄積、蓄積データの処理に関する研究が先行し、データを活用した人の行動変容や社会の様相変容、それらを通じたウェルビーイング向上に帰結する人間側の研究開発が遅れている。

日本のSociety 5.0のもとにもなったCPS（Cyber-Physical System）研究[6)]は2007年8月に発表された米国大統領科学技術諮問委員会（PCAST, President's Council of Advisors on Science and Technology）の報告書を受けてNSF（National Science Foundation）のCISE（Computer and Information Science and Engineering）などで立ち上がった研究プロジェクトであり、その後社会システムや環境エネルギーの効率化を目的としたSmart & Connected Communities（S&CC）研究に進化し現在に至っている。S&CC研究やその後に立ち上がったPlatforms for Advanced Wireless Research（PAWR）研究では、高度な無線通信技術に基づく都市の情報基盤構築技術や、人やモノの状況把握・行動推定技術を用いたスマート社会の構築技術など、スマート社会の構築のための情報技術の創出と情報基盤構築が重要な研究課題となっている。

調査会社のIDC Japanの予測によると、世界のIoTデバイスの普及台数が2025年には416億台に達し、年間で生成するIoTデータの総量が79兆4000億GBに達するとの予測があり、広範囲な都市空間から生成されるIoTデータを全てクラウドで一元管理するのが難しくなってきている。また、近年の5Gやローカル5G技術の進展に伴い、高帯域（10–20Gbps）、低遅延（1ms）、多数接続（100万ノード/km^2）の携帯網が街中のみならず、工場や大学、農場などにも敷設可能になり、利用者に近い場所にエッジサーバーを配置し、多数のエッジサーバーが低遅延でユーザーとインタラクションを行うエッジコンピューティングに基づく情報基盤が必須になってきている。米国AT&Tやドイツテレコムなどの通信キャリアーも5Gのネットワークのエッジでさまざまなサービスを提供できるよう、エッジ側でクラウドサービスを利用できるネットワーク環境を構築し、各エッジが近隣エッジ群やクラウドと自律的に連携する分散AIや分散協調システムの構築が進んでいる。

また、近年無線給電などの技術も組み合わせてゼロエナジーIoTデバイスやそれらのネットワークを構築するための研究開発が世界中で行われており、日本でもこれらの技術開発の推進をうたう「Society 5.0社会を支えるゼロエナジーIoTネットワーク研究拠点」が日本学術会議の第24期学術大型研究計画に選定されている[7)]。

（4）注目動向

[新展開・技術トピックス]

これまでの研究によってさまざまな技術がデジタル社会基盤の新たな展開を生み出しつつある。これは国際的に共通した流れであり、これからも世界で同様の潮流が継続すると考えられる。

その一つはいわゆるAIであり、特に深層学習のコモディティー化によって、それが社会に染み出す技術の創出が見られる。エッジや端末の側で深層学習モデルを駆動してタスクを実行するエッジAI[8)]は、それを用いてネットワークの周辺領域での知的センシングを可能としつつある。画像や音声を含む信号を端末内で知的に処理して結果だけを送信する技術は、今後それに高速化や実時間化が伴えば、画像などに含まれる個人情報を漏えいさせずに必要な処理を行うことができ、ある種の秘匿計算と考えることができる。

エッジコンピューティング分野の研究課題としては、欧州電気通信標準化機構（ETSI, European Telecommunications Standards Institute）が2014年から標準化を進めているMEC（Multi-access Edge Computing）ベースの情報基盤の実装技術がある。MECは当初は携帯網でのエッジコンピューティング情報基盤という意味で、Mobile Edge Computingと呼ばれていたが、固定網やWi-Fiなど多様なアクセス網に対象を広げるという意味から2017年にMulti-access Edge Computingと呼ばれるようになった。複数の通信網を利用して、高速で多数の端末にエッジ側でサービスを提供しつつ、対象領域全体での自律的な負荷分散やリアルタイム性の確保、ロバストなシステム構築などの手法が研究されている。近年はEdgeAIやFederated Learningのように、クラウドサーバーでの集中型のAIアルゴリズムの実行ではなく、ユーザーに近いEdgeやIoT機器群でのAIの実装技術や、分散された各エッジで学習を行い、適当なタイミングごとにエッジ群間で学習成果を交換しながらより高度なAIに作り変えていくという研究が注目されている。

また、車両やスマートフォンをエッジデバイスとして社会全体のデータを獲得するためには、より多くの参加者を得るためのインセンティブ設計や、無数の個人が生成するデータの真正性保証技術が新たに重要となる。例えば、都市や交通機関、車から得られるデータを有効に利活用するためには、それらがまっとうなセンサーから得られていること、改ざんなどが行われていないことなどが保証されなければならない。また、データを生成する個人は特定のサービスから独立であることから、複数のサービスにまたがってデータを収集する場合には、非中央集権型識別子（DIDs）を用いた個人の識別が重要となり、2022年7月にW3C勧告となった。

データ流通基盤についても新たな流れが生まれつつある。世界のIoTデバイス数が2020年に300億に達し[9)]、今後も増加し続けることが容易に想定されることから、これらのデバイスが生み出すデータをリアルタイムかつ広域に共有できる技術が望まれる。REST[2]やPublish–Subscribe[3]を用いた単純なプラットフォームを単に面的に拡大するだけでは、それらからのデータを収容することはできても柔軟に共有することは不可能である。従って、データ需要者の視点で大量のデータストリームを選択的に受信可能とする新たなプラットフォームに関する研究開発が始まりつつある。

このようなデータ流通基盤を通じてやり取りされるデータストリームは、これを企業間取引の対象とすることで、無限のデータを財とした経済の活性化が期待できる。データセットではなくデータストリームを取引可能とすることは、複数のストリームから新たなデータを工業的に生産するために必須と考えられ、超スマート社会の基礎となり得る。特にこの分野ではブロックチェーン技術の活用が試行されている。

そうして生産されるデータを人が消費する、と考えると、人そのものを理解する技術が重要であり、近年研究開発が盛んである。表情や声から感情を読み取る技術が確立されつつあるのに加え、人の性格や感情、能力、くせなどに基づく処理の最適化技術の研究が進みつつある。これを用いて人の行動を無意識的に変化させるマインドレスコンピューティングを含め、それを用いて情報を人に作用させて社会のウェルビーイングを結果的に向上させる技術と、その倫理に関する研究が重要となりつつある。国内では、2022年4月に情報処理学会にIoT行動変容学研究グループ[10)]が設置され、活発な議論が行われている。

デジタルデータを中心とした経済の観点で、直近のキーワードとして「Web3」が挙げられる。Web3に関してはさまざまな定義が試みられているが、ここではHTTPを介してデジタル情報財に基づく経済活動が行われる空間を意味すると考える。デジタルデータを財として成立させるためには、その財の真贋判定とともに、所有権の証明が可能でなければならない。ブロックチェーンとその上のNFT[4]はその手法の例である。これまでの、いわゆるWeb2.0の世界では、物財と結び付いた経済活動が行われていたのに対して、Web3では経済活動がデジタルで完結している点が特徴である。Web3の成立に際して、技術的には、デジタルデータの自由な複製可能性を無効とする技術が必須である。経済学的には、物財に価格が付くのは、その財が有限であることに起因する。無限に存在し、自由に入手可能である財は、無料もしくは限りなくそれに近い価格となる。

2　Representational State Transfer WebAPIのためのアーキテクチャースタイルの一つ。高速、軽量であり、IoTに適している。

3　非同期のメッセージングのための考え方。送信者は受信者を意識せずにメッセージを送信し、受信者は自分に必要なメッセージを受信する。送信者と受信者の結合度が低いためIoTに適している。

4　Non Fungible Token 非代替性トークン　偽造が不可能な証明書であり、取引履歴に基づいて所有権の管理が行える。

デジタルデータはインターネット上で容易に流通し、かつ複製も容易であることから、そのままでは自由に入手可能な財と考えられ、経済活動の対象とはなりにくい。そこで複製を無効とする技術、あるいは複製前の初版を証明する技術が、デジタルデータを価格の付く情報財とする上で必要となる。さらに所有権を証明するNFTや、その取引に用いられる仮想通貨が、現状では広く受け入れられつつある。

インターネット上に構築される3次元仮想空間である、いわゆるメタバースがWeb3と関連して拡大しつつある。20世紀末からMMORPG（Massively Multiplayer Online Role-Playing Game）として存在するものではあるが、特に米国Facebook社の社名変更に端を発して、その概念が急速に浸透しつつある。今後、3次元仮想空間が人間の活動場所としてより一般的に用いられるようになると、さまざまな社会的問題が生じると考えられ、それに対応する技術が必要となっている。まず、仮想空間内で用いられるアバターの真正性保証が重要となる。アバターは、そのユーザーの仮想空間内での存在を示すものである。従って、なりすましを排除する技術が必要である。また、多数の独立した仮想空間が生成される未来を考えると、人間は物理空間とそれらの仮想空間の相対的な概念である「メタ空間」に生存することとなる。このとき、メタ空間内のさまざまな存在を識別する名前空間や、異なる仮想空間に存在するアバター同士の関係、例えばそれらが同一の物理的人間に関連付いているといったことを識別する技術など、個別空間をまたがった計算を可能とする技術が必要となる。さらに、物理空間を即時的に仮想空間内にキャプチャーする技術や、その中で、過去や未来を行き来してさまざまな事象をシミュレーションする技術が有望となる。物理空間では不可能な体験を、仮想空間内で可能とするシミュレーションは、未来に起こり得ることを疑似体験し、そこから現在の物理空間へバックキャストして、より良い社会の創造につなげられる。このように、仮想空間であることの利点を活かした技術が、今後の研究開発において重要となる。

現実世界のスマート化については、近年世界中でさまざまなスマート社会構築プロジェクトや行政データのオープン化が進行している。PAWR（Platforms for Advanced Wireless Research）研究では、NSFと企業連合がそれぞれ50億円ずつ拠出して、米国ソルトレイク市やニューヨーク市などでスマート社会構築実証実験と都市情報基盤構築が進んでいる。また、ニューヨーク市では、1,600以上のデータが「NYC Open Data」として市民に公開され行政の効率化などに活用されるとともに、公衆Wi-Fiスポット「LinkNYC」[11]の設置を通して、観光や地域の問題解決に役立てようとしている。また、シカゴやコロンバス、サンフランシスコなどの都市でも交通機関の利便性向上、環境改善、街の見守り、行政情報の公開（「DataSF」[12]など）による行政サービスの効率化などが図られている。このような動きはカナダのトロント、イギリスのマンチェスター、ブリストル、デンマークのコペンハーゲン、オランダのアムステルダム、中国の杭州、ドバイなどの都市や、エストニア、シンガポールでは国を挙げて実施しており、行政データのオープン化などを介して、街のエネルギー効率化や交通渋滞の緩和、環境改善、防犯・減災に資する技術の開発を進めている。

一方で、COVID-19の感染拡大により、社会の働き方や生活環境が大きく変化し、それに伴い「スマート社会」に求められる機能も大きく変化してきている。従来の人やモノの状況把握・行動推定技術は、COVID-19感染拡大防止や3密を避けた安全・安心な生活環境の構築にも利活用可能な技術として世界中で技術開発が進んでいる。また、コロナウイルスの構造解析やウイルスの付着場所の発見、感染拡大地域の予測などを目的として、AIとシミュレーション技術の連携も進んでいる。防災や減災を目的としたスマート社会構築技術も、社会や集団の3密状況の把握や改善、COVID-19の感染拡大防止に資する技術として利活用されている。国内外のさまざまな学会誌でCOVID-19に関連する特集号が企画され[13]、日本の内閣官房などでもさまざまな取り組みが実施されている[14), 15]。なお、コロナ禍での社会変革に向けたデジタル基盤強化やデジタル変革の推進に関しては、2020年9月に日本学術会議から提言が発出されている。

アンビエント・バックスキャッター（Ambient Backscatter）通信[16]は2013年にワシントン大学のShyam Gollakota博士らが開発した技術で、環境に存在する無線電波にゆらぎを与え、そのゆらぎの成分のみを抽出して通信を行うことで、従来の無線通信に比べ1/1000以下のエネルギーで無線通信できるのが特徴であり、後方散乱方式を用いた超低消費電力通信を可能にしたPrinted WiFiシステムやCSI（Channel

State Information）を用いた行動認識技術など、エナジーハーベストなセンシング技術の普及に役立つ技術である。

［注目すべき国内外のプロジェクト］

EUでは2010年過ぎより全域で、街のスマート化に関する複数のプロジェクトが進んでおり、2021年までの間にHorizon 2020プログラムを通じて数百億ユーロの資金が街の次世代化に投じられ、Horizon 2020研究に続くHorizon Europe研究では、2021年から7年間で941億ユーロの投資が行われる予定である[17), 18)]。Health care systems、Cybersecurity、Advanced Computing and Big Data、Space including earth observationなどの技術開発がうたわれており、米国のS&CC研究やわが国のSociety 5.0研究などと同じように、スマート社会構築がICT分野の重要課題となっている。Horizon 2020やHorizon Europeでは、異なるIoT情報基盤間のインターオペラビリティーやセキュリティーの確保が重要視され、Inter-IoT、BIG IoT、AGILE、symbIoTe、TagItSmart!、VICINITY、bIoTopeなどの研究プロジェクト[19)]が実施されている。また、プライバシーを考慮したFederated Learningなどのプロジェクト（FeatureCloud）[20)]も推進されている。その中でもサンタンデール（スペイン）のSmartSantanderはIoT由来データを活用した研究開発として先駆的である。欧州ではさらにCiscoやNOKIAなどの民間企業が主導するスマートシティー構築も行われており、バルセロナ（スペイン）やブリストル（イギリス）がそれに当たる。また、同様の試みはヘレンベルグ（ドイツ）[21)]やニューカッスル（イギリス）等でも進められており、防災や交通、環境などさまざまな観点から都市を設計する上で、その都市を丸ごと計算可能とするものである。

米国では、NSFが（1）Smart & Connected Communities（S&CC）研究、（2）Cyber-Physical Systems（CPS）研究、（3）Platforms for Advanced Wireless Research（PAWR）研究、（4）Smart Health and Biomedical Research in the Era of Artificial Intelligence and Advanced Data Science（SCH）研究、（5）AI Institutes Partnerships for Innovation（PFI）研究、などの重点研究課題を推進しており、高度な無線通信技術に基づく都市の情報基盤構築技術や、人やモノの状況把握・行動推定技術を用いたスマート社会の構築技術、人の健康・医療・介護に資するセンシング技術の創出、クラウドソーシングを活用した社会システムの構築など、スマート社会の構築のための情報技術の創出と情報基盤構築が重要な研究課題となっている。しかしながら、Googleがトロント（カナダ）で街区のスマート化を試みたものの、市民の理解が十分に得られずに失敗に終わっていることには注意しなければならない。

これに対して中国では、さまざまな企業が国民から取得した、個人情報を含むデータが研究に供され、交通量予測や車両の経路予測などのさまざまな先駆的な研究開発が進みつつある。これに加えて国主導で「天网工程」と呼ばれる監視カメラネットワークが全土に導入され、AIを用いた人物のリアルタイム識別システムを構築している[22)]。現在およそ2億台以上のカメラが接続されていると言われており、AIによる解析結果は警察官が装着するスマートグラスに表示される、と言われている。これを支える研究開発は中国国内で実施されていると考えられるものの、中国政府は「天网工程」の存在を公式には認めていないことから、詳細は一般には参照不能である。また、Huaweiなどが実施する5Gをベースにしたスマートシティー関連技術は、ドイツのデュースブルク市や欧州の幾つかの都市に展開されようとしており、米国との5Gをめぐる覇権争いの焦点となった。これは通信速度や帯域の高性能化といった5Gの高速大容量通信技術に対する技術競争というより、高度な通信基盤をベースにした都市情報基盤構築に対する覇権争いである。政治経済的に大きな影響を持つ社会のさまざまなデータを誰が保持・管理するかという意味で重要である。

シンガポールでは「Virtual Singapore」[23)]として国全体のデジタルツイン化のプロジェクトが進みつつある。実空間のスタティックな3次元マップに、交通量や大気汚染物質濃度などライブで取得し得るダイナミックなデータを重畳して、社会の計算可能化を試みている点が先駆的である。

わが国では主に情報通信研究機構（NICT）を中心として、IoTを活用した社会のスマート化に関するプロジェクトが複数進行しており、注目すべきである。会津若松では、民間企業が主導するスマートシティー構築の取り組みが進んでおり、ここにどれだけの先端技術を取り込めるかという点が注目される。また、デジタル庁が中心となって「デジタル田園都市国家構想」を推進するために、デジタル技術を活用した地域課題解決や魅力向上に向けて地方公共団体の取り組みが支援されており、その成果が注目される。

（5）科学技術的課題

デジタル社会基盤はさまざまな要素技術の複合であり、それが最も社会に露出しつつあるドメインは自動運転車であろう。今後、車いすの自動化や白杖のスマート化、あるいは歩行者の流れに基づく信号制御のスマート化などが想定される中で、それらの基盤となる空間モデルを大規模かつシームレスに構築することが必須となる。ここでは単に静的な3次元空間モデルではなく、リアルタイムに空間情報がアップデートされるとともに、空間内を動く人やモノ、空間内で起きる事象など、さまざまな情報をダイナミックに組み込んでいくことが望ましい。これを実現するための諸技術の研究開発を多角的に推進し、成果を有機的に統合、実践することが重要となる。結果として構築される空間モデルとそれを提供するシステムを基礎として人の生活が成立するとき、そのシステムのディペンダビリティーを向上させる技術が極めて重要となる。デジタル社会基盤に求められる性能や信頼性などの非機能要件を明らかにし、それに対応する技術の研究開発が求められる。さらに、さまざまな要素技術研究を実データ、実社会に適用する研究開発も重要である。既存の研究用データセットに閉じた研究開発だけでなく、実社会に開いた研究開発を推進することが、結果的にデジタル社会基盤の拡張につながる。

スマート社会の構築技術としてはエッジコンピューティングに基づく研究開発が重要であり、そのための研究課題については当該分野のトップ0.1％論文として多数の研究者に読まれているサーベイ論文[1), 2)]などで述べられている。文献[1]では（1）スマートホームやスマートシティーで利活用可能なedgeOS（都市OSと書かれる文献もある）の開発やそれに基づく情報基盤開発、（2）位置や時間依存のアプリケーション開発基盤、（3）分散AI技術（Federated Learning、エッジAI,分散強化学習などを含む）の実現などを見据えた近隣エッジサーバー同士、あるいは、エッジサーバー群とクラウドサーバー間の自律的な連携、（4）絶え間なく流れ続ける情報流のリアルタイム処理、（5）街や対象領域の多数のモバイルユーザーのモビリティー推定やユーザー管理基盤、（6）IoT情報報基盤におけるプライバシー保護やセキュリティー対策、（7）エナジーハーベストなIoT情報基盤などが挙げられ、文献[2]ではさらに（8）自律分散型のエッジサーバー管理、（9）人を含めた分散協調システム（Humans in the CPS Loopと同じ概念）、（10）エッジコンピューティングのためのミドルウエア、（11）スケーラビリティーの確保、などもうたわれている。

また、スマート社会構築にはAI技術、特にエッジ間連携をベースにした分散AI技術（Federated Learning、エッジAI、分散強化学習など）の技術開発が重要であり、それらを実行するためのIoT情報基盤構築技術やIoT機器の普及促進に役立つゼロエナジーIoTネットワーク技術の創出なども重要な研究課題になってきている。社会のデジタル変革を考える上で、これらの新たな技術と既存情報基盤との融合が望まれる。

（6）その他の課題

Society 5.0（超スマート社会）では、社会の実空間（フィジカル空間）からさまざまな情報をセンシングし、それらを情報空間（サイバー空間）で蓄積・分析し、その結果をフィジカル空間に返して、人やモノの行動変容を誘導するCyber-Physical System（CPS）の考えに基づき、さまざまな産業や社会生活におけるイノベーションの創出を目指している。一方で、米国のGAFAや中国のBATなどのIT巨大企業に多くのデータが寡占され、独占的に利活用されているという懸念も高まっており、個人のデータは個人の意思で管理できるようにし、寡占されているようなデータを他の管理者にも容易に移動できるようにして、利活用の可能性を拡大できるような仕組み作りが世界的に進んできている。世界各国の個人情報保護法制の中でも、特にヨーロッパでは、EUの一般データ保護規則（General Data Protection Regulation（GDPR））[24] が2016年4月に採択され、2年間の移行期間の後、2018年5月より欧州経済領域（EEA：EU加盟28カ国+アイスランド、リヒテンシュタイン、ノルウェー）で全面施行されている。GDPRでは、自らの情報に関して、知らされる権利、アクセスする権利、訂正してもらう権利、消去してもらう権利（忘れられる権利）、処理を制限する権利、データポータビリティーの権利、異議を申し立てる権利、自動意思決定とプロファイリングに服さない権利、が定められている。データポータビリティー権は、管理者に提供した個人データを受け取る権利と、ある管理者から別の管理者へ個人データを送信する権利からなり、削除してもらう権利（忘れられる権利）も含めて、個人データのコントローラビリティーを高める措置となっている。米国と中国の間で問題となっている5Gなどの覇権問題も含め、民主主義国家として個人情報保護の流れに沿った個人情報の収集・活用の仕組みを考え、データのオーナーシップを前提としたデータ利活用方法を世界に先駆けて示していくことが重要と考えられる。

実空間からのセンシング技術が、特にAIを用いた画像からの情報取得技術によって進歩しつつあるが、同時に個人に関連する情報も容易に取得可能となっている。画像を扱う場合には人や車両が含まれるのに加え、音声にも人の声が含まれる。これに対してわが国においては、地方自治体は独自に個人情報保護に関する条例を制定しており、今後はこれが実空間からの情報獲得の障壁となる可能性がある。一方、欧州連合が定めたGDPRは、欧州に国籍を持つ人物の情報を計算機に格納する際に、従う必要が生じる。現在は技術が制度に追いついていない状況にあり、さまざまなセンシング技術の適法性を高めるための技術開発という視点も必要である。

社会の側には、デジタル社会基盤となり得る技術の導入に消極的な行政や企業が多くある。行政はこれまでの業務形態を数十年間継続してきており、新たな技術によってこれが変化することが新たな負担を生じると捉えられがちである。新たな技術を受け入れて、業務を新しくしていくことの価値や、それによって社会が変遷していくことの理解、およびその正しい道筋を理解する人材の育成が急務である。

既存業務の効率化にとどまらず、全く新しい価値をデジタル社会基盤によって作り出す、産学連携や分野連携も重要である。特に経済の観点では、これまでの物財主体の経済に加えて、都市や人間の活動から得られる無限のデジタル情報財に基づく経済をいち早く起動する必要がある。このために、実空間から取得するデータや、AI等により生成するデータ、あるいは人が生み出すデータを取引することの効果を定量的に示す必要がある。

2021年9月にデジタル庁が創設され、社会の「デジタル変革」への期待が高まっている。また、先に述べた通り、社会変革に向けたデジタル基盤強化やデジタル変革の推進に対して、日本学術会議から提言も発出されている[7]。デジタル変革に向けた道のりは大きく分けると3段階あり、第1段階（デジタル化）でアナログ情報のデジタル化が図られ、第2段階（データ連携）で複数のシステムをつなぎ、ビジネスプロセスやビジネスモデルのデジタル化が図られている。コロナ禍で行政のデジタル化の遅れなども指摘されているが、第2段階のデジタル化まではある程度進んでいくと考えられる。一方で、第2段階までのデジタル化は企業や行政、組織などの閉じた世界でのデジタル化であり、さまざまな組織のデータや情報システムを連携させ、社会の変革につながる新たなサービスやビジネスの創出、企業活動の高度化までは至っていない。デジタル化の第3段階（デジタル変革）では、AI、IoT、ビッグデータの利活用を通して、社会全体でデジタル情報の高度な使い方を創出していくことが求められており、ここで取り上げた分散AI技術（Federated Learning、エッジAI、分散強化学習など）やIoT情報基盤構築技術、ゼロエナジーIoTネットワーク技術の創出が社会全体のデジタル変革や超スマート社会構築に大きく寄与するものと考えられる。

（7）国際比較

国・地域	フェーズ	現状	トレンド	各国の状況、評価の際に参考にした根拠など
日本	基礎研究	○	→	・研究開発テーマが欧米の後追いになっている。一方、AIや5G，Society 5.0関連技術については研究が推進されている
	応用研究・開発	○	↗	・国内各地でICTを活用した社会のスマート化を目指すプロジェクトが萌芽しつつある。ただし民間ベースでの取り組みとしてトヨタのWoven Cityや幾つかの都市のスマート化などが進んでいる。
米国	基礎研究	◎	↗	・GAFAを代表とする民間企業ベースでAIに関する研究開発をリードしている。都市のスマート化や健康医療応用も活発に研究されている。
	応用研究・開発	○	→	・実際に官民連携で都市のスマート化を推進しているが、特定の企業に特化しない地域や社会の基盤という観点での応用研究では立ち遅れている。
欧州	基礎研究	◎	→	・人を中心としたデジタル社会基盤やセンシングの観点では先進的な取り組みが見られ、都市のスマート化や健康医療応用も活発に研究されている。
	応用研究・開発	○	→	・Horizon2020およびHorizon Europeによる巨額投資で一部の都市ではデジタル社会基盤の整備が進んでいる。一方、GDPRの制定で、個人データ保護に強い制約がある。
中国	基礎研究	◎	↗	・AIや5G関連研究に多額の国費をつぎ込んでいる。特に、国民に関するデータを用いて社会の分析や予測に関する研究が進んでいる。
	応用研究・開発	◎	↗	・国全体で監視カメラとAIのネットワークを整備し応用が進んでいる。スマートシティー関連技術を欧州などに輸出しようとしているが、個人情報保護や国の安全保障の問題などがある。
韓国	基礎研究	△	→	・5Gの研究などが進んでいるが、他の分野では特筆すべき点が見られない。
	応用研究・開発	○	→	・仁川など一部の都市ではデジタル社会基盤による都市のスマート化の取り組みが見られる。
その他の地域	基礎研究	○	→	・インドなどで都市のスマート化に関する研究が進んでいる
	応用研究・開発	○	→	・欧州（オランダ、デンマーク、エストニア)、ドバイなどで都市のスマート化が進んでいるが、研究は輸入技術を用いたものも多い。シンガポールでは、国全体をデジタルツイン化するプロジェクトにより技術の応用が進んでいる。

（註1）フェーズ

基礎研究：大学・国研などでの基礎研究の範囲

応用研究・開発：技術開発（プロトタイプの開発含む）の範囲

（註2）現状　※日本の現状を基準にした評価ではなく、CRDS の調査・見解による評価

◎：特に顕著な活動・成果が見えている　○：顕著な活動・成果が見えている

△：顕著な活動・成果が見えていない　×：特筆すべき活動・成果が見えていない

（註3）トレンド　※ここ1～2年の研究開発水準の変化

↗：上昇傾向、→：現状維持、↘：下降傾向

参考文献

1）Weisong Shi, et al., “Edge Computing: Vision and Challenges,” *IEEE Internet of Things Journal* 3, no. 5（2016）: 637-646., https://doi.org/10.1109/JIOT.2016.2579198.

2）Pedro Garcia Lopez, et al., “Edge-centric Computing: Vision and Challenges,” *ACM SIGCOMM Computer Communication Review* 45, no. 5（2015）: 37-42., https://doi.

org/10.1145/2831347.2831354.

3) Jennifer Yick, Biswanath Mukherjee and Dipak Ghosal, "Wireless sensor network survey," *Computer Networks* 52, no. 12 (2008) : 2292-2330., https://doi.org/10.1016/j.comnet.2008.04.002.

4) Min Chen, Shiwen Mao and Yunhao Liu, "Big Data: A Survey," *Mobile Networks and Applications* 19 (2014) : 171-209., https://doi.org/10.1007/s11036-013-0489-0.

5) Ala Al-Fuqaha, et al., "Internet of Things: A Survey on Enabling Technologies, Protocols, and Applications," *IEEE Communications Surveys & Tutorials* 17, no. 4 (2015) : 2347-2376., https://doi.org/10.1109/COMST.2015.2444095.

6) Cyber-Physical Systems Virtual Organization, "CPS-VO: Projects," https://cps-vo.org/projects, (2023年2月6日アクセス).

7) 日本学術会議 第二部大規模感染症予防・制圧体制検討分科会, 情報学委員会ユビキタス状況認識社会基盤分科会「提言：感染症対策と社会変革に向けたICT基盤強化とデジタル変革の推進（令和2年（2020年）9月15日）」日本学術会議, https://www.scj.go.jp/ja/info/kohyo/pdf/kohyo-24-t298-3.pdf, (2023年2月6日アクセス).

8) Massimo Merenda, Carlo Porcaro and Demetrio Iero, "Edge Machine Learning for AI-Enabled IoT Devices: A Review," *Sensors* 20, no. 9 (2020) : 2533., https://doi.org/10.3390/s20092533.

9) 総務省「情報通信白書令和2年版」情報通信統計データベース, https://www.soumu.go.jp/johotsusintokei/whitepaper/r02.html, (2023年2月6日アクセス).

10) 情報処理学会IoT行動変容学研究グループ, http://www.sig-bti.jp/index.html, (2023年2月6日アクセス).

11) LinkNYC, https://www.link.nyc, (2023年2月6日アクセス).

12) City and County of San Francisco, "DataSF's," https://datasf.org, (2023年2月6日アクセス).

13) Zubair Fadlullah, et al., "Smart IoT Solutions for Combating the COVID-19 Pandemic," *IEEE Internet of Things Magazine* 3, no. 3 (2020) : 10-11., https://doi.org/10.1109/MIOT.2020.9241464.

14) 内閣官房新型コロナウイルス等感染症対策推進室「新型コロナウイルス感染症対策」https://corona.go.jp, (2023年2月6日アクセス).

15) 内閣官房新型コロナウイルス等感染症対策推進室「COVID-19 AI・シミュレーションプロジェクトについて：AI等技術を活用したシミュレーション」https://www.covid19-ai.jp/ja-jp/about/, (2023年2月6日アクセス).

16) Vincent Liu, "Ambient Backscatter: Wireless Communication Out of Thin Air," University of Washington, http://abc.cs.washington.edu, (2023年2月6日アクセス).

17) 内閣府「科学技術政策担当大臣等政務三役と総合科学技術・イノベーション会議有識者議員との会合（令和元年度）：資料2-2 AIとロボットの共進化によるフロンティアの開拓（令和元年10月24日）」https://www8.cao.go.jp/cstp/gaiyo/yusikisha/20191024/siryo2-2.pdf, (2023年2月6日アクセス).

18) IoT-European Platforms Initiative (IoT-EPI), "Projects: Archives," https://iot-epi.eu/project/, (2023年2月6日アクセス).

19) Human-Centered AI Lab, "EU Project FeatureCloud (Federated Machine Learning)," https://human-centered.ai/project/project-feature-cloud-federated-machine-learning/, (2023年2月6日アクセス).

20) Community Research and Development Information Service (CORDIS), “Machine learning to augment shared knowledge in federated privacy-preserving scenarios,” European Commission, https://cordis.europa.eu/project/id/824988,（2023年2月6日アクセス）.
21) Fabian Dembski, et al., “Urban Digital Twins for Smart Cities and Citizens: The Case Study of Herrenberg, Germany,” *Sustainability* 12, no. 6（2020）: 2307., https://doi.org/10.3390/su12062307.
22) 柏村祐「天網の衝撃：あなたの行動は監視されている」第一生命経済研究所, https://www.dlri.co.jp/report/ld/2019/wt1905b.html,（2023年2月6日アクセス）.
23) M. Ignatius, et al., “Virtual Singapore integration with energy simulation and canopy modelling for climate assessment,” *IOP Conference Series: Earth and Environmental Science* 294（2019）: 012018., https://doi.org/10.1088/1755-1315/294/1/012018.
24) General Data Protection Regulation (GDPR), https://gdpr-info.eu/,（2023年2月6日アクセス）.

2.6 通信・ネットワーク

通信・ネットワークについての技術動向を俯瞰する。通信技術・ネットワーク技術は、科学技術や産業の発展を支えるコア技術であり、人類が社会経済活動を継続する上で不可欠な社会基盤である。本節では、近年の国内外の研究開発動向、技術課題についての潮流・動向を俯瞰し、今後の課題について述べる。

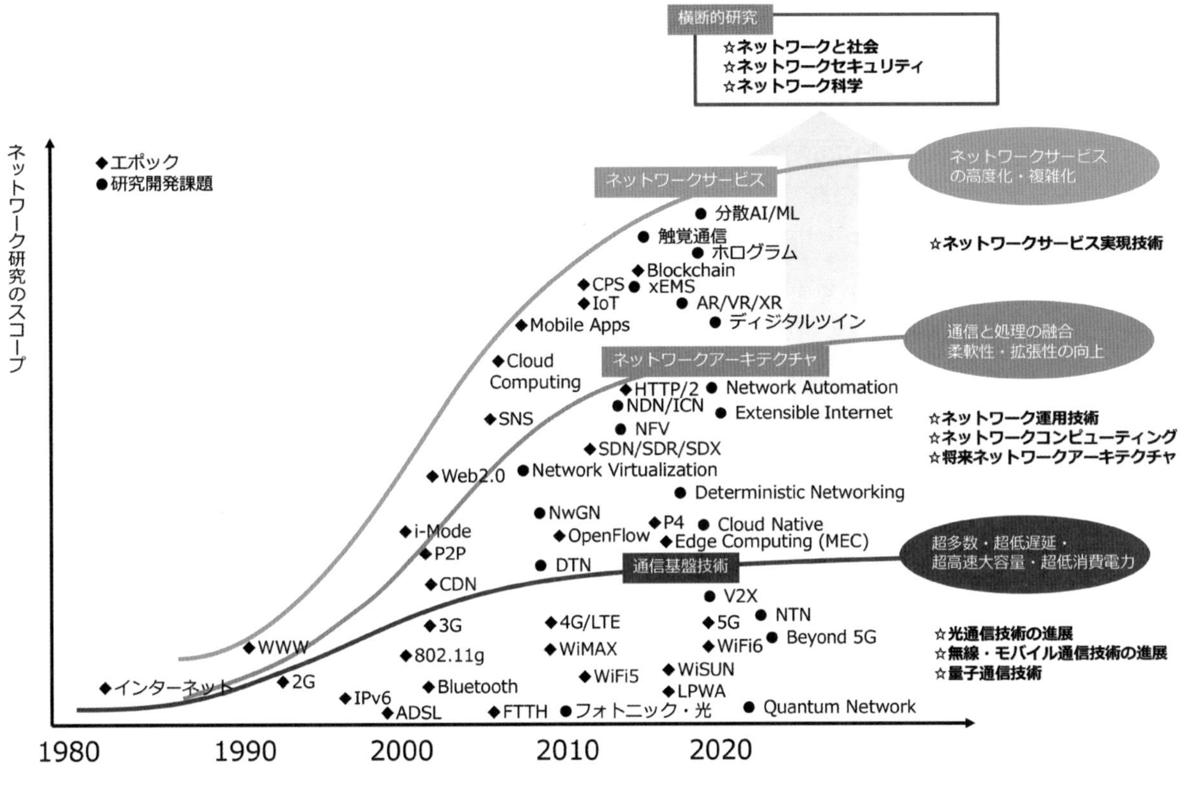

図 2-6-1　　通信・ネットワークの俯瞰図（時系列）

本区分の時系列の俯瞰図を図 2-6-1 に示す。横軸は年代、縦軸はネットワーク研究のスコープを表している。縦軸は、「通信基盤技術」「ネットワークアーキテクチャ」「ネットワークサービス」に分類し、より応用に近い技術やエポックを上位にプロットしている。おおむねOSI参照モデル[1]の7階層における低階層（物理層・データリンク層）に分類される技術を「通信基盤技術」、ネットワーク層・トランスポート層に相当するネットワーク関連技術を「ネットワークアーキテクチャ」、それらより上位に位置づけられるネットワーク応用を「ネットワークサービス」に分類した。通信・ネットワークの時系列は、1970年代の専用線や企業ネットワークを用いたデータ通信、さらには、電信・電話の時代までさかのぼることも可能であるが、ここでは主にInternet Protocol（IP）技術を用いて構築されたデジタルネットワークとしてのインターネットの登場以降を対象とした時系列を示している。

通信基盤技術としての光通信技術は2000年代に目覚ましい進化と普及を遂げてきた。インターネットの登場以降、いわゆるブロードバンドのアクセスネットワークとして、ISDN（Integrated Services Digital Network), ADSL（Asymmetric Digital Subscriber Line）を経て、家庭用の光ファイバー回線（FTTH: Fiber To The Home）が2000年代中頃から本格的に普及した。現在、光ファイバーによる通信ネットワークは、インターネットを支える基幹通信網（コアネットワーク）から、家庭用回線、無線モバイル通信の基地局網を支えるアクセスネットワークまで導入されている。通信量の飛躍的増加、それに伴うエネルギー増大の抑制といった観点で光通信技術に対する社会的な要請・要求特性は高く、継続的な技術革新が期待されている。

無線・モバイル通信技術については、携帯電話がデジタル方式となった第2世代移動通信システム（2G）に続き、国際電気通信連合（ITU：International Telecommunication Union）の無線通信部門（ITU–R：ITU Radiocommunication Sector）により2000年に第3世代（3G）、2010年に第4世代（4G）が標準化された。これらの標準の進化と並行してApple社のiPhoneやGoogle社のAndroid OSを搭載した携帯電話端末、いわゆるスマートフォンが普及し、無線・モバイル通信によるインターネットが広く利用されるようになった。2020年に承認された第5世代（5G）に関しても国際的に商用化が進み、大容量・低遅延・多接続といった特長を生かした新しいネットワークサービスの登場が期待されている。5Gの次の新しい世代（6G）の検討も始まっており、わが国においては、「Beyond 5G」の実現に向け、総務省・情報通信研究機構（NICT）によって推進戦略が示されるなど、新たな技術革新を目指した研究開発が活発化している[2)]。

ネットワークアーキテクチャの時系列における大きなエポックとして、インターネットの登場がある。インターネットを支えてきたTCP/IP[3), 4)]は、IETF（Internet Engineering Task Force）において標準化され、1981年に公開された。TCP/IPを標準でサポートしたOSであるMicrosoft社のWindows 95の発売・普及を契機として広く社会に浸透した。TCP/IP上で動作するアプリケーションプロトコルとして今日標準的に用いられているWorld Wide Web（WWWまたはWebと表記）の通信を行うプロトコルHypertext Transfer Protocol（HTTP）は、HTTP/1.0[5)]（1996年）とHTTP/1.1[6)]（1997年）に標準化がなされた。その後、IPに関してはIPv6[7), 8)]（1998年）、HTTPに関してはHTTP/2[9)]（2015年）、HTTP/3[10)]（2022年）へと進化を遂げ、技術革新が進んでいる。

これらのプロトコルの進化に合わせ、新たなネットワークサービスや応用技術が次々に登場した。 Webが成熟期を迎えた2000年代にはリッチなユーザー体験・ロングテール・集合知といった方向性を示すWeb2.0と呼ばれる概念が提唱され、現在に続く発展を遂げた。また、データやソフトウェアをネットワーク経由で、サービスとして利用者に提供するクラウドコンピューティング・クラウドサービスが広く利用・提供されるようになった。クラウドコンピューティングを中心とするネットワークサービスの進化の傾向は2010年代以降も続き、IoT（Internet of Things）、CPS（Cyber–Physical System）といった現実世界と仮想世界を結びつける新たな概念モデルやサービスが注目を集め、さまざまな関連技術の研究開発・事業化が進められた。IoTやCPSで要求される低遅延性、データ処理の局所性などを実現するため、2010年代に入って計算処理の実行場所をクラウドから物理的にネットワークの末端（エッジ）にある基地局やゲートウェイ装置等へ移動させるエッジコンピューティングの検討も始まった。この動向は、2020年代に注目を集めるようになったメタバース（AR/VR/XR）やデジタルツインといった新たな技術の潮流へとつながっている。

上記ネットワークサービスの動向と合わせ、注目すべき時系列の流れとして、GAFAM（Google, Apple, Facebook, Amazon, Microsoft）に代表されるHyper Giantsと呼ばれる巨大IT企業の影響力の増大がある。Hyper GiantsやグローバルにサービスをI展開するCDN事業者がTier 1（インターネット上の全ての経路情報（フル・ルート）を保持する通信プロバイダー事業者の集合）に替わる存在となり、「Privatization」（プライベート化）と呼ばれる動きが進むなど、インターネットの構造にまで影響を及ぼすようになっている。一方、Hyper Giantsによるプライベート化を軽減するネットワークアーキテクチャの方向性として、ネットワーク内キャッシュ・ネットワーク内コンピューティングの基盤となる情報指向ネットワークや「拡張可能な」インターネットの、分散台帳（DLT, Distributed Ledger Technology）による非集中型のアーキテクチャなどの検討が進んでいる。

また、あらゆるものをつなぐ、いわゆる「土管」としてのネットワークから、通信と計算処理を融合する「計算基盤」としてのネットワークへと向かう研究開発の方向性が、近年の5G・Beyond 5Gの研究開発の進展やクラウドコンピューティングの成熟・エッジコンピューティングの台頭にともない、大きな潮流となりつつある。エッジコンピューティングをはじめとする通信と計算処理を融合する研究開発・技術開発の競争は今後激化してくことが予測され、革新的な技術の登場が期待される。

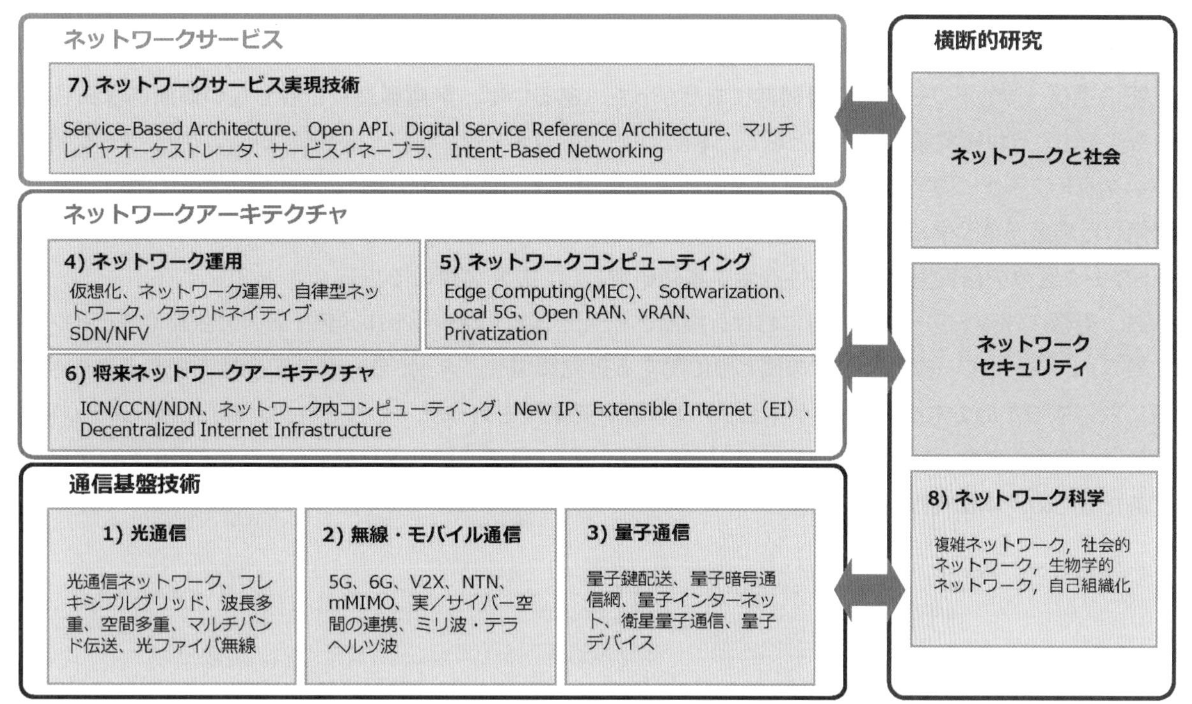

図 2-6-2　　通信・ネットワークの俯瞰図（構造）

こうした潮流に鑑み、本節では次の三つの階層による構造で「通信・ネットワーク」区分を俯瞰する（図2-6-2）。

1）通信基盤技術

通信・ネットワークにおける必要不可欠な構成技術となる「光通信」、「無線・モバイル通信」について、それぞれ最新の研究開発動向の進展を俯瞰する。また、将来の通信・ネットワークを支える新たな潮流として、「Beyond 5G」推進戦略にも含まれ、さまざまな研究開発が進みつつある「量子通信」を俯瞰する。

2）ネットワークアーキテクチャ

光通信技術、無線・モバイル通信技術に合わせ、通信ネットワークを「強靭」、「迅速」、かつ「柔軟」に提供可能とするため、ネットワークアーキテクチャの持続的な進化が必要となる。ここでは、高い通信品質を維持し障害等の問題に迅速に対処する「ネットワーク運用技術」、ネットワーク層で計算処理を実行する、あるいは、サービスに拡張性をもたせるための情報通信と情報科学の融合技術としての「ネットワークコンピューティング」、高度化する将来のネットワークサービスやアプリケーションに対し、現在のインターネット技術の問題点や限界を打破しネットワーク全体の大きな変革を促す技術としての「将来ネットワークアーキテクチャ」を取り上げる。

3）ネットワークサービス

メタバース、デジタルツイン、ホログラムなど次々に登場する新たなネットワークサービスやアプリケーションからの通信ネットワークへの要求は高度化・複雑化していく。そうした要求に対応すべく、ハイレベルな要求やサービスシナリオを、ドメインや要素機能に分解し、状況や環境に合わせて「最適化」されたリソース量で「簡単（シンプル）」に提供可能とするための研究開発が進められている。ここでは、そのようなネットワークサービスを実現するための技術・プラットホームを「ネットワークサービス実現技術」として俯瞰する。

4）横断的研究

上記の通信・ネットワークの階層構造にまたがった、あるいは、階層構造に依存しない横断的な研究領域もある。そのような研究領域の一つとして、本節では、「ネットワーク科学」を俯瞰する。ネットワーク科学は、現実のネットワークに関する普遍的な数理的性質の発見とその原理の解明という知識の創出に加え、それらを活用した現象予測やネットワークの制御・設計等につながる技術の確立を目指すものであり、今後の通信・ネットワーク区分の研究開発の方向性を示す基礎研究として重要な領域である。

なお、通信・ネットワークの分野における横断的研究として、ソーシャルメディアへの依存やフェイク情報の拡散等の「ネットワークと社会」の関わりに関する研究領域や、ネットワークの安全性を損ねるさまざまな脅威に対応するためのネットワークセキュリティーの研究領域もあるが、それぞれ、2.3「社会システム科学」2.3.5「計算社会科学」、2.4「セキュリティー・トラスト」2.4.2「サイバーセキュリティー」において扱う領域にあたるため、本節では割愛した。

1) John D. Day and Hubert Zimmermann, "The OSI reference model," in *Proceedings of the IEEE* 71, no. 12,（1983）: 1334-1340., https://doi.org/10.1109/PROC.1983.12775.
2) 国立研究開発法人情報通信研究機構（NICT）「Beyond 5G 研究開発促進事業」https://b5g-rd.nict.go.jp,（2023年2月26日アクセス）.
3) Information Sciences Institute, University of Southern California, "INTERNET PROTOCOL: DARPA INTERNET PROGRAM PROTOCOL SPECIFICATION, September 1981," Internet Engineering Task Force（IETF）, https://www.ietf.org/rfc/rfc791.txt,（2023年2月26日アクセス）.
4) Information Sciences Institute, University of Southern California, "TRANSMISSION CONTROL PROTOCOL: DARPA INTERNET PROGRAM PROTOCOL SPECIFICATION, September 1981," Internet Engineering Task Force（IETF）, https://www.ietf.org/rfc/rfc793.txt,（2023年2月26日アクセス）.
5) Tim Barners-Lee, R. Fielding and H. Frystyk, "Hypertext Transfer Protocol -- HTTP/1.0, May 1996," Internet Engineering Task Force（IETF）, https://www.ietf.org/rfc/rfc1945.txt,（2023年2月26日アクセス）.
6) Roy Fielding, et al., "Hypertext Transfer Protocol -- HTTP/1.1, January 1997," Internet Engineering Task Force（IETF）, https://www.ietf.org/rfc/rfc2068.txt,（2023年2月26日アクセス）.
7) Steve Deering and Robert Hinden, "Internet Protocol, Version 6（IPv6）Specification, December 1998," Internet Engineering Task Force（IETF）, https://www.ietf.org/rfc/rfc2460.txt,（2023年2月26日アクセス）.
8) Steve Deering and Robert Hinden, "Internet Protocol, Version 6（IPv6）Specification, July 2017," Internet Engineering Task Force（IETF）, https://www.ietf.org/rfc/rfc8200.txt,（2023年2月26日アクセス）.
9) Mike Belshe, Roberto Peon and Martin Thomson, "Hypertext Transfer Protocol Version 2（HTTP/2）, May 2015," Internet Engineering Task Force（IETF）, https://www.ietf.org/rfc/rfc7540.txt,（2023年2月26日アクセス）.
10) Mike Bishop, "HTTP/3, June 2022," Internet Engineering Task Force（IETF）, https://www.ietf.org/rfc/rfc9114.txt,（2023年2月26日アクセス）.

2.6.1 光通信

(1) 研究開発領域の定義

光ファイバー上で光信号を送受信することで実現される通信技術である。広大な周波数領域による超大容量と、超低遅延・超低消費電力を実現する。無線通信技術との連携による大容量携帯電話通信の実現を含め、通信ネットワークの基盤技術として必要不可欠なものである。光通信技術自体はすでに社会で広く用いられているものであるが、情報通信社会の発展と共に通信量が急増し続けており、要求特性も厳しくなっていることから、これら社会の要請を満足させる通信ネットワークを実現する上での革新的な技術を創成し続ける必要がある。

(2) キーワード

光ファイバー、光通信ネットワーク、大容量伝送、低消費電力、フレキシブルグリッド、波長多重、空間多重、マルチバンド伝送、光ファイバー無線、Software Defined Networks、機械学習

(3) 研究開発領域の概要

[本領域の意義]

光通信ネットワークは情報通信社会の基盤インフラの地位を占めており、普及・大容量化が進む携帯電話においても、端末と無線基地局間の無線通信以外の部分はおおむね光通信に依存している。情報通信社会の要であるデータセンターについても、その内部の通信量がインターネット全体の通信量に数倍[1]するものになっており、光通信技術のさらなる導入が期待される。すなわち光通信技術は情報通信社会の至る所で使われる必須技術であり、その研究開発レベルを高めることが常に必要とされる。後述のBeyond 5G研究開発促進事業[2]やIOWN[3]等の将来ネットワークの研究開発においてもEnd–to–Endのネットワークにおける低消費電力化やデータ伝送の高速化・大容量化は前提となっており、それらを担う光通信の基盤技術としての研究開発の意義は大きい。

[研究開発の動向]

光通信は光ファイバー上で超大容量、超低消費電力を実現する通信方式であり、大陸間の海底ケーブル、全国網から、家庭・オフィスへのアクセス網や5G携帯電話での基地局との通信に至る広範な領域で用いられる。光通信では、適用するネットワーク領域において「コスト」「通信速度」「通信距離」の指標に鑑みて、適用するその技術レベルが選択される。

通信路の限界容量は、使用する周波数帯域幅と信号・雑音の電力比によって規定される[4]。光通信の超大容量は、光ファイバーで使用可能な広大な周波数帯域に起因している。その広大な周波数帯域のうち、伝送損失が少なく、かつ伝送損失を補償する増幅器として、エルビウムをドープしたファイバーを用いた最も一般的な光増幅器[5]が利用可能なC帯（波長1550nm近辺の領域）が一般的に用いられる。ただし、数メートル～数百メートル程度の増幅が不要な通信においてはより短波長（波長850nm,1300nm）が用いられる。全国網や都市内ネットワークでは、C帯に異なる周波数（波長）の信号を数十～百程度多重して1本の光ファイバーに収容している。光ファイバーに収容された信号は、電気信号に変換されることなく波長多重信号として一括増幅され、通信ノードにおいて、波長分離機能とスイッチ機能を兼ね備えた波長選択スイッチ[6)-9]により個別に経路制御される。光信号はその始点と終点とを直接結ぶ光パスとして扱われ、その容量は変調方式と占有帯域幅によりおおむね決定する。

光通信において光信号を交換する始点から終点までの伝送路を光パスと呼ぶ。光通信ネットワークでは、光パスあたりの容量と波長数とを高めることで光ファイバーの容量拡大を実現してきた。さらに光パスに割り当てる周波数帯域幅を可変としたフレキシブルグリッド[10]を用い、周波数利用効率を極限まで推し進めるエ

ラスティック光パスネットワークの概念が広まった[11),12)]。2010年代には、フレキシブルグリッドの国際標準化を経て、可変周波数帯域に対応した送受信器[13)-15)]や波長選択スイッチの研究開発や商品化が進められてきた。しかし、伝送損失が最小となるC帯であっても必須である信号増幅では雑音が発生し、雑音の影響を受けやすい16QAM等の高次変調を用いて周波数利用効率を高めることは容易ではない。また、フレキシブルグリッドにより光パス間の周波数間隔を狭めて周波数利用効率を高めることができるようになったが、通信ノードでの経路制御時には個々の光パスを分離する光フィルタリング[16),17)]が必須であり、これに伴う帯域狭窄化を避けるために光パス間にガードバンドと呼ばれる空きを設ける必要があることから、この方法による周波数利用効率の向上にも限度がある。すなわちC帯に限定しての光ファイバー容量の向上は限界に達しており[18),19)]、2010年代半ば以降、マルチコア・モードファイバーを用いた空間多重伝送、そしてC帯以外の帯域も用いるマルチバンド伝送[20)-23)]が盛んに検討されるようになった。また、光通信ネットワークの接続関係や周波数割り当て等を動的に制御し、限られたネットワーク容量を通信トラフィック分布の変化に適応して最大限活用することを可能とするトランスポートSDN（Software Defined Network）の研究開発が進んだ[24),25)]。さらにOpenROADM[26),27)]をはじめとする光ノード装置のオープン化の流れは、装置の低廉化と、マルチベンダでのネットワーク実現を推し進めようとしている。光ファイバー中の伝送技術においても、既にデジタル信号処理を最大限活用したデジタルコヒーレントが主流になっているが、そのプログラマビリティーを最大限活用し、効率的に大容量化を可能とするための送信信号の最適化や受信側でのより高度なパラメータ推定や判定の検討が進んでいる[28)-30)]。

一方、光通信は第5世代や今後の無線通信でも重要な役割を占めている。既存周波数資源の枯渇と高速通信の要求に応えるために、無線通信ではより高い周波数へと移行しているが、高周波信号の有する直進性および高い減衰の観点から多数のアンテナを設置する必要がある。アンテナと基地局間を光ファイバーにより接続し、無線信号を光信号に変換して高速かつ効率的な通信を行う検討が進んでいる[31)-34)]。今日の情報通信社会を支えるデータセンターにおいても、光通信の一層の導入による低消費電力化や大容量通信の実現、そして装置の低廉化を目指した研究開発が盛んに行われている。

以上、幾つかの研究領域を例示したが、個別の領域では状況は異なるものの、全体としてわが国の研究開発レベルは依然として高いと言える。例えば基礎研究に関してはECOC（The European Conference on Optical Communication）やOFC（Optical Fiber Communication Conference）をはじめとする主要国際会議において、わが国からの投稿数は一定数を維持しており、諸外国と比肩しうる位置にあると言える。現在も情報通信研究機構等による大規模な研究プロジェクト（Beyond 5G）が開始されるなど一定の研究支援が行われていることから、2～3年の短期でわが国の研究レベルが衰退する可能性は低いと考えられる。一方では、特に中国の研究レベルの向上が目覚ましく、主要論文誌IEEE/Optica JOCN, JLT等でも中国からの論文が目立つようになっている。

（4）注目動向

［新展開・技術トピックス］

空間多重・マルチバンド伝送

複数のコア（光信号が伝送される領域）を持つマルチコア光ファイバーの使用や、複数の伝播モードによるマルチモード伝送の利用、あるいは従来の単一コア・モードを持つ光ファイバーを多数並列使用する空間多重光ネットワークの検討が2010年代に急速に進んだ。マルチコア・マルチモード光ファイバーに加え、これら空間多重ネットワークの実現で課題となるネットワーク構成[35)-37)]や、関連デバイスの研究開発が急速に進展した[38)-40)]。特記すべきネットワーク構成としては香川大によるSpatial Channel Networks（SCNs）があり[41)]、10Tbpsクラスの超大容量光パスを視野に入れた構成となっている。また、光ネットワーク普及の原動力となった波長多重同様、複数コア・全波長に渡る光信号の一括スイッチングが香川大により、また一括増幅の実現がNECによってなされている[39),40)]。

伝送損失が小さく光増幅器や波長選択スイッチ等のデバイスの入手が容易なC帯に加え、他の帯域（E, S, L 帯等）を用いて光ファイバー容量を増やす検討が進んでいる[20)-23)]。 NTT研究所が提唱するIOWN[3)] の中でもこのマルチバンド伝送に対応した光ノード装置が研究されている。またイタリアサンタナ大のグループも、複数帯域を用いた場合の利点と欠点について詳細な検討を行っている。マルチバンドへの対応を実現するには、C帯以外の帯域で機能する光増幅器、送受信器、光スイッチ等が必要であり、また帯域ごとに異なる伝送特性に対応する必要がある。

空間多重伝送・マルチバンド伝送のいずれにおいても、マルチコアファイバーにおけるコア間の干渉やマルチバンド伝送における不均一な伝送特性を適切に取り扱う必要がある。最近のエラスティック光パスネットワークでは、伝送特性に応じて変調方式を選択して光パスの伝送距離と占有帯域幅とのトレードオフを解決するが、これら不均一な伝送特性とあわせて全体最適を実現することは非常に難しい。ポーランド国立通信研究所や米国ジョージワシントン大学により準最適解を得るアルゴリズムが提案されているほか[42)-45)]、波長多重・空間多重の階層化ネットワークにおいてKDDI研究所およびスペインCTTCがSDNによる動的制御を実現している[25)]。 NTT研究所においては、通信ノード内で全帯域をいったんC帯に変換し、C帯用送受信器や光スイッチを用いること、および光パスが経由する帯域をリンクごとに変えて伝送特性を平均化することでC帯以外の帯域の使用率を上げ、ネットワーク全体としての効率が高まるという検討結果[21)] も発表されており、帯域変換技術と全体最適化との連携により新世代のネットワークの実現性を示そうとしている。

機械学習の光通信制御への応用

昨今の急速な機械学習の発展に伴い、光通信においても各所で機械学習が取り入れられている[46)]。機械学習の適用には、トレーニングのためのデータが十分に得られるか否かが鍵を握る。光通信においては、光ファイバー中のデータ伝送、状態推定（テレメトリ）、通信需要の変動予測、ネットワーク制御への応用に関する検討が進んでおり、特にデータ伝送の領域においては、光通信特有の高ボーレート（単位時間あたりに送信されるシンボル数）により大量の学習データが得られることから機械学習との親和性が高い。伝送路の状況に応じた変復調方式の最適化、すなわちシンボル位置の最適化や受信シンボルの判定に置いてその有効性が示されている[47)-50)]。一方、ネットワーク制御のように比較的学習データの得にくい領域でも、問題の本質的な難しさ故に機械学習の応用による準最適解の導出が期待されている[51), 52)]。各所での機械学習応用の進展および異なる領域で用いられる機械学習間の連携等、今後の発展が期待される。

光ファイバー無線

無線通信の容量増加に伴ってフロントホールでの超大容量実現が求められており、光通信技術のより広範な導入とその高度化が必要となっている。そこで、無線基地局の機能をアンテナと接続部に分離して、それらを光ファイバーで結んで無線信号を伝送する、Radio over Fiber技術の検討が進んでいる。無線信号をいったんデジタル信号に変換するデジタルRoFと、無線信号を直接光信号に変換して伝送するアナログRoFがあり、アナログRoFではアンテナ側が簡素化される[31), 33)]。また、周波数利用効率と消費電力の観点からも優れている。アナログRoFでは、光ファイバー上で波長多重信号を送受信し、各波長にアンテナ素子を対応づけるアレーアンテナも実現できる。5Gシステム上でアンテナの指向性を波長多重信号の送信タイミングにより制御する実装方法の検討も進められている[34)]。

400Gbps超大容量光パスの実現

デジタルコヒーレント技術を本格的に使用した100Gbps光パスは、それ以前の10/40Gbpsと同一の占有周波数帯域幅と、日本国内をカバーするに十分な伝送距離を両立させて現在主流となっている。しかし、100Gbpsを超える光パスを実現するには、伝送距離を犠牲にして高度な変調方式を用いる、あるいはより広い占有周波数帯域幅を用いる[53)] 等、容量との何らかのトレードオフが存在している。一方でイーサネットでも400Gbpsを超える容量の検討が進んでおり[54), 55)]、データセンター用400Gbps通信向けのチップ開発が進んでいる[56)]。光通信ネットワーク側でも同等の容量を効率的に実現していく必要があるが、400Gbps超の容量が広範に利用される上では技術面およびコスト面での課題が解決される必要がある。超高ボーレートでの1Tbps級コヒーレント通信を可能にする送信器フロントエンドがNTT研究所より発表される[57)]など個々の技術開発は進んでいるものの、現在のところ400Gbps伝送の初期のデモンストレーションが行われる段階であり[58), 59)]、今後の研究開発の進展が期待される。

光通信ネットワークにおけるテレメトリの活用

フレキシブルグリッドによる周波数帯域の細分化と光パスへの必要十分な帯域幅の割り当てと、究極的な光パス数の増加を目指すナイキスト波長多重ネットワークの検討[60)-65)]、伝送マージンの削減[66)-69)]、光パスの動的運用を実現するトランスポートSDNのデモンストレーションは、光ファイバーの潜在的な容量を極限まで利用していこうという試みである。保守的な伝送マージンや周波数割り当て、光パスの固定的な運用をする場合と比べ、伝送特性が許容値から逸脱するリスクが増大する。そこで伝送特性を監視するテレメトリとその活用が検討されている[70), 71)]。当該装置は相対的に低廉であり、ネットワーク内で多数使用可能である。ゆえにテレメトリを含む多くのデータを処理することで、光通信ネットワーク全体の性能や機能、付加価値を増していくことが期待される。

[注目すべき国内プロジェクト]

わが国では情報通信研究機構によるBeyond 5G研究開発促進事業[2)]が開始されており、通信キャリアや通信機器ベンダによる先端技術開発が進んでいる。光ファイバー通信のみならず、無線通信まで含めた広範な技術領域における大規模なファンディングであり、今後数年で成果が示されると想定される。また、NTT研究所が推進するIOWN[3)]では、オールフォトニクスネットワークが構成要素とされており、光ファイバーから伝送装置・半導体、ネットワーク端末に至る経路に光通信システムを適用する方向性が示されている。ネットワークのエッジや膨大なデータを扱うデータセンターにおける適用を想定し、電気的な配線区間を極力短くして、電子デバイスと光デバイスの機能を一体化・集積化する「光電融合」デバイスの実現を目指した研究開発が進められている。光電融合デバイスとしては、2023年度にはネットワーク向けの小型/低電力デバイスを、2025年度以降にはコンピューティング領域でのボード接続用デバイスを、2029年度以降にボード内チップ間向けデバイスを、それぞれ商用化していく計画となっている。

[注目すべき米国のプロジェクト]

米国では広義の光通信として、衛星を光ノードとして用いる通信がDARPA（Defense Advanced Research Projects Agency）の支援により研究開発されている[72)]。衛星間の光通信だけでなく、衛星群によるネットワーク内での通信を行い広範な領域をカバーする点が特徴と言える。また、日米間ではNSFおよび情報通信研究機構による2国間共同研究へのファンディングJUNO3（Japan–U.S. Network Opportunity 3）が開始されている[73)]。

[注目すべき欧州のプロジェクト]

ヨーロッパにおいては光通信分野で顕著な成果のあるスペインCTTC（Centre Tecnològic de Telecomunicacions de Catalunya）他によるONFIREプロジェクトが直近まで実施されており[74)]、またわが国とEUとの共同研究へのファンディングEU–JP 2014–2017 “RAPID: Radio technologies for 5G using advanced photonic infrastructure for dense user environments”が実施されていた。当該ファンドの他にも、光通信および周辺を含めての研究が実施されていると想定される。なお、国際共同研究については、わが国および米国・ヨーロッパの有力研究機関との共著論文が出版されており、国際的な研究成果の実現に加え、国際協力関係の構築と促進が期待される。

（5）科学技術的課題

超低消費電力・超高ボーレート光通信技術

現在用いられている100Gpbs光パスは、光信号の波形を高速にサンプリングして得られる大量のデジタル信号を、非常に高速なデジタル信号処理プロセッサにより処理している。その信号処理速度は一般的なプロセッサを1桁以上上回るものであり、消費電力が集積化を制約し、また光パス容量を決定する。超大容量光パスを実現する上では、デジタル信号処理技術のさらなる革新、あるいはアナログ信号処理技術の適用により高いボーレートを低い消費電力で実現していく技術の研究開発が必要である。また、研究開発の意義を高めるためには、100Gbpsデジタルコヒーレント用プロセッサ同様、日本企業が市場を確実に確保できるような支援が求められるであろう。

超低遅延・超大容量化と低コスト化の両立

通信量の急速な増大に応えるため、光ファイバー容量の究極的な使用、空間多重やマルチバンド伝送等、ネットワーク容量を増加させる試みがなされていることは上述した通りである。一方で、光ファイバー容量には理論上の限界があること、空間多重やマルチバンド伝送においては光ファイバーの敷設や不均一な伝送特性への対処等が必要であり導入は必ずしも容易ではないことから、従来型ネットワークをコスト面で上回るための方向性を見いだすこと、空間多重向け光ファイバーやマルチバンド伝送向けスイッチや増幅器といった必須デバイスを効率的に実現するための研究開発を実施することが必要と考えられる。そこではオープン化の流れを的確につかみつつ、所望の機能・能力を備えると同時に費用対効果に優れた光通信ネットワークを実現することが求められるであろう。また、第5世代あるいはそれ以降の携帯電話通信に求められる超低遅延を満たすことが必要である。現在各所で用いられ、遅延の要因となっている電気的経路制御やデジタル信号処理の戦略的な配置や、これら処理を用いない低遅延デバイスの使用が有効な手段となりうる。

（6）その他の課題

光通信においては、光ファイバー伝送、そして光ファイバーを接続して構築される光ネットワークの全ての領域が互いに関連しており、また各領域において昨今急速に発展を遂げている機械学習を含めた最適化手法が用いられている。領域の間の関連性が強いことから、光通信分野全体の飛躍的な進展を目指すには、特定の領域に限らない、全方位的な研究活動を相互に連携しながら実施していく必要がある。例えばある領域で生まれた革新的なアイデアを、いち早く他の領域で効果的に生かす研究環境と文化がわが国の中で醸成されることが理想である。また、世界全体とわが国の市場規模の差に鑑みれば、当該研究分野の研究開発および生産を、全てわが国が単独で行うことはできない。しかも直近の十余年においては特に中国の研究開発力の向上が目覚ましく、国際会議での影響力が急激に強まっている。このような状況下で、当該研究分野におけるわが国のプレゼンスを確たるものとする上ではまず国内外の研究者間の連携をさらに強固なものとすること、およびわが国の研究成果の国際的な発信を強化していくことが望まれる。また、光通信は安全保障上重要な技術分野であり、他国から導入する技術や製品の検証を実施する能力を国内に備えなくてはならない。故に必ず一定の生産技術および研究開発能力をわが国の中に担保することが必須である。

(7) 国際比較

以下では、北米で開催される光通信の主要国際会議OFCにおける関連論文数を評価の一つのベンチマークとした。

国・地域	フェーズ	現状	トレンド	各国の状況、評価の際に参考にした根拠など
日本	基礎研究	◎	↗	日本はCOVID-19の影響下においても、主要国際会議OFCでの投稿件数を維持している。情報通信研究機構によるBeyond 5G研究開発促進事業[2]による通信キャリアおよび機器ベンダへの大規模なファンドが提供されている。
	応用研究・開発	○	↘	情報通信分野全体として研究費は減少傾向に有る[75]。光ファイバーやトランシーバー、光スイッチ等で日本企業が世界市場での一定の地位を占めている。
米国	基礎研究	◎	→	主要国際会議OFCでの関連論文数はやや減少傾向にあるが、国際共著論文が多いことから絶対数はEUに次ぐ。IEEE、Optica等の光通信分野の主要学会も米国に本拠を置き、依然として世界の研究の中心である。
	応用研究・開発	◎	→	30ポートを越える多ポート波長選択スイッチ等、高付加価値製品の研究開発および市販が続いている。光ファイバー等でも高いシェアを有する。
欧州	基礎研究	◎	→	光通信を直接の対象としたファンディングの他、空間多重伝送・マルチバンド伝送で先駆的な研究を実施するなど、研究活動が活発でありかつ他国への影響も強い。一方では、主要国際会議OFCでの論文数は急激に減少している。
	応用研究・開発	○	→	各国の通信キャリアおよび機器ベンダによる研究開発は従前通り継続されている。
中国	基礎研究	◎	↗	大学・研究機関から有力論文誌への発表数が多く、国際会議運営や査読委員等、おのおのの研究者のプレゼンスも増大している。かねてより主要国際会議OFCでの投稿数も増加を続けていたが、最近は投稿数のみならず採択数・関連論文数が非常に多くなっている。これは研究費の増大だけによるものでなく、研究者の能力とテーマのレベルが飛躍的に向上しているためといえる。
	応用研究・開発	◎	↗	光ファイバー・デバイス等、あらゆる領域で研究開発が盛んに行われており、数年前から主要国際会議のエキシビションでも存在感を示している。広大な国土に光ファイバーを多数敷設し高速通信インフラを構築したとされ、国家全体での生産能力も大変優れている。
韓国	基礎研究	○	→	主要国際会議OFCの関連論文数は少ないものの、一定数を維持している。
	応用研究・開発	△	→	顕著な活動・成果は見られない。

（註1）フェーズ

基礎研究フェーズ：大学・国研などでの基礎研究の範囲

応用研究・開発フェーズ：技術開発（プロトタイプの開発含む）の範囲

（註2）○現状

◎：特に顕著な活動・成果が見えている　　×：活動・成果がほとんど見えていない

○：顕著な活動・成果が見えている　　—：評価できない（公表する際には、表示しない）

△：顕著な活動・成果が見えていない

（註3）近年（ここ1～2年）の研究開発水準の変化

↗：上昇傾向　→：現状維持　↘：下降傾向

参考文献

1) Cisco Systems, Inc.「Cisco Annual Internet Report（2018～2023年）ホワイトペーパー」 https://www.cisco.com/c/ja_jp/solutions/collateral/executive-perspectives/annual-internet-report/white-paper-c11-741490.html,（2023年2月26日アクセス）.

2) 国立研究開発法人情報通信研究機構（NICT）「Beyond 5G研究開発促進事業について」https://www.nict.go.jp/collabo/commission/B5Gsokushin.html,（2023年2月26日アクセス）.
3) IOWN Global Forum, https://iowngf.org,（2023年2月26日アクセス）.
4) Claude E. Shannon, "A Mathematical Theory of Communication," *Bell System Technical Journal* 27, no. 3（1948）: 379-423., https://doi.org/10.1002/j.1538-7305.1948.tb01338.x.
5) Emmanuel B. Desurvire, John L. Zyskind and C. Randy Giles, "Design optimization for efficient erbium-doped fiber amplifiers," *Journal of Lightwave Technology* 8, no. 11（1990）: 1730-1741., https://doi.org/10.1109/50.60573.
6) Jonathan Homa and Krishna Bala, "ROADM Architectures and Their Enabling WSS Technology," *IEEE Communications Magazine* 46, no. 7（2008）: 150-154., https://doi.org/10.1109/MCOM.2008.4557058.
7) Keita Yamaguchi, et al., "M × N Wavelength Selective Switches Using Beam Splitting By Space Light Modulators," *IEEE Photonics Journal* 8, no. 2（2016）: 0600809., https://doi.org/10.1109/JPHOT.2016.2527705.
8) Lumentum Operations LLC, "ROADM Modules: TrueFlex Twin 1x35 Wavelength Selective Switch (Twin 1x35 WSS)," https://www.lumentum.co.jp/ja/products/trueflex-twin-1x35-wavelength-selective-switch,（2023年2月26日アクセス）.
9) InLC Technology, Inc., "TLC Series Flexible Grid WSS," https://web.archive.org/web/20190914025153/http://inlct.com/tlc-series-flexible-grid-wss/,（2023年2月26日アクセス）.
10) International Telecommunication Union Telecommunication Standardization Sector (ITU-T), "G.694.1: Spectral grids for WDM applications: DWDM frequency grid," https://www.itu.int/rec/T-REC-G.694.1/en,（2023年2月26日アクセス）.
11) Masahiko Jinno, et al., "Spectrum-efficient and scalable elastic optical path network: architecture, benefits, and enabling technologies," *IEEE Communication Magazine* 47, no. 11（2009）: 66-73., https://doi.org/10.1109/MCOM.2009.5307468.
12) Masahiko Jinno, et al., "Distance-adaptive spectrum resource allocation in spectrum-sliced elastic optical path network [Topics in Optical Communications]," *IEEE Communication Magazine* 48, no. 8（2010）: 138-145., https://doi.org/10.1109/MCOM.2010.5534599.
13) Masahiko Jinno, et al., "Multiflow optical transponder for efficient multilayer optical networking," *IEEE Communications Magazine* 50, no. 5（2012）: 56-65., https://doi.org/10.1109/MCOM.2012.6194383.
14) Víctor López, et al., "Finding the target cost for sliceable bandwidth variable transponders," *Journal of Optical Communications and Networking* 6, no. 5（2014）: 476-485., https://doi.org/10.1364/JOCN.6.000476.
15) António Eira, et al., "Optimized client and line hardware for multiperiod traffic in optical networks with sliceable bandwidth-variable transponders [Invited]," *Journal of Optical Communications and Networking* 7, no. 12（2015）: B212-B221., https://doi.org/10.1364/JOCN.7.00B212.
16) Annalisa Morea, et al., "Impact of Reducing Channel Spacing from 50GHz to 37.5GHz in Fully Transparent Meshed Networks," in *Proceedings of Optical Fiber Communications Conference (OFC)* (Optica Publishing Group, 2014), Th1E.4., https://doi.org/10.1364/OFC.2014.Th1E.4.

17) Thierry Zami, et al., "Growing impact of optical filtering in future WDM networks," in *Proceedings of Optical Fiber Communication Conference (OFC)* (Optica Publishing Group, 2019), M1A.6., https://doi.org/10.1364/OFC.2019.M1A.6.
18) René-Jean Essiambre, et al., "Capacity Limits of Optical Fiber Networks," *Journal of Lightwave Technology* 28, no. 4（2010）：662-701., https://doi.org/10.1109/JLT.2009.2039464.
19) René-Jean Essiambre and Robert W. Tkach, "Capacity Trends and Limits of Optical Communication Networks," in *Proceedings of the IEEE*, vol. 100, no. 5（2012）：1035-1055., https://doi.org/10.1109/JPROC.2012.2182970.
20) Dimitris Uzunidis, et al., "Strategies for Upgrading an Operator's Backbone Network Beyond the C-Band: Towards Multi-Band Optical Networks," *IEEE Photonics Journal* 13, no. 2（2021）：7200118., https://doi.org/10.1109/JPHOT.2021.3054849.
21) Abhijit Mitra, et al., "Effect of Channel Launch Power on Fill Margin in C+L Band Elastic Optical Networks," *Journal of Lightwave Technology* 38, no. 5（2020）：1032-1040., https://doi.org/10.1109/JLT.2019.2952876.
22) Nicola Sambo, et al., "Provisioning in Multi-Band Optical Networks," *Journal of Lightwave Technology* 38, no. 9（2020）：2598-2605., https://doi.org/10.1109/JLT.2020.2983227.
23) Masahiro Nakagawa, et al., "Adaptive Link-by-Link Band Allocation: A Novel Adaptation Scheme in Multi-Band Optical Networks," in *Proceedings of 2021 International Conference on Optical Network Design and Modeling (ONDM)* (IEEE, 2021), 1-6., https://doi.org/10.23919/ONDM51796.2021.9492502.
24) C. Manso, et al., "TAPI-enabled SDN control for partially disaggregated multi-domain (OLS) and multi-layer (WDM over SDM) optical networks [Invited]," *Journal of Optical Communications and Networking* 13, no. 1（2021）：A21-A33., https://doi.org/10.1364/JOCN.402187.
25) Ramon Casellas, et al., "Advances in SDN control and telemetry for beyond 100G disaggregated optical networks [Invited]," *Journal of Optical Communications and Networking* 14, no. 6（2022）：C23-C37., https://doi.org/10.1364/JOCN.451516.
26) Open ROADM Multi-Source Agreement (MSA), http://openroadm.org,（2023年2月26日アクセス）.
27) 原井洋明「DXを加速する将来ネットワークの実現とテストベッド利用、標準化の推進について（令和2年3月10日）」総務省, https://www.soumu.go.jp/main_content/000690744.pdf,（2023年2月26日アクセス）.
28) David S. Millar, et al., "Design of a 1 Tb/s Superchannel Coherent Receiver," *Journal of Lightwave Technology* 34, no. 6（2016）：1453-1463., https://doi.org/10.1109/JLT.2016.2519260.
29) Hubert Dzieciol, et al., "Geometric Shaping of 2-D Constellations in the Presence of Laser Phase Noise," *Journal of Lightwave Technology* 39, no.2（2021）：481-490., https://doi.org/10.1109/JLT.2020.3031017.
30) Xiang Zhou, et al., "Beyond 1 Tb/s Intra-Data Center Interconnect Technology: IM-DD OR Coherent?" *Journal of Lightwave Technology* 38, no. 2（2020）：475-484., https://doi.org/10.1109/JLT.2019.2956779.
31) 伊藤耕大, 他「アナログRoFを活用した多様な高周波数帯無線システムの効率的収容」『NTT技術ジャーナル』32巻3号（2020）：15-17.

32) Hsuan-Yun Kao, et al., “End-to-End Demonstration based on hybrid IFoF and Analogue RoF/RoMMF links for 5G Access/In-Building Network System,” in *Proceedings of 2020 European Conference on Optical Communications (ECOC)* (IEEE, 2020), 1-4., https://doi.org/10.1109/ECOC48923.2020.9333365.

33) 菅野敦史, 他「光ファイバ無線技術：光・電波ネットワークのシームレスな融合に向けた波形伝送技術の研究開発」『情報通信研究機構研究報告』64 巻 2 号（2018）：57-66., https://doi.org/10.24812/nictkenkyuhoukoku.64.2_57.

34) Shinji Nimura, et al., “Photodiode-Integrated 8 × 8 Array-Antenna Module for Analog-RoF Supporting 40-GHz 5G Systems,” in *Proceedings of 2022 27th OptoElectronics and Communications Conference (OECC) and 2022 International Conference on Photonics in Switching and Computing (PSC)* (IEEE, 2022), 1-4., https://doi.org/10.23919/OECC/PSC53152.2022.9849912.

35) Dan M. Marom, et al., “Survey of photonic switching architectures and technologies in support of spatially and spectrally flexible optical networking [invited],” *Journal of Optical Communications and Networking* 9, no. 1（2017）：1-26., https://doi.org/10.1364/JOCN.9.000001.

36) Francisco-Javier Moreno-Muro, et al., “Evaluation of core-continuity-constrained ROADMs for flex-grid/MCF optical networks,” *Journal of Optical Communications and Networking* 9, no. 11（2017）：1041-1050., https://doi.org/10.1364/JOCN.9.001041.

37) Behnam Shariati, et al., “Physical-layer-aware performance evaluation of SDM networks based on SMF bundles, MCFs, and FMFs,” *Journal of Optical Communications and Networking* 10, no. 9（2018）：712-722., https://doi.org/10.1364/JOCN.10.000712 .

38) Kenya Suzuki, et al., “Wavelength selective switch for multi-core fiber based space division multiplexed network with core-by-core switching capability,” in *Proceedings of 2016 21st OptoElectronics and Communications Conference (OECC) held jointly with 2016 International Conference on Photonics in Switching (PS)* (IEEE, 2016), 1-3.

39) Masahiko Jinno, Takahiro Kodama and Tsubasa Ishikawa, “Principle, Design, and Prototyping of Core Selective Switch Using Free-Space Optics for Spatial Channel Network,” *Journal of Lightwave Technology* 38, no. 18（2020）：4895-4905., https://doi.org/10.1109/JLT.2020.3000304.

40) Hitoshi Takeshita, et al., “Configurations of Pump Injection and Reinjection for Improved Amplification Efficiency of Turbo Cladding Pumped MC-EDFA,” *Journal of Lightwave Technology* 38, no. 11（2020）：2922-2929., https://doi.org/10.1109/JLT.2020.2974483.

41) Masahiko Jinno, “Spatial channel network (SCN)：Opportunities and challenges of introducing spatial bypass toward the massive SDM era [invited],” *Journal of Optical Communications and Networking* 11, no. 3（2019）：1-14., https://doi.org/10.1364/JOCN.11.000001.

42) Krzysztof Walkowiak, Mirosław Klinkowski and Piotr Lechowicz, “Dynamic Routing in Spectrally Spatially Flexible Optical Networks with Back-to-Back Regeneration,” *Journal of Optical Communications and Networking* 10, no. 5（2018）：523-534., https://doi.org/10.1364/JOCN.10.000523.

43) Shrinivas Petale, Juzi Zhao and Suresh Subramaniam, “TRA: an efficient dynamic resource assignment algorithm for MCF-based SS-FONs,” *Journal of Optical Communications and*

2.6 俯瞰区分と研究開発領域 通信・ネットワーク

Networking 14, no. 7（2022）：511-523., https://doi.org/10.1364/JOCN.455426.
44) Mirosław Klinkowski and Grzegorz Zalewski, “Dynamic Crosstalk-Aware Lightpath Provisioning in Spectrally-Spatially Flexible Optical Networks,” *Journal of Optical Communications and Networking* 11, no. 5（2019）：213-225., https://doi.org/10.1364/JOCN.11.000213.
45) Farhad Arpanaei, et al., “QoT-aware performance evaluation of spectrally-spatially flexible optical networks over FM-MCFs,” *Journal of Optical Communications and Networking* 12, no. 8（2020）：288-300., https://doi.org/10.1364/JOCN.393720.
46) Francesco Musumeci, et al., “An Overview on Application of Machine Learning Techniques in Optical Networks,” *IEEE Communications Surveys & Tutorials* 21, no. 2（2019）：1383-1408., https://doi.org/10.1109/COMST.2018.2880039.
47) Rasmus T. Jones, et al., “Deep Learning of Geometric Constellation Shaping Including Fiber Nonlinearities,” in *Proceedings of 2018 European Conference on Optical Communication (ECOC)*（IEEE, 2018）, 1-3., https://doi.org/10.1109/ECOC.2018.8535453.
48) Laurent Schmalen, “Probabilistic Constellation Shaping: Challenges and Opportunities for Forward Error Correction,” in *Proceedings of Optical Fiber Communications Conference (OFC)*（Optica Publishing Group, 2018）, M3C.1., https://doi.org/10.1364/OFC.2018.M3C.1.
49) Junho Cho and Peter J. Winzer, “Probabilistic Constellation Shaping for Optical Fiber Communications,” *Journal of Lightwave Technology* 37, no. 6（2019）：1590-1607., https://doi.org/10.1109/JLT.2019.2898855.
50) Thierry Zami, et al., “Simple self-optimization of WDM networks based on probabilistic constellation shaping [Invited],” *Journal of Optical Communications and Networking* 12, no. 1（2020）：A82-A94., https://doi.org/10.1364/JOCN.12.000A82.
51) Xiaoliang Chen, et al., “DeepRMSA: A Deep Reinforcement Learning Framework for Routing, Modulation and Spectrum Assignment in Elastic Optical Networks,” *Journal of Lightwave Technology* 37, no. 16（2019）：4155-4163., https://doi.org/10.1109/JLT.2019.2923615.
52) Ryuta Shiraki, et al., “Dynamically Controlled Flexible-Grid Networks Based on Semi-Flexible Spectrum Assignment and Network-State-Value Evaluation,” in *Proceedings of 2020 Optical Fiber Communication Conference and Exhibition (OFC)*（IEEE, 2020）, 1-3.
53) Optical Internetworking Forum（OIF）, “OIF-FD-FLEXCOH-DWDM-01.0: Flex Coherent DWDM Transmission Framework Document, August 3rd, 2017,” https://www.oiforum.com/wp-content/uploads/2019/01/OIF-FD-FLEXCOH-DWDM-01.0-1.pdf,（2023年2月26日アクセス）.
54) IEEE 802 LAN/MAN Standards Committee, “IEEE 802.3 Beyond 400 Gb/s Ethernet Study Group,” https://www.ieee802.org/3/B400G/,（2023年2月26日アクセス）.
55) 曽根由明, 山本秀人「グローバルスタンダード最前線：IEEE802.3における400Gイーサネットおよび Beyond 400Gイーサネット標準化の最新動向」NTT技術ジャーナル, https://journal.ntt.co.jp/article/14770,（2023年2月26日アクセス）.
56) 三菱電機株式会社「広動作温度範囲CWDM 100Gbps（53Gbaud PAM4）EMLチップ サンプル提供開始：データセンターの400Gbps通信と光トランシーバーの低消費電力化、低コスト化に貢献」https://www.mitsubishielectric.co.jp/news/2021/1021-b.html,（2023年2月26日アクセス）.
57) Munehiko Nagatani, et al., “A Beyond-1-Tb/s Coherent Optical Transmitter Front-End Based on 110-GHz-Bandwidth 2：1 Analog Multiplexer in 250-nm InP DHBT,” *IEEE Journal of Solid-*

State Circuits 55, no. 9（2020）：2301-2315., https://doi.org/10.1109/JSSC.2020.2989579.

58) 独立行政法人情報処理推進機構（IPA）産業サイバーセキュリティセンター「世界初 超広帯域400Gbps回線による複数組織間とのIP映像伝送及びペネトレーションテスト等に成功」IPA, https://www.ipa.go.jp/icscoe/news_all/news20220322.html,（2023年2月26日アクセス）.

59) 独立行政法人情報通信研究機構（NICT）総合テストベッド研究開発推進センター「超高精細映像を用いた広域映像配信実証実験/2022.2.2（水）－2.11（金）：広域400G接続、NMOSマルチベンダ運用、EVPN over SR-MPLS実験に成功」NICT, https://testbed.nict.go.jp/event/yukimatsuri2022-press.html,（2023年2月26日アクセス）.

60) Rene Schmogrow, et al., "512QAM Nyquist sinc-pulse transmission at 54 Gbit/s in an optical bandwidth of 3 GHz," *Optics Express* 20, no. 6（2012）：6439-6447., https://doi.org/10.1364/OE.20.006439.

61) Eleni Palkopoulou, et al., "Nyquist-WDM-Based Flexible Optical Networks: Exploring Physical Layer Design Parameters," *Journal of Lightwave Technology* 31, no. 14（2013）：2332-2339., https://doi.org/10.1109/JLT.2013.2265324.

62) Pouria Sayyad Khodashenas, et al., "Investigation of Spectrum Granularity for Performance Optimization of Flexible Nyquist-WDM-Based Optical Networks," *Journal of Lightwave Technology* 33, no. 23（2015）：4767-4774., https://doi.org/10.1109/JLT.2015.2484077.

63) Guo-Wei Lu, et al., "Optical subcarrier processing for Nyquist SCM signals via coherent spectrum overlapping in four-wave mixing with coherent multi-tone pump," *Optics Express* 26, no. 2（2018）：1488-1496., https://doi.org/10.1364/OE.26.001488.

64) Ryuta Shiraki, et al., "Design and evaluation of quasi-Nyquist WDM networks utilizing widely deployed wavelength-selective switches," *Optics Express* 27, no. 13（2019）：18549-18560., https://doi.org/10.1364/OE.27.018549.

65) Masataka Nakazawa, Masato Yoshida and Toshihiko Hirooka, "Recent progress and challenges toward ultrahigh-speed transmission beyond 10 Tbit/s with optical Nyquist pulses," *IEICE Electronics Express* 18, no. 7（2021）：20212001., https://doi.org/10.1587/elex.18.20212001.

66) Yvan Pointurier, "Design of Low-Margin Optical Networks," *Journal of Optical Communications and Networking* 9, no. 1（2017）：A9-A17., https://doi.org/10.1364/JOCN.9.0000A9.

67) Kaida Kaeval, et al., "QoT assessment of the optical spectrum as a service in disaggregated network scenarios," *Journal of Optical Communications and Networking* 13, no. 10（2021）：E1-E12., https://doi.org/10.1364/JOCN.423530.

68) Mark Filer, et al., "Low-margin optical networking at cloud scale [Invited]," *Journal of Optical Communications and Networking* 11, no. 10（2019）：C94-C108., https://doi.org/10.1364/JOCN.11.000C94.

69) Emmanuel Seve, et al., "Learning Process for Reducing Uncertainties on Network Parameters and Design Margins," *Journal of Optical Communications and Networking* 10, no. 2（2018）：A298-A306., https://doi.org/10.1364/JOCN.10.00A298.

70) Takafumi Tanaka, et al., "Field Demonstration of Real-time Optical Network Diagnosis Using Deep Neural Network and Telemetry," in *Proceedings of Optical Fiber Communications Conference (OFC) 2019* (Optica Publishing Group, 2019), Tu2E.5., https://doi.org/10.1364/OFC.2019.Tu2E.5.

71) Francesco Paolucci, et al., "Network Telemetry Streaming Services in SDN-Based Disaggregated Optical Networks," *Journal of Lightwave Technology* 36, no. 15 (2018) : 3142-3149., https://doi.org/10.1109/JLT.2018.2795345.
72) Defense Advanced Research Projects Agency (DARPA), "DARPA Kicks Off Program to Develop Low-Earth Orbit Satellite 'Translator'," https://www.darpa.mil/news-events/2022-08-10, (2023年2月26日アクセス).
73) National Science Foundation (NSF), "Japan-U.S. Network Opportunity 3 (JUNO3)," https://www.nsf.gov/pubs/2021/nsf21624/nsf21624.htm, (2023年2月26日アクセス).
74) ONFIRE, https://h2020-onfire.eu/, (2023年2月26日アクセス).
75) 総務省「情報通信白書」https://www.soumu.go.jp/johotsusintokei/whitepaper/index.html, (2023年2月26日アクセス).

2.6.2 無線・モバイル通信

（1）本領域の定義

無線通信とは、送受信機間をケーブルで接続することなく、電波を媒体として利用し、通信回線を構築する通信形態である。また移動する端末が無線通信を行う形態をモバイル通信と呼ぶ。無線・モバイル通信システムは、現在、スマートフォン等への情報配信サービスの提供に加えて、われわれの生活空間を支えるあらゆるシステムを接続し、そこに、センシング、AI、ビッグデータ解析などの情報技術を融合することで、実/サイバー空間の連携に基づく社会空間を構築するためのプラットホームへと進化し始めている。本領域は、プラットホームとしての無線・モバイル通信を支える技術を扱う。

（2）キーワード

5G、6G、V2X、NTN、mMIMO、実/サイバー空間の連携、ミリ波帯、THz帯

（3）研究開発領域の概要

［本領域の意義］

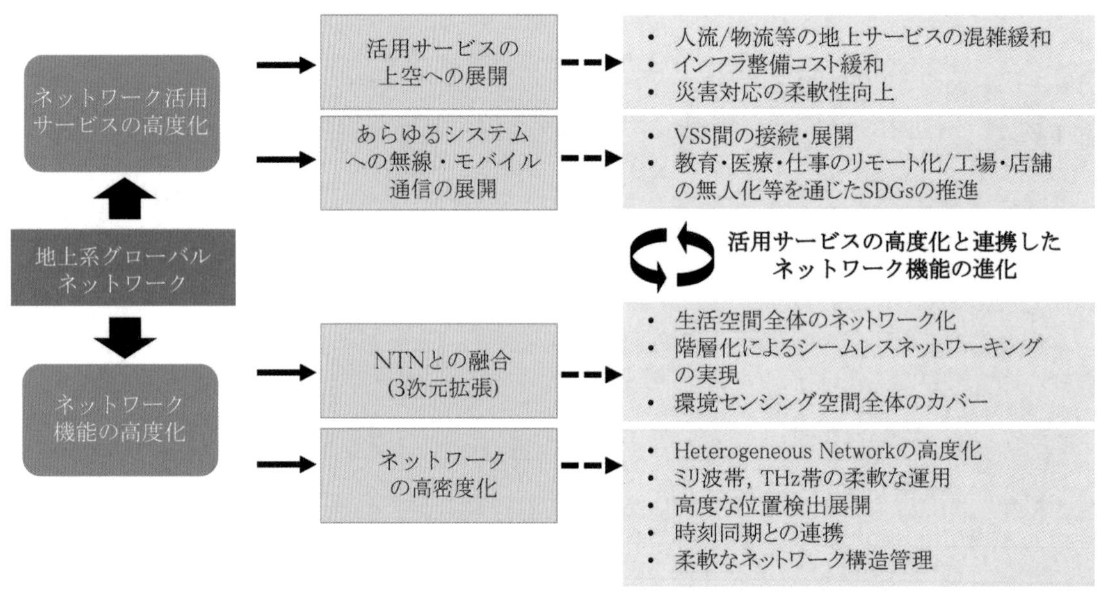

図2-6-3　　無線・モバイル通信分野におけるこれからの展開

無線通信技術は、有線によって提供されている通信形態を無線でも実現すべく、有線通信を追いかける形で技術開発が行われてきた。しかしながら第5世代の携帯電話システム（5G）以降は、有線通信に匹敵する通信機能のサポートが可能となり、さらに無線通信でなければ実現できない、コードレス化やモビリティ機能の付与といったメリットがクローズアップされることで、5Gは、それまで携帯電話には接続されていなかった自動車、列車、工場機器などのシステム（これらをVSS（Vertical Sector System）と呼ぶ）を接続し、被接続システム自体を進化させるためのプラットホームへと進化し始めた。第6世代の携帯電話システム（6G）ではその流れがさらに加速されるとともに、VSS間の接続や連携、教育・医療・仕事のリモート化/工場・店舗の無人化等を通じてSDGsが目標としている、経済進展、環境保全、社会課題解決といった3種類の目標群を同時に達成するためのプラットホームへと進化しようとしている。

図2-6-3に、無線・モバイル通信分野において今後期待されている展開を示す。地上系で展開されている5Gに対して、6Gの展開は、ネットワーク機能の高度化と、ネットワーク活用サービスの高度化という二つの流れで構成される。ネットワーク機能の高度化としては、低軌道周回衛星（LEO SAT: Low Earth Orbit SATellite）やHAPS（High Altitude Platform System）といった非地上ネットワーク（NTN: Non Terrestrial Network）と地上ネットワークとの連携により、ネットワークを3次元化し、さらにその構成を階層化することで、シームレスでロバストなネットワークを実現し、3次元空間での実/仮想空間の連携を実現しようとしている[1)]。LEO SATにより、地上ネットワークが破損した地域において速やかに情報ネットワークの復旧が可能であることは、既に示されているとおりである。また、ミリ波、THz（Terahertz））波は非常に広い帯域が利用できるため、他の周波数帯とシステム的に連携させることで提供エリアの拡大や高密度化を図り、さらに高度な位置検出や時刻同期によって、空間の状態や時刻に応じた緻密かつ柔軟なネットワーク制御を行うことが期待されている[2)]。

一方、5G以降、ネットワーク活用サービスの高度化を、ネットワーク機能の高度化と同時に進展させることの必要性も生まれてきた。VSSの接続機能をさらに進化させると共に、ネットワークの上空利用と同期して、上空移動を利用した人流/物流サービスも想定されている[1)]。上空での人流/物流サービスでは、物理的な移動経路のインフラを構築する必要はないため、地上運輸サービスの混雑緩和、地上より低コストでの運行システムの実現、さらに柔軟な災害対応の実現などが期待される。さらにネットワーク機能とネットワーク活用サービスの連携が、新たなサービスや機能の創出へ進むことも期待される。上空移動等を含むネットワーク活用サービスにおいては、これまでの地上系ネットワークの信頼性・品質に対する要求条件と比較して、特にネットワークの瞬断などの観点で格段に厳しくなる。

このように、無線・モバイル通信技術は、これまでの情報配信サービスの高度化という流れから、われわれの生活空間内のあらゆるものを接続し、そこに実/仮想空間の融合を導入することで、われわれの社会空間に大きな柔軟性と利便性をもたらすためのプラットホームとして進化し始めている。その意味で、無線・モバイル通信は、革新的かつ大きな変化の時期にあり、社会的な要請も大きい重要な研究分野であると言える。

[研究開発の動向]

ネットワーク機能の高度化とネットワークを活用するサービスの高度化を同時に考えなくてはならないという状況にあっても、まず抜本的に開発しなければならないのは無線伝送/アクセス技術であり、伝送速度の高速化、伝送における低遅延化、同時多数接続数の増大を逐次拡大して行くための技術を貪欲に開発することが必要となる。さらにその技術開発にあたっては、周波数利用効率とエネルギー利用効率の向上を満足させるべき前提条件として開発する必要がある。この原則を踏まえた上で、無線通信の活用領域拡大のため、ミリ波やTHz波といった、より高い周波数帯の利用に向けた利用とネットワークの3次元空間への拡張という方向へと進むことが重要であり、これが6Gに向けた技術開発の基本的考え方となっている。

6Gシステムの開発においては、伝送速度100 Gbit/s程度、1 ms 以下のE2E（End-to-End）での遅延、1km^{2}当たり10^{7}個以上の同時接続が要求条件として設定されようとしている[3)]。またこれら要求条件は、システム全体での品質やE2Eでの品質といった、ネットワークまで含んだ条件となっているため、エッジサーバー/コントロールや、SDN（Software Defined Network）、ネットワークスライシングといったネットワークの動的制御をも含んだ内容となっていることも5G以降の新たな動きである。

周波数利用効率の向上を踏まえた伝送速度の高速化は、変調多値数の増加、CA（Carrier Aggregation）の適用に加えて、mMIMO（massive Multi-Input, Multi-Output）による空間多重技術がその中心となっている。また伝送速度の向上においては、サポートされる伝送速度に比例して受信電力を高める必要があるものの、送信電力の増加はバッテリー駆動の端末では限界があるため、mMIMOで利用されるアレイアンテナのアンテナエレメント数の増大によるアンテナ利得の向上が、伝送速度向上技術の中核を担っている。さらに5Gまでは、伝搬利得の変動や干渉耐性強化に柔軟かつ効率的に対処するため、無線リソースマネジメントを中心として各種適応制御を統合化することで、各世代の無線・モバイル通信を体系化してきた。6Gでは、そこに、IRS（Intelligent Reflecting Surface）[4)]や中継機能の動的活用による伝搬経路制御技術を導入することで、この体系をより拡大・強化すると共に、利用スペクトルをミリ波帯やTHz帯に拡大し、無線アクセス技術の適用性の拡大と柔軟性の強化を図ろうとしている。

なお以上の技術的課題解決の流れにおいて、特に6Gの段階になると、高速伝送においては端末の最大送信電力の限界、遅延においては電磁波の伝搬速度（光の伝送速度）が超えることのできない制約条件として課せられることに対して注意が必要である。

ミリ波帯やTHz帯の活用は、今後のユーザー伝送速度の継続的高速化において必要不可欠である。通常搬送周波数に対する帯域幅（比帯域）は、デバイスの能力から判断して数%程度が適当とされている。10 Gbit/s以上の高速伝送速度を実現する場合には数100 MHz以上の連続無線帯域が必要であるため、5Gにおいてミリ波の適用が開始された。同様に、6Gにおいて期待されている100 Gbit/s以上の伝送では、さらに周波数の高いTHz帯の活用が不可欠になろうとしている。現時点では、ミリ波利用においても実用上の課題は多数存在する状態ではあるが、ミリ波帯を使いこなさなければ、THz帯の活用は不可能であるので、今後、ミリ波帯を実システムで使いこなすと同時に、THz帯の利用に向けた積極的技術開発を進めるべきであろう。特にミリ波伝送は、高速伝送が必要なサービスに適用するのが適当であるが、ミリ波伝送が利用できるエリアは狭く、スポット的にしか設定できないので、ユーザー端末の移動パターン等に配慮したダウンロードスケジューリングを実施し、効率的なミリ波活用と、それによるシステム全体のトラヒックの平滑化を図る技術が求められる。

第4世代の携帯電話システム（4G）以降、携帯電話以外のシステムへ携帯電話技術を適用する流れも生まれた。4Gは、海外では警察や消防の通信システムに適用され、日本では業務用移動通信に用いられるMCA（Multi-Channel Access）無線等のシステムに適用されている。また5Gは、日本において自営通信に対しての展開（ローカル5G）が始まっている。ローカル5Gはケーブルテレビのアクセスネットワークとしても利用されようとしており、その意味では、固定回線の無線化という流れも始まっている。一方海外では、プライベート5Gが展開されている。プライベート5Gは、携帯電話のオペレーターが、特定のユーザーに専用の5Gネットワークエリアを提供するものであり、公衆通信サービスの一環である点がローカル5Gとの違いである。このように、携帯電話技術は公衆通信以外にも展開され始め、今後一層拡大して行くであろうと期待される。

6Gで想定されている目標において5Gと最も異なっている点は、シームレスかつ高い信頼性を有する通信回線品質確保が必須になる点にある。シームレスなエリア構築は、論理的には、隙間のない電波空間を構築することが必要となるが、現実的にそれは不可能である。そのため、5G以降、必要な場所に、必要なタイミングで常に通信回線を動的に設定できることをもって、カバーエリアがシームレスに確保されていると判断している。5Gにおけるヘテロジニアスネットワーク、ビームフォーミング/ビームトラッキング、仮想セル化は、いずれも、この考え方に基づいたエリアカバーを実現するために適用される技術である。

特にシームレスかつ高信頼な回線の実現が求められているのはNTNである[1)]。NTNが地上ネットワークと一体で運用される中で、地上ネットワークとNTNとが相互補完的に連携するという流れにおいては、NTNの回線品質の信頼性は地上ネットワークと同等で問題はない。ただ、NTNは、上空の人流/物流サービスのための通信回線の提供に対する有力な無線リンク提供手段としても期待されており、その場合には、ネットワークの瞬断や通信品質変動に対して地上ネットワークより厳しい条件が課せられる。LEO SAT、HAPS、地上ネットワークによって多層ネットワークを構成し、それぞれ独立に運用しつつ相互連携を実現することで、階層構造を活用したダイバーシチ運用が可能となり、無線リンクの通信品質やロバスト性の向上、瞬断確率が極めて低いシームレス化の実現が期待される。また、NTNを利用することで地上ネットワークにおける中継に伴う攻撃や脆弱性等の脅威が低減され、セキュリティーの高いE2Eでの回線設定が可能となることや、一定の遅延時間内の伝送を柔軟に実現できるようになることが期待されている。

無線・モバイル通信では電波を利用しており、電波は貴重な人類共有の資源であるため、ITU-R（International Telecommunication Union, Radiocommunication Sector）で策定される無線スペクトル利用に関する国際的合意のもとで、各国の電波主管庁が無線スペクトルを監理している[7)]。また携帯電話の標準化では、ITU-Rにおいて利用されるスペクトルと要求条件が規定され、その要求条件を満足する携帯電話の詳細規格の提案がITU-Rにおいて募集される。3GPP（Third Generation Partnership Project）をはじめとする標準化団体は、それに応じて詳細規格を策定し、ITU-Rに提案する。ITU-Rでは提案された詳細規格が要求条件を満たしているかを評価し、満足していると判断されると、ITU-R標準となる。なお、標準規格の実現においてその適用が必須の知財は、詳細規格策定時における知財所有者の申請に基づき、必須特許として公開される。必須特許は、詳細規格を策定する標準化団体が規定する。携帯電話の詳細規格としては、3GPPで策定されたものが利用されるケースがほとんどである。

ただ、5G以降、携帯電話ネットワークはVSSの情報交換機能として利用されることになるため、標準化に先立ってユースケースの想定が必要となる。そのため、標準化に先立つ数年前からグローバルフォーラムが構成され、多数のベンダーやキャリアが集い、ユースケースや技術トレンドを議論し、その結果が白書等で公開されている。グローバルフォーラムの議論は市場展開の約10年前、3GPPなどでの標準規格の策定は市場展開の約5年前からスタートしているが、グローバルフォーラムの議論は、商用化後の市場を構築する流れにつながっていることから、グローバルフォーラムに参加している各社は、そこでのユースケースの想定で協力し、確度の高いユースケースを構築しつつ、それをベースに、自社のビジネス戦略を構築している。そのビジネス戦略において必要となる新規技術があれば、それが必須特許に関係する技術となる。そのためグローバルフォーラムには、あらゆる分野の企業が参加している。さらに、グローバルフォーラムのユースケースの議論は、各国の技術開発プロジェクトや3GPPのユースケースの議論でも参照される。結果として、各世代に関する3GPPの議論の開始タイミングは、各世代の議論の序盤ではなく、すでに中盤となっている。6G以降の世界ではグローバルフォーラムでの活動への積極的参加が不可欠である。

（4）注目動向

［新展開・技術トピックス］

THz帯の活用技術

THz帯の活用に関する技術として、現在、RF帯の発信機、増幅器、アンテナなどのデバイス開発が精力的に行われている。この分野では日本も世界最先端を走っている。ただし6Gでの標準化や商用化でイニシアチブをとるには、ユースケースを想定したデバイスの実現と、一定のエリア内で電波を回り込ませることでTHz帯ゾーンを構成するシステム化技術の確立が必要である。また、ミリ波の場合と同様、THz帯においてもIRSによる伝搬経路制御技術の開発はホットトピックスである。ただしTHz帯の方が伝搬損失は大きいので、面的にサービスエリアを展開するためには、システムレベルでのエリア構築技術が不可欠となっている。

NTNにおける衛星間中継

光、THz帯、ミリ波帯は、地上に近い対流圏では変動しやすく、伝搬損失が大きいが、上空の大気の密度が薄い領域では、伝搬損失は安定している[1)]。このため、NTNでは、衛星間中継やHAPS間中継によってバックボーンネットワークを構成することが有効であり、NTNが地上ネットワークを補完する有力な技術になると期待されるゆえんとなっている。これまでにNTNにおける衛星間の通信に関するさまざまな研究開発や実用展開が進められており、Starlinkではlink LEO SAT間中継に光空間伝送を用いることが検討されている。光空間伝送は、超高速伝送を小型かつ省電力の装置によって実現可能であり、軽量な通信設備が求められる衛星間やHAPS間の通信回線への適用に大きな期待が集まっている。

自動運転とV2X

モバイル通信分野で近年特に着目されているのは、車の自動運転である。特に、過疎地における公共交通手段に自動運転を適用することに大きな期待が集まっている。自動運転によって、ドライバーの確保を前提としてシステムを構築するというこれまでの運輸システム構築の制約条件が緩和される。結果として、サービスエリア設定やスケジューリングに対する自由度が大幅に増し、運輸システムを経済的に高い効率で運用できる可能性がある。さらに、自動運転は上空人流/物流サービスでも展開される可能性が高いが、上空を利用する際には道路は不要であり、法的整備が整えば、地上輸送路より低コストでの輸送実現も期待される。

自動運転において、自動車が周辺環境を自ら認識することは必要であるが、自らの視界の範囲外で起きている、例えば交差点での、進行方向に対して直角方向から近づく他の自動車の存在などは、ネットワーク経由でなければ情報は取得できない。そのため、自動運転においては、V2V（Vehicular to Vehicular）、V2I（Vehicular to Infrastructure）、V2P（Vehicular to Pedestrian）、V2N（Vehicular to Network）という4種類のインターフェースが規定され、これらは総称してV2X（Vehicular to Everything）と呼ばれている[5)]。V2Vは、ごく近傍で視界の届かない範囲の状況把握に有効であるのに対して、V2Iは、信号などの、周辺に存在する交通関係のインフラとの情報交換に利用される。V2Pは車と人との通信であり、人が有する携帯電話との通信を介して接近する歩行者の検知が可能である。携帯電話ではGPSによって位置情報の把握が可能であるため、これにより物陰から飛び出す人を検知できる可能性がある。V2Nは、自動車と携帯電話ネットワークとの通信であり、特に、自動運転のための情報通信プラットホームとして開発されているダイナミックマップ[6)]との連携に有効である。自動車の安全走行のためには、できるだけ多くの情報を効率的に取得し、より高い安全性の下で自動車の速度や移動方向の制御を行う必要があり、こうした要求を満たすべくV2Xを活用するさまざまな研究開発が進められている。

[注目すべき国外のプロジェクト]

グローバルフォーラムは、各地で開催され、市場形成の青写真がグローバルフォーラムにおける参加者の協力によって策定される一方、各国や地域の国家プロジェクトでは、その国や地域に含まれる企業の技術力を高めるために、国や地域がスポンサーとなって推進している。ただしグローバルベンダーは、多数の国の国家プロジェクトに参加している場合も多い。

大規模にグローバルフォーラムが展開されているのは欧州であり、その中でも2018年にフィンランドのオウル大学が中心となって設立された6G Flagship[8)]は、最も大規模で多くの文書を出力している。そこには世界各地から多数の技術者が参加し、多数の白書を出力したほか、それをベースに、オウル大学で展開されている6Genesisプロジェクトや、EU（European Union）におけるHexa-Xプロジェクトが展開されている。

米国では、Next G Allianceが立ち上げられ、2022年時点で北米が6G研究開発における世界的主導権を発揮するためのRoadmap to 6Gが策定された。中国は、6G技術研究開発推進作業部会が6Gに関する白書を発表すると共に、6G技術研究開発プロジェクトを開始している。

各国の国家プロジェクトに対する6Gへの投資額は、5Gの場合よりかなり巨大になっている。これは、6Gが5G以上に高機能なグローバルプラットホームであること、国家プロジェクトは、本質的に6Gに関係する国内企業の競争力を強化するのが目的であること、さらに技術開発競争が、国力の源泉になっていることが関係している。いずれにしても、5G以降の携帯電話ネットワークがVSSへの接続へと拡大されたことで、組織の垣根を越ええたビジネス展開が期待されるなど、単純に自由なグローバル経済の原則に基づいた競争のみがビジネスの潮流ではなくなってきている。また、これまでの自由なグローバル経済は、災害やCOVID-19による工場閉鎖の影響などで部品供給が止まるといった事象に対しては脆弱であったという反省もあり、今後は、経済原則に基づいて展開されていたグローバル戦略に対して、経済原則以外のさまざまな制約条件が課され、それがグローバル経済の新たな形を構成していくことになると予想される。

（5）科学技術的課題

無線・モバイル通信分野を支える技術分野としては、1）周波数利用効率を向上させる伝送速度・伝送効率の向上技術、2）伝送品質を安定化させるための、スペクトル利用や伝搬路構成の動的制御を含む、システム全体における適応処理技術、3）デバイスの進化を含む新たな無線周波数帯の利用技術、に大別される。これら技術における課題を解決することは、これからも重要であり、順次解決されていくであろう。ただしその際、経済性が重視されると共に、周波数利用効率とエネルギーの利用効率を共に向上できる技術できることが必須条項として課せられる。

一方、無線・モバイル通信ネットワークがあらゆるシステムに接続されることに伴い、検討すべき事項がある。通常、通信品質は、安定的にユーザーリンクが確立している際の通信品質を意味することが多いが、モバイル通信、特に上空利用も含めたモバイル通信では、それに加えて、瞬断が発生しないこと（瞬断発生確率として10^{-7}～10^{-9}等の規定あり）が求められる[1)]。一方、地上系の有線ネットワークにおける通信リンクの遮断は、電源が落ちる、あるいは通信システムが破損するなどで発生し、めったに発生するものではないものの、いったん発生すると復旧までには時間がかかる場合が多い。そのため、無線・有線を含めたEnd–to–Endの通信における通信の遮断期間を短くするには、別のシステムによってシームレスにユーザーリンクの確立が図られることが必要である。特に上空での運輸サービスではその要求は厳しい。こうした厳しい要求に応えるには、同種システムで、異なるオペレーターによる通信リンクのオーバレイの実現や、地上ネットワークとNTNとの異種システム間で多層ネットワークを構成するといった技術により、無線リンクを多層化することが必要になる。さらに地上ネットワークにおける一部の地域で不具合が発生した場合、その影響を拡散させない仕組みの強化や、その地域の地上ネットワークを、例えば衛星回線などの他のネットワークで補完する相互補完体制の確立なども必要である。加えて、上空の運輸サービスでは、移動体において、自律的に運航できる機能も付加し、通信回線が切れても、規定の場所まで移動する機能を有することも必要である。

今後あらゆるシステムが無線・モバイルネットワークに接続されるシステムが増えるにつれて、ネットワークが利用できなくなることのリスクは格段に高くなる。被接続システムの性能がネットワーキングによって向上することは好ましいものの、ある被接続システムの故障が、ネットワーク経由で他のシステム動作に影響を及ぼす、あるいはネットワークで発生した異常事態の影響が被接続システムの動作に大きな影響を与えるといったことは避けなければならない。通信ネットワークによる性能相互補完に加えて、被接続システムの自律動作による運用ロバスト性の強化等、ネットワーク故障時の動作をも含めたシステム・技術開発が必要である。

（6）その他の課題

無線・モバイル通信があらゆるシステムに接続され、6Gの時代には被接続システム同士が連携することでSDGsの達成に貢献するという流れは、6Gの技術開発において最上位に掲げられている目標であり、それを達成することに対する責任は大きい。このことは、情報通信ネットワークが担っている役割が、単に情報交換を支えるだけではなく、社会全体を支えるという重大な任務を担っていると自覚する必要があることを意味している。そのためには、情報通信技術者が、被接続システムが果たそうとしている役割を認識し、被接続システムの動作が情報通信ネットワークとどのように関わるのか、あるいは関係しないようにするのかも含めて検討すべきであろう。また、被接続システムとネットワークのインターフェースにおいてどのように責任分担をするのかなどの検討も必要である。

（7）国際比較

表1に、6Gの時代に向けた各国の技術トレンドを示す。先に述べたように、無線・モバイル通信分野の中核に位置する携帯電話においては、10年で世代交代を行うという流れが定着し、世代交代と共に携帯電話の役割が革新的に変化することを前提に、世代交代の約10年前からグローバルフォーラムにおける議論が開始され、その中、市場の青写真が形成され、その後、標準化を含む技術開発を経て実際の市場が形成されてい

る。一方、各社は、グローバルフォーラムの中で描かれた市場の青写真を念頭に、独自戦略に基づいてビジネスを進展させている。その間、各国は、自国内の産業の競争力を強化するための国家プロジェクトを展開している。このことは、情報通信ネットワークの市場形成が、これまで日本が得意としてきた、「技術を開発し、それがグローバルな展開も含めて市場展開される」という形ではなく、「市場をグローバルフォーラムで議論し、その流れを業界全体が共有しながら、各社は独自のビジネス戦略を推進し、その中で必要な技術を適宜開発する」、という形に変化したことを意味している。そのため、ここではどこの国がどの技術開発において進展しているかという視点ではなく、どの国や地域が、グローバルフォーラムを構成することでの、情報通信ネットワーク構築の議論でリーダシップをとっているかを中心に議論することとする。

各国の企業が、いろいろなグローバルフォーラムに参加していることもあって、国別でみるとどの国も活発な技術開発がなされていると言える。一方、LEO SATの開発では米国が、衛星開発から衛星打ち上げまでを短周期で実現できる仕組みを有しており、現時点で、その流れをLEO SATの開発から打ち上げまでの流れにすでに適用していることもあり、かなり先行していると言える。6GにおけるNTNの必要性が指摘される中で、衛星分野については米国の優位性は当分続くと考えられる。

基礎技術開発では、どの国にも、THz帯のデバイスや伝送方式の検討に積極的である。また、国家プロジェクトの位置づけは、特に世界各国でみると、国が技術を支援するというより、国が、国内の企業がこの分野でリーダシップをとるための技術開発を刺激するためのものと考えるのが適当である。その意味で、国家プロジェクトに参画した企業等のグループによる知財獲得が、今後より活性化していくようにも思える。

日本においては、総務省がB5G推進コンソーシアムを組織し、6G FlagshipとBeyond 5G（*6G*）に関する協力覚書に署名するなど、6G技術開発の推進に対して積極的に動いている。さらにNICT経由での委託研究も大規模に展開している。これらによって6Gに関する日本の技術開発はかなり進展していると判断される。ただ、3GPPでの必須特許獲得では、3GPPの標準化に際して標準規格策定におけるリーダシップをとることが必須であり、その流れはグローバルフォーラムでの寄与に関係する点に注意が必要である。

国・地域	フェーズ	現状	トレンド	各国の状況、評価の際に参考にした根拠など
日本	基礎研究	○	↗	テラヘルツ波では、テラヘルツシステム応用推進協議会で産官学での技術情報の交換が進んでいる。NICTの委託研究でも多数の研究がなされているなど、技術開発の基礎分野では実績あり
	応用研究・開発	○	↗	Beyond 5G推進コンソーシアムを設立。さらにフィンランドの6G FlagshipとMoUを締結し、技術開発を推進 6Gに向けて、NICTからの委託研究によるプロジェクトを実施 O-RAN Allianceにおけるネットワークのオープン化では中核メンバーとしてネットワークのオープン化を推進 IOWN Global Foerumを設立し、国際連携に基づいた新たなネットワーキング実現を推進 ローカル5Gを用いた自営通信としての5Gの展開を推進
欧州	基礎研究	◎	↗	オウル大学等が中心となって、6Gで必要になる各種技術を積極的に開発。
	応用研究・開発	◎	↗	フィンランドのオウル大学は世界に先駆けてグローバルフォーラムを（6G Flagship）を設立し、6Gに関する多数の白書を出力。 EUは6G関係プロジェクトとしてHexa-Xプロジェクトを組織 6Gシステム全体としての技術開発の流れは最も充実している
米国	基礎研究	○	→	FCCがTHz帯を実験向けに開放し、THz帯の開発が進展。 政府は先端研究プロジェクトに3,000億ドル（4年間）投資すると表明
	応用研究・開発	◎	↗	Next G Allianceを設立し、6G開発の目標を設定し、北米が6G開発の主導権を発揮するためのロードマップを作製 NSFは高度無線通信研究プラットホームを構築

				Qualcomm社は、携帯電話の通信モジュールのシェアを握っており、次世代につながるデバイス開発も積極的に実施 LEO SAT分野で世界の先端を走っている。衛星開発から打ち上げまでを短い周期で実現させる仕組みが確立している。LEO SATでは、広帯域アクセスの実用化が開始されると共に、衛星間光リンクによる衛星コンステレーションによるバックボーンネットワーク化を推進。
中国	基礎研究	○	↗	東南大学などが、THz帯を利用した100 Gbit/s超の伝送実験を2022年3月に実施。
	応用研究・開発	◎	↗	国主導の5Gネットワークの実装速度は非常に速い。3GPPにおける必須特許獲得では上位である。3GPPにおける標準化と対応付けて国内体制を整備し、3GPPにおいて主体的立場が維持できることを目指している 6Gも含めてインフラ構築は国家主導で、速い速度で進められると思われる。
韓国	基礎研究	○	↗	LGエレクトロニクスなどがTHz帯で100mの伝送に成功。100mの伝送は、伝搬制御を加えたエリア構築の基礎を支えるもの
	応用研究・開発	○	↗	2020年に6G R&D推進戦略を公表。科学技術情報通信部が特許庁と協力して、特許確保の可能性が高い技術を「標準特許戦略マップ」として発行。 サムソンはグローバル企業として、グローバルな企業連携での技術開発など積極的に実施

（註1）フェーズ

基礎研究：大学・国研などでの基礎研究の範囲

応用研究・開発：技術開発（プロトタイプの開発含む）の範囲

（註2）現状

◎：特に顕著な活動・成果が見えている　　×：活動・成果がほとんど見えていない

○：顕著な活動・成果が見えている　　－：評価できない（公表する際には、表示しない）

△：顕著な活動・成果が見えていない

（註3）近年（ここ1～2年）の研究開発水準の変化

↗：上昇傾向、→：現状維持、↘：下降傾向

参考文献

1) Aygün Baltaci, et al., “A Survey of Wireless Networks for Future Aerial COMmunications (FACOM),” *IEEE Communications Surveys & Tutorials* 23, no. 4 (2021) : 2833-2884., https://doi.org/10.1109/COMST.2021.3103044.
2) 国立研究開発法人情報通信研究機構（NICT）「Beyond 5G/6G White paper：日本語2.0版（2022年3月）」https://beyond5g.nict.go.jp/images/download/NICT_B5G6G_WhitePaperJP_v2_0.pdf,（2023年2月26日アクセス）.
3) Beyond 5G推進戦略懇談会「Beyond 5G推進戦略懇談会：提言（案）（令和2年6月）」総務省, https://www.soumu.go.jp/main_content/000694004.pdf,（2023年2月26日アクセス）.
4) 6G Flagship, “Publications,” University of Oulu, https://www.6gflagship.com/publications/,（2023年2月26日アクセス）.
5) 菅沼英明「ITS・自動運転の動向と今後：V2Xを中心として」『電子情報通信学会　通信ソサイエティマガジン』15巻2号（2021）: 102-108., https://doi.org/10.1587/bplus.15.102.
6) 佐藤健哉, 高田広章「ダイナミックマップ2.0（DM2.0）の構成と設計」『電子情報通信学会　通信ソサイエティマガジン』15巻2号（2021）: 133-139., https://doi.org/10.1587/bplus.15.133.
7) 橋本明『無線通信の国際標準化』(日本ITU協会, 2014).
8) University of Oulu, “6G Flagship,” https://www.6gflagship.com,（2023年2月26日アクセス）.

2.6.3 量子通信

(1) 研究開発領域の定義

量子通信ネットワークは、主に、量子の物理的な特徴を活用して送受信間で絶対安全に暗号鍵を共有する量子鍵配送ネットワークと、量子情報を遠隔地間で重ね合わせや量子もつれ等の量子状態を保ったままやり取りする量子インターネットに分類される。本研究開発領域は、1対1の量子鍵配送の高速化・長距離化技術から、既存セキュリティー技術との融合、多対多のネットワーク化と衛星系も含めた大規模グローバルネットワークの構築、量子中継技術およびそれを活用した量子インターネットの実現に関する研究開発を扱う領域である。

(2) キーワード

量子鍵配送、量子セキュアクラウド、トラステッドノード、量子暗号通信網、衛星量子通信、量子インターネット、量子テレポーテーション、量子中継、量子デバイス

(3) 研究開発領域の概要

[本領域の意義]

現在の情報社会を支えている公開鍵暗号などの現代暗号は解読に膨大な計算量が要求される「計算量的安全性」によって安全性が担保されている。しかし、近年、量子コンピューターの研究が加速しており、将来的に実用的な量子コンピューターや全く新規の数理アルゴリズムの出現によって、現代暗号が容易に解読されてしまうことが懸念される。そこで、量子コンピューターが実現されても重要機関の間で機密情報を安全にやりとりするべく、解読が不可能であることが理論的に証明されている量子暗号が必須とされている。量子暗号は、量子鍵配送（QKD：Quantum Key Distribution）とワンタイムパッド（One Time Pad, OTP）暗号化という二つのステップから構成される。OTPは、暗号化対象のデータと同じ長さの乱数を暗号鍵として用い、一度使用した乱数を二度と使わないようにする暗号方式である。量子暗号は、このOTPにおいてQKDから供給された暗号鍵を使うことで、情報理論的安全性を達成する。QKDの送受信装置をネットワーク接続し、鍵を管理・配送する技術が量子鍵配送ネットワーク（QKDネットワーク）である。現在、世界各国でQKDネットワークのグローバルな普及に向けて実用化に向けた動きが活発化しており、地上系および衛星系の双方において、量子暗号を活用したグローバルな量子鍵配送ネットワークの構築が急務となっている。そのためには、QKDの高速化・長距離化やネットワーク化、先進的デバイス・システム技術の開発、古典セキュリティー技術（既存のセキュリティー技術）との融合など、さまざまな課題に取り組む必要がある。

さらに将来、大規模な分散量子コンピューティングや秘匿量子計算、光時計量子ネットワークによる時空間同期、量子センサーネットワーク等の量子アプリケーションが登場することによって、人々の安心・安全・便利な生活や高度な社会経済活動の実現が期待される。遠隔の量子コンピューター同士を相互接続する際、最大限の性能を引き出すには、ネットワークの送信エッジと受信エッジの間で、量子情報を、量子状態（重ね合わせや量子もつれ等）を保ったまま直接やりとりできる量子インターネット技術が必要となる。量子インターネットの実現には、量子情報を送受信する量子コンピューターや量子センサーだけでなく、量子メモリ等の量子中継に必要なデバイス技術の進展が必要不可欠であるが、当該技術はいまだ基礎研究段階であり、かつ技術の確立に長期間を要するとされており、関連技術の研究開発をこれまで以上に促進していく必要がある[1)]。

[研究開発の動向]

これまでの研究開発の大きな流れ・現在のトレンド

初期の量子暗号通信技術の研究においては、量子の物理的な性質を活用して送受信間で暗号鍵を安全に

共有可能とするQKDを、いかに安定的に高速化・長距離化するかが課題とされてきた。1984年に提案されたBB84[2)]は、QKDの代表的なプロトコルであり、2018年には日本において、300 kbps × 45 kmという当時は世界最高性能の量子暗号装置が開発され、2021年に製品化・事業化がなされた。テストベッドに関しては、2010年に総務省所管の国立研究所である情報通信研究機構（NICT）等が都内100 km圏内で構築した試験用のTokyo QKD Network[3)]が、世界最長の運用実績を有しており、量子暗号通信の実用化および高度化に多大に貢献している。

QKD技術の研究開発において、鍵配送の効率化や高速化・長距離化は、引き続き重要課題として取り組まれており、例えば、古典光通信と同じファイバーを共有して量子暗号通信を可能とする連続量（CV）–QKD[4)]や、通信速度を落とすことなく通信距離を最大2倍まで延ばせるツインフィールド（TF）–QKD[5)]など、BB84以外のQKD方式も研究開発が進んでいる。さらに現在、他課題として、既存セキュリティー技術との融合や、多対多のネットワーク化、量子中継を含む量子インターネットの実現など、研究開発テーマが広範囲に広がっている。

既存セキュリティー技術との融合では、いかに融合してネットワーク全体の安全性を高めるかが課題となっている。その応用技術の一つとして、量子セキュアクラウド技術があり、量子暗号、秘密分散、耐量子計算機暗号による認証基盤、秘匿計算等を融合することで、実用的な量子コンピューターが実現しても、解読や改ざん等ができないデータバックアップ保管と計算処理を行うことが可能となる。例えば、2020年には、NICT、NEC、ZenmuTechの三者が、電子カルテのサンプルデータの伝送そのものを量子暗号で秘匿化し、広域なネットワークを介して秘密分散技術によってバックアップ保管するシステムの実証実験に成功している。

ネットワーク化技術では、1対1のQKD技術を拡張し、多対多の大規模なQKDネットワークをいかに構築するかが課題となっている。そのため、BB84等による暗号鍵生成はリンクごとに行いつつも、ネットワークの中継点にトラステッドノード[6)]を多数配備して、鍵リレーを行うことで、送信エッジと受信エッジの間で暗号鍵を共有する技術があり、早期の社会展開および普及が期待されている。トラステッドノードを前提としたQKDネットワークでは、応用技術としてネットワーク管理や経路制御等の研究開発が盛んに行われている[7)-10)]。また、地上系ネットワークに加えて、宇宙空間の損失が非常に小さい衛星－地上間通信も行うことによって、QKDの通信距離を大幅に伸ばすことも可能であり、QKDネットワークのグローバル化には、地上系および衛星系のネットワークの統合が必要である[11),12)]。

量子インターネット技術[13)]では、末端の量子コンピューターや量子センシングデバイス等から送信された量子情報を、いかにして、重ね合わせや量子もつれといった量子状態を純粋状態に近いまま遠隔地に届けるかが課題となっている。量子インターネットを実現するには量子中継技術[14)]が必須であり、そのための1技術として量子メモリがある。量子メモリの実現方法としては、例えば、ダイヤモンド等の材料を活用してコヒーレンス時間（量子の重ね合わせ状態等が持続する時間）を増やすための研究開発が行われている[15)]。当該技術は、技術的なハードルが高いことから、現状、基礎研究段階であり、技術の確立には長期間を要するとされている。量子インターネットは、量子中継技術を中継ノードに導入し、末端の量子コンピューターや量子センシングデバイス等を光ファイバー回線で接続して大規模メッシュネットワーク化することで、多対多で量子情報をやりとり可能なネットワークであり、現在、量子メモリを含むデバイス技術に加えてネットワーク制御技術も含め、さまざまな研究開発が行われている[16)-18)]。また、量子メモリをQKDに応用し、送信エッジと受信エッジの間で、上記のトラステッドノードを介さずに暗号鍵を共有する研究も行われている[19)]。

国内では、政府の統合イノベーション戦略推進会議が、2020年1月に、「量子技術イノベーション戦略」を発表し[1)]、量子技術を重要戦略技術と位置づけて、量子イノベーション拠点の形成や当該技術の研究開発への積極的な投資、人材育成等が加速している。

国際標準化

QKDネットワーク技術のグローバルな普及には、国際標準化も重要である。例えば国内機関では、NICT

が、政府や企業・大学と連携し、ITU-TやISO/ IEC SC1、ETSI等において国際標準化を積極的に進めている。例えば、ITU-Tでは、2019年10月に、QKDネットワークに関連する世界初の国際標準勧告 ITU-T Y.3800「Overview on networks supporting quantum key distribution」が発刊された[20]。2022年2月には、ITU-T Y.3809「A role-based model in quantum key distribution networks deployment」が勧告承認されている[21]。

諸外国の政策

量子技術は、米国、欧州、中国を中心に国家戦略上の重要技術と位置づけられ、量子技術に関する研究開発戦略の策定、研究開発投資の拡充、拠点の形成、人材育成等が急速に展開されている。米国では、2018年12月に、2019年からの5年間で量子関連技術に対して最大13億ドル規模の投資に関する法律が成立したことに加え、2021年8月には、エネルギー省（DOE）が、国家量子イニシアチブ法に基づいて、さまざまな国立研究所を主導組織として量子技術関連の五つのセンターを設立し、量子インターネットや量子デバイスに関する研究開発プロジェクトに対して6,100万ドルを提供することが発表された。欧州では、オランダ、英国、ドイツ、スイス、他、さまざまな国で量子技術に関する研究開発プロジェクトが立ち上がっており、欧州委員会によって2018年10月に10年間で10億ユーロを投資する「量子技術フラグシップ」プロジェクトが開始されたことに加え、例えばオランダでは、2020年2月に、今後5年間で量子技術に対して2,350万ユーロを投じることが発表されるなど、積極的な投資がなされている。中国は、2016年から量子技術で世界をリードするための13年計画が開始され、量子関連で数十億ドルを投資しており、量子暗号通信ネットワーク分野では、世界をリードしている状況である。

QKD 装置は、日欧米中などの企業において既に製品化や一部事業化がされており、世界各国の通信事業者やスタートアップ企業などが事業化に向けた活動を積極的に行っている。量子暗号の世界市場は、2030年には約34億ドルに達すると見込まれており、2035年には日本円で約2兆円まで成長する見込みである。

（4）注目動向：

［新展開・技術トピックス］

1対1のQKDの高速化・長距離化技術

ここ数年、前述のTF-QKD方式が注目されている[5]。TF-QKD方式では、送信エッジおよび受信エッジが中間点へ向けて光パルスを送り、中間点にて単一光子を検出する構成を用いることによって、従来のBB84を用いたQKD方式と比較して、伝送距離を2倍以上に伸ばすことが可能である。2018年には、東芝欧州研究所ケンブリッジ研究所が標準的な光ファイバーを用いて通信距離を500km以上とするTF-QKD方式を開発している。ただし、安定化など、解決すべき技術的な課題はまだ多く、引き続き、研究開発を促進する必要がある。

既存セキュリティー技術との融合

特に日本国内では、ここ数年で、例えば秘密分散や秘匿計算との融合など、研究開発や実証実験が積極的に実施されてきた[22]。さらに、QKDでは一般に、古典ネットワークにおいてセキュリティー上の問題が発生し得ると考えられることから、耐量子計算機暗号（PQC）システムをQKDネットワークと接続することによってネットワーク全体でセキュリティーを向上する取り組みが必要である。例えば、北米のQuantum Xchange社が、2021年11月に、QKDとPQC双方に対応した暗号鍵配送システム「Phio Trusted Xchange」[23] を提供することを発表しており、統合技術のさらなる高度化が求められる。

QKDの多対多ネットワーク化技術

QKDでは、手動による鍵リレー経路設定方式が主に想定されてきたが、論文等の机上検討において、自動的に経路計算する技術の発表が増えてきた。ただし、自動方式でも、現状、必ずしも最適な鍵リレー経路計算が行われていないケースが多いことから、引き続き、送受信エッジ間のホップ数や各リンクの暗号鍵残量等を考慮した最適な鍵リレー経路計算技術を確立するための研究が必要である。また、送受信エッジ間であらかじめ鍵リレー経路を決めておくエンド・ツー・エンド方式とは別に、中継ノードごとに経路（次ホップ）を決定するホップ・バイ・ホップ方式のQKDも提案されている。NICTでは、古典ネットワーク上の情報指向ネットワーク（Information Centric Network, ICN）技術（2.6.6参照）を適用してQKDネットワーク全体の鍵消費量を低減する技術の研究開発が進められている[24)]。

衛星量子通信技術

衛星通信に適した新たなQKDプロトコルの開発や、通信リンクの安定化のための補足追尾・補償光学・単一光子検出等の技術の開発が盛んに行われている一方で、QKDを補完する技術として、近年、物理レイヤ暗号技術[12)]が注目されている。物理レイヤ暗号技術は、特に衛星通信向けに最適化されており、盗聴者の攻撃モデルに制限を課すことが可能な状況下で、情報理論的安全に送受信エッジ間で暗号鍵を共有可能とする技術である。

量子インターネットのネットワーク制御技術

量子インターネットのネットワーク制御技術（ルーティング等）は、デバイス技術の制約や困難性もあり、これまでは研究が少なかったが、量子メモリや量子インターフェースなど、デバイス基礎技術の進展により、徐々に研究発表が増えている。例えば、通信ネットワーク分野のトップカンファレンスであるIEEE INFOCOMでは、2022年において、量子インターネットの制御技術関連の研究成果が複数件発表された[16)-18)]。米国では大統領府の米国量子調整局が国家戦略の報告書[25)]を公開しており、欧州ではオランダのデルフト工科大学が量子インターネットを含む将来の量子ネットワークに関する報告書[26)]を公開するなど、量子インターネットの制御およびデバイス技術は、今後、研究開発が加速する見込みである。

[注目すべき国内外のプロジェクト]

日本

- 2018年度に総務省委託研究「衛星通信における量子暗号技術の研究開発（令和4年度まで）」が開始。衛星・地上間における量子暗号用送受信装置の研究開発を推進。
- 2020年度に総務省委託研究「グローバル量子暗号通信網構築のための研究開発（令和6年度まで）」、2021度に総務省委託研究「グローバル量子暗号通信網構築のための衛星量子暗号技術の研究開発（令和7年度まで）」が開始。地上から低/中/静止軌道まで含めたグローバル規模の量子暗号通信網構築に向けた研究開発を推進。
- 2020年に、内閣府が推進するムーンショット型研究開発の目標6に、「量子計算網構築のための量子インターフェース開発」プロジェクトが採択。2030年までに量子コンピューターの誤り訂正可能な規模でのネットワーク接続の実現、2050年までに大規模な超伝導量子コンピューターの実現を目指した研究開発を推進。

米国

- エネルギー省（DOE）が、量子情報科学関連技術で、傘下の国立研究所（ローレンス・バークレー国立研究所、オークリッジ国立研究所、アルゴンヌ国立研究所、ブルックヘブン国立研究所、フェルミ国立加速器研究所）が主導する五つの研究センターに大規模な資金投入。例えば、ローレンス・バークレー国立研究所のQUANT-NET（Quantum Application Network Testbed）プロジェクトでは、分散型量子ネットワーク構築・実証に関わる研究開発を推進。オークリッジ国立研究所とロスアラモス国立研究所のQuAInT（Quantum-Accelerated Internet Testbed）プロジェクトでは、都市規模での量子情報送受信が可能な量子インターネット・テストベッドの設計および構築を目指した研究開発を推進。アルゴンヌ国立研究所主導の次世代量子科学光学センター（Q-NEXT）では、量子中継器を含む長距離通信リンクやシミュレーションテストベッド等を実証するためのエコシステムの構築を目指した研究開発を推進。

・NASAが資金援助を行っているSEAQUE（Space Entanglement and Annealing Quantum Experiment）プロジェクト。イリノイ大学アーバナ・シャンペーン校やウォータールー大学などが参画しており、軌道上での量子通信技術の検証を推進。

欧州

・OpenQKDプロジェクト。QKDテストベッド構築や相互接続、産業化などを推進。13カ国から38機関が参画する大規模プロジェクト。
・QRANGEプロジェクト。量子乱数生成技術の開発を推進。
・UNIQORNプロジェクト。ベルギーのゲント大学などが参画しており、量子通信や量子コンピューター向けのデバイス技術開発等を推進。
・CiViQプロジェクト。SDN（Software-Defined Networking）-QKD、CV-QKD等の開発を推進。
・QIAプロジェクト。量子インターネット技術の開発を推進。
・スペイン科学イノベーション省が、Q-CAYLEやMadQ、BasQhuBなどを含む量子通信分野に関わる6プロジェクトを採択。（2021年11月）
・ドイツ連邦教育・研究省が資金提供し、量子メモリ等の量子デバイスによる安全な認証を可能にするための7プロジェクトを開始。（2022年3月）
・英国UKリサーチ&イノベーションが、量子技術の商業化のための16プロジェクトを採択し、計600万ポンドの資金を提供すると発表。（2022年6月）

中国

・2016年頃から、2030年に向けて、量子通信を含む複数の研究開発やその応用展開のためのプロジェクトを推進しており、2020年3月には、量子通信を含む重要科学技術プロジェクトの実施とサポート力を強化し、科学技術成果の応用と産業化を促進し、イノベーション型企業とハイテク企業を育成し、経済発展の新動力を増強するための施策を発表している。

（5）科学技術的課題

QKDネットワークのグローバル化

QKDネットワークの大規模化・グローバル化を目指し、現在敷設環境で動作中の量子暗号装置と比較して数倍以上、鍵配送を高速化・長距離化可能な技術が求められる。そのため、前述の通り、TF-QKDなどの新技術が注目されているが、安定動作状態で高速化・長距離化を図る技術の確立など、QKD方式の高度化は、今後も取り組むべき課題である。また、衛星系ネットワークにおいても、鍵配送の高速化・長距離化が課題であり、かつ、地上系ネットワークとの統合によって、QKDネットワークのグローバル化を目指す取り組みも必要である。

既存セキュリティー技術との融合

ネットワーク全体の安全性をQKD技術のみで実現することは現状困難であり、既存のセキュリティー技術等との融合が必須となっている。例えば、配信された暗号鍵データを安全に保持管理することを保証するストレージシステムや、耐量子計算機暗号技術との統合などの研究開発が必要である。

量子デバイス技術

量子ネットワークの大規模化・グローバル化には、それを支える量子デバイスの進展が不可欠である。量子デバイス技術の開発は課題が多く、技術の確立に長期スパンを要するとされているが、例えば、量子状態を保ったまま量子を保存・処理する量子メモリ技術や、原子と光子間などの異種量子間の変換を実現する量子インターフェース技術、光子の波長を光通信波長帯に変換する量子波長変換技術など、将来のグローバル規模のQKDネットワークや量子インターネットを構築していくためには、量子デバイス技術を早期に確立する必要がある。

量子インターネットの制御管理

量子中継技術や量子コンピューター技術の進展を踏まえた上で、さまざまな性能面（遅延や通信容量、通信要求棄却率等）で量子テレポーテーションの最適な経路動的選択/切り替え（ルーティング）やリソースの動的割り当てなどを高速かつ効率的に行うための制御管理機構を開発および構築することが、将来の量子アプリケーションの安定性向上の点で重要である。

（6）その他の課題

産学官が連携し、量子暗号装置等の安全性評価手法の確立、国際規格準拠のセキュリティー要件の文書化や運用など、各種制度を整備していくことが重要である。また、デバイスからネットワーク、さらにはアプリケーションまで多岐にわたって、大学の基礎技術を実用化・事業化に結び付けるための連携体制の構築と強化が必要である。

人材育成の観点では、これまで、量子通信技術は、1対1の量子通信や、それを活用した暗号鍵共有プロトコルの研究がメインであり、物理学や数学等の関連分野とされてきたため、現在、国内では、通信・ネットワーク技術と量子通信技術の双方に精通している人材は、産学官において極めて少数である。例えば、NICTが2020年から開始している量子人材育成プロジェクト（NQC）など、量子通信技術に関わる人材育成を今後も促進していく必要がある。

（7）国際比較

国・地域	フェーズ	現状	トレンド	各国の状況、評価の際に参考にした根拠など
日本	基礎研究	○	→	2020年、内閣府ムーンショットプログラムにて、2030年および2050年をターゲットに、量子デバイス基礎技術を含む量子インターネット実現に向けたプロジェクトが開始（※1）。 （※1） https://www8.cao.go.jp/cstp/moonshot/gaiyo/ms6_kosaka.pdfseconds
	応用研究・開発	○	↗	内閣府の戦略的イノベーション創造プログラム（SIP）第2期（※2）において、2019年および2020年に量子暗号による分散保管実験に成功。2020年および2021年に総務省委託研究が開始され、グローバル規模の量子暗号通信ネットワーク構築に向けた研究開発を促進。東芝が2021年に量子暗号装置を製品化し、同年10月にロンドンで世界初の量子暗号通信の商用メトロネットワークを構築。 （※2）https://www.qst.go.jp/site/sip/35666.html

国・地域	フェーズ	現状	トレンド	各国の状況、評価の際に参考にした根拠など
米国	基礎研究	◎	↗	科学技術政策局（OSTP）や全米科学財団（NSF）、エネルギー省（DOE）が、量子インターネット実現のための要素技術に関する研究開発やテストベッド環境提供、人材育成等にへの大規模投資を実施。DOEは、2020年2月に開催された量子インターネットのワークショップ「Quantum Internet Blueprint Workshop」のレポートを同年7月に公開し（※1）、傘下の国立研究所が主導する5研究センターに資金投入。既に、量子インターネットに関わるさまざまな開発・実証に成功。さらに、国際会議INFOCOMでの研究発表（文献18））など、学術的な成果も出ている。 （※1）https://www.osti.gov/servlets/purl/1638794
	応用研究・開発	○	↗	Quantum Xchange社が、2021年11月に、QKDと耐量子計算機暗号双方に対応した暗号鍵配送システム「Phio Trusted Xchange」の提供を発表。Qryptが、2022年2月に、量子暗号ソリューションをクラウドサービスとして提供する「Key Generation」を発表。JPモルガンチェイスが、2022年2月、大都市圏向けQKDネットの実証実験。
欧州	基礎研究	○	↗	2020年3月には、「量子技術の研究戦略アジェンダ」が公表され、研究開発、産業化、標準化、人材育成等が促進され、ロードマップが公表。欧州25カ国が、量子インターネットの構築のためのテストベッド「EuroQCI」の構築に合意。 【オランダ】QuTechが、2022年に、高性能な量子メモリを用いた量子テレポーテーションの実験や、固体中の光アクティブ・スピンを使ったマルチノード量子ネットワーク実験環境構築に成功。 【英国】2021年9月、ブリストル大学が、量子コンピューターの開発に資する量子ビットをエラーから保護するためのフォトニックチップを利用した量子誤差補正コードを実証。2022年2月、ケンブリッジ大学が、室温での量子情報保存を可能とする単一光子源となる2次元材料を特定。 【ドイツ】2022年5月、マックス・プランク研究機構が、量子ネットワークの量子ゲートの性能を大幅に向上。 【フィンランド】2022年3月、オウル大学が、超電導量子ビットで保護された量子状態の制御に成功。
	応用研究・開発	○	↗	「OpenQKD」プロジェクト等により、量子暗号技術とその応用の開発・実証を促進。 【オランダ】2022年7月、QuTechが、オランダでデータセンター間を相互接続するQKDテストベッドを開始。 【英国】2022年4月、英国のBritish Telecom社が、東芝と合同で、世界初の商用向けQKDメトロネットワークのトライアルサービスを開始。 【ドイツ】2022年4月、ADVAが、IDQuantique社のQKD装置およびADVAの物理層暗号化技術を用い、架空ファイバー・リンクでの量子安全データ伝送実験に成功。2022年7月、フラウンホーファーが、UNIQORNプロジェクトで、2×4mmチップに搭載可能な小型QKD送信機を開発。 【スイス】IDQuantiqueが、2021年10月、量子ラボ構築のためのプラットホーム製品「Cerberis XGR」を発表。2022年5月、高性能なQKD製品「Clavis XG」を発表。
中国	基礎研究	○	→	ジャーナル誌や国際会議INFOCOMにおいて、中国科学技術大学から、量子インターネット関連の研究発表（文献15), 17)）がなされるなど、学術的な成果が出ている。
	応用研究・開発	◎	↗	2016年頃から量子暗号通信分野への大規模投資がなされており、例えば、2021年1月に、人工衛星と地上の通信ネットワークを接続して、約4600kmのQKDネットワークを構築。2021年1月、衛星系および地上系を統合した大規模量子ネットワークの実証実験の実施を発表。Quantum CTek社がQKD装置を製品化し、CAS Quantum Network社がQKDネットワークサービスの事業化を促進。超電導ナノワイヤ単一光子検出器を搭載したシリコンフォトニクスチップを使った量子通信システムを開発。

韓国	基礎研究	–	–	（顕著な動きは見られない）
	応用研究・開発	○	→	SKブロードバンドが、2020年9月にQKDに関する標準ロードマップを策定し、さらに、2022年7月に全長800kmとなる韓国全土QKDネットワーク構築のフェーズ1を完了。
豪州	基礎研究	–	–	（顕著な動きは見られない）
	応用研究・開発	△	–	2021年11月、米国と、量子技術の成果を実用的応用につなげるための協力に合意。「Quantum Commercialisation Hub」に7000万オーストラリアドルを確保。
カナダ	基礎研究	○	→	国際会議INFOCOMにおいて、ブリティッシュ・コロンビア大から、量子インターネットのルーティングに関する研究発表（文献19））がなされるなど、学術的な成果が出ている。
	応用研究・開発	△	→	2022年2月、カナダ政府が、国家量子戦略の策定に向けた公開協議の結果をまとめた報告書を発表。2022年6月、ケベック州の非営利団体Numanaが、産業界および研究者向けのオープンな量子通信インフラの立ち上げを発表。

（註1）フェーズ

基礎研究：大学・国研などでの基礎研究の範囲

応用研究・開発：技術開発（プロトタイプの開発含む）の範囲

（註2）現状

◎：特に顕著な活動・成果が見えている　×：活動・成果がほとんど見えていない

○：顕著な活動・成果が見えている　—：評価できない（公表する際には、表示しない）

△：顕著な活動・成果が見えていない

（註3）近年（ここ1～2年）の研究開発水準の変化

↗：上昇傾向　→：現状維持　↘：下降傾向

関連する他の研究開発領域

量子コンピューティング・通信（HW）(ナノテク・材料分野 2.3.5）

参考文献

1）統合イノベーション戦略推進会議「量子技術イノベーション戦略（最終報告）（令和2年1月21日）」内閣府, https://www8.cao.go.jp/cstp/tougosenryaku/ryoushisenryaku.pdf,（2023年2月26日アクセス）.

2）Charles H. Bennett and Gilles Brassard, “Quantum cryptography: Public key distribution and coin tossing,” in *Proceedings of the International Conference on Computers, Systems & Signal Processing (CCSP)* (IEEE, 1984), 175-179.

3）Masahide Sasaki, et al., “Field test of quantum key distribution in the Tokyo QKD Network,” Optics Express 19, no. 11 (2011) : 10387-10409., https://doi.org/10.1364/OE.19.010387.

4）Xiaoyu Ai and Robert Malaney, “Qptimized Multithreaded CV-QKD Reconciliation for Global Quantum Networks,” *IEEE Transactions on Communications*, vol. 70, issue 9 (2022) : 6122-6132., https://doi.org/10.1109/TCOMM.2022.3188018.

5）Marco Lucamarini, et al., “Overcoming the rate-distance limit of quantum key distribution without quantum repeaters,” *Nature* 557, no. 7705 (2018) : 400-403., https://doi.org/10.1038/s41586-018-0066-6.

6）Philip G. Evans, et al., “Trusted Node QKD at an Electrical Utility,” *IEEE Access* 9 (2021) : 105220-105229., https://doi.org/10.1109/ACCESS.2021.3070222.

7) Yoshimichi Tanizawa, Ririka Takahashi and Alexander R. Dixon, "A routing method designed for a Quantum Key Distributed network," in *2016 Eighth International Conference on Ubiquitous and Future Networks (ICUFN)* (IEEE, 2016), 208-214., https://doi.org/10.1109/ICUFN.2016.7537018.
8) Omar Amer, Walter O. Krawec and Bing Wang, "Efficient Routing for Quantum Key Distribution Networks," in *2020 IEEE International Conference on Quantum Computing and Engineering (QCE)* (IEEE, 2020), 137-147., https://doi.org/10.1109/QCE49297.2020.00027.
9) Miralem Mehic, et al., "A Novel Approach to Quality-of-Service Provisioning in Trusted Relay Quantum Key Distribution Networks," *IEEE/ACM Transactions on Networking* 28, no. 1 (2020) : 168-181., https://doi.org/10.1109/TNET.2019.2956079.
10) Li-Quan Chen, et al., "ADA-QKDN: a new quantum key distribution network routing scheme based on application demand adaptation," *Quantum Information Processing* 20 (2021) : 309., https://doi.org/10.1007/s11128-021-03246-2.
11) Yu-Ao Chen, et al., "An integrated space-to-ground quantum communication network over 4,600 kilometres," *Nature* 589, no. 7841 (2021) : 214-219., https://doi.org/10.1038/s41586-020-03093-8.
12) Hiroyuki Endo, et al., "Group key agreement over free-space optical links," *OSA Continuum* 3, no. 9 (2020) : 2525-2543., https://doi.org/10.1364/OSAC.389853.
13) David Awschalom, "From Long-distance Entanglement to Building a Nationwide Quantum Internet: Report of the DOE Quantum Internet Blueprint Workshop," U.S. Department of Energy, Office of Scientific and Technical Information, https://doi.org/10.2172/1638794, (2023年2月26日アクセス).
14) Qiao Ruihong and Meng Ying, "Research Progress of Quantum Repeaters," *Journal of Physics: Conference Series* 1237, no. 5 (2019) : 052032., https://doi.org/10.1088/1742-6596/1237/5/052032.
15) Shuhei Tamura, et al., "Two-Step Frequency Conversion for Connecting Distant Quantum Memories," in *Proceedings of Conference on Lasers and Electro-Optics Pacific Rim (CLEO-PR) 2018* (Optica Publishing Group, 2018), W2G.3., https://doi.org/10.1364/CLEOPR.2018.W2G.3.
16) Yangming Zhao, Gongming Zhao and Chunming Qiao, "E2E Fidelity Aware Routing and Purification for Throughput Maximization in Quantum Networks," in *IEEE INFOCOM 2022 - IEEE Conference on Computer Communications* (IEEE, 2022), 480-489., https://doi.org/10.1109/INFOCOM48880.2022.9796814.
17) Yiming Zeng, et al., "Multi-Entanglement Routing Design over Quantum Networks," in *Proceedings of IEEE INFOCOM 2022 - IEEE Conference on Computer Communications* (IEEE, 2022), 510-519., https://doi.org/10.1109/INFOCOM48880.2022.9796810.
18) Ali Farahbakhsh and Chen Feng, "Opportunistic Routing in Quantum Networks," in *Proceedings of IEEE INFOCOM 2022 - IEEE Conference on Computer Communications* (IEEE, 2022), 490-499., https://doi.org/10.1109/INFOCOM48880.2022.9796816.
19) Yumang Jing and Mohsen Razavi, "Simple Efficient Decoders for Quantum Key Distribution Over Quantum Repeaters with Encoding," *Physical Review Applied* 15, no. 4 (2021) : 044027., https://doi.org/10.1103/PhysRevApplied.15.044027.
20) International Telecommunication Union Telecommunication Standardization Sector

(ITU-T), "Y.3800: Overview on networks supporting quantum key distribution, 10/19," https://www.itu.int/rec/T-REC-Y.3800-201910-I/en,（2023年2月26日アクセス）.

21) International Telecommunication Union Telecommunication Standardization Sector (ITU-T), "Y.3809: A role-based model in quantum key distribution networks deployment, 02/22," https://www.itu.int/rec/T-REC-Y.3809-202202-I/en,（2023年2月26日アクセス）.

22) Mikio Fujiwara, et al., "Long-Term Secure Distributed Storage Using Quantum Key Distribution Network With Third-Party Verification," *IEEE Transaction on Quantum Engineering* 3（2022）: 4100111., https://doi.org/10.1109/TQE.2021.3135077.

23) Quantum Xchange, "A Cryptographic Management Platform for the Ages: Phio Trusted Xchange (TX)," https://quantumxc.com/phio-tx/,（2023年2月26日アクセス）.

24) Kazuhisa Matsuzono, Takaya Miyazawa and Hitoshi Asaeda, "QKDN meets ICN: Efficient Secure In-Network Data Acquisition," in *Proceedigs of IEEE Global Communications Conference (GLOBECOM)*（IEEE, 2021）, 1-7., https://doi.org/10.1109/GLOBECOM46510.2021.9686026.

25) The White House and National Quantum Coordination Office, "Quantum Frontiers: Report on Community Input to the Nation's Strategy for Quantum Information Science, October 2020," National Quantum Initiative, https://www.quantum.gov/wp-content/uploads/2020/10/QuantumFrontiers.pdf,（2023年2月26日アクセス）.

26) QuTech, "Creating the Quantum Future: QuTech Annual Report 2019," https://qutech.h5mag.com/annual_report_2019/cover,（2023年2月26日アクセス）.

2.6.4 ネットワーク運用

（1）研究開発領域の定義

通信ネットワークを24時間365日運用・提供するための技術である。携帯電話、FTTH、インターネット等の通信ネットワークサービスを利用者へ提供するために、通信事業者は携帯電話基地局、ルータ、サーバー等の多種多様な設備・機器を用いてネットワークを構築している。そのようなネットワーク上で、通信サービスの品質を常時監視し、ネットワーク障害等の問題へ早急に対処するためのネットワーク運用技術に関する研究動向を俯瞰する。

（2）キーワード

ネットワーク運用、通信サービス、自律型ネットワーク、クラウドネイティブ

（3）研究開発領域の概要

［本領域の意義］

携帯電話、FTTH、インターネット等の通信サービスは娯楽的な利用用途だけではなく、経済活動や社会インフラの一部として組み込まれており、その重要性は年々増している。経済活動の観点では、ビッグデータ・IoT・AIなどのデジタル技術を用いた業務の効率化・高品質化を目指すデジタルトランスフォーメーション（DX）に関しても、通信サービスはそのデータ流通のバッグボーンを担う。また、新型コロナウイルス感染症の流行を発端として急激に普及したリモートワークにおいて、通信サービスは遠隔の拠点/家庭を接続するための媒体であり必要不可欠となっている。社会インフラの観点では、警察・消防・救急等の緊急通報の提供や、運輸・交通といった社会生活に必要不可欠なサービスにおける通信サービスの利用が普及している。さらに、携帯電話の最新規格である5Gの普及に伴い、自動運転、遠隔手術といった人命に直結するようなアプリケーションへの通信サービス適用が期待されている。

このように通信サービスはすでに経済活動・社会インフラの一部を担っており、その通信サービスを提供する通信事業者は24時間365日、高い通信品質を維持することが求められる。しかしながら、通信サービスのために構築されたネットワークにおいては、そのネットワークを構成するネットワーク機器において機器故障等のネットワーク障害が日常的に発生する。通信事業者はネットワーク障害が発生したとしても通信サービスの通信品質の劣化や、通信サービスが停止する最悪の状況を回避しなければならない。この目的を達成する技術がネットワーク運用技術である。ネットワークの現在の状態や発生するイベントを計測し、求められる通信品質と乖離がある場合はネットワーク内において実施すべき対応策を確立し、その対応策をネットワーク上で実施するといった一連の流れにより、通信事業者は継続的・安定的な通信サービスの提供が可能となる。

［研究開発の動向］

ネットワーク運用を実現するためには、ネットワークの現在の状態や発生するイベントを逐次計測し（計測ステップ）、計測結果から規定のサービス品質を満たしていないことが判明した場合はネットワーク内で実施すべき対処策を判断し（判断ステップ）、判断された対処策・設定をもとにネットワーク機器を制御する（制御ステップ）という一連のステップが必要となる。例えば、Packet Drop率が現在3%であると「計測」され、それが利用者とのService Level Agreement（SLA）を満たしていないことが判明したとき、対処策として該当ルーターを経由しないRoutingの変更を「判断」し、ネットワーク内の対象ルーター群に対してRoutingを変更する「制御」を実施するといった動作が考えられる。

まず、計測ステップ関連の技術動向について述べる。通信サービスを提供するために構築されたネットワークの状態を計測するためには、ネットワークを構成する各ネットワーク機器の性能指標（例：CPU利用率、受信リクエスト正常終了率）を計測することが第一に求められる。そのような性能指標をネットワーク機器よ

り取得するための通信プロトコルとして、Simple Network Management Protocol（SNMP）[1)] や Network Configuration Protocol（NETCONF）[2)] が挙げられる。しかしながら、SNMP/NETCONFは通信プロトコルであり、その中で各性能指標の具体的構造（例：CPU利用率は0～100のIntegerとして表す）を定義する必要がある。近年では、NETCONFにおける性能試験の具体的構造の標準化が中心に進められており、Yet Another Next Generation（YANG）[3)] と呼ばれるデータモデル言語による記述が進められている。IETF, IEEE, O-RAN等の標準化団体において、自身の規定するルーター、光伝送装置、携帯電話基地局等のネットワーク機器の性能指標をYANGによって記述する標準化が進められている[4)]。

次に、判断ステップ関連の技術動向について述べる。判断ステップにおいては、（1）計測された性能指標より規定サービス品質を満たしているか判断し、（2）（満たしていない場合）規定サービス品質を満たすために必要なネットワーク制御内容を決定するという手順が必要となる。従来、これらの手順は人（運用者）が判断・決定していたものである。そのため、判断ステップのコストを低減する上では「いかに人が実施していたネットワーク運用業務をシステムによって自動的に実施できるか」という観点が最も重要となる。近年では機械学習（Machine Learning, ML）、深層学習（Deep Learning, DL）、強化学習（Reinforcement Learning, RL）といったArtificial Intelligence（AI）技術の適用に関する研究開発が盛んに実施されている[5)]。ネットワーク運用へのAI技術の適用においては、計測ステップで得られるデータをもとに各種AIアルゴリズムにより学習が行われ、得られた学習モデルを用いてネットワーク内で発生するネットワーク障害が自動的に検知・予測されるとともに、そのネットワーク障害の原因を特定し、解消する最適な手段が推定される。ML/DL/RLのアルゴリズムは多種多様ではあるが、一例としては、AutoEncoder、LSTM（Long Short Term Memory）、RandomForest、Deep Q-Networkといったアルゴリズムが検討されている。

最後に、制御ステップ関連の技術動向について述べる。本ステップにおいては、判断されたネットワーク内の制御内容を実際に対象ネットワーク機器の設定へ反映する。判断ステップと同様に、従来は人（運用者）が実際に対象のネットワーク機器へログインし設定を投入していたものであり、それをシステムにより自動的に実施することが本ステップにおいて求められる。ネットワーク機器や設定を反映するための通信プロトコルとしては、計測ステップと同様にNETCONFを用いて自動的にネットワーク機器へ設定を反映する標準化が進んでいる。 IETF, ETSI, IEEE, O-RAN等の標準化団体において、自身の規定するルーター、光伝送装置、携帯電話基地局等のネットワーク機器の設定内容をYANGにより記述する標準化が進められている。実際に設定内容をネットワーク機器へ反映するためのツール・プログラムとして、Python等のプログラミング言語を用いた設定反映の自動化に関する取り組みも盛んであり、ネットワーク機器操作の専用ライブラリをOSSとしてGitHub上で開発・公開している例もある[6)]。また、近年ではInfrastructure as Code（IaC）として、通信サービスのインフラの設定・あるべき状態をプログラミングコードとして定義する技術が注目されており、ネットワーク運用者がIaCのためのソフトウェア開発を実施する、いわゆるDevOpsによるネットワーク運用スタイルを取り入れる通信事業者が現れ始めている。 DevOpsを可能とするOSSのIaCプラットホームとしては、複数クラウドの統合的管理が可能なTerraform[7)]、ネットワーク機器の統合的管理を可能とするAnsible[8)] などが挙げられる。

（4）注目動向

［新展開・技術トピックス］

利用者の体感品質の計測

ネットワーク運用における計測関連のトピックスとしては、通信サービスの利用者が体感するサービス品質の性能指標を測定するという新しい展開が注目されている。というのも、(3)で述べた性能指標はあくまでネットワーク機器単体の性能指標を示すものであり、通信サービス全体のサービス品質や、通信サービスを実際に利用する利用者が体感する通信品質の性能指標を直接示すわけではないためである。そのような性能指標を計測するために、In-band Network Telemetry技術に関する研究開発が進められている[9)]。 In-band

Network Telemetry技術においては、利用者が実際に送受信するパケットに対して、ネットワーク機器が測定用情報を埋め込み、その情報を関連する他のネットワーク機器が参照・処理（例：各ネットワーク機器の受信時刻、送信時刻をヘッダ内に記録する）することで、実際にその利用者が体感したサービス品質の測定が可能となる。

自律型ネットワーク

ネットワーク運用における判断関連のトピックスとしては、技術動向として挙げられたAI技術をネットワーク運用へ完全に組み込み、人間の運用者を介さないネットワーク運用を目指す自律型ネットワーク（Autonomous Network）が主となる。ネットワーク運用に関するAPI等を規定する標準化団体であるTM Forumにおいて、Autonomous Network Levelというネットワーク運用自動化のレベルを規定しており[10)]、自律型ネットワークは最高レベルであるレベル5：full autonomous levelに対応する。レベル5においては、複数通信サービス、複数ネットワークドメインを跨いだ、通信サービス・ネットワークのあるべき状態（Intent）によりネットワーク運用の完全な自動化が可能となる。自律型ネットワークにおいては、ネットワークのあるべき状態を定義するIntentという情報を通信事業者または利用者が自律型ネットワークに設定し、そのIntentを達成するようにAI技術による自律的なネットワークを構築・運用を行う。そのような自律型ネットワークを実現するために、Intentのモデル化や、AI技術を利用する上で欠かせないAI学習モデルを自動的に訓練する技術、自律型ネットワークを可能とするBusiness Support System（BSS）/Operating Support System（OSS）を含んだネットワークアーキテクチャの検討等の研究開発・標準化活動が進められている。

クラウドネイティブなネットワーク運用

ネットワーク運用における制御関連のトピックスとしては、近年爆発的に普及したクラウド関係の開発スタイルより派生したクラウドネイティブな手法をネットワーク運用へ適用する事である。 Linux Foundationのプロジェクトの一つであるCloud Native Computing Foundation（CNCF）において、クラウドネイティブは、「クラウド等の近代的でダイナミックな環境において用いられるスケーラブルなアプリケーションの構築・実行するための能力を組織にもたらし、回復性、管理力、および可観測性のある疎結合システムが実現する」と定義されている[11)]。コンテナ、Kubernetes、サービスメッシュ、マイクロサービス等のクラウドネイティブな技術を通信サービスへ適用することで、現在のネットワークの詳細な状態を把握し（可観測性）、宣言的にネットワークインフラを構築し（管理力）、ネットワーク障害が発生したとしても利用者に影響を与えることなく復旧する（回復性）ことが期待されている。

[注目すべき国内外のプロジェクト]

利用者の体感品質の計測

利用者の体感品質計測に用いられる技術であるIn-band Network Telemetry技術に関する注目すべき国内外のプロジェクトに関して述べる。 IPレイヤにおけるIn-band Network Telemetryとして受信したIPパケットに対して測定用情報を何らかのヘッダとして埋め込むためのパケット転送処理に関する研究開発が盛んに実施されてされている。とくにスタンフォード大学、プリンストン大学、Barefoot Networks（2019年Intelが買収）、Intel、Google、Microsoft Researchによって開発されたパケット転送処理の動作を記述する専用プログラムP4[12)]による研究開発が盛んである。また、標準化の観点では、測定用情報のヘッダ構造に関する標準化活動が実施されており、IETFではIP Performance Measurement（ippm）WGにおいて標準化が進められており、ヘッダ構造としてはIn-situ OAM（IOAM）[13)]として標準化が完了しており、IOAMを用いた詳細な計測方法に関する標準化が実施されている。

自律型ネットワーク

自律型ネットワークに関しては現在さまざまな標準化団体間で並行かつ連携しながら開発が進められている。TMFにおいてはAutonomous Network Project[14]が立ち上がり、自律型ネットワークのアーキテクチャ検討ならびに自律型ネットワークのあるべき姿を示す情報であるIntentを管理するためのAPIの規定を進めている。また、ITUにおいても楽天モバイルが中心となって設立したFocus Group Autonomous Network (FG-AN)[15]において、自律型ネットワークのアーキテクチャ、技術要求の検討を実施している。また、自律型ネットワーク適用先の有力候補であるモバイルネットワークの標準化を実施している3GPPにおいても、モバイルネットワークにおけるAutonomous Networkレベル定義[16]とIntent APIの定義[17]を実施している。

クラウドネイティブなネットワーク運用

上述した通り、Kubernetes等のクラウドネイティブな技術やOSSに関してはクラウド業界が先行して開発し、利用している状況である。そのようなクラウドネイティブ技術を通信サービスへ適用する上で親和性が高い通信サービスとしてはモバイルネットワークが挙げられる。モバイルネットワークの標準化団体である3GPPでは5GのモバイルコアネットワークSystem(5GC)において、クラウドネイティブ技術の適用が可能なアーキテクチャであるService-Based Architecture(SBA)を導入した[18]。SBAは5GCにおいて必要な各種機能(例:認証、課金、モビリティ管理、セッション管理)をNetwork Function(NF)として定義し、各NFは自身の提供する機能をAPIとして公開するアーキテクチャである。しかしながら、ネットワーク障害時の迅速な復旧、ステートレスなアーキテクチャ等の課題も残存しており、今後標準化が行われる6Gにおいてそのような課題を解決し、クラウドネイティブなネットワーク運用を可能とする必要がある。

(5)科学技術的課題

ネットワーク運用という観点においては、自律型ネットワークが最終的に目指す姿であり、そこに向けて特に注力すべきである。ネットワークの観点で特に大きな今後の課題として、複数ネットワークドメイン間、複数事業者ネットワークの連携が挙げられる。

複数ネットワークドメイン間の連携・統合的運用管理技術

ある通信事業者が提供する通信サービスは単一のネットワークドメインのみではなく、複数のネットワークドメインによって構築されている。例えば5G等のモバイルネットワークサービスにおいては、基地局ネットワーク(CU, DU, RU)、モバイルコアネットワーク(5GC)、それらのコンポーネントを接続するトランスポートネットワーク(光伝送装置、スイッチ、ルーター)によって構成されている。これらの複数ネットワークドメインそれぞれで規定サービス品質を満たすように計測・制御を実施した上で、複数ネットワークドメイン全体を管理するオーケストレーターの確立が求められる。

複数事業者ネットワークの連携

これまで、単一の通信事業者内のネットワークにおけるネットワーク運用技術の研究開発が中心であったが、異なる通信事業者ネットワーク間の連携に関しても今後検討を加速する必要があると考えられる。昨今ではモバイルネットワークにおける大規模障害発生時の緊急通報のローミングに関する検討が加速しており、単一の通信事業者内で対処しきれないネットワーク障害が発生した時に、他の通信事業者のネットワークを活用した一時的復旧が求められている。このような通信事業者間の連携を実現するために、各種ネットワークにおける標準化、一時的なネットワークリソースの貸し出しに関する研究開発の実施が期待されている。

(6)その他の課題

ネットワーク運用の最終的に目指す姿である自律型ネットワークの実現に関しては、AI技術の適用が必要不可欠であり、AI技術の発展のためには、学習のために広く利用が可能なオープンデータの存在が重要となる。特に通信サービス・ネットワークという観点では、実際のネットワーク機器の測定データが必要となるが、それらは通信事業者のみが得られる情報であり、AI技術の発展のために中心的存在となる大学等の学術機関は得ることが困難である。しかしながら、通信事業者にとってそのようなデータは経営に関する重要な秘匿情報であるため、何らかの形で通信事業者名の匿名化が必要となることも考えられ、そのような場合は行政によるサポートが必要となる。このように、自律型ネットワークに不可欠となるAI技術を発展させていく上では、産官学の連携強化が必要である。

（7）国際比較

国・地域	フェーズ	現状	トレンド	各国の状況、評価の際に参考にした根拠など
日本	基礎研究	○	→	ネットワーク関係の最難関国際会での発表件数は1件と少ないものの、ネットワーク運用に特化した国際会議においては発表件数9件と全体の13%を占めて第2位である。
	応用研究・開発	○	↘	NTTを中心とした国内キャリアによる標準化活動、NEC、富士通を中心としたOSS活動、ネットワーク運用関係の製品開発を進めている。しかしながら、近年海外における活動の勢いが低下している。
米国	基礎研究	◎	→	ネットワーク関係の最難関国際会議での発表件数が21件と全体の58%を占め第1位である。
	応用研究・開発	◎	↗	AWS, Azure, GCPと主要クラウドを要しており、クラウド関係のネットワーク運用製品開発、OSS活動が特に盛ん。 TM Forum Catalystにおいても、欧州、中国に次ぐ参加数である。
欧州	基礎研究	◎	→	ネットワーク関係の最難関国際会議での発表件数が4件と全体の11%を占める。また、ネットワーク運用に特化した国際会議においては発表件数43件と全体の64%を占めて第1位である。
	応用研究・開発	◎	↗	TM Forum Catalystにおいて、最多の参加数であった。また、Ericsson/Nokiaを中心に5G関係のネットワーク運用製品開発が盛んに実施されている。
中国	基礎研究	◎	↗	ネットワーク関係の最難関国際会議での発表件数が10件と全体の28%を占めて第2位である。特に近年での発表件数の急速に増大している。
	応用研究・開発	◎	↗	標準化に特に力を入れており、5G関連のネットワーク運用製品開発が盛ん。 TM Forum Catalystにおいても欧州に次ぐ参加数である。基礎研究と同様に急速に勢いを増している。
韓国	基礎研究	△	↘	ネットワーク関係の最難関国際会議での発表件数0件、ネットワーク運用に特化した国際会議での発表件数1件と近年、基礎研究に関する発表が減少している。
	応用研究・開発	△	↘	Samsung社の5G関係ネットワーク運用製品開発があるものの、他国・地域と比較すると近年の勢いは弱い。

（註1）フェーズ

基礎研究：大学・国研などでの基礎研究の範囲

応用研究・開発：技術開発（プロトタイプの開発含む）の範囲

（註2）現状

◎：特に顕著な活動・成果が見えている　　×：活動・成果がほとんど見えていない

○：顕著な活動・成果が見えている　　—：評価できない（公表する際には、表示しない）

△：顕著な活動・成果が見えていない

（註3）近年（ここ1～2年）の研究開発水準の変化

↗：上昇傾向　→：現状維持　↘：下降傾向

※ネットワーク関係の最難関国際会議としては、ACM SIGCOMM, ACM CoNEXT, IEEE INFOCOMにおけるネットワーク運用に関する直近2年間の発表件数を調査している

※ネットワーク運用に特化した国際会議としては、IEEE/IFIP NOMS, IEEE/IFIP IMにおけるネットワーク運用に関する直近2年間の発表件数を調査している

※TM Forum Catalystはネットワーク運用関係の標準化団体であるTM Forumが開催するグローバルPoCイベントであり、本報告書においては各国・地域ごとの2022年Catalystのネットワーク運用関係PoCへの累計参加企業数を調査している。

参考文献

1) Jeffery D. Case, et al., "A Simple Network Management Protocol (SNMP), May 1990," Internet Engineering Task Force (IETF), https://www.ietf.org/rfc/rfc1157.txt, (2023年2月26日アクセス).

2) Rob Enns, et al., "Network Configuration Protocol (NETCONF), June 2011," Internet Engineering Task Force (IETF), https://www.ietf.org/rfc/rfc6241.txt, (2023年2月26日アクセス).

3) Martin Bjorklund, "The YANG 1.1 Data Modeling Language, August 2016," Internet Engineering Task Force (IETF), https://www.ietf.org/rfc/rfc7950.txt, (2023年2月26日アクセス).

4) GitHub, Inc., "YangModels/yang," https://github.com/YangModels/yang, (2023年2月26日アクセス).

5) Chaoyun Zhang, Paul Patras and Hamed Haddadi, "Deep Learning in Mobile and Wireless Networking: A Survey," *IEEE Communications Surveys & Tutorials* 21, no. 3 (2019) : 2224-2287., https://doi.org/10.1109/COMST.2019.2904897.

6) GitHub, Inc., "Awesome Network Automation," https://github.com/networktocode/awesome-network-automation, (2023年2月26日アクセス).

7) GitHub, Inc., "Terraform," https://github.com/hashicorp/terraform, (2023年2月26日アクセス).

8) GitHub, Inc., "Ansible," https://github.com/ansible/ansible, (2023年2月26日アクセス).

9) Lizhuang Tan, et al., "In-band Network Telemetry: A Survey," *Computer Networks* 186 (2021): 107763., https://doi.org/10.1016/j.comnet.2020.107763.

10) TM Forum, "Autonomous Networks: Empowering Digital Transformation For The Telecoms Industry," https://www.tmforum.org/resources/standard/autonomous-networks-empowering-digital-transformation-telecoms-industry/, (2023年2月26日アクセス).

11) GitHub, Inc., "cncf/toc," https://github.com/cncf/toc/blob/main/DEFINITION.md, (2023年2月26日アクセス).

12) Pat Bosshart, et al., "P4: programming protocol-independent packet processors," *ACM SIGCOMM Computer Communication Review* 44, no. 3 (2014) : 87-95., https://doi.org/10.1145/2656877.2656890.

13) Frank Brockners, Shwetha Bhandari and Tal Mizrahi, "Data Fields for In Situ Operations, Administration, and Maintenance (IOAM), May 2022," Internet Engineering Task Force (IETF), https://www.ietf.org/rfc/rfc9197.txt, (2023年2月26日アクセス).

14) TM Forum, "Collaboration: Member Projects," https://www.tmforum.org/collaboration/autonomous-networks-project/, (2023年2月26日アクセス).

15) International Telecommunication Union Telecommunication Standardization Sector (ITU-T), "ITU Focus Group on Autonomous Networks (FG-AN)," https://www.itu.int/en/ITU-T/focusgroups/an/Pages/default.aspx, (2023年2月26日アクセス).

16) 3GPP Portal, “TS28.100: Management and orchestration; Levels of autonomous network,” https://portal.3gpp.org/desktopmodules/Specifications/SpecificationDetails.aspx?specificationId=3756,（2023年2月26日アクセス）.
17) 3GPP Portal, “TS28.312: Management and orchestration; Intent driven management services for mobile networks,” https://portal.3gpp.org/desktopmodules/Specifications/SpecificationDetails.aspx?specificationId=3554,（2023年2月26日アクセス）.
18) 3GPP Portal, “TS23.501: System architecture for the 5G System (5GS),” https://portal.3gpp.org/desktopmodules/Specifications/SpecificationDetails.aspx?specificationId=3144,（2023年2月26日アクセス）.

2.6.5 ネットワークコンピューティング

（1）研究開発領域の定義

カスタム化可能なハードウェアや汎用ハードウェア上のソフトウェアで通信機能・サービス機能を実現する「ソフトウェア化」により、社会基盤としてのネットワークを迅速かつ柔軟に提供するとともに、ネットワーク層で計算処理を実行する、あるいは、サービスに拡張性をもたせることを可能とする情報通信と情報科学の融合技術である。

（2）キーワード

Edge Computing、Softwarization、Open RAN、vRAN、Privatization、Local 5G、Beyond5G

（3）研究開発領域の概要

［本領域の意義］

近年、パンデミック（新型コロナ感染症のまん延により人の物理的移動に制約）、自然災害（わが国は地震・津波・台風などの自然災害が多く人流や物流に制約が生じやすい）、国際紛争（紛争の勃発により安全・安心な社会生活に支障）などの新たな社会課題の発生にともない、人間の行動が大きく制約を受ける状況が起きている。これらの制約のもと、人々の社会活動が、情報通信により辛うじて継続が可能となる状況が生じており、強靭な情報通信インフラ整備の必要性が再認識されつつある。

わが国では5Gの次の世代の通信基盤技術を確立するBeyond 5Gと呼ばれる新たな情報通信インフラの実現を目指す研究開発推進事業が進められ、エッジコンピューティング技術などの通信と計算処理の融合によりネットワーク機能を高度化・強靭化する方向性の研究開発が進められている。また、国際連携や経済安全保障の観点で、サプライチェーンのセキュリティー確保やネットワーク機能の高度化を目指して、モバイルインフラの構成要素をオープンインターフェースによりモジュール化する動向がグローバルで急速に拡大している。さらに、複数の要素技術によって構成されるネットワークを柔軟かつ迅速に進化させることを可能とするソフトウェア化と呼ばれる技術が台頭している。本報告ではこれらの技術を包括して「ネットワークコンピューティング」と呼んでいる。

ネットワークコンピューティング技術は情報通信インフラを柔軟かつ継続的に進化させ、強靭化させていく上で必要不可欠となる技術であり、高度化するネットワークの新たな機能・性能・安全性・強靭性に対する要求に応える上で、早期確立が急務となっている。ネットワークコンピューティング分野の覇権争いは激化しており、世界中で同時多発的に社会情勢がさまざまに急展開し、課題が生じている中、本技術分野を俯瞰し戦略を定め、研究開発に注力することは極めて重要である。

［研究開発の動向］

ネットワークコンピューティングは、2020年にスタートした第5世代移動通信（5G）の次世代の情報通信技術であるBeyond5G/6Gを目指した研究開発において急速に進展している。総務省・NICTでは、Beyond 5G 研究開発促進事業[1)]、経産省では、ポスト5G情報通信システム基盤強化研究開発事業[2)] などの研究開発投資が進んでいる。

Beyond5G/6Gの技術目標は、大容量、低遅延、多数接続の向上に加え、低消費電力、安心安全、自律性、拡張性などの実現が目標として設定されている。これらの実現に付随して、エッジコンピューティング、ソフトウェア化など、情報通信工学と計算機科学を活用する技術の研究開発が進んでおり、通信と計算処理の融合、さらには、そうした情報通信技術を出口とする半導体の開発・利活用が急速に進むとみられている。企業ではNTTがIOWNグローバルコンソーシアム[3)] を組織し、オール光ネットワークや低消費電力のインフラに向けたネットワークアーキテクチャの議論を始めており、グローバル企業や大学などのメンバー参加が急速に増加している。

Beyond 5Gに向けた研究開発は、世界各国でも着実に進められている。ITUでは、2030年頃の次世代通信6Gの実現に向けて、ITU-R WP5Dにてビジョン勧告を2023年6月に予定しており、各国からインプットがなされている。また、ITU-Tでは、5Gにおける機械学習やAIの利活用をコンテスト形式で技術開発を進めるための ML5G Challenge AI for Goodの活動[4] が2022年で3年目を迎え多くの国から参加がある。欧州では、フィンランドのOulu大学が主導する6G　Flagshipにおいて、複数の国で進めるHexa-X[5] が第2期の研究開発が始まり、また、フランスを中心とするSLICES-RIなどの新たなテストベッドプロジェクト[6] が進んでいる。英国では、Surrey大学における6Gの研究開発を目指すキャンパステストベッドによる産学連携[7] が進められている。米国では、ATISを中心にNEXTGアライアンス[8] が組織され主要な企業が次世代通信に向けたパートナー形成を始めている。PAWRプロジェクト[9] では当初の予定通り、四つの地域（ニューヨーク、ユタ、リサーチトライアングル、アイオワ）の多様性に富んだ地域まるごとテストベッドによる研究開発が進んでいる。

一方、GAFAM（Google, Apple, Facebook, Amazon, Microsoft）に代表されるいわゆるHyper Giantsと呼ばれる巨大IT事業者が、インターネットの構造に影響を与え始めており、「Privatization」（プライベートネットワーク化）が加速している。Hyper Giantsは2009年頃からTier 1通信事業者に替わる存在としてインターネット上で台頭してきており、大規模なコンテンツプロバイダー、クラウドプロバイダー、CDN（Content Delivery Network）がこれに該当する。今後、Hyper Giantsを中心として、エッジコンピューティングをはじめとした、通信と計算処理を融合するネットワークコンピューティングの技術競争が激化することが予測される。

わが国では、5Gを自営網として活用するローカル5Gが大きな注目を浴びている。2019年12月に制度化された一般事業者に免許制で情報通信の基本サービスを提供可能とする施策は、「情報通信の民主化」とも言われ、研究開発に携わるステークホルダーを飛躍的に拡大し、革新を加速する重要な施策である。3年間の総務省実証事業の投資が結実し始めており、多くの成果が報告されている[10]。ローカル5Gでもソフトウェア化された基地局が多用され、また、基地局の近傍に計算リソースを自営で配置できることからエッジコンピューティングのプラットホームとしての展開が可能であり、ネットワークコンピューティングの発展が期待される。

（4）注目動向

［新展開・技術トピックス］

Privatization（プライベート化）

Hyper Giants は、エンドユーザーに迅速にコンテンツを提供するために Off-net を拡大している。Off-netとは、他通信事業者のネットワーク内に自社サーバーを配置することで、トラフィックを削減してサーバーやネットワークの負荷を軽減し、遅延や混雑、コストに関する問題を改善するものである。Off-netを行う事業者の上位4社として、Google、Netflix、Facebook、Akamaiがある。Off-net は 2013 年から 2021 年にかけて約3倍に伸長し、約 4,500 の AS（Autonomous System）にて Off-net を確認できる。Off-net を実施しているほとんどの AS（96.0%の AS）は、Google, Facebook, Netflix, Akamai の 4 つの事業者のうち少なくとも 1以上ホストしており、さらにこの内 70%以上がこれら 4 つの事業者のうち複数の事業者をホストしている。地理的には、ヨーロッパ、アジア、ラテンアメリカにて急速に展開が進んでいる。Off-net の恩恵を受けるユーザーの割合は年々増加しており、例えば Google では 2021 年において全世界ユーザーの 68.2%が Off-net の恩恵を受けている[11]。こうした傾向は、5GやBeyond5Gにおいて低遅延通信を活用するサービスがHyper Giantsによって急速に進展する可能性を示唆する。Off-net内にはHyper Giantsのサーバーが設置されるが、Amazon wavelengthのように利用者の組織内に設置されたサーバーを用いるエッジコンピューティングのサービスが提供されれば、Hyper Giants以外の事業者も低遅延通信を利用するサービスを実装可能である。事業者の要求に応じてカスタマイズされたエッジコンピューティングを提供可能とする上で、Off-netによるモバイルネットワークインフラのソフトウェア化はますます重要となる。この動向はネットワークコンピューティング領域として注視しておく必要がある。

Softwarizaion（ソフトウェア化）

新たな課題に対応するための柔軟性を確保する目的や、エッジコンピューティングとモバイル通信の機能を融合させてコストを低減するため、汎用プロセッサ上にソフトウェアで通信機能を実現するソフトウェア化がさらに進展している。従来は、制御プレーンをソフトウェア化するSoftware Defined Networking（SDN）、データプレーンのネットワーク機能を仮想化する Network Functions Virtulization（NFV）などが、有線ネットワーク（クラウドネットワークやトランスポート）で盛んに研究開発されてきた。2010年代以降、データプレーンの転送機能をソフトウェア化するデータプレーンプログラマビリティーが注目されてきた。この動向は、米国ではGENI[12] と呼ばれるプロジェクト、わが国ではNICTを中心とする仮想化ノードプロジェクト[13] に端を発する。

近年、特にモバイルネットワークの無線アクセスネットワーク（Radio Access Networks, RAN）をソフトウェア化する動向が顕著である。また単なるRANのソフトウェア化だけではなく、仮想化の動向も重要である。vRAN（virtual Radio Access Network）とは、RANにおける無線処理をソフトウェアで実装・仮想化可能とする動向であり、特に近年の進展が顕著である。後述のOpen RANとも親和性が高い。

フランスのEurecom大学が進めるOpen Air Interface（OAI）[14] や 米国Northeastern大学が進めるOAX[15] などはオープンソースにて5G基地局を構成する技術を推進しておりグローバルにソフトウェア化を進めている。このプロジェクトは産業界からも注目を集め、多くの企業がソースコードを活用し、スタートアップが生まれている。

米国インテルが進めるFlexRAN[16] は、汎用プロセッサ（インテルアーキテクチャ）を活用したDU（Distributed Unit）のソフトウェアを企業向けに公開しており多くの企業が採用している。このソフトウェアはDPDK（Date Plane Development Kit）[17] と呼ばれるオープンソースを活用しており、これまで計算が主体であった汎用プロセッサの用途が、ネットワーク機能の実装に使われるようになる契機となった。現在ではDPDKのプラットホーム上に5Gの機能開発に多大な投資が行われ、インテル汎用プロセッサの販売に大きく貢献をしている実態がある。上記のインテル汎用プロセッサを利活用する情報通信インフラのソフトウェア化は急速に進展しているが、これは、並列計算命令（AVX2, AVX512）などが汎用プロセッサーに採用され、ベースバンドの並列処理が効率的にできるようになったことが理由である。しかしながら高周波無線ベースバンド処理ではさらなる並列処理が必要であり、FPGA（Field Programmable Gate Array）やSmart NIC（Network Interface Card）などへのオフロードが必要となりつつある。FPGAのマーケットでは、AMDが買収したXilinx、インテル、の2強の企業が寡占的であり、特にXilinxは、プログラマブルロジックだけではなく、無線機能やベクトルプロセッサ、汎用プロセッサに組み合わせてワンチップに収容するMPSoC（Multi-Processor System-on-Chip）、RFSoC（Radio Frequency System-on-Chip）、ACAP（Adaptive Compute Acceleration Platform）などの先進アーキテクチャの製品を市場投入している。これらは、エッジコンピューティングにおけるAI・機械学習エンジンや無線通信基地局のオフロードエンジンとしての利用が進んでいる。

一方で、ASICによるプログラマブルネットワークの分野は主に有線ネットワークやモバイルコアネットワークで進んでいる。インテルに買収されたBigFootが投入したTofino[18] はネットワーク専用のプログラマブルASICとして、P4という言語と共に学術界に浸透しつつある。ネットワークテレメトリ（INTO）やクラウドネットワークにおけるミドルボックスでの輻輳制御処理などの応用例があり、モバイルコアへの利用が提唱されている。

ソフトウェア化における汎用ハードウェアの利用は、コンピューティングの市場がネットワークプロセッサの市場よりも巨大であることを利用するコスト低廉化に裏付けされているが、一方、低消費電力の観点では、汎用プロセッサを補完する専用半導体の開発が重要であり、ソフトとハードの両輪で研究開発戦略を立てる必要がある。汎用ハードウェアと専用チップによるアクセラレーションの利用という構図はしばらく続くと見られる。

上記の通り、汎用ハードウェアや専用チップの半導体設計・製造では、国外企業における寡占化が進み、限定された企業の開発状況で情報通信の進化が律速している状況があり、国産の通信モジュール半導体研究開発の強化が必要である。

ネットワーク仮想化

前述のvRAN でも触れたが、クラウドのようなネットワーク機能の仮想化の進展がエッジクラウドやRANにまで進展している。また、エッジコンピューティングのために、ネットワーク機能とデータ処理の計算処理が仮想化され、VNF（Virtual Network Function）として実装されクラウド化されている。今後重要となるモバイルネットワークにおけるネットワーク仮想化は、既に研究開発段階から標準化を経て、ネットワークスライシングとして実装されつつある。また、無線ネットワークの仮想化を組み合わせて、キャリアのネットワークがクラウド事業者、Hyper Giantsによりホスティングされており、総務省でも、仮想化されたモバイルネットワーク機能に関する技術基準と、障害発生時を見越した責任分解点の議論が開始されている。

Open RAN

Open RANは、ステークホルダーが構成要素間の接続をオープンインターフェースで明確に定義し、サプライチェーンリスクの軽減と機能開発上の合意形成・新エコシステムを促進する活動の総称である。現在、具体的な活動母体として、通信事業者が中心となって進めるO-RAN Alliance[19] と呼ばれる業界団体があり、同団体で策定された仕様が公開されている。

Open RANの重要性は、無線ネットワークにおける構成要素技術が明確にオープンインターフェースで定義されるため、通信事業者の視点ではベンダーロックインを避け、サプライチェーンリスクを軽減する点、通信機器ベンダーの視点では、グローバルにマーケットが広がる点、国家の観点では、特定地域のブラックボックス化された技術への依存性を排除するなど経済安全性に貢献するなどのメリットがある。一方で、パフォーマンスの最適化、相互接続性検証の必要性など課題もある。

協調領域は、技術開発において競合企業間で共有して利活用可能な技術分野を互いに協調して仕様策定し、開発することで、コスト低減や業界全体の進化を加速することが可能な技術領域、競争領域は、技術開発において競合企業間で、新規性や独創性を追求して他社を上回る市場割合や利益を獲得するため、競争を行うべき技術領域である。

Open RANの狙いは、経済安全保障やサプライチェーンリスク、マーケット拡大の観点だけではなく、協調領域と競争領域を明確にオープンインターフェースで切り分けることで、機能開発上の合意形成や迅速な開発を促すことが可能となり、さらには、新たなステークホルダーの参入も可能とする点が重要である。 Open RANの台頭と共に、RANの機能をソフトウェア化し、仮想化するvRANも相乗効果を生みつつある。

エッジコンピューティング

エッジコンピューティング[20), 21)] は、大容量・低遅延通信を効率的に利活用するために利用者端末の近傍に計算資源を配置しデータを迅速に処理しその結果を用いた制御を行う仕組みである。便益として（1）データ処理の結果を低遅延でフィードバックすること（2）データの計算処理を分散化すること（3）データを「地産地消」することでデータの保護を実現可能なこと、などがある。

ETSIでは、オープンかつマルチベンダで共通のエッジコンピューティング環境を実現するためのエッジコンピューティングの標準としてMEC (Multi-access Edge Computing)[20)]が定められている。IEEEでは、エッジコンピューティングのシステム管理に関するP1935、エッジコンピューティングノード管理、データ取得、機械学習に関するP2805などの標準化の検討が進んでいる。

一方、機械学習によるデータ処理を行う際、クラウドに全てのデータを集約して計算処理をするのではなく、データが生成される場所付近に配置された計算処理リソースを用いてセキュアに蓄積した上で、必要な機械学習を分割統治的に実行する Federated Learning（FL）[22]の研究が活発化している。エッジコンピューティングとFLは相性が良く、今後相互に影響を与えながら進化していくものと考えられる。

Democratization

わが国におけるローカル5Gの制度は、通信事業者だけではなく、一般事業者（大学・自治体を含む）による自営網の周波数利用を認可する「情報通信の民主化」の先行事例である。ネットワークコンピューティングの観点では、通信事業者・通信機器ベンダー以外のステークホルダーを広く包摂的に取り込み、オープンソースソフトウェアを用いた自営網基地局の構築、エッジコンピューティングの自営、通信機能のカスタム化などが便益として期待される。公衆網の通信が、大多数の利用者に対する最大公約数の仕様で提供されるのに対し、自営網では、現場発の仕様にカスタム化が可能であることが最大の特長であり、ソフトウェア化されたRANやエッジコンピューティング機能との親和性が非常に高い。ローカル5Gが個々のユースケースでカスタム化され、「ローカル6G」の要素技術へと進化し、共通仕様が6Gへと統合されることが期待されている。

超知性ネットワーキング

ソフトウェア化によって柔軟に複雑な機能をネットワークに実装可能となることで、「進化の早い」「複雑な計算処理を要求する」機械学習・人工知能（AI）の情報通信における利活用が促進されると考えられる。実際に、ネットワーク運用におけるオペレーションの自動化、機器障害の予測、電力消費の削減などを、人間の英知や経験を超える機械学習により最適化することが可能になりつつある。機械学習・人工知能の活用（超知性ネットワーキング）は、通信と計算処理の融合、ネットワークコンピューティング領域においてさらに発展が期待される。

実際、Open RANにおける O-RANのRIC（RAN Intelligent Controller）のWGでは、現在ネットワーク制御機能のインテリジェント化が盛んに議論されつつある。

［注目すべき国内外のプロジェクト］

国内

- **Beyond 5G 研究開発促進事業（総務省・情報通信研究機構）**
  Beyond 5G 研究開発促進事業では、ネットワークコンピューティングを含むBeyond 5G の実現に必要な要素技術について、民間企業や大学等への公募型研究開発を実施し、事業化を目的とした要素技術の確立や、国際標準への反映等を通じて、Beyond 5G におけるわが国の国際競争力強化等を図る。
- **ポスト5G情報通信システム基盤強化研究開発事業（経産省）**
  超低遅延や多数同時接続といった機能が強化された5G情報通信システムや当該システムで用いられる半導体等の関連技術、5Gの次の通信世代（いわゆる6G）にかけて有望と考えられるネットワークコンピューティング関連技術の研究開発が進められている。
- **地域課題解決型ローカル5G等の実現に向けた開発実証（総務省）**
  ローカル5Gのより柔軟な運用の実現および低廉かつ安心安全なローカル5Gの利活用の実現に向け、令和2年度から引き続き、現実のさまざまな利用場面を想定した多種多様な利用環境下において、電波伝搬等に関する技術的検討を実施するとともに、ローカル5G等を活用したソリューションを創出する「課題解決型ローカル5G等の実現に向けた開発実証」においてネットワークコンピューティングに関連する各種実証が進められている。

- **IOWN構想（NTT）**
  IOWN（Innovative Optical and Wireless Network）構想とは、あらゆる情報を基に個と全体との最適化を図り、多様性を受容できる豊かな社会を創るため、光を中心とした革新的技術を活用し、これまでのインフラの限界を超えた高速大容量通信ならびに膨大な計算リソース等を提供可能な、端末を含むネットワーク・情報処理基盤の構想である。IOWN構想のもと、プロセッサチップ内の信号処理部に光と電子を導入する「光電融合」デバイスや物理サーバーに依存せず演算リソース等の追加を柔軟に行うディスアグリゲーテッドコンピューティングの研究開発が進められている。2020年には、NTT、Intel、ソニーが新規技術、フレームワーク、技術仕様、レファレンスデザインの開発を通じてIOWNの実現を促進するIOWN Global Forumを設置した。2022年現在、欧米、アジアを含む100社以上の組織・団体が参画している。

海外

- **Hexa-X**
  欧州の6GプロジェクトであるHexa-Xは2021年1月に開始され、ホワイトペーパーでは6Gの社会実装で想定されるさまざまなユースケースで創造される価値をKVIs（Key Value Indicators）として定義している。フィンランドの6GFlagshipと同様に、実装がもたらすSDGs達成への寄与など社会的価値に関わるメトリクスが導入されている。他の概念的なホワイトペーパーに比して、Hexa-Xのホワイトペーパーでは具体的な記述が多くあり、研究開発の方向性がより明確に定義されている。23のユースケースを「Telepresence」、「Massive Twinning」、「Robot to Cobot（Collaborative Robot）」、「Local Trust Zones」、「Sustainable Development」の五つのグループに分類し、ネットワークコンピューティング関連の技術課題の抽出と解決に向けたアプローチを議論している。2023年6月の終了に向けて技術成果物（デリバラブル）のリリースが予定されている。プロジェクトリーダーはNokia、テクニカルマネジャーはEricssonから輩出。Oulu大学、Aalto大学も参画している。欧州キャリア（Orange、Telefonica）、Siemens、欧州諸国大学などが参画している。
- **PAWR**
  米国ではPAWR（Platforms for Advanced Wireless Research）（110億円規模）, 欧州ではEMPOWER（The European Platform to Promote Wellbeing and Health in the workplace）（2.5億円規模）と呼ばれる産学官連携R&DプロジェクトがBeyond5Gの研究を推進している。PAWRでは四つの地域において、（小さな）都市規模のテストベッドネットワーク構築と、その上での先端無線通信技術の開発を2017年3月より推進しており、それぞれネットワークコンピューティング関連の実証が進められている。
- **OAI, OAX**
  フランスのEurecom大学が主導するOAI（OpenAirInterface）では、オープンソースソフトウェアとして4G・5Gの標準に準拠したソフトウェア基地局システムの実装を提供している。OAX（OpenAirX-Labs）は米国ノースウェスタン大学にて同ソフトウェアを共同で開発するための拠点を構築しており、PAWRとの連携も推進している。
- **Next-G**
  Next-Gは、北米において、ATIS（Alliance for Telecommunications Industry Solutions）の呼びかけより2020年10月に発足した。6Gに向けた研究開発、標準化で国際的にリーダーとなるため、多くの主要企業と共に積極的な活動をしている。政府、大学、企業の産学官連携を提唱しており、多くのステークホルダーを巻き込み、北米での統括的なアクティビティとなる可能性がある。アライアンスの参加資格は制限されており経済安全保障の意図が観測される。Beyond 5G推進コンソーシアムと2022年5月にMoUを締結した。

• 6GIA[23)]

6G Smart Networks and Services Industry Association（6G–IA）と呼ばれる組織である。欧州における国家プロジェクトの推奨する方向性を提言し、産業界・アカデミアにも大きな影響を与えている。Beyond 5G推進コンソーシアムとも2022年5月にMoUを締結した。これはわが国と欧州のBeyond 5G/6G関係機関の間で署名されたものとしては初である。

• 6G　Flagship[24)]

6G Flagshipは、フィンランドにおける国家プロジェクトに指定された6Gの研究開発プログラムであり、2019年から2026年までの8年間で€250M（約317億円）の投資が予定されている。5Gの実装と6G標準化規格の検討のため、5GTNと呼ばれるテストネットワークを用いた大規模なキャンパステストベッドを構築し、ネットワークコンピューティングを含む5Gの商用化や推進のための産業界に対する支援を実施している。

（5）科学技術的課題

第6期科学技術・イノベーション基本計画（令和3年3月26日閣議決定）では、国民の安全と安心を確保する持続可能で強靭な社会への変革を第一の目標として掲げており、そのためにはBeyond 5G、スパコン、宇宙システム、量子技術、半導体等の次世代インフラ・技術の整備・開発が必要としている。Beyond 5Gで追求するべき情報通信の価値は以下の5つであると考えられる。

1. 安全･安心な社会を実現できること（ミッションクリティカル）
2. 簡単に使えること
3. どこでも使えること
4. すばやく実装展開できること
5. 環境にやさしいこと

これらに呼応して、情報通信が備えるべき特徴は以下の通りである。

・堅牢性・安定性（低ジッタ）・予測可能性
・自律性・予測可能性（AI活用）
・大容量・多接続・拡張カバレージ
・ソフトウェア化
・超低消費電力化

これまでにも情報通信の研究開発分野において関連した研究開発は数多く行われてきたが、上記特徴を生かし、将来サービスに有効活用する上では、情報処理・計算処理に関する知見が必須であり、情報通信と情報科学の融合領域として注力する必要がある。ネットワークコンピューティングは社会インフラとして自立が不可欠であり、上記特徴を備える、あるいは、活用可能とする基盤技術の確立は重点的に取り組むべき課題である。

ネットワークコンピューティング領域において、今後特に重要となる課題は、ミッションクリティカル、つまり、業務遂行（mission）に必要不可欠（critical）であること、人間の生命維持、事業や組織などの存続に影響を与える障害や誤作動などが許されないことの追求であろう。こうしたネットワークコンピューティングを根底で支える技術は半導体技術である。「半導体チップ」とはトランジスタ・電気回路を半導体ウェハ上に多数形成して集積回路としたものであるが、以下のような種類が挙げられる。

・汎用プロセッサ（Instruction Set Processor（ISP），インテルアーキテクチャなど）
・ネットワークプロセッサ　通信機能に最適化された汎用プロセッサ
・FPGA（Field Programmable Gate Array）
・FPGAと汎用プロセッサ融合・通信融合・ベクトルプロセッサ融合がなされてきている
・SoC（System on Chip）（ハードウェアとソフトウェアで構成される）一つの統合されたシステムを組み

込んだチップ

・ASIC（Application Specific Integrated Circuit）（特定用途向けIC）

・TPU テンソル処理ユニット、Data Plane Programmable Chip, GPU グラフィックス処理ユニット

研究開発が必要となる半導体技術の構成要素として、以下が挙げられる。

・光電融合・光通信半導体

・AIアクセラレータ

・高周波半導体（6G NTN）

・ハードソフト協調設計

・チップレットと3D集積

これらの技術群は一例であるが、情報通信の進化を出口とする半導体開発戦略：情報通信半導体研究開発戦略を進める必要がある。そのためには、

・情報通信システム全体設計技術（機能の回路設計とシステム実装）

・高周波・低消費電力半導体製造技術（高周波無線機能実現）

・出口までの設計・製造サイクルの迅速化　（アジャイル開発）

が必要となる。特に、今後は最後のポイントである社会実装に向けて設計製造サイクルを迅速化する「迅速社会実装性」が大きな価値を創造する。これは前述のHyper Giantsが徹底的に一般消費者のデマンドに向き合い迅速にサービスを展開することに注力し利潤を得てさらに競争力を加速していることからもわかる。

（6）その他の課題

技術の研究開発は言うまでもなく重要であるが、学術分野を支える若手人材育成も急務である。近年、若年の研究者が情報通信の応用技術に集中する傾向が加速しており、基礎技術の研究者の不足が懸念される。ローカル5Gやインフラのオープンソース化、オープンインターフェース化により、民主化/オープン化（参入障壁の除去）を推進し、若手人材が重要社会基盤技術としての情報通信分野・半導体分野に取り組み、中堅として次世代に活躍する際に重要となる（若手）国際連携プロジェクトを推進するべきであろう。

海外では、大学・企業が連携して、大学キャンパスや都市をリビングラボテストベッドとして利活用し、社会の縮図とも言える環境下で、技術開発のみならず、技術の社会受容性の検証や、高度な倫理に基づく合意形成を試みる、総合的なアプローチによる産学連携研究開発が進んでいる。前述のように、米国のPAWR, フィンランドのOulu大学の5GTN,　英国のSurrey大学のキャンパステストベッドはその先駆例である。わが国でも、海外と連携して大学キャンパスや都市の一部を周波数特区とし、自営網技術を推進するための周波数割り当て（ローカル5G等）を進める等の実験周波数免許の取得規制緩和を行い、学生・若い研究者を中心に自由闊達に産学連携を加速する場を提供すべきであろう。国際産学連携の推進は、同様の社会的通念に基づく未来社会の価値を共有して追求し、国際標準化の推進や共通ビジョンを形成するために有益である。若い人材を早くから国際連携に携わらせ未来社会におけるグローバル・リーダーを育成することが重要である。

（7）国際比較

国・地域	フェーズ	現状	トレンド	各国の状況、評価の際に参考にした根拠など
日本	基礎研究	◎	↗	Beyond 5G推進コンソーシアムが2020年12月に設立され、大容量・低遅延・多数接続・低消費電力・安全安心・自律性・拡張性の方向性とKPIが提言。政府も大きな投資を行っている。ネットワークコンピューティングは低遅延、自律性、拡張性に大きく貢献する。
	応用研究・開発	○	↗	2025年における関西・大阪万博にて研究成果をショーケースとして展示する予定。基盤技術に加えて多くの応用研究がBeyond 5G基金により採択され進行中だがまだ成果はこれからという状況
米国	基礎研究	◎	↗	産学官の強力な連携と政府の6G研究開発への積極的投資が必須との共通認識が醸成されており、実質的に、政府としての6G研究開発戦略に関する取り組みがすでに展開されている。 NextGやFCCなどが中心となり産業を中心とした活動が活発化。もともとネットワークコンピューティング領域での北米の存在感は産学共に大きい。大企業やトップの大学がけん引する。
	応用研究・開発	◎	↗	PAWRなど都市まるごとテストベッドの活動においてソフトウェア化が多用されている。本文でも触れたが、GAFAMに代表されるHyper Giantsによりモバイルキャリアネットワークのホスティングが進展。AWSのWavelengthなどに見られるようにモバイルエッジコンピューティングのための無線機能を含めたクラウドホスティングが事業化され、急速に進んでいる。
欧州	基礎研究	◎	↗	5Gそして6Gに向けても欧州、特に北欧の通信機器企業の存在感が増しており、標準化にも大きな影響力を与えている。 本文でも触れたように、さまざまなフラッグシッププロジェクト6GFlagshipやHexa-X、また国家プロジェクトの方向性に大きな影響を与える6GIAなど存在感の大きい組織・プロジェクトが目立つ。ネットワークコンピューティング分野はエッジコンピューティングにおいてはMECの概念を標準化で扱うETSIの存在が大きい。
	応用研究・開発	◎	→	SLICES-RI フランスのSorbonne大学を中心として欧州15カ国で進めるSLICES-RI（Scientific Large-scale Infrastructure for Computing/Communication Experimental Studies）というテストベッドプロジェクトが進行中。ネットワークスライシングやソフトウェア化の応用研究が進む。 後述のフィンランド6G Flagship等の6Gに向けたプロジェクトやEMPOWERなど米国PAWRと連携した都市まるごとテストベッドとする応用研究が進む。
中国	基礎研究	◎	↗	研究開発から標準化活動における国家的な取り組みの枠組みが形成されつつある。 Beyond 5G（6G）の技術開発を2016年から推進。2018年の国家重点研究開発プログラムにおけるでは大容量通信、ミリ波/THz波通信、宇宙・地上統合ネット、ネットワークインテリジェンスの4つに注力することを表明。
	応用研究・開発	◎	↗	都市部での5Gの基地局整備やスマート指定のプロジェクトなど社会実装が急速に進んでいる。Beyond 5G（6G）に関する研究開発の推進が進む。
韓国	基礎研究	○	→	6Gの研究開発については発表があったものの　ネットワークコンピューティング領域で実質の活動のビジビリティは高いとは言えない。
	応用研究・開発	○	→	2019年LG電子が6G研究センターを設置、同年6Gコア技術の開発のための研究センターを設立
その他の国・地域 フィンランド	基礎研究	◎	↗	University of Ouluが6G Flagshipを推進中。5Gの市場シェアの大きい通信機器企業（Nokia）もあり世界の先頭を走る。
	応用研究・開発	◎	↗	5GTNと呼ばれるテストベッドをキャンパスに構築し、産学連携によりさまざまな応用研究を進めている。また、ICTを活用して医工連携を進める欧州最大のSmart Hospitalの建設を予定。（https://oys2030.fi/en/future-hospital/）

他の国・地域 フランス	基礎研究	◎	↗	Eurecom大学にてOpen Air Interface（OAI）と呼ばれるモバイルインフラのOpen Source Projectが進行中。グローバルから注目されている。
	応用研究・開発	○	→	OAIを利活用したモバイルアプリケーション研究やインフラのスタートアップが多く存在しているが、まだこれから伸び白がある状況。
他の国・地域 イギリス	基礎研究	◎	↗	University of Surrey大学が6Gに向けたセンターを設置し、積極的に活動。ネットワークコンピューティング分野でもモバイルネットワークのソフトウェア化の研究を進める。
	応用研究・開発	○	→	上記プロジェクトでユースケースの研究も盛んと思われる。キャンパステストベッドを構築。産学官連携を進めている。

（註1）フェーズ

基礎研究：大学・国研などでの基礎研究の範囲

応用研究・開発：技術開発（プロトタイプの開発含む）の範囲

（註2）現状

◎：特に顕著な活動・成果が見えている　　×：活動・成果がほとんど見えていない

○：顕著な活動・成果が見えている　　－：評価できない（公表する際には、表示しない）

△：顕著な活動・成果が見えていない

（註3）近年（ここ1～2年）の研究開発水準の変化

↗：上昇傾向　→：現状維持　↘：下降傾向

参考文献

1) 国立研究開発法人情報通信研究機構（NICT）「Beyond 5G研究開発促進事業」https://b5g-rd.nict.go.jp,（2023年2月26日アクセス）.
2) 経済産業省「ポスト5G情報通信システム基盤強化研究開発事業」https://www.meti.go.jp/policy/mono_info_service/joho/post5g/,（2023年2月26日アクセス）.
3) 日本電信電話株式会社（NTT）「NTT研究開発：IOWN（Innovative Optical and Wireless Network）」https://www.rd.ntt/iown/,（2023年2月26日アクセス）.
4) AI for Good, "ML5G Challenge," International Telecommunication Union (ITU), https://aiforgood.itu.int/about-ai-for-good/aiml-in-5g-challenge/,（2023年2月26日アクセス）.
5) Hexa-X, https://hexa-x.eu,（2023年2月26日アクセス）.
6) Scientific LargeScale Infrastructure for Computing/Communication Experimental Studie (SLICES), https://slices-ri.eu/,（2023年2月26日アクセス）.
7) University of Surrey, "Campus Testbed," https://www.surrey.ac.uk/institute-communication-systems/facilities/campus-testbed/,（2023年2月26日アクセス）.
8) Alliance for Telecommunications Industry Solutions (ATIS), "Next G Alliance," https://www.nextgalliance.org,（2023年2月26日アクセス）.
9) Platforms for Advanced Wireless Research (PAWR), https://advancedwireless.org/,（2023年2月26日アクセス）.
10) GO! 5G「ローカル5G開発実証成果報告書」総務省, https://go5g.go.jp/carrier/l5g/,（2023年2月26日アクセス）.
11) Petros Gigis, et al., "Seven years in the life of Hypergiants' off-nets," in *Proceedings of the 2021 ACM SIGCOMM 2021 Conference* (New York: Association for Computing Machinery, 2021), 516-533., https://doi.org/10.1145/3452296.3472928.
12) Mark Berman, et al., "GENI: A federated testbed for innovative network experiments," *Computer Networks* 61 (2014) : 5-23., https://doi.org/10.1016/j.bjp.2013.12.037.

13) 中尾彰宏「仮想化ノード・プロジェクト：新世代のネットワークをめざす仮想化技術」『NICT NEWS』393巻 (2010)：1-6.
14) OpenAirInterface (OAI), https://www.openairinterface.org,（2023年2月26日アクセス）.
15) Platforms for Advanced Wireless Research (PAWR), "OpenAirX-Labs (OAX)：An End-to-End Open Source 5G Software Lab," https://advancedwireless.org/oax/,（2023年2月26日アクセス）.
16) Xenofon Foukas, et al., "FlexRAN: A Flexible and Programmable Platform for Software-Defined Radio Access Networks," in *Proceedings of the 12th International on Conference on emerging Networking EXperiments and Technologies* (New York: Association for Computing Machinery, 2016), 427-441., https://doi.org/10.1145/2999572.2999599.
17) Date Plane Development Kit (DPDK), https://www.dpdk.org,（2023年2月26日アクセス）.
18) Intel Corporation, "Intel® Tofino™," https://www.intel.com/content/www/us/en/products/network-io/programmable-ethernet-switch/tofino-series/tofino.html,（2023年2月26日アクセス）.
19) O-RAN Alliance, https://www.o-ran.org,（2023年2月26日アクセス）.
20) Sami Kekki, et al., "ETSI white paper no. 28, MEC in 5G networks, First edition - June 2018," European Telecommunications Standards Institute (ETSI), https://www.etsi.org/images/files/ETSIWhitePapers/etsi_wp28_mec_in_5G_FINAL.pdf,（2023年2月26日アクセス）.
21) Weisong Shi, et al., "Edge Computing: Vision and Challenges," *IEEE Internet of Things Journal* 3, no. 5 (2016)：637-646., https://doi.org/10.1109/JIOT.2016.2579198.
22) Tian Li, et al., "Federated Learning: Challenges, Methods, and Future Directions," *IEEE Signal Processing Magazine* 37, no. 3 (2020)：50-60., https://doi.org/10.1109/MSP.2020.2975749.
23) 6G Smart Networks and Services Industry Association (6G-IA), https://6g-ia.eu,（2023年2月26日アクセス）.
24) University of Oulu, "6G Flagship," https://www.6gflagship.com,（2023年2月26日アクセス）.

2.6.6 将来ネットワークアーキテクチャー

（1）研究開発領域の定義

本領域は、多様化かつ高度化する将来の通信サービスやアプリケーションに対し、現在のインターネット技術の問題点や限界を打破する新しい通信技術を確立する領域である。本領域では、IPプロトコルを完全に置き換えるクリーンスレートアプローチに固執することなく、現在のさまざまな通信技術と融合して問題解決を行う次世代のネットワークアーキテクチャ技術を俯瞰する。

（2）キーワード

情報指向ネットワーク（ICN）、コンテンツ指向ネットワーク（CCN）、NDN、ネットワークコンピューティング、分散型台帳技術（DLT）、ブロックチェーン、New IP、Extensible Internet（EI）

（3）研究開発領域の概要

［本領域の意義］

Beyond 5Gの到来に向け、大容量のデータを迅速にヒトやモノへ提供するだけでなく、人工知能（AI）や機械学習機能を用いて解析したデータを最適な情報として人間やロボット、センサーなどへ情報提供するとともに、それらの自動制御や通知を可能とする高度なネットワークの実現が要求されている。

現在のインターネットサービスはクラウドコンピューティングを中心に構成されており、ユーザー環境（デバイスや場所）に依存せず、クラウド上にあるデータを一元的に扱うサービスの提供を行う。しかし、従来のインターネットでは、クラウド経由で行われるデータ転送の遅延（レイテンシー）や、エネルギー効率の悪さなどの問題が顕著となってきた。これに対し、データをエンドユーザー近隣に配置したサーバーにて処理し、そのサーバー経由で情報提供を行うエッジコンピューティングに注目が集まった（2.6.5 参照）。エッジコンピューティングに代表されるネットワークコンピューティングは、処理の分散化に伴い通信サービスの質を向上させるメリットがあり、通信と計算処理の融合が、将来のネットワークサービスに対して効果を発揮することが期待されている。

エッジコンピューティングを含むネットワークコンピューティングは、世代ごとに進化する無線・モバイル通信の基盤に組み込まれつつあるが、こうしたネットワークに求められる進化を、全て従来のインターネットアーキテクチャに組み込み、取り入れることは難しい。さまざまな通信の制約から解放しつつ柔軟にネットワーク機能を拡張可能とする新たなネットワークアーキテクチャを実現していくことは極めて重要な研究領域である。

［研究開発の動向］

新たなネットワークアーキテクチャとして研究開発が進められている技術の一つに「情報指向ネットワーク技術（Information-Centric Networking（ICN））」が挙げられる。2010年代以降、ネットワークアーキテクチャの研究として進められてきたICNの概念を簡潔に言うならば、ユーザーが欲するコンテンツがネットワーク上にあるとき、最も近いネットワーク機器からコンテンツを取得することで、従来のIPアドレスベースの通信に対する効率化を図り、エンドユーザーに対する通信パフォーマンスやサーバー資源の利用効率を向上させ、それに伴う通信の省エネルギー化を実現することである。この概念をネットワークアーキテクチャ（もしくはプロトコル）として実現するため、コンテンツを受信したいユーザーは「コンテンツ名」が書かれた要求パケットをネットワークに送出し、これを受信したルーターは、自身が持つキャッシュ領域を調べ、当該コンテンツを保有していればそれを返す。もし保有していなければ、コンテンツ所有者に向けて上流のルーターに要求パケットを転送する。これを繰り返すことで、ネットワーク内の近隣ルーターからコンテンツ取得が可能となる。

ICN研究は、2009年に発表された論文[1)]と、そこで参照されたランニングコード（動く実装）の公開をきっかけとし、それ以降、国際的に大規模な研究プロジェクトが複数立ち上がった。米国 NSFファンドによるNamed-Data Networking（NDN）プロジェクト[2)]は、世界最大のICNアーキテクチャの研究開発を行っているプロジェクトであり、2010年以降、現在も活発に研究開発を行っている。NDNプロジェクトの中で、米国PARC Inc.が主導したContent-Centric Networking（CCNx）と、UCLAが主導したNDNの異なる実装提案がされた。現在、前者はPARCの保有していたCCN関連の知的所有権を買収したCisco Systems, Inc.によりLinux Foundation配下のFD.IOプロジェクトの中でCommunity ICN（CICN）[3)]と呼ばれる実装に併合され、後者はNDNプロジェクトにて継続的に開発が行われている。欧州では、2010年以降、欧州委員会（European Commission（EC））FP7のプロジェクトの中で、SAIL/NetInf[4)]、PURSUITなどのICNアーキテクチャが提案された。しかしこれらはプロジェクトの終了と共に開発も終了し、現在は欧州においてもCCNxもしくはNDNをベースとした研究活動が中心となっている。わが国においては、EC Horizon2020と共同で、GreenICNプロジェクト[5)]（2013年―2016年）、ICN2020プロジェクト[6)]（2016年―2019年）が立ち上がり、それぞれICNの特長を生かしたCCNx/NDNベースのアプリケーション開発や、広域テストベッドでの評価などが行われた。また2015年には、電子情報通信学会において、情報指向ネットワーク技術時限研究専門委員会（現在は特別研究専門委員会）[7)]が設立され、国内の産学官によるICN研究が推進されることとなった。

ICNの社会実装を進めるに当たり、2012年には、国際標準化団体IETFの姉妹組織であるIRTF配下にICNリサーチグループ[8)]が設置され、2019年にCCNxバージョン1のメッセージフォーマットがRFC（プロトコル仕様）[9), 10)]として規定された。また、Cisco Systemsは、IPネットワークにおけるICN技術のシームレスな技術連携を目的として、Segment Routing for IPv6（SRv6）[11)]との融合を想定したHybrid ICN（hICN）と呼ばれる提案[12)]を行い、現在、開発の主体をCICNからhICNへと移行している。

インターネット関連技術の研究の促進と研究成果を社会展開するためには、理論だけでなく、参照実装などを用いた研究と現実環境における評価が求められる。ICN研究では、現在は米国UCLAを中心として開発が行われているNDNが参照実装として広く使われており、多くのICN研究がNDNを用いて評価を行っている。また、CICNでは、Cisco Systemが製品化を想定した開発を継続しており、将来のホワイトボックスルーターなどの柔軟性ある基幹ルーターへの導入が期待されている。これらに加え、日本国内では、情報通信研究機構によって設計と開発が進められている日本発のICN概念実装「Cefore[13), 14)]」が公開されている。CeforeはCCNxバージョン1のRFC仕様に準拠したオープンソースのネットワークソフトウェアプラットホームであり、軽量なセンサーノードからPCルーターまで、さまざまな環境や用途での利用を想定している[15)]。電子情報通信学会[7)]や国際学会[16)]においてCeforeに関したチュートリアルやワークショップも開催されており、技術普及に向けた取り組みも行われている。拡張性を考慮したソースコードは改変も自由に行え、商用においても利用可能なBSD3-clauseライセンスとなっている。

（4）注目動向

New IP

ICNとは異なる次世代のインターネットアーキテクチャとして、中国は標準化団体のITU-TにNew IP[17)]を提案した。New IPは、IoTや衛星通信のようなさまざまな通信環境における多様な通信サービスに対応するため、IPパケットに「コントラクト」のような情報を指定できる特殊なヘッダを挿入し、通信サービスの優先度を制御し、必要に応じてより高速な通信サービスを提供可能とすることを目的としている。New IPはIPアドレスを可変長とし、拡張可能とする仕様を含んでおり、現在のインターネットの上位互換性を目指している。New IPの提案自体は、現在のインターネットサービスを分断する可能性や、インターネットの自由度を阻害すると言った多くの反対意見が提出され、標準化には至っていない。しかし、現在も国際学会でのワークショップ開催などを行いながらロビー活動を実施しており、技術提案に向けた活動を継続している。

Extensible Internet

米国では、既存のIPネットワークと融合しつつ、新しいサービスを実現するExtensible Internet（EI）[18), 19)]が提案され、研究開発が進められている。2.6.5で述べた通り、近年のインターネットのPrivatizationによって、自営網（プライベートネットワーク）に洗練された機能が実装されつつあり、パブリックインターネットとプライベートネットワークの間に機能格差が生じている。EIは、このPrivatizationの動向に対応し、単純なベストエフォート型のパケット配送を超えるネットワーク機能をサポートする拡張可能な（Extensibleな）インターネットの実現を目指している。EIでは、OSI参照モデルにおける、いわゆる「3.5層」として「サービスレイヤ」をレイヤ3（ネットワークレイヤ）上に追加し、これを理解できるエッジネットワーク上のサーバーである「サービスノード」を経由することで、クラウドへの直接の依存性を軽減し、新たな機能をネットワークに容易に追加可能とする。EIは、ICNとの親和性も高く、EI論文[18)]の中では、将来的なICN連携に関して示唆されている。現時点でEIの成否に関して判断するのは時期尚早であるが、米国の著名な大学や研究者がこの概念に対する研究を先導しており、またNSFのサポートに加え、ベンチャーなどが育つ環境が整っている米国の提案であることから、その動向を注視していく必要がある。2022年現在、EIは研究者が構築するプロトタイプとその早期適用が計画されている段階にある。

DLT（Distributed Ledger Technology）

ブロックチェーンに代表されるDLT（Distributed Ledger Technology）は既に仮想通貨基盤として普及しているが、仮想通貨基盤のみならず、サーバーやクラウドなどの中央管理システムやプロバイダーなどの中央管理機関に依存しないコンセンサスアルゴリズムによる情報管理基盤として、次世代ネットワークアーキテクチャの一部に活用されることが期待されている[1]。DLTは中央集権型の信頼できる第三者（オーソリティー）へ依存することなく、分散システムが合意形成することを可能とする。このDLTの特長を生かすことで、特定の企業が、通信基盤からエンドユーザー個人の行動履歴や検索履歴を収集し、その情報を基にインターネット市場をコントロールするといった「ガバナンス（情報統治）」の問題から解放され、現行のインターネットが抱えるプライバシー侵害や勝者総取りのリスクを低減させることが期待されている。ブロックチェーン/DLTの研究分野では、新しいアルゴリズムの基礎研究のフェーズから、応用研究や開発フェーズへの移行が進んでおり、企業やオープンソースコミュニティーが複数の実装展開を行うと共に、企業や投資家からのファンディングも積極的に行われている。国家レベルのユニークな試みとして、欧州委員会（EC）において、ブロックチェーン/DLT応用研究を大型研究プロジェクト[20)]として推進する動きや、ブロックチェーンネットワーク基盤（European Blockchain Services Infrastructure（EBSI））構築に向けた動きもある。関連して、IETF姉妹組織のIRTF Decentralized Internet Infrastructure Research Group（DINRG）[21)]が国際標準化活動を進めている。

Trusted Web

ブロックチェーン等の関連技術を用いたプラットホームに関する国内の活動として、内閣官房を中心に、信頼できる自由なデータ流通（DFFT：Data Free Flow with Trust）を確保する枠組みを構築すべく、特定のサービスに依存せずに、個人・法人によるデータのコントロールを強化する仕組み、やり取りするデータや相手方を検証できる仕組みなどの新たな信頼の枠組みを付加することを目指す「Trusted Web」構想[22)]が提言されている。 Trusted Webは、その名前に「Web」とあるが、現行のウェブシステムを継承することを

1　DLTに加え、非中央集権型のシステムとしてWeb 3.0と呼ばれる言葉を目にする機会が増えた。しかし、現時点でWeb 3.0の正確な定義は曖昧である上に、明確な技術を指すものではないため、本報告書では「DLTと協調・連携する次世代のネットワークアーキテクチャ」と「Web 3.0」の比較や差異については議論せず、前者に関してのみ述べる。

目的としておらず、通信基盤としてグローバルかつ技術中立的に機能が提供されるフレームワークとなることを目指している。Trusted Webでは、中央集権化したWebを再分散することを目的に、特にGoogle（chrome）、Apple（safari）といった企業によるWebブラウザーの寡占を是正し、Webシステムの問題をHTTPに依存しない形で解決していくことを目標としている。アプリケーションのガバナンスは各国ないしは各事業者（アプリケーション提供者）の構造を尊重するとしている。

ICN関連の注目動向

ICN研究が始まった当初は、既存のインターネットプロトコルを置き換えるためのクリーンスレート・アプローチを前提とした研究が多かったが、近年は、IP通信と協調してICNをオーバーレイネットワーク上で用いる（CCNxもしくはNDNメッセージをTCP/IPペイロードに入れて送受信する）研究が主流となり、超低遅延・超高品質な通信サービスを実現するためのネットワークアーキテクチャ、もしくはアンカーレスのモバイル通信や遅延耐性ネットワークのためのネットワークアーキテクチャ[23)]などの研究がトレンドとなっている。ICNはネットワーク内キャッシュとデータ転送を融合した効率的かつ汎用的なネットワークアーキテクチャであるため、多様なアプリケーションに対し、またIoTやセンサーネットワーク、エッジコンピューティングなどさまざまなネットワーク技術と融合して効果を発揮する。このため、現在のICN研究は、世界中で研究競争が始まった全盛期（2010年代後半）に行われたネットワーク内キャッシュや帯域制御などのアルゴリズム研究などの基礎研究は一段落し（継続的に大型ファンドの支援がある米国NDNプロジェクトを除く）、ICNを用いたネットワークコンピューティング[24)]などの研究領域、分散台帳技術やSDN/NFVとのアーキテクチャ融合[25), 26)]、コネクテッドカーやスマートシティー、メタバースなどの新しいサービス/アプリケーションに適用する応用研究、さらには、量子鍵配送ネットワーク（QKDN）などの未来ネットワークとの融合など、新たな方向性に対する研究や開発が盛んになっている。

（5）科学技術的課題

ICN応用研究

ICN については、これまでにさまざまな優れた研究成果が発表されているが、ルーターのスケーラビリティ、コンテンツキャッシュなど、今後の応用研究の中で実装と共に検証が求められる課題は数多い。また、複数のユーザーにコンテンツを同時転送するマルチキャストを容易に実現可能なICNの特長を生かすことで、高品質なマルチキャストストリーミング等の従来のネットワークアーキテクチャでは困難な通信制御技術を提供できる可能性があり、今後の新たな研究成果が期待される。

名前管理

ICN 等では「情報識別子」もしくは「コンテンツ名」を宛先とすることができるが、人が理解できる（覚えやすい）識別子をどのようにしてグローバル・ユニークに（世界でただひとつとなるよう）定義するかが課題となる。分散環境で安全に人が理解できる識別子を利用可能とするシステムの実現は、最適な実現が困難な技術課題である。この課題を回避する一つの方法は、ネットワークサービスとしての適用範囲（スコープあるいは名前空間と呼ばれる）を決め、その範囲内で一意な識別子を用いることとし、識別子自体はグローバル・ユニークなくとも運用可能とする方法である。一方、グローバル・ユニークな名前を中央集権的なサーバーに依存せずに決定する方法として、ブロックチェーンを用いる方法が近年いくつか提案されている[27), 28)]。ただし、既存の方法は、トランザクションの確定に時間がかかるため、識別子の決定に遅延が生じる課題がある。効率的かつ安全な識別子管理（名前管理）システムの構成方法については、今後も引き続き議論や研究が行なわれていくべきものと考えられる。

セキュリティー・プライバシー機能のネットワークアーキテクチャへの組み込み

従来のインターネットで個別に行なわれてきたセキュリティーやプライバシーの対策を、次世代のネットワークアーキテクチャにいかに共通機能として組み込むかも今後の技術課題の一つである。オープン環境においてネットワークコンピューティングによって処理が実行される場合、攻撃者が管理するサーバー等によって不正な処理が行われないことを保証する仕組みも必要となる。前述のEIでは、オープン環境でサービスノードが正しく処理を実行したかどうかを検証できるよう、セキュアエンクレーブ（Intel社のSGX等）を用いたサービスノードの設計が検討されている[29)]。また、EI を用いて、DNSの通信パターンを特定の事業者等が収集できないようにするプライバシー保護機能の研究も進んでいる[30)]。こうしたセキュリティー・プライバシー制御は通信性能とトレードオフがあり、ネットワークアーキテクチャとしての効率的な実現方法の研究開発は今後も進められるべきであろう。

（6）その他の課題

ソフトウェア開発の人材育成

日本は家電や特定のデバイスなどのハードウェア技術開発に強みを持った技術大国であった。しかし、米国がICT（情報通信技術）革命によってその存在感を増したのに対し、わが国はICT分野においては大きく乗り遅れてしまった。特に近年、ネットワークアーキテクチャの進化が、仮想化によるネットワーク機能のソフトウェア化と同調し、新しい機能やサービスをソフトウェアにて柔軟かつ迅速に実装する環境にわが国は適応できず、次世代のネットワークアーキテクチャ研究に対する存在感もますます低下している。一方、ICTのさらなる進化においてソフトウェア化の流れを止めることはできず、むしろ増長していくと考えられる。また、旧来のハードウェア技術においても、新興国が高品質の製品を低コストで提供できるようになった現在、ハードウェア中心の開発でICTをけん引できるほどの優位性は無く、現状を打破することは困難である。次世代のネットワークアーキテクチャを先導するため、活発な研究開発に向けた機会の創設と投資の促進を行い、特にソフトウェア開発を促進するため、人材育成や人材確保を強く推進していくことが喫緊の課題である。

分散型・非集中型のネットワークアーキテクチャ

現在、Hyper-Giantsが勢力拡大をし続けている中央管理型のシステムに対し、技術的、および、ガバナンスなどの懸念が生じている。これに対し、ICNやDLTといった分散型・非集中型のネットワークアーキテクチャは、技術的、ガバナンス、双方に対して問題解決に結び付く可能性があり、当該技術に対する研究開発はICT革命の後塵を拝した日本にとって、起死回生のチャンスになるかもしれない。もちろん、GoogleやAmazon、Microsoftなどは、クラウドと連携するエッジコンピューティングの開発やクラウドネイティブな仮想化技術の研究開発において既に世界のトップを走っており、彼ら次第で新しいネットワークアーキテクチャが作り上げられていくといった今の潮流を変えることは困難であろう。しかし、情報統制の危険性を排除し、情報の分散配信を可能にしながら、情報の真正性や信頼性を確保していく仕組みとして、ICNやDLTが稼働するオーバーレイネットワーク基盤を用いた次世代のネットワークアーキテクチャを研究開発し、これによって、ユーザーアプリケーションの通信品質やセキュリティー/プライバシー/ポリシーを統治するガバナンスの問題解決ができれば、新しい技術やビジネス展開に向けたきっかけを与えることになる。

（7）国際比較

国・地域	フェーズ	現状	トレンド	各国の状況、評価の際に参考にした根拠など
日本	基礎研究	△	↘	研究費、人材の減少が響き、最難関学会での採録数も低い。現在普及しているクラウドやインターネットアーキテクチャの基礎研究に対する存在感は低く、それは次世代のネットワークアーキテクチャの基礎研究においても同様。
	応用研究・開発	○	→	ICN研究においては、オープンソース開発や国内外学会での普及活動、国際標準化活動を行っているが、社会実装には至っていない。データの信頼性に主眼を置いた新しいネットワークアーキテクチャ（TrustedWeb）の設計を行っているが、現時点では実現性は不明。
米国	基礎研究	○	→	ICN、Extensible Internetを含め、多岐に亘り優位性を保っている。難関国際学会への採録も多い。 NSFからの大型ファンドも継続して行われている。しかし、ネットワークアーキテクチャに関する研究は、Extensible Internetを除けば、現在のデータセンターが抱える課題やデータプレーンに関する直近のテーマが多い。
	応用研究・開発	○	→	Cisco SystemsやGAFAに加え、ベンチャーも参入する環境が整っており、世界をけん引している。ただし、次世代ネットワークアーキテクチャに関しては、製品化が進むほどの勢いは見えない。
欧州	基礎研究	△	→	ドイツ、スイス、イギリスを中心にICN研究は継続して行われているが下降傾向。次世代インターネット技術研究も顕著な成果は出ていない（基礎研究に関しては、量子ネットワークなど、数十年先の将来ネットワーク研究が盛ん。そちらへシフトしつつあるか？）
	応用研究・開発	○	→	HorizonなどのECプロジェクトにより、産学連合による次世代ネットワークアーキテクチャを設計・開発する動きはあるが、まだ成果は出ていない。ブロックチェーン/DLT応用研究は欧州大型プロジェクトとして推進する動きあり。
中国	基礎研究	○	↗	大学が中心となって基礎研究において多く成果を挙げている。難関国際会議への採録も米国に次いで多い。 BaiduやAlibabaなどの中国企業に加え、Microsoft Research Asiaなど、GAFAに対抗した研究ができる唯一の国。
	応用研究・開発	○	→	ICNの製品化等の動きは見られない。ブロックチェーン/DLT研究は盛んであるが、New IPの標準化提案が失敗に終わり、海外の中国系コミュニティーを中心に、関連技術に関する国際学会ワークショップを開催するなどして次の動きを模索していると考えられる。
韓国	基礎研究	△	↘	研究機関を中心に論文や国際標準化などを行っているが、顕著な成果は見られない。 ICN基礎研究は下降気味。ブロックチェーン研究は継続されているようであるが、フラッグシップカンファレンスなどの採択は少ない。
	応用研究・開発	△	↘	ブロックチェーン/DLT技術に対する注目度は高いが、ファイナンスへの適用としてのブロックチェーン/DLT普及が議論の主となっており、次世代ネットワークアーキテクチャとしての活用などの議論は進んでいないように見える。

（註1）フェーズ

基礎研究フェーズ：大学・国研などでの基礎研究の範囲

応用研究・開発フェーズ：技術開発（プロトタイプの開発含む）の範囲

（註2）現状

◎：特に顕著な活動・成果が見えている　×：活動・成果がほとんど見えていない

○：顕著な活動・成果が見えている　－：評価できない（公表する際には、表示しない）

△：顕著な活動・成果が見えていない

（註3）近年（ここ1～2年）の研究開発水準の変化

↗：上昇傾向 →：現状維持 ↘：下降傾向

参考文献

1) Van Jacobson, et al., “Networking named content,” in *Proceedings of the 5th international conference on Emerging networking experiments and technologies (CoNEXT)* (New York: Association for Computing Machinery, 2009), 1-12., https://doi.org/10.1145/1658939.1658941.
2) Named-Data Networking, https://named-data.net, (2023年2月27日アクセス).
3) FD.io, “Community Information-centric networking (CICN),” https://wiki.fd.io/view/Cicn, (2023年2月27日アクセス).
4) Scalable and Adaptive Internet Solutions (SAIL), https://www.sail-project.eu, (2023年2月27日アクセス).
5) GreenICN, http://www.greenicn.org, (2023年2月27日アクセス).
6) ICN2020, http://www.icn2020.org, (2023年2月27日アクセス).
7) 電子情報通信学会情報指向ネットワーク技術特別研究専門委員会（ICN研究会）, https://www.ieice.org/cs/icn/, (2023年2月27日アクセス).
8) Internet Research Task Force (IRTF), “Information-Centric Networking Research Group,” https://irtf.org/icnrg, (2023年2月27日アクセス).
9) Marc Mosko, Ignacio Solis and Christopher A. Wood, “Content-Centric Networking (CCNx) Messages in TLV Format,” Internet Research Task Force (IRTF), RFC 8609, https://www.ietf.org/rfc/rfc8609.html (2023年2月27日アクセス).
10) Marc Mosko, Ignacio Solis and Christopher A. Wood, “Content-Centric Networking (CCNx) Semantics,” Internet Research Task Force (IRTF), RFC 8569, https://www.ietf.org/rfc/rfc8569.html, (2023年2月27日アクセス).
11) Clarence Filsfils, et al., “Segment Routing Architecture,” Internet Engineering Task Force (IETF), : RFC 8402, https://www.ietf.org/rfc/rfc8402.html, (2023年2月27日アクセス).
12) Miya Kohno「Data Intensive Architectureへ：hICN（9 November 2020）」MPLS Japan 2022, https://mpls.jp/2020/presentations/MK_Data-intensive_hicn.pdf, (2023年2月27日アクセス).
13) Cefore, https://cefore.net/, (2023年2月27日アクセス).
14) Hitoshi Asaeda, et al., “Cefore: Software Platform Enabling Content-Centric Networking and Beyond,” *IEICE Transaction on Communications* E102-B, no. 9 (2019) : 1792-1803., https://doi.org/10.1587/transcom.2018EII0001.
15) 朝枝仁「情報指向ネットワークの最新動向(2)：オープンソースCeforeがもたらす新しいネットワークサービスの可能性」『電子情報通信学会誌』104巻4号 (2021) : 346-353.
16) Yusaku Hayamizu, et al. “Half-day Tutorial: CCNx-based Cloud-Native Function: Networking and Applications,” 9th ACM Conference on Information-Centric Networking (ICN 2022), 19-21 September 2022, https://conferences2.sigcomm.org/acm-icn/2022/tutorial-cefore.html, (2023年2月27日アクセス).
17) Future Networks Team, Huawei Technologies, “Internet 2030: Towards a New Internet for the Year 2030 and Beyond,” International Telecommunication Union (ITU), https://www.itu.int/en/ITU-T/studygroups/2017-2020/13/Documents/Internet_2030%20.pdf, (2023年2月27日アクセス).
18) Hari Balakrishnan, et al., “Revitalizing the public internet by making it extensible,” *ACM SIGCOMM Computer Communication Review* 51, no. 2 (2021) : 18-24., https://doi.org/10.1145/3464994.3464998.

19) International Computer Science Institute (ICSI), "Extensible Internet," https://www.icsi.berkeley.edu/icsi/groups/extensible-internet, (2023年2月27日アクセス).
20) European Commission, "EU-Funded Projects in Blockchain Technology," https://digital-strategy.ec.europa.eu/en/news/eu-funded-projects-blockchain-technology, (2023年2月27日アクセス).
21) Internet Engineering Task Force (IETF), "Decentralized Internet Infrastructure (dinrg)," https://datatracker.ietf.org/rg/dinrg/about/, (2023年2月27日アクセス).
22) 首相官邸「デジタル市場競争本部：Trusted Web推進協議会」https://www.kantei.go.jp/jp/singi/digitalmarket/trusted_web/index.html, (2023年2月27日アクセス).
23) Muktadir Chowdhury, Junaid Ahmed Khan and Lan Wang "Leveraging Content Connectivity and Location Awareness for Adaptive Forwarding in NDN-based Mobile Ad Hoc Networks," in *Proceedings of the 7th ACM Conference on Information-Centric Networking (ICN)* (New York: Association for Computing Machinery, 2020), 59-69., https://doi.org/10.1145/3405656.3418713.
24) Uthra Ambalavanan, et al., "DICer: distributed coordination for in-network computations," in *Proceedings of the 9th ACM Conference on Information-Centric Networking (ICN)* (New York: Association for Computing Machinery, 2022), 45-55., https://doi.org/10.1145/3517212.3558084.
25) Ruidong Li and Hitoshi Asaeda, "A Blockchain-Based Data Life Cycle Protection Framework for Information-Centric Network," *IEEE Communications Magazine* 57, no. 6 (2019) : 20-25., https://doi.org/10.1109/MCOM.2019.1800718.
26) Hiroaki Yamanaka, et al., "User-centric In-network Caching Mechanism for Off-chain Storage with Blockchain," in *Proceedings of ICC 2022 - IEEE International Conference on Communications* (IEEE, 2022), 1076-1081., https://doi.org/10.1109/ICC45855.2022.9838289.
27) Nick Johnson, "ERC-137: Ethereum Domain Name Service - Specification," Ethereum Improvement Proposals, https://eips.ethereum.org/EIPS/eip-137, (2023年2月27日アクセス).
28) Muneeb Ali, et al., "Blockstack: A Global Naming and Storage System Secured by Blockchains," in *Proceedings of the 2016 USENIX Annual Technical Conference (USENIX ATC '16)* (USENIX Association, 2016), 181-194.
29) Scott Shenker, "Creating an Extensible Internet," APNIC, https://blog.apnic.net/2022/04/14/creating-an-extensible-internet/, (2023年2月27日アクセス).
30) William Lin, "Enhancing Privacy and Security on the Extensible Internet, May 12, 2022," Electrical Engineering and Computer Sciences, University of California, Berkeley, http://www2.eecs.berkeley.edu/Pubs/TechRpts/2022/EECS-2022-75.pdf, (2023年2月27日アクセス).

2.6.7 ネットワークサービス実現技術

（1）研究開発領域の定義

高度化・複雑化・多様化するネットワーサービスの実現に際して、機能的・性能的・コスト的な要件のみならず、ネットワークの形態・場所・時間（サービス提供の即時性を含む）などのさまざまな条件を満足するネットワークを「最適化」されたリソース量で「簡単（シンプル）」に提供可能とするネットワーク構築・構成技術に関する領域を対象とする。

（2）キーワード

マルチレイヤオーケストレーター、サービスイネーブラー、SBA、Open API、Digital Service Reference Architecture

（3）研究開発領域の概要

[本領域の意義]

産業利用を目的としたネットワークに関しては、従来ではそれぞれの業界の用途に応じたネットワークを構築し、それぞれの業界に閉じて運用管理する方法が採用されてきた。この方法では、各業界の当事者から見た要件に基づいてネットワークを設計・構築するところから始め、それぞれのポリシーに基づいて運用管理する作業を行うことが必要であった。しかし、昨今ではさまざまな業務や事業にネットワークを利用する。加えて、課題先進国と言われるわが国をはじめとして多くの国が人口減少・高齢化や環境問題・自然災害などの社会課題に対するソリューションの早期実現を必要としている。それらのソリューションがさまざまな産業界で事業展開している企業から創出されることを想定すると、複数の産業界が簡易かつ共通のインターフェースを通じてネットワークをソリューションの構成要素としてタイムリーかつロケーションフリーで利用できることが期待される。このような状況においては、それぞれの用途に合った物理的なネットワークをひとつひとつ構築・運用・管理していたのでは非効率かつ不便であり、また運用管理上のコストも大きくなる。

要件に対応して異なる性能を提供するネットワークの具体例として、例えば第5世代移動通信システム（5G）があげられる。5Gは4Gまでのいわゆるコンシューマユースとしての携帯電話やスマートフォン上の音声通話や動画閲覧などの高速・大容量の通信が必要なアプリケーションのみならず、産業機器の制御やセンサー機器からのデータ収集の用途を想定して多数の端末を接続する技術要件を定義し、その要件を実現する仕様を規格化してきた。

上記のような通信方式の確立や普及に合わせて、さまざまな産業用途の利用要件に適合したネットワークを柔軟かつ簡単（シンプル）に提供する技術が確立され実用化されれば、これまでの利用形態であるコンシューマユースのみならず、実際にネットワークの産業利用を実現・促進する仕組みを具現化することが可能となる。

なお、その実現に必要な主要機能としては、例えば以下があげられる[1)]。

①アプリケーションごとのネットワーク利用計画の決定

②アプリケーションが実現するサービスレベルを満足するためのパフォーマンス管理

③ネットワークが提供可能な品質、スケジュールの可視化

2.6.5で述べたネットワークコンピューティングの研究領域の発展も相まって、通信ネットワークは、単なる通信インフラからさまざまな産業界のユーザーが事業基盤・サービス基盤として利用できる社会インフラへの変革が求められており、その変革を支えるために、さまざまな利用要件を満たすネットワークサービスを実現する技術が極めて重要である。

[研究開発の動向]

上述の通り、産業向けには専用の通信ネットワークが用いられてきた。エンタープライズ向けにはキャリア

が専用線サービスを提供しており、電力、交通、金融などの事業者は自営の通信ネットワークを構築・運用している。近年ではハイパースケーラーと呼ばれる大規模クラウドサービスプロバイダーがデータセンターネットワーク（の一部）を自ら構築・運用するケースもある。クラウドサービスの提供にあたってはアジリティ、スケーラビリティ、アベイラビリティが求められるため、データセンターのインフラは仮想化され、ネットワークに対してはソフトウェア制御によりフレキシビリティや自動化を実現するSDN（Software-Defined Networking）技術が適用されている。さらに、増大し続けるデータ量や低遅延処理の要求に対応するため、データ処理をよりデータソースに近いエッジに分散させる動きもある。また、クラウドサービスでは、プラットホームとしての使いやすさを考慮したApplication Programming Interface（API）も提供されている。

SDNの適用領域は拡大しており、2010年代にはエンタープライズ向けにSD-WAN（Software-Defined Wide Area Network）が導入され、ゼロタッチでのプロビジョニング、ハイブリッドWANによる高可用性、アプリケーションや回線品質に基づくWAN経路の制御などが実現されるようになった。2020年に国内において商用化が開始された5Gでは、無線ドメインおよびコアドメインだけでなくトランスポートドメインも含めてその実装に仮想化（ソフトウェア化）を採り入れつつ、オーケストレーション技術と組み合わせることで、産業向けの多様な要件に対応するネットワークを、仮想的な専用ネットワークとして実現することを目指している。コネクテッドカーやドローンなどフレキシビリティが重要となるモビリティの収容も可能であり、先に触れた分野にとどまらず工場、農業・漁業などを含むあらゆる産業のプラットホームとなることが期待される。また、インターネットのようなマルチドメインネットワークを想定したものではないが、TSN（Time Sensitive Networking）[2]やDetNet（Deterministic Networking）[3]など、EthernetやIPといった汎用有線プロトコルを産業用ネットワークに適用可能とする技術も発展している。このように、汎用的でありながら個別の特殊な要件にも対応可能なネットワークプラットホームと、その効率的な利用のための動的なリソース運用・管理に関する研究開発が行われている。

ネットワークサービスを提供するプラットホームとしては、クラウドサービスの場合と同様に、アプリケーションやユーザーとのインターフェースが重要である。例えばモバイルネットワーク向けではETSI のMEC（Multi-access Edge Computing）API[4]やGSMA（GSM（Global System for Mobile Communications）Association）のOneAPI[5]において、アプリケーションにネットワークの機能や状態を公開する、あるいは、アプリケーションからネットワークやネットワークの機能を制御する、さらに、ネットワークが持つ情報（端末の位置情報など）を提供するといったAPI仕様が規定されてきた。多種多様なネットワークサービスの要求に迅速に対応するには、ネットワークプラットホーム内部の自動化も重要である。テレコムオペレーターのオペレーションに関する業界標準仕様を検討するTM Forum（TeleManagement Forum）では、業務プロセス間のAPI化も進められており、B2B2Xモデルを想定する複数サービス連携のアーキテクチャ[6]、さらにそれをプラットホーム化してビジネス提供するためのハイレベルアーキテクチャが提案されている[7]。

一方で、前述のようなネットワークに対するAPIが提供する機能も、ユーザー視点ではアプリケーションが目的を達成するための手段である。今後、ますます多くのアプリケーションがLocal Area Network（LAN）や単体の5Gシステムなどの単一のネットワークドメインに閉じずに、それらが接続されたインターネットに跨って提供されるようになっていくと想定されるが、その際、ユーザーは必ずしもドメインごとの制御を望まない。また、ユーザーの要件はネットワークを直接的には意識しない、より抽象化されたものである場合もある。そのようなハイレベルな要求やサービスシナリオを、各ドメインおよび要素機能に分解し、状況や環境に合わせ最適化されたリソース量で組み上げるサービスイネーブラー、オーケストレーターの研究開発が進められている。

（4）注目動向

［新展開・技術トピックス］

アプリケーションが使用するEnd-to-Endのネットワークサービスでは、複数のネットワークドメインやさまざまなプロトコルレイヤの機能が必要となるため、ユーザーがそれらを意識せずに利用可能とするネットワークサービス実現技術の検討が進められている。エッジコンピューティングのようなネットワークコンピューティングに対応するには計算処理を実行するサーバーリソースのスケジューリングも必要となる。

ネットワークサービス実現技術としては、ネットワーク知識を不要とするユーザー要求の抽象化・テンプレート化や、そこから必要なネットワーク要件やネットワークドメインを抽出し、KPIを保持しつつネットワーク機器を管理する技術が必要となる。ここでは代表的な技術として、マルチレイヤオーケストレーター、サービスイネーブラー、Intent-Based Networkingについて紹介する。

マルチレイヤオーケストレーター

オーケストレーターは、アプリケーションから規定されるネットワーク要件に基づき、アプリケーションの実行に必要なリソースをネットワークシステムと計算システムから選択する機能である。End-to-Endでのネットワークサービスを対象に、ネットワークシステムが持つ複数のネットワークドメインやプロトコルから要求された機能を実現するために最適な要素を組み合わせ、各機器に対してプロビジョニングを行うマルチドメインオーケストレーション技術がさかんに開発されている。さらに、ネットワークドメインの抽象化技術や、ネットワークスライシングによるネットワーク仮想化技術を活用し階層化されたネットワーク機能を管理するマルチレイヤオーケストレーション技術も提案されている。欧州の6GプロジェクトHexa-X（2.6.5参照）では、ネットワークサービスのアーキテクチャをDesign Layer、Service Layer、Network Layer、Infrastructure Layerの4階層で定義し、各レイヤが協調したマルチレイヤオーケストレーションを目指している[8)]。

サービスイネーブラー

サービスイネーブラーはアプリケーション開発の利便性を向上するための機能であり、新たなサービスの開始時において、共通的な補助機能を抽象化・テンプレート化された形式でネットワークが提供し、アプリケーション開発ではそのコア機能にフォーカスすることにより、低コストかつ早期でのアプリケーション展開が可能となる。またサービスイネーブラーはユーザーに対してのみでなく、システム間のインターフェースにおいても重要な機能となる。ネットワーク機能のイネーブラーとして、サービスやアプリケーションでの使用頻度の高い端末の位置管理や、端末グループ管理、通信品質制御などの機能をアクセスしやすい形でAPIとして公開する。3GPPではService Enabler Architecture Layer（SEAL）として、端末位置情報などを提供するAPIが定義され[9)]、APIの実装方式の検討が進められると共に[10), 11)]、さらなるAPI拡張が検討されている。またアプリケーション機能のイネーブラーとしては、例えば映像配信時の多地点同期や、エリア監視におけるセンシング情報のフィルタリングなどが提案されている[10)]。さらにイネーブラーとして開発ツールや自動コード生成機能、セキュリティー機能の提供も想定される[8)]。

Intent-Based Networking

アプリケーションが必要とするネットワーク要件を抽出するのではなく、ネットワークに期待する動作、期待値、制約をIntentという形でリクエストし、ネットワークシステム内にて要件への変換およびネットワーク機器への制御を行うIntent-Based Networking技術が検討されている。特にインテントを解釈しネットワーク要件を定義するために必要なインテント抽出技術[12)]、リソース要件変換技術[13)]と共に、サービスの品質を監視することでインテント解釈の精度を向上する等の要素技術の検討が進められている。

［注目すべき国内外のプロジェクト］

国内は、総務省の研究開発プロジェクトや民間開発プロジェクト、国際は、関係業界コンソーシアムについて紹介する。

総務省研究開発プロジェクト

従来のネットワーク仮想化技術ではアプリケーションごとにネットワークリソースや計算リソースが消費されるため、リソースを過剰に割り当ててしまう課題があった。「IoT 機器増大に対応した有無線最適制御型電波有効利用基盤技術の研究開発」では、アプリケーション機能をネットワーク上の複数ノードに分散配置するとともに、重複するアプリケーションデータの集約・削減を行うオーケストレーション技術が開発された。

情報通信研究機構 Beyond 5G 研究開発促進事業

情報通信研究機構では、2020年から5Gの特長をさらに高度化・拡張した7機能（超高速・大容量、超低遅延、超多数同時接続、超低消費電力、超安全・信頼性、拡張性、自律性）に着目した要素技術の開発課題の一つとして、ネットワークオーケストレーション技術、Beyond 5G サービス・アプリケーション技術を取り上げており、サービスレイヤまで含めたネットワーク全体におけるオーケストレーション技術の研究開発を進めている[14)]。

IOWN

IOWN GF（Innovative Optical and Wireless Network Global Forum）は、2020年1月に設立され、フォトニクスネットワーク技術を基盤にコンピューティングやネットワーキングのインフラを統合し、End-to-Endでのサービスを実現するためにマルチドメイン、マルチレイヤ環境における迅速なICTリソースの配備を最適化するための技術検討を進めている。

IONW GFではユースケースをもとに既存技術とのギャップを分析し、新規技術の要件抽出、アーキテクチャ検討、レファレンスデザインの開発を通じ、スムーズな社会実装を目指している。

5GAA

自動車分野において5G活用を検討する5GAA（5G Automotive Association）が2016年にドイツのミュンヘンに本部を設置し、結成された。5GAAは、世界的な業界横断組織となり、自動車メーカー、その関連メーカー、通信オペレーター、通信メーカーなどから100社以上が参画している。5G技術を車両内や車両外（路側等を含む）に導入した際のサービスやソリューションを検討している。

5GAAでは、検討結果をWhite PaperやTechnical Reportという形でWeb公開している。特にネットワークについては広域利用（国境跨ぎを含む）サービスや狭域利用（エッジコンピューティングによる超低遅延化含む）サービスを実現するための構成等を含んで検討を進めている。

5G-ACIA

5G-ACIA（5G Alliance for Connected Industries and Automation）は、工場をはじめとする産業用利用における5Gの在り方を検討するために2018年に結成された組織である。ドイツのZVEI（電気電子工業連盟）を中心に発足し、現在はグローバルのさまざまな企業が参画している。オートメーションやロボットのなどの製造系企業だけでなく、通信オペレーター、通信メーカーなどからも参画して、5Gの産業利用におけるサービスやソリューションを検討している。

5G-ACIAにおけるネットワークに関する検討としては、TSNと5Gとの統合、OPC Unified Architectureと5Gとの統合、産業5Gアプリケーション向けに5Gネットワークが提供すべきインターフェース等があげられる。

（5）科学技術的課題

鉄道、自動車、工場等、産業利用を目的とした通信ネットワークでは、多数の機器同士が連携・制御するため、物理層・MAC層を対象にしたリアルタイム性、高信頼性、最適化が重要である。また、機能・非機能要件にしたがった最適なネットワーク設計を行うために、ネットワーク機能の仮想化・ソフトウェア化なども重要である。さらに、アプリケーション要件に応じ、ネットワークリソースの最適化のみならず、コンピューティングリソースも含めたシステム全体のリソース最適化とネットワーク性能最大化のトレードオフの調整が必要とされる。ネットワークにおいても設計観点だけでなく、構築・運用・管理までに渡ったライフサイクル全般に対して安全・安心なシステム提供が必要となる。そのためにネットワーク監視・運用の高度化や、設計・評価の効率化、さらには、ライフサイクル間のデータ連係による付加価値創出が重要となる。本節では、これらに関する科学的技術的課題について述べる。

リアルタイム性の担保

従来の標準Ethernet（イーサネット）技術では不可能であったIEEE Ethernetベースのデータ通信に、時間の同期性が保証され、リアルタイム性を担保できるようにしたネットワーク規格TSN技術の適用が進み、遅延に対しての制約が厳しい産業用ネットワークと遅延が許容される情報系ネットワークの相互運用が可能となる。これにより異種ネットワークを同一配線で混在させることが可能となっている。ただし、TSNに基づく処理実行スケジューリング方法や、動的に変化する実行状態に柔軟に適応する方法など、ネットワークサービス実現技術としての課題は残されており、今後の研究開発が期待される[15)]。

最適化されたリソース管理・制御/システム構築

ネットワークスライス技術を活用し、QoS要件を満たすネットワークを提供するためには、ユーザーやアプリケーションがサービス要件の入出力や運用状態を取得するためのAPIや、サービス要件からネットワーク要件を生成する技術、ネットワークのトポロジやリソースを抽象化する技術、ライフサイクル管理に関する技術が必要である。またさまざまなエリアでデータを活用するために、複数のドメインを経由したサービス端末間でのEnd-to-Endのネットワーク接続が求められる。複数のドメインで構成されるEnd-to-Endのネットワークスライスを生成するために、オーケストレーターはドメインごとのネットワーク特性や利用可能な通信リソース量を考慮してサービス要件に応じて最適なドメイン経路の選択や、ドメインごとの使用リソース量を適切に指定し、ドメインのスライスを生成する。そのため各ドメインが保有する通信リソース量を把握し、ネットワーク全体の状態として管理する機能が必要である。また通信インフラに加えて映像処理などの計算機能が経路上に存在するケースでは、計算リソース量や処理内容も把握することにより、計算処理によるトラヒックパタンの変動を考慮して通信リソースを指定できるため、ネットワーク利用効率の向上を図ることが可能となる。ただし各ドメインのトポロジやリソース情報の通知機能の有無、制御可能なパラメータの範囲などが制約となるケースでは、オーケストレーターにてドメインごとの最適なリソース量の導出・設定が難しいことも課題である。

ネットワークサービス実現のために、システム構築の観点では、通信の高度化から計算領域の拡大に至るまで広範囲の機能を扱うことになる。また、それらの機能が有機的に融合されて動作することを担保しなければならない。一方で、さまざまな社会課題を扱うサービスの開発は、通信システムや情報処理の専門家ではない利用者が行う必要性が増加してくることから、ますます複雑化する機能の全体像を理解することは難しくなり、取り組むべき技術課題は多い。

高度化への対応と新たな付加価値の創出

CPS（Cyber Physical System）、メタバース、またはホログラムなどを利用した現実空間とサイバー区間を融合したサービスの実現のためには、デジタルツイン、エッジAI、および触覚センシングなどの要素技術の開発、ならびにそれらが求める厳しい遅延等の要求条件に対応可能なネットワークの提供が課題となる。これら要素技術を活用し、ネットワークインフラ上に点在する複数機器のおのおのの大容量データをリアルタイムに処理してサイバー空間でデータ分析や未来予測などのシミュレーションを実行し、その結果に基づく最適化や行動予測を現実空間にフィードバックすることで、街づくりや工場・生産ラインの改善など、社会やビジネスプロセスが進化することが期待される。また、導入コンサルティング、プロトタイピング作成、PoC（Proof of Concept）設計・実行、商用サービス開発、および運用サービスのライフサイクル全般に亘り、複雑化したネットワークサービスに対して、ネットワーク性能を保証するための最適化・自動化、安全・安心なサービスを提供するネットワーク運用・保守の高度化・自動化などが課題である[16)]。さらに、複数サービスのライフサイクル間のデータ連係により、個別サービスでは発見が難しかった分析結果の取得等、新たな付加価値を創出可能とすることが期待される。

（6）その他の課題

総務省が主導した「Beyond 5G時代の有線ネットワーク検討会」では高度なネットワークサービスを提供するシステムに必要な技術について整理している。同検討会はニーズとシーズ双方の視点で研究開発を進める指針を示した。一方、今後のネットワーク設計には、かつてないほど多種多様な利用条件を受容するネットワークの構築・運用・管理が求められる。例えばAIがネットワークを経由して用いられる場合、AIが動作する計算リソースの配置も大きな課題となる。サービスと扱うデータの種類に応じて、現場に近いエッジかクラウドもしくは中間的な地域のデータセンターを最適に選択可能とするネットワークの設計やシミュレーション/エミュレーションは、ますます解決困難な問題になる。このため、研究開発における技術の検証、特に社会実装時に近い条件での検証を可能にするテストベッド環境が必要になる。検証においては多様な要求条件を持つユーザー事業者との連携も必要であり、テストベッド環境はネットワーク環境だけでなく、例えばデジタルツインの検証可能性も考慮した環境が求められる。このことは社会実装時の使われ方や市場および社会への影響を精度良く予測するためにも重要である。

ネットワークに対する多種多様な要求条件に持続的に応え続けるには、研究開発の段階、設計構築の段階、また実用化後の運用段階を通じて、通信サービスそのもの、あるいは、通信サービスの構成要素の更新要否の監視が必要である。これには、通信サービスを提供する事業者と同サービスを利用する事業者の産業界、研究開発を担う学界、社会への影響を考慮した方向づけおよびプロモーションを行う官の継続的な連携が必要となる。このような継続的な連携の体制およびエンドユーザーにとっての利便性と受容性を含めた評価検証を行う体制の構築も課題である。

今後のネットワークは、ほぼあらゆるサービスにとって共通のインフラとなることが想定される。このため、特定の業種・分野が要求条件設定において取り残されないよう、異業種・異分野に横断的な連携の体制が必要である。このような連携を可能とする場や環境の確保も課題である。

今後のネットワーク技術を担う人材には多様性が求められる。技術力、標準化のスキル、多様な産業と要求条件を理解する力、社会への影響と受容性を理解する心理・社会的な理解力、コミュニケーション力が求められる。個人がこれらすべてを引き受ける必要はなく、それぞれの能力を持った人材を育成し、彼らが協力しあう持続的体制を含めた人材育成の営みが不可欠である。

（7）国際比較

国・地域	フェーズ	現状	トレンド	各国の状況、評価の際に参考にした根拠など
日本	基礎研究	◎	↗	総務省の研究開発プロジェクトにおいてネットワークの高性能化や自律性に関する研究開発を多く実施
	応用研究・開発	○	→	主要な通信事業者を中心に基幹網において仮想化・抽象化技術を実用化

米国	基礎研究	○	→	IEEEにおいてAIを用いたネットワーク設計を行うフレームワークを検討
	応用研究・開発	◎	↗	ハイパースケーラーがクラウド上の仮想化技術を強みとして通信事業者と提携してネットワーク分野にも進出
欧州	基礎研究	◎	↗	Horizon Europeの研究開発プロジェクトにおいてHexa-X等の研究開発を実施
	応用研究・開発	○	↗	ETSIの仮想化フレームワークを活用した実証プロジェクトを推進
中国	基礎研究	△	→	IMT-2030 Promotion GroupにおいてネットワークにAIをインテグレートした技術開発を推進
	応用研究・開発	△	→	6G Alliance of Network AIにおいてAIOpsや自律性ネットワークの実証を実施
韓国	基礎研究	△	→	韓国政府が6Gパイロットプロジェクトを立ち上げユースケース等を検討
	応用研究・開発	○	→	主要通信ベンダが仮想化技術、ディスアグリゲーション技術に取り組む

（註1）フェーズ

基礎研究フェーズ：大学・国研などでの基礎研究の範囲

応用研究・開発フェーズ：技術開発（プロトタイプの開発含む）の範囲

（註2）現状

◎：特に顕著な活動・成果が見えている　×：活動・成果がほとんど見えていない

○：顕著な活動・成果が見えている　—：評価できない（公表する際には、表示しない）

△：顕著な活動・成果が見えていない

（註3）近年（ここ1～2年）の研究開発水準の変化

↗：上昇傾向 →：現状維持 ↘：下降傾向

参考文献

1) European Telecommunications Standards Institute (ETSI), "ETSI GS ENI 005 V2.1.1 (2021-12): Experiential Networked Intelligence (ENI); System Architecture," https://www.etsi.org/deliver/etsi_gs/ENI/001_099/005/02.01.01_60/gs_ENI005v020101p.pdf, (2023年2月26日アクセス).

2) IEEE 802.1, "Time-Sensitive Networking (TSN) Task Group," https://1.ieee802.org/tsn/, (2023年2月26日アクセス).

3) Internet Engineering Task Force (IETF), "Deterministic Networking (detnet)," https://datatracker.ietf.org/wg/detnet/about/, (2023年2月26日アクセス).

4) European Telecommunications Standards Institute (ETSI), "ETSI GS MEC 003 V3.1.1 (2022-03): Multi-access Edge Computing (MEC); Framework and Reference Architecture," https://www.etsi.org/deliver/etsi_gs/MEC/001_099/003/03.01.01_60/gs_MEC003v030101p.pdf, (2023年2月26日アクセス).
European Telecommunications Standards Institute (ETSI), "ETSI GS MEC 009 V3.2.1 (2022-07): Multi-access Edge Computing (MEC); General principles, patterns and common aspects of MEC Service APIs," https://www.etsi.org/deliver/etsi_gs/MEC/001_099/009/03.02.01_60/gs_MEC009v030201p.pdf, (2023年2月26日アクセス).

5) GSM Association (GSMA), "API Exchange," https://www.gsma.com/identity/api-exchange, (2023年2月26日アクセス).

6) TM Forum, "Collaboration: Member Projects," https://www.tmforum.org/collaboration/dsra-project/, (2023年2月26日アクセス).

7) TM Forum, “Open Digital Architecture (ODA),” https://www.tmforum.org/oda/,（2023年2月26日アクセス）.
8) Ignacio Labrador Pavón, et al., “Deliverable D6.2: Design of service management and orchestration functionalities, Version 1.1,” Hexa-X, https://hexa-x.eu/wp-content/uploads/2022/05/Hexa-X_D6.2_V1.1.pdf,（2023年2月26日アクセス）.
9) 3GPP Portal, “TS23.434: Service Enabler Architecture Layer for Verticals（SEAL）; Functional architecture and information flows, Release 17, V17.1.0, April 2021,” https://portal.3gpp.org/desktopmodules/Specifications/SpecificationDetails.aspx?specificationId=3587,（2023年2月26日アクセス）.
10) Dimitrios Fragkos, et al., “5G Vertical Application Enablers Implementation Challenges and Perspectives,” in *Proceedings of 2021 IEEE International Mediterranean Conference on Communications and Networking (MeditCom)*（IEEE, 2021）, 177-122., https://doi.org/10.1109/MeditCom49071.2021.9647460.
11) Sapan Pramodkumar Shah, et al., “Service Enabler Layer for 5G Verticals,” in *2020 IEEE 3rd 5G World Forum (5GWF)*（IEEE, 2020）, 269-274., https://doi.org/10.1109/5GWF49715.2020.9221425.
12) Joseph McNamara, et al., “A Flexible Interpreter For Intent Realisation,” in *NOMS 2022-2022 IEEE/IFIP Network Operations and Management Symposium*（IEEE, 2022）, 1-6., https://doi.org/10.1109/NOMS54207.2022.9789910.
13) Chao Wu, Shingo Horiuchi and Kenichi Tayama, “A Resource Design Framework to Realize Intent-Based Cloud Management,” in *Proceedings of 2019 IEEE International Conference on Cloud Computing Technology and Science (CloudCom)*（IEEE, 2019）, 37-44., https://doi.org/10.1109/CloudCom.2019.00018.
14) 国立研究開発法人情報通信研究機構（NICT）「Beyond 5G/6G White Paper：日本語2.0版（2022年3月）」https://beyond5g.nict.go.jp/images/download/NICT_B5G6G_WhitePaperJP_v2_0.pdf,（2023年2月26日アクセス）.
15) Paul Pop, et al., “Enabling Fog Computing for Industrial Automation Through Time-Sensitive Networking (TSN),” *IEEE Communications Standards Magazine* 2, no. 2（2018）: 55-61., https://doi.org/10.1109/MCOMSTD.2018.1700057.
16) 情報通信審議会「Beyond 5Gに向けた情報通信技術戦略の在り方：強靭で活力のある2030年代の社会を目指して：中間答申（令和4年6月30日）」総務省, https://www.soumu.go.jp/main_content/000822641.pdf,（2023年2月26日アクセス）.

2.6.8 ネットワーク科学

(1) 研究開発領域の定義

ネットワークは頂点および頂点間をつなぐ辺で構成される幾何学的構造であるが、実世界にはネットワークやその動的な変化、ネットワーク上のダイナミクスでモデル化できるものが多々ある。さらに、実世界に存在するさまざまな大規模で複雑なネットワークには特徴的な性質がみられることも少なくない。それらを適切に利用すれば、現象の予測や効率的な制御・設計等に反映できる可能性が高い。ネットワーク科学は、現実のネットワークに関する普遍的な数理的性質の発見とその原理の解明という新たな知識を創出するとともに、それらを用いた社会分析、現象の予測、ネットワークの制御・設計等の技術の高度化を行う学際領域である。

(2) キーワード

複雑ネットワーク、情報ネットワーク、社会的ネットワーク、生物学的ネットワーク、自己組織化

(3) 研究開発領域の概要

[本領域の意義]

研究開発領域「ネットワーク科学（Network Science）」は、自然界や社会において特にネットワークが関係する現象について、普遍的な性質や特性の発見、原理やメカニズムの解明に加え、それらを用いた社会分析、現象の予測、ネットワークの制御・設計等の技術の創出・高度化も目指すものであり、情報科学・社会科学・生命科学・経済学・工学など極めて幅広い分野にわたって応用可能な学際領域である。

実世界にはネットワークでモデル化できるものが多々ある。インターネットなどさまざまな情報ネットワークをはじめ、WWWのハイパーリンクでつながれたページ全体の接続関係、論文の被引用関係、人間関係、サプライチェーン、電力ネットワーク、生物の神経回路網、脳機能ネットワーク、生体内のタンパク質相互作用、食物連鎖、言語における単語間の関係など、幅広い分野において、ネットワーク構造を見いだすことができる。ネットワーク科学は、静的なつながりの構造だけでなく、ネットワークの動的な変化も対象としている。実際、人々の検索、購買、移動、SNSなどによるレコメンドや評判を伝えるコミュニケーション、合意形成などの行動などはネットワークの構造の動的な変化としてとらえることもできる。また、ネットワーク上での動的な活動として、COVID-19などの感染症の流行、コンピューターウイルスの拡散、うわさやデマの伝搬などがある。このように、情報科学・社会科学・経済学・生命科学など幅広い分野において、ネットワークが関わる対象は多い。

現実に存在するネットワークを分析することの重要性は古くから認識されていたが、実際のデータを収集・蓄積するためのリソースやコストが極めて大きい、もしくは現実的に不可能であったため、分析されるものはごく一部にとどまっていた。しかし、20世紀末に始まる、特にインターネットに代表される情報ネットワークの急速で著しい発展と、計算能力の大幅な向上、アルゴリズムの発展により、大規模で包括的なビッグデータを収集して分析することが可能となり、さらにそこから新たな知見が見いだされてきた。また、それらを活用して性能を向上する方法・方式の設計が実際に可能となってきた。この動きをさらに発展させ、現実のネットワークが持つ本質的で普遍的な数理的性質の発見とその原理の解明を進めると同時に、それらを活用した実用的にも有効な現象予測や、ネットワークの制御・設計等の技術の創出・高度化を行うことがネットワーク科学の意義であり、通信・ネットワーク区分の研究開発を支える基礎研究として極めて重要な領域である。

[研究開発の動向]

ネットワークの重要性は古くから認識され、離散数学の分野ではグラフ理論において、一般的なネットワーク構造の数理的性質に関する研究が積み重ねられてきた。また現実の現象を扱う分野では、20世紀初頭から社会ネットワーク分析など社会科学、電話網の設計・制御などの工学などの多くの分野で扱われてきた。し

かし現実に存在するネットワークの性質について調べることは長らく困難であった。それは、実際のデータを収集・蓄積するためのリソースやコストが極めて大きい、あるいは、現実的に不可能であったためである。

しかし、20世紀末に始まる、特にインターネットの急速で著しい発展、WWWやSNSの普及、携帯電話やスマートフォンの普及により、大規模で包括的なビッグデータを得ることが可能となった。実際、公共や民間のデータベース、オンライン取引、ソーシャルメディアでのやりとり、インターネット検索、IoT機器のセンシングデータなどが比較的容易に収集できるようになった。また計算能力の大幅な向上とさまざまなアルゴリズムの発展により、これまでは不可能・困難だった大規模なデータが扱えるようになってきた。特に深層学習のアルゴリズムの進展により、構造化データだけでなく、テキスト・画像・映像など非構造化データの分析も可能となってきた。このような状況の変化によって、これまでは不可能・困難だった分析が可能となり、そこから新たな知見が数多く見いだされてきた。さらに、それらを活用して現象の予測や、性能を向上させる方法や方式の設計が実際に可能となってきた。このような背景から、20世紀の終わり頃からネットワーク科学の研究が急激に大きく進展してきた。そこでは、現実のネットワークが持つ本質的で普遍的な数理的性質の発見とその原理の解明を進めると同時に、それらを活用した実用的にも有効な現象予測や、ネットワークに関するさまざまな制御・設計等の技術を創出・高度化することが目指されている。

ネットワーク科学の研究が進む大きな契機となったのは、1998年のワッツとストロガッツの論文[1)]、および1999年のバラバシとアルバートの論文[2)]である。前者では、現実のネットワークが持つスモールワールド性とそれを説明するモデルが述べられている。スモールワールド性とは、ネットワークの平均頂点間距離が小さく、かつ局所的に密（クラスタ係数が大きい）であることを意味する。後者では、次数分布がべき乗則にしたがうというスケールフリー性とそれを説明するモデルが述べられている。これらの論文がきっかけとなり、現実のネットワークの中にはスケールフリー性やスモールワールド性という性質を持つものも少なくないということが広く知られることになった。また、多くの研究者たちの興味を集めたのは、単純なランダムネットワークではこれらの性質を再現することはできず、自明でない何らかの生成原理が背後にあるということであった。極めて巨大なネットワークを扱うために統計物理学的なアプローチが導入されたこともあり、物理学者たちの参入も招いて大きく発展した。この後10年ほどの間、さまざまな性質の発見や、それらを説明する生成モデルに関する研究が活発に行われた。

ネットワークの構造に関する研究の台頭にあわせて、ネットワーク上のさまざまな現象に関する研究も活発化した。感染症の伝搬の研究は古くから行われていたが、現在は人間がグローバルに移動するため、地理的な距離よりも誰と誰が接触したかということを表すネットワーク上での伝搬を考える必要がある。また、コンピューターウイルスはまさに情報ネットワーク上で伝搬する。このようなネットワーク上の伝搬にはネットワークの構造が強く影響しているが、現実のネットワークが有するさまざまな性質を考慮した分析が行われた。スケールフリー性を持つネットワーク上のSISモデル（コンタクトプロセス）[3), 4)]やSIRモデル[5)]をはじめ、さまざまなバリエーションが調べられている。このように従来からネットワーク科学の分野でも行われていた感染流行の解析は、2020年にはじまる新型コロナ感染症（COVID-19）の世界的流行によって再度活発化している。ただし、今回は感染流行の解析のみならず、Network medicine（ネットワーク科学を応用した医学）の研究も活発化してきている。

ネットワーク上のランダムウォークも重要な研究対象となっている[6)]。ランダムウォークは単純な数理モデルではあるが、その解析を通じて明らかにされた知見は、Peer-to-Peer ネットワークにおけるスケーラブルな情報探索[7)]や、PageRankなどのランキングアルゴリズムの設計等にも役立てられている。

情報ネットワークや電力ネットワークにおいては、一つの組織がネットワークの大部分を設計・制御していた時代から、インターネットなど、個々のネットワークが相互接続して形成されて全体を管理する主体がないネットワークの時代に移るにつれ、多くの新たな課題が生まれてきた。例えば、次数の大きい一部のノードを選択的に破壊することで多数の小さな連結成分に分断されてしまうこと[8)]や、数個のノード停止で故障が連鎖的に波及するカスケード故障が起こりうること[9)]、ネットワークの可制御性の観点から、ネットワークに制御を加えるノード数がネットワーク構造の性質で変わること[10]などがわかり、新たなネットワーク設計・制御法に生かされている。例えば、文献10）は3000以上の論文から引用され、ネットワーク制御における分析の基礎となっている。

SNSの爆発的普及とマーケティングとの関わりが深まるにともなって、インフルエンサーやコミュニティーの抽出の研究も進んだ。ネットワークからコミュニティーを抽出する研究において、例えばHITS（Hyperlink-Induced Topic Search）アルゴリズム[11]では、オーソリティーノードは重要な情報を持つノード、ハブノードはオーソリティーにナビゲートするノードと位置付け、ハブノードとオーソリティーノードからなる二部グラフ構造を抽出するという考え方を導入した。他にも多くのコミュニティー抽出に関する研究があるが、抽出されたコミュニティーの構造から効率的にインフルエンサーを発見するアルゴリズムの設計に関する研究もある[12]。これらはネットワークの性質の解明だけでなく、それを利用した新たな技術の開発にもつながるものである。

経済学においても、ネットワークを意識した研究が進んだ。特にサプライチェーンに関する研究は古くから行われているが、そのネットワーク構造を実際のデータを用いてスケールフリー性など新たな観点で調べる研究も行われている[13]。ゲーム理論におけるネットワーク上の進化ゲームは、生態系の種と種の間の競争や種内の競争のモデルでもあるが、スケールフリー性を持つネットワーク上の進化ゲーム[14]も扱われている。金融市場における取引関係はネットワークとしてモデル化することができるが、リーマンショックのように一部の破綻が連鎖的に広がって世界金融危機を引き起こす現象をネットワーク上の伝搬としてとらえることができる[15]。その性質にはネットワークの構造が大きく影響する。

生命科学においてもさまざまなところにネットワークでモデル化できるものが見られるため、ネットワーク科学の研究の黎明期から、代謝ネットワークなどが研究されてきた。近年は、fMRIなどによる脳活動の計測によって得られた膨大なデータを処理することで、コネクトームと呼ばれる脳領域間の接続関係、つまりある種の脳内ネットワークの構造を調べる研究も進みつつある[16]。

研究分野を俯瞰するという行為を、ネットワーク分析の観点から行う研究も始まっている。例えば、論文の被引用関係に基づくネットワークの分析を通じて特定の科学分野を俯瞰し、その分野の進歩やそのメカニズムを解明することを目指す研究もある[17]。

以上のように、当初は現実のネットワークの構造の特徴的な性質の発見や、それらの性質を説明できるネットワーク生成モデルの研究が中心であったが、極めて強力なモデル化能力を持つネットワークという概念を軸として、さまざまな分野において、ネットワークの性質の発見とその原理の解明、それらを活用した現象予測やネットワークの制御・設計に関する技術の研究・開発が急速に進展している。

（4）注目動向

[新展開・技術トピックス]

COVID-19に関連した研究開発

2020年にはじまるCOVID-19の世界的流行により、従来からネットワーク科学の分野で行われていた感染流行の解析や、Network medicine（ネットワーク科学を応用した医学）の研究が活発化している。

ネットワーク科学の分野以外でも、数理モデル（SIRモデルなど）を活用した感染流行の解析は行われているが、そこではそれぞれの人の接触が均一であることを仮定している。ネットワーク科学の分野では複雑な感染流行の特性を明らかにするために、人々の接触頻度の違いをネットワークで表現した数理モデル（Network SIR モデルなど）による解析が従来から行われていた。COVID-19の世界的流行 によって感染拡大の予測が重要視されたこともあり、より現実に近いネットワーク科学の分野のアプローチが注目され、感染流行に関する研究が再び活発になっている。例えば、中国の湖北省におけるCOVID-19 の感染流行を解析し、感染流行を予測する方法が開発されている[18]。

また、Network medicine に関する研究成果として、バラバシらの研究チームが COVID-19 に有効な治療薬を発見するためのフレームワーク[19]を開発し、実際にそのフレームワークを用いて発見された有効な治療薬のリストを公開している。このような背景を踏まえて、Network medicineの研究も注目されている。

脳コネクトームの分析

fMRIなどによる脳活動の計測によって得られた膨大なデータを処理することでコネクトームと呼ばれる脳領域間の接続関係の情報が取得できる。コネクトームはある種の脳内ネットワークの構造を表しているものと言える。機械学習などの大量のデータを処理できるアルゴリズムの発展によって取得可能な脳コネクトームの幅が広がったことや、Human Connectome Projectなどによる脳コネクトーム情報が研究者間で幅広く共有されたことにより、コネクトームを通じた脳内ネットワークの分析[16]が活発に行われている。このような脳コネクトームを通じて得られた脳に関する知見は、さまざまな疾患の早期発見や治療法の確立に役立つものとして期待されている。

Science of Science

従来から、論文の被引用関係に基づくネットワークの分析を通じて、特定の科学分野における中心的な役割を果たしている研究者の解明等が行われてきた。そのような科学分野の分析を一般化し、科学の進歩やその背後にあるメカニズムを解明しようとする取り組みがバラバシらの研究チームによりScience of Scienceと命名され、利用可能なデジタルデータの急激な増加などの社会的背景を受けて、近年研究が活発化している[17]。このようなScience of Scienceの研究を通じて得られた知見は、研究者自身の研究活動（研究課題の選択など）に役立つだけではなく、科学のさらなる発展を促進させるものとして期待されている。

Blockchain Network

BitcoinやEthereumをはじめとするブロックチェーンのネットワークは信頼できる第三者に依存することなくコミュニティーで協調して信頼を維持するソーシャルネットワーク基盤であり、実稼働する大規模ネットワークであることから、多くの研究者により分析・解明が進められている。

文献20）は、2009年から2020年までの約10年間にわたるBitcoinにおけるユーザーグラフ・ネットワークの変化を分析し、複雑ネットワークの性質を共有していることを示した。Bitcoinのネットワークを解析した文献21）では、スモールワールド性、preferential attachmentの性質（スケールフリー性）などが確認され、将来の悪意ある攻撃の検出などに対する示唆を与えている。

[注目すべき国内外のプロジェクト]

Stanford Network Analysis Project

Stanford Network Analysis Project（SNAP）[22]は、スタンフォード大のレスコヴェツが中心となり、社会的ネットワークや通信ネットワーク、論文引用ネットワーク、Web ネットワークなどのデータセットが公開されている。これらのデータセットは、ネットワーク科学に関連する理論的な研究の実証に用いられるだけでなく、ネットワークに関するさまざまなアルゴリズムの評価にも活用されている。SNAP で公開されているデータセットは、ライブラリを通じて C++ や Python で使うことができる。 レスコヴェツは NetSciX 2022 で基調講演を行っており、同プロジェクトがネットワーク科学分野において重要な位置付けとなっている。

Complex Systems Society

Complex Systems Society（CSS）[23]は、複雑系システム科学の発展を促進する学会として2004年に欧州で発足した。CSSは基礎から応用にわたる複雑系システムの研究、欧州各国の関連研究者間の相互の交流を促進し、教育支援等を行うことを目的としている。ネットワーク科学の知見を生かした研究開発プロジェクトも含まれ、応用研究も活発である。

ネットワーク科学に関連する国際会議

国際会議Complex Networksはネットワーク科学分野の主要なカンファレンスとして年に1回、冬季に開催されている。国際会議NetSciはネットワーク科学ソサエティのフラグシップカンファレンスとして年に1回、夏季に開催されている。NetSciXはNetSciの姉妹カンファレンスであり、年に1回、冬に開催されている。本国際会議は、ネットワーク科学に関係する最も規模の大きなものであり、研究発表だけでなく、スクール形式の講演も行われている。

ネットワーク科学に関する国内の活動

電子情報通信学会NOLTAソサイエティでは、複雑コミュニケーションサイエンス研究会（CSS）が運営されている。情報通信、神経系や生物システム、人間のソーシャルコミュニケーションなどを対象として、普遍的特質を明らかにするサイエンスの創出、およびそのための分野横断的な情報共有を行う場を提供すること目的としている。おおむね年4回の研究会を実施している。

また、同学会の通信ソサイエティでは、情報ネットワークに関わる基盤技術およびそのシステム・ネットワーク全体を対象として分野横断的な情報共有を行う場を提供することを目的として情報ネットワーク（IN）研究会が運営されている。同研究会は、情報ネットワークを対象にしてネットワーク科学的なアプローチも視野に入れて学術的基盤を構築することを目指した電子情報通信学会・通信ソサイエティ・情報ネットワーク科学研究会（NetSci研究会）を2019年に統合した。上記の複雑コミュニケーションサイエンス研究会とも連携しており、おおむね年7回の研究会を実施している。

統計数理研究所の統計思考院公募型人材育成事業が主催する関連研究会として、ネットワーク科学研究会がある。若手研究者が中心となり、分野横断的な情報共有を行う場を提供することを目的としている。2017年よりおおむね年1回の研究会を実施している。

情報処理学会では、ネットワーク生態学研究会が行われており、ネットワーク科学に関する国内研究者を中心とした研究グループが参加している。おおむね年1回のシンポジウムを開催している。

（5）科学技術的課題

データの共有・分析・活用のための基盤技術

現在はさまざまな組織や機関において膨大なデータが収集・蓄積されており、それらの公開も進んでいる。実際、オープンデータとして公開されているものも少なくない。特にネットワーク科学に関係するデータセットは上記のSNAPからも公開されている。

一方、企業、教育機関、医療、ヘルスケア分野におけるデータや、SNS利用履歴や通信履歴などには個人情報を含むものも多く、データを収集・蓄積する組織や機関を越えた利用は極めて困難である。そのため、分析されているデータはごく一部に限られており、まだ解明されていない性質などが多々あると思われる。これらが広く共有されて分析されれば、新たな知見が発見され、分野や組織を横断してその成果を活用できるようになる可能性が高い。そのような環境を構築するためにも、個人情報などを秘匿したまま分析する技術の進展などが必要不可欠である。

ネットワーク科学の応用研究

これまでのネットワーク科学は基礎研究に重きが置かれ、ネットワークの性質の解明や現象の説明が中心であった。実用的にも有用な現象予測や工学的な制御・設計法の創出・高度化につなげていくことが極めて重要であるが、日本における動きは鈍い。一方、海外ではネットワーク科学の応用として、多数の自律動作するUAV（Unmanned Aerial Vehicle）によるセンシングネットワークの制御[24)]や、先に挙げたBlockchain Networkにおける攻撃の検出方法等の応用研究が進んでいる。後者のBlockchain Networkの研究は長期にわたるデータ収集と蓄積により進められたものである。ネットワーク科学の有用な応用を誘発するには、後述のようにデータの共有・分析・活用のためのプラットホーム等の整備やその活用等を通して、分野融合的に明確なメリットを学術界・産業界が共有し、コラボレーションを活発に進めることが重要と考えられる。

（6）その他の課題

データの共有・分析・活用のためのプラットホーム

現在、GAFAM（Google, Amazon, Facebook, Apple, Microsoft）のみならず、中国もクラウドやIoTで生まれる膨大なデータの収集・蓄積を行っている。これらのビッグデータは、AI技術の高度化のみならず、さまざまな分野で活用されている。しかし、これらのデータは一般に公開されていないため、部外者はそれらを主体的に分析できず、その分析から得られる莫大な知見を得ることができない。したがって、それらを利用した有効な活用も先導的に行うことができない。日本が主体的・先導的に研究開発を進めるためにも、ビッグデータの共有・分析・活用のための基盤技術の研究開発と同時に、データを収集・蓄積して共有・分析・活用するためのプラットホーム・インフラの整備、および法の整備が喫緊の課題である。

人材育成

ネットワーク科学が学問領域として発展するためには、文理横断型の学際的方法論を身に着けるための教育が必要である。例えば、情報科学の知識・スキルを持った経済学者・社会科学者や、逆に経済学・社会科学の素養を持った情報科学の研究者の育成が必要である。

さらに、国内では小規模なものにとどまるネットワーク科学のコミュニティーの支援や、次世代を担う博士人材の支援のための制度も必要である。

学際的研究の支援

ネットワーク科学は特に学際的研究領域であるため、既存の研究領域のなかでは適切に評価されないリスクがあり、それが特に国内における本領域への挑戦が躊躇される一因になっている。学際的研究領域にリスクをとって挑戦できる仕組みが必要である。

米国や欧州では、国や大学をまたぐ研究プロジェクトが活発に行われているのに対し、日本ではそれぞれのコミュニティーが小さく、連携して大きな研究プロジェクトの実現につながっていない。そのような研究プロジェクトの促進のためにも、上記の仕組み等を活用してコミュニティーが連携できる環境を整備することが重要である。

学術界と産業界のコラボレーションも重要であるが、特に国内では活発に進んでいるとは言えない。上記にも挙げたデータの共有・分析・活用のためのプラットホームの整備を協働で進めるためにも、コラボレーションの促進策が必要である。

（7）国際比較

国・地域	フェーズ	現状	トレンド	各国の状況、評価の際に参考にした根拠など
日本	基礎研究	◎	↗	米国物理学会の論文誌や NetSci での発表が活発に行われている。ネットワーク科学研究会等にも多くの研究者が参加しており、活発な議論が行われている。
	応用研究・開発	○	→	基礎研究で得られた知見を通信ネットワークや社会的ネットワークに応用する試みが行われている。ただし、米国や欧州に比べると応用研究はあまり活発ではない。

米国	基礎研究	◎	↗	ノートルダム大学のバラバシ、ミシガン大学のニューマン、ニューヨーク州立大学の増田といった基礎的な分野をけん引する研究者が多く存在し、世界の基礎研究をリードしている。
	応用研究・開発	◎	↗	33 の大学や機関が加盟する Network Medicine Alliance によって、ネットワーク科学を応用した医学（Network medicine）の研究が近年も活発に行われている。
欧州	基礎研究	◎	↗	ネットワーク科学に関連する欧州の研究機関が参加する Complex Systems Society が設立されており、各国の大学の連携を促進している。この Society では若手の育成のためのコミュニティー（Young Researchers of the Complex Systems Society）の活動も行われており、長い視点で見た研究の発展も目指している。
	応用研究・開発	○	↗	Complex Systems Society には、ネットワーク科学の知見を生かした研究開発プロジェクトも含まれており、応用研究も活発である。特に、フランスの Aramis Lab. は、ネットワーク科学者と脳科学者が一緒になり、脳疾患の理解と新たな治療方法の確立を目指している。
中国	基礎研究	◎	↗	ここ数年の論文数は米国に次ぐ世界第2位であり、香港城市大学のチェン（G.Chen）や復旦大学のチャン（Z.Zhang）を中心に基礎研究が活発に行われている。
	応用研究・開発	△	→	基礎研究で得られた知見を活用する応用研究に関して目立った活動は確認できない。
韓国	基礎研究	○	→	韓国内における研究者人口はあまり多くないが、KAIST（Korea Advanced Institute of Science and Technology）のジョン（H. Jeong）や、ソウル大学校のカーン（B. Kahng）、高麗大学校のコ（K. Goh）を中心に、基礎的な研究が行われている。
	応用研究・開発	△	→	基礎研究で得られた知見を活用する応用研究に関して目立った活動は確認できない。

（註1）フェーズ

基礎研究フェーズ：大学・国研などでの基礎研究の範囲

応用研究・開発フェーズ：技術開発（プロトタイプの開発含む）の範囲

（註2）現状

◎：特に顕著な活動・成果が見えている　×：活動・成果がほとんど見えていない

○：顕著な活動・成果が見えている　—：評価できない（公表する際には、表示しない）

△：顕著な活動・成果が見えていない

（註3）近年（ここ1～2年）の研究開発水準の変化

↗：上昇傾向 →：現状維持 ↘：下降傾向

参考文献

1) Duncan J. Watts and Steven H. Strogatz, “Collective dynamics of ‘small world’ networks,” *Nature* 393, no. 6684 (1998) : 440-442., https://doi.org/10.1038/30918.

2) Albert-László Barabási, and Réka Albert, “Emergence of Scaling in Random Networks,” *Science* 286, no. 5439 (1999) : 509-512., https://doi.org/10.1126/science.286.5439.509.

3) Romualdo Pastor-Satorras and Alessandro Vespignani, “Epidemic Spreading in Scale-Free Networks,” *Physical Review Letters* 86, no. 14 (2001) : 3200-3203., https://doi.org/10.1103/PhysRevLett.86.3200.

4) Romualdo Pastor-Satorras and Alessandro Vespignani, “Immunization of complex networks,” *Physical Review E* 65, no. 3 (2002) : 036104., https://doi.org/10.1103/PhysRevE.65.036104.

5) Yamir Moreno, Romualdo Pastor-Satorras and Alessandro Vespignani, “Epidemic outbreaks in complex heterogeneous networks,” *European Physical Journal B - Condensed Matter and*

Complex Systems 26, no. 4 (2002) : 521-529., https://doi.org/10.1140/epjb/e20020122.
6) Naoki Masuda, Mason A. Porter and Renaud Lambiotte, "Random walks and diffusion on networks," *Physics Reports* 716-717 (2017) : 1-58., https://doi.org/10.1016/j.physrep.2017.07.007.
7) Qin Lv, et al., "Search and replication in unstructured peer-to-peer networks," in *Proceedings of the 16th international conference on Supercomputing* (New York: Association for Computing Machinery, 2002), 84-95., https://doi.org/10.1145/514191.514206.
8) Réka Albert, Hawoong Jeong and Albert-László Barabási, "Error and attack tolerance of complex networks," *Nature* 406, no. 6794 (2000) : 378-382., https://doi.org/10.1038/35019019.
9) Adilson E. Motter and Ying-Cheng Lai, "Cascade-based attacks on complex networks," *Physical Review E* 66, no. 6 (2002) : 065102., https://doi.org/10.1103/PhysRevE.66.065102.
10) Yang-Yu Liu, Jean-Jacques Slotine and Albert-László Barabási, "Controllability of complex networks," *Nature* 473, no. 7346 (2011) : 167-173., https://doi.org/10.1038/nature10011.
11) Jon M. Kleinberg, "Authoritative sources in a hyperlinked environment," *Journal of the ACM* 46, no. 5 (1999) : 604-632., https://doi.org/10.1145/324133.324140.
12) Jia-Lin He, Yan Fu and Duan-Bing Chen, "A Novel Top-k Strategy for Influence Maximization in Complex Networks with Community Structure," *PLoS One* 10, no. 12 (2015) : e0145283., https://doi.org/10.1371/journal.pone.0145283.
13) 鬼頭朋見「実世界サプライチェーンの構造的頑健性：複雑ネットワーク・アプローチ」『情報処理学会論文誌』6巻2号 (2014) : 174-181.
14) Francisco C. Santos and Jorge M. Pacheco, "Scale-Free Networks Provide a Unifying Framework for the Emergence of Cooperation," *Physical Review Letters* 95, no. 9 (2005) : 098104., https://doi.org/10.1103/PhysRevLett.95.098104.
15) Prasanna Gai and Sujit Kapadia, "Contagion in financial networks," in *Proceedings of the Royal Society A* 466, no. 2120 (2010) : 2401-2423., https://doi.org/10.1098/rspa.2009.0410.
16) Maria Giulia Preti and Dimitri Van De Ville, "Decoupling of brain function from structure reveals regional behavioral specialization in humans," *Nature Communications* 10 (2019) : 4747., https://doi.org/10.1038/s41467-019-12765-7.
17) Santo Fortunato, et al., "Science of science," *Science* 359, no. 6379 (2018) : eaao0185., https://doi.org/10.1126/science.aao0185.
18) Bastian Prasse, et al., "Network-inference-based prediction of the COVID-19 epidemic outbreak in the Chinese province Hubei," *Applied Network Science* 5 (2020) : 35., https://doi.org/10.1007/s41109-020-00274-2.
19) Deisy Morselli Gysi, et al., "Network medicine framework for identifying drug-repurposing opportunities for COVID-19," *PNAS* 118, no. 19 (2021) : e2025581118., https://doi.org/10.1073/pnas.2025581118.
20) Pranav Nerurkar, et al., "Dissecting bitcoin blockchain: Empirical analysis of bitcoin network (2009-2020)," *Journal of Network and Computer Applications* 177 (2021) : 102940., https://doi.org/10.1016/j.jnca.2020.102940.
21) Bishenghui Tao, et al., "Complex Network Analysis of the Bitcoin Transaction Network," *IEEE Transactions on Circuits and Systems II: Express Briefs* 69, no. 3 (2022) : 1009-1013., https://doi.org/10.1109/TCSII.2021.3127952.

22) Jure Leskovec, “Stanford Network Analysis Project (SNAP),” Stanford University, http://snap.stanford.edu/,（2023年2月27日アクセス）.
23) Complex Systems Society (CSS), https://cssociety.org/,（2023年2月27日アクセス）.
24) Soon-Jo Chung, et al., “A Survey on Aerial Swarm Robotics,” *IEEE Transactions on Robotics* 34, no. 4（2018）: 837-855., https://doi.org/10.1109/TRO.2018.2857475.

2.7 数理科学

俯瞰報告書「数理科学」総論

（1）序

時代は演繹から新たな帰納へ向かっているように見える。豊富なデータを処理する能力を獲得し、数学の膨大な蓄積とその上に築かれた最新の数理的方法論により、複雑で混沌とした現実からこれまでは見えなかった関係や法則の記述を可能とし、より深い自然や社会の理解が進んでいる。同時にこれらから新しく演繹すべきことも生まれつつある。この循環を介して、多くの困難な社会問題の解決に寄与し、今後の新たなスマート社会実現に向けて、数理科学はその基盤的多様性の維持、発展を使命としている。

歴史的には紀元前のナイル河の氾濫に対処すべく、測量、暦に端を発する（後の幾何学への発展の基礎となる）計量革命から、17世紀のニュートン力学を代表とする予測革命、そして産業革命、計算機の発明を経て、現在のAI・ネットワーク革命（第4次産業革命）まで、その発展を、数理科学は常に中核的な柱として支えてきた。ミレニアム懸賞問題[1]は数学における主要な未解決問題のリストであるが（時系列俯瞰図参照）、現時点で判断できるものに限ってさえ、今後の科学技術と社会へ大きな影響を与えるものも含まれている。

分野を貫く横断性は数学・数理科学に本質的に内在する「抽象性・普遍性・論理性」の通底理念に起因する。それらはあらゆる実験的検証の制約を受けず、感覚世界にも依拠し過ぎず、数学・数理科学が独立して形成されてきたことによる。このことが「信頼性・多様性・解釈性（意味）」をもたらす。さらにこの独立性は数学のもつ不思議議な「拡張性」により新たな世界観や概念をもたらし、ウィグナーをして「不合理なまでの有用性」[2]と言わしめた。数学・数理科学のもつ潜在的ポテンシャルを示す歴史的事例は数多い。例えば計算可能性、電子計算機の概念は数学基礎論に端を発し、RSA暗号は素因数分解の困難性を安全性の根拠とする公開鍵暗号であるが、その基盤は整数論、特に17世紀のフェルマーの小定理に帰する。現代のデジタル社会を支えている基本インフラはこれら極めて抽象的な数学を出発点とする。さまざまな数理モデリング・シミュレーションは、計算機の発展と共に現実および多様な仮想世界を理解し予測する主要な手段となっている。また量子力学における巨視的スケールでの実在性の破れ[3]など、日常の常識では想像できない帰結もその抽象性と論理性から導かれる。因果推論、最適化問題は、本質的要因を取り出し、さまざまな条件下での適切な意思決定に極めて有用である。膨大なデータもほぼすべてベクトル化し線形空間で処理するため、大規模線形計算を始めとする数値計算手法は今後ますます必要となり、同時に適切な前処理を含むアルゴリズム開発が必須となる。システム設計はCPS/IoTを始めとする産業横断的システム構築の基礎であり、機械学習の内部構造解明にも寄与する。また複雑データの解釈性においては、グラフ理論等による可視化も有効であるが、写像の理解という観点からさまざまな数理的手法がそのベールをはがしつつある。位相的データ解析のように、これまでの数学研究の古典的財産や埋もれたままであった成果にも全く新たな活躍の場が与えられることも忘れてはならない。その意味では、まだ発掘されていない数理の宝は多い。これらは信頼性、多様性、解釈性、拡張性のごく一例であり、今後各研究領域の連携がさらに進めば、より斬新な成果が生まれると考えられる。

数学・数理科学のもう一つの大きな特徴は「有限と無限」、「離散と連続」、「秩序とランダム」を自由に行き来できることである。いったん無限次元に上げて自由度を得た上で有効自由度を取り出す、非常に大きな有限離散量を無限で近似し多彩な数理的手法を適用する、意味ある統計量を取り出すためにランダム性（無作為化）を用いる、など多くの実例が各研究領域の項目で示される。

さらに数学的概念は、いったん確立すると元の実体からは離れ、大きな普遍性をもつと同時に明確で軽快な操作性と自由な推論を可能とする道具となる。内在する対称性は群論を生み出し、日常的に使う微積分もそこには無限が隠れているがわれわれは何ら気にせず、多くの未知の対象に適用できる。漸進的ではなく、質的に非連続な発展をもたらす数学・数理科学の革新性はこの大きな自由度にあると言える。

21世紀後半の数学・数理科学がどのようになるかの予見は難しいが、かつてポール・ヴァレリーが「われわれは後退りながら未来に入っていく」[4] と言ったように過去を丁重に吟味すると同時に新たな流れとの交わりが豊穣な基盤的多様性を形作ると期待される。

（2）数理科学時系列俯瞰図

数理科学の発展に関する俯瞰図（時系列）を図2–7–1に示す。横軸が年代、縦軸がおおまかな取り組みの分野とテーマの広がりを表している。図中には、その時期に台頭した数理分野とエポックを示した。数学・数理科学の歴史は長いが、ここではその抽象化が進んだ20世紀中期以降に限定した。ヒルベルトが1900年にパリの国際数学者会議（ICM）で提示した23の未解決問題[5] は20世紀の数学・数理科学に大きな足跡を残したが、2000年にクレイ数学研究所（Clay Mathematics Institute）によって提出された7つのミレニアム懸賞問題も今後同様な影響を与えると期待される。それらを俯瞰図にエポックとして示した。代数幾何が楕円曲線暗号のきっかけとなったように、21世紀後半にこれらの中から社会実装される技術が生まれる可能性もある。時系列の始まりである1930年代はゲーデルの不完全性定理により無矛盾な数学体系の危機が訪れたが、そこから計算可能性や電子計算機の原理が生まれたことは注目すべきである。さらに1932年にフォン・ノイマンは「量子力学の数学的基礎」を著したが、そこでは「状態の混合」という概念が明らかにされ、現在の量子情報理論の礎が作られた。この概念は1944年にモルゲンシュテルンとの共同研究[6] で経済学の数学的公理化を行うときに、「混合戦略」という概念を生み出し、その後、社会科学、数理生態学等を含めゲーム理論の発展につながった。

このように数理科学の裾野は現在でも広がりつつあり、かつその中核に数学の発展がある。それらを分離して俯瞰することは困難であるが、ここでは社会との関係を重視し、あえて3つの軸に沿って6つの研究開発領域を示した。

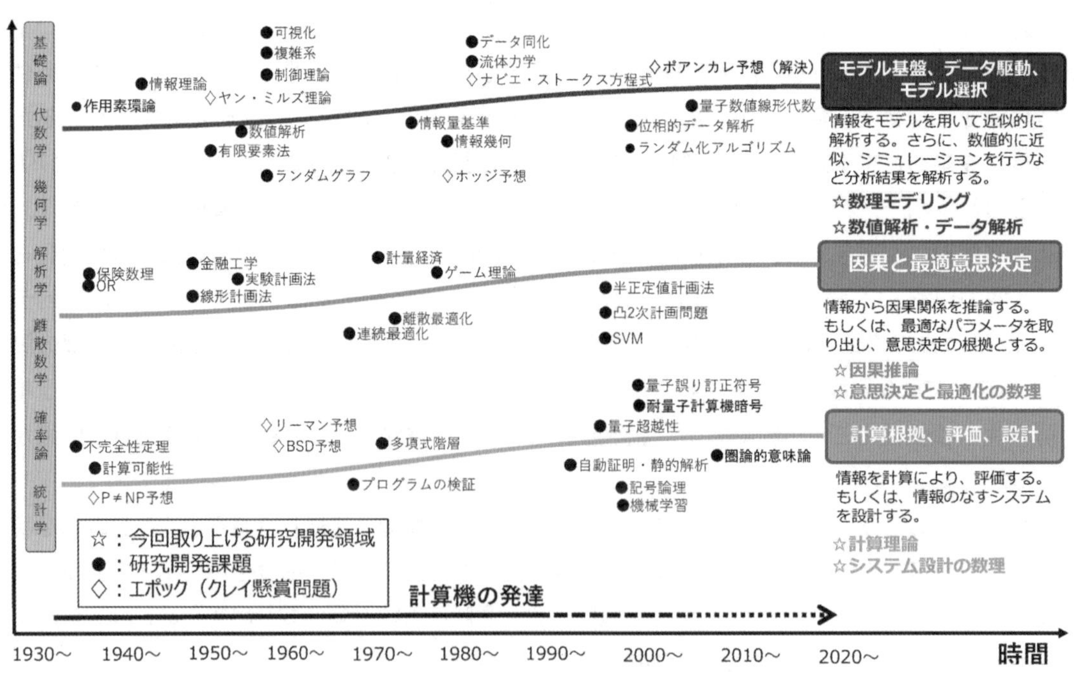

図2–7–1　　数理科学区分時系列俯瞰図

①「モデル基盤、データ駆動、モデル選択」：モデリングは現実問題を数理の枠組みに載せるために不可欠であり、自然現象、社会現象を問わず理解、記述し、そして予測するための必須の手段である。最近では陽的なモデルを経由せず、データから縮約された有効モードを取り出す動的モード分解（DMD）やSINDy、さらにクープマン作用素理論を用いた手法などさまざまな技法[7)]が編み出されているが、その検証においては、古典的モデルの結果との整合性が不可欠と考えられる。得られたモデルをどう解くか、特にその近似解法は離散と連続をつなぐ要であり、有限要素法を始めとする多彩な数値解析手法が開発され、より一般的な科学計算の信頼性に寄与している。高次元数値積分や不確実性定量評価のためのモンテカルロ法や準モンテカルロ法は、ウラムやフォン・ノイマンらにより核分裂物質中の中性子の拡散の様子を知るために開発されたが、1990年代に金融工学におけるオプション価格の計算で広く使われ始めた。現在では計算機の発達と共に応用範囲は大きく広がり、複雑で計算量が莫大となる問題に対し、確率的ゲームとして標準的な道具の一つとなっている。また数値計算代数では、ランダム化アルゴリズムの開発が注目され、決定論的アルゴリズムの欠点を補うと同時に、計算効率にも寄与している。また関係性を理解する上でネットワーク解析技術の発展も著しい。通信・交通・電力・遺伝子制御など現代は多様な web の時代であり、その構造理解、動的制御において不可欠な手法となっている[8)]。データ駆動型の推論技術としては、画像解析や自然言語処理で目覚ましい成果を挙げてきた深層学習の発展が著しいが、医療などへの応用においては、その解釈性向上が信頼性を増す上でも不可欠となる。これらデータ解析の前段階として解決せねばならない高いバリアとしてノイズ問題がある。現実のデータは多くのノイズを含み、そこに埋もれた知識を抽出する必要があり、それらノイズの蓄積は「次元の呪い」という統計的な問題を生み出す。これに対しても高次元統計学における固有値収束定理や特異値分解を応用して、非本質的なノイズ削減の数理的手法が最近開発された。これは既に希少細胞腫の発見や低発現遺伝子機能の解明に貢献している[9)]。この分野は日進月歩であり、数学・数理科学からのさらなる貢献が今後期待される。

②「因果と最適意思決定」：現実の諸問題の多くはさまざまな制約下での最適化問題として定式化されるが、その端緒は1947年にダンツィークによって創始された線形計画法である。それは多面体上で線形関数を最大・最小化するものであり、連続最適化問題と離散（組合せ）最適化問題がある。そこでは凸性、双対性などの概念が重要な役割を果たした。1970年代から計算複雑度[10)]の観点から離散的最適化問題は多項式時間解法が存在するかどうかが検討され、P対NP問題（P≠NP予想）と関連づけられ、内点法が開発された。これにより半正定値計画問題など新たな最適化問題が解けることとなり、同時に連続最適化への応用も広がった。グラフ上の最適化問題を抽象化した「離散凸解析」[11)]という枠組みでのマトロイド、劣モジュラ関数の研究、また乱数を用いる乱択アルゴリズムや整数計画問題における分岐切除法など、多彩な手法が開発され大きく発展した。これによりNP困難な大規模巡回セールスマン問題なども解ける範囲が大幅に広がった。これらの分野での日本の貢献は顕著であり、21世紀に入り機械学習やゲーム理論との協働も進み、社会的要請も大きく、今後の発展が期待される。

相関と因果は異なる概念であるが、無関係でもない。現実の利害が複雑に絡む実社会のデザインにおいて、説得力をもち、かつ公平性を担保できる因果推定の数理的手法を提示できるかは重要な課題である。ワクチンの有効性、最低賃金と雇用の問題など、疫学や経済の諸問題は多くの要素が絡み、その意思決定支援は容易ではない。ここに抽象性・普遍性・論理性に基盤をおく因果推論の手法は大きな力を発揮する。集団レベルでの因果効果を調べるために反事実モデルという考え方を導入し、その数理的枠組みとしては、潜在反応モデル、構造的因果モデルなどがある。無作為化というランダムネスの考え方がここでもその背後にある。交絡因子など標本選択バイアスを取り除き、偏りなく推定できるかどうかを数学的に明らかにすることが因果推論においては重要である。歴史的には1920年代から始まり、その成果はチューリング賞[12)]、ノーベル経済学賞[13)]の対象にもなり、実験室とは異なる「自然実験」という枠組みで、疫学、経済学や社会科学など多くの分野でその有効性は発揮されている。今後はより広く21世紀の社会デザインにおいても貢献できると期待される。

③「計算根拠、評価、設計」：公開鍵暗号の安全性（多項式時間計算可能性）やP対NP問題にも関わる計算理論は数学基礎論の分野から1930年代に生まれてきた。近年では量子超越性、耐量子計算機暗号、量子誤り訂正符号にも深く関わる。現代確率論は確率概念を公理的に扱う代償として「ランダム」が何であるかには答えない。そのためデータ圧縮可能性に基づく情報量（コルゴモロフ複雑性）によりランダムか否かを判定する。計算可能性理論における計算論的ランダム性の理論と計算可能解析学の発展は著しい。計算可能解析学では、特に実数などの計算可能性が問題となる。「連続的なデータ構造をどうコンピューターで（近似的に）取り扱うか」「どのような数学的対象ならば（数学的構造を崩さずに）デジタルの世界にコード可能か」などが応用上も重要となる。ここに圏論のような抽象数学が有用となる。その下地として直観主義論理に基づく構成的数学があり、グロタンディークらの導入したトポスの概念[14)]を用いれば、計算可能解析学はトポス内部の解析学として整備できる。計算問題の複雑度の概念もトポス理論と様相概念を用いて解決できるという期待が高まっている。さらに耐量子暗号理論では乱数発生やハッシュ関数の構成への応用を見込んだ拡散性が高いエクスパンダーグラフ[15)]が注目されている。いわゆるラマヌジャングラフはその中で特に重要であるが、これはそのグラフゼータ関数がリーマン予想（本来のリーマン予想は、ミレニアム懸賞問題）を満たすことに由来する。

（3）数理科学構造俯瞰図

数理科学を2つのレイヤーに分けて、6つの研究開発領域を配置したのが、図2-7-2の構造俯瞰図である。ここでは数理科学を便宜上2つの階層：（純粋）数学および統計学から成る数理基盤、社会実装まで視野におく数理科学（・数理工学）と分けているが、その実体はすべてを含めた総体として広く捉えるべきものである。既に時系列俯瞰図で述べたように、当初、極めて抽象的な新概念の発見がその後の社会に大きな変革をもたらす例が数学・数理科学ではまれではない。新たな社会のデザインにふさわしい記述言語や概念なくしては、実応用もないのであるが、それは既に数学・数理科学の宝箱に潜んでいる可能性も高い。その意味で6つの研究領域の横の連携と共に数理基盤と数理科学（・数理工学）の縦の知の交流も不可欠である。以下ではその縦のつながりとして、時系列俯瞰図「モデル基盤、データ駆動、モデル選択」に現れたいくつかのキーワードを例にして示す。

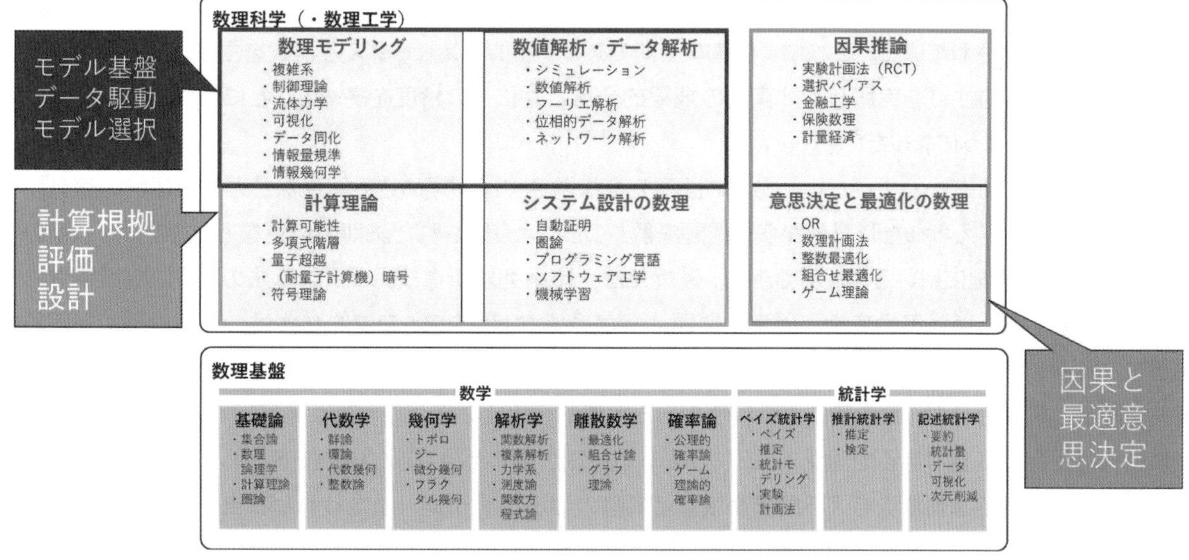

図2-7-2　　数理科学区分構造俯瞰図

【情報幾何】：統計的推論の微分幾何学といえる。インドの統計学者ラオは1945年、23歳の時に書いた論文で、確率分布族の族を幾何学的な図形と見て、そこにフィッシャー情報行列に基づくリーマン計量の導入を示唆したことが端緒となった。情報を離散的なものと見るのではなく、つながった連続的な多様体としてその構造を解析することで統計学、情報理論の分野に新たな方法論を提供した[16)]。リーマン計量とアフィン双対接続という幾何構造が導入されることにより、確率分布の族は双対平坦という性質をもつ。検定の高次理論など解析的には苦労する諸問題に、この方法論は見通しの良い幾何学的展望と解決を与えた。この分野での日本の貢献は大きく、その数学的深化と同時に時系列、システム制御、最適化理論、統計物理など異分野をつなぐ幾何的共通言語として発展している[17)]。最近ではカーネル法を始めとするさまざまな機械学習アルゴリズムの統一的理解にも寄与している。

【位相的データ解析】：古典的な位相幾何学の基礎概念であるホモロジーは穴の概念の拡張であるが、そこから形や大きさも含めた情報をデータから取り出す手法としてパーシステントホモロジーが生まれた。この出力集合に最適輸送[18), 19)]で開発されたワッサースタイン距離を入れることにより、そのロバストネスなど多くの有用な数学的結果が得られると同時に、医療等を含む幅広い応用への道が開けた。最近では時間方向も含めた拡張も試みられており、そこではクイバー（多元環）の表現論が重要となる。この位相的データ解析は材料科学におけるアモルファスとランダムの違いを明確にし、最近の生命科学への応用も目覚ましい。また流体の渦構造の解明にもトポロジーが有用であり、気象から医療までその応用は広がりつつある。

【複雑系・データ同化】：複雑な時系列データをどのように解釈するかはポワンカレに始まる「解かずして解く」という力学系の定性的理論が大きな発想の転換となった。ガロアによる群論の創始と同様、数学がなすパラダイムシフトである。 陽的な解を経ずしてさまざまな漸近的挙動の解明に貢献しただけでなく、後のカオス、フラクタルの萌芽となった。近年は実験や観測から極めて短時間に膨大なデータが取得できるようになってきた。それらを用いて予測や制御に役立てることは、分野を問わず重要となっている。一方で気象学や生態学において、1960年代から大幅に次元縮約されたモデル方程式、具体的にはローレンツ方程式やロジスティック写像などが研究され、そこに内在する（決定論的）カオスと呼ばれる構造が明らかになってきた。その初期値への鋭敏性から現象の中・長期予測は難しいのではなく、原理的に不可能となった。その乖離を埋めるために、例えば気象予測においては、観測データを適切に用いて、次々と良い初期値を時間発展の中で選択し、現実的に意味のある予測を可能とするのがデータ同化手法である。アンサンブルカルマンフィルター法など、多様な手法が開発されている。これにより基本法則であるナビエ・ストークス方程式を主軸とする気象モデルに内在するカオス的性質を克服し、計算機の飛躍的発展と共にその精度を高めることにより、集中豪雨予測等にも貢献できるようになった[20)]。

一方、基本法則が知られていない、あるいは不完全な場合には、埋め込み写像など力学系理論の道具が極めて有用となる。与えられた時系列から逆問題を解くことにより隠された法則の発見をもたらす。それらの情報は短期の精密予測に用いることができる。最近では、時系列解析もリザバー計算法のように機械学習の枠組みでの発展も著しい。気候変動、砂漠化問題、疾病予測などカタストロフ的な兆候の予測は極めて困難な課題であるが、ティッピングポイント、レジリエンスなど力学系的諸概念が説明原理に役立つ[21)]。それらがデータ解析と組み合わされ数学的にも信頼性のある定量的予測手法として今後は発展していくであろう。現在われわれの生存の基盤である地球システムに与えるヒトの影響は無視できない形で進行している。短期の気象予測、次世代に大きな影響を与える気候崩壊など広義の環境変動予測、またわれわれ自身に関わる疾病予測、人口問題、エネルギー・水・食料問題、さらに脳科学等を含む複雑系を包括的に理解し、生存維持に役立てるために、今後も数理科学の基盤的多様性が不可欠となる。

（4）終わりに。

実体よりも関係性が重要となり、また社会のグローバル化に伴い、個の役割が見えにくくなってきている。しかし個と社会の関係は、絶えず相互作用し、作り作られていく関係であり、現象学的社会学でいうところの「再帰性」あるいは「反映性」というものに近い。つまり内発的に個が変わることで、社会全体が大きく変化することの可能性を示唆している。換言すれば、関係性の理解が個に対する理解を深める手だてにもなる。上に述べたように、われわれが直面している多くの課題は緊急性が高いが、それらは互いに密接に関係しており、個別の技術開発は必須としても、それらのみでは限界があり、個のレベルでのマインドセットの有りようが問われる。その際の指針の一つとして、本俯瞰報告書で述べられる数理科学の考え方や視点は示唆的である。個のレベルでは認識しにくい広い時空間での波及効果を知るには、包括的な数理モデルが有用であり、統計的に有意な示唆を与え、行動変容に寄与できる。2019年から続くCOVID-19はまだ終焉していないが、科学的知見に基づく行動と望ましい倫理的姿勢について多くの教訓を得た。疾病予測のみならず、気候変動、生物多様性からエネルギー、食料問題などのグローバル課題、さらには投票などの社会制度やさまざまなプライシング方式まで数理科学の果たしうる役割は多面的である。その有用性のポテンシャルは大きいが、同時に限界もある。社会科学、人文科学の知見も合わせ、今後さらに議論を深めていく必要がある。

参考文献

1）ミレニアム懸賞問題
Clay Mathematics Institute, “Millennium Problems,” https://www.claymath.org/millennium-problems,（2023年3月8日アクセス）.

2）Eugene Wigner, “The Unreasonable Effectiveness of Mathematics in the Natural Sciences,” University of Edinburgh, https://www.maths.ed.ac.uk/~v1ranick/papers/wigner.pdf,（2023年3月8日アクセス）.

3）量子力学における巨視的実在性の破れ
日本電信電話株式会社（NTT）「超伝導磁束量子ビットを用いた巨視的実在性問題の実験的検証に成功」https://group.ntt/jp/newsrelease/2016/11/04/161104a.html,（2023年3月8日アクセス）.

4）ポール・ヴァレリー『精神の危機：他十五篇』恒川邦夫 訳（東京：岩波文庫, 2010）, p156.
ポール・ヴァレリー『精神の政治学』吉田健一 訳（東京：中公文庫, 2017）, p65.など.

5）杉浦光夫 編『ヒルベルト23の問題』（東京：日本評論社, 1997）.

6) John von Neuman and Oskar Morgenstern, *Theory of Games and Economic Behavior,* 3rd ed. (Princeton: Princeton University Press, 1953).
7) Steven L. Brunton and J. Nathan Kutz, *Data-driven Science and Engineering: Machine Learning, Dynamical Systems, and Control* (Cambridge: Cambridge University Press, 2019)., https://doi.org/10.1017/9781108380690.
8) "Network Science by Albert-László Barabási," http://networksciencebook.com/,（2023年3月8日アクセス）.
9) Yusuke Imoto, et al., "Resolution of the curse of dimensionality in single-cell RNA sequencing data analysis," *Life Science Alliance* 5, no. 12（2022）: e202201591., https://doi.org/10.26508/lsa.202201591.
10) Sanjeev Arora and Boaz Barak, *Computational Complexity: A Modern Approach* (Cambridge: Cambridge University Press, 2009)., https://doi.org/10.1017/CBO9780511804090.
11) Kazuo Murota, "Discrete convex analysis," *Mathematical Programming* 83 (1998), 313-371., https://doi.org/10.1007/BF02680565.
12) Association for Computing Machinery (ACM), "Judea Pearl Wins ACM A.M. Turing Award for Contributions that Transformed Artificial Intelligence," https://www.acm.org/media-center/2012/march/judea-pearl-wins-acm-a.m.-turing-award-for-contributions-that-transformed-artificial-intelligence,（2023年3月8日アクセス）.
13) David Card: 2021年度ノーベル経済学賞
The Royal Swedish Academy of Sciences, "The Prize in Economic Sciences 2021," The Nobel Prize,https://www.nobelprize.org/uploads/2021/10/press-economicsciencesprize2021-2.pdf,（2023年3月8日アクセス）.
14) グロタンディークのトポス：
Olivia Caramello, *Theories, Sites, Toposes: Relating and studying mathematical theories through topos-theoretic 'bridges'* (Oxford: Oxford University Press, 2017)., https://doi.org/10.1093/oso/9780198758914.001.0001.
15) エクスパンダーグラフ：
Shlomo Hoory, Nathan Linial, and Avi Wigderson, "Expander graphs and their applications," *Bulletin of the American Mathematical Society* 43（2006）: 439-561., https://doi.org/10.1090/S0273-0979-06-01126-8.
16) Shun-ichi Amari, *Differential-Geometrical Methods in Statistics*, Lecture Notes in Statistics 28 (New York: Springer, 1985)., https://doi.org/10.1007/978-1-4612-5056-2.
17) 甘利俊一『新版：情報幾何学の新展開』SGCライブラリ 154（東京：サイエンス社, 2019).
18) Cédric Villani, *Topics in Optimal Transportation*, Graduate Studies in Mathematics 58 (Providence: American Mathematical Society, 2003).
19) Soheil Kolouri, et al., "Optimal Mass Transport: Signal processing and machine-learning applications," *IEEE Signal Processing Magazine* 34, no. 4（2017）: 43-59., https://doi.org/10.1109/MSP.2017.2695801.
20) 三好建正「「富岳」を使ったゲリラ豪雨予報：首都圏で30秒ごとに更新するリアルタイム実証実験を開始」国立研究開発法人科学技術振興機構, https://www.jst.go.jp/pr/announce/20210713/pdf/20210713.pdf,（2023年3月8日アクセス）.
21) Peter Ashwin, et al., "Tipping points in open systems: bifurcation, noise-induced and rate-dependent examples in the climate system," *Philosophical Transactions of the Royal Society A*

370, no. 1962（2012）: 1166–1184., https://doi.org/10.1098/rsta.2011.0306.

2.7.1 数理モデリング

（1）研究開発領域の定義

理学・医学・工学から社会人文科学までの広大な領域の研究に現れるイベントには、純粋な物理現象など基礎方程式が明らかな現象とともに、生物・社会現象など基礎方程式がその存在を含めて明らかでない現象が数多く存在する。数理モデリングは、前者のみならず後者も含む広い範囲の現象に対し、必ずしも要素還元的な視点からではなく、現象論的な視点に立って、数学的記述を見いだすことにより、現象の機構の数理的解明と現象の数理的予測を行う領域である。

（2）キーワード

複雑系、制御理論、流体力学、可視化、データ同化、情報量規準、情報幾何、シグナル

（3）研究開発領域の概要

［本領域の意義］

数理モデリングは自然法則を表現する基礎方程式がすでに存在している物理系として記述できる物理・工学の問題において、かつてのイジングモデルからスピングラスモデルのように複雑な物性を理解するために有効な手段であった。また流体力学のようにナビエ・ストークス方程式という現象論的な基礎方程式が存在していても、その解の数学的な構造が必ずしも十分に理解されていない場合にはさまざまな時間空間スケールでの数理モデリングが有効である。さらには基礎方程式が必ずしも明確でないその他の複雑物理系、化学反応系、生命系や社会科学系においてはその重要性は格段に高い。これらの中には、地震や火山噴火のように実験室での実験が不可能な系も含まれる。空気力学にはレイノルズ数というスケール変換に対する不変性を表す指標が知られており、このスケール不変性によって風洞実験が可能になった。地震や火山噴火においてはこのようなスケール不変則が知られていない（あるいは存在しない）ため実験は不可能であるので、現象理解のためには観測データの解析と数理モデリングによる構造解析が必須である。生命系においては、分子生物学やバイオインフォマティクスの大きな発展があるが、遺伝子がわかればすべてわかるといった単純な要素還元論は成立しないことが、具体的には一細胞（シングルセル）RNAシークエンシングなどの手法などによってますます明らかとなっている。複雑な遺伝子の組み合わせが細胞内の環境因子に依存してたんぱく質の機能発現に至り、またさまざまなたんぱく質の活性動態が細胞分化に寄与していることが明らかになってきた。これらの複雑なネットワークを解析するには数理モデリングは今や必須となっている。脳科学においても、ながらく生理学的手法によりある脳領域の単一の神経細胞が与えられた刺激に反応するということが主として調べられてきた。しかしながら、この事実の積み上げだけでは脳のさまざまな機能を説明することが困難であるという認識が今や一般的になっている。脳科学が必要としているのは数学的な観点から神経細胞や神経細胞のネットワークの動態を解析し、その生物学的意味を明らかにする数理モデリングである。近年の人工知能（AI、Artificial Intelligence）はこの脳の神経細胞のネットワークの数理モデルが基礎になっている。したがって、AIのさらなる発展においても、また人の脳とAIの相互作用による脳機能拡張を実現するためにも数理モデリングは欠かせない。社会科学においては、インターネットにおける検索システム、仮想通貨、株価予測、保険などにはさまざまな数理モデリングが使用されている。このように、数理モデリングは複雑なシステムの理解に欠かせない方法論として認識されている。

［研究開発の動向］

❶ 複雑系と制御理論、情報量規準、データ同化関連

「複雑系」[1] とは要素還元的な手法では必ずしも十分な理解に達し得ない系である。典型的には生物・生命系、流体系や人工物がある。生物系においては、どのような生物個体も構成要素が多くの異なる時間空

間スケールにおいてそれぞれの機能を持ち、どのレベルの機能と構造も他のレベルの機能と構造から還元されることはなく個体はそれらの相互作用を通じて全体として機能する。どのような生物個体もあらかじめ与えられた機能要素の相互作用から成り立つのではなく、個体全体が機能するように構成要素の機能と構造が分化することで相互作用が実現する。脳の機能分化、細胞分化などはその最たるもので、最近注目されている腸脳相関の重要性もまさに腸と脳が分離不可能な系、すなわち複雑系であることを示している。また流体系は、物質としての流体が分割不可能な連続体であると同時に、流体運動（特に乱流）においては特定の機能要素を分離して定義することが困難なため、多数の異なる長さと時間のスケールを持つ「渦」の総体を同時に扱わざるを得ない点で、複雑系の一典型と考えることができる。他方で、人工物は人が設計図を作ることで人工物の構成要素（部品）が決まる[1]。各構成要素は人工物の中でその機能を発揮し、人工物から取り出されればその機能は失われる。自転車や自動車とその部品の役割を考えれば、これらは明らかであろう。

複雑系の本格的な研究は第2次大戦後のサイバネティクスから始まったと見て良い。ノーバート・ウィーナーはホワイトノイズ解析など後に「確率微分方程式」として発展するランダム時系列解析を基礎にして、「制御理論」[2), 3)] の構築を行った。本来、制御理論はシステムに入力と出力を導入したオープンシステムの理論だが、出力をシステムの入力に返す「フィードバック制御」によってクローズド・システムとしてみることが可能である。そうすることで、制御対象のシステムを「力学系の族」として扱うことが可能になった。さらに「最適制御」は目的を想定することで終状態を決めてそれに到達する初期値・境界値を求める非因果的作用であるとみなすことができ、「変分問題」としての扱いが本質的となりアンドロノフとポントリャーギン以降、数学的な取り扱いが発展した。また、心拍動の数理モデル化や脳神経系の「ニューラルネットワーク」を数学的に研究する研究も始まった。典型的にはマッカロとピッツの形式ニューロンの導入とそのネットワークがユニバーサルチューリングマシンと等価であることが示され、「計算理論」と結びつくことでその後の神経回路網の数学研究へと発展した。近年では神経回路の動作やその学習の統計的性質を「情報幾何学」[4)] の枠組みで議論できるまでになっている。この理論の根底には微分幾何学があり、「曲率」や「接続」といった数学概念によって神経活動の統計性を数学的に定式化することで神経回路が必然的に持つ不確実性を数学的に確定することができた。さらに、近年のAIを爆発的に発展させた神経回路の学習も情報幾何学によって定式化が可能になってきた。神経活動の確率分布関数に「リーマン計量」を入れることで、学習過程を多様体上の軌道として議論することが可能になった。さらには、多様体が破壊されて出現する「ミルナーアトラクター」の存在が過学習などの学習の不健全さを解消する要因の一つであることもわかってきた。また、サイバネティクス研究は通信と情報の数学理論を促し、シャノンの「通信の数学理論」[3)]、いわゆる今日の「情報理論の数学的基盤」が与えられた。関連して、カルマンフィルターに代表される「フィルター理論」[3)] が構築され、さまざまな情報処理技術に対して数学的ツールを提供する道筋が整い、今日に至っている。

20世紀終盤から21世紀にかけての複雑系研究は、流体乱流とカオス力学系の関係を皮切りに「カオス力学系における分岐理論」[5)]、「非線形数学」、「フラクタル幾何学」[5)] を生み出し、エルドーシュのランダムネットワーク理論に端を発した「複雑ネットワーク理論」[6)] や生物進化のダイナミクスを取り入れた「複雑適応系」[6)] の数学モデルによる研究が進んだ。

近年では、1980年代のニューラルネット研究を基盤にしたフィードフォワード型のニューラルネットワークに学習機能を持たせた「深層ニューラルネット」[7)] が新しい「AI」[7)] として提案されすでに社会実験（種々の人型ロボット、自動運転、癌などの病態判定など）まで行われるに至っている。また、近年ではフィード

1 Simonの考え方に依り、人工物は人の設計思想が入っているという意味で複雑系と考える。Herbert A. Simon, The Sciences of the Artificial, reissue of the third edition with a new introduction by John Laird. MIT press, 2019.

バック入力を許すリカレントニューラルネットの事例研究が進み、典型的には「リザバー計算機」[8]として主に時系列を学習するAIとして研究が進んでいる。物理現象を物理的リザバーとみなし計算機として使用する研究も盛んになっている。さらには真のシグナルとそれに似せた偽シグナルを生成し判別機をだます敵対的な仕組みを導入して判別性能を向上させるニューラルネットGAN（Generative Adversarial Network）が提案され効果を発揮している。応用面ではこれらAIの導入によって画像処理技術と自然言語翻訳が格段に進歩した。しかしながら、これらのニューラルネットの動作原理と学習に関する機構はいまだ解明にはほど遠く、数学研究が必須であるがいまだ散発的である。強力な数理モデリングが期待されている。なお、シグナルの別のとらえ方としてパターン理論がある[9]。 Ulf Grenanderによって定式化されたこの理論は、知識をパターンとして記述する数学的形式主義である。それらは物が発するシグナルを捉えて、パターンの概念を正確な言語で明確に表現し、言い換えるための語彙を規定するものであり、極めて幅広い数学に及ぶ。

さらには、生体から測定されるさまざまなレベルのデータ（各細胞でのRNA発現量、各臓器でのタンパク質量、脳波データ、機能MRIデータ、脳磁図データなど）から特定の生体機能を推定し、時には予測することで喫緊の課題である個別化医療に対して数理モデリングを適用する研究動向が見られる[10),11]。ここでは、気象予測でかなりの成功を収めている「データ同化」[12]の手法が応用されている。また、さまざまな数学概念が活用され、高次元ベクトルとして表現されたデータを「低次元多様体」上へ可能な限り情報損失なく写像する方法が「埋め込み」との関係において研究されている。それゆえ、この局面において、可視化手法の開発は必須になっている。加えて、これらデータ解析やAIの学習過程において「カルバック・ライブラー（KL） ダイバージェンス」、「相互情報量」、「移動エントロピー」、「組み合わせエントロピー」などの情報量が学習や判別の「情報量規準（IC, Information Criterion）」[3]として頻繁に使用されている。特にKL ダイバージェンスは確率変数が連続であるならば、分布関数を「ラドン・ニコディム微分」で書け、座標変換に対して不変であることが示せるのでよく使われている。

「情報量規準」は赤池のAICに始まり、その拡張である渡邊のWICやBIC（ベイジアン）、MDL（最小記述長）などがある。 WICの構築には、佐藤の概均質ベクトル空間のゼータ関数の理論や広中の特異点解消の理論も使われており、現代数学とのつながりの意義深さを示している。これら情報量規準は統計モデリングあるいは情報量理論・学習理論（情報幾何に通じる）の中で捉えられるものでもある。

複雑な時系列の「予測問題」は複雑系の重要なテーマであり、さまざまな分野への応用を持つ。これはニュートンやライプニッツが微分積分法を開拓し、微分方程式によって物体の運動を予測して以来の人類にとって重要な一歩である。例えば、株価変動、石油採掘、気象カオス、気候変動、流体乱流、脳の神経活動、生物個体群変動など数え上げればきりがないほど多くの多様な現象が予測不可能な不確定要素の多い現象として長年位置づけられてきた。しかしながら、これらは「確率微分方程式」およびその平均化である「拡散方程式」、または「カオス力学系」や「ランダム力学系」として捉えられ数学的に厳密な解析が行われてきた。

❷ 流体力学と可視化、データ同化関連

流体の運動は、われわれの身の回りの至る所に存在するにも関わらず、その多くの部分が非線形効果によるため数学的な理論解析が難しく、流れ場の定量的な詳細がある程度知られるようになったのも、コンピューターによる「数値計算」が広く実用化された1980年代以後のことである。当初は、それ以前の「摂動論的解析」の数値的確認などが行われたが、すぐに理学的にも工学的にも、強非線形段階の流れ、特に乱流計算が試みられるようになった。現在、流体力学が盛んに用いられる領域は、微生物運動やマイクロロボットといった小スケールから、日常のあらゆる流体現象、さらに気象海洋現象、また宇宙プラズマや恒星集団に至るような大スケールまで極端に広い領域となっている。またこれらそれぞれの課題内部の問題も多岐に亘っていることから、ここではいくつかの基礎的課題に絞って説明する。

21世紀に入った後の動きでは、理論な面では、数学、特に解析学との接近が目立っている。前世紀にも流体力学の問題を解析学の問題として扱う数学研究者が見られたが、ミレニアム懸賞問題として「ナビエ・ストークス方程式の解の存在問題」[13) が取り上げられ、また、数学の一般的傾向として応用分野への興味が増したこともあって、流れの存在や安定性など多様な側面の数学的解明が、数学者と流体力学者の協力によって進んでおり、「数理流体力学」と呼ばれる分野になっている。近年は特に数学者によって、オイラー方程式の弱解について、速度場のHölder指数が 1/3 未満ではエネルギー保存則が成り立たないこと（「Onsager 予想」[14)）が証明され大きな話題となっている。

非粘性流体の運動では、渦線が流体に凍結して運ばれるため、渦線群のなす「トポロジー」は時間的に変化しない。同様の性質は電磁流体における磁力線群にも存在する。この結果、渦度や磁場のトポロジーは、流れの時間発展に大きな制約を課すことになるため、解の特異点の発生問題（滑らかな解の存在問題）や「ダイナモ現象」、渦線や磁力線のつなぎ変え（reconnection）などと関連する研究が盛んに行われている[15)。また「核融合プラズマにおける定磁場」が、オイラー方程式の平衡解と密接な関係にあることから、「ベルトラミ場」となる速度場の存在が研究されているが、これには場の定義域の「トポロジー」が重要な要素となっている。

1970年代から80年代にかけて、乱流研究の新しい方向としてカオス概念がもてはやされた時期があったが、当時の「カオス理論」が有効な対象が主に低次元カオスに限られていたことから、次第に下火となった。しかしその後、コンピューターの能力向上により、当時は不可能であった「偏微分方程式」系においても、依然として限界はあるものの力学系的な解析が可能になり、今世紀に入ってから、巨大数値計算を用いた流れの力学系の解析が実行されるようになった。その結果、壁乱流において、「乱流遷移」[16) に「不安定定常解」が関与していることや、長年、不安定性の発生時に実験的に観察されていた馬蹄形構造の渦が、「非線形最適撹乱」の成長過程に現れる構造として理論的に初めて同定され、「不安定多様体」や「ヘテロクリニック軌道」との関連が論じられるなど、力学系的観点からの目覚ましい成果が得られている。

微細な構造（多くは mm 以下）に伴う流れを対象とする「マイクロ流体力学」[17) は、ナノテクノロジーや生化学、生物工学とも関連する広大な学際分野であり、微細なチップ上の流れなどへの応用と共に、DNA解析など生物学への応用も行われている。また生物の運動機構の流体力学的研究も近年急速に盛んになっており、「生物流体力学」[18) の分野が広がりつつある。

流体力学は気象学・海洋学など地球科学とのつながりも深く、多くの流体力学的手法が地球科学に導入されてきたが、近年は気象学から流体力学に導入される手法も生まれており、「データ同化」[12) 手法はその代表的なものである。データ同化とは、天気予報などにおいて、コンピューターによる計算値を、計算誤差と観測誤差を考慮しながら、観測値を用いて修正する技術である。時間変化をコンピューターで予測する際に、観測値によって修正しながら計算を進める技術は、流体力学はもちろん、予測が必要なあらゆる分野に応用可能であるため、近年、理論・応用の両面において活発に研究が進められている。

流れの数値計算（数値流体力学）は理工学の広い分野における重要課題であり、近年は乱流の数値計算手法としてDNS（Direct Numerical Simulation）およびLES（Large Eddy Simulation）などの「乱流モデル」[19) の応用分野が拡がっている。また、相変化や化学反応などを含む「混相流」[20) は埋込境界法などの適用により直接数値シミュレーションが可能となり、さらに非ニュートン流体、燃焼流などの複雑流体の数値計算の研究も活発に行われている。離散化された空間上の粒子分布を用いた「格子ボルツマン法」[21) は、アルゴリズムの単純さと「並列計算」処理への高い適応度から、広範な流体現象の数値計算手法として注目されている。また近年、流体力学への「機械学習」や「深層学習」の導入が試みられており、流れの予測や推定への応用の研究が盛んである。

（3）注目動向

［新展開・技術トピックス］

データ同化手法[12)]

数値気象予報分野を中心に発達したデータ同化手法は、現象の時間発展の予測を、その時々の観測データによって修正することにより予測精度を向上させる技術である。多くのデータ同化手法は、制御工学におけるカルマンフィルターを基礎においているが、数値予報では、アンサンブル計算を組み合わせたアンサンブルカルマンフィルターによって計算コストの軽減が図られている。データ同化手法は、コンピューターによる時間発展の予測の精度向上という一般的課題に対する汎用的な対処法であるため、多くの応用分野が存在し、計算機能力の向上と数値シミュレーションの広がりにより重要性が増している。

非線形最適撹乱と制御[16)]

系の制御においては、小さな関与によって大きな効果が得られることが望ましい。非線形系における制御方法の一つは、系の状態を不安定化し別の安定な状態に移行させることであるが、線形化発展作用素が自己共役でない場合は、線形安定な状態であっても、ある特殊な撹乱の急激な発達とそれに伴う非線形発展によって、別の状態への移行が可能な場合がある。このような撹乱（非線形最適撹乱）は、壁境界を伴う流体運動に極めて普遍的に存在するものであるため、流れの制御方法の一つとして注目されている。線形化作用素が非自己共役となる系には同様の機構が存在する可能性が指摘されている。

生物流体力学[18)]

生物学に関する流体力学は、生物内の循環系の流れに関するものと、生物外の流体と生物の相互作用に関するものにわかれる。前者では循環器系および呼吸器系の流れが、後者では生物の飛行と遊泳が主な研究対象である。近年、流れの実験観察の手法が発展し、流れの詳細が明らかになるとともに、数値シミュレーションと併せて、人体の病変との関係、生物の運動形態との関係などの研究が急速に進展している。レイノルズ数の大きな流れについては、現在でも実験的あるいは数値的考察が主導的であるが、レイノルズ数の小さな流れ、特に微小生物の遊泳運動については、ストークス流を基本とした理論的考察が可能であることから、理論的概念も含めた進展が見られる。生物の運動形態は、長い進化の歴史による生存のための最適化が実現していると考えられるため、工学的な面からも興味が持たれている。

AI開発への数学基盤の構築[22)]

深層ニューラルネットがなぜ人以上に優れたパターン識別能力を持てるのかという疑問への解答を得るには、数学的な研究が必須であろう。ニューラルネットの層を深くすることで通常見られる“でこぼこのランドスケープ”に付随した多数の準安定状態が消滅し一つの最適な安定状態が生成されたのか、多数の等価な安定状態が生成されたのかも解明されていない。深層ニューラルネットの学習に対する数学的アプローチは近年増加しているが、決定打は出ていない。例えば積分表現による定式化はあるが、積分を使うことで“でこぼこのランドスケープ”が平均化され粗視化されてしまうことで上記の問題の本質がぼやけてしまう。［研究開発の動向］で述べた情報幾何学によるアプローチにおいても上記の問題は解決していない。また、敵対的ニューラルネットであるGANは人が判別できないフェイク画像を生成することが可能であり、現実には存在しない画像も生成する。 GANを制御するためにはその機構を理解する必要があり、そのためにはニューラルネットに生成された情報の数学的構造を抽出する必要がある。時系列解析に向いているリザバー計算機もネットワーク内部に直交基底が生成されるならば任意の滑らかな関数を近似できるので、その制御のためには基底生成に対する数学理論が必要である。リザバー内部においてカオスが発生するならば直交基底が生成される可能性が生まれるが、その反面情報損失が大きくなり長期記憶の成立が困難である。リザバー内部が安定状態であるならば記憶は保存され学習がうまくいく可能性が高くなるが、その反面直交基底を生成することが困難になる。

安定性を保ちながら直交基底を生成する自己組織化原理解明の数学が必要になっている。AIを安全に人社会に組み込むためにはニューラルネットの数学モデルの研究は不可欠であり、またAI内部に生成された情報の数学的構造を抽出する研究は必須である。他方で、このような機械学習を多重時空間スケールが本質的な物理現象に対する理論構築に応用する研究動向が見られる。全く異なる時間空間スケールをつなぐ統一的な理論構築は近い将来の目標であるが、それに対して、実データと異なるスケールでの精密なシミュレーション結果と実データをまとめてビッグデータとしてニューラルネットに学習させることで、現象を支配するパラメーターを精度よく推定することが試みられている。また、場の時間変化をニューラルネットワークに学習させることによって、次の時刻の場を予測することや、場を少数モードへ分解しそれらの支配方程式を導出すること、また、場の時間発展に関する縮約方程式の導出などが試みられている[23)]。これらの試みは流体乱流を対象にしていることが多いが、生体系や脳神経系、進化をベースにした生物個体集団の重層社会の形成などにも今後は応用されていくと考えられる。

［注目すべき国内外のプロジェクト］

• 米国

IAS（Institute for Advanced Study）

2022 – 2023特別年「数論と代数幾何におけるダイナミクスの応用」：エルゴード理論、組み合わせ論、解析数論、代数幾何の境界領域に焦点を当てる。

IMA（Institute for Mathematics and Its Applications, University of Minnesota）

2020–2021 テーマプログラム「ビッグデータをハーネスする：偏微分方程式、変分計算、機械学習」：アルファ碁等強化学習を導入した機械学習が成功したが、背景にある数学は全く解明されていない。そこで、数学分野としての偏微分方程式、変分原理、最適化問題と機械学習の関係を明確にすることを目的とする。

• ドイツ

IAM（Institute for Applied Mathematics）

関連基金テーマ

2020–2023 「超互換合金の微細構造に関する数理解析」

Max–Planck Institute for Mathematics in Science

Research Group の中に以下のグループが設置されている。

・Complex systems and their mathematical analysis, in particular in neurobiology and cognition, biology, and economic and social systems、
・Information theory, dynamical systems, network analysis、
・Convexity, Optimization and Data Science、
・Mathematical Machine Learning、
・Learning and Inference
・Stochastic Topology and its applications

• 英国

Isaac Newton Institute for Mathematical Sciences（Cambridge）

2022 プログラムテーマ「Geophysical fluid dynamics; from mathematical theory to operational prediction」：近年気候システムに関する発展は、現業の予報技術から無限次元力学系における抽象的結果に至る広がりを見せている。ここでは、気候システムの流体力学的要素について、抽象的結果の現業への導

入と現業における実際的問題への数学的挑戦を目指し、決定論的あるいは確率的摂動への応答、データ同化などの問題を取り上げる。

2022 プログラムテーマ「Dispersive hydrodynamics: mathematics, simulation and experiments, with applications in nonlinear waves」：分散性流体力学は、分散性媒質における多スケールの非線形波動の記述を統合する数学的枠組みであり、近年、理論と実験の発展により理論から応用に亘る新しい研究領域が形成されている。ここでは、数学的課題と共に地球科学、非線形光学、超流体、磁性物質への応用を視野に入れた研究を目指している。

2022 プログラムテーマ「Mathematical aspects of turbulence: where do we stand?」：乱流問題の数学的側面を取り上げて、非圧縮性流体のナビエ・ストークス方程式およびオイラー方程式の数学解析、乱流輸送、非一様非等方な壁面流れと乱流遷移、地球流体力学に関する問題を取り扱う。

Mathematishes Forshungsinstitut Oberwolfach

Scientific Program 2023 の中に次のものがある。

・Design and Analysis of Infectious Disease Studies
・Random Graphs: Combinatorics, Complex Networks and Disordered Systems
・Mathematical Foundations of Biological Organisation
・Tomographic Inverse Problems: Mathematical Challenges and Novel Applications
・Machine Learning for Science: Mathematics at the Interface of Data-driven and Mechanistic Modelling
・Transport and Scale Interactions in Geophysical Flows

• フランス

Institut Henri Poincare

2022年の研究プログラムとして、Geometry and statistics in data sciences が行われている。 AIの数学における統計学、確率論、幾何学、トポロジーの豊かな相互作用を目指す分野横断的なプログラムが企図されている。

• 日本

統計数理研究所（ISM）

重点型研究（数理モデリング関係分）

2022-2023 重点テーマ「高次元データ解析・スパース推定法・モデル選択法の開発と融合」：高次元データに対しては、非高次元のデータに対するものとは異なるタイプの統計理論が開発され、スパース推定に対しても独自の理論が構築されていることから、新しいタイプの統計理論への貢献および応用研究、方法論の課題解決を目指す。

京都大学数理解析研究所（RIMS）

訪問滞在型研究（数理モデリング関係分）

2023　訪問滞在型研究テーマ「確率過程とその周辺」：今世紀の確率解析の発展は目覚まししく、物理学に動機を持つモデル解析をはじめ、ビッグデータ解析など応用に直接つながる研究も急速に拡大している。ここでは「確率過程と確率解析」をキーワードとする基礎・応用研究を取り上げる。

東北大学知の創出センター（Tohoku Forum for Creativity）
関連テーマプログラム

2022　テーマプログラム「地球内部ダイナミクスの理解」：地球内部は未知のことが多い。物理学の一分野として確立する手法を開拓するために物理学者、地質学者、生物学者、工学者が共同して地球内部の物理生物化学の確立を目指す。

九州大学マス・フォア・インダストリー（IMI）
関連採択課題

2022　国内課題「情報通信の技術革新のための基礎数理」：次世代移動体通信システムの革新的開発のための基礎となる数学理論を発掘し、通信工学者と数学者の共同研究を促す。

2022　国際課題「統計学と数理モデリング」：モデル同定、逆問題、偏微分方程式、生態系モデリング、感染症モデリング、進化的モデリング、力学系をテーマにして異なる分野を数理モデリングによって融合することを目指す。

2022　女性活躍支援課題　「機械学習への組み合わせ最適化アプローチ」：組み合わせ論、グラフ理論を機械学習のシステム実験計画策定に応用し、より統計学的に効果的な機械学習モデルを提案することを目指す。

（5）科学技術的課題

❶ データ同化手法[12)]

データ同化手法は、気象現象の数値予報において、気象観測の密度と精度の不十分さから生じる誤差が系に内在するカオス性によって大きく拡大され、予測精度が時間とともに速やかに減衰することに対する対処法として出発した技術である。それは、計算機による計算値を観測値によっていかに修正すれば良い予測値を得られるか、という予測を課題とする問題一般に共通する普遍的汎用的な対処法を与えるため、潜在的に多くの応用分野が存在する技術でもある。

計算機能力の向上と数値シミュレーションの広がりを背景として、観測データによるデータ駆動型科学と、第一原理による演繹型科学をつなぐ技術でもあり、将来的に、日常生活から宇宙開発技術まで広範な分野で使用されることが予想される。

以上の根拠により次の課題があることがわかる。

課題：予測と観測の粒度ギャップを埋めることより確実性のある手法の開発

・大規模系におけるデータ同化手法、特に、4次元アンサンブルカルマンフィルターと4次元アンサンブル変分法の手法の高度化

・課題ごとのデータ同化法の最適化手法の開発

❷ 生物に関する数学的記述[18)]

20世紀は量子力学の発展を基盤とするコンピューターの発達の時代であったが、最後の四半世紀から以後21世紀にかけて、コンピューター技術を基盤とする計測技術が大きく発展したことで、特に生物に関する精密計測が実行可能となった。21世紀に入り、その精密計測を基盤として、生物の構造や行動のみならず、生物・生命の機能的なところを数学的に記述し解明する科学が急速に発展している。数理モデリングや生物流体力学はその代表的な例であり、今後、精密観測・数理モデル・生物工学など多くの関連分野の相互作用によって、理論から工学的応用に亘る分野横断的な一大分野が形成されることが予想される。以上により、生物学の最も重要なテーマである構造と機能の関係を明確にすることが可能になりつつあり、そこに数学・数理科学を応用する最大の利点がある。

課題：構造と機能の関係に関する数学解析の確立

・生物の形状と周囲の流体のなす連成問題の理論的解析法の開発

・脳のネットワーク構造と機能の関係の解明
・生物の運動形態と生物進化の関りの解明

❸ **AIの導入[24)]**

計算速度の有利さから、AIによって、方程式を使わずに流れ場を予測する手法すら試みられているが、工学や実社会応用のためには、基礎方程式なしのこのような手法の利点・欠点を明らかにすることが不可欠である。また、AIは、関与する要素が多く人間には見極めが難しい現象に対して、人間よりも的確な判断を下せる可能性のあるものとして注目されている。流体現象は、多くの場合、連続体の現象であって要素構造の抽出が難しいため、人間による判断も難しい傾向が強いが、このような連続体構造の現象に対してAIが期待通りの優れた能力を示せるかどうかは、理学・工学の両面から大きな興味が持たれる点である。

生物系へのAIの導入において成功しているのは、一部の癌の判別である。今後、さまざまな生体信号のデータ解析や数理モデリングにAIが使われる可能性が議論されている。しかしながら、その動作機構に関する十分な理解なくして、単に応用するのは危険であることは強調して良い。データ解析やモデリング自体にフェイクが混じる可能性が否定できないからである。動作機構に関する数学研究が必須であるゆえんである。このように、データそのものが信頼できるか否かの確定的な判定がまず必要である。

さらに、物理科学では理論と実験、生物科学ではそれに加えて構成、多くの工学では構成と実験が研究手法として骨格をなしてきたが、近年研究手法にAIを導入する動向が見え始めている。例えば数学においても幾何学の定理を人がすべてを行うのではなく、AI の助けを借りて人のインスピレーションを加速させる手法がとられ始めている。新しい物性を持った材料開発、生命現象の解明、創薬、未病の予測・予防[25)]でもAIによる学習が研究の助けになりつつある。このような現状から以下の課題があると考えられる。

課題：大規模データの解析手法の確立；研究手法としてのAI補助をどこまで拡張できるか
・数学の定理の証明過程へのAIの導入
・マテリアルズインフォマティクス、バイオインフォマティクス、ケモインフォマティクス
・未病と早期治療の数理モデル

❹ **量子情報幾何における幾何構造の統一的描像[4)]**

情報幾何においては、上で述べたように、確率分布関数全体に「リーマン計量」（フィッシャー計量と呼ばれる）が入っている。これがただ一つに定まっていることが統計学や情報理論のさまざまな問題を考察するために重要である。ここで、量子力学の（数学的）体系は、確率論の拡張とみなすことができる。よって、量子状態全体にもフィッシャー計量の類似が導入することができるが、その類似物が無数に存在するという状況になっている。量子情報幾何は長年に亘り研究されているが、このように問題ごとに個別的に現れる幾何構造に対して統一的な描像が得られるか、ということがここ20年の大きな課題として残っている。

(6) その他の課題

人材育成の問題は喫緊の課題である。コンピューターの格段の発展に伴って、旧来の応用数学的な解析技術の直接的な有効性への意識が急速に衰えたため、重要性への認識や関心が急速に減少し、人材教育の中においても、旧来の解析技術に必要な数学とその応用に関する教育が実質的に激減した。このこととともに、応用上の要請から新しい数学の芽や数学への刺激、応用の拡大が生まれにくくなっていることも危惧される。微分方程式に関わる数学、特に特異摂動法や特殊関数、偏微分方程式（1階および2階）などは、数学としての教育は数学科における解析学/応用解析学にはある程度あるものの、工学・物理学における実現象の解析ツール（手計算の技術を含む）としての教育は大きく減り、代わりに並列化プログラミングなど計算機に関わる技術の教育が増加している。これは即戦力となる技術を身につける意味では妥当なものであるが、中長期的な視点からは、基礎的素養が十分に育成されず、新しい概念の創造や新しいパラダイムへの対応力の点

で危惧されるものでもある。数学応用における純粋数学の重要性と類似する問題である。これまでの数値的技術は旧来の教育を受けた研究者によって開発され、旧来の解析的な知識や技術を基礎としている。新しい手法は、古い基礎的な事柄を新しい視点から見ることによって生まれるのが通例であり、旧来の知識の欠如は、わが国の研究が海外における進歩・革新を後追いする傾向に拍車をかけることが危惧される。

本領域に限らないが、関連する重要な課題として計算コード作成・実行を担う人材の問題がある。計算コード作成・実行を担うことができる人材は引く手あまたであり、その確保は難しくなってきている。現在、研究者の研究環境において高速計算機の利便は不可欠のものであるが、ネット環境の発達によって、高速計算機へのアクセスはある程度保証される環境が整備されている。計算コードを作成・実行し計算結果を得るという作業は、ほとんどの場合、研究者自身あるいは指導学生によってなされている。したがって、今後、大きな数値計算が不可欠の分野においては、若手研究者が計算コードを使いこなせるような教育と環境整備が必須となる。ただし、計算コード作成の重要性は近年ますます高まっている反面、コード作成自体がアカデミアで評価されることが少ない。そのため、優秀なコード作成技術をもつ学生であっても研究職に就くことが難しい状況である。ただでさえ研究職に就くことは困難であるため、問題として埋没してしまっている。

（7）国際比較

国際誌における2000年以降2020年までの論文採択数によって研究活動状況を調べ、全体の傾向を表中に示した。大きく2000年～2010年、2010年～2020年に分けてトレンドを見たがさらに最近の伸び方もトレンド要因とした。なお、応用に関しては領域的に企業での開発というレベルは考えにくく、企業と連携可能な研究をおおざっぱに見積もっている。

国・地域	フェーズ	現状	トレンド	各国の状況、評価の際に参考にした根拠など
日本	基礎研究	△	→	複雑系では、上昇傾向のある分野、歴史的に強い分野はあるが、全体としてはほぼ横ばいである。可視化では、分野によっては成果が見えるものもあるが、総体として低調である。流体力学では、2000年代と比して2010年以後、論文数は増加傾向にある。研究者数は少ないが優れた業績がある。データ同化では、気象・海洋分野における研究が活発である。
	応用研究・開発	△	→	複雑系では、企業連携などの活動も増えてはいるが、まだ目立った成果に至っていない。ゼロの状態から低い状態を維持しているのが現状である。可視化では、ほとんど成果はない。流体力学では、世界的に突出した成果は目立たないものの、米国、フランス、ドイツ、英国、中国に続くクラスにある。データ同化では、あまり目立たない。
米国	基礎研究	◎	→	複雑系では、もともと米国が突出している分野が多く、それを維持している。可視化では、グラフ化や多様体を使ったもので圧倒的に米国が強い。流体力学では、研究者の層が厚く、論文数および研究者数で他を圧倒している。データ同化では、論文数で他を圧倒しており、研究をリードしている。
	応用研究・開発	◎	↗	複雑系では、力学系の応用、最適化問題などで米国は突出しており、さらに伸びを見せている。可視化では、医療などへの応用も顕著である。流体力学では、カバーしている分野の多様さでも群を抜いている。データ同化では、大きくまとまったプロジェクトは見られないが、研究者の数が非常に多い。

欧州	基礎研究	○	↗	複雑系では、ドイツ、英国を中心に最初から実績を上げそれを維持している。可視化では、英国、フランスが伸びているが、ドイツはやや下降気味。流体力学では、大規模数値計算と数理流体力学の面で目立っている。基礎研究は英国で盛んであるが、ドイツ、フランスにも優れた研究機関があり、欧州として研究は活発である。データ同化では、英国を中心として研究が盛んである。
	応用研究・開発	○	↗	複雑系では、ドイツ、英国を中心に伸びている分野が認められる。可視化では、目立った成果はないが、レベルは維持している。流体力学では、高いレベルにあり、造船技術研究などがEUプロジェクトの一環として行われている。データ同化では、新しい分野への応用研究が北欧（ノルウェーなど）盛んである。
中国	基礎研究	○	↗	複雑系では、論文数は中国が非常な伸びを見せている。現状は数年前と比べてはるかに質が上がったが、まだ日本の方が質自体は高い。可視化では、論文数は分野によってはかなり増えているが、質的にはそれほど高くはない。流体力学では、応用研究に比して基礎研究はまだあまり目立たないが急速に発展している。データ同化では、気象分野などで活発であり、米国に続く論文数がある。
	応用研究・開発	△	↗	複雑系では、近年、応用分野においても急速に伸びてきている。可視化では、目立った成果はない。流体力学では、論文数は2010年代半ばから急速に増加しており、分野によっては米国に近づいている。レベルは平均的には欧米の水準には達していないが急速に進歩している。データ同化では、あまり目立たない。
韓国	基礎研究	×	→	複雑系では、ずっと低迷している。可視化や流体力学では、目立った成果はない。データ同化では、気象分野などで研究があるが、あまり目立たない。
	応用研究・開発	×	→	複雑系では、ずっと低迷している。可視化や流体力学、データ同化では、目立った成果はない。
その他の国・地域）	基礎研究	○	↗	複雑系については、インド、ブラジル、香港が伸びている。
	応用研究・開発	○	↗	複雑系については、インド、イランが伸びている。

（註1）フェーズ

基礎研究：大学・国研などでの基礎研究の範囲

応用研究・開発：技術開発（プロトタイプの開発含む）の範囲

（註2）現状　※日本の現状を基準にした評価ではなく、CRDS の調査・見解による評価

◎：特に顕著な活動・成果が見えている　　○：顕著な活動・成果が見えている

△：顕著な活動・成果が見えていない　　×：特筆すべき活動・成果が見えていない

（註3）トレンド　※ここ1～2年の研究開発水準の変化

↗：上昇傾向、→：現状維持、↘：下降傾向

参考文献

1）複雑系

・国立研究開発法人科学技術振興機構研究開発戦略センター「3.5複雑システム区分」『研究開発の俯瞰報告書 システム科学技術分野（2015年）』(2015), 238-289., https://www.jst.go.jp/crds/pdf/2015/FR/CRDS-FY2015-FR-06/CRDS-FY2015-FR-06_11.pdf, (2023年3月8日アクセス).

・金子邦彦, 津田一郎『複雑系のカオス的シナリオ』複雑系双書 1 (朝倉書店, 1996).

・津田一郎「複雑系：物理学の新しい地平」『日本物理学会誌』74 巻 6 号 (2019)：384-385., https://doi.org/10.11316/butsuri.74.6_384.

・日本数学会 編『岩波数学辞典』第4版 (岩波書店, 2007).

2）制御理論

・国立研究開発法人科学技術振興機構研究開発戦略センター『研究開発の俯瞰報告書 システム・情

報科学技術分野（2021年）』（2021), https://www.jst.go.jp/crds/pdf/2020/FR/CRDS-FY2020-FR-02.pdf,（2023年3月8日アクセス）.

・リレー解説：

太田快人「制御理論における数学 第1回：線形代数：特異値分解を中心にして」『計測と制御』38巻2号（1999）: 144-149., https://doi.org/10.11499/sicejl1962.38.144.

岩崎徹也「制御理論における数学 第2回：数理計画法：LMIと凸最適化」『計測と制御』38巻3号（1999）: 209-213., https://doi.org/10.11499/sicejl1962.38.209.

太田快人「制御理論における数学 第3回：複素解析：コーシーの定理を中心にして」『計測と制御』38巻5号（1999）: 345-351., https://doi.org/10.11499/sicejl1962.38.345.

太田快人「制御理論における数学 第4回：関数解析：直交射影と双対性を中心にして」『計測と制御』38巻6号（1999）: 397-404., https://doi.org/10.11499/sicejl1962.38.397.

太田快人「制御理論における数学 第5回：フリエ・ラプラス変換」『計測と制御』38巻8号（1999）: 526-533., https://doi.org/10.11499/sicejl1962.38.526.

山中一雄「制御理論における数学 第6回：確率統計：確率過程の線形モデルと白色雑音」『計測と制御』38巻9号（1999）: 579-583., https://doi.org/10.11499/sicejl1962.38.579.

井村順一「制御理論における数学 第7回：常微分方程式：安定性と力学系の視点から」『計測と制御』38巻11号（1999）: 715-720., https://doi.org/10.11499/sicejl1962.38.715.

小原敦美「制御理論における数学 第8回：微分幾何：接続」『計測と制御』38巻12号（1999）: 788-794., https://doi.org/10.11499/sicejl1962.38.788.

3）情報理論・制御理論

・広中平祐, 他 編『現代数理科学事典』第2版（丸善出版, 2009).

4）情報幾何学

・甘利俊一, 長岡浩司『情報幾何の方法』岩波講座応用数学 対象12（東京: 岩波書店, 2017).

・甘利俊一『新版：情報幾何学の新展開』SGCライブラリ154（東京：サイエンス社, 2019).

・長岡浩司「日本数学会2002年度年会企画特別講演：量子情報幾何学の世界」一般社団法人日本数学会, https://www.mathsoc.jp/activity/meeting/kikaku/2002haru/,（2023年3月8日アクセス）.
長岡浩司「量子情報幾何学の世界」『総合講演・企画特別講演アブストラクト』2002巻 Spring-Meeting号（2002）: 24-37., https://doi.org/10.11429/emath1996.2002.Spring-Meeting_24.

・長岡浩司「量子力学と情報理論：相対エントロピー、統計力学、Sanovの定理をめぐって」『数理科学』56巻6号（2018）: 7-14.

5）カオス, フラクタル

・S. ウィギンス『非線形の力学系とカオス』丹羽敏雄 監訳（東京: シュプリンガー・フェアラーク東京, 1992).

・K. T. アリグッド, T. D. サウアー, J. A. ヨーク『カオス』津田一郎 監訳, 1-3（東京:シュプリンガー・ジャパン, 2006, 2007).

・B. マンデルブロ『フラクタル幾何学』広中平祐 監訳（日経サイエンス, 1985).

6）複雑ネットワーク

・Réka Albert and Albert-László Barabási, "Statistical mechanics of complex networks," *Reviews of Modern Physics* 74, no. 1（2002）: 47-97., https://doi.org/10.1103/RevModPhys.74.47.

・Duncan J. Watts, *Small Worlds: The Dynamics of Networks between Order and Randomness* (Princeton: Princeton University Press, 2003).

7）人工知能（AI）・ニューラルネット

・合原一幸, 他 編著『人工知能はこうして創られる』(東京：ウェッジ, 2017).
・Jürgen Schmidhuber, "Deep learning in neural networks: An overview," *Neural Networks* 61（2015）: 85-117., https://doi.org/10.1016/j.neunet.2014.09.003.
・Wikipedia, "Artificial intelligence," https://en.wikipedia.org/wiki/Artificial_intelligence,（2023年3月8日アクセス）.

8）リザバー計算機
・Herbert Jaeger and Harald Haas, "Harnessing Nonlinearity: Predicting Chaotic Systems and Saving Energy in Wireless Communication," *Science* 304, no. 5667（2004）: 78-80., https://doi.org/10.1126/science.1091277.
・Wolfgang Maass, Thomas Natschläger, and Henry Markram, "Real-time computing without stable states: a new framework for neural computation based on perturbations," *Neural Computation* 14, no. 11（2002）: 2531-2560., https://doi.org/10.1162/089976602760407955.

9）パターン理論
・Ulf Grenander and Michael I. Miller, *Pattern Theory: From representation to inference* (Oxford: Oxford Academic, 2006)., https://doi.org/10.1093/oso/9780198505709.001.0001.
・David Mumford and Agnès Desolneux, *Pattern Theory: The Stochastic Analysis of Real-World Signals* (CRC Press, 2010).

10）一細胞（シングルセル）RNAシークエンシング
・山形方人 シングルセルRNAシーケンシング 脳科学辞典 DOI：10.14931/bsd.8038 (2020)（2023年3月8日アクセス）.

11）神経科学：基礎から臨床まで
・Donald W. Pfaff, Nora D. Volkow, and John L. Rubenstein, eds., *Neuroscience in the 21st Century*, 3rd ed. (Springer Cham, 2022)., https://doi.org/10.1007/978-3-030-88832-9.

12）データ同化
・樋口知之 編著『データ同化入門』シリーズ 予測と発見の科学 6 (朝倉書店, 2011).

13）ナビエ・ストークス 方程式の解の存在問題
・Camillo De Lellis and László Székelyhidi Jr., "On Turbulence and Geometry: from Nash to Onsager," *Notices of the American Mathematical Society* 66, no. 5（2019）: 677-685., https://doi.org/10.1090/noti1868.
・Tristan Buckmaster and Vlad Vicol, "Convex integration constructions in hydrodynamics," *Bulletin of the American Mathematical Society* 58（2021）: 1-44., https://doi.org/10.1090/bull/1713.

14）オイラー方程式の特異性と Onsager 予想
・Charles R. Doering, "The 3D Navier-Stokes Problem," *Annual Review of Fluid Mechanics* 41（2009）: 109-128., https://doi.org/10.1146/annurev.fluid.010908.165218.
・Reinhard Farwig, "From Jean Leray to the millennium problem: the Navier-Stokes equations," *Journal of Evolution Equations* 21（2021）: 3243-3263., https://doi.org/10.1007/s00028-020-00645-3.
・小薗英雄「Navier-Stokes方程式」『数学』54巻2号（2002）: 178-202., https://doi.org/10.11429/sugaku1947.54.178.

15）流体力学とトポロジー
・Vladimir I. Arnold and Boris A. Khesin, *Topological Methods in Hydrodynamics*, Applied Mathematical Sciences 125 (New York: Springer, 1998)., https://doi.org/10.1007/b97593.

・H. K. Moffatt, K. Bayer, and Y. Kimura, eds., "IUTAM Symposium on Topological Fluid Dynamics: Theory and Applications," *Procedia IUTAM* 7（2013）：1-260. https://www.sciencedirect.com/journal/procedia-iutam/vol/7/suppl/C

16）乱流遷移と力学系：

・R. R. Kerswell, "Nonlinear Nonmodal Stability Theory," *Annual Review of Fluid Mechanics* 50（2018）：319-345., https://doi.org/10.1146/annurev-fluid-122316-045042.

17）マイクロ流体力学

・Michael D. Graham, *Microhydrodynamics, Brownian Motion, and Complex Fluids*, Cambridge Texts in Applied Mathematics 58 (Cambridge: Cambridge University Press, 2018)., https://doi.org/10.1017/9781139175876.

18）生物流体力学

・James B. Grotberg, *Biofluid Mechanics*, Cambridge Texts in Biomedical Engineering (Cambridge: Cambridge University Press, 2021)., https://doi.org/10.1017/9781139051590.

・Eric Lauga and Thomas R. Powers, "The hydrodynamics of swimming microorganisms," *Reports in Progress in Physics* 72(2009): 096601., https://doi.org/10.1088/0034-4885/72/9/096601.

19）乱流モデル

・梶島岳夫『乱流の数値シミュレーション』改訂版（養賢堂, 2017).

・Stephen B. Pope, *Turbulent Flows* (Cambridge: Cambridge University Press, 2000)., https://doi.org/10.1017/CBO9780511840531.

20）混相流

・S. Balachandar and John K. Eaton, "Turbulent Dispersed Multiphase Flow," *Annual Review of Fluid Mechanics* 42（2010）：111-133., https://doi.org/10.1146/annurev.fluid.010908.165243.

・Yi Sui, Hang Ding, and Peter D. M. Spelt, "Numerical Simulations of Flows with Moving Contact Lines," *Annual Review of Fluid Mechanics* 46（2014）：97-119., https://doi.org/10.1146/annurev-fluid-010313-141338.

21）格子ボルツマン法

・Cyrus K. Aidun and Jonathan R. Clausen, "Lattice-Boltzmann Method for Complex Flows," Annual Review of Fluid Mechanics 42（2010）：439-472., https://doi.org/10.1146/annurev-fluid-121108-145519.

22）人工知能（AI）開発への数学基盤の構築

・Gitta Kutyniok, "The Mathematics of Artificial Intelligence," arXiv, https://doi.org/10.48550/arXiv.2203.08890,（2023年3月8日アクセス）.

（本論文はInternational Congress of Mathematicians国際数学者会議2022年での招待講演をもとにしている）

・Kenji Kawaguchi, "Deep Learning without Poor Local Minima," arXiv, https://doi.org/10.48550/arXiv.1605.07110,（2023年3月8日アクセス）.

・Stéphane Mallat, "Understanding deep convolutional networks," *Philosophical Transactions of the Royal Society A* 374, no. 2065（2016）：20150203., https://doi.org/10.1098/rsta.2015.0203.

23）乱流ビッグデータ解析

深潟康二, 深見開「機械学習を用いた乱流ビッグデータ解析に向けて」『計測と制御』59 巻 8 号（2020)：571-576., https://doi.org/10.11499/sicejl.59.571.

24) AIの導入
・中島秀之, 他 編『AI事典』第3版 (東京: 近代科学社, 2019).
25) 未病の予測・予防
国立研究開発法人科学技術振興機構（JST）「ムーンショット目標2：2050年までに、超早期に疾患の予測・予防をすることができる社会を実現」https://www.jst.go.jp/moonshot/program/goal2/index.html,（2023年3月8日アクセス）.

2.7.2 数値解析・データ解析

（1）研究開発領域の定義

自然・生命・社会現象を主として物理法則に基づいて記述した数理モデルを、コンピューターを用いて計算するための構成的な数学研究を行う領域を数値解析と呼ぶ。狭義には、微分方程式などの連続数理モデルに対するアルゴリズムの研究が数値解析[1)]である。シミュレーションを通じて各現象を研究する領域を数値解析と呼ぶこともある。データ解析は、現象の観測を通じて得られるデータから、その現象の特徴を抽出し、現象の背後にあるメカニズムを理解するための方法の開発と応用を行う領域である。数理モデルはデータ駆動（解析）により構築されるのが標準的であり、その点で、数値解析とデータ解析は現象の相補的な解析方法であるとも言える。

（2）キーワード

有限要素法、シミュレーション、数値線形代数、モンテカルロ法、不確実性定量評価、グラフ理論、フーリエ解析、ネットワーク解析、最適化、表現学習、位相的データ解析、精度保証付き数値計算

（3）研究開発領域の概要

［本領域の意義］

数値解析では、シミュレーションのために、現象の数理モデル化、モデルの数学的正当性担保、アルゴリズムの開発、計算結果の妥当性の検証までを一括して研究[2)]する。したがって、理工医学諸分野に向けては、シミュレーションの正当性を確立し、経験に基づく研究を数学的に体系化・言語化することで、万人が安心して利用可能な、そして社会への説明責任を果たし得る信頼性の高い手法やその成果を提供するものである。一方で、数学内部に向けては、連続数理モデルに対する離散的アルゴリズムの開発を通じて、研究の対象とするべき新しい問題を開拓し、数学自体の発展にも寄与する。数値解析は、コンピューター利用を前提としており、コンピューターの存在があってこそ、その理論は現実社会に寄与する。一方で、コンピューターの発明の前から、数学者は、抽象的な存在定理や定性的な性質の研究を超えて、問題の解の具体的な値を算出するためのアルゴリズムの開発を行うという、数値解析の芽となる理論を研究していた[3), 4)]。そのため、コンピューターの実用化と同時に、数値解析の理論は大きく発展することができた。

数値解析では数理モデル化を通じて現象の理解や制御を行うが、一方でデータ解析では現象が生み出す（一般には大量の）データが与えられたとき、そこから体系的にデータの特徴を捉え構造化することを通じて、現象のメカニズムを理解する（図2-7-3を参照）。特に近年ではビッグデータという言葉で表現されるような、人間では処理できないほどの大量かつ複雑なデータを対象とすることが多い。実際、科学技術基本計画で提案されているSociety 5.0の仕組みでは、ビッグデータをAIが解析した結果が人間にフィードバックされ、新たな価値を社会にもたらすことが期待されている[5), 6), 7)]。このようなデータ活用社会の実現に向けた多くの取り組みが進む中、解析手法のさらなる高性能化や解析結果の信頼性（例えば精度保証付き数値計算など）を確保するための方法論として数学の重要性が指摘され、近年活発に研究が行われている[8), 9), 10), 11), 12)]。

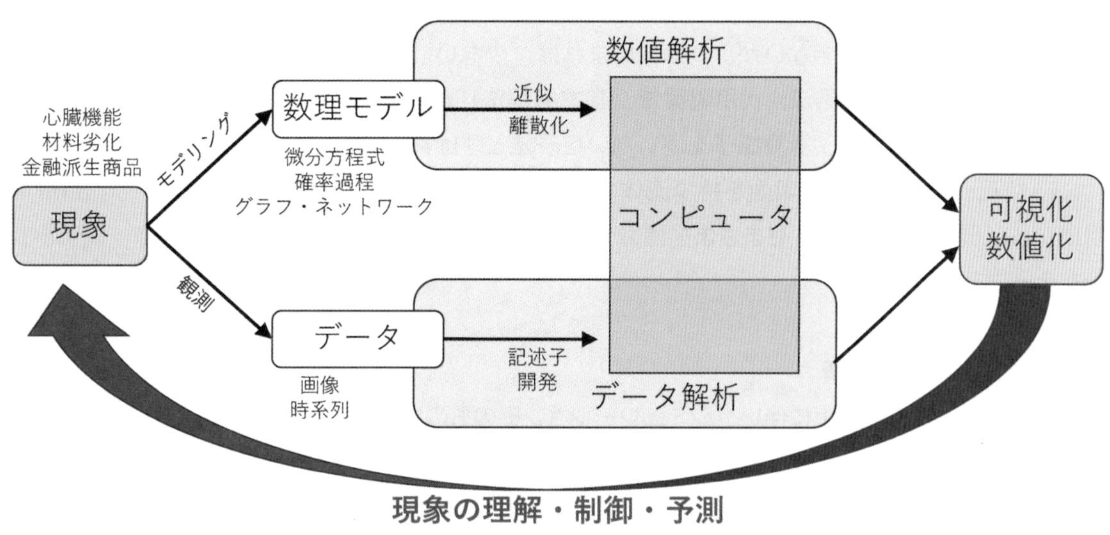

図2-7-3　　数値解析・データ解析領域の意義

［研究開発の動向］

❶ 数値解析の成立

数値解析の起源は17世紀後半の微分積分学の誕生にまでさかのぼることができる。実際、ニュートンが考案した、ニュートン法は、現在においても、計算量や正確さの観点から最も優れた求解の方法として知られている[13), 14)]。18世紀から19世紀にかけても、オイラー、ラグランジュ、ラプラス、ガウス、ヤコビなど歴史的な大数学者[3)]が、関数補間、積分、連立1次方程式、微分方程式などの（現代風に言えば）数値解析で重要な貢献をしたと考えられる。しかし、これらは、20世紀前半までは、あくまで個別の問題として認識されていた。数値解析が一つの研究分野として成立したのは、20世紀半ばのコンピューターの登場によってである。これにより、現実の諸問題を数理モデル化し数学的な問題として記述することで、コンピューターを用いたシミュレーションによる研究が可能になったのである。実際、数値解析という言葉が誕生し、一般に浸透したのは、1950年代後半のこと[15)]である。

❷ 偏微分方程式の数値計算

1950年代半ばに構造力学分野において有限要素法が開発され、工学におけるシミュレーションと数学における基礎理論の整備だけでなく、汎用のソフトウェアの開発が爆発的に進んだ[16), 17), 18)]。現実の諸問題を連続数理モデル化（主に偏微分方程式）を通じて研究すること自体は、古くから行われている。実際、流体力学におけるナビエ・ストークス方程式[1]、電磁気学におけるマクスウェル方程式などは19世紀には導出されていた。しかしながら、これらを現実的な意味で解き、現象の理解や制御に役立てるようになったのは、コンピューターの発明と汎用ソフトウェア開発があってのことである。なお、有限要素法は関数解析学の理論と相性が良く、その理論的な正当性が、端正な数学理論で保証されるという応用数学の大きな成功例となった[19), 20), 21)]。有限要素法以外にも、偏微分方程式の数値計算法は多くある。有限差分法は、単純なアイデアに基づく方法であるが、研究の歴史は長く、現在でも、主に航空工学では汎用的な解法としてよく応用されている[20), 22)]。有限体積法は、有限要素法と有限差分法を組み合わせたような解法であり、

1　ナビエ・ストークス方程式の解の鋭敏性は、気象予測などでも大きな課題となっているが、この方程式の解の数値計算・数値解析の高度化にはその解の構造に対する研究（ミレニアム懸賞問題）の進展にも大いに依存する。

やはり汎用的な解法として、広く用いられている[23]。これら三つの方法が、汎用的な計算法である一方で、特定の方程式にしか適用できないが、つぼにはまれば、少ない計算量で高精度の解が得られるような方法も研究されている。境界要素法や代用電荷法（基本解解法）がそれにあたる[21), 24]。近年では、有限要素法や有限差分法とは異なり、計算格子を用いない粒子法と呼ばれる離散化手法もある。計算格子に丸め込まれないメリットがあり、自由表面を持つ流体の挙動など大きな変形を伴う問題に適する[25]。数値解析の黎明期から、現在に至るまで、さまざまな偏微分方程式に対する数値計算法の数学理論は、数値解析の中心的なテーマである。

❸ 数値解析と科学技術計算

コンピューターの性能向上に伴い、シミュレーションそのものを目的とする分野が大きくなり、科学技術計算、計算力学などと呼ばれるようになった。一方で、数値解析という言葉は、計算に関わる数学的な問題を研究すること、すなわち、数値計算によって解析学の問題を近似的に解く数学の一分野と、狭義に捉えられるようになった。

並列計算の実用化と低価格化、スーパーコンピューターの開発などに後押しされ、科学技術計算は、シミュレーションを超えて、社会の意思決定に影響を与えるまでになっている。2020年に理化学研究所が中心になって行われた、スーパーコンピューター（富岳）によるCOVID–19ウイルス飛沫感染シミュレーション[26] はその一例である。

❹ 数値線形代数、ランダムネスに基づくアルゴリズム

連続数理モデルと直接のつながりを意識しない（実際には、強く関連している）大規模線形計算（連立1次方程式の解法、固有値計算、特異値計算など）、最適化、ランダムネスに基づくアルゴリズムの研究も盛んである。特に、大規模線形計算を中心とする数値線形代数は、大きな研究コミュニティーとなっている。Googleの創始者が開発したアルゴリズムであるPageRankが、検索語に対する適切なウェブページを得るためにGoogleで採用されていることは有名である[27]。これは数値線形代数の大きな成果である。また、偏微分方程式の数値計算（❷を参照）のアルゴリズムは最終的に大規模線形計算に帰着することが多いため、計算速度や必要なメモリ量などは大規模線形計算部分に強く依存することが知られている。高次元数値積分や不確実性定量評価のためのモンテカルロ法や準モンテカルロ法は、1990年後半から金融工学におけるオプション価格の計算で広く使われるようになった[28]。

❺ ディープラーニング以前のデータ解析

データ解析自体はさかのぼればケプラーによる天体軌道データの解析を通じた楕円軌道の発見などにもたどり着くが、ここでは主にコンピューターの登場以降のデータ解析研究の動向について記述する。ディープラーニングが出現する以前のデータ解析において、グラフ理論[29] は重要な役割を果たし得た数学理論の一つとして挙げられる。グラフとは点の集まりと点を結ぶ辺からなる数学的対象である。その簡便性から、自然現象や社会現象の中には、グラフを用いてモデリングすることが可能なものも多くある。例えば通信基地局を点とし、基地局間の回線を辺とすることで通信網ネットワークはグラフとして表示される。他にも電気回路、交通・電力網ネットワーク、社会ネットワーク、遺伝子制御ネットワーク、神経網、原子や分子の結合ネットワークなども例に挙げられる。このようにグラフとしてモデル化される対象に対して、グラフ理論では最短経路問題、深さ優先・幅優先探索問題、最小カット・最大フロー問題、最小全域木問題などの数学的な問題が解決され、実データ解析に応用された[30]。このようなグラフ理論を用いたデータ解析はネットワーク解析とも呼ばれる。一方で時系列データ解析、信号処理、画像解析などではフーリエ解析やウェーブレット解析といった数学手法が活躍した。また力学系理論に基礎を置くデータ解析手法も開発されており、半世紀近く前のTakens埋め込み定理や動的モード分解（DMD）などは幅広い分野で応用されてい

る[31),32)]。

❻ ディープラーニング以降のデータ解析研究

膨大なデータから規則性を推論し未来予測をする「データ駆動型」の数理手法の開発が盛んである。データ駆動型の数学側からの貢献としては、素数の研究でいくつもの難問を解決したフィールズ賞受賞者のTerence Taoなどによる圧縮センシングが代表的である[33),34)]。また再生核ヒルベルト空間の理論を用いるカーネル法なども、数学理論がけん引したデータ解析手法として有名である[35)]。その後、特に近年の人工知能技術の発展により、データに基づく推論技術による社会課題の解決への期待が高まり、データからの推論に関する研究の必要性が加速している。その中心技術はディープラーニングである。解析学や最適化理論といった数学分野からの貢献もあり、ディープラーニングの理論的な理解が徐々に深まっている[36)]。特に大量のデータが手に入る画像解析や自然言語処理などで目覚ましい発展を遂げているが、一方で個別性の高い分野などで汎用モデルの適用だけでは解決しない課題も多い。また、推論結果の説明が十分にできない場合が多く（これを「説明可能性が低い」という）、医療診断などへの適用を妨げる原因になっている。このような問題を解決するには、与えられたデータを構造の本質を捉えた形で適切に記述することが重要であり、そのためそこに数学言語の表現能力の高さを有効利用する取り組みが近年注目されている。例えば自然言語処理などでは単語を適切なユークリッド空間に埋め込む表現学習が行われているが、その埋め込みの際にデータが持つ幾何やトポロジー構造を反映させた埋め込みを考えることで、学習能力を高める取り組みなどが行われている[37)]。またデータ構造の「穴」に着目した特徴付けを可能と位相的データ解析[38),39)]なども この取り組みの一つと考えられ、21世紀に入ってから急速に理論および応用研究が進められている。なお、このような位相幾何学（トポロジー）の古典的概念が極めて有効な手段を提供することになった事実は、まさしく計算機の飛躍的発展によるものであり、近年の着目に値する数学応用の大きな一つである。その起源は、米国Rutgers University（Rutgers, The State University of New Jersey）で起こった数学者と生物学者の真の協働であった。

❼ 産業界の動向

産業界において、数値解析やデータ解析の研究をおこなう部門を持つ企業は、必ずしも多いわけではない。一方で、科学技術計算は、ほとんどの研究開発現場において必須の研究開発方法となっている。しかしながら、その多くは、商用ソフトウェアに依存しており、商用ソフトが前提としていない個別性の高い問題には対処できないという問題がある。また、こういった状況に対して、大学側からは産業からの課題解決を目指すスタディーグループなどが九州大学マス・フォア・インダストリ研究所（IMI）[40)]や東京大学大学院数理科学研究科[41)]などが主体となり実施されており、産業界で活躍する数理人材の育成[42)]を行っている。

（4）注目動向

［新展開・技術トピックス］

❶ ランダム化アルゴリズム

数値線形代数において、近年、ランダム化アルゴリズム[43),44)]の開発が注目されている。標準的なアルゴリズムは、ほとんどが決定論的なものであり、アルゴリズムを２回実行すると全く同じ結果になる。これに対し、ランダム化アルゴリズムでは、非決定論的観点に基づくランダム性を明示的に導入している。これにより、決定論的なアルゴリズムでは回避することが難しい「病的なケース」からの影響を最大限に減らし、効率的なアルゴリズムを開発することが可能となる。また、ランダム性をうまく導入することで、問題のサイズを効率的に縮小することも可能になる。結果的に、計算時間の短縮に大いに寄与する。若い分野であるにもかかわらず、ランダム化アルゴリズムについては、多くの優れたサーベイ論文やモノグラフが出版されている[45),46),47)]。

❷ 量子線形代数

量子コンピューターの研究開発の急速な進展に伴い、多くの量子アルゴリズムが開発されている。ただし、一般のコンピューターで扱える問題が、すべて量子コンピューターで、直接に扱えるわけではない。その意味で量子コンピューターの、科学技術や産業応用への寄与は限定的になると考えられていた。しかし、近年、量子コンピューターでの実装を想定した数値線形代数アルゴリズムが盛んに研究されており、量子コンピューターを用いて、理工学における難問の解決やさまざまな産業応用のため量子アルゴリズム[48)]が開発されている。

❸ トポロジー・幾何学を用いたデータ解析手法の開発

高次元空間で表される点列データは、データ解析の現場で多く登場するデータ形式である。従来のアプローチではこのような点列データに対してクラスタリングや低次元空間への射影を行うことでデータの特徴を捉えた可視化法を提案している。しかしながらこれらの手法ではデータが持つ本来の「かたち」の特徴が壊されることが多く、データ構造の情報を適切に利用できていないこともしばしばである。近年この問題を打開するために、最先端の幾何学やトポロジーを用いてデータの「かたち」を特徴付ける新たなデータ記述子の研究開発が世界的に進められている。このような取り組みの例として位相的データ解析[38), 39)]が挙げられるが、そこではパーシステントホモロジーと呼ばれる数学手法を用いて高次元データの穴の情報をマルチスケールで特徴付けることを可能にしている[49)]。従来法では取り扱うことができなかったデータ構造を記述できることから、材料科学、生命科学、医療画像診断、経済学、地質構造解析などさまざまな応用展開を広げている[38)]。その理論において、クイバーの表現論、層論、圏論などを駆使した現代数学の展開が行われていることも意義ある点である。また最適輸送理論と呼ばれる数学理論も、近年データ解析への応用が急速に進められている[50), 51)]。時系列データのように複数の離散的な時間ポイントで得られるデータ群を適切に連続補間することを可能とし、そこからダイナミクスに関する情報を引き出すことも可能な手法として注目されている。

［注目すべき国内外のプロジェクト］

❶ 数値解析技術のオープンソース

FreeFEM++[52)]やFEniCS[53)]は、有限要素法のオープンソースのソフトウェアであり、共に、大学や国を超えた、研究者のグループによって開発され、保守、管理がなされている。これらの根底をなす思想は、プログラミングの経験のない人でも有限要素法を実行できる環境を提供することである。結果、有限要素法のユーザーは、科学技術計算分野を超えて増加した。国内でも、有限要素法の汎用ソフトウェアの開発を行うADVENTUREプロジェクト[54)]があるが、ユーザーとしては科学技術計算の経験者を想定している。有限体積法に基づく数値流体計算用のオープンソースソフトウェアであるOpenFOAM[55)]も、利用のしやすさと扱える問題の多彩さから広く利用されている。なお、準モンテカルロ法についても、QMCpyというソフトウェアが公開され、非専門家でも使いやすい環境が整備されつつある。

❷ 臨床医療と数値解析・データ解析

A. Quarteroni（Politecnico di Milano）が率いるiHEART（European Research Councilのプロジェクト）[56)]は、人間の心臓機能を数理モデル化した統合心臓モデルを構築し、数学的解析、数値解析方法の構築、大規模計算の実施、臨床医療現場へのフィードバックを行うプロジェクト（2017年から進行中）である。心臓機能のシミュレーションを目指す過程において、解析学、数値解析、科学技術計算における新しい問題を多く提供し、応用数学全体の発展に大いに寄与した。国内でも、規模は小さくなるが、CREST（現代の数理科学と連携するモデリング手法の構築）における研究チーム「臨床医療における数理モデリングの新たな展開」（代表：水藤寛（東北大学AIMR））[57)]は同様の趣旨でのプロジェクト（2015年～2021

年）であった。心臓機能のシミュレーションでは、国内では、UT–Heartプロジェクト[58]もあるが、上記のプロジェクトと比べると、科学技術計算としての役割、すなわち、シミュレーションと臨床応用により重きを置いている。

❸ 数学×データ解析の国内外プロジェクト

数学言語の高い表現能力をデータ解析研究に取り込む研究が、現在いくつかの国内プロジェクトとして取り組まれている。例えば人工知能の基盤技術開発を行う理化学研究所革新知能統合研究センター（理研AIP）では、情報や応用サイドの研究者だけでなく、数学者も多く参加し新たなデータ記述子の開発や機械学習研究の数学的理解の深化を目指す学術的取り組みが実施されている[59]。また近年ではJST CREST（数理モデリング（総括：坪井 俊（武蔵野大学））、数理的情報活用基盤（総括：上田修功（NTT））や科研費・学術変革領域（A）（代表：平岡裕章（京都大学））などの大型研究費でも、数学が本質的な役割を果たす形でデータ科学のプロジェクトが実施されており、今後当該分野の世界的な位置付けを高めると同時に、国内研究者の裾野を広げる役割も期待されている。国外では米国国立科学財団（NSF）がデータ革命推進に向けた大型プロジェクトとして「TRIPODS」[60]を実施している。また比較的大規模な大学では独自のデータ科学の研究所[61]が設置され始めている。それらの部門は応用に焦点が当てられているものが多いが、必ずしも直接の応用を意識せず、データ科学を見据えた純粋数学も含む形での包括的研究に焦点が当てられている部門もある。

（5）科学技術的課題

❶ 高次元微分方程式の数値解析

統計量の近似計算、金融商品のオプション価格の計算やコンピューターグラフィックスの描画など幅広い分野に高次元の確率微分方程式が現れる。しかし、次元に対して計算量が指数的に増大し計算が困難になるという、いわゆる「次元の呪い」と呼ばれる障壁のため、数値解析による研究は限定的である[62), 63]。モンテカルロ法や準モンテカルロ法は、次元の呪いを緩和する有効な計算方法であり、近年、さらに複数のレベルの時間変数分割を用いることで、全体の計算量を抑えるマルチレベルモンテカルロ法[64]の研究開発が活発である。一方で、巨大な数の均質なエージェント間の戦略的相互作用を記述する数理モデルである平均場ゲーム方程式は、工学的・社会的な制御を目的に、近年、最も注目されている偏微分方程式の一つである[65), 66]。これは、時空間での境界値問題の形をしており、伝統的な問題設定、すなわち、時間初期値（終端値）問題ではない。したがって、数値解析方法には、抜本的に新しいアイデアが必要となる。近年、データ科学の分野でも、再注目されている最適輸送問題も、実は同様の構造をしている[50), 51]。従来の古典的な力学の問題設定に当てはまらない、時空間での境界値問題を、妥当と言える時間で、精度よく計算することは、今後の偏微分方程式の数値解析で避けて通れない重要な課題である。

❷ 幾何学的方法を用いたデータ解析手法の安定性の問題

与えられたデータに対して、グラフや多面体などの離散的な対象を構成して解析を行う手法は多く開発されているが、そこではデータ解析の安定性が問題になる場合が多い。つまり入力データが微小に変化した際に、解析結果が変化前の結果と近しいものになっているかを考える必要がある。ミレニアム懸賞問題にあるナビエ・ストークス方程式の解の初期値に対する鋭敏性などもその典型的な問題を与えている。現実の問題では入力データには観測ノイズや近似誤差が含まれていることが自然なため、解析手法はこのような摂動に対して安定であることが求められる。しかしながらグラフや多面体を経由して解析する場合、対象が離散的であることから通常は安定性をもたず、なんらかの工夫を施す必要がある。この点を解決する方法として、例えばパーシステントホモロジーでは、データから離散的対象の１パラメーター族を構成することでこの問題を解決している[67]。その他の方法についても、データ解析の信頼性を向上させるために安定性の問題が解決されることが望まれる。

❸ **データ駆動型数値解析への対応**

数値解析の対象となる連続数理モデルは、古典的な物理法則に基づいて導出されることが普通であった。しかし、近年、ビッグデータを利用して、数理モデルの構成と数値解析を一体化した研究が登場し、大変注目を浴びており、すでに多くの研究成果が世界中で発表されている[68), 69), 70)]。これは、物理法則に基づく数理モデルと、機械学習などによるデータ駆動型アルゴリズムを組み合わせる、いわばデータ駆動型数値解析と言える新しい研究領域である。しかし、従来の数値解析とは、目標の設定などが異なるため、例えば、精度や計算速度（計算量）という概念が根本的に異なる。この違いを的確に認識し、科学技術計算においてシミュレーションの妥当性を確保する概念（validation & verification）[71), 72), 73)]を、データ駆動型数値解析において確立することは、今後重要である。

❹ **データ解析結果の説明可能性に対する数学からの貢献**

AI技術のブラックボックス問題に代表されるように、現在のデータ解析手法では解析結果に対する説明が十分であるとは言い難い。この問題を数学的に解決するには、現時点で大きく分けて以下の二つの方法が有力視されている：(a) 現象の数理モデリングを構成する、(b) 表現能力の高いデータ記述子を構成する。(a) は生命科学、材料科学、気象学等々で近年の機械学習手法と融合させながら発展している。(b) は比較的新しく、最先端数学を用いた表現能力の高いデータ記述子を開発する試みである。現時点では個別の案件で優れた性能を示す例[74),75)]が多く報告されており、今後広く一般化されることが望まれる。

（6）その他の課題

❶ **数値解析・データ解析コミュニティーの維持**

数値解析やデータ解析の研究者は、個人の研究活動を基本としており、研究室、所属機関や国を超えて、研究テーマごとにバーチャルに研究グループを構成する。個別の研究は科研費などで経済的にサポートされているが、グループそのものは一つの機関に所属しているわけではないので、長期的な視野での人材確保が難しい。数値解析・データ解析は、数学的な真理としては時間がたっても価値がかわらない一方で、技術の変化とともに実用的な価値や位置付けが変化する。したがって、数値解析・データ解析分野における人材育成は、複数の研究グループが協力して行うことが必須である。しかし、わが国の現在のシステムでは数学分野の伝統的な単一の師弟関係に基づいており、グループによる人材育成は困難である。結果、国際競争力の維持は不確実・不安定なものとなっている。より長期的な理念に基づいた人材の育成・確保が望まれる。このような人材育成の課題は応用・実用を主目的とした数理科学分野に広く共通するが、特に数値解析・データ解析分野において顕著である。

❷ **産業界における人材の活用**

産業界では、数値解析・データ解析を専門とする部署を持つ企業は限られているが、それらを必要とする業態の企業はすべからく数値・データ解析を必要としており、いろいろな部門に数値解析・データ解析および科学技術計算を行う研究者が少しずつ在籍しているのが普通である。結果、ヨコの関係での情報共有が十分でなく、各企業が独立に「車輪の再発明」を行っている例が存在する。個々の企業の立場は尊重するのは当然として、数値解析・データ解析および科学技術計算を看板に掲げた上で情報共有できる仕組みがあれば、各企業個別の潜在的な研究力を全体で高めることができる。

❸ **数値解析と科学技術計算の協働**

数値解析と科学技術計算は、源流は同じであるものの、コンピューター技術の発達につれて、価値観や目標の違いが大きくなりつつある。コンピューターの登場以前に、数値解析に必要な数学理論が用意されていたことを考慮すると、両者の間の価値観の溝を放置するのは、得策ではなく、意識して協働の場を作るべきである。また、プログラミング言語や計算基礎理論などのコンピューターサイエンスと、数値解析、科学技術計算研究者が共同のプロジェクトを実施する例も、見られない。これについても同様の理由で、意識して協働の場を作るべきである。

（7）国際比較

国・地域	フェーズ	現状	トレンド	各国の状況、評価の際に参考にした根拠など
日本	基礎研究	○	↗	スーパーコンピューターの開発など科学技術計算の世界的な水準は高い。理化学研究所革新知能統合研究センターや大型研究費によるプロジェクト[8), 9), 10), 59)]などもあり、数学を積極的に用いたデータ解析の基礎研究は盛んである。
	応用研究・開発	○	→	工学系における数値解析・データ解析のレベルが高く、応用研究自体は活発であるが、実用化まで可能な応用研究が少ない印象である。一般企業に関しても、数値解析・データ解析で世界最先端の研究・技術を持つ企業は多い。しかし、産学連携が弱く、お互いの資源を十分に活用できていない。
米国	基礎研究	◎	↗	数値解析のテーマごとに研究を世界的にリードする研究グループが国内に点在している[76), 77), 78)]。世界中から優秀な学生を取り込み次々と新たな方法論を開発し分野をけん引している。多くの主要大学でデータ解析の研究所を設立するなどの動きも目立つ[61)]。新しい重要な研究の種を見つけて、それを研究のトレンドにし、基礎研究としても応用研究としても成果を上げるスピードの速さは突出している。
	応用研究・開発	◎	↗	数値解析・データ解析研究ともに巨大IT企業が世界的な応用研究活動をけん引している[79)]。産学連携が充実していることから人材育成も活発で、大学で開発された技術の企業への移転がスムーズである。
欧州	基礎研究	◎	↗	テーマごとに研究を世界的にリードする研究グループが欧州内に点在している。フランス国立情報学自動制御研究所（INRIA[80)]）は欧州を代表するデータ解析の研究開発機関であり、欧州の多くの大学を巻き込んで、基礎研究だけでなく応用研究も活発に行っている。なお、応用研究が活発でない国でも純粋数学の研究水準と関連して、数値解析・データ解析の基礎研究が活発である[80), 81)]。
	応用研究・開発	◎	↗	大学側から産学連携を積極的に推し進める様子は見えないが、企業が数値解析・データ解析の人材を積極的に登用し、結果的に産学連携が推進されている。特に、欧州では、日本と異なり、数値解析・データ解析の人材の育成は数理科学系の学部が担っているため、企業が研究テーマを指定して数理科学系の大学院の奨学金（給料）を援助する制度との相乗効果が現れている。
中国	基礎研究	◎	↗	数値解析・データ解析研究ともに非常に盛んに研究が行われている。ただし、膨大な論文発表数に比較して、新たな方法論が中国で開発されているという印象はなく、むしろ米国などで開発された手法を後追いしている感が強い。主に米国で活躍した研究者を中国に招聘したり、クロスアポイントを積極活用したりしており、近く、世界的なイニシアチブをとることになる可能性は高い。
	応用研究・開発	△	→	国家主導で重点的に投資が行われているが、現段階で、目立った成果はない。
韓国	基礎研究	×	→	目立った成果はない。
	応用研究・開発	×	→	目立った成果はない。

2.7 俯瞰区分と研究開発領域 数理科学

（註1）フェーズ

基礎研究：大学・国研などでの基礎研究の範囲

応用研究・開発：技術開発（プロトタイプの開発含む）の範囲

（註2）現状　※日本の現状を基準にした評価ではなく、CRDSの調査・見解による評価

◎：特に顕著な活動・成果が見えている　　○：顕著な活動・成果が見えている

△：顕著な活動・成果が見えていない　　×：特筆すべき活動・成果が見えていない

（註3）トレンド　※ここ1～2年の研究開発水準の変化

↗：上昇傾向、→：現状維持、↘：下降傾向

参考文献

1) Lloyd N. Trefethen, "The Definition of Numerical Analysis," *SIAM News* 25, no. 6 (1992). Lloyd N. Trefethen「数値解析の定義」岡田裕, 三井斌友 訳『応用数理』3 巻 2 号 (1993) : 133-137., https://doi.org/10.11540/bjsiam.3.2_133.
2) Alfio Quarteroni, *Algorithms for a New World: When Big Data and Mathematical Models Meet* (Springer Cham, 2022)., https://doi.org/10.1007/978-3-030-96166-4.
3) Herman H. Goldstine, *A History of Numerical Analysis: form the 16th through the 19th Century*, Studies in the History of Mathematics and Physical Sciences 2 (New York: Springer, 1977)., https://doi.org/10.1007/978-1-4684-9472-3.
4) A. N. コルモゴロフ 編『19世紀の数学 III：チェビシェフの関数論：差分法』藤田宏 監訳（朝倉書店, 2009).
5) 内閣府「Society 5.0」https://www8.cao.go.jp/cstp/society5_0/, (2023年3月8日アクセス).
6) 一般社団法人日本経済団体連合会「Society 5.0：ともに創造する未来（2018年11月13日）」https://www.keidanren.or.jp/policy/2018/095_honbun.pdf, (2023年3月8日アクセス).
7) 坂中靖志「Society 5.0におけるIoTの役割」『電子情報通信学会誌』102 巻 5 号 (2019) : 378-382.
8) 国立情報学研究所蓮尾研究室「ERATO Metamathematics for Systems Design Project（蓮尾メタ数理システムデザインプロジェクト）」https://group-mmm.org/eratommsd/ja/, (2023年3月8日アクセス).
9)「データ記述科学の創出と諸分野への横断的展開：令和4年度－8年度 文部科学省・科研費・学術変革領域（A）」https://data-descriptive-science.org, (2023年3月8日アクセス).
10) 未来社会創造事業（JST MIRAI）「未来医療を創出する4次元トポロジカルデータ解析数理共通基盤の開発」https://tfda.jp, (2023年3月8日アクセス).
11) 大石進一 編著『精度保証付き数値計算の基礎』(東京: コロナ社, 2018).
12) 中尾充宏, 渡部善隆『実例で学ぶ精度保証付き数値計算：理論と実践』SGCライブラリ 85（東京: サイエンス社, 2011).
13) 齊藤宣一『数値解析入門』大学数学の入門 9（東京: 東京大学出版会, 2012).
14) 杉原正顯, 室田一雄『数値計算法の数理』(岩波書店, 1994).
15) 加藤敏夫「数理物理学」『日本物理学会誌』15 巻 3 号 (1960) : 170-174., https://doi.org/10.11316/butsuri1946.15.170.
16) Ray W. Clough, "Original formulation of the finite element method," *Finite Elements in Analysis and Design* 7, no. 2 (1990) : 89-101., https://doi.org/10.1016/0168-874X(90)90001-U.
17) J. Tinsley Oden, "Finite elements: An introduction," *Handbook of Numerical Analysis* 2 (1991): 3-15., https://doi.org/10.1016/S1570-8659(05)80038-9.
18) Ivo Babuska, "Courant Element: Before and After," in *Finite element methods: fifty years of*

2.7 俯瞰区分と研究開発領域 数理科学

the Courant element, eds. Michel Krizek, Pekka Neittaanmaki, and Rolf Stenberg, Lecture Notes in Pure and Applied Mathematics 164 (New York: Marcel Dekker, Inc., 1994), 37-51.
19) 菊地文雄『有限要素法の数理：数学的基礎と誤差解析』計算力学とCAEシリーズ 13（東京：培風館, 1994).
20) 菊地文雄, 齊藤宣一『数値解析の原理：現象の解明をめざして』(岩波書店, 2016).
21) 田端正久『偏微分方程式の数値解析』(岩波書店, 2010).
22) 桑原邦郎, 河村哲也 編著『流体計算と差分』(朝倉書店, 2005).
23) Robert Eymard, Thierry Gallouët and Raphaèle Herbin, "Finite volume methods," *Handbook of Numerical Analysis* 7 (2000) : 713-1018., https://doi.org/10.1016/S1570-8659(00)07005-8.
24) 岡本久, 桂田祐史「ポテンシャル問題の高速解法」『応用数理』2 巻 3 号（1992）: 212-230., https://doi.org/10.11540/bjsiam.2.3_212.
25) 後藤仁志『粒子法：連続体・混相流・粒状体のための計算科学』(東京：森北出版, 2018).
26) rikenchannel「スーパーコンピュータ「富岳」記者勉強会：室内環境におけるウイルス飛沫感染の予測とその対策（4）」理化学研究所, https://www.youtube.com/watch?v=267HdDdIywI,（2023年3月8日アクセス）.
27) Amy N. Langville and Carl D. Meyer, *Google's PageRank and Beyond: The Science of Search Engine Rankings* (Princeton: Princeton University Press, 2012).
28) Pierre L'Ecuyer, "Quasi-Monte Carlo methods with applications in finance," *Finance and Stochastics* 13 (2009) : 307-349., https://doi.org/10.1007/s00780-009-0095-y.
29) 伊理正夫「グラフの理論とその応用1」『電子通信学会誌』54 巻 12 号（1971）: 1704-1710.
伊理正夫「グラフの理論とその応用2」『電子通信学会誌』55 巻 1 号（1972）: 51-57.
伊理正夫「グラフの理論とその応用3」『電子通信学会誌』55 巻 2 号（1972）: 225-232.
伊理正夫「グラフの理論とその応用4」『電子通信学会誌』55 巻 3 号（1972）: 380-387.
伊理正夫「グラフの理論とその応用5・完」『電子通信学会誌』55 巻 5 号（1972）: 664-670.
30) Robert Sedgewick and Kevin Wayne, *Algorithms*, 4th ed. (Addison-Wesley Professional, 2011).
31) Tim Sauer, James A. Yorke, and Martin Casdagli, "Embedology," *Journal of Statistical Physics* 65 (1991) : 579-616., https://doi.org/10.1007/BF01053745.
32) Jonathan H. Tu, et al., "On dynamic mode decomposition: Theory and applications," *Journal of Computational Dynamics* 1, no. 2 (2014) : 391-421., https://doi.org/10.3934/jcd.2014.1.391.
33) Emmanuel J. Candes and Terence Tao, "Near-Optimal Signal Recovery From Random Projections: Universal Encoding Strategies?" *IEEE Transactions on Information Theory* 52, no. 12 (2006) : 5406-5425., https://doi.org/10.1109/TIT.2006.885507.
34) David L. Donoho, "Compressed sensing," *IEEE Transactions on Information Theory* 52, no. 4 (2006) : 1289-1306., https://doi.org/10.1109/TIT.2006.871582.
35) 福水健次『カーネル法入門-正定値カーネルによるデータ解析-』シリーズ多変量データの統計科学 8（東京：朝倉書店, 2010).
36) 岡谷貴之『深層学習』機械学習プロフェッショナルシリーズ（東京：講談社, 2015).
37) ICLR Workshop on Geometrical and Topological Representation Learning, https://gt-rl.github.io,（2023年3月8日アクセス）.
38) Gunnar Carlsson and Mikael Vejdemo-Johansson, *Topological Data Analysis with Applications* (Cambridge: Cambridge University Press, 2021)., https://doi.org/10.1017/9781108975704.

39) 平岡裕章「トポロジカルデータ解析」『科学』92巻8号（2022）.
40) 九州大学マス・フォア・インダストリ研究所, Study Group Workshop 2022 https://sgw2022.imi.kyushu-u.ac.jp/index.html,（2023年3月8日アクセス）.
41) 東京大学大学院数理科学研究科 附属数理科学連携基盤センター, スタディグループhttps://www.ms.u-tokyo.ac.jp/icms/study-group.html,（2023年3月8日アクセス）.
42) 一般社団法人日本応用数理学会「日本応用数理学会における数理科学研究の加速に向けた取組み」https://jsiam.org/files/2022/02/proposal20211112.pdf,（2023年3月8日アクセス）.
43) Yuji Nakatsukasa, “Afterword: Major Developments in Numerical Linear Algebra since1997,” in *Numerical Linear Algebra*, eds. Lloyd N. Trefethen and David Bau, The 25th Anniversary ed. (Philadelphia: Society for Industrial and Applied Mathematics, 2022), 363-370.
44) XXI Householder Symposium on Numerical Linear Algebra, https://users.ba.cnr.it/iac/irmanm21/HHXXI/index.html,（2023年3月8日アクセス）.
45) Michael W. Mahoney, “Randomized algorithms for matrices and data,” arXiv, https://doi.org/10.48550/arXiv.1104.5557,（2023年3月8日アクセス）.
46) Per-Gunnar Martinsson and Joel A. Tropp, “Randomized numerical linear algebra: Foundations and algorithms,” *Acta Numerica* 29（2020）: 403-572., https://doi.org/10.1017/S0962492920000021.
47) Gernot Akemann, Jinho Baik, and Philippe Di Francesco, *The Oxford Handbook of Random Matrix Theory* (Oxford: Oxford University Press, 2011).
48) Institute for Pure & Applied Mathematics (IPAM), Workshops: Quantum Numerical Linear Algebra, University of California, Los Angeles, http://www.ipam.ucla.edu/programs/workshops/quantum-numerical-linear-algebra/,（2023年3月8日アクセス）.
49) 平岡裕章『タンパク質構造とトポロジー：パーシステントホモロジー群入門』三村昌泰, 竹内康博, 森田善久 編, シリーズ・現象を解明する数学（東京: 共立出版, 2013).
50) Gabriel Peyré and Marco Cuturi, “Computational Optimal Transport: With Applications to Data Science,” *Foundations and Trends® in Machine Learning* 11, no. 5-6（2019）: 355-607., http://dx.doi.org/10.1561/2200000073.
51) Cédric Villani, *Optimal Transport: Old and New*, Grundlehren der mathematischen Wissenschaften 338 (Berlin, Heidelberg: Springer, 2009)., https://doi.org/10.1007/978-3-540-71050-9.
52) FreeFEM ++ , https://freefem.org,（2023年3月8日アクセス）.
53) FEniCSx, https://fenicsproject.org,（2023年3月8日アクセス）.
54) 設計用大規模計算力学システム開発プロジェクト（ADVENTURE PROJECT）, https://adventure.sys.t.u-tokyo.ac.jp/jp/,（2023年3月8日アクセス）.
55) OpenCFD Ltd, “Open FOAM,” https://www.openfoam.com,（2023年3月8日アクセス）.
56) European Commission, “An Integrated Heart Model for the simulation of the cardiac function (iHEART),” https://cordis.europa.eu/project/id/740132,（2023年3月8日アクセス）.
57) 東北大学材料科学高等研究所（AIMR）「CREST 臨床医療における数理モデリングの新たな展開」https://www.wpi-aimr.tohoku.ac.jp/suito_labo/CREST/,（2023年3月8日アクセス）.
58) 株式会社UT-Heart研究所, http://ut-heart.com/jp/index.html,（2023年3月8日アクセス）.
59) 理化学研究所革新知能統合研究センター, 数理科学チームhttps://www.riken.jp/research/labs/aip/generic_tech/math_sci/,（2023年3月8日アクセス）.
60) TRIPODS Institute for Theoretical Foundations of Data Science, http://tripods.cs.umass.edu,

（2023年3月8日アクセス）．
61) Data Science Institute, Columbia University, https://datascience.columbia.edu,（2023年3月8日アクセス）．
62) Harald Niederreiter, *Random Number Generation and Quasi-Monte Carlo Methods*, CBMS-NSF Regional Conference Series in Applied Mathematics 63（Philadelphia: Society for Industrial and Applied Mathematics, 1992）., https://doi.org/10.1137/1.9781611970081.
63) 鈴木航介, 合田隆「準モンテカルロ法の最前線」『日本応用数理学会論文誌』30巻4号（2020）：320-374., https://doi.org/10.11540/jsiamt.30.4_320.
64) Michael B. Giles, "Multilevel Monte Carlo methods," *Acta Numerica* 24（2018）：259-328., https://doi.org/10.1017/S096249291500001X.
65) Jean-Michel Lasry and Pierre-Louis Lions, "Mean field games," *Japanese Journal of Mathematics* 2（2007）：229-260., https://doi.org/10.1007/s11537-007-0657-8.
66) René Carmona and François Delarue, *Probabilistic Theory of Mean Field Games with Applications*, I & II, Probability Theory and Stochastic Modelling 83-84（Springer Cham, 2018）.
https://doi.org/10.1007/978-3-319-58920-6；https://doi.org/10.1007/978-3-319-56436-4.
67) David Cohen-Steiner, Herbert Edelsbrunner, and John Harer, "Stability of Persistence Diagrams," *Discrete & Computational Geometry* 37（2007）：103-120., https://doi.org/10.1007/s00454-006-1276-5.
68) Maziar Raissia, Paris Perdikarisb, and George Em Karniadakisa, "Physics-informed neural networks: A deep learning framework for solving forward and inverse problems involving nonlinear partial differential equations," *Journal of Computational Physics* 378（2019）：686-707., https://doi.org/10.1016/j.jcp.2018.10.045.
69) William Bradleya, et al., "Perspectives on the integration between first-principles and data-driven modeling," *Computers & Chemical Engineering* 166（2022）：107898., https://doi.org/10.1016/j.compchemeng.2022.107898.
70) Shahed Rezaei, et al., "A mixed formulation for physics-informed neural networks as a potential solver for engineering problems in heterogeneous domains: Comparison with finite element method," *Computer Methods in Applied Mechanics and Engineering* 401, Part B（2022）：115616., https://doi.org/10.1016/j.cma.2022.115616.
71) Ivo Babuska and J. Tinsley Oden, "Verification and validation in computational engineering and science: basic concepts," *Computer Methods in Applied Mechanics and Engineering* 193, no. 36-38（2004）：4057-4066., https://doi.org/10.1016/j.cma.2004.03.002.
72) Ivo Babuska and J. Tinsley Oden, "The Reliability of Computer Predictions: Can They Be Trusted?" *International Journal of Numerical Analysis and Modeling* 3, no. 3（2006）：255-272.
73) J. Tinsley Oden, et al., "Research directions in computational mechanics," *Computer Methods in Applied Mechanics and Engineering* 192, no. 7-8（2003）：913-922., https://doi.org/10.1016/S0045-7825(02)00616-3.
74) Yasuaki Hiraoka, et al., "Hierarchical structures of amorphous solids characterized by persistent homology," *PNAS* 113, no. 26（2016）：7035-7040., https://doi.org/10.1073/pnas.1520877113.
75) Emi Minamitani, et al., "Topological descriptor of thermal conductivity in amorphous Si," *Journal of Chemical Physics* 156（2022）：244502., https://doi.org/10.1063/5.0093441.

76) Institute for Mathematics and its Applications, College of Science and Engineering, University of Minnesota, https://cse.umn.edu/ima,（2023年3月8日アクセス）.
77) UC Davis TETRAPODS Institute of Data Science（UCD4IDS）, https://ucd4ids.ucdavis.edu,（2023年3月8日アクセス）.
78) Courant Institute of Mathematical Sciences, New York University, https://cims.nyu.edu/dynamic/,（2023年3月8日アクセス）.
79) ログミー編集部「GAFAやピクサーでは数学者が活躍 ビジネスの課題を解決する数学の可能性：若山正人氏インタビュー」logmiBiz, https://logmi.jp/business/articles/320948,（2023年3月8日アクセス）.
80) National Institute for Research in Digital Science and Technology（INRIA）, https://www.inria.fr/en,（2023年3月8日アクセス）.
81) Laboratoire Jacques-Louis Lions, Sorbonne Université, https://www.ljll.math.upmc.fr/en/the-laboratory/?lang=fr,（2023年3月8日アクセス）.

2.7.3 因果推論

（1）研究開発領域の定義

因果推論とは、物事や事象が起こる因果を調べるための数学的・統計学的方法論である。さらに、問題とする課題に対して、数理科学的に述べられた因果関係の推定・理解により課題解決を目指して意思決定を支援する手法を提示するための研究領域である。数学的方法論としては、a）因果性に関するさまざまな概念を記述するための数理的枠組みづくり、b）その枠組みにおいて定式化された因果的特性がどのような仮定の下でデータから推定可能か、c）推定可能であるなら、どうすれば精度よく推定できるか、そして、d）仮定の妥当性をどう検討するか等に関する研究開発が含まれる。さらに、それらの方法論により領域知識とデータを組み合わせて因果関係等を調べることにより、科学や社会（経済、金融、保険など）における課題解決のための意思決定支援を行うことが含まれる。

（2）キーワード

統計学、機械学習、人工知能、確率解析、グラフ理論、反事実モデル、潜在反応モデル、構造的因果モデル、介入効果、反実仮想、交絡、無作為化（RCT）、標本選択バイアス、因果的機械学習、計量経済、金融工学、保険数理

（3）研究開発領域の概要

［本領域の意義］

因果関係（原因と結果の関係）の解明は科学の主目的の一つである。注意すべきは因果関係を知ることは相関関係を見ることとは異なる点である。さらに、それら因果関係に基づいて介入の効果等を評価することは、社会における課題解決のための意思決定に必要であることが多い。そのため、データから因果関係を推測するための数学的方法論を研究開発し体系化し、実際の問題解決のために効果的に用いることが、学術的にも社会的にも求められている。例えば、経済学や金融もしくは保険分野では、政策、社会制度、経営方針の変更等が何にどのような変化をもたらすかを数理の観点から予測することは、十分な情報に基づいた意思決定を行う上で必要不可欠である[1)]。実際ノーベル経済学賞の対象となるほど因果推論手法は経済学において根付いている。また、保険分野でも因果推論や機械学習などデータサイエンスと切り離すことができない。金融分野においては例えば時系列データ分析を用いて市場変動やデフォルト率変動などの要因を探ることは重要視されている。さらに、医学分野での病気・疾病と原因を探る営みはまさに因果効果を探ることにほかならないが、ここに言う因果推論はこうした分野での期待や需要も大きい。

一方、深層学習を含む機械学習が成熟したことにより、それに関する理論研究だけでなく、科学や工学のさまざまな分野において機械学習を課題解決に利用する研究が盛んに行われている。そこで研究開発された技術の実用化は、Webサービスを展開する企業や新薬や新材料探索を効率化したい企業を含め多くの企業や大学・研究機関で進んでいる。そして、文部科学省が大学レベルで「数理・データサイエンス・AI教育プログラム認定制度」をスタートさせるなど、機械学習は全国的な教育カリキュラムにも取り入れられ始めている。

全国的な教育に組み込まれるほど機械学習はなくてはならない手法となってきたが、それに伴い、現在の機械学習が「できること」と「できないこと」の区別も多くの人に認識されるようになった。また、機械学習技術がコモディティ化したことにより、自社サービスに独自性を出したい企業等が、機械学習が「できないこと」を実現する他の技術に興味を示している。従来の機械学習ができないことの代表例が、因果関係を推測することである。そのための方法論が、統計的因果推論である。

そのような背景があり、現在は、因果推論ブームにあると言われ、関連の書籍やセミナーが国内外で多数出版および開催されている。それに伴い、実際の適用事例も、従来の医学や経済学、金融等だけなく、Webサービス関連、マーケティング、政治学、政策科学、化学、材料科学、気候学、農学、製造業など多様な領

域で数多く見られる。

• **歴史的な流れ**

Jerzy Neyman (1923)[2] により、無作為化実験の文脈で潜在反応という因果関係を定式化するためのアイデアが提案された。また、Ronald Fisher (1925)[3] は無作為化実験の重要性を広めることに貢献した。Donald B. Rubinは、潜在反応のアイデアを無作為化実験以外も含めて、潜在反応モデルとして一般化した[4]。Rosenbaum and Rubin (1983)[5] により提案された傾向スコアは、複数の交絡要因を一つの変数にまとめることで、要因の組み合わせによっては条件に該当する対象者が少なくなりすぎる問題等を和らげ、因果分析の普及に貢献した。さらに、時間的に処置が変化する場合への対処は、James M. RobinがG–推定法を提案した[6]。一方、Judea Pearlは、Sewall Wrightが提案したパス解析[7] を基に計量心理学で発展した構造方程式モデリングや数学分野のグラフ理論を結びつけ、仮定を視覚的に表現する因果グラフを特徴とする構造的因果モデルを提案した[8]。そして、交絡要因を選択する際のよりどころとしてdo計算法を考案した[8]。また、Peter Spirtesらにより、因果グラフをデータから推測する因果探索も分野として成立した[9]。それらと並行して、操作変数法[10] や差分の差分法[11]、回帰不連続デザイン[12]、標本選択バイアスへの対処法[13] などが経済学分野から提案され、潜在反応モデルや構造的因果モデルの枠組みで裏付けされ精緻化された[14, 8]。歴史については、8）、15）、16）、17）、18）がより詳しい。

[研究開発の動向]

❶ 数学的方法論に関する動向

・因果性に関するさまざまな概念を記述するための数理的枠組みづくり

（反事実モデルで因果を定義）

現在の因果推論では、反事実モデルと呼ばれる考え方に基づいて因果を定義する。例えば、「私」が薬を飲んで病気が治ったことを観測しただけでは、薬が原因で病気が治ったと言うには不十分であり、時間を巻き戻して「私」がもし薬を飲まなかった場合に病気が治らなかったことを観測すれば、薬が原因で病気が治ったと考えることができる。この２人の「私」は、同じ「私」のため、薬を飲んだか飲まなかったかのみが異なるから、病気の経過に違いが出れば、それは唯一の違いである薬を飲んだか飲まなかったかのせいだと考えるのである。ただし、実際には「私」は一人しかいないため、薬を飲んだ場合と飲まなかった場合の両方について病気が治ったか否かを観測することはできず、必ず一方は観測できない。観測できた方を事実、そうでない方を反事実と呼ぶ。それら二つの場合を比較することにより因果を定義するため、この考え方を反事実モデルと呼ぶ。

この定義からわかるように、個人レベルの因果効果をデータから知ることは原理的に不可能である。そのため、集団レベルの因果効果を調べることが基本となる。上述の薬の例であれば、薬を飲んだか否か以外は、集団としての性質が同じ二つの集団を比較し、病気が治った割合に違いがあるかを調べる。この集団レベルの因果効果を、端に因果効果あるいは介入効果と呼ぶ。

なお、反事実モデル以外にも、因果を定義する試みとしてグレンジャー因果や移動エントロピー、Convergent cross mapping[19, 20] 等があるが、少なくとも現状では、定義としての採用は推奨されていないと思われる。これらは変数間の統計的関連性に基づいて定義されているが、それら定義を満たす関係を見つけたとしても、必ずしも因果関係にはないからである。例えば、グレンジャー因果の場合であれば、分析に含まれていない変数が共通原因（交絡要因）となる場合が考慮されていない[8]。ただし、これら方法を用いた際、結果的に、反事実モデルに基づいて定義される因果関係を推定できる場合はある。

（潜在反応モデル）

反事実モデルと言う考え方を数学的に表現するための代表的なフレームワークに潜在反応モデルがあ

る[4), 14)]。このフレームワークでは、観測されるかどうかにかかわらず薬を飲んだ場合の「私」と飲まなかった場合の「私」について病気が治るか否かをそれぞれ別々の変数で表し、潜在反応と呼ぶ。個人でなく集団を対象に薬を飲んだ場合と飲まなかった場合を比較する場合は、個人の添え字を落として病気が治ったかを確率変数として扱う。この記述の仕方を用いて、因果に関する概念や因果に関して調べたいことを表現する。例えば、介入効果や原因の確率等である。介入効果とは例えば、被検薬と偽薬を服用してもらうことで被検薬がどのくらい効果があるかであり、反事実の確率とは例えば、ワクチンを接種せずに新型コロナに感染しなかった人が、もしもワクチンを接種していたとしたら感染したであろうと考えられる確率である。潜在反応モデルの提案者は統計学者のDonald B. Rubinであり、特に統計学分野で広く研究され、経済学や医学を始め広く用いられている。

（構造的因果モデル）

もう一つの代表的なフレームワークに、構造的因果モデルがある[8)]。このフレームワークでは、潜在反応モデルとは違い、薬を飲んだ場合の「私」と飲まなかった場合の「私」の病気が治ったかを別々の変数で表すことから始めるのではなく、まずデータの生成過程を構造方程式と呼ばれる数式を用いて表し、変数に介入することは、その変数の値を生成する構造方程式を変更することであると考える。そして、構造方程式を用いて潜在反応を求める。例えば、薬を飲ませるという介入を行う場合は、薬を飲んだか否かを表す変数を生成する方程式を、常に薬を飲むように変更する。その変更した新しいデータ生成過程において病気が治るかどうかを表す変数の値が、薬を飲むという処置を受けた場合の潜在反応となる。構造的因果モデルの提案者は計算機科学者のJudea Pearlであり、特に計算機科学や人工知能の分野で広く研究されている。条件付き独立性とグラフ理論を結びつけるグラフィカルモデルのアイデアや計量心理学で発展した構造方程式モデリング[21)]で蓄積されたアイデア（例えば、仮定を幾何学的に図示すること）も取り込まれている。なお、Peter Spirtesらによって、介入を因果グラフで表現するアイデアも同時期に発表されている[9)]。応用面では、歴史的に後発であるため、現状では潜在反応モデルの方が用いられている領域が多いと思われる。しかし、構造的因果モデルには、因果グラフと呼ばれる図示によって、仮定を視覚的に表現できるという利点がある。この利点により、分析者が仮定の妥当性を検討したり領域知識を取り込んだりすることが、潜在反応モデルより容易になる。そのため、両方のフレームワークを適宜使い分ける分析者が増えている。なお、フレームワークの違いにより、データ分析の結論が異なることはないことが知られている[8)]。

・定式化された因果的特性がどのような仮定の下でデータから推定可能か

例えば、興味の対象となる代表的な因果的特性である介入効果をデータから推定するためには、集団としての性質が同質の集団をいかに用意するかが鍵となる。無作為化実験では、対象集団を無作為にグループ分けすること（無作為化/ランダム化）により、そのような集団をあらかじめ用意することができる。しかし、無作為化実験によらずに収集されたデータにより因果推論を行う際には、多くの工夫が必要となる。典型的な工夫としては、原因候補の変数の値を決定するような変数をすべて列挙し、それら変数に基づいて対象集団をグループ分けすることにより、同質の集団を用意する。例えば、重症かどうかのみによって薬を飲んだかどうかを決めているとしよう。重症かどうかによって病気が治るかどうかも変わるだろう。この場合は、重症度によってグループ分けすることによって、重症度について等質であって薬を飲んだかどうかのみが異なる集団を用意する。それができないと、病気にかかる割合に違いが出たとしても、薬を飲んだかどうかで違いが出たのか、重症かどうかで違いが出たのか区別できなくなる。これを交絡の問題と呼び、重症度のような因果関係を調べたい変数ペアに共通する原因を交絡要因と呼ぶ。交絡の問題を避けるために、どの変数についてグループ分けすべきかを判断することが、介入効果を推定する上で鍵となる。交絡の問題以外にも、特定の変数の値に依存して対象者を選んでしまうことにより対象集団には本来存在しない変数間の関連性が現れてしまうと言う標本選択バイアスの問題がある。

そのため、どのような条件で介入効果等の因果的特性を偏りなく推定できるかを数学的に明らかにすることが、因果推論において最も重要な研究項目の一つとなり、多くの研究が行われている。なお、データからそのような推定が可能であることを、識別可能であると言う。この識別性そのものに焦点を当てた研究が因果推論の大きな特徴である。潜在反応モデルの枠組みでは、強く無視できる割り当て条件がこれに対応する。また、構造的因果モデルの枠組みでは、Judea Pearlらによる因果グラフに基づくdo計算法がこれに対応し、その特殊形であるバックドア基準が特に有名である[8)]。また、時間的に処置が変化する場合については、計量生物学者のJames M. RobinのG−推定法等の成果が知られている[6)]。標本選択バイアスの問題への対処については、経済学者James Heckmanの成果が知られている[13)]。

・推定可能であるなら、どうすれば精度（推定値が真値に近い）よく推定できるか

興味のある因果的特性がデータから推定可能であれば、つまり識別可能であれば、次は、どのように精度よく推定するかが焦点となる。例えば、グループ分けに用いる変数が多数になると、グループの数が多くなりすぎて、各グループに該当する対象者の数が少なくなりすぎ、推定が不安定になる恐れがある。多数の変数を１つの変数にまとめる代表的な方法に傾向スコア[5)]があり、それを用いたさまざまな提案がある。

・仮定の妥当性をどう検討するか

推定したい因果的特性が推定可能な条件を満たすかどうかは、分析者が採用した領域知識と設定した仮定による。そのため、分析者が設定した仮定に対してその妥当性の検討を行う。例えば、交絡の問題への対処としては、交絡要因のすべてを漏れなく分析に含めることが肝要であるが、漏れてしまう可能性は拭えない。その際、漏れてしまったかもしれない未観測の交絡要因によって分析の結論が覆るかどうかについてが関心事となる。そのため、このような未観測交絡要因による偏りの程度を見積もる感度分析を行う[22)]。また、分析者が設定した因果グラフから導かれる変数間の条件付き独立性が実際にデータで現れるかを調べることで、因果グラフに誤設定があるかを検討できる[8)]。

❷ 因果推論による意思決定支援に関する研究動向

因果推論は、疫学や経済学を始め、幅広い領域で課題解決のための意思決定支援に利用されている[1), 23), 24)]。医学分野等では、治療法の効果の検証等に標準的に用いられている。また、ビジネス分野でもオンラインで行う無作為化実験（A/Bテスト）を含め盛んに利用されるようになってきている。例えば近年では、コロナワクチンの集団予防接種の有効性の評価[25)]を始め、Obama元米国大統領がウェブサイトの改善に利用しメール会員登録者を増やすことに役立てたとする事例等も社会の注目を集めた。これらに関する和文の教科書として、26）、27）、28）等がある。

また、操作変数法や差分の差分法、回帰不連続デザインなど、人為的でなく自然に生じた環境の変化を利用する自然実験に基づく手法も、潜在反応モデルや構造的因果モデルの枠組みの中で精緻化が進み、適用例が増加している。例えば、11）では、「最低賃金を上げることは雇用を減らすか？」というリサーチクエスチョンに答えるために、最低賃金を引き上げた州とそうでない州が存在することを利用している。引き上げた州がもし引き上げなかった場合の雇用の時間的変化が引き上げなかった州の雇用の時間的変化と同じという仮定の下、引き上げた州の雇用の変化と引き上げた州がもし引き上げなかった場合の雇用の変化の比較を行い、因果効果を計算した。12）では、選挙において現職が有利かどうかを調べるために、前回選挙で当落線上に近かった議員は、現職かどうか以外に差がないと仮定し、当落線上では、現職だった場合、（そうでない場合より）どのくらい当選しやすくなるかと言う因果効果を計算した。金融分野においては、例えば29）は、欧州の上場銀行において資産の担保差し入れが銀行の信用リスクを変化させるかを、操作変数法を用いて調べた。30）は、主要層ストラテジー[31)]と呼ばれる方法を用いてデビッドカードを持っていても使用しない人がいることを考慮しつつ、イタリアの家計においてデビットカードの使用が現金需要を減少させるかを、傾向スコアを用いて調べた。32）では、Bitcoinなどの暗号通貨に関して差分の差分法による因果分析が行われている。また、33）は、米国の中央銀行の判断と経済の状況との因果関係を調べるために、政策金利などの政策に関する変数、GDPやダウジョーンズコモディティ指数などを経済状況に関する変数として用いて因果探索による分析を行った。

定性的な因果関係（因果グラフ等）が領域知識から既知の場合に、直接観測可能な変数について因果関係を推論するための方法論は、成熟期を迎えたと言えるだろう。1970年前後から因果推論の発展に貢献した世代が現役を退き名誉教授等になる時期を迎え、それら因果推論に関する成果がチューリング賞（2011）やノーベル経済学賞（2000、2019、2021）の対象にもなった。チューリング賞受賞理由はベイジアンネットワーク[34)]であり、保険数理へ広く応用されている[35)]。これらノーベル経済学を受賞した開発経済学や労働経済学における因果推論の手法は、その後も隣接する教育経済学や公共経済学、都市経済学、さらにはそれ以外の分野へと拡大し、実証研究において何を外生要因とするかを明確に意識するようになった。さらに、アカデミアや産業界、官公庁等を含め広い領域で、因果推論が問題解決のために用いられている。

（4）注目動向

2010年頃から、ビッグデータやデータサイエンス、AIなどをスローガンに、統計学や機械学習に関する学術的成果が、科学や社会においてさらに広く使われるようになった。因果推論は、それより前から、医学や経済学などの分野で利用されていたし、それら領域科学における需要を念頭に置いた方法論に関する研究も計量生物学、計量経済学、計量心理学、統計学、計算機科学、哲学等の研究者を中心に盛んに行われていた。ただ、それらスローガンの登場により、因果推論と機械学習の動機や技術の交流や相互乗り入れ、そして適用される領域の拡大などの変化があったように推測される[36), 37)]。

実際まず、i）機械学習関連の研究者や実務家がアカデミアや産業界で大きく増えたこと、ii）そして機械学習が社会で広く利用されることにより、伝統的な機械学習の手法では答えられないリサーチクエスチョンが方法論者以外の科学者や実務家に認知されたこと、また iii）機械学習の成熟により、同領域に閉じた重要な研究トピックの減少などを背景にして、多くの機械学習の研究者が因果推論の研究も行うようになったことが挙げられる。また、因果推論の研究者も機械学習の成果を積極的に取り入れるようになってきている。

産業界では、米国や欧州、中国ではMicrosoftやAmazon、Google、Alibaba、Huawei等の大企業が因果推論に関するサービスを提供したり、分析パッケージを公開したり、そのために同分野の研究者の採用を積極的に行い、研究グループを形成し論文発表などにも力を入れたりなどしている。これら人材を継続的に輩出する因果推論に関する研究拠点が米国や欧州にはそれぞれ複数ある（Carnegie Mellon University、University of California, Los Angeles、Harvard University、Max-Planck-Institut、ETH Zürichなど）。中国でも清華大学がDonald B. Rubinを2018年より教授として迎えるなど因果推論に関する人材育成に力を入れていることが伺える。また、深層学習などの機械学習技術に基づくサービスだけでなく因果推論に基づくサービスを売りにする企業も、スタートアップを含め国内外で散見されるようになった。

[新展開・技術トピックス]

❶ 因果推論のアイデアによる機械学習の改善

深層学習等の機械学習技術に基づくAIが社会実装されるに伴い、その信頼性の確保が重要となっている。当初は因果推論のアイデアはさほど使われてはいなかったと思われるが、信頼性の中でも公平性や説明性は因果推論の枠組みで定義され議論されてきた性質であったため、それを利用したAIの公平性や説明性を評価し向上させるための研究が盛んに行われている[36)]。

また、機械学習による予測性能は格段に向上したが、大きな課題の一つとして、環境が変化すると予測精度が低下する問題があり、共変量シフトや転移学習、ドメイン適応などの名で研究されている[38]。環境が変わっても予測精度を維持させるためには、環境が変わっても不変な特徴を利用する必要がある。そのような不変な特徴として、定性的な因果関係を利用することが注目を集めている。環境が変わり、因果の大きさや分布が変わっても、原因と結果の関係は変わらないだろうというアイデアである[36]。因果推論の文脈では、外的妥当性の問題として研究されているが、技術交流が進んでいる[39]。

❷ 機械学習のアイデアによる因果推論の改善

因果推論の理論によって、興味のある因果的特性、例えば、介入効果がデータから推定可能であるとわかった後、それを実際に推定する際に、機械学習の技術を使い推定精度を向上させようという試みがある。機械学習技術は予測を目的にしているため、何らかの補正をする必要があるが、特に高次元データを扱う際には有効である可能性がある[40]。

また、分析者が設定した仮定、例えば、因果グラフの妥当性を検討する目的で変数間の条件付き独立性を調べることがある。その際、変数がガウス分布以外に従う場合や非線形の場合を扱う上で、カーネル法による独立性評価など機械学習の技術が使われている[41]。

❸ 因果推論と機械学習の融合による高次の知能を持つAIの実現へ

深層学習の登場により人間のような知能を持つ自律的なシステムが実現するのではないかという期待が高まっている。しかし、人間のような知能を持つには、因果の推定（推測）をＡＩがなせることが必要であるとして[42]、深層学習を含む機械学習と因果推論の融合を目指す流れがある[43]。実際に介入する前に、もし介入したらどのくらいの効果があるかを予測したり、実際には起きていないことがもし起きたらどうなるかといった反実仮想によるシミュレーションを行えたりすることが、従来の機械学習に基づくAIをより高次のレベルへ引き上げるために必要だという考え方である（反実仮想機械学習）。これにより、例えば、環境や状況の変化に適応し、未知の新しい状況でも適切な予測を行えるAIが実現するのではと期待されている[15]。例えば、動画などから因果関係や変数定義を学習し、それを別のタスクへ活かすこと等が挙げられている（因果表現学習）[37]。反実仮想機械学習や因果表現学習などは総じて因果的機械学習と呼ばれている[36]。

仮にそのようなAIが実現し、領域知識やデータを自動的に収集する術が備われば、領域知識とデータに基づき、因果関係を踏まえた仮説構築や検証をAIが自動的に行うことができるだろう。実現のためにまず必要なのが、潜在反応モデルや構造的因果モデルなどの因果関係を記述するための数学的フレームワークであった。そうしたことから、それらフレームワークの中で、リサーチクエスチョン、仮定、データの三つが与えられたときに、リサーチクエスチョンに答えることが可能か、可能なら答えは何かを計算するための原理や推定アルゴリズムに関する数理科学的研究が盛んに行われてきている。このような自律的なAIシステムは、Society 5.0におけるスマートシティ構想やデジタルツイン構想の実現を含め、人間が科学や社会における問題解決を行う際に大きな助けとなるだろう。

[注目すべき国内外のプロジェクト]

❶ 因果推論に関する国際学会、国際雑誌、国際会議が設立

- The Society for Causal Inference（SCI）が2021年に設立された（https://sci-info.org）。設立前から毎年開催されていたAtlantic Causal Inference Conferenceを母体としている。年１回American Causal Inference Conferenceと週1回程度公開でOnline Causal Inference Seminarを開催している。
- 北京国际数学研究中心（Beijing International Center for Mathematical Research）の中で、清華大学と北京大学が主催して、Pacific Causal Inference Conferenceを2020年から国内外の研究者を年１回開催している。上記のAtlanticと対比させてPacificと銘打っているのだろう。
- 2013年より、Judea Pearl教授をEditorの一人として、因果推論の専門誌 Journal of Causal

Inference（De Gruyterより出版）が刊行開始された。
・2022年より、因果推論専門の国際会議としてConference on Causal Learning and Reasoning（CLeaR）が始まり、査読付きプロシーディングスを出版している。

❷ 因果推論の研究教育拠点形成のための資金助成

米国国立衛生研究所（NIH）のBD2K（Big Data to Knowledge）事業において、ビッグデータから生物医学に関する知識を得るための因果推論の方法に関する研究教育拠点を形成するために、University of PittsburgやCarnegie Mellon Universityを中心にCenter for causal Modeling and discovery of Biomedical Knowledge from Big Dataを設置された[1]。交絡要因を調整することによる介入効果の推定という伝統的な因果分析以外の方法論の成果も、科学や社会で活用される段階に来たことを印象づけるプロジェクトであった。ただ、深層学習をベースとするような国レベルでの因果推論研究やその社会実装への投資は、世界的にまだ始まっていないと思われる。

（5）科学技術的課題

因果推論における主なボトルネックは、無作為化実験が実施できないような場合に生じる。したがって、多くの方法論研究は無作為化実験以外から得られたデータ（観察データ）による因果推論を対象としている。しかし、分野全体の意識としては、それだけに特化するのでなく、複数の母集団における無作為化実験から得られたデータとそれ以外の方法により得られたデータを領域知識と組み合わせて、よりよい因果分析を実現しようとする方向に進んでいる[44)]。

❶ 枠組みの拡張と仮定の妥当性の検討方法

交絡と標本選択バイアスが因果推論の二大困難である[1), 44)]。因果構造を表す因果グラフが非巡回の場合の理論は大きく発展したが、さらに実際の適用範囲を広げるには、それ以外の場合についても同水準にまで数学的な理論（例えば、力学系や圏論など）を拡張・精緻化したりする必要があるだろう。例えば、対象者間に干渉があり得る場合、因果関係に巡回構造が見られる場合、因果関係が異なる複数の集団が混在する場合、因果関係が時間的に変化する場合、非平衡状態にある場合、変数の定義が事前に明確でない場合等があるだろう。

❷ 自動化による分析者の負担の軽減

因果推論を行うためには、データだけでなく領域知識が必要である。そのため、どのような領域知識に基づいて分析の仮定を設定するのかを分析者が判断しなければならない。したがって、分析者の負担を軽減し判断に焦点を合わせやすくすることが、因果推論が必要な場面で多くの人に使われるようになるためには必要であると思われる。例えば、領域知識を論文データベースから自動抽出したり、人間参加型の因果分析プロセスを構築したり、因果推論が介入したときの変化の分析であることを踏まえて結果を可視化したり、因果グラフをデータから推測したりすることが挙げられるだろう。個々の技術は各分野で行われているが[45), 46), 9), 47)]、それを効果的に結びつけ、一つの因果分析システムとして、分析者が比較的手軽にアクセス可能な状態にすること肝要であろう。

1　2014年–2019年, 5年間12.8M USD.
https://app.dimensions.ai/details/grant/grant.3860236

（6）その他の課題

国内の大学等の機関において、一部の医学研究科所属の生物統計学関係の専攻を除いて、因果推論人材を継続的に輩出しうる仕組みや環境は十分でないと思われる（例えば、因果推論に関する教員が定常的に在籍するなど)。

また、政府のAI戦略2019を踏まえて、文部科学省「数理・データサイエンス・AI教育強化拠点コンソーシアム」がまとめたモデルカリキュラムにおいて、リテラシーレベルでは「相関と因果（相関係数、擬似相関、交絡)」、応用基礎レベルでは「相関関係と因果関係」がキーワードとして挙げられており、文理を問わず、全国の大学・高専生が学ぶことが目指されている。リカレント教育やリスキリングのための教育プログラムの設置や拡充も必要だろう。実務で因果推論を使っているとされる実務家教員も理論的背景については十分な知識を持っていない場合もある。因果推論の研究者や実務家等の数は、例えば、機械学習分野と比して、世界的に少ない。大学等において、医学に限らず幅広い適用領域で因果推論を教えることができる教員および因果推論に関する研究能力を持つ人材の養成が急務である。

因果推論の手法がノーベル経済学賞を受賞したことを背景とし、日本でもEBPM（evidence based policy making）に注目が集まるようになったが、科学としての精緻さを増した経済学的な政策分析は、一方で複雑でわかりにくい分析や解釈の難しい結果が示されるようになり、研究者と政策担当者（あるいは一般の人々）をつなぐ人材が必要になっている。

（7）国際比較

国・地域	フェイズ	現状	トレンド	各国の状況、評価の際に参考にした根拠など
日本	基礎研究	○	↗	大学等では、医学研究科・薬学研究科所属の生物統計学関係の専攻[48]、経済学研究科の計量経済学関係[49]、統計学や機械学習関係の専攻等にて、因果推論に関する方法論研究が行われている。また、理化学研究所などの関連部局でも行われている[50]。因果探索分野で因果グラフの識別性に関して嚆矢となる研究も生まれている[44]。近年、機械学習分野でも因果推論に関する研究が行われるようになった分、研究成果や研究者数は増加しているが、欧米に比べれば研究者数は非常に少なく、継続的に研究成果を発表し人材を育成・輩出するためには、層を厚くする必要がある。
	応用研究・開発	△	↗	医学や疫学、経済学等において普及している。また、サイバーエージェント[51]やNTTグループ[52]、富士通[53]等の企業でも、因果推論に関する研究も見られる。 NEC[54]、ニュートラル[55]、SCREEN[56]、ソニー[57]など因果推論を行うソフトウェアや分析サービスを販売する企業も現れている。
米国	基礎研究	◎	↗	潜在反応モデルや構造的因果モデル、因果探索等について嚆矢となる成果を挙げたHarvard University[58]、University of California, Los Angeles、Carnegie Mellon University[59]を中心に、University of WashingtonやJohns Hopkins University、Columbia University等が研究拠点として機能しており、研究成果の発表件数も多く、研究者の層が厚い。また、Columbia UniversityやUniversity of Montreal（カナダ）等の深層学習を含む機械学習研究拠点との連携も進み、その分、研究成果および研究者数は増えている。 NeuIPS[60]、ICML[61]、KDD[62]、UAI[63]など機械学習分野の主要国際会議で因果推論関係ワークショップやチュートリアルが行われている。
	応用研究・開発	○	↗	医学や疫学、経済学、政治学においてはよく普及している。生命科学、疫学や経済学、神経科学等について特に方法論に関する研究拠点との連携もよくなされている。さらに、Microsoft[64]やGoogle[65]、IBM[66]などの企業においても因果推論の研究チームがあり、分析パッケージを公開したりなどしている。

国・地域	フェーズ	現状	トレンド	各国の状況、評価の際に参考にした根拠など
欧州	基礎研究	◎	↗	米国同様、因果推論に関する研究拠点が複数ある。英国のUniversity College London[67]、ドイツのMax-Planck-Institut[68]、スイスのETH Zürich[69]、フィンランドのUniversity of Helsinki[70]、ギリシャのUniversity of Crete[71]、オランダのUniversity of Amsterdam[72] 等が挙げられる。米国同様に層は厚く、機械学習研究者との連携もよくなされている。因果推論の方法は主に米国で発展してきていると言えるだろうが、Jerzy Neymanが潜在反応モデルを無作為化実験の文脈で初めて提案したことに加え[2]、Ronald Fisherは無作為化が因果推論の強力な道具であることを広めるなどした[3]。
	応用研究・開発	○	↗	米国同様、生命科学、経済学等、それから気候学[73] について方法論に関する研究拠点との連携もよくなされている。Amazonドイツにおいて、Max-Planck-Institutの研究者と連携した因果推論の研究グループ[74] が形成されている。また、因果推論を特長としたスタートアップ企業等もギリシャ[75] や英国[76] 等で見られる。
中国	基礎研究	△	↗	北京大学[77] や清華大学[78]、広東工業大学[79] などに拠点が形成されつつある。深層学習など機械学習研究者との連携もよくなされているが、まだ層が厚いとは言えないだろう。嚆矢となるような仕事についても目立った活動はまだ見られない。清華大学がDonald B. Rubin教授を迎えるなど力を入れていることは伺える。
	応用研究・開発	△	↗	Alibaba[80] やHuawei[81] 等の企業において、因果推論に関する論文発表が行われている。
韓国	基礎研究	△	→	目立った活動は見られない。
	応用研究・開発	△	→	目立った活動は見られない。

（註1）フェーズ

基礎研究：大学・国研などでの基礎研究の範囲

応用研究・開発：技術開発（プロトタイプの開発含む）の範囲

（註2）現状　※日本の現状を基準にした評価ではなく、CRDSの調査・見解による評価

◎：特に顕著な活動・成果が見えている　　○：顕著な活動・成果が見えている

△：顕著な活動・成果が見えていない　　×：特筆すべき活動・成果が見えていない

（註3）トレンド　※ここ1～2年の研究開発水準の変化

↗：上昇傾向、→：現状維持、↘：下降傾向

参考文献

1) Paul Hünermund and Elias Bareinboim, “Causal Inference and Data Fusion in Econometrics,” Arxiv, https://doi.org/10.48550/arXiv.1912.09104,（2023年3月8日アクセス）.

2) Jerzy Splawa-Neyman, D. M. Dabrowska, and T. P. Speed, “On the Application of Probability Theory to Agricultural Experiments. Essay on Principles. Section 9,” *Statistical Science* 5, no. 4（1990）: 465-472., https://doi.org/10.1214/ss/1177012031.

3) Ronald Aylmer Fisher, *Statistical Methods for Research Workers* (Oliver & Boyd, 1925).

4) Donald B. Rubin, “Estimating causal effects of treatments in randomized and nonrandomized studies,” *Journal of Educational Psychology* 66, no. 5（1974）: 688-701., https://doi.org/10.1037/h0037350.

5) Paul R. Rosenbaum and Donald B. Rubin, “The central role of the propensity score in observational studies for causal effects,” *Biometrika* 70, no. 1（1983）: 41-55., https://doi.org/10.1093/biomet/70.1.41.

6) James M. Robin, “A new approach to causal inference in mortality studies with a sustained exposure period—application to control of the healthy worker survivor effect,” *Mathematical Modelling* 7, no. 9-12（1986）: 1393-1512., https://doi.org/10.1016/0270-0255(86)90088-6.

7) Sewall Wright, “The Method of Path Coefficients,” *The Annals of Mathematical Statistics* 5, no. 3（1934）：161-215., https://doi.org/10.1214/aoms/1177732676.
8) Judea Pearl, *Causality*, 2nd ed. (Cambridge: Cambridge University Press, 2009).
9) Peter Spirtes, Clark Glymour, and Richard Scheines, *Causation, Prediction, and Search*, 2nd ed. (MIT Press, 2001)., https://doi.org/10.7551/mitpress/1754.001.0001.
10) Philip Green Wright, *The Tariff on Animal and Vegetable Oils* (Macmillan, 1928).
11) David E. Card and Alan B. Krueger, “Minimum Wages and Employment: A Case Study of the Fast-Food Industry in New Jersey and Pennsylvania,” *American Economic Review* 84, no. 4（1994）：772-793, https://doi.org/10.3386/w4509.
12) D. L. Thistlewaite and D. T. Campbell, “Regression-discontinuity analysis: An alternative to the ex post facto experiment,” *Journal of Educational Psychology* 51, no. 6（1960）：309-317., https://doi.org/10.1037/h0044319.
13) James J. Heckman, “Sample Selection Bias as a Specification Error,” *Econometrica*, 47, no. 1（1979）：153-161., https://doi.org/10.2307/1912352.
14) Guido W. Imbens and Donald B. Rubin, *Causal Inference for Statistics, Social, and Biomedical Sciences* (Cambridge: Cambridge University Press, 2015).
15) Judea Pearl and Dana Mackenzie, *The Book of Why: The New Science of Cause and Effect* (New York: Basic Books, Inc., 2018).
ジューディア・パール，ダナ・マッケンジー『因果推論の科学：「なぜ？」の問いにどう答えるか』松尾豊 監，夏目大 訳（東京：文藝春秋，2022）.
16) James H. Stock and Francesco Trebbi, “Retrospectives: Who Invented Instrumental Variable Regression?” *Journal of Economic Perspectives* 17, no. 3（2003）：177-194., https://doi.org/10.1257/089533003769204416.
17) Guido W. Imbens and Jeffrey M. Wooldridge, “Recent Developments in the Econometrics of Program Evaluation,” *Journal of Economic Literature* 47, no. 1（2009）：5-86., https://doi.org/10.1257/jel.47.1.5.
18) Donald B. Rubin, “Causal Inference Using Potential Outcomes: Design, Modeling, Decisions,” *Journal of the American Statistical Association* 100, no. 469（2005）：322-331., https://doi.org/10.1198/016214504000001880.
19) C. W. J. Granger, “Investigating Causal Relations by Econometric Models and Cross-spectral Methods,” *Econometrica* 37, no. 3（1969）：424-438., https://doi.org/10.2307/1912791.
20) George Sugihara, et al., “Detecting Causality in Complex Ecosystems,” *Science* 338, no. 6106（2012）：496-500., https://doi.org/10.1126/science.1227079.
21) Kenneth A. Bollen, *Structural Equations with Latent Variables* (John Wiley & Sons, Inc., 1989).
22) Peng Ding and Tyler J. VanderWeeleb, “Sensitivity Analysis Without Assumptions,” *Epidemiology* 27, no. 3（2016）：368-377., https://doi.org/10.1097/EDE.0000000000000457.
23) Miguel A. Hernán and James M. Robins, *Causal Inference: What If* (CRC Press, 2020).
24) Stephen L. Morgan and Christopher Winship, *Counterfactuals and Causal Inference: Methods and Principles for Social Research*, 2nd ed., Analytical Methods for Social Research (Cambridge: Cambridge University Press, 2014)., https://doi.org/10.1017/CBO9781107587991.
25) Noa Dagan, et al., “BNT162b2 mRNA Covid-19 Vaccine in a Nationwide Mass Vaccination Setting,” *New England Journal of Medicine* 384（2021）：1412-1423., https://doi.org/10.1056/

NEJMoa2101765.
26) 安井翔太『効果検証入門：正しい比較のための因果推論/計量経済学の基礎』株式会社ホクソエム 監（東京：技術評論社, 2020）.
27) 髙橋将宜『統計的因果推論の理論と実装：潜在的結果変数と欠測データ』石田基広 監, 市川太祐, 他 編, Wonderful R 5（東京：共立出版, 2022）.
28) 星野崇宏『調査観察データの統計科学：因果推論・選択バイアス・データ融合』確率と情報の科学（東京：岩波書店, 2009）.
29) Emilia Garcia-Appendinia, Stefano Gattib, and Giacomo Nocera, "Does asset encumbrance affect bank risk? Evidence from covered bonds," *Journal of Banking & Finance* 146 (2023) : 106705., https://doi.org/10.1016/j.jbankfin.2022.106705.
30) Andrea Mercatanti and Fan Li, "Do Debit Cards Decrease Cash Demand?: Causal Inference and Sensitivity Analysis Using Principal Stratification," *Journal of the Royal Statistical Society. Series C: Applied Statistics* 66, no. 4 (2017) : 759-776., https://doi.org/10.1111/rssc.12193.
31) Constantine E. Frangakis and Donald B. Rubin, "Principal Stratification in Causal Inference," *Biometrics* 58, no. 1 (2002) : 21-29., https://doi.org/10.1111/j.0006-341X.2002.00021.x.
32) Shimeng Shi and Yukun Shi, "Bitcoin futures: trade it or ban it?" *The European Journal of Finance* 27, no. 4-5 (2021) : 381-396., https://doi.org/10.1080/1351847X.2019.1647865.
33) Alessio Moneta, et al., "Causal Inference by Independent Component Analysis: Theory and Applications," *Oxford Bulletin of Economics and Statistics* 75, no. 5 (2013) : 705-730., https://doi.org/10.1111/j.1468-0084.2012.00710.x.
34) Judea Pearl, *Causality: Models, Reasoning and Inference* (Cambridge: Cambridge University Press, 2000).
35) Barry Sheehan, et al., "Semi-autonomous vehicle motor insurance: A Bayesian Network risk transfer approach," *Transportation Research Part C: Emerging Technologies* 82 (2017) : 124-137., https://doi.org/10.1016/j.trc.2017.06.015.
36) Jean Kaddour, et al., "Causal Machine Learning: A Survey and Open Problems," Arxiv, https://doi.org/10.48550/arXiv.2206.15475,（2023年3月8日アクセス）.
37) Bernhard Schölkopf, et al., "Toward Causal Representation Learning," *Proceedings of the IEEE* 109, no. 5 (2021) : 612-634., https://doi.org/10.1109/JPROC.2021.3058954.
38) Joaquin Quinonero-Candela, et al., eds., *Dataset Shift in Machine Learning* (MIT Press, 2008)., https://doi.org/10.7551/mitpress/9780262170055.001.0001.
39) Elias Bareinboim and Judea Pearl, "Causal inference and the data-fusion problem," *PNAS* 113, no. 27 (2016) : 7345-7352., https://doi.org/10.1073/pnas.1510507113.
40) Victor Chernozhukov, et al., "Double/debiased machine learning for treatment and structural parameters," *The Econometrics Journal* 21, no. 1 (2018) : C1-C68., https://doi.org/10.1111/ectj.12097.
41) Jonas Peters, Dominik Janzing, and Bernhard Schölkopf, *Elements of Causal Inference: Foundations and Learning Algorithms* (MIT Press, 2017).
42) Judea Pearl, "Causal Inference: History, Perspectives, Adventures, and Unification (An Interview with Judea Pearl)," *Observational Studies* 8, no. 2 (2022) 1-14., https://doi.org/10.1353/obs.2022.0007.
43) Payal Dhar, "Understanding Causality Is the Next Challenge for Machine Learning," IEEE Spectrum, https://spectrum.ieee.org/tech-talk/artificial-intelligence/machine-learning/

understanding-causality-is-the-next-challenge-for-machine-learning,（2023年3月8日アクセス）.
44) Judea Pearl, “The seven tools of causal inference, with reflections on machine learning,” *Communications of the ACM* 62, no. 3（2019）: 54-60., https://doi.org/10.1145/3241036.
45) 和泉潔, 坂地泰紀, 松島裕康『金融・経済分析のためのテキストマイニング』テキストアナリティクス 6（東京: 岩波書店, 2021）.
46) 鹿島久嗣, 小山聡, 馬場雪乃『ヒューマンコンピュテーションとクラウドソーシング』機械学習プロフェッショナルシリーズ（東京: 講談社, 2016）.
47) Shohei Shimizu, *Statistical Causal Discovery: LiNGAM Approach*, SpringerBriefs in Statistics (Tokyo: Springer, 2022)., https://doi.org/10.1007/978-4-431-55784-5.
48) 京都大学大学院医学研究科 社会健康医学系専攻 医療統計学 http://www.kbs.med.kyoto-u.ac.jp/member_sato.html,（2023年3月8日アクセス）.
東京大学大学院 医学研究科 公共健康医学専攻 生物統計学分野 http://www.epistat.m.u-tokyo.ac.jp/about/,（2023年3月8日アクセス）.
49) 東京大学大学院経済学研究科経済専攻 経済学コースhttps://www.e.u-tokyo.ac.jp/fservice/faculty/viewrfj.html,（2023年3月8日アクセス）.
50) 理化学研究所革新知能統合研究センター, 因果推論チームhttps://www.riken.jp/research/labs/aip/generic_tech/cause_infer/,（2023年3月8日アクセス）.
理化学研究所革新知能統合研究センター, 経済経営情報融合分析チームhttps://www.riken.jp/research/labs/aip/ai_soc/bus_econ_inf_fusion_anl/index.html,（2023年3月8日アクセス）.
51) CyberAgent, Inc. AI Lab https://cyberagent.ai/ailab/,（2023年3月8日アクセス）.
52) NTTコミュニケーション科学基礎研究所, 知能創発環境研究グループ http://www.kecl.ntt.co.jp/icl/ls/research.html,（2023年3月8日アクセス）.
53) 理研AIP-富士通連携センター
国立研究開発法人理化学研究所 革新知能統合研究センター（AIP）「多変数データを用いた非線形因果探索技術の開発」https://aip.riken.jp/news/20220426_pressrelease_aip-fujitsu/?lang=ja,（2023年3月8日アクセス）.
54) 日本電気株式会社（NEC）causal analysis：因果分析ソリューションhttps://jpn.nec.com/solution/causalanalysis/index.html,（2023年3月8日アクセス）.
55) ニュートラル株式会社 因果探索・未来予測ソリューション『NTech Predict』, https://www.ipros.jp/product/detail/2000690909/,（2023年3月8日アクセス）.
56) 株式会社SCREENアドバンストシステムソリューションズ 因果探索ソリューションhttps://www.screen.co.jp/as/solution/causal,（2023年3月8日アクセス）.
57) 株式会社ソニーコンピュータサイエンス研究所（ソニーCSL）CALC https://www.sonycsl.co.jp/tokyo/7593/,（2023年3月8日アクセス）.
58) Department of Statistics, Harvard University, https://statistics.fas.harvard.edu,（2023年3月8日アクセス）.
Harvard T.H. Chan School of Public Health, CAUSALab, https://causalab.sph.harvard.edu,（2023年3月8日アクセス）.
59) CMU-CLeaR Group, Carnegie Mellon University, https://www.cmu.edu/dietrich/causality/,（2023年3月8日アクセス）.
60) NeurIPS2021 Causal Inference & Machine Learning: Why now?, https://why21.causalai.net,（2023年3月8日アクセス）.

NeurIPS2020 Workshop: Causal Discovery & Causality-Inspired Machine Learning, https://www.cmu.edu/dietrich/causality/neurips20ws/,（2023年3月8日アクセス）.
61) Nan Rosemary Ke and Stefan Bauer, "Causality and Deep Learning: Synergies, Challenges and the Future," ICML 2022 Tutorial, https://sites.google.com/view/causalityanddeeplearning/start,（2023年3月8日アクセス）.
62) The 2022 ACM SIGKDD Workshop on Causal Discovery, http://4llab.net/workshops/CD2022/index.html,（2023年3月8日アクセス）.
The 2021 ACM SIGKDD Workshop on Causal Discovery, https://nugget.unisa.edu.au/cd2021.html,（2023年3月8日アクセス）.
63) Yoshua Bengio and Nan Rosemary Ke, "Tutorial: Causality and Deep Learning: Synergies, Challenges & Opportunities for Research," 38th Conference on Uncertainty in Artificial Intelligence (UAI 2022), https://www.auai.org/uai2022/tutorials,（2023年3月8日アクセス）.
64) Causality and Machine Learning, Microsoft, https://www.microsoft.com/en-us/research/group/causal-inference/,（2023年3月8日アクセス）.
Microsoft, DoWhy, https://github.com/py-why/dowhy,（2023年3月8日アクセス）.
65) CausalImpact, Google, Inc., https://google.github.io/CausalImpact/CausalImpact.html,（2023年3月8日アクセス）.
66) Causal Inference 360 Open Source Toolkit, IBM, https://cif360-dev.mybluemix.net,（2023年3月8日アクセス）.
67) Department of Statistical Science, University College London, https://www.ucl.ac.uk/statistics/people/ricardosilva,（2023年3月8日アクセス）.
68) Causal Inference, Max Planck Institute for Intelligent Systems, https://ei.is.mpg.de/research_projects/causal-inference,（2023年3月8日アクセス）.
69) Seminar for Statistics, ETH Zürich, https://math.ethz.ch/sfs,（2023年3月8日アクセス）.
70) Department of Computer Science, University of Helsinki, https://www.cs.helsinki.fi/u/ahyvarin/,（2023年3月8日アクセス）.
71) Department of Computer Science, University of Crete, http://mensxmachina.org/en/,（2023年3月8日アクセス）.
72) Amsterdam Machine Learning Lab (AMLab), University of Amsterdam, https://amlab.science.uva.nl,（2023年3月8日アクセス）.
73) Causal Inference and Climate Informatics Group, German Aerospace Center's Institute of Data Science, https://climateinformaticslab.com,（2023年3月8日アクセス）.
74) Amazon
https://www.amazon.science/blog/honorable-mention-to-amazon-researchers-for-icml-test-of-time-award,（2023年3月8日アクセス）.
https://www.amazon.science/author/dominik-janzing,（2023年3月8日アクセス）.
75) Gnosis Data Analysis, https://www.gnosisda.gr,（2023年3月8日アクセス）.
76) Actable AI Technologies LTD, https://www.actable.ai,（2023年3月8日アクセス）.
causaLens, https://www.causalens.com,（2023年3月8日アクセス）.
77) Department of Biostatistics, Peking University, https://sph.pku.edu.cn/English/Faculty/Department_of_Biostatistics.htm,（2023年3月8日アクセス）.
78) Yau Mathematical Sciences Center, Tsinghua University, https://ymsc.tsinghua.edu.cn/en/info/1031/1879.htm,（2023年3月8日アクセス）.

79) Data Mining and Information Retrieval Laboratory, Guangdong University of Technology, https://dmir.gdut.edu.cn,（2023年3月8日アクセス）.
80) Decision Intelligence Lab, DAMO Academy, Alibaba https://damo.alibaba.com/labs/decision-intelligence,（2023年3月8日アクセス）.
81) Huawei Technologies Noah's Ark Lab, http://dev3.noahlab.com.hk,（2023年3月8日アクセス）.

2.7.4 意思決定と最適化の数理

（1）研究開発領域の定義

人間が合理的な意思決定を行うための数理的手法の開発。標語的には「意思決定のための最適化と予測」の数理科学である。予測と最適化の基盤・背景となる数理モデル、最適化法、シミュレーション手法、ネットワークモデル、確率モデル、ゲーム理論の一部が含まれる。技術開発の基盤となる理論構築のみならず、実際の現場における応用も目指す。特に本俯瞰では意思決定のための数理モデリングの基盤となる最適化・ゲーム理論を中心として俯瞰する。

（2）キーワード

線形計画法、連続最適化、離散最適化、組合せ最適化、グラフ・ネットワーク、ゲーム理論、計算複雑性理論、半正定値計画法、非線形計画法、機械学習、データ同化

（3）研究開発領域の概要

［本領域の意義］

意思決定の数理が社会に重要性を訴える上で必須のキーワードは「予測と最適化」である。そして、それに加えて概念的に重要なのが、それを背後で支える「数理モデル」である。寄与しうる分野としては、地球温暖化、資源配分、スケジューリング、人員配置、最適輸送、最適設計、マーケティングなどが考えられる。新型コロナへの対応や、地球温暖化への対応のように、人間行動のような曖昧なものと自然科学上の的確な記述を目指すモデルをマッチングしていくということも重要な問題意識である。 20世紀はコンピューターの発達とともに、自然科学や工学において、数理的手法が大きな力を発揮した。21世紀に入り、コンピューターやインターネットが大きく発展し、ビッグデータを利用できるようになり、複雑な現象や不確実性を含んだ人間の行動等を扱うための数理科学を深化させ、展開していくことが重要となっている。したがって、それらの分野でコンピューターとビックデータを用いた数理的手法により「予測と最適化」について人間の要求に耐えうるものが多く生まれたことが本領域の意義である。予測は「データサイエンス」、最適化はいわば「デザインサイエンス」であるが、両者の境界は曖昧でありはっきりとしたものではなく、機械学習等の隣接分野とも強力な連携を図りつつ行われる学際的な研究開発領域である（データサイエンスについては「2.1.6　AI・データ駆動型問題解決」を、最適化については「2.3.4 メカニズムデザイン」を参照）。

歴史的に眺めると、第2次世界大戦後勃興した数理科学の中で、意思決定を念頭においた人間行動のモデリングに取り組む分野としては、経済学、ゲーム理論、オペレーションズ・リサーチ（OR）などが挙げられる。特にオペレーションズ・リサーチでは、目的を達成する上で最適な戦略や計画を求めるためのさまざまな手法を研究する。そのために、線形計画法を軸として、連続・離散最適化法や最適化モデル、ネットワークモデル、ゲーム理論や待ち行列モデル、確率モデルの研究が展開され、さらに、これらの研究と、計算機科学、計算科学とが密接にかかわりあい、分野として発展してきた。

意思決定の数理は、「医薬品の効果の判定」や「道路行政の費用便益分析」等の例に見られるように、社会や行政の意思決定システムの一部としてそれなりに機能してきた。これらは「制度化された意思決定の数理科学」ということができる。しかし、インターネット・ビッグデータ・機械学習の興隆に見られる社会の大変革が進む中で、その一部はすでに硬直化して時代にそぐわないものとなりつつあり、抜本的な見直しが必要となっている。具体的には「勘と経験と度胸（KKD）」から「数理モデル＋（KKD）」への変革である。さらに、社会制度や組織運営の文化との擦り合わせが本研究開発領域の研究成果を社会に還元する上で極めて重要である。このような問題意識のもと、本俯瞰ではデザインサイエンスの基礎となる最適化・ゲーム理論と関連する数理モデルを中心として俯瞰する。

［研究開発の動向］

❶ 20世紀の展開

数理科学としての最適化・ゲーム理論の始まりの画期的な契機となったのが、1947年にダンツィークによって創始された線形計画法である。線形計画問題は、多面体（内部を含む）上で線形関数を最小化もしくは最大化する問題である。複雑ではないものの、離散的側面と連続的側面を有し、双対性をはじめとする豊富な数理的構造を持ち、ゲーム理論や経済学につながる幅広い応用領域があり幅広く使われてきた。解法は単体法である。単体法は、制約領域の多面体の稜をたどって最適解を求める解法である。1950年代は線形計画法の確立期であり、連続的・離散的最適化の萌芽期であったと言えよう。その後、1960年代から70年代にかけて、連続最適化分野では、無制約最適化に対する最急降下法・ニュートン法、準ニュートン法、そして制約付き最適化に対する罰金法や乗数法等、非線形最適化の諸手法が、離散的最適化分野では、ネットワーク最適化問題等の研究が大きく進展した。この進展で重要な役割を果たした道具立ての一つは双対理論や凸解析であった。

そして、分野として次の大きな転機は1970年後半に計算機科学における計算複雑度の理論の勃興とともに訪れた。多くの離散的最適化問題が計算複雑度の観点、とりわけ多項式時間解法が存在するか否か？の観点から見直され、P対NP問題と関連づけられ、計算機科学と深い関わりを持つようになった。特に、線形計画問題に対して多項式時間算法が存在するか否かが重要な問題として提起され、これが楕円体法という最初の多項式時間解法（1979年）を経て、内点法という、分野に大きな影響を及ぼした多項式時間解法（1984年）の発見と展開へと続いた。

内点法は、多面体の内部で定義された最適解に向かう中心曲線という曲線をたどって最適解に行く解法である。内点法によって多面体上での凸2次関数最小化問題、凸2次計画問題や半正定値計画問題といった新しい最適化問題が解けるようになり多くの分野で活用された[1), 2)]。これらの問題が解けることによって新しいモデルが提案され実用化された効用は見逃せない。特に半正定値計画問題は、線形計画問題の行列への拡張としてさまざまな分野でのモデリング手法として威力を発揮している。例えば、0–1 整数計画問題の緩和[3)] やシステムと制御理論[4)] への応用がある。また、内点法をはじめとする最適化問題には、リー群の表現論・調和解析の一つの土台ともなっているジョルダン代数による対称錐の理論が大きな役割を果たしている[5)]。統計理論における行列変数の特殊関数の研究は、このような表現論や非可換調和解析と共有する部分が多くあることからも基礎数学と応用数学との交流地点となり、今後の研究人材育成の重要な位置にもある。

また、連続最適化については、制約条件付き非線形最適化問題を内点法で解くという研究も1990年代に大きく進展した。後述するように、内点法は日本の貢献が大きい分野として挙げられる。一方、離散的最適化では、効率的に解くことができるグラフ上の最適化問題の構造を一般化した抽象的概念であるマトロイドや劣モジュラ関数の研究や、計算困難な問題に対する精度保証がある近似解を効率的に求めるアルゴリズム、あるいは、アルゴリズムの中で乱数を用いることによって解の品質を高めることを目的とする乱択アルゴリズムの研究が進展した。また、実用上重要である整数計画問題について、多面体的アプローチを活用した分岐切除法などが発達し、大規模な巡回セールスマン問題等も厳密に解けるようになった。

❷ 21世紀の展開

以下では連続最適化と離散最適化の観点から、21世紀に入ってからの最適化技術の開発と数理モデリング手法の発展の研究の歴史と動向を述べる。研究の方向性としては「理論的研究」「ソルバーの開発」「社会への応用」という三つが大きな柱となる。

まず連続最適化に関しては、内点法によって多面体上で凸2次関数を最小化する凸2次計画問題が実用化され、その結果として、ポートフォリオ設計の基本モデルである平均分散モデルや機械学習の基本モデルであるサポートベクターマシン（SVM）が実用化された[2)]。1980年代後半から1990年代前半にかけて、ニューラルネットワークの第１次ブームが起こったが、パラメーター最適化が困難であり、その点を克服するために、内点法を用いた凸最適化によるモデリングが検討され、これがサポートベクターマシンの導入につながった[6)]。さらにこれが機械学習における解の疎性の重要性の認識へと深化し、2000年代に入り、解の疎性を利用して優れた信号復元を行うために線形計画法を用いる圧縮センシングの理論が高次元幾何学や確率解析等、数理関連分野を巻き込んで大きく進展した[7)]。

一方、ビッグデータの時代に入り、画像処理等データの大規模化により、行列計算を必要とするニュートン法は計算コストが膨大で適用しづらくなり、2000年代の後半より最急降下法が復権した。この文脈で特によく研究されたのが、Nesterovによる最急降下法の加速法とADMM（交互方向乗数法）である[8)]。また、変数の数が膨大で勾配を計算するのが困難であるため、一部の座標のみをランダムに選んで降下方向を構築する確率的アルゴリズムが開発された。ここに述べたアルゴリズムはおおむね凸関数に対するものであり、これらのアルゴリズムの計算複雑度の解析と実用化の研究が2000年代後半から2010年代前半にかけて進展した[8)]。機械学習における連続最適化の重要性は、万人の認めるところであるといってよい。また、最適設計やデータ同化などの文脈でも連続最適化が重要な役割を果たしている。これらは２次元や３次元のメッシュ上の最適化であり、超大規模問題となり、基本的には最急降下法が用いられる。

離散最適化の研究動向に関して、理論的な研究としては、上でも述べたように効率的に解くことのできる離散最適化問題の数学的構造の研究や、計算困難な問題に対する近似アルゴリズム・乱択アルゴリズムの研究が引き続き進められた。加えて以下でも述べるように、機械学習やゲーム理論といった周辺分野との協働・融合が盛んに行われるようになってきた。

❸ 日本の貢献

離散最適化におけるマトロイドや劣モジュラ関数の研究に関しては、伝統的に日本において盛んに研究されてきた。日本のお家芸と言っても過言ではなく、日本の研究者の貢献が大きい。例えば1970年代においては、二つのマトロイドの最適な共通独立集合を求めるという離散最適化において最も重要な問題の一つに関して、重要な役割を果たしている論文がある[9)]。また近年も、重み付き線形マトロイドパリティ問題に対する多項式時間アルゴリズムという、大きな未解決問題を肯定的に解決した成果がある[10)]。加えて11）、12）のようなこの分野に関する重要な教科書も出版されている。効率的に解くことのできる離散最適化の理論的基盤をなす劣モジュラ関数に関する教科書である参考文献11）の重要性は明らかであり、さらに「離散凸解析」[12)]と呼ばれる理論的枠組みは、経済学的な問題との関連も深く離散最適化以外の分野でも注目されている。

連続最適化の分野では、内点法については、日本の貢献が大きかったと認められる。特に、線形計画問題・半正定値計画問題・２次錐計画問題に対する内点法については、多くのソフトウェアの実装の基礎となった論文が日本人によって書かれており、それらは定番として古典的に引用され続けている（例えば13）、14））。非線形最適化についても同様の貢献がある。また、ソフトウェアとしては、半正定値計画法のための SDPA や NTT数理システムの Nuorium Optimizer は世界的に知られている[15)]。しかし、Nuorium Optimizerは商用ソフトウェアである。そのため、同等の性能を有する優れたフリーソフトを日本で開発し、多くの人たちが自由に使うことができるようになれば、それが世界への大きな貢献となる。

ビッグデータの時代にあっては、最適化アルゴリズムを実際に社会で活用するためにはスパコン等、高性能の計算機を用いた処理は必須である。九州大学マス・フォア・インダストリ研究所や理化学研究所を中心とするグループは、スパコンによる大規模グラフ解析に関する国際的な性能ランキングである「Graph500」において、複数回世界第１位を獲得するなど世界的な活躍を見せている（使用したスパコンは「京」）。

❹ **国際研究集会・ソフトウェア等**

連続最適化、離散最適化両方を含む最適化コミュニティーにとって一番大きな研究集会は、3年に1度開催される、International Symposium on Mathematical Programming である。連続最適化ではSIAM conference on Optimization、International Conference on Continuous Optimization も評価が高い。これらのシンポジウムで1名程度は基調講演あるいは準基調講演を日本人が行っている。離散最適化では、Integer Programming and Combinatorial Optimizationが著名である。また、機械学習に関する第1級の国際会議である NeurIPS の一部として、毎年 Optimization for Machine Learning が開催されている。また、2017年にはNeurIPSのサテライト会議として、機械学習における離散構造に関するワークショップ Discrete Structures in Machine Learningが開催された。また離散最適化とゲーム理論、特にマッチングの研究に関しては、その基本となるモデルはGaleとShapleyによって提案され、その後このテーマに関しては経済系の研究者と数学系の研究者の交流が盛んに行われている。マッチングの研究における数学・経済学・計算機科学の交流を目的とする国際ワークショップInternational Workshop on Matching Under Preferencesが定期的に開催されていることも、その証拠の一つであると言える。 マッチングの研究に関しては、近年現実問題への応用を見据えた複雑な制約を扱うことのできる理論構築を目指す研究が近年盛んである[16)]。この分野に関するサーベイ論文16）はその著者の1人が日本人であり、また、日本の研究者の成果も引用されており、本分野への日本の貢献度は高いと言える。

またソルバーの開発に関しては、例えば整数計画問題に対するソルバーとしては、商用のものとしてGurobi Optimizer（Gurobi Optimization）や IBM CPLEX Optimizer（IBM）などがある。また日本にもNTTデータ数理システムのような数理科学とコンピューターサイエンスを軸とするソリューションを提供する企業もあり、国際的にも通用するレベルのソフトウェア Nuorium Optimizer を提供している[15)]。

ドイツ の Zuse Institute Berlin（ZIB）は本格的な整数計画法のソルバーの開発を進める一方で、そこからILOG やGurobi等で中心となって働いているメンバーを輩出しており、第1級の研究を進めつつ、産学連携や人材育成を行っている組織として注目される。また日本にも、上述のように、九州大学マス・フォア・インダストリ研究所には「Graph500」で世界第1位を獲得した数理最適化の研究者が在籍しており、企業との共同研究を通じて、社会における技術の応用を目指している。

❺ **社会応用**

多くの研究者を魅了し論文引用回数を誇る華麗な理論的研究論文を執筆することが重要な学問的成果であることは言うまでもないことであるが、その一方で、多くの人たちが解決を必要としている重要な現実問題に真摯に向き合い、学問的方法論を適用し、泥臭いやり方であってもそれを解決して世の中に貢献することは、時としてそれ以上に価値のあることと言えよう。

社会応用という観点から分野の状況を眺めると、例えば、離散最適化のモデル・考え方が保育所入所選考のシステムの開発に応用された事例（プレスリリース17）を参照）、大規模時空間ネットワークを活用して首都圏の朝のラッシュ時の電車混雑の解析を行い、それが実際に大手私鉄の通勤の混雑を軽減するダイヤ編成に活用された事例（中央大学）、そして整数計画法を用いて看護師や介護のスケジューリングを行った事例（成蹊大学・国立情報学研究所）等が、国際的にも十分に通用する優良な活用事例であり、これらのさらなる展開、あるいは新しい活用例が今後も期待されるところである。

（4）注目動向

［新展開・技術トピックス］

2010年代に入り、連続最適化の分野では、半正定値計画問題のモデリング・数理・アルゴリズム、機械学習分野での適用を意識した1次法を中心とする超大規模問題の解法、確率的最適化の研究が引き続き続いている一方で、多変数多項式の等式/不等式条件下で多変数多項式の目的関数の最適化を行う多項式計画問題、非線形半正定値計画問題といった新しい問題の研究が進められている。計算複雑度を意識した非凸問題の解析が進められているのが一つの特徴である。

線形計画問題については、強多項式解法が存在するか否かという大きな未解決問題がある。最近、この問題に対して、連続最適化の立場と離散的最適化の立場を融合するような形で、実代数幾何、トロピカル幾何や情報幾何を用いた新しい流れの研究が進展しつつあり、注目されるところである。例えば、限量子消去（Quantifier Elimination）[18) とグレブナ基底がベースとなったものがある[19)。

離散最適化に関する新展開・技術トピックとしては、まず連続最適化と離散最適化の技術の融合が一つの注目すべきトピックとして挙げられる。連続最適化と離散最適化は、線形計画法を共通のルーツとして持ち、互いに密接に関係している。近年は、内点法のような連続最適化手法を用いてネットワーク計画問題等の計算複雑度を改善する優れたアルゴリズムを構築する方向での研究が盛んに行われている。上述した線形計画問題の研究の新展開もその流れに位置づけられる。この潮流を反映した凸最適化の教科書も近年出版されている[20)。またゲーム理論の均衡の概念と離散アルゴリズムの接近により、不動点定理の計算量理論的研究が発展していることも注目に値する。純粋数学的な観点から不動点定理やゲームの均衡を眺めると、その存在性が最も重要なトピックとなる。しかし、アルゴリズムの観点からこれらの概念を眺めると、その存在性のみならず実際に解を「計算」することが重要な問題となる。この不動点定理やゲームの均衡の計算に関する研究の流れは、Papadimitriouによって1994年に始められたのだが、近年も多くの発展が得られている。

離散最適化の技術面での新展開としては、例えば以下の三つが挙げられる。一つ目は前節でも触れた、重み付き線形マトロイドパリティ問題に対する多項式時間アルゴリズムである。この結果は計算機科学の第１級国際会議として知られるAnnual ACM Symposium on the Theory of Computingの2017年最優秀論文の一つに選ばれている。二つ目はCutting Plane Methodの改良に関する論文である[21)。この論文の成果は、組合せ最適化アルゴリズムのデザインや計算複雑度評価に広く影響を与えた点で重要な論文である。三つ目は、22)、6）で得られたTSP多面体とマッチング多面体に対する拡張定式化のサイズの下界に関する結果である。離散最適化問題を解く際に、対応する多面体を考える手法は一般的なものであり、この手法に関する重要な限界を示した。

数学の分野において重要な賞の一つであるAbel Prizeが2021年に離散数学と理論計算機科学に対する基礎的な貢献によりLászló LovászとAvi Wigdersonに与えられたことや、Nevanlinna Prize（現IMU Abacus Medal）が2018年にゲーム理論における均衡の計算等への貢献によりConstantinos Daskalakisに与えられたことは、数学の分野においても離散最適化やアルゴリズムの研究に対する一定の評価があることと示唆していていると言える。さらに2012年にAlvin E. RothとLloyd S. Shapleyが安定マッチングに対する業績でNobel Memorial Prize in Economic Sciences（ノーベル経済学賞）を受賞したことは、経済系の研究者と数学系の研究者の交流が盛んに行われているマッチングの研究の分野において重要な出来事であった。

受賞という点では、Mathematical Optimization Society（MOS）とAmerican Mathematical Society（AMS）が共催し、離散数学の分野で優れた論文に贈られる賞であるFulkerson Prizeが、2021年にグラフの連結度を計算するアルゴリズム[23) に関して河原林健一氏に贈られたことは日本の存在感を示している。（過去には2003年に岩田覚氏と藤重悟氏が劣モジュラ関数最小化に関する業績[24) でFulkerson Prizeを受賞している。）

［注目すべき国内外のプロジェクト］

❶ 国内

日本の数理最適化の研究は大学等における理論的研究が中心となっているが、近年、大学と企業の協働による数理最適化の社会への応用を目指したプロジェクトがいくつかある。例えば以下のものが挙げられる（終了したものも含む）。

・富士通ソーシャル数理共同研究部門（九州大学、2014–2017）
富士通株式会社、株式会社富士通研究所（当時）、九州大学マス・フォア・インダストリ研究所による、数理最適化等の数理技術の社会への応用を目指した共同研究部門。
・数理最適化寄附講座（大阪大学）
大阪大学大学院情報科学研究科が、株式会社ブレインパッドほかから寄付を受け設立。産学連携と研究開発を主な活動として、数理最適化技術のビジネス実装への貢献と基盤技術の開発に取り組んでいくことを目的としている。

また、経済学系のプロジェクトではあるが、その中に離散最適化の研究者も参加しているプロジェクトとして、以下のものが挙げられる。

・東京マーケットデザインセンター（東京大学）

配送計画やスケジューリングといった離散最適化問題は、長年企業等において活用されてきている。特に以下のような配送計画に関する新しい企業が出てきていることは注目に値する。

・株式会社オプティマインド

さらに富士通株式会社、日立製作所、NECといった企業でも離散最適化の技術は注目されている。

連続最適化に関しては、東京大学、京都大学等、慶応義塾大学、東京理科大学、統計数理研究所等に拠点的研究室が存在して、研究成果を発信している。機械学習の関連では、理化学研究所革新知能統合研究センターに数理最適化研究部門が存在する。民間企業では、NTTデータ数理システムが、国際的にも通用するレベルでの連続最適化ソフトウェアを開発している。また（株）構造計画研究所はオペレーションズ・リサーチや最適化分野に強いシンクタンクである。

❷ 国外

国外においては、例えば以下のようなマッチングの理論の社会的課題への応用を目指したプロジェクトがある。

・Matching Systems for Refugees（University of Oxford、UK）
・European Network for Collaboration on Kidney Exchange Programmes（2016–2020）

またドイツのZuse Institute Berlin（ZIB）は、産学連携や人材育成に成果を上げている。米国においては中国のAlibabaによって設立された、基礎科学に関する組織であるDAMO Academyが非常に注目に値する。例えば、連続最適化の分野において重要な研究者の1人であるWotao YinがDAMO AcademyのDecision Intelligence LabのDirectorを務めている点も注目に値する。

新型コロナウイルス感染症の流行が始まって以来、リモートによる共同研究・研究交流が国内外問わず、日常的となった。最適化分野でも2020年4月から2022年4月にかけて、オーストリアUniversity of Viennaが幹事となって1週間に1度程度One World Optimization Seminarというセミナーが開催され、連続最適化を中心に、世界の第一線で活躍する研究者の研究成果が配信された（日本からの講演者は1名）。

（5）科学技術的課題

本研究領域では「モデリング・数理・アルゴリズム」の三分野に跨るもしくは行き来する形で総合的に研究を進めていくことが重要である。そのような視点から、いくつかの研究課題を挙げる。

❶ モデリングのための統合環境の開発

意思決定と最適化の数理はいわばデザインサイエンスである。デザインサイエンスと対をなすとも言えるデータサイエンスの分野においては、RやPythonなどの、研究者コミュニティーが最新の成果を利用者に使える形で発表し、利用者はそれを無料で利用できる統計モデル/機械モデル開発プラットホームが基本的インフラとしてその発展に重要な役割を果たしている。デザインサイエンスにおいては未だに同様のモデル開発用プラットホームが存在しているとは言えない。さまざまな要素的な最適化モデルを組み合わせて解析したい問題のモデルを作成し、解析を進めるための優れたインターフェイスを有するフリーのプラットホームを開発していくことが数理科学の成果を社会に還元する上で重要な役割を果たす。

❷ 線形計画法・凸2次計画問題・半正定値計画問題のアルゴリズム開発、理論的解析、応用と優れたソフトウェアの構築

線形計画問題や半正定値計画問題は豊富な数理的構造を持ち、それゆえに、規範的最適化問題として、多くの現実問題が帰着できるという点で最強の凸最適化問題である。最適化分野のみならず計算数理分野で国際的に通用するレベルの研究を我が国で行っていくためには、この部分が充実していることが必須である。主双対内点法をはじめとして、研究の蓄積もある。

❸ 小・中規模の大域的最適化問題の厳密解法の開発

大規模とは言えないまでも、工学やデータサイエンス等に表れる、非常に多くの最適化問題は、数変数から20変数程度である。これらの問題を自動的に解く技術の研究は興味深い。

❹ 機械学習やデータサイエンスに表れる超大規模最適化問題のアルゴリズムの開発

この問題の重要性は言うまでもない。現状必ずしも我が国の大きな貢献があるとまでは言えないまでも、強化していくべき分野であると考えられる。

❺ 整数計画問題の優れたソフトウェアの開発

特に気軽に安価で使用することのできるソルバーを構築することは企業等での整数計画問題の活用に関して非常に重要である。実際に問題を解くことはソルバーに任せることができれば、ユーザーは課題の数理モデル化に集中することができる。

❻ ナーススケジューリングをはじめとする、さまざまなスケジューリングや人員配置のモデルとアルゴリズムの研究

人口減少と高齢化が進む日本社会においては、より少ない人員で効率的に社会活動を行うことは、重要な課題である。そこに大きく寄与できるのが、このスケジューリングや人員配置の数理モデルである。数理モデルに基づいて、手軽に利用できるアプリのような形で、社会のいろいろな場面で起こるスケジューリングや人員配置問題を手軽に解決できるようなに対するプラットホームを実現できれば、社会に対する大きなインパクトを与えうる。

❼ 離散最適化の活用を促すための Python 等のライブラリの開発

機械学習が社会に普及した理由の一つにPythonのライブラリ等で気軽に使うことができるようになったことが挙げられる。離散最適化がさらに社会で普及浸透するためには、このようにPythonのライブラリ等を整備し、取りあえず使ってみようと思える環境を整える必要がある。しかし、現実の課題を離散最適化として定式化することが職人芸のようなところもあり、同時に数理モデル化に関しても何かしらの対策をする必要がある。

意思決定の数理は現実を解析してモデルを作成し、最適化する、という点でデータサイエンスとデザインサイエンスの両方の視点が必要であり、そのシームレスな結合が鍵となる。その意味では、機械学習やデータサイエンスとも柔軟に連携した分野横断的な研究文化の醸成が重要であろう。また、アルゴリズムを実装する部分を強化する必要がある。

（6）その他の課題

意思決定と最適化の数理は、それを社会が問題解決に有効な手段であると正しく認識しない限りは、適用場面は極めて限定されたものとなる。意思決定と最適化の数理が適用される場面は、しばしば、不確実性が高く、しかも再現実験が不可能であるようなことが多い。そのため、科学的手法の適用と検証の積み重ねによって、その有用性を示していくことは困難であり、実際その舞台にすら上がることができていない。それは、新型コロナウイルス感染症への対応において、意思決定や統計、最適化の数理の出番がほとんどなかったことに象徴的に表れている。意思決定の数理は適用対象が限定されないヨコ型の手法であり、また、複雑な対象に対するものである点に（ゆえに、その適用には困難さがあることに）、常に留意し、数理系の研究者は、社会にその意義と有用性を発信していくべきであろう。意思決定の数理に対する社会的合意や制度的基盤に関して日本は米国と比較して脆弱であり、大いに改善の余地がある。意思決定の数理は人間の行動に関係しているだけに、制度との関わりは深い。数理モデルや手法の有効性を社会にどのような形でアピールし、制度にどのような形で取り入れていくか、といった出口戦略が重要であろう。

今後数理技術を用いた意思決定が社会に受け入れられるためには、技術の有益性の社会への啓蒙に加え、さらに数理技術を使える・受け入れることができる人材育成が重要である。この点において、大学等の教育機関が果たす役割は非常に大きいと言える。一番重要なのは、大学における数学を英語と同様に社会人となってから必要とされる必須の素養として位置付け「リベラルアートとしての数学・数理」を万人に導入すべく、大学でのカリキュラムを再編成することであろう。その際には、教えるべき数学は「道具としての数学」あるいは「世の中の仕組みを記述する言語としての数学」であることを意識することが望ましい。これは、データサイエンス時代である現代では必須と言えよう。

より専門的な人材の育成について言えば、九州大学では「九州大学マス・フォア・イノベーション卓越大学院プログラム」において、「卓越社会人博士課程制度」という制度を実施している。それは修士の学生が修了後、企業に採用され、同時に社会人として博士後期課程に進学するという制度である。また、「社会の課題に数理技術を応用することを学ぶ」ということに関しては、九州大学、東京大学等により「Study Group Workshop（SGW）」という取り組みが2010年から行われている。この SGW は、産業・自治体・病院などのさまざまな分野から問題提供者を募り、それぞれが抱える問題で数学を使えば解決に至ると期待できるものを、数学の研究者・学生に対して紹介・解説してもらい、おおむね一週間の会期中、協力して解決を目指す workshop である。2022年の SGW は九州大学、東京大学、金沢大学によって組織された。また、東北大学でも「g-RIPS」という取り組みが実施されている。

線形計画問題は最適化のみならず、計算数理や計算機科学にとって基本的な問題である。主双対内点法をはじめとして内点法について日本発の業績があり、研究の蓄積もあるため、このような本格的な問題に実力のある若い研究者が挑戦できるような環境と文化を国内に用意することは重要である。また離散最適化の理論に関しては、毎年RIMS共同研究「組合せ最適化セミナー」というセミナーが実施されており、近年、連続最適化についても同様のセミナーが開始された。このような学生から若手研究者の育成に有益なイベントを実施することは、今後の人材育成という点では非常に重要であると言える。

最後に、意思決定の数理と数学とのより深い連携、具体的には確率計画問題や半正定値計画問題や多項式計画法、機械学習における確率的降下法、対称性を有する大規模問題の解法などの解析においては、確率解析、代数幾何、群論・群の表現論などが本格的に活用され、使われている数学的技法も高度化し、より本格的な数学との接点が広がりつつある。このような立場から、意思決定の数理や最適化の研究者と数学諸分野の研究者の協働を実施することは重要なプロジェクトとなりうる。

（7）国際比較

国・地域	フェーズ	現状	トレンド	各国の状況、評価の際に参考にした根拠など
日本	基礎研究	○	↗	離散最適化に関して、マトロイドや劣モジュラ関数といった分野においては、伝統的に研究者が比較的多い。また、マッチングの研究に関しても、日本の研究者が貢献をしている。連続最適化では線形計画法や半正定値計画法等に対する内点法や数理的解析、アルゴリズムの研究で国際的に通用する成果を挙げてきている。
	応用研究・開発	○	↗	離散最適化に関して、理論的な研究が中心ではあるが、近年は大学と企業の共同による社会への技術の応用の取り組みが見られる。また、企業においても離散最適化問題への注目が増している。連続最適化は機械学習では必須の技術であり、データ同化、最適設計等の分野でも特に注目されている。
米国	基礎研究	◎	↗	研究者の層が非常に厚い。また、例えば理論計算機科学と経済学といったように分野間の交流も盛んである。
	応用研究・開発	◎	↗	研究者が起業するなど基礎研究と応用の交流は非常に活発である。DAMO Academyのような組織がある。
欧州	基礎研究	◎	↗	離散最適化の基礎理論に関しては、ハンガリーを代表として非常に盛んである。また、離散最適化とゲーム理論の融合に関しては、ドイツや英国を中心に盛んである。連続最適化も一定の水準を保っている。
	応用研究・開発	◎	↗	例えば英国等においてマッチングの社会への応用を目指すプロジェクトがある。またドイツのZuse Institute Berlin（ZIB）は、産学連携や人材育成の面で重要な役割を果たしている。
中国	基礎研究	○	↗	例えば 清華大学にInstitute for Interdisciplinary Information Sciencesが作られたように、基礎理論に関する人材育成が盛んである。また、現在は中国外にあるが、Alibabaによって創設され、中国系研究者を多く擁するDAMO Academy（所在地：米国カリフォルニアやシアトル等）が今後大きな影響を与えると予想される。
	応用研究・開発	○	↗	深圳に存在する、香港中文大学深圳ビッグデータ研究センターと香港中文大学–TencentAI・機械学習研究所では、連続最適化と信号処理で著名な研究者であるZhi-Quan Luo（元University of Minnesota教授）が副所長および所長を務め活発に最適化の応用研究を進めている。
韓国	基礎研究	△	→	最適化に関して、研究者はいるが多いとは言えない。
	応用研究・開発	△	→	目立った成果は見られない。

（註1）フェーズ
基礎研究：大学・国研などでの基礎研究の範囲
応用研究・開発：技術開発（プロトタイプの開発含む）の範囲

（註2）現状　※日本の現状を基準にした評価ではなく、CRDSの調査・見解による評価
◎：特に顕著な活動・成果が見えている　○：顕著な活動・成果が見えている
△：顕著な活動・成果が見えていない　×：特筆すべき活動・成果が見えていない

（註3）トレンド　※ここ1～2年の研究開発水準の変化
↗：上昇傾向、→：現状維持、↘：下降傾向

参考文献

1) Yurii Nesterov and Arkadii Nemirovskii, *Interior-Point Polynomial Algorithms in Convex Programming, Studies in Applied and Numerical Mathematics* (Philadelphia: Society for Industrial and Applied Mathematics, 1994)., https://doi.org/10.1137/1.9781611970791.

2) Stephen Boyd and Lieven Vandenberghe, *Convex Optimization* (Cambridge: Cambridge University Press, 2004).,

https://doi.org/10.1017/CBO9780511804441.

3) László Lovász and Alexander Schrijver, "Cones of Matrices and Set-Functions and 0-1 Optimization," *SIAM Journal on Optimization* 1, no. 2（1991）：166-190., https://doi.org/10.1137/0801013.

4) Stephen Boyd, et al., *Linear Matrix Inequalities in System and Control Theory*, Studies in Applied and Numerical Mathematics（Philadelphia: Society for Industrial and Applied Mathematics, 1994）., https://doi.org/10.1137/1.9781611970777.

5) Jacques Faraut and Adam Koranyi, *Analysis on Symmetric Cones*, Oxford Mathematical Monographs (Oxford: Clarendon Press, 1994).

6) Thomas Rothvoss, "The Matching Polytope has Exponential Extension Complexity," *Journal of the ACM* 64, no. 6（2017）：41., https://doi.org/10.1145/3127497.

7) Simon Foucart and Holger Rauhut, *A Mathematical Introduction to Compressive Sensing*, Applied and Numerical Harmonic Analysis（New York: Birkhäuser, 2013）., https://doi.org/10.1007/978-0-8176-4948-7.

8) Amir Beck, *First Order Methods in Optimization*, MOS-SIAM Series on Optimization（Philadelphia: Society for Industrial and Applied Mathematics, 2017）., https://doi.org/10.1137/1.9781611974997.

9) Masao Iri and Nobuaki Tomizawa, "An algorithm for finding an optimal "independent assignment,"" *Journal of the Operations Research Society of Japan* 19, no. 1（1976）：32-57., https://doi.org/10.15807/jorsj.19.32.

10) Satoru Iwata and Yusuke Kobayashi, "A Weighted Linear Matroid Parity Algorithm," *SIAM Journal on Computing* 51, no. 2（2022）：STOC17-238-STOC17-280., https://doi.org/10.1137/17M1141709.

11) Satoru Fujishige, *Submodular Functions and Optimization*, 2nd ed., Annals of Discrete Mathematics 58 (Elsevier Science, 2005).

12) Kazuo Murota, *Discrete Convex Analysis, Discrete Mathematics and Applications*（Philadelphia: Society for Industrial and Applied Mathematics, 2003）.

13) Masakazu Kojima, Shinji Mizuno, and Akiko Yoshise, "A Primal-Dual Interior Point Algorithm for Linear Programming," in *Progress in Mathematical Programming: Interior Point and Related Methods*, ed. Nimrod Megiddo（New York: Springer-Verlag, 1989）, 29-47., https://doi.org/10.1007/978-1-4613-9617-8_2.

14) Kunio Tanabe, "Centered newton method for mathematical programming," in *System Modelling and Optimization*, eds. Masao Iri and Keiji Yajima, Lecture Notes in Control and Information Sciences 113（Berlin, Heidelberg: Springer, 1988）, 197-206., https://doi.org/10.1007/BFb0042787.

15) Bernd Scherer and R. Douglas Martin, *Modern Portfolio Optimization with NuOPT™, S-PLUS®, and S+Bayes™*（New York: Springer, 2005）., https://doi.org/10.1007/978-0-387-27586-4.

16) Haris Aziz, Péter Biró, and Makoto Yokoo, "Matching Market Design with Constraints," *Proceedings of the AAAI Conference on Artificial Intelligence* 36, no. 11（2022）：12308-12316., https://doi.org/10.1609/aaai.v36i11.21495.

17) 株式会社富士通研究所，国立大学法人九州大学，富士通株式会社「最適な保育所入所選考を実現するAIを用いたマッチング技術を開発」，https://pr.fujitsu.com/jp/news/2017/08/30.html,（2023年3月8日アクセス）.

18) 穴井宏和, 横山和弘『QEの計算アルゴリズムとその応用：数式処理による最適化』(東京: 東京大学出版会, 2011).
19) 九州大学マス・フォア・インダストリ研究所 若手・学生研究-短期共同研究「限量子消去の効率的なアルゴリズムの構築と産業課題解決への応用」https://joint1.imi.kyushu-u.ac.jp/research_chooses/view/2022a005,（2023年3月8日アクセス）.
20) Nisheeth K. Vishnoi, *Algorithms for Convex Optimization* (Cambridge: Cambridge University Press, 2021)., https://doi.org/10.1017/9781108699211.
21) Yin Tat Lee, Aaron Sidford, and Sam Chiu-Wai Wong, "A Faster Cutting Plane Method and its Implications for Combinatorial and Convex Optimization," in *2015 IEEE 56th Annual Symposium on Foundations of Computer Science (FOCS)* (IEEE, 2015), 1049-1065., https://doi.org/10.1109/FOCS.2015.68.
22) Samuel Fiorini, et al., "Exponential Lower Bounds for Polytopes in Combinatorial Optimization," *Journal of the ACM* 62, no. 2 (2015) : 17., https://doi.org/10.1145/2716307.
23) Ken-ichi Kawarabayashi and Mikkel Thorup, "Deterministic Edge Connectivity in Near-Linear Time," *Journal of the ACM* 66, no. 1 (2018) : 4., https://doi.org/10.1145/3274663.
24) Satoru Iwata, Lisa Fleischer, and Satoru Fujishige, "A combinatorial strongly polynomial algorithm for minimizing submodular functions," *Journal of the ACM* 48, no. 4 (2001) : 761–777., https://doi.org/10.1145/502090.502096.

2.7.5 計算理論

（1）研究開発領域の定義

計算理論とは、チューリングマシンのように抽象化された計算を使って、計算のモデルやアルゴリズムを理論的に扱う研究開発領域である。それは計算複雑性理論や計算可能性理論を含んでいる。電子計算機が実現し、現実的なリソースでの計算可能性を明らかにする目的で、アルゴリズムの効率と実効的計算可能性を問う計算量理論が発達し、公開鍵暗号の安全性に貢献し、P対NP問題が注目を集めた。近年は、量子計算機の実現や利活用を目的とした量子計算モデルや量子計算量の研究が進められ、量子超越性、耐量子計算機暗号、量子誤り訂正符号などが研究されている。

（2）キーワード

計算可能性、チャーチ・チューリングの提唱、計算量理論、多項式時間計算可能性、多項式階層、量子計算機、量子計算量理論、量子超越性、耐量子計算機暗号、量子誤り訂正符号

（3）研究開発領域の概要

［本領域の意義］

計算理論が数学の一分野になったのは、数学の長い歴史の中では驚くほど新しい。計算理論は、20世紀前半に数学の基礎に関する数理論理学の研究から生まれた。それは計算可能な関数を一般帰納的関数によって定義するというチャーチ・チューリングの提唱が起源である。計算の可能性や効率、優位性を取り扱うことができ、それと結びついた暗号や符号を進化させることができることが本領域の意義である。以下で歴史を元により詳しく見ていく。

まずは18世紀までさかのぼろう。18世紀にカントは、論理学はアリストテレスの時代に完成され、それ以後、後退もなければ、進歩もなかったと書いた。しかし、17世紀にライプニッツは形式言語による科学の普遍記述という構想を明らかにし、19世紀にはブールの記号論理学の体系が生まれた。これは、命題論理と呼ばれ、アリストテレスの論理学を大いに一般化したが、数学を基礎付けるには不十分であった。19世紀末にフレーゲは述語論理を発見し、数学を述語論理によって基礎付けるために「全ての述語の外延が集合をなす」という内包公理を仮定したが、ラッセルはそこから矛盾が導かれることを発見し、19世紀末の数学の危機と呼ばれる状況が生まれた。この危機を救うために、ヒルベルトは、数学を述語論理で形式化し、公理系の無矛盾性を数学的に証明するという形式主義のプログラムを提唱した（ヒルベルトの23問題の2番目）。

ところが、1931年にゲーデルは、不完全性定理を発見して、算術を含む無矛盾な公理系には、肯定も否定も証明できない命題が存在し、特にその理論の無矛盾性を意味する命題がそれにあたることを証明して、形式主義のプログラムの本質的困難を明らかにした。この証明の中で、ゲーデルは原始帰納的関数という数論的関数が、無矛盾な自然数論で表現可能、つまり、計算の過程が定理の証明として書き下せることを示した[1)]。1936年に、チャーチは、自然数論で表現可能な関数の全体が、原始帰納的関数をより一般化した一般帰納的関数のクラスに一致することを一つの根拠として計算可能関数とは一般帰納的関数のことであると提唱し[2)]、さらに、チューリングはチューリング機械と呼ばれる計算機の数学モデルを定義して、チューリング機械で計算可能な関数の全体も一般帰納的関数に一致することを示した[3)]。ここから、計算可能な関数を一般帰納的関数によって定義するというチャーチ・チューリングの提唱が生まれた。これが、数学の一分野としての計算理論の始まりであり、計算可能性という新しい概念が数学の中に生まれた。

プログラミング可能な機械式計算機は、19世紀にバベッジによって最初に設計されたとされるが、チューリング機械が生まれて10年ほどでプログラム内蔵型電子計算機が完成した。ところが、計算可能な関数といえども、現実的な時間内には解けない事例（例えば、シラミつぶしに解を探索するアルゴリズムなど）が明らかになると、計算の効率を研究する計算量理論が生まれた。計算量に計算量理論では、実効的な計算可能性

として、入力の桁数の多項式時間でチューリング機械による計算が完了することを求める。この多項式時間計算可能性の概念は、階層（多項式階層）として理解されており、また現代社会で必須の公開鍵暗号の理論と深く結びついている。1976年にDiffieとHellmanは、暗号化関数の計算量と復号化関数の計算量の間にギャップを与える「落とし戸付き一方向性関数」の概念で公開鍵暗号の原理を提唱したが[4)]、これは1978年にRSA暗号として実用化された。

20世紀も終わりに近づくと、新しい計算モデルである量子計算機の理論が生まれ、従来のチューリング機械に基づく計算量理論に従って、暗号の安全性を論ずることに疑問を投げかけることになった。チューリング機械の動作や状態記述は古典物理学と共通のものであったが、Deutschが1985年に量子力学の原理に従う計算モデルである量子チューリング機械の定式化を与えると[5)]、1994年にはShorが素因数分解を量子チューリング機械によって多項式時間で解決する量子アルゴリズムを発見し、量子計算機が実現すると素因数分解の計算量を根拠とするRSA暗号などの公開鍵暗号の安全性が崩壊することを示した[6)]。

現在では、量子チューリング機械に基づく量子計算量理論が生まれ、量子計算機が実際に古典計算機を凌駕することを示す量子超越性や、量子計算機でも安全性が崩壊しない公開鍵暗号とされる耐量子計算機暗号などの研究が進められている。一方で、量子計算機の動作に必須な量子コヒーレンスは、環境の影響で破壊されやすく、不可避の量子誤りを生むことが知られたが、それを訂正する量子誤り訂正符号が生まれ、それを組み込んだ誤り耐性型量子計算機・アーキテクチャーにより、いくらでも大規模な万能量子計算機が理論的に実現可能だとされている。

［研究開発の動向］

❶ 計算可能性

計算可能性理論において近年目覚ましい発展を遂げているのは、計算論的ランダム性の理論[7)]と計算可能解析学[8)]が挙げられる。

計算理論において、理論的にも実用的にも幅広く用いられている概念として、乱数（ランダム性）がある。ところが、現代確率論は、確率概念を公理的に取り扱う代償として、「確率」や「ランダム」が何であるかという問いに答えを与えない。公理的確率論では切り捨てられた観点を補完するために、晩年のコルモゴロフらは、計算可能性に基づくランダム性と情報の理論を構築した。この計算論的ランダム性の理論では、データ圧縮可能性に基づく情報量（コルモゴロフ複雑性）によって、個々の数学的対象がどれだけの規則性を持つかを定量化し、ランダムか否かをふるい分けることができる。

近年の計算論的ランダム性の理論は、計算可能解析学の知見を取り込むことによって飛躍的な発展を遂げている。古典計算論は離散的な問題を対象とするが、一般に実世界の問題は、何らかの形で実数を含む連続的な構造によってモデル化される。このため、実数などの連続量の計算可能性に関する理論が、理論的にも実用的にも重要である。このために誕生したものが、計算可能解析学と呼ばれる分野である。

計算可能解析学によって、連続量構造の下で計算論的ランダム性を分析することが可能になり、例えばデータ圧縮の概念の解析学・幾何学的理解が大きく進んだ。近年は、データ圧縮率とフラクタル次元の関連性に関わる新たな技術が開発され、その応用として、フラクタル幾何学の問題が解決されている[9)]。その他にも、計算論的ランダム性の理論の技術は超越数論などへも応用され、数学の他分野への応用技術としての重要性が増している。

これらの枠組みの理論的整備は重要な課題である。計算可能解析学では、「連続的なデータ構造をどうコンピューターで（近似的に）取り扱うか」という点が問題になる。どのような数学的対象ならば（数学的構造を崩さずに）デジタルの世界にコード可能かを整備するための強力な枠組みとして、圏論のような抽象数学の理論が、近年、幅広く用いられるようになった[10)]。

この下地となるものが直観主義論理に基づく数学（構成的数学）である。クリーネは直観主義算術の計算論的解釈（実現可能性解釈）を与え、直観主義論理は計算機科学の論理として扱われるようになった。

グロタンディークらの導入したトポスの概念は、一種の数学的宇宙の役割を担い、その内部論理は直観主義論理に従う。 Hylandはクリーネの実現可能性解釈に基づくトポスを発見し、それを計算可能数学の世界と呼んだ。計算可能解析学は、このような計算可能数学のトポス内部における解析学として整備できる[11]。

❷ 多項式階層

CookやKarpにより、NP完全問題[12]の存在が明らかにされた後、Meyer–Stockmeyer[13]は、自然な問題の中で、NPよりさらに難しいと思われる問題が存在することに着目した。この着想を一般化し、NP完全問題を解くオラクル（サブルーチン）を再帰的に呼ぶことができる非決定性チューリングマシンで認識できる言語クラスを多項式階層（PH: Polynomial Hierarchy）として定義した。すなわち、再帰の深さにk対応する言語クラスを Σ_k^p で表すことにすると、 $\Sigma_{k+1}^p = \mathrm{NP}^{\Sigma_k^p}$ であり、PHは全てのにk対する Σ_k^p の合併集合として定義される。「階層」と呼ばれる理由は、定義から $\Sigma_k^p \subseteq \Sigma_{k+1}^p$ であるため、 Σ_k^p が入れ子構造になっているためである。また、定義から、 $\Sigma_1^p = \mathrm{NP}$ である。

PHに関して、「 Σ_k^p は、 Σ_{k+1}^p の真部分集合である」と言う命題（予想）の真偽は、P対 NP問題にも深く関連する重要な未解決問題である[14]。この予想は、「PHが無限の階層を持つ」と言うこととも同値であることが知られている。 PHに関する研究は、計算量理論の発展に、さまざまな角度から影響を与えてきた。

例えば、 Σ_k^p が Σ_{k+1}^p の真部分集合であることの状況証拠を与える標準的な手法として、オラクル分離という手法がある。この証明のためには、ある論理関数を計算する定数深さ論理回路のサイズの下界を与えれば良いことから、論理回路サイズの下界に関する研究の強い動機付けとなった。

また、「PHが無限の階層を持つ」という予想が正しいという仮定のもとで、「充足可能性問題（SAT）は、多項式サイズの回路では解けない」、「グラフ同型問題は、NP困難ではない」など、多くの重要な命題が真であることが示されている。

さらに、戸田[15]は、「#P関数を計算するサブルーチンが与えられれば、多項式時間でPHを計算可能である」という驚くべき定理を証明し、PHと数え上げに関するクラス# Pの間の橋渡しを実現した。ここで言う# Pとは、NP に属する決定問題に対応した数え上げ問題のクラスである。この事実は、量子超越性の理論において本質的な役割を果たしている（❸量子超越性の項目参照）。

最近では、量子計算[16]の観点から、PHが注目されている。量子計算で高確率（＝誤り確率が高くない）かつ多項式時間で計算可能な決定問題のクラスをBQP（Bounded–error Quantum Polynomial time）と呼ぶ。量子計算の計算能力を数学的に明らかにすることは、量子計算量理論の観点からばかりでなく、現在開発が進められている量子計算機の適用分野を明らかにする上でも、極めて重要である。それは、まさにBQPを古典計算量クラスとの関係の中で特徴付けることに他ならない。特に、BQPがPHを構成する各階層に対して、どのような関係にあるかを明らかにすることは、最重要な問題の一つとなっている。

これまでの研究で、高確率（上記BQPと同じ）かつ多項式時間で古典計算可能な決定問題（BPP：Bounded–error Probabilistic Polynomial time）[12]は、量子計算でも高確率かつ多項式時間計算可能であることが証明されている。一方、BQPは、多項式時間の古典計算で（低確率かもしれないが）計算可能であることが証明されている（PPは、後者の古典確率計算に対応する決定問題クラス[12]）。しかし、BQPとPHの関係は現時点で不明である。

❸ 量子超越性

ある計算タスクにおいて、量子計算が、古典計算より真に高速であること（量子優位性）を示すことは、量子計算の研究が始まって以来、究極の目標の一つである。これは、チャーチ・チューリングの提唱の拡張（計算量版）を否定することとも捉えられる。これまでの研究で、通信計算量やオラクル計算など一部のモデルでは、量子の優位性が証明されてきたが、最も基本的な量子計算モデルでは、いまだ証明がなされていない。これに対し、近年、量子優位性を示す対象を、必ずしも意味のある計算タスクに限定せず、人工的なタスクも含む、より広い範囲に拡張して考える機運が高まってきた。量子超越性とは、このような意味での量子優位性を指すことが多い。多くの場合、量子計算機の出力分布を、古典計算機で効率的に再現（サンプリング）できるかどうかで、量子超越性の有無を定義する。

最近、量子計算機の実機開発が活発に行われるようになるにつれ、物理実装可能な量子計算機に対する量子超越性の有無が注目を集めている。そのような量子計算機の数理モデルはいくつか存在するが[17)]、現在において、最も重要なモデルは、ボソンサンプリング[18)]とランダム量子回路[19)]である。前者は、適応的な観測を含まない、線形光学素子を用いた回路による計算モデルであり、比較的実装しやすいと考えられている。一方、後者は、Google[20)]が発表した量子超越性で用いた手法をより数学的に厳密化した計算モデルである。

これらのモデルに対して量子超越性を示す手法は、大筋において共通しており、その基盤はAaronson–Arkhipov[18)]とBremner–Jozsa–Shepherd[21)]により築かれた。それは「PHは無限の階層を持つ」（❷多項式階層の項目参照）という計算複雑性の研究者の多くが正しいと信じている予想に矛盾することを示すアイデアである。この証明には、戸田の定理やStockmeyerによる近似数え上げ手法など、計算量理論の分野で発見された高度な知識が使われている。

現時点での大きな課題の一つは、量子計算の数理モデルを、（ノイズ等を考慮した）より現実的なものに近づけると、上記の予想に加えて、これまで十分に研究されたことのない新たな計算量的仮定を置く必要がある点である。より完成された理論にしていくためには、仮定を必要としない新たな枠組みを生み出す方向と仮定を証明する方向と考えられるが、いずれにしても、計算量理論に新たな研究テーマを提供しつつあると考えられる。

さらに大きな課題としては、量子計算機の出力分布を古典計算機で再現する問題に関する量子超越性が、実用的な問題、あるいは少なくとも、解を出力させる問題に関する量子超越性に知見を与えられるかと言うことがある。この点については、部分的な結果はあるものの、今後の研究の進展が期待される。

❹ 耐量子計算機暗号

暗号技術は、データの盗聴を試みる攻撃を防ぐ暗号化、データが改ざんされていないことを検証できるデジタル署名などの要素技術をもとにして、著作権保護、電子投票、仮想通貨と言った幅広い暗号応用を実現することができる。

データの暗号化では、送信者と受信者が同じ鍵で暗号化および復号する共通鍵暗号（AESなど）が広く使われているが、離れた送受信者が所有する同じ鍵は公開鍵暗号を用いて事前に配送されている。公開鍵暗号では、受信者が暗号化と復号の鍵ペアを生成して、その暗号化の鍵を公開することにより不特定多数の送信者が暗号化できる方式である。最も普及している公開鍵暗号として、1978年に提案されたRSA暗号[22)]および1980年代に発表された楕円曲線暗号[23), 24)]があり、暗号通信プロトコルTLSなどで広く利用されている。また、デジタル署名では、署名生成者が署名生成と署名検証の鍵ペアを生成して、公開鍵暗号と同様に署名検証の鍵は公開する。署名者はデータMに対して署名生成の鍵を用いて署名Sを生成し、検証者はデータMと署名Sに対して公開されている署名検証用の鍵によりデータが改ざんされていないことを確認できる。ここで、通常のデータは鍵長より大きなサイズとなるため、暗号学的ハッシュ関数により特定の短い長さに圧縮したデータに対して署名が付けられる。最も普及しているデジタル署名としてRSA署名やECDSA、暗号学的ハッシュ関数としてはSHA-256などがある。

RSA暗号・署名の安全性は、大きな整数の素因数分解が困難であることを安全性の根拠としている。最も高速な素因数分解アルゴリズムとして数体篩法[25]が知られており、素因数分解する合成数Nに対して準指数時間の計算量となる。並列計算機による大規模実験が多く実施されており、例えば768ビットの合成数を標準的なPC 1台換算で約1500年の計算時間で素因数分解した記録などがある。さらにはスーパーコンピューターの長期的な性能向上性（ムーアの法則）などを踏まえて、2030年までは2048ビットの合成数が安全に利用可能であると評価されている。一方、楕円曲線暗号やECDSAの安全性は、楕円曲線上の離散対数問題ECDLPの困難性を根拠としている。ECDLPに対しては、数体篩法を適用する方法は知られておらず、ρ法[26]と言われる指数時間のアルゴリズムが最も高速となる。そのため、楕円曲線暗号やECDSAでは楕円曲線の群位数が256ビットのパラメーターが利用されており、RSA暗号・署名と比較して短い鍵長を持ち、より効率的な処理性能を実現している。

一方で、上記で述べた公開鍵暗号の安全性を支える素因数分解問題や離散対数問題は、Shor[27]により量子計算機による多項式時間のアルゴリズムが提案され、RSA暗号・署名や楕円曲線暗号・ECDSAは量子計算機により危殆化する状況にある。そのため、量子計算機に耐性のある数学問題を利用した耐量子計算機暗号（Post-Quantum Cryptography）[28]の研究が産官学をあげて活発に研究されている。代表的な耐量子計算機の方式としては、最短ベクトル問題（SVP）をもとにした格子暗号、誤り訂正符号を用いた符号暗号、多変数多項式求解（MQ）問題をもとにした多変数多項式暗号、楕円曲線の同種写像問題をもとにした同種写像暗号、ハッシュ関数の衝突困難性をもとにしたハッシュ関数署名などが挙げられる。

❺ 量子誤り訂正符号

いわゆるqubit系に代表される有限次元ヒルベルト空間で表される量子系を素子として、そのコピーが複数集まってできる系（いわば量子版のレジスタ）における量子情報処理を、デコヒーレンスのような量子的な情報劣化にあらがって実現すべく考えられたものが量子誤り訂正符号である[29]。初めて考案された量子誤り訂正符号も古典の線形符号を利用していたのだが、古典の線形符号のうち、それを与えると自動的に量子誤り訂正符号が決まるクラスも分かっている（文献30）等）。それはシンプレクティック符号と呼ばれるクラスであり、基本的な研究対象である。シンプレックティック符号と上記の量子系との数学的に厳密なつながり[31), 32)]には文献30）で扱っている代数構造の全てが必須というわけではない。

（4）注目動向

［新展開・技術トピックス］

❶ 計算可能性と圏論

近年まで、チューリング次数等の計算的複雑度の概念を圏論的に扱うことは難しいと考えられていた。専門家の間では、具体的な構成ベースの技法と、圏論のような抽象的技法は相性が良くないと考えられていたためである。近年の新たな動向として、トポス理論におけるグロタンディーク位相の論理学的成分を抽出したある種の様相概念を用いて、計算問題の複雑度の概念を捉えられることが明らかになった。これによって、高度に複雑化した計算可能性理論を、トポス理論的に見通しよく整備できるという期待が高まっている。

❷ 多項式階層

BQPとPHを無条件に分離することは、理論計算機科学における長年の未解決問題（PとPSPACEの分離）を導くので、極めて困難と考えられる。このため、現在の技術レベルで可能なアプローチとして、BQPとPHのオラクル分離が試みられてきた。最近（2019 年）になって、Raz-Tal[33]により、オラクル設定のもとで、BQPはPHに含まれないことが証明された。この結果は、オラクルを使わない通常の設定での、

BQPの特徴付けを与えるものではないが、ある種の状況証拠を与えるものと考えられている。

❸ 耐量子計算機暗号

同種写像暗号に関連して、乱数発生やハッシュ関数の構成への応用を見込んだ拡散性が高いエクスパンダーグラフが注目されている。いわゆるラマヌジャングラフはその中で特に重要であるが、これはそのグラフゼータ関数がリーマン予想を満たすことに由来している。

❹ 量子誤り訂正符号

注目すべき動向としては、シンプレクティック符号のサブクラスであるCaldarbank–Shor–Steane符号が量子鍵配送プロトコルの安全性を示すのに応用されている。

[注目すべき国内外のプロジェクト]

計算可能性理論、計算可能解析学、構成的数学等と深く関わる国内大型プロジェクトとしては、研究拠点形成事業A. 先端拠点形成型「数理論理学とその応用の国際研究拠点形成」が2015年度から2021年度まで実施されていた。現在は国内では複数の中型プロジェクトが並行に行われている。国外では、EUプロジェクトの“Computing with Infinite Data”（2017–2023）などが代表的である。このプロジェクトは、計算可能性理論、特に計算可能解析学を中心とするが、型理論などの研究者も深く関わっているため、計算可能性理論の圏論的観点からの理論的整備のみならず、厳密な連続量計算の実装面での開発研究も大きく進むことが期待されている。

多項式階層に関連する国内大型プロジェクトとしては、科研費学術変革領域（A）「社会変革の源泉となる革新的アルゴリズム基盤の創出と体系化（AFSA）」（領域代表：湊真一 （京都大学））が進行中である。AFSAのアルゴリズム応用も含む広い領域であるが、計画班として、関連分野の国内を代表する研究者が集結し、研究を推進している。また、海外では、Simon foundationからのファンディングを受け、UC BerkleyにSimons Institute for the Theory of Computingが2012年に設立された。以来、理論計算機科学の基礎を深めるとととともに、他の科学分野（物理学、生物学、経済学等）における現象に内在する新たな計算理論の探究を目指している。

量子超越性は、数理科学的な研究と実験科学的な研究を両輪として進められている。実験科学的なアプローチは、量子計算機ハードウェアの開発と密接に関連しており、最近では、Googleが自社開発した量子計算機実機における量子超越性を発表した[20)]。一方で、これが刺激になり、古典計算機による量子計算のシミュレーション技術の進展も著しい。実験的な意味での量子超越性の有無は、量子・古典双方のテクノロジーの進展にしばらくは依存することが予想される。また、IBMなどが一般向けに提供している量子計算サービスを用いて、量子化学計算などに代表される特定の応用について、量子超越性を実証する研究も近年活発に行われている。量子計算機全般に関して、世界各国の政府系ファンドが多く関わっており、国内では、文部科学省Q–LEAPや内閣府ムーンショット（目標6「誤り耐性型汎用量子コンピュータ」）が代表的である。

耐量子計算機暗号に関しては、2016年から米国国立標準技術研究所NISTは耐量子計算機暗号の標準化プロジェクト（https://csrc.nist.gov/Projects/post-quantum-cryptography）を進めてきており、2022年7月には格子暗号の暗号化方式CRYSTAL–Kyberおよびデジタル署名CRYSTAL–DilithiumとFalcon、ハッシュ関数署名SPHINCS+が標準化方式として選出された。また、日本では、デジタル庁・総務省・経済産業省が運営する電子政府推奨暗号プロジェクトCRYPTREC（https://www.cryptrec.go.jp/）において、耐量子計算機調査ワーキンググループ（WG）や量子計算機時代に向けた暗号の在り方タスクフォース（TF）などが立ち上がっており、2018年は耐量子計算機暗号の研究動向調査、2019年には量子計算機が共通鍵暗号の安全性に及ぼす影響の調査に関する報告書を発表している。また、JST CRESTにおいて、2021年から研究課題「ポスト量子社会が求める高機能暗号の数理基盤創出と展開」が開始された。

（5）科学技術的課題

計算論的ランダム性の研究については、その解析学・幾何学的側面の理解が大きく進んでいるため、フラクタル幾何学や超越数論のみならず、数学の多様な分野へと応用の幅を広げていくことが課題である。また、計算可能性理論のより発展的なトピックを圏論およびトポス理論を用いて現代的に見通しよく整備することも重要な課題である。計算可能性理論の入り組んだ構造を圏論・トポス理論的に解きほぐすことによって、さまざまな計算的問題に対する新たな知見を得ることが大きな目標である。特に計算複雑性の理論のトポス理論的分析を経由した、構成的型理論や構成的集合論の観点からの複雑性解析が期待される。

多項式階層の研究において、BQPを古典計算量クラスとの関係の中で特徴づけることが簡単でない理由の一つは、量子計算の性質がまだ十分に解明されていないことも一因である。近年、古典計算理論の代表的成果である、PHや確率的検査可能証明（PCP）の量子版を構築しようとする研究が進んでいるが、これは量子計算の理解をより深めることに貢献することが期待される。同時に、量子物理や量子化学との関連もあることから、他分野との相互作用を通して、量子計算理論自体を拡張していくことが重要になってくる。一方、これらの知見をツールとして、古典計算理論にフィードバックしていく研究も期待される。

量子超越性に関する数理科学的・理論計算機科学的研究により得られた（あるいは今後得られる）成果を基礎として、量子計算機の実機を用いて量子超越性を実証するためには、量子計算機の出力分布から、量子超越性の有無を効率的に判定する手法に関する理論の整備が課題である。さらに、野心的な課題として、出力分布ばかりでなく、何らかの数値解を出力する問題に対する量子超越性の理論構築が望まれる。

耐量子計算機暗号に関しては、耐量子性を有する公開鍵暗号やデジタル署名で用いられる基本計算問題の困難性評価が重要な課題となっており、大規模解読実験を通して安全に利用するための暗号パラメーターの導出などの研究が進展している。更には、実利用の環境に適した効率的な実装アルゴリズムの研究開発が、産業界も巻き込み活発に行われている。耐量子計算機暗号を専門に議論する国際会議PQCryptoも毎年開催されるようになっている。

量子誤り訂正符号に関しては、最小距離を評価基準とした伝統的符号理論の観点からはおおよそ以下の課題に集約できる。（3）で述べたことから、直ちに得られる技術課題は従来から考えられてきた線形符号構成の問題をシンプレクティック形式に関する自己直交性という新たな制約下で解くというものである。個々の符号長、エンコードする情報量などのパラメーターに関して良い符号を構成する等の課題は古典の符号理論と同様に無限に存在する。最小距離の評価基準を用いた漸近論では、シンプレクティック符号構成の文脈で、Tsfasman–Vladut–Zink下界を達成する古典的な意味で自己直交な代数幾何符号の多項式時間構成という古典的符号理論の枠組みで述べられる課題が（暗に）示唆されていたが、これは濵田[34)]が肯定的に解決した。想定する適用先によっては最小距離以外の評価基準も考えるべきであろう。実際、Shor[29)]はシャノンの通信路容量にあたるものを量子誤り訂正について求める問題を提起しており、その後の発展を促した。

（6）その他の課題

数理科学の一分野としての計算理論領域を捉えると、基礎数学に属する計算可能性の研究から、量子技術に直結する量子超越性や耐量子計算機暗号の研究まで、幅広い分野と研究形態が含まれる。技術に直結する応用分野の研究であっても、一般に、課題解決型研究の探求範囲や発想を超える大きなブレークスルーが数理科学から生まれることが期待されている。そのため 、数学的研究方法の深い理解と素養に基づいた基礎科学としての自律的発展を担うと同時に、最新の科学技術の動向に調和して、境界領域に対する幅広い関心と知識を兼ね備えた人材の育成が望まれる。例えば楕円曲線に関しては、ミレニアム懸賞問題の一つであるバーチ・スウィンナートン=ダイアー予想（BSD予想）が未解決のままである。このような純粋数学の課題が、今後の暗号研究に直接・間接的に影響を与えるであろうことは、研究人材の育成という意味でも重要なことである。

理論計算機科学全般については、科研費の大型プロジェクトを中心に安定的に研究助成が行われているが、これについては、仮想的な研究組織による5年程度の時限的な研究活動となっている。恒久的な大型組織は存在せず、主に工学系・情報科学系の学科に分散的に所属する個々の研究室で研究者の自由な発想に基づく研究が行われている。一方、欧米では、理論計算機科学が、しばしば数学の一分野として扱われ、他の数学分野との垣根が低いことが革新的な結果を生み出す要因になっている側面もある。今後、日本においても、数学（数理科学）系研究者との交流を、より一層活発化していくことが望まれる。

一方で、近年、各国で研究が推進されている量子計算理論については、わが国では、量子計算機開発の国家プロジェクト（Q-LEAP、Moonshot等）の一部として推進されているが、開発チーム優先のプロジェクトの中では、数理科学者の参加は限定的である。また、これらは時限的なプロジェクトであるため、長期的視野に立った人材育成という観点からは、その役割は限定的である。このため、ある程度の規模を持った、量子計算理論の恒久的な育成システムが望まれる。

将来の量子計算理論研究者の育成には、量子物理学者や古典の計算理論・理論計算機科学（アルゴリズム理論や計算量理論）の研究者との研究交流が欠かせない。しかし、現状では、これらの分野との交流は、極めて限定的である。このため、このような大きなプロジェクトにおいて、既存の分野ごとのコミュニティーにとらわれない、若手数理科学研究者の参加、育成を積極的に促進する仕組みが望まれる。また、恒久的な研究者育成システムの観点からも、近年のデータサイエンス教育の普及に匹敵するような規模で量子技術や量子科学に関する基礎教育の普及も望まれる。

2021年にMIP*=RE定理という量子計算量理論におけるブレークスルーが伝えられた[35]。この内容は、系として作用素環（フォン・ノイマン環）におけるConnesの埋め込み予想が否定的に解決されることを導く。このConnesの埋め込み問題は、量子情報のTsirelsonの問題と同値であることが知られている。この量子計算量理論によるConnesの埋め込み問題の否定的解決は、作用素環論と量子計算量理論とのこれまでにない新しいつながりを生み出し、量子計算に関わる全く新しい数学分野の創出の契機となる可能性がある。

新しい数学分野という観点からは、代数的数を広げる（単に超越数だと片付けてしまわない）ことに関するKontsevichとZagierの予想（2001）がある[36]。この種の数学者の興味や関心が、計算機の格段の発達によってなされた新しい学問である計算理論と無関係でいられるわけではなく、10年20年先からバックキャストをするという期待からは、無視し得ない。

（7）国際比較

国・地域	フェーズ	現状	トレンド	各国の状況、評価の際に参考にした根拠など
日本	基礎研究	○	→	・計算可能性の研究では、研究者数が他国と比べて少ない中、国際的な存在感を保っている。国際誌 Computabilityの掲載論文数は世界 6位である。2022年の国際数学者会議で、計算可能性理論の招待講演者（1枠）に日本の横山啓太（東北大学）が選出された[37]。 ・理論計算機科学については、科研費の大型プロジェクトを中心に、安定的に重要な成果を創出。恒久的な大型組織は存在せず、個々の大学研究室に委ねられている。 ・量子計算理論については、量子計算機開発の国家プロジェクト（Q-LEAP、Moonshot等）の一部として推進。これらは期限付き研究プロジェクトであり、恒久的な育成システムは極めて小規模。将来の量子計算理論研究者の育成に不安がある。 ・耐量子計算機暗号の研究では、大学だけでなくNTTや産業技術総合研究所（産総研）など研究機関からトップカンファレンスにおいて多くの論文発表がある。

	応用研究・開発	○	↗	・量子計算機開発および応用研究について、Q-LEAP、Moonshot等の国家プロジェクトを中心に推進。プロジェクトでは、NEC、富士通、日立などのメーカーも協力し、産学連携が進む。 ・企業による、量子技術に関する協議会QSTARも創設された。 ・耐量子計算機暗号では、デジタル庁・総務省・経済産業省が運営する電子政府推奨暗号プロジェクトCRYPTRECにおいて、産官学の研究者が参加する形で最先端の研究成果や実用研究が議論されている。
米国	基礎研究	◎	→	・計算可能性理論に関しては、国際誌 Computability、Annals of Pure and Applied Logic、Journal of Symbolic Logic、Journal of Mathematical Logic 等の掲載論文数は毎年、世界一であるが、近年は米国発の注目すべき研究は出ていないように見える。 ・理論計算機科学に関しては、トップ級論文誌・国際会議において、長年に亘って、他国を圧倒する貢献度。 ・Simons Institute for the Theory of Computing など、理論計算機科学の組織的な研究推進。 ・耐量子計算機暗号の基盤方式となる格子暗号を提案したグループがCourant Institute of Mathematical Scienceにあり世界をリードする研究をしている。
	応用研究・開発	◎	↗	・量子超越性に関しては、以下のように民間企業による研究・開発が顕著である。 −Googleの量子計算機実機による量子超越性の実証。 −IBMの量子計算実機の公開および、それを用いたアプリケーションの研究開発。 ・耐量子計算機暗号に関しては、米国国立標準技術研究所NISTにより標準化プロジェクトが進められており、2031年以降に実用化される次世代標準暗号が決定する予定である。
欧州	基礎研究	◎	→	・計算可能性研究については、国際誌 Computability の掲載論文数の世界2～4位は、順にドイツ、英国、フランスである。EUプロジェクト“Computing with Infinite Data”[38] などの大型プロジェクトが実施され、計算可能性理論の圏論的基礎などの注目度の高い研究を多数創出。 ・計算理論、量子理論の基礎研究で長い歴史。 ・理論計算機学においては、ドイツ、英国、フランス、スイスを中心として、トップ級論文誌・国際会議で、長年に亘り、顕著な実績。 ・暗号の基礎研究は大学だけでなくIBMなど企業においても活発に行われている。
	応用研究・開発	○	↗	・量子計算機開発の大型プロジェクトが進行中であるが、ハードウェア開発が中心。 −UK National Quantum Technologies Programme −EU Quantum Technology flagship ・耐量子計算機暗号に関しては、欧米の暗号研究者を中心として提案した方式が、米国国立標準技術研究所NISTが進める標準化プロジェクトにおいて採用された。
中国	基礎研究	○	↗	・計算可能性理論に関しては、国際誌 Computability の掲載論文数は世界13位であり、他の主要誌の論文数も同程度である。特筆すべき研究は出ていない。 ・中国科学院による量子情報科学の基礎研究拠点。 ・米国等で活躍した理論計算機科学の世界的な研究者（A. Yao等）が帰国し、精華大学・企業等で研究をけん引。 ・トップ級論文誌・国際会議における貢献度では、米国・ヨーロッパに及ばないが、近年、増加傾向。 ・数理情報分野の主要な国際会議の予稿集を含むSpringer LNCSにおける論文数は、過去5年で米国を上回り中国が1位となっている。
	応用研究・開発	○	↗	・66量子ビットの量子計算機実機による量子超越性実証。 ・Alibabaなどが量子計算機ハードウェア、アプリケーションの開発。 ・精華大学が応用数学の研究を進めるYanqi Lake Beijing Institute of Mathematical Sciences and Applications（BIMSA）を立ち上げ世界中から優秀な研究者を集めている。

韓国	基礎研究	△	→	・目立ったアクティビティが見られない。
	応用研究・開発	△	↗	・耐量子計算機暗号に関しては、ソウル大学校を中心として、格子暗号をクラウドコンピューティングに応用する技術で特徴的な研究成果がある。
その他の国・地域	基礎研究	○	↘	・計算可能性理論においては、ニュージーランド、シンガポール、ロシアが強力な地域として知られている。 国際誌Computabilityの掲載論文数は順に、5位、9位、8位である。国際数学者会議招待講演の計算可能性理論枠は、2006年の Rod Downey、2010年のAndre Niesと連続でニュージーランドであった[39]。特にアルゴリズム的ランダム性の理論の世界的研究をけん引している。近年も安定した成果を上げているものの、勢いは落ち着きつつある。
	応用研究・開発	—	—	基礎研究がもっぱらで、評価できる段階ではない。

（註1）フェーズ

基礎研究：大学・国研などでの基礎研究の範囲

応用研究・開発：技術開発（プロトタイプの開発含む）の範囲

（註2）現状　※日本の現状を基準にした評価ではなく、CRDS の調査・見解による評価

◎：特に顕著な活動・成果が見えている　　○：顕著な活動・成果が見えている

△：顕著な活動・成果が見えていない　　×：特筆すべき活動・成果が見えていない

（註3）トレンド　※ここ1～2年の研究開発水準の変化

↗：上昇傾向、→：現状維持、↘：下降傾向

関連する他の研究開発領域

・量子コンピューティング・通信（HW）(ナノテク・材料分野 2.3.5)

参考文献

1) Kurt Gödel, “On Undecidable Propositions of Formal Mathematical Systems,” in *The Undecidable: Basic Papers On Undecidable Propositions, Unsolvable Problems And Computable Functions*, ed. Martin Davis (Raven Press, 1965), 39-74.

2) Alonzo Church, “An Unsolvable Problem of Elementary Number Theory,” *American Journal of Mathematics* 58, no. 2 (1936) : 345-363, https://doi.org/10.2307/2371045.

3) Alan Mathison Turing, “On Computable Numbers, with an Application to the Entscheidungsproblem,” *Proceedings of the London Mathematical Society* s2-42, no. 1,(1937) : 230-265., https://doi.org/10.1112/plms/s2-42.1.230.

4) Whitfield Diffie and Martin E. Hellman, “New directions in cryptography,” *IEEE Transactions on Information Theory* 22, no. 6 (1976) : 644-654., https://doi.org/10.1109/TIT.1976.1055638.

5) David Deutsch, “Quantum theory, the Church-Turing principle and the universal quantum computer,” *Proceedings of the Royal Society A* 400, no. 1818 (1985) : 97-117., https://doi.org/10.1098/rspa.1985.0070.

6) Peter W. Shor, “Algorithms for quantum computation: discrete logarithms and factoring,” in *Proceedings 35th Annual Symposium on Foundations of Computer Science* (IEEE, 1994), 124-134., https://doi.org/10.1109/SFCS.1994.365700.

7) Rodney G. Downey and Denis R. Hirschfeldt, *Algorithmic Randomness and Complexity*, Theory and Applications of Computability (New York: Springer, 2010)., https://doi.org/10.1007/978-0-387-68441-3.

8) Vasco Brattka and Peter Hertling, eds., *Handbook of Computability and Complexity in Analysis*, Theory and Applications of Computability (Springer Cham, 2021)., https://doi.org/10.1007/978-3-030-59234-9.
9) Jack H. Lutz and Neil Lutz, "Who Asked Us? How the Theory of Computing Answers Questions about Analysis," in *Complexity and Approximation: In Memory of Ker-I Ko*, eds. Ding-Zhu Du and Jie Wang, Lecture Notes in Computer Science 12000 (Springer Cham, 2020), 48-56., https://doi.org/10.1007/978-3-030-41672-0_4.
10) Jaap van Oosten, *Realizability: An Introduction to its Categorical Side*, Studies in Logic and the Foundations of Mathematics 152 (Elsevier Science, 2008).
11) Andrej Bauer, "The Realizability Approach to Computable Analysis and Topology," PhD thesis, School of Computer Science, Carnegie Mellon University, http://reports-archive.adm.cs.cmu.edu/anon/2000/CMU-CS-00-164.pdf,（2023年3月8日アクセス）.
12) Sanjeev Arora and Boaz Barak, *Computational Complexity: A Modern Approach* (Cambridge: Cambridge University Press, 2009)., https://doi.org/10.1017/CBO9780511804090.
13) Albert R. Meyer and Larry J. Stockmeyer, "The equivalence problem for regular expressions with squaring requires exponential space," in *13th Annual Symposium on Switching and Automata Theory (swat 1972)* (IEEE, 1972) : 125-129., https://doi.org/10.1109/SWAT.1972.29.
14) Lance Fortnow, "Beyond NP: the work and legacy of Larry Stockmeyer," in *Proceedings of the thirty-seventh annual ACM symposium on Theory of computing* (New York: Association for Computing Machinery, 2005), 120-127., https://doi.org/10.1145/1060590.1060609.
15) Seinosuke Toda, "PP is as Hard as the Polynomial-Time Hierarchy," *SIAM Journal of Computing* 20, no. 5 (1991) : 865-877., https://doi.org/10.1137/0220053.
16) Michael A. Nielsen and Isaac L. Chuang, *Quantum Computation and Quantum Information*, 10th anniversary ed. (Cambridge: Cambridge University Press, 2010)., https://doi.org/10.1017/CBO9780511976667.
17) Aram W. Harrow and Ashley Montanaro, "Quantum computational supremacy," *Nature* 549 (2017) : 203-209., https://doi.org/10.1038/nature23458.
18) Scott Aaronson and Alex Arkhipov, "The Computational Complexity of Linear Optics," *Theory of Computing* 9 (2013) : 143-252., https://doi.org/10.4086/toc.2013.v009a004.
19) Adam Bouland, et al., "On the complexity and verification of quantum random circuit sampling," *Nature Physics* 15 (2019) : 159-163., https://doi.org/10.1038/s41567-018-0318-2.
20) Frank Arute, et al., "Quantum supremacy using a programmable superconducting processor," *Nature* 574 (2019) : 505-510., https://doi.org/10.1038/s41586-019-1666-5.
21) Michael J. Bremner, Richard Jozsa, and Dan J. Shepherd, "Classical simulation of commuting quantum computations implies collapse of the polynomial hierarchy," *Proceedings of the Royal Society A* 467, no. 2126 (2011) : 459-472., https://doi.org/10.1098/rspa.2010.0301.
22) Ronald Linn Rivest, Adi Shamir and Leonard Max Adleman, "A method for obtaining digital signatures and public-key cryptosystems," *Communication of the ACM* 21, no. 2 (1978) : 120-126., https://doi.org/10.1145/359340.359342.
23) Neal Koblitz, "Elliptic curve cryptosystems," *Mathematics of Computing* 48, no. 177 (1987) : 203-209., https://doi.org/10.1090/S0025-5718-1987-0866109-5.
24) Victor S. Miller, "Use of Elliptic Curves in Cryptography," in *Advances in Cryptology: Proceedings*

of CRYPTO '85, Lecture Notes in Computer Science 218 (Berlin, Heidelberg: Springer, 1985), 417-426., https://doi.org/10.1007/3-540-39799-X_31.

25) Arjen K. Lenstra and Hendrik W. Lenstra, eds., *The Development of the Number Field Sieve*, Lecture Notes in Mathematics 1554 (Berlin, Heidelberg: Springer, 1993)., https://doi.org/10.1007/BFb0091534.

26) John M. Pollard, "A monte carlo method for factorization," *BIT Numerical Mathematics* 15 (1975) : 331-334., https://doi.org/10.1007/BF01933667.

27) Peter W. Shor, "Polynomial-Time Algorithms for Prime Factorization and Discrete Logarithms on a Quantum Computer," *SIAM Journal on Computing* 26, no.5 (1997) : 1484-1509., https://doi.org/10.1137/S0097539795293172.

28) Daniel J. Bernstein, Johannes Buchmann, and Erik Dahmen, eds., *Post-Quantum Cryptography* (Berlin, Heidelberg: Springer, 2009)., https://doi.org/10.1007/978-3-540-88702-7.

29) Peter W. Shor, "Scheme for reducing decoherence in quantum computer memory," *Physical Review A* 52, no. 4 (1995) : R2493-R2496., https://doi.org/10.1103/PhysRevA.52.R2493.

30) A. Robert Calderbank, et al., "Quantum error correction via codes over GF (4)," *IEEE Transactions on Information Theory* 44, no. 4 (1998) : 1369-1387., https://doi.org/10.1109/18.681315.

31) Hermann Weyl, *The Theory of Groups and Quantum Mechanics* (Dover Publications Inc., 1950).
[Translation from the second German ed., 1931].

32) Julian Schwinger, "Unitary Operator Bases," *PNAS* 46, no. 4 (1960) : 570-579., https://doi.org/10.1073/pnas.46.4.570.

33) Ran Raz and Avishay Tal, "Oracle separation of BQP and PH," in *Proceedings of the 51st Annual ACM SIGACT Symposium on Theory of Computing* (New York: Association for Computing Machinery, 2019), 13-23., https://doi.org/10.1145/3313276.3316315.

34) Mitsuru Hamada, "A polynomial-time construction of self-orthogonal codes and applications to quantum error correction," in *2009 IEEE International Symposium on Information Theory* (IEEE, 2009), 794-798., https://doi.org/10.1109/ISIT.2009.5205647.

35) https://cacm.acm.org/magazines/2021/11/256404-mip-re/fulltext
Zhengfeng Ji, et al., "MIP* = RE," *Communications of the ACM* 64, no. 11 (2021) : 131-138., https://doi.org/10.1145/3485628.

36) Maxim Kontsevich and Don Zagier, "Periods," in *Mathematics Unlimited-2001 and Beyond*, eds. Björn Engquist and Wilfried Schmid (Berlin, Heidelberg: Springer, 2001), 771-808., https://doi.org/10.1007/978-3-642-56478-9_39.

37) International Mathematical Union, "International Congress of Mathematicians 2022," https://www.mathunion.org/icm/virtual-icm-2022, (2023年3月8日アクセス).

38) Computing with Infinite Data (CID), http://cid.uni-trier.de, (2023年3月8日アクセス).

39) International Mathematical Union, "ICM Plenary and Invited Speakers," https://www.mathunion.org/icm-plenary-and-invited-speakers, (2023年3月8日アクセス).

2.7.6 システム設計の数理

（1）研究開発領域の定義

本領域は、各種のシステムを設計するための数理的な手法・技法およびその基盤となる数学理論の探求を行うことを目的とした領域である。システム設計のための数理的手法の要諦は、システムが望ましい性質を満たすことを証明する形式検証の営みであり、すなわち「証明を書く」営みである。これら手法の研究は主に以下の3点に主に注目する：（1）対象システムを数学的議論に載せるための「定義」＝モデリングの研究、（2）証明自体の正当性をソフトウェアによって検証するための形式化の研究、（3）証明構築の労力・コストを削減するための自動化の研究。対象となるシステムは拡大し続けており、コンピューターを中心とするシステム（ハードウェア、ソフトウェア、情報など）に加えて、IoTやCPSなど実世界の一部とともに構成されるシステムや、機械学習機能を有するシステム、さらに近年では量子コンピューターなども含まれるようになった。また、数理的手法が担う役割も広がっている。基本的にはシステムの「設計」を行うことが目標であるが、設計されたシステムを解析したり、所望の性質を有するかを検証したりすることも必要であり、実装、解析、検証のための数理的手法の探求も本領域に含まれる。ソフトウェア工学の観点では、数理的手法である「形式手法」を主に扱う。

（2）キーワード

システム設計、情報システム、情報セキュリティー、IoT、CPS、機械学習、自動運転、量子コンピューター、プログラム意味論、圏論、形式手法、ソフトウェア検証、自動証明

（3）研究開発領域の概要

［本領域の意義］

本領域の対象となるシステムとしては、コンピューターを構成するハードウェアおよびソフトウェアのシステム、コンピューターやネットワークを中核とする情報システムが典型的であるが、その範囲は拡大し続けている。IoT（Internet of Things）やCPS（Cyber-Physical System）は、実世界に対するセンサーやアクチュエータを含んでおり、実世界の一部とともにシステムを構成していると考えられる。これらのシステムの設計には、離散的な数理だけはなく、実世界をモデル化するための連続的な数理を必要とする。また近年では、古典物理に基づく現象だけでなく、量子力学に基づく現象を活用したシステムも登場している。量子コンピューターは量子現象を活用して計算を行うシステムであり、量子通信では量子現象を活用して通信ネットワークが構成される。当然ながら、量子力学をモデル化するには実空間だけでなく複素空間が必要となる。さらに近年では、実世界の状況を継続的に計測して学習を行ったり、強化学習の原理に基づいて実世界に働きかけながら学習を行ったりするシステム、すなわち、機械学習機能を有するシステムも一般的になりつつある。

以上のように「システム」の範囲は拡大し続けているが、そのために数理的手法が担う役割も広がっている。基本的にはシステムの「設計」を行うことが目標であるが、設計されたシステムを解析したり、所望の性質を有するかを検証したりすることも必要である。その結果は、システムの再設計に生かされる。また、設計されたシステムを、抽象度の意味でより低レベルのシステムによって「実装」するためにも数理的手法が活用される。実装されたシステムに対しても、解析や検証が必要になる。以上のように、実装、解析、検証のための数理的手法の探求も本領域に含まれる。

「システム」と「設計」の広がりにより、多彩な数理的手法が開発され、その基盤となる数学理論も深く豊かなものに発展している。システム設計における多彩な数理手法の開発とその基盤となる数学理論の深化こそが、本領域を発展させる原動力であり、将来への意義も大きい。

［研究開発の動向］

情報システムの設計と実装のための技術分野としてソフトウェア工学がある。近年、ソフトウェア工学の対象もIoTやCPS、さらに機械学習機能を有するシステムに広がってきており、特に後者を対象とする分野は「機械学習工学」と呼ばれている（「2.1.4 AIソフトウェア工学」も参照)。ソフトウェア工学は、各種の経験的手法も含み、開発チームの構成方法やプロジェクト管理方法などのソフトウェアの開発手法までをも扱っているが、本領域では数学理論に基づく数理的手法である「形式手法」を主に扱う。すなわち、プログラムの意味論および検証、契約によるソフトウェアの設計、検証のための記号論理、それを用いた自動証明などである。

また、コンピューターを構成するシステムの設計手法の中でも、コンピューターのハードウェアの設計手法は個別の技術分野を形成している。状態機械などの基本的な考え方はソフトウェアと共通しているが、古典的なハードウェアのモデル化の手法は確立しており、その設計手法は独自に発展・深化している。本領域にはハードウェアの一般的な設計手法は含めないが、ハードウェアの複雑なロジックに対して、モデル検査などの自動証明の技術が適用され成功を収めている事例も多くあり[1)]、システム設計の数理の応用分野にハードウェアを含めることは適切であろう。

一方、ソフトウェアの設計においてはモデル化自体が非自明であり、さらにIoTやCPSの設計においては、実世界の適切なモデル化も必要となる。モデル化のための各種の数理的手法、モデルの解析・検証のための手法は、対象となるシステムの特徴や目的に即して開発されなければならない。

❶ プログラムの意味論・圏論的意味論

ソフトウェアに対する数理的手法の研究は、プログラミング言語の意味論、プログラムの検証、それらを基礎とするソフトウェアの設計手法などから始まった。プログラミング言語の意味論の定式化をはかる際、その一つのスタイルとして、半順序集合などの数学的構造を用いた表示的意味論がある。表示的意味論はプログラムの意味を数学的に扱いやすい抽象的な形で定式化するのが強みである。一方で、実際のプログラムの実行過程の定式化に近い操作的意味論というスタイルもある。現在ソフトウェア科学の理論研究は、この2つのスタイルの意味論を組み合わせ行き来することで発展している。

一方、データやプログラムの具体的な領域を定めずに、各種の意味論に共通の構成法や共通に成り立つ性質を、圏論を用いて定義する手法が発展してきた。各種の意味論は、圏論的な意味論の具体例として捉えることができる。圏論的意味論は、関数プログラミングの基礎であるラムダ計算の意味論として定義され、さまざまなプログラミング言語の意味論に拡張された。さらに、システムの設計のために必要なさまざまな概念を、圏論を用いて定式化することが行われている[2)]。

❷ プログラムの検証

プログラムの検証の研究は公理的意味論から始まる。特に、この立場（公理的意味論）において、プログラムの正しさを表現するために、述語論理に対してホーアの三つ組を追加したホーア論理が提唱された[3)]。「意味論」と呼ばれているが、プログラムの各構文規則に対して公理が定められる。構文規則を組み合わせて構成されるプログラムが満たす性質は、構文規則の公理を組み合わせて検証することができる。もちろん、公理的意味論における公理は、各種の意味論に基づいて正当化することができる。なお、公理的意味論における公理は、プログラムの最弱事前条件もしくは最強事後条件という形で定式化することもできる。これらもプログラミング言語の意味論から導出される。

❸ 仕様記述・契約による設計

関数、手続き、メソッドなどのプログラムの構成単位を構築する際に、それぞれの構成単位が満たすべき性質を指定し、構成単位を利用するプログラムを、それらの性質のみに基づいて構築しておけば、指定された性質を変えずに構成単位を変更しても、それを利用するプログラムの方は変更する必要がない。構成単位に対して指定された性質は、その仕様記述と呼ばれる。具体的には、構成単位を呼び出す際の事前条件と、呼び出した後で成り立つべき事後条件を指定する。これらを、構成単位が満たすべき契約と捉え、契約に基づいてソフトウェアを設計する手法は「契約による設計」と呼ばれ、典型的な形式手法として確立している[4)]。

❹ 記号論理

プログラムの性質を意味論に基づいて直接的に検証するにせよ、公理を組み合わせて検証するにせよ、検証は数学的な証明を与える作業に他ならない。したがって、何らかの形式体系、すなわち、記号論理のもとで形式的に証明を構築することが可能である。記号論理としては、一階述語論理、様相論理、高階述語論理などが用いられる[5)]。以下に述べる型理論から発展した高階型理論が用いられることも多い。また、特定の観点からプログラムの性質を簡潔に表現し検証するために、さまざまな記号論理が定義されている。例えば、時間経過を様相と捉えプログラムの時間的な性質を検証するための時間論理、メモリに関する性質を検証するための分離論理などが典型例である。

❺ 自動証明・静的解析

記号論理のもとでの形式的な証明をある程度自動的に構築することも可能である。一階述語論理、様相論理、高階述語論理、高階型理論などに対して、証明もしくはその一部を自動的に構成する技術が開発されてきた。もちろん、証明が存在するか存在しないかは一般には決定不能であり、証明が存在する場合でも、現実的な時間内に証明を構成できるとは限らない。表現力のより強力な論理ほどその傾向は強くなる。そこで、実用的に有効であって表現力はなるべく弱い論理に対する自動証明技術が発展してきた。具体的には、特定の対象領域に対する述語論理における充足可能性を自動的に判定する技術が発展し、さまざまな応用分野で活用されている([新展開・技術トピックス] ❶SMTソルバによる自動証明の項を参照)。また、並行計算のシステムから得られた状態遷移系の状態を網羅することによって、時間論理で記述された論理式の検証を自動的に行う技術はモデル検査と呼ばれ、実用的な自動証明技術として確立している[6),7)]。

自動証明のような汎用的な技術ではないが、プログラムを実行せずにプログラムの性質を解析する技術が発展している。このような技術は静的解析と呼ばれさまざまな手法が開発されている[8)]。特にデータの領域を抽象化して、抽象的な領域においてプログラムを実行してプログラムの解析を行う手法は抽象解釈と呼ばれている。また、各種の型システムを用いて静的解析を行う研究も盛んに行われてきた。形式化された型システムは型理論とも呼ばれる。さらに、述語を用いて抽象領域を構成したり、型システムと述語を組み合わせたりして、上述の充足可能性の自動証明技術を用いて静的解析を行う手法も発展している。

❻ 応用分野

以上で述べた数理的手法は、さまざまな分野のシステムに対して応用されている。それぞれの応用分野に特化した数理的手法が探求された後、より汎用的な手法に一般化され、その結果が他の応用分野に適用され、というサイクルが繰り返されている。典型的な応用分野として、インターネットなどのネットワーク上で稼働する並列分散システムに対する数理的手法が盛んに研究されてきた。特に、並列分散システムを定式化するために各種の並行計算が提案された。また、そのような並列分散システムにおいてセキュリティーに関する性質は極めて重要であり、セキュリティーに特化した数理的手法が開発されてきている。

本領域の意義でも触れたように、IoTやCPS、量子コンピューターからなるシステムや量子コンピューターのソフトウェア、機械学習機能を有するシステムなどが、数理的手法の新たな応用分野となっており、以下で詳しく述べる。特に機械学習機能は多くのプロセスによって実現されるので、各プロセスの設計や自動化、機能全体の構成法などが課題となる。また、機械学習機能が満たす性質や性能を検証して保証することも大きな課題となっている。

最後に、数理的手法が依拠する数学理論自体も数理的手法における形式化や自動証明などの対象となることを付記する。数理的手法が依拠する数学理論に誤りがあれば、数理的手法によって設計され検証されたシステムの正しさは保証されない。数学理論を形式化することにより自動証明などの数理的手法によってその正しさを保証する研究も盛んに行われてきている[9)]。

❼ 諸外国の政策やベンチマーク

日本では、CRESTやERATOなどによる基礎研究が盛んになってきており、応用研究も自動運転やソフトウェアの分野で拡大している。米国はCPSに関する基礎分野で依然として優位であり、応用研究においてはAmazon Web Service（AWS）などのクラウドの検証が活発になってきている。欧州は伝統的に基礎研究に強いが、航空機に対する応用研究も顕著である。中国は中国科学院を中心に。基礎研究力が向上している。この他ではイスラエルが、基礎でも応用でも目立った研究を行っている。

（4）注目動向

［新展開・技術トピックス］

❶ SMTソルバによる自動証明

上述の自動証明の流れの中で、2000年代中盤くらいから（表現能力が非常に限定された）命題論理の自動証明器の性能が飛躍的に向上してきた。これらの自動証明器は、命題論理式の充足可能性（satisfiability）を判定するものでありSATソルバと呼ばれる。さらに2010年代以降、表現能力を命題論理から少しずつ拡張し、応用上頻出する対象（実数、整数、ビットベクトル、リストなど）を表現する述語論理の理論（theory）を対象とする自動証明器が現れた。これらの自動証明器はSMTソルバ（satisfiability modulo theories）と呼ばれる[10)]。

SAT/SMTソルバの性能の向上は、システム検証（システムが所与の性質を満たすことを証明する）において「さまざまな問題をSAT/SMTに帰着させて証明する」というトレンドを引き起こした。

具体的には、システム検証の個々の応用分野ごとに自動証明器を開発することには、応用分野の特性を活かした最適化・チューニングが可能という利点がある。しかし現実には、開発・最適化リソースが分散してしまうので（各応用分野の開発チームは少数）、この利点が発揮されることは少ない。

一方で、SAT/SMTソルバは単純かつ基本的な論理を対象とした自動証明器であるので、多数の開発チームがコンペティションで最適化の技を競い合うことで性能が大きく向上してきた。この性能の優位性は、応用問題をSAT/SMTの問題に帰着する際のオーバーヘッドを補って余りあるものである。

このトレンドは近年多数の成功例を生んでいる。例えば集積回路の形式検証（1994年のPentium FDIVバグ以来Intelが力を入れている）や、ネットワーク設定の形式検証（設定ミスがあるとデータセンターやクラウドが落ちる）、クラウドサービスのセキュリティー設定の形式検証など、各応用分野の巨大な問題インスタンスがSAT/SMTソルバによって解決されている。プログラム検証においても、制約付きホーン節などを通じてSAT/SMTソルバが盛んに用いられている。

❷ 情報セキュリティー

情報セキュリティーの問題は社会的に重要である一方、攻撃者の能力を事前に規定することが難しく、数理的取り扱いに工夫を要する研究課題である。さまざまなシステム・応用分野に対し研究が進んでいる[11)]。

1990年から2000年代にかけては、暗号通信プロトコルの組合せ論的攻撃に対するセキュリティーを検証する研究が注目を集めた（Dolev–Yao攻撃者モデルのstrand space定式化など）。その後研究のトレンドは暗号の計算論的側面を包含し（Abadi–Rogawayなど）、さらに発展している。

各種情報システムのプライバシーも検証対象として注目を集めている。ここでは、差分プライバシーの概念がプライバシーの数学的定式化として重要である。差分プライバシーの検証のためにプログラミング言語的アプローチが盛んに研究されており（所与のプログラムが差分プライバシーを満たすかをプログラムの文面に基づいて証明する）、関係ホーア論理と呼ばれる論理体系が主に用いられる。

ブロックチェーンの文脈で多く現れるスマートコントラクトの検証も最近盛んな研究トピックである。この問題は応用上の新規性に比べ、既存の（よく研究された）形式検証問題との技術的ギャップが大きくないため、他の問題に帰着させ既存手法で解くというのが一般的アプローチである。例えばプログラム検証のための一般的フレームワークとしてWhy3やKeYがあるが[12)]、これらにスマートコントラクト検証問題を帰着させる手法が提案されている[13)]。

❸ サイバーフィジカルシステム（CPS）

サイバーフィジカルシステム（CPS）とは、計算機によるデジタル制御と物理的ダイナミクスの融合を指す用語であり、2000年代中盤以降世界的に大きな学術的・産業的潮流となっている。Industrie 4.0、Society 5.0、IoTなどのパラダイムは、CPSの流れにあると理解することができる[14)]。

近年の工業製品のほとんどはCPSであり（自動車、飛行機、発電プラント、ロボットなど）、これらの安全性は、従来の情報システムの場合にも増して重要な課題である。

CPSの研究は当初ソフトウェア科学と制御理論の協働として米国国立科学財団（NSF）の主導で始まった（2000年代中頃）。ここで、ソフトウェア科学は情報システムの数学的解析手法を提供し、制御理論は物理システムの数学的解析手法を提供している。この2つの間に（離散・連続の違いはあるにしろ）明確な数学的類似が見られる、というのがCPS研究の当初の新規性および動機であった。この2分野のつながりはさらに発展し、精度保証付き数値計算の導入や機械学習コンポーネントの解析、制御目標の論理式による記述など、新たな展開が次々に生まれている。

❹ 量子プログラム・システム

量子計算・量子通信は量子力学の原理を用いた新しい計算・通信パラダイムである。多数の状態の重ね合わせを用いて計算複雑性を削減する量子アルゴリズム（Shorの素因数分解アルゴリズムが有名）や、量子もつれを用いて絶対のセキュリティーを保証する量子通信プロトコルが注目を集めている。これらの技術の物理的・アルゴリズム的側面の研究はもちろん重要だが、ソフトウェアおよびシステム設計の観点からも、以下の研究が進んでいる。

2000～2010年代においては、量子プログラミング言語の基礎的設計とその数理的意味論の研究が盛んに行われた。量子計算の最初のモデルである量子回路や量子チューリング機械は、実用上必要な高レベルプログラミングを可能にするものではないため、これらの研究では手続き型や関数型など複数のプログラミング言語が提案された。これら言語のうち多くに共有された指針が「古典制御・量子データ」であり、量子ビットをデータとして扱う一方で、プログラムの制御フローは古典的な実体とすることにより（制御フローの量子的重ね合わせは行わない）実装・解析を容易にするというものである。意味論においては、それ以前の意味論研究の数学的抽象化（特に圏論を用いた抽象化）により、古典プログラミング言語の意味論の抽象化がおおむね量子プログラミング言語のそれも包含し、統一的な枠組みを与えることが示された。

同じ頃、量子通信プロトコルの数理的研究も進んだ。ここでもやはり、古典通信に対する意味論と検証手法の根本が量子通信にも応用可能であることが明らかになった。

しかし2010年代後半以降は以上の研究動向に大きな変化が見られる。この頃、量子ハードウェアが進化して相当数の量子ビットを有するNISQ計算機（Noisy Intermediate-Scale Quantum computer）が出現した。その結果、（量子コンピューターを概して想像上・理論上の存在としていた）従来の基礎的研究で取りあえず無視していたハードウェアの詳細が突然重要な課題となり、それらの対処のための数理的手法が強く求められている。具体的には、限られた量子ビットの効率的再利用や、量子ビットの物理的配置に起因する量子もつれ生成の制約などが課題である[15)]。その他にも量子回路設計の最適化という問題がある[16)]。

❺ AutoML

機械学習が多くの場面で有用であることが広く知られる一方で、高い精度でこれらの機能を含むシステムを構築しようとした際には、技術的に精通した人間によるチューニングや管理が不可欠となり、この点が導入や普及において問題となり得る。 AutoML（自動化された機械学習）は、機械学習モデルの設計や構築を自動化すること、あるいはそれに必要な手法全般を指すもので、深層学習が注目される以前から関連分野では盛んに研究されてきた経緯がある[17)]。特に最近では、個別の問題に対する深層学習の各プロセスの自動化に必要な手法の研究が盛んに行われ、またこれらを組み入れたサービスも多く見られるようになっている。

機械学習の機能を持つシステムは、データの収集や事前処理、モデルの訓練、推論の実行、モデルの更新など、多くのプロセスから構成される。AutoMLは、これらの各プロセスの自動化のための手法を統合し、技術的に精通した人間にかかるコストを回避可能なシステムの実現を目指すものである。各プロセスの自動化として主要なものとしては、訓練に用いるデータの精錬や拡張、特徴の抽出や選択の自動化や、ハイパーパラメーターの自動チューニング（最適化）などが挙げられる。特にデータ拡張については、敵対的生成ネットワーク（GAN）などの生成モデルを用いたアプローチが盛んに研究されている。またハイパーパラメーターの自動チューニングについては、いわゆるブラックボックス最適化（ベイズ最適化）を用いて、精度を最大化するハイパーパラメーターの探索を行う方法などが、代表的なアプローチとして研究されている。

❻ 機械学習のホワイトボックス化（解釈性向上）

深層学習を中心とした機械学習のさまざまな科学領域への応用や社会実装が進むに伴って、機械学習の解釈可能性、つまりその出力結果がどのような理由で出てくるのか、を人間が理解できるものにするための手法やモデルの研究は、近年ますます注目されるトピックの一つとなっている[18), 19)]。このような研究が注目される背景の一つとしては、機械学習機能を持つシステムを用いた意思決定が、より多様な領域へと広がっていることにもある。例えば、医療などの生命に関わる意思決定や、ビジネスにおいても大きな資金が動く場面において、機械学習が出力する結果だけではなく、その理由も同時に提示することで、より明確な理由をもって意思決定へとつながることが期待できる。しかし一般に、深層学習をはじめとして近年用いられる機械学習モデルは、非線形変換を伴うものを用いることが多い。特に深層学習においては、入力信号が複雑に変換される合成関数となっており、入力から出力に至る信号の変遷を追って解釈を行うことは原理的に困難である。

近年では、このような目的に資する多くの手法が提案されている。例えば、画像認識においては2017年にR.R. Selvarajuらが提案したGradCAMとその発展的手法を中心とした、入力空間における可視化が中心的話題として手法の開発が続けられている。画像に関わらず一般に、個別の出力結果に寄与した変数を重み付けする手法は重要なアプローチとして研究されており、代表的な手法としては、2016年にM.T. Ribeiroらにより提案された摂動に基づく手法であるLIME[20)]や、2017年にS.M. Lundbergらにより提案されたShapley Valueに基づくSHAP[21)]などが知られる。また、（線形モデルなどの）解釈可能な代理モデルを構築し、これにより、より複雑なモデルの出力結果を解釈する手法も重要なアプローチとして盛んに研究されている[22), 23)]。

❼（システム設計手法の応用分野としての）純粋数学

2000年代後半以来、システム設計のための数理的手法（定義で述べた（1）、（2）、（3））の進歩はそもそもの数学コミュニティー（「純粋数学」）の知るところとなり、純粋数学への逆輸入の試みが盛んに行われている。すなわち、純粋数学における証明は現在非形式なものが主流であるが（紙に書く証明でありソフトウェア的確認ができない）、その正当性確認のため形式化を行おうという流れである。特に有名な試みとして、ホモトピー理論の形式化を目指すホモトピー型理論の研究が盛んである[24)]。

［注目すべき国内外のプロジェクト］

❶ **SMTソルバによる自動証明：産業界での利用**

「さまざまな問題をSAT/SMTに帰着させて、近年性能向上が著しいSAT/SMTソルバで解く」というトレンドは、その実用性の高さにより、学術研究のみならず産業界の現場で多数の実施例が見られる。例えば集積回路の形式検証はIntelが20年以上取り組んでいるトピックであり、ネットワーク設定やクラウドサービスセキュリティー設定の形式検証などはAmazon Web Service（AWS）の取り組みが近年目立っている。またMicrosoftは形式検証のさまざまなトピックに力を入れており、近年の代表的なSMTソルバであるZ3はMicrosoftによって開発されオープンソースになった。

❷ **サイバーフィジカルシステム（CPS）**

CPSの品質・安全性保証は、Industrie 4.0やIoTなどの関連パラダイムも含め大きな注目を集めている。特に米国ではNSFが主導してCyber–Physical Systems Virtual Organization（CPS–VO）を組織して産官学の研究活動を統括し、多数の大型研究プロジェクトが実施されている。欧州でも、EUが実施する研究・イノベーションプログラムであるHorizon 2020（2014～2020年）およびその後継のHorizon Europe（2021～2027年）を通じて、多数の研究プロジェクトへの助成が行われている。国内では、ERATO蓮尾プロジェクト（総括：蓮尾一郎（国立情報学研究所）、2016–2024年度）、CREST CyPhAIプロジェクト（代表：末永幸平（京都大学）、2020–2025年度）などを通じてCPSの数理的研究に助成が行われている。

産業界からの関心も当然高い。例えば当該分野の主要国際会議CAV、CPS–IoT Weekなどでは、トヨタ自動車、DENSO、Bosch、SIEMENSなどがしばしばスポンサーとなっている。

自動運転はCPSの重要なサブトピックであり、各国および多数の企業が研究を行っている。特に安全性保証の研究に注目すると、ドイツPegasus Projectと日本SAKURAプロジェクトが産官学の取り組みとして目立っている。これらの取り組みはテストによる統計的安全性保証のアプローチを主眼としている一方で、論理的形式検証のアプローチがIntel/Mobileyeによって提唱されており、IEEE 2846などの国際規格化の動きも見られる。

❸ **形式検証の純粋数学応用：ホモトピー型理論の大規模プロジェクト**

米国防総省のMultidisciplinary University Research Initiative（MURI）programのプロジェクトの一つとして、総額750万ドルのホモトピー型理論の研究プロジェクトが2014～2019年に実施された。Carnegie Mellon University哲学科のSteve Awodey教授が代表者となった本プロジェクトには、形式検証・論理学・純粋数学という異なる分野から多数の研究者が参加し、トピックの包括的文献であるHomotopy Type Theory（“The HoTT Book”）の出版など多数の成果を上げた。ホモトピー型理論の研究は圏論的意味論の研究とも融合し、今日に至るまで多数の研究者によって追究されている。

（5）**科学技術的課題**

❶ **SMTソルバ応用：さらなる対象領域拡大に向けて**

今日のSMTソルバの性能向上は目を見張るものがあり、多数のシステム解析問題をSMTに帰着させて解くことの成功例の多さは上述の通りである。 SATソルバの用途は組合せ論的問題（ブール値真偽値の命題論理式で表現できる問題）に限られていたが、SMTソルバでは実数やリストなどの値に関する証明が可能であり、潜在的な応用範囲はさらに広い。

その一方で、現状ではSMTソルバの活用が主に研究者の手に限られているのも事実である。SMTソルバを経由して解ける問題は、集積回路やネットワークなど高度なIT応用領域にとどまらず、あらゆる産業領域やサービスの現場、日常生活などに遍在していると考えられる。よってこれらに対してSMTソルバを大規模活用し、さまざまな問題を高速・厳密に解くことは、大きな社会的インパクトを持つ。

そのためには、SMTソルバ自体のさらなる効率化の他に、SMTソルバ応用の敷居を下げる研究開発も必要である。この研究開発課題は、UI（ユーザーインターフェース）のさらなる改良から、適切な中間言語の設定、汎用的な問題帰着スキームの定義など多岐にわたる。

❷ 情報セキュリティー：ワンオフの検証から、逐次的改良によるロバストなセキュリティーへ

近年情報システムは急速に巨大化・多様化する現在、伝統的な情報セキュリティー検証の仮定の正当性が崩れつつある。すなわち、IoTシステムに代表される「計算能力が限られたデバイスが膨大な数接続されて一つのシステムを形成する」状況においては、サイドチャネルアタックやその他の脅威を通じて一定数のデバイスが乗っ取られている状況は自然であり、Dolev–Yao攻撃者モデルのように攻撃者の能力を明確に限定するのは非現実的である。よって今日の情報セキュリティー検証においては、当初想定した攻撃者モデルのもとでセキュリティーを証明するだけでなく、攻撃者モデルの誤り（＝想定しなかった脅威）に対処してシステム・証明を改訂する頑健性（ロバストネス）をどう実現するかも重要な課題となる。

❸ サイバーフィジカルシステム（CPS）：モデリングの課題

従来のCPSの検証手法はソフトウェア科学と制御理論の融合によるものであるが、これらはシステムのホワイトボックスモデリングを必要とするものが多い。すなわち、システムの内部動作原理の数学的記述に基づいて、その性質・安全性を数学的に議論する、というわけである。

しかし現実のCPSの多くではホワイトボックスモデリングは困難か不可能である。自動車では内燃機関（微分方程式による記述が非常に複雑）や外部購入部品（動作原理が開示されず）などが障壁になり、仮にこれらの障壁がなくてもモデリングには膨大な工数がかかる。ニューラルネットワークなどの統計的機械学習ユニットを論理的解析ができる形にモデリングすることも困難である。さらに、自動運転などのマルチエージェントシステムでは、周囲の物理環境や他車・歩行者の動作など、モデリングが困難な要素が非常に多い。

よってCPSの検証のさらなる発展と実システム応用には、モデリングの困難さの課題の対処が必要不可欠である。論理的検証の視点からはこれは非常に大きな課題であり（モデルがない ⇒ 定義がない ⇒ 証明が書けない）、基礎的研究が必要とされる。

この課題の対処法の具体例として、自動運転安全性の論理的証明のための方法論であるRSS（Responsibility–Sensitive Safety）を挙げる。RSSは、自動運転という個別の応用領域に注力して「モデリングする/しない」の境界を注意深く設定することにより、実用上有効な論理的証明を得ることに成功している[25), 26)]。これは、ブラックボックスシステムを論理的安全エンベロープで包むことでシステム全体としての安全性を確保している、と言い換えることもできる。

❹ 実応用を見据えた圏論的研究の深化

圏論は現代数学の多くの分野で用いられる抽象言語であり、種々の数学的概念を（その構成でなく）他の対象との関連性を用いて記述することで、数学的理論の本質的構造を明らかにする。数学では特に、異なる分野に現れる概念の間の類似性を定式化する際に強力な道具となる。

情報学およびシステム設計の技法においても、圏論は圏論的意味論において盛んに用いられ、多くの成果を上げてきた。例えば抽象言語としての圏論はHaskellなどのプログラミング言語の設計にインスピレー

ションを与え、プログラムの抽象化と生産性の向上に貢献してきた。また圏論の抽象性・一般性により、一つの検証手法を他の種類のシステムに横展開することが可能になる。これは（[新展開・技術トピックス]❹量子プログラム・システムなど）新たな計算パラダイムが現れた際に、既存の解析手法を適用する有力な手助けとなる。

上記の利点などの理由で、システム設計の数理一般において圏論への関心は（多数ではないにしろ）根強い。一方、圏論応用の試みは単なる抽象的・一般的記述に終わることも少なくなく、そこから応用上の価値を実際に引き出すためには、抽象論を応用上の現実にマッチさせる労力が必要となる。量子や機械学習など新たな計算パラダイムが次々現れて、圏論の一般化力が期待される今こそ、逆に応用上の具体的課題を深く理解して抽象論とつなげる泥臭い努力が必要とされている。

❺ 機械学習の数学的理解

機械学習の一部のモデル、特に深層ニューラルネットについては、高い経験的な精度が実現されることが知られる一方、その理由についてはまだ分かっていない部分も多い。上述のように、今後ますます機械学習の機能を組み込んだシステムが社会へ普及し利用場面が広がっていくことが予想され、その中で、機械学習の出力結果の解釈可能性の付与や、機械学習プロセスのホワイトボックス化は技術的要素としてより重要な課題となっていくと言える。このような課題において、機械学習モデルが、どのような特徴量の学習を行っているのか、なぜ高い汎化性能（新しいデータに対する予測性能）を得られるのか、また、理論的にはどのような場合に古典的な機械学習モデルに対して優位であるのかなど、多くの未解決な課題を解決していく必要がある。

例えば、古典的な学習の理論では、学習モデルの複雑さを大きくしていくと、いわゆる過学習（データ中の雑音情報もモデルに組み込んでしまう）が起こるために汎化性能が低下することが知られている。しかし近年では、モデルの複雑さをより大きく上げることで、二重降下という現象が起きて、さらに汎化性能が向上することが確認されている[8), 2)]。その数理的な理解については、まだ十分に解明されていないものの、このような現象が深層学習の高い性能を生み出す原因であることが少しずつ分かってきている。また、深層学習は入力から出力への変換を繰り返す合成関数であることは上述の通りである。しかしその変換は一様というわけではなく、入力に近い層では特徴学習、そして出力に向けてその特徴量を用いた識別関数を学習していると言われている。最近では、この仕組みに関する数学的理解も進んできており、これにより深層学習が得意なデータやタスクについても少しずつ分かってきている。

（6）その他の課題

❶ ファンディング

システム設計の数理的研究は、（1）数理的手法をシステム設計の実課題に適合させ応用する「フロントエンド研究」と（2）抽象的・一般的で多数の実課題に展開可能なポテンシャルを持つ数理的手法自体の「バックエンド研究」の2つのフェーズからなる。後者のバックエンド研究の重要性は非常に大きく、研究エフォート分担の面でも横展開によるインパクトの面でも、少なくとも（フロントエンドの研究者も含む）当該分野の研究者はこれらの重要性を強く認識している。研究エフォートという点では、高度に数学的な研究には専従エフォートが必要である。また、横展開の点では、一般理論の横展開による理論研究エフォートの節約および新応用・新領域の創出というインパクトがある。

しかし、ファンディング審査に代表されるような分野外へのアピールという点では、バックエンド研究はフロントエンド研究という1ステップを経てのみ実応用に到達できるため、その必要性が理解されにくいことが多い。直接役に立たない研究、理解の難しい研究をなぜ助成する必要があるのか？が問われてしまうためである。このような理論的バックエンドの助成におけるハードルは、数学応用一般における課題でもある。解決策としては、ファンディング主体の積極的働きかけを行うことがある。すなわち、長期的な科学技術振興を担う学術研究だからこそバックエンド研究にも力を入れるべきだと主張することである。加えて、バックエンド研究の直接のユーザーたるフロントエンド研究者がフロントエンド研究とのマッチングによる重要性のアピールすることなどが考えられる。

❷ 研究組織

システム設計の数理的研究は数学の社会応用の一つの形であり、いわゆる応用数学の諸分野との交流・協働を推進することで、理論自体のみならず数学応用の方法論の共有と発展をはかることが望まれる。しかし現状では「いわゆる応用数学」の主流は数学的には解析や統計であり、システム設計で用いる数理論理学や数学基礎論のみならず、コミュニティー的に距離がある。研究者個人レベルでのさらなる交流と相互理解が望まれる。また同時に、ファンディングや研究組織などを通じた組織的取り組みの推進も待たれる。

❸ 産学連携

実社会のICTシステムや物理システムが急速に複雑化する現在、システム設計の数理的研究の成果に対する産業界のニーズは非常に高い。しかし、学術研究における価値を産業界のニーズの解決に振り向ける際にはギャップが多い。例えば、産学の協議による課題の洗い出しと定式化、契約事務、成果・知財の切り分け、数学的定式化による実世界ノイズへの対処などがギャップの具体例である。これらギャップへの対処には研究者側に相当のノウハウが必要とされ、ただでさえ研究時間の少なくなっている大学教員にとって、新たに産学連携に乗り出すための時間を捻出するのは難しいのが現状である。

一方でシステム設計の数理的研究においては、産業界のニーズこそが数学的理論の発展を促す発想のタネの主要なものである。よって、産業応用を通じた社会貢献の点でも、さらなる学術的発展の点でも、産学連携の積極的推進が望まれる。具体策としては（1）大学教員の研究時間一般の確保、（2）産学連携のノウハウの体系的共有、（3）機関やファンディングを通じた契約事務や知財活動のサポート（知財に関しては独立行政法人 工業所有権情報・研修館の知財プロデューサー派遣事業などの例がある）、（4）ケーススタディー論文を学術的に評価するようにする、などが考えられる。

❹ 分野連携

研究組織の項で述べたように、応用数学の他分野との数学的交流や方法論的交流が望まれる。また、実社会のシステムの複雑性を鑑みるに、これらの解析や品質保証を数理的側面のみで語ることは不可能であり、より経験的・実践的な研究分野との密接な協働が望まれる（例えばソフトウェア工学やシステム工学など）。

❺ 人材育成

システムが複雑化し、またセーフティクリティカルさの度合いが上がるに従い、システム安全性の社会的重要性が年々増している。またここでは、自動運転の例でも明らかなように、安全・高品質なシステムを作るだけでは十分でなく、安全・高品質であることを顧客や社会に説明し信頼を勝ち取ることが、新技術の社会受容のために必須である。

システム設計の数理はこのようなシステムと社会のインターフェースの基礎理論であり、システム設計に関わる多くの技術者――まずはソフトウェア技術者および制御系技術者――がシステム設計の数理の基礎的理解を持つことが望まれる。そのためには、大学などの講義カリキュラムが当該内容をカバーすることが必要である。また、企業に就職する学生の研究指導においては、数理的理論と実社会ニーズのすり合わせの経験を積ませることが有益である。

（7）国際比較

国・地域	フェーズ	現状	トレンド	各国の状況、評価の際に参考にした根拠など
日本	基礎研究	○	↗	数学のソフトウェア研究分野における応用については、ERATOやCRESTなどのプロジェクトを通じたJSTの支援がここ数年目立っている。制御理論やソフトウェア工学との協働も盛んになっているが、特に制御理論との協働の源流は、FIRST合原プロジェクトを始めとする先行の取り組みに求められる。システムセキュリティー・ICT基盤への応用にも注目が集まっており、2021年に文科省の戦略目標が設定された。
	応用研究・開発	○	↗	純粋な情報処理システムに比べて、工業製品・ロボティクスなどのCPSへの応用が目立っている。自動運転の安全性の研究が好例。システムセキュリティー・ICT基盤への応用についても、物理コンポーネントを含むIoTシステムが強調されることが多い。
米国	基礎研究	○	→	数学のシステム設計への応用のうち、こと論理学的な理論については、伝統的に米国よりも欧州・日本の方が盛んである。一方、SMTや対話型定理証明など、応用に直結する理論的研究は非常に盛ん。2000年代中頃に始まったCPS研究の流れは、当初の方法論がホワイトボックス必須であったことから、再検討の段階に来ている。
	応用研究・開発	◎	↗	スケーラブルな自動検証手法としてのSMTソルバの活用が進んでいる。AWSなどの大規模ウェブサービスの安全性やセキュリティー検証のため実際に応用されており、今後さらに広範な展開が予想される。一方、CPSの安全性（自動運転など）や情報プライバシーにおいては、論理的な保証・説明への社会的ニーズが欧州・日本ほど高くなく、産業応用の事例もそう多くない。
欧州	基礎研究	◎	→	ICTシステムの研究においては、伝統的に米国よりも数学的理論に重みを置く。University of Oxford、ENS Paris、ETH Zürichなどの有名大学のみならず、RWTH Aachen University、Aalborg Universityなど、強みを持つ大学が分散している。ドイツ Max Planck Institute for Software SystemsやIST Austriaなどの研究所も強い。企業ではMicrosoft Researchが伝統的に基礎研究に力を入れている。
	応用研究・開発	○	↗	数学的理論の研究成果の応用事例がAirbus、Boschなどの製造業を始め多く見られる。英国にスタートアップが多く、数学的理論を用いてソフトウェアの品質保証を行う大学発スタートアップ2社がFacebookやGithubに買収されExitした。自動運転安全性保証技術のスタートアップも英国に多い。
中国	基礎研究	○	↗	中国科学院を中心に近年プレゼンスの向上が著しい。米国流の応用駆動型研究ももちろん、数学的理論においても、欧州で博士号をとった研究者が中国で成果を上げている。
	応用研究・開発	△	→	企業のケーススタディーなどが表に出てくることは少なく、活動実態が見えづらい。
韓国	基礎研究	△	→	ソウル大学校、KAISTなどに目立つ研究グループがあるが、コミュニティー全体におけるプレゼンスは高くない。
	応用研究・開発	△	→	ソフトウェアシステムや製造業への応用の事例は多くない。
台湾	基礎研究	△	→	数学的理論の研究においてのプレゼンスは高くない一方、主要産業たる集積回路に関連するSAT/SMTソルバの研究は盛んである。
	応用研究・開発	○	→	集積回路設計への応用が進んでいる。
イスラエル	基礎研究	○	→	伝統的に論理学研究が強く、Hebrew University of Jerusalem、Technion–Israel Institute of Technologyなどのグループが世界的に目立っている。
	応用研究・開発	◎	→	集積回路応用（Intel）、自動運転（Intel/Mobileye）など、いくつかの分野で世界トップのvisibilityを有する。

（註1）フェーズ

基礎研究：大学・国研などでの基礎研究の範囲

応用研究・開発：技術開発（プロトタイプの開発含む）の範囲

（註2）現状　※日本の現状を基準にした評価ではなく、CRDSの調査・見解による評価

◎：特に顕著な活動・成果が見えている　　○：顕著な活動・成果が見えている

△：顕著な活動・成果が見えていない　　×：特筆すべき活動・成果が見えていない

（註3）トレンド　※ここ1～2年の研究開発水準の変化

↗：上昇傾向、→：現状維持、↘：下降傾向

参考文献

1) Aarti Gupta, Malay K. Ganai, and Chao Wang, "SAT-Based Verification Methods and Applications in Hardware Verification," in *Formal Methods for Hardware Verification: SFM 2006*, eds. Marco Bernardo and Alessandro Cimatti, Lecture Notes in Computer Science 3965 (Berlin, Heidelberg: Springer, 2006), 108-143., https://doi.org/10.1007/11757283_5.
2) Bart Jacobs, *Introduction to Coalgebra: Towards Mathematics of States and Observation*, Cambridge Tracts in Theoretical Computer Science 59 (Cambridge: Cambridge University Press, 2016)., https://doi.org/10.1017/CBO9781316823187.
3) Glynn Winskel, *The Formal Semantics of Programming Languages: An Introduction* (MIT Press, 1993).
4) Bertrand Meyer, "Applying 'design by contract'," *Computer* 25, no. 10 (1992) : 40-51., https://doi.org/10.1109/2.161279.
5) 萩谷昌己, 西崎真也『論理と計算のしくみ』(東京: 岩波書店, 2007).
6) 中島震『SPIN モデル検査：検証モデリング技法』(東京: 近代科学社, 2008).
7) Christel Baier and Joost-Pieter Katoen, *Principles of Model Checking* (MIT Press, 2008).
8) Vijay D'Silva, Daniel Kroening, and Georg Weissenbacher, "A Survey of Automated Techniques for Formal Software Verification," *IEEE Transactions on Computer-Aided Design of Integrated Circuits and Systems* 27, no. 7 (2008) : 1165-1178., https://doi.org/10.1109/TCAD.2008.923410.
9) 萩原学, アフェルト・レナルド『Coq/SSReflect/MathCompによる定理証明：フリーソフトではじめる数学の形式化』(東京: 森北出版, 2018).
10) Neha Rungta, "A Billion SMT Queries a Day (Invited Paper)," in *Computer Aided Verification: CAV 2022*, eds. Sharon Shoham and Yakir Vizel, Lecture Notes in Computer Science 13371 (Springer Cham, 2022), https://doi.org/10.1007/978-3-031-13185-1_1.
11) David Basin, et al., "Tamarin: Verification of Large-Scale, Real-World, Cryptographic Protocols," *IEEE Security & Privacy* 20, no. 3 (2022) : 24-32., https://doi.org/10.1109/MSEC.2022.3154689.
12) François Bobot, et al., "Let's verify this with Why3," *International Journal on Software Tools for Technology Transfer* 17 (2015) : 709-727., https://doi.org/10.1007/s10009-014-0314-5.
13) Luís Pedro Arrojado da Horta, et al., "A tool for proving Michelson Smart Contracts in WHY3," in *2020 IEEE International Conference on Blockchain (Blockchain)* (IEEE, 2020), 409-414., https://doi.org/10.1109/Blockchain50366.2020.00059.
14) 奥村洋「CPS研究の世界的潮流と日本の現状」『研究 技術 計画』32 巻 3 号 (2017) : 251-265., https://doi.org/10.20801/jsrpim.32.3_251.

15) Anouk Paradis, et al., “Unqomp: synthesizing uncomputation in Quantum circuits,” in *Proceedings of the 42nd ACM SIGPLAN International Conference on Programming Language Design and Implementation* (New York: Association for Computing Machinery, 2021), 222-236., https://doi.org/10.1145/3453483.3454040.
16) 山下茂「量子回路設計における最適化問題」『電子情報通信学会 基礎・境界ソサイエティ：Fundamentals Review』14巻4号（2021）：337-346., https://doi.org/10.1587/essfr.14.4_337.
17) Xin He, Kaiyong Zhao, and Xiaowen Chu, “AutoML: A survey of the state-of-the-art,” *Knowledge-Based Systems* 212（2021）：106622., https://doi.org/10.1016/j.knosys.2020.106622.
18) Christoph Molnar, *Interpretable Machine Learning: A Guide for Making Black Box Models Explainable* (2nd ed.). https://christophm.github.io/interpretable-ml-book/
19) Cynthia Rudin, et al., “Interpretable machine learning: Fundamental principles and 10 grand challenges,” *Statistics Surveys* 16（2022）：1-85., https://doi.org/10.1214/21-SS133.
20) Marco Tulio Ribeiro, Sameer Singh, and Carlos Guestrin, ““Why Should I Trust You?”: Explaining the Predictions of Any Classifier,” in *Proceedings of the 22nd ACM SIGKDD International Conference on Knowledge Discovery and Data Mining* (New York: Association for Computing Machinery, 2016), 1135-1144., https://doi.org/10.1145/2939672.2939778.
21) Scott M. Lundberg and Su-In Lee, “A Unified Approach to Interpreting Model Predictions,” Advances in Neural Information Processing Systems 30 (NIPS 2017), https://papers.nips.cc/paper/2017/hash/8a20a8621978632d76c43dfd28b67767-Abstract.html,（2023年3月8日アクセス）.
22) Mikhail Belkin, et al., “Reconciling modern machine-learning practice and the classical bias-variance trade-off,” *PNAS* 116, no. 32（2019）：15849-15854., https://doi.org/10.1073/pnas.1903070116.
23) Preetum Nakkiran, et al., “Deep double descent: where bigger models and more data hurt,” *Journal of Statistical Mechanics: Theory and Experiment* 2021（2021）：124003., https://doi.org/10.1088/1742-5468/ac3a74.
24) The Univalent Foundations Program, Institute for Advanced Study, *Homotopy Type Theory: Univalent Foundations of Mathematics* (The Univalent Foundations Program, 2013).
25) Shai Shalev-Shwartz, Shaked Shammah, and Amnon Shashua, “On a Formal Model of Safe and Scalable Self-driving Cars,” arXiv, https://doi.org/10.48550/arXiv.1708.06374,（2023年3月8日アクセス）.
26) Ichiro Hasuo, et al., “Goal-Aware RSS for Complex Scenarios Via Program Logic,” *IEEE Transactions on Intelligent Vehicles* (2022)., https://doi.org/10.1109/TIV.2022.3169762.

付録1　専門用語解説

Cyber Physical Systems

ネットワーク化されたコンピューティングによる処理と物理的な要素が統合されたもの。実世界や人間から得られるデータを収集・処理・活用し、産業機器や社会インフラの効率化、新産業の育成、知的生産性の向上などに資すると期待されている。

DX（デジタルトランスフォーメーション）

エリック・ストルターマン（ウメオ大学）が提唱した2004年には「ITの浸透により人々の生活をあらゆる面で良い方向に変化させる」ことを意味していたが、現在ではビジネス用語として「企業・組織がITを利用して事業や業務プロセスを根本的に変化させる」というような意味で使われている。

ELSI（Ethical, Legal and Social Issues/Implications）

科学の進歩に伴って生じる倫理的、法的、社会的課題のこと。米国のヒトゲノム計画にて研究で必要性が表明された。人工知能やロボットに関しては、例えば、機械が下した判断に対する責任の所在、人々の心や思想を本人の意思とは無関係に勝手にモニタリングすることに対するプライバシーの取り扱い、人々の思想や行動を恣意的に特定の方向に誘導する危険性にどのように対応して回避していくかといった課題などが考えられる。

IoT（Internet of Things）

パソコンやサーバー、携帯電話などの情報・通信機器だけでなく、家電製品や自動車、機械などさまざまなモノに通信機能を持たせ、インターネットに接続し、モノの制御や周囲の状況の計測などを行うこと。ヒト、モノ、コンピューターなどが有機的に結合することによって、社会、経済、産業の効率化と付加価値の向上を実現する。

LPWA（Low Power Wide Area）

IoTの構成要素の一つである低消費電力で長距離通信（数km～数十km）を実現する無線通信方式。通信を行う際に無線局免許不要の「アンライセンス系」と免許が必要な「ライセンス系」に大別され、前者は個人や企業レベルで運用可能である。後者は従来のように総務省から免許を取得して事業を運用する必要がある。通信速度は、携帯電話ネットワーク（3G、LTE）やWi-Fiと比べると低速（100bps～1Mbps程度）である。

NISQ（Noisy Intermediate-Scale Quantum）

おおむね50～100量子ビットのサイズの小規模なアナログ量子コンピューター。物理的な量子ビットに生じる誤りを訂正する量子誤り訂正符号の実装がないため、このまま大きくしても有意な計算結果は得られない（スケーラブルではない）。計算能力は限定的であるものの、なんらかNISQ量子コンピューターにしかできないタスクの実行に期待が寄せられている。

P2Pネットワーク

Peer to peer networkのこと。多くの端末が参加するネットワークにおいて、端末の管理や情報交換の管理をするサーバーが存在せずに、それぞれの端末が対等の立場で情報の交換を行う。著作権を持たない楽曲データの交換などでよくない印象が持たれることもあるが、特定のサーバーがないために、情報交換のトラフィックや処理負荷の集中が避けられたり、単一障害点（Single Point of Failure）がないためにサービスのロバスト性が高いといった利点を有している。

Society 5.0

2016年に閣議決定した第5期科学技術基本計画の中に盛り込まれた未来社会を指す。狩猟社会（Society 1.0）、農耕社会（Society 2.0）、工業社会（Society 3.0）、情報社会（Society 4.0）に続く、新たな社会。サイバー空間（仮想空間）とフィジカル空間（現実空間）を高度に融合させたシステムにより、経済発展と社会的課題の解決を両立する、人間中心の社会と定義されている。

System of Systems

複数の個々のシステムが独立して動作しながら複雑に相互関係性を持って、全体としてある共通したゴールに向けて共に動くネットワーク化された大規模統合システムのこと。設計当初のもくろみを超え次々と個別システムがつながり拡大するため、全体システムの範囲や外部環境との境界が不明瞭となる特性を持ち、状況変化への対応や成長性への配慮が重要となる。

V2X

車と車が通信する車車間通信（V2V: Vehicular to Vehicular）、車と信号機などの交通インフラが通信する路車間通信（V2I: Vehicular to Infrastructure）、車と歩行者が通信する歩車間通信（V2P: Vehicular to Pedestrian）、車とネットワーク（クラウド）の通信（V2N: Vehicular to Network）を含む車との接続や相互連携を行なう技術の総称。

エージェントベースシミュレーション（agent based simulation）

自律的な意思決定を行うエージェントをシステムの基本的な構成要素としてモデル化し、その相互作用がシステム全体の挙動にどのような影響を与えるかを模擬する手法。エージェントのモデル化に主眼があるときはエージェントベースモデルと呼ばれることもある。複数のエージェントの相互作用による全体として発現する複雑な現象を再現したり、予測したりすることを目的としている。

エッジコンピューティング

ネットワークの末端（エッジ）において処理を行うコンピューティングのこと。ネットワークに接続されているデバイスの増加に従い、処理するデータ量が増加していくことが想定されるが、データを集約して処理を行うクラウドコンピューティングではシステム全体の負荷増大や処理遅延といった問題が生じる。これを避けるため、データが発生するエッジ（デバイス近傍）で必要な処理を行う技術として研究が活発になっている。特に次世代無線通信である5Gにおいて、その低遅延であるという特長を活かすためにも研究開発が盛んになされている。自動運転や建設機械の遠隔制御、遠隔診療、ロボット制御などさまざまな応用が考えられている。

オープンデータ（Open Data）

最小限の制約のみで誰でも自由に利用、加工、再配布ができるデータのことである。これを活用することで、行政の透明性の向上、他データとも組み合わせることによる新ビジネス創出、企業活動の効率化などを目指している。特に、セマンティックWeb分野で開発・標準化された技術を用いたLinked Open Data（LOD）は、Web上のデータを公開・利用する方式あるいは公開されたデータセットであり、従来のWebが「文書のWeb」であるのに対して「データのWeb」と言われる。

仮想化（Virtualization）

ひとつの物理リソース（プロセッサーやメモリー、ディスク、通信回線など）を複数の論理リソースに見せかけたり、また逆に、複数の物理リソースをひとつの論理リソースに見せかけたり、することで、コンピューターのリソースを抽象化することである。ディスクやPC、サーバーなどのコンピューターの仮想化技術の普及が進み、SDN（Software Defined Network）などのネットワークの仮想化、SDDC（Software Defined Data Center）などのデータセンターの仮想化、SDE（Software Defined Environment）などの ICT インフラストラクチャー全体の 仮想化など、仮想化が ICT システム全体に広がってきている。

基盤モデル（foundation model）

大量で多様なデータを用いて訓練され、さまざまなタスクに適応（ファインチューニング）できる大規模モデル。人工知能分野において、機械学習によって作られるモデルは、従来、タスクごとに訓練する必要があったが、きわめて大量で多様なデータで訓練することで、汎用性とマルチモーダル性が高まったことから、2021年にスタンフォード大学の研究者らによって命名された。大規模言語モデルとも言われる自然言語処理系の基盤モデルにGPT–3（OpenAI）やPaLM（Google）など、画像などを含むマルチモーダル系の基盤モデルにDALL–E2（OpenAI）やImagen（Google）などがある。

クラウドネイティブ

クラウド上で動作することを前提に設計されたシステム、または、そのためのアプローチ。「コンテナ」、「サービスメッシュ」、「マイクロサービス」などの技術が適用され、回復性、管理力、可観測性のある疎結合システムを実現する。迅速なアプリケーション開発、即応性のあるビジネス・サービスが提供可能となる利点がある。

クラスター分析（cluster analysis）

異なった性質のものが混ざり合った集団から、互いに似た性質をもつものを集め、塊（クラスター）を作って分析する多変量解析の手法。分類のための外的基準や評価基準が決まっていない教師無しの分類を言う。基準がないため、有効な分析とするためには、適切な基準を設定する分析者の力量が問われる。

圏論（Category theory）

圏論は現代数学の多くの分野で用いられる抽象言語であり、種々の数学的概念を（その構成でなく）他の対象との関連性を用いて記述することで、数学的理論の本質的構造を明らかにする。数学では特に、異なる分野に現れる概念の間の類似性を定式化する際に強力な道具となる。プログラミング言語を設計するためのアイデアにも用いられ、抽象性・一般性による横展開が可能となるという利点があるため、応用分野からの圏論への関心は、未だ限られているものの強く期待されている。また、近年の関心の広がりは注目に値する。一方、圏論応用の試みは単なる抽象的・一般的記述に終わることも少なくなく、そこから応用上の価値を実際に引き出すためには、抽象論を応用上の現実にマッチさせる労力が必要となる。

合意形成

複数の知的な主体（エージェント）が交渉し、より良い合意を形成するか、という交渉とその機構に関する研究分野。社会において個人合理性を持つエージェントが協調作業をするためには、個々の利益や効用を最大化しながら、社会やグループの利益も最大化できるように合意を得る必要がある。交渉は、マルチエージェントシステム研究で本質的に不可欠な要素であり、エージェント間の交渉プロトコル/交渉メカニズムの設計、個々のエージェントの交渉戦略の設計、交渉問題そのものの設計、交渉結果の評価手法、学習機構など、多くの研究が展開されてきた。

公開鍵暗号

暗号化とその復号に同じ鍵を使う共通鍵暗号は広く用いられているが、その鍵を安全に配送することが問題になっていた。そこで暗号化に用いられる鍵と復号に用いる鍵を別のものとした公開鍵暗号方式が開発された。メッセージを受信する者は公開鍵と秘密鍵の2つを生成し、公開鍵を全世界に公開する。送信者は受信者の公開鍵でメッセージを暗号化し送信する。受信者は自らの公開鍵のペアとなる秘密鍵を使ってメッセージを復号する。暗号化されたメッセージを傍受あるいは盗聴しても、公開鍵から秘密鍵を生成することは極めて難しいため暗号メッセージを復号することはできない。

個人情報とプライバシー（Personal Information and Privacy）

わが国の個人情報の保護に関する法律では、「個人情報」とは、生存する個人に関する情報であって、当該情報に含まれる氏名、生年月日その他の記述などにより特定の個人を識別することができるものとされている。また、プライバシーは個人の秘密や私事など他人に知られたくないことで、他者から干渉されない権利のことを言う。両者は密接な関係があるが、必ずしも同じではない。

シェアリングエコノミー

余っているのモノやサービスを、それを必要としている者へ提供することで市場を形成するビジネスモデルである。インターネットやスマートフォンの普及とそれに基づくプラットフォームの出現によって、利用と提供を結びつけることが容易となり近年市場規模が急速に拡大している。Uberでは自動車とその運転が、AirBnBでは宿泊施設がプラットフォームを通じてそれを必要とする利用者にサービスとして提供されている。サービス提供者と利用者の相互の評価やネットワークを介した料金のやり取りの保障によって、サービスの信頼性を担保している。

付録

持続可能な開発目標（Sustainable Development Goals; SDGs）

2015年9月25日の「持続可能な開発サミット」で国連が採択した「持続可能な開発のための2030アジェンダ」に含まれる目標。貧困や飢餓を終わらせる、公平性を保ち不平等をなくす、環境への配慮など17の目標と、さらにそれらをブレークダウンした169の達成基準からなる。開発途上国の目標だけでなく、先進国での取り組みにも触れている。解決策の提供、合理的な政策立案などに向けたエビデンスの提供など、科学技術の貢献が期待されている。

情報指向ネットワーク（Information–Centric Networking（ICN））

コンテンツの取得に際し、サーバーのIPアドレスではなくコンテンツ名（識別子）を指定することで、近くのルーターなどからもコンテンツの取得を可能とするネットワークアーキテクチャー。 CCNx と呼ばれるプロトコル仕様が IRTF RFC 8609 として規定されている。

触覚フィードバック（Haptic feedback）

手術ロボットなどのテレオペレーションでは、生体など柔軟物体に加える力の大きさを細かく調整する必要がある。このとき、効果器が物体へ加えた力に対する物体からの反力の大きさを触覚情報としてオペレーターに伝達して力の調整を実現する方法がテレオペレーションにおける触覚フィードバックである。また、ロボットハンドによる器用な物体操作の実現といった場面で、物体の変形や初期滑りの検出による把持力の調整、操作の過程で移動するハンドと物体の接触点の検出などに触覚情報が用いられる。

自律型ロボット（Autonomous robot）

オペレーターによる操作を必要とせずに目標を達成するロボット。構造化された環境で、あらかじめ指定された作業を、人の介在なしに行う産業用ロボットがあるが、ここでは、構造化されておらず、変化する環境中で、その時々で適切に判断を行い、行動を調整して目的を達成することが重要である。これにより、深海、山林、災害環境、惑星探査など人の立ち入りが困難な環境における探索の詳細化・広域化、作業の達成などが可能になる。また、人間の介在による速度や稼働時間の制限を回避できる。

深層学習（Deep Learning）

多層ニューラルネットワークを用いた機械学習方式である。特徴量空間上での識別境界だけでなく、特徴量そのものも学習できる点が革新的で、画像認識・音声認識などの分野で従来方式を大きく凌駕する性能を示して注目を浴びた。さらに、アクション結果に対する報酬から、より大きな報酬を得る方策を学習する強化学習に深層学習を組み合わせた深層強化学習を用いた「AlphaGo」は、人間のプロ囲碁棋士を破って大きな話題となった。

スマートコントラクト

広義では機械によって自動的に実行される契約を指す。例えば、自動販売機は対価となる硬貨を投入することによって所望の品物を購入することができる。Ethereumなどのブロックチェーンにはスクリプトを実行する機能が付与されており、そこに条件が合致すれば送金を実行するなどの動作を書くことができる。これが協議のスマートコントラクトである。例えば、通信販売において、商品の到着が確認されたら支払いを行うというエスクロー取引や、予測市場やマイクロペイメントなどさまざまな応用が期待されている。

スマートメーター（smart meter）

新しいタイプの電力メーター。従来のアナログ式誘導型電力量計（円盤が回るタイプ）と異なり、電力をデジタルに計測し、メーター内に通信機能をもたせた電力量計である。電力だけでなく、都市ガスや、水道も通信機能を持たせてネットワーク化しようとしている。スマートメーターを使用することで、検針業務の自動化や、住宅用エネルギー管理システム（HEMS）を通じた電気使用状況の見える化ができる。

ゼロトラストセキュリティー

利用者（ID、パスワード）、デバイス、ネットワーク、アプリケーションに至るまであらゆるものを信頼せず、攻撃されることを前提とするセキュリティーアプローチ。従来、「境界防御モデル」により境界をファイアーウォールによって区切ることで不正侵入やデータ流出を防ぐのが一般的であったが、近年のSaaS（Software as a Service）やPaaS（Platform as a Service）などのクラウドサービスでは、境界防御モデルでは必ずしも対応できないセキュリティーリスクが生じるため、別アプローチの重要性が増した。クラウドシフトの他、テレワークやBYOD（Bring Your Own Device）の普及も背景にある。

創発（emergence）

要素間の相互作用により、要素部分の性質の単純な総和をこえた性質が、全体として現れること。要素間の複数の局所的な相互作用が複雑に組織化することで、個別の要素の振る舞いからは予測できないような新たな秩序を持ったシステムが構成される。

ソーシャルデータ（social data）

Facebook、Twitter、LinkedIn、LINEといったように、人と人のつながりを促進・サポートするコミュニティー型のサービスである、ソーシャル・ネットワーキング・サービス（Social Networking Service、SNS）から生み出されるデータ。データは自然言語や画像である。日々膨大な量のデータが生み出されるので、いわゆるビッグデータのひとつ。

ソーシャルネットワーキングサービス（Social Networking Service, SNS）

インターネット上で個人や組織が相互に交流する場を提供するサービスやサイトのこと。米国発祥のTwitterやFacebookなどが全世界を席巻しているが、微博（中国）や、mixi（日本）など、特定の国でシェアの高いサービスもある。当初は趣味や興味など限定された使われ方が主流であったが、東日本大震災時の災害情報の流通、あるいは、アラブ社会での情報伝達など、社会に大きな影響を与える存在になっている。また、スマートフォンの普及に伴い、生成されるコンテンツもテキストだけでなく画像や動画などへと種類が拡大している。

ソフトウェア定義技術（Software Defined Technology）

システムの構成要素となっているハードウェアやソフトウェアのインターフェースや機能の差異を吸収し、その挙動をソフトウェアで定義・制御する技術。ネットワークを制御するSDN（Software Defined Network）から始まり、ストレージ（Software Defined Storage）、計算（Software Defined Compute）、データセンター（Software Defined DataCenter）とハードウェアへと広がっている。

ソフトロボティクス（Soft robotics）

ロボットシステムにおける物理的な柔軟性（ソフトネス）を取り扱うロボティクスの新興分野である。主要な研究テーマとして、柔軟性を積極的に利用した新しいロボットの開発、柔軟物体のモデル化や制御、生物システムにおける柔軟性の機能の解明などが挙げられる。ロボットへの接触安全性の付加、高分子材料によるロボットの安価な製造の実現などにより、ロボットの応用拡大に貢献すると期待されている。

ディスアグリゲーテッドコンピューティング

物理サーバーを構成するCPU、メモリー、ストレージ、アクセラレーターなどのリソースを分離し、アプリケーションの要求に応じて動的に組み合わせることでラックスケール・データセンタースケールで１つのコンピューターとして扱うコンピューティングの形態。

デザイン思考（design thinking）

新しい機会を見つけるための問題解決に関するプロセス（デザイン）を利用して、さまざまな問題を解決する方法。より良い将来の状況を目標として想定し、それを達成するために必要なさまざまな手段を検討する。デザイン思考は、明確に定義されていない問題を取り扱うときに有効であると言われている。

デジタルツイン（digital twin）

デジタルデータを基に物理的な製品をサイバー空間上で仮想的に複製し、将来発生する事象をデジタルの仮想世界で予測することが可能な先進的なシミュレーション技術である。製品やサービスの利用状況のモニタリングと故障予測、新製品の設計、製造設備の予防保全、生産管理・在庫管理など製品・サービスのバリューチェーン全体を通じて高い付加価値が提供されると期待されている。建築や都市そのもののデジタルツインといった試みもある。

ドメイン・スペシフィック・アーキテクチャー

ムーアの法則（トランジスタサイズは1.5年で1/2になる）に従った汎用プロセッサ単体の着実な性能向上によってこれまで情報処理能力は増強されてきた。しかしムーアの法則に陰りが見え始め、処理内容に応じたコンピューティング・アーキテクチャーによって、今後の性能向上を実現しようとする動きが出てきた。これがドメイン・スペシフィック・アーキテクチャーである。これまでにも信号処理やグラフィックス処理に特化したアクセラレーターはあったが、この考えをさまざまな領域に適用しようとする考えである。特にDNN（Deep

Neural Network）では、大量・多層に並べられたニューロン間の複雑な結合網という「構造」の中に入力データストリームを流し込んで学習や推論を行うことを特徴とする。処理の中に分岐を含む手続きはほとんど存在せず 、DNN という構造そのものを並列なハードウェア構造の上に適切にマッピングする ことで大幅な処理能力向上を見込むことができる。このような処理対象領域の特徴をアーキテクチャーに反映させることで、大幅に処理効率を向上させることがドメイン・スペシフィック・アーキテクチャーの狙いである。

トラストサービス

電子署名やタイムスタンプ、ウェブサイト認証など、インターネット上における人、組織、データなどの正当性を確認し、改ざんや送信元のなりすましなどを防止する仕組みである。近年のサイバー空間と実空間の一体化が進む中で、サイバー空間の安全性や信頼性の確保が重要となっている。 EUのeIDAS（Electronic Identification，Authentication and Trust Services）規則（2016年7月発効）では、一定の条件を満たすサービス提供者を適格トラストサービスプロバイダーと規定し、EU各国は適格トラストサービスプロバイダーのリストの公開・維持が義務付けられている。

認知科学（Cognitive Science）

認知科学は人間、動物、機械、社会にさまざまな形で実現されている知の構造、機能、発生を扱う研究領域である。認知科学は、情報科学、特に人工知能との密接な関係にあり、人間の知性の基盤となる構造（アーキテクチャー）の解明、知識の表現と利用に関わる研究を、主に認知（知覚、記憶、言語、思考など）領域において行う。この過程において、ニューラルネットワーク、認知神経科学、進化心理学、ロボティクスとの共同などを通して研究領域を拡大している。

認知発達ロボティクス（Cognitive Developmental Robotics）

ヒトは環境と相互作用しながら運動能力やさまざまなことを認知する能力を高めていく。環境の違い、身体の違い、事物を経験する順序の違いにより、環境との相互作用で得られる経験は人それぞれ異なる。知能が身体を持つことにより生じる性質を身体性と呼び、発達や学習における重要な役割を損なわないように、シミュレーションやロボットなどの人工システムを用いた構成的手法により、人間の認知発達過程の新たな理解や洞察を得ると同時にロボットをはじめとする人工システムの設計論の確立を目指す学問分野。

バイオハイブリッド・ロボティクス（Bio-hybrid Robotics）

生物規範型ロボティクスに属する領域で、生体もしくは生体材料からできた部品と人工物からできた部品を組み合わせて、生体特有の運動や感覚といった機能をアクチュエーターやセンサーとして利用するためのシステムに関する研究領域である。

バックドア（back door）

裏口のこと。サイバーセキュリティーでは、ソフトウェアやシステムの一部にユーザーに気付かれないよう秘密裏に仕込まれたアクセスポイントを指す。ネットワークを通じてユーザーに気付かれずシステムに不正進入が可能になる。コンピューターウイルスに感染することで、設置されたり、プログラムの開発者がデバッグなど開発過程で利用するために組み込んだものが、そのまま放置されたりすることで、バックドアが利用できるようになってしまう。

ハッシュ関数

ここでは暗号学的ハッシュ関数について述べる。暗号学的ハッシュ関数は、任意の文字列を入力とし、固定長のサイズの文字列を出力する。そしてこの出力は（1）対衝突性、すなわち異なる入力に対して同じ値を出力することがない、（2）秘匿性、すなわち出力値から入力を類推することができない、という特徴を持っている。この特徴を使うと、例えば長い文書のハッシュ値をとっておき、あとでその文書が改ざんされたかどうかを調べるにはハッシュ値同士を比較すればよい。ハッシュ値は入力となる文書よりも短いので、短いデータの比較で改ざんを検知することが可能になる。さらに、仮想通貨で使う場合には、（3）パズル親和性、すなわちある 特定の出力値を得るような入力を求めることが非常に困難であるという特性も使われる。

ビッグデータ（Big Data）

実世界やサイバー世界から取得された大量データであり、大規模性だけでなく、多様性、不確実性、時系列性・リアルタイム性といった性質を備える。大規模計算機を用いた高速・高効率なビッグデータ処理基盤技術と、データ中に潜む規則性を発見する機械学習を用いたさまざまなビッグデータの解析技術によって、実世界やサイバー世界のさまざまな活動・現象の精緻でリアルタイムな把握・予測が可能になってきた。

分散意味表現（Distributed Semantic Representations）

単語や文などの意味を数百次元程度の固定長ベクトルの形で表現する。従来よく使われていたbag-of-words表現と異なり、単語や文の意味の合成・分解が可能なことが大きな特長である。文脈類似性に基づく分散意味表現の計算をニューラルネットワークで高速処理するオープンソースソフトウェアword2vecが広く使われている。いまのところ深層学習によって画像認識・音声認識分野ほどの性能向上が得られていない自然言語処理分野において、分散意味表現が注目されている。

ランダムネス（無作為/乱択）（Randomness）

規則性のない状態を表す。数学ではそのような事象の記述として確率を扱う。ところが、現代確率論は、確率概念を公理的に取り扱う代償として、「確率」や「ランダム」が何であるかという問いに答えを与えない。公理的確率論では切り捨てられた観点を補完するために、データ圧縮可能性に基づく情報量（コルモゴロフ複雑性）がある。それによって、個々の数学的対象がどれだけの規則性を持つかを定量化し、ランダムか否かを篩い分けることができる。

付録

量子誤り訂正符号（Quantum error correction code）

物理量子ビットに生じる誤りを検出・訂正して論理量子ビットを構成する手法で、量子コンピューターの大規模化に必須の技術である。誤りの検査・訂正に必要な量子ゲート操作にも誤りが生じるので、物理誤り率が大きすぎると誤りは雪だるま式に増え、訂正できなくなる。逆に、物理誤り率が閾値未満であれば、有限精度の操作で任意精度の論理演算が実行できるようになる。量子誤り訂正符号を用いて論理誤りを抑えながら量子計算を進める手法のことを、特にフォルトトレラント量子計算と呼ぶ。

量子暗号鍵配送（Quantum Key Distribution, QKD）

量子力学の不確定性原理により暗号鍵をやり取りする通信の安全性を保証する鍵共有システム。通信を行う2者間でやり取りされる情報を盗聴する盗聴者の存在を必ず探知できることを利用して、安全に鍵情報を共有することができる。QKDは暗号鍵の生成・配送のみに用いられ、暗号化されたデータにはQKDは用いず、通常の伝送路によって転送する。BB84やE91などのいくつかのプロトコルが知られている。

量子インターネット（Quantum internet）

量子コンピューターや量子センサーなどの量子情報処理機器をノードとする、量子データ（量子状態）をやりとりできる量子通信ネットワーク。量子コンピューターの計算資源でもある量子もつれの分配や暗号鍵の安全な配送、クラウド上の量子コンピューターへの安全なアクセス、原子時計の同期などを実現する。実現には量子中継機の実現が鍵となる。

量子コンピューター（Quantum computer）

状態の重ね合わせ、量子もつれ、量子干渉などを利用して従来のコンピューターを超える並列性を実現するコンピューター。因数分解や検索などの特定の問題を効率的に計算できる量子アルゴリズムが複数知られているほか、量子化学計算や機械学習での利用も期待されている。しかし、いずれも実用サイズの計算を実行するにはハードウェア性能が不足している。

付録2　検討の経緯

俯瞰報告書2023年版は、報告書全体のストーリー構成や論理構造は2021年版を踏襲し、俯瞰区分および戦略的研究開発領域について更新した。また、各俯瞰区分における技術のトレンドや今後の展望およびわが国の研究開発の現状と課題を踏まえ、国として推進すべき研究開発項目を抽出した。

システム・情報科学技術の全体像の俯瞰を前提に、戦略的研究開発領域の選定や今後推進すべき研究開発項目の抽出に至った必然性を表現するという大きな方針のもとに編集を進めた。全体の構成や取り扱うべきトピックスについては特任フェロー会議の中で集中的に議論を進め、個別の研究開発領域の動向についてはワークショップで深掘りした。俯瞰報告書の検討経緯として、表A–1に特任フェロー会議での議論の概要を、表A–2に関連ワークショップの概要を記す。

表A–1　　特任フェロー会議の概要

	開催日	内容
2021年度 第1回	2021年7月5日	俯瞰報告書と戦略スコープ、戦略プロポーザルの関係と全体スケジュールについて共有・議論した。
2021年度 第2回	2021年10月6日	俯瞰ワークショップ「セキュリティー・トラスト分野の動向と今後の展望」「コンピューティングアーキテクチャー分野の動向と今後の展望」の開催報告と、俯瞰報告書（2023年）に記載する内容の検討を行った。また「通信・ネットワーク」「数理科学」の2俯瞰区分の追加と特筆すべき研究開発領域の議論を行った。
2021年度 第3回	2022年1月19日	俯瞰報告書（2021年）からの主な更新点と国が重点的に進めるべき研究開発課題について議論した。また、各俯瞰区分担当のフェローが新たに作成した区分俯瞰図を特任フェローに紹介し、修正箇所や記述の不足などについて議論を行った。
2021年度 第4回	2022年3月28日	戦略プロポーザル「デジタル社会における新たなトラスト形成」作成チームでの検討内容について議論を行った。また、翌年度提案予定の戦略スコープ4件について俯瞰報告書との関係性を中心に議論を行った。
2022年度 第1回	2022年6月20日	俯瞰報告書の全体の章立て、俯瞰図、区分俯瞰図（構造・時系列）、取り扱う研究開発領域、推進シナリオ、国が進めるべき研究開発課題について総合的に討論した。
2022年度 第2回	2022年9月27日	経済安全保障についての議論の枠組みと、CRDSシステム情報科学技術ユニットでの検討状況を紹介した。また、俯瞰報告書への議論の反映方法についても検討した。
2022年度 第3回	2023年1月30日	戦略プロポーザル「社会課題解決に向けたメタバースのデザイン」「情報と計算の物理と数理」の調査内容について担当フェローより発表があり、質疑応答にて討論した。また、俯瞰報告書で取り扱うべき研究開発領域について意見交換を行った。

表A–2　　関連ワークショップの概要

	開催日	関連する研究開発領域	ワークショップ報告書
俯瞰セミナーシリーズ 「数学と科学、工学の協働に関するセミナー」	2020年10月7日、21日、11月4日、11日、18日、25日、12月2日、9日、16日、 2021年1月6日、13日、27日、2月10日、24日	2.7 数理科学	CRDS–FY2020–WR–09
俯瞰ワークショップ 「セキュリティー・トラスト分野の動向と今後の展望」	2021年5月27日	2.4 セキュリティー・トラスト	CRDS–FY2021–WR–02
俯瞰ワークショップ 「コンピューティングアーキテクチャー分野の動向と今後の展望」	2021年5月31日	2.5 コンピューティングアーキテクチャー	
俯瞰セミナーシリーズ 「トラスト研究俯瞰」	2021年7月29日、30日、8月4日、5日、6日、10日、11日、12日、18日、19日、27日、9月1日	2.4.5 システムのデジタルトラスト 2.4.6 データ・コンテンツのデジタルトラスト 2.4.7 社会におけるトラスト	CRDS–FY2021–WR–05
俯瞰ワークショップ 「トラスト研究俯瞰」	2021年10月1日		
俯瞰ワークショップ 「産業界における数学の役割とキャリアパス」	2021年10月28日、11月1日	2.7 数理科学	
俯瞰ワークショップ 「エージェント技術」	2022年1月26日	2.1.3 エージェント技術	CRDS–FY2021–WR–11
科学技術未来戦略ワークショップ 「現実空間を認識し、臨機応変に対応できるロボットの実現に向けて」	2022年2月24日	2.2.1 制御 2.2.2 生物規範型ロボティクス 2.2.6 自律分散システム 2.2.8 サービスロボット	CRDS–FY2022–WR–01
科学技術未来戦略ワークショップ 「トラスト研究戦略　～デジタル社会における新たなトラスト形成～」	2022年6月11日	2.4.5 システムのデジタルトラスト 2.4.6 データ・コンテンツのデジタルトラスト 2.4.7 社会におけるトラスト	CRDS–FY2022–WR–05
公開シンポジウム 「デジタル社会における新たなトラスト形成～総合知による取り組みへ～」	2023年1月10日	2.4.5 システムのデジタルトラスト 2.4.6 データ・コンテンツのデジタルトラスト 2.4.7 社会におけるトラスト	
俯瞰ワークショップ 「ヒューマンインターフェース研究動向」	2023年1月13日	2.1.3 エージェント技術 2.1.5 人・AI協働と意思決定支援 2.2.5 Human Robot Interaction	
科学技術未来戦略ワークショップ 「社会課題解決に向けたメタバース」	2023年2月18日	2.3.1 デジタル変革 2.4.7 社会におけるトラスト 2.5.6 デジタル社会基盤	

付録

付録3　作成協力者一覧

［人工知能・ビッグデータ］

山口 高平	慶應義塾大学 名誉教授（CRDS特任フェロー）【総括責任者】
浅田 稔	大阪国際工科専門職大学 副学長
麻生 英樹	産業技術総合研究所人工知能研究センター 招聘研究員
荒井 幸代	千葉大学大学院工学研究院 教授
石川 冬樹	国立情報学研究所アーキテクチャ科学研究系 准教授
伊藤 孝行	京都大学大学院情報学研究科 教授
岡崎 直観	東京工業大学情報理工学院 教授
尾形 哲也	早稲田大学基幹理工学部 教授
小野 哲雄	北海道大学大学院情報科学研究院 教授
駒谷 和範	大阪大学産業科学研究所 教授
谷口 忠大	立命館大学情報理工学部 教授
銅谷 賢治	沖縄科学技術大学院大学神経計算ユニット 教授
中川 裕志	理化学研究所革新知能統合研究センター チームリーダー
野田 五十樹	北海道大学大学院情報科学研究院 教授
原田 達也	東京大学先端科学技術研究センター 教授
東中 竜一郎	名古屋大学大学院情報学研究科 教授
丸山 文宏	産業技術総合研究所社会実装本部 招聘研究員
森永 聡	NECデータサイエンス研究所 上席主席研究員
山田 誠二	国立情報学研究所コンテンツ科学研究系 教授

［ロボティクス］

淺間 一	東京大学大学院工学系研究科 教授（CRDS特任フェロー）【総括責任者】
相山 康道	筑波大学システム情報系 教授
稲見 昌彦	東京大学先端科学技術研究センター 教授
大須賀 公一	大阪大学大学院工学研究科 教授
大西 公平	慶應義塾大学新川崎先端研究教育連携スクエア 特任教授
岡田 慧	東京大学大学院情報理工学系研究科 教授
岡田 浩之	玉川大学工学部情報通信工学科 教授
竹内 昌治	東京大学大学院情報理工学系研究科 教授
堂前 幸康	産業技術総合研究所情報・人間工学領域インダストリアルCPS研究センター オートメーション研究チーム チームリーダー
中川 潤一	農業・食品産業技術総合研究機構農業ロボティクス研究センター センター長
永谷 圭司	東京大学大学院工学系研究科 特任教授
松野 文俊	京都大学大学院工学研究科 教授

［社会システム科学］

西村 秀和	慶應義塾大学システムデザイン・マネジメント研究科 委員長・教授（CRDS特任フェロー） 【総括責任者】

笹原 和俊　東京工業大学環境・社会理工学院イノベーション科学系 准教授
森川 博之　東京大学大学院工学系研究科 教授（CRDS特任フェロー）
山内 裕　京都大学経営管理大学院経営管理講座 教授
横尾 真　九州大学大学院システム情報科学研究院 情報学部門 主幹教授

［セキュリティー・トラスト］

後藤 厚宏　情報セキュリティ大学院大学 学長・教授（CRDS特任フェロー）【総括責任者】
秋山 満昭　NTT社会情報研究所 上席特別研究員
佐久間 淳　筑波大学システム情報系 教授
篠原 直行　情報通信研究機構サイバーセキュリティ研究所 セキュリティ基盤研究室 研究マネージャー
高橋 克巳　NTT社会情報研究所 主席研究員
高橋 健志　情報通信研究機構サイバーセキュリティ研究所 サイバーセキュリティ研究室 副室長
濱口 総志　株式会社コスモス・コーポレイションITセキュリティ部 責任者
林 優一　奈良先端科学技術大学院大学先端科学技術研究科 教授
藤田 彬　情報通信研究機構サイバーセキュリティ研究所 サイバーセキュリティ研究室 主任研究員
松井 俊浩　情報セキュリティ大学院大学 教授
松本 泰　セコム株式会社IS研究所 ディビジョンマネージャー
吉岡 克成　横浜国立大学大学院環境情報研究院 准教授

［コンピューティングアーキテクチャー］

徳田 英幸　情報通信研究機構 理事長（CRDS特任フェロー）【総括責任者】
浅井 哲也　北海道大学大学院情報科学研究院 教授
鬼塚 真　大阪大学大学院情報科学研究科 教授
竹内 健　東京大学大学院工学系研究科 教授（CRDS特任フェロー）
中澤 仁　慶應義塾大学環境情報学部 教授
西尾 信彦　立命館大学情報理工学部 教授
東野 輝夫　京都橘大学工学部情報工学科 教授
本村 真人　東京工業大学科学技術創成研究院 教授

［通信・ネットワーク］

森川 博之　東京大学大学院工学系研究科 教授（CRDS特任フェロー）【総括責任者】
朝枝 仁　情報通信研究機構ネットワーク研究所 ネットワークアーキテクチャ研究室長
小崎 成治　三菱電機情報技術総合研究所 主管技師長
作元 雄輔　関西学院大工学部 准教授
三瓶 政一　大阪大学大学院工学研究科 教授
中尾 彰宏　東京大学工学系研究科 教授
長谷川 浩　名古屋大学大学院工学研究科 教授
長谷川 史樹　三菱電機開発本部通信システムエンジニアリングセンター 標準化担当部長
宮坂 拓也　KDDI総合研究所ネットワーク部門オペレーショングループ グループリーダー
宮澤 高也　情報通信研究機構ネットワーク研究所 ネットワークアーキテクチャ研究室 研究マネージャー

付録

巳波 弘佳　　関西学院大工学部情報工学課程 教授

［数理科学］

西浦 廉政　　北海道大学 名誉教授/中部大学 客員教授【総括責任者】
小澤 正直　　中部大学AI数理データサイエンスセンター 特任教授
神山 直之　　九州大学マス・フォア・インダストリ研究所 教授
河原 吉伸　　大阪大学大学院情報科学研究科 教授
木原 貴行　　名古屋大学大学院情報学研究科 准教授
齊藤 宣一　　東京大学大学院数理科学研究科 教授
清水 昌平　　滋賀大学データサイエンス学部 教授
高木 剛　　東京大学大学院情報理工学系研究科 教授
谷 誠一郎　　NTTコミュニケーション科学基礎研究所 特別研究員
津田 一郎　　中部大学創発学術院 院長・教授
土谷 隆　　政策研究大学院大学政策研究科 教授
萩谷 昌己　　東京大学Beyond AI研究推進機構 機構長
蓮尾 一郎　　国立情報学研究所アーキテクチャ科学研究系 教授
濵田 充　　玉川大学量子情報科学研究所 教授
平岡 裕章　　京都大学高等研究院 高等研究センター長・教授
山田 道夫　　京都大学数理解析研究所 特任教授/東京大学 名誉教授/京都大学 名誉教授

※五十音順、敬称略、所属・役職は本報告書作成時点

付録

付録4 研究開発の俯瞰報告書（2023年）全分野で対象としている俯瞰区分・研究開発領域一覧

1.環境エネルギー分野（CRDS–FY2022–FR–03）

俯瞰区分	節番号	研究開発領域
電力のゼロエミ化・安定化	2.1.1	火力発電
	2.1.2	原子力発電
	2.1.3	太陽光発電
	2.1.4	風力発電
	2.1.5	バイオマス発電・利用
	2.1.6	水力発電・海洋発電
	2.1.7	地熱発電・利用
	2.1.8	太陽熱発電・利用
	2.1.9	CO_2回収・貯留（CCS）
産業・運輸部門のゼロエミ化・炭素循環利用	2.2.1	蓄エネルギー技術
	2.2.2	水素・アンモニア
	2.2.3	CO_2利用
	2.2.4	産業熱利用
業務・家庭部門のゼロエミ化・低温熱利用	2.3.1	地域・建物エネルギー利用
大気中CO_2除去	2.4.1	ネガティブエミッション技術
エネルギーシステム統合化	2.5.1	エネルギーマネジメントシステム
	2.5.2	エネルギーシステム・技術評価
エネルギー分野の基盤科学技術	2.6.1	反応性熱流体
	2.6.2	トライボロジー
	2.6.3	破壊力学
地球システム観測・予測	2.7.1	気候変動観測
	2.7.2	気候変動予測
	2.7.3	水循環（水資源・水防災）
	2.7.4	生態系・生物多様性の観測・評価・予測
人と自然の調和	2.8.1	社会－生態システムの評価・予測
	2.8.2	農林水産業における気候変動影響評価・適応
	2.8.3	都市環境サステナビリティ
	2.8.4	環境リスク学的感染症防御
持続可能な資源利用	2.9.1	水利用・水処理
	2.9.2	持続可能な大気環境
	2.9.3	持続可能な土壌環境
	2.9.4	リサイクル
	2.9.5	ライフサイクル管理（設計・評価・運用）
環境分野の基盤科学技術	2.10.1	地球環境リモートセンシング
	2.10.2	環境分析・化学物質リスク評価

付録

2. システム・情報科学技術分野（CRDS-FY2022-FR-04）

俯瞰区分	節番号	研究開発領域
人工知能・ビッグデータ	2.1.1	知覚・運動系のAI技術
	2.1.2	言語・知識系のAI技術
	2.1.3	エージェント技術
	2.1.4	AIソフトウェア工学
	2.1.5	人・AI協働と意思決定支援
	2.1.6	AI・データ駆動型問題解決
	2.1.7	計算脳科学
	2.1.8	認知発達ロボティクス
	2.1.9	社会におけるAI
ロボティクス	2.2.1	制御
	2.2.2	生物規範型ロボティクス
	2.2.3	マニピュレーション
	2.2.4	移動（地上）
	2.2.5	Human Robot Interaction
	2.2.6	自律分散システム
	2.2.7	産業用ロボット
	2.2.8	サービスロボット
	2.2.9	災害対応ロボット
	2.2.10	インフラ保守ロボット
	2.2.11	農林水産ロボット
社会システム科学	2.3.1	デジタル変革
	2.3.2	サービスサイエンス
	2.3.3	社会システムアーキテクチャー
	2.3.4	メカニズムデザイン
	2.3.5	計算社会科学
セキュリティー・トラスト	2.4.1	IoTシステムのセキュリティー
	2.4.2	サイバーセキュリティー
	2.4.3	データ・コンテンツのセキュリティー
	2.4.4	人・社会とセキュリティー
	2.4.5	システムのデジタルトラスト
	2.4.6	データ・コンテンツのデジタルトラスト
	2.4.7	社会におけるトラスト
コンピューティングアーキテクチャー	2.5.1	計算方式
	2.5.2	プロセッサーアーキテクチャー
	2.5.3	量子コンピューティング
	2.5.4	データ処理基盤
	2.5.5	IoTアーキテクチャー
	2.5.6	デジタル社会基盤
通信・ネットワーク	2.6.1	光通信
	2.6.2	無線・モバイル通信
	2.6.3	量子通信
	2.6.4	ネットワーク運用
	2.6.5	ネットワークコンピューティング
	2.6.6	将来ネットワークアーキテクチャー
	2.6.7	ネットワークサービス実現技術
	2.6.8	ネットワーク科学
数理科学	2.7.1	数理モデリング
	2.7.2	数値解析・データ解析
	2.7.3	因果推論
	2.7.4	意思決定と最適化の数理
	2.7.5	計算理論
	2.7.6	システム設計の数理

3.ナノテクノロジー・材料分野（CRDS-FY2022-FR-05）

俯瞰区分	節番号	研究開発領域
環境・エネルギー応用	2.1.1	蓄電デバイス
	2.1.2	分離技術
	2.1.3	次世代太陽電池材料
	2.1.4	再生可能エネルギーを利用した燃料・化成品変換技術
バイオ・医療応用	2.2.1	人工生体組織・機能性バイオ材料
	2.2.2	生体関連ナノ・分子システム
	2.2.3	バイオセンシング
	2.2.4	生体イメージング
ICT・エレクトロニクス応用	2.3.1	革新半導体デバイス
	2.3.2	脳型コンピューティングデバイス
	2.3.3	フォトニクス材料・デバイス・集積技術
	2.3.4	IoTセンシングデバイス
	2.3.5	量子コンピューティング・通信
	2.3.6	スピントロニクス
社会インフラ・モビリティ応用	2.4.1	金属系構造材料
	2.4.2	複合材料
	2.4.3	ナノ力学制御技術
	2.4.4	パワー半導体材料・デバイス
	2.4.5	磁石・磁性材料
物質と機能の設計・制御	2.5.1	分子技術
	2.5.2	次世代元素戦略
	2.5.3	データ駆動型物質・材料開発
	2.5.4	フォノンエンジニアリング
	2.5.5	量子マテリアル
	2.5.6	有機無機ハイブリッド材料
共通基盤科学技術	2.6.1	微細加工・三次元集積
	2.6.2	ナノ・オペランド計測
	2.6.3	物質・材料シミュレーション
共通支援策	2.7.1	ナノテク・新奇マテリアルのELSI/RRI/国際標準

付録

4.ライフサイエンス・臨床医学分野（CRDS-FY2022-FR-06）

俯瞰区分	節番号	研究開発領域
健康・医療	2.1.1	低・中分子創薬
	2.1.2	高分子創薬（抗体）
	2.1.3	AI創薬
	2.1.4	幹細胞治療（再生医療）
	2.1.5	遺伝子治療（in vivo遺伝子治療/ex vivo遺伝子治療）
	2.1.6	ゲノム医療
	2.1.7	バイオマーカー・リキッドバイオプシー
	2.1.8	AI診断・予防
	2.1.9	感染症
	2.1.10	がん
	2.1.11	脳・神経
	2.1.12	免疫・炎症
	2.1.13	生体時計・睡眠
	2.1.14	老化
	2.1.15	臓器連関
農業・生物生産	2.2.1	微生物ものづくり
	2.2.2	植物ものづくり
	2.2.3	農業エンジニアリング
	2.2.4	植物生殖
	2.2.5	植物栄養
基礎基盤	2.3.1	遺伝子発現機構
	2.3.2	細胞外微粒子・細胞外小胞
	2.3.3	マイクロバイオーム
	2.3.4	構造解析（生体高分子・代謝産物）
	2.3.5	光学イメージング
	2.3.6	一細胞オミクス・空間オミクス
	2.3.7	ゲノム編集・エピゲノム編集
	2.3.8	オプトバイオロジー
	2.3.9	ケミカルバイオロジー
	2.3.10	タンパク質設計

謝辞

本報告書を作成するにあたっては、研究開発戦略センター（CRDS）内外の多くの方々の継続的なご協力を賜った。分野全体を俯瞰し、区分を設定するに当たっては、システム・情報科学技術ユニット在籍の特任フェローの方々から数々の有益な助言や示唆をいただいた。区分総括の方々からは有益なご助言をいただき、また建設的な議論によって区分内の研究領域の設定を行うことができた。各領域における現状と課題、国際比較などに関する調査分析については、多くの有識者の方のご協力をいただいた。さらには、CRDS 関係者には、俯瞰作業の各段階において常に適切なアドバイスを賜った。紙面の都合でこれらの方々すべてのお名前を挙げることができないが、ここに深く感謝の意を表すとともに厚く御礼を申し上げる。

2023年3月
国立研究開発法人科学技術振興機構
研究開発戦略センター
システム・情報科学技術ユニット一同

作成メンバー

システム・情報科学技術ユニット

木村 康則	上席フェロー	合原 一幸	特任フェロー
若山 正人	上席フェロー	淺間 一	特任フェロー
青木 孝	フェロー	喜連川 優	特任フェロー
嶋田 義皓	フェロー	後藤 厚宏	特任フェロー
高島 洋典	フェロー	竹内 健	特任フェロー
寺西 裕一	フェロー	田中 健一	特任フェロー
平池 龍一	フェロー	徳田 英幸	特任フェロー
福井 章人	フェロー	西村 秀和	特任フェロー
福島 俊一	フェロー	森川 博之	特任フェロー
的場 正憲	フェロー	山口 高平	特任フェロー
茂木 強	フェロー		
吉脇 理雄	フェロー		

研究開発の俯瞰報告書 **CRDS-FY2022-FR-04**

システム・情報科学技術分野（2023年）

PANORAMIC VIEW REPORT

Systems and Information Science and Technology Field (2023)

令和 5 年 3 月　March 2023　作成　／　令和 5 年 8 月 24 日　August 2023　発行
ISBN 978-4-86579-379-6

国立研究開発法人科学技術振興機構　研究開発戦略センター
Center for Research and Development Strategy,
Japan Science and Technology Agency

〒102-0076 東京都千代田区五番町 7 K's 五番町
電話　03-5214-7481
E-mail crds@jst.go.jp
https://www.jst.go.jp/crds/

発行／**日経印刷株式会社**

〒102-0072
東京都千代田区飯田橋 2-15-5
電話　03（6758）1011